湘东北陆内伸展变形构造及形成演化的动力学机制

许德如　董国军　王智琳　宁钧陶 等　著

科学出版社

北　京

内 容 简 介

本书以位于江南古陆中段的湖南省东北部（简称湘东北）地区陆内伸展构造为关键解剖对象，并结合在成因上与其有着密切联系的岩浆岩、（变质）沉积岩的相关研究，精细厘定了湘东北地区盆-岭构造和变质核杂岩等伸展构造的基本特征、物质组成和时空发育规律，探讨了伸展变形构造的深部过程和动力学演变机制，构建了晚中生代盆-山（岭）耦合的地球动力学模式；同时，结合晚新元古代以来陆内岩浆活动和变质作用事件及其构造背景的系统研究，提出所谓的“新太古代—早古元古代连云山岩群”实际上是一套混杂岩组合，NE—NNE 向的长平深大断裂带很可能是一条加里东造山期的构造混杂岩带。本书将为阐明湘东北大规模金（多金属）成矿事件提供重要机制。

本书可供地学类高等院校师生和地矿部门工作者阅读参考。

审图号：GS(2022)1549 号

图书在版编目(CIP)数据

湘东北陆内伸展变形构造及形成演化的动力学机制 / 许德如等著. —北京：科学出版社，2023. 8

ISBN 978-7-03-073191-3

Ⅰ. ①湘…　Ⅱ. ①许…　Ⅲ. ①伸展构造-研究-湖南　Ⅳ. ①P548. 264

中国版本图书馆 CIP 数据核字（2022）第 173831 号

责任编辑：王　运　柴良木 / 责任校对：何艳萍
责任印制：肖　兴 / 封面设计：图阅盛世

科学出版社 出版
北京东黄城根北街 16 号
邮政编码：100717
http://www.sciencep.com

北京建宏印刷有限公司 印刷

科学出版社发行　各地新华书店经销

*

2023 年 8 月第　一　版　开本：889×1194　1/16
2023 年 8 月第一次印刷　印张：38 3/4
字数：1 230 000

定价：528. 00 元

（如有印装质量问题，我社负责调换）

作 者 名 单

许德如　董国军　王智琳　宁钧陶　邓　腾

符巩固　邹少浩　周岳强　刘拥军　于得水

叶挺威　文志林　李鹏春　林　伟　李增华

康　博　贺转利　李　彬

作 者 单 位

湖南省地质矿产勘查开发局四〇二队

东华理工大学

中国科学院广州地球化学研究所

中南大学

湖南省地质调查院

中国科学院地质与地球物理研究所

前　　言

板（陆）内伸展变形构造，是诠释大陆板块的运动学和动力学特征、洋-陆板块相互作用及其深部和浅表过程等的关键形迹，也是阐明大规模成藏成矿作用机制的可靠证据。位于扬子板块东南缘的江南古陆（也称江南造山带、江南古岛弧、江南隆起），是华南内陆最具特色的地质构造单元，被认为是晚中元古代—新元古代因华夏与扬子两个前寒武纪陆块俯冲—碰撞—拼贴而形成的碰撞造山带，但它在形成后又遭受了多期陆内构造-岩浆和变质事件的改造，因而表现出复杂的地壳物质组成和包括伸展构造在内的多种变形式样。深入研究江南古陆的构造变形特征及其动力学机制，无疑将为阐明地球历史时期华南大陆汇聚或增生、陆内演化过程与动力学机制及与之相关的板缘和/或板内成矿作用等提供极富价值的资料。尽管江南古陆是国内外学者研究华南基础地质与成矿作用的经典地区，并在其地壳的组成与结构及形成演化的动力学机制，多期构造-岩浆-沉积-变质事件及与华南大陆聚合或裂解、增生和陆内演化的联系，以及多地质过程中金（多金属）大规模成矿事件特征等方面取得了丰硕成果。然而，由于对江南古陆所经历的多期，特别是对燕山期陆内构造-岩浆（热）事件的构造属性、精确时限和驱动机制及其深部过程与浅部表现等的认识，仍存在显著分歧，也影响着对江南古陆金（多金属）大规模成矿事件的构造背景和成因机理等的正确理解。

位于江南古陆中段的湖南省东北部（简称湘东北）地区，以发育代表伸展变形构造的盆-岭构造省（BRPs）、变质核杂岩或伸展穹隆、（层间）剪切滑脱断层等为特色，湘东北地区也是以金为主的金-铅-锌-铜-钴和稀有金属矿集区，因而是深刻理解江南古陆多期陆内构造-岩浆事件特征和动力学机制以及金（多金属）成矿作用的关键构造域。关于湘东北地区的构造变形特征及与之伴随的多期岩浆活动、沉积（变质）作用和成矿事件，前人已开展了诸多研究工作，但关于伸展变形构造的组成和性质、时空发育规律和动力学成因机制及其是如何制约金（多金属）大规模成矿的，仍未能系统剖析，或在认识上存在不同的看法，这不仅限制了对江南古陆陆内构造改造或活化的精细过程、方式和动力机制及其对金（多金属）大规模成矿的控制机理等的理解，也是关于华南大陆的起源、增生方式和增生历史以及陆内演化过程与动力学机制等问题至今未取得统一认识的重要原因。

本书以湘东北地区陆内伸展变形构造及与之相关的岩浆岩和（变质）沉积岩为重点剖析对象，经过30多年的系统研究，在陆内伸展变形构造的组成和分布、伸展构造形成演化的动力学机制以及湘东北陆内地质构造演化特征等方面取得了一系列创新成果。本书所取得的认识及创新成果是由东华理工大学、湖南省地质矿产勘查开发局四〇二队、中国科学院广州地球化学研究所、中南大学、湖南省地质调查院、中国科学院地质与地球物理研究所等单位共同完成的，是全体参与人员共同智慧的结晶。

全书共分为前言、绪论、第1～6章，各部分执笔人如下：前言、绪论由许德如、董国军共同撰写；第1章由许德如、王智琳、林伟、李增华、周岳强共同撰写；第2章由许德如、符巩固、董国军、周岳强、文志林、康博共同撰写；第3章由许德如、邓腾、李鹏春、王智琳、于得水、贺转利共同撰写；第4章由许德如、王智琳、宁钧陶、邓腾、邹少浩、刘拥军共同撰写；第5章由许德如、周岳强、叶挺威、符巩固、李彬共同撰写；第6章由许德如、董国军共同撰写。全书最后由许德如、董国军统编定稿。

本书的出版受到国家自然科学基金委员会重点基金项目（41930428）、国家重点研发计划“深地资源勘查开采”专项（2016YFC0600401、2017YFC0602302）、中国地质调查局矿产资源调查项目“湖南金井-九岭地区矿产远景调查”（12120113067100）的资助；同时得到以下项目的支持：湖南省自然科学基金委员会项目“湘东北蛇绿岩存在的证据及构造成矿学意义”（03JJY3066）和“湘东北地区连云山岩体与钴铜多金属成矿关系研究”（2016JJ3143），国家自然科学基金委员会项目“湘东北地区钴铜多金属成矿作用研究”（41672077），湖南省自然资源厅地质科技项目“湘东北金矿成矿规律研究及靶区优选”（2018—

03)，湖南省地质院地质科技项目“连云山整装勘查区金矿成矿规律研究及靶区优选”（2018—2019）和“湘东北金矿的成矿物理化学条件研究”（201916）等。

翟明国院士、胡瑞忠院士、董树文教授、王岳军教授、李三忠教授、刘俊来教授、张岳强教授、王根厚教授、陈正乐研究员、张达教授等，为本书提出了非常宝贵和中肯的修改意见。值本书出版之际，全体作者对上述单位和各位专家以及曾支撑本成果的各项目来源单位和领导，再次表示衷心的感谢！

目　录

前言
绪论 …… 1
参考文献 …… 8
第 1 章　陆内伸展构造及基本特征 …… 21
1.1　陆内造山与变形构造 …… 21
1.2　陆内伸展变形构造 …… 25
1.2.1　盆-岭构造省 …… 25
1.2.2　变质核杂岩（MCCs） …… 30
1.3　先存构造活化 …… 34
1.3.1　断层活化过程 …… 35
1.3.2　断层活化机制 …… 36
1.4　中国东部陆内伸展构造 …… 38
1.4.1　中国中东部伸展构造 …… 39
1.4.2　华南内陆带伸展构造 …… 44
1.4.3　中国东部伸展构造变形机制 …… 46
参考文献 …… 47
第 2 章　湘东北陆内伸展变形构造 …… 64
2.1　江南古陆地质构造演化 …… 64
2.1.1　江南古陆地质构造特征 …… 64
2.1.2　江南古陆地质构造演化 …… 69
2.2　湘东北地区构造变形特征 …… 76
2.2.1　构造变形式样与组合 …… 76
2.2.2　韧性剪切变形构造 …… 84
2.3　湘东北陆内伸展变形构造特征 …… 106
2.3.1　盆岭构造组成与空间分布 …… 106
2.3.2　变质核杂岩构造 …… 109
参考文献 …… 127
第 3 章　湘东北岩浆作用特征 …… 136
3.1　新元古代岩浆岩 …… 138
3.1.1　新元古代花岗质岩 …… 139
3.1.2　变铁镁质-超铁镁质岩 …… 152
3.1.3　江南古陆新元古代构造演化 …… 184
3.2　加里东期花岗质岩 …… 188
3.2.1　区域和野外地质特征 …… 189
3.2.2　岩相学特征 …… 190
3.2.3　全岩地球化学特征 …… 191
3.2.4　岩石成因类型 …… 199
3.2.5　源区和岩浆演化 …… 201

3.2.6　岩石成因及构造背景 …… 204
3.3　印支期花岗岩 …… 206
3.3.1　地质概况 …… 206
3.3.2　岩相学特征 …… 206
3.3.3　岩石地球化学特征 …… 207
3.3.4　印支期花岗质岩成因 …… 210
3.3.5　印支期岩浆作用与深部动力学 …… 210
3.4　燕山期岩浆作用 …… 212
3.4.1　燕山期岩浆岩基本特征 …… 212
3.4.2　岩浆岩侵位时代 …… 224
3.4.3　岩石地球化学特征 …… 268
3.4.4　矿物地球化学特征 …… 306
3.4.5　燕山期花岗质岩成因 …… 312
3.4.6　燕山期花岗质岩浆作用背景 …… 334
3.5　湘东北构造-岩浆演化规律 …… 340
3.5.1　花岗质岩时空演化 …… 340
3.5.2　新元古代以来构造-岩浆演化 …… 342
参考文献 …… 343
第4章　湘东北沉积-变质作用特征 …… 363
4.1　江南古陆沉积特征概况 …… 363
4.2　湘东北地区沉积地层 …… 368
4.3　湘东北区域变质特征 …… 370
4.3.1　角闪岩相变质岩 …… 372
4.3.2　绿片岩相变质岩 …… 387
4.3.3　甚低级变质岩 …… 396
4.3.4　混合岩化和热液蚀变 …… 401
4.3.5　动力变质岩 …… 404
4.4　新元古代变沉积岩地球化学特征 …… 411
4.4.1　岩石（相）学特征 …… 411
4.4.2　样品来源与分析方法 …… 414
4.4.3　主量元素特征 …… 415
4.4.4　微量元素特征 …… 423
4.4.5　近矿围岩地球化学特征 …… 433
4.4.6　源区和沉积构造环境暗示 …… 437
4.5　湘东北构造-沉积环境演变 …… 445
4.5.1　样品来源与分析方法 …… 446
4.5.2　碎屑锆石 U-Pb 定年结果 …… 449
4.5.3　碎屑锆石 Hf 同位素 …… 479
4.5.4　U-Pb 定年揭示的信息 …… 480
4.5.5　变沉积岩源区特征及构造意义 …… 485
4.5.6　新元古代以来沉积构造环境演变 …… 495
参考文献 …… 497

第5章　湘东北陆内伸展变形机制 …… 512
5.1　区域构造变形动力学特征 …… 512
5.1.1　显微构造与岩组分析 …… 512
5.1.2　古应力和应变速率 …… 518
5.1.3　区域变形环境 …… 522
5.1.4　区域变形动力学特征 …… 528
5.2　伸展变形运动学特征 …… 531
5.2.1　分析测试方法 …… 532
5.2.2　伸展构造运动学特征 …… 534
5.2.3　伸展构造变形序列 …… 543
5.2.4　周洛构造变形的运动学涡度 …… 544
5.2.5　EBSD 测试分析 …… 547
5.2.6　连云山石英变形机制 …… 553
5.2.7　与典型变质核杂岩对比 …… 559
5.3　晚中生代伸展构造变形时代 …… 560
5.3.1　碎屑锆石 U-Pb 定年和 Hf 同位素组成 …… 560
5.3.2　含钾矿物 Ar-Ar 定年 …… 574
5.3.3　辉钼矿 Re-Os 定年 …… 582
5.3.4　伸展构造形成演化时代 …… 584
5.4　伸展构造变形机制 …… 585
5.4.1　连云山地区构造变形启示 …… 585
5.4.2　伸展构造体系的控制因素 …… 587
5.4.3　中新生代盆-山耦合过程 …… 589
5.4.4　盆-山耦合深部机制 …… 593
5.4.5　伸展构造地球动力学演化机制 …… 595
参考文献 …… 597
第6章　结论与展望 …… 604

绪　论

大陆岩石圈（陆内或板内）伸展作用在变形构造和岩浆活动中表现出多种形式，包括盆-岭构造省、陆内裂陷（裂谷）盆地与强拆离盆地、走滑盆地、由拆离断层等脆—韧性剪切变形构造组成的变质核杂岩（MCCs）、先存构造活化、大型走滑（剪切）断层和伸展（层间、重力）滑脱构造、大规模岩浆侵入或热穹隆和火山喷发、剥蚀高原地貌，以及与陆内伸展交替出现的大型逆冲-推覆构造等（Wernicke，1981；马杏垣，1982；Wernicke et al.，1988；颜丹平等，1993；Friedmann and Burbank，1995；任建业和李思田，1998；Ziegler and Cloetingh，2004；舒良树和王德滋，2006；李三忠等，2011；漆家福和杨桥，2012；葛肖虹等，2014；李洪奎等，2017；Platt et al.，2015；Cooper et al.，2017；Fossen and Cavalcante，2017；Kudriavtcev et al.，2018；Meng and Lin，2021）。这些伸展变形构造不仅为阐明大陆板块的运动学和动力学特征、洋-陆板块相互作用及其深部和浅表过程提供了可信证据，而且为解释大规模成藏成矿事件提供了重要机制（毛景文等，2004；胡瑞忠等，2008，2015；葛良胜等；2013；Hu et al.，2004；Hou et al.，2009，2015a，2015b；Richards，2009；Pettke et al.，2010；李晓峰等，2019；翟明国，2020；Liu et al.，2021）。

由于大陆内部被认为是刚性的，Coward 等（1987）曾认为在典型的碰撞或增生造山带，变形作用主要发生在板块边缘和邻近区域。然而，大量研究表明（如 Dickinson and Snyder，1978；Roure et al.，1989；Avouac et al.，1993；Chu et al.，2012，2020；Chu and Lin，2018；Meng and Lin，2021），大陆板块内部（陆内）也发生强烈的变形，即使它们远离板块边缘。中国东部大陆聚合于早中生代因华北板块（NCB）和华南板块（SCB）的碰撞拼贴（Mattauer et al.，1985；Xu et al.，1992；Cong et al.，1995；Faure et al.，1999；Hacker et al.，1998），但在晚中生代时期又发生了重大的构造转折，即从晚古生代—早中生代初的板块边缘造山向中-新生代板（陆）内造山的转变。特别是，晚中生代因该重大变革事件而出现的陆内挤压造山与岩石圈伸展的多期次交替，不仅强烈改造，甚至破坏了古老大陆岩石圈或克拉通，而且导致了大规模岩浆作用（如大花岗岩省产生和强烈的火山喷发：Zhou and Li，2000；Wang et al.，2003；Li and Li，2007；Mao et al.，2014a）和显著的陆内变形（如 NE—NNE 向深大断裂、韧性剪切变形、断块隆升和剥蚀、挤压逆冲推覆与多类型褶皱、成群排列的断陷或凹陷盆地、独具特色的盆-岭式构造式样和变质核杂岩构造）（谢家荣，1937；Ye et al.，1985；Davis and Zheng，1988；Zheng et al.，1988，1991；任纪舜等，1990；傅昭仁等，1992；董树文等，1993；Davis et al.，1996；Faure et al.，1996；许志琴等，1996；尹国胜和谢国刚，1996；舒良树等，1998；张进江和郑亚东，1998；Lin et al.，2000，2008；陈国达等，2001；Wang et al.，2001，2011，2013a；马寅生等，2002；万天丰和赵维明，2002；李忠等，2003；Darby et al.，2004；Li et al.，2004，2012，2013a；Shu et al.，2007；张岳桥等，2007；何治亮等，2011；Zhang et al.，2007，2011，2012a；Shi et al.，2015）。这一重大变革事件同时还导致了大规模 W、Sn、Bi、Mo、Cu、Pb、Zn、Au、Sb 等有色金属、稀有金属、贵金属、放射性金属（U）的爆发式成矿（Chen et al.，1998；华仁民和毛景文，1999；Zhai et al.，2001；Hart et al.，2002；Qiu et al.，2002；Hua et al.，2003；Mao et al.，2003，2011a，2011b，2013，2014b；毛景文等，2004，2005；翟明国，2010；Pirajno et al.，2009；Zhai and Santosh，2013；Zhu et al.，2015；Hu et al.，2017；Xu et al.，2017a，2017b），以及生物环境的巨变（季强等，2004）。

为阐明中国东部晚中生代以来所发生的重大构造转折事件的属性、过程和动力学机制，近一个世纪来，多代中国地质学者做出了长期的探究。翁文灏先生于 1927 年（Wong，1927）最先注意到晚中生代中国东部大陆所发生的有特色的构造-岩浆事件，并以燕山运动或燕山事件（张宏仁，1998）表征。20 世纪 50 年代中期至 60 年代初，陈国达先生提出活化构造理论（即地台活化理论）以解释该时期中国东南部大陆所发生的大规模构造-岩浆活动及相关成矿事件（陈国达，1956，1960）。特别是自20世纪80年代板块构造理论及随后的地幔柱理论引入中国以来，中国学者还相继用“华北克拉通破坏”或“华南再造”等术语以描述中国东部大陆于晚中生代所发生的巨大变革（朱日祥等，2012）。然而，这种陆内变革特别是燕山运动等重大地质事件发生的构造背景和活动期次与精确时限、影响范围与规模、深部过程与浅部表现以及动力学过程与演变机制等，迄今未达到统一的认识（赵越，1990；赵越等，1994，2004a，2004b；陈国达，1956；Davis et al.，1998；Li，2000；郑亚东等，2000；Xu，2001；崔盛芹等，2002；马寅生等，2002；李忠等，2003；翟明国等，2003，2004；张长厚等，2004；Gao et al.，2004；Xu et al.，2004；邢作云等，2006；董树文等，2008，2019；张岳桥等，2007；Li and Li，2007；Yang et al.，2007；吴福元等，2008；翟明国，2008，2011，2021；朱日祥等，2012；Faure et al.，2012；Zhu et al.，2011，2012；Zhang et al.，2012b；张宏仁等，2013；陈印，2014；Wang et al.，2013a；Zhang et al.，2013，2016；Heberer et al.，2014；Li et al.，2013b，2014a，2014b，2014c；Dong et al.，2015；Liu et al.，2021；Meng and Lin，2021）。

中国东部大陆是研究多板块汇聚过程中陆（板）内幕式伸展和挤压及相关岩浆作用机制的关键地区，而研究晚中生代构造演化有助于理解“华北克拉通破坏”或“华南大陆再造”的机制。晚中生代期间，中国东部大陆由多个板块汇聚带所环绕：北侧为蒙古—鄂霍次克洋带，东部为与伊泽奈奇板块有关的俯冲带，西侧为拉萨板块与羌塘板块间的碰撞带（Meng and Lin，2021），同时发育广泛的岩浆作用、大规模的逆冲推覆和褶皱、伸展穹隆、走滑断裂、地堑式和半地堑式盆地以及刚性块体旋转等（Lin et al.，2003；Otofuji et al.，2007；Dong et al.，2015 及文中参考文献）。先前聚焦于中国东部大陆侏罗纪—白垩纪构造演化的研究结果显示：①在中侏罗世或晚侏罗世—早白垩世初期存在两个有意义的挤压构造幕（Wong，1929；Chen，1998；Davis et al.，2001，2009；Darby and Ritts，2002；Faure et al.，2012）；②随后早白垩世伸展构造以大量伸展盆地、变质核杂岩（MCCs）和同构造岩浆侵位为特征（Davis et al.，2002；Ren et al.，2002；Meng，2003；Wang et al.，2012；Liu et al.，2013；Lin and Wei，2018；Chu et al.，2019）；③170～110Ma 存在长期岩浆作用，且晚侏罗世（170～150Ma）和早白垩世（135～110Ma）分别是岩浆大爆发时期（Wu et al.，2019）。然而，不同学者依据区域不整合、多阶段变形和岩浆作用对这些地质事件的构造属性有着不同的理解，从而导致对中国东部大陆晚中生代的构造体制有着不同认识，尤其是有关晚侏罗世—早白垩世初期构造活动的时间和动力学特征仍存在激烈争论，构造作用与岩浆活动的相互影响也一直未能很好地制约（Dong et al.，2015 及文中参考文献）。值得注意的是，目前普遍认为早白垩世地壳伸展起源于“克拉通破坏”，而岩石圈垮塌/拆沉或热侵蚀被认为是“克拉通破坏”的潜在机制，由此导致难熔的岩石圈地幔被年轻的富集地幔所替代（Lin and Wang，2006；Lin and Wei，2018；Menzies et al.，1993；Wu et al.，2019；Xu，2001；Zhu et al.，2011）。构造解析、磁组构数据和重力模拟等证据表明（Meng and Lin，2021），晚中生代中国东部大陆经历了晚侏罗世 NE—SW 伸展、晚侏罗世末—早白垩世初 NE—SW 挤压，然后过渡至早白垩世 NW—SE 伸展，并认为这个周期性构造活动能够与伊泽奈奇板块俯冲于欧亚大陆之下相联系，而在晚中生代伊泽奈奇板块可能经历了斜向俯冲向正向俯冲的转变。然而，也有学者研究表明（Liu et al.，2021 及文中参考文献），欧亚东部大陆在早白垩世时期的构造体制主要表现为特色的多阶段构造伸展，构造挤压较弱，因而在约 3000km×3000km 的广袤地区形成了几个主要伸展构造省。伸展构造高峰幕除发生在 160～145Ma 和在 120Ma 以来外，还发生在 135～120Ma，动力学分析指示这些伸展构造形成于一个统一的 NW—SE 向构造伸展应力域，而同伸展期来源于古老的和年轻的地壳或来源于岩石地幔的岩浆作用表现出周期性活动，其高峰活动时间分别在约 160Ma、约 125Ma 和 100～80Ma，特别是在中国东部大陆，来源于构造伸展的岩浆大爆发发生在 125±5Ma。与之相反的是，北美大陆西部科迪勒拉地区于约 170Ma（侏罗纪）开始就显示出一个长期的幕式构造挤压。Liu 等（2021）进一步认为，欧亚东部大陆伸展构造省是（古）太平洋-欧亚俯冲系统后撤的结果，而沿北美大陆西部地壳缩短来源于推进的法拉龙-北美俯冲系统，浅层地幔对流为大洋板块俯冲提供了驱动力，并在俯冲的早期于大洋两侧形成了安第斯型俯冲带。可能从 160Ma 开始，深部地幔的向东流动诱导了浅部地幔对流系统的迁移，结果向西倾伏的古太平洋板片在地幔过渡带变陡、滞留并随后褶皱，而向东倾伏的法拉龙板块的浅层部分变为平坦，其深部随后则穿透至地幔过渡带。浅部地幔对流系统由此导致的向东迁移将连续驱动古太平洋（或 Izanagi）板块的俯冲后撤、法拉龙板块前行俯冲和古太平洋-法拉龙洋中脊向东迁移。结果，欧亚东部大陆内部以多阶段伸展构造变形为主，而沿北美大陆西部边缘则以幕式挤压型构造-岩浆活动为主。与上述两种观点不同的是，Wang 等（2014a）通过高精度$^{40}Ar/^{39}Ar$地质年代学和构造热年代学分析，认为华北克拉通（NCC）岩石圈减薄事件以一个约 9.6℃/Ma 的冷却速度在北部于 140～135Ma 开始，而于 125～100Ma 在中部和东部达到高峰；相反，扬子克拉通（YTC）在 200～75Ma 期间以约 1.2℃/Ma 的速度缓慢冷却，暗示这一时期并未发生岩石圈减薄。纯热传导冷却研究表明晚三叠世 YTC 地壳比白垩纪 NCC 更厚，因此，Wang 等（2014a）认为扬子克拉通岩石圈破坏可能发生在约 75Ma 之后。

由上可见，触发包括中国东部在内的欧亚东部大陆晚中生代构造-岩浆事件的动力学机制仍是亟待解决的重大问题。另一个重大问题是，目前对华北东部燕山期造山事件研究较多，而对华南以及华北与华南结合带中生代时期的重大地质事件关注较少，因而有关我国华南、华北和东北等不同地块，甚至这些不同地块内部与燕山运动等重大地质事件的耦合关系，以及因之而发生的陆内变形、沉积充填、岩浆活动和成矿事件等在浅部与深部所表现的异同、造成差别的原因，尚未开展系统的对比研究（崔盛芹，1999；吴根耀，2001；吴根耀等，2012，2003；贾承造等，2005；Wan，2010；何治亮等，2011；Yang et al.，2015）。即便目前多数中国学者趋于认为中国东部于晚中生代所发生的大规模陆内变形、巨量岩浆作用和大规模成矿可能源于古太平洋板块向欧亚大陆边缘俯冲及由此诱发的系列构造事件（如板片拆沉、板片后撤、弧后伸展等），但对涉及俯冲过程的俯冲时限和模式也存在不同的学术争论（Zhou and Li，2000；Li，2000；Zhou et al.，2006；Li and Li，2007；Sun et al.，2007；Mao et al.，2011c；Wang et al.，2012；Jiang and Li，2014）。无疑，这些争论均影响到对中国东部于中生代所发生的重大构造转折的时间、空间和地球动力学机制等的正确认识。中国东部大陆于中生代所发生的重大构造转折及伴随的强烈岩浆-成矿事件，是与其中生代时期复杂的地壳组成和结构，以及特殊的地质背景密切相关的，这体现在该时期古老大陆岩石圈发生了强烈的陆内活化或克拉通破坏以及古亚洲、环太平洋和特提斯等构造域长时间相互作用的复杂地球动力学系统（董树文等，2007；何治亮等，2011）；此外，来自北部的西伯利亚板块与古亚洲构造带（华北-蒙古联合地块）沿蒙古—鄂霍次克洋的汇聚和碰撞而产生的远程构造作用可能也是燕山事件发展的原因之一（董树文等，2007；Li et al.，2016c）。由此而引发的诸如俯冲远程效应、板块碰撞、地壳加厚、后碰撞垮塌、岩石圈伸展/裂解或岩石圈减薄/折沉和岩浆底侵，以及壳-幔相互作用等地质构造事件，还导致多阶段岩浆作用和早三叠世—白垩纪，特别是以晚中生代为成岩成矿高峰的斑岩型、斑岩型-夕卡岩型、夕卡岩型、花岗岩型、火山岩型和热液脉型 W、Sn、Bi、Mo、U、Cu、Pb、Zn、Sb 和 Au 等矿床的形成。这些不同类型的矿床显然是中生代时期不同构造环境下岩浆-热液成矿系统的产物，但有关其成矿过程和机理也未能合理地解释，由此关于中国东部大陆中生代大规模成矿的成矿模式和找矿模型仍未得到普遍的认同。

华南是当今欧亚东部大陆最重要的大陆板块之一，由北西侧的扬子板块和东南侧的华夏板块（现今位置）组成，但华南板块现今的构造格架主要是经历了多期构造叠加之后的最终产物（Ji et al.，2018）。传统上扬子和华夏板块被解释为于晚中元古代—新元古代碰撞贴合形成统一华南大陆（Chen et al.，1991；Shu et al.，1994，Shu and Charvet，1996；Charvet et al.，1996，2010；Li et al.，2002，2007a）。但自新元古代以来，又经历了加里东期、印支期和燕山期等多期陆内构造-岩浆活化和成矿事件。早中生代是华南构造变形最为强烈的时期，板块边缘几乎被造山带所包围，而板块内部强烈的构造变形、区域性的变质作用以及大规模的花岗岩生成和侵位，均显示着华南板块经历了强烈的大陆再造过程（Chu et al.，2012）：①在北缘，华南板块向华北板块之下俯冲，形成了出露大量超高压变质岩的秦岭—桐柏—大别—苏鲁造山带（Mattauer et al.，1985；Hacker and Wang，1995；Faure et al.，1999，2008；Webb et al.，1999；张国伟等，2001；徐树桐等，2002；Ratschbacher et al.，2003；Hacker et al.，2006；Lin et al.，

2009；Li et al.，2010，2011），同时形成了前缘大规模向南西方向的逆冲褶皱推覆带以及同构造伸展作用（Faure et al.，1998；Lin et al.，2001）。②在西缘，龙门山构造带记录了早中生代逆冲。龙门山西侧为松潘—甘孜复理石带，主要物源来自秦岭造山带、华北板块，少部分来自华南板块（Weislogel et al.，2006，2010；Enkelmann et al.，2007）。在中晚三叠世，松潘—甘孜带被逆冲到四川盆地之上，同时记录了三叠纪的构造变形和大规模岩浆活动（Wallis et al.，2003；Harrowfield and Wilson，2005；Roger et al.，2008，2010）。③在西南和南缘，一条从云南一直延伸到广西、越南的造山带分隔了华南板块和印支板块（Carter et al.，2001；Lepvrier et al.，2004，2008，2011；Carter and Clift，2008），其中西缘为右江造山带，而南部则是真正意义上的印支造山带（Lepvrier et al.，2004；王清晨和蔡立国，2007；林伟等，2011）。④在其东南缘和东缘，Li 等（2006）提出古太平洋向西的俯冲从晚二叠世就已经开始，形成了海南岛五指山岛弧型花岗岩（267～262Ma）；而在华夏板块之上也分布着大量的 A 型花岗岩（254～220Ma），均可能与太平洋俯冲形成的转换伸展作用相关（Wang et al.，2005a；Li and Li，2007；Sun et al.，2011）。

另外，与华南板块周缘经历了的多个方向强烈变形相比较，其板块内部现今保存的构造行迹主要是以 NE—SW 向占主导，表明早中生代事件对于华南板块构造格架的定型起到了决定性的作用。然而，关于早中生代华南板块内部变形构造属性、岩浆作用特征、构造—岩浆事件的时序及其深部过程和动力学来源等长期存在不同的观点。Hsü 等（1988，1990）认为早中生代华南经历了类似阿帕拉契亚型的远程推覆，板溪群为华南造山带所产生的碰撞杂岩，但经过大量地质学家的工作证明，板溪群与上下地层关系为连续的沉积接触，而非构造接触（Rodgers，1989；Rowley et al.，1989）；在武夷山地区，Chen（1999）通过结合地球物理剖面与构造认为，武夷山地区早中生代至晚中生代经历了持续的 SE 向的挤压作用；而在浙北地区，Xiao 和 He（2005）则得出了相反的构造挤压方向，即由 SE 向 NW 挤压。在江南古陆雪峰弧，早三叠纪之前的岩层全部卷入了构造变形，晚三叠世—早侏罗世的陆相沉积不整合地覆盖在老地层之上，而且发育了大量的造山后岩浆岩（丁兴等，2005；陈卫锋等，2006，2007；Chen et al.，2007；Wang et al.，2007b；Li and Li，2007；李华芹等，2008；罗志高等，2010）。丘元禧等（1998，1999）认为江南古陆雪峰弧的陆内造山过程主要形成于早古生代末期，但也叠加了早中生代的构造作用；Yan 等（2003）的研究则表明，雪峰山和武陵山是飞来峰，形成于晚中生代，而在白垩纪华南和华北板块的穿时闭合过程中形成了大规模的多层次逆冲推覆带；Wang 等（2005b，2007c，2007d）通过在雪峰山和云开大山的构造地质学和年代学研究认为，华南板块为力学性质较弱的块体，而华北板块和印支板块则是相对刚性的块体，处于二者的共同挤压之下，形成了以走滑为主的大规模山系；Li 和 Li（2007）通过对华南中生代花岗岩年代学进行全面总结，于是将整个华南 1300km 宽的褶皱带归结为古太平洋板块的平板俯冲，类似于北美 Laramide 造山带的形成（Dickinson and Snyder，1978）。虽然目前对太平洋板块俯冲是否在早中生代就已开始还有着不同的观点（Engebretson et al.，1985；Li et al.，2006），而且也缺少精细的构造学和年代学证据作为支持，但毋庸置疑，该认识给华南早中生代（印支期）构造演化提供了新的思路，即陆内造山的动力来源可能源于板块东南缘的挤压。

目前普遍认为中生代侏罗纪—白垩纪，华南板块上构造以伸展走滑作用为主，表现为 NE—SW 向的走滑或者正断作用、伸展穹隆、同构造岩浆作用以及断层相关盆地等（Xu et al.，1987；Gilder et al.，1991；Faure et al.，1996；Lin et al.，2000；Zhou and Li，2000；Zhou et al.，2006；Li et al.，2007b，2007c；Shu et al.，2009，2014）。形成的晚侏罗世与白垩纪沉积岩包括红色陆相碎屑岩夹有火山碎屑岩（湖南省地质调查院，2017）。在华南板块东南缘，形成了大面积的花岗岩以及同时期火山岩，极大地改造了燕山期之前的构造形迹（Zhou and Li，2000；Zhou et al.，2006）。这一时期，Shu 等（2009）也认为整个华南处于伸展应力状态之下，白垩纪盆地边界多为正断层或者走滑断层。在断裂带方面，Zhu 等（2005）发现郯庐断裂的左行走滑剪切在早白垩世早期最为剧烈，可能对应着太平洋板块的快速俯冲；长乐-南澳断裂在 120～105Ma 期间也发生了走滑剪切构造（Wang and Lu，2000）。在华南板块内部，左行走滑构造也较为强烈，在江南雪峰弧地区，大规模左旋走滑断层切割了早中生代的花岗岩，使得岩体发生了明显的错断（Li et al.，2001；湖南省地质调查院，2017）。伸展穹隆在晚中生代也较为发育。庐山穹隆与洪镇变质核杂岩均记录了130~125Ma的NE—SW向的伸展构造，略不同的是，庐山在NE—SW伸展同时有花岗岩的侵位，洪镇则没有。而最后一期构造都伴随着花岗岩就位，形成了NW—SE向的伸展构造（Lin et al.，2000；Zhu et al.，2010）。东南沿海区域，广泛分布着145~105Ma的流纹质火山岩和强过铝质花岗岩（Jahn et al.，1990；Wang et al.，1990；Lapierre et al.，1997；Zhou and Li，2000）。Zhou和Li（2000）、Zhou等（2006）用“太平洋板块俯冲+玄武质岩浆底垫作用”来解释这些火山-侵入岩系列的地球动力学成因。但在四川盆地东部，著名的川东褶皱带主要形成于晚侏罗世—早白垩世早期，说明在华南板块内部局部存在着挤压应力场（Yan et al.，2003，2009；梅廉夫等，2010）。近年来，通过对华南晚侏罗世—白垩纪的A型花岗岩和基性岩的成因与地球化学等研究，许多学者也认为华南岩石圈在白垩纪处于伸展构造环境（贾大成等，2002；Jiang et al.，2009，2011；Yang et al.，2012）。此外，有学者提出在早中生代时华南大陆受到古太平洋板块北西向平板俯冲，俯冲板片在晚侏罗世时坍塌使华南内陆形成1300km宽的造山带、广阔的盆地以及其后（150Ma）发生大陆伸展而引起的非造山岩浆活动（Li，2000；Li et al.，2007b，2007c；Li and Li，2007；Li et al.，2013c）。因此，华南东南沿岸至内陆一带分布的盆-岭构造省、变质核杂岩构造是对这种复杂构造背景下发生区域岩石圈伸展的一种响应（沈晓明等，2008）。对这些天然地质体的研究，将为深入探讨华南岩石圈板块的板内演化、岩石圈减薄的动力学过程提供重要的证据。

江南古陆是扬子板块和华夏板块在元古宙拼合为统一的华南大陆而形成的一条标志性造山带（郭令智等，1980，1984，1996；水涛，1987；水涛等，1988；Chen et al.，1991；Charvet et al.，1996；Li et al.，2002，2007a；Li，1999；Li et al.，2009；Zhou et al.，2009；Zhao and Cawood，2012；Zheng et al.，2013；Yao et al.，2014，2015；Wang et al.，2014c；Zhao，2015；Zhang et al.，2015；Li et al.，2016d）。该古陆呈SW—NE向展布，跨广西北部、贵州东南、湖南西北、江西北部至安徽南部和浙江，主要分布晚前寒武纪浅变质岩系（黄汲清，1954）。然而，江南古陆自元古宙形成以来，就不断遭受陆内构造-岩浆改造，从早古生代的加里东运动到中生代的印支运动和燕山运动，都对该古陆产生巨大的影响（丘元禧等，1998；Li et al.，1999，2008；Yan et al.，2003；Shu et al.，2004；2015；Zhou et al.，2006；Li and Li，2007；Zheng et al.，2007；Faure et al.，2009；Wang et al.，2013b；Xu et al.，2014；Li et al.，2016a；Xu et al.，2017a，2017b；Zhao et al.，2018）。江南古陆位于华南板块核部、远离板块边缘，因此，研究其构造-岩浆演化对揭示华南板块内部变形特征及动力学机制将起到关键作用。虽然前人进行了大量构造地质学、年代学和地球化学等研究，但在对构造现象的解释上仍存在明显分歧，同时缺少完整的构造剖析与造山带剖面，也无法形成一个全局性的构造格架（Lin et al.，2018）。

Li等（2016a）通过对江南古陆中段湘东北地区构造变形观察及组构热年代学和地质年代学研究，认为该中段组构记录了四个阶段的构造变形：第一个阶段的构造变形与NW—SE向挤压有关，发生于早古生代460~420Ma，是EW向右旋剪切和NW向逆冲剪切共同作用的结果，这个剪切作用在绿片岩相（400~500℃）条件下于网状高应变带被可变地扩散，与华南和澳大利亚大陆缝合所引起的外来驱动导致连续的扬子-华夏地块汇聚有关；第二个阶段不均一地叠置于第一个阶段，以中三叠世近EW向褶皱为特征，反映了近SN向压缩，其变形动力学机制来源于华南与印支和华北地块的大陆碰撞；第三个阶段以局部出现NW向和SE向边缘逆断层（vergent thrusts）为标志，这些逆断层横截晚侏罗世近EW向褶皱，可能与古太平洋板块的NW向俯冲有关；第四个阶段的构造变形发生于白垩纪时期，卷入正断层作用和构造去顶或抬升和剥蚀，进而导致盆地打开和接近衡山拆离断层下盘$^{40}Ar/^{39}Ar$年龄的重置，因而认为这个构造变形事件与俯冲的太平洋板块的板块后撤有关。大量事实也记录了华南广泛存在区域性的NW—SE向白垩纪地壳伸展事件，具体体现为裂谷作用、盆地沉积、穹隆作用和迅速剥露（Lin et al.，2000；Shu et al.，2009；Li et al.，2012；Wang and Shu，2012）。热年代学则制约其伸展事件发生于136~80Ma（Li et al.，2016b），与同时期伸展有关的岩浆作用一致（136~86Ma：Zhou and Li，2000；Li，2000；Zhou et al.，2006）。因而这个区域性的同时的大陆伸展和岩浆作用往往用俯冲的古太平洋板块后撤来解释，并认为得到大量的地理、地质、地球化学和年代学证据的支持（Engebretson et al.，1985；Zhou and Li，2000；Jiang et al., 2011；Li et al., 2014a, 2014b；Jahn et al., 1976；Gilder et al., 1996；Chen and Jahn, 1998)。根据构造学和地质年代学综合研究，Li 等（2014a）进一步认为白垩纪—早古近纪时期位于江南古陆北东段的浙江地区火山-沉积盆地经历了多阶段变形，并导致交替的伸展和挤压构造事件出现：①136 ~ 91Ma 的 NW—SE 向伸展导致了原型盆地打开和同时期多幕次火山-沉积旋回；②早白垩世时期由于 NW—SE 向挤压作用使裂谷盆地反转，并由此产生多组反转构造（以出现角度不整合为代表），标志该伸展事件结束；③晚白垩世构造应力场发生戏剧性变化，又以 N—S 向伸展占主导地位，从而形成了控制晚白垩世沉积的 E—W 向和 ENE 向正断层；④早古近纪晚期，构造应力场又改变为 NE—SW 向挤压，产生了卷入更年轻地层的多组反转构造。不过，Li 等（2014a）认为对早-中白垩世盆地演化起重要作用的 NW—SE 向构造应力起源于古太平洋板块俯冲的深部动力学过程，而影响晚白垩世—早古近纪盆地演化的 N—S 向和 NE—SW 向构造应力来源于沿新特提斯构造域因俯冲和碰撞所引起的远程效应（Su et al., 2017）。

位于江南古陆中段的湘东北地区表现为典型的盆-岭构造格局，并发育一系列以金为主的金-铅-锌-铜-钴多金属矿床和稀有金属矿床（图 0-1）。该盆-岭构造式样整体呈 NE—NNE 向，由一系列盆地和与之相间的断隆组成，盆地与断隆边缘则由系列 NE—NNE 向走滑断裂相联系，并出露幕阜山、连云山和望湘等变质核杂岩或伸展穹隆构造。舒良树和王德滋（2006）认为，湘东北地区盆-岭构造框架与美国西部盆岭省（Parsons et al., 1994；Lerch et al., 2008；Egger and Miller, 2011）存在诸多相似性，如均受太平洋构造体制制约、受古太平洋板块俯冲影响的开始时间相近、板块俯冲角度均在早-晚白垩世之交发生变化、均程度不等地发育了科迪勒拉型伸展构造和变质核杂岩、伸展盆地与花岗岩山岭的形成背景相似，但两者在岩石组合、形成时代、地幔柱活动、俯冲带位置迁移、基底固结程度与变质核杂岩等则具显著差异性。然而，这些显著差异性到底蕴含着什么样的深刻内容，目前尚未有过系统和详细的研究。

基于湘东北地区的陆内伸展变形构造在江南古陆形成演化过程中显示出特殊的地位，本书以该区为关键解剖对象，目的是通过整体分析和系统研究这些伸展构造几何学、运动学和年代学等特征，以阐明它们形成演化的动力学来源，为正确理解陆内构造-岩浆活化过程和动力学机制以及金（多金属）成矿作用提供重要依据，也为研究华南地质演化和大规模成矿事件提供证据，并使其成为典型的陆内造山带之一。

特别是，由于花岗质岩浆侵位普遍由内部动力学和外部构造作用控制（Bouchez, 1997；Miller et al., 2009；Lehmann et al., 2013；Žák et al., 2013；Paterson et al., 2019；Meng and Lin, 2021 及文中参考文献），而其随后的剥露又通常与区域性韧性剪切带相联系（Bouchez et al., 1990；Archanjo et al., 2002；Rabillard et al., 2015；Wei et al., 2016；Chu et al., 2019 及文中参考文献），因此，花岗质岩的侵位—剥露历史蕴藏着有意义的构造演化信息（Lin et al., 2013；Ji et al., 2018），而该侵位—剥露历史可通过组构模式、深部形态和岩体边缘主要韧性剪切带的动力学，并结合构造解析方法、磁化率各向异性（AMS）和重力调查予以揭示。此外，碎屑锆石 U-Pb 地质年代学也被广泛应用以确定原始源区中矿物结晶年龄、示踪盆地内沉积物碎屑颗粒的来源以及不同源区岩对盆地沉积物的贡献（Griffin et al., 2004；Haines et al., 2016；Guo et al., 2017；Barham et al., 2018）。又因为沉积地层序列中碎屑锆石年龄群的变化指示了不同地体的剥蚀特征，而后者往往与构造活动导致源区的改变相联系，所以利用碎屑锆石年龄群的变化及锆石原位 Hf 同位素组成特征，不仅可以约束碎屑沉积岩的源区特征和最大沉积年龄，建立不同地层层序间的时空联系（Gerdes and Zeh, 2006；Zhao et al., 2011；Cawood et al., 2013；May et al., 2013；Wang et al., 2014b），而且还可以重建不同陆块或微大陆的可能隶属关系，揭示古大陆或古陆的构造历史和构造事件，并恢复古地理特征（Wang et al., 2007a；Wang et al., 2013a；Wang et al., 2013c；Wang et al., 2014b；Armandola et al., 2018），这些也是研究盆地形成和造山过程地球动力学的一个关键因素（Zou et al., 2017）。故此，本书还对湘东北地区不同时期的岩浆作用特征和（变质）沉积演化环境进行了系统研究，以期阐明陆内伸展变形构造特征。

自 20 世纪 80 年代末至今的三十多年，东华理工大学（原华东地质学院）、中国科学院广州地球化学

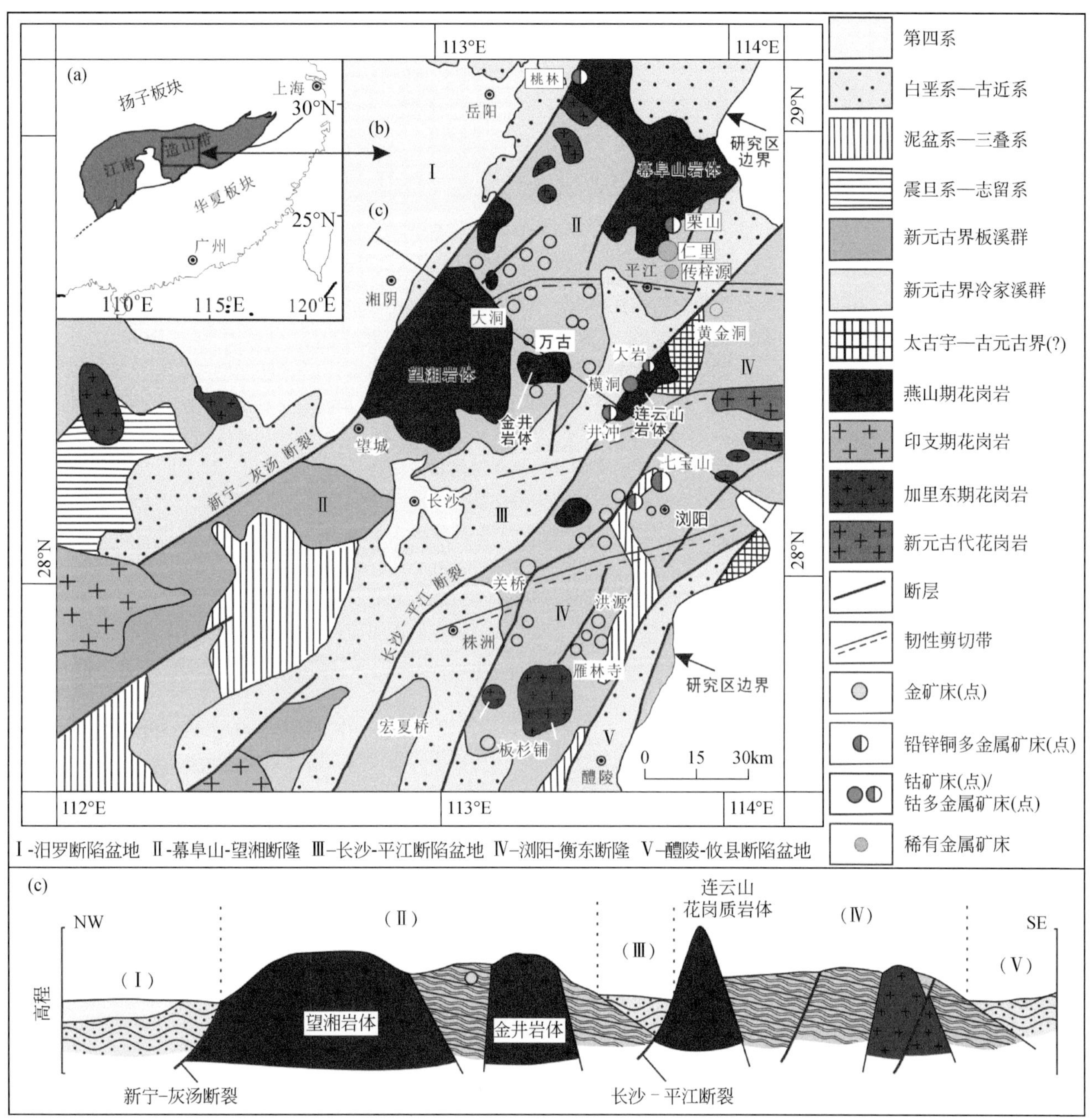

图 0-1　湘东北区域地质（a）和构造、地层、岩浆岩与矿床分布略图（b）（c）

研究所（含原中国科学院长沙大地构造研究所）、湖南省地质矿产勘查开发局四〇二队、中南大学等单位联合，在科技部、国家自然科学基金委员会、中国科学院、自然资源部中国地质调查局、湖南省科学技术厅、湖南省自然资源厅、湖南省自然科学委员会等单位的支持下，应用现代观察手段和关键分析测试技术，着重对湘东北地区，特别是其晚中生代以来的伸展变形构造开展了系统的几何学、运动学和动力学分析，并结合对与伸展构造密切相关的岩浆岩、（变质）沉积岩的岩浆作用背景和沉积构造环境研究，以期为阐明湘东北，乃至包括江南古陆在内的华南内陆晚中生代大地构造体制及形成演化的动力学机制提供重要信息，同时为揭示包括湘东北地区在内的江南古陆金（多金属）大规模成矿的发生原因提供可靠证据。

参考文献

陈国达．1956. 中国地台“活化区”的实例并着重讨论“华夏古陆”问题．地质学报，36（3）：239-271.

陈国达．1960. 地洼区的特征和性质及其与所谓“准地台”的比较．地质学报，40（2）：39-58.

陈国达，杨心宜，梁新权．2001. 中国华南活化区历史—动力学的初步研究．大地构造与成矿学，25（3）：228-238.

陈卫锋，陈培荣，周新民，等．2006. 湖南阳明山岩体的 La-ICP-MS 锆石 U-Pb 定年及成因研究．地质学报，80（7）：1065-1077.

陈卫锋，陈培荣，黄宏业，等．2007. 湖南白马山岩体花岗岩及其包体的年代学和地球化学研究．中国科学 D 辑：地球科学，37（7）：873-893.

陈印，朱光，姜大志，等．2014. 云蒙山变质核杂岩的变形规律与发育机制．科学通报，59（16）：1525-1541.

崔盛芹．1999. 论全球性中–新生代陆内造山作用与造山带．地学前缘，6（4）：283-293.

崔盛芹，李锦蓉，吴珍汉，等．2002. 燕山地区中新生代陆内造山．北京：地质出版社：1-386.

丁兴，陈培荣，陈卫锋，等．2005. 湖南沩山花岗岩中锆石 LA-ICP-MS U-Pb 定年：成岩启示和意义．中国科学 D 辑：地球科学，35（7）：606-616.

董树文，何大林，石永红．1993. 安徽董岭花岗岩类的构造特征及侵位机制．地质科学，28（1）：10-20，106.

董树文，张岳桥，陈宣华，等．2008. 晚侏罗世东亚多向汇聚构造体系的形成与变形特征．地球学报，29（3）：306-317.

董树文，张岳桥，李海龙，等．2019.“燕山运动”与东亚大陆晚中生代多板块汇聚构造——纪念“燕山运动”90 周年．中国科学：地球科学，49（6）：913-938.

傅昭仁，李德威，李先福，等．1992. 变质核杂岩及拆离断层的控矿构造解析．武汉：中国地质大学出版社．

葛良胜，王治华，杨贵才，等．2012. 晋东北燕山期岩浆活动与金多金属成矿作用动力学．岩石学报，28（2）：619-636.

葛良胜，邓军，王长明．2013. 构造动力体制与成矿环境及成矿作用——以三江复合造山带为例．岩石学报，29（4）：1115-1128.

葛肖虹，刘俊来，任收麦，等．2014. 中国东部中–新生代大陆构造的形成与演化．中国地质，41（1）：19-38.

郭令智，施央申，马瑞士．1980. 华南大地构造格架和地壳演化//地质部书刊编辑室．国际交流地质学术论文集（1）．北京：地质出版社：109-116.

郭令智，施央申，马瑞士，等．1984. 中国东南部地体构造的研究．南京大学学报（自然科学），20（4）：732-739.

郭令智，卢华复，施央申，等．1996. 江南中、新元古代岛弧的运动学和动力学．高校地质学报，2（1）：1-13.

何治亮，汪新伟，李双建，等．2011. 中上扬子地区燕山运动及其对油气保存的影响．石油实验地质，33（1）：1-11.

胡瑞忠，毛景文，毕献武，等．2008. 浅谈大陆动力学与成矿关系研究的若干发展趋势．地球化学，（4）：344-352.

胡瑞忠，毛景文，华仁民，等．2015. 华南陆块陆内成矿作用．北京：科学出版社：1-903.

湖南省地质调查院．2017. 湖南志．北京：地质出版社：1-978.

华仁民，毛景文．1999. 试论中国东部中生代成矿大爆发．矿床地质，18（4）：300-308.

黄汲清．1954. 中国主要地质构造单位．北京：地质出版社．

季强，陈文，王五力，等．2004. 中国辽西中生代热河生物群．北京：地质出版社：1-357.

贾承造，魏国齐，李本亮．2005. 中国中西部燕山期构造特征及其油气地质意义．石油与天然气地质，26（1）：9-15.

贾大成，胡瑞忠，李东阳，等．2004. 湘东南地幔柱对大规模成矿的控矿作用．地质与勘探，40（2）：32-35.

金维群，刘姤群，张录秀，等．2000. 湘东北铜多金属矿床控岩控矿构造研究．华南地质与矿产，（2）：51-57.

李洪奎，禚传源，耿科，等．2017. 郯-庐断裂带陆内伸展构造：以沂沭断裂带的表现特征为例．地学前缘，24（2）：73-84.

李华芹，王登红，陈富文，等．2008. 湖南雪峰山地区铲子坪和大坪金矿成矿作用年代学研究．地质学报，82（7）：900-905.

李三忠，张国伟，周立宏，等．2011. 中、新生代超级汇聚背景下的陆内差异变形：华北伸展裂解和华南挤压逆冲．地学前缘，18（3）：79-106.

李晓峰，华仁民，马东升，等．2019. 大陆岩石圈伸展与斑岩铜矿成矿作用．岩石学报，35（1）：76-88.

李忠，刘少峰，张金芳，等．2003. 燕山典型盆地充填序列及迁移特征对中生代构造转折的响应．中国科学 D 辑：地球科学，33（10）：931-940.

林伟，Faure M，Lepvrier C，等．2011. 华南板块南缘早中生代的逆冲推覆构造及其相关的动力学背景．地质科学，46（1）：134-145.

罗志高，王岳军，张菲菲，等. 2010. 金滩和白马山印支期花岗岩体 LA-ICP-MS 锆石 U-Pb 定年及其成岩启示. 大地构造与成矿学，34（2）：282-290.
马杏垣. 1982. 论伸展构造. 地球科学——武汉地质学院学报，18（3）：15-22.
马寅生，崔盛芹，曾庆利，等. 2002. 燕山地区燕山期的挤压与伸展作用. 地质通报，21（4-5）：218-223.
毛景文，谢桂青，李晓峰，等. 2004. 华南地区中生代大规模成矿作用与岩石圈多阶段伸展. 地学前缘，11（1）：45-55.
毛景文，谢桂青，张作衡，等. 2005. 中国北方中生代大规模成矿作用的期次及其地球动力学背景. 岩石学报，21（1）：171-190.
梅廉夫，刘昭茜，汤济广，等. 2010. 湘鄂西-川东中生代陆内递进扩展变形：来自裂变径迹和平衡剖面的证据. 地球科学——中国地质大学学报，35（2）：161-174.
漆家福，杨桥. 2012. 陆内裂陷盆地构造动力学分析. 地学前缘，19（5）：19-26.
丘元禧，张渝昌，马文璞. 1998. 雪峰山陆内造山带的构造特征与演化. 高校地质学报，4（4）：432-443.
丘元禧，张渝昌，马文璞. 1999. 雪峰山的构造性质与演化. 北京：地质出版社：1-155.
任纪舜，陈廷愚，牛宝贵. 1990. 中国东部及邻区大陆岩石圈的构造演化与成矿. 北京：科学出版社：1-218.
任建业，李思田. 1998. 东北亚断陷盆地系与北美西部盆岭省伸展作用对比. 地质科技情报，17（3）：7-11.
沈晓明，张海祥，张伯友. 2008. 华南中生代变质核杂岩构造及其与岩石圈减薄机制的关系初探. 大地构造与成矿学，32（1）：11-19.
舒良树，王德滋. 2006. 北美西部与中国东南部盆岭构造对比研究. 高校地质学报，12（1）：1-13.
舒良树，孙岩，王德滋，等. 1998. 华南武功山中生代伸展构造. 中国科学 D 辑：地球科学，28（5）：431-438.
水涛. 1987. 中国东南大陆基底构造格局. 中国科学 B 辑：化学，（4）：78-86.
水涛，徐步台，谍如华，等. 1988. 中国浙闽变质基底地质. 北京：科学出版社：1-88.
万天丰，赵维明. 2002. 论中国大陆的板内变形机制. 地学前缘，9（2）：451-463.
王清晨，蔡立国. 2007. 中国南方显生宙大地构造演化简史. 地质学报，81（8）：1025-1040.
吴福元，徐义刚，高山，等. 2008. 华北岩石圈减薄与克拉通破坏研究的主要学术争论. 岩石学报，24（6）：1145-1174.
吴根耀. 2001. 古深断裂活化与燕山期陆内造山运动——以川南-滇东和中扬子褶皱-冲断系为例. 大地构造与成矿学，25（3）：246-253.
吴根耀，马力，陈焕疆，等. 2003. 苏皖地块构造演化、苏鲁造山带形成及其耦合的盆地发育. 大地构造与成矿学，27（4）：337-353.
吴根耀，王伟锋，迟洪星. 2012. 黔南坳陷及邻区盆地演化和海相沉积的后期改造. 古地理学报，14（4）：507-521.
谢家荣. 1937. 北平西山地质构造概说评述. 地质论评，2（4）：269-287.
邢作云，邢集善，赵斌，等. 2006. 华北地区两个世代深部构造的识别及其意义——燕山运动与深部过程. 地质论评，52（4）：433-441.
徐树桐，刘贻灿，江来利. 2002. 大别山造山带的构造几何学和运动学. 合肥：中国科学技术大学出版社：1-133.
许志琴，姜枚，杨经绥. 1996. 青藏高原北部隆升的深部构造物理作用——以"格尔木-唐古拉山"地质及地球物理综合剖面为例. 地质学报，70（3）：195-206.
颜丹平，赵其强，汪新文. 1993. 滇西新构造运动时期陆内伸展作用. 现代地质，7（3）：303-311.
尹国胜，谢国刚. 1996. 江西庐山地区伸展构造与星子变质核杂岩. 中国区域地质，（1）：17-26.
曾勇，杨明桂. 1999. 赣中碰撞混杂岩带. 中国区域地质，18（1）：17-22.
翟明国. 2008. 华北克拉通中生代破坏前的岩石圈地幔与下地壳. 岩石学报，24（10）：2185-2204.
翟明国. 2010. 华北克拉通的形成演化与成矿作用. 矿床地质，29（1）：24-36.
翟明国. 2011. 华北古陆与克拉通化. 中国科学：地球科学，54：1110-1120.
翟明国. 2020. 大陆成矿学//国家自然科学基金委员会，中国科学院. 中国学科发展战略. 北京：科学出版社：1-439.
翟明国. 2021. 鄂尔多斯地块是破解华北早期大陆形成演化和构造体制谜团的钥匙. 科学通报，66（26）：3441-3461.
翟明国，朱日祥，刘建明，等. 2003. 华北东部中生代构造体制转折的关键时限. 中国科学 D 辑：地球科学，33（10）：913-920.
翟明国，孟庆任，刘建明. 等. 2004. 华北东部中生代构造体制转折峰期的主要地质效应和形成动力学探讨. 地学前缘，11（3）：285-297.
张长厚，吴淦国，王根厚. 等. 2004. 冀东地区燕山中段北西向构造带：构造属性及其年代学. 中国科学 D 辑：地球科学，34（7）：600-612.

张国伟，张本仁，袁学诚，等．2001. 秦岭造山带与大陆动力学．北京：科学出版社：1-855.

张宏仁．1998. 燕山事件．地质学报，72（2）：103-111.

张宏仁，张永康，蔡向民，等．2013. 燕山运动的“绪动”——燕山事件．地质学报，87（12）：1779-1790.

张进江，郑亚东．1998. 变质核杂岩与岩浆作用成因关系综述．地质科技情报，17（1）：19-25.

张岳桥，董树文，赵越，等．2007. 华北侏罗纪大地构造：综评与新认识．地质学报，81（11）：1462-1480.

赵越．1990. 燕山地区中生代造山运动及构造演化．地质论评，36（1）：1-13.

赵越，杨振宇，马醒华．1994. 东亚大地构造发展的重要转折．地质科学，29（2）：105-119.

赵越，徐刚，张拴宏，等．2004a. 燕山运动与东亚构造体制的转变．地学前缘，11（3）：319-328.

赵越，张拴宏，徐刚，等．2004b. 燕山板内变形带侏罗纪主要构造事件．地质通报，23（9-10）：854-863.

郑亚东，Davis G A，王琮，等．2000. 燕山带中生代主要构造事件与板块构造背景问题．地质学报，74（4）：289-302.

周岳强，许德如，董国军，等．2019. 湖南长沙-平江断裂带构造演化及其控矿作用．东华理工大学学报（自然科学版），42（3）：201-208.

朱日祥，徐义刚，朱光，等．2012. 华北克拉通破坏．中国科学：地球科学，42（8）：1135-1159.

Archanjo C J，Trindade，R I F，Bouchez J L，et al. 2002. Granite fabrics and regional-scale strain partitioning in the Seridóbelt（Borborema Province，NE Brazil）. Tectonics，21（1）：1003.

Armandola S，Barham M，Reddy S M，et al. 2018. Footprint of a large intracontinental rifting event：coupled detrital zircon geochronology and geochemistry from the Mesoproterozoic Collier Basin，Western Australia. Precambrian Research，318：156-169.

Avouac J P，Tapponnier P，Bai M，et al. 1993. Active thrusting and folding along the northern Tien Shan and late Cenozoic rotation of the Tarim relative to Dzungaria and Kazakhstan. Journal of Geophysical Research，98（B4）：6755-6804.

Barham M，Reynolds S，Kirkland C L，et al. 2018. Sediment routing and basin evolution in Proterozoic to Mesozoic east Gondwana：a case study from southern Australia. Gondwana Research，58：122-140.

Bouchez J L. 1997. Granite is never isotropic：an introduction to AMS studies of granitic rocks// Bouchez J L，Hutton D H W，Strphens W E. Granite：from segregation of melt to emplacement fabrics. Paris，France：Springer Science and Business Media：95-112.

Bouchez J L，Gleizes G，Djouadi T，et al. 1990. Microstructure and magnetic susceptibility applied to emplacement kinematics of granites：the example of the Foix pluton（French Pyrenees）. Tectonophysics，184（2）：157-171.

Carter A，Clift P D. 2008. Was the Indosinian orogeny a Triassic mountain building or a thermotectonic reactivation event? Comptes Rendus Géoscience，340（2-3）：83-93.

Carter A，Roques D，Bristow C，et al. 2001. Understanding Mesozoic accretion in Southeast Asia：significance of Triassic thermotectonism（Indosinian orogeny）in Vietnam. Geology，29（3）：211-214.

Cawood P A，Hawkesworth C J，Dhuime B. 2013. Detrital zircon record and tectonic setting. Geology，40（10）：875-878.

Charvet J，Shu L S，Shi Y S，et al. 1996. The building of south China：collision of Yangzi and Cathaysia blocks，problems and tentative answers. Journal of Southeast Asian Earth Sciences，13（3-5）：223-235.

Charvet J，Shu L S，Faure M，et al. 2010. Structural development of the Lower Paleozoic belt of South China：genesis of an intracontinental orogen. Journal of Asian Earth Sciences，39（4）：309-330.

Chen A. 1998. Geometric and kinematic evolution of basement-cored structure：intraplate orogenesis within the Yanshan Orogen，North China. Tectonophysics，292（1-2）：17-42.

Chen A. 1999. Mirror-image thrusting in the South China Orogenic Belt：tectonic evidence from western Fujian，southeastern China. Tectonophysics，305（4）：497-519.

Chen J F，Jahn B M. 1998. Crustal evolution of southeastern China：Nd and Sr isotopic evidence. Tectonophysics，284（1-2）：101-133.

Chen J F，Foland K A，Xing F M，et al. 1991. Magmatism along the southeast margin of the Yangtze block：precambrian collision of the Yangtze and Cathysia blocks of China. Geology，19（8）：815-818.

Chen W F，Chen P R，Zhou X M，et al. 2007. Single zircon LA-ICP-MS U-Pb dating of the Guandimiao and Wawutang granitic plutons in Hunan，South China and its Petrogenetic Significance. Acta Geologica Sinica，81（1）：81-89.

Chen Y J，Guo G J，Li X. 1998. Metallogenic geodynamic background of gold deposits in Granite-greenstone terrains of North China Craton. Science in China Series D：Earth Sciences，41（2）：113-120.

Chu Y，Lin W. 2018. Strain analysis of the Xuefengshan Belt，South China：from internal strain variation to formation of the orogenic curvature. Journal of Structural Geology, 116: 131-145.

Chu Y, Faure M, Lin W, et al. 2012. Early Mesozoic tectonics of the South China block: insights from the Xuefengshan intracontinental orogen. Journal of Asian Earth Sciences, 61: 199-220.

Chu Y, Lin W, Faure M, et al. 2019. Cretaceous episodic extension in the South China Block, East Asia: evidence from the Yuechengling massif of Central South China. Tectonics, 38 (10): 3675-3702.

Chu Y, Lin W, Faure M, et al. 2020. Cretaceous exhumation of the Triassic intracontinental Xuefengshan Belt: delayed unroofing of an orogenic plateau across the South China Block? Tectonophysics, 793: 228592.

Cong B, Zhai M, Carswell D A, et al. 1995. Petrogenesis of ultrahigh-pressure rocks and their country rocks at Shuanghe in Dabieshan, Central China. European Journal of Mineralogy, 7 (1): 119-138.

Cooper F J, Platt J P, Behr W M. 2017. Rheological transitions in the middle crust: insights from Cordilleran metamorphic core complexes. Solid Earth, 8 (1): 199-215.

Coward M P, Butler R W H, Khan M A, et al. 1987. The tectonic history of Kohistan and its implications for Himalayan structure. Journal of the Geological Society, 144 (3): 377-391.

Darby B J, Ritts B D. 2002. Mesozoic contractional deformation in the middle of the Asian tectonic collage: the intraplate western Ordos fold-thrust belt, China. Earth and Planetary Science Letters, 205 (1): 13-24.

Darby B J, Davis G A, Zhang X H, et al. 2004. The newly discovered Waziyu metamorphic core complex, Yiwulushan, Western Liaoning Province, North China. Earth Science Frontiers, 11 (3): 145-155.

Davis G A, Zheng Y D. 1988. A possible cordilleran-type metamorphic core complex beneath the Great Wall near Hefangkou, Huairou County, Northern China. Geological Society of America (Abstract Programs), 20: 324.

Davis G A, Qian X, Zheng Y D, et al. 1996. Mesozoic deformation and plutonism in the Yunmeng Shan: a metamorphic core complex north of Beijing, China//Yin A, Harrison T M. The Tectonic Evolution of Asia. Cambridge, the United Kingdon: Cambridge University Press: 253-280.

Davis G A, Wang C, Zheng Y, et al. 1998. The enigmatic Yinshan fold-and-thrust belt of northern China: new views on its intraplate contractional styles. Geology, 26 (1): 43-46.

Davis G A, Zheng Y D, Wang C, et al. 2001. Mesozoic tectonic evolution of the Yanshan fold and thrust belt, with emphasis on Hebei and Liaoning provinces, Northern China//Hendrix M S, Davis G A. Paleozoic and mesozoic tectonic evolution of Central and Eastern Asia: from continental assembly to intracontinental deformation. Memoir of Geological Society of America, 194: 171-197.

Davis G A, Darby B J, Zheng Y, et al. 2002. Geometric and temporal evolution of an extensional detachment fault, Hohhot metamorphic core complex, inner Mongolia, China. Geology, 30 (11): 1003-1006.

Davis G A, Meng J, Cao W, et al. 2009. Triassic and Jurassic tectonics in the eastern Yanshan belt, North China: insights from the controversial Dengzhangzi formation and its neighboring units. Earth Science Frontiers, 16 (3): 69-86.

Dickinson W R, Snyder W S. 1978. Plate tectonics of the Laramide orogeny//Matthews V. Laramide folding associated with Basement Block faulting in the Western United States. Memoir of the Geological Society of America, 151 (3): 355-366.

Dong S W, Zhang Y Q, Zhang F Q, et al. 2015. Late Jurassic-Early Cretaceous continental convergence and intracontinental orogenesis in East Asia: a synthesis of the Yanshan Revolution. Journal of Asian Earth Sciences, 114: 750-770.

Egger A E, Miller E L. 2011. Evolution of the northwestern margin of the Basin and Range: the geology and extensional history of the Warner Range and environs, Northeastern California. Geosphere, 7 (3): 756-773.

Engebretson D C, Cox A, Gordon R G. 1985. Relative motion between oceanic and continental plates in the Pacific basin. Geological Society of America, Special Paper, 206: 1-59.

Enkelmann E, Weislogel A, Ratschbacher L, et al. 2007. How was the Triassic Songpan-Ganzi basin filled? A provenance study. Tectonics, 26 (4): TC4007.

Faure M, Sun Y, Shu L, et al. 1996. Extensional tectonics within a subduction-type orogen. The case study of the Wugongshan dome (Jiangxi Province, southeastern China) . Tectonophysics, 263 (1-4): 77-106.

Faure M, Lin W, Sun Y. 1998. Doming in the southern foreland of the Dabieshan (Yangtse block, China) . Terra Nova, 10 (6): 307-311.

Faure M, Lin W, Shu L S, et al. 1999. Tectonics of the Dabieshan (Eastern China) and possible exhumation mechanism of ultra-high-pressure rocks. Terra Nova, 11 (6): 251-258.

Faure M, Lin W, Monié P, et al. 2008. Paleozoic collision between the North and South China blocks, Early Triassic tectonics and the problem of the ultrahigh-pressure metamorphism. Comptes Rendus Géoscience special issue Triassic Tectonics in East Asia, 340 (2-3): 139-150.

Faure M, Shu L S, Wang B, et al. 2009. Intracontinental subduction: a possible mechanism for the Early Palaeozoic Orogen of SE China. Terra Nova, 21 (5): 360-368.

Faure M, Lin W, Chen Y. 2012. Is the Jurassic (Yanshanian) intraplate tectonics of north China due to westward indentation of the North China Block? Terra Nova, 24 (6): 456-466.

Fossen H, Cavalcante G C G. 2017. Shear zones—a review. Earth-Science Reviews, 171: 434-455.

Friedmann S J, Burbank D W. 1995. Rift basins and supradetachment basins: intracontinental extensional end-members. Basin Research, 7 (2): 109-127.

Gao S, Rudnick R L, Yuan H L, et al. 2004. Recycling lower continental crust in the North China Craton. Nature, 432 (7019): 892-897.

Gerdes A, Zeh A. 2006. Combined U-Pb and Hf isotope LA-(MC-) ICP-MS analyses of detrital zircons: comparison with SHRIMP and new constraints for the provenance and age of an Armorican metasediment in Central Germany. Earth and Planetary Science Letters, 249 (1-2): 47-61.

Gilder S A, Keller G R, Luo M, et al. 1991. Eastern Asia and the Western Pacific timing and spatial distribution of rifting in China. Tectonophysics, 197: 225-243.

Gilder S A, Gill J, Coe R S, et al. 1996. Isotopic and paleomagnetic constraints on the Mesozoic tectonic evolution of south China. Journal of Geophysical Research: Solid Earth, 101 (B7): 16137-16154.

Griffin W L, Belousova E A, Shee S R, et al. 2004. Archean crustal evolution in the northern Yilgarn Craton: U-Pb and Hf-isotope evidence from detrital zircons. Precambrian Research, 131 (3-4): 231-282.

Guo L, Zhang H F, Harris N, et al. 2017. Detrital zircon U-Pb geochronology, trace-element and Hf isotope geochemistry of the metasedimentary rocks in the Eastern Himalayan syntaxis: tectonic and paleogeographic implications. Gondwana Research, 41: 207-221.

Hacker B R, Wang Q C. 1995. $^{40}Ar/^{39}Ar$ Geochronology of Ultrahigh-Pressure Metamorphism in Central China. Tectonics, 14 (4), 994-1006.

Hacker B R, Ratschbacher L, Webb L E, et al. 1998. U-Pb zircon ages constrain the architecture of the ultrahigh-pressure Qinling-Dabie orogen, China. Earth and Planetary Science Letters, 161 (1-4): 215-230.

Hacker B R, Wallis S R, Ratschbacher L, et al. 2006. High-temperature geochronology constraints on the tectonic history and architecture of the ultrahigh-pressure Dabie-Sulu Orogen. Tectonics, 25 (5): 17.

Haines P W, Kirkland C L, Wingate M T D, et al. 2016. Tracking sediment dispersal during orogenesis: a zircon age and Hf isotope study from the western Amadeus Basin, Australia. Gondwana Research, 37: 324-347.

Harrowfield M J, Wilson C J L. 2005. Indosinian deformation of the Songpan Garze Fold Belt, northeast Tibetan Plateau. Journal of Structural Geology, 27 (1): 101-117.

Hart C J, Goldfarb R J, Qiu Y, et al. 2002. Gold deposits of the northern margin of the North China Craton: multiple late Paleozoic-Mesozoic mineralizing events. Mineralium Deposita, 37 (3-4): 326-351.

Heberer B, Anzenbacher T, Neubauer F, et al. 2014. Polyphase exhumation in the western Qinling Mountains, China: rapid Early Cretaceous cooling along a lithospheric-scale tear fault and pulsed Cenozoic uplift. Tectonophysics, 617 (4): 31-43.

Hou Z Q, Yang Z M, Qu X M, et al. 2009. The Miocene Gangdese porphyry copper belt generated during post-collisional extension in the Tibetan orogeny. Ore Geology Reviews, 36 (1-3): 25-51.

Hou Z Q, Li Q Y, Gao Y F, et al. 2015a. Lower-crustal magmatic hornblendite in North China Craton: insight into the genesis of porphyry Cu deposits. Economic Geology, 110 (7): 1879-1904.

Hou Z Q, Yang Z M, Lu Y J, et al. 2015b. A genetic linkage between subduction-and collision-related porphyry Cu deposits in continental collision zone. Geology, 43 (3): 247-250.

Hsü K J, Sun S, Li J L, et al. 1988. Mesozoic overthrust tectonics in South China. Geology, 16 (5): 418-421.

Hsü KJ, Li J L, Chen H H, et al. 1990. Tectonics of South China: key to understanding West Pacific geology. Tectonophysics, 183 (1-4): 9-39.

Hu F F, Fan H R, Yang J H, et al. 2004. Mineralizing age of the Rushan lode gold deposit in the Jiaodong Peninsula: SHRIMP U-Pb dating on hydrothermal zircon. Chinese Science Bulletin, 49 (15): 1629-1636.

Hu R Z, Chen W T, Xu D R, et al. 2017. Reviews and new metallogenic models of mineral deposits in South China: an introduction. Journal of Asian Earth Sciences, 137: 1-8.

Hua R, Chen P, Zhang W, et al. 2003. Metallogenic systems related to Mesozoic and Cenozoic granitoids in South China. Science in China Series D: Earth Sciences, 46 (8): 816-829.

Jahn B M, Chen P Y, Yen T P. 1976. Rb-Sr ages of granitic rocks in southeastern China and their tectonic significance. Geological Society of American Bulletin, 87 (5): 763-776.

Jahn B M, Zhou X H, Li J L. 1990. Formation and tectonic evolution of southeastern China and Taiwan—isotopic and geochemical constraints. Tectonophysics, 183 (1-4): 145-160.

Ji W B, Faure M, Lin W, et al. 2018. Multiple emplacement and exhumation history of the Late Mesozoic Dayunshan-Mufushan batholith in southeast China and its tectonic significance: 1. Structural analysis and geochronological constraints. Journal of Geophysical Research: Solid Earth, 123 (1): 689-710.

Jiang X Y, Li X H. 2014. In situ zircon U-Pb and Hf-O isotopic results for ca. 73Ma granite in Hainan Island: implications for the termination of an Andean-type active continental margin in southeast China. Journal of Asian Earth Sciences, 82: 32-46.

Jiang Y H, Jiang S Y, Dai B Z, et al. 2009. Middle to late Jurassic felsic and mafic magmatism in southern Hunan province, southeast China: implications for a continental arc to rifting. Lithos, 107 (3-4): 185-204.

Jiang Y H, Zhao P, Zhou Q, et al. 2011. Petrogenesis and tectonic implications of Early Cretaceous S-and A-type granites in the northwest of the Gan-Hang rift, SE China. Lithos, 121 (1-4): 55-73.

Kudriavtcev I V, Petrov O V, Kashubin S N, et al. 2018. Brittle and ductile deformation in extensional tectonic settings within the Central Asian Orogenic Belt (evidence from Geotransect *East Siberian Plate-Siberian Craton-Central Asian Belt*). Beijing, China: International Symposium on Deep Earth Exploration and Practices.

Lapierre H, Jahn B M, Charvet J, et al. 1997. Mesozoic felsic arc magmatism and continental olivine tholeiites in Zhejiang Province and their relationship with the tectonic activity in southeastern China. Tectonophysics, 274 (4): 321-338.

Lehmann J, Schulmann K, Edel J B, et al. 2013. Structural and anisotropy of magnetic susceptibility records of granitoid sheets emplacement during growth of a continental gneiss dome (Central Sudetes, European Variscan Belt). Tectonics, 32 (3): 797-820.

Lepvrier C, Maluski H, Van Tich V, et al. 2004. The Early Triassic Indosinian orogeny in Vietnam (Truong Son Belt and Kontum Massif); implications for the geodynamic evolution of Indochina. Tectonophysics, 393 (1-4): 87-118.

Lepvrier C, Van Vuong N, Maluski H, et al. 2008. Indosinian tectonics in Vietnam. Competes Rendus Géosciences, special issue Triassic Tectonics in East Asia, 340 (2-3): 94-111.

Lepvrier C, Faure M, Van Vuong N, et al. 2011. North directed nappes in Northeastern Vietnam (East Bac Bo). Journal of Asian Earth Sciences, 41 (1): 56-68.

Lerch D W, Miller E, McWilliams M, et al. 2008. Tectono-magmatic evolution of the northwestern Basin and Range and its transition to unextended volcanic plateaus: black rock range, Nevada. Geological Society of America Bulletin, 120 (3): 300-311.

Li J H, Zhang Y Q, Dong S W, et al. 2012. Late Mesozoic-Early Cenozoic deformation history of the Yuanma Basin, central South China. Tectonophysics, 570-571 (11): 163-183.

Li J H, Zhang Y Q, Dong S W, et al. 2013a. The Hengshan low-angle normal fault zone: structural and geochronological constraints on the Late Mesozoic crustal extension in South China. Tectonophysics, 606: 97-115.

Li J H, Zhang Y Q, Dong S W, et al. 2014a. Cretaceous tectonic evolution of South China: a preliminary synthesis. Earth-Science Reviews, 134 (1): 98-136.

Li J H, Ma Z L, Zhang Y Q, et al. 2014b. Tectonic evolution of Cretaceous extensional basins in Zhejiang Province, Eastern South China: structural and geochronological constraints. International Geological Review, 56 (13): 1602-1629.

Li J H, Dong S W, Zhang Y Q, et al. 2016c. New insights into Phanerozoic tectonics of south China: Part 1, polyphase deformation in the Jiuling and Lianyunshan domains of the central Jiangnan Orogen. Journal of Geophysical Research-Solid Earth, 121 (4): 3048-3080.

Li J H, Shi W, Zhang Y Q, et al. 2016d. Thermal evolution of the Hengshan extensional dome in central South China and its tectonic implications: new insights into low-angle detachment formation. Gondwana Research, 35: 425-441.

Li J W, Zhou M F, Li X F, et al. 2001. The Hunan-Jiangxi strike-slip fault system in southern China: southern termination of the

Tan-Lu fault. Journal of Geodynamics, 32 (3): 333-354.

Li K, Jolivet M, Zhang Z C, et al. 2016a. Long-term exhumation history of the Inner Mongolian Plateau constrained by apatite fission track analysis. Tectonophysics, 666: 121-133.

Li L M, Lin S F, Xing G F, et al. 2016b. Ca. 830Ma back-arc type volcanic rocks in the eastern part of the Jiangnan orogen: implications for the Neoproterozoic tectonic evolution of South China Block. Precambrian Research, 275: 209-224.

Li S Z, Zhao G C, Zhang G W, et al. 2010. Not all folds and thrusts in the Yangtze foreland thrust belt are related to the Dabie Orogen: insights from Mesozoic deformation south of the Yangtze River. Geological Journal, 45 (5-6): 650-663.

Li S Z, Kusky T M, Zhao G C, et al. 2011. Thermalchronological constrains to two-stage extrusion of the HP-UHP Terranes in the Dabie-Sulu Orogen, Central China. Tectonophysics, 504: 25-42.

Li S Z, Suo Y H, Santosh M, et al. 2013b. Mesozoic to Cenozoic intracontinental deformation and dynamics of the North China Craton. Geological Journal, 48 (5): 543-560.

Li X H. 1999. U-Pb zircon ages of granites from the southern margin of the Yangtze Block: timing of Neoproterozoic Jinning: orogeny in SE China and implications for Rodinia Assembly. Precambrian Research, 97 (1-2): 43-57.

Li X H. 2000. Cretaceous magmatism and lithospheric extension in Southeast China. Journal of Asian Earth Sciences, 18 (3): 293-305.

Li X H, Li Z X, Li W X, et al. 2006. Initiation of the Indosinian orogeny in south China: evidence for a Permian Magmatic Arc on Hainan Island. The Journal of Geology, 114 (3): 341-353.

Li X H, Li Z X, Li W X, et al. 2007b. U-Pb zircon, geochemical and Sr-Nd-Hf isotopic constraints on age and origin of Jurassic I- and A-type granites from Central Guangdong, SE China: a major igneous event in response to foundering of a subducted flat-slab? Lithos, 96: 186-204.

Li X H, Li W X, Li Z X. 2007c. On the genetic classification and tectonic implications of the Early Yanshanian granitoids in the Nanling Range, South China. Chinese Science Bulletin, 52 (14): 1873-1885.

Li X H, Li W X, Li Z X, et al. 2009. Amalgamation between the Yangtze and Cathaysia Blocks in South China: constraints from SHRIMP U-Pb zircon ages, geochemistry and Nd-Hf isotopes of the Shuangxiwu volcanic rocks. Precambrian Research, 174 (1-2): 117-128.

Li Z, Liu S F, Zhang J F, et al. 2004. Typical basin-fill sequences and basin migration in Yanshan, North China. Science in China Series D: Earth Sciences, 47 (2): 181-192.

Li Z, Qiu J S, Yang X M. 2014c. A review of the geochronology and geochemistry of Late Yanshanian (Cretaceous) plutons along the Fujian coastal area of southeastern China: implications for magma evolution related to slab break-off and rollback in the Cretaceous. Earth-Science Reviews, 128: 232-248.

Li Z L, Zhou J, Mao J R, et al. 2013c. Zircon U-Pb geochronology and geochemistry of two episodes of granitoids from the northwestern Zhejiang Province, SE China: implication for magmatic evolution and tectonic transition. Lithos, 179: 334-352.

Li Z X, Li X H. 2007. Formation of the 1300-km-wide intracontinental orogen and postorogenic magmatic province in Mesozoic South China: a flat-slab subduction model. Geology, 35 (2): 179-182.

Li Z X, Li X H, Kinny P D, et al. 1999. The breakup of Rodinia: did it start with a mantle plume beneath South China? Earth and Planetary Science Letters, 173 (3): 171-181.

Li Z X, Li X H, Zhou H W, et al. 2002. Grenvillian continental collision in south China: new SHRIMP U-Pb zircon results and implications for the configuration of Rodinia. Geology, 30 (2): 163-166.

Li Z X, Li J A, Occhipinti W S, et al. 2007a. Early history of the eastern Sibao Orogen (South China) during the assembly of Rodinia: new mica $^{40}Ar/^{39}Ar$ dating and SHRIMP U-Pb detrital zircon provenance constraints. Precambrian Research, 159 (1-2): 79-94.

Li Z X, Bogdanova S V, Collins A S, et al. 2008. Assembly, configuration, and break-up history of Rodinia: a synthesis. Precambrian Research, 160 (1-2): 179-210.

Lin S F, Xing G F, Davis D W, et al. 2018. Appalachian-style multi-terrane Wilson cycle model for the assembly of South China. Geology, 46 (4): 319-322.

Lin W, Wang Q. 2006. Late Mesozoic extensional tectonics in the North China block: a crustal response to subcontinental mantle removal? Bulletin de la Société géologique de France, 177 (6): 287-297.

Lin W, Wei W. 2018. Late Mesozoic extensional tectonics in the North China Craton and its adjacent regions: a review and synthesis. International Geology Review, 62 (7-8): 811-839.

Lin W, Faure M, Monie P, et al. 2000. Tectonics of SE China: new insights from the Lushan massif (Jiangxi Province). Tectonics, 19 (5): 852-871.

Lin W, Faure M, Sun Y, et al. 2001. Compression to extension switch during the Middle Triassic orogeny of Eastern China: the case study of the Jiulingshan massif in the southern foreland of the Dabieshan. Journal of Asian Earth Sciences, 20 (1): 31-43.

Lin W, Chen Y, Faure M, et al. 2003. Tectonic implications of new Late Cretaceous paleomagnetic constraints from Eastern Liaoning Peninsula, NE China. Journal of Geophysical Research, 108 (B6): 2313.

Lin W, Faure M, Monié P, et al. 2008. Mesozoic extensional tectonics in eastern Asia: the south Liaodong Peninsula metamorphic core complex (NE China). The Journal of Geology, 116 (2): 134-154.

Lin W, Shi Y, Wang Q. 2009. Exhumation tectonics of the HP-UHP orogenic belt in Eastern China: new structural-petrological insights from the Tongcheng massif, Eastern Dabieshan. Lithos, 109 (3-4): 285-303.

Lin W, Charles N, Chen K, et al. 2013. Late Mesozoic compressional to extensional tectonics in the Yiwulüshan massif, NE China and its bearing on the evolution of the Yinshan-Yanshan orogenic belt. Part Ⅱ: anisotropy of magnetic susceptibility and gravity modeling. Gondwana Research, 23 (1): 78-94.

Liu J L, Shen L, Ji M, et al. 2013. The Liaonan/Wanfu metamorphic core complexes in the Liaodong Peninsula: two stages of exhumation and constraints on the destruction of the North China Craton. Tectonics, 32 (5): 1121-1141.

Liu J L, Ni J L, Chen X Y, et al. 2021. Early Cretaceous tectonics across the North Pacific: new insights from multiphase tectonic extension in Eastern Eurasia. Earth-Science Reviews, 217: 103552.

Mao J R, Li Z L, Ye H M. 2014a. Mesozoic tectono-magmatic activities in South China: retrospect and prospect. Science China Earth Sciences, 57 (12): 2853-2877.

Mao J R, Takahashi Y, Kee W S, et al. 2011c. Characteristics and geodynamic evolution of Indosinian magmatism in South China: a case study of the Guikeng pluton. Lithos, 127 (3-4): 535-551.

Mao J W, Wang Y, Zhang Z, et al. 2003. Geodynamic settings of Mesozoic large-scale mineralization in North China and adjacent areas. Science in China Series D: Earth Sciences, 46 (8): 838-851.

Mao J W, Pirajno F, Cook N. 2011a. Mesozoic metallogeny in East China and corresponding geodynamic settings—an introduction to the special issue. Ore Geology Reviews, 43 (1): 1-7.

Mao J W, Xie G Q, Duan C, et al. 2011b. A tectono-genetic model for porphyry-skarn-stratabound Cu-Au-Mo-Fe and magnetite-apatite deposits along the Middle-Lower Yangtze River Valley, Eastern China. Ore Geology Reviews, 43 (1): 294-314.

Mao J W, Cheng Y B, Chen M H, et al. 2013. Major types and time-space distribution of Mesozoic ore deposits in South China and their geodynamic settings. Mineralium Deposita, 48 (3): 267-294.

Mao J W, Pirajno F, Lehmann B, et al. 2014b. Distribution of porphyry deposits in the Eurasian continent and their corresponding tectonic settings. Journal of Asian Earth Sciences, 79: 576-584.

Mattauer M, Matte P, Malavieille J, et al. 1985. Tectonics of the Qinling belt: build-up and evolution of eastern Asia. Nature, 317 (6037): 496-500.

May S R, Gray G G, Summa L L, et al. 2013. Detrital zircon geochronology from the Bighorn Basin, Wyoming, USA: implications for tectonostratigraphic evolution and paleogeography. Bulletin, 125 (9-10): 1403-1422.

Meng L, Lin W. 2021. Episodic crustal extension and contraction characterizing the Late Mesozoic tectonics of East China: evidence from the Jiaodong Peninsula, East China. Tectonics, 40 (3): e2020TC006318.

Meng Q R. 2003. What drove late Mesozoic extension of the northern China-Mongolia tract? Tectonophysics, 369 (3-4): 155-174.

Menzies M A, Fan W, Zhang M. 1993. Palaeozoic and Cenozoic lithoprobes and the loss of > 120km of Archaean lithosphere, Sino-Korean craton, China. Geological Society, London, Special Publications, 76 (1): 71-81.

Miller R B, Paterson S R, Matzel J P. 2009. Plutonism at different crustal levels: insights from the ~5-40km (paleodepth) North Cascades crustal section, Washington. Geological Society of America Special Paper, 456: 125-149.

Otofuji Y, Mu C L, Tanaka K, et al. 2007. Spatial gap between Lhasa and Qiangtang blocks inferred from Middle Jurassic to Cretaceous paleomagnetic data. Earth and Planetary Science Letters, 262 (3-4): 581-593.

Parsons T, Thompson G A, Sleep N H. 1994. Mantle plume influence on the Neogene uplift and extension of the US western Cordillera? Geology, 22 (1): 83-86.

Paterson S R, Ardilla K, Vernon R, et al. 2019. A review of mesoscopic magmatic structures and their potential for evaluating the hypersolidus evolution of intrusive complexes. Journal of Structural Geology, 125: 134-147.

Pettke T, Oberli F, Jeinrich C A. 2010. The magma and metal source of giant porphyry-type ore deposits, based on lead isotope microanalysis of individual fluid inclusions. Earth and Planetary Science Letters, 296 (3): 267-277.

Pirajno F, Ernst R E, Borisenko A S, et al. 2009. Intraplate magmatism in Central Asia and China and associated metallogeny. Ore geology reviews, 35 (2): 114-136.

Platt J P, Behr W M, Cooper F J. 2015. Metamorphic core complexes: windows into the mechanics and rheology of the crust. Journal of the Geological Society, 172 (1): 9-27.

Qiu Y M, Groves D I, McNaughton N J, et al. 2002. Nature, age, and tectonic setting of granitoid-hosted, orogenic gold deposits of the Jiaodong Peninsula, eastern North China Craton, China. Mineralium Deposita, 37 (3): 283-305.

Rabillard A, Arbaret L, Jolivet L, et al. 2015. Interactions between plutonism and detachments during metamorphic core complex formation, Serifos Island (Cyclades, Greece). Tectonics, 34 (6): 1080-1106.

Ratschbacher L, Hacker B R, Calvert A, et al. 2003. Tectonics of the Qinling (Central China): tectonostratigraphy, geochronology, and deformation history. Tectonophysics, 366 (1-2): 1-53.

Ren J, Tamaki K, Li S, et al. 2002. Late Mesozoic and Cenozoic rifting and its dynamic setting in Eastern China and adjacent areas. Tectonophysics, 344 (3-4): 175-205.

Richards J P. 2009. Postsubduction porphyry Cu-Au and epithermal Au deposits: products of remelting of subduction-modified lithosphere. Geology, 37 (3): 247-250.

Rodgers J. 1989. Comment on "Mesozoic overthrust tectonics in south China". Geology, 17: 671-672.

Roger F, Jolivet M, Malavieille J. 2008. Tectonic evolution of the Triassic fold belts of Tibet. Competes Rendus Géosciences, Special Issue Triassic Tectonics in East Asia, 340 (2-3): 180-189.

Roger F, Jolivet M, Malavieille J. 2010. The tectonic evolution of the Songpan-Garze (North Tibet) and adjacent areas from Proterozoicto Present: a synthesis. Journal of Asian Earth Sciences, 39 (4): 254-269.

Roure F, Choukroune P, Berastegui X, et al. 1989. ECORS deep seismic data and balanced cross sections: geometric constraints on the evolution of the Pyrenees. Tectonics, 8 (1): 41-50.

Rowley D B, Ziegler A M, Nie S. 1989. Comment on Mesozoic overthrust tectonics in south China. Geology, 17: 384-386.

Shi W, Dong S W, Zhang Y Q, et al. 2015. The typical large-scale superposed folds in the central South China: implications for Mesozoic intracontinental deformation of the South China Block. Tectonophysics, 664: 50-66.

Shu L S, Charvet J. 1996. Kinematics and geochronology of the Proterozoic Dongxiang-Shexiang ductile hear zone with HP metamorphism and ophiolitic mélange (Jiangnan Region, China). Tectonophysics, 267 (1-4): 291-302.

Shu L S, Zhou G Q, Shi Y S, et al. 1994. Study of the high pressure metamorphic blueschist and its Neoproterozoic age in the Eastern Jiangnanbelt. Chinese Science Bulletin, 39 (14): 1200-1204.

Shu L S, Deng P, Wang B, et al. 2004. Lithology, kinematics and geochronology related to late Mesozoic basin-mountain evolution in the Nanxiong-Zhuguang area, South China. Science in China Series D: Earth Sciences, 47 (8): 673-688.

Shu L S, Zhou X M, Deng P, et al. 2007. Mesozoic-Cenozoic Basin features and evolution of Southeast China. Acta Geologica Sinica, 81 (4): 573-586.

Shu L S, Zhou X M, Deng P, et al. 2009. Mesozoic tectonic evolution of the Southeast China Block: new insights from basin analysis. Journal of Asian Earth Sciences, 34 (3): 376-391.

Shu L S, Jahn B M, Charvet J, et al. 2014. Early Paleozoic depositional environment and intraplate tectono-magmatism in the Cathaysia Block (South China): evidence from stratigraphic, structural, geochemical and geochronological investigations. American Journal of Science, 314 (1): 154-186.

Shu L S, Wang B, Cawood P A, et al. 2015. Early Paleozoic and early Mesozoic intraplate tectonic and magmatic events in the Cathaysia Block, South China. Tectonics, 34 (8): 1600-1621.

Su J B, Dong S W, Zhang Y Q, et al. 2017. Apatite fission track geochronology of the Southern Hunan province across the Shi-Hang Belt: insights into the Cenozoic dynamic topography of South China. International Geology Review, 59 (8): 981-995.

Sun W D, Ding X, Hu Y H, et al. 2007. The golden transformation of the Cretaceous plate subduction in the west Pacific. Earth and Planetary Science Letters, 262 (3-4): 533-542.

Sun Y, Ma C Q, Liu Y Y, et al. 2011. Geochronological and geochemical constraints on the petrogenesis of late Triassic aluminous A-type granites in southeast China. Journal of Asian Earth Sciences, 42 (6): 1117-1131.

Wallis S, Tsujimori T, Aoya M, et al. 2003. Cenozoic and Mesozoic metamorphism in the Longmenshan orogens: implications for geodynamic models of eastern Tibet. Geology, 31 (9): 745-748.

Wan T F. 2010. Tectonics of Jurassic-Early Epoch of Early Cretaceous (The Yanshanian Tectonic Period, 200-135Ma). The Tectonics of China. Beijing and Springer-Verlag Berlin Heidelberg: Higher Education Press: 173-196.

Wang D Z, Shu L S. 2012. Late Mesozoic basin and range tectonics and related magmatism in Southeast China. Geoscience Frontiers, 3 (2): 109-124.

Wang D Z, Chen K R, Zhou J C. 1990. Subvolcanic granitoids in southeastern China and their metallogenesis. Science in China Series B: Chemistry, 33 (4): 467-476.

Wang D Z, Shu L S, Faure M, et al. 2001. Mesozoic magmatism and granitic dome in the Wugongshan Massif, Jiangxi province and their genetical relationship to the tectonic events in southeast China. Tectonophysics, 339 (3-4): 259-277.

Wang F, Wang Q, Lin W, et al. 2014a. ^{40}Ar-^{39}Ar geochronology of the North China and Yangtze Cratons: new constraints on Mesozoic cooling and Cratonic destruction under East Asia. Journal of Geophysical Research: Solid Earth, 119 (4): 3700-3721.

Wang L J, Griffin W L, Yu J H, et al. 2013c. U-Pb and Lu-Hf isotopes in detrital zircon from Neoproterozoic sedimentary rocks in the northern Yangtze Block: implications for Precambrian crustal evolution. Gondwana Research, 23 (4): 1261-1272.

Wang Q, Li J W, Jian P, et al. 2005a. Alkaline syenites in eastern Cathaysia (South China): link to Permian-Triassic transtension. Earth and Planetary Science Letters, 230 (3-4): 339-354.

Wang Q F, Deng J, Li C S, et al. 2014c. The boundary between the Simao and Yangtze blocks and their locations in Gondwana and Rodinia: constraints from detrital and inherited zircons. Gondwana Research, 26 (2): 438-448.

Wang T, Zheng Y D, Zhang J, et al. 2011. Pattern and kinematic polarity of late Mesozoic extension in continental NE Asia: perspectives from metamorphic core complexes. Tectonics, 30 (6): TC6007.

Wang T, Guo L, Zheng Y D, et al. 2012. Timing and processes of late Mesozoic mid-lower-crustal extension in continental NE Asia and implications for the tectonic setting of the destruction of the North China Craton: mainly constrained by zircon U-Pb ages from metamorphic core complexes. Lithos, 154 (6): 315-345.

Wang X L, Zhou J C, Griffin W L, et al. 2007d. Detrital zircon geochronology of Precambrian basement sequences in the Jiangnan orogen: dating the assembly of the Yangtze and Cathaysia Blocks. Precambrian Research, 159 (1-2): 117-131.

Wang Y, Zhou L Y, Zhao L J. 2013b. Cratonic reactivation and orogeny: an example from the northern margin of the North China Craton. Gondwana Research, 24 (3-4): 1203-1222.

Wang Y J, Fan W M, Guo F, et al. 2003. Geochemistry of Mesozoic mafic rocks adjacent to the Chenzhou-Linwu fault, South China: implications for the lithospheric boundary between the Yangtze and Cathaysia Blocks. International Geology Review, 45 (3): 263-286.

Wang Y J, Zhang Y H, Fan W M, et al. 2005b. Structural signatures and Ar-40/Ar-39 geochronology of the Indosinian Xuefengshan tectonic belt, South China Block. Journal of Structural Geology, 27 (6): 985-998.

Wang Y J, Fan W M, Sun M, et al. 2007a. Geochronological, geochemical and geothermal constraints on petrogenesis of the Indosinian peraluminous granites in the South China Block: a case study in the Hunan Province. Lithos, 96 (3-4): 475-502.

Wang Y J, Fan W M, Zhao G C, et al. 2007b. Zircon U-Pb geochronology of gneissic rocks in the Yunkai massif and its implications on the Caledonian event in the South China Block. Gondwana Research, 12 (4): 404-416.

Wang Y J, Fan W M, Cawood P A, et al. 2007c. Indosinian high-strain deformation for the Yunkaidashan tectonic belt, south China: Kinematics and $^{40}Ar/^{39}Ar$ geochronological constraints. Tectonics, 26 (6): TC6008.

Wang Y J, Fan W M, Zhang G W, et al. 2013a. Phanerozoic tectonics of the South China Block: key observations and controversies. Gondwana Research, 23 (4): 1273-1305.

Wang Y J, Zhang Y Z, Fan W M, et al. 2014b. Early Neoproterozoic accretionary assemblage in the Cathaysia Block: geochronological, Lu-Hf isotopic and geochemical evidence from granitoid gneisses. Precambrian Research, 249: 144-161.

Wang Z H, Lu H F. 2000. Ductile deformation and $^{40}Ar/^{39}Ar$ dating of the Changle-Nanao ductile shear zone, southeastern China. Journal of Structural Geology, 22 (5): 561-570.

Webb L E, Hacker B R, Ratschbacher L, et al. 1999. Thermochronologic constraints on deformation and cooling history of high- and ultrahigh-pressure rocks in the Qinling-Dabie orogen, eastern China. Tectonics, 18 (4): 621-638.

Wei W, Chen Y, Faure M, et al. 2016. An early extensional event of the South China Block during the Late Mesozoic recorded by the emplacement of the Late Jurassic syntectonic Hengshan composite granitic Massif (Hunan, SE China). Tectonophysics, 672-

673：50-67.

Weislogel A L，Graham S A，Chang E Z，et al. 2006. Detrital zircon provenance of the Late Triassic Songpan-Ganzi complex：sedimentary record of collision of the North and South China blocks. Geology，34（2）：97-100.

Weislogel A L，Graham S A，Chang E Z，et al. 2010. Detrital zircon provenance from three turbidite depocenters of the Middle-Upper Triassic Songpan- Ganzi complex，central China：record of collisional tectonics，erosional exhumation，and sediment production. Geological Society of America Bulletin，122（11-12）：2041-2062.

Wernicke B. 1981. Low- angle normal faults in the Basin and Range Province- nappe tectonics in an extending orogen. Nature，291（5817）：645-648.

Wernicke B P，Axen G J，Snow J K. 1988. Basin and range extensional tectonics at the latitude of the Las Vegas，Navada. Geological Society of America Bulletin，100（11）：1738-1757.

Wong W H. 1927. Crustal movement and igneous activities in eastern China since Mesozoic time. Bulletin of Geological Society of China，6（1）：9-36.

Wong W H. 1929. The Mesozoic orogenic movement in eastern China. Bulletin of Geological Society Of China，8（1）：33-44.

Wu F Y，Yang J H，Xu Y G，et al. 2019. Destruction of the North China Craton in the Mesozoic. Annual Review of Earth and Planetary Sciences，47（1）：73-95.

Xiao W J，He H Q. 2005. Early Mesozoic thrust tectonics of the northwest Zhejiang region（Southeast China）. Geological Society of America Bulletin，117（7-8）：945-961.

Xu D R，Chi G X，Zhang Y H，et al. 2017a. Yanshanian（Late Mesozoic）ore deposits in China—An introduction to the Special Issue. Ore Geology Reviews，88：481-490.

Xu D R，Deng T，Chi G X，et al. 2017b. Gold mineralization in the Jiangnan Orogen（JOB）of South China：geological characteristics，ore deposit-type and geodynamic setting. Ore Geology Reviews，88：565-618.

Xu J W，Zhu G，Tong W X，et al. 1987. Formation and evolution of the Tancheng- Lujiang wrench fault system：a major shear system to the northwest of the Pacific Ocean. Tectonophysics，134（4）：273-310.

Xu S T，Okay A，Ji S，et al. 1992. Diamond from Dabie Shan metamorphic rocks and its implication for tectonic setting. Science，256（5053）：80-82.

Xu Y G. 2001. Thermo-tectonic destruction of the Archaean lithospheric keel beneath the Sino-Korean Craton in China：evidence，timing and mechanism. Physics and Chemistry of the Earth，Part A：Solid Earth and Geodesy，26（9-10）：747-757.

Xu Y G，Huang X L，Ma J L，et al. 2004. Crust-mantle interaction during the tectono-thermal reactivation of the North China Craton：constraints from SHRIMP zircon U-Pb chronology and geochemistry of Mesozoic plutons from western Shandong. Contribution to Mineralogy and Petrology，147（6）：750-767.

Xu Y J，Cawood P A，Du Y S，et al. 2014. Early Paleozoic orogenesis along Gondwana's northern margin constrained by provenance data from South China. Tectonophysics，636：40-51.

Yan D P，Zhou M F，Song H L，et al. 2003. Origin and tectonic significance of a Mesozoic multi-layer over-thrust system within the Yangtze Block（South China）. Tectonophysics，361（3-4）：239-254.

Yan D P，Zhang B，Zhou M F，et al. 2009. Constraints on the depth，geometry and kinematics of blind detachment faults provided by fault-propagation folds：an example from the Mesozoic fold belt of South China. Journal of Structural Geology，31（2）：150-162.

Yang J H，Wu F Y，Wilde S A. 2003. A review of the geodynamic setting of large-scale Late Mesozoic gold mineralization in the North China Craton：an association with lithospheric thinning. Ore Geology Reviews，23（3-4）：125-152.

Yang S Y，Jiang S Y，Zhao K D，et al. 2012. Geochronology，geochemistry and tectonic significance of two Early Cretaceous A-type granites in the Gan-Hang Belt，Southeast China. Lithos，150：155-170.

Yang Y T，Song C C，He S. 2015. Jurassic tectonostratigraphic evolution of the Junggar basin，NW China：a record of Mesozoic intraplate deformation in Central Asia. Tectonics，34（1）：86-115.

Yao J L，Shu L S，Santosh M，et al. 2014. Neoproterozoic arc-related mafic-ultramafic rocks and syn-collision granite from the western segment of the Jiangnan Orogen，South China：constraints on the Neoproterozoic assembly of the Yangtze and Cathaysia Blocks. Precambrian Research，243：39-62.

Yao J L，Shu L S，Santosh M，et al. 2015. Neoproterozoic arc-related andesite and orogeny-related unconformity in the eastern Jiangnan orogenic belt：constraints on the assembly of the Yangtze and Cathaysia blocks in South China. Precambrian Research，

262: 84-100.

Ye H, Shedlock K M, Hellinger S J, et al. 1985. The north China basin: an example of a Cenozoic rifted intraplate basin. Tectonics, 4 (2): 153-169.

Žák J, Verner K, Sláma J, et al. 2013. Multistage magma emplacement and progressive strain accumulation in the shallow-level Krkonoše-Jizera plutonic complex, Bohemian massif. Tectonics, 32 (5): 1493-1512.

Zhai M G, Santosh M. 2013. Metallogeny of the North China Craton: link with secular changes in the evolving Earth. Gondwana Research, 24: 275-297.

Zhai M G, Yang J H, Liu W J. 2001. Large clusters of gold deposits and large-scale metallogenesis in the Jiaodong Peninsula, Eastern China. Science in China Series D: Earth Sciences, 44 (8): 758-768.

Zhang B L, Zhu G, Jiang D Z, et al. 2012a. Evolution of the Yiwulushan metamorphic core complex from distributed to localized deformation and its tectonic implications. Tectonics, 31: TC4018.

Zhang C H, Li C M, Deng H L, et al. 2011. Mesozoic contraction deformation in the Yanshan and northern Taihang mountains and its implications to the destruction of the North China Craton. Science in China: Earth Sciences, 54 (6): 798-822.

Zhang C L, Zou H B, Zhu Q B, et al. 2015. Late Mesoproterozoic to early Neoproterozoic ridge subduction along southern margin of the Jiangnan Orogen: new evidence from the Northeastern Jiangxi Ophiolite (NJO), South China. Precambrian Research, 268: 1-15.

Zhang H F, Zhou D Y, Santosh M, et al. 2016. Phanerozoic orogeny triggers reactivation and exhumation in the northern part of the Archean-Paleoproterozoic North China Craton. Lithos, 261: 46-54.

Zhang H Y, Hou Q L, Cao D Y. 2007. Study of thrust and nappe tectonics in the eastern Jiaodong Peninsula, China. Science in China Series D: Earth Sciences, 50 (2): 161-171.

Zhang J F, Wang C, Wang Y F. 2012b. Experimental constraints on the destruction mechanism of the North China Craton. Lithos, 149: 91-99.

Zhang Z J, Xu T, Zhao B, et al. 2013. Systematic variations in seismic velocity and reflection in the crust of Cathaysia: new constraints on intraplate orogeny in the South China continent. Gondwana Research, 24 (3-4): 902-917.

Zhao G C. 2015. Jiangnan Orogen in South China: developing from divergent double subduction. Gondwana Research, 27 (3): 1173-1180.

Zhao G C, Cawood P A. 2012. Precambrian geology of China. Precambrian Research, 222: 13-54.

Zhao G C, Wang Y J, Huang B C, et al. 2018. Geological reconstructions of the East Asian blocks: from the breakup of Rodinia to the assembly of Pangea. Earth-Science Reviews, 186: 262-286.

Zhao J X, Zhou M F, Yan D P, et al. 2011. Reappraisal of the ages of Neoproterozoic strata in South China: no connection with the Grenvillian orogeny. Geology, 39 (4): 299-302.

Zheng Y D, Wang Y, Liu R X, et al. 1988. Sliding-thrusting tectonics caused by thermal uplift in the Yunmeng Mountains, Beijing, China. Journal of Structural Geology, 10 (2): 135-144.

Zheng Y D, Wang S, Wang Y. 1991. An enormous thrust nappe and extensional metamorphic core complex newly discovered in the Sino-Mongolian boundary area. Science in China Series D: Earth Sciences, 34 (9): 1146-1152.

Zheng Y F, Zhang S B, Zhao Z F, et al. 2007. Contrasting zircon Hf and O isotopes in the two episodes of Neoproterozoic granitoids in South China: implications for growth and reworking of continental crust. Lithos, 96 (1-2): 127-150.

Zheng Y F, Xiao W J, Zhao G C. 2013. Introduction to tectonics of China. Gondwana Research, 23 (4): 1189-1206.

Zhou J C, Wang X L, Qiu J S. 2009. Geochronology of Neoproterozoic mafic rocks and sandstones from northeastern Guizhou, South China: coeval arcmagmatism and sedimentation. Precambrian Research, 170 (1-2): 27-42.

Zhou X, Sun T, Shen W, et al. 2006. Petrogenesis of Mesozoic granitoids and volcanic rocks in South China: a response to tectonic evolution. Episodes, 29 (1): 26-33.

Zhou X M, Li W X. 2000. Origin of Late Mesozoic igneous rocks in Southeastern China: implications for lithosphere subduction and underplating of mafic magmas. Tectonophysics, 326 (3-4): 269-287.

Zhu G, Wang Y, Liu G, et al. 2005. $^{40}Ar/^{39}Ar$ dating of strike-slip motion on the Tan-Lu fault zone, East China. Journal of Structural Geology, 27 (8): 1379-1398.

Zhu G, Xie C L, Chen W, et al. 2010. Evolution of the Hongzhen metamorphic core complex: evidence for Early Cretaceous extension in the eastern Yangtze craton, eastern China. Geological Society of America Bulletin, 122 (3-4): 506-516.

Zhu R, Fan H, Li J, et al. 2015. Decratonic gold deposits. Science in China: Earth Sciences, 58 (9): 1523-1537.

Zhu R X, Chen L, Wu F Y, et al. 2011. Timing, scale and mechanism of the destruction of the North China Craton. Science in China: Earth Sciences, 54 (6): 789-797.

Zhu R X, Yang J H, Wu F Y. 2012. Timing of destruction of the North China Craton. Lithos, 149: 51-60.

Ziegler P A, Cloetingh S. 2004. Dynamic processes controlling evolution of rifted basins. Earth-Science Reviews, 64 (1-2): 1-50.

Zou S H, Yu L L, Yu D S, et al. 2017. Precambrian continental crust evolution of Hainan Island in South China: constraints from detrital zircon Hf isotopes of metaclastic- sedimentary rocks in the Shilu Fe- Co- Cu ore district. Precambrian Research, 296: 195-207.

第1章　陆内伸展构造及基本特征

1.1　陆内造山与变形构造

造山带通常分为两种：碰撞型和增生型（图1-1）。长期以来，由板块之间碰撞所产生的大型造山带一直是地质学家研究的重点，如著名的欧洲阿尔卑斯造山带、美洲阿帕拉契亚山脉、亚洲喜马拉雅山脉等。尽管这些碰撞型或增生型造山带的形成时代不同，但其强烈的构造活动均引起明显的地壳缩短、岩石的强烈变形、大规模的变质作用以及广泛发育的同造山、后造山岩浆活动（Chu，2011）。近40多年来，陆内造山带逐渐作为板块构造理论在大陆内部的重要补充，已引起了地质学家，乃至矿床学家的广泛关注，世界上典型的造山带如澳大利亚中部的彼得曼（Petermann）造山带和艾丽斯斯普林斯（Alice Springs）造山带、欧洲的比利牛斯山、非洲的阿特拉斯（Atlas）、北美洲的Laramide造山带以及西亚的扎格罗斯（Zagros）造山带等都成为陆内造山研究的热点区域（Dickinson and Snyder，1978；Choukroune，1992；Allen et al.，1999；Hand and Sandiford，1999；Sandiford et al.，2001；English and Johnston，2004；McQuarrie，2004；Raimondo et al.，2010；De Gromard et al.，2019）。

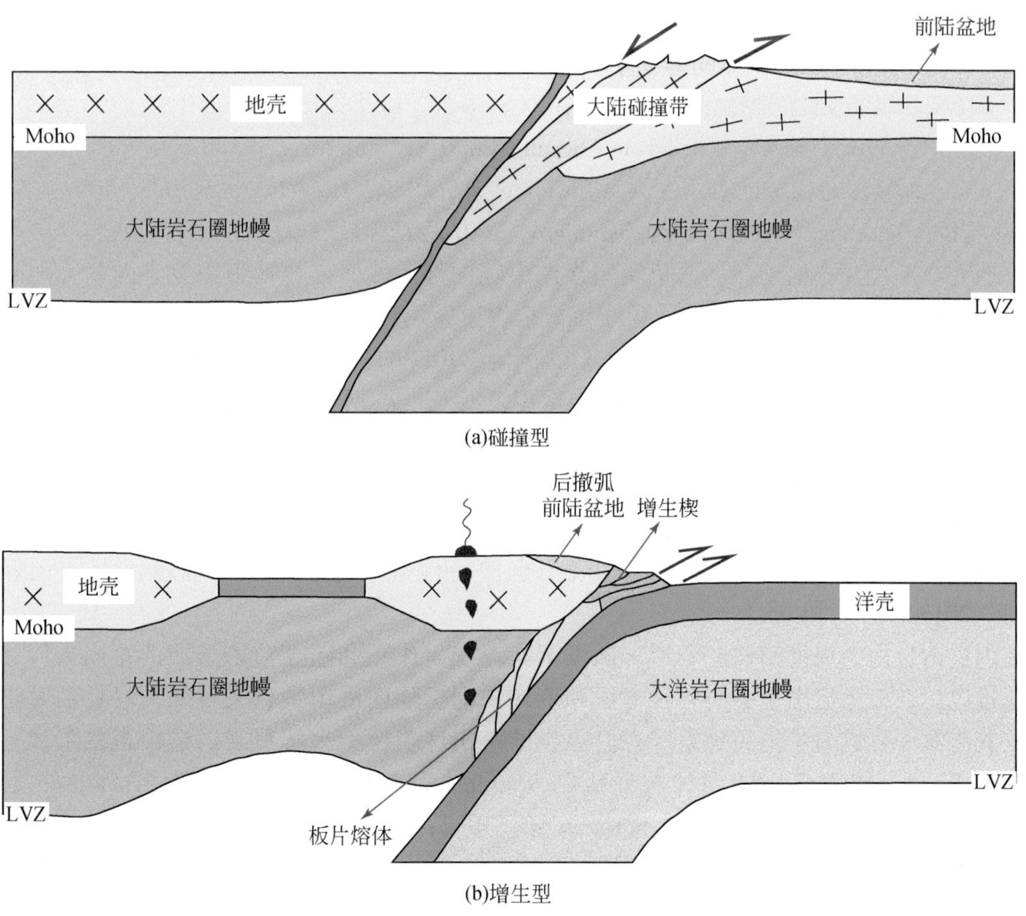

图1-1　造山带分类示意图（据Chu，2011修改）

Moho. 莫霍面；LVZ. 地幔低速层

传统板块构造理论将造山作用普遍视为刚性岩石圈板块间相互作用的产物，而这些刚性板块的运动由起源于下覆的黏性地幔驱动力来调整（Tackley，2000；Schubert et al.，2001；Bercovici，2003；Kearey et al.，2009）。因此，造山环境（及造山带发育位置）被认为主要局限在板块边界及紧邻的地区（Dewey and Bird，1970；Bott and Dean，1973），板块边界是构造应力的主要集中带，驱动了山脉带、中央裂谷和火山链等大型地质构造的形成（Silva et al.，2018）。然而，人们越来越认识到大陆岩石圈变形能扩展到远离活动板块边缘相当大距离的内陆，并以褶皱逆冲带、大规模拆离、有限地壳熔融，甚至是高温变质作用等构造因素出现于陆内造山带为特征（Chu et al.，2011）。如世界上已很好地记录了克拉通内部沉积盆地的形成和反转的例子，主要包括欧洲 Alpine 前陆盆地（Ziegler et al.，1995；Cloetingh and Van Wees，2005）和北美洲克拉通（Van Der Pluijm et al.，1997；Marshak et al.，2000）。陆内大规模挤压造山带中（Raimondo et al.，2014；Silva et al.，2018），现今地球时期的代表性例子包括中亚广阔地区的天山和阿尔泰造山带（Molnar and Tapponnier，1975，1977；Abdrakhmatov et al.，1996；Yang and Liu，2002；Cunningham，2005；Buslov et al.，2007）、南美博尔博雷马（Borborema）省（Tommasi et al.，1995；Neves，2003）、北美 Sevier-Laramide 造山带和卡普斯卡辛（Kapuskasing）隆起（Livaccari，1991；Marshak et al.，2000；Perry et al.，2006）、伊比利亚西班牙中央系统（Andeweg et al.，1999）和非洲阿特拉斯山脉与达马拉（Damara）带（Kröner，1977；Ramdani，1998；Teixell et al.，2003）；而主张可代表古老地球历史时期的最好实例被认为发现于澳大利亚中部古生代艾丽斯斯普林斯造山带的 Arunta 地区和新元古代彼得曼造山带的马斯格雷夫（Musgrave）省，它们均保存了与板块边缘造山带类似的新元古代至显生宙陆内变形的显著记录，如地壳缩短和地壳加厚及与之耦合的地形高地、高级变质岩抬升剥露、局部融熔、岩浆作用，以及被强化的侵蚀沉积物补给造山前锋深部盆地等（Lambeck，1983；Hand and Sandiford，1999；Camacho and McDougall，2000；Aitken et al.，2009a，2009b；McLaren et al.，2009；Raimondo et al.，2010；Silva et al.，2018）。岩石圈应力方位的详细填图（Zoback，1992；Hillis and Reynolds，2000；Heidbach et al.，2010）和广泛的板内地震（Kenner and Segall，2000；Sandiford et al.，2004；Banerjee et al.，2008；Omuralieva et al.，2009）与构造地貌观测（Mitrovica et al.，1989；Russell and Gurnis，1994；Gurnis et al.，1998；Lithgow-Bertelloni and Silver，1998；Sandiford，2007），也揭示地球大陆内部连续经历了活动变形。

可见，地壳变形也普遍出现在远离板块边缘的大陆内部。然而，与在板缘发生的碰撞型和增生型造山带相对比，陆内造山带最显著的特点是位于远离板块边界几百千米甚至上千千米的内陆地区（图 1-2），无法用传统的板块间俯冲、碰撞理论来解释。这是因为与传统的挤压造山带显著不同的是，位于板（陆）内的挤压造山带的变形特征并不遵循传统板块构造理论的基本原则（Cunningham，2005；Raimondo et al.，2014），它代表的是远离活动板块边缘、与地壳加厚和基底岩石深度剥露有关的应变局部化主要集中带（Hand and Sandiford，1999；Sandiford et al.，2001；Cunningham，2005；Raimondo et al.，2010）。此外，相对于与板缘相互作用的增生或碰撞造山带，诱导陆内造山作用的深层原因和深部过程仍未得到很好的理解（Chu et al.，2012），或在大多数古老全球规模事件的构造重建中并未被普遍认为是一个相关过程（Meira et al.，2015）。

对于陆内造山带内大规模的构造变形、低级至高级变质作用和陆壳重熔形成的花岗岩而言，虽然地质学家多通过应用在板缘造山带中的各种方法和范式来剖析陆内造山带相关特征，但是动力学机制却无法借鉴，故其起源一直成为争论的焦点。人们曾尝试采用许多模型来解释陆内造山带的形成，其中平板俯冲和远程效应成为较为常用的两种解释机制（Molnar and Tapponnier，1975；Dickinson and Snyder，1978；Tapponnier and Molnar，1979；Hendrix et al.，1992；Avouac et al.，1993；English and Johnston，2004）。有些学者还认为先存薄弱构造带重新活动（活化）也是产生陆内变形的重要原因之一（Choukroune，1992；Hand and Sandiford，1999）。最近，Silva 等（2018）更是强调，陆内造山作用是远程效应和地壳局部弱化共同导致的结果，这是因为与发生在板块边缘造山带不同的是，陆内造山带要求一个局部来源于深部岩石圈不稳定性，如上地幔重力（瑞利-泰勒）不稳定性（Neil and Houseman，1999；Pysklywec and Beaumont，2004；Gorczyk et al.，2013；Gorczyk and Vogt，2015），或因水平力通过强

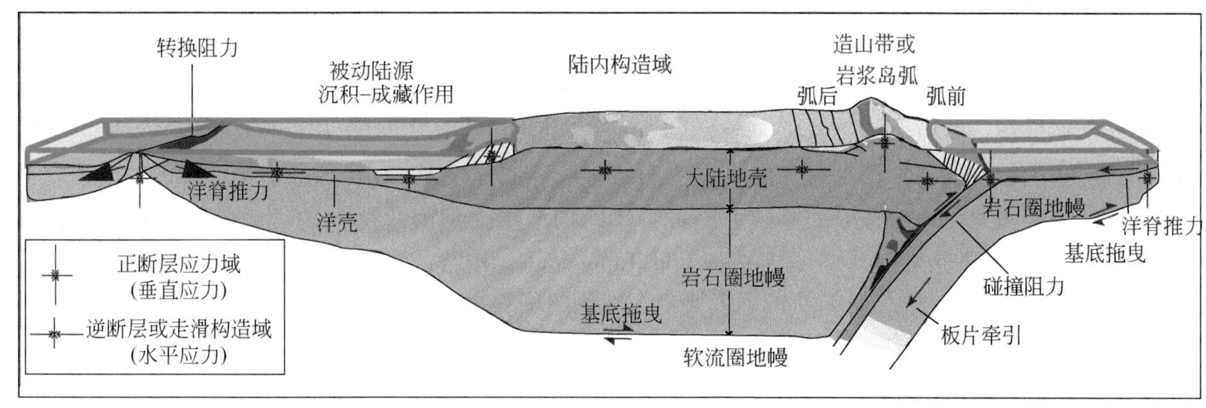

图1-2　与板块构造相关的动力（蓝色箭头）及由此所预期的应变域（据 Fossen，2010 修改）
除了裂谷带上部（未显示大陆裂谷）、被动边缘和造山带高地外，预期大陆板块内部（板内或陆内）的最大应变轴是水平的

岩石圈传输至板块内部（Shaw et al.，1991；Roberts and Houseman，2001；Handy and Brun，2004）的应力。地质与地球物理证据虽然也显示许多板内区域处在受远程应力影响的挤压应力域中（Zoback et al.，1989；Coblentz et al.，1998；Hurd and Zoback，2012），然而，与处在板缘造山带地区相比，令人费解的是陆内造山带却很少出现。因此可以认为板缘远程应力对陆内造山的影响程度与远程应力的性质（如穿时方位、强度）、应力从板缘向板内的传输以及造山活动的局部化、方向、构造格架和动力学有关，板块内部机械薄弱带的出现可能也是引起板内造山作用的主要因素之一。

Klootwijk（2013）曾强调板块边界的主要碰撞力（也就是近垂直于造山带走向的作用力）和次级板块边界力（也就是相对造山带走向以低角度贡献给剪切和正牵引作用力）共同控制了陆内造山带的性质。Silva 等（2018）还推测板块内部薄弱带包括以下几个类型：①古老的区域性缝合带（Sandiford and Hand，1998；Braun and Shaw，2001；Heron et al.，2016）；②要么由于高产热地壳的沉积覆盖，要么由于热的最上部岩石圈地幔上涌进入下地壳（Shaw et al.，1991；Walter et al.，1995；Sandiford and Hand，1998；Cunningham，2013）的热弱化地区（后者是瑞利-泰勒重力不稳定性的一个变量；Neil and Houseman，1999；Gorczyk et al.，2013；Gorczyk and Vogt，2015）；③先存的被交代的网络状中地壳剪切带（Cartwright and Buick，1999；Raimondo et al.，2011，2013）；④深部沉积盆地（Haines et al.，2001；Klootwijk，2013）。因此，对于典型的陆内造山带而言，刚性板块内部的薄弱带是发生造山的绝佳位置（Chu，2011）。在板块边缘的持续挤压作用之下，首先变形的是板块边界。但是当板块边界的地壳不断加厚至临界值之后，挤压作用在重力均衡的作用下就很难使板缘增生型或碰撞型造山带的地壳继续加厚。此时，板块内部的挤压应力无法得到释放，从而聚集了巨大的应力累积，如此，板块内部的薄弱带就成了应力释放最佳的位置。当应力累积到一定程度，先存薄弱带就会发生构造活化，从而可以在远离板块边界上千千米的地方形成大规模的造山作用。Chu（2011）就认为华南地区江南古陆雪峰山弧形造山带可能是在这种机制下形成的，虽然缺少较为可信的地球物理数据，目前暂时无法将雪峰弧的地表变形与深部构造有机地结合起来，也无法预计郴州-临武断裂是否切穿了岩石圈，更难估计地壳的缩短量，但是随着研究的不断深入，地表地质和深部地球物理资料的不断丰富，雪峰山弧形造山带的深部地壳结构势必会被揭示出来，从而对雪峰山乃至华南板块的早中生代构造格局起到巨大的推动作用，也能加深对陆内造山过程的理解。例如，Chu 等（2012）的研究就认为，江南古陆雪峰弧陆内造山带形成于 245 ~ 215Ma 的早中生代时期，其中 245 ~ 226Ma 表现出褶皱、逆冲和剪切，235 ~ 215Ma 表现为晚造山花岗岩侵位，而在深部发展的基底滑脱带则为新元古界至下三叠统盖层褶皱和逆冲所导致的地壳缩短提供了空间。

针对陆内造山触发机制，Raimondo 等（2014）总结认为，在局部缺失板缘相互作用的情形下，陆内构造演化或是水平板块边缘应力通过岩石圈横穿距离大所致，或是受板（陆）内独立应力如地幔垂直力（或上涌的地幔流或全地幔对流；Schmeling and Marquart，1990；Azizi et al.，2017）影响。这些假设代表一个应力域起源具有不同贡献比率的两个端元成分。Jolivet 等（2018）还认为在颈缩带平行于 Moho 面的简单剪切应力通过流动的软流圈地幔往上覆岩石圈板块地壳的传输也是引起陆内伸展构造（如裂谷）的重要机制之一。当今对活动构造开展的许多 GPS 控制的测量和观察以及构造热年代学也表明，不同板块内部存在着水平运动，但板内垂直运动不容忽视（Cao et al.，2015），尽管人们已认识到板内许多 MCCs 在不同构造层次的垂直运动是相对的（Li et al.，2015 及文中参考文献）。我国的新生代天山造山带就被认为是在新生代印度和欧亚大陆碰撞的基础上，古生代的构造带受到板块碰撞的远程效应重新活动，发育了新生代的逆冲和隆升等构造事件（Molnar and Tapponnier，1975；Hendrix et al.，1992；Avouac et al.，1993）。华南内陆自新元古代北西侧的扬子板块与东南侧的华夏板块（现今位置）碰撞拼合以来，也进入典型的陆内造山阶段（Chu et al.，2012），周边主要为中生代造山带所围限，分别为北部的秦岭—大别—苏鲁造山带、西北的龙门山褶皱冲断带，西缘和西南缘的金沙江缝合带，以及 Songchay 缝合带，而南缘和东缘则为欧亚大陆的大陆架—边缘海区域。然而，华南内陆因经历多期陆内造山（加里东期、印支期、燕山期、喜马拉雅期），构造叠加复杂，并广泛发育不同时期的岩浆作用，给精细识别陆内造山过程不同期次的变形构造带来相当大的难度。江南古陆雪峰山弧构造带位于华南板块核部，远离板块边界，是揭示华南陆内造山作用的切入点。Li 等（2007a）通过对华南中生代花岗岩年代学进行全面总结，将整个华南 1300km 宽的褶皱带归结为古太平洋板块的平板俯冲，类似于北美 Laramide 造山带的形成（Dickinson and Snyder，1978）。雪峰山弧位于平板俯冲所形成的陆内造山系统中的西缘。在早中生代，之前长期漂移的华南板块受到周边板块的围限导致东南缘的应力累积，进而在板块内部的薄弱区域形成断裂并造成板内岩石圈的俯冲。这个薄弱区域可能是郴州-临武断裂，同时前人也认为是扬子和华夏地块的拼合线（Wang et al.，2003）。晚古生代巨厚的沉积使得下部岩石圈的地温上升，其软化且易于变形或重新活化了先存断裂，就如同艾丽斯斯普林斯造山带一样，形成了切割岩石圈的逆冲断裂带（Hand and Sandiford，1999；Sandiford et al.，2001）。De Gromard 等（2019）的研究也证实，澳大利亚中部马斯格雷夫省后中元古代构造-变质历史并非 580～520Ma 彼得曼造山作用期间单一陆内挤压变形的结果，而是澳大利亚大陆内部超过 715Ma 的长期活化结果，这种长期的非岩浆陆内活化是应力传输、应变局部化和抗克拉通化过程的显著实例，突出了大陆构造的复杂性。

综上所述，与板缘造山带明显不同的是，陆内造山带虽然不是板块间俯冲、增生或碰撞的直接结果，但是对于理解陆内造山过程及伴随的构造-岩浆活动，了解板内构造变形、区域应力的展布、板内构造如何响应板缘变形，以及板内（陆内）成矿作用等，均具有重要的科学意义。因此，陆内造山带也是板块构造的重要组成部分，其形成演化、构造格架以及动力学机制越来越受到地质学家的重视。

然而，对于陆内造山带，人们大多关注的是挤压变形构造及动力学机制（Raimondo et al.，2014），而对陆内造山带广泛出现的指示大规模伸展的变形构造，如盆-岭构造省、低角度正断层为边界的同构造岩基、代表地壳伸展集中带的变质核杂岩（MCCs）或伸展穹隆、陆内裂谷及与陆内裂谷或转换带有关的走滑长廊（strike-slip corridors：Frasca et al.，2021）、地堑或半地堑式盆地、超巨型拆离伸展盆地（supra-detachment extensional basins：Ersoy et al.，2011）、大型伸展韧性剪切带（Malavieille，1987；Sarica，2000）和走滑断层、犁式正断层等，关注得相对不多（Parrish et al.，1988；Çemen，2010；Gébelin et al.，2011；Bodego and Agirrezabala，2013；Çemen et al.，2014；Lin et al.，2011；Galindo-Zaldívar et al.，2015；Li et al.，2016；Meixner et al.，2016；Liu et al.，2017；Ye et al.，2018；Chu et al.，2020；Yang et al.，2020 及文中参考文献）。尽管有学者认为板块边缘造山导致的陆内造山特征不同于陆内伸展环境下发育的以低角度正断层和 MCCs 为特色的盆-岭构造省（Chen et al.，2020），事实上，许多学者已观察到陆内造山作用包括早期造山挤压和晚期造山伸展构造幕（Çemen，2010；Lin et al.，2013a，2013b；Meira et al.，2015），或由早期造山伸展（迅速）向造山挤压过渡（Tang et al.，2014；Uzkeda et al.，2016；Wernert et al.，2016；Alam et al.，2017；Leprêtre et al.，2018；Martínez et al.，2018），或在统一的伸展减薄环境下伸展和挤压构造同时发生（Genç and Yürür，2010），或为挤压与伸展构造幕多次交替、叠加（相互作用）过程（Graveleau et al.，2015；Fernúndez and Pereira，2016），后者的典型代表如中国东部大陆晚中生代以

来的陆内造山运动（Wong et al.，1927；陈国达，1956；董树文等，2007；Li et al.，2014；Liu et al.，2021；Meng and Lin，2021）。Li 等（2015）就认为中国东部华北大陆太行山山脉—秦岭山脉均经历了中新生代陆内挤压向伸展的转换，早期地壳缩短和压缩变形与古老造山带的形成引起板内岩石圈流变结构不均一性有关，而随后发生的伸展与中国东部大陆广泛的板内裂谷作用密切相关，后者则以发育继承先存基底构造框架的宽阔裂谷、同时发展的盆-岭构造模式和 MCCs 为特征；他们还认为，不同陆内造山带构造变形的差异性由不同板块内部先存基底构造以及复杂的先存边界对板缘地球动力学的不同响应所控制。

因此，陆内伸展实际上是陆内造山变形构造的重要组成部分。陆内造山带大规模伸展构造对深刻理解大陆板块的聚合、板块间相互作用、陆内造山过程与动力学机制及其成矿成藏效应等具有重要的指示意义（Lin et al.，2008；Dong et al.，2015；Zhu et al.，2015；Yang et al.，2018；Zhang et al.，2020）；而造成后者成矿成藏效应的一个主要原因是许多学者已观察到陆内造山带的脆-韧性剪切过渡带（中地壳）经历了流体释放和滞留以及由广泛的水化作用、交代作用和反应软化作用等表现的流体活动（Raimondo et al.，2011）。

1.2　陆内伸展变形构造

1.2.1　盆-岭构造省

1.2.1.1　盆-岭构造省概念及基本特征

盆-岭构造省（Fenneman，1928，1931）是一个具有薄的脆性硬壳（a thin brittle carapace）的大陆伸展分布的地区，同时具有边缘大洋盆地和扩张的洋中脊属性（marginal ocean basins and spreading ocean ridges）。它代表了一类与活动大陆边缘有关的伸展环境下的变形构造，广泛发育于环太平洋东、西两岸，包括内陆（Dickinson and Molinari，2002；Wang and Shu，2012）。这种伸展构造式样或裂谷普遍晚于区域挤压变形或造山事件，但与区域性的变质核杂岩有着密切成因联系（Davis and Coney，1979；Coney，1980）。盆-岭构造省具有显著不同于全球其他山脉的特征。在地貌学上，盆-岭构造省实际上是指一广袤的、由山脉和山间盆地所组成的区域（Eaton，1982），这个交替的地体往往伴随大规模正断层作用和剧烈的沉积物堆积，而正断层作用是形成盆-岭构造地貌的关键，构造伸展则引起地壳转为伸展应力和伸展破裂。在断层一侧，部分地壳向下滑动，相对部分则向上逆冲（图 1-3），因而产生了配对的山脉（mountain）-峡谷（valley）（USGS，2004）。不过，盆-岭构造省在形成过程中可能会倾斜，并明显反映在出露的地层产状上。而当倾斜发生时，这个过程产生陡隆起的山脉，因而与平坦的山谷底面完全相反。

盆-岭构造省的运动可归于外部的板块运动和内部的变形两种情形（Thatcher et al.，1999），由此导致其在地形地貌、构造类型、岩浆作用和演化历史、应力应变状态、相对总伸展量的变化、韧性或弹塑性下地壳变形和块断作用、热构造域和地震、热泉分布等方面表现出显著的特征。目前已普遍接受盆-岭构造地貌是地壳和地幔所组成的岩石圈伸展和减薄的结果（McKenzie，1978），且这种盆-岭伸展环境具有的一个显著的特征是犁式正断层（listric normal faulting）（Bally et al.，1981）或这种断层随深度变化而趋于平缓。产状相对的正断层在深部联结则产生地垒和地堑构造形态，其中地垒指向上抬升的断块，而地堑指相对下降的断块。在北美西部的典型盆-岭构造省，其平均地壳厚度为 30 ~ 35km，可与世界上伸展大陆壳相比（Dickinson and Molinari，2002）。而盆-岭构造省之下由地壳与上地幔联合组成的岩石圈底部深度为 60 ~ 70km（Zandt et al.，1995）。

盆-岭构造省的另一个显著的特征是，在空间上出现与犁式正断层同时代的钙碱性火山岩组合。根据伸展变形的时间和构造式样的详细信息，Eaton（1982）认识到地壳伸展触发于一个钙碱性火成岩环境，

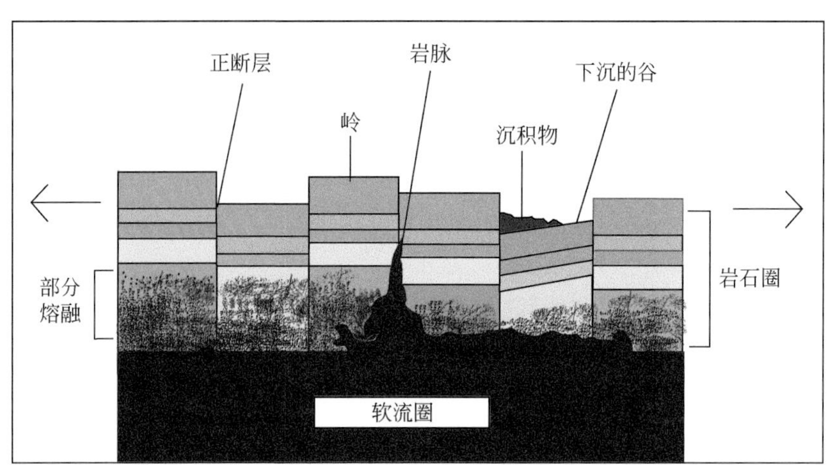

图 1-3　正断层作用形成盆-岭构造的简化示意图（岩墙可能沿断层侵入并上升到近地表）

且推测这个环境为大陆火山弧。一旦伸展作用开始，大陆岩石圈应力状态的改变和应变速率的改变导致基本不同类型构造的发展，并造成同时期岩浆岩成分的相关变化（Rehrig et al., 1980，Zoback and Zoback，1981）。因而最初认为，从钙碱性中性到玄武质或双峰式玄武岩-流纹岩岩浆作用的改变标志了从挤压至伸展应力场的基本改变（Lipman et al., 1972）。而最近的观察则表明存在以下关系：①在板块汇聚相关的挤压期间侵入的岩浆为钙碱性安山质成分、流纹质成分和石英-粗安质成分；②在快速应变速度的弧内或弧后扩张期侵位的岩浆具有高硅、(局部过碱性的) 流纹质成分，并伴有玄武质安山岩、碱性玄武岩和局部拉斑玄武岩出现；③在最后的伸展断块作用时期，由于伸展应变速度减弱，侵位的岩浆为拉斑玄武质和碱性玄武岩成分（Elston and Bornhorst，1979）。

1.2.1.2　盆-岭构造的起源机制与模式

关于盆-岭构造省的起源，首先需回答的是：为什么盆-岭构造省的地壳如此减薄，且该区域地壳被抬高？简单回答，是因为地球板块构造所产生的伸展应力已使地球表面伸展至破裂点，整个地区被拉离而使构造板块破裂并产生大的断层。从动画截图上看时，它们看起来像一群“毛毛虫”（图 1-4），实际上是区域发生伸展而产生的一系列邻近的山岭，这个伸展事件引起地球浅部破裂成许多倾斜或上升或下降的块体。而当板块拉离时，盆-岭构造省变薄，热的地幔上升接近地球浅部。由于热岩浆具有浮力，该区域地壳抬升，如美国西部平均高度抬升达 1400m。其次需回答的是：为什么构造板块内部出现许多火山喷发？其原因在于大陆裂谷导致了断层产生和构造板块的减薄。当板块减薄时，热的深部地幔上升到地壳浅部；而在低压时，岩石发生熔融产生岩浆，并通过断层向上运移。这个处于高压时的岩浆则可通过断层向上运移（图 1-5）。火山喷发呈火山锥、熔岩穹隆和巨型火山口形态。

然而，盆-岭构造省起源的实质是由岩石圈力学过程（mechanical history）、大规模地壳拆离面（detachment surfaces）和起源、岩石圈流变性质差异（rheological considerations）等因素决定的，由此导致盆-岭起源的不同模式（Davis and Coney，1979；Coney，1980；Eaton，1982）。由 Gilbert（1875）最初提出，并经 Davis（1903）精细化的块断作用模式解释了盆-岭构造省特征的发展。其认为，相对抬升的断块（地垒）遭受剥蚀形成被裂点分开的山脉和山麓，而相对下降的断块（地堑）为沉积物所充填，且山麓斜坡横穿山麓和冲积面发展，如图 1-6 所示美国西部亚利桑那州盆-岭构造的示意剖面图和块断作用。这个来自初始构造的山麓斜坡、山麓带和山脉发展的理想模式在一些方面是复杂的，因而 Stewart（1980）提出该块断作用可能来源于一个发生于晚中新世盆-岭断裂作用前的断裂作用事件。

除了图 1-6 所描述的经典模式外，Stewart（1980）还提出盆-岭构造发展的两个其他普遍使用的模式，即断块倾斜模式和犁式断层模式（图 1-7）。其中，断块倾斜模式将断块描述成倾斜的和下降的，与一个

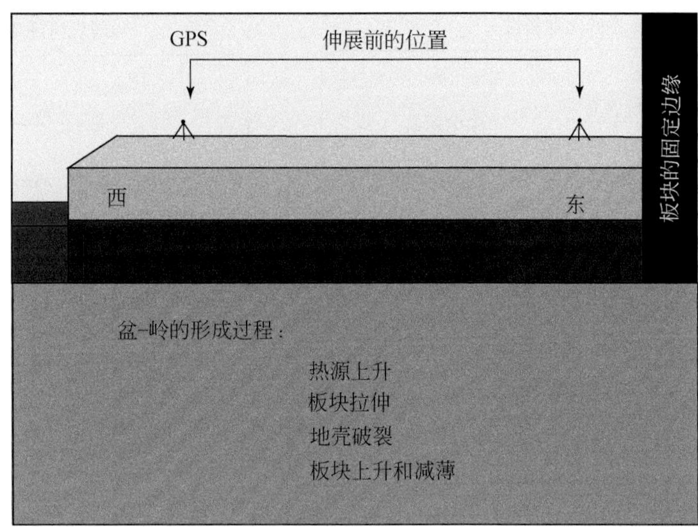

(a)伸展前

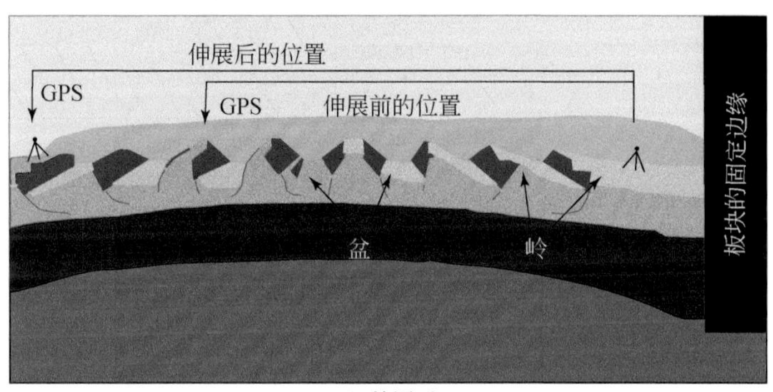

(b)伸展后

图1-4　“毛毛虫”状盆-岭构造地貌（动画截图）

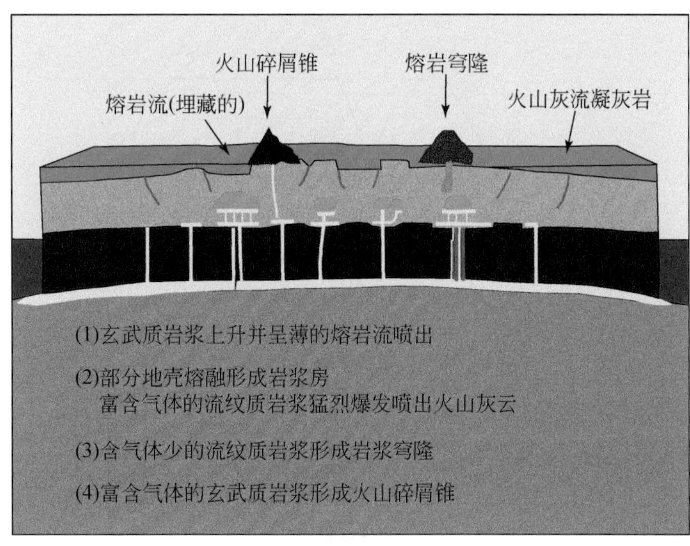

图1-5　盆-岭构造省有意义的火山中心示意图

上部结晶板片碎裂成具有浮力的块体有关；犁式断层模式与向深部变平坦的断层有关，这个断层沿一个近于平行地表的滑动面到达底部。但亚利桑那州地区的犁式断层作用被认为发生于中中新世，并不是盆-岭构造变形时期。虽然盆-岭构造变形伴随有某些高角度正断层，但它们出现于后盆-岭构造作用（即新

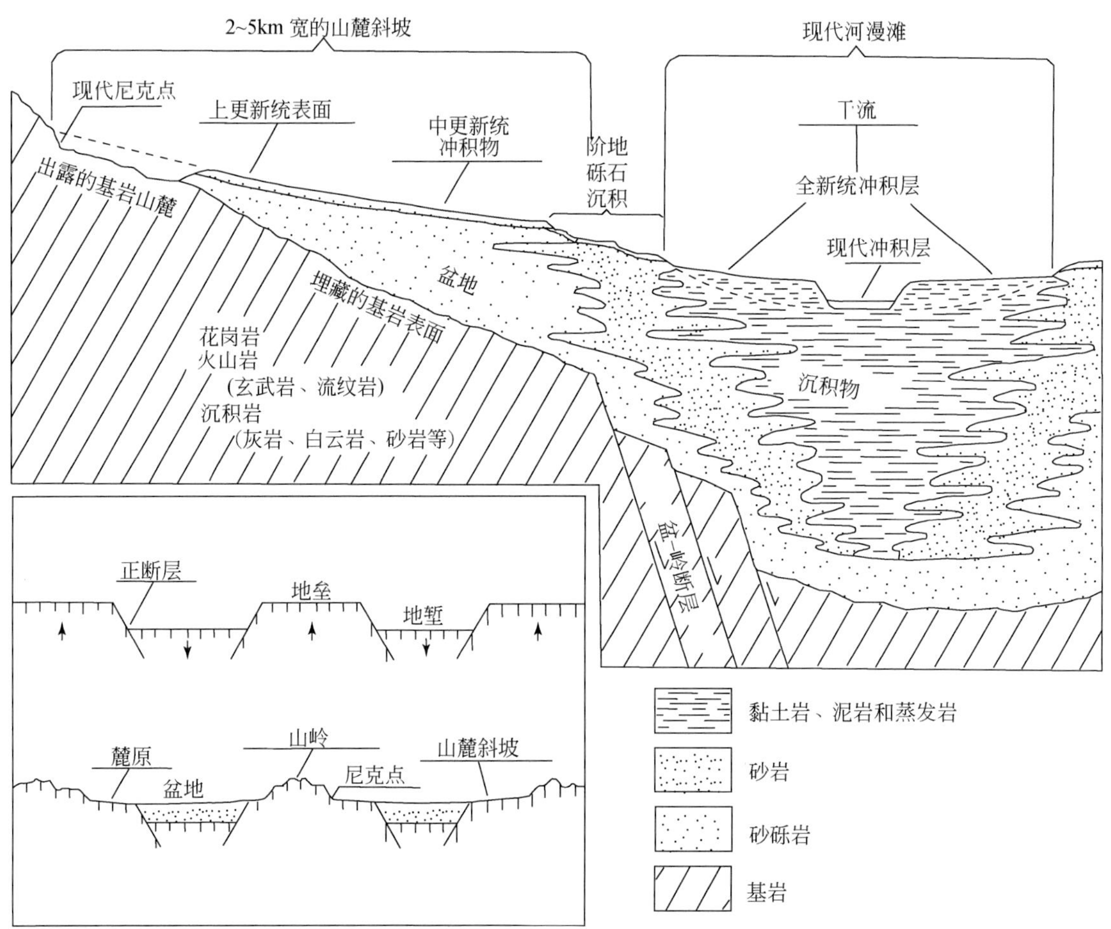

图 1-6　美国西部亚利桑那州盆-岭构造的示意剖面图和块断作用（Stewart，1978）

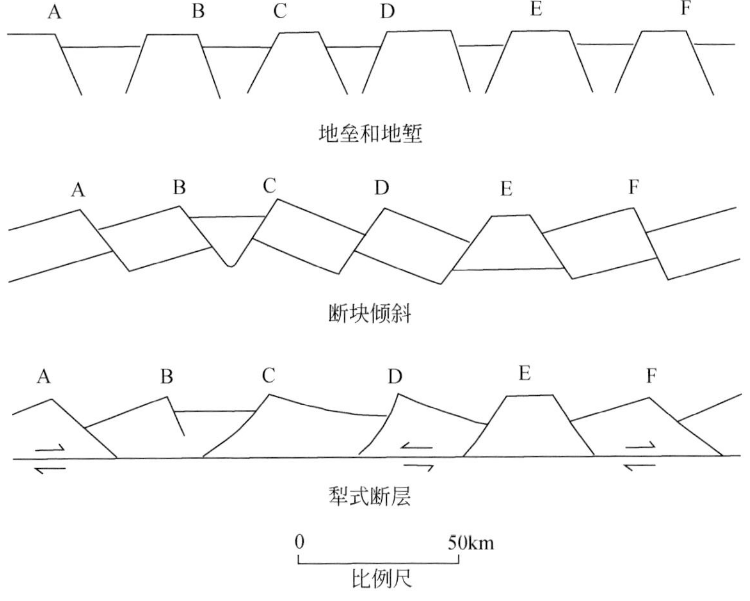

图 1-7　盆-岭构造的断块倾斜模式和犁式断层模式（修改自 Stewart，1980）

构造运动），且多数盆-岭构造省的新构造断层发生在山间盆地。

盆-岭构造省中山脉的形成一直是极具争议的问题。有学者曾将地壳抬升的原因归于山岭下面的软流圈上涌（Crough and Thompson，1977；Fliedner and Ruppert，1996；Wernicke et al.，1996）。然而，引起盆-岭构造省中山岭下面的地幔岩石圈发生显著减薄的原因并不清楚。例如，将岩石圈减薄与邻近盆-岭构造省伸展作用联系起来的简单剪切模式（Jones，1987）并不能解释所观察到的岩石圈结构的各个方面。基于此，Liu 和 Shen（1998）将地壳抬升事件与盆-岭构造省之下被软流圈上涌诱发的岩石圈中的韧性流联系起来，以解释地幔上涌引起盆-岭构造省伸展原因。此外，Çakir 等（1998）认为联合走滑断裂系统能导致盆地形成和山岭抬升。

现代板块构造和大陆裂谷概念还被用来解释盆-岭构造省地貌学特征的起源，为理解地球浅部主要构造的起源和相互成因联系提供了有意义的基础。Atwater（1970）根据现代板块理论认为，在美国西部存在两种造成盆-岭构造省构造特征的变形环境：前中新世时期，当北美板块汇聚，并仰冲于东太平洋脊时，发生了挤压剪切作用，进而在盆-岭构造省产生了特别强烈的褶皱和断裂作用；而在中新世时期，在盆-岭构造省出现了从挤压向伸展的过渡性环境，强烈的正断层作用（即通常所指的盆-岭断裂作用）和地壳伸展作用即与这个阶段的伸展事件有关。然而引起中新生代构造环境改变的机制仍不清楚（Stewart，1978）。因而，有学者认为美国西部的盆-岭构造省或许是一个冗长的大陆造山带的显著例子（Niemi，2002），能将伸展型盆-岭省中的盆-岭断陷（basin and range taphrogen）看作由多阶段盆-岭地裂（震）作用导致的伸展变形所产生的一个邻近的、具复合成因的地质构造单元（Sengör，1987）。据此，Dickinson 和 Molinari（2002）将盆-岭省理解为一类经历了多类型地球动力学脉动的、复合的伸展构造域。然而，研究证实，具有不同伸展时间和类型，或不同板块环境下的盆-岭构造省，或地裂的不同地球动力学特征是其关键（McKerrow et al.，2000）。

对地壳和地幔最上部进行地震观察（图1-8），证实了美国西部的盆-岭构造省自早古近纪—新近纪以来经历了漫长的、与活动大陆裂谷作用有关的岩浆和构造历史，因而前者与裂谷省均是伸展裂谷作用产物，并在沉积作用、火山活动和构造变形等方面表现出许多相似性特征，而伸展裂谷作用紧随强烈的褶皱、逆冲和造山之后发生（Allmendinger et al.，1987；Catchings and Mooney，1988）。由于后 Laramide 造

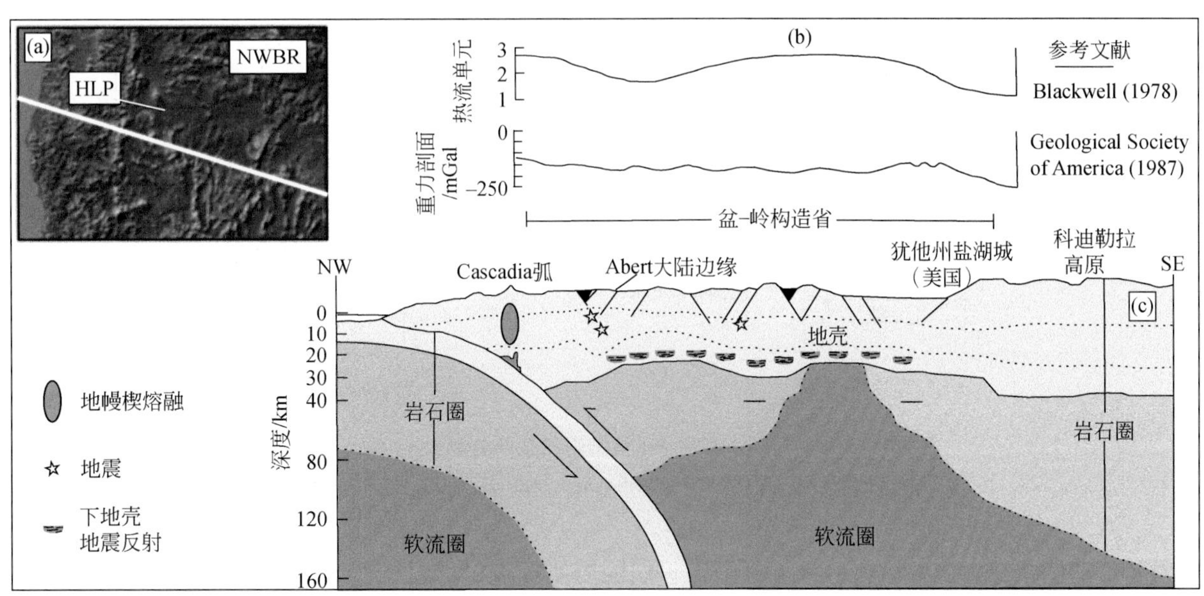

图1-8 美国西北部南俄勒冈州的盆-岭构造省（NWBR）的地形和地球物理图解

（a）NWBR的盆岭构造断层沿走向向北和进入高熔岩平原（HLP）时数字高程模型（DEM）逐渐降低；（b）切穿盆岭省的热流和重力剖面；（c）切穿盆岭省的概略剖面图。图（a）中的白线显示剖面方向，但未显示整条剖面线。剖面上部40km在垂向方向上呈1.5倍放大显示。地震数据引自 Qamar 和 Meagher（1993）

山板块的重组织，北美西部边缘的大陆变形由广阔的盆-岭伸展构造省形成（Wernicke et al., 1992）以及由陆内转换断裂系统如 San Andreas 和 Walker Lane 断裂系统的发展与增生（Atwater and Stock, 1998; Faulds et al., 2005）所记录。所记录的模式包括俯冲带后撤模式（Humphreys and Dueker, 1994）、Cascadia 弧前顺时针旋转模式（Wells and Heller, 1988）、陆内转换断层向北扩展模式（Faulds et al., 2005）和过剩重力势能引起的加厚的 Laramide 地壳垮塌模式（Humphreys and Coblentz, 2007），还描述了促使盆-岭构造扩张的驱动力。

1.2.2　变质核杂岩（MCCs）

1.2.2.1　MCCs 概念及基本特征

Davis 和 Coney（1979）首次将广泛分布于北美西部科迪勒拉造山带中一套独特的伸展构造和岩石组合命名为变质核杂岩（MCCs）。根据 Coney（1980）的定义，变质核杂岩是指一组近圆形或椭圆形由强烈变形的变质岩和深成岩组成的分散孤立的穹状隆起，上覆以断层分隔并远距离滑移来的变质盖层。后来，Seyfert（1987）对该定义做了修正和补充，认为科迪勒拉变质核杂岩一般是呈近圆形或椭圆形的、由强烈变形变质的岩石组成的孤立隆起，有岩体侵入其中，或者被远比核部岩石变形、变质轻的岩石覆盖（Ⅰ型），或者被覆以拆离并远距离运移的盖层（Ⅱ型）。Seyfert（1987）又根据拆离断层的发育状况将Ⅱ型变质核杂岩分为两个亚类：如果变质核杂岩周缘均有拆离断层发育，则为Ⅱa 型；如果只部分周缘有拆离断层发育，则为Ⅱb 型。Malavieille（1993）则根据造山作用晚期伸展形成的变质核杂岩的几何学，将变质核杂岩分为对称型和非对称型两类（图 1-9）。

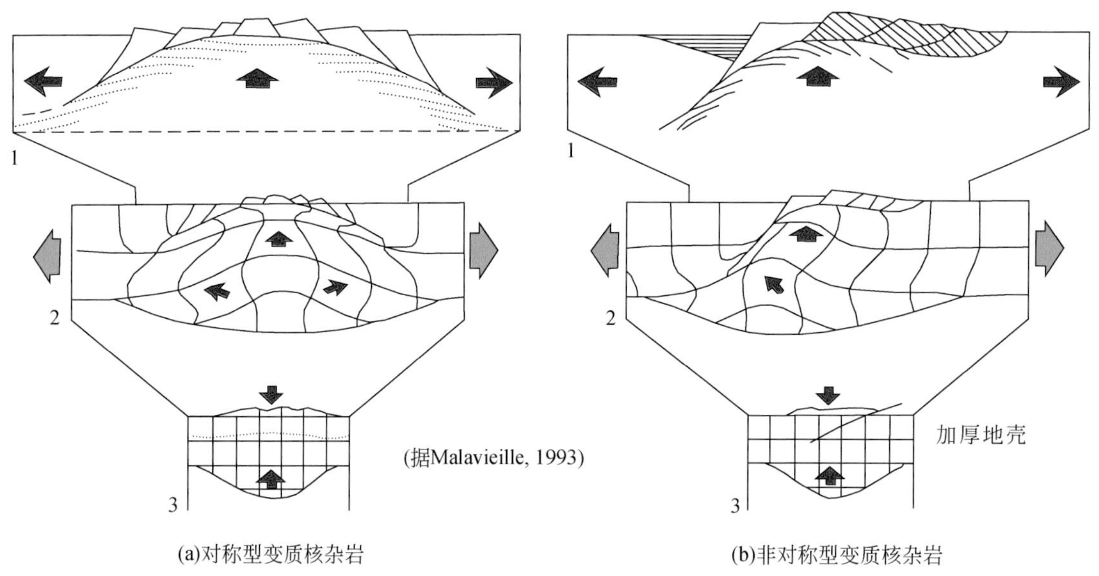

图 1-9　变质核杂岩的几何分类

1. 沿剪切带的应变；2. 表示地壳规模的应变和流动格子；3. 原始未形变格子

对于科迪勒拉造山带中缓倾正断层及包含它们的变质核杂岩的认识，导致在全球其他山系中很快发现了变质核杂岩。中国境内首批确认的拆离断层及相关变质核杂岩包括高喜马拉雅的藏南拆离系（Burchtíel and Royden, 1985; Burchtíel et al., 1992）、北京北部的河防口拆离断层（Davis and Zheng, 1988）及云蒙山变质核杂岩（Davis et al., 1996）和中蒙边界上的亚干变质核杂岩（Zheng et al., 1991; 郑亚东和张青，1993；郑亚东和王玉芳，1995；郑亚东，1999）。此外，北京西山房山印支期变质核杂岩构造（宋鸿林，1996；颜丹平等，2005）、小秦岭变质核杂岩（张进江和郑亚东，1998）、金沙江变质核杂岩（孔华和段嘉瑞，1996）、江西的武功山变质核杂岩（Faure et al.，1996；孙岩等，1997；舒良树等，2000；Wang et al.，2001；楼法生等，2005）、江西庐山变质核杂岩石（尹国胜和谢国刚，1996）、扬子西缘的江浪变质核杂岩（宋鸿林，1995；Yan et al.，2003）、呼和浩特大青山变质核杂岩（Darby et al.，2001；王新社等，2002）、辽宁医巫闾山变质核杂岩（马寅生，2001；Darby and Bischof，2004）、西藏拉轨岗日变质核杂岩（刘德民和李德威，2003）、湖南幕阜山和大云山变质核杂岩（傅昭仁等，1991；喻爱南等，1998）、安徽洪镇变质核杂岩（董树文等，1993）等在我国也相继被发现。通过对这些变质核杂岩几何学和运动学的研究，认识到变质核杂岩构造至少有三层结构，即上部脆性变形层、中间韧性流变层和下部变质核杂岩体（宋鸿林，1995；王根厚等，1997；刘德民和李德威，2003）。

经过国内外学者近三十年的研究，目前已普遍认为，变质核杂岩是大陆高应变伸展环境中发育的一套构造和独特岩石单位的组合，是深层次区域热隆伸展作用产物，与地壳伸展作用及局部非均一热事件有密切的联系，其实质是大规模地壳伸展和地壳沿主拆离断层切除（缺失）的结果，并认为可形成于不同时期、不同地质构造环境，其基本特征应包括三个不可缺少的或必要的构造要素（颜丹平，1997；Davis 和郑亚东，2002；楼法生等，2005）：①主拆离断层，大规模位移（几十千米）的准区域至区域性的低（倾）角（典型情况下为35°~40°）正断层；②下盘，与断层相关的糜棱状片岩、片麻岩和可能出露的更深层次的非糜棱状结晶岩；③上盘，含多世代正断层的上地壳基底岩和/或表壳岩层。其中关键的一点是，所有变质核杂岩是沿地壳深部（大于10km）大型拆离断层大规模地壳伸展和地壳切除（缺失）的产物。根据经典地区变质核杂岩和我国一些地区变质核杂岩的发育状况和结构，在朱志澄（1994）和楼法生等（2005）的基础上，可进一步将变质核杂岩的基本特征和判别标志总结如下：

（1）空间上呈穹状、长垣状、椭圆状孤立隆起。若干变质核杂岩可以呈带状或串珠状定向展布，但单个变质核杂岩多呈非线性的穹状地貌。变质核杂岩多构成地形隆升地貌，常形成区内最高山（Wang et al.，2001）。

（2）发育拆离断层。变质核杂岩的基底与盖层以规模巨大的低角度正断拆离断层分隔，且拆离断层上、下盘岩石的变形性质截然不同，上盘为脆性变形域并表现为一期或多期不同类型的正断层，下盘为韧性变形域。但上盘盖层也可因侵入作用而变质，并发生不同程度的糜棱岩化。

（3）具有双层或三层结构特征。即以拆离断层分开的上盘脆性域和下盘变质核组成的双层结构特征、上部脆性变形层（包括盖层和山前半地堑沉积盆地）、中间韧性流变层及变质核杂岩体组成的三层结构特征。宋鸿林（1995）提出，非同轴流变的中间韧性层是一种普遍现象。只有在滑距很大时，才会缺失中间韧性层，造成上盘脆性层直接和下盘变质核接触。

（4）变质核杂岩体顶部和周缘发育以糜棱岩化岩石为特征的韧性剪切带，糜棱岩化岩石一般具有显著的S-C组构、石英-长石残斑系、拉伸线理等各种剪切标志。其中的拉伸线理具有区域性一致的趋向，但线理的倾伏方向可以相反。

（5）上部脆性变形域的脆性伸展方向和拆离断层的滑动方向以及下部糜棱岩化岩石中的运动学方向具有一致性，反映了统一的运动方式。

（6）MCCs的核部一般都有不同时期不同规模的花岗质岩体侵入，有早于伸展期的老岩体，更多的是同构造期中酸性岩浆岩侵入体。有的MCCs核部可以全被同构造期岩浆岩所占据，但在岩浆岩的周缘常发育以糜棱岩化为特点的韧性剪切滑脱带。

1.2.2.2　MCCs的成因机制

变质核杂岩或伸展穹隆发育在中下地壳变质岩沿低角度拆离断层从位于正在破裂的、伸展的上地壳下拖曳出来的位置（Coney，1980；Armstrong，1982；Lister and Davis，1989）。这些地壳规模的构造普遍形成于与先前加厚的下地壳因重力不稳定性相对应的造山作用晚期阶段（Crittenden et al.，1980；Buck，1991；Wernicke，1981，1995），因此，变质核杂岩或伸展穹隆构造的发生为研究伸展构造域地壳隆升、地壳变形和地壳剥蚀等提供了天然地质标本（Davis and Lister，1988；Foster et al.，2010；Jolivet et al.，

2010；Li et al.，2016）。在这些伸展构造产生的过程中，一个最显著的特征是下盘地质单元大规模剥露，因为高级变质岩能从>12km的中下地壳通过韧-脆性过渡带剥露至近地表条件（Lister and Davis，1989）。了解剥露的起始条件、持续时间和剥露速度，不仅对评估穹隆构造的热-机械演化非常重要，而且对理解后造山伸展环境大陆壳是在什么时间伸展、机械上又是如何伸展的具有重要意义。Li等（2016）进一步认为，尽管每个变质核杂岩或伸展穹隆构造似乎与继承性构造、岩石流变学或边界条件等自身的特殊性紧密相关，但卷入其剥露过程中的一个普遍特征是有低角度拆离断层的形成（Foster et al.，2007；Morley，2014），而这种拆离断层表现出脆性变形构造，叠加在一个卷入了位于未变质的上地壳地质体单元之上的中下地壳高级变质岩的低角度伸展剪切带（Coney，1980；Lister and Davis，1989）。然而，有关MCCs的成因机制仍存在相当大的争论，其中争论最大的当数低角度正断层（Wernicke，1981；Davis and Lister，1988；Lister and Davis，1989；Bartley et al.，1990；Hill et al.，1992）及杂岩中心岩浆岩的形成机制（Davis et al.，1993；Leeman and Harry，1993；Wenrich et al.，1995）。

在低角度正断层方面，Davis（1983）提出的剪切带模式可能是目前为止最经典的成因模式。然而，因这种倾斜的伸展断层构造并不遵循传统Anderson破裂准则（Anderson，1951）所预测的任何正断层倾角不低于55°，故尽管关于其起源已开展了几十年的研究，但仍充满着争议。例如，目前就存在几种相互冲突的端元模式：①Lister和Davis（1989）认为拆离断层起源于切割了碎裂的上地壳，并终止于下地壳伸展剪切带的正断层连续世代的最近聚合；②Wernicke和Axen（1988）、Garces和Gee（2007）、Lecomte等（2010）认为拆离断层起源于被旋转的和因随后的褶曲与均衡抬升而变平坦的但初始为陡倾斜的正断层；③Patel等（1993）和Jolivet等（2010）认为拆离断层起源于类似逆冲构造等一类早期缓倾斜构造的不均一性。Li等（2016）根据热年代学和地质学证据则认为，有些拆离断层（如华南衡山）起源于先存的陡倾斜逆断层活化，系正断层滑移过程中被动旋转至当今缓倾斜角度结果。另外，关于岩浆岩与变质核杂岩的成因关系，多数学者主张岩浆上隆引起伸展拆离（张进江等，1998），少数学者认为伸展拆离导致岩浆上升侵位。对变质核杂岩的力学成因解释，目前我国学者大都采用Lister和Davis（1989）建立的伸展构造模式（图1-10），其基本思想是伸展导致地壳减薄和地幔上隆，从而使中下地壳剥露（Crittenden，1980）。而据地壳均衡原则，在地幔上隆的同时，上地壳下陷并接受沉积，这一过程只能使MCCs接近地表，并不能使它们出露地表（颜丹平，1997）。另外，李东旭和许顺山（2000）还提出旋扭构造为变质核杂岩的成因的观点。

对MCCs发展的热机械数值实验表明，根据基本的岩石和构造差异可划分两个端元的MCCs（Charles et al.，2012）：一个是在迅速和局部（即按cm/a的数量）伸展条件下产生的MCCs；另一个是在缓慢伸展条件下产生的MCCs（Rey et al.，2009a，2009b）。Charles等（2012）通过对全球不同大陆伸展域MCCs发展（含中国华北地区）的持续性时间的编制发现，“快速”发展的MCCs典型的持续时间为12～10Ma的时间间隔，如舒斯瓦普（Shuswap）、纳克索斯（Naxos）和北门德雷斯（North Menderes）（Vanderhaeghe，1999；Keay et al.，2001；Lorencak et al.，2001；Norlander et al.，2002；Ring and Layer，2003；Isik et al.，2004；Ring and Collins，2005；Brichau et al.，2006），而“缓慢”发展的MCCs典型的持续时间为大于60Ma的时间间隔，如南罗多彼（South Rhodope）、鲁比山（Ruby Mountains）和斯内克岭（Snake Range）（Wawrzenitz and Krohe 1998；McGrew et al.，2000；Sullivan and Snoke，2007）。

东亚地区，广泛分布的伸展沉积盆地及与之紧密的MCCs和岩浆作用组合是其形成于晚中生代大规模裂谷系统的主要特征（Menzies et al.，1993；Ren et al.，2002；Meng，2003；Lin and Wang，2006；Zhai et al.，2007；Charles et al.，2011，2012）。因此，该区域是研究大陆伸展的宽阔裂谷系统模式以及探索大陆伸展与岩浆作用和成矿事件的理想“天然实验室”（Charles et al.，2012）。由于东亚地区大部分晚中生代伸展系统并没有叠加大规模的新生代伸展构造，许多暗示伸展变形的印记得以很好地保存。其中，东亚地区代表晚中生代伸展事件的沉积盆地因含有丰富的煤和油气资源而得到广泛深入的研究（Ren et al.，2002；Zhang et al.，2010b）。此外，东亚地区还发育大量的晚中生代岩浆岩，也是探讨晚中生代大规模伸展事件的关键之一，并与板块俯冲、转换或叠置联系起来（Li，2000；Zhou and Li，2000；Zhou et al.，

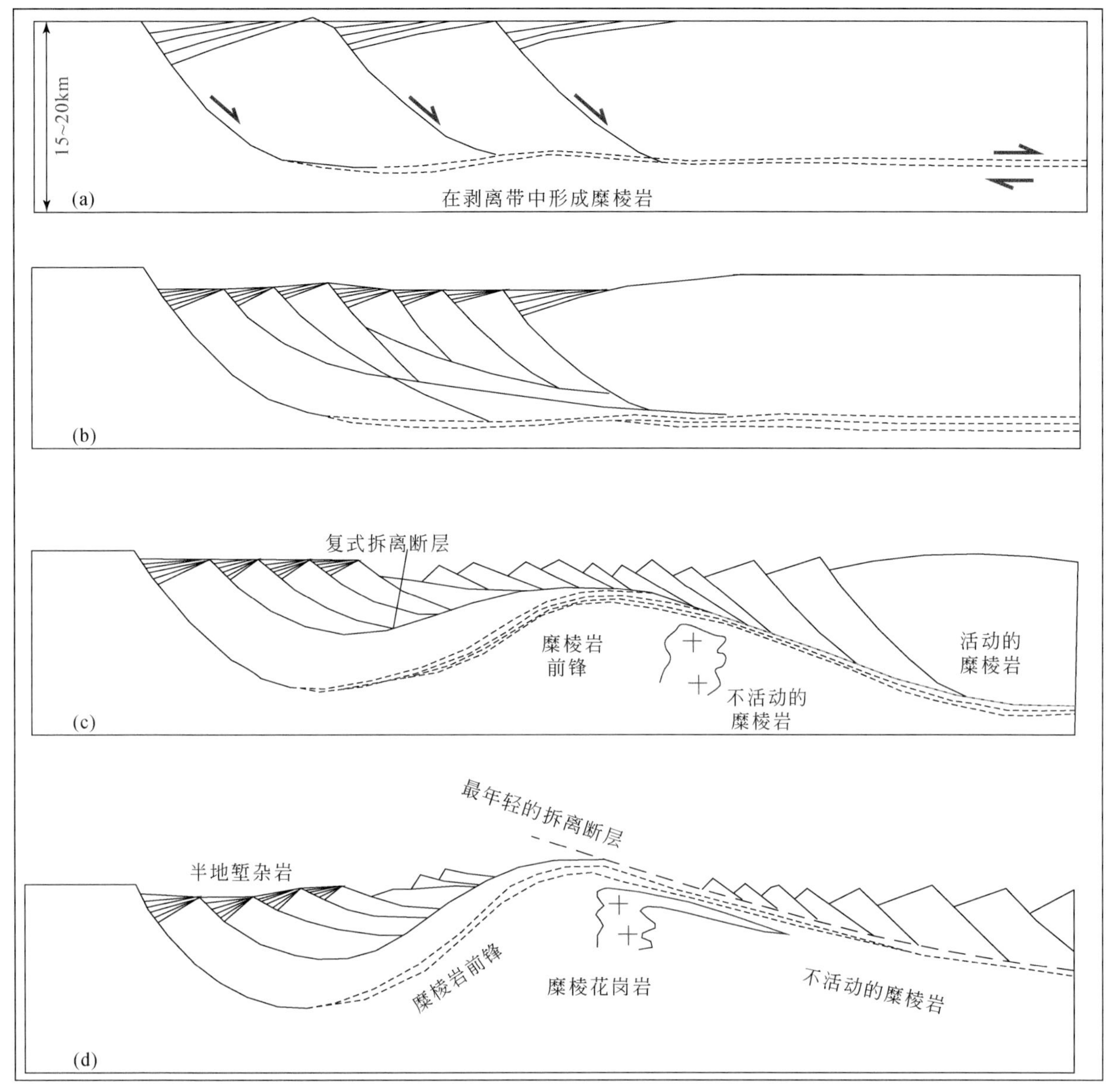

图 1-10　变质核杂岩和拆离断层演化模式（据 Lister 和 Davis，1989 修改）

（a）上下盘间开始相互拆离和近水平韧性剪切带发育；（b）发生新的拆离断层，次级缓倾角断层增生，上盘断层复杂强化；（c）由于卸荷作用和深部花岗岩的均衡效应，下盘拱曲并引起拆离断层和次级断层产状的变化；（d）变质核杂岩从较年轻的拆离断层下拱起出露

2006；Wu et al.，2005a，2005b；Wu et al.，2007；Li et al.，2007b；Zhang et al.，2010a）。在中国东北部地区，先前的年代学工作指出该区 130～120Ma 期间存在大规模火成岩事件，并导致同时期的强烈岩石圈减薄（Wu et al.，2005a）。但该岩浆作用对东亚地区晚中生代大陆伸展的形成与演化的影响仍未引起足够讨论；近 20 年来，许多 MCCs 也发现于俄罗斯西伯利亚贝加尔湖至中国胶东半岛近 2000km 的范围（Davis et al.，1996；Webb et al.，1999；Darby and Bischof，2004；Liu et al.，2005；Lin and Wang，2006；Donskaya et al.，2008；Daoudene et al.，2009；Charles et al.，2011，2012）。虽然这些 MCCs 的构造和动力学特征已得到很好的研究，但它们发展的时间和持续性仍未得到很好的制约，相应地，伸展过程的精确时间和总的持续时间也很少受人关注。据此，Charles 等（2012）以胶东半岛玲珑 MCCs 为例，认为东亚地区晚中生代大陆伸展的延续时间较长，估计在 60Ma 内，即从 160Ma 开始，至少在 100Ma 结束，但晚中生代东亚大陆伸展具有时间和空间上分布的不均一性，这是因为正如由其他宽阔裂谷系统所反映的以混合岩核为主组成的 MCCs 那样，其两个端元存在着基本差别。可见伸展作用首先似乎有利于部分熔融，反

过来随后保持大陆伸展。

总之，关于 MCCs 的形成及组成特征的解释仍存在多种且有争议的观点，这些模式包括低角度正断层伸展（Wernicke，1981）、火成岩侵入（Lister and Baldwin，1993）、初始高角度正断层的弯曲旋转（Buck，1988）。Martinez 等（2001）还通过对巴布亚新几内亚当特尔卡斯托（D'Entrecasteaux）群岛热流数据的分析，认为该群岛在逐渐向海底扩张的大陆裂谷内形成了活动的 MCCs。Martinez 等（2001）进而根据均衡模拟、地质数据和热流测量获得的证据，认为当特尔卡斯托群岛 MCCs 通过由地壳密度转化所驱动的韧性下地壳物质的垂直喷出来调整伸展作用。此外，虽然 MCCs 构造允许上部大陆壳容纳数十千米的伸展（Lister and Davis，1989），但一直不清楚下地壳和下覆地幔如何响应这些伸展构造。因为美国西部许多核杂岩位于平缓的莫霍面之下（McCarthy et al.，1991），人们广泛猜想这些核杂岩高度由下地壳流动（McKenzie et al.，2000）或岩浆底侵（Lister and Baldwin，1993）所维持。但 Abers 等（2002）对 Woodlark 西部裂谷 MCCs 的地震观察表明，MCCs 的发展和高度伸展的容纳并不是纯粹的地壳现象，因而必须有地幔伸展的发生。Lister 和 Baldwin（1993）则认为，MCCs 的形成能够由大陆伸展时期侵入岩活动所触发。韧性变形脉动往往发生在短暂的热事件时期，后者则由来源于侵入的岩体、岩席或岩堤（墙）带来的热输入所引起。这些侵入岩可能是 MCCs 构造剥蚀过程下盘核杂岩差异抬升的潜在原因。

1.2.2.3 MCCs 与盆-岭构造省的成因联系

在盆-岭构造省（BRPs）的某些区域，常可见变质基底已出露地表，其中一部分属于变质核杂岩（MCCs）构造，但直到 20 世纪 60 年代后，盆-岭构造省内的 MCCs 才被解释为由伸展作用引起下地壳岩石剥露于地表的结果。因此，对 MCCs 的研究为深入了解驱动盆-岭构造省形成的伸展过程提供了有价值的证据（McKee，1971）。然而，尽管剥露的 MCCs 是许多盆-岭构造省的特征，但在时空上 MCCs 的分布并不是总与 BRPs 具有同样的规律（Dickinson and Molinari，2002）。低角度的拆离断层在构造式样上也不同于晚期 BRPs 断块作用（Zoback and Zoback，1981；Dickinson，1991；Burchtíel et al.，1992）。不过，MCCs 构造剥露与山间地区迁移的多类型岩浆作用在时空上的紧密关系（Zoback et al.，1981；Gans et al.，1989；Lee and Ward，1991；Mueller et al.，1996），却暗示了 MCCs 与盆-岭构造省在成因上具有实质的关系。

大陆岩石圈伸展存在两种主要模式，即狭窄裂谷（narrow rift）和宽阔裂谷（wide rift）（Buck，1991；Brun，1999；Corti et al.，2003）。其中，宽阔裂谷表现出非常大的影响或应变范围（约 1000km 宽），并包含了 MCCs（Brun，1999）等构造，典型的如北美盆-岭构造省和地中海的爱琴（Aegean）地区（Corti et al.，2003 及文中参考文献）。近四十年来，野外调查（Davis and Coney，1979；Crittenden et al.，1980；Lister and Davis，1989；Jolivet and Brun，2010）以及地质类比和数值模拟（Tirel et al.，2006，2008）大大提高了对上述地区大陆伸展模式的认识和理解。特别是，人们还发展了包括俯冲岩石圈板片运动在内的多种理论以阐明产生宽阔裂谷系统的地球动力学机制（Rosenbaum et al.，2008；Jolivet et al.，2009；Jolivet and Brun，2010）。尽管这些地质数据逐渐被积累，且机械模型被提出，但考虑到大陆伸展的动力学成因机制，仍存在 4 个方面的主要问题：①变形过程，特别是 MCCs 发展过程的时间及其持续性（Gautier et al.，1999；Sullivan and Snoke，2007）；②广义上，区域规模的大陆伸展和岩浆作用间的成因联系（Crittenden et al.，1980；Coney and Harms，1984；Lynch and Morgan，1987；Lister and Davis，1989；Gautier et al.，1999；Corti et al.，2003；Tirel et al.，2008；Péron-Pinvidic et al.，2009；Rey et al.，2009a，2009b）；③MCCs 与 BRPs 的形成时序及空间展布关系（Davis and Coney，1979；Coney，1980）；④大陆伸展所导致的 MCCs 和 BRPs 等构造式样与成矿作用的关系（Deng et al.，2017；Xu et al.，2017）。

1.3 先存构造活化

构造活化代表了在时间上可分割的变形事件（时间间隔>1Ma），而这些变形事件沿先存的构造如断层、剪切带和其他地质接触界面反复地发生（Holdsworth et al.，1997，2001）。然而，并非所有的先存构造都会被活化（Roberts and Holdsworth，1999）。那么，控制先存构造是否被活化或再次活动的因素是什么？实验岩石学和数学推导（Sibson，1985；Jaeger et al.，2007）结果表明，断层在形成后，岩石的力学性质会显著降低，其抗张强度可以降到零。大量研究也显示，构造活化主要受先前构造的产状、差异应力、流体压力和摩擦系数等控制（Sibson，1985，2001）。Sibson（1985）还认为有利定位的构造易于活化，而其他类型构造的活化要求有更为苛刻的条件，如相对低的差异应力水平以及高的流体压力。其中，差异主应力（即主压应力-流体压力）是控制断裂和破裂因素中最重要的因素。流体压力的增长普遍会推动Mohr（莫尔）应力圆向左边移动，从而诱发断层活化（Sibson et al.，1988）；此外，低的摩擦系数也有利于构造活化（Sibson，1985）。目前已普遍接受的观点是，先存构造代表了构造薄弱点，即使这些构造活化后被脉体所充填，但抗张强度逼近于零（Sibson，1985）。结果，在新一轮变形事件中，先存构造的活化普遍优先于新的断层形成（Sibson，1985，2001）。这就解释了构造活化是普遍存在的现象（Holdsworth et al.，1997）。不过，在经历过多期变形的地体中，构造是否被活化以及如何被活化还与构造的初始形成时间、构造的产状和几何形态、构造间的空间关系和区域构造应力的演化等因素有关。

断层活化是指断层沉寂很长时间后又发生活动。断层活化过程已被认为对断裂发展起着重要的控制作用（Walsh et al.，2002；Bellahsen and Daniel，2005）。因此，深刻地理解断层活化及其过程是了解断层消亡历史（Wood and Mallard，1992）、有效评估可能的流体幕式活动（Blair and Bilodeau，1988；Cartwright et al.，1998；Lisle and Srivastava，2004）和确定断层活化对断层增生行为与比例关系的影响甚为关键的科学内容（Cartwright et al.，1998；Walsh et al.，2002；Nicol et al.，2005）。正确制约断层活化过程对提高评估地震灾害性水平（Lisle and Srivastava，2004）和评价断层活化对断裂封闭质量和流体迁移（Holdsworth et al.，1997；李增华等，2019）等还具有重要实际意义。

1.3.1 断层活化过程

Baudon和Cartwright（2008）通过对巴西近海岸高质量3D地震数据的调查和分析，识别出伸展断层正常活化（normal reactivation of extensional faults）的两类显著不同的模式。其中，第一个模式是先存构造向上衍生的经典活化模式；第二个模式被称为倾伏连通活化模式（reactivation by dip linkage），也就是在先存断裂之上所触发的单个断裂片段的衍生导致了在倾伏方向上与先存断裂的固定连通（hard link）。但对于这两种活化模式，活化过程常具有选择性，并只发生在断层的某些部位。控制断层某些部位或片段优先活化的因素包括：①相对于导致断层活化的主应力来说，先存断裂面的方向；②先存断裂网的片段化；③先存断层的最大规模和投影值（throw values）以及与拆离有关的基底断点线几何形态（basal tip line geometry）。因此，断层活化是大陆板块内部（陆内）的一个重要构造过程，能够很好地说明断裂空间关系稀散分布的部分，因而应该包含在断裂增生模式中（Baudon and Cartwright，2008）。

在大陆区和大洋区，地壳和岩石圈变形表现出特有的不均一性，因为大多数位移局限于断层和剪切带所连接的系统（Rutter et al.，2001）。在板内和板块边缘环境，这些近面型或板型变形带强烈影响着大范围内相关地质特征如裂谷盆地、造山带和横推断层系统的定位、结构和演化。许多断裂带也早已作为流体集中迁移的已知通道，并对确定有重要经济价值的油气藏、热液型矿床和火成侵入岩的定位、迁移模式和侵位起至关重要作用。此外，大多数活动地震与沿断裂带的位移有关，因而这些断裂带也代表了全球最重要的地质灾害地带。一般来说，沿断裂和剪切带位移的反复定位往往跨过非常长的时间规模，这强烈暗示它们相对于周围围岩表现出脆弱性。对板块边界断裂如San Andreas断裂的地球物理观察也表明，从绝对感观来说，这个断裂也表现出脆弱性质，尽管这仍是一个争论的问题。因此，Rutter等（2001）认为，断裂带构造和其机械行为来源于三个主要信息源：①对天然断裂带和它们变形产物（断层岩）的研究；②对当前活动的天然断裂系统的地震学和新构造研究；③利用天然岩石或类似岩石的材料进行室内变形实验。通过这些信息，能帮助我们对上地壳脆性断裂作用进行基本的理解，而这个上地壳在主要的流体-压力条件下的应力状态被断裂网络系统的摩擦强度所限制。在长期的负荷条件下，即在地质上断裂带的典型状态下，不太理解的现象，如断裂过程带中的临界裂缝增生，可能对控制断裂增生及其强度产生主要作用。产于摩擦域的黏塑性和更深部分的高度应变的断层岩，其粒径减小能够导致变形机制的变化和岩石相对弱化，因而就能说明变形的局部化和地壳规模断裂的反复再活化（localization of deformation and repeated reactivation of crustal faults）。Rutter 等（2001）进而认为，对变形机制、变质过程和化学上活性流体流动的相互关系的理解应是未来研究的关键领域；而如何进一步理解断裂和剪切带的联系、强度和微构造在有限应变中发生过大的改变或位移，将最终导致地质上更趋于实际的岩石圈变形数值模拟的发展，而该岩石圈变形包含了将位移集中于狭窄的更弱的断层带。对天然产生的断裂和剪切带的研究结果以及来自岩石变形的实验已证实了许多过程导致了颗粒细粒化，并认识到紧随断层不活动和再活化时期（periods of quiescence，reactivation），这些结果能导致断层的相对弱化，因此有利于所观察到的流体局部化。

由于所知的大陆岩石圈中先存构造对诸如造山带、断控沉积盆地和大陆裂谷作用等广泛地质现象的定位和结构有重要影响（Dewey，1988；Daly et al.，1989），再活化现象是非常重要的。此外，许多长期活动的构造为含水热液和岩浆的上升迁移提供通道，因此通过对这些构造的研究能够大大地确定金属矿床和火成侵入岩的定位和模式（Hutton，1988）。再活化曾被定义为涉及沿先存的构造在地质上可分离的位移事件的空间（时间间隔>1Ma；Holdsworth et al.，1997）。但定义一个有意义的静止或不活跃时期是定义这个现象的关键，而所选择的时间间隔的持续性则代表了发现于最古老环境再活化标准的分辨极限。在新构造环境下，再活化能进一步定义为沿早于现代构造域开启前构造的位移空间。但由于制约板块相对运动矢量的不确定性，这个在机械学上的定义远不能应用于古老环境。因而 Holdsworth 等（1997）提出了四套可用于识别地质记录时期再活化现象的标准：①地层上的，②构造上的，③地质年代学上的，④新构造上的。但他们也认为如果某些构造标准单独被应用以判别再活化的构造时可能并不可靠。大多数引用先前已发表的证据以证明构造继承性是模棱两可的，这是由于他们使用了构造走向、倾向或三维形态的相似性。许多断裂和剪切带形成过程能同时引起变形上和长期上的有意义的弱化，因而能够被借助解释构造再活化。所以，形成大多数大陆的断层围限块体的贴拼具有一个长期继承性的构造体系，这样则可解释大陆变形带所观察到的大多数复杂现象。

1.3.2　断层活化机制

1. 构造和流体压力体系与断层和裂隙发育的关系

在讨论先存断层（裂隙）的活化机制之前，有必要先讨论一下完整岩石中新断层（断裂）的发育机制以及其所受的构造应力和流体压力体系的关系（Sibson，1985，2001）。应力是岩石变形和破裂的主因，而流体对岩石孔隙及裂隙空间施加的压力可以降低岩石的强度，导致岩石更易于发生脆性破裂。

岩石的构造变形受应力控制。在空间一点的应力用三对相互正交的主应力来描述，分别为最大主应力 σ_1，中等主应力 σ_2，最小主应力 σ_3。最大主应力和最小主应力之差（$\sigma_1-\sigma_3$），称为差异应力，简称差应力。作用在与主应力斜交的平面中的应力可以分解为垂直于平面的正应力和平行于平面的剪应力。

地壳中岩石普遍饱含流体，岩石空隙中的流体压力称为孔隙压力 P_f，可分为静水压力和静岩压力两种体系。岩石所受的有效应力为主应力减去孔隙压力。岩石变形主要是受有效主应力控制：$\sigma_1'=(\sigma_1-P_f)>\sigma_2'=(\sigma_2-P_f)>\sigma_3'=(\sigma_3-P_f)$。对于包含 σ_2 的平面，剪应力可表达为 $\tau=\dfrac{\sigma_1+\sigma_3}{2}\cos2\theta$；有效正应力为 $\sigma_n'=(\sigma_n-P_f)=\dfrac{\sigma_1'+\sigma_3'}{2}-\dfrac{\sigma_1'+\sigma_3'}{2}\cos2\theta$，其中 θ 为 σ_1 与平面的夹角。

根据主应力的方向，可发育三种不同的脆性破裂，即剪切破裂、张性破裂和混合张性剪切破裂。对于充满水的岩体，流体压力的存在会改变有效应力，所以在很大程度上会影响脆性破裂的类型。对于某一岩石类型而言，脆性破裂的发生可能是由于差异应力或者流体压力的增加，或者二者同时增加。

对于均一的、各向同性的完整岩石，断层（断裂）的形成可用复合的Griffith-Coulomb破裂准则来预测和分析。图1-11中的横轴和纵轴分别为用岩石抗拉强度（T）标准化后的剪应力（τ）和有效正应力，即$\sigma'_n=(\sigma_n-P_f)$。对于特定岩石，脆性破裂的模式取决于差异应力（$\sigma_1-\sigma_3$）和岩石抗拉强度（T）之间的关系。当（$\sigma_1-\sigma_3$）<$4T$时，张裂隙发育并垂直于σ_3。当（$\sigma_1-\sigma_3$）>$5.66T$时，剪裂隙（断层）沿包含σ_2的平面发育并与σ_1呈角度约27°。当$4T$<（$\sigma_1-\sigma_3$）<$5.66T$时，张性剪切裂隙发育（图1-11；Sibson，2001）。对于某一给定差异应力，如果其大小不足以产生破裂（即Mohr圆没有碰到破裂包络线），流体压力的增大也可以产生破裂：流体压力的增大使Mohr圆往左移动，最终碰到破裂包络线（图1-11）。

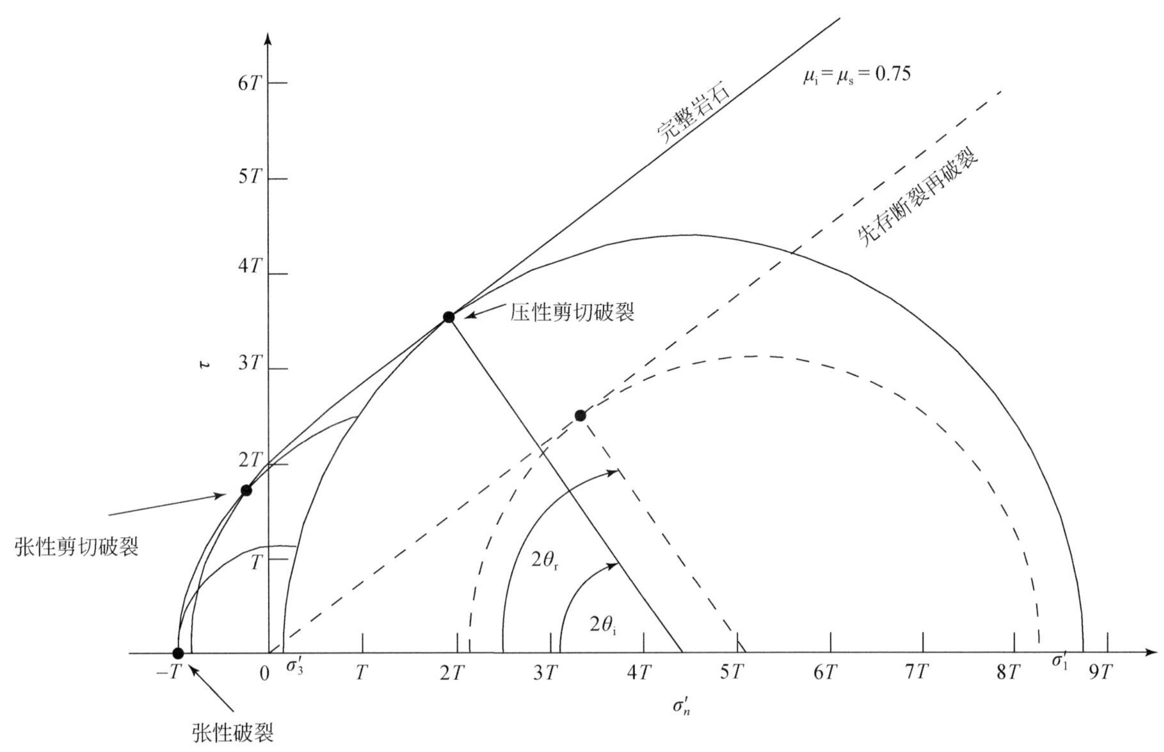

图1-11　应力莫尔圆图解示完整岩石（实线）和先存断裂再破裂（虚线）的包络线（Sibson，2001）

横轴和纵轴分别为用岩石抗拉强度（T）标准化后的剪应力（τ）和有效正应力σ'_n

2. 先存断层（裂隙）的活化

先存断层作为完整岩石里的"伤疤"，其岩石力学性质显著降低，所以在后期构造运动中，活化这些先存断层会比发育新的断层更容易实现（Sibson，1985，2001）。

先存断层的活化主要取决于它们原有的方向，另外差异应力值和流体压力也有影响（Sibson，1985，2001）。其基本准则为$\tau=\mu_s\sigma'_n=\mu_s(\sigma_n-P_f)$，其中$\mu_s$是断层内的静摩擦系数。对于那些包含$\sigma_2$的先存断层，假如断层平面与$\sigma_1$的夹角为$\theta_r$（活化角度），这条准则可变换为有效主应力的比值：$\dfrac{\sigma'_1}{\sigma'_3}=\dfrac{\sigma_1-P_f}{\sigma_3-P_f}=\dfrac{1+\mu_s\cot\theta_r}{1-\mu_s\tan\theta_r}$（Sibson，1985）。图1-12表达了对于$\mu_s$为0.75的情况下，有效主应力的比值$\dfrac{\sigma'_1}{\sigma'_3}$随活化角度$\theta_r$变化的规律，而且可以看出随着活化角度$\theta_r$的变化，哪些方向的断层相对更容易活化。当有效主应力的比值达到正最小值时，最优活化发生且θ_r约为27°（图1-12）。当先存断层的方向逐渐变得不适合活化的时候，就需要增加有效应力的比值才能使其活化（图1-12）。

从成矿的角度而言，如果先存断层的方向与整个地区的构造应力相匹配，那么先存断层就会抑制其周围的完整岩石，而发育其他任何形式的脆性破裂（Sibson，2001）。这些先存断层可以通过多次的活化

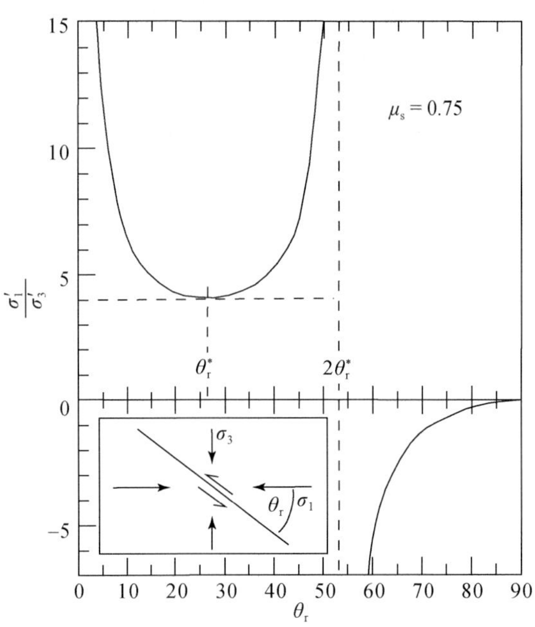

图 1-12　有效主应力的比值$\frac{\sigma'_1}{\sigma'_3}$与活化角度 θ_r 的关系图解（静摩擦系数为 0.75）

而产生脆性破裂，不断提高断层自身及周边围岩的渗透率，因此，更容易吸引成矿流体的运移和汇集，在温度、压力和化学等条件合适时沉淀金属矿物。

1.4　中国东部陆内伸展构造

自从板块构造扩展到对大陆构造分析研究以来，大陆岩石圈伸展模式成为被关注的热点问题，是影响岩石圈–软流圈系统的一种非常重要的地球动力学过程（Corti et al.，2003；林伟等，2019）。根据岩石圈的流变学特点，Buck（1991）将大陆岩石圈伸展模式划分为窄裂谷、宽裂谷和变质核杂岩三种，而变质核杂岩作为一类特殊的伸展构造，被认为是地壳厚度较厚（约为 60km）、地表热流值非常高（100mW/m^2）的宽裂谷中的一种独特表现形式。中国东部的华南和华北板块在中–新生代受复杂的板块相互作用的影响，尤其是晚中生代以来遭受强烈的沉积—构造—岩浆—变质事件的改造。这一过程在我国的华北地区由于有可推断的古生代和新生代岩石圈厚度间的变化而被称为华北岩石圈减薄或克拉通破坏（吴福元等，2008；杨进辉和吴福元，2009；朱日祥等，2012）。华北岩石圈减薄或克拉通破坏率先由岩石地球化学家提出（Fan and Menzies，1992；Menzies et al.，1993），为揭示地球深部过程提供了非常好的契机，构成了我国地球系统科学新的研究热点（朱日祥等，2012 及文中参考文献）。

尽管对华北克拉通破坏的研究已经开展了十几年，但对浅部的构造响应研究相对有限（朱日祥等，2015 及文中参考文献）。特别是关于华北岩石圈减薄或克拉通破坏过程中地壳的结构和构造方面是否存在相应的变化则考虑得不多（Zhang et al.，2003；Chen et al.，2006；Lin and Wang，2006；吴福元等，2008）。事实上，中生代以来华北地区所发生的一系列浅部构造事件很早就得到地质学家的关注，如大型断陷盆地的发育（李思田，1994）、广泛发育的伸展穹隆及相关的变质作用（变质核杂岩等；Davis et al.，1996；Davis 和郑亚东，2002；Liu et al.，2005；Lin et al.，2007，2008，2013a；Wang et al.，2011c，2012）、大规模走滑构造（Xu et al.，1987）、板块尺度的陆内旋转等（朱日祥等，2002；Lin et al.，2003；图 1-13）。因此，地壳中发育的伸展构造可能是岩石圈深部减薄在浅部的重要响应，也是克拉通破坏在浅部的直接表现（Lin and Wang，2006）。广义的伸展构造包括拆离正断层、科迪勒拉型变质核杂岩、伸展盆地等；区域上大规模发育的同时代岩浆作用通常也被认为是区域伸展的证据（Liu et al.，2005；Lin and

Wang，2006；Lin et al.，2007；王涛等，2007；Wu et al.，2007a，2012；Yang et al.，2007；Li et al.，2010；Wang et al.，2012）。作为伸展构造的典型样式，科迪勒拉型变质核杂岩在概念上过于严苛，因此本书使用定义上更为宽泛的伸展穹隆构造（extensional domal structure 或 extensional dome）来表示。作为描述性定义，仅仅代表了区域伸展背景上的穹隆（或背形）形态构造。这样就避免了变质核杂岩（MCCs）、同构造岩浆穹隆（syn- tectonic magmatic dome 或 syn- tectonic pluton）、滚动枢纽构造（rolling hinge structure）及各种不同成因的穹隆构造等复杂的称谓（Yin，2004）。

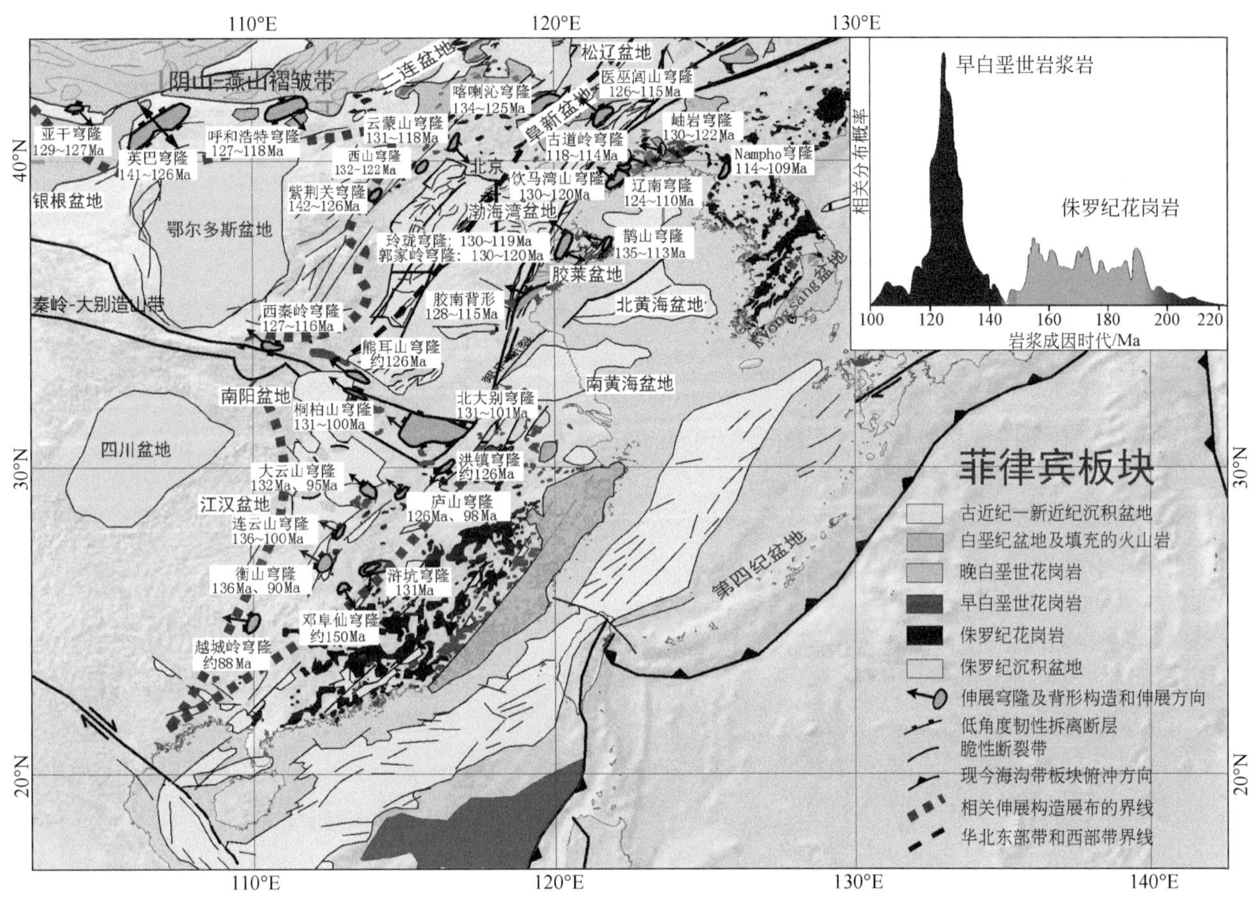

图 1-13　中国大陆中东部晚中生代伸展构造图

修改自 Lin 和 Wei，2018，各相关数据的参考文献见正文

早白垩世大规模的伸展穹隆构造广泛发育于华北克拉通及邻区抑或称为中国大陆中东部（图 1-13；林伟等，2013 及文中参考文献），其时空分布特点与变形特征同克拉通破坏具有很好的相关性（Liu et al.，2005；Yang et al.，2005；Lin and Wang，2006；Lin et al.，2007；王涛等，2007；Wang et al.，2012）。同时由于早白垩世大规模的伸展穹隆构造将中下地壳的岩石拆离折返至地表，为我们直接研究克拉通破坏过程中地壳不同层次的岩石变形特征和构造演化提供了窗口，是揭示中国大陆中东部克拉通破坏、岩石圈减薄及地壳响应最为有效的途径。

1.4.1　中国中东部伸展构造

中国大陆中东部及邻区发育有众多与区域伸展作用相关的穹隆构造，如俄罗斯泛贝加尔-蒙古国地区的乌兰乌德（Ulan-Ude）穹隆（变质核杂岩）、Buteel-Burgutui 穹隆（变质核杂岩）、Zagan 穹隆（变质核杂岩）、Ereendavaa 穹隆（变质核杂岩）、Nartyn 穹隆（同构造岩浆穹隆）、亚布洛涅维（Yablonevyy）穹隆（变质核杂岩），我国东北地区的新开岭穹隆、松辽盆地中部隆起穹隆（变质核杂岩），阴山-燕山地区的亚干穹隆、呼和浩特穹隆、房山穹隆、云蒙山穹隆、喀喇沁穹隆、医巫闾山穹隆、岫岩穹隆、古道岭穹隆、辽南穹隆等，山东地区的玲珑穹隆、郭家岭穹隆、胶南背形，华北南缘的北大别穹隆、桐柏山穹隆、小秦岭穹隆，华南内陆的洪镇穹隆、庐山穹隆、武功山核部浒坑穹隆、大云山穹隆、衡山穹隆和邓阜仙穹隆（Wang et al.，2011c，2012；张岳桥等，2012；林伟等，2013；Lin and Wei，2018）。前人对这些伸展构造进行了不同程度的研究，讨论了拆离正断层展布的几何形态、核部岩浆岩的年龄和热演化历史等（Zheng et al.，1988；Zheng et al.，1991；Davis et al.，1996；Yin and Nie，1996；Webb et al.，1999；Zorin，1999；Liu et al.，2005；刘俊来等，2006；Lin and Wang，2006；Mazukabzov et al.，2006；Yang et al.，2007；Lin et al.，2007，2008；Donskaya et al，2008；Daoudene et al.，2009，2011；Wang et al.，2011c，2012；Zhu et al.，2015）。而有关岩石变形的运动学特点、变形时间和成因机制则涉及不多（Wang et al.，2012；林伟等，2013；朱日祥等，2015；宋超等，2016）。

从区域构造上来看，根据伸展构造时空展布特点及变形特征，以华北克拉通及邻区为代表的中国大陆中东部晚中生代伸展构造由北向南大致分布于以下几个区域：①华北西部带；②华北东部带；③华北南缘及秦岭-大别带；④华南内陆带（图1-14）。其中，华北西部带和华北东部带的划分是依据伸展穹隆展布的对称性特点，大致沿松辽盆地、阜新盆地、渤海湾盆地中残余的白垩纪盆地展布空间进行划分（图1-13）。我们依次对这些地区的伸展穹隆构造的特点进行了归纳、总结与分析（图1-13、图1-14）。事实上，在俄罗斯远东及蒙古国的泛贝加尔-鄂霍次克带（或称为泛贝加尔-蒙古带）也存在大量的伸展穹隆构造（Zorin，1999；Mazukabzov et al.，2006；Donskaya et al，2008；Daoudene et al.，2009，2011；Wang et al.，2011c，2012），但由于主题相关性的原因，本书并未涉及这些伸展穹隆构造部分的内容。

1.4.1.1 华北西部带早白垩世伸展穹隆构造

由于国家自然科学基金委员会“华北克拉通破坏”研究计划的实施，这一地区是中国中东部晚中生代伸展构造研究最为深入的地区。从内蒙古西部阿拉善沙漠地区到北京北部山区发育了大量的以穹隆形态为主的晚中生代伸展构造（Wang et al.，2012；林伟等，2013）。这些伸展构造大致由西向东依次为亚干穹隆（变质核杂岩，Zheng et al.，1991；Webb et al.，1999；Wang et al.，2004）、英巴穹隆（变质核杂岩，Zhou et al.，2012；Yin et al.，2017）、呼和浩特穹隆（变质核杂岩，Davis 和郑亚东，2002；Davis and Darby，2010；Guo et al.，2011）、云蒙山穹隆（变质核杂岩，Zheng et al.，1988；Davis et al.，1996，2001；刘翠等，2004；Zhu et al.，2015）、喀喇沁穹隆（变质核杂岩？Han et al.，2001；王新社和郑亚东，2005；林少泽等，2014）。在阴山-燕山分隔带，沿太行山展布有西山（房山）穹隆（同构造岩浆穹隆，Yang et al.，2005；Yan et al.，2006；Wang et al.，2011d）、紫荆关穹隆（同构造岩浆穹隆，Wang and Li，2008；图1-13）。这些伸展穹隆构造不仅发育于阴山-燕山褶冲带所代表的陆内构造带之中，同样发育在华北稳定克拉通的内部。

在构造几何学上，这些伸展穹隆呈椭圆状，长轴沿 NE—SW 向展布（图1-13）。穹隆核部岩石通常为二叠纪—白垩纪的花岗岩或花岗片麻岩、古元古代斜长角闪片麻岩、变火山岩和变沉积岩。其中变沉积岩的原岩时代为古元古代—侏罗纪，并伴随有侏罗纪—白垩纪岩浆岩侵入。侏罗纪和早白垩世早期岩浆岩在边缘普遍存在较为明显的面理化，局部甚至糜棱岩化；而岩体核部则表现为块状，些许面理化或未变形（Han et al.，2001；Wang et al.，2004；Zhou et al.，2012；Yin et al.，2017）；局部发育的一些白垩纪岩浆岩具有非常明显的同构造侵入特点，如岩体边缘发育与拆离断层相关或相似的韧性剪切变形、叠加的脆性破裂等（Han et al.，2001；Wang and Li，2008）。在阴山-燕山褶冲带内，穹隆的周边发育未变质的二叠纪—侏罗纪火山岩和沉积岩（Davis et al.，1996；Han et al.，2001；Wang et al.，2004；Davis and Darby，2010；Guo et al.，2011）。通常在这些伸展穹隆的边缘发育有不同厚度的强应变带（百米至千米级）。沿这些强应变带，岩石变形面理通常表现为中-低倾角的几何形态，并使不同变质级别的岩石发生了并置等现象，具有典型拆离断层的特点（Davis et al.，1996；Webb et al.，1999；Davis 和郑亚东，2002；

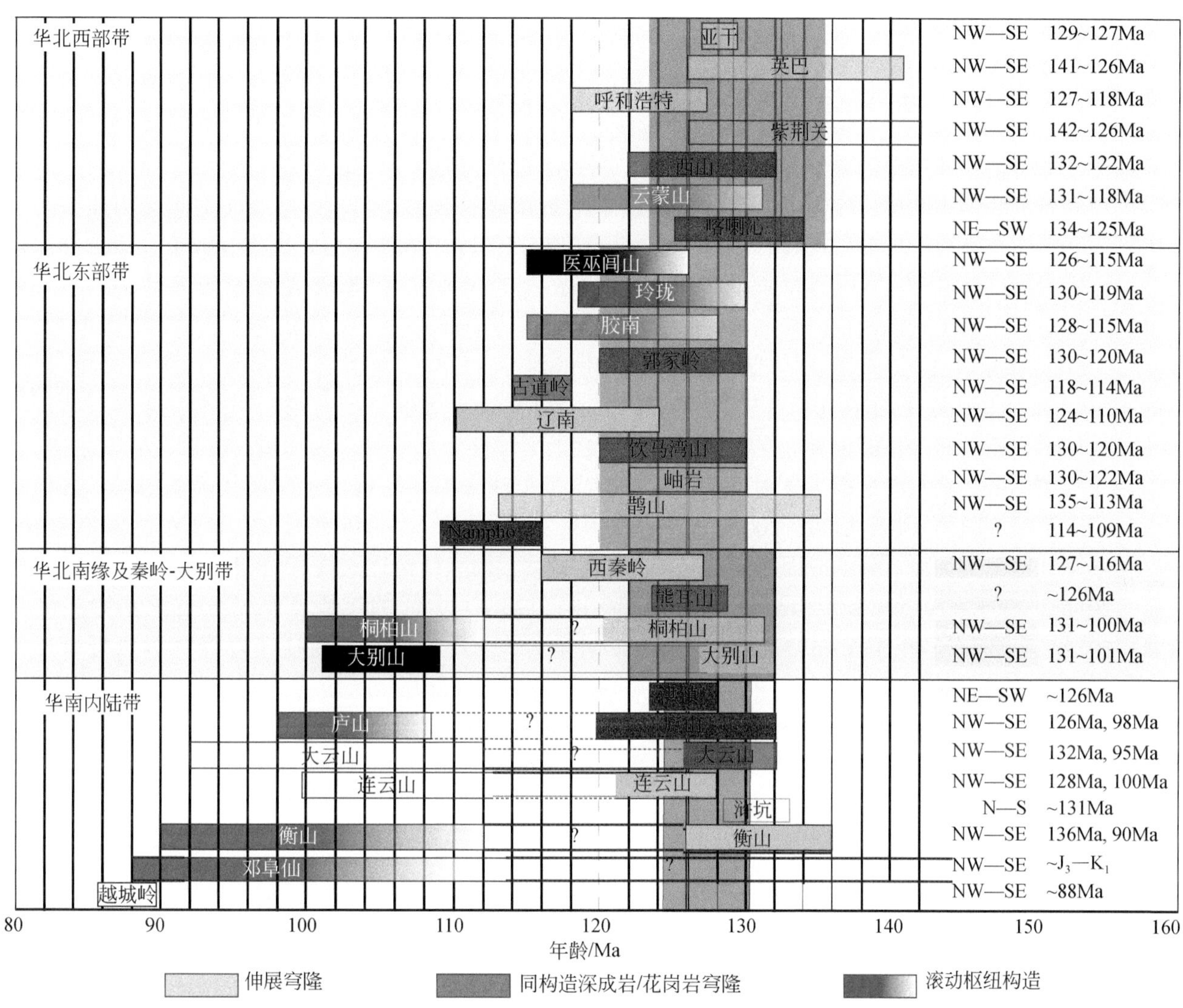

图 1-14　中国大陆中东部晚中生代伸展穹隆构造时空展布图

修改自 Lin 和 Wei，2018；相关$^{40}Ar/^{39}Ar$年代学资料的参考文献见正文

Wang et al.，2004；Lin and Wang，2006；Davis and Darby，2010；Wang et al.，2011c）。除喀喇沁穹隆外，大多数伸展穹隆边缘的拆离断层带中发育的面理上，一个突出的特征就是 NW—SE 向矿物拉伸线理发育稳定且清晰（Wang et al.，2011c；林伟等，2013）。

在华北西部带，晚中生代伸展构造的特点还有伸展过程中的不均一性。阿拉善地区的亚干、英巴和大青山地区呼和浩特穹隆的拆离断层由于核部杂岩同折返过程发生弯曲，进而形成具有 NE—SW 轴向的“弧形”（arching）构造（Davis 和郑亚东，2002；图 1-13）。具体表现为拆离断层在亚干、英巴和呼和浩特穹隆 NW 翼和 SE 翼均有分布且发育 NW—SE 向矿物拉伸线理。沿此线理，代表岩石剪切变形的运动学无论是亚干穹隆还是呼和浩特穹隆均具有上部指向 SE 的特点（Webb et al.，1999；Davis 和郑亚东，2002；Wang et al.，2004；Guo et al.，2011；图 1-13）。例外的是英巴穹隆，其运动学特征具有上部指向 NW 的剪切特点（Zhou et al.，2012；Yin et al.，2017）。这个特点提示我们亚干穹隆和英巴穹隆似乎从区域构造分区上置于泛贝加尔-鄂霍次克带更为合适（林伟等，2013）。更为有意思的是，位于更东部的云蒙山穹隆，如同呼和浩特穹隆一样，虽然具有相同的 NW—SE 向矿物拉伸线理和上部指向 SE 的剪切变形，但是其拆离断层仅仅分布在穹隆的 SE 翼，似乎具有单向拆离的特点（Davis et al.，1996；Lin and Wang，2006；图 1-13）。这个韧性单向拆离的特点在更东部的喀喇沁穹隆同样存在。而同样位于穹隆东侧的韧性剪切带却具有 NE—SW 向的矿物拉伸线理和上部指向 NE 的剪切变形，与传统的构造观察近乎垂直，这一运动学特征在整个中国大陆中东部晚中生代伸展构造中非常少见，其成因机制有待于深入研究（Han et al.，2001；王新社和郑亚东，2005）。我们的野外观察表明，喀喇沁穹隆核部早白垩世的岩浆杂岩记录了 NW—SE 向伸展过程：长石长轴延伸方向为 NW—SE 向，岩浆流线也同样指示了同构造岩浆沿该方向流动的特征；浅层次的脆性构造研究表明，在喀喇沁穹隆 NW 和 SE 两翼分别发育了 NE—SW 走向、倾向相背的脆性正断层，控制了上盘早白垩世半地堑盆地的形成和演化，喀喇沁穹隆作为地垒表现为隆升而非变质核杂岩的拆离折返（林少泽等，2014）。相似的晚中生代伸展构造在华北克拉通内部同样发育：房山岩体同样记录了 NE—SW 向的挤压作用或 NW—SE 向伸展构造的存在（纪新林等 2010；Wang et al.，2011d）。位于太行山内部的紫荆关穹隆清晰地记录了该期隆升过程中岩浆的快速冷却过程（Wang and Li，2008）。除上述特征外，与区域伸展作用相伴生的早白垩世拆离断层上叠半地堑盆地（supradetachment basin）展布在伸展穹隆的 SE 部（Lin and Wang，2006；图 1-13）。这些浅表伸展构造的特点是东倾的高角度脆性正断层叠加在韧性拆离断层之上。脆性变形使卷入拆离断层的糜棱岩发生碎裂，并沉积于其东侧的半地堑盆地中，体现了相同的伸展背景上浅表脆性断裂发生时间较晚的特点，典型陆相沉积的红层填充其中（Ren et al.，2002；Meng，2003；Meng et al.，2003）。

关于华北西部带伸展穹隆的成因时间，我们并没有观察到前人所论述的具有向 SE 变新的趋势（Wang et al.，2012）。亚干穹隆拆离断层黑云母 $^{40}Ar/^{39}Ar$ 给出了 126 ~ 129Ma 的年龄（Webb et al.，1999；Wang et al.，2012），核部杂岩在 130 ~ 125Ma 表现出一个明显的快速冷却过程，对应于穹隆的拆离折返过程（Wang et al.，2012；林伟等，2013；图 1-14）。关于英巴穹隆拆离断层，有限的白云母 $^{40}Ar/^{39}Ar$ 定年给出了 117.6 ~ 131.5Ma 这一较为宽泛的结果，使我们很难得到穹隆快速冷却的时间（Zhou et al.，2012；图 1-14）。相比较而言，呼和浩特穹隆的同位素年代学工作具有较大的进展，拆离断层具有相对较为年轻的 $^{40}Ar/^{39}Ar$ 年龄，即给出了 122 ~ 119Ma 的较窄时限，快速冷却过程也对应着这一时段（Davis 和郑亚东，2002；Davis and Darby，2010；Guo et al.，2011；林伟等，2013；图 1-14）。相应地，134 ~ 125Ma 的喀喇沁穹隆、133 ~ 125Ma 西山穹隆和 142 ~ 126Ma 的紫荆关穹隆同样记录了这一时段的伸展构造（张晓晖等，2002a；王新社和郑亚东，2005；Wang and Li，2008；Wang et al.，2011d；图 1-14）。

1.4.1.2　华北东部带早白垩世伸展穹隆构造

华北克拉通东部带是中国大陆中东部晚中生代伸展构造研究最为深入的地区。其中郯庐断裂及邻区晚中生代伸展穹隆尤为明显（Liu et al.，2005；Wang et al.，2011a；Wang et al.，2012；Lin et al.，2007，2013a；图 1-13）。这些伸展穹隆由北向南依次为辽西的医巫闾山穹隆（变质核杂岩；Darby and Bischof，2004；Lin et al.，2013a），辽东半岛中部的岫岩穹隆（岩浆穹隆或变质核杂岩；Lin et al.，2007；林伟等，2011）、古道岭穹隆（同构造岩浆穹隆；Charles et al.，2012）、饮马湾山穹隆（同构造岩浆穹隆；Charles et al.，2012）、辽南穹隆（变质核杂岩；Yin and Nie，1996；Liu et al.，2005；Lin and Wang，2006；Yang et al.，2007；Lin et al.，2008）、朝鲜的 Nampho 穹隆（同构造岩浆穹隆? Wu et al.，2007b），山东的玲珑穹隆和郭家岭穹隆（杂岩体；Charles et al.，2011）、鹊山穹隆（变质核杂岩；夏增明等，2016）及胶南背形（滚动枢纽构造；Lin et al.，2015；图 1-13）。

从构造几何学的角度来看，这些伸展穹隆表现为 NE—SW 向展布的椭圆形态（图 1-13）。穹隆核部岩石通常为新太古代—古元古代片麻岩、云母片岩及不同程度面理化的花岗岩，唯一例外的是岫岩岩浆穹隆中包含少量变火山岩和变沉积岩（林伟等，2011）。伸展穹隆发育过程中伴随有侏罗纪—白垩纪岩浆岩侵入，不同程度的面理化指示了这些岩浆岩具有同构造侵入的特点（翟明国等，2003；杨进辉等，2007；Charles et al.，2011；林伟等，2011）。具有拆离正断层特征的低角度强应变带展布于这些穹隆周围或一侧（图 1-13）。最北部的医巫闾山穹隆表现为单向拆离的特点，拆离断层仅仅分布在穹隆的 NW 翼（Lin et al.，2013a），这一点与北京北部的云蒙山非常相似，只不过呈现出镜像的特征（Davis et al.，1996；Lin and Wang，2006；林伟等，2013；Zhu et al.，2015）。与亚干穹隆和呼和浩特伸展穹隆拆离断层相似，南部的辽南穹隆、岫岩穹隆、玲珑穹隆和郭家岭穹隆、鹊山穹隆及胶南背形的拆离断层在穹隆的 NW 翼和 SE 翼均有分布，同样具有伴随核部杂岩同构造折返过程发生弯曲，进而形成轴向 NE—SW 的“弧形”构造；与华北西部带亚干和呼和浩特伸展穹隆构成非常“完美”的镜像对称。与华北西部带另一个相似特征是，拆离断层的糜棱面理上发育的 NW—SE 向矿物拉伸线理稳定而清晰（Wang et al.，2011c；林伟等，2013；图 1-13）。沿区域上广泛发育的矿物拉伸线理，无论是医巫闾山、辽南，还是岫岩、鹊山穹隆，抑或是胶南背形，上部指向 NW 的剪切变形均非常一致（Lin and Wang，2006；Lin et al.，2007，2008；Hacker et al.，2009；Charles et al.，2011；林伟等，2013）。虽然矿物拉伸线理的方向相同，古道岭、玲珑穹隆的剪切指示却为上部指向 SE 方向，体现了较为特殊的情况（Charles et al.，2011，2012）。对于发育明显的、与区域伸展作用相伴生的早白垩世拆离断层上叠盆地（如胶莱盆地和瓦房店盆地）均分布在伸展穹隆的 NW 侧（图 1-13）。需要指出的是，处于华北西部带和东部带过渡地区的阜新-义县盆地表现出完整的地堑构造（李思田，1994）。

值得一提的是，由于“华北克拉通破坏”研究计划和对胶东多金属矿产大量勘查工作的实施，东部带成为整个中国大陆中东部乃至欧亚大陆东部中生代伸展构造年代学研究最为深入的地区。医巫闾山穹隆相关拆离断层$^{40}Ar/^{39}Ar$ 定年结果表明核部杂岩在 125～120Ma 存在一个明显的快速冷却过程（张晓晖等，2002b；Darby and Bischof，2004；Lin et al.，2013a；图 1-14）。岫岩穹隆相关的拆离断层白云母和黑云母给出了 122～130Ma 的$^{40}Ar/^{39}Ar$ 年龄（林伟等，2011）。辽南穹隆$^{40}Ar/^{39}Ar$ 同位素结果给出了 124～110Ma 较为宽泛的时段（Yin and Nie，1996；Yang et al.，2007；Lin et al.，2008），且拆离断层记录了 118～113Ma 的快速冷却过程（Lin et al.，2011）。郭家岭穹隆北部的强应变带给出了 130Ma（榍石 U-Pb）至 120Ma（$^{40}Ar/^{39}Ar$ 黑云母）的中等速度的冷却过程（Charles et al.，2013；Jiang et al.，2016）。而玲珑穹隆 SE 部的拆离断层$^{40}Ar/^{39}Ar$ 云母类定年也给出了相同时段的冷却过程（Charles et al.，2013）。胶南背形带$^{40}Ar/^{39}Ar$ 定年也给出了 128～115Ma 的快速冷却过程。通过对东部带上述伸展穹隆的快速冷却过程的统计与分析，似乎 134～107Ma 对应于穹隆核部杂岩的冷却过程；快速冷却的峰期过程则明显地存在于 130Ma 左右，这一点同华北西部带非常相似（图 1-14）。

1.4.1.3　华北南缘及秦岭-大别带早白垩世伸展穹隆构造

华北南缘及秦岭-大别带在早白垩世同样经历了大规模的伸展作用。所形成的伸展穹隆由 NW 向 SE 依次为小秦岭穹隆（变质核杂岩：Zhang et al.，1997）、熊耳山穹隆（岩浆穹隆：王志光和张录星，1999）、桐柏山穹隆（变质核杂岩：许光和王二七，2010；Cui et al.，2012）和北大别穹隆（变质核杂岩：Wang et al.，1998；冀文斌等，2011；Wang et al.，2011b；图 1-13）。这一伸展构造带明显不同于中国大陆中东部其他的伸展构造带（华北西部带、华北东部带和华南内陆带），华北南缘及秦岭-大别带展布的伸展穹隆呈椭圆状，总体上沿 WNW—ESE 方向延伸，且单个伸展穹隆的长轴方向也沿此方向延伸（图 1-13）。需要说明的是，这个晚中生代伸展构造发育的薄弱带与高压-超高压造山带并不重叠：小秦岭和熊耳山穹隆发育在古老的华北克拉通之上，而桐柏山和北大别穹隆发育在高压-超高压造山带之中（图 1-13）。穹隆核部岩石组成通常为花岗质片麻岩、片麻状混合岩和变火山岩、石英岩、大理岩及少量榴辉岩。白垩纪岩浆岩大规模侵入穹隆之中，鲜有侏罗纪岩浆作用。伸展穹隆周边发育各种不同类型的岩石，从浅变质-未变质的沉积岩到高压、超高压榴辉岩均有出露；二者之间通常发育较厚的糜棱岩带，构成了变质核杂岩的拆离断层（Zhang et al.，1997；冀文斌等，2011；Wang et al.，2011b）。在糜棱面理上，最为显著的几何学特征是 NW—SE 向的矿物拉伸线理近平行于穹隆的长轴方向展布，这一点明显不同于其他伸展构造带的穹隆的构造几何学特点（图 1-13）；但是卷入拆离断层的岩石变形所代表的运动学却与华北东部带一致：均表现为沿 NW—SE 向的矿物拉伸线理具有上部指向 NW 的剪切变形（Zhang et al.，1997；许光和王二七，2010；冀文斌等，2011；Wang et al.，2011b；Cui et al.，2012）。应该指出的是，通常白垩纪狭窄的半地堑盆地伴随着形成这些穹隆的伸展过程而发育，红色陆缘碎屑填充其中（许光和王二七，2010；冀文斌等，2011）。

如前所述，华北南缘及秦岭-大别带的伸展构造与相关年代学的研究程度仍相当有限。绝大多数同位素定年结果为高压-超高压造山带研究的附带物，且被解释为超高压造山带晚期热事件重置而非区域伸展构造的表现（Ratschbacher et al.，2000 及文中参考文献），只是最近才将其同华北克拉通破坏引起的相关伸展构造结合起来（Wang et al.，2011b；Ji et al.，2014，2017a，2018）。华北南缘及秦岭-大别带不同伸展构造冷却史发育的突出特点是作为造山带尺度的北大别伸展穹隆记录了两期伸展构造：早期（142～130Ma）伸展穹隆构造具有变质核杂岩的特征，其核部的混合岩代表了中地壳尺度的伸展（冀文斌等，2011；Ji et al.，2017a）；而晚期（110～100Ma）伸展构造则体现为滚动枢纽构造，其发生的层次近于地壳浅表，与郯庐断裂的脆性正断层相对应（Ratschbacher et al.，2000）。相似的两期伸展在桐柏山穹隆也有十分明显的表现（许光和王二七，2010；Lin et al.，2015）。

1.4.2 华南内陆带伸展构造

Wang 和 Shu（2012）对中国东南部华南地区的晚中生代盆-岭构造的地质特征及与之相关的火成岩岩性和地球化学特征进行了系统阐述。他们认为，广泛发育于中国东南部华南地区晚中生代（中侏罗世—晚白垩世）的盆-岭构造和相关的岩浆作用，同样代表了一种伸展构造环境，是古太平洋板块俯冲的结果，并将其中的盆地划分为后造山型和陆内伸展型两种类型。后造山型盆地发生于晚三叠世—早侏罗世的山麓地带和内陆，广泛沉积有粗粒陆源碎屑物；而陆内伸展型盆地形成于陆内地壳减薄时期，以发展地堑和半地堑为特征，其中，地堑式盆地主要形成于中侏罗世时期，并与双峰式火山岩有关，而半地堑式盆地中沉积物与流纹质凝灰岩和熔岩呈互层产出时形成于早白垩世，沉积物以红层产出时主要形成于晚白垩世—古近纪。而山岭由（A 型）花岗质岩、双峰式火山岩和穹隆式变质核杂岩（MCCs）组成。Wang 和 Shu（2012）进一步认为，华南盆-岭构造省是在前中生代褶皱带基础上发展而来的，但起源于主要受自晚中生代以来西太平洋板块俯冲制约的多相构造演化，后者同时导致弧后伸展环境下各类岩浆作用的形成，因而其地球动力学成因机制类似于太平洋东岸的盆-岭构造的形成机制，但两者在是否存在地幔柱影响（太平洋东岸盆-岭构造与黄石地幔柱有关）、伸展规模、火成岩组合，以及盆-岭构造的形成时间等方面还存在差别。

根据高精度锆石定年数据和对已有的构造-年代学-沉积相分析，Li 和 Li（2007）曾提出古太平洋板块的平板俯冲与随后的板片断裂模式以解释华南地区中生代构造发展。他们认为这个模式不仅可解释约 250Ma 与 190Ma 间从沿海向内陆迁移的宽约 1300km 的陆内造山带的发展，而且可说明一系列相关的费解事件，如伴随迁移的前陆褶皱逆冲带的浅海相盆地的形成、造山作用后大的盆-岭式岩浆省在华南的发展。在 Li 和 Li（2007）的模式中，平板俯冲自约 280Ma 的早二叠世开始酝酿，该时间恰好在华南与华北地块初始接触之前（Zhao and Coe，1987），这时华南的广大地区被浅海相碳酸盐所覆盖，因而推测远离华南东南海岸（现今地理位置）存在一个被动边缘；中二叠世（约 265Ma）华南-华北大陆碰撞的启动可能触发沿华南东南海岸的活动大陆边缘的到来（Li et al.，2006），此时，沉积于华南内陆的陆源沉积物可能来源于抬升的海岸造山带；自约 250Ma 开始的造山带向克拉通方向迁移，而至中三叠世（235～230Ma）时在大陆弧有洋岛出现，因而平板俯冲开始启动，这时造山带前缘和前陆盆地推进至华南中部；晚三叠世时（约 210Ma），造山带前缘可能向华南内陆已推进至远离假设的海沟位置 1000km 以上，但此时在造山带前缘与东南沿海间出现了一宽阔而浅的湖；至约 190Ma 的早侏罗世，这个浅湖发展成为一宽阔的浅海盆地，此时，A 型花岗岩第一次出现于减弱的造山带中部地区，这可能标志着造山作用结束、俯冲板片断离（break-off）开始，而由于整个断离的板片的沉没或拆沉（foundering），导致了非造山岩浆作用，如碱性玄武岩、双峰式火山岩和 I 型与 A 型花岗岩出现于造山带中西部；而 150Ma 后自华南内陆至沿海岩浆作用逐渐变年轻的趋势（Zhou and Li，2000）则认为与中侏罗世（180～155Ma）以来发生的板片沉陷和板片后撤（slab rollback）有关，并由此导致弧相关的双峰式岩浆岩；而由早侏罗世浅海盆地向中侏罗世盆-岭构造省的转变则被解释为紧随俯冲板片拆沉而发生的岩石圈回弹结果。

根据Zhou和Li（2000）、Zhou等（2006）的划分，湘东北地区燕山期花岗岩主要属于早燕山期（156～145Ma），可能与低角度古太平洋板块迅速俯冲的活动大陆边缘有关（许德如等，2017）。而约136Ma和93～83Ma的两期基性岩出现（贾大成等，2002，2004）可能暗示在白垩纪时期，湘东北地区出现了两次不同的分别导致岩石圈减薄、软流圈物质上涌的构造环境。根据对华南沿海地区可能出现的上白垩统角度不整合的解释，Charvet等（1994）认为华南地区在约100Ma存在一次压缩构造变形事件。这个不整合则进一步解释为代表了早白垩世的华南活动大陆边缘与西菲律宾地块的碰撞（Charvet et al.，1994；Lapierre et al.，1997；Maruyama et al.，1997）。然而，这个角度不整合所代表的构造意义仍存在较大争议，Zhou等（2006）将其解释为是代表华南沿海地区未变形的上部火山岩系覆盖于高度剪切的火山岩和变形的更老的花岗岩之上。他们进一步将与红层互层的晚白垩世玄武岩解释为在成因上与华南内陆弧后伸展盆地发展有关，并认为伸展作用诱导的深部地壳熔融和地幔来源的玄武质熔体底侵是华南地区燕山期花岗质岩浆作用的两个主要的驱动机制。与之相反的认识是，华南沿海地区白垩纪火山盆地在白垩纪—早古近纪期间出现了伸展和挤压变形的多次交替，自早至晚的构造应力分别与古太平洋板块的俯冲和新特提斯构造域演化的远程效应有关（Li et al.，2014）。因此，早-中白垩世至晚白垩世构造应力场从NW—SE向N—S的剧烈改变，暗示了古太平洋板块俯冲为主的弧后伸展和缩短于晚白垩世就已结束；同时，新特提斯板块俯冲开始占主导地位，并对华南的构造演化发挥主导作用，因而这个俯冲可能为理解晚白垩世N—S向伸展为主的盆地裂谷提供了合理解释，之后的新生代印度-欧亚大陆碰撞则造成了古近纪早期NE—SW向挤压为主的盆地倒转。

由于华南板块显生宙经历了复杂的构造演化，很难确定其是否如华北一样在晚中生代经历了岩石圈厚度上的变化。但是其在晚中生代发育了巨量的岩浆活动和大规模的伸展构造，并形成了丰富的矿产资源，是我国W、Sn、Bi、Mo、Cu、Pb、Zn、Au、Sb等多金属矿产最为丰富的地区。相对于华北地区展现的大规模岩浆作用及其所反映的伸展条件下的构造背景（Li et al.，2007a），华南地区晚中生代伸展构造研究较为局限，其构造表现以同构造岩浆穹隆和拉张程度有限的伸展盆地为主（舒良树和周新民，2002；舒良树等，2004；舒良树和王德滋，2006；张岳桥等，2012及文中参考文献）。而代表典型大规模伸展作用的变质核杂岩则发育得非常有限。事实上，华南板块内部所展现的陆内伸展作用可分为两个阶段：140～125Ma和110～80Ma。所形成的伸展构造由北向南，依次发育有青阳-九华穹隆（同构造岩浆穹隆：Wei et al.，2014）、洪镇穹隆（同构造岩浆穹隆：Zhu et al.，2010）、庐山穹隆（同构造岩浆底劈：Lin et al.，2000）、大云山穹隆（滚动枢纽构造：Ji et al.，2018）、连云山穹隆（Li et al.，2016）、衡山穹隆（滚动枢纽构造：张岳桥等，2012；Li et al.，2013；Wei et al.，2016）、武功山核部浒坑穹隆（同构造岩浆穹隆：Faure et al.，1996）、邓阜仙穹隆（宋超等，2016；Wei et al.，2017）和越城岭穹隆（滚动枢纽构造：我们的野外观察结果）。这些伸展穹隆沿华南内陆的郴州-临武断裂附近构成一个向NE张开的“V”形区域，由北向南逐渐变窄，代表了华南板块晚中生代伸展构造区域向SW逐渐变小（图1-13）。

华南内陆伸展穹隆的构造几何学形态整体为近椭圆状，与华北东部带伸展穹隆相似，长轴沿NE—SW向展布（图1-13）。例外的是大云山-幕阜山变质核杂岩构造的长轴沿NW—SE方向展布，从几何学特征的角度上分析，其似乎更应该归结于秦岭-大别带，位于超高压造山带的前陆地区（图1-13）。华南内陆伸展穹隆的核部岩石通常由花岗质片麻岩组成，局部发育少量的元古宙浅变质沉积岩（Lin et al.，2000；朱光等，2007；张岳桥等，2012；褚杨，2017；Ji et al.，2018）。作为岩浆活动十分剧烈的地区，这些伸展穹隆核部发育有不同时代的侵入体，以晚侏罗世—早白垩世岩浆岩居多，如洪镇穹隆、庐山穹隆；少数为晚三叠世岩体和晚志留世岩体，如衡山和邓阜仙穹隆及越城岭穹隆（Wei et al.，2016，2017）；有些伸展穹隆本身即为同构造岩浆穹隆，如浒坑岩浆穹隆（图1-13）。位于核部的一些岩浆岩边缘存在不同程度的面理化（Faure et al.，1996；喻爱南等，1998；张岳桥等，2012；Li et al.，2013；Wei et al.，2016）。除了同构造浒坑穹隆外，作为典型拆离断层特征的低角度展布糜棱岩带分布在穹隆西翼（邓阜仙穹隆例外，发育在穹隆的SE翼；Wei et al.，2017；图1-13）。这样的特征与华北东部带的医巫闾山穹隆相似，体现了单向拆离的特点（Lin et al.，2013a）。与其他构造带伸展穹隆相比，这些糜棱岩带发育规模较为有限，只有几米至十几米厚。在与拆离断层相关的糜棱面理上，大多数的伸展穹隆具有 NW—SE 向矿物拉伸线理（Faure et al.，1996；张岳桥等，2012；Li et al.，2016；Ji et al.，2018）。较为特殊的是洪镇穹隆西侧的糜棱岩和浒坑岩浆穹隆中的矿物拉伸线理为 NE—SW 向（图 1-13）。

与其他伸展构造带显著不同的是，华南内陆 E—W 向伸展构造发育的不均一性明显：例如，西部伸展幅度较大的大云山-幕阜山变质核杂岩、衡山和越城岭伸展穹隆表现为具有正断层性质的滚动枢纽相关的韧性剪切带（Li et al.，2016；Ji et al.，2017b）；而东部的庐山穹隆为经历复杂演化的岩浆底辟和浅层低温的顺层拆离-滑脱构造（Lin et al.，2000），浒坑穹隆则为典型的同构造花岗岩（Faure et al.，1996）。然而，到目前为止，华南内陆还未发现类似于华北地区具有较高伸展幅度特征的拆离断层弯曲而形成“弧形”构造的报道。这种 E-W 向伸展构造的不均一性和单向拆离的伸展穹隆的特点，似乎暗示了华南内陆具有较为有限的伸展幅度。

目前关于伸展过程中岩石变形所代表的运动学的研究也相对有限，衡山穹隆具有上部向 WNW 剪切变形的特征（张岳桥等，2012；Li et al.，2013；Wei et al.，2016；图 1-13）。湘东北的连云山穹隆并不十分发育典型的韧性变形，主体表现为在浅表的脆-韧性过渡带形成正断层（Li et al.，2016）。野外观察表明，大云山-幕阜山穹隆拆离断层所记录的岩石变形所代表的剪切运动学特征具有上部指向 WNW 的特点；但其 SW 部却发育有 NE—SW 向矿物拉伸线理和上部指向 SW 剪切变形，指示了其经历了多期的构造过程（Ji et al.，2017b）。庐山穹隆的 NW 向伸展形式则表现为浅层低温上部向 NW 的滑脱构造（Lin et al.，2000）。湘东的邓阜仙穹隆典型的韧性剪切变形在地表并不十分发育，其主体上表现为浅表的脆性正断层，局部应变集中的区域具有韧-脆性过渡的特点，该剪切带控制了湘东钨锡矿床的成矿作用（宋超等，2016）；表现出来的正断层控制了其东南部茶陵盆地的形成与演化（Wei et al.，2017；图 1-13）。赣西武功山地区的浒坑穹隆则表现为典型同构造花岗岩就位过程中代表上部向 S 剪切的韧性变形（Faure et al.，1996；舒良树等，1998）。位于郯庐断裂东部的洪镇穹隆西侧的韧性剪切带却具有 NE—SW 向的矿物拉伸线理和上部指向 SW 的剪切变形（朱光等，2007；Zhu et al.，2010）；这一点同华北地区的喀喇沁穹隆非常相似，似乎暗示着 NE—SW 向伸展构造的存在。除有限拉张的同构造岩浆穹隆和局部发育拆离断层外（邓阜仙穹隆），分布十分有限的早白垩世半地堑盆地（茶陵盆地除外）展布在伸展穹隆的 NW 侧（图 1-13）。盆地东部的正断层明显控制了晚中生代盆地的沉积，形成了一系列的半地堑盆地，典型的陆相沉积红层填充其中（Ren et al.，2002；张岳桥等，2012）。

由于缺少像华北一样的重大研究计划的支持，华南内陆晚中生代伸展构造的年代学研究较为零星和局限（图 1-13）。庐山穹隆晚中生代伸展构造年代学研究较为深入，对应的同构造岩浆岩给出了 126Ma 相关事件的年龄，而东部对应于鄱阳湖盆地张开的五里牌韧性正断层则给出了 98Ma 的 $^{40}Ar/^{39}Ar$ 年龄（Lin et al.，2000）。朱光等对洪镇穹隆西缘糜棱岩带白云母定年给出了较为一致的 126Ma 左右的 $^{40}Ar/^{39}Ar$ 年龄（朱光等，2007；Zhu et al.，2010；图 1-14）。人们对大云山-幕阜山、连云山和衡山变质核杂岩年代学的研究程度较为有限；新近的研究结果表明，大云山穹隆存在两期冷却过程（132Ma 和 95Ma；图 1-14），西缘韧性剪切带云母（黑云母和白云母）$^{40}Ar/^{39}Ar$ 定年结果在 92 ~ 109Ma，较大别山穹隆第二期伸展稍微年轻一些（Ji et al.，2018）。连云山西部的脆性强应变带的白云母和钾长石给出了 128Ma 和 100Ma 的 $^{40}Ar/^{39}Ar$ 年龄，似乎也对应了两期冷却过程（Li et al.，2016）。更南部的衡山地区锆石 U-Pb 及云母 $^{40}Ar/^{39}Ar$ 定年也给出了两期冷却过程（约 136Ma 和约 90Ma）；西部具有拆离断层性质的韧性剪切带中白云母和黑云母给出了 86 ~ 108Ma 的结果（Li et al.，2016），指示了衡山穹隆晚期伸展构造发生的时间。而浒坑穹隆边缘的糜棱岩则给出了一个 131.7±1.7Ma 的 $^{40}Ar/^{39}Ar$ 年龄（Faure et al.，1996；舒良树等，1998），指示了同构造岩体就位的时间。作为华南“V”形伸展带最南端的越城岭穹隆，我们初步研究结果给出了更为年轻的 88Ma 的 $^{40}Ar/^{39}Ar$ 年龄（图 1-14；褚杨，2017）。

1.4.3　中国东部伸展构造变形机制

我国中东部晚中生代伸展构造及相关的大规模的构造变形、多种类型盆地、火山活动、岩浆侵入、变质作用广泛发育，并形成大量金属矿产等。老一辈科学家将其归纳为燕山运动或“地台活化”。地球化学家在此基础上率先提出了岩石圈减薄、克拉通破坏、去克拉通化及克拉通活化等不同表述论述这一过程，推断我国中-东部板块岩石圈地幔的性质发生了根本性变化（周新华，2009）。但是对地壳是否存在相应的变化则涉及不多（吴福元等，2008）。我国中东部晚中生代伸展穹隆将中下地壳的岩石拆离折返至地表，地壳的组成也随之发生相应的改变，也就是说东部克拉通破坏过程不仅破坏了岩石圈地幔，而且也破坏了地壳，并构成了我国中东部大规模金属矿产形成的基础（林伟等，2013）。现有的研究工作表明，我国中东部晚中生代大规模发育的伸展穹隆，除沿华北南缘及秦岭-大别带外，几乎都具有NE—SW的长轴方向，代表了区域尺度上NW—SE方向伸展（Ratschbacher et al.，2000；Lin and Wang，2006；Wang et al.，2011c）。绝大多数与深部岩石折返方向相关的拆离断层面上发育的矿物拉伸线理为NW—SE方向；但是喀喇沁、洪镇和浒坑表现出例外的情形，与伸展相关的矿物拉伸线理表现为近N—S方向。中下地壳物质折返过程中岩石变形所代表的运动学也存在一定的规律性，即在区域上似乎存在对称性拆离的特点：除英巴穹隆外，在华北西部带的伸展穹隆，如亚干、呼和浩特和云蒙山等伸展穹隆，沿NW—SE向的矿物拉伸线理，与拆离断层相关的岩石变形展示了上部向SE的剪切指向（Lin and Wang，2006；Wang et al.，2011c）；而在华北东部带，医巫闾山穹隆、岫岩穹隆、辽南穹隆、郭家岭穹隆、鹊山穹隆和胶南背形，沿代表伸展方向的NW—SE向矿物拉伸线理，拆离断层所展现的运动学特征却是上部指向NW，当然古道岭和玲珑穹隆并没有体现出这个特点而作为特例值得进一步工作（Lin and Wang，2006；Charles et al.，2011；Lin et al.，2015；图1-13）。对称性还体现在几何学方面：华北西部带伸展穹隆的拆离断层和上叠半地堑盆地位于穹隆的SE部，而华北东部带伸展穹隆的拆离断层和上叠半地堑盆地位于穹隆的NW翼。伸展构造对称拆离轴线大致沿松辽盆地、阜新盆地、渤海湾盆地中残余的白垩纪盆地展布（图1-13）。沿轴线发育的伸展盆地如阜新-义县盆地表现为地堑和地垒构造，而在两翼则表现为半地堑盆地，如辽东的大营子盆地和瓦房店盆地，胶东的胶莱盆地及内蒙古的河套盆地等。在华北北部，伸展构造的对称性展布还体现在拆离断层的构造几何学表现上：靠近对称中心的医巫闾山和云蒙山穹隆，低角度拆离断层表现为单向拆离，而远离中心的西部带的呼和浩特、英巴、亚干，东部带的岫岩、辽南、郭家岭、胶南则表现为拆离断层弯曲的“弧形”构造（图1-13）。需要指出的是，华北南缘、秦岭-大别带及华南内陆带并没有表现出类似于华北北部这种伸展构造“对称性”拆离和展布的特点，这似乎体现了我国中东部晚中生代伸展构造具有向S或SW减弱的趋势，同时伸展穹隆的发育时间也有向SW变年轻的趋势（图1-14）。

科迪勒拉型变质核杂岩（伸展穹隆构造为较为宽泛的表述）起源于对美国西部的盆-岭地区伸展构造的研究（Lister and Davis，1989及文中参考文献）。在美国西部的盆-岭构造省，变质核杂岩平行于造山带方向分布在150～250km带状范围内（Coney and Harms，1984）。我国东部的伸展穹隆（部分是变质核杂岩）及其相关的拉张型盆地不仅沿着构造线（NE—SW方向）有分布（如医巫闾山穹隆-岫岩穹隆-辽南穹隆-胶南背形和洪镇穹隆），而且垂直于构造线方向（NE—SW方向）也有大规模发育（如朝鲜北部的Nampho穹隆-辽南穹隆-医巫闾山穹隆-云蒙山穹隆-呼和浩特穹隆-英巴穹隆-亚干穹隆），这个范围宽达1200km。也就是说，其分布状态呈“面状”。同时这些伸展穹隆的发育是以“对称性拆离”为背景的，具有等时、等效及对称特点的拆离伸展过程（Lin and Wang，2006）。这种不同势必归结于岩石圈尺度的动力学机制的差异。明显不同于美国西部的盆-岭构造省东西向伸展的弧后扩张机制，华北克拉通及其周缘地区的伸展构造成因的动力学机制在很大程度上受岩石圈根部拆沉作用所控制，揭示了在华北克拉通岩石圈性质和厚度发生变化的过程中，不仅地幔结构受到影响，而且中下地壳的结构也受到强烈的改造，这种规模巨大的改造为我国中东部大规模多金属矿产的形成奠定了成因上的基础。

参考文献

陈国达．1956．中国地台“活化区”的实例并着重讨论“华夏古陆”问题．地质学报，36（3）：239-271．
褚杨．2017．白垩纪越城岭伸展构造演化．西安：中国矿物岩石地球化学学会第16届年会．
董树文，何大林，石永红．1993．安徽董岭花岗岩类的构造特征及侵位机制．地质科学，28（1）：10-20，106．

董树文，张岳桥，龙长兴，等．2007. 中国侏罗纪构造变革与燕山运动新诠释．地质学报，81（11）：1449-1461.

傅昭仁，李先福，李德威，等．1991. 不同样式的拆离断层控矿研究．地球科学——中国地质大学学报，16（6）：627-634.

纪新林，王磊，潘永信．2010. 北京房山岩体的磁组构特征及其对岩体侵位的约束．地球物理学报，53（7）：1671-1680.

贾大成，胡瑞忠，谢桂青．2002. 湘东北中生代基性岩脉微量元素地球化学特征及岩石成因．地质地球化学，30（3）：33-39.

贾大成，胡瑞忠，李东阳，等．2004. 湘东南地幔柱对大规模成矿的控矿作用．地质与勘探，40（2）：32-35.

孔华，段嘉瑞．1996. 金沙江变质杂岩的岩石学特征及其地质意义．中南工业大学学报，27（6）：4.

李东旭，许顺山．2000. 变质核杂岩的旋扭成因——滇东南老君山变质核杂岩的构造解析．地质论评，46（2）：113-119，225.

李思田．1994. 断陷盆地分析与煤聚积规律．北京：地质出版社．

李增华，池国祥，邓腾，等．2019. 活化断层对加拿大阿萨巴斯卡盆地不整合型铀矿的控制．大地构造与成矿学，43（3）：518-527.

林少泽，朱光，赵田，等．2014. 燕山地区喀喇沁变质核杂岩的构造特征与发育机制．科学通报，59（32）：3174-3189，3111-3171.

林伟，王清晨，王军，等．2011. 辽东半岛晚中生代伸展构造——华北克拉通破坏的地壳响应．中国科学：地球科学，41（5）：638-653.

林伟，王军，刘飞，等．2013. 华北克拉通及邻区晚中生代伸展构造及其动力学背景的讨论．岩石学报，29（5）：1791-1810.

林伟，许德如，侯泉林，等．2019. 中国大陆中东部早白垩世伸展穹隆构造与多金属成矿．大地构造与成矿学，43（3）：409-430.

刘翠，邓晋福，苏尚国，等．2004. 北京云蒙山片麻状花岗岩锆石 SHRIMP 定年及其地质意义．岩石矿物学杂志，23（2）：141-146.

刘德民，李德威．2003. 喜马拉雅造山带中段定结地区拆离断层．大地构造与成矿学，27（1）：37-42.

刘俊来，关会梅，纪沫，等．2006. 华北晚中生代变质核杂岩构造及其对岩石圈减薄机制的约束．自然科学进展，16（1）：21-26.

楼法生，舒良树，王德滋．2005. 变质核杂岩研究进展．高校地质学报，11（1）：67-76.

马寅生．2001. 燕山东段—下辽河地区中新生代盆山构造演化．地质力学学报，7（1）：79-91.

舒良树，周新民．2002. 中国东南部晚中生代构造作用．地质论评，48（3）：249-260.

舒良树，王德滋．2006. 北美西部与中国东南部盆岭构造对比研究．高校地质学报，12（1）：1-13.

舒良树，孙岩，王德滋，等．1998. 华南武功山中生代伸展构造．中国科学 D 辑：地球科学，28（5）：431-438.

舒良树，王德滋，沈渭洲．2000. 江西武功山中生代变质核杂岩的花岗岩类 Nd-Sr 同位素研究．南京大学学报（自然科学版），36（3）：306-311.

舒良树，邓平，王彬，等．2004. 南雄-诸广地区晚中生代盆山演化的岩石化学、运动学与年代学制约．中国科学 D 辑：地球科学，34（1）：1-13.

宋超，卫巍，侯泉林，等．2016. 湘东茶陵地区老山坳剪切带特征及其与湘东钨矿的关系．岩石学报，32（5）：1571-1580.

宋鸿林．1995. 变质核杂岩研究进展、基本特征及成因探讨．地学前缘，2（1）：103-111.

宋鸿林．1996. 北京房山变质核杂岩的基本特征及其成因探讨．现代地质，10（2）：149-158.

孙岩，舒良树，福赫，等．1997. 赣北地区武功山变质核杂岩的构造发育．南京大学学报，33（3）：447-449.

王根厚，周详，曾庆高，等．1997. 西藏康马热伸展变质核杂岩构造研究．成都理工学院学报，24（2）：66-71.

王涛，郑亚东，张进江，等．2007. 华北克拉通中生代伸展构造研究的几个问题及其在岩石圈减薄研究中的意义．地质通报，26（9）：1154-1166.

王新社，郑亚东．2005. 楼子店变质核杂岩韧性变形作用的 ^{40}Ar-^{39}Ar 年代学约束．地质论评，51（5）：96-104.

王新社，郑亚东，张进江，等．2002. 呼和浩特变质核杂岩伸展运动学特征及剪切作用类型．地质通报，21（4）：238-245.

王志光，张录星．1999. 熊耳山变质核杂岩构造研究及找矿进展．有色金属矿产与勘查，8（6）：388-392.

吴福元，徐义刚，高山，等．2008. 华北岩石圈减薄与克拉通破坏研究的主要学术争论．岩石学报，24（6）：1145-1174.

夏增明，刘俊来，倪金龙，等．2016. 胶东东部鹊山变质核杂岩结构、演化及区域构造意义．中国科学：地球科学，46（3）：356-373.

许德如，邹凤辉，宁钧陶，等．2017. 湘东北地区地质构造演化与成矿响应探讨．岩石学报，33（3）：695-715.

许光，王二七．2010. 桐柏杂岩的中生代隆升机制及其与南阳盆地沉降的耦合关系．地质科学，45（3）：626-652.

颜丹平．1997. 变质核杂岩研究的新进展．地质科技情报，16（3）：14-20.

颜丹平，周美夫，宋鸿林，等．2005. 北京西山官地杂岩的形成时代及构造意义．地学前缘，12（2）：332-337.

杨进辉，吴福元．2009. 华北东部三叠纪岩浆作用与克拉通破坏．中国科学D辑：地球科学，39（7）：910-921.

杨进辉，吴福元，谢烈文，等．2007. 辽东矿洞沟正长岩成因及其构造意义：锆石原位微区U-Pb年龄和Hf同位素制约．岩石学报，23（2）：263-276.

尹国胜，谢国刚．1996. 江西庐山地区伸展构造与星子变质核杂岩．中国区域地质，（1）：17-26.

喻爱南，叶柏龙．1998. 大云山变质核杂岩构造的确认及其成因．湖南地质，17（2）：13-16.

喻爱南，叶柏龙，彭恩生．1998. 湖南桃林大云山变质核杂岩构造与成矿的关系．大地构造与成矿学，22（1）：82-88.

翟明国，朱日祥，刘建明，等．2003. 华北东部中生代构造体制转折的关键时限．中国科学D辑：地球科学，33（10）：913-920.

张进江，郑亚东．1998. 变质核杂岩与岩浆作用成因关系综述．地质科技情报，17（1）：19-25.

张进江，郑亚东，刘树文．1998. 小秦岭变质核杂岩的构造特征、形成机制及构造演化．北京：海洋出版社．

张晓晖，李铁胜，王辉，等．2002a. 内蒙古赤峰娄子店-大城子韧性剪切带的^{40}Ar-^{39}Ar年龄及其构造意义．科学通报，47（12）：951-956.

张晓晖，李铁胜，蒲志平．2002b. 辽西医巫闾山两条韧性剪切带的^{40}Ar-^{39}Ar年龄：中生代构造热事件的年代学约束．科学通报，47（9）：697-701.

张岳桥，董树文，李建华，等．2012. 华南中生代大地构造研究新进展．地球学报，33（3）：257-279.

郑亚东．1999. 亚干变质核杂岩的运动学涡度与剪切作用类型．地质科学，34（3）：273-280.

郑亚东，张青．1993. 内蒙古亚干变质核杂岩与伸展拆离断层．地质学报，67（4）：301-309.

郑亚东，王玉芳．1995. 内蒙亚干变质核杂岩剪切作用类型的初步分析．地学前缘，2（1-2）：245-246.

周新华．2009. 华北中-新生代大陆岩石圈转型的研究现状与方向——兼评“岩石圈减薄”和“克拉通破坏”．高校地质学报，15（1）：1-18.

朱光，谢成龙，向必伟，等．2007. 洪镇变质核杂岩的形成机制及其大地构造意义．中国科学D辑：地球科学，37（5）：584-592.

朱日祥，潘永信，史瑞萍，等．2002. 辽西白垩纪火山岩古地磁测定与陆内旋转运动．科学通报，47（17）：1335-1340.

朱日祥，徐义刚，朱光，等．2012. 华北克拉通破坏．中国科学：地球科学，42（8）：1135-1159.

朱日祥，范宏瑞，李建威，等．2015. 克拉通破坏型金矿床．中国科学：地球科学，45（8）：1153-1168.

朱志澄．1994. 变质核杂岩和伸展构造研究述评．地质科技情报，13（3）：1-9.

Abdrakhmatov K Y, Aldazhanov S A, Hager B H, et al. 1996. Relatively recent construction of the Tien Shan inferred from GPS measurements of present-day crustal deformation rates. Nature, 384 (6608): 450-453.

Abers G A, Ferris A, Craig M, et al. 2002. Mantle compensation of active metamorphic core complexes at Woodlark rift in Papua, New Guinea. Nature, 418 (6900): 862-865.

Aitken A R A, Betts P G, Ailleres L. 2009a. The architecture, kinematics, and lithospheric processes of a compressional intraplate orogen occurring under Gondwana assembly: the Petermann orogeny, central Australia. Lithosphere, 1 (6): 343-357.

Aitken A R A, Betts P G, Weinberg R F, et al. 2009b. Constrained potential field modeling of the crustal architecture of the Musgrave Province in central Australia: evidence for lithospheric strengthening due to crust-mantle boundary uplift. Journal of Geophysical Research, 114: B12405.

Alam A, Bhat M S, Kotlia B S, et al. 2017. Coexistent pre-existing extensional and subsequent compressional tectonic deformation in the Kashmir basin, NW Himalaya. Quaternary International, 444: 201-208.

Allen M B, Vincent S J, Wheeler P J. 1999. Late Cenozoic tectonics of the Kepingtage thrust zone: interactions of the Tien Shan and Tarim Basin, northwest China. Tectonics, 18 (4): 639-654.

Allmendinger R W, Oliver J, Hauge, et al. 1987. Tectonic heredity and the layered lower crust in the basin and range province, western United States. Geological Society, 28 (1): 223-246.

Anderson E M. 1951. The dynamics of faulting and dyke formation, with applications to Britain. U. K: Oliver and Boyd, Edinburgh.

Andeweg B, De Vicente G, Cloetingh S, et al. 1999. Local stress fields and intraplate deformation of Iberia: variations in spatial and temporal interplay of regional stress sources. Tectonophysics, 305 (1-3): 153-164.

Armstrong R L. 1982. Cordilleran metamorphic core complexes—from Arizona to south Canada. Annual Review of Earth and Planetary Sciences, 10: 129-154.

Atwater T. 1970. Implications of plate tectonics for the Cenozoic tectonic evolution of western North America. Geological Society of America Bulletin, 81 (12): 3513-3536.

Atwater T, Stock J. 1998. Pacific-north America plate tectonics of the Neogene southwestern United States: an update. International Geology Review, 40 (5): 375-402.

Avouac J P, Tapponnier P, Bai M, et al. 1993. Active thrusting and folding along the northern Tien Shan and late cenozoic rotation of the Tarim relative to Dzungaria and Kazakhstan. Journal of Geophysical Research: Solid Earth, 98 (B4): 6755-6804.

Azizi H, Kazemi T, Asahara Y. 2017. A-type granitoid in Hasansalaran complex, northwestern Iran: evidence for extensional tectonic regime in northern Gondwana in the Late Paleozoic. Journal of Geodynamics, 108: 56-72.

Bally A W, Bernoulli D, Davis G A, et al. 1981. Listric normal fault. Oceanologica Acta: 87-101.

Banerjee P, Bürgmann R, Nagarajan B, et al. 2008. Intraplate deformation of the Indian subcontinent. Geophysical Research Letters, 35 (18): L18301.

Bartley J M, Glazner A F, Schermer E R. 1990. North-south contraction of the Mojave block and strike-slip tectonics in southern California. Science, 248 (4961): 1398-1401.

Baudon C, Cartwright J. 2008. The kinematics of reactivation of normal faults using high resolution throw mapping. Journal of Structural Geology, 30 (8): 1072-1084.

Bellahsen N, Daniel J M. 2005. Fault reactivation control on normal fault growth: an experimental study. Journal of Structural Geology, 27 (4): 769-780.

Bercovici D. 2003. The generation of plate tectonics from mantle convection. Earth and Planetary Science Letters, 205: 107-121.

Blackwell D D. 1978. Heat flow and energy loss in the Western United States//Smith R B, Eaton G P. Cenozoic tectonics and regional geophysics of the Western Cordillera. Geological Society of America Memoir, 152: 175-208.

Blair T C, Bilodeau W L. 1988. Development of tectonic cyclothems in rift, pull-apart, and foreland basins: sedimentary response to episodic tectonism. Geology, 16 (6): 517-520.

Bodego A, Agirrezabala L M. 2013. Syn-depositional thin- and thick-skinned extensional tectonics in the mid-Cretaceous Lasarte sub-basin, western Pyrenees. Basin Research, 25: 594-612.

Bott M H P, Dean D S. 1973. Stress diffusion from plate boundaries. Nature, 243 (5406): 339-341.

Braun J, Shaw R. 2001. A thin-plate model of Palaeozoic deformation of the Australian lithosphere: implications for understanding the dynamics of intracratonic deformation. Geological Society, London, Special Publications, 184 (1): 165-193.

Brichau S, Ring U, Ketcham R A, et al. 2006. Constraining the long-term evolution of the slip rate for a major extensional fault system in the central Aegean, Greece, using thermochronology. Earth and Planetary Science Letters, 241 (1-2): 293-306.

Brun J P. 1999. Narrow rifts versus wide rifts: inferences for the mechanics of rifting from laboratory experiments. Philosophical Transactions of the Royal Society of London, 357 (1753): 695-712.

Buck W R. 1988. Flexural rotation of normal faults. Tectonics, 7 (5): 959-973.

Buck W R. 1991. Modes of continental lithospheric extension. Journal of Geophysical Research: Solid Earth, 96 (B12): 20161-20178.

Burchtíel B C, Royden L H. 1985. North-south extension within the convergent Himalayan region. Geology, 13 (10): 679-682.

Burchtíel B C, Chen Z, Hodges K V, et al. 1992. The south Tibetin detachment system, Himalayan region: extension contemporaneous with and parallel to shortening in collisional mountain belt. The Geological Society of America Special Papers, 269: 11-41.

Buslov M M, De Grave J, Bataleva E A V, et al. 2007. Cenozoic tectonic and geodynamic evolution of the Kyrgyz Tien Shan Mountains: a review of geological, thermochronological and geophysical data. Journal of Asian Earth Sciences, 29 (2-3): 205-214.

Çakir M, Aydin A, Campagn D J. 1998. Deformation pattern around the conjoining strike-slip fault systems in the Basin and Range, southeast Nevada: the role of strike-slip faulting in basin formation and inversion. Tectonics, 17 (3): 344-359.

Camacho A, McDougall I. 2000. Intracratonic, strike-slip partitioned transpression and the formation and exhumation of eclogite facies rocks: an example from the Musgrave Block, central Australia. Tectonics, 19 (5): 978-996.

Cao X Z, Li S Z, Xu L Q, et al. 2015. Mesozoic-Cenozoic evolution and mechanism of tectonic geomorphology in the central North China Block: constrains from apatite fission track thermochronology. Journal of Asian Earth Sciences, 114: 41-53.

Cartwright I, Buick I S. 1999. Meteoric fluid flow within Alice Springs age shear zones, Reynolds Range, central Australia. Journal of Metamorphic Geology, 17 (4): 397-414.

Cartwright J, Bouroullec R, James D, et al. 1998. Polycyclic motion history of some gulf coast growth faults from high-resolution displacement analysis. Geology, 26 (9): 819-822.

Catchings R D, Mooney W D. 1988. Crustal structure of east central Oregon: relation between Newberry volcano and regional crustal structure. Journal of Geophysical Research Solid Earth, 93 (B9): 10081-10094.

Çemen I. 2010. Extensional tectonics in the basin and range, the Aegean, and western Anatolia: introduction. Tectonophysics, 488 (1): 1-6.

Çemen I, Helvacı C, Ersoy E Y. 2014. Cenozoic extensional tectonics in western and central Anatolia, Turkey: introduction. Tectonophysics, 635: 1-5.

Charles N, Gumiaux C, Augier R, et al. 2011. Metamorphic core complexes vs synkinematic plutons in continental extension setting: insights from key structures (Shandong Province, Eastern China). Journal of Asian Earth Sciences, 40 (1): 261-278.

Charles N, Gumiaux C, Augier R, et al. 2012. Metamorphic core complex dynamics and structural development: field evidences from the Liaodong peninsula (China, East Asia). Tectonophysics, 560: 22-50.

Charles N, Augier R, Gumiaux C, et al. 2013. Timing, duration and role of magmatism in wide rift systems: insights from the Jiaodong Peninsula (China, East Asia). Gondwana Research, 24 (1): 412-428.

Charvet J, Lapierre H, Yu Y. 1994. Geodynamic significance of the Mesozoic volcanism of southeastern China. Journal of Southeast Asian Earth Sciences, 9 (4): 387-396.

Chen H, Xia Q, Xu Y. 2020. Preface to the special issue on "Circum-Tibetan Plateau Basin and Orogen System: tectonics, geodynamics and resources". Journal of Asian Earth Sciences, 198: 104431.

Chen Y J, Pirajno F, Qi J P, et al. 2006. Ore geology, fluid geochemistry and genesis of the Shanggong gold deposit, eastern Qinling Orogen, China. Resource Geology, 56 (2): 99-116.

Choukroune P. 1992. Tectonic evolution of the Pyrenees. Annual Review of Earth and Planetary Sciences, 20: 143-158.

Chu M F, Chung S L, O'Reilly S Y, et al. 2011. India's hidden inputs to Tibetan orogeny revealed by Hf isotopes of Transhimalayan zircons and host rocks. Earth and Planetary Science Letters, 307 (3): 479-486.

Chu Y. 2011. Intracontinental tectonics in the South China block: example of the Xuefengshan belt. Orléans: a thesis to University of Orléans (France) for Ph. D.: 1-318.

Chu Y, Faure M, Lin W, et al. 2012. Early Mesozoic tectonics of the South China block: insights from the Xuefengshan intracontinental orogen. Journal of Asian Earth Sciences, 61: 199-220.

Chu Y, Lin W, Faure M. 2020. Cretaceous exhumation of the Triassic intracontinental Xuefengshan Belt: delayed unroofing of an orogenic plateau across the South China Block? Tectonophysics, 793: 228592.

Cloetingh S, Van Wees J D. 2005. Strength reversal in Europe's intraplate lithosphere: transition from basin inversion to lithospheric folding. Geology, 33 (4): 285-288.

Coblentz D D, Zhou S, Hillis R R, et al. 1998. Topography, boundary forces, and the Indo-Australian intraplate stress field. Journal of Geophysical Research, 103 (B1): 919-931.

Coney P J. 1980. Cordilleran metamorphic core complexes: an overview. Geological Society of America Memoir, 153: 7-31.

Coney P J, Harms T A. 1984. Cordilleran metamorphic core complexes: cenozoic extensional relics of Mesozoic compression. Geology, 12: 550-554.

Corti G, Zeoli A, Bonini M. 2003. Ice-flow dynamics and meteorite collection in Antarctica. Earth and Planetary Science Letters, 215 (3-4): 371-378.

Crittenden M D. 1980. Metamorphic core complexes of the North American. Cordilleran Metamorphic Core Complexes, 153: 485-490.

Crough S T, Thompson G A. 1977. Upper mantle origin of Sierra Nevada uplift. Geology, 5 (7): 396.

Cui J J, Liu X C, Dong S W, et al. 2012. U-Pb and ^{40}Ar-^{39}Ar geochronology of the Tongbai complex, central China: implications for Cretaceous exhumation and lateral extrusion of the Tongbai-Dabie HP/UHP terrane. Journal of Asian Earth Sciences, 47:

155-170.

Cunningham D. 2005. Active intracontinental transpressional mountain building in the Mongolian Altai: defining a new class of orogen. Earth and Planetary Science Letters, 240 (2): 436-444.

Cunningham D. 2013. Mountain building processes in intracontinental oblique deformation belts: lessons from the Gobi corridor, central Asia. Journal of Structural Geology, 46: 255-282.

Daly M C, Chorowicz J, Fairhead J D. 1989. Rift basin evolution in Africa: the influence of reactivated steep basement shear zones. Geological Society London. Special Publications, 44 (1): 309-334.

Daoudene Y, Gapais D, Ledru P, et al. 2009. The Ereendavaa Range (north- eastern Mongolia): an additional argument for Mesozoic extension throughout eastern Asia. International Journal of Earth Sciences, 98 (6): 1381-1393.

Daoudene Y, Ruffet G, Cocherie A, et al. 2011. Timing of exhumation of the Ereendavaa metamorphic core complex (north-eastern Mongolia)-U-Pb and ^{40}Ar-^{39}Ar constraints. Journal of Asian Earth Sciences, 62: 98-116.

Darby D A, Bischof J F. 2004. A Holocene record of changing arctic ocean ice drift analogous to the effects of the arctic oscillation. Paleoceanography and Paleoclimatology, 19 (1): PA1027.

Darby B J, Davis G A, Zheng Y, et al. 2001. Evolving geometry of the Hohhot metamorphic core complex, Inner Mongolia, China. Geological Society of America Abstracts with Programs, 33 (3): 32.

Davis G A, Lister G S. 1988. Detachment faulting in continental extension: perspectives from the southwestern US Cordillera. Processes in continental lithospheric deformation, 218: 133-159.

Davis G A, Zheng Y D. 1988. A possible cordilleran- type metamorphic core complex beneath the Great Wall near Hefangkou, Huairou County, northern China. Geological Society of America, 20: 324.

Davis G A, 郑亚东. 2002. 变质核杂岩的定义、类型及构造背景. 地质通报, 21 (4): 185-192.

Davis G A, Darby B J. 2010. Early cretaceous overprinting of the Mesozoic Daqing Shan fold- and- thrust Belt by the Hohhot metamorphic core complex, Inner Mongolia, China. Geoscience Frontiers, 1 (1): 1-20.

Davis G A, Fowler T, Kenneth, et al. 1993. Pluton pinning of an active Miocene detachment fault system, eastern Mojave Desert, California. Geology, 21: 627-630.

Davis G A, Qian X, Zheng Y D, et al. 1996. Mesozoic deformation and plutonism in the Yunmeng Shan: a metamorphic core complex north of Beijing, China//Yin A, Harrison T M. The Tectonic Evolution of Asia. Cambridge, the United Kingdom: Cambridge University Press: 253-280.

Davis G A, Zheng Y D, Wang C, et al. 2001. Mesozoic tectonic evolution of the Yanshan fold and thrust belt, with emphasis on Hebei and Liaoning provinces, northern China//Hendrix M S, Davis G A. Paleozoic and mesozoic tectonic evolution of Central and Eastern Asia: from continental assembly to intracontinental deformation. Memoir of Geological Society of America, 194: 171-197.

Davis G H. 1983. Shear-zone model for the origin of metamorphic core complexes. Geology, 11: 342-347.

Davis G H, Coney P J. 1979. Geologic development of the cordilleran metamorphic core complexes. Geology, 7 (3): 6-9.

Davis W M. 1903. The mountain ranges of the great basin. Harvard University Museum of Comparative Zoology Bulletin, 42: 129-177.

De Gromard R Q, Kirkland C L, Howard H M, et al. 2019. When will it end? Long-lived intracontinental reactivation in central Australia. Geoscience Frontiers, 10: 149-164.

Deng J, Wang Q F, Li G J. 2017. Tectonic evolution, superimposed orogeny, and composite metallogenic system in China. Gondwana Research, 50: 216-266.

Dewey J F. 1988. Extensional collapse of orogens. Tectonics, 7 (6): 1123-1139.

Dewey J F, Bird J M. 1970. Mountain belts and the new global tectonics. Journal of Geophysical Research, 75 (14): 2625-2647.

Dickinson M, Molinari J. 2002. Mixed rossby- gravity waves and western Pacific tropical cyclogenesis Part I: synoptic evolution. Journal of the Atmospheric Sciences, 59 (14): 2183-2196.

Dickinson W R. 1991. Tectonic setting of faulted Tertiary strata associated with the Catalina core complex in southern Arizona. Geological Society of America Special Paper, 264: 106.

Dickinson W R, Snyder W S. 1978. Plate tectonics of the Laramide orogeny//Matthews I V. Laramide folding associated with Basement Block faulting in the Western United States. Memoir of the Geological Society of America, 151 (3): 355-366.

Dong S W, Zhang Y Q, Zhang F Q, et al. 2015. Late Jurassic- Early Cretaceous continental convergence and intracontinental orogenesis in East Asia: a synthesis of the Yanshan Revolution. Journal of Asian Earth Sciences, 114: 750-770.

Donskaya T V, Windley B F, Mazukabzov A M, et al. 2008. Age and evolution of late Mesozoic metamorphic core complexes in southern Siberia and northern Mongolia. Journal of the Geological Society, 165: 405-421.

Eaton G P. 1982 The basin and range province: origin and tectonic significance. Annual Review of Earth and Planetary Sciences, 10 (1): 409-440.

Elston W E, Bornhorst T J. 1979. The Rio grande rift in context of regional post-40 my volcanic and tectonics events. Rio Grande Rift: Tectonics and Magmatism, 14: 416-438.

English J M, Johnston S T. 2004. The Laramide orogeny: what were the driving forces? International Geology Review, 46 (9): 833-838.

Ersoy Y E, Helvacı C, Palmer M R. 2011. Stratigraphic, structural and geochemical features of the NE-SW trending Neogene volcano-sedimentary basins in western Anatolia: implications for associations of supra-detachment and transtensional strike-slip basin formation in extensional tectonic setting. Journal of Asian Earth Sciences, 41: 159-183.

Fan W, Menzies M. 1992. Destruction of aged lower lithosphere and accretion of asthenosphere mantle beneath eastern China. Geotectonica et Metallogenia, 16: 171-180.

Faulds J E, Henry C D, Coolbaugh M F, et al. 2005. Influence of the late Cenozoic strain field and tectonic setting on geothermal activity and mineralization in the northwestern great basin. Transactions Geothermal Resources Council, 29: 353-358.

Faure M, Sun Y, Shu L, et al. 1996. Extensional tectonics within a subduction-type orogen. The case study of the Wugongshan dome (Jiangxi Province, southeastern China). Tectonophysics, 263 (1-4): 77-106.

Fenneman N M. 1928. Physiographic divisions of the United States. Annals of the Association of American Geographers, 18 (4): 261-353.

Fenneman N M. 1931. Physiography of Western United States. New York: McGraw-Hill.

Fernández R D, Pereira M F. 2016. Extensional orogenic collapse captured by strike-slip tectonics: constraints from structural geology and U-Pb geochronology of the Pinhel shear zone (Variscan orogen, Iberian Massif). Tectonophysics, 691: 290-310.

Fliedner M M, Ruppert S. 1996. The Southern Sierra Nevada continental dynamics working group, three-dimensional crustal structure of the southern Sierra Nevada from seismic fan profiles and gravity modeling. Geology, 24: 367-370.

Fossen H. 2010. Structural geology. London: Cambridge University Press.

Foster D A, Doughty P T, Kalakay T J, et al. 2007. Kinematics and timing of exhumation of Eocene metamorphic core complexes along the Lewis and Clark fault zone, northern Rocky Mountains, USA. Geological Society of America Special Paper, 434: 205-229.

Foster D A, Grice J, W C, Kalakay T J. 2010. Extension of the anaconda metamorphic core complex: $^{40}Ar/^{39}Ar$ thermochronology and implications for Eocene tectonics of the northern Rocky Mountains and the Boulder batholith. Lithosphere, 2: 232-246.

Frasca G, Manatschal G, Cadenas P, et al. 2021. A kinematic reconstruction of Iberia using intracontinental strike-slip corridors. Terra Nova, 33 (6): 573-581.

Galindo-Zaldívar J, Azzouz O, Chalouan A, et al. 2015. Extensional tectonics, graben development and fault terminations in the eastern Rif (Bokoya-Ras Afraou area). Tectonophysics, 663: 140-149.

Gans P B, Mahood G A, Schermer E. 1989. Synextensional magmatism in the Basin and Range province: a case study from the eastern Great Basin. Geological Society of America Special Paper, 233: 53.

Garces M, Gee J S. 2007. Paleomagnetic evidence of large footwall rotations associated with low-angle faults at the Mid-Atlantic Ridge. Geology, 35: 279-282.

Gautier P, Brun J P, Moriceau R, et al. 1999. Timing, kinematics and cause of Aegean extension: a scenario based on a comparison with simple analogue experiments. Tectonophysics, 315 (1-4): 31-72.

Gébelin A, Mulch A, Teyssier C, et al. 2011. Oligo-Miocene extensional tectonics and fluid flow across the Northern Snake Range detachment system, Nevada. Tectonics, 30: TC5010.

Genç Y, Yürür M T. 2010. Coeval extension and compression in Late Mesozoic recent thin-skinned extensional tectonics in central Anatolia, Turkey. Journal of Structural Geology, 32: 623-640.

Geological Society of America. 1987. Gravity Anomaly Map of North America, GSA Decade of North American Geology, scale: 1 : 5,000,000.

Gilbert G K. 1875. Report on the geology of portions of Nevada, Utah, California, and Arizona. United States Geographic and Geological Surveys, Meridian, 3: 17-187.

Gorczyk W, Vogt K. 2015. Tectonics and melting in intra-continental settings. Gondwana Research, 27 (1): 196-208.

Gorczyk W, Hobbs B, Gessner K, et al. 2013. Intracratonic geodynamics. Gondwana Research, 24 (3-4): 838-848.

Graveleau F, Strak V, Dominguez S, et al. 2015. Experimental modelling of tectonics-erosion-sedimentation interactions in compressional, extensional, and strike-slip settings. Geomorphology, 244: 146-168.

Guo L, Wang T, Zhang J J, et al. 2011. Evolution and time of formation of the Hohhot metamorphic core complex, North China: new structural and geochronological evidence. International Geology Review, 54 (11): 1309-1331.

Gurnis M, Müller R D, Moresi L. 1998. Cretaceous vertical motion of Australia and the Australian-Antarctic discordance. Science, 279 (5356): 1499-1504.

Hacker B R, Wallis S R, McWilliams M O, et al. 2009. ^{40}Ar-^{39}Ar Constraints on the tectonic history and architecture of the ultrahigh-pressure Sulu orogen. Journal of Metamorphic Geology, 27 (9): 827-844.

Haines P W, Hand M, Sandiford M. 2001. Palaeozoic synorogenic sedimentation in central and northern Australia: a review of distribution and timing with implications for the evolution of intra- continental orogens. Australian Journal of Earth Sciences, 48 (6): 911-928.

Han B F, Zheng Y D, Gan J W, et al. 2001. The Louzidian normal fault near Chifeng, Inner Mongolia: master fault of a quasi-metamorphic core complex. International Geology Review, 43: 254-264.

Hand M, Sandiford M. 1999. Intraplate deformation in central Australia, the link between subsidence and fault reactivation. Tectonophysics, 305 (1-3): 121-140.

Handy M R, Brun J P. 2004. Seismicity, structure and strength of the continental lithosphere. Earth and Planetary Science Letters, 223 (3-4): 427-441.

Heidbach O, Tingay M, Barth A, et al. 2010. Global crustal stress pattern based on the world stress map database release 2008. Tectonophysics, 482 (1-4): 3-15.

Hendrix M S, Graham S A, Carroll A R, et al. 1992. Sedimentary record and climatic implications of recurrent deformation in the Tian Shan: evidence from Mesozoic strata of the north Tarim, south Junggar, and Turpan basins, northwest China. Geological Society of America Bulletin, 104 (1): 53-79.

Heron P J, Pysklywec R N, Stephenson R. 2016. Lasting mantle scars lead to perennial plate tectonics. Nature Communications, 7: 11834.

Hill R I, Campbell I H, Davies G F, et al. 1992. Mantle plumes and continental tectonics. Science, 256 (5054): 186-193.

Hillis R R, Reynolds S D. 2000. The Australian stress map. Journal of the Geological Society, 157 (5): 915-921.

Holdsworth R E, Butler C A, Roberts A M. 1997. The recognition of reactivation during continental deformation. Journal of the Geological Society, 154 (1): 73-78.

Holdsworth R E, Stewart M, Imber J, et al. 2001. The structure and rheological evolution of reactivated continental fault zones: a review and case study. Journal of the Geological Society, 184 (1): 115-137.

Humphreys E D, Dueker K G. 1994. Physical state of the western U. S. upper mantle. Journal of Geophysical Research: Solid Earth, 99 (B5): 9635-9650.

Humphreys E D, Coblentz D D. 2007. North American dynamics and western U. S. tectonics. Reviews of Geophysics, 45 (3): 1-30.

Hurd O, Zoback M D. 2012. Intraplate earthquakes, regional stresses and faults mechanics in the central and eastern U. S. and southern Canada. Tectonophysics, 581: 182-192.

Hutton D H W. 1988. Igneous emplacement in a shear-zone termination: the biotite granite at strontian, Scotland. Geological Society of America Bulletin, 100 (9): 1392-1399.

Isik V, Tekeli O, Seyitoglu G. 2004. The ^{40}Ar/^{39}Ar age of extensional ductile deformation and granitoid intrusion in the northern Menderes core complex: implications for the initiation of extensional tectonics in western Turkey. Journal of Asian Earth Sciences, 23 (4): 555-566.

Jaeger J C, Cook N G W, Zimmerman R W. 2007. Fundamentals of rock mechanics, 4th Edition. Singapore: Blackwell Publishing.

Ji W B, Lin W, Faure M, et al. 2014. Origin and tectonic significance of the Huangling massif within the Yangtze craton, South China. Journal of Asian Earth Sciences, 86: 59-75.

Ji W B, Lin W, Faure M, et al. 2017a. The early Cretaceous orogen-scale Dabieshan metamorphic core complex: implications for extensional collapse of the Triassic HP-UHP orogenic belt in east-central China. International Journal of Earth Sciences, 106 (4):

1311-1340.

Ji W B, Lin W, Faure M, et al. 2017b. Origin of the Late Jurassic to Early Cretaceous peraluminous granitoids in the northeastern Hunan province (middle Yangtze region), South China: geodynamic implications for the Paleo-Pacific subduction. Journal of Asian Earth Sciences, 141: 174-193.

Ji W B, Faure M, Lin W, et al. 2018. Multiple emplacement and exhumation history of the Late Mesozoic Dayunshan-Mufushan batholith in southeast China and its tectonic significance: 1. Structural analysis and geochronological constraints. Journal of Geophysical Research: Solid Earth, 123 (1): 689-710.

Jiang P, Yang K F, Fan H R, et al. 2016. Titanite-scale insights into multi-stage magma mixing in Early Cretaceous of NW Jiaodong Terrane, North China Craton. Lithos, 258-259: 197-214.

Jolivet L, Brun J P. 2010. Cenozoic geodynamic evolution of the Aegean. International Journal of Earth Sciences, 99 (1): 109-138.

Jolivet L, Faccenna C, Piromallo C. 2009. From mantle to crust: stretching the Mediterranean. Earth and Planetary Science Letters, 285 (1-2): 198-209.

Jolivet L, Lecomte E, Huet B, et al. 2010. The north Cycladic detachment system. Earth and Planetary Science Letters, 289: 87-104.

Jolivet L, Menant A, Clerc C, et al. 2018. Extensional crustal tectonics and crust-mantle coupling, a view from the geological record. Earth-Science Reviews, 185: 1187-1209.

Jones C H. 1987. Is extension in Death Valley accommodated by thinning of the mantle lithosphere beneath the Sierra Nevada, California? Tectonics, 4: 449-473.

Kearey P, Klepeis K A, Vine F J. 2009. Global Tectonics. Chichester: Wiley-Blackwell.

Keay S, Lister G, Buick I. 2001. The timing of partial melting, Barrovian metamorphism and granite intrusion in the Naxos metamorphic core complex, Cyclades, Aegean Sea, Greece. Tectonophysics, 342 (3-4): 275-312.

Kenner S J, Segall P. 2000. A mechanical model for intraplate earthquakes: application to the new Madrid seismic zone. Science, 289 (5488): 2329-2332.

Klootwijk C. 2013. Middle-late Paleozoic Australia-Asia convergence and tectonic extrusion of Australia. Gondwana Research, 24 (1): 5-54.

Kröner A. 1977. Precambrian mobile belts of southern and eastern Africa—Ancient sutures or sites of ensialic mobility? A case for crustal evolution towards plate tectonics. Tectonophysics, 40 (1-2): 101-135.

Lambeck K. 1983. Structure and evolution of the intracratonic basins of central Australia. Geophysical Journal International, 74 (3): 843-886.

Lapierre H, Jahn B M, Charvet J, et al. 1997. Mesozoic felsic arc magmatism and continental olivine tholeiites in Zhejiang Province and their relationship with the tectonic activity in southeastern China. Tectonophysics, 274 (4): 321-338.

Lecomte M, Jolivet L, Lacombe O, et al. 2010. Geometry and kinematics of Mykonos detachment, Cyclades, Greece: evidence for slip at shallow dip. Tectonics, 29: TC5012.

Lee Armstrong R, Ward P. 1991. Evolving geographic patterns of Cenozoic magmatism in the north American Cordillera: the temporal and spatial association of magmatism and metamorphic core complexes. Journal of Geophysical Research: Solid Earth, 96 (B8): 13201-13224.

Leeman W P, Harry D L. 1993. A binary source model for extension-related magmatism in the great basin, Western north America. Science, 262 (5139): 1550-1554.

Leprêtre R, Missenard Y, Barbarand J, et al. 2018. Polyphased inversions of an intracontinental rift: case study of the Marrakech High Atlas, Morocco. Tectonics, 37: 818-841.

Li C, Jiang Y, Xing G, et al. 2015. Two periods of skarn mineralization in the Baizhangyan W-Mo deposit, Southern Anhui Province, Southeast China: evidence from zircon U-Pb and molybdenite Re-Os and sulfur isotope data. Resource Geology, 65 (3): 193-209.

Li J H, Qian X L, Huang X N, et al. 2000. Tectonic framework of north China Block and its cratonization in the early Precambrian. Acta Petrologica Sinica, 16 (1): 1-10.

Li J H, Zhang Y Q, Dong S W, et al. 2013. The Hengshan low-angle normal fault zone: structural and geochronological constraints on the Late Mesozoic crustal extension in South China. Tectonophysics, 606: 97-115.

Li J H, Zhang Y Q, Dong S W, et al. 2014. Cretaceous tectonic evolution of South China: a preliminary synthesis. Earth-Science Reviews, 134 (1): 98-136.

Li J H, Dong S W, Zhang Y Q, et al. 2016. New insights into Phanerozoic tectonics of south China: Part 1, polyphase deformation in the Jiuling and Lianyunshan domains of the central Jiangnan Orogen. Journal of Geophysical Research-Solid Earth, 121 (4): 3048-3080.

Li S Z, Kusky T M, Zhao G, et al. 2007. Mesozoic tectonics in the eastern block of the north China craton: implications for subduction of the pacific plate beneath the Eurasian plate. Geological Society London Special Publications, 280 (1): 171-188.

Li X H, Li Z X, Li W X, et al. 2006. Initiation of the Indosinian orogeny in south China: evidence for a Permian Magmatic Arc on Hainan Island. The Journal of Geology, 114 (3): 341-353.

Li X H, Li Z X, Li W X, et al. 2007. U-Pb zircon, geochemical and Sr-Nd-Hf isotopic constraints on age and origin of Jurassic I- and A-type granites from Central Guangdong, SE China: a major igneous event in response to foundering of a subducted flat-slab? . Lithos, 96: 186-204.

Li X H, Li W X, Wang X C, et al. 2010. SIMS U-Pb zircon geochronology of porphyry Cu-Au-(Mo) deposits in the Yangtze River Metallogenic Belt, eastern China: magmatic response to early Cretaceous lithospheric extension. Lithos, 119 (3-4): 427-438.

Li Z X, Li X H. 2007. Formation of the 1300-km-wide intracontinental orogen and postorogenic magmatic province in Mesozoic South China: a flat-slab subduction model. Geology, 35 (2): 179-182.

Lin W, Wang Q. 2006. Late Mesozoic extensional tectonics in the North China block: a crustal response to subcontinental mantle removal? Bulletin de la Société géologique de France, 177 (6): 287-297.

Lin W, Wei W. 2018. Late Mesozoic extensional tectonics in the north China craton and its adjacent regions: a review and synthesis. International Geology Review, 62 (7-8): 811-839.

Lin W, Faure M, Monie P, et al. 2000. Tectonics of SE China: new insights from the Lushan massif (Jiangxi Province) . Tectonics, 19 (5): 852-871.

Lin W, Chen Y, Faure M, et al. 2003. Tectonic implications of new late Cretaceous paleomagnetic constraints from eastern Liaoning Peninsula, NE China. Journal of Geophysical Research, 108 (B6): 2313.

Lin W, Faure M, Monib P, et al. 2007. Polyphase Mesozoic tectonics in the eastern part of the North China Block: insights from the eastern Liaoning Peninsula massif (NE China) . Geological Society, London, Special Publications, 280: 153-169.

Lin W, Faure M, Monié P, et al. 2008. Mesozoic extensional tectonics in eastern Asia: the south Liaodong Peninsula metamorphic core complex (NE China) . The Journal of Geology, 116 (2): 134-154.

Lin W, Monié P, Faure M, et al. 2011. Cooling paths of the NE China crust during the Mesozoic extensional tectonics: example from the south-Liaodong peninsula metamorphic core complex. Journal of Asian Earth Sciences, 42: 1048-1065.

Lin W, Faure M, Chen Y, et al. 2013a. Late Mesozoic compressional to extensional tectonics in the Yiwulüshan massif, NE China and its bearing on the evolution of the Yinshan-Yanshan Orogenic Belt: Part I: structural analyses and Geochronological constraints. Gondwana Research, 23 (1): 54-77.

Lin W, Charles N, Chen K, et al. 2013b. Late Mesozoic compressional to extensional tectonics in the Yiwulüshan massif, NE China and its bearing on the evolution of the Yinshan-Yanshan orogenic belt. Part Ⅱ: anisotropy of magnetic susceptibility and gravity modeling. Gondwana Research, 23 (1): 78-94.

Lin W, Ji W, Faure M, et al. 2015. Early Cretaceous extensional reworking of the Triassic HP-UHP metamorphic orogen in Eastern China. Tectonophysics, 662: 256-270.

Lipman P W, Prostka W J, Christiansen R L. 1972. Cenozoic volcanism and plate tectonic evolution of the western United States: Part I, early and middle Cenozoic. Philosophical Transactions for the Royal Society of London. Series A, Mathematical and Physical Sciences, 271 (1213): 249-284.

Lisle R J, Srivastava D C. 2004. Test of the frictional reactivation theory for faults and validity of fault-slip analysis. Geology, 32 (7): 569-572.

Lister G S, Davis G A. 1989. The origin of metamorphic core complexes and detachment faults formed during Tertiary continental extension in the northern Colorado River region, U. S. A. Journal of Structural Geology, 11 (1-2): 65-94.

Lister G S, Baldwin S L. 1993. Plutonism and the origin of metamorphic core complexes. Geology, 21: 607-614.

Lithgow-Bertelloni C, Silver P G. 1998. Dynamic topography, plate driving forces and the African superswell. Nature, 395 (6699): 269-272.

Liu J, Davis G A, Lin Z, et al. 2005. The Liaonan metamorphic core complex, southeastern Liaoning Province, North China: a likely contributor to Cretaceous rotation of Eastern Liaoning, Korea and contiguous areas. Tectonophysics, 407 (1-2): 65-80.

Liu J L, Gan H N, Jiang H, et al. 2017. Rheology of the middle crust under tectonic extension: insights from the Jinzhou detachment fault zone of the Liaonan metamorphic core complex, eastern North China Craton. Journal of Asian Earth Sciences, 139: 61-70.

Liu J L, Ni J L, Chen X Y, et al. 2021. Early Cretaceous tectonics across the North Pacific: new insights from multiphase tectonic extension in Eastern Eurasia. Earth-Science Reviews, 217: 103552.

Liu M, Shen Y. 1998. The Sierra Nevada uplift: a ductile link to mantle upwelling under the Basin and Range. Geology, 26: 299-302.

Livaccari R F. 1991. Role of crustal thickening and extensional collapse in the tectonic evolution of the Sevier-Laramide orogeny, western United States. Geology, 19 (11): 1104-1107.

Lorencak M, Seward D, Vanderhaeghe O, et al. 2001. Low-temperature cooling history of the Shuswap metamorphic core complex, British Columbia: constraints from apatite and zircon fission-track ages. Canadian Journal of Earth Sciences, 38 (38): 1615-1625.

Lynch H D, Morgan P. 1987. The tensile strength of the lithosphere and the localization of extension. Geological Society, London, Special Publications, 28 (1): 53-65.

Malavieille J. 1987. Extensional shearing deformation and kilometer-scale "a" -type folds in a Cordilleran metamorphic core complex (Raft River Mountains, northwestern Utah). Tectonics, 6 (4): 423-448.

Malavieille J. 1993. Late orogenic extension in mountain belts: insights from the Basin and Range and the late Paleozoic Variscan Belt. Tectonics, 12 (5): 1115-1130.

Marshak S, Karlstrom K, Timmons J M. 2000. Inversion of Proterozoic extensional faults: an explanation for the pattern of Laramide and Ancestral Rockies intracratonic deformation, United States. Geology, 28 (8): 735-738.

Martinez F, Goodliffe A M, Taylor B. 2001. Metamorphic core complex formation by density inversion and lower-crust extrusion. Nature, 411 (6840): 930-934.

Martínez F, López C, Bascuñan S, et al. 2018. Tectonic interaction between Mesozoic to Cenozoic extensional and contractional structures in the Preandean Depression (23°-25°S): Geologic implications for the central Andes. Tectonophysics, 744: 333-349.

Maruyama S, Isozaki Y, Kimura G, et al. 1997. Paleogeographic maps of the Japanese Islands: plate tectonic synthesis from 750 Ma to the present. Island Arc, 6 (1): 121-142.

Mazukabzov A M, Donskaya T V, Gladkochub D P, et al. 2006. Structure and age of the metamorphic core complex of the Burgutui Ridge (Southwestern Transbaikal region). Doklady Earth Sciences, 407 (1): 179-183.

McCarthy J, Larkin S P, Fuis G S, et al. 1991. Anatomy of a metamorphic core complex: seismic refraction/wide-angle reflection profiling in southeastern California and western Arizona. Journal of Geophysical Research: Solid Earth, 96 (B7): 12259-12291.

McGrew A J, Peters M T, Wright J E. 2000. Thermobarometric constraints on the tectonothermal evolution of the East Humboldt Range metamorphic core complex, Nevada. Geological Society of America Bulletin, 112 (1): 45-60.

McKee E H. 1971. Tertiary igneous chronology of the Great Basin of western United States—implications for tectonic models. Geological Society of America Bulletin, 82 (12): 3497-3502.

McKenzie D. 1978. Some remarks on the development of sedimentary basins. Earth and Planetary science letters, 40 (1): 25-32.

McKenzie D, Nimmo F, Jackson J A, et al. 2000. Characteristics and consequences of flow in the lower crust. Journal of Geophysical Research-Solid Earth, 105 (B5): 11029-11046.

McKerrow W S, Macniocaill C, Dewey J F. 2000. The Caledonian orogen redefined. Geological Society of London Journal, 157: 1149-1154.

McLaren S, Sandiford M, Dunlap W J, et al. 2009. Distribution of Palaeozoic reworking in the Western Arunta Region and northwestern Amadeus Basin from $^{40}Ar/^{39}Ar$ thermochronology: implications for the evolution of intracratonic basins. Basin Research, 21 (3): 315-334.

McQuarrie N. 2004. Crustal scale geometry of the Zagros fold-thrust belt, Iran. Journal of Structural Geology, 26 (3): 519-535.

Meira V T, García-Casco A, Juliani C, et al. 2015. The role of intracontinental deformation in supercontinent assembly: insights from the Ribeira Belt, Southeastern Brazil (Neoproterozoic West Gondwana). Terra Nova, 27: 206-217.

Meixner J, Schill E, Grimmer J C, et al. 2016. Structural control of geothermal reservoirs in extensional tectonic settings: an example from the Upper Rhine Graben. Journal of Structural Geology, 82: 1-15.

Meng L, Lin W. 2021. Episodic crustal extension and contraction characterizing the Late Mesozoic tectonics of East China: evidence from the Jiaodong Peninsula, East China. Tectonics, 40 (3): e2020TC006318.

Meng Q R. 2003. What drove late Mesozoic extension of the northern China-Mongolia tract? Tectonophysics, 369 (3-4): 155-174.

Meng Q R, Hu J M, Jin J Q, et al. 2003. Tectonics of the late Mesozoic wide extensional basin systemin the China-Mongolia border region. Basin Research, 15 (3): 397-415.

Menzies M A, Fan W, Zhang M. 1993. Palaeozoic and Cenozoic lithoprobes and the loss of >120km of Archaean lithosphere, Sino-Korean craton, China. Geological Society, London, Special Publications, 76 (1): 71-81.

Mitrovica J X, Beaumont C, Jarvis G T. 1989. Tilting of continental interiors by the dynamical effects of subduction. Tectonics, 8 (5): 1079-1094.

Molnar P, Tapponnier P. 1975. Cenozoic tectonics of Asia: effects of a continental collision: features of recent continental tectonics in Asia can be interpreted as results of the India-Eurasia collision. Science, 189: 419-426.

Molnar P, Tapponnier P. 1977. Relation of the tectonics of eastern China to the India-Eurasia collision: application of slip-line field theory to large-scale continental tectonics. Geology, 5 (4): 212-216.

Morley. 2014. The widespread occurrence of low-angle normal faults in a rift setting: review of examples from Thailand, and implications for their origin and evolution. Earth-Science Reviews, 133: 18-42.

Mueller A G, Campbell I H, Schiotte L, et al. 1996. Constraints on the age of granitoid emplacement, metamorphism, gold mineralization, and subsequent cooling of the Archean greenstone terrane at Big Bell, Western Australia. Economic Geology, 91 (5): 896-915.

Neil E A, Houseman G A. 1999. Rayleigh-Taylor instability of the upper mantle and its role in intraplate orogeny. Geophysical Journal International, 138 (1): 89-107.

Neves S P. 2003. Proterozoic history of the Borborema province (NE Brazil): correlations with neighboring cratons and Pan-African belts and implications for the evolution of western Gondwana. Tectonics, 22 (4): 1031.

Nicol A, Walsh J, Berryman K, et al. 2005. Growth of a normal fault by the accumulation of slip over millions of years. Journal of Structural Geology, 27 (2): 327-342.

Niemi N A. 2002. Extensional tectonics in the basin and range province and the geology of the Grapevine Mountains, Death Valley region, California and Nevada. California: California Institute of Technology.

Norlander B H, Whitney D L, Teyssier C, et al. 2002. Partial melting and decompression of the Thor-Odin dome, Shuswap metamorphic core complex, Canadian Cordillera. Lithos, 61 (3-4): 103-125.

Omuralieva A, Nakajima J, Hasegawa A. 2009. Three-dimensional seismic velocity structure of the crust beneath the central Tien Shan, Kyrgyzstan: implications for large- and small-scale mountain building. Tectonophysics, 465 (1-4): 30-44.

Parrish R R, Carr S D, Parkinso D L. 1988. Eocene extensional tectonics and geochronology of the southern Omineca Belt, British Columbia and Washington. Tectonics, 7 (2): 181-212.

Patel R C, Singh S, Asokan A, et al. 1993. Extensional tectonics in the Himalayan orogen, Zanskar, NW India. Geological Society, London, Special Publications, 74 (1): 445-459.

Peron-Pinvidic G, Manatschal G. 2009. The final rifting evolution at deep magma-poor passive margins from Iberia-Newfoundland: a new point of view. International Journal of Earth Sciences, 98 (7): 1581-1597.

Perry H K C, Mareschal J C, Jaupart C. 2006. Variations of strength and localized deformation in cratons: the 1.9 Ga Kapuskasing uplift, Superior Province, Canada. Earth and Planetary Science Letters, 249 (3-4): 216-228.

Pysklywec R N, Beaumont C. 2004. Intraplate tectonics: feedback between radioactive thermal weakening and crustal deformation driven by mantle lithosphere instabilities. Earth and Planetary Science Letters, 221 (1-4): 275-292.

Qamar A, Meagher K L. 1993. Precisely locating the Klamath Falls, Oregon, earthquakes. Earthquakes and Volcanoes, 24: 129-139.

Raimondo T, Collins A S, Hand M, et al. 2010. The anatomy of a deep intracontinental orogen. Tectonics, 29 (4): TC4024.

Raimondo T, Clark C, Hand M, et al. 2011. Assessing the geochemical and tectonic impacts of fluid-rock interaction in mid-crustal shear zones: a case study from the intracontinental Alice Springs Orogen, central Australia. Journal of Metamorphic Geology, 29 (8): 821-850.

Raimondo T, Clark C, Hand M, et al. 2013. A simple mechanism for mid-crustal shear zones to record surface-derived fluid signatures. Geology, 41 (6): 711-714.

Raimondo T, Hand M, Collins W J. 2014. Compressional intracontinental orogens: ancient and modern perspectives. Earth-Science Reviews, 130: 128-153.

Ramdani F. 1998. Geodynamic implications of intermediate- depth earthquakes and volcanism in the intraplate Atlas mountains (Morocco). Physics of the Earth and Planetary Interiors, 108 (3): 245-260.

Ratschbacher L, Hacker B R, Webb L E, et al. 2000. Exhumation of the ultrahigh-pressure continental crust in east central China: Cretaceous and Cenozoic unroofing and the Tan- Lu fault. Journal of Geophysical Research: Solid Earth, 105 (B6): 13303-13338.

Rehrig W A, Shafiqullah M, Damon P E. 1980. Geochronology, geology, and listric normal faulting of the Vulture Mountains, Maricopa County, Arizona. Arizona Geological Society Digest, 12: 89-110.

Ren J Y, Tamaki K, Li S T, et al. 2002. Late Mesozoic and Cenozoic rifting and its dynamic setting in Eastern China and adjacent areas. Tectonophysics, 344 (3-4): 175-205.

Rey P F, Teyssier C, Whitney D L. 2009a. Extension rates, crustal melting, and core complex dynamics. Geology, 37 (5): 391-394.

Rey P F, Teyssier C, Whitney D L. 2009b. The role of partial melting and extensional strain rates in the development of metamorphic core complexes. Tectonophysics, 477 (3-4): 135-144.

Ring U, Layer P W. 2003. High-pressure metamorphism in the Aegean, eastern Mediterranean: underplating and exhumation from the Late Cretaceous until the Miocene to Recent above the retreating Hellenic subduction zone. Tectonics, 22 (3): 23.

Ring U, Collins A S. 2005. U-Pb SIMS dating of synkinematic granites: timing of core-complex formation in the northern Anatolide Belt of western Turkey. Journal of the Geological Society, 162: 289-298.

Roberts A M, Holdsworth R E. 1999. Linking onshore and offshore structures: mesozoic extension in the Scottish Highlands. Journal of the Geological Society, 156 (6): 1061-1064.

Roberts E A, Houseman G A. 2001. Geodynamics of central Australia during the intraplate Alice Springs Orogeny: thin viscous sheet models. Geological Society, London, Special Publications, 184 (1): 139-164.

Rosenbaum G, Gasparon M, Lucente F P, et al. 2008. Kinematics of slab tear faults during subduction segmentation and implications for Italian magmatism. Tectonics, 27 (2): 16.

Russell M, Gurnis M. 1994. The planform of epeirogeny: vertical motions of Australia during the Cretaceous. Basin Research, 6 (2-3): 63-76.

Rutter E H, Holdsworth R E, Knipe R J. 2001. The nature and tectonic significance of fault- zone weakening: an introduction. Geological Society, London, Special Publications, 186 (1): 1-11.

Sandiford A, Alloway B, Shane P. 2001. A 28 000- 6600 cal yr record of local and distal volcanism preserved in a paleolake, Auckland, New Zealand. New Zealand Journal of Geology and Geophysics, 44 (2): 323-336.

Sandiford M. 2007. The tilting continent: a new constraint on the dynamic topographic field from Australia. Earth and Planetary Science Letters, 261 (1-2): 152-163.

Sandiford M, Hand M. 1998. Controls on the locus of intraplate deformation in central Australia. Earth and Planetary Science Letters, 162 (1-4): 97-110.

Sandiford M, Wallace M, Coblentz D D. 2004. Origin of the in-situ stress field in southeastern Australia. Basin Research, 16 (3): 325-338.

Sarica N. 2000. The Plio-Pleistocene age of Büyük Menderes and Gediz grabens and their tectonic significance on N±S extensional tectonics in West Anatolia: mammalian evidence from the continental deposits. Geological Journal, 35: 1-24.

Schmeling H, Marquart G. 1990. A mechanism for crustal thinning without lateral extension. Geophysical Research Letters, 17 (12): 2417-2420.

Schubert G, Turcotte D L, Olson P. 2001. Mantle convection in the earth and planets. London: Cambridge University Press.

Sengör A M C. 1987. Tectonics of the Tethysides: orogenic collage development in a collisional setting. Annual Reviews of Earth and Planetary Sciences, 15: 213-244.

Seyfert C K. 1987. Cordilleran metamorphic core complexes. The Encyclopedia of structural geology and plate tectonics. New York: Van Nostrand Reinhold Company: 113-132.

Shaw R, Etheridge M, Lambeck K. 1991. Development of the late- Proterozoic to mid- Paleozoic intracratonic Amadeus basin in central Australia: a key to understanding tectonic forces in plate interiors. Tectonics, 10 (4): 688-721.

Sibson R H. 1985. A note on fault reactivation Journal of Structural. Geology, 7 (6): 751-754.

Sibson R H. 2001. Seismogenic framework for hydrothermal transport and ore Deposition. Reviews in Economic Geology, 14: 25-50.

Sibson R H, Robert F, Poulsen K H. 1988. High- angle reverse faults, fluid- pressure cycling, and mesothermal gold- quartz deposits. Geology, 16 (6): 551-555.

Silva D, Piazolo S, Daczko N R, et al. 2018. Intracontinental orogeny enhanced by far- field extension and local weak crust. Tectonics, 37: 4421-4443.

Stewart J H. 1978. Basin and Range structure in western North America: a review. Memoir of the Geological Society of America, 152: 1-31.

Stewart J H. 1980. Geology of Nevada. Nevada Bureau of Mines and Geology Special Publication, 4: 136.

Sullivan W A, Snoke A W. 2007. Comparative anatomy of core-complex development in the northeastern Great Basin, USA. Rocky Mountain. Geology, 42 (1): 1-29.

Tackley P J. 2000. Mantle convection and plate tectonics: toward an integrated physical and chemical theory. Science, 288: 2002-2007.

Tang S L, Yan D P, Qiu L, et al. 2014. Partitioning of the Cretaceous Pan- Yangtze basin in the central south China block by exhumation of the Xuefeng Mountains during a transition from extensional to compressional tectonics? Gondwana Research, 25: 1644-1659.

Tapponnier P, Molnar P. 1979. Active faulting and Cenozoic tectonics of the Tien Shan, Mongolia, and Baykal Regions. Journal of Geophysical Research Atmospheres, 84 (B7): 3425-3459.

Teixell A, Arboleya M L, Julivert M, et al. 2003. Tectonic shortening and topography in the central High Atlas (Morocco). Tectonics, 22 (5): 1051.

Thatcher W, Foulger G R, Julian B R, et al. 1999. Present-day deformation across the Basin and Range Province, Western United States. Science, 283: 1714-1718.

Tirel C, Brun J P, Sokoutis D. 2006. Extension of thickened and hot lithospheres: inferences from laboratory modeling. Tectonics, 25 (1): TC1005.

Tirel C, Brun J P, Burov E. 2008. Dynamics and structural development of metamorphic core complexes. Journal of Geophysical Research: Solid Earth, 113 (B4): B04403.

Tommasi A, Vauchez A, Daudré B. 1995. Initiation and propagation of shear zones in a heterogeneous continental lithosphere. Journal of Geophysical Research: Solid Earth, 100 (B11): 22083-22101.

USGS (United States Geological Survey). 2004. Geophysical terranes of the great basin and parts of surrounding provinces. Open-File Report, 1008: 1-30.

Uzkeda H, Bulnes M, Poblet J, et al. 2016. Jurassic extension and Cenozoic inversion tectonics in the Asturian Basin, NW Iberian Peninsula: 3D structural model and kinematic evolution. Journal of Structural Geology, 90: 157-176.

Vanderhaeghe O. 1999. Pervasive melt migration from migmatites to leucogranite in the Shuswap metamorphic core complex, Canada: control of regional deformation. Tectonophysics, 312 (1): 35-55.

Van-der-Pluijm B A, Craddock J P, Graham B R, et al. 1997. Paleostress in cratonic North America: implications for deformation of continental interiors. Science, 277 (5327): 794-796.

Walsh J J, Nicol A, Childs C. 2002. An alternative model for the growth of faults. Journal of Structural Geology, 24 (11): 1669-1675.

Walter M R, Veevers J J, Calver C R, et al. 1995. Neoproterozoic stratigraphy of the centralian superbasin, Australia. Precambrian Research, 73 (1-4): 173-195.

Wang D Z, Shu L S. 2012. Late Mesozoic basin and range tectonics and related magmatism in Southeast China. Geoscience Frontiers, 3 (2): 109-124.

Wang D Z, Shu L S, Faure M, et al. 2001. Mesozoic magmatism and granitic dome in the Wugongshan Massif, Jiangxi province and their genetical relationship to the tectonic events in southeast China. Tectonophysics, 339 (3-4): 259-277.

Wang T, Zheng Y D, Li T B, et al. 2004. Mesozoic granitic magmatism in extensional tectonics near the Mongolian border in China and their implications for crustal growth. Journal of Asian Earth Science, 23 (5): 715-729.

Wang T, Zheng Y D, Zhang J, et al. 2011. Pattern and kinematic polarity of late Mesozoic extension in continental NE Asia: perspectives from metamorphic core complexes. Tectonics, 30 (6): TC6007.

Wang W, Liu S, Bai X, et al. 2011. Geochemistry and zircon U-Pb-Hf isotopic systematics of the Neoarchean Yixian-Fuxin greenstone belt, northern margin of the North China Craton: implications for petrogenesis and tectonic setting. Gondwana Research, 20 (1): 64-81.

Wang X D, Neubauer F, Genser J, et al. 1998. The Dabie UHP unit, Central China: a Cretaceous extensional allochthon superposed on a Triassic orogen. Terra Nova, 10 (5): 260-267.

Wang X L, Shu L S, Xing G F, et al. 2012. Post-orogenic extension in the eastern part of the Jiangnan orogen: evidence from ca 800-760 Ma volcanic rocks. Precambrian Research, 222-223: 404-423.

Wang Y, Li H M. 2008. Initial formation and Mesozoic tectonic exhumation of an intracontinental tectonic belt of the northern part of the Taihang Mountain Belt, Eastern Asia. Journal of Geology, 116 (2): 155-172.

Wang Y, Xiang B, Zhu G, et al. 2011a. Structural and geochronological evidence for early cretaceous orogen-parallel extension of the ductile lithosphere in the northern Dabie Orogenic Belt, East China. Journal of Structural Geology, 33 (3): 362-380.

Wang Y, Zhou L, Li J. 2011b. Intracontinental superimposed tectonics—A case study in the Western Hills of Beijing, eastern China. Geological Society of America Bulletin, 123 (5-6): 1033-1055.

Wang Y J, Fan W M, Guo F, et al. 2003. Geochemistry of Mesozoic mafic rocks adjacent to the Chenzhou-Linwu fault, South China: implications for the lithospheric boundary between the Yangtze and Cathaysia Blocks. International Geology Review, 45 (3): 263-286.

Wawrzenitz N, Krohe A. 1998. Exhumation and doming of the Thasos metamorphic core complex (S Rhodope, Greece): structural and geochronological constraints. Tectonophysics, 285 (3-4): 301-332.

Webb L E, Graham S A, Johnson C L, et al. 1999. Occurrence, age, and implications of the Yagan-Onch Hayrhan metamorphic core complex, southern Mongolia. Geology, 27 (2): 143-146.

Wei W, Martelet G, Le Breton N, et al. 2014. A multidisciplinary study of the emplacement mechanism of the Qingyang-Jiuhua massif in southeast China and its tectonic bearings. Part Ⅱ: amphibole geobarometry and gravity modeling. Journal of Asian Earth Sciences, 86: 94-105.

Wei W, Chen Y, Faure M, et al. 2016. An early extensional event of the south China Block during the late Mesozoic recorded by the emplacement of the late Jurassic syntectonic Hengshan composite granitic massif (Hunan, SE China). Tectonophysics, 672-673: 50-67.

Wei W, Song C, Hou Q L, et al. 2017. The Late Jurassic extensional event in the central part of the South China Block-evidence from the Laoshan'ao shear zone and Xiangdong Tungsten deposit (Hunan, SE China). International Geology Review, 60 (11-14): 1-21.

Wells R E, Heller P L. 1988. The relative contribution of accretion, shear, and extension to Cenozoic tectonic rotation in the pacific northwest. Geological Society of America Bulletin, 100 (3): 325-338.

Wenrich K J, Billingsley G H, Blackerby B A. 1995. Spatial migration and compositional changes of Miocene-Quaternary magmatism in the Western Grand Canyon. Journal of Geophysical Research Solid Earth, 100: 10417-10440.

Wernert P, Schulmann K, Chopin F, et al. 2016. Tectonometamorphic evolution of an intracontinental orogeny inferred from P-T-t-d paths of the metapelites from the Rehamna massif (Morocco). Journal of metamorphic Geology, 34: 917-940.

Wernicke B. 1981. Low-angle faults in the Basin and Range Province: nappe tectonics in an extending orogen. Nature, 291: 645-648.

Wernicke B. 1995. Low-angle normal faults and seismicity: a review. Journal of Geophysical Research, 100: 20159-20174.

Wernicke B, Axen G J. 1988. On the role of isostasy in the evolution of normal fault systems. Geology, 16 (9): 848-851.

Wernicke B, Burchtíel B C, Lipman P W, et al. 1992. Cenozoic extensional tectonics of the US Cordillera. The Geology of North America, 3: 553-581.

Wernicke B, Clayton R, Ducea M, et al. 1996. Origin of high mountains in the continents: the southern Sierra Nevada. Science, 271: 190-193.

Wong W H. 1927. Crustal movements and igneous activities in eastern China since Mesozoic time. Bulletin of the Geological Society of China, 6 (1): 9-37.

Wood R M, Mallard D J. 1992. When is a fault 'extinct'? Journal of the Geological Society, 149 (2): 251-254.

Wu F Y, Lin J Q, Wilde S A, et al. 2005a. Nature and significance of the Early Cretaceous giant igneous event in eastern China.

Earth and Planetary Science Letters, 233 (1-2): 103-119.

Wu F Y, Yang J H, Wilde S A, et al. 2005b. Geochronology, petrogenesis and tectonic implications of Jurassic granites in the Liaodong Peninsula, NE China. Chemical Geology, 221 (1-2): 127-156.

Wu F Y , Han R H , Yang J H , et al. 2007b. Initial constraints on the timing of granitic magmatism in North Korea using U-Pb zircon geochronology. Chemical Geology, 238 (3-4): 232-248.

Wu F Y, Ji W Q, Sun D H, et al. 2012. Zircon U- Pb geochronology and Hf isotopic compositions of the Mesozoic granites in southern Anhui Province, China. Lithos, 150: 6-25.

Wu Y B, Tang J, Zhang S B, et al. 2007a. SHRIMP zircon U- Pb dating for two episodes of migmatization in the Dabie orogen. Chinese Science Bulletin, 52 (13): 1836-1842.

Xu D R, Deng T, Chi G X, et al. 2017. Gold mineralization in the Jiangnan Orogenic Belt of South China: geological, geochemical and geochronological characteristics, ore deposit-type and geodynamic setting. Ore Geology Reviews, 88: 565-618.

Xu J W, Zhu G, Tong W X, et al. 1987. Formation and evolution of the Tancheng- Lujiang wrench fault system: a major shear system to the northwest Pacific Ocean. Tectonophysics, 134 (4): 273-310.

Yan D P, Zhou M F, Song H, et al. 2003. Structural style and tectonic significance of the Jianglang dome in the eastern margin of the Tibetan Plateau, China. Journal of Structural Geology, 25 (5): 765-779.

Yan D P, Zhou M F, Song H L, et al. 2006. Mesozoic extensional structures of the Fangshan tectonic dome and their subsequent reworking during collisional accretion of the north China block. Journal of the Geological Society, 163 (1): 127-142.

Yang J H, Chung S L, Wilde S A, et al. 2005. Petrogenesis of post orogenic syenites in the Sulu Orogenic Belt, East China: geochronology, geochemical and Nd-Sr isotopic evidence. Chemical Geology, 214: 99-125.

Yang J H, Wu F Y, Chung S L, et al. 2007. Rapid exhumation and cooling of the Liaonan metamorphic core complex: inferences from ^{40}Ar-^{39}Ar thermochronology and implications for Late Mesozoic extension in the eastern North China Craton. The Geological Society of America Bulletin, 119 (11): 1405-1414.

Yang K F, Jiang P, Fan H R, et al. 2018. Tectonic transition from a compressional to extensional metallogenic environment at ~120 Ma revealed in the Hushan gold deposit, Jiaodong, north China craton. Journal of Asian Earth Sciences, 160: 408-425.

Yang Q, Shi W, Hou G T, et al. 2020. Late Mesozoic intracontinental deformation at the northern margin of the North China Craton: a case study from the Kalaqin massif, southeastern Inner Mongolia, China. Tectonophysics, 793: 228591.

Yang Y, Liu M. 2002. Cenozoic deformation of the Tarim plate and the implications for mountain building in the Tibetan Plateau and the Tian Shan. Tectonics, 21 (6): 1059.

Ye T, Huang Q, Chen X, et al. 2018. Magma chamber and crustal channel flow structures in the Tengchong volcano area from 3-D MT inversion at the intracontinental block boundary southeast of the Tibetan Plateau. Journal of Geophysical Research: Solid Earth, 123: 11, 112, 126.

Yin A. 2004. Gneiss domes and gneiss dome systems. Geological Society of America Special Paper, 380: 1-14.

Yin A, Nie S Y. 1996. A Phanerozoic palinspastic reconstruction of China and its neighboring regions//Yin A, Harrison T M. The Tectonic Evolution of Asia. New York: Cambridge University Press: 442-485.

Yin C Y, Zhang B, Han B F, et al. 2017. Structural analysis and deformation characteristics of the Yingba metamorphic core complex, northwestern margin of the North China craton, NE Asia. Journal of Structural Geology, 94: 195-212.

Zandt G, Myers S C, Wallace T C. 1995. Crust and mantle structure across the Basin and Range—Colorado Plateau boundary at 37°N latitude and implications for Cenozoic extensional mechanism. Journal of Geophysical Research, 100 (B6): 10529-10548.

Zhai M, Guo J, Li Z, et al. 2007. Linking the Sulu UHP belt to the Korean Peninsula: evidence from eclogite, Precambrian basement, and Paleozoic sedimentary basins. Gondwana Research, 12 (4): 388-403.

Zhang H F, Sun M, Zhou X H, et al. 2003. Secular evolution of the lithosphere beneath the eastern north China craton: evidence from Mesozoic basalts and High-Mg andesites. Geochimica et Cosmochimica Acta, 67 (22): 4373-4387.

Zhang H Y, Blenkinsop T, Yu Z W. 2020. Timing of Triassic tectonic division and post collisional extension in the eastern part of the Jiaodong Peninsula. Gondwana Research, 83: 141-156.

Zhang J H, Gao S, Ge W C, et al. 2010. Geochronology of the Mesozoic volcanic rocks in the Great Xing'an Range, northeastern China: implications for subduction-induced delamination. Chemical Geology, 276 (3-4): 144-165.

Zhang J J, Zheng Y D, Shi Q, et al. 1997. The Xiaoqinling detachment fault and metamorphic core complex of China: structure, kinematics, strain and evolution. Proceedings of the 30th International Geological Congress, 14: 158-172.

Zhang L, Li J, Yu H, et al. 2010. Characteristics and distribution prediction of lithofacies of Carboniferous igneous rocks in Dixi area, East Junggar. Acta Petrologica Sinica, 26 (1): 263-272.

Zhao X X, Coe R S. 1987. Palaeomagnetic constraints on the collision and rotation of north and south China. Nature, 327: 141-144.

Zheng Y D, Wang Y F, Liu R X, et al. 1988. Sliding-thrusting tectonics caused by thermal uplift in the Yunmeng Mountains, Beijing, China. Journal of Structural Geology, 10 (2): 135-144.

Zheng Y D, Wang S Z, Wang Y F. 1991. An enormous thrust nappe and extensional metamorphic core complex newly discovered in Sino-Mongolian boundary area. Science in China, 34 (9): 1145-1154.

Zhou X M, Li W X. 2000. Origin of Late Mesozoic igneous rocks in Southeastern China: implications for lithosphere subduction and underplating of mafic magmas. Tectonophysics, 326 (3-4): 269-287.

Zhou X M, Sun T, Shen W Z, et al. 2006. Petrogenesis of Mesozoic granitoids and volcanic rocks in South China: a response to tectonic evolution. Episodes, 29 (1): 26-33.

Zhou Y Z, Han B F, Zhang B, et al. 2012. The Yingba shear zone on the Sino-Mongolian border: southwestern extension of the Zuunbayan Fault from Mongolia to China and Implications for late Mesozoic intracontinental extension in eastern Asia. Tectonophysics, 574: 118-132.

Zhu G, Niu M L, Xie C L, et al. 2010. Sinistral to normal faulting along the Tan-Lu fault zone: evidence for geodynamic switching of the east China continental margin. Journal of Geology, 118 (3): 277-293.

Zhu J, Lv X, Peng S. 2015. LA-ICP-MS zircon U-Pb dating, geochemistry and tectonic implications of the Neoproterozoic Xiaoxigong granite at Dunhuang Block, northeastern Tarim, NW China. Geosciences Journal, 19 (4): 697-708.

Ziegler P A, Cloetingh S, Van-Wees J D. 1995. Dynamics of intra-plate compressional deformation: the Alpine foreland and other examples. Tectonophysics, 252 (1-4): 7-59.

Zoback M D, Zoback M L. 1981. State of stress and intraplate earthquakes in the United States. Science, 213 (4503): 96-104.

Zoback M L. 1992. First and second-order patterns of stress in the lithosphere: the world stress map project. Journal of Geophysical Research: Solid Earth, 97 (B8): 11703-11728.

Zoback M L, Thompson G A, Anderson R E. 1981. Cainozoic evolution of the state of stress and style of tectonism of the basin and range province of the western United States. Philosophical Transactions of the Royal Society of London, 300 (1454): 407-434.

Zoback M L, Zoback M D, Adams J, et al. 1989. Global patterns of tectonic stress. Nature, 341 (6240): 291-298.

Zorin Y A. 1999. Geodynamics of the western part of the Mongolia-Okhotsk collisional belt, Trans-Baikal region (Russia) and Mongolia. Tectonophysics, 306 (1): 33-56.

第2章　湘东北陆内伸展变形构造

江南古陆（Jiangnan Oldland）通常被认为是元古宙时期因华南扬子板块与华夏板块碰撞而形成的结合带，但该结合带因新元古代以来受华南多期陆内构造-岩浆（热）事件的影响而受到强烈的改造或破坏。以往研究表明（Wang et al.，2011），华南地区自元古宙四堡或格林威尔造山以来（Li et al.，1995），至少还经历了早-中古生代加里东期或广西陆内造山事件、三叠纪印支期陆内造山事件和侏罗纪—白垩纪燕山期陆内造山事件，尤其是强烈的燕山期陆内构造-岩浆（热）活动，对中国大陆，特别是中国东部大陆的地质构造和成矿作用产生了重大影响（Wong，1927，1929；陈国达，1956，1959，1987），其中最为显著的特征是，在中国东部的华北和华南地区出现有特色的盆-岭构造式样（Lin et al.，2008；Wang et al.，2011；Li et al.，2013；Wang et al.，2013a）或盆-岭构造省（Faure et al.，1996；Li and Li，2007；Shu et al.，2009；Wang and Shu，2012；Li et al.，2014）。位于江南古陆中段的湘东北地区是华南中生代盆-岭构造省最具代表性的构造单元之一。

2.1　江南古陆地质构造演化

2.1.1　江南古陆地质构造特征

位于扬子地块东南缘的江南古陆，自北东向南西横跨浙江省的北西部，安徽省的南部，江西省的北东部、北部和西部，湖南省的大部（湘东北、湘西和湘西南）、广西壮族自治区的北部，贵州省的东南部（图2-1）。有些学者根据区域地质构造分析，将广东省西部出露元古宙变质杂岩的地区也归属到江南古陆范围（Wang et al.，2005a；Li et al.，2014；Xu et al.，2017a），因而关于江南古陆的边界就一直存在不同的观点或看法。江南古陆的东南部边界，普遍认为其北东端以江山-绍兴（简称江-绍或江绍）缝合断裂为界，而其南西端可能以郴州-临武断裂带或赣江断裂为界（Wang et al.，2003；蒋少涌等，2008；Su et al.，2017）；江南古陆的西北部边界，在其南西端以慈利-保靖或大庸断裂为界（Li et al.，2016；Xu et al.，2017a），而其北东端边界可能为江南断裂带。江南古陆周边主要为中生代造山带所围限（图2-1），分别为北部的秦岭—大别—苏鲁造山带、西北部的龙门山褶皱冲断带以及西缘和西南缘的金沙江缝合带和Song Chay缝合带，而南缘和东缘则为华南华夏内陆—边缘海区域。NNE—ENE—SSW向的江南古陆走向长度达1500km以上，最宽达500km，被解释为晚中元古代—早新元古代罗迪尼亚（Rodinia）超大陆聚合时期华南扬子板块与华夏板块碰撞造山结果（Li et al.，2002，2008a；Greentree et al.，2006；Li et al.，2009），但关于该碰撞的性质和精确时限以及与格林威尔造山作用（Grenvillian Orogeny）的关系，一直存在着争议（Shu and Charvet，1996；Zhou et al.，2002，2009；Zheng et al.，2007，2008a；Shu et al.，2011；Wang et al.，2012；Zhao and Cawood，2012；Zhao，2015）。因此有些作者就认为，位于扬子和华夏板块之间的元古宙大洋盆地封闭时间具有不同时性（Li et al.，2007）：在造山带西部的封闭时间为1000Ma，而在其东部为约900Ma或约880Ma（Li et al.，2009）。有些学者则认为大洋封闭年龄不老于860Ma（Zhou et al.，2006；Wang et al.，2007a）。

江南古陆主要出露新元古代极低级变质的火山-碎屑沉积岩，其西端呈NNE走向，北西端呈NE—SW向且向NW突出的弧形，而其东端呈近EW走向（图2-1）。一系列NE—NNE向陆相盆地主要沉积白垩纪红色陆相含砾砂岩和角砾岩。在江南古陆东南部的华夏板块分布有由古元古代—新元古代片麻岩、角闪岩、混合岩和变质火山岩组成的基底（Yu et al.，2009；Liu et al.，2008；Wang et al.，2010），其中，最

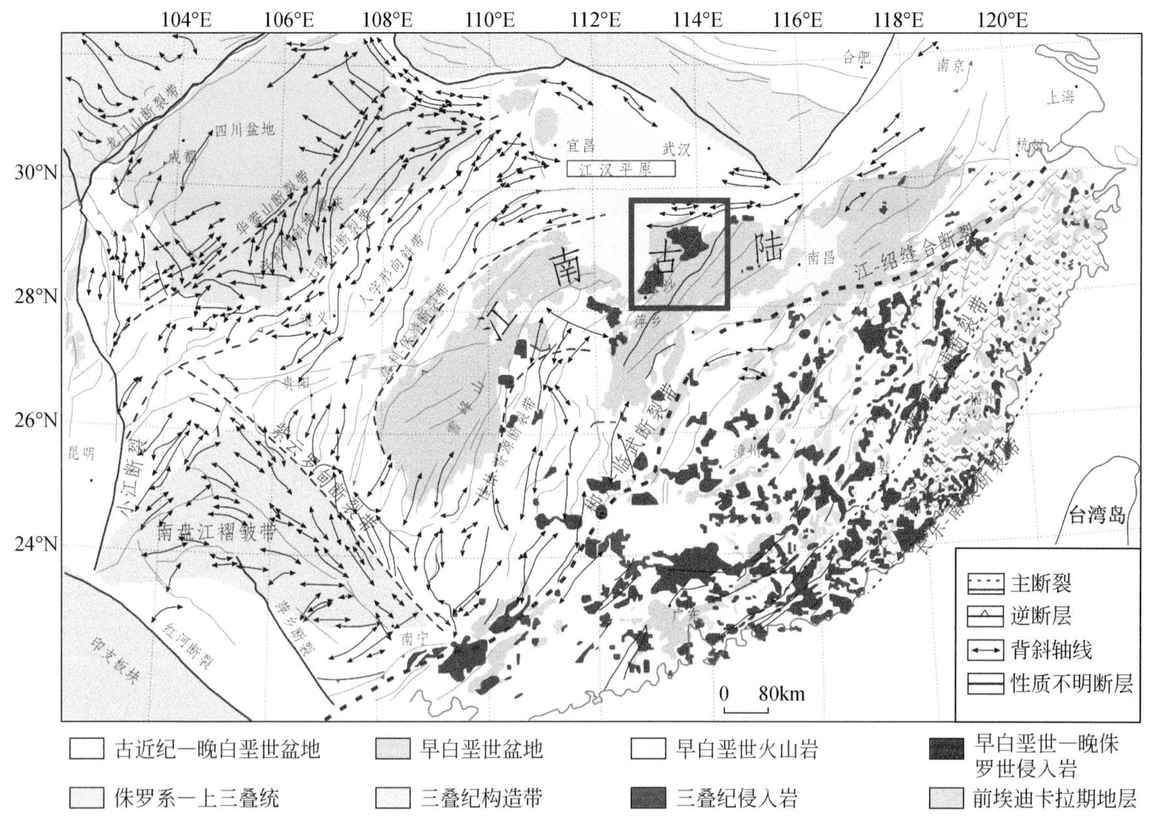

图 2-1　华南江南古陆及其周缘构造略图（据张岳桥等，2009；Li et al.，2016 修改）
图中蓝色实线框系本书研究区

古老的岩石（>2.0Ga）出露于华夏板块东部的八都杂岩体内（Yu et al.，2010，2012）；而在江南古陆北西部的扬子板块，其基底由太古宙—古元古代高级变质的英云闪长岩、奥长花岗岩和花岗闪长质片麻岩（TTG）以及角闪岩组成（Liu et al.，2008；Jiao et al.，2009），其中，最古老的岩石（>3.2Ga）出露于崆岭杂岩体（Qiu et al.，2000；Zhang et al.，2006；Zheng et al.，2006；Cawood et al.，2013）。湖南省境内的元古宙冷家溪群及其等同层位，如贵州境内的梵净山群、广西境内的四堡群、江西境内的双桥山群和浙江境内的陈蔡群，先前被解释为中元古代年龄，现已利用高灵敏度、高分辨率离子微探针（SHRIMP）和激光剥蚀电感耦合等离子体质谱（LA-ICP-MS）锆石 U-Pb 定年确定为早中新元古代 970 ~ 825Ma 的沉积物（高林志等，2010，2014；Gao et al.，2012；Wang and Zhou，2012；孟庆秀，2014；Yao et al.，2014；覃永军等，2015；Zhang et al.，2015 及文中参考文献；Yang et al.，2015）。而上覆于早中新元古代地层的湖南省境内的板溪群及其等同层位，如贵州省境内的小江群、广西境内的丹洲群、江西省境内的修水群、安徽省境内的上溪群和浙江省境内的双溪坞群，先前解释为早新元古代地层，目前已证该地层年代实为中晚新元古代 820 ~ 750Ma（Zhang et al.，2015）。在安徽省南部和江西省北西部分别存在的蛇绿岩带沿扬子板块东南部构造侵位于新元古代地层内（Chen et al.，1991；Zhao and Cawood，2012）。早中新元古代与中晚新元古代地层则存在一角度不整合，可能是华南扬子板块和华夏板块碰撞拼合的结果（Xu et al.，2007；Zhao，2015）。

江南古陆出露有多期次的花岗质和铁镁质-超铁镁质火成岩，这些岩石主要侵位于新元古代地层层序内。根据大量的 SHRIMP、LA-ICP-MS 和二次离子探针（SIMS）锆石 U-Pb 定年成果（详见第 3 章；Li，1999；Li et al.，2003b；Wang et al.，2004；Wang et al.，2006；Li et al.，2008b；王敏，2012；Wang et al.，2013b 及文中参考文献；周清等，2012；Zhao et al.，2013b；Liu et al.，2012；Wang et al.，2015；Zhu et al.，2014；Xiang et al.，2015；Chen et al.，2016；Xu et al.，2017b；Deng et al.，2019），江南古陆花岗

质侵入岩侵位时代可分为：新元古代（835 ~ 730Ma）、早古生代（540 ~ 390Ma）、早中生代（250 ~ 205Ma）和晚中生代（180 ~ 120Ma）四个主要时期，但大多数花岗质岩为 S 型，起源于元古宙或更古老岩石的部分融熔，可能有更年轻物质的贡献（Chen and Jahn，1998；Peng and Frei，2004；Wang et al.，2006；李鹏春等，2005；许德如等，2006，2009；王敏，2012）。

江南古陆由于经历了多期陆内构造-岩浆（热）事件，构造变形复杂，前寒武纪地层大多发生构造置换。在江南古陆的西段雪峰山地区（图 2-2），构造定向以 NE—NNE 向为主，构造式样由一系列雁列状或近似雁行状斜列的复式褶皱和压扭性为主的断裂、冲断层组成，并显示密集成带分布；此外，受 NE 向断裂控制的白垩纪盆地也显示雁行排列特征。除 NE 向断裂外，区内还发育 NNE 向的陡倾断裂，倾角一般在 60°以上，甚至近直立。结合穿过雪峰山地区的地震深反射长剖面，苏金宝等（2014）认为，雪峰山构造带基底是一个花状结构（图 2-3、图 2-4），与川黔隔槽式褶皱带构成一个整体，为一个厚皮结构，与郝义等（2010）推测的深部走滑结构一致。

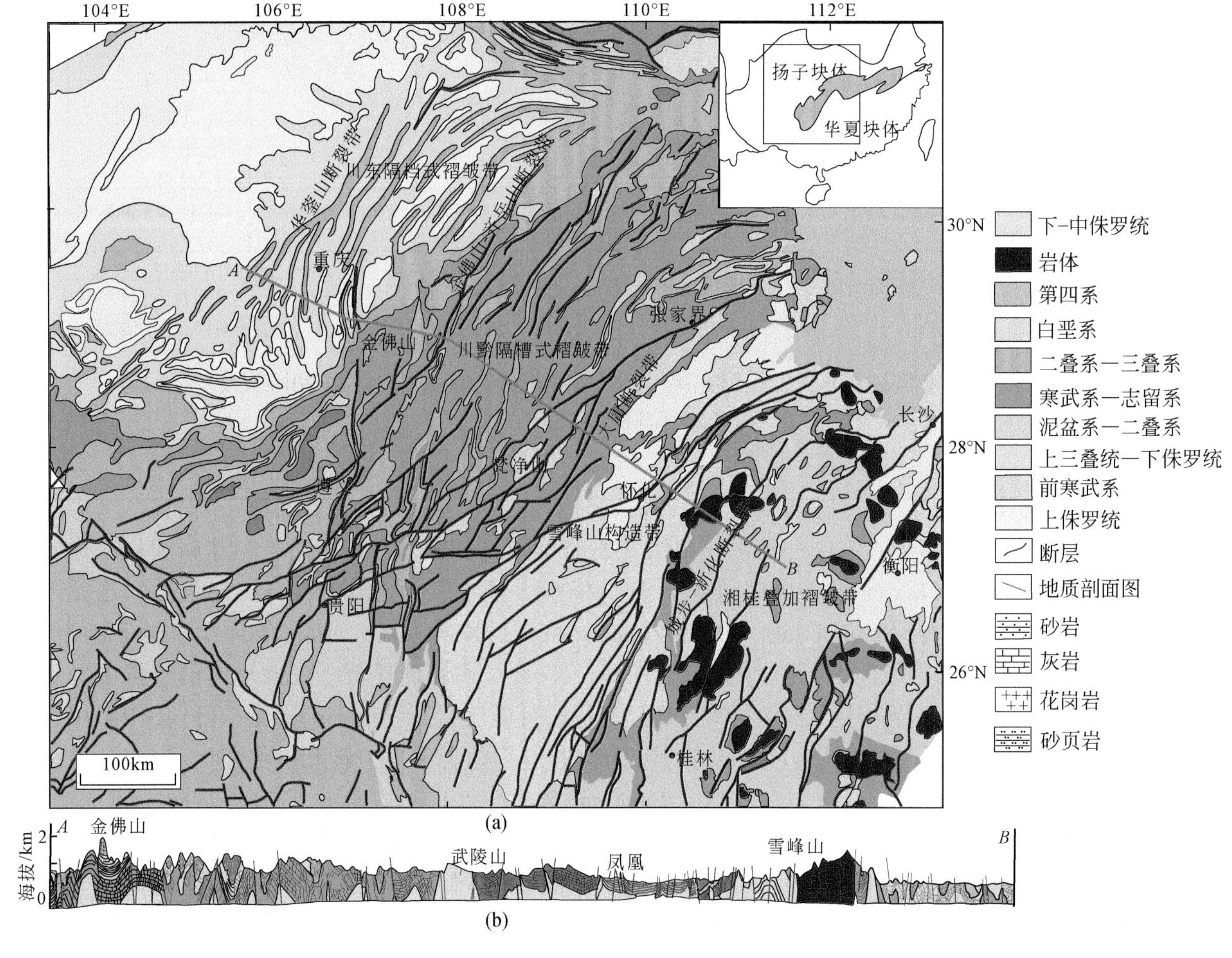

图 2-2　雪峰山地区和邻区地层与构造框架图以及地质剖面（据苏金宝等，2014）

位于江南古陆中段的湘东北地区（幕阜山-九岭地体），整体上呈现由一系列 NNE 向走滑断裂所控制的、以“二隆三盆”为特色的雁列式盆-岭构造格局（许德如等，2017；Xu et al.，2017b）。根据地层、构造、岩浆岩等的分布特征，湘东北地区自北西向东南分布有汨罗断陷盆地、幕阜山-望湘断隆、长沙-平江断陷盆地、浏阳-衡东断隆和醴陵-攸县断陷盆地，以及位于这些断隆和盆地边缘的汨罗-新宁、长沙-平江、浏阳-醴陵-衡东等 NNE 向走滑深大断裂（详见图 0-1）。此外，区内还存在三条近东西向韧性剪切带和一系列 NE 向、NW—NWW 向断裂和/或褶皱。章泽军等（2003）认为，赣西北的幕阜山—九岭

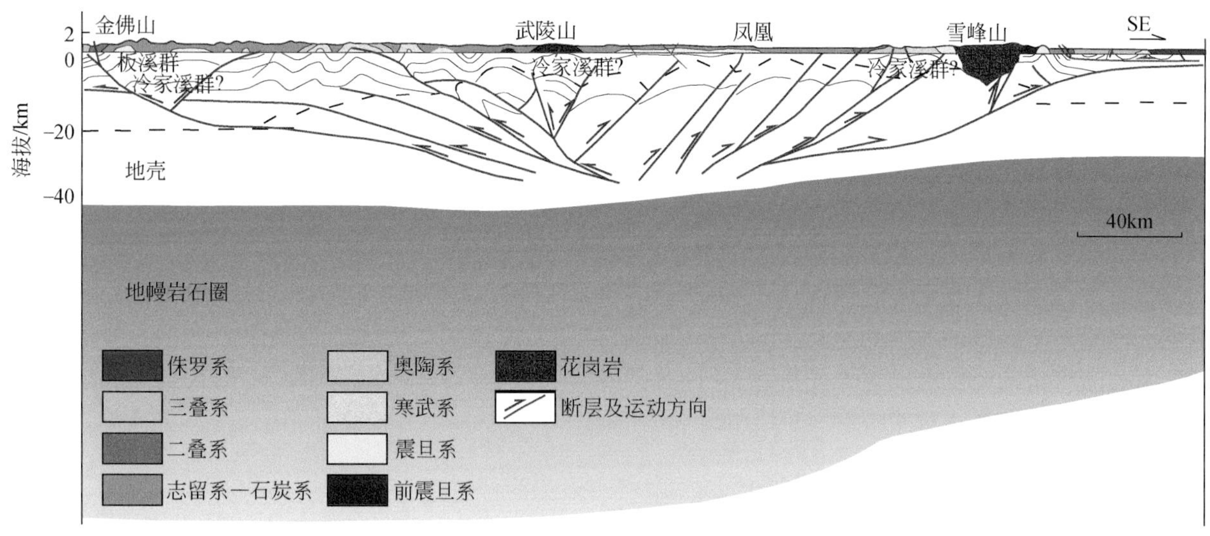

图 2-3　雪峰山构造带深部结构地质剖面（据苏金宝等，2014）

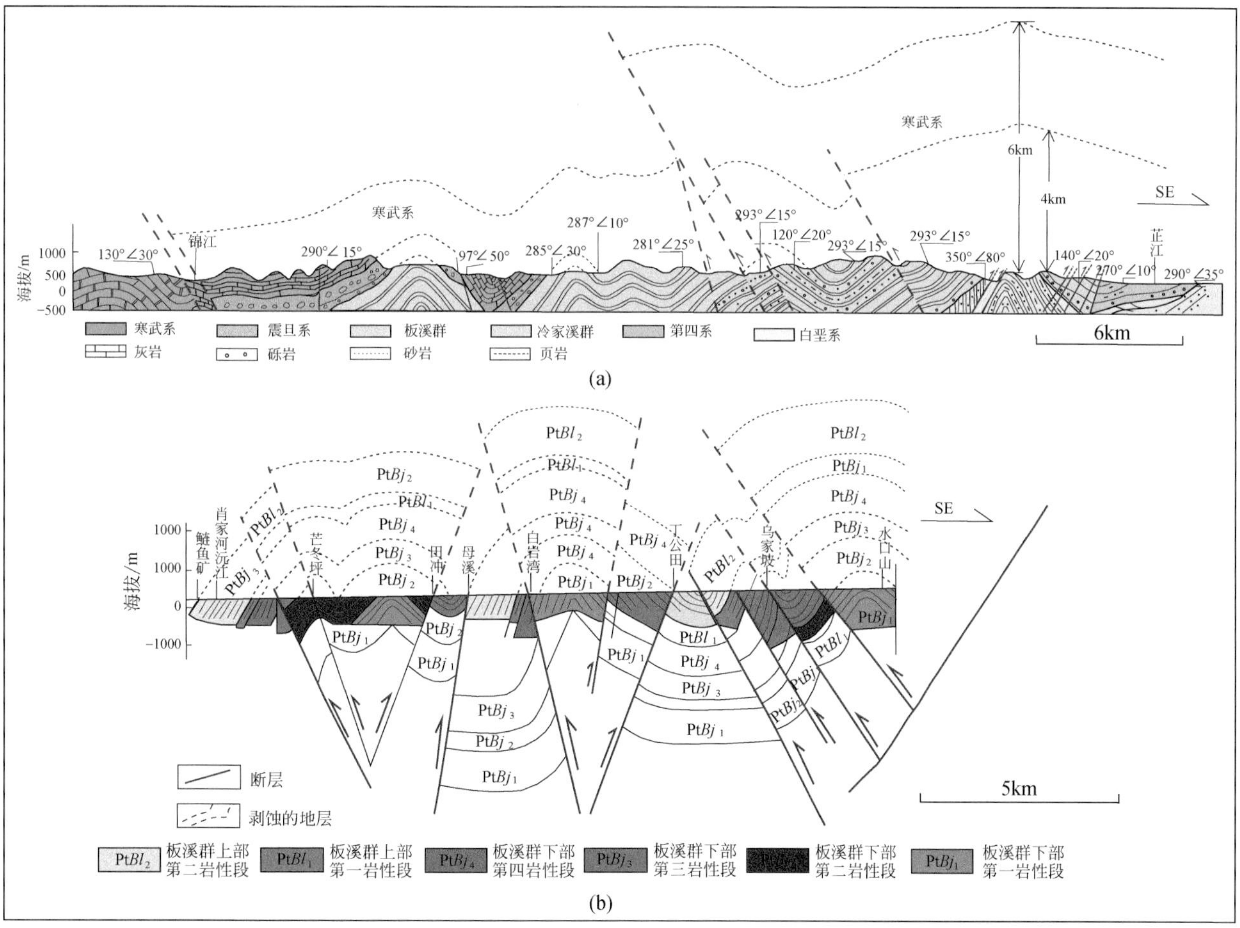

图 2-4　雪峰山构造带地质剖面图（据苏金宝等，2014 修改）

（a）怀化锦江—芷江地质剖面；（b）怀化黄狮洞—水口山板溪群构造剖面

山一带前震旦纪构造变形至少存在两个世代的构造形迹，即早期南北向褶皱系统与晚期近东西向构造系统，而叠加于早期近南北向褶皱的近东西向褶皱及伴随的古断裂（同构造期热液事件）为华南华夏板块与扬子板块碰撞拼贴过程中在板内留下的痕迹。

江南古陆的东段由具有大陆亲缘性的九岭地体和具有洋壳亲缘性的怀玉地体组成（图2-5、图2-6），这两个地体被认为是华南新元古代岛弧体系的一部分，而赣东北断裂带被认为是两个地体在新元古代的拼合带（Shu and Charvet，1996；Shu et al.，1994；Charvet et al.，1996；Lin et al.，2018）。江西弋阳地区横跨赣东北断裂带，存在丰富的古洋壳残片——蛇绿岩；浙江富阳地区位于怀玉地体北东缘，邻近江山-绍兴断裂带，江绍断裂带是扬子陆块与华夏陆块的缝合带。江绍断裂带呈北东走向，横贯浙江、延入江西境内，其断裂主带宽2km以上，由密集的韧性断层和与之相伴的石英质糜棱岩及千糜岩带组成，并穿入基性超基性岩系（王小凤等，1989）。江绍断裂带的北西侧为江南古陆元古宙双溪坞群变质的安山质及钙碱性火山岩系，南东侧为华夏板块古中元古代陈蔡群变质海相中基性火山岩及碳酸盐层。断层主带两侧与江南古陆相接的部位也发育了一系列平行的韧性断裂和糜棱岩、千糜岩带。它们在整体上组成了以断裂主带为中轴的叠瓦状对冲结构，并具左旋平移特征。

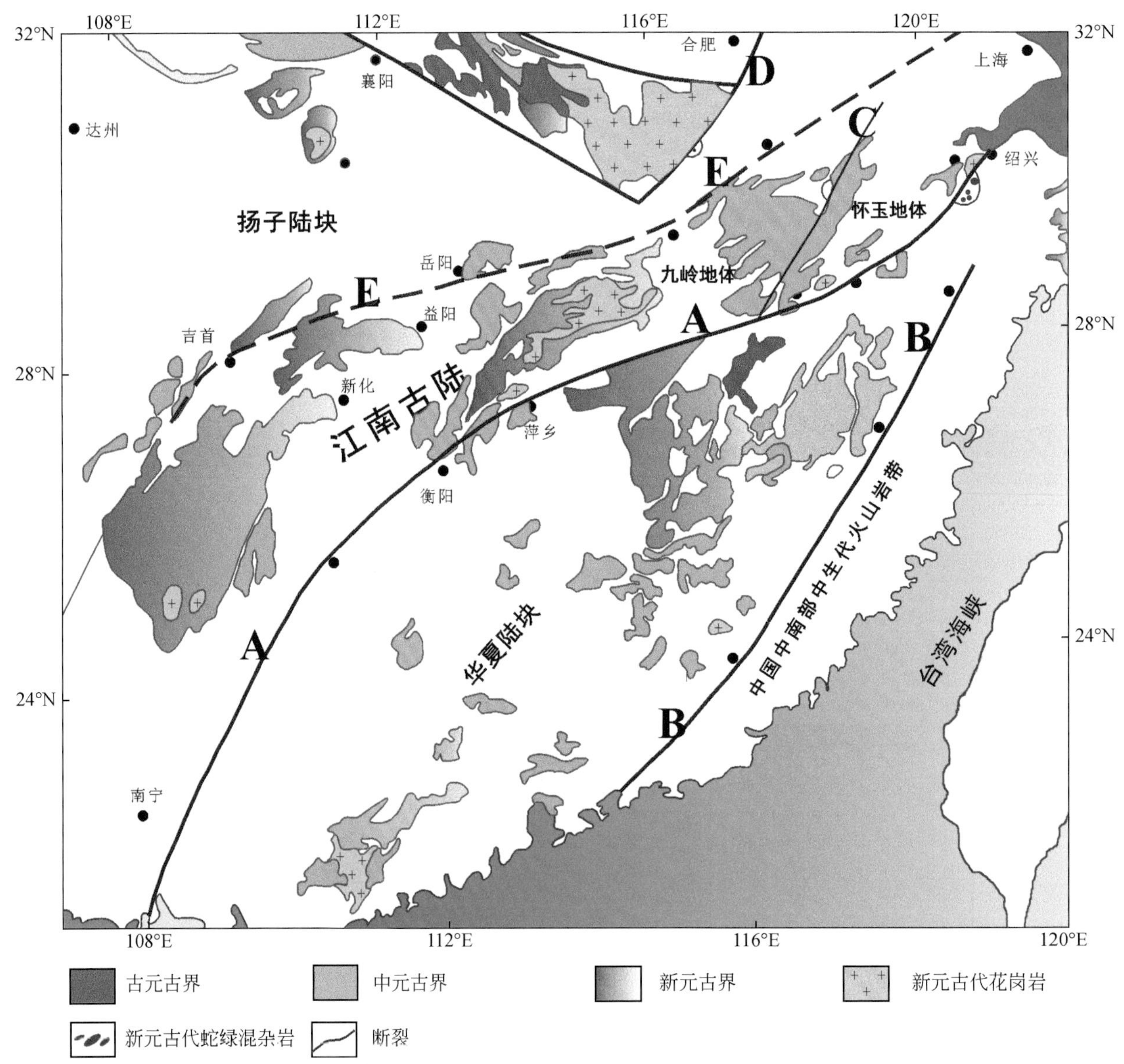

图2-5　江南古陆构造略图（据陈小勇，2015）

A. 绍兴-江山-萍乡-双牌断裂；B. 政和大浦断裂；C. 赣东北断裂；D. 郯庐断裂；E. 九江-石合隐伏断裂

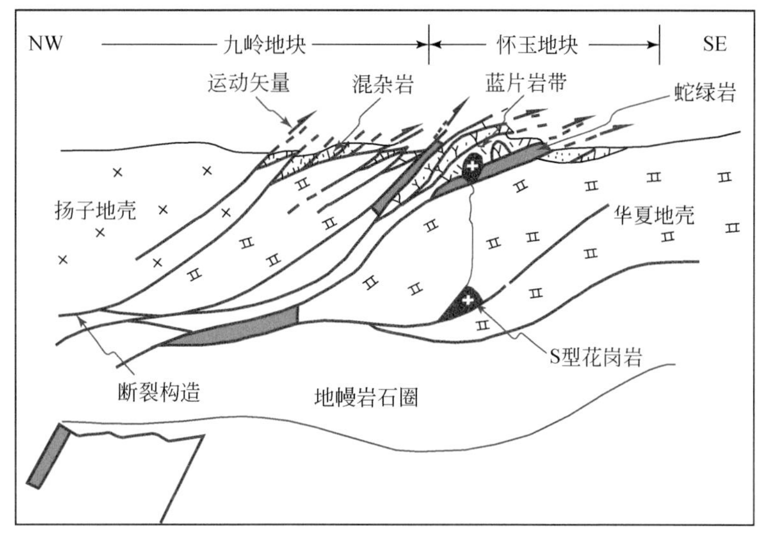

图 2-6　华夏怀玉地体与扬子九岭地体碰撞造山示意图（据 Charvet et al., 1996 修改）

Charvet 等（1996）认为，怀玉地体自北西俯冲于九岭地体之下，导致了华南华夏板块与扬子板块在晚新元古代 800 ~ 770Ma 的碰撞造山，该造山事件以 HP/LT 变质作用（出现蓝闪石片岩）、蛇绿混杂岩仰冲、绿片岩相推覆体逆冲和碰撞型 S 型花岗岩侵位为标志，并形成了初始的江南古陆，不过他们也认为在中-新元古代时期可能存在两次连续的大洋闭合事件：一个发生在约 1500Ma，另一个发生在约 950Ma。强烈的早古生代加里东造山事件则导致先前构造的活化，并诱导了转换压扭性韧性剪切变形。而中生代的陆内缩短导致了薄皮褶皱和逆冲作用（Thin-skinned folding and thrusting），可能与中国-印支板块和菲律宾板块碰撞有关。

2.1.2　江南古陆地质构造演化

根据江南古陆沉积作用、构造变形和岩浆作用等特征，结合当前相关研究成果，可将江南古陆地质构造演化划分为以下几个发展阶段（图 2-7）。

2.1.2.1　新元古代时期的聚合和裂解阶段

新元古代早期，冷家溪群和其上覆的板溪群及分布于江南古陆其他地区的同时代地层沉积于江南古陆，其中，冷家溪群和相应时代其他地层可能沉积于弧后沉积盆地，而板溪群和其他相应时代地层可能沉积于反转的或后撤的弧后前陆盆地（Xu et al., 2007），这是因为这两个地层间存在一角度不整合，且冷家溪群和其他同时代地层夹有基性火山岩，而板溪群和其他相应时代地层夹有凝灰岩或凝灰质岩，因此，这一角度不整合面系古华南洋闭合（Charvet et al., 1996）、扬子板块和华夏板块碰撞造山结果。这个新元古代聚合形成统一的华南大陆过程及随后可能因（超）地幔柱活动而导致的罗迪尼亚超大陆裂解（Li et al., 1999, 2008a）在江南古陆还产生了广泛的花岗质和铁镁质火成岩，其岩浆作用也包括两个活动幕（详见第 3 章）：第一幕发生在 835 ~ 800Ma，导致广泛的花岗质岩浆岩；第二幕发生在 780 ~ 730Ma，则产生了双峰式火成岩（Li, 1999; Li et al., 2003b; Li et al., 2005; 2008b）。因此，目前普遍接受的观点是，第一幕岩浆活动与扬子和华夏板块于新元古代中期聚合形成统一的华南大陆有关，而第二幕岩浆活动与聚合后的华南大陆于新元古代中晚期裂解有关（Zhou et al., 2002, 2009; Wang et al., 2006, 2012; Zheng et al., 2007; 王敏, 2012; Zhao and Cawood, 2012; Zhao et al., 2013b; Yao et al., 2014; Zhao, 2015）。

尽管目前对新元古代时期扬子板块和华夏板块聚合的精确时间与过程仍存在争议（Zhou et al., 2002;

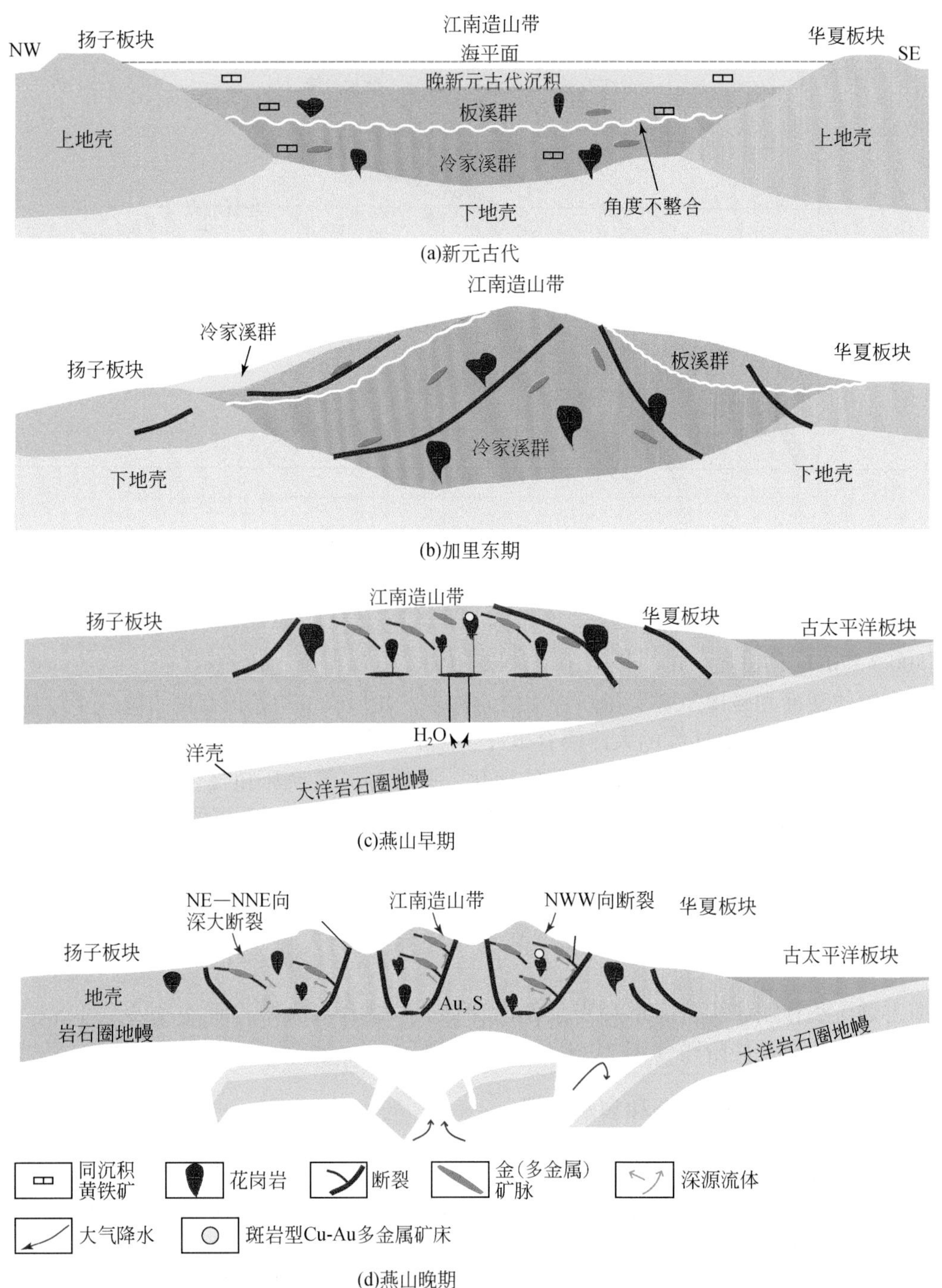

图 2-7　江南古陆大地构造发展阶段示意图（据 Xu et al., 2017b 修改）

Li et al., 2008a；Zhou et al., 2009；Wang et al., 2012；Zhao，2015），但是这个时期的铁镁质和花岗质岩浆作用可能在江南古陆已诱导了同时期的 Cu-Ni 硫化物和 Sn-Au 成矿作用（Mao and Du，2001），因此，与新元古代构造-岩浆和构造-热事件有关的热液作用可能也导致了成矿元素最可能来源于新元古代岩石的初始金富集［图 2-7（a）］。不过，这些潜在的金成矿作用事件（刘英俊等，1989；罗献林，1990；朱恺军和范宏瑞，1991；毛光周等，2008；Deng and Wang，2016）在随后的多次构造改造中可能受到剧烈破坏或剥蚀殆尽。

2.1.2.2　早古生代时期的碰撞造山阶段

早古生代时期，新元古代中晚期裂解的华南大陆又重新聚合（Li，1998；Li et al.，2008a），该时期的碰撞造山或构造-热事件，又称加里东造山事件、武夷-云开运动、广西运动（Kwangsian：Wang et al.，2013a）。但关于这次构造-热事件的本质以及是否是陆内造山，与大洋盆地闭合是否有关，目前仍存在着争论。华南早古生代造山事件以扬子与华夏板块之间地区出现大量的志留纪 S 型花岗岩和混合岩（高峰：约 435Ma）以及泥盆系不整合覆盖于前志留系之上为标志（图 2-8）。但关于江南古陆及其邻区（东南侧的华夏板块和北西侧的扬子板块）在加里东期的构造变形式样及其动力学变形机制仍存在相当大的不确定性。Shu 等（1991）曾报道了在江南古陆南部发生有南昌-万载左旋剪切带，其剪切变形时代为 429 ~ 423Ma（Charvet et al.，1996），并展示了横穿江山-绍兴断裂带的、由厚皮和/或薄皮逆冲构造组成的奥陶纪正花状构造模式（Charvet et al.，2010）。沿江南古陆西段的雪峰山地区，丘元禧等（1998）认为存在有加里东期大型逆冲推覆，但 Wang 等（2005a）认为该区的加里东期构造以无根钩状褶皱和缓—陡倾斜的构造面理、断层为特征。在江南古陆南端的云开地区，Lin 等（2008）认为早古生代构造式样以角闪岩相条件下的自顶部向 NW 的韧性剪切带为代表，且后者可能发生于一个后造山伸展环境，但 Wang 等（2007c）认为云开地区存在的自顶部向 NW 的逆冲是早印支期转换挤压产物，这是因为这些构造式样大多数保存在加里东期（467 ~ 410Ma）片麻状和叶理化花岗岩中（彭松柏等，2004；Wang et al.，2007b，2011；Wan et al.，2010）。不过，Li（1998）、Faure 等（2009）、Li 等（2010）、Wang 等（2013a）、Charvet（2013）和 Shu 等（2014）认为华南加里东造山事件发生于板内环境，是远离华南东部大陆南缘的东冈瓦纳大陆（Gondwana）俯冲/碰撞的远程效应结果（Chu et al.，2012）。这个解释的主要依据是华南地区缺失早古生代蛇绿岩和相关的火山岩，以及同时期的高压相蓝片岩和地幔来源的年轻岩浆岩（Shu et al.，2014）。相反，有些学者根据在海南省、湖南省等地可能存在有早古生代大洋残片的印记（Hsü et al.，1990；Li，1993；Yin et al.，1999；Xu et al.，2007，2008；Su et al.，2009b），认为华南早古生代构造-热事件可能是扬子板块与华夏板块间晚新元古代—早古生代华南洋闭合的结果。不论如何认识华南加里东造山事件的性质，该造山事件在江南古陆内部均导致了一系列 NW—WNW 向断裂和445 ~ 390Ma 的大规模花岗质岩浆作用（Wang et al.，2013a），但可能于 465 ~ 445Ma 的更早时期（Ni et al.，2015），新元古代岩石发生绿片岩相至蓝片岩相的变质作用。结合以往定年成果（Peng et al.，2003；王加昇等，2011；Ni et al.，2015；Liu et al.，2019），华南早古生代构造-岩浆（热）事件在江南古陆及邻区可能导致了金多金属成矿作用［图 2-7（b）］。

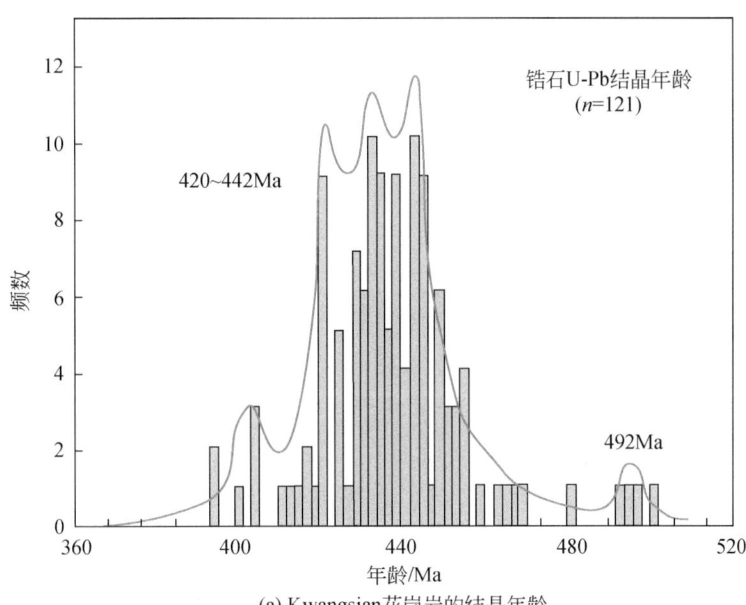

(a) Kwangsian花岗岩的结晶年龄

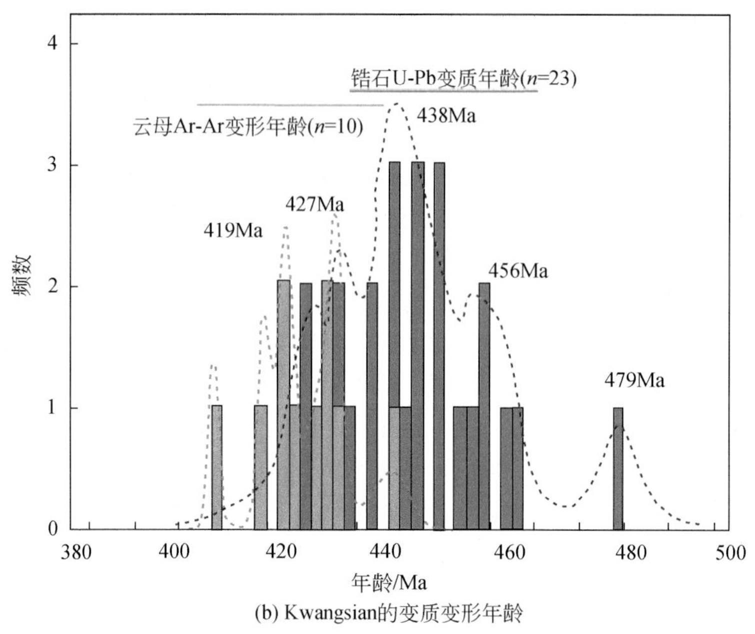

图 2-8 华南东部早古生代片麻状与块状花岗岩锆石 U-Pb 结晶年龄频率分布图（a）和早古生代变形变质年龄频率分布图（b）（据 Wang et al., 2013a）

2.1.2.3 晚古生代—早中生代的印支造山阶段

晚古生代—早中生代的印支期，华南大地构造演化主要受北部边缘的扬子板块向华北板块俯冲与随后的陆–陆碰撞，以及南部边缘的印支地块向华南大陆的俯冲与随后的碰撞走滑所控制，至此，中国大陆形成统一的块体，并成为泛古陆的一部分（Wang and Mo，1995；Wang et al.，2013a）。华南印支期碰撞造山事件以广泛出现印支期花岗岩（280～190Ma，高峰：220Ma 和 239Ma）、向东的自顶部至 NW—NWW 的逆冲（变形高峰：239～208Ma）（图 2-9）以及侏罗系不整合于前三叠系之上为标志。通常认为印支期构造以 NE 向褶皱和断裂为代表，但在浙江省北西部一系列印支期 NW 向褶皱和逆冲向南东深植于元古宙陈蔡变质杂岩体之下（Xiao and He，2005）。在江南古陆雪峰和幕阜山–九岭地区，该构造式样以自顶向 WNW 向的斜向逆冲为特征，并伴有自顶向 ESE 向后向逆冲，其变形时代为 217～195Ma（同构造矿物 Ar-Ar 法）（Wang et al.，2005a）。Wang 等（2005a，2007c）进一步提出，从雪峰山至云开，并向东至武夷的广大华南地区存在一个印支期大型正花状构造模式，该构造模式类似于由地球物理所揭示的镜像逆冲几何形态（袁学诚等，1989；秦葆瑚，1991）。在华南东部地区，Zhang 等（2009）最近还证实存在两个早中生代叠加褶皱，其轴向分别为 NW/WNW 向和 NE/NNE 向，并伴有一系列 NW/WNW 向断层和褶皱–断裂带，这些 EW/WNW 向断层和相关的褶皱构造在江南古陆也非常发育，并为早白垩世（约 140Ma）的 NE 向左旋走滑断层所叠置（图 2-10、图 2-11）。

根据以往研究成果（张伯友和俞鸿年，1992；Faure et al.，1996；彭少梅等，1996；Wang et al.，2001；彭松柏等，2004；Chen et al.，2010），华南地区包括江南古陆在内于早中生代的构造变形可能具有两个幕：即早期的斜向逆冲和随后的左旋转换伸展，其变形时代分别为早中三叠世（250～220Ma）和晚三叠世（220～195Ma）（Wang et al.，2007c），因此，早中三叠世是构造变形从挤压向伸展的转折时期（Lin et al.，2001；Wang et al.，2007c）。尽管目前普遍趋于认为华南大陆中生代构造发展本质上具陆内性质（Li，1998；Wang et al.，2005b），但自 Hsü 等（1990）提出华南中生代混杂岩以来，包括华南中生代造山模式或岩石圈减薄模式在内的多种模式相继提出，以阐明华南中生代地球动力学演化特征。Zhou 等（2006）认为，华南中生代岩浆作用除在早侏罗世（205～180Ma）存在一个静止期外，中生代花岗质岩

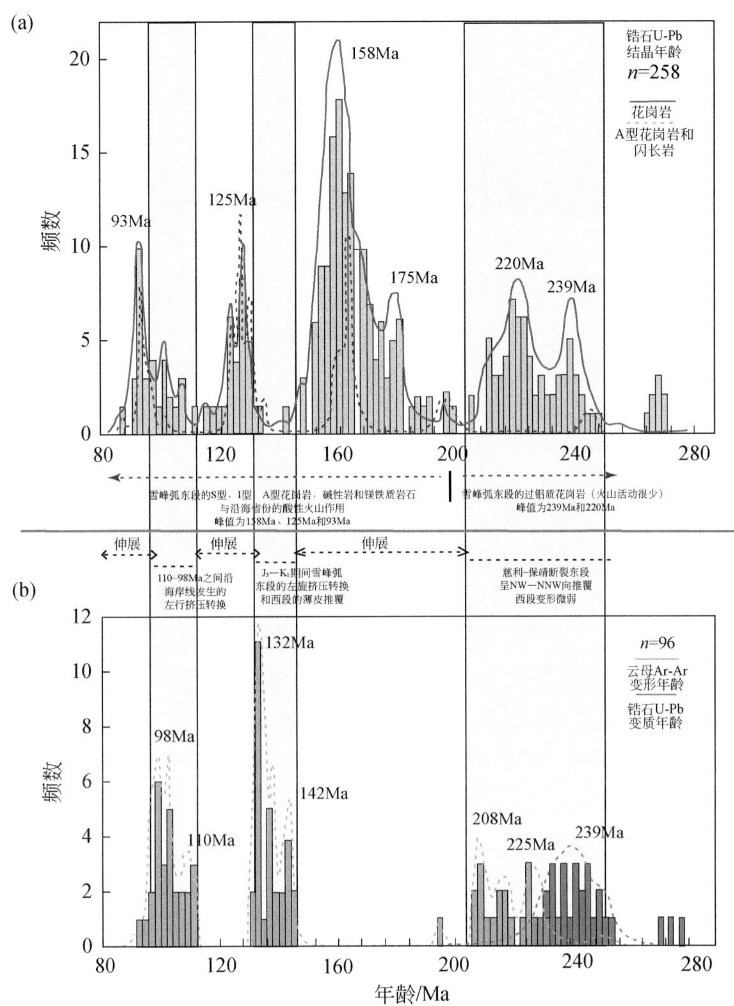

图2-9　华南东部中生代（印支期和燕山期）花岗岩锆石U-Pb结晶年龄频率分布图（a）和高级变质岩中生代锆石U-Pb变质年龄与同构造矿物Ar-Ar坪年龄频率分布图（b）(据 Wang et al., 2013a)

还具有两个岩浆幕：即早中生代（250～205Ma）和晚中生代（180～67Ma）。但早中生代花岗质岩的成因一直存在不同的认识。Zhou等（2006）和Wang等（2013a）主张华南早中生代构造作用主要受华南大陆和印支地体北部沿Song-Ma结合带于三叠纪碰撞所控制，但Li和Li（2007）认为太平洋板块平板俯冲于东亚大陆边缘之下控制了中生代华南大陆整体构造发展。Zhou和Li（2000）则认为，古太平洋板块的向西俯冲直到约中侏罗世才开始，这是因为至今在华南东部沿海地区尚未明确发现有早中生代蛇绿岩、二叠纪弧相关的岩浆岩以及前陆盆地发展（Wang et al., 2013a）；此外，Xu等（2017a，2017b）也提出晚三叠世华南扬子板块与华北板块的碰撞拼合及其后续持续效应可能是触发江南古陆同时期构造-岩浆活动的重要机制。不论何种认识，Mao等（2013）认为，华南印支期构造-热事件对该区三叠纪Sn-W-Nb-Ta-Au成矿作用有重要的贡献。

2.1.2.4　晚中生代的燕山期造山阶段

与早中生代构造特征及其动力学机制存在较大争论相反，目前已普遍接受的观点是，华南大陆晚中生代（燕山期）构造-岩浆和构造-热事件与太平洋板块的俯冲和随后的板片后撤密切相关（Jahn et al., 1990；Shu and Wang，2006；Li and Li，2007；Zhu et al., 2014）。华南燕山期造山事件不仅导致整个华南地区的下白垩统红层以角度不整合沉积于前白垩系之上，在中国东部形成一系列有特色的NE—NNE向白

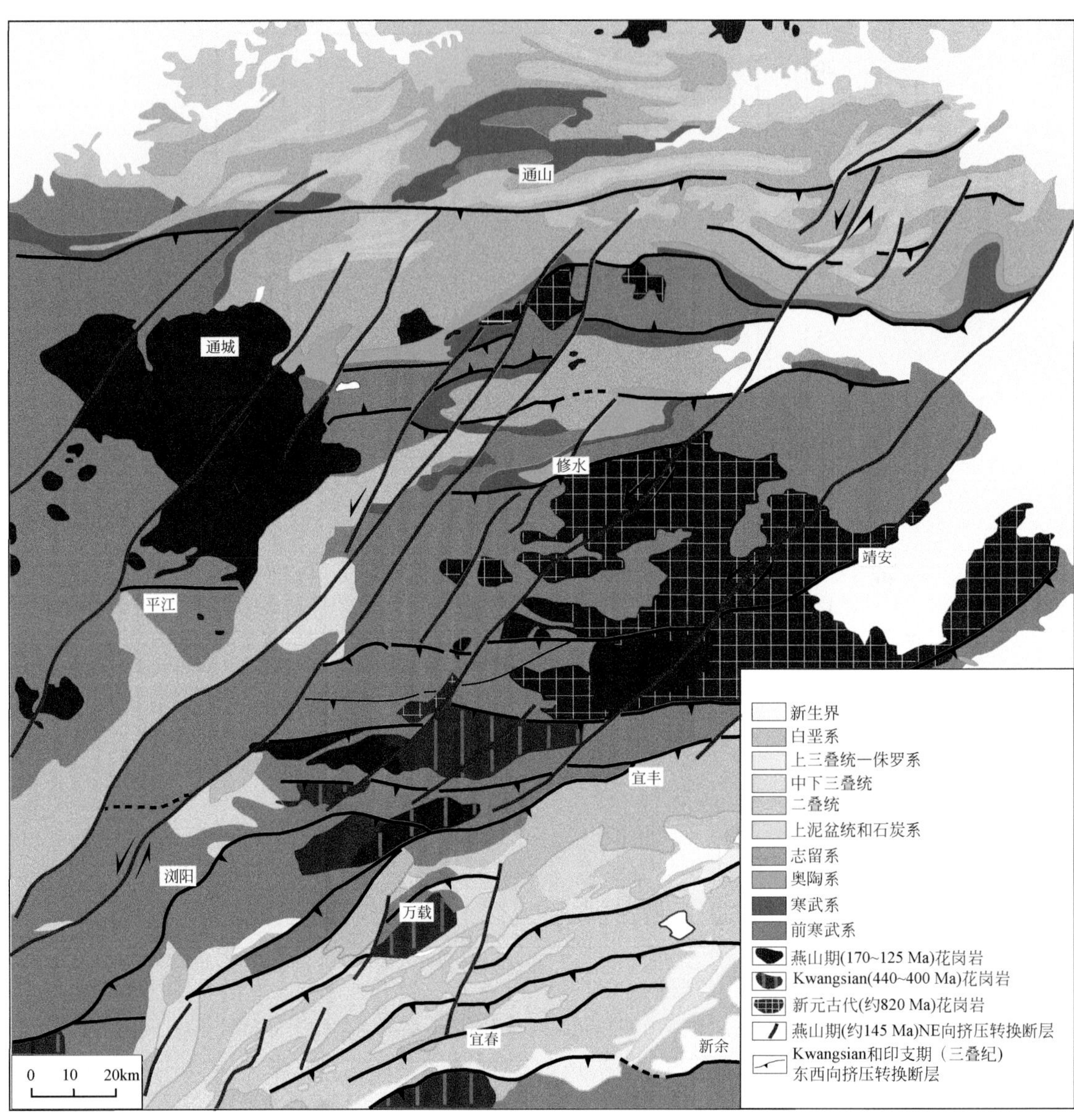

图 2-10　江南古陆东部地质略图显示印支期自顶向北的逆冲作用和燕山期 NE 向左旋走滑作用（据 Wang et al.，2013a）

垩纪沉积盆地，而且导致早期断裂再活化以及横穿江南古陆发育有显著特色的构造式样。如在江南古陆西侧，在江南雪峰古陆西部与四川盆地的东南部之间就发育有燕山期向北西的多层逆冲系统，而这个逆冲系统远离华南东南沿海地区超过 2000km（Ding and Liu，2007；Wang et al.，2013a），且变形强度自东南向北西逐渐减弱，构造式样也自雪峰地区西部的厚皮构造过渡到四川盆地东部的薄皮逆冲系统（Sun et al.，1991；Yan et al.，2003，2009）。Wang 等（2013a）将这个变形系统自东向西划分为雪峰扇形挤压转换、拆离逆冲推覆褶皱带、拆离箱状褶皱带和拆离侏罗型褶皱带（图 2-12）。在华南东部至江南古陆的东部区域，则普遍发育卷入下、中侏罗统的褶皱-逆冲构造，且某些逆冲席被短距离推覆到古生代，甚至到早中生代层序之上，但它们并未影响到早白垩世红层（江西省地质矿产局，1988；广东省地质矿产局，1988；Charvet et al.，1996）。考虑到华南地区发育一系列 NE—NNE 向白垩纪（130 ~ 120Ma）伸展穹隆（如庐山和武功山：Faure et al.，1996；Shu et al.，1998；Wang et al.，2001；Lin et al.，2000），Wang 等（2013a）推测华南东部地区在侏罗纪最晚期和白垩纪最早期（约 140Ma）经历了从挤压向伸展的转换。Xu 等（1993）和 Li 等（2001）也突出了晚中生代 130 ~ 120Ma 走滑断裂的重要性。此外，福建沿海地区的长乐-南澳剪切带的活化时间也发生于 132 ~ 82Ma，且空间上与逆冲于早白垩世火成岩之上的平谭—东

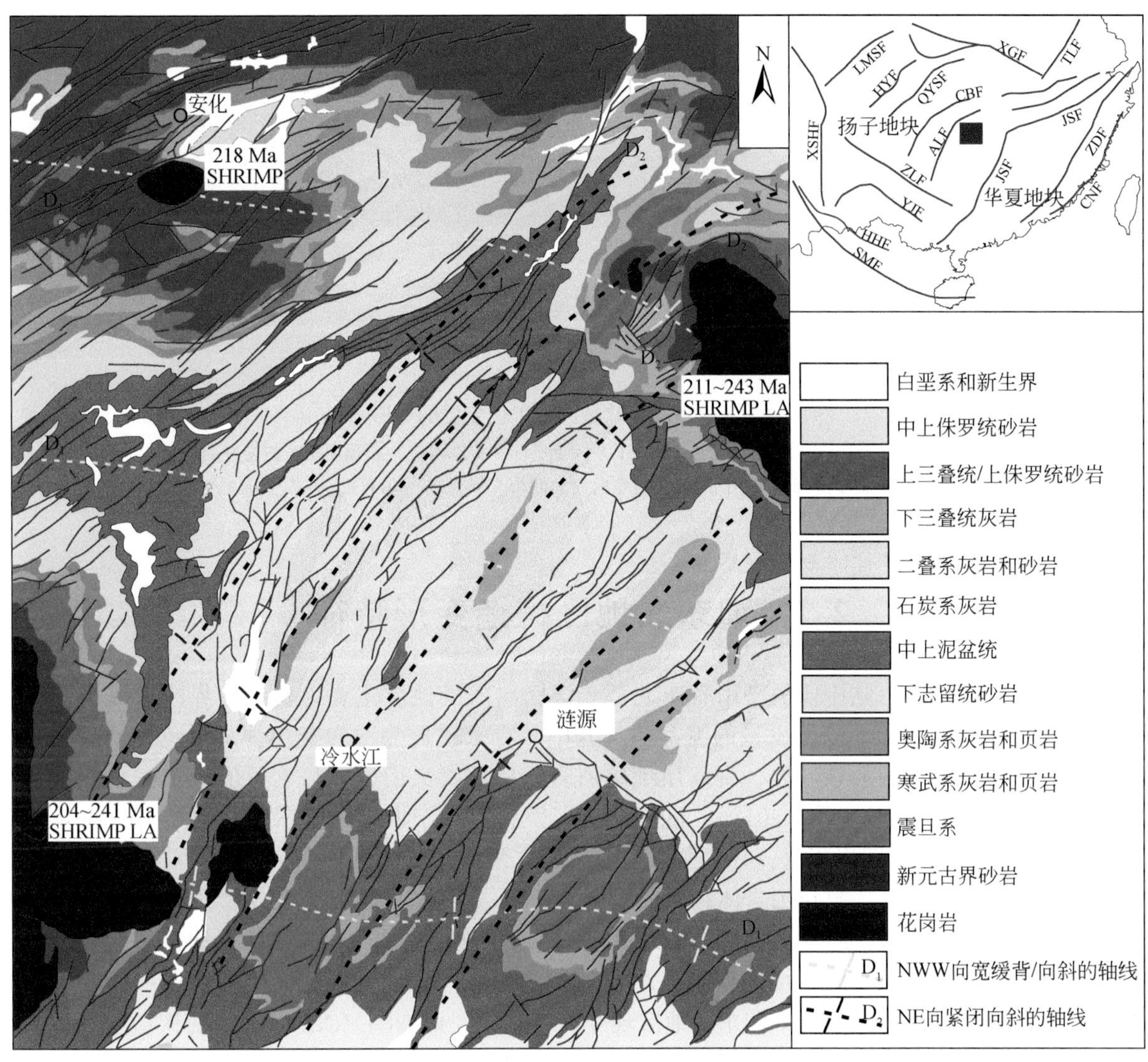

图 2-11　湖南中部至雪峰山地区印支早期 EW 向和印支晚期 NE 向褶皱（据 Wang et al.，2013a 修改）

SMF. Song Ma 断裂；HHF. 红河断裂；YJF. 右江断裂；XSHF. 鲜水河断裂；ZLF. 紫云-罗定断裂；LMSF. 龙门山断裂；HYF. 华蓥山断裂；QYSF. 齐岳山断裂；CBF. 慈利-保靖断裂；ALF. 安化-洛城断裂；JSF. 江山-绍兴断裂；ZDF. 政和-大浦断裂；CNF. 长乐-南奥断裂；XGF. 襄樊-广济断裂；TLF. 郯江-庐江断裂

山变质带有关（Wang and Lu，2000；Chen et al.，2002）。不过，燕山期造山过程和动力学来源及其相关的构造变形的式样、时限及空间分布仍有待精细的研究。尽管如此，某些地质学者认为（Li and Li，2007；Zhu et al.，2014），中-晚侏罗世时期（177 ~ 170Ma），古太平洋板块以低角度或平板状态向 NW—WNW 俯冲于华南大陆边缘之下可能诱发了华南广泛的铁镁质和花岗质岩浆作用、以 NE—NNE 为主的地壳变形式样和大规模的 W、Sn、Bi、Mo、Cu、Ag 和 Au 多金属成矿作用 [图 2-7（c）、图 2-9 和图 2-10]。在江南古陆，该矿化事件可能形成了江西省德兴斑岩型铜矿和贵州某些金矿（Xu et al.，2017b）。约 160Ma 之后，由于俯冲的古太平洋板片后撤，华南地区整体从挤压开始转入伸展构造环境，在江南古陆产生了 NE—NNE 向盆-岭状构造及相关的变质核杂岩或伸展穹隆构造。可能被燕山晚期（145 ~ 125Ma）花岗质岩浆作用所推动，深部来源的含矿流体沿江南古陆 NE—NNE 向走滑剪切断裂上升，并可能萃取新元古代赋矿围岩或先前矿化中的成矿元素；与此同时，减压作用将导致活化的 NW—WNW 向断裂、扩容，并作为含矿流体迁移和循环的有利通道或场所，从而导致金多金属沉淀成矿 [图 2-7（d）]。

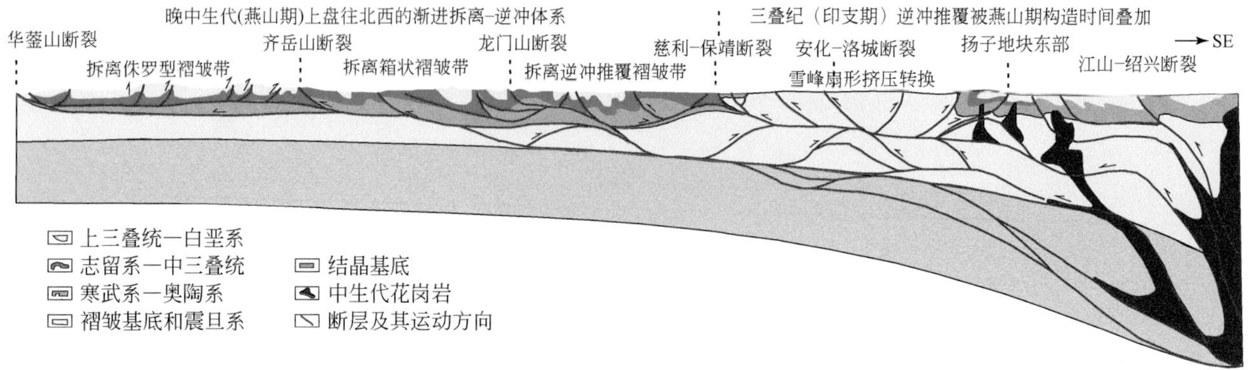

图 2-12　江南古陆雪峰地区中生代发展的变形系统

该剖面显示沿几个主要的“弱”性层（如下寒武统底部和下志留统）自顶向 NW 的逆冲-拆离，并最终植根于雪峰基底，同时注意自东向西的四个变形亚带（据 Wang et al.，2013a）

2.2　湘东北地区构造变形特征

湘东北地区位于江南古陆中段的湖南省东北部，该区出露的地层主要为新元古界冷家溪群和上覆板溪群，其次为白垩系、第四系以及少量的泥盆系。其中，冷家溪群为一套灰色、灰绿色绢云母板岩、条带状板岩、粉砂质板岩、岩屑杂砂岩、凝灰质细碎屑岩，局部夹火山岩，与上覆的板溪群呈角度不整合接触（Xu et al.，2007；高林志等，2011）。湘东北地区发育有晋宁期、加里东期（423 ~ 421Ma：李建华等，2015）、印支期和燕山期岩浆岩，其中尤以燕山期的岩浆作用最为强烈、分布最为广泛，代表性的岩体有连云山岩体、金井岩体、幕阜山岩体和望湘岩体（彭和求等，2002，2004；贾大成等，2003；李鹏春等，2005；许德如等，2009，2017；Deng et al.，2019）。由于江南古陆经历了多阶段构造-岩浆和构造-热事件，而各个时期又因区域主应力场的不同，产生了一系列不同方向、不同性质的构造；这些不同时期的构造还因相互叠置、改造，形成了湘东北地区现今所特有的、以 NE—NNE 向为主的构造变形体系，它们对区内岩浆岩的产出和矿床的形成都起着至关重要的控制作用。

2.2.1　构造变形式样与组合

湘东北地区受华南扬子板块和华夏板块的多阶段碰撞、拼贴和裂解的影响，经历了晋宁或四堡期造山（前人又称为格林威尔造山）、加里东期造山、印支期造山和燕山期造山等多期构造-岩浆（热）事件，其中加里东期和燕山期造山最为强烈，致使本区构造十分发育，构造形迹错综复杂，不同地段基底构造线方向变化较大。总体上，湘东北地区以 EW 向构造为基础，以 NE—NNE 向构造为主导，以 NW—NWW 向构造为辅助（图 2-13），一系列倾向 SE 或 NW 的低角度逆冲断层和一系列倾向 SE 的歪斜水平褶皱相间出露，不同规模断层常构成叠瓦状单冲型逆冲断层；断层带内挤压片理、构造透镜体、糜棱岩化带、劈理化带十分发育（宾清等，2003）。在晚二叠世—早三叠世及白垩纪，区内发生过较强烈的裂谷活动，强烈的北北东向断裂将本区切割成一系列斜列的盆-岭（隆）相间的北北东向构造块体（图 2-14），以白垩系为主组成的红色盆地和以前寒武纪地层和花岗岩为主组成的隆块交替出现，使原有的构造面貌发生了根本的变化。其结果导致区内十分醒目的 NE—NNE 向深大断裂将湘东北地区强烈切割成一系列的盆、隆相间的北东向构造块体，金鹤生（1984）、金鹤生等（1993）曾称之为“湘东裂谷系”，本书将其命名为盆-岭状（basin-and-range like）构造系统。

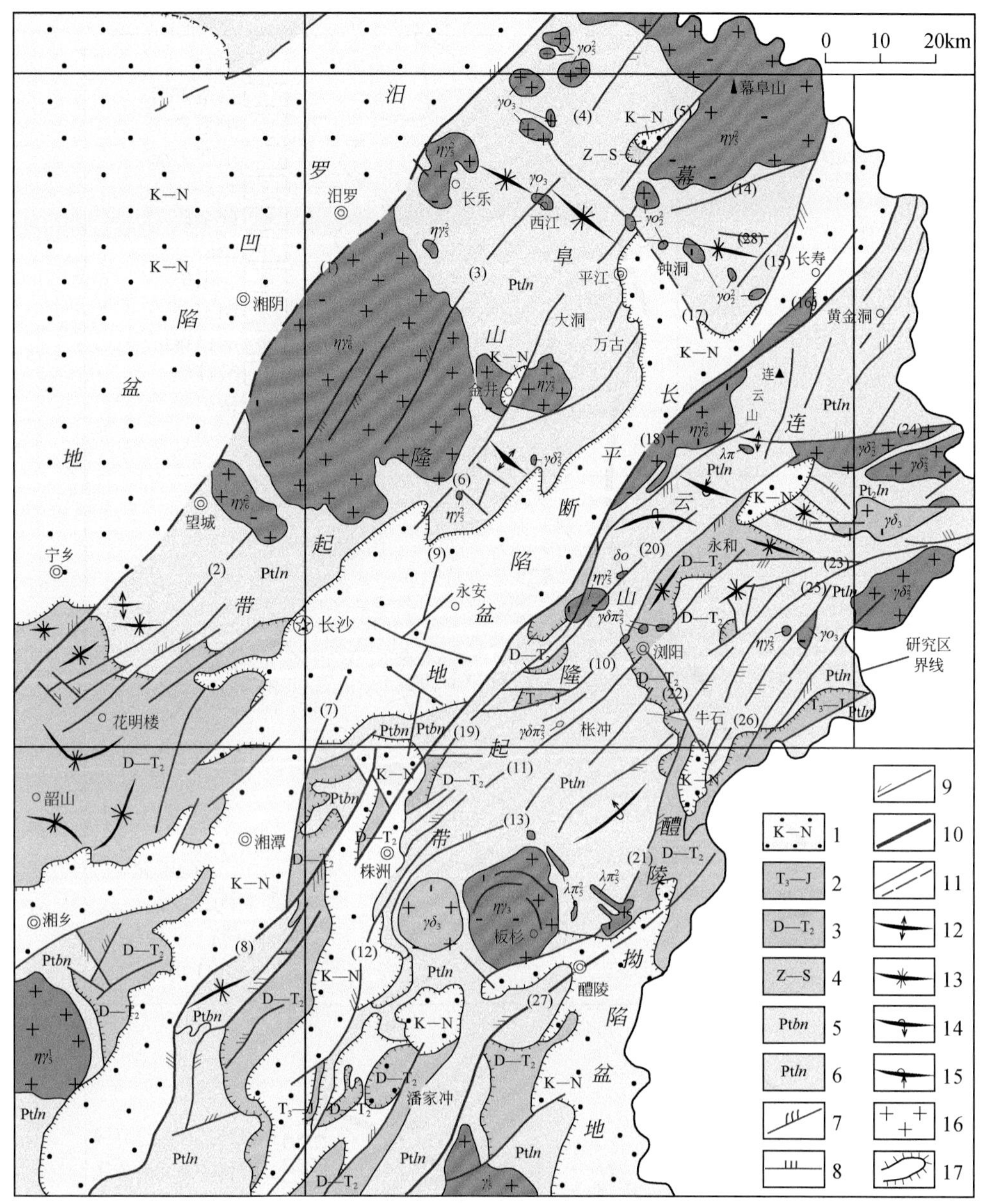

图 2-13　湘东北地区构造纲要图

1. 白垩系—新近系；2. 上三叠统—侏罗系；3. 泥盆系—中三叠统；4. 震旦系—志留系；5. 板溪群；6. 冷家溪群；7. 压扭性断裂；8. 压性断裂；9. 张（扭）性断裂；10. 深大断裂；11. 一般断裂及推测断裂；12. 背斜；13. 向斜；14. 倒转背斜；15. 倒转向斜；16. 岩体；17. 不整合接触。（1）汨罗-宁乡-新宁深大断裂；（2）古家山断裂；（3）向家-天螺洞断裂；（4）月田断裂；（5）板口断裂；（6）金井断裂；（7）田心桥断裂；（8）谭家坝-杨家桥断裂；（9）春华山-云天公社断裂；（10）马家湾-罗家湾断裂；（11）跃龙断裂；（12）碌口断裂；（13）宏夏桥断裂；（14）三墩-浆市断裂；（15）龙王山断裂；（16）李家垅断裂；（17）神顶山-岑川断裂；（18）长沙-平江（长寿街-株洲-双牌）深大断裂；（19）东冲-石坳断裂；（20）蕉溪断裂；（21）詹家山-雪峰山断裂；（22）牛石断裂；（23）横山-古港断裂；（24）大围山断裂；（25）石湾断裂；（26）龙王排断裂；（27）浏阳-醴陵-衡东深大断裂；（28）百花台断裂。

γ. 花岗质岩；$\eta\gamma$. 二长花岗岩；$\gamma\delta$. 花岗闪长岩；$\gamma\delta\pi$. 花岗闪长斑岩；$\lambda\pi$. 花岗（石英）斑岩；γo. 斜长花岗岩；δo. 石英闪长岩；$\eta\gamma_5^1$、γ_5^1. 燕山早期；$\gamma\delta_5^2$、$\eta\gamma_5^2$、$\gamma\delta\pi_5^2$. 燕山晚期；$\gamma\delta_3$、γo_3、$\eta\gamma_3$. 加里东期；$\gamma\delta_2^2$、γo_2^2. 武陵期

2.2.1.1　褶皱构造

湘东北地区褶皱构造发育，主要有：①东西向的大云山背斜、钟洞向斜、邓里坪向斜、福寿山背斜、石柱峰倒转向斜、枫树坑倒转背斜和跃龙向斜；②北西向的雷神庙-笔管冲复背斜和七里冲向斜；③北东

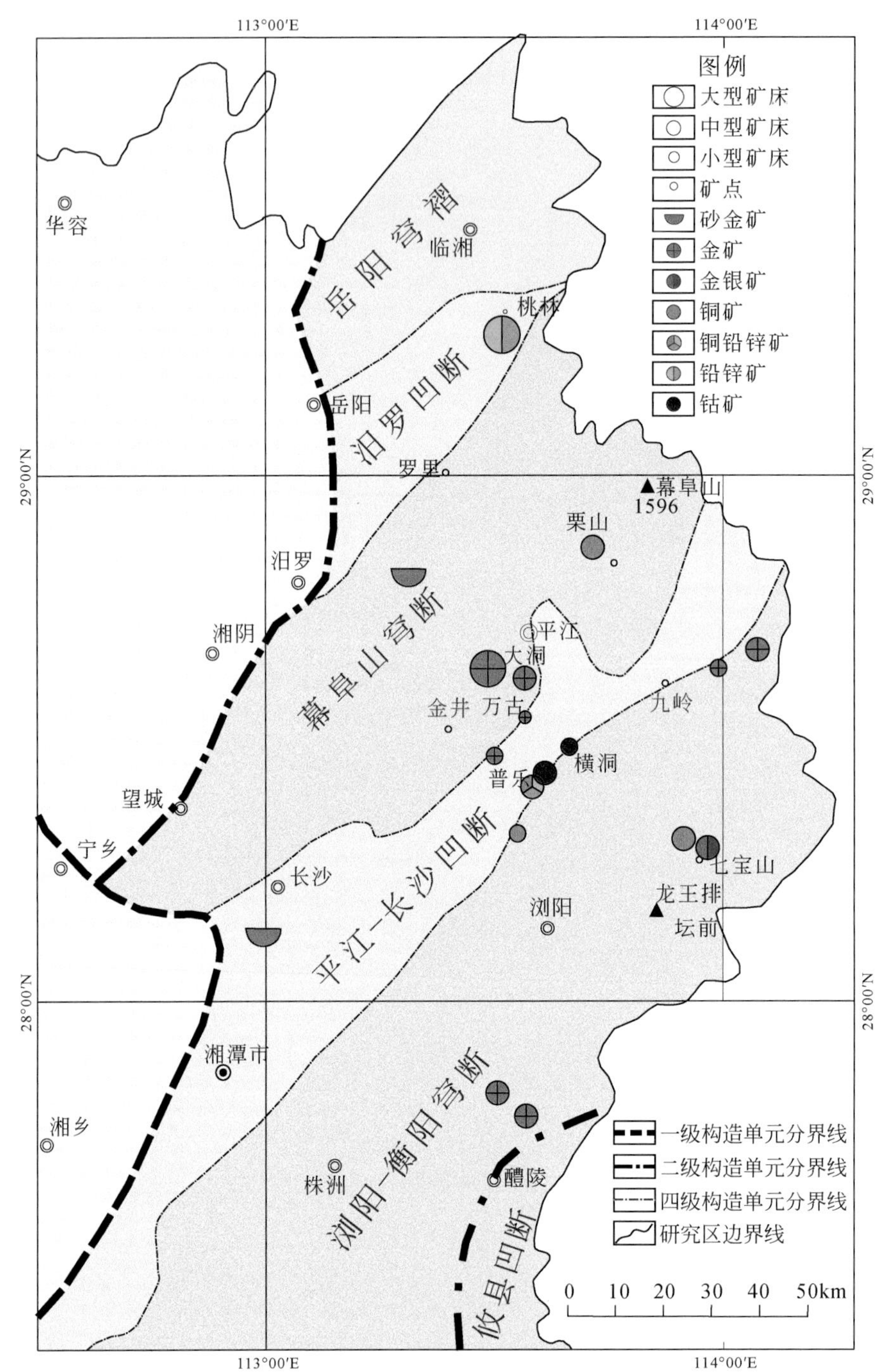

图 2-14　湘东北地区盆-岭状构造格架分布图

向的黄花向斜、思村向斜、官渡向斜、澄潭江-文家市向斜、金井向斜和呈弧形的浏阳向斜。其中，轴向近东西向的褶皱形成时代可能与区域上近东西向的韧性推覆剪切带一致，形成于加里东期—印支期；轴向为北东向的褶皱则形成于燕山期 NW—SE 向应力场的作用下。

1. NE 向褶皱构造

NE 向褶皱构造典型的如浏阳向斜、澄潭江-文家市向斜。

（1）浏阳向斜。该向斜轴线为一弯曲的弧形，浏阳往西南由牛石经枫林铺、大瑶与醴陵拗陷盆地相接，方向为北西 330°左右；浏阳以北为构造线转折部分，逐渐转为北东 50°左右止于古港以西，全长约

38km，轴部地层为泥盆系岳麓山组、佘田桥组，翼部主要为棋子桥组、跳马涧组，轴部及翼部岩层产状相差不大，倾角多为 30°～40°。

（2）澄潭江-文家市向斜。该向斜轴向 50°左右，岩层倾角平缓，多在 15°左右，两翼由三叠系、侏罗系组成，而核部由白垩系组成。由于断裂发育，该向斜残缺不全，仅于白垩系中尚有轴部地层残留。该向斜是区内重要的产煤构造。

（3）土地桥向斜。该向斜轴线走向总体为北东 30°，长约 5km，中部向北西方向微凸而呈一弧形。轴迹北东起至上铺一带，往南西经土地桥至三塘咀。核部地层为白垩系东塘组，北西翼为白垩系戴家坪组，南东翼被 F_{38} 断裂破坏出露不全。核部岩层较平缓，倾角为 5°～10°；翼部岩层倾角稍大，一般为 12°～18°。总体为一开阔型向斜。

2. NW 向褶皱构造

（1）灶门洞背斜。该背斜轴线分布于灶门洞、双江口之间，轴迹线略向北东突出，总体呈北西向，北西端被 F_{39} 断层斜切，南东端在连云山林场一带消失，走向长约 4km。轴部为蓟县系雷神庙组上部，向北东翼过渡为冷家溪群黄浒洞组中部，轴部岩层倾角相对较缓，一般为 5°～25°，两翼岩层倾角渐变陡，一般为 25°～45°。在该背斜内，岩脉及岩滴状小侵入体相对较发育，说明此类背斜构造对岩浆活动有局部性制约。

（2）火子坳背斜。该背斜轴线分布于白沙窝—刘家洞之间，轴迹大致呈 NW—SE 向延伸，南东端于下白沙窝延出图幅，北西端在新屋一带逐渐消失，测区内长约 4. 5km。背斜核部及两翼均为蓟县系雷神庙组。北东翼岩层倾角相对较缓，一般为 15°～20°之间；南西翼岩层倾角稍大，多在 25°～35°之间。在该背斜核部的南东翼，有白沙窝小侵入体定位其间。

3. 近 EW 向褶皱构造

（1）永和-横山向斜。该向斜分布于浏阳市七宝山地区，可能是继承早期向斜而发育形成的。该向斜呈西宽东窄喇叭状，东部翘起，西端倾伏，北翼完整，南翼被横山-古港断裂 F_1 破坏，核部为中上石炭统壶天群，翼部为下石炭统大塘阶，不整合于震旦系之上。褶皱轴向近东西，轴面倾向南南西，两翼产状不对称，北缓南陡。北翼倾角 30°左右，南翼倾角 60°～70°不等（图 2-15）。

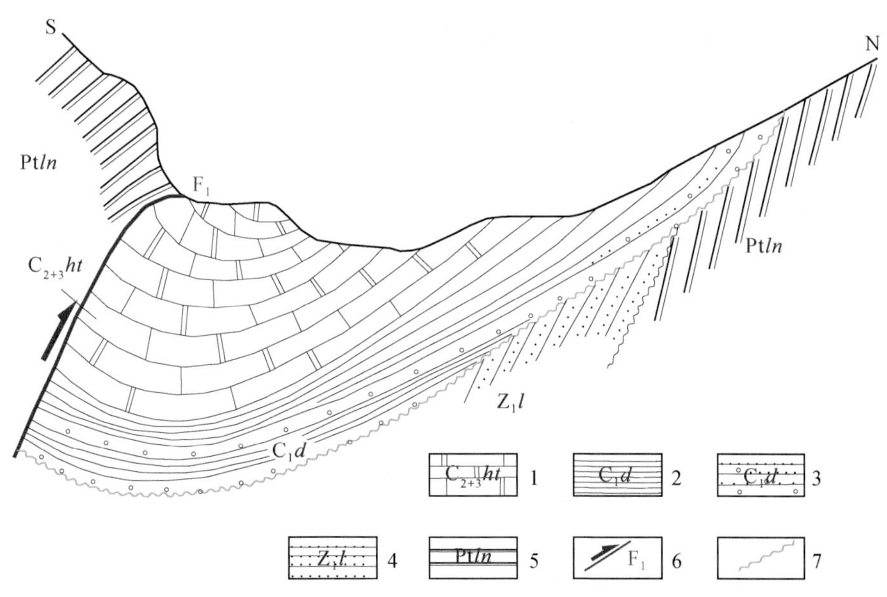

图 2-15　永和-横山向斜示意图

1. 中上石炭统壶天群白云质灰岩；2. 下石炭统大塘阶页岩；3. 下石炭统大塘阶粉砂岩、砂砾岩、砾岩；4. 晚新元古界莲沱组砂岩；5. 冷家溪群千枚状板岩；6. 压扭性断裂；7. 不整合

（2）枫门岭-胆坑复式向斜。分布于区内黄金洞一带，轴向近 EW 或 NWW 向，由一系列近似平行的次级同向倒转背、向斜紧密型褶皱群组成，倾向南或北，可能是受区域南北向挤压应力作用形成，并伴有系列断裂和节理等构造。

2.2.1.2　断裂构造

区域内断裂构造发育，按产出方向，可分为近东西向、北西（西）向和 NE—NNE 向等几组，其中以 NE—NNE 向最为发育，往往与铅锌、铜钴矿化有关；而北西（西）向断裂则在局部发育，但规模一般不大，长数百米至数千米不等，常与金矿化有较为密切的关系，也与花岗质伟晶岩铌钽矿化有关。

湘东北地区的 NE—NNE 向区域性大断裂主要有（图 2-13）：汨罗-宁乡-新宁深大断裂（1）、长寿街-株洲-双牌深大断裂（18）和浏阳-醴陵-衡东深大断裂（27），这些断裂控制了该区盆-岭状构造格局。其中，长寿街-株洲-双牌深大断裂在湘东北地区又称长平（长沙-平江）断裂（图 2-13），纵贯全区走向长度大于 100km，在湖南境内则北东起于赣西北，南西可延至桂北，全长达 680km，因而是一条区域性深大断裂带。长平断裂继承、迁就于老的华夏系的构造形迹而发生、发展，和其他构造型式发生联合而使其并不完全严格表现为北北东向，因而走向上呈波状弯曲形态。在湘东北境内的长平断裂带位于湘东北地区连云山断隆带与幕阜山隆起带之间，是一条长期活动的复合断裂带，也是控制湘东北地区中新代以来红盆的主要边界断裂，是该区晚中生代拉伸构造型式的重要组成部分（张文山，1991）。该断裂带由数条时分时合的压扭性断裂及其间所夹动力变质岩带组成，总体走向 NE35°左右，向 NW 陡倾达 80°。野外调查表明，在连云山一带（图 2-16），长平断裂带自西而东由 F_1、F_2、F_3、F_4和 F_5 等五条断裂组成，大致呈北北东向平行展布。其中 F_2 为长平断裂带主干控矿断裂，总体走向北东 30°，倾向北西，倾角 40°左右。断裂带内构造挤压破碎岩、构造蚀变角砾岩广泛发育，其中构造挤压破碎带宽数十米至百余米，岩石片理化、糜棱岩化、碎裂岩化以及构造透镜体极为发育。断裂面沿走向及倾向呈舒缓波状，下盘低序次构造发育。断裂带两侧岩性差异明显，其东南侧分布的主要是由新太古代—古元古代连云山岩群（?）（详见第 4 章论述）、新元古界冷家溪群和晚中生代连云山及蕉溪岭岩体组成的变质核杂岩（张文山，1991）；北西侧则为发育有正断层的、巨厚白垩纪红色碎屑岩盆地及望湘、幕阜山、金井岩体（湖南省地质调查院，2002；李鹏春等，2005；Wang et al.，2014；详见第 3 章）。

通过野外地质考察并结合前人研究，发现长平断裂带具有多期次活动变形的特征，在主活动期，经历了早中侏罗世左行走滑-剪切并具逆冲推覆，晚侏罗世—白垩纪的走滑-拉伸，以及更新世—第四纪的挤压三个演化阶段，连云山花岗岩即形成于第二个演化阶段（张文山，1991；许德如等，2009）。该岩体在形态上表现为由 20 个岩性单元所组成的、不规则的扁圆形状体（图 2-16），片麻状黑云二长花岗岩是其最早形成的岩性，具有剪切动力变质重熔的特征，包含有大量的、混合重熔程度不等的冷家溪群残留体。围岩主要为新元古界冷家溪群变质沉积碎屑岩，岩体与围岩接触部位热接触变质强烈，外变质带宽一般 200 ~ 2000m，最宽处可达 20km。在花岗岩中，常见云母、石榴子石、夕线石等变质矿物残余 [图 2-17（a）、（b）]，岩体内片麻状岩石与块状岩石在剖面上重复出现，具明显的韵律性，并各呈带状延伸，反映了花岗岩的原地重熔性质 [图 2-17（c）；傅昭仁等，1999；李先福等，2001]。此后，又有源自深部的、具 S 型花岗岩浆特征的块状中粒斑状黑云二长花岗岩侵入 [图 2-17（d）；傅昭仁等，1999]。

NE—NNE 向的次断裂在本区内总体走向 30° ~ 50°，是与北东向深大走滑断裂同期形成的次级断裂，两者可能具有相同的形成机制，只是规模较小（图 2-13）。

1）金井压扭性断裂

南段延伸方向 35°，北段为 20°，南西端起自西堂冲附近，向北东经路口、高桥、金井、蒲塘至石牛山以北，在区内长约 40km。该断裂断面呈舒缓波状，倾向北西、倾角 60° ~ 80°，沿线出现数十米至几百米宽的挤压破碎带，带内碎裂岩、构造透镜体及不规则的石英细脉普遍可见 [图 2-18（a）]。该断裂控制了燕山早期金井岩体的侵入。燕山晚期再次活动切割了金井岩体，而断裂性质则转为张性，其依据有两点：一是金井岩体内羊角山等地发育 10 ~ 20m 宽的角砾岩带，带内角砾大小悬殊，从 0.5 ~ 20cm 不等，

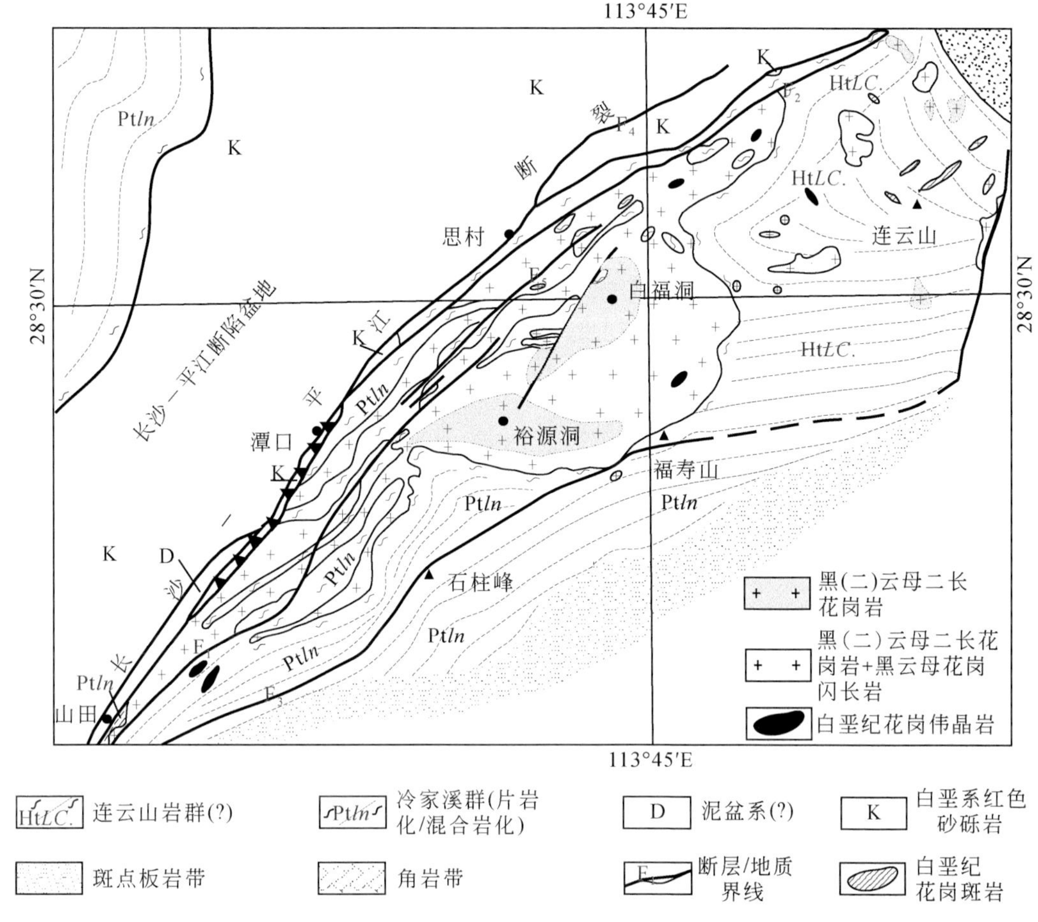

图 2-16　湘东北长沙–平江断裂带连云山段地质简图（据许德如等，2009 修改）

为棱角–次棱角状，角砾成分为花岗岩，胶结物为硅质；二是金井断裂西侧，由于断裂为正断层性质，从而控制了金井和高桥两个小型白垩纪“红盆”的生成，其轴向均为北北东向。由此可知，该断裂早期为压（扭）性、晚期为张性。

2）长（寿街）–柏（嘉山）压扭性断裂

该断裂为长平断裂主干断裂，北东起于平江长寿街，南西延伸至浏阳柏嘉山附近与东西向构造相复合，区内全长约 100km，总体走向北东 30°，倾向北西、倾角 36°～65°，一般 40°左右，属连云山隆起带的边缘断裂，在地貌上造成了西北低平而南东陡峻的截然变化。沿线切割了冷家溪群、泥盆系、白垩系及燕山早期侵入岩体。其在潭口以北发育于冷家溪群与泥盆系跳马涧组或白垩系之间；淳口以北至潭口，发育于泥盆系跳马涧组与棋梓桥组或余田桥之间，局部切割了连云山岩体；淳口以南，主要发育于泥盆系跳马涧组与余田桥组、棋梓桥组之间，局部发育于泥盆系与冷家溪群之间。断裂挤压破碎带一般宽十余米至百余米，带内岩石片理化、糜棱岩化、碎裂岩化以及构造透镜体极为发育。角砾大多为浑圆状，少数为次棱角状–半滚圆状，具定向排列，成分复杂，以板岩为主，次有砂岩、硅质岩、脉石英、花岗岩、灰岩等，砾径一般 0.5～5cm，少数可达 20cm。胶结物以黏土质为主，并已糜棱岩化，呈鳞片变晶结构，全由片状矿物组成，具定向排列。该断裂下盘，从浏阳砰山至平江北山，广泛发育构造热液蚀变岩带，其中玲龙寺–关山水库、横洞–北山最为发育，厚可达 2～120m。井冲铜钴多金属矿、普乐钴矿、横洞钴矿均产于此带中。该带一般上部为硅化构造角砾岩、角砾呈次棱角–次圆状，大小 0.3～2cm 不等，成分为硅化板岩、石英岩等，硅质胶结，局部具绿泥石化、黄铁矿化；中部为石英质构造角砾岩、硅质构造角砾岩、石英岩、硅质绿泥石岩等，具强黄铁矿化、硅化、绿泥石化；下部为绿泥石岩、绿泥石化

图 2-17　连云山岩体岩相图

（a）（b）花岗岩中的变质矿物；（c）片麻状构造花岗岩，由于受走滑韧性剪切热动变质作用，呈带状延伸；（d）块状中粒斑状黑云二长花岗岩。（a）正交偏光；（b）单偏光。Q. 石英；Mu. 白云母；Kfs. 钾长石；Bi. 黑云母；Hb. 角闪石；Gr. 石榴子石

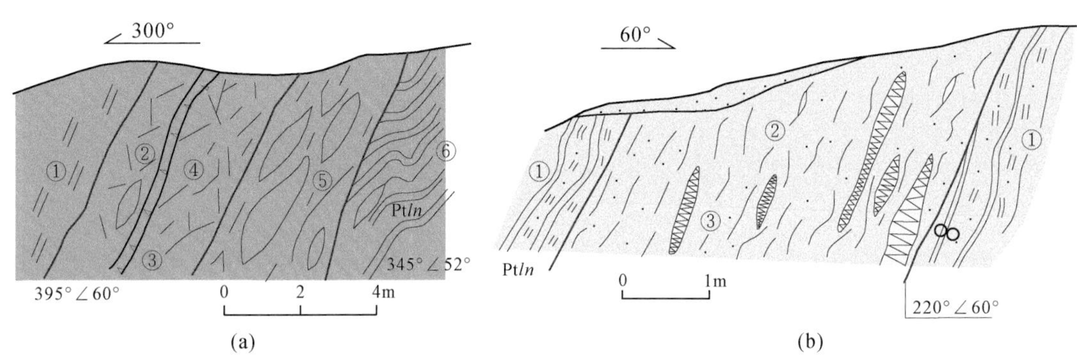

图 2-18　发育于冷家溪群（Pt*ln*）中的金井断裂素描图（a）和金（山庙）-三（市）断裂素描图（b）

（a）金井断裂剖面：①挤压片理；②石英脉；③构造角砾岩；④碎裂岩；⑤构造透镜体及片理、叶理；⑥板岩。（b）金-三断裂剖面：①冷家群板岩；②挤压片面化带；③透镜体

硅质岩，混合岩化绿泥硅质岩等，局部见有黄铁矿化。

3）近 EW 向断裂

湘东北地区分布有三条大型近东西向韧性推覆剪切带（详见图 0-1），即：①慈利-临湘韧性推覆剪切带，该带在临湘一带冷家溪群中的剪切面总体向南倾，倾角 30°～50°，剪切带中在较窄的带状范围内强烈发育有面状构造的流劈理，主要由新生绢云母、绿泥石等片状矿物平行排列结晶而成，其中心地段黏土质斑岩被千糜岩化；②仙池界-连云山韧性推覆剪切带，该带分为三段，其中段（长沙一带）可见到一些片理化带、糜棱岩化带，东段为东西向展布的大围山花岗岩糜棱岩带，还有东西向展布的连云山片岩带；③安化-浏阳韧性推覆剪切带，主要在本区的普迹—文家市一段，冷家溪群中表现为面理、线理及褶皱等构造特点（图 2-19、图 2-20）。

4）NW（W）向断裂

主要发育于新元古界冷家溪群中，这些断裂规模较小，大致呈平行排列，与地层产状基本一致或局

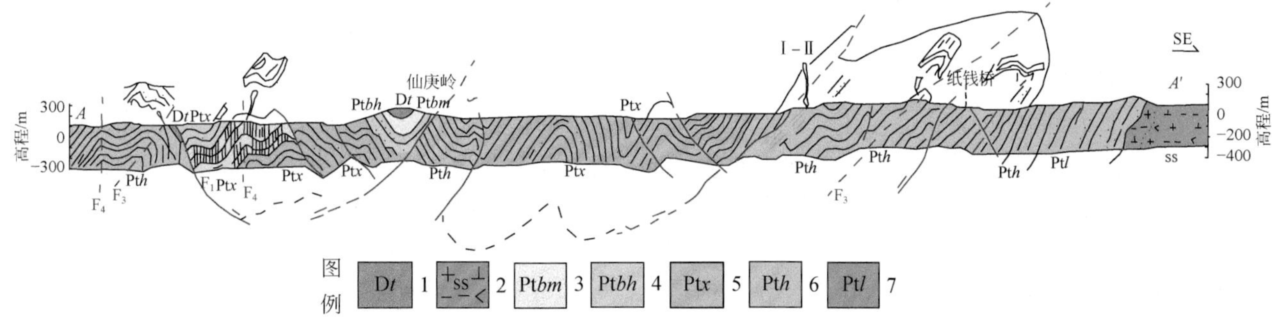

图 2-19　普迹 A—A′构造剖面图

1. 泥盆系跳马涧组；2. 中细粒角闪石黑云母花岗闪长岩；3. 板溪群马底驿组；4. 板溪群横路冲组；5. 冷家溪群小木坪组；6. 冷家溪群黄浒洞组；7. 冷家溪群雷神庙组

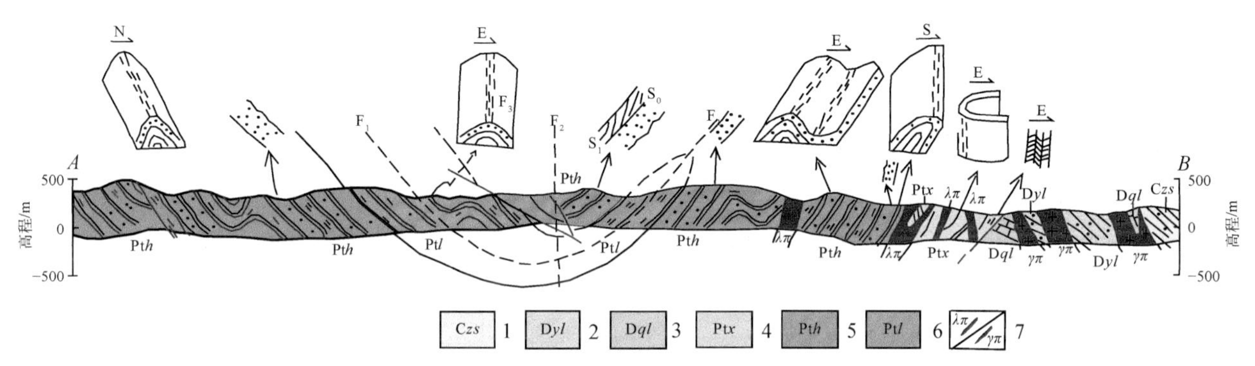

图 2-20　王仙 A—B 地质剖面图

1. 石炭系大塘阶；2. 泥盆系岳麓山组；3. 泥盆系七里江组；4. 冷家溪群小木坪组；5. 冷家溪群黄浒洞组；6. 冷家溪群雷神庙组；7. 石英斑岩脉/花岗斑岩脉

部斜交，倾向北北东，倾角 30°～65°不等。

(1) 跃（龙）–船（底埚）压性、压扭性断裂

该断裂起自跃龙东，大致呈东西向经马家湾延伸至塅家洞后，方向渐转为 NE45°，向北东经太平桥、集里、料源、梅田至东边冲、船底埚以北。其中，西段应属东西向构造成分。北东段主要表现为冷家溪群隆起带与上古生界—中生界凹陷区的边缘断裂，规模较大，走向长在 60km 以上。断面主要倾向北西，倾角 45°～70°，沿线切割了冷家溪群、泥盆系、侏罗系及白垩系等地层。塅家洞以西主要造成了中侏罗统底部岩层的缺失，或造成中侏罗统下部岩层与白垩系的相向倾斜，往北东分别造成泥盆系跳马涧组、棋子桥组、石炭系大塘阶等地层缺失。沿线挤压破碎十分强烈，常可见 5～10m 不等的角砾岩，或有硅化，或有糜棱岩化，平行于断裂的片理化及岩层的透镜化现象显著，小的揉皱褶曲发育。

(2) 金（山庙）–三（市）压扭性断裂

该断层西端始于谈胥金山庙，向南东延伸，经团山铺、洞头岭至三市，全长约 40km。总体走向 300°～320°，倾向南西，倾角 45°～75°［图 2-18（b）］。断裂主要发育于冷家溪群中，北西段被一系列新华夏系主压断裂错断；中段控制了雪峰期大章、团山铺斜长花岗岩体的分布；南东段为团山铺—大桥一带断陷盆地的北东边界，控制了晚白垩世地层的沉积。

(3) 横（山）–古（田塅）压性、压扭性断裂

该断裂在西楼以东走向为东西向，主要表现为挤压性质，由西楼向东经新石塅至横山终止，全长约 15km，构造挤压破碎现象十分显著，形成宽 20～100m 的挤压破碎带，并见有宽达 10m 的角砾岩，造成了不同程度的地层缺失，使中上石炭统、二叠系与冷家溪群或莲沱组接触。西楼以西呈现一弯曲的弧形，

由高台沿浏阳河延伸，多被第四系所覆，断续延至古田墩，切割了冷家溪群及泥盆系等岩层，沿线形成30～50m不等的挤压破碎带，岩层中小的挤压褶曲发育，片理化、透镜化现象明显，节理发育，断层主要倾向南东，倾角45°左右，以压性为主。

在盆地边缘或隆凹过渡带，往往为北北东向区域性深大断裂，它们早期具压扭性，以后转化为张性，形成断陷盆地，并导致基性岩喷发，对湘东北地区成矿作用有十分重要的控制意义，如沿长平断裂带及其东侧分布有黄金洞、井冲、东冲、蕉溪岭等金、铜多金属矿床，沿浏阳-衡东断裂带出现七宝山、水口山、铜山岭等金、铜多金属矿田，桃林大型铅锌矿则位于汨罗-新宁断裂带上。此外，在幕阜山隆起带和连云山隆起带内主构造深大断裂为控岩、导矿构造，次一级北西、近东西向断裂构造亦十分发育，与金矿成矿关系十分密切。从已知的黄金洞、金枚、万古金矿床及新发现的大洞、小洞、桥洞口、南桥等金矿床（点）中，查明的金矿体均产于北西或近东西向构造破碎带内，因此，该区内次一级的北西、近东西向断裂构造是金成矿主要的容矿构造。北东、北北东、南北向断裂构造一般发育较晚，规模大小不一，区内构造热液蚀变岩型铜、钴矿与其关系密切，是铜、钴成矿的导矿、容矿构造。

2.2.2　韧性剪切变形构造

2.2.2.1　韧性剪切变形空间展布

湘东北地区韧性剪切变形主要分布在北东向深大断裂东南侧的隆起带内。韧性剪切带走向变化不一，在连云山韧性剪切带中，由于受长平断裂及连云山岩体侵位的影响，韧性剪切变形多呈北东向、北东东向或近东西向。如图2-21为连云山韧性剪切带中，发育于连云山岩体外围元古宇中的韧性剪切带。而在大洞—万古一带，韧性变形带近东西向展布（图2-22），可能受北东向深大断裂的影响较小。

2.2.2.2　韧性剪切变形特征

可能受区域构造推覆-韧性剪切作用影响，湘东北地区形成的几条韧性剪切带在时间、空间上和形成机制上具有统一性。具体来说，靠近大的韧性推覆剪切带和走滑断裂带，花岗质类岩石往往发生糜棱岩化，因而是研究韧性剪切作用的主要对象。连云山西侧动力变质带主要由花岗质糜棱岩组成。通过野外观察，该岩石宏观上表现为强烈塑性流变所形成的条纹条带状构造，走向NNE，倾向NW，倾角60°～90°。通过显微镜观测，岩石中石英被显著地拉成丝带状，长宽比可达10∶1；片状黑云母一般与浅色石英相间排列，而且弯曲、扭折以及沿（001）解理面阶状滑移等现象常见；长石矿物表现为显著的细粒化，少部分残留斑晶多呈眼球状，其最大扁平面与糜棱面理协调一致（李先福等，2000）。本次研究主要考察了长平断裂和思-砰断裂、冷家溪群、“连云山混杂岩体”、望湘岩体以及大围山长三背岩体的韧性剪切变形特征。

1. 长平断裂带

长平（长沙-平江）断裂带内发育有不同规模、不同类型的动力变质岩，以主断面为界，在宏观上可划分出两个截然不同构造层次的变形带。在主断层的北西侧（上盘系统）为浅表构造层次的脆性变形带，且从主断面往北西，依次出现板岩质断层角砾岩和碎裂板岩等脆性变形的岩石组合；南东侧（下盘系统）为较深构造层次的脆-韧性变形带，且从主断面往南东，依次出现硅化断层角砾岩、碎裂岩、超碎裂岩、构造片岩（糜棱岩）及糜棱岩化岩石等脆-韧性变形的岩石（图2-23、图2-24）。

区内断层走向多变、整体呈弧形，产状360°∠20°、220°∠20°、160°∠70°和50°∠20°等，发育有硅化石英脉、构造角砾岩、碎裂岩和构造片（麻）岩等构造岩。在2718号点，“连云山混杂岩”等老地层逆掩于冷家溪群之上［图2-25（a）］；在冬瓜槽2022号点发育宽8m左右的S-C组构［图2-25（b）］，C面产状220°∠15°，示右行近水平韧性剪切；在九支祠2018号点，断层具20m宽的构造角砾岩亚带和约15m宽的碎裂岩亚带。构造角砾岩亚带中角砾成分为片岩、赤铁矿、早期粒状石英等，砾径一般为0.2～

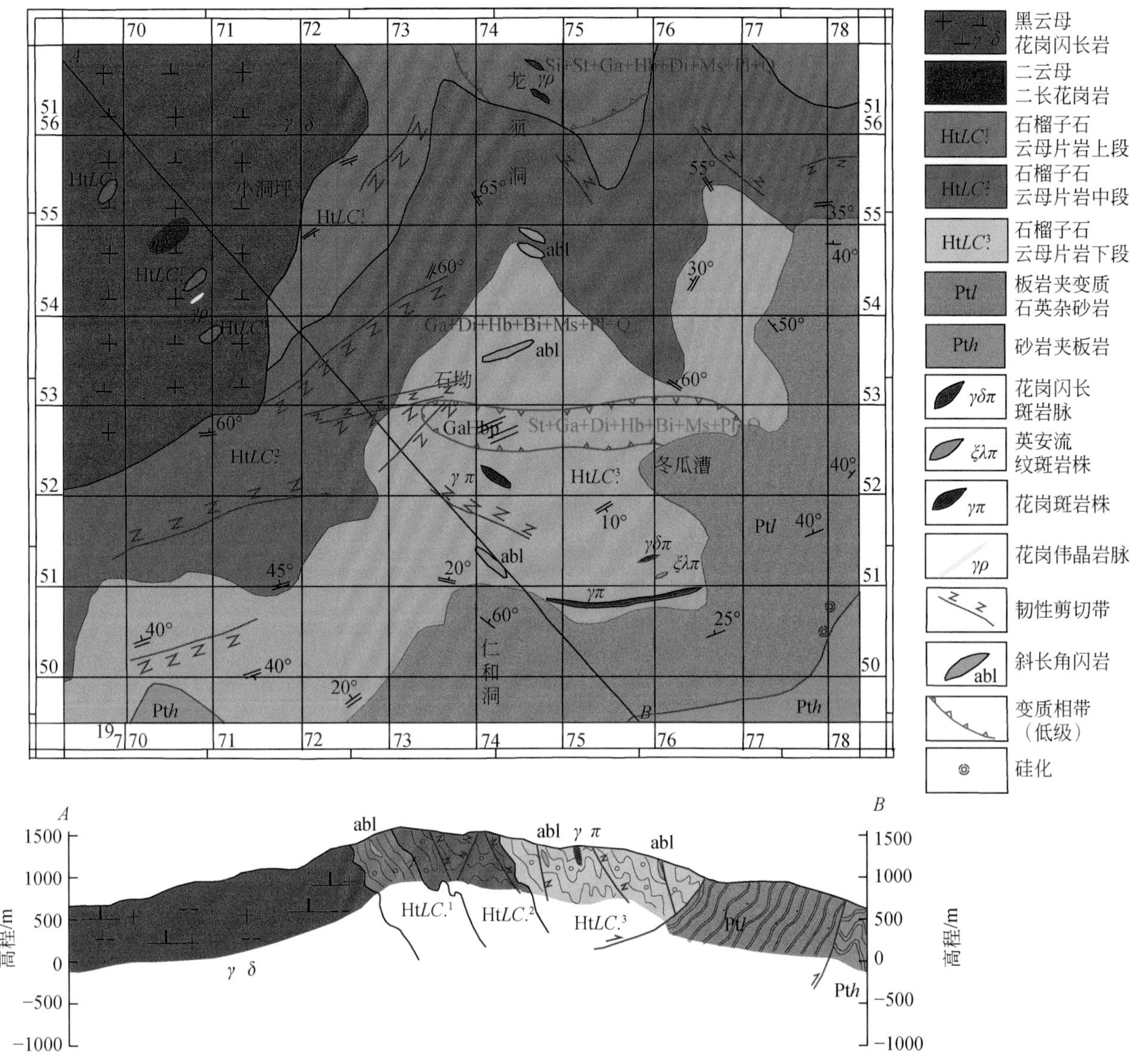

图 2-21　连云山东南部韧性剪切带展布特征

Si 为夕线石，St 为十字石，Ga 为石榴子石，Hb 为普通角闪石，Di 为透辉石，Bi 为黑云母，Ms 为白云母，Pl 为斜长石，Q 为石英

4cm，呈浑圆状、椭球状，部分呈次棱角状，含量为 85% 左右。角砾被后期热液石英胶结，并有石英脉穿插，同时发生硅质交代。脆性至韧性变形带特征如下。

1）脆性变形带

该带可划分为碎裂板岩带和板岩质断层角砾岩带。

（1）碎裂板岩带。此带为脆性变形带的外带，位于主断面的北西侧，呈宽带状与主断面平行分布。该带宽一般 100m、局部地段较窄，但最宽可达 200 ~ 300m。带内主要发育碎裂板岩及部分碎裂化板岩［图 2-26（a）］。带中岩石变形特征表现为挠曲、揉皱发育，破碎明显，原层状岩石的连续性已基本破坏，但相对位移甚小，岩石呈碎裂结构，碎块大小不等，产状紊乱。在思村一带，局部挤压面理较为发育，面理的优选方位与断层面方位近同，部分与断层面有 5°左右的交角，指示对盘相对上升。在挤压面理带中，发育有少量构造透镜体，它们的 ab 面与构造面理方位近同。

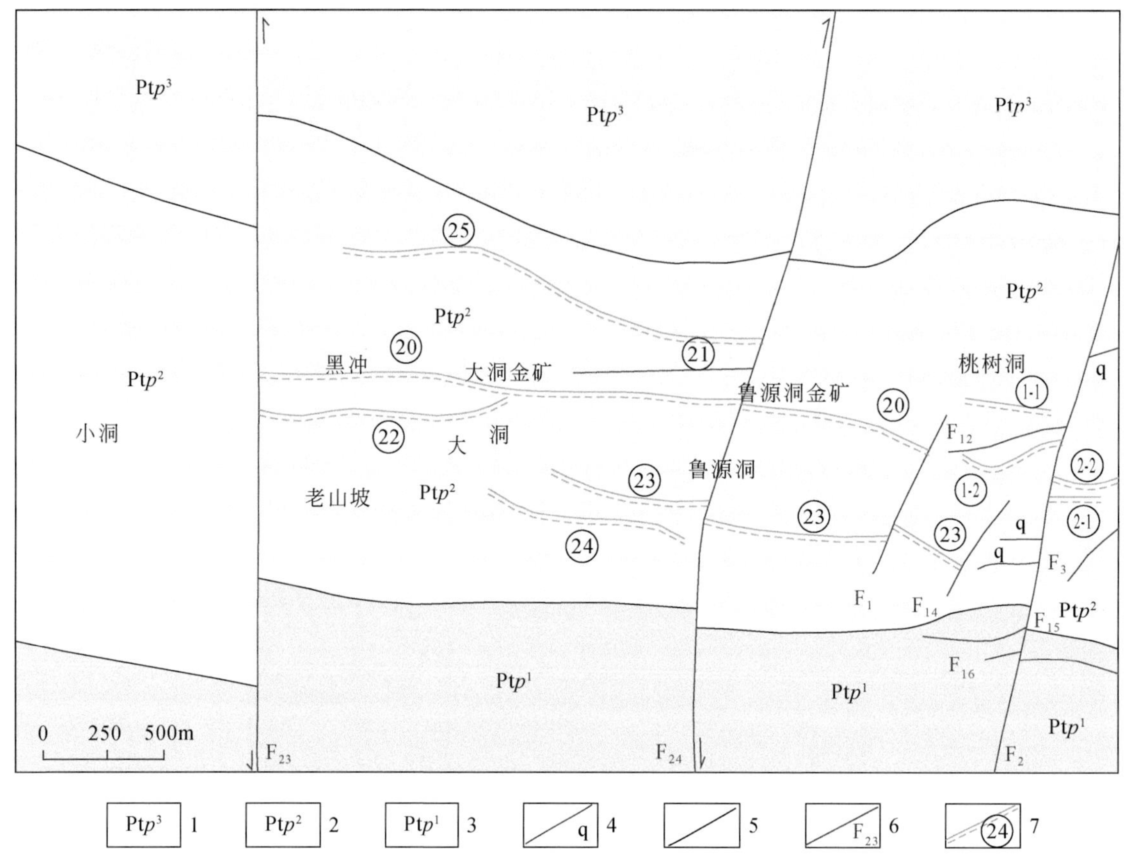

图 2-22　大洞矿区韧性剪切带分布略图

1. 冷家溪群坪原组第三段；2. 冷家溪群坪原组第二段；3. 冷家溪群坪原组第一段；4. 石英脉；5. 地质界线；6. 断层及编号；7. 含金韧性剪切带及编号

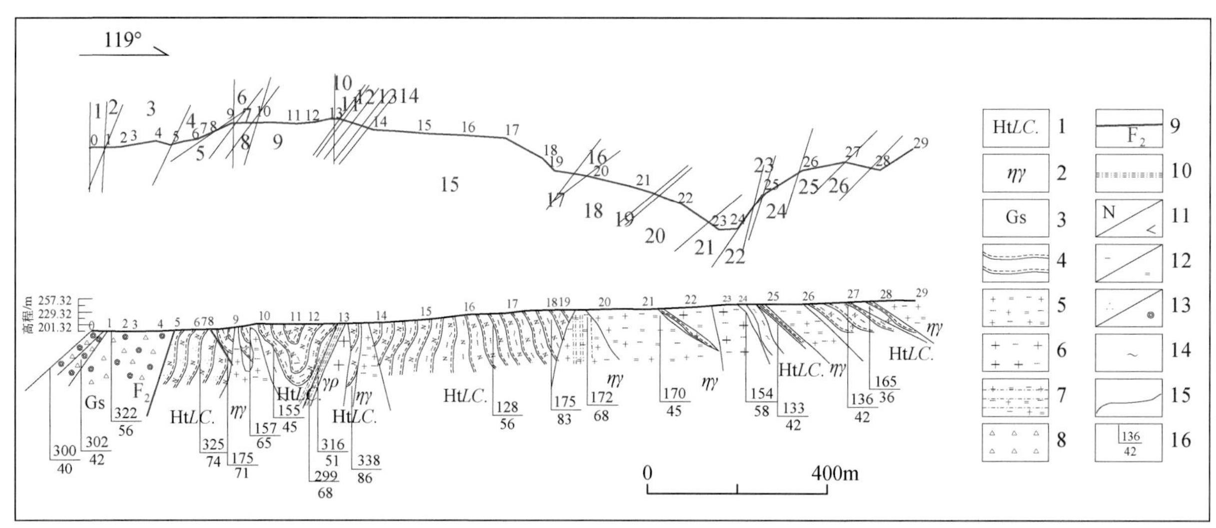

图 2-23　潭口–周洛实测剖面图

图中蓝色数字、红色数字分别代表剖面测线的拐点、拐点对应的岩性，图上方剖面测线中黑色斜线代表岩性分界线。

1. “连云山混杂岩”；2. 连云山侵入体；3. 长平断裂带硅化构造角砾岩带；4. 长英质片麻岩、斜长黑云母片麻岩；5. 中细粒二云母花岗岩；6. 中粗粒似斑状黑云母花岗岩、花岗伟晶岩；7. 糜棱岩化花岗岩；8. 构造角砾岩；9. 实测断层及编号；10. 超糜棱岩；11. 混合岩化变质岩；12. 片理化；13. 石英/硅化；14. 绿泥石化；15. 实测地质界线；16. 产状

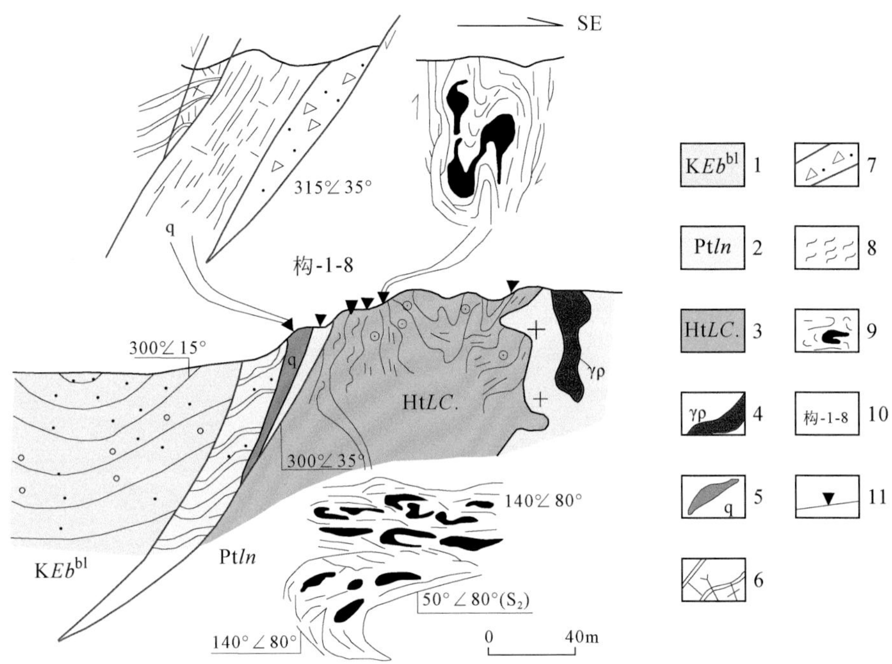

图 2-24　长平断裂带构造岩分带简图

1. 白垩纪砂砾岩；2. 冷家溪群；3. 新元古代溥沱纪“连云山混杂岩”；4. 伟晶岩脉；5. 硅化岩墙；6. 破碎岩化板岩；7. 构造角砾岩；8. 糜棱岩；9. 无根褶皱；10. 构造剖面记录点；11. 地化取样点

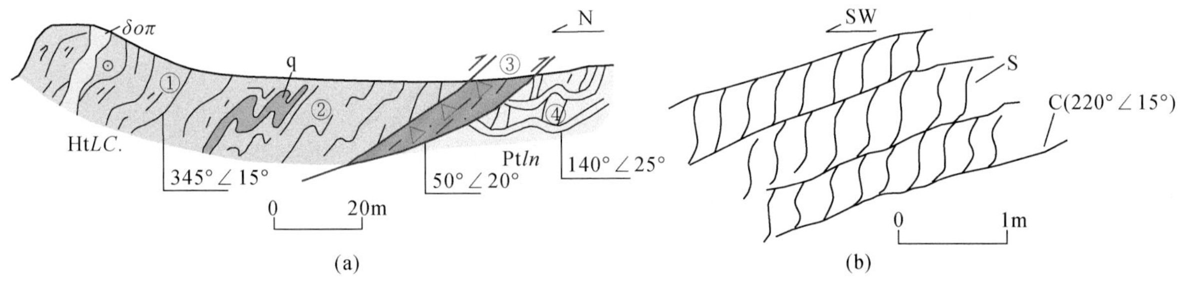

图 2-25　2718 号点断裂带素描示意图（a）和 2022 号点断裂带中 S–C 组构（b）

①片岩；②构造片岩；③构造角砾岩；④板岩。$\delta o\pi$. 石英斑岩脉；q. 肠状石英脉

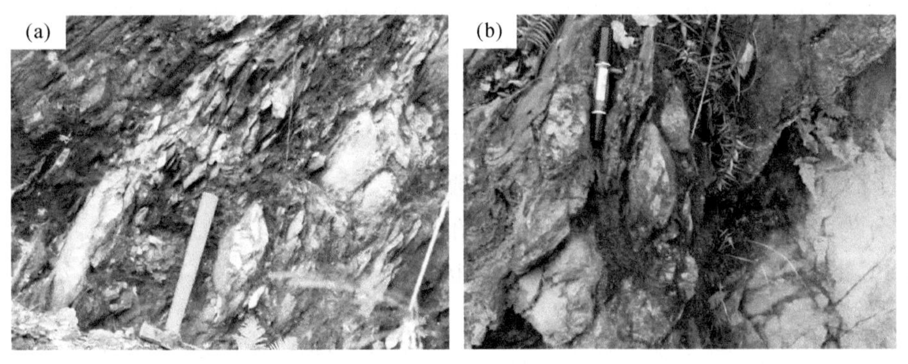

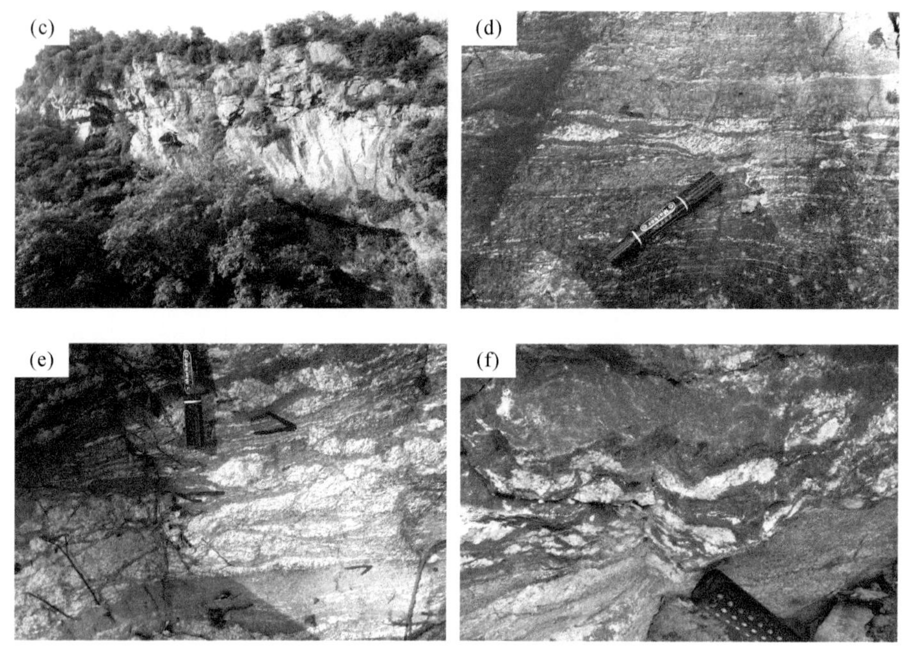

图 2-26　长平断裂带构造岩特征

（a）碎裂的冷家溪群板岩；（b）角砾状冷家溪群板岩；（c）周洛硅化构造角砾岩；（d）黑云母片麻岩质糜棱岩；（e）强烈剪切变形片麻岩质糜棱岩；（f）碎裂化糜棱岩化黑云母片麻岩

（2）板岩质断层角砾岩带。此带为脆性变形带的内带，位于主断面与碎裂板岩带间，宽 10 ~ 50m，走向上基本稳定。板岩质断层角砾岩主要成分由板岩角砾组成，次有变质砂岩及少量脉石英角砾和断层泥。角砾大小不等，砾径一般为 0.2 ~ 4cm，主要呈次棱角状，部分浑圆状，无分选性，略具定向排列。近主断面处局部见有挤压面与构造透镜体［图 2-26（b）］。构造透镜体 ab 面与挤压面理方向近同，但与主断面略有 5° ~ 10°交角，该锐夹角指示对盘（下盘）上升。据镜下观察，部分断层角砾中保留有前期构造破碎形迹及前期石英细脉。本带的一部分板岩角砾基本未胶结，呈松散状；另一部分为半固结状态，胶结程度较低。本脆性带蚀变不强，有弱硅化和绿泥石化。

2）脆–韧变形带

该带可划分为四个亚带，并表现强烈蚀变特征。

地质填图和剖面实测表明，主断面下盘顶部发育一套糜棱岩、超碎裂岩、碎裂岩、硅化断层角砾岩等组成的较为复杂又具有成因联系的构造岩杂岩带。带内各类构造岩在横向及纵向上具分带现象，但在各地段的发育情况不尽相同，仅部分地段发育较全，厚度变化较大，走向上不稳定，呈现尖灭、再现断续出露的特点。在空间上，根据本带内岩石变形特征，由主断面往南东依次划分出硅化断层角砾岩带（硅化岩墙）、碎裂岩带、构造片（麻）岩（糜棱岩）带和糜棱岩化–碎裂岩化带。

（1）硅化断层角砾岩带。此带仅分布于主断面切割岩体处，如潭口和思村一带可见［图 2-26（c）］。沿主断面呈长条状产出，长 400 ~ 3000m，宽数米至数十米，主要由硅化断层角砾岩组成。角砾成分主要为超碎裂岩，部分为碎裂花岗岩及后期热液石英。角砾大小不一，砾径 0.1 ~ 1cm 居多，个别大于 2cm，甚至在 10cm 以上，以棱角状为主，少部分呈次棱角状。岩石硅化强烈、致密坚硬，可见浸染状黄铁矿化以及绿泥石化。从野外露头及手标本上可明显看出，此类构造岩至少经历了三次构造变动。第一次以挤压作用为主，形成超碎裂岩，部分为碎裂花岗岩；第二次以拉伸作用为主，使前期形成的超碎裂岩、碎裂花岗岩引张破碎，形成断层角砾（棱角状、次棱角状形态），同时伴有大量以硅质为主的构造热液充填、胶结角砾，并使角砾发生硅化，形成硅化断层角砾岩；第三次仍以拉伸作用为主，使前期形成的硅化断层角砾岩再度碎裂成为角砾，此种角砾呈尖棱状，有后期网脉状石英脉充填胶结，相应亦发生了一定的硅化、绿泥石化。在地貌上，硅化断层角砾岩带常形成大型断层三角面和陡峻的断层崖［硅化岩墙：图2-26（c）］。

（2）碎裂岩带。此带紧靠硅化断层角砾岩带南东侧或沿主断面分布，宽数米至十余米，由超碎裂岩-碎粉岩及碎斑岩组成。该带在走向上延伸较为稳定，往南东方向逐渐过渡到糜棱岩带或糜棱岩化带（图2-23）。

（3）糜棱岩带。此带紧靠碎裂岩带南东侧或沿主断面分布，呈长条状“块体”产出，走向上不稳定，断续出露，宽数米至百余米，大部分与“围岩”无明显断面而呈过渡关系（图2-23）。在宏观上，糜棱岩带常呈“板状”、似“层状”产出。岩石类型有长英质糜棱岩、花岗质糜棱岩、千糜岩与超糜棱岩等，整体表现出左旋剪切性质［图2-26（d）（e）］。岩石一般呈灰-深灰色，部分呈灰白色，具明显的塑性流动构造特征。白云母、石英和长石等矿物经构造分异形成条带状、眼球状、串珠状、线状构造，条带宽一般小于2cm。岩石糜棱面理十分发育，其产状与主断面近同。

（4）糜棱岩化-碎裂岩化带。此带属脆-韧性变形带最外侧构造岩带，基本岩石类型为糜棱岩化-碎裂岩化斑状黑云母花岗岩，出露宽数米至百米。另在思村一带近主断面南东侧亦有分布，但规模相对较小。此类构造岩的形成，明显受两次构造变动影响：第一次以塑性流变为主，使岩石中大部分矿物具明显的定向组构，在宏观上呈似“层状”构造，其面理优势方位主要倾向南东，倾角10°～30°居多；第二次为韧-脆性变形，形成糜棱岩化-碎裂化岩石，其构造面理优选方位与主断面近同。

该类构造岩由基质与碎斑两部分组成。基质已糜棱岩化，呈不规则暗色条带状，碎斑主要为长石，呈压扁状、透镜状或不规则眼球状［图2-26（f）］，大小1～2cm居多，个别达4cm×4cm×1cm。碎斑存在明显的优选方位，即与构造面理近同。

2. 思（村）-砰（山）断裂带

思-砰断裂带展布于湘东北平江县思村至浏阳市砰山一带，属于连云山隆起组成部分，系长沙-平江主断裂带之北东部分，长约50km，总体走向北东，主断面（拆离断面）倾向北西，倾角30°～50°，构成湘东北构造单元边界断层（图2-27）。砰山-塔洞主干拆离断层（DF）分布在断隆带北西边缘，呈NE—SW向的“S”形舒缓分布。

在地貌特征上，思-砰断裂带断层形迹十分明显，北西侧地势低洼，南东侧地势高峻且山脉走向突然中断，地形差异显著。断层线总体走向30°～50°，主断层面倾向305°～330°，倾角43°～70°，断面沿走向和倾向呈舒缓波状。思-砰断层上盘或北西盘盖层由发育多米诺正断层组的白垩系红色砂砾岩-泥质岩系、呈点状分布的冷家溪群浅变质岩系和泥盆系页岩组成。断层下盘或南东侧为变质核杂岩。在下盘的顶部发育了主要由糜棱岩和糜棱岩化岩石组成的韧性剪切带。在韧性剪切带顶部，因上升拆离作用相应发育了一套由糜棱岩发生退化变质、变形与构造分异作用而形成的一套超碎裂岩带、硅化角砾岩带和热液硅化石英岩带。这些岩带在空间上有序地套叠在一起，构成思-砰断层构造岩带。沿思-砰断层带矿化作用发育，现已发现金属矿床、矿点多处如井冲铜多金属矿床，东冲锌矿床等，构成湘东北地区一条重要的控矿构造带。

根据构造岩变形特征，参照动力变质岩分类建议（宋鸿林，1986），思-砰断裂构造岩带在平面及剖面上具有明显的分带性，一般可划分为8个构造岩亚带（图2-27）。

1）糜棱岩化带（Ⅷ）

该带位于剪切带底部，宽近1km至数千米，主要由糜棱岩化二长花岗岩组成。岩石具塑性流变特点、大部分矿物具显著的定向构造，部分糜棱岩化、重结晶明显。岩石具条纹条带状构造。条带由糜棱岩化暗色矿物与浅色呈斑状、似扁豆状长石、石英相间排列而成。镜下岩石具交代结构，石英有动态重结晶、石英残斑定向排列形成流劈理［图2-28（a）～（c）］。在宏观上，此类岩石具“块层状”构造。

2）糜棱岩带（Ⅶ）

该带在平面上呈带状，在剖面上为“层状”，叠置于糜棱岩化岩石带之上，带宽数十米至数百米。岩石为浅灰-深灰色，具条纹和条带状构造。条带宽数毫米至数厘米，条带内揉流褶皱构造发育，构造面理

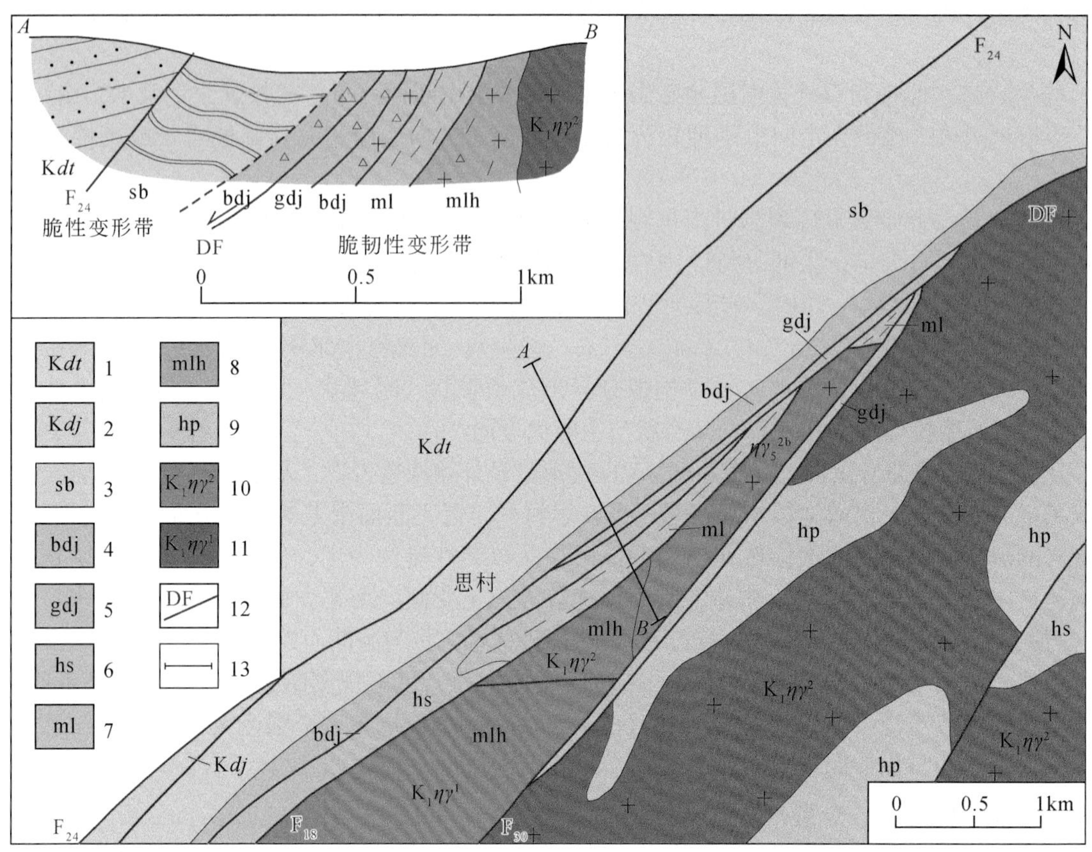

图 2-27　砰山—塔洞拆离断层思村段构造岩分带简图

1. 上白垩统东塘组；2. 上白垩统戴家坪组；3. 破碎板岩带（Ⅰ）；4. 板岩质断层角砾岩带（Ⅱ）；5. 硅化断层角砾岩（Ⅲ）；6. 花岗质碎裂岩带（Ⅳ）；7. 糜棱岩带（Ⅴ）；8. 糜棱岩化花岗岩带（Ⅵ）；9. 混合岩化片岩；10. 早白垩世连云山晚期侵入体；11. 早白垩世连云山早期侵入体；12. 拆离断层；13. 剖面位置

（由黑云母、白云母及定向排列的长石、石英构成）与主断面近平行。在宏观上，岩石呈层状，外貌上似条带状混合岩（井冲矿区曾将此类岩定名为“混合岩”）。镜下观察：岩石内主要矿物有石英、钾长石、白云母和绢云母。石英有残斑和动态重结晶两种。残斑为扁豆状，呈条带状排列，其长轴与劈理方向一致。由于动态重结晶，残斑边界呈锯齿状，晶内具强烈的波状消光。动态重结晶形成细小的石英颗粒［图 2-28（d）（e）］，其粒径在 0.001 ~ 0.09mm 之间。钾长石一般呈粒状，具强烈的机械破碎，部分有拖尾不对称眼球状构造［图 2-28（f）（g）］，钾长石残斑粒径在 0.01 ~ 0.9mm 之间。白云母呈鳞片状，长轴与劈理方向一致，干涉色鲜艳。绢云母呈鳞片状，由白云母、长石蚀变而成。

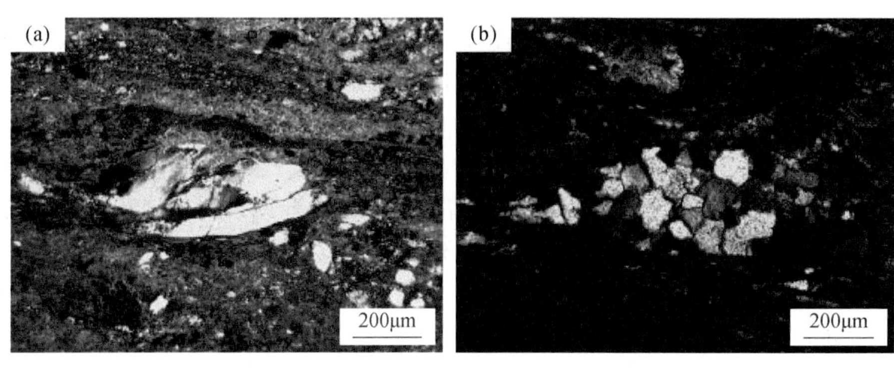

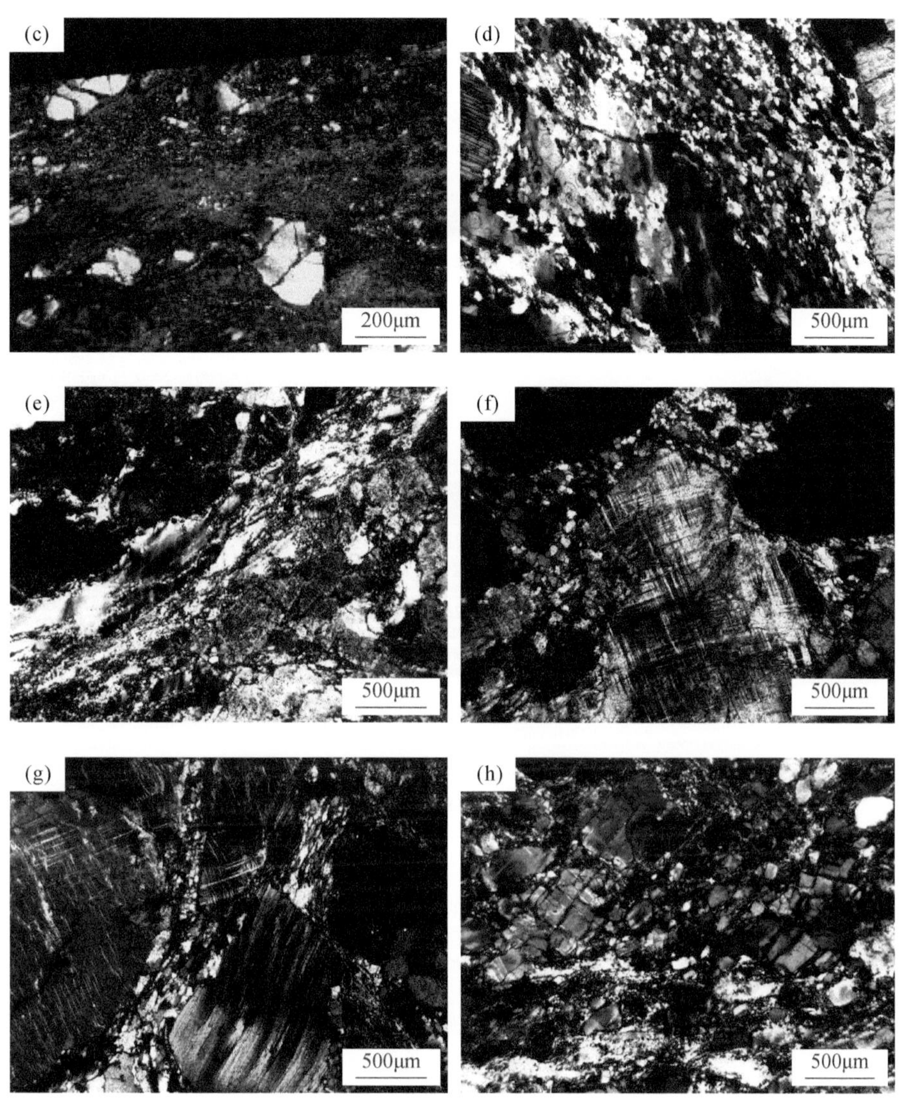

图2-28　思-砰断裂构造岩显微特征

(a) 糜棱岩内石英呈鱼形，且破裂；(b) 糜棱岩中强烈破碎且呈鱼形；(c) 糜棱岩中石英动态重结晶且沿叶理分布；(d) 糜棱岩化花岗岩中粗粒石英动态重结晶；(e) 花岗质初糜棱岩中石英波状消光且动态重结晶；(f) 糜棱岩化伟晶岩中微斜长石细粒化；(g) 糜棱岩化伟晶岩中钾长石与白云母间动态重结晶石英；(h) 花岗质糜棱岩中钾长石发生脆性破裂。(a) (b) 全为正交偏光

3）超碎裂岩带（Ⅵ）

本带宽度一般为数米至数十米，在走向上断续分布，在剖面上呈似层状叠置于糜棱岩带之上。岩石坚硬，主要为似硅质岩（在井冲铜钴矿区，曾将此类岩石定名为“硅质岩”），岩石一般呈深灰色，部分呈浅灰色。镜下观察表明，岩石主要由细小石英颗粒（<0.03mm）、石英碎斑（粒径一般为0.3mm）及少量泥质组成。碎斑晶具强烈的波状消光，局部为动态重结晶现象［图2-28（h）、图2-29（a）（b）］。

4）硅化角砾岩带（Ⅴ）

在平面上呈带状、剖面上呈似层状分布于超碎裂岩带之上，视厚度数十米至百余米。岩石呈浅灰-深灰色，具角砾状构造，角砾大小为数毫米至数十厘米，呈棱角状形态，角砾成分为超碎裂岩、胶结物为硅质［图2-29（c）（d）］。超碎裂岩角砾中的石英残斑亦具强烈的波状消光，边部显示动态重结晶现象。

5）硅化（热液石英岩）带（Ⅳ）

在平面上呈带状，在剖面上呈层状，置于硅化角砾岩带之上，带宽数米至数十米。岩石以浅白色、

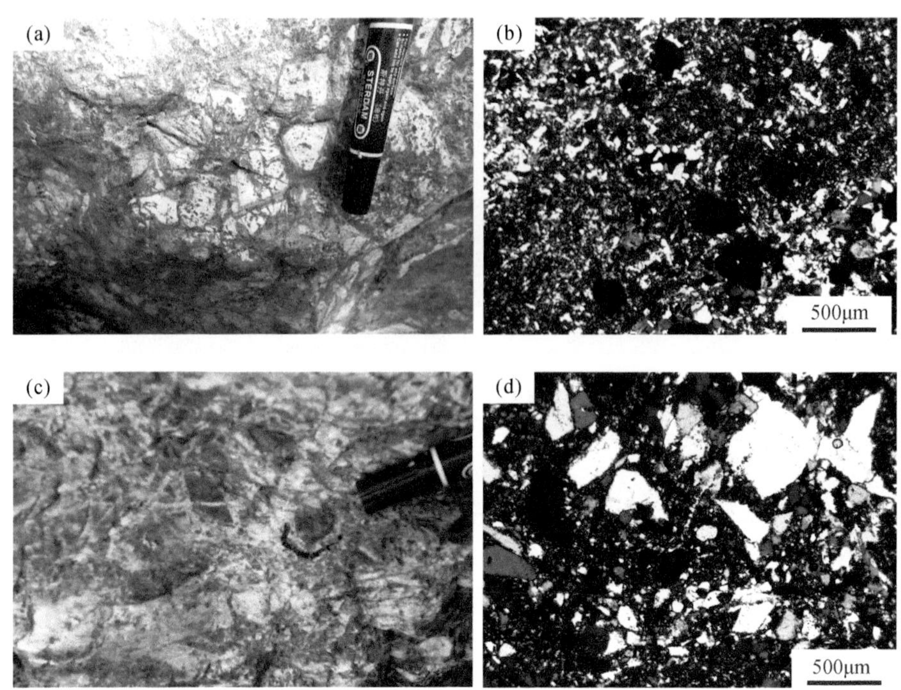

图 2-29　思–砰断裂带构造岩特征

（a）硅化超碎裂岩野外照片；（b）硅化超碎裂岩正交偏光；（c）硅化角砾岩野外照片；（d）硅化角砾岩正交偏光照片，其中的角砾已重结晶

灰白色为主，致密块状构造，主要由热液石英组成。本带底部有少许超碎裂岩或碎裂岩角砾，但由于受强烈的硅化作用，角砾已呈阴影状。

6）碎粉（岩）带（Ⅲ）

分布在硅化带之上，此带一般厚数米，容易被忽视，主要由板岩质碎粉组成，地表多表现为断层泥，胶结程度低。除本带底部具弱硅化外，无其他热液蚀变现象。

7）板岩角砾（岩）带（Ⅱ）

此带叠置于碎粉（岩）带之上，带宽数十米至百余米。角砾成分为板岩，少量脉石英，呈次棱角状，粒径 1～4cm 居多，略具定向排列，结构松散，基本无胶结。

8）碎裂板岩带（Ⅰ）

叠置于板岩角砾（岩）带之上，与板岩角砾（岩）带呈断层接触或过渡关系。该带宽数百米至数千米，由碎裂板岩组成。

上述除Ⅳ带与Ⅲ带在剖面上具明显的断层接触而岩性突变外，其他各岩带间呈过渡关系。由于构造应力场的不均性，平面与剖面上各构造岩带在不同的地段发育程度也不尽相同，甚至缺失。如糜棱岩带与硅化角砾岩带在思村、井冲一带较为发育，往南至东冲地段时逐渐消失。此外，Ⅴ～Ⅷ带岩石中石英具强烈的波状消光、动态重结晶、岩石矿物的定向排列、劈理化等，表明曾经历过韧性剪切变形，而Ⅰ～Ⅳ带岩石的碎裂及角砾结构表明在前期韧性变形的基础上经历了后期脆性变形阶段。

3. 冷家溪群变形构造特征

组成褶皱基底的下中新元古界冷家溪群，变质程度较浅，仅属极低级变质作用的浅（近）变质带，但构造变形强烈，具造山带构造变形特征。

1）褶皱变形特征

在湘东北地区，冷家溪群褶皱变形强烈，尖棱褶皱、膝褶皱、倾竖褶皱、平卧褶皱等随处可见，并发育箭鞘褶皱［图 2-30（a）～（c）］。按褶皱轴方位，可将区内褶皱划分为南北向、近东西向、近北东向和近北西向四组，它们具明显的复合叠加关系。其中，南北向褶皱为早期褶皱叠加改造后片段残留，而近东西向褶皱在区内广为分布，是冷家溪群中规模最大，保存最好、最广泛、最具代表性的褶皱。在横剖面上，主要由一系列不同级别，且两翼被多级褶皱复杂化的同斜紧闭褶皱共同组成。平面上褶皱轴迹近东西向延伸，并表现出微向北凸的“M”形变化趋势［图 2-30（d）］，显然与褶皱叠加影响有关。其伴

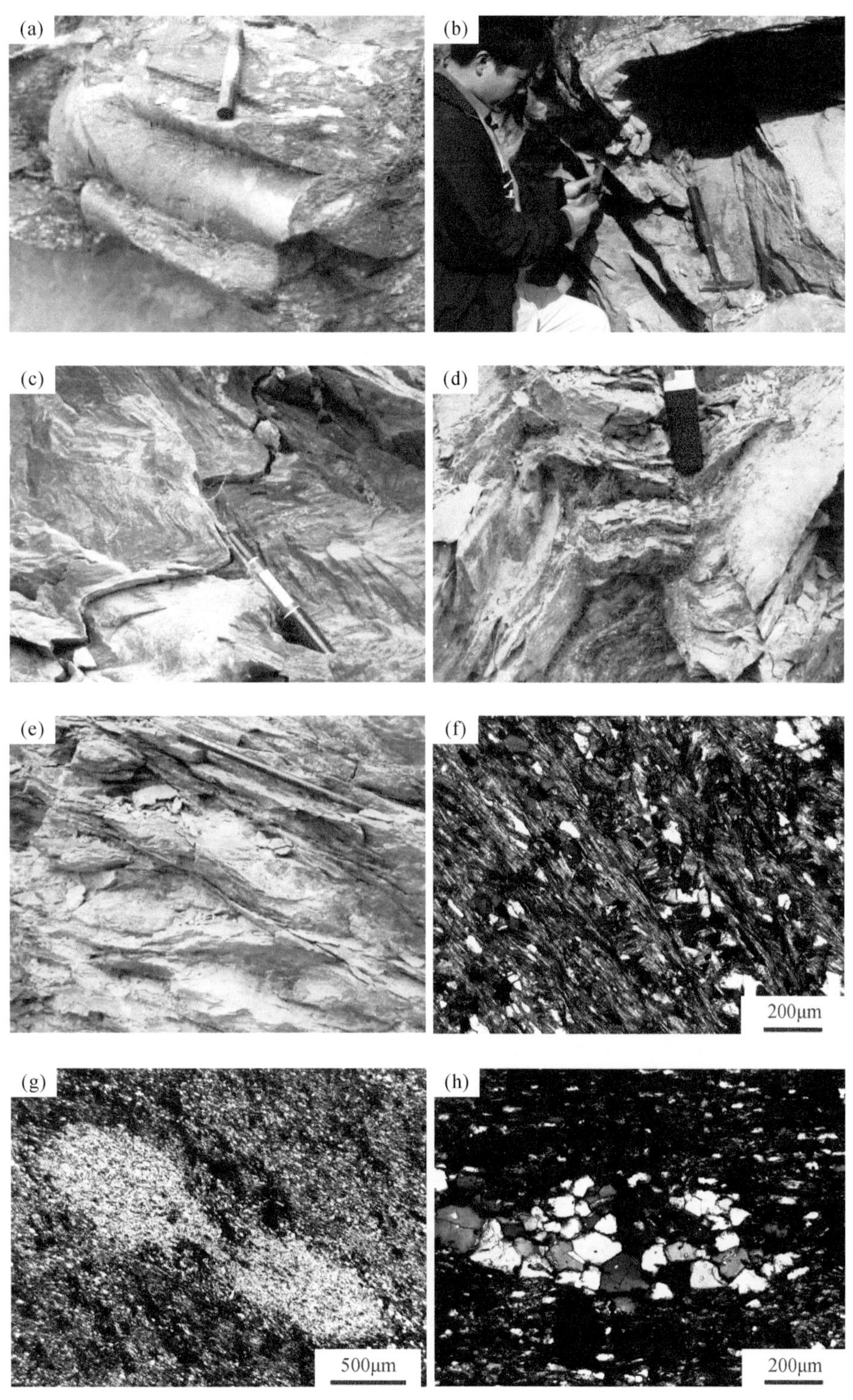

图 2-30　冷家溪群浅变质千枚岩构造变形特征

(a) 箭鞘褶皱野外照片；(b) 尖棱褶皱野外照片；(c) 膝褶皱野外照片；(d)“M”形褶皱野外照片；(e) 由透镜状石英和铁镁质矿物为主组成的条带所揭示的 S-C 组构（野外照片）；(f) 千枚岩的条带状构造，揭示有两期片理面；(g) 千枚岩中由眼球状绢云母集合体组成的透镜体；(h) 千枚岩中由细粒石英、白云母组成的透镜体顺片理方向定向排列，其原岩可能为硅质碎屑。(f) ~ (h) 全为正交偏光

生构造以透入性板劈理和低级别小褶皱发育最为突出，其次可见以脆-韧性变形为特征的近东西向断裂构造。北东向褶皱的总体特征是褶皱规模大，轴向延伸可达 5 ~ 10km，轴面倾向 100° ~ 120°，倾角 50° ~ 60°，轴面劈理、剪切片理构造置换强烈，并多被北东向断裂破坏，有所残缺。综上所述，冷家溪群至少存在四期褶皱叠加，早期近南北向褶皱被晚期近东西向褶皱横跨叠加，在前两期褶皱基础上再次遭受近北东向、北西向的斜跨叠加，由此基本奠定了冷家溪群的构造格架。

从区域范围看，近东西向褶皱变形强，产状稳定，分布广，规模较大；近南北向褶皱分布局限、规模大、变形弱，两者之间叠加关系清楚。平面上褶皱的枢纽或轴迹除了因彼此影响出现规律性波状弯转、起伏外，还构成了穹、盆状的 I 型叠加干扰格式。根据侵位于近东西向褶皱核部的同构造期长三背岩体的锆石 U-Pb 同位素年龄为 845 ~ 800Ma（Li et al., 2003a, 2003b; Wang et al., 2006; Wu et al., 2006; Zheng et al., 2007, 2008a, 2008b; Zhao et al. 2011）和南北向、近东西向褶皱均被中上新元古界板溪群或南华系不整合于其上，表明区内呈叠加关系的近南北向和近东西向褶皱均形成于前震旦纪，并与区域上赣北双桥山群的褶皱叠加作用近于一致（秦松贤等，2002）。

2）脆-韧性剪切带变形特征

湘东北地区冷家溪群的主要岩性为浅变质细砂岩和粉砂岩、粉砂质板岩和板岩，这些浅变质碎屑岩内脆-韧性剪切变形极为发育。按方向主要包括北北东向、北东东向、东西向（图 2-31）和北西向，其规模不等，小者宽几米至几十米，大者宽百余米，甚至数百米，总体上可构成由强应变域和弱应变域组成的网络状变形格局。

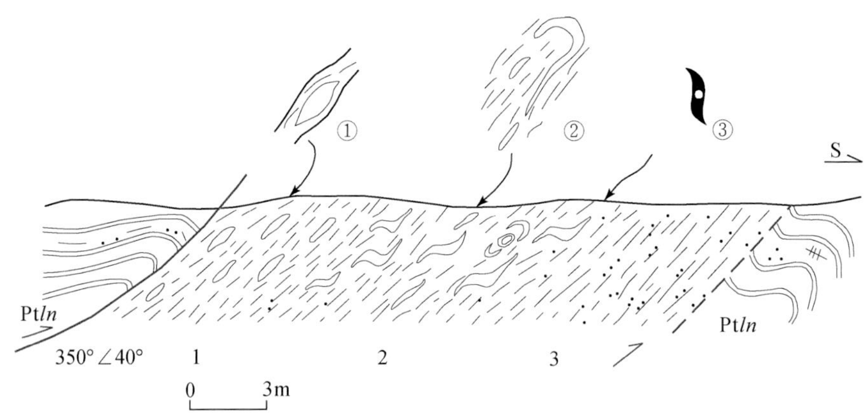

图 2-31　发育于冷家溪群（Pt*ln*）中的石回咀-官庄东西向脆韧性剪切带剖面

1. 透镜体化带；2. 糜棱岩带；3. 碎裂岩-劈理化带。

①石英透镜体；②无根钩状褶皱；③压力影

浅变质碎屑岩中韧性剪切带虽然具有一般剪切带内诸如粒度显著减小（即细粒化）、呈带状产出、面理和线理发育等典型变形特征，但又不同于长英质岩的韧性剪切变形特征。冷家溪群所具有特殊的显微构造和小构造特征如下［图 2-30（e）~（h）］：①没有长石残斑构造，但具有变斑晶所显示的似残斑构造；②没有残斑矿物定向显示的 S-C 组构，而是由成分层的差异滑动所导致的 S-C 组构；③由于碎屑岩内矿物颗粒较细，粒内变形效应相对较弱，缺乏晶内塑性变形；④剪切带与围岩是逐渐过渡的。与围岩比较，石英物质减少，颗粒减少，而层状硅酸盐矿物（主要为绢云母）、暗色泥质物质增多，并沿剪切面理方向优选定向排列。但由于石英缺乏晶内塑性变形，不能称这类断层岩为糜棱岩，一般称其为面理化岩石。

4. “连云山混杂岩”构造变形特征

湘东北地区“连云山混杂岩”（本书将原定的“新太古代—古元古代连云山岩群”改称为“连云山混杂岩”，详见本书第 4 章）实际上由奥陶纪及更古老岩石和侵入其中的燕山期花岗岩（连云山岩体）组成，它们可能构成变质核杂岩的重要组成部分。

1）"连云山混杂岩"变形基本特征

位于长平断裂带及其东侧的"连云山混杂岩"（图 0-1、图 2-16）主要由黑云斜长片麻岩、斜长角闪片麻岩和石英云母片岩组成，达角闪岩相–麻粒岩相变质级，是多期变质变形叠加结果。因复杂的变形特征，广泛发育各种类型、不同构造层次的韧–脆性剪切构造，且早期韧性剪切构造常与后期韧性叠加构造（主要是燕山期近 NE 向左行韧性走滑）而形成的变形组构混为一体而变得难以区分。常见的构造形迹主要如下。

（1）褶皱变形

层内剪切褶皱。早期层内褶皱规模小，难以保存，其中以片麻状富白云母斜长花岗岩条带表现最为突出。层内剪切褶皱的发育局限于一定成分层内，多表现为两翼紧闭，转折端强烈加厚，形成相似或顶厚褶皱，西翼产状多平行于区域片（麻）理［图 2-32（a）~（c）］；转折端与区域片（麻）理直交。由片麻状花岗质岩条带构造显示的层内剪切褶皱部分被揪断形成无根褶皱或被晚期准共轴褶皱叠加、包容。

层内剪切褶皱是在顺层韧性剪切作用上，原始成分层发生局部失稳，形成以原始成分层为变形面的顺层掩卧褶皱。在递进变形过程中，平行原始成分层的新生面理可进一步失稳变形，形成以新生面理–片（麻）理为变形面理的顺层掩卧褶皱或鞘褶皱［图 2-32（d）］，其运动学方向为北北东向近水平右行韧性剪切。

连云山群岩石遭受过后期强烈的韧性再造叠加。通过野外观察，该岩石在宏观上表现为强烈塑性流变所形成的条纹条带构造及由这些条纹条带所组成的层内无根褶皱、揉流褶皱［图 2-34（e）］，其运动学方向为近北北东向近水平左行韧性剪切。

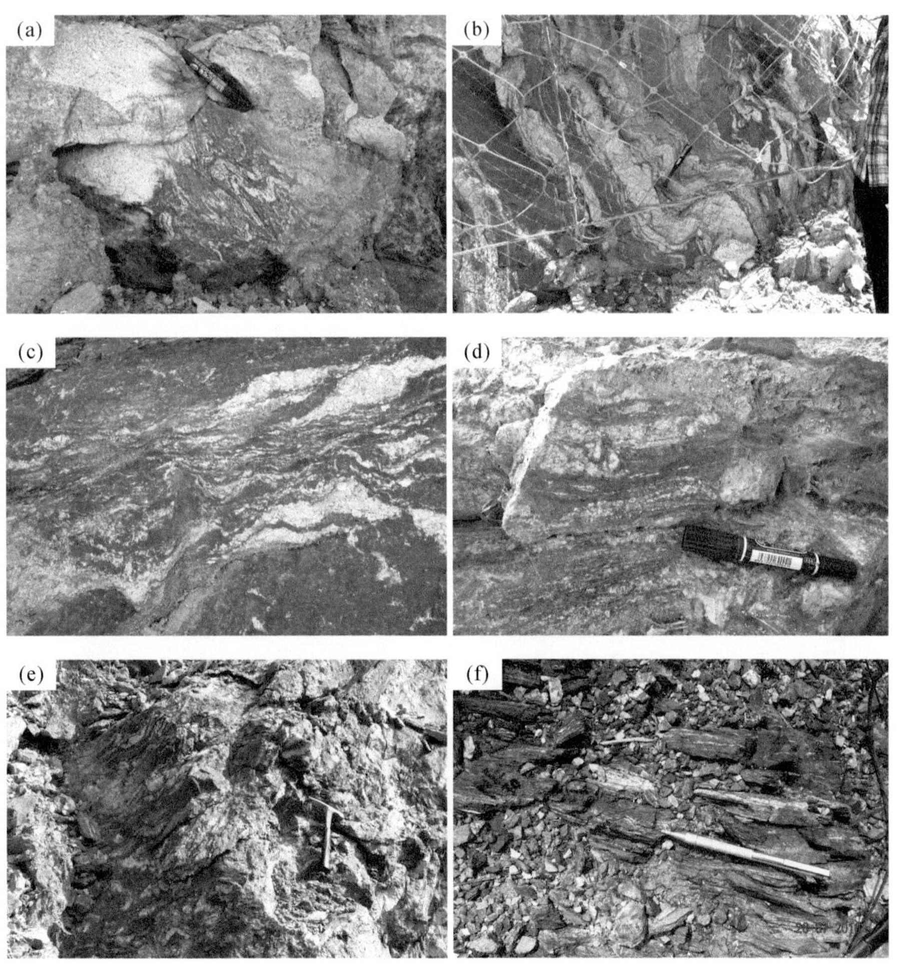

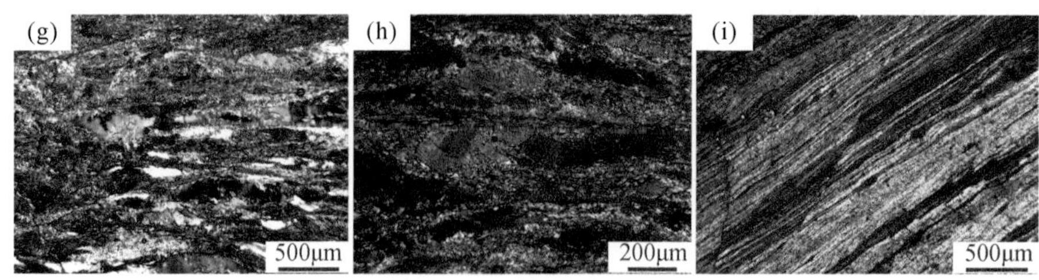

图 2-32　连云山群杂岩构造变形特征

(a) 黑云母斜长片麻岩内层间剪切褶皱；(b) 顺黑云母斜长片麻岩面理侵入的花岗质岩表现的层间剪切褶皱；(c) 黑云母斜长片麻岩内层间剪切褶皱和 S-C 组构；(d) 黑云母斜长片麻岩质糜棱岩；(e) 黑云母斜长片麻岩内无根褶皱；(f) 黑云母斜长片麻岩质超糜棱岩野外照片；(g) 黑云母斜长片麻岩内由残斑和基质组成的糜棱结构；(h) 黑云母斜长片麻岩内黑云母残斑的书斜状构造和层内剪切微褶皱；(i) 长英质超糜棱岩的纹层状构造。(a) ~ (f) 为野外照片；(g) ~ (i) 为正交偏光照片

晚期层内剪切褶皱与早期层内剪切褶皱的区别主要是：早期的规模较小，难以保存，少见；而晚期规模较大，普遍发育。早期层内剪切褶皱的轴面近水平，晚期的轴面则近直立，走向 NNE，倾向 NW，倾角 60° ~ 90°；早期褶皱脉体成分主要为富白云母斜长花岗质片麻岩，晚期褶皱脉体成分主要为长英质脉。

背（向）形构造。连云山群岩石还发育一系列背形、向形构造，如箭杆山-早禾坊背形（B6）、肚咀-西山畔向形（B7）、寒婆坳-曾家嘴背形（B8）、学棚下-春伏安向形（B14）、龙须洞-冬瓜槽尾背形（B15）、辜家洞-排上向形（B16）等。这些背（向）形构造轴迹走向为北北西向，因东西向叠加而呈舒缓波状。此类褶皱规模较小，一般都以片理面（S2）为变形面，在背形内多发育岩脉或岩滴状小侵入体。

（2）新生面理-区域片麻理、片理

这是湘东北地区最古老的一期面理，它是以原始层理为变形面，在一定温压条件下发生顺层剪切流动的结果。其中新生面理在白云石英片岩、黑云斜长片麻岩中最发育，在斜长角闪岩中次之，反映出受原岩性质控制的差异剪切流动 [图 2-32（f）~（i）、图 2-33（a）~（d）]。

上述新生面理普遍遭受后期透入性走滑韧性剪切的叠加置换，在后期走滑剪切叠加较强的部位，这一期新生面理常残留于后期韧性剪切构造透镜体中。在镜下可观察到前构造期石榴子石变斑晶中早期片理（S1）与主期片理（S2）较大角度斜交 [图 2-33（d）]。

此外，在连云山辜家洞含十字石黑云母石英片岩中可见较粗石英变晶与较细的变晶呈“M”形微褶相间排列组成的变余层理 Sc [图 2-33（e）]。

（3）黏滞型石香肠构造或透镜体

黏滞型石香肠或透镜体是连云山群岩石顺层韧性剪切变形的重要特点之一。连云山群斜长角闪（片麻）岩能干性高，因而香肠体或透镜体多由斜长角闪（片麻）岩或长英质脉表现出来。香肠体呈透镜体常与层内剪切褶皱相结合，在层内剪切褶皱翼部，强硬层被剪切揪断而香肠体化或扁豆体化 [图 2-33（f）]。

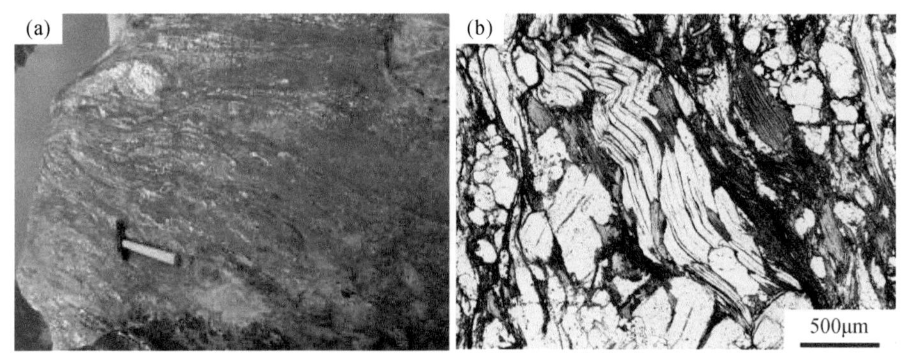

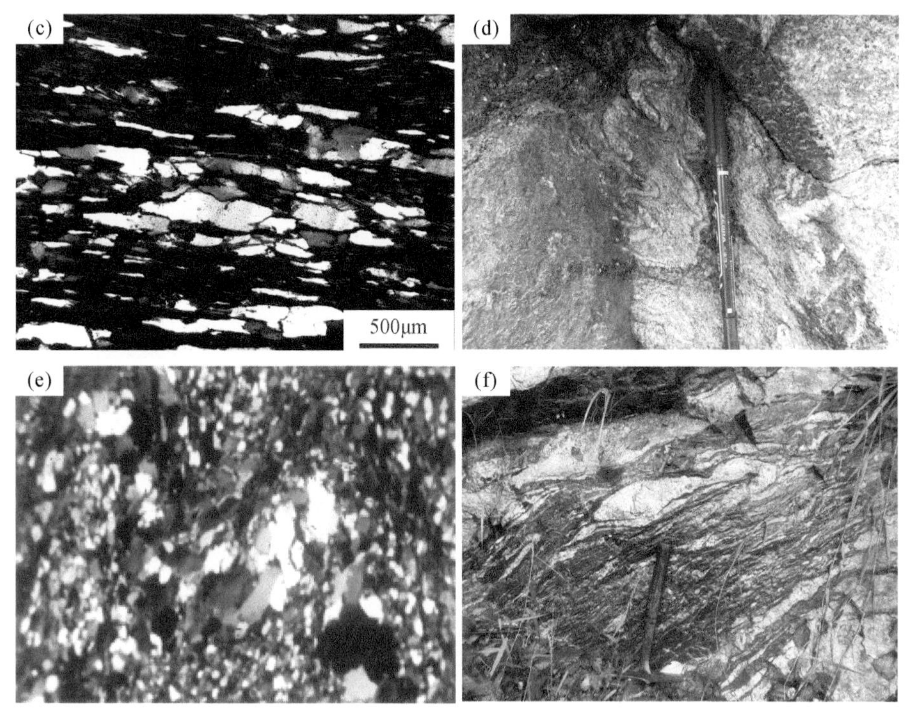

图2-33 连云山群杂岩构造变形特征

(a) 黑云母斜长片麻岩流动构造；(b) 石英云母片岩中白云母揉皱；(c) 石英云母片岩中石英拉长定向排列；(d) 黑云母斜长片麻岩内层间剪切褶皱，并显示两期片理；(e) 云母石英片岩内石英集合体显示"M"形塑性流动褶皱；(f) 黑云母斜长片麻岩长英质透镜体和无根钩状褶皱。(a)(d)(f) 为野外照片；(b) 为单偏光照片；(c) 和 (e) 为正交偏光照片

2）连云山花岗岩变形特征

连云山岩体侵入定位于连云山群杂岩中，受北东方向区域性断裂的控制而呈向东弧形凸出的似椭圆形，岩体与围岩呈韧性断层接触关系［图2-34（a）］；其西部边界为白垩系沉积岩覆盖，并以伸展滑脱断层接触，东边界则与连云山群呈侵入接触关系，且见岩枝穿切深变质岩的片理面［图2-34（b）］。

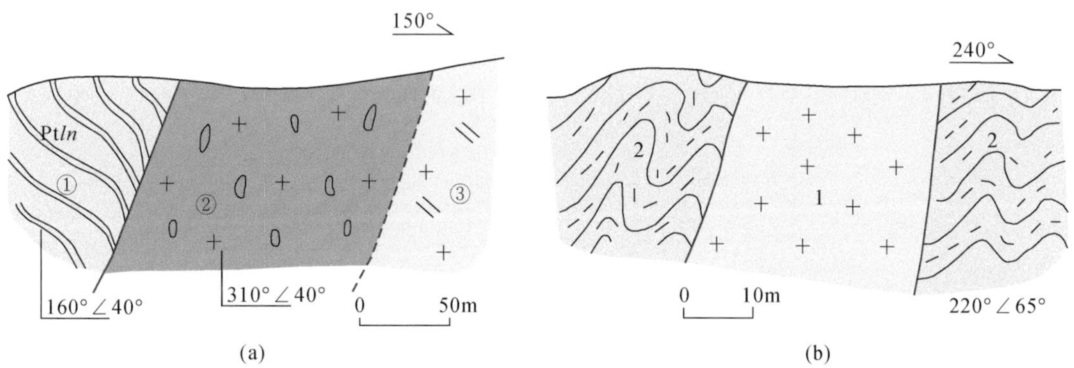

图2-34 连云山岩体与围岩呈韧性断层接触（a）和穿切连云山混杂片岩示意图（b）

①冷家溪群（Ptln）板岩；②花岗质初糜棱岩；③黑云母二长花岗岩。1. 花岗质岩；2. 云母片岩

除在岩体东、西两侧近围岩附近可见黑云母、长英质矿物具有一定方向性排列外，连云山岩体中心内部组构并不发育，但岩石以岩浆成因的中细粒结构为主，部分为含斑的中粗粒结构。在与围岩的侵入接触部位，定向排列的矿物具面型分布特征，构成叶理、流面构造，产状与接触边界近平行，走向以北东向为主。流面构造在岩体东侧发育，表现为由岩浆流动作用力下产生的长石斑晶矿物定向排列，其长石斑晶仍然具自形板柱状的特点［图2-35（a）］。叶理构造则在西部可见，特别是在边界伸展断裂附近，

具有固态塑性变形特点，长石斑晶具有明显的变形现象，呈椭圆形，他形石英颗粒则被压扁拉长［图2-35（b）］，这表明，岩浆在侵位固结过程中或之后，动力构造作用对其影响甚强。岩体中分布有大量呈条带状的深变质岩捕虏体，展布方向与岩体长轴方向平行，与岩体界面清楚，呈突变接触关系［图2-35（c）］。此外，在连云山岩体西侧的动力变质带内，由于强烈糜棱岩化，形成糜棱岩化花岗岩、花岗质糜棱岩［图2-36（a）］。

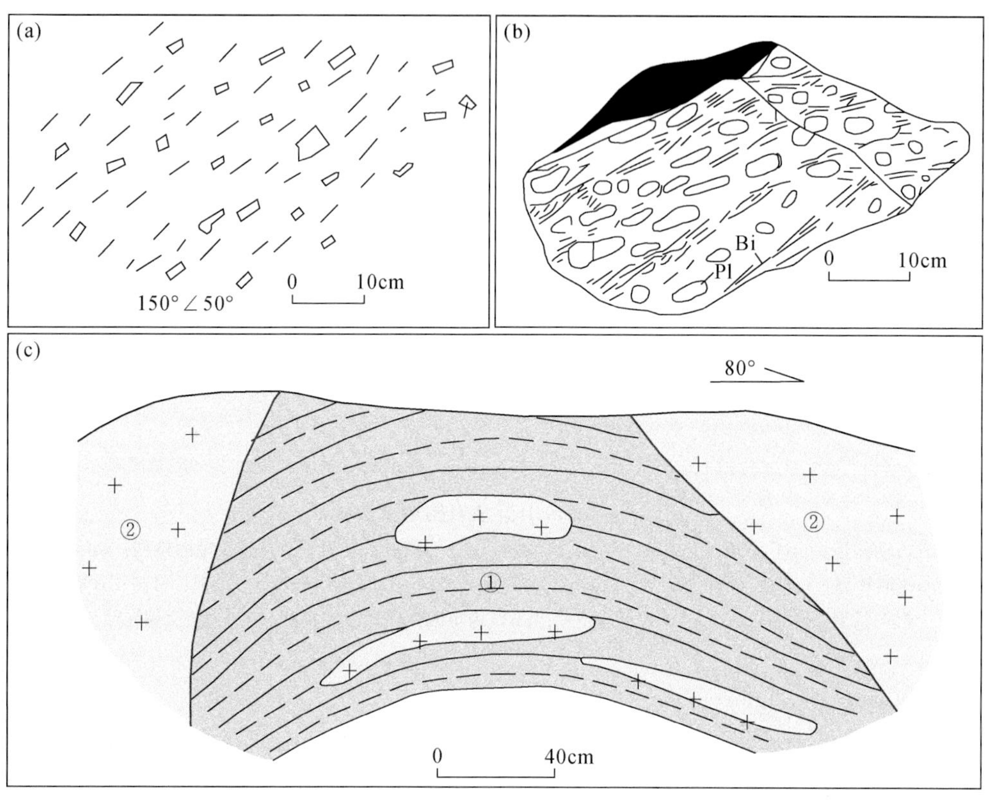

图2-35　连云山岩体基本特征示意图

（a）岩体中部流面构造，Pl为斜长石斑晶，S1产状：150°∠50°；（b）西部岩体叶理构造，Pl为长石斑晶，Bi为黑云母条带，S1产状：50°∠50°；（c）岩体中部围岩捕虏体。①石英云母片岩；②连云山花岗岩

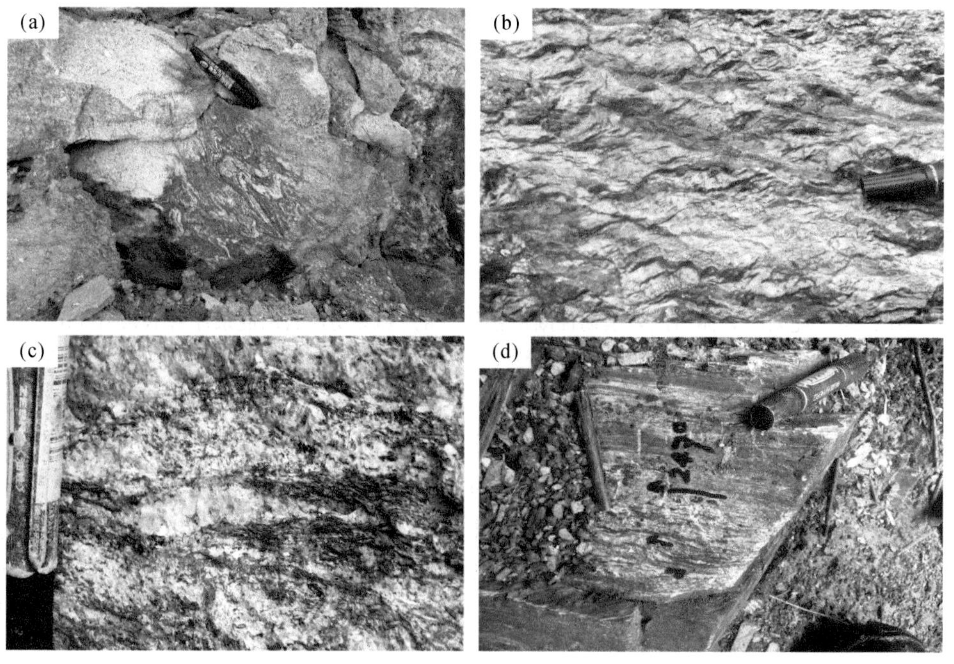

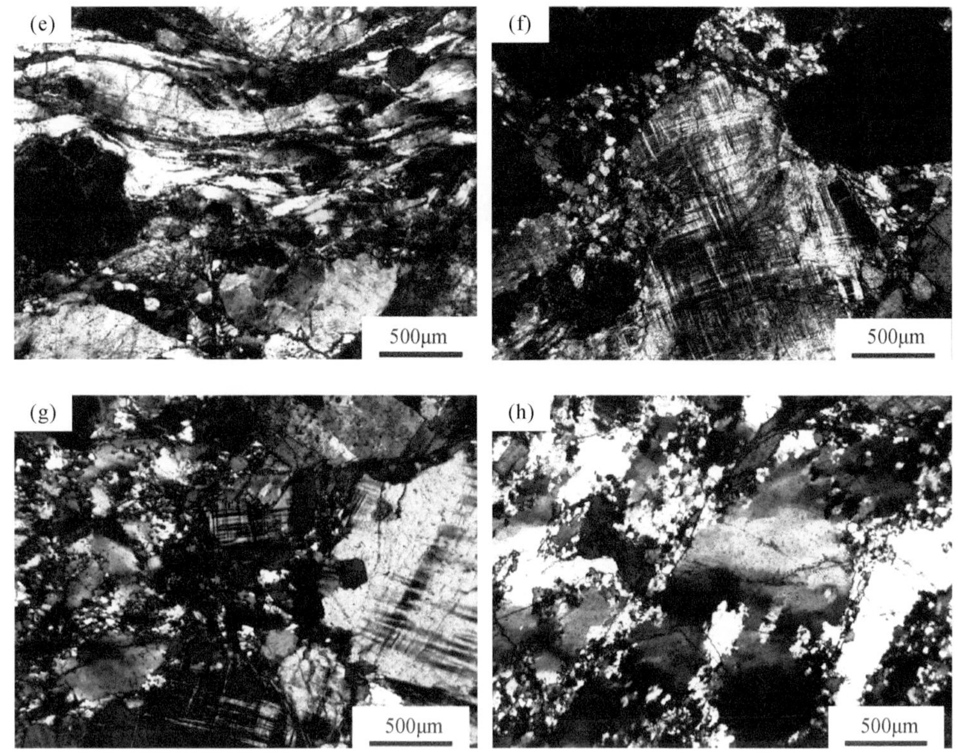

图2-36　长平断裂带连云山岩体变形特征

(a) 侵位于"连云山混杂岩"中的花岗闪长岩，注意前者强烈的褶皱变形；(b) 连云山岩体的S-C组构；(c) 混合岩化花岗岩S-C组构与压扁拉长的长英质；(d) 黑云母斜长花岗质超糜棱岩；(e) 糜棱岩化花岗岩中由残斑和基质组成的糜棱结构；(f) 糜棱岩化伟晶岩中微斜长石粗晶周围发生细粒化；(g) 糜棱岩化斑状花岗岩中石英和长石动态重结晶颗粒与残斑形成核幔结构；(h) 糜棱岩化斑状花岗岩中石英重结晶形成多晶条带。(a)～(d) 为野外照片；(e)～(h) 为正交偏光照片

5. 长三背岩体变形特征

长三背岩体位于大围山岩体西端，平面上岩体呈西端膨大、东端窄小的"蝌蚪"状，长轴方向近东西，与区域构造一致。岩体南缘与围岩呈侵入接触关系，接触面一般向北倾，倾角70°～80°不等，北缘与围岩则呈断层接触，即一条向南以80°陡倾斜的东西向韧性剪切平移断层将其截然分割，使岩体与围岩呈突变接触关系。

1）叶理、线理构造

长三背岩体构造变形相当强烈，从岩体中心向两侧可划分为：中部弱变形带，由剪切透镜状花岗岩夹条带状或透镜状片岩组成；北侧由中心向边缘过渡到糜棱岩化花岗岩→花岗质初糜棱岩→花岗质糜棱岩；南侧由中心向边缘过渡为糜棱岩化花岗岩→花岗质初糜棱岩（图2-37）。岩体内叶理、线理十分发育，特别是在南北两侧，呈近东西走向，在岩体端点或局部地段受边界面影响发生偏转，倾向东或西，倾角60°～85°，于叶理面上拉长的石英、包体、浅色或暗色矿物断续线状排列构造线理，线理倾伏向75°～110°，近东西向者层多，倾伏角较小，一般2°～20°（图2-38）。

2）显微构造

长三背岩体显微构造十分清晰，最具韧性矿物——石英均已变形呈拉长状，其颗粒长短轴比一般为5∶1，最大可达10∶1，定向性明显，核幔结构、变形带及拔丝结构发育，动态重结晶颗粒多见［图2-39（a）～（b）］。长石矿物受构造变形强烈，斑晶的圆化现象普遍，与周围塑性基质构成"眼球构造"或曲颈拖尾，双晶弯曲、折断及扭折现象可见，空穿晶裂纹比较多见，部分斑晶由于脆性破裂而形成"砂钟"构造。云母弯曲扭折呈拖尾的"云母鱼"，波状消产光等。上述变形矿物均具右行剪切特征［图2-39（c）］。

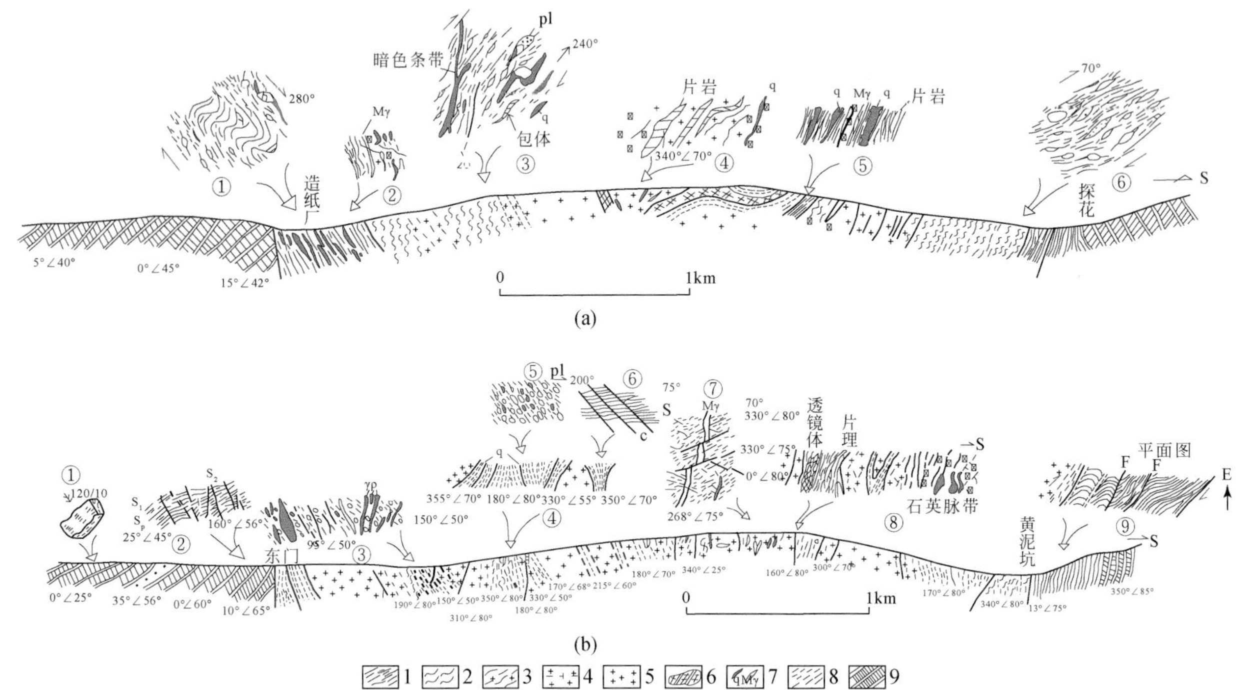

图 2-37　长三背岩体造纸厂-探花剖面图（a）与东门-黄泥坑剖面图（b）（位于图区东外侧）

1. 劈理化板岩；2. 云母片岩；3. 花岗质糜棱岩；4. 糜棱岩化花岗质岩；5. 花岗质岩；6. 连云山岩群（?）包体；7. 石英脉/细晶岩脉；8. 断裂带；9. 片理化带。(a) 剖面：①糜棱岩中的剪切褶曲；②顺面理侵入的细晶岩脉；③长石残斑旋转拖尾；④片岩包体；⑤片岩与岩脉；⑥初糜棱岩中包体及长石残斑旋转拖尾结构。(b) 剖面：①围岩中的微细波折；②近岩体接触面的围岩膝折构造；③晚期花岗伟晶岩脉群；④面理产状变化过程；⑤面理由长石斑晶定向显示；⑥S-C 组构；⑦细晶岩脉位态；⑧晚期断层及石英脉带；⑨近岩体围岩片理化及褶曲

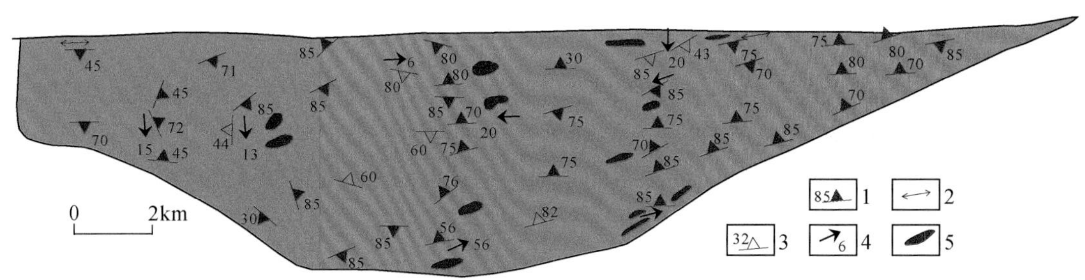

图 2-38　长三背岩体中面理、线理平面示意图

1. 实测面理；2. 实测水平线理；3. 磁性面理；4. 磁性线理；5. 包体形态与长轴方向。产状单位均为（°）

3）包体变形特征

包体大多分布在长三背岩体边部，成分主要是闪长质，其次长英质。包体压扁拉长十分明显，多呈长条形和长椭圆形，长轴一般 2～3cm，大的 20～30cm 不等。长轴总体呈 70°～80°方向展布，南北向缩短，东西向拉长，北侧带包体拉长较明显，$X:Z$ 为 4∶1；形态较复杂，两端较尖，且扭动；中北部弱变形带中一般呈圆饼状或水滴状，$X:Z$ 一般 2∶1～3∶1，南侧介于上述两者之间，以压扁为主（图 2-40）。

4）旋转应变

岩体变形带内的旋转应变标志 XZ 面测量和计算结果及素描见图 2-41 和表 2-1，表明其应力作用方式为右旋扭动。由岩体南北两侧向中心的剪切应力值是递减的，反映出岩体边界，特别是北边界的剪切变形强度大，岩体中部则变形相对较微弱。

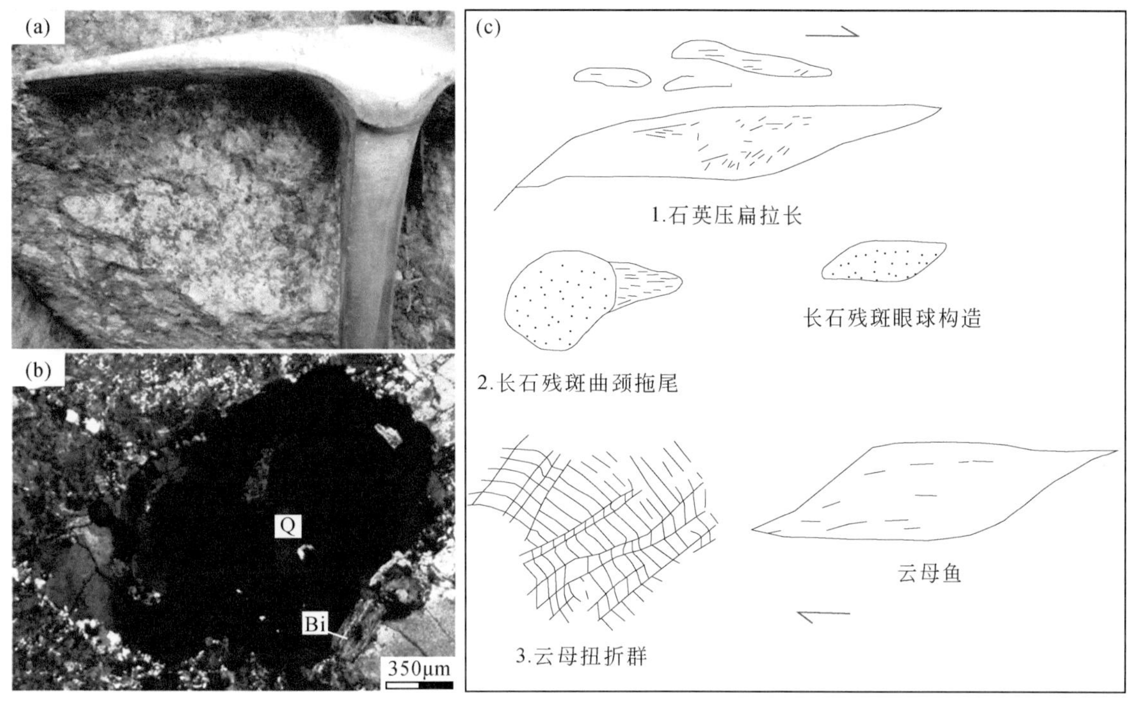

图 2-39　长三背岩体构造变形特征

（a）长三背岩体野外照片，岩石弱具定向排列；（b）石英（Q）变斑晶和包括黑云母（Bi）在内的基质显示核幔构造（正交偏光）；（c）岩体中石英、长石和云母显微变形构造素描

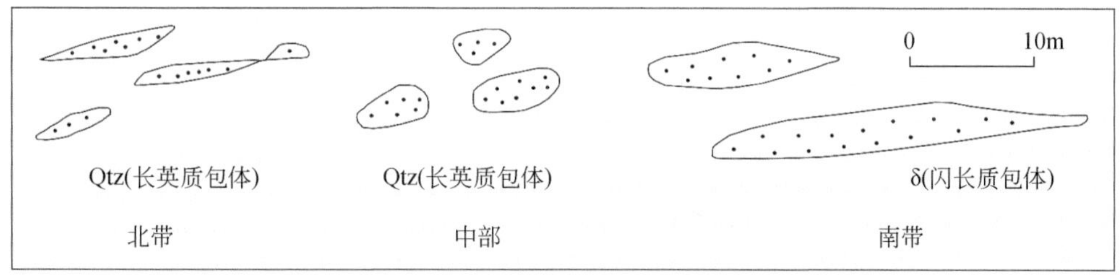

图 2-40　岩体露头拉长包体组成的线理

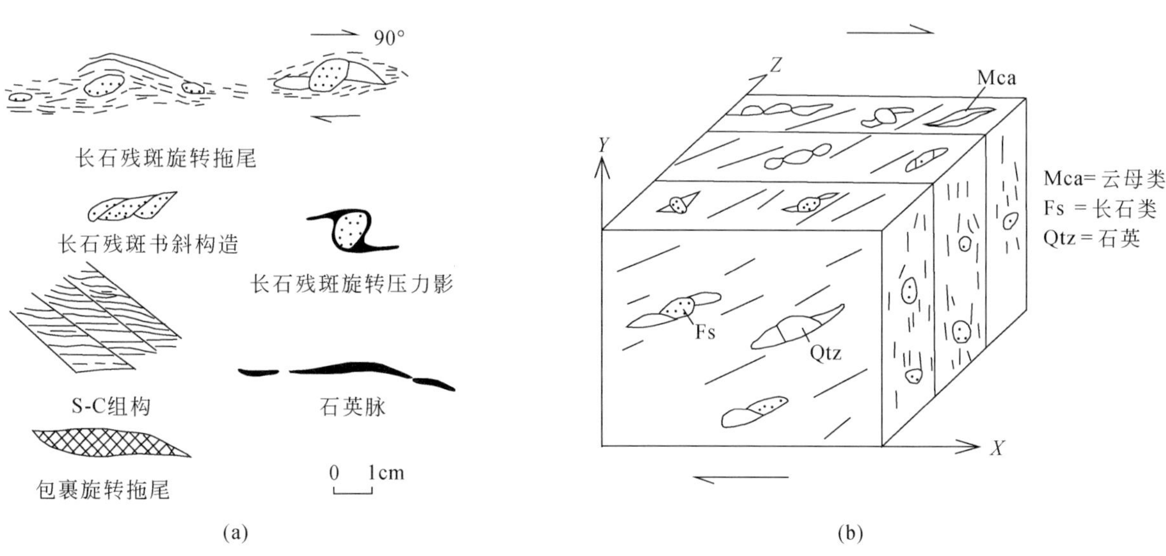

图 2-41　长三背岩体的剪切标志素描图（a）和右行剪切动向模块图（b）

表 2-1　长三背岩体旋转标志体剪切角、剪切应力值统计表

地段	标本号	岩性	剪切角/(°)	剪切应力值	平均剪切应力值
北边界	7-1	花岗质糜棱岩	8	6.97	4.04
	7-2	花岗质初糜棱岩	15	3.46	
	7-3	花岗质初糜棱岩	25	1.68	
中北部	3	花岗质初糜棱岩	30	1.15	0.75
	14	糜棱岩化花岗岩	40	0.35	
南侧	8-2	花岗质初糜棱岩	25	1.68	2.57
	8-1	花岗质初糜棱岩	15	3.46	

6. 望湘岩体变形特征

望湘岩体位于新宁-灰汤断裂带东侧、万古-大洞金矿的西面。该岩体为复式岩体，平面上呈一个近南北向的不规则的似长形，东侧边界呈较为规则曲线形态，南、北两端则表现为不规则折线状，两侧则被古近系—新近系所沉积覆盖（图 2-42）。

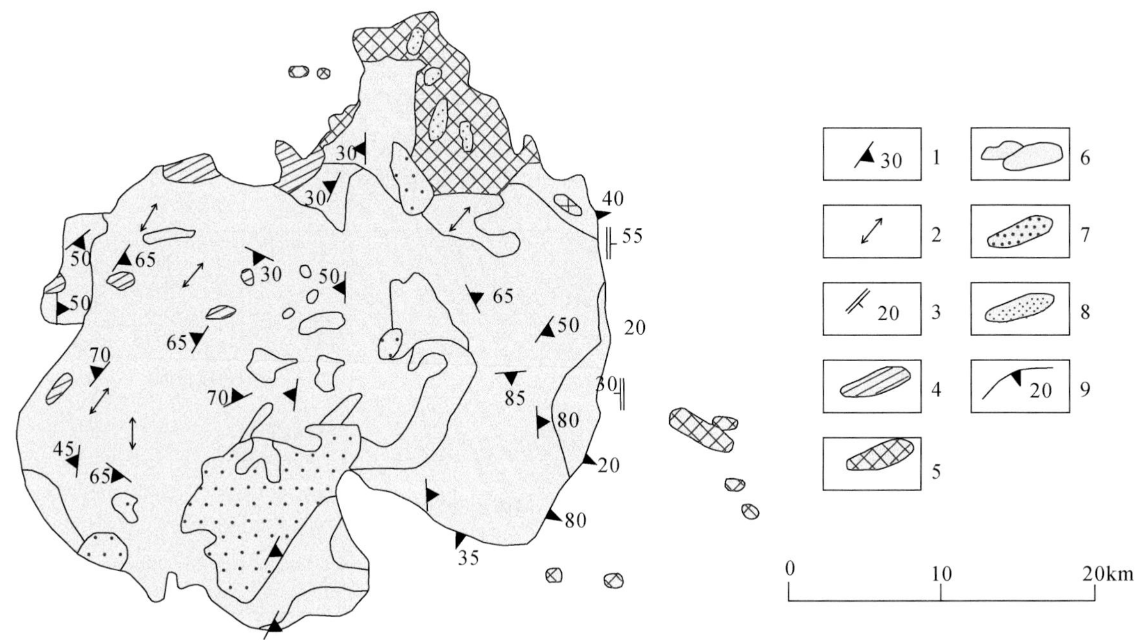

图 2-42　望湘岩体地质构造略图

1. 流面产状；2. 流线产状（水平）；3. 围岩片理产状；4. 最早期雪峰—加里东期花岗岩；5. 印支期花岗岩；6. 燕山早期花岗岩；7. 燕山晚期花岗岩；8. 沉积围岩捕虏体；9. 接触面产状。产状单位为（°）

（1）最早期雪峰—加里东期花岗岩侵入体，由于后期岩体的侵吞、蚕食作用，而呈小岩株、岩枝、岩滴状，沿近南北方向断续储存于晚期岩体中或边界处（图 2-42）。其侵位时的构造形迹、样式已被晚期动力构造作用而彻底置换，表现为挤压-剪切变形特征，宏、微观上的非均匀应变标志都很清楚（图 2-43、图 2-44）。

（2）印支期花岗岩主要出露于望湘岩体北部（图 2-42），呈北西西向长条状，与围岩接触界面不规则，内部组构缺乏，形态不规则的顶垂体十分发育成为主要识别标志之一。这些冷家溪群片岩顶盖个别大的大于 $1km^2$，小的在露头上即可观察到。

（3）燕山期花岗岩构成望湘岩体主体（图 2-42），其岩体边界在南、北两端与地层走向基本适应，东侧则与之大角度相交，界面还呈不规则曲线状，接触面一般向外倾，倾角 40°～80°不等。此期岩体因形

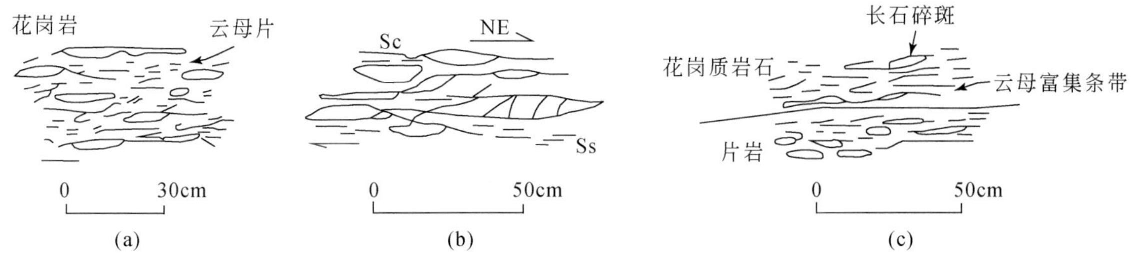

图2-43　黄家大山韧性剪切带中小构造素描图

Sc表示糜棱岩面理；Ss表示剪切带内面理

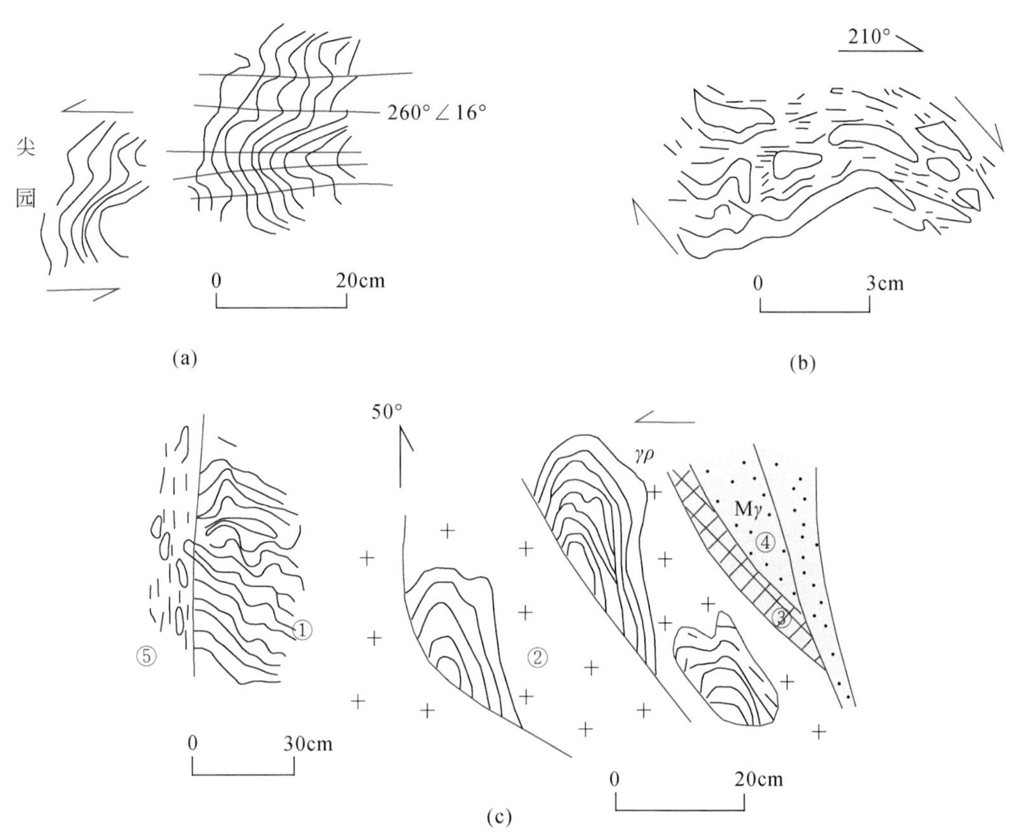

图2-44　黄家大山一带变形花岗岩中剪切褶皱样式

（a）片岩中小褶皱；（b）花岗质韧性剪切带中的剪切流变现象；（c）①褶皱体，②花岗岩，③花岗伟晶岩体（γρ），④花岗细晶岩脉（Mγ），⑤花岗糜棱岩

成时代较晚、规模大，且受后期构造运动影响微小，故而保存较为清晰的、比较完整的岩体侵位构造样式，具体叙述如下。

1）流面构造

岩体中流面构造比较发育，尤其西部弱面状构造带的“条带状构造”的外观展示，给人以深刻印象，带宽可达5～8km。流面总体走向大致为近南北向，西部多数向西倾，东部则向东倾为主，倾角30°～80°不等（图2-43）。

流面构造由长石斑晶定向排列与黑云母同聚集条带相间排列构成，露头上清晰可见（图2-45），其中长石斑晶仍保留了自形程度非常高的自形板柱状形态，为未破碎或“磨圆”等塑性变形现象（图2-46），表明斑晶的定向排列是在熔体状态中，由于岩浆流动动力作用，矿物晶体发生旋转而达到动态平衡；最具韧性变形矿物——石英也是非塑性变形他形状充填于其他矿物之中。这些均反映出岩浆结晶组构特征。

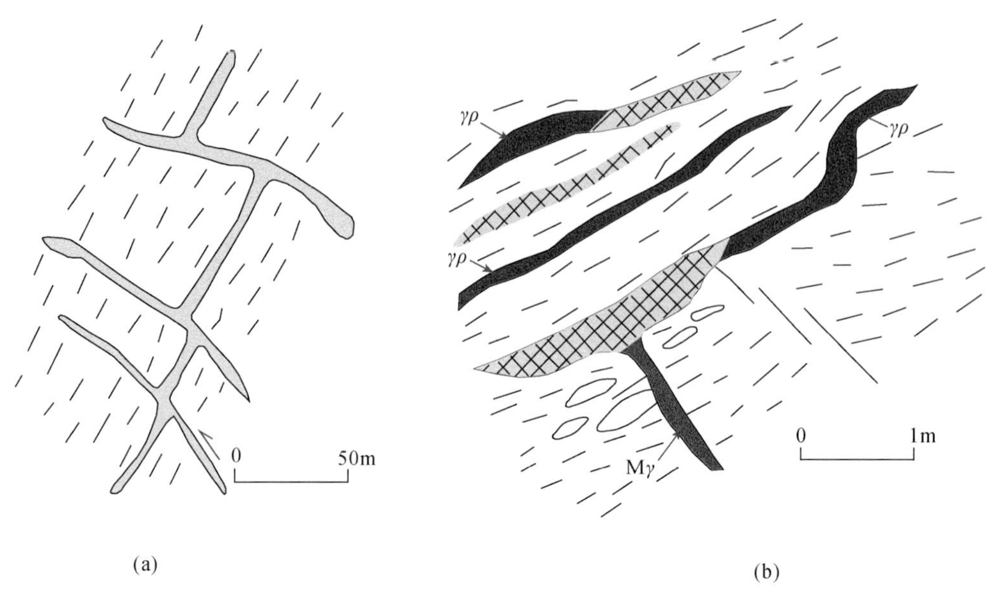

图 2-45　石板屋采场"流面构造"的野外关系

阴影区为包体者是花岗闪长质岩；脉体者是细粒二云母二长花岗岩；虚线示矿物线状（条带）排列；Mγ 为花岗细晶岩脉；γρ 为花岗伟晶岩脉

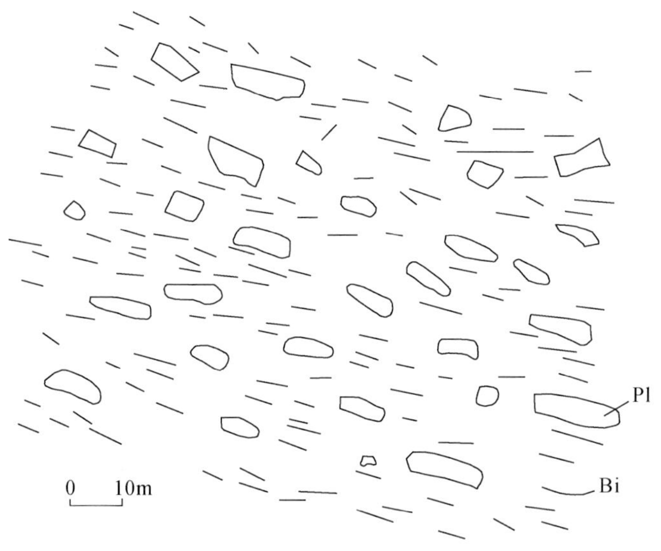

图 2-46　流面构造素描

Pl. 长石；Bi. 黑云母；S1 产状=300°∠45°

2）流线构造

望湘岩体中的长石斑晶除呈面状定向外，多数也具线状排列特征，在流面上见长石斑晶一个接一个列队似的定向排列组成矿物生长线理，且绝大多数线理呈水平状，走向与流面走向平行，总体呈近南北向（图 2-42）。

3）包体特征

望湘岩体中包体总体不发育，常见一些闪长质、英云闪长质包体及围岩包体，它们在形态上与地理上的分布具有一定规律，一般分布在标高较高的山顶和围岩接触处，多呈棱角状、不规则状（图 2-47），包体大小 5cm×10cm 至 10cm×40cm，但在岩体内部（中心部位）则多呈浑圆–椭圆状，长短轴比值为 2～3∶1，个别为 5∶1。

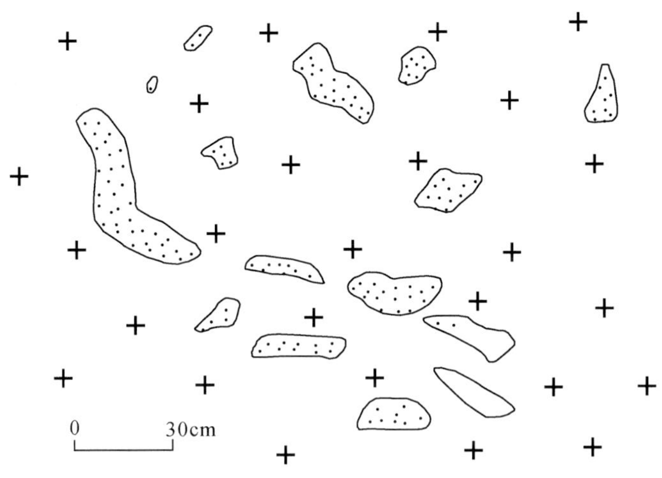

图 2-47　闪长质包体形态特征

4）外接触带中的侵位构造特征

围绕望湘岩体的沉积围岩发生强烈的热接触变质作用，形成宽约 1km 的热接触变质带；在变质作用发生的同时，由于岩浆流动动力的拓展作用也产生了构造变形。这些现象在岩体东部的热接触变质带中比较发育，形成平行于接触面的新生片理（图 2-42），对侵入围岩的原层理、板劈理置换作用明显，在片理面上难以找到典型的拉伸线理。这似乎表明，其应变特征以挤压变形为主。

在局部地段还存在规模较小的膝折、褶皱等次生构造，特别是在相邻的金井岩体之间的围岩中，表现出由岩体向围岩方向递进变形规律，由近接触面处的片理到远岩体的膝折（图 2-48），反映出挤压变形作用逐渐减弱的变化趋势。

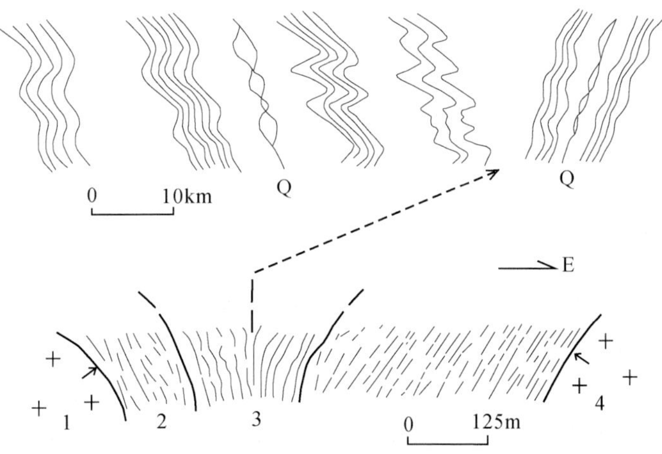

图 2-48　两岩体间的片折带剖面素描（见于善坑）

1. 望湘岩体；2. 片岩；3. 片理化膝折带；4. 金井岩体；Q. 石英脉

2.3　湘东北陆内伸展变形构造特征

2.3.1　盆岭构造组成与空间分布

湘东北地区表现为典型的盆-岭构造格局（图0-1）。该盆-岭构造式样整体呈NE—NNE向，由一系列盆地和与之相间的断隆组成，盆地与断隆边缘则由一系列NE—NNE向走滑断裂相联系。其中，盆地和断隆自西向东包括洞庭（汨罗）断陷盆地、幕阜山-望湘断隆带、长沙-平江（长平）断陷盆地、连云山-衡东断隆带、醴陵-攸县断陷盆地；与之相应的是，联系这些盆地和断隆的边缘走滑断裂，自西向东主要包括新宁-灰汤（新-灰）走滑断裂、长沙-平江（长平）走滑断裂和醴陵-衡东走滑断裂；NE—NNE向盆地主要由白垩系充填，其次是古近系沉积物充填，而NE—NNE向断隆则主要由元古宙和燕山期花岗岩组成。然而，与美国西部盆岭省相比，湘东北盆-岭构造既显示相似性，又存在着差异（Parsons et al.，1994；Lerch et al.，2008；Egger and Miller，2011；舒良树和王德滋，2006）。

2.3.1.1　盆地和断隆

1. 洞庭（汨罗）断陷盆地

洞庭（汨罗）断陷盆地位于湘东北地区西北部，区域上位于洞庭湖盆地的东部和东南部，东缘以新宁-灰汤走滑断裂与幕阜山-望湘-花明楼断隆分界，卷入该构造域的是晚白垩世—中新世早期地层及第四系松散沉积物。

2. 幕阜山-望湘断隆带

该断隆带大体呈40°方向分布于湘东北地区北西部，东、西两侧分别与洞庭（汨罗）凹陷盆地和长平断陷盆地衔接。幕阜山-望湘断隆带呈北东向带状展布，主要出露大面积冷家溪群、少量板溪群及以燕山期为主体的花岗质复式岩体（幕阜山岩体、望湘-金井岩体）、岩株和岩脉，其次是少量早古生代花岗质岩和中三叠世—中泥盆世碳酸盐、砂岩和粉砂岩。特别是强烈的燕山运动铸造的新华夏系构造形迹普遍发育，在接触带上由于扭力不均衡而形成了一些特殊的构造形迹（“入”字形及帚状构造）。此外，区域性的近EW向慈利-临湘韧性推覆剪切带发育于本断隆带的北部，并为燕山期望湘岩体所切。据以往研究（喻爱南和叶柏龙，1998；彭和求等，2004），幕阜山-望湘断隆带内的幕阜山岩体、望湘岩体是在伸展背景下上升侵位的结果，可能构成变质核杂岩的组成部分，对该区金矿和铅锌矿床起重要控制作用。另外，在该断隆带的梅仙地区发现有赋存于冷家溪群层间滑脱破碎带中钼矿化。

3. 长平断陷盆地

长平断陷盆地位于湘东北地区新华夏系次级连云山-衡东断隆带与幕阜山-望湘断隆带之间，总体呈北东向展布，向南西与衡阳盆地相连一直发育于大义山地区（图2-49）。盆地东侧以著名的区域性北东向长平深大断裂为边界，西缘边界不规则，与冷家溪群以断裂和角度不整合界线为接触边界［图2-50（a）］；同时可见冷家溪群与第四系也呈不整合接触［图2-50（b）。］虽然盆地主体走向北东，但在官塘-平江县该盆地分叉往北西延伸，总体呈一“丫”字形。长平断陷盆地由白垩系充填，主要为一套山麓相至湖泊相类磨拉石红色砂岩、砾岩建造，并表现韵律性，即由富砾石的砂岩与少砾或不含砾砂岩交替组成，其中的角砾主要由花岗岩和冷家溪群板岩组成，砾石大小不一，大者可达20cm以上，且磨圆度和分选较差［图2-50（c）（d）］，反映近源快速沉积特征；白垩系沉积后可能又经历了多次构造作用，不仅表现为挤压逆冲推覆、形成一系列“入”字形逆断层［图2-50（e）］，而且发育多套共轭剪切节理［图2-50（d）］。在盆地北西缘及西缘，白垩系与下伏冷家溪群呈角度不整合接触或断层接触，南东侧白垩系与冷家溪群或泥盆系呈断层接触。盆地内，岩层走向为北东向，倾向南东，倾角10°~15°，基本为一单斜构造，仅在思村一带尚有南东翼岩层保留而呈向斜构造。

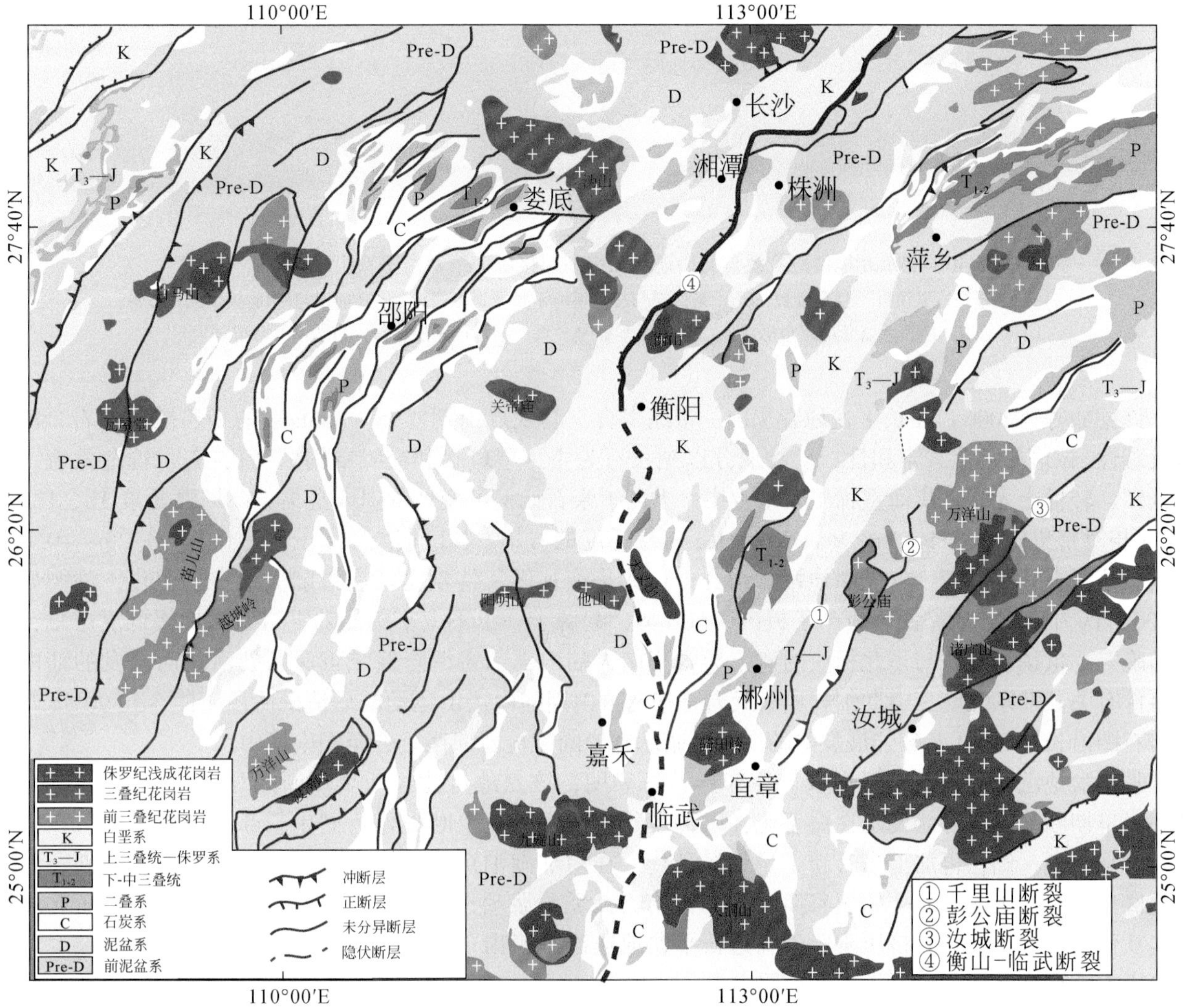

图 2-49　华南中部构造图（据 Li et al.，2016 修改）

衡阳-临武断裂可能是一隐伏断层

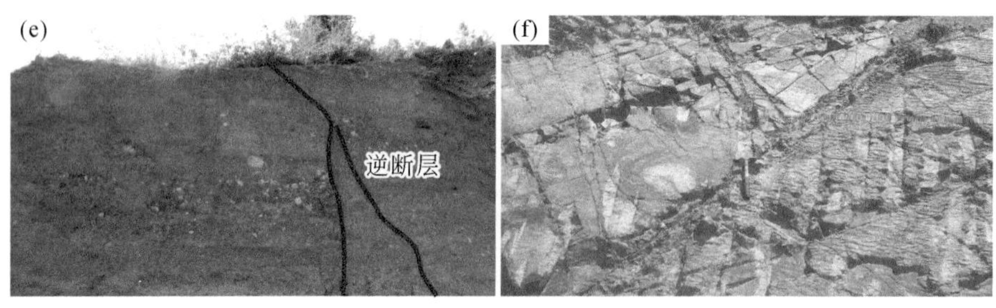

图 2-50　湘东北地区冷家溪群与白垩系以来地层接触关系及白垩系组成特征野外照片
(a) 白垩系与冷家溪群不整合接触；(b) 第四系与冷家溪群不整合接触；(c) 白垩系湖泊相韵律性沉积结构；(d) 白垩系富角砾层角砾特征；(e) 白垩系中"人"字形逆断层；(f) 白垩系发育节理

许德如等（2006）在长平盆地春华山一带还发育一套晚燕山期（95～85Ma）的细碧质玄武岩。该岩石具碱性-拉斑质玄武岩亲和性，矿物成分以钠长石为主，呈斑状和交织结构，气孔-杏仁构造发育。富钠低钾、轻稀土元素富集而重稀土元素亏损、大离子亲石元素可变地亏损或富集、高场强元素 Th、U、Ti 和 Hf 相对富集而 Y、Yb、Zr、P 及 Nb 和 Ta 表现适度的亏损；Nd 同位素成分 [$\varepsilon_{Nd}(t)=-1.29\sim+0.66$] 则暗示该岩石并不起源于软流圈地幔。结合中生代华南地区，特别是江南古陆大地构造演化，许德如等（2006）认为该细碧质玄武岩应产于板内构造环境，起源于一个不太富集的陆下岩石圈地幔低度熔融，可能与晚三叠世扬子板块与华北板块的碰撞导致华南大陆内部因古缝合线或古深断裂活化而诱发的陆内造山事件有关。湘东北晚燕山期细碧质玄武岩是华南燕山期陆内造山运动的后造山阶段于距今约 90Ma 开始的岩石圈沿长沙-平江断裂伸展裂陷的产物，暗示郯庐断裂可能向南延伸至湖南境内。

长平盆地沉积和构造变形以及岩浆作用特征表明，该盆地可能经历早期断陷和晚期拗陷两个阶段。其中，早期断陷阶段可能发生在白垩纪，以伸展作用为主，长平断裂作为同生长断层，而盆地沉积中心邻近长平断裂一侧，再加上当时为干旱气候环境，在内陆湖泊沉积了白垩系红层。在白垩纪晚期，湘东北地区进一步扩张而转为初始裂谷阶段，局部有玄武质岩浆喷出；晚白垩世晚期—新生代，湘东北地区可能从伸展阶段全面转入挤压阶段，临近长平盆地边缘普遍出现逆冲推覆，形成一系列逆冲断层。局部地段冷家溪群被推覆到白垩系等新地层之上。

4. 连云山-衡东断隆带

连云山-衡东断隆带的北西面以长平断陷盆地为界，南东与浏阳弧形向斜及官渡向斜衔接，主要由冷家溪群和燕山早期花岗岩体（连云山岩体）组成，其次为新元古代（长三背岩体、葛藤岭岩体、大围山岩体）和早古生代（板杉铺岩体、宏夏桥岩体）花岗岩体以及新太古代—古元古代（?）"连云山混杂岩"黑云母斜长片麻岩、斜长角闪岩、黑云母片岩、变拉斑玄武质岩、变火山碎屑岩和磁铁石英岩，中三叠世—中泥盆世碳酸盐、砂岩和粉砂岩组成。该断隆带是湘东北地区金、铜、钴、硫铁矿以及可能的铌、钽、铍、钨和锑等金属矿产重要产区。本书（见本章其他章节）和前人研究成果表明（贾宝华和彭和求，2005；李鹏春，2006；许德如等，2009），组成连云山-衡东断隆带的大部分岩石均表现强烈的变形和变质作用，褶皱和断裂构造以及韧性剪切变形构造发育，变质相可达角闪岩相，甚至麻粒岩相。其可能的构造过程如下：武陵运动将该断隆抬升，在强大的近北东—南西向水平挤压构造应力场作用下，形成轴向近北西向的褶皱和断裂，如福寿山背斜、石柱峰倒转向斜等；加里东—印支运动期间，由于北西—南东方向构造主应力场的水平挤压作用，该隆起呈北东走向并初具规模；至燕山早期时，这种水平挤压进一步加剧，使北东向隆起进一步加强，形成北东向的挤压剪性断裂带，并伴有岩浆侵入与内生成矿作用，同时发生热接触变质作用等；至燕山晚期，由于区域性伸展作用，在强大的水平拉伸应力场作用下，前期压剪性断裂引张复活，形成部分张性断层组合带，局部形成大型脆-韧性正滑剪切断层带。尤其是在燕山晚期，整体伸展背景下侵位的连云山岩体可能成为变质核杂岩的组成部分（彭和求等，2004）。湘东北地区的变质核杂岩构造将在下文详细阐述。

5. 醴陵-攸县断陷盆地

醴陵-攸县断陷盆地位于连云山-衡东断隆带的东南侧，在地理位置上跨湖南和江西两省。在湘东北地区，出露醴陵-攸县断陷盆地的北东端分支，呈东西长而南北窄的狭窄断陷，分布有晚三叠世—晚白垩世陆相含煤碎屑岩与红色砂砾岩。

2.3.1.2　边缘走滑断裂

在湘东北地区，主要存在三条北东向深大断裂，这些深大断裂斜贯全区，位于盆-岭转折部位，普遍具有走滑剪切性质，控制着盆-岭构造体系的形成。

1. 新宁-灰汤（新-灰）断裂

新宁-灰汤断裂位于湘东北地区西部洞庭断陷盆地与幕阜山-紫云山断隆带之间，是洞庭湖盆地的控盆边界断裂。断面倾向西或北西西，倾角65°～75°，属正断层性质。沿该断裂带普遍有构造角砾岩、构造片岩等分布。

2. 长平（长沙-平江）断裂

长平断裂是长寿街-双牌深大断裂的北东部分，在湘东北地区称为长平断裂。它实际上是一个断裂带，主要由两条规模较大的时合时分的压扭性断裂组成，是区内的主控断裂，连云山岩体、黄金洞金矿等均受该断裂控制。该断裂带呈北东30°～50°走向，是连云山-衡东断隆带内主要线性构造。区域上，长平断裂带规模巨大，其北东延至赣西北修水仍有形迹，往南西经双牌可延至桂北，全长达680km以上。在湘东北地区，长平断裂带各断层规模大小不一，具有多期活动特点。它切割了新元古界冷家溪群及上古生界，控制了断裂带附近燕山早期岩体的侵入、定位及其西侧白垩系红盆的沉积，对钴铜多金属矿床也有明显的控制作用。该断裂带按各断层的产出部位、构造变形特征及规模大小，可进一步划分为断隆带边缘主干拆离断层、发育在花岗岩体内的脆—韧性断层及分布于冷家溪群变质岩中的脆性断层。

3. 醴陵-衡东断裂

醴陵-衡东断裂位于湘东北地区东南侧的衡东—醴陵—文家市一带，是醴陵-攸县断陷盆地的主控断裂，其向北进入江西九岭南缘，走向北东30°～50°，长约150km，为重力垂向二阶导数线性异常带，沿断裂带有断续基性-超基性岩分布。

2.3.2　变质核杂岩构造

根据以往研究（傅昭仁等，1992；沈晓明等，2008；Wang and Shu，2012；Pirajno，2013），华南地区，特别是东南沿海存在一系列伸展穹隆或变质核杂岩（图2-51），如江南古陆湖南段雪峰山变质核杂岩（侯光久等，1998；刘恩山等，2010）、湘东北地区连云山-幕阜山-大云山变质核杂岩（傅昭仁等，1991；李先福，1991，1992；喻爱南和叶柏龙，1998；彭和求等，2004）、湖南衡山变质核杂岩（张进业，1994）、湖南香花岭和诸广山变质核杂岩（舒良树等，2004；来守华等，2014）、广东云开变质核杂岩（Lin et al.，2008）、江西武功山变质核杂岩（罗惠芳，1993；Faure et al.，1996；舒良树等，2000；Wang et al.，2001；吴富江等，2001；楼法生等，2005；Wang and Shu，2012）、江西庐山变质核杂岩（Lin et al.，2000；李学刚等，2010；朱清波等，2010；王继林等，2013；任升莲等，2014；杨帆等，2015，2018）、江西彭山变质核杂岩（吴文革和谢卫红，2005；李晓彬，2013），以及福建武夷山桃溪变质核杂岩和蒲洋变质核杂岩（陈柏林等，1998；张顺金等，2000；张爱梅等，2011）。尽管有些变质核杂岩因缺少与剪切变形同期的花岗质岩体，可能并不是典型的变质核杂岩，而是伸展穹隆或低角度拆离带，如衡山伸展穹隆（Li et al.，2013），但均与华南早白垩世大规模地壳伸展作用密切相关。

由图2-51所示，在湘东北地区可能出露三个变质核杂岩构造，即大云山-幕阜山变质核杂岩、连云山变质核杂岩和望湘变质核杂岩或穹隆。

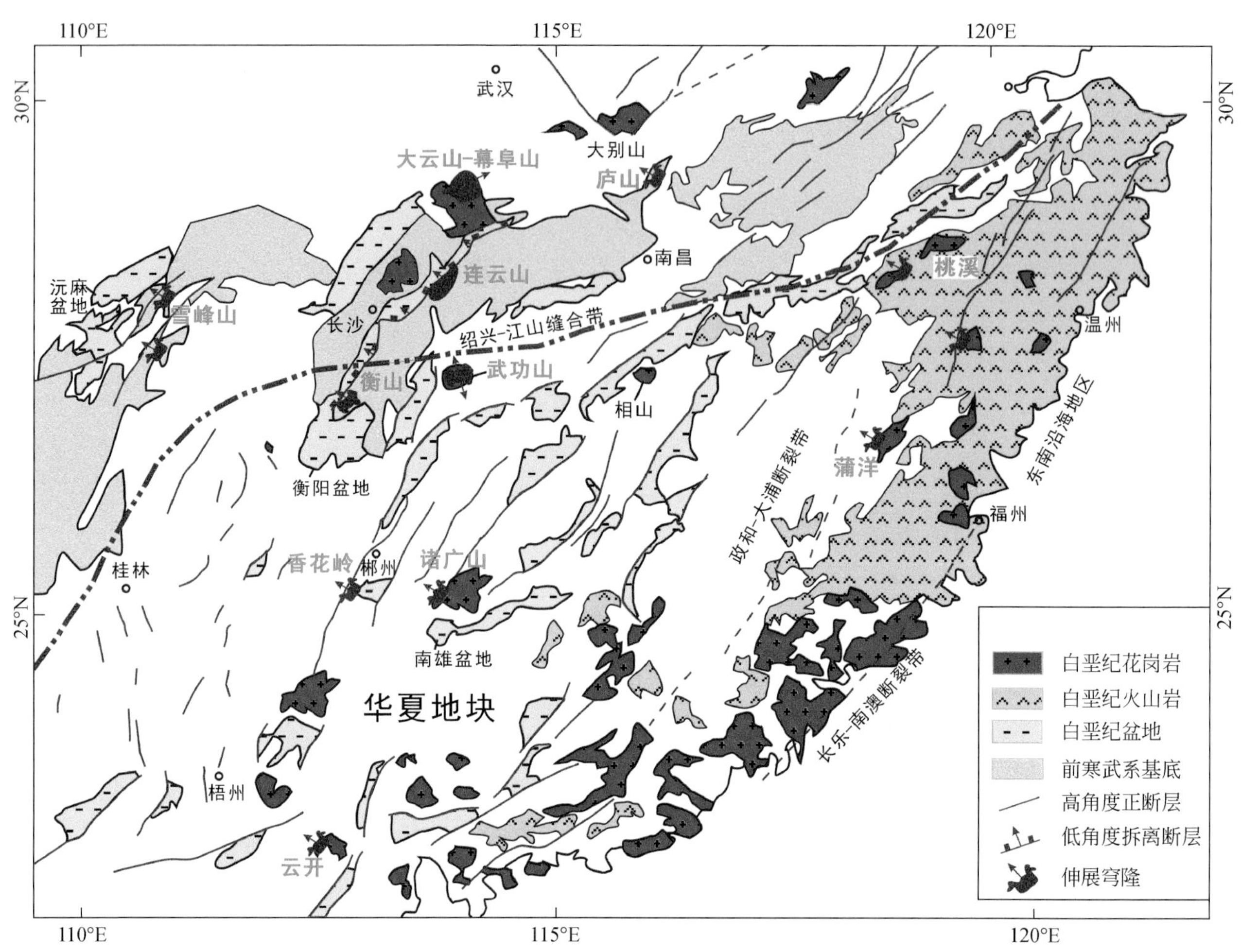

图 2-51　华南地区变质核杂岩或伸展穹隆分布图

2.3.2.1　大云山-幕阜山变质核杂岩

该变质核杂岩位于湘东北地区幕阜山-紫云山断隆带内的北部。该变质核杂岩的核部是燕山晚期［晚侏罗世（约 154Ma）—早白垩世（约 146Ma）］主要由古老地壳岩石重熔形成的花岗岩（Wang et al., 2014），盖层为发育一系列多米诺式正断层的白垩系—古近系红色砾岩和零星的冷家溪群浅变质岩，在核部和盖层之间存在着半环状下滑型韧性剪切带（变质岩）和拆离断层带（图 2-52、图 2-53）。

1. 变质核

主要由幕阜山杂岩组成，后者出露面积约 2400km^2，侵入时代为中新元古代—早白垩世（锆石 U-Pb 年龄：详见第 3 章），显示周期性侵入特征；在成分上，该杂岩具有从闪长岩、花岗闪长岩和含黑云母二长花岗岩至二云母白岗岩脉演化的特征（图 2-54），局部还有丰富的伟晶岩脉出现，并含大量元古宙或更古老的黑云母片岩包体。

花岗质岩具有粗粒、中粒和细粒结构。其中，细粒岩类主要由石英、斜长石、钾长石、黑云母和白云母组成，矿物颗粒小于 2mm［图 2-55（a）(b)］；中粒岩类的矿物组成与细粒岩类相似，矿物颗粒多大于 2mm、部分石英颗粒在 5mm 以上［图 2-55（c）(d)］；粗粒岩类的矿物颗粒多大于 5mm，可以看到明显的片状云母［图 2-55（e）(f)］；伟晶岩的矿物颗粒较大［图 2-55（g)］，栗山铅锌矿则主要产于伟晶岩中。据 Wang 等（2014），花岗闪长岩［图 2-55（h)］具有高的 Mg$^{\#}$指数（达 71）、低的 SiO_2 含量和高的亲铁元素含量（如 Cr、Ni、V），因而类似于赞岐岩或高镁闪长岩；这些岩石同时具有低的初始 Sr 同位

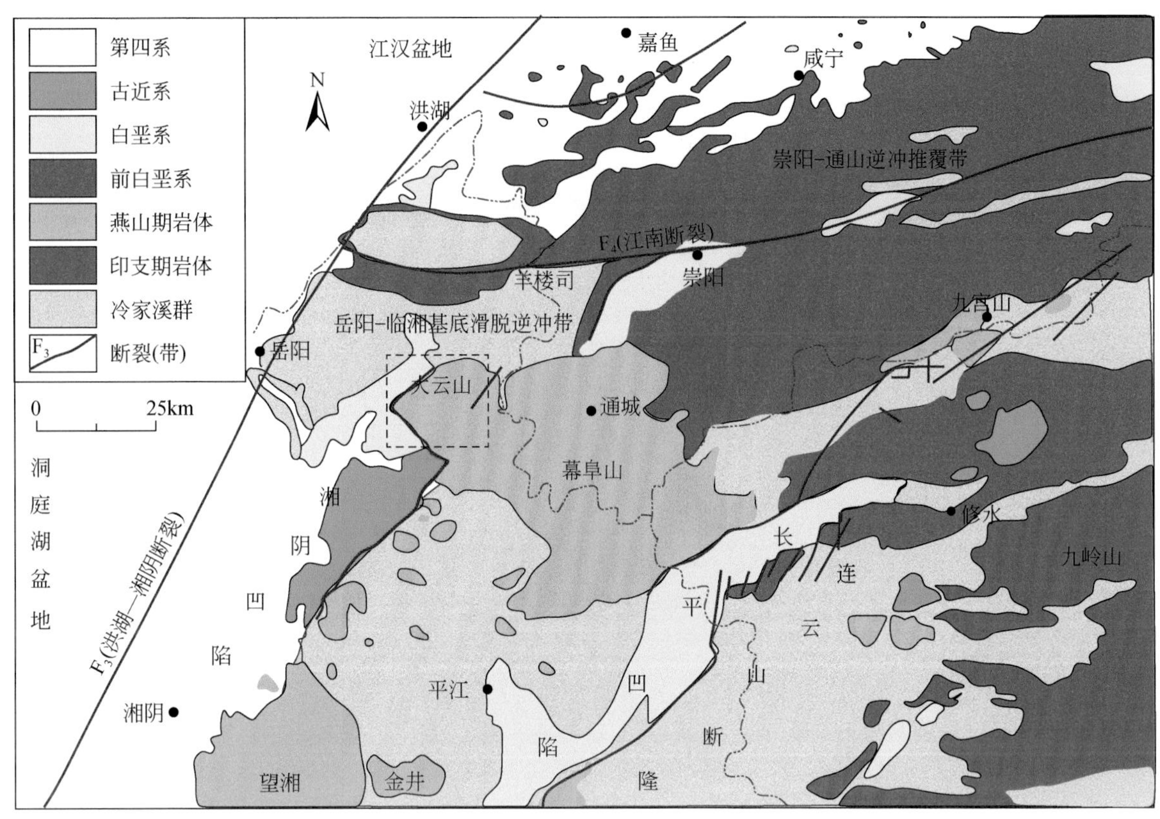

图 2-52　幕阜山及邻区地质构造图（图中黑色虚线框示图 2-53）

素［$I_{Sr}(t)$］比值（0.7080～0.7085）、高的初始 Nd 同位素［$\varepsilon_{Nd}(t)$］比值（-4.3～-4.8）和高的初始 Hf 同位素［$\varepsilon_{Hf}(t)$］比值（-2.41～0.59），该同位素特征类似于初始富集的地幔来源的铁镁质岩。相反，长英质岩类普遍显示地壳源区性质，如具有更高的 $I_{Sr}(t)$ 值（0.7115～0.7184）、更低的 $\varepsilon_{Nd}(t)$ 值（-10.2～-7.9）和更低的 $\varepsilon_{Hf}(t)$ 值（-7.73～-4.04）；随着 SiO_2 含量升高和锆石 U-Pb 年龄的降低，这些长英质岩类的 Al_2O_3、CaO、FeO_{tot}和 MgO 含量降低，而 Sr、Ba、Ti 和 Eu 的丰度逐渐强烈亏损，暗示结晶分异是岩浆连续演化至白岗岩的主要机制；而最演化的富 SiO_2 的二云母白岗岩在成分上类似于喜马拉雅白岗岩，显示出低铝质花岗质岩浆的持续分异作用是形成过铝质白岗岩质岩浆的可行机制。锆石 U-Pb 定年显示，长英质岩浆的分异演化过程持续时间为 152～146Ma，暗示形成幕阜山巨型岩基的岩浆分异、侵位和随后的固结过程可能发生在几个百万年时间段内。

2. 韧性剪切带

该带位于变质核上部、拆离断层的下盘（图 2-53、图 2-56），地表出露宽度 2～5km，是一个由糜棱岩化片麻状花岗岩、花岗质糜棱岩和绢云母绿泥石石英构造片岩带组成的巨型韧性剪切滑脱带（傅昭仁等，1992），其中的眼球状花岗质糜棱岩具有典型的糜棱结构、塑性流动构造（如长石旋转残斑、石英拔丝构造、压力影、结晶拖尾构造、云母鱼、S—C 组构、剪切褶皱等），并发育 NWW 向拉伸线理。沿大云山舌状花岗岩岩基周边则存在由花岗质糜棱岩带和绢绿石英构造片岩带组成的半环状韧性剪切带，包括北西侧的桃林韧性剪切带和南西侧的柳厂-白羊田韧性剪切带，其主要特征为（喻爱南和叶柏龙，1998）：①全长约 34km，宽度变化大、平面宽度 500～2000m，在转折端柳厂附近出露最宽；②显微组构表明，整个半环状剪切带有统一的剪切指向，北西侧表现为正-左旋剪切，南西侧为正-右旋剪切，柳厂附近为北西西正向剪切；③剪切带内有一系列的韧性变形断层岩，如花岗质初糜棱岩、糜棱岩、超糜棱岩和绢绿石英构造片岩，糜棱面理产状发生规律性变化；④具长期的、持续的、由深至浅的韧性剪切活动。

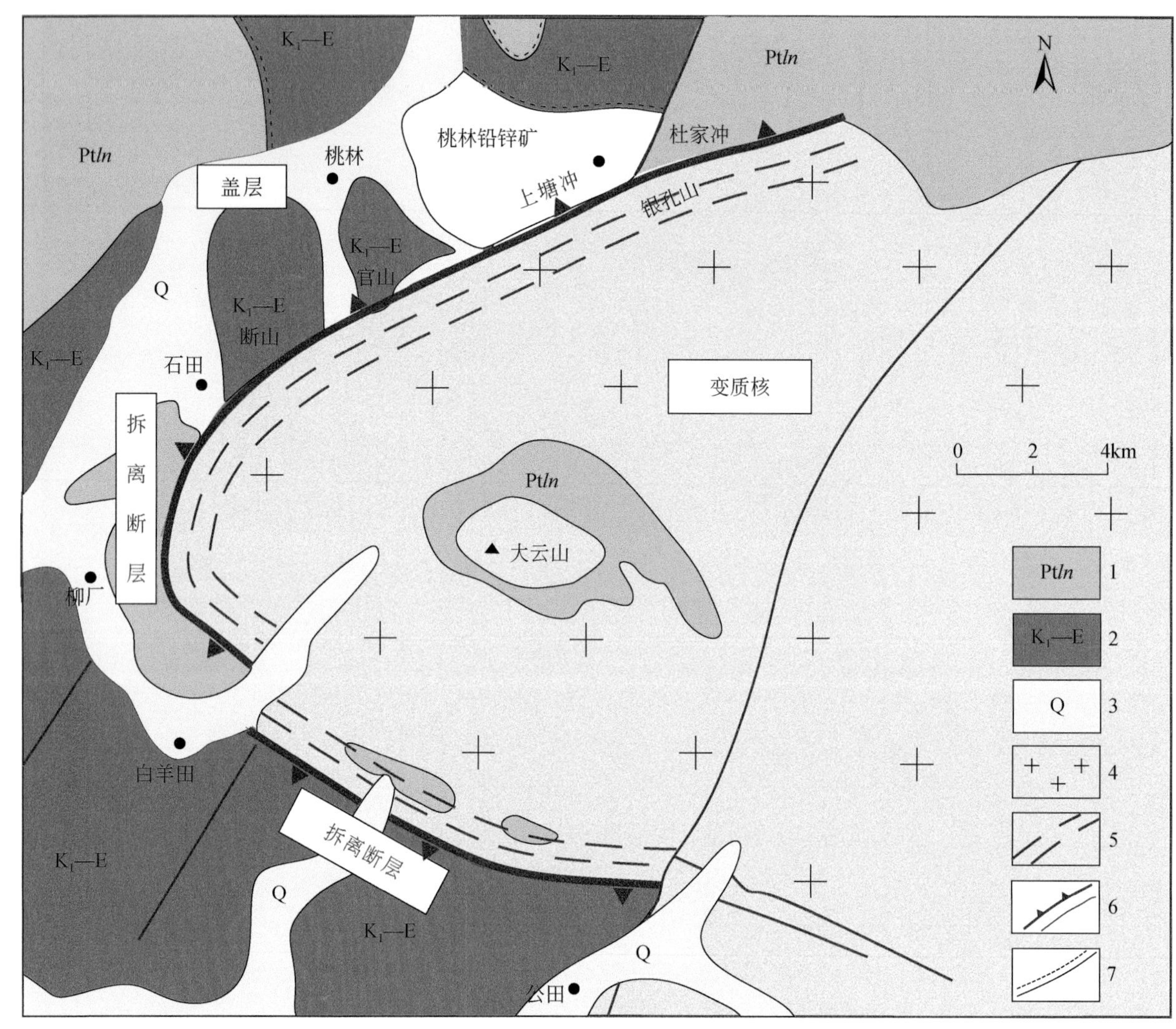

图 2-53　大云山地区地质略图（据喻爱南和叶柏龙，1998 修改）

1. 冷家溪群千枚岩、板岩、变质砂岩、云母（石英）片岩；2. 上白垩统—古近系红色砾岩；3. 第四系；4. 晚侏罗世—早白垩世花岗岩；5. 花岗质糜棱岩和糜棱岩化花岗岩；6. 断裂；7. 角度不整合

3. 拆离断层带

发育于幕阜山花岗杂岩边缘的桃林断裂含矿带由三条主要的分支拆离断层组成（图 2-57），且向深部（南）收敛成一近水平的铲状大型滑脱正断层（傅昭仁等，1992），即由图 2-53 中展布于花岗岩与围岩接触带、由一套碎裂的糜棱岩和构造角砾岩组成的桃林断裂带。在桃林矿区则由直接控制铅锌矿化的桃林大断裂和柳厂-白羊田断裂组成，二者分别紧沿半环形韧性剪切带的外侧分布，断面产状与韧性变形的构造面理一致，带内断层岩显示了序列性变化：由碎裂化糜棱岩-含糜棱岩（构造片岩）角砾的角砾岩-碎粒岩-碎粉岩组成，反映了叠加在韧性变形之上的脆性构造活动（喻爱南和叶柏龙，1998）。

1）杜家冲-邱平坳拆离断层（DF_1）

该拆离断层展布于桃林矿区东部片麻状花岗岩内（图 2-57），是杜家冲、邱平坳两矿床主矿体的赋矿部位，总体走向 NEE，倾向 NNW，倾角 30°～50°。以往观察研究表明（傅昭仁等，1992），DF_1 带是由一套破碎角砾岩组成，其中的角砾成分均为片麻状花岗质糜棱岩，角砾大小不一、棱角明显，胶结物为含铅锌铜的硫化物石英矿脉和萤石矿脉。

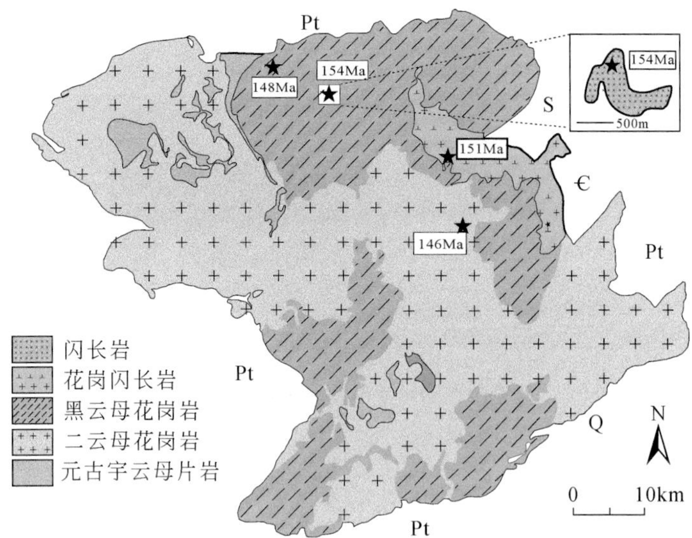

图 2-54　幕阜山杂岩体地质简图，并显示锆石 U-Pb 年龄（据 Wang et al., 2014）

Pt. 元古宇或更老地层；Q. 第四系；S. 志留系；€. 寒武系

图 2-55　幕阜山杂岩体手标本和显微照片（正交偏光）

（a）（b）细粒花岗岩；（c）（d）中粒花岗岩；（e）（f）粗粒花岗岩；（g）伟晶岩；（h）花岗闪长岩

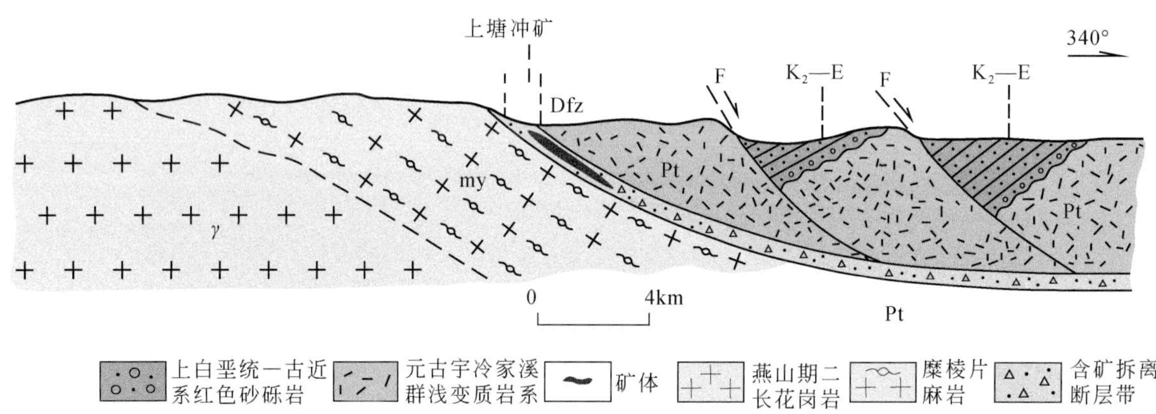

图 2-56　过幕阜山变质核杂岩北部糜棱片麻岩带及含矿拆离断层带构造剖面示意图（据傅昭仁等，1992 修改）

Pt. 冷家溪群浅变质岩系；K_2—E. 上白垩统—古近系红色砂砾岩；γ. 燕山期二长花岗岩；my. 糜棱片麻岩；

Dfz. 含矿拆离断层带；F. 掀斜断块两侧铲形犁式正断层

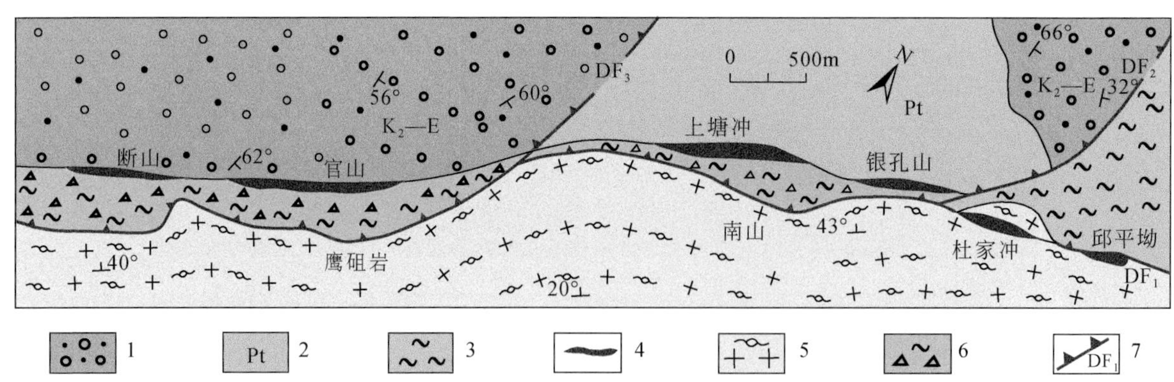

图 2-57　湘东北桃林铅锌矿区地质构造简图（据傅昭仁等，1992 修改）

1. 上白垩统—古近系红色砂砾岩；2. 冷家溪群浅变质岩系；3. 构造片岩；4. 矿体；5. 片麻状花岗质糜棱岩；

6. 拆离断层内含矿角砾岩带；7. 拆离断层面

2）上塘冲-银孔山拆离断层（DF_2）

该拆离断层是桃林矿区最重要的一条含矿断层，自北东的忠防水库向南西延伸至银孔山-上塘冲矿区，并在片麻状花岗岩和板岩接触部位与拆离断层（DF_1）复合成一条断裂带（图 2-57）。根据上塘冲矿床井下观测，该控矿断裂自下至上可分为 5 个亚带（图 2-58）：

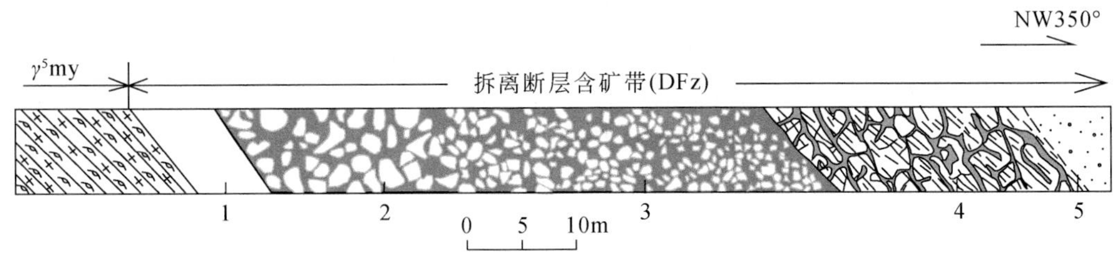

图 2-58　上塘矿区 160 中段 7 号穿脉拆离断层内部结构分带示意图（据傅昭仁等，1992 修改）
1. 硅化带；2. 构造角砾岩带；3. 碎裂岩带；4. 网状裂隙带；5. 断层泥带。
γ^5my. 含眼球片麻状花岗质糜棱岩；DFz. 拆离断层内含矿角砾岩带。灰黑色代表矿石

（1）硅化带，覆盖于变质核之上，厚数米至 20m，由灰白色–灰色致密块状的燧石和结晶细小的石英岩组成，其中偶见细小的片麻状花岗质角砾和基质组成的构造片岩，且发育浸染状铅、锌、铜矿化。

（2）构造角砾岩带，由绿泥石石英构造片岩、绢云绿泥构造片岩及片麻状花岗质糜棱岩的破碎角砾组成，角砾大小一般为 30 ~ 50cm，棱角非常明显，胶结物为含硫化物石英脉和萤石脉。

（3）碎裂岩带，由厘米级绢云绿泥构造片岩构成的大小不一的混杂角砾组成，并被萤石及金属矿脉胶结，是桃林矿区工业矿体最主要的赋存部位。

（4）网状裂隙带，构造片岩碎裂呈网脉状，但其片理产状几乎未发生变化，基本反映了原糜棱面理的空间形态。此带岩石的碎裂结构特点决定了它发育有网脉状和大中型脉状矿化。

（5）断层泥带，位于拆离断层带顶板，由绢云绿泥构造片岩经强烈碾碎而成，其内部及向上的岩石中未发现矿化或弱具细脉浸染状矿化。

（6）断山–官山拆离断层（DF_3），位于桃林铅锌矿的西南部，自大崇山向南西（深部）方向延伸，至官山—断山一带与拆离断层 DF_1、DF_2 复合，在平面上呈一凹面向上的犁式正断层。从剖面图来看（图 2-59），DF_3 的下盘为变质核的绢云绿泥石构造片岩，上盘为 K_2—E 的红色砂砾岩层，断层带由一套构造片岩和红色的砂砾岩碎裂角砾混杂而成。铅锌硫化物–萤石矿脉先后充填穿插于角砾间裂隙中。

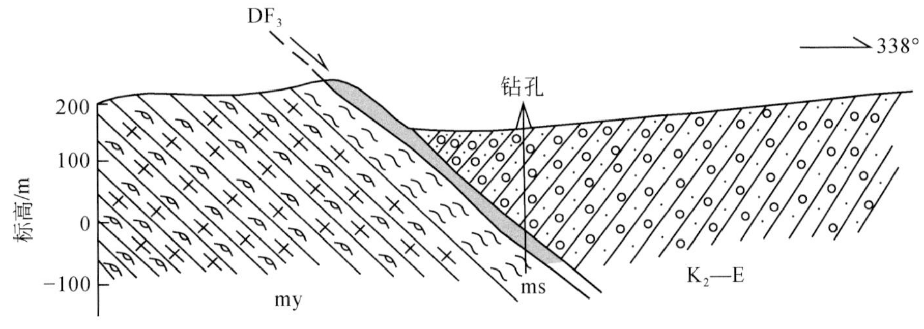

图 2-59　桃林矿区剖面图显示 DF_3 与上、下盘岩层关系（据傅昭仁等，1992）
my. 片麻状花岗质糜棱岩；ms. 绢云绿泥石构造片岩；K_2—E. 下白垩统—古近系。灰黑色代表矿体

4. 盖层

又称上拆离盘，由白垩系—新近系红色砾岩和零星元古宇浅变质岩系组成，盖层中发育一系列与拆离断层带和韧性剪切带呈不同角度相交的多米诺式正断层，这些正断层中也往往发育不同程度的铅锌矿化（喻爱南和叶柏龙，1998）。

2.3.2.2　连云山变质核杂岩

连云山变质核杂岩位于湘东北地区连云山–衡东断隆带的西侧，其核部由元古宙变质岩和侵入其中的连云山岩体组成，是在燕山晚期［晚侏罗世（约164Ma）—早白垩世（约145Ma）］的挤压向伸展转变环境下由加厚的下地壳（榴辉岩相）减压熔融的产物（许德如等，2009，2017）；盖层发育一系列多米诺式或犁式正断层的白垩系红色砾岩和零星的冷家溪群浅变质岩、泥盆系；在核部和盖层之间存在着大型韧性剪切带（糜棱岩带）和拆离断层带（图2-60、图2-61）。

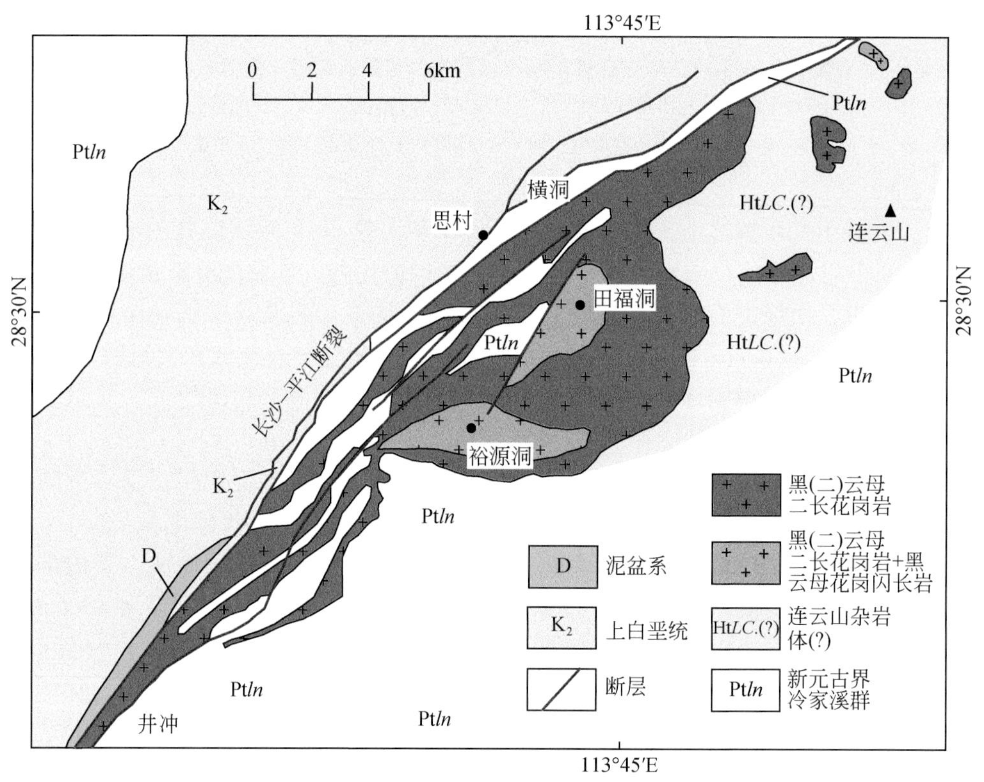

图2-60　连云山变质核杂岩分布图

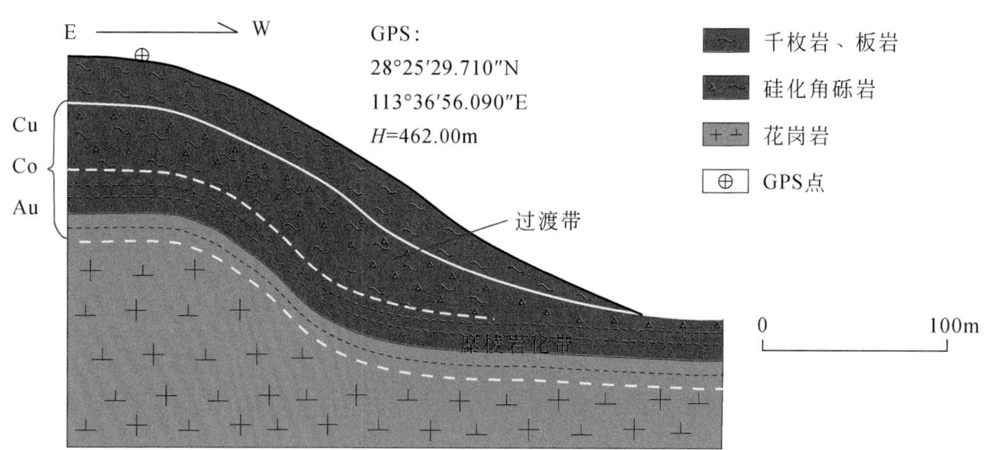

图2-61　连云山变质核杂岩剖面图（连云山）

1. 变质核

主要由连云山复式岩体组成。该复式岩体出露于湘东北地区北东部的白石江—思村—山田一带，北西以砰山–塔洞断层（长平断裂带组成部分）为界，延伸方向与断裂走向一致。连云山复式岩体呈岩基产出，总面积约 140km^2，沿面理或断裂侵位于冷家溪群和“连云山混杂岩”中，因而与围岩呈突变侵入和交代侵入接触，其中接触变质带宽可达数百米至 20km 以上（贾宝华和彭和求，2005）。岩体形成于燕山晚期晚侏罗世—早白垩世时期，整体的形态受北东向的长沙–平江深大断裂控制，中部膨大，向北东向缩小、南西侧分叉，在与断裂带接触部位则普遍发生混合岩化、糜棱岩化及碎裂岩化，而远离断裂带受影响的程度较低。此外，在岩体的局部还可见少量的冷家溪群围岩捕虏体。连云山复式岩体（图 2-60、图 2-62）主要岩性为细中粒黑云母二长花岗岩和中细粒（斑状）二云母二长花岗岩，其次为中细粒黑云母花岗闪长岩，局部发育伟晶岩。其中二云母二长花岗岩呈灰白色、块状构造、（中）细粒结构，主要矿物组成为 20%~25% 的石英、25%~30% 的碱性长石（可见格子双晶）、30%~35% 的斜长石（可见聚片双

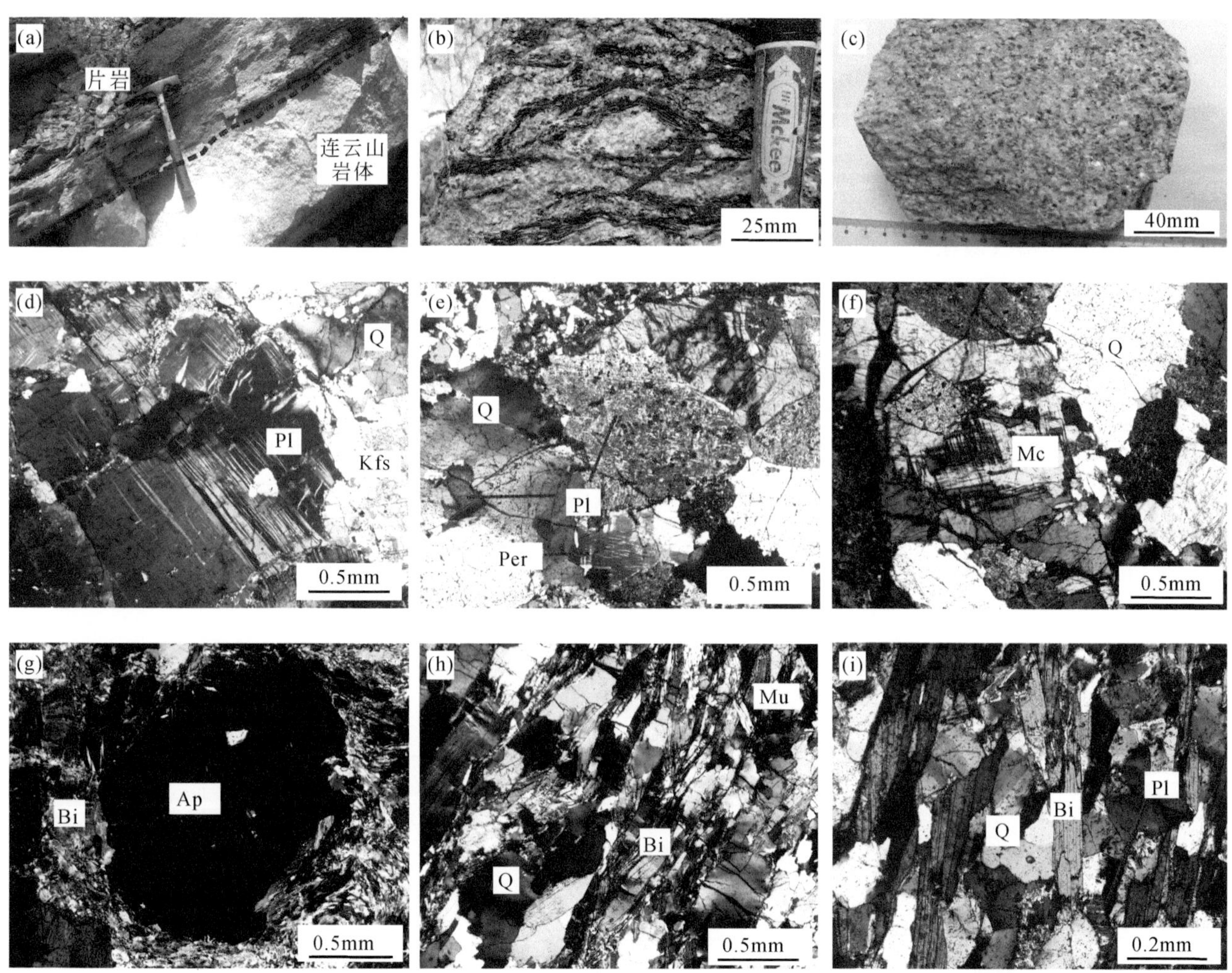

图 2-62　连云山二云母二长花岗岩、混合岩和捕虏体野外、手标本和镜下照片

（a）二云母二长花岗岩沿面理侵入于片岩化的冷家溪群之中；（b）混合花岗岩野外照片，可见左旋构造；（c）中细粒二云母二长花岗岩手标本照片；（d）二云母二长花岗岩显微照片：石英、钾长石和具有典型聚片双晶的斜长石（正交偏光）；（e）二云母二长花岗岩显微照片：颗粒较大的斜长石、石英和条纹长石周围可见碎裂结构（正交偏光）；（f）二云母二长花岗岩显微照片：具有典型格子双晶的微斜长石（正交偏光）；（g）二云母二长花岗岩显微照片：具有较大颗粒的副矿物磷灰石（正交偏光）；（h）混合花岗岩显微照片：矿物呈明显的定向排列（正交偏光）；（i）捕虏体显微照片：可见大小为 0.2mm 左右的石英、斜长石和黑云母（正交偏光）。Q. 石英；Pl. 斜长石；Kfs. 钾长石；Mc. 微斜长石；Per. 条纹长石；Bi. 黑云母；Mu. 白云母；Ap. 磷灰石

晶)、约7%的黑云母和约5%的白云母。其中，白云母受应力作用，显示出明显的变形，大部分斜长石蚀变较强。副矿物主要为磷灰石、独居石和锆石。混合花岗岩中的矿物种类和二云母二长花岗岩相似，但是矿物颗粒更细，且定向排列明显，指示了应力作用。此外，二云母二长花岗岩中的捕虏体的矿物颗粒细小，大部分为0.2mm左右，主要有石英、长石和黑云母，还有少量的石榴子石。

据许德如等（2009，2017）和本书第3章研究成果，连云山复式岩体内的黑云母二长花岗岩和二云母二长花岗岩均为强过铝质S型花岗岩，其源区岩可能主要为冷家溪群和“连云山混杂岩”变杂砂岩、长英质片麻岩和变英云闪长岩。二云母二长花岗岩的LA-ICP-MS法锆石U-Pb年龄为145.17±1Ma（MSWD=1.9）。根据元素地球化学特征，可以将二云母二长花岗岩分为两组：第一组具有较低的Eu-Sr-Ba和过渡金属元素Cr、Co含量，较高的CaO/Na_2O和$FeO^T/(FeO^T+MgO)$值，指示了相对还原、干燥、贫泥质、富斜长石粗粒碎屑岩源区；第二组为相对氧化、富水和贫斜长石的富泥质源区。该花岗岩类具有的埃达克质岩地球化学特征及$\varepsilon_{Nd}(t)=-13.36\sim-13.65$、$(^{87}Sr/^{86}Sr)_i=0.72286\sim0.73097$，说明连云山二云母二长花岗岩为榴辉岩相的加厚下地壳部分熔融的产物；而其所具有的较高的Sm/Y和Gd/Yb值以及较低的锆石饱和温度，指示岩浆源区压力较高、温度较低。结合华南地区晚中生代以来大地构造演化特征，湘东北连云山二云母二长花岗岩可能与古太平洋板块平俯冲至华南板块之下有关。约145Ma，俯冲的古太平洋板块崩塌，下沉的俯冲板片和岩石圈地幔脱水，使得早已加厚的下地壳发生减压熔融，形成连云山二云母二长花岗岩。而当连云山二云母二长花岗岩的源区岩浆运移时，驱动了含金成矿流体的运移，其后的岩浆热液形成了该区围绕连云山二云母二长花岗岩呈带状分布的多金属矿体。

2. 韧性剪切带（糜棱岩带）

该带位于由连云山复式岩体组成的变质核上部、由砰山-塔洞（长平断裂带构成部分）等组成的拆离断层的下盘（图2-23、图2-63）。根据图2-23、图2-63，该糜棱岩带自东向西，主要由糜棱岩化片麻状二云母二长花岗岩、片麻状二云母二长花岗质糜棱岩、斜长黑云母片麻岩质超糜棱岩、糜棱岩化斜长黑云母片麻岩、糜棱岩化二云母石英片岩等组成，糜棱岩化伟晶岩则夹于前述糜棱岩中。其中，前两种构造岩属于连云山复式岩体接近长平深大断裂的组成部分，而后三种构造岩属于连云山杂岩的组成成分。这是因为连云山杂岩出露于连云山复式岩体的北东部（图0-1、图2-60、图2-61），由二云母石英片岩、夹暗色和浅色英云闪长岩的斜长黑云母片麻岩、阳起石石英片岩及侵入其中的变铁镁质岩等组成，系一套角闪岩相-麻粒岩相变质岩建造（贾宝华和彭和求，2005）。

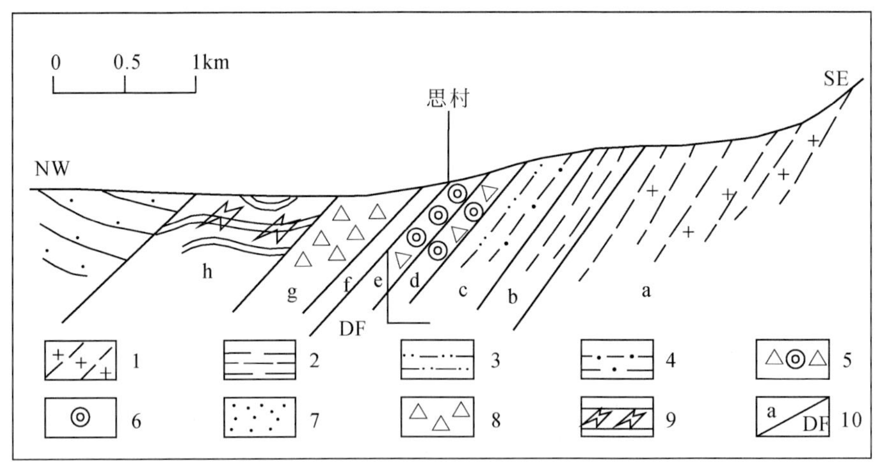

图2-63 长平断裂带思村段构造岩分带剖面图（据周怡湘和程巨能，1999修改）

1. 糜棱岩化花岗岩；2. 糜棱岩；3. 碎裂岩；4. 超碎裂岩；5. 硅化角砾岩；6. 硅化热液石英岩；7. 碎粉岩；8. 板岩角砾岩；9. 碎裂板岩；10. 分带号及拆离断层。a. 糜棱岩化岩石带；b. 糜棱岩带；c. 超碎裂岩带；d. 硅化角砾岩带；e. 硅化热液石英岩带；f. 碎粉岩带；g. 板岩角砾岩带；h. 碎裂板岩带该糜棱岩带发育的厚度沿长平断裂带不同部位有较大的变化。如在思村段（图 2-63），厚度可达 1km 至数千米；在周洛龙潭风景区公路段（图 2-23），厚度为 1.1km 左右；在井冲段，出露厚度约 400m。其中，糜棱岩化片麻状花岗岩和花岗质糜棱岩主要位于韧性剪切带的底部，而糜棱岩化片麻岩和片岩、片麻岩质糜棱岩和超糜棱岩主要位于韧性剪切带的上部，或以残留体形态出露于糜棱岩化花岗岩和花岗质糜棱岩内（图 2-64）。不同构造岩的基本特征如下。

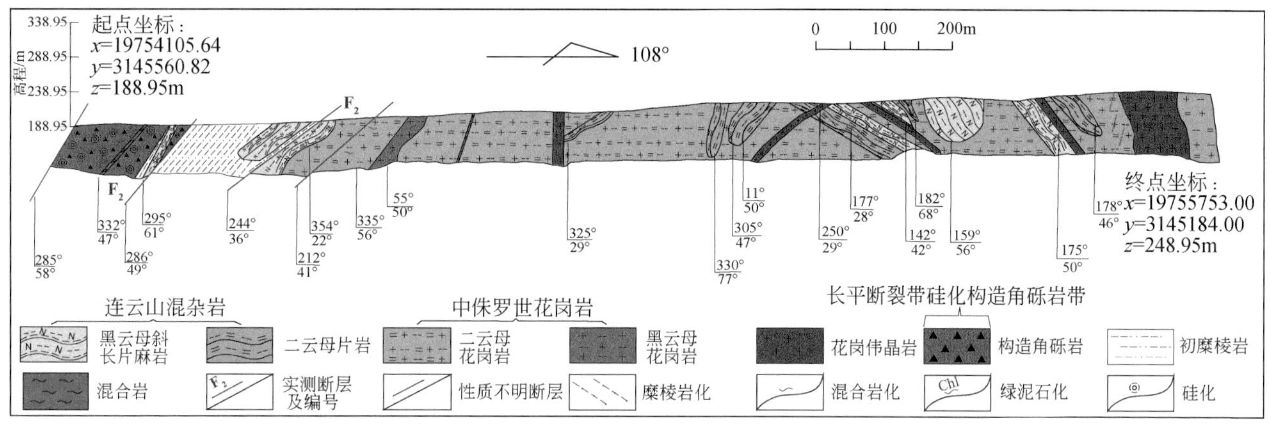

图 2-64　长平断裂带凤凰峡构造岩分带实测 *B-B′*剖面图

（1）长英质初糜棱岩。主要矿物成分为石英（约 35%）、长石（约 25%）、黑云母（约 15%）、绢云母（约 20%）、白云母（约 3%）、绿泥石（约 3%），具糜棱结构、条带状构造。岩石主要由残斑和基质组成，其中残斑由石英、黑云母±白云母、长石组成，往往呈拉长透镜状，塑性变形特征明显，如石英发育变形纹，黑云母重结晶为黑云母及白云母集合体，并发育书斜式构造和云母鱼构造，指示了左行剪切运动方向［图 2-65（a）］；基质含量约 25%，由细粒的长石、石英、绢云母和绿泥石等矿物组成。此外，黑云母和长石残斑蚀变较强，两者分别发生绿泥石蚀变和沿解理方向发生绢云母化。

（2）糜棱岩化石英云母片岩。主要矿物成分为黑云母（约 30%）、石英（约 30%）、白云母（约 40%）。岩石具片状构造、鳞片变晶结构和粒状变晶结构。黑云母和白云母主要呈片状产出、定向排列，局部揉皱变形明显，但白云母颗粒粒度明显大于黑云母，根据黑云母不同程度被白云母交代、白云母的边部往往残留有黑云母、粗晶白云母中常见细小黑云母的包裹体等特征推测白云母的形成晚于黑云母，为黑云母蚀变变质产物。石英则呈拉长透镜体产出，具有波状消光，发育应力纹［图 2-65（b）］。

（3）糜棱岩化（斑状）花岗岩。主要矿物成分为石英（约 45%）、长石（约 38%）、黑云母（约 5%）、绢云母（约 5%）、白云母（约 5%）及少量绿泥石。岩石具初糜棱结构、条带状构造。岩石发生细粒化，有残斑和基质之分，其中残斑成分为石英和长石，粒径较大，多呈透镜体状，趋于定向排列，部分黑云母残斑重结晶为白云母±绿泥石，长石局部发生绢云母化和高岭土化。残斑内部还常见波状消光，边缘可见动态重结晶的亚颗粒和新形成的微晶粒［图 2-65（c）］；基质含量小于 10%，基质矿物组合与长英质初糜棱岩相似。

（4）糜棱岩化伟晶岩。主要矿物成分为长石（约 50%）、石英（约 20%）、白云母（约 20%）及少量电气石（<5%），具粗粒半自形–他形结构、糜棱结构，块状构造。糜棱岩化伟晶岩主要由粗粒的长石、石英和白云母组成，但在这些粗粒矿物周围或粒间往往发生细粒化，部分粗晶颗粒甚至具有亚颗粒化现象，暗示发生了重结晶作用［图 2-65（d）］。因此，认为岩石经历了弱的韧性剪切构造变形作用。

（5）（斑状）花岗质糜棱岩。主要矿物成分为钾长石（约 40%）、斜长石（约 22%）、石英（约 27%）、白云母和绢云母（约 8%）及少量绿泥石。岩石具糜棱结构、定向构造较明显。岩石由残斑和基质组成，其中残斑主要由钾长石和斜长石组成，次为石英，残斑粒径较大，多呈不规则状，弱到无定向排列，残斑中可见脆性破裂及各种塑性变形特征，如长石的扭折、石英的波状消光和消光带［图 2-65（e）］。此

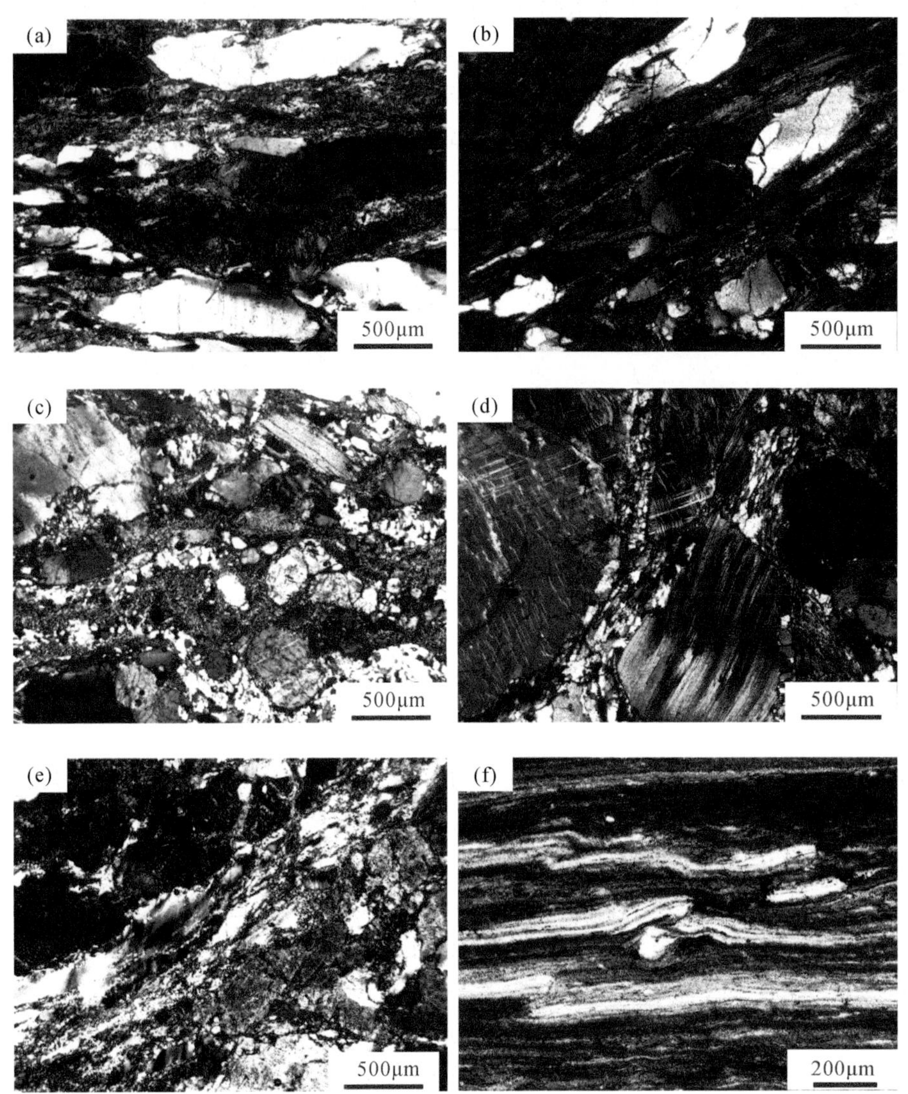

图 2-65　连云山变质核杂岩糜棱岩显微照片

(a) 糜棱岩化斜长黑云母片麻岩内由残斑和基质组成的糜棱结构；(b) 糜棱岩化黑云母片岩内具波状消光和应力纹的石英；(c) 糜棱岩化花岗岩的初糜棱结构；(d) 糜棱岩化伟晶岩内粗粒钾长石和白云母粒间分布的细粒石英；(e) 花岗质糜棱岩内石英颗粒具有波状消光和消光带，周围见动态重结晶新晶粒；(f) 长英质超糜棱岩内重结晶石英集合体丝带被错动。除 (f) 为单偏光外，其余均为正交偏光

外，长石残斑发生不同程度的高岭土化和绢云母化，而残斑边缘或周围见动态重结晶新晶粒，常常发育核幔构造；基质矿物组合为细粒的长石和石英，次为绢云母和绿泥石，其含量约占 30%。可见晚期的石英+绿泥石细脉。

（6）长英质超糜棱岩。主要矿物成分为石英（约 38%）、长石（约 20%）、绢云母（约 40%）及少量绿泥石，具糜棱结构、纹层状构造。该类超糜棱岩由不同成分的条带相间构成，残斑少见，含量不到 10%，主要由石英、长石组成，矿物粒度较小，石英的 σ 残斑指示了左行剪切运动方向［图 2-65（f）］；基质含量大于 90%，由绢云母+长石+石英+绿泥石组成。岩石中微断层发育，可见不同成分的条带被错动，有些断层还被石英脉充填。根据断层两盘重结晶石英集合体丝带的错动位置，判别可能存在一期逆断层活动。

3. 拆离断层带

即发育于长平盆地南东侧、连云山复式岩体西北缘的长平断裂带。以往研究表明（湖南省地质矿产局，1988；许德如等，2009；Wang et al.，2017），该断层在局部地段自西而东可由 F_1、F_2、F_3、F_4和 F_5 等数条断裂组成（表 2-2），整体呈 NNE 向大致平行展布。其中 F_2 为长平断裂带 Cu、Co、Au 等多金属矿化的主干控矿断裂，横贯湘东北地区，区内全长约 100km，总体走向北东 30°，倾向北西，倾角约 40°。在地貌上多形成北西低平而南东陡峻的自然景观，是一区域性拆离断层，并切割了冷家溪群、泥盆系、燕山早期侵入岩体。

表 2-2　长平断裂带北东向断层特征表

断层名称	产状			规模		切割地层或岩体	蚀变
	走向/(°)	倾向/(°)	倾角/(°)	长/km	宽/m		
白水电站脆-韧性正断层	45～50	315～320	35～60	1.7		连云山岩体	弱硅化、绿泥石化
六斗垄脆-韧性断层	45～65			4.3	1～4		弱硅化
鸡科咀脆性正断层	40～45	310～315	75～80	4.7	1～10		强硅化、黄铁矿化、绿泥石化
石头坪脆性右行平移-正断层	3～40	305～310	70～75	2.8	1～3		硅化、铁矿化
禾毛垄脆-韧性左行平移-逆断层	50	320	70～75	2.2	8～10		
芦头脆性左行平移-正断层	NNE	SEE	65～85	9.5	8～30	冷家溪群	硅化、铜铅锌矿化、黄铁、褐铁矿化
苦竹窝脆性断层	NE	NW	80	0.5	3～5		硅化
谷家源脆-韧性断层	30			23		连云山岩体	
邓家山脆-韧性断层	NE		90	9.5			
十八盘-马尾皂脆性断层	35～60			21.8		冷家溪群	
向坪洞右行平移断层	35～40	NW	54	7.0			
枸子棚-梓材坑脆性左行平移断层	40	NW	中等	13.0	10～20		
蕉溪岭脆-韧性断层	45	NW	较陡	7.0		泥盆系、连云山岩体、冷家溪群	铜钨矿化、铅锌砷矿化
张家冲-甘冲脆性正断层	35	117	35	>11.5	1～41	泥盆系	硅化、重晶石化、褐铁矿化
上水源冲脆-性左行平移断层	20	NW	陡	>8.5	1～30	泥盆系、连云山岩体、冷家溪群	黄铁矿化、砷矿化、硅化
高家大屋脆性逆断层	30	NW	69	3	0.8～15	泥盆系	磁黄铁矿化
坳上脆性逆断层	40	NW	68	3.5		泥盆系、连云山岩体、冷家溪群	夕卡岩化
铺头冲脆性右行平移-逆断层	40			>4			
藤庄-源头脆性左行平移-断层	30	296	23～29	5.5	～45		硅化、钨矿化、砷铅矿化

其中，F_2 主干拆离断层在砰山-塔洞（思村）呈北东-南西向的缓“S”形。湖南省地质矿产勘查开发局四〇二队在开展 1∶5 万三市-嘉义幅区调时，曾根据该断层两侧“岩块”在构造变形、岩浆活动、变质作用与内生成矿作用等方面存在明显差异，以及明显的重力梯度带，确定该断层为一深大断裂，并认为它是构成两个Ⅲ级构造单元的边界断层。

研究表明，F_2 主干拆离断层的构造岩在平面及剖面上都具有明显的分带性，一般可划分为六个构造岩亚带，自北西向南东依次为：破碎板岩带（Ⅰ）、板岩质断层角砾岩带（Ⅱ）、硅化断层角砾岩带（Ⅲ）、碎裂岩带（Ⅳ）、糜棱岩带（Ⅴ）和糜棱岩化-碎裂岩化岩石带（Ⅵ）。有研究者在Ⅱ、Ⅲ带之间另行分出“碎粉（岩）带”，即地表所见之“断层泥”，主断面位于Ⅱ、Ⅲ带之间。综合糜棱岩、碎裂岩、硅化断层角砾岩及破碎板岩等主要构造岩的显微构造特征（图 2-66），可归纳为：①拆离断层上盘均表现为脆性变形，主要由碎裂板岩组成，显示出浅构造层次脆性变形特点；②拆离断层内各构造岩均表现为脆-韧性叠加变形特征，主要由碎裂-超碎裂（糜棱岩化）岩、硅化断层角砾岩等组成，厚度一般十米

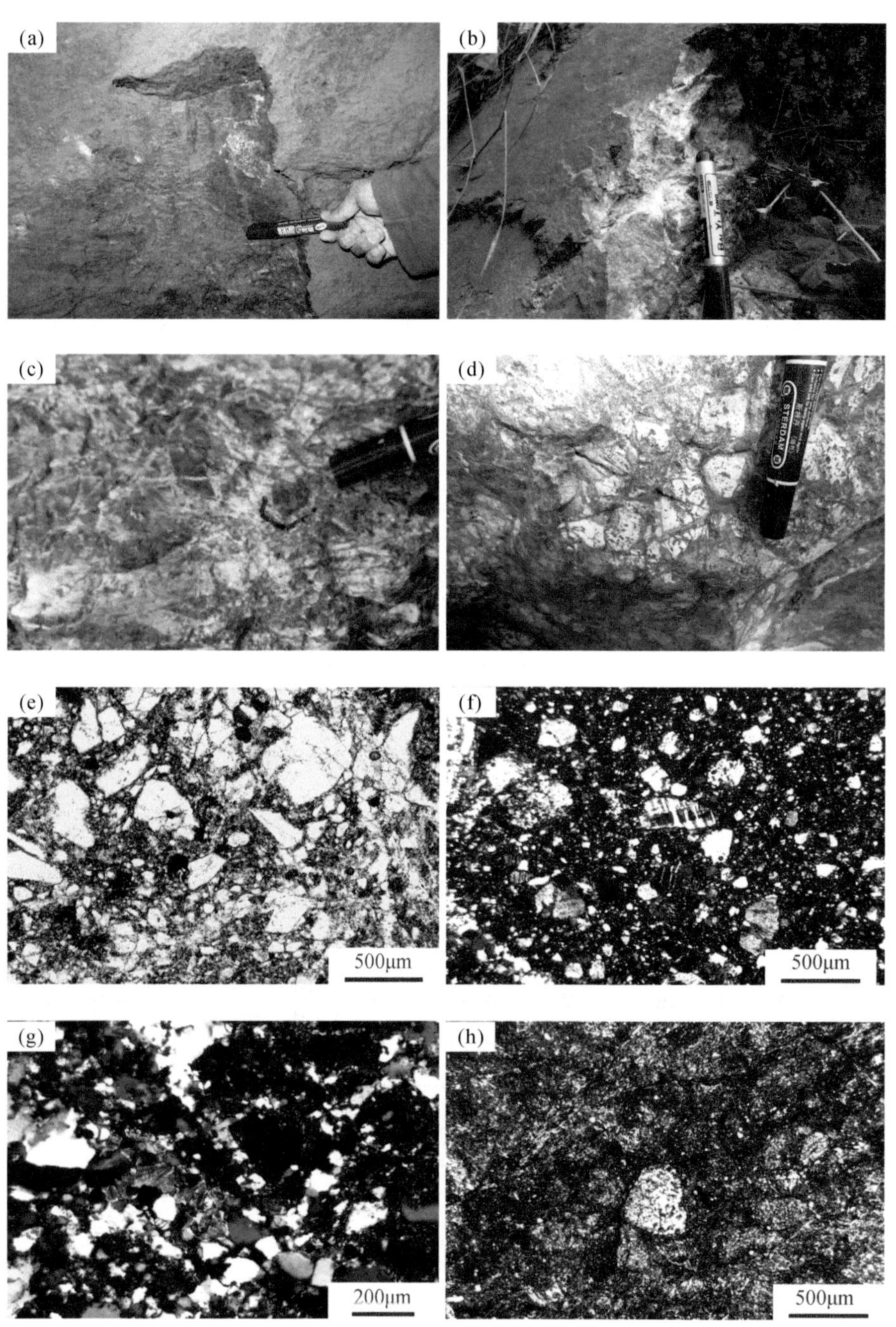

图 2-66　连云山变质核杂岩拆离断层上、下盘构造岩发育特征

(a) 强烈碎裂化冷家溪板岩野外照片；(b) 硅化的含角砾超碎粉岩野外照片（周洛龙潭）；(c) 强烈硅化的角砾岩野外照片（后被破碎，并被晚期石英脉穿插，周洛龙潭）；(d) 碎裂的硅化角砾岩野外照片（周洛龙潭）；(e) 硅化构造角砾岩的破碎角砾结构（单偏光）；(f) 绿泥石化硅化构造角砾岩中复成分角砾（正交偏光）；(g) 硅化构造角砾岩破碎角砾结构及黑云母绿泥石化（正交偏光）；(h) 绿泥石化硅化构造角砾岩中强硅化角砾主要由石英微粒组成（正交偏光）

至百余米（其中在周洛龙潭剖面厚约 140.5m、凤凰峡剖面厚约 132.4m；图 2-23、图 2-64），带内片理化和糜棱岩化岩石强烈碎裂，角砾极为发育、以黏土质胶结为主，角砾大多为浑圆状，少数为次棱角状-半滚圆状，弱具定向排列，成分复杂，角砾以板岩为主，次有砂岩、硅质岩、脉石英、花岗岩、灰岩等，砾径一般 0.5～5cm，少数可达 20cm；③拆离断层下盘各构造岩均为糜棱岩化岩和糜棱岩，其中的矿物主要表现为韧性剪切变形，具有较深构造层次的构造变形特点。这些特点在井冲和横洞矿区表现得更为明显。此外，从浏阳碎山以南至平江北山以北，在主拆离断断层内又可分为蚀变碎裂岩带、蚀变构造角砾岩带（图 2-67），其中蚀变构造角砾岩带在玲龙寺-关山水库、横洞-北山最为发育。

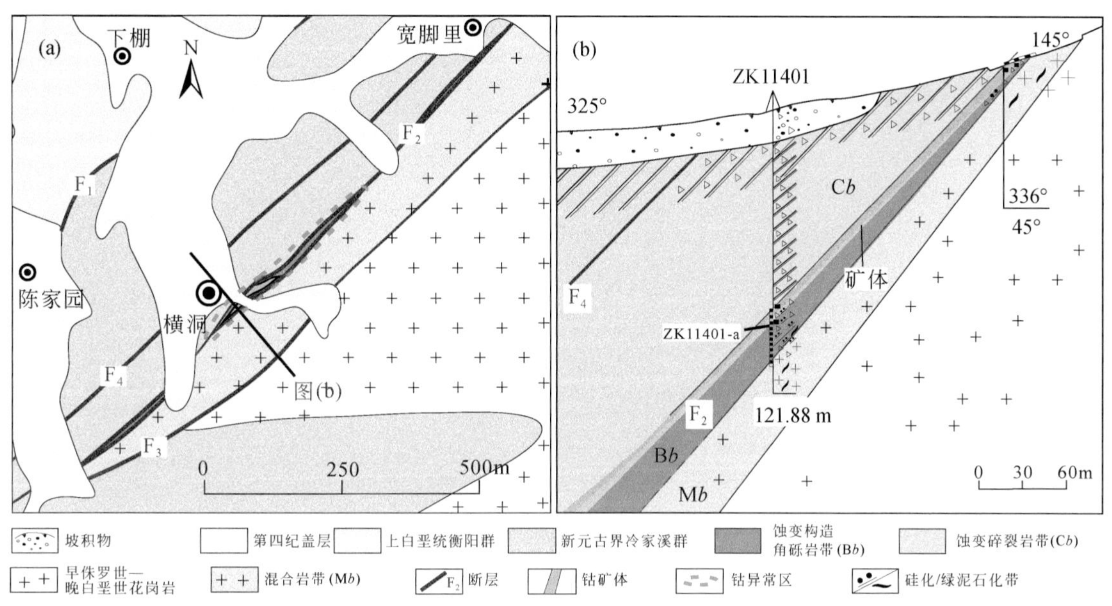

图 2-67　产于长平拆离断层内的横洞 Co 矿床地质图（a）和 No. 11401 勘探线剖面图（b）

4. 盖层

位于拆离断层上盘，由白垩系红色砾岩和下覆新元古界冷家溪群组成，盖层中发育一系列与拆离断层带和韧性剪切带成不同角度相交的多米诺式正断层。白垩系产状平缓（倾角小于 10°），近年来经湖南省地质矿产勘查开发局四〇二队的找矿勘查，已在白垩系下覆的冷家溪群中发现破碎蚀变岩型金矿（图 2-68）。

根据变质核杂岩抬升剥露的差异，连云山变质核杂岩可表现出“思村型”与“塔洞型”两种模式（图 2-69），两者在韧性剪切带和拆离断层的岩石类型、变形式样、剥露深度以及盖层内白垩系红层和断层的发育程度上均表现出一定差异。

2.3.2.3　望湘-金井伸展穹隆（变质核杂岩）

该伸展穹隆或变质核杂岩位于湘东北地区幕阜山-紫云山断隆带内的中部、大洞-万古金矿田的南面，其核部由望湘复式岩体和新元古界冷家溪群组成；盖层为发育一系列多米诺式正断层的白垩系—古近系红色砾岩；在核部和盖层之间存在着韧性剪切带和拆离断层带。

1. 变质核

主要由望湘复式岩体组成，后者包括雪峰—加里东期（约 550Ma）、印支期（250～233Ma）和燕山期（161～128Ma）三个时期的花岗岩侵入体（详见第 3 章），岩性上主要为细中粒斑状黑云母二长花岗岩、中细粒角闪石黑云母花岗闪长岩、中细粒二云母二长花岗岩和细中粒斑状黑云母二长花岗岩；岩体内除普遍见有花岗伟晶岩、细粒花岗岩脉外［图 2-70（a）～（d）］，尚有少量石英正长岩、石英二长岩、花岗

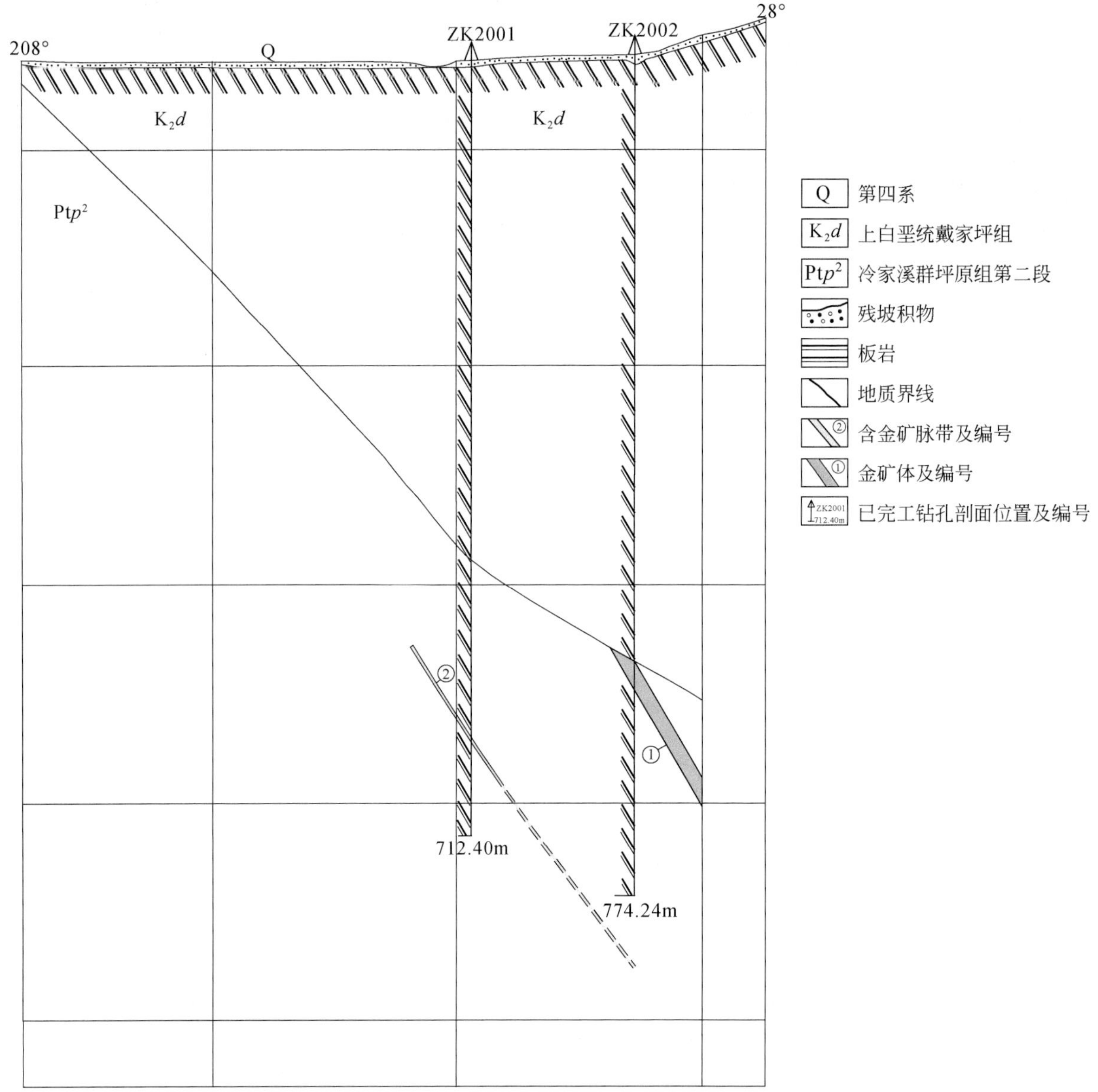

图 2-68　湘东北万古金矿区江东矿段第 20 勘探线剖面图

闪长斑岩、花岗斑岩、石英斑岩、煌斑岩，以及玄武岩、粗面岩等岩脉。望湘复式岩体呈超覆状态［图 2-70（e）（f）］，形态与围岩原始褶皱形态协调一致，侵入冷家溪群中，广泛产生角岩化，上白垩统红层则覆盖于岩体之上。与岩体有关的矿产包括锡、铌、钽、铍、钨、铅、锌、铜等。据钻探资料及围岩接触变质特征分析，望湘岩体西侧第四系及金井岩体南、北两侧冷家溪群之下，尚存在隐伏花岗岩。

由于多期侵入活动，在望湘-金井复式岩体局部热液蚀变作用强烈，可见绢云母化、硅化、绿泥石化、绿帘石化等，在硅化破碎带内尚有萤石化、黄铁矿化，并伴有铜铅锌矿化。岩体与围岩接触部位热接触变质强烈，变质带宽数百米至上千米，由岩体边缘向中心一般可分为斑点状板岩带、石英绢云母千枚岩带和石英片（角）岩带，局部尚见微弱混合岩化岩石。在变质带中常出现石榴子石、角闪石、透辉石，红柱石、夕线石、堇青石、十字石、电气石等矿物。而岩体内部带、过渡带、边缘带中都出现磁铁矿、钛铁矿、电气石、独居石、石榴子石、锆石、金红石等矿物。

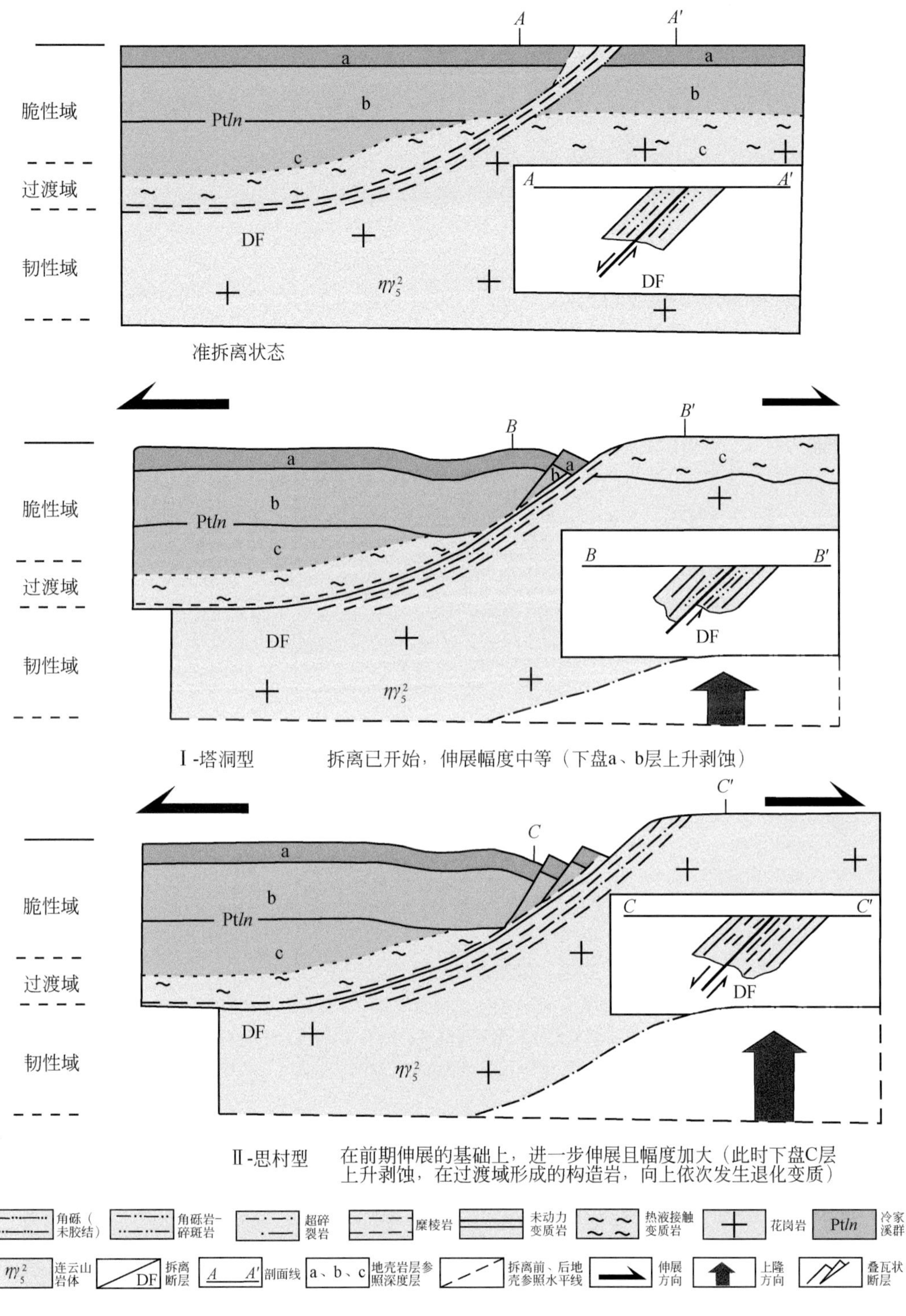

图2-69　砰山—塔洞拆离断层带（DF）形成模式图

2. 韧性剪切带（糜棱岩带）

在望湘复式岩体顶部与冷家溪群的接触部位，望湘-金井岩体中斜长石发生碎裂、扭曲和位错，以及云母类发生碎裂和扭曲（图2-71）。湖南省地质调查院（2002）和彭和求等（2004）曾提出“伸展扩张+横向拓宽型复合侵位机制”来解释望湘复式岩体中燕山期主体的侵位变形特征。

在望湘复式岩体周边目前尚未发现拆离断层及相关碎裂岩等现象。

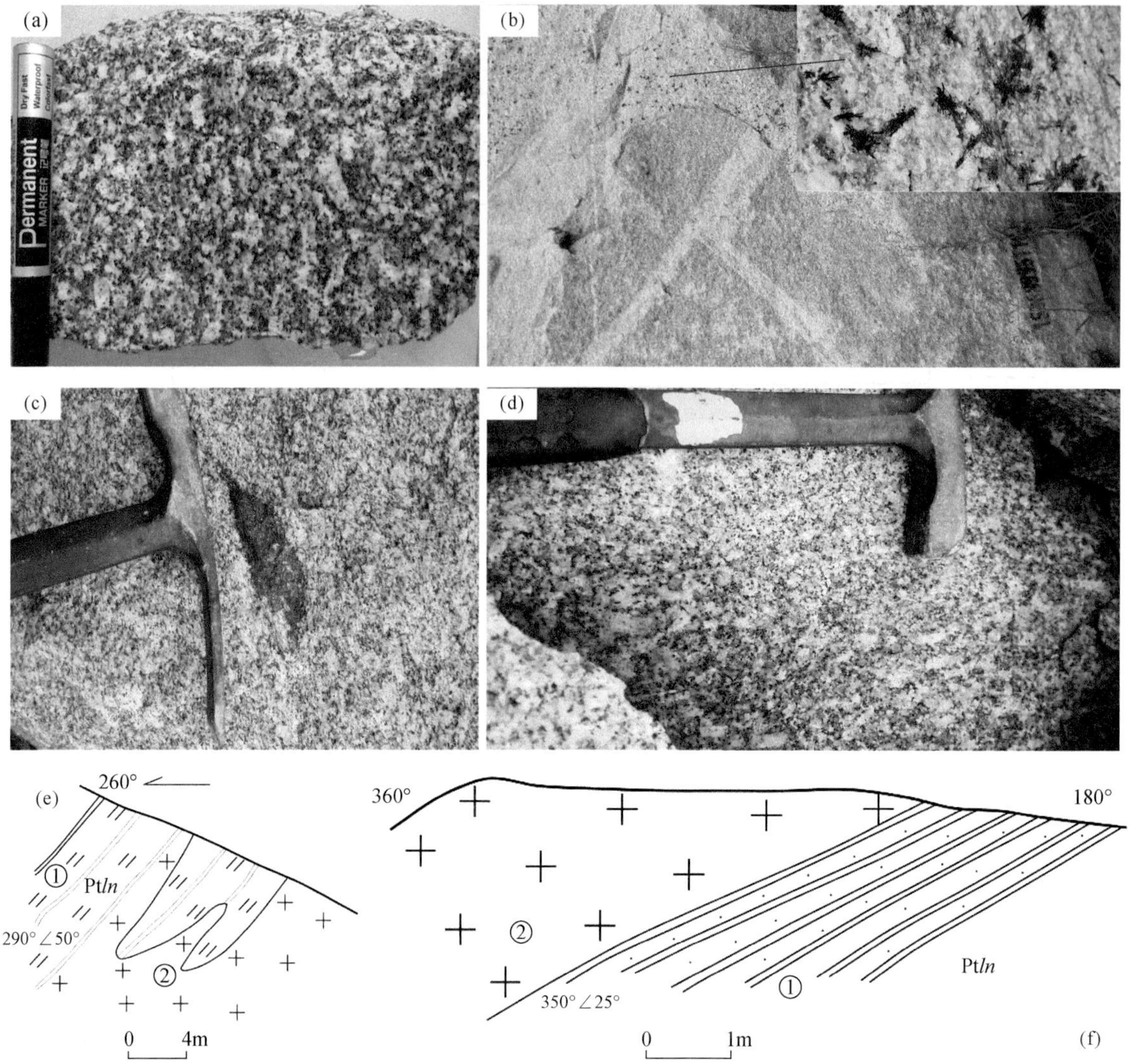

图 2-70　望湘伸展穹隆复式岩体特征

(a) 黑云母二长花岗岩野外照片；(b) 复式岩体内细晶岩脉和伟晶岩脉野外照片（右上角为放大的伟晶岩）；(c) 花岗闪长岩内的冷家溪捕虏体野外照片；(d) 黑云母二长花岗岩中钾长石弱具定向排列野外照片；(e) 岩体与冷家溪群呈侵入接触关系素描（①为二云母石英片岩，②为中细粒斑状二云母二长花岗岩）；(f) 岩体与围岩呈超覆接触关系素描（①为板岩，②为中细粒二云母花岗岩）

图 2-71　望湘-金井复式岩体韧性变形特征（正交偏光）

（a）斜长石碎裂及扭曲双晶；（b）斜长石错位现象；（c）云母的碎裂结构及扭曲解理；（d）长石和石英的碎裂与石英的“核-幔”构造

参考文献

宾清，龚玉红．2003. 湘东推覆构造及找煤意义．中国煤田地质，15（1）：14-15.

陈柏林，吴淦国．1998. 福建蒲洋变质核杂岩构造及其控矿作用初探．福建地质，17（3）：139-146.

陈国达．1956. 中国地台“活化区”的实例并着重讨论“华夏古陆”问题．地质学报，36（3）：239-271.

陈国达．1959. 地壳动定转化递进说——论地壳发展的一般规律．地质学报，39（3）：279-292.

陈国达．1987. 成矿学及其在中国加强研究的必要性．大地构造与成矿学，11（2）：105-113.

陈小勇．2015. 江南造山带前寒武纪构造演化．南京：南京大学．

傅昭仁，李先福，李德威，等．1991. 不同样式的拆离断层控矿研究．地球科学——中国地质大学学报，16（6）：627-634.

傅昭仁，李德威，李先福，等．1992. 变质核杂岩及拆离断层的控矿构造解析．武汉：中国地质大学出版社．

傅昭仁，李紫金，郑大瑜．1999. 湘赣边区 NNE 向走滑造山带构造发展样式．地学前缘，6（4）：263-273.

高林志，戴传固，刘燕学，等．2010. 黔东南-桂北地区四堡群凝灰岩锆石 SHRIMP U-Pb 年龄及其地层学意义．地质通报，29（9）：1259-1267.

高林志，陈峻，丁孝忠，等．2011. 湘东北岳阳地区冷家溪群和板溪群凝灰岩 SHRIMP 锆石 U-Pb 年龄——对武陵运动的制约．地质通报，30（7）：1001-1008.

高林志，丁孝忠，刘燕学，等．2014. 江山—绍兴断裂带陈蔡岩群片麻岩 SHRIMP 锆石 U-Pb 年龄及其地质意义．地质通报，33（5）：641-648.

广东省地质矿产局．1988. 广东区域地质志．北京：地质出版社：1-941.

郝义，李三忠，金宠，等．2010. 湘赣桂地区加里东期构造变形特征及成因分析．大地构造与成矿学，34（2）：166-180.

侯光久，索书田，魏启荣，等．1998. 雪峰山地区变质核杂岩与沃溪金矿．地质力学学报，4（1）：58-62.

湖南省地质调查院．2002. 1∶25 万长沙市幅区域地质调查报告．长沙：湖南省地质调查院．

湖南省地质矿产局．1988. 湖南省区域地质志．北京：地质出版社：1-507.

贾宝华，彭和求．2005. 湘东北前寒武纪地质与成矿．北京：地质出版社：1-138.

贾大成，胡瑞忠，赵军红，等．2003. 湘东北中生代望湘花岗岩体岩石地球化学特征及其构造环境．地质学报，77（1）：98-103.

江西省地质矿产局．1988. 江西省区域地质志．北京：地质出版社：1-921.

蒋少涌，赵葵东，姜耀辉，等．2008. 十杭带湘南—桂北段中生代 A 型花岗岩带成岩成矿特征及成因讨论．高校地质学报，14（4）：496-509.

金鹤生．1984. 湘东裂谷系．湖南地质，3（1）：42-53.

金鹤生，施央申，郭令智．1993. 泥盆纪—三叠纪华南扩张域．湖南地质，12（3）：149-154.

来守华，陈仁义，张达，等．2014. 福建潘田铁矿床花岗岩岩石地球化学特征、锆石 U-Pb 年代学及其与成矿的关系．岩石学报，30（6）：1780-1792.

李建华，张岳桥，董树文，等．2015. 湘东宏夏桥和板杉铺岩体 LA-MC-ICP-MS 锆石 U-Pb 年龄及地质意义．地球学报，36（2）：187-196.
李鹏春．2006. 湘东北地区显生宙花岗岩岩浆作用及其演化规律．广州：中国科学院广州地球化学研究所．
李鹏春，许德如，陈广浩，等．2005. 湘东北金井地区花岗岩成因及地球动力学暗示：岩石学、地球化学和 Sr-Nd 同位素制约．岩石学报，21（3）：921-934.
李先福．1991. 拆离断层及其热液成矿作用．地质与勘探，27（1）：1-6.
李先福．1992. 湖南桃林与拆离断层有关的铅锌及萤石矿化作用．现代地质，6（1）：46-54.
李先福，李建威，傅昭仁．2000. 连云山西缘糜棱岩显微构造及古应力计算．武汉工程大学学报，22（2）：40-42.
李先福，李建威，周美夫．2001. 湖南连云山剪切重熔型花岗岩的野外构造岩相分带．地质科技情报，20（3）：27-30.
李晓彬．2013. 江西彭山锡多金属矿田成矿地质特征及成矿规律探讨．南京：南京大学．
李学刚，杨坤光，朱清波．2010. 庐山变质核杂岩核部岩体锆石 LA-ICP-MS U-Pb 年代学研究及其地质意义．矿物岩石，30（4）：36-42.
刘恩山，李三忠，金宠，等．2010. 雪峰陆内构造系统燕山期构造变形特征和动力学．海洋地质与第四纪地质，35（5）：63-74.
刘英俊，俊沙鹏，朱恺军．1989. 江西德兴地区中元古界双桥山群含金建造的地球化学研究．桂林冶金地质学院学报，9（2）：115-126.
楼法生，舒良树，王德滋．2005. 变质核杂岩研究进展．高校地质学报，11（1）：67-76.
罗惠芳．1993. 江西武功山伸展拆离滑覆构造．江西地质，8（1）：36-45.
罗献林．1990. 论湖南前寒武系金矿床的成矿物质来源．桂林冶金地质学院学报，10（1）：13-26.
毛光周，华仁民，高剑峰，等．2008. 江西金山金矿含金黄铁矿的 Rb-Sr 年龄．地球学报，29（5）：599-606.
孟庆秀．2014. 江南造山带中段新元古代冷家溪群、板溪群年代学研究及构造意义．成都：成都理工大学．
彭和求，唐晓珊，郭乐群．2002. 雪峰山东段—连云山杂岩区域变质特征及岩石圈深部作用信息．资源调查与环境，23（4）：235-243.
彭和求，贾宝华，唐晓珊．2004. 湘东北望湘岩体的热年代学与幕阜山隆升．地质科技情报，23（1）：11-15.
彭少梅，符力奋，周国强，等．1995. 云开地块的构造演化及片麻状花岗质岩石的剪切深熔成因．武汉：中国地质大学出版社：1-167.
彭松柏，付建明，刘云华．2004. 大容山-十万大山花岗岩带中 A 型紫苏花岗岩、麻粒岩包体的发现及意义．科学技术与工程，4（10）：832-843.
秦葆瑚．1991. 台湾—四川黑水地学大断面所揭示的湖南深部构造．湖南地质，10（2）：89-96.
秦松贤，章泽军，张志，等．2002. 赣北中元古界双桥山群低变质强变形行为与格林威尔期造山作用．地质科技情报，21（2）：8-12.
覃永军，杜远生，牟军，等．2015. 黔东南地区新元古代下江群的地层年代及其地质意义．地球科学——中国地质大学学报，40（7）：1107-1131.
丘元禧，张渝昌，马文璞．1998. 雪峰山陆内造山带的构造特征与演化．高校地质学报，4（4）：3-5.
任升莲，张妍，杨帆，等．2014. 庐山变质核杂岩基底拆离的变形特征及形成条件．地质科学，49（2）：529-541.
沈晓明，张海祥，张伯友．2008. 华南中生代变质核杂岩构造及其与岩石圈减薄机制的关系初探．大地构造与成矿学，32（1）：11-19.
舒良树，王德滋．2006. 北美西部与中国东南部盆岭构造对比研究．高校地质学报，12（1）：1-13.
舒良树，王德滋，沈渭洲．2000. 江西武功山中生代变质核杂岩的花岗岩类 Nd-Sr 同位素研究．南京大学学报：自然科学版，36（3）：306-311.
舒良树，周新民，邓平，等．2004. 中国东南部中，新生代盆地特征与构造演化．地质通报，23（Z2）：876-884.
宋鸿林．1986. 动力变质岩分类述评．地质科技情报，5（1）：21-26.
苏金宝，董树文，张岳桥，等．2014. 川黔湘构造带构造样式及深部动力学制约．吉林大学学报（地球科学版），44（2）：490-506.
王继林，何斌，关俊朋．2013. 江西庐山地区星子群变质时代及变质机制探讨．大地构造与成矿学，37（3）：489-498.
王加昇，温汉捷，李超，等．2011. 黔东南石英脉型金矿毒砂 Re-Os 同位素定年及其地质意义．地质学报，85（6）：955-964.
王敏．2012. 黔东北梵净山地区晚元古代岩浆活动及其大地构造意义．北京：中国地质大学：1-154.

王小凤，王平安，水涛．1989. 绍兴—江山断裂带显微构造分析与差应力值的估算．地质力学学报，(1)：77-83.
吴富江．2001. 井冈山市幅 G50E009001 1/5 万地质图说明书．南昌：江西省地质调查研究院．
吴文革，谢卫红．2005. 江西德安彭山穹窿构造特征及其控岩控矿作用．北京地质，17 (1)：7-11.
许德如，贺转利，李鹏春，等．2006. 湘东北地区晚燕山期细碧质玄武岩的发现及地质意义．地质科学，41 (2)：311-332.
许德如，王力，李鹏春，等．2009. 湘东北地区连云山花岗岩的成因及地球动力学暗示．岩石学报，25 (5)：1056-1078.
许德如，邹凤辉，宁钧陶，等．2017. 湘东北地区地质构造演化与成矿响应探讨．岩石学报，33 (3)：695-715.
杨帆，宋传中，任升莲，等．2015. 庐山变质核杂岩的变质变形及构造意义．地质论评，61 (4)：752-756.
杨帆，宋传中，任升莲，等．2018. 庐山变质核杂岩基底拆离带的变质作用 *P-T* 条件及其活动时代．地质学报，92 (5)：979-992.
喻爱南，叶柏龙．1998. 大云山变质核杂岩构造的确认及其成因．湖南地质，17 (2)：13-16.
袁学诚，左毅，蔡小林，等．1989. 华南板块岩石圈结构与地球物理学//《地球物理学报》编辑委员会．20 世纪 80 年代中国地球物理学进展．北京：地震出版社：243-249.
张爱梅，王岳军，范蔚茗，等．2011. 福建武平地区桃溪群混合岩 U-Pb 定年及其 Hf 同位素组成：对桃溪群时代及郁南运动的约束．大地构造与成矿学，35 (1)：64-72.
张伯友，俞鸿年．1992. 糜棱岩、混合岩、花岗岩三者成因联系—粤西深层次推覆构造研究的特殊意义．38 (5)：407-413.
张进业．1994. 衡山变质核杂岩体西缘拆离断层及其对铀成矿的控制作用．铀矿地质，10 (3)：144-149.
张顺金，黄昌旗，陈泽霖，等．2000. 华南武夷山区桃溪旋卷变质核杂岩构造的基本特征及形成机制探讨．福建地质，(4)：188-196.
张文山．1991. 湘东北长沙—平江断裂动力变质带的构造及地球化学特征．大地构造与成矿学，15 (2)：100-109.
张岳桥，徐先兵，贾东，等．2009. 华南早中生代从印支期碰撞构造体系向燕山期俯冲构造体系转换的形变记录．地学前缘，16 (1)：234-247.
章泽军，赵温霞，秦松贤，等．2003. 赣北前震旦纪构造变形特征及其动力学意义．华南地质与矿产，(3)：1-7.
周清，姜耀辉，廖世勇，等．2012. 德兴铜矿闪长玢岩 SHRIMP 锆石 U-Pb 定年及原位 Hf 同位素研究．地质学报，86 (11)：1726-1734.
周怡湘，程巨能．1999. 湘东北思村—砰山拆离断层特征及控矿研究．大地构造与成矿学，23 (4)：334-344.
朱恺军，范宏瑞．1991. 江西金山金矿床层控成因的地质地球化学证据．地质找矿论丛，6 (4)：18-27.
朱清波，杨坤光，王艳．2010. 庐山变质核杂岩伸展拆离和岩浆作用的年代学约束．大地构造与成矿学，34 (3)：391-401.
Cawood P A, Wang Y J, Xu Y J, et al. 2013. Locating South China in Rodinia and Gondwana: a fragment of greater India lithosphere? Geology, 41 (8): 903-906.
Charvet J. 2013. The Neoproterozoic-Early Paleozoic tectonic evolution of the South China Block: an overview. Journal of Asian Earth Sciences, 74: 198-209.
Charvet J, Shu L S, Shi Y S, et al. 1996. The building of south China: collision of Yangzi and Cathaysia blocks, problems and tentative answers. Journal of Southeast Asian Earth Sciences, 13 (3-5): 223-235.
Charvet J, Shu L S, Faure M, et al. 2010. Structural development of the Lower Paleozoic belt of South China: genesis of an intracontinental orogen. Journal of Asian Earth Sciences, 39 (4): 309-330.
Chen H, Ni P, Chen R Y, et al. 2016. Chronology and geological significance of spillite- keratophyre in Pingshui Formation, northwest Zhejiang Province. Geology in China, 43 (2): 410-418.
Chen J F, Jahn B M. 1998. Crustal evolution of southeastern China: Nd and Sr isotopic evidence. Tectonophysics, 284 (1-2): 101-133.
Chen J F, Foland K A, Xing F M, et al. 1991. Magmatism along the southeast margin of the Yangtze block: precambrian collision of the Yangtze and Cathysia blocks of China. Geology, 19 (8): 815-818.
Chen P R, Hua R M, Zhang B T, et al. 2002. Early Yanshanian post- orogenic granitoids in the Nanling region—petrological constraints and geodynamic settings. Science in China Series D: Earth Sciences, 45 (8): 755-768.
Chen X, Zhang Y D, Fan J X, et al. 2010. Ordovician graptolite- bearing strata in southern Jiangxi with a special reference to the Kwangsian Orogeny. Science in China: Earth Sciences, 53 (1): 1602-1610.
Chu Y, Faure M, Lin W, et al. 2012. Early Mesozoic tectonics of the South China block: insights from the Xuefengshan

intracontinental orogen. Journal of Asian Earth Sciences, 61: 199-220.

Deng J, Wang Q F. 2016. Gold mineralization in China: metallogenic provinces, deposit types and tectonic framework. Gondwana Research, 36: 219-274.

Deng T, Xu D R, Chi G X, et al. 2019. Revisiting the ca. 845-820-Ma S-type granitic magmatism in the Jiangnan Orogen: new insights on the Neoproterozoic tectono-magmatic evolution of South China. International Geology Review, 61 (4): 383-403.

Ding D G, Liu G X. 2007. Progressive deformation in Yangtze plate. Petroleum Geology and Experiment, 29 (3): 238-249.

Egger A E, Miller E L. 2011. Evolution of the northwestern margin of the Basin and Range: the geology and extensional history of the Warner Range and environs, northeastern California. Geosphere, 7 (3): 756-773.

Faure M, Sun Y, Shu L, et al. 1996. Extensional tectonics within a subduction-type orogen. The case study of the Wugongshan dome (Jiangxi Province, southeastern China) . Tectonophysics, 263 (1-4): 77-106.

Faure M, Shu L S, Wang B, et al. 2009. Intracontinental subduction: a possible mechanism for the Early Palaeozoic Orogen of SE China. Terra Nova, 21 (5): 360-368.

Gao L Z, Ding X Z, Zhang C H, et al. 2012. Revised chronostratigraphic framework of the metamorphic strata in the Jiangnan Orogenic Belt, South China and its tectonic implications. Acta Geologica Sinica-English Edition, 86 (2): 339-349.

Greentree M R, Li Z X, Li X H, et al. 2006. Late Mesoproterozoic to earliest Neoproterozoic basin record of the Sibao orogenesis in western South China and relationship to the assembly of Rodinia. Precambrian Research, 151 (1-2): 79-100.

Hsü K J, Li J L, Chen H H, et al. 1990. Tectonics of South China: key to understanding West Pacific geology. Tectonophysics, 183 (1-4): 9-39.

Jahn B M, Zhou X H, Li J L. 1990. Formation and tectonic evolution of southeastern China and Taiwan—isotopic and geochemical constraints. Tectonophysics, 183 (1-4): 145-160.

Jiao W Wu, Y Yang S, Peng M, et al. 2009. The oldest basement rock in the Yangtze Craton revealed by zircon U-Pb age and Hf isotope composition. Science in China Series D: Earth Sciences, 52 (9): 1393-1399.

Lerch D W, Miller E, McWilliams M, et al. 2008. Tectono-magmatic evolution of the northwestern Basin and Range and its transition to unextended volcanic plateaus: black rock range, Nevada. Geological Society of America Bulletin, 120 (3): 300-311.

Li J H, Zhang Y Q, Dong S W, et al. 2013. The Hengshan low-angle normal fault zone: structural and geochronological constraints on the Late Mesozoic crustal extension in South China. Tectonophysics, 606: 97-115.

Li J H, Zhang Y Q, Dong S W, et al. 2014. Cretaceous tectonic evolution of South China: a preliminary synthesis. Earth-Science Reviews, 134 (1): 98-136.

Li J H, Dong S W, Zhang Y Q, et al. 2016. New insights into Phanerozoic tectonics of south China: Part 1, polyphase deformation in the Jiuling and Lianyunshan domains of the central Jiangnan Orogen. Journal of Geophysical Research-Solid Earth, 121 (4): 3048-3080.

Li J L. 1993. Tectonic framework and evolution of southeastern China. Journal of Southeast Asian Earth Sciences, 8: 219-223.

Li W X, Li X H, Li Z X. 2005. Neoproterozoic bimodal magmatism in the Cathaysia Block of South China and its tectonic significance. Precambrian Research, 136 (1): 51-66.

Li W X, Li X H, Li Z X. 2008b. Middle Neoproterozoic syn-rifting volcanic rocks in Guangfeng, South China: petrogenesis and tectonic significance. Geological Magazine, 145 (4): 475-489.

Li X F, Li J W, Zhou M F. 2001. Field structural-lithofacie zones for shear remelt granite of Lianyunshan in Hunan Province. Geological Science and Technology Information, 20 (3): 27-30.

Li X H. 1999. U-Pb zircon ages of granites from the southern margin of the Yangtze Block: timing of Neoproterozoic Jinning: orogeny in SE China and implications for Rodinia Assembly. Precambrian Research, 97 (1-2): 43-57.

Li X H, Li Z X, Zhou H W, et al. 2002. U-Pb zircon geochronology, geochemistry and Nd isotopic study of Neoproterozoic bimodal volcanic rocks in the Kangdian Rift of South China: implications for the initial rifting of Rodinia. Precambrian Research, 113 (1-2): 135-154.

Li X H, Li Z X, Ge W C, et al. 2003a. Neoproterozoic granitoids in South China: crustal melting above a mantle plume at ca. 825 Ma? Precambrian Research, 122 (1-4): 45-83.

Li X H, Li W X, Li Z X, et al. 2009. Amalgamation between the Yangtze and Cathaysia Blocks in South China: constraints from SHRIMP U-Pb zircon ages, geochemistry and Nd-Hf isotopes of the Shuangxiwu volcanic rocks. Precambrian Research, 174 (1-

2): 117-128.

Li Z X. 1998. Tectonic history of the major East Asian lithospheric blocks since the mid-Proterozoic—a synthesis. Mantle dynamics and plate interactions in East Asia. Geodynamics, 27: 221-243.

Li Z X, Li X H. 2007. Formation of the 1300-km-wide intracontinental orogen and postorogenic magmatic province in Mesozoic South China: a flat-slab subduction model. Geology, 35 (2): 179-182.

Li Z X, Zhang L H, Powell C M. 1995. South China in Rodinia: part of the missing link between Australia-East Antarctica and Laurentia? Geology, 23 (5): 407-410.

Li Z X, Li X H, Kinny P D, et al. 1999. The breakup of Rodinia: did it start with a mantle plume beneath South China? Earth and Planetary Science Letters, 173 (3): 171-181.

Li Z X, Li X H, Kinny P D, et al. 2003b. Geochronology of Neoproterozoic syn-rift magmatism in the Yangtze Craton, South China and correlations with other continents: evidence for a mantle superplume that broke up Rodinia. Precambrian Research, 122 (1-4): 85-109.

Li Z X, Wartho J A, Occhipinti S, et al. 2007. Early history of the eastern Sibao Orogen (South China) during the assembly of Rodinia: new mica $^{40}Ar/^{39}Ar$ dating and SHRIMP U-Pb detrital zircon provenance constraints. Precambrian Research, 159 (1-2): 79-94.

Li Z X, Bogdanova S V, Collins A S, et al. 2008a. Assembly, configuration, and break-up history of Rodinia: a synthesis. Precambrian Research, 160 (1-2): 179-210.

Li Z X, Li X H, Wartho J A, et al. 2010. Magmatic and metamorphic events during the early Paleozoic Wuyi-Yunkai orogeny, southeastern South China: new age constraints and pressure-temperature conditions. Geological Society of America Bulletin, 122 (5-6): 772-793.

Lin S F, Xing G F, Davis D W, et al. 2018. Appalachian-style multi-terrane Wilson cycle model for the assembly of South China. Geology, 46 (4): 319-322.

Lin W, Faure M, Monie P, et al. 2000. Tectonics of SE China: new insights from the Lushan massif (Jiangxi Province). Tectonics, 19 (5): 852-871.

Lin W, Faure M, Sun Y, et al. 2001. Compression to extension switch during the Middle Triassic orogeny of Eastern China: the case study of the Jiulingshan massif in the southern foreland of the Dabieshan. Journal of Asian Earth Sciences, 20 (1): 31-43.

Lin W, Wang Q C, Chen K. 2008. Phanerozoic tectonics of south China block: new insights from the polyphase deformation in the Yunkai massif. Tectonics, 27 (6): 1-16.

Liu Q, Yu J H, Wang Q, et al. 2012. Ages and geochemistry of granites in the Pingtan-Dongshan Metamorphic Belt, Coastal South China: new constraints on Late Mesozoic magmatic evolution. Lithos, 150: 268-286.

Liu Q Q, Shao Y J, Chen M, et al. 2019. Insights into the genesis of orogenic gold deposits from the Zhengchong gold field, northeastern Hunan Province, China. Ore Geology Reviews, 105: 337-355.

Liu X, Gao S, Diwu C, et al. 2008. Precambrian crustal growth of Yangtze Craton as revealed by detrital zircon studies. American Journal of Science, 308: 421-468.

Mao J W, Du D A. 2001. The 982 Ma Re-Os isotopic age of Cu-Ni sulfide ores in Baotan area, Guangxi Province and its geological significance. Sciences in China (series D), 31 (12): 992-998.

Mao J W, Cheng Y B, Chen M H, et al. 2013. Major types and time-space distribution of Mesozoic ore deposits in South China and their geodynamic settings. Mineralium Deposita, 48 (3): 267-294.

Ni P, Wang G G, Chen H, et al. 2015. An Early Paleozoic orogenic gold belt along the Jiang-Shao Fault, South China: evidence from fluid inclusions and Rb-Sr dating of quartz in the Huangshan and Pingshui deposits. Journal of Asian Earth Sciences, 103: 87-102.

Parsons T, Thompson G A, Sleep N H. 1994. Mantle plume influence on the Neogene uplift and extension of the US western Cordillera? Geology, 22 (1): 83-86.

Peng B, Frei R. 2004. Nd-Sr-Pb isotopic constraints on metal and fluid sources in W-Sb-Au mineralization at Woxi and Liaojiaping (Western Hunan, China). Mineralium Deposita, 39 (3): 313-327.

Peng J, Hu R, Zhao J, et al. 2003. Scheelite Sm-Nd dating and quartz Ar-Ar dating for Woxi Au-Sb-W deposit, western Hunan. Chinese Science Bulletin, 48 (23): 2640-2646.

Pirajno F. 2013. Yangtze Craton, Cathaysia and the South China Block//The Geology and Tectonic Settings of China's Mineral

Deposits. Springer Science, Business Media Dordrecht: 127-242.

Qiu Y M, Gao S, McNaughton N J, et al. 2000. First evidence of >3.2 Ga continental crust in the Yangtze craton of south China and its implications for Archean crustal evolution and Phanerozoic tectonics. Geology, 28 (1): 11-14.

Shu L, Charvet J, Shi Y, et al. 1991. Structural analysis of the Nanchang-Wanzai sinistral ductile shear zone (Jiangnan region, South China). Journal of Southeast Asian Earth Sciences, 6 (1): 13-23.

Shu L S, Charvet J. 1996. Kinematics and geochronology of the proterozoic Dongxiang-Shexian ductile shear zone: with HP metamorphism and ophiolitic melange (Jiangnan region, south China). Tectonophysics, 267 (1-4): 291-302.

Shu L S, Wang D Z. 2006. A comparison study of basin and range tectonics in the Western North America and Southeastern China. Geological Journal of China Universities, 12 (1): 1-13.

Shu L S, Zhou G Q, Shi Y S, et al. 1994. Study of the high pressure metamorphic blueschist and its Late Proterozoic age in the eastern Jiangnan belt. Chinese Science Bulletin, 39 (14): 1200-1204.

Shu L S, Sun Y, Wang D Z, et al. 1998. Mesozoic doming extensional tectonics of Wugongshan, South China. Science in China Series D: Earth Sciences, 41 (6): 601-608.

Shu L S, Zhou X M, Deng P, et al. 2009. Mesozoic tectonic evolution of the Southeast China Block: new insights from basin analysis. Journal of Asian Earth Sciences, 34 (3): 376-391.

Shu L S, Faure M, Yu J H, et al. 2011. Geochronological and geochemical features of the Cathaysia block (South China): new evidence for the Neoproterozoic breakup of Rodinia. Precambrian Research, 187 (3-4): 263-276.

Shu L S, Jahn B M, Charvet J, et al. 2014. Early Paleozoic depositional environment and intraplate tectono-magmatism in the Cathaysia Block (South China): evidence from stratigraphic, structural, geochemical and geochronological investigations. American Journal of Science, 314 (1): 154-186.

Su J, Dong S, Zhang Y, et al. 2017. Orogeny processes of the western Jiangnan Orogen, South China: insights from Neoproterozoic igneous rocks and a deep seismic profile. Journal of Geodynamics, 103: 42-56.

Su W B, Huff W D, Ettensohn F R, et al. 2009. K-bentonite, black-shale and flysch successions at the Ordovician-Silurian transition, South China: possible sedimentary responses to the accretion of Cathaysia to the Yangtze Block and its implications for the evolution of Gondwana. Gondwana Research, 15 (1): 111-130.

Sun Z C, Qiu Y Y, Guo Z Y. 1991. On the relationship of the intraplate deformation and the secondary formation of oil/gas pools: the general regularities of the oil/gas formation in marine environment of the Yangtze area. Petroleum Geology and Experiment, 13 (2): 107-142.

Wan Y S, Liu D Y, Wilde S A, et al. 2010. Evolution of the Yunkai Terrane, South China: evidence from SHRIMP zircon U-Pb dating, geochemistry and Nd isotope. Journal of Asian Earth Sciences, 37 (2): 140-153.

Wang C, Liu L, Wang Y H. 2015. Recognition and tectonic implications of an extensive Neoproterozoic volcano-sedimentary rift basin along the southwestern margin of the Tarim Craton, northwestern China. Precambrian Research, 257: 65-82.

Wang D Z, Shu L S. 2012. Late Mesozoic basin and range tectonics and related magmatism in Southeast China. Geoscience Frontiers, 3 (2): 109-124.

Wang D Z, Shu L S, Faure M, et al. 2001. Mesozoic magmatism and granitic dome in the Wugongshan Massif, Jiangxi province and their genetical relationship to the tectonic events in southeast China. Tectonophysics, 339 (3-4): 259-277.

Wang H Z, Mo X X. 1995. An outline of the tectonic evolution of China. Episodes Journal of International Geoscience, 18 (1): 6-16.

Wang L X, Ma C Q, Zhang C, et al. 2014. Genesis of leucogranite by prolonged fractional crystallization: a case study of the Mufushan complex, South China. Lithos, 206-207: 147-163.

Wang W, Zhou M F. 2012. Sedimentary records of the Yangtze Block (South China) and their correlation with equivalent Neoproterozoic sequences on adjacent continents. Sedimentary Geology, 265: 126-142.

Wang W, Wang F, Chen F K, et al. 2010. Detrital zircon ages and Hf-Nd isotopic composition of Neoproterozoic sedimentary rocks in the Yangtze Block: constraints on the deposition age and provenance. The Journal of Geology, 118 (1): 79-94.

Wang W, Zhou M F, Yan D P, et al. 2012. Depositional age, provenance, and tectonic setting of the Neoproterozoic Sibao Group, southeastern Yangtze Block, South China. Precambrian Research, 192 (95): 107-124.

Wang X L, Zhou J C, Qiu J S, et al. 2004. Geochemistry of the Meso- to Neoproterozoic basic-acid rocks from Hunan Province, South China: implications for the evolution of the western Jiangnan orogen. Precambrian Research, 135 (1-2): 79-103.

Wang X L, Zhou J C, Qiu J S, et al. 2006. LA-ICP-MS U-Pb zircon geochronology of the Neoproterozoic igneous rocks from Northern Guangxi, South China: implications for tectonic evolution. Precambrian Research, 145 (1-2): 111-130.

Wang X L, Zhou J C, Griffin W L, et al. 2007a. Detrital zircon geochronology of Precambrian basement sequences in the Jiangnan orogen: dating the assembly of the Yangtze and Cathaysia Blocks. Precambrian Research, 159 (1-2): 117-131.

Wang Y J, Fan W M, Guo F, et al. 2003. Geochemistry of Mesozoic mafic rocks adjacent to the Chenzhou-Linwu fault, South China: implications for the lithospheric boundary between the Yangtze and Cathaysia blocks. International Geology Review, 45 (3): 263-286.

Wang Y J, Zhang Y H, Fan W M, et al. 2005a. Structural signatures and $^{40}Ar/^{39}Ar$ geochronology of the Indosinian Xuefengshan tectonic belt, South China Block. Journal of Structural Geology, 27 (6): 985-998.

Wang Y J, Fan W M, Liang X Q, et al. 2005b. SHRIMP zircon U-Pb geochronology of Indosinian granites in Hunan Province and its petrogenetic implications. Chinese Science Bulletin, 50 (13): 1395-1403.

Wang Y J, Fan W M, Zhao G C, et al. 2007b. Zircon U-Pb geochronology of gneissic rocks in the Yunkai massif and its implications on the Caledonian event in the South China Block. Gondwana Research, 12 (4): 404-416.

Wang Y J, Fan W M, Sun M, et al. 2007c. Geochronological, geochemical and geothermal constraints on petrogenesis of the Indosinian peraluminous granites in the South China Block: a case study in the Hunan Province. Lithos, 96 (3-4): 475-502.

Wang Y J, Zhang A M, Fan W M, et al. 2011. Kwangsian crustal anatexis within the eastern South China Block: geochemical, zircon U-Pb geochronological and Hf isotopic fingerprints from the gneissoid granites of Wugong and Wuyi-Yunkai Domains. Lithos, 127 (1-2): 239-260.

Wang Y J, Fan W M, Zhang G W, et al. 2013a. Phanerozoic tectonics of the South China Block: key observations and controversies. Gondwana Research, 23 (4): 1273-1305.

Wang Y J, Zhang A M, Cawood P A, et al. 2013b. Geochronological, geochemical and Nd-Hf-Os isotopic fingerprinting of an early Neoproterozoic arc-back-arc system in South China and its accretionary assembly along the margin of Rodinia. Precambrian Research, 231: 343-371.

Wang Z H, Lu H F. 2000. Ductile deformation and $^{40}Ar/^{39}Ar$ dating of the Changle-Nanao ductile shear zone, southeastern China. Journal of Structural Geology, 22 (5): 561-570.

Wang Z L, Xu D R, Deng T, et al. 2017. Mineralogical and isotopic constraints on the genesis of the Jingchong Co-polymetallic ore deposit in northeastern Hunan Province of South China. Ore Geology Reviews, 88: 638-654.

Wong W H. 1927. Crustal movement and igneous activities in eastern China since Mesozoic time. Bulletin of Geological Society of China, 6 (1): 9-37.

Wong W H. 1929. The Mesozoic orogenic movement in eastern China. Bulletin of Geological Society of China, 8: 33-44.

Wu R X, Zheng Y F, Wu Y B, et al. 2006. Reworking of juvenile crust: element and isotope evidence from Neoproterozoic granodiorite in South China. Precambrian Research, 146 (3-4): 179-212.

Xiang Z, Yan Q, White J D, et al. 2015. Geochemical constraints on the provenance and depositional setting of Neoproterozoic volcaniclastic rocks on the northern margin of the Yangtze Block, China: implications for the tectonic evolution of the northern margin of the Yangtze Block. Precambrian Research, 264: 140-155.

Xiao W J, He H Q. 2005. Early Mesozoic thrust tectonics of the northwest Zhejiang region (Southeast China). Geological Society of America Bulletin, 117 (7-8): 945-961.

Xu D R, Gu X X, Li P C, et al. 2007. Mesoproterozoic-Neoproterozoic transition: geochemistry, provenance and tectonic setting of clastic sedimentary rocks on the SE margin of the Yangtze Block, South China. Journal of Asian Earth Sciences, 29 (5-6): 637-650.

Xu D R, Xia B, Bakun-Czubarow N, et al. 2008. Geochemistry and Sr-Nd isotope systematics of metabasites in the Tunchang area, Hainan Island, South China: implications for petrogenesis and tectonic setting. Mineralogy and Petrology, 92 (3-4): 361-391.

Xu D R, Chi G X, Zhang Y H, et al. 2017a. Yanshanian (Late Mesozoic) ore deposits in China—an introduction to the Special Issue. Ore Geology Reviews, 88: 481-490.

Xu D R, Deng T, Chi G X, et al. 2017b. Gold mineralization in the Jiangnan Orogenic Belt of South China: geological, geochemical and geochronological characteristics, ore deposit-type and geodynamic setting. Ore Geology Reviews, 88: 565-618.

Xu J W, Ma G, Tong W X, et al. 1993. Displacement of the Tancheng-Lujiang wrench fault system and its geodynamic setting in the northwestern Circum-Pacific//Xu J W. The Tanchang-Lujiang wrench fault system. Wiley: John Wiley and Sons: 51-74.

Yan D P, Zhou M F, Song H L, et al. 2003. Origin and tectonic significance of a Mesozoic multilayer overthrust system within the Yangtze bock (South China). Tectonophysics, 361 (3-4): 239-254.

Yan D P, Zhang B, Zhou M F, et al. 2009. Constraints on the depth, geometry and kinematics of blind detachment faults provided by fault propagation folds: an example from the Mesozoic fold belt of South China. Journal of Structural Geology, 31 (2): 150-162.

Yang C, Li X, Wang X, et al. 2015. Mid-Neoproterozoic angular unconformity in the Yangtze Block revisited: insights from detrital zircon U-Pb age and Hf-O isotopes. Precambrian Research, 266: 165-178.

Yao J L, Shu L S, Santosh M, et al. 2014. Palaeozoic metamorphism of the Neoproterozoic basement in NE Cathaysia: zircon U-Pb ages, Hf isotope and whole-rock geochemistry from the Chencai Group. Journal of the Geological Society, 171 (2): 281-297.

Yin H F, Wu S B, Du Y S, et al. 1999. South China defined as part of Tethyan archipelagic ocean system. Earth Science, 24 (1): 1-12.

Yu J H, Wang L, O'reilly S Y, et al. 2009. A Paleoproterozoic orogeny recorded in a long-lived cratonic remnant (Wuyishan terrane), eastern Cathaysia Block, China. Precambrian Research, 174 (3-4): 347-363.

Yu J H, O'Reilly S Y, Wang L, et al. 2010. Components and episodic growth of Precambrian crust in the Cathaysia Block, South China: evidence from U-Pb ages and Hf isotopes of zircons in Neoproterozoic sediments. Precambrian Research, 181 (1-4): 97-114.

Yu J H, O'Reilly S Y, Zhou M F, et al. 2012. U-Pb geochronology and Hf-Nd isotopic geochemistry of the Badu Complex, Southeastern China: implications for the Precambrian crustal evolution and paleogeography of the Cathaysia Block. Precambrian Research, 222: 424-449.

Zhang C L, Zou H B, Zhu Q B, et al. 2015. Late Mesoproterozoic to early Neoproterozoic ridge subduction along southern margin of the Jiangnan Orogen: new evidence from the Northeastern Jiangxi Ophiolite (NJO), South China. Precambrian Research, 268: 1-15.

Zhang S B, Zheng Y F, Wu Y B, et al. 2006. Zircon isotope evidence for≥3. 5 Ga continental crust in the Yangtze craton of China. Precambrian Research, 146 (1-2): 16-34.

Zhang Y Q, Xu X B, Jia D, et al. 2009. Deformation record of the change from Indosinian collision-related tectonic system to Yanshanian subduction-related tectonic system in South China during the Early Mesozoic. Earth Science Frontiers, 16 (1): 234-248.

Zhao G C. 2015. Jiangnan Orogen in South China: developing from divergent double subduction. Gondwana Research, 27 (3): 1173-1180.

Zhao G C, Cawood P A. 2012. Precambrian geology of China. Precambrian Research, 222: 13-54.

Zhao J H, Zhou M F, Yan D P, et al. 2011. Reappraisal of the ages of Neoproterozoic strata in South China: no connection with the Grenvillian orogeny. Geology, 39 (4): 299-302.

Zhao K D, Jiang S Y, Chen W F, et al. 2013b. Zircon U-Pb chronology and elemental and Sr-Nd-Hf isotope geochemistry of two Triassic A-type granites in South China: implication for petrogenesis and Indosinian transtensional tectonism. Lithos, 160: 292-306.

Zheng Y F, Zhao Z F, Wu Y B, et al. 2006. Zircon U-Pb age, Hf and O isotope constraints on protolith origin of ultrahigh-pressure eclogite and gneiss in the Dabie orogen. Chemical Geology, 231 (1-2): 135-158.

Zheng Y F, Zhang S B, Zhao Z F, et al. 2007. Contrasting zircon Hf and O isotopes in the two episodes of Neoproterozoic granitoids in South China: implications for growth and reworking of continental crust. Lithos, 96 (1-2): 127-150.

Zheng Y F, Wu R X, Wu Y B, et al. 2008a. Rift melting of juvenile arc-derived crust: geochemical evidence from Neoproterozoic volcanic and granitic rocks in the Jiangnan Orogen, South China. Precambrian Research, 163 (3-4): 351-383.

Zheng Y F, Gong B, Zhao Z F, et al. 2008b. Zircon U-Pb age and O isotope evidence for Neoproterozoic low-^{18}O magmatism during supercontinental rifting in South China: implications for the snowball Earth event. American Journal of Science, 308 (4): 484-516.

Zhou J C, Wang X L, Qiu J S. 2009. Geochronology of Neoproterozoic mafic rocks and sandstones from northeastern Guizhou, South China: coeval arc magmatism and sedimentation. Precambrian Research, 170 (1-2): 27-42.

Zhou M F, Kennedy A K, Sun M, et al. 2002. Neoproterozoic arc-related mafic intrusions along the northern margin of South China: implications for the accretion of Rodinia. Journal of Geology, 110 (5): 611-618.

Zhou X M, Li W X. 2000. Origin of Late Mesozoic igneous rocks in Southeastern China: implications for lithosphere subduction and underplating of mafic magmas. Tectonophysics, 326 (3-4): 269-287.

Zhou X M, Sun T, Shen W Z, et al. 2006. Petrogenesis of Mesozoic granitoids and volcanic rocks in South China: a response to tectonic evolution. Episodes, 29 (1): 26-33.

Zhu K Y, Li Z X, Xu X S, et al. 2014. A Mesozoic Andean-type orogenic cycle in southeastern China as recorded by granitoid evolution. American Journal of Science, 314 (1): 187-234.

第3章　湘东北岩浆作用特征

由于花岗岩在岩浆起源、岩浆源区类型和岩浆演化过程中表现出多样性特征，对它们开展深入研究不仅能示踪地球动力学背景（Barbarin，1999；王涛，2000），而且有助于正确理解与之有关的 Cu、Au、Pb、Zn、Bi、Mo 和 W 等多金属矿产的成因（Karamata et al.，1997；Mustard，2001；Dupont et al.，2002；汪雄武和王晓地，2002；Sajona and Maury，1998；Oyarzun et al.，2001；翟明国，2004）。广泛分布于华南地区的中生代花岗质岩（图 3-1），一直是国内外学者的研究热点，这些岩石不仅是了解华南中生代以来大地构造性质和陆内构造形成演化特征及其地球动力学背景的“窗口”，而且也是深入揭示区内中生代 W、Sn、Bi、Mo、U、Nb-Ta、REE、Cu、Au、Pb、Zn 和 Sb 等多金属大规模成矿事件的关键（Jahn，1974；Chen and Jahn，1998；Zhou and Li，2000；Li and Li，2007；Wang et al.，2007a，2007b，2007c；Hsü et al.，2008；Pirajno et al.，2009；Mao et al.，2011，2013）。因此，华南中生代以来强烈的陆内构造-岩浆事件一直是中外地学者在思考该区地壳演化和壳/幔相互作用、大地构造发展和深部动力学以及大规模成矿作用中所关注的重点。

华南地区中生代花岗质岩出露总面积可达 135300km^2，通常被认为是三个造山事件（即印支期晚二叠世—三叠纪、燕山早期侏罗纪和燕山期白垩纪）的岩浆作用响应，其中尤以燕山期岩浆活动最为强烈（Zhou and Li，2000；Zhou et al.，2006；Li and Li，2007；Li et al.，2007a，2017b；Wang et al.，2013a；Zhu et al.，2014）。然而，长期以来由于对华南大地构造演化存在不同的理解，有关该区构造-岩浆事件的成因及地球动力学背景仍存在激烈的争论，具体表现在自 Hsü 等（1990）的陆-陆碰撞模式提出后，一些学者还根据各自的证据提出了其他模式以阐明该区构造-岩浆-成矿事件的发生和发展过程，如太平洋板块西向俯冲或俯冲与岩浆底侵联合作用模式（Jahn et al.，1990；Gilder et al.，1996；Zhou and Li，2000；Wang et al.，2001；Pirajno and Bagas，2002；Zhou et al.，2006；Li et al.，2007b）、印支期以来陆内裂陷或岩石圈减薄模式等（范蔚茗等，2003；Wang et al.，2005）。

位于华南扬子板块东南缘的江南古陆（图 3-1）不仅以广泛出露元古宙低变质的火山-碎屑沉积岩而

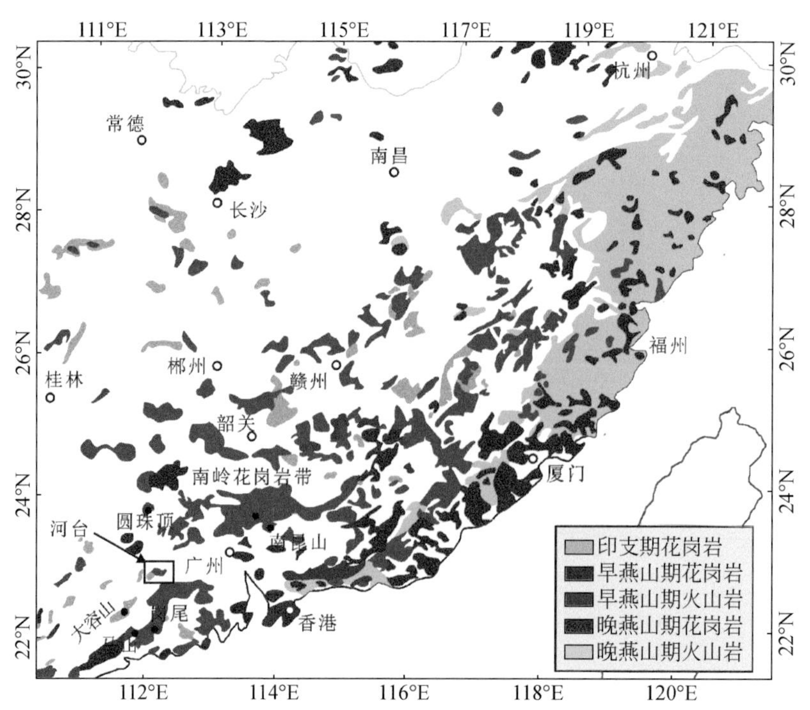

图 3-1　华南中生代岩浆岩分布特征（修改自 Zhou et al.，2006）

著称，而且也是华南晚中生代以来花岗质岩浆作用及金（多金属）成矿作用的重要区域。以往研究认为（江西省地质矿产局，1988；湖南省地质矿产局，1988；广西地质矿产局，1988；Wang et al.，2002a），该区晚中生代花岗岩多表现过铝质性质，系中上新元古界部分熔融而形成的S型花岗岩。但近年的研究也发现（Chen and Jahn，1998；李鹏春等，2005；许德如等，2009）这些花岗岩可能起源于中下地壳或更古老的岩石，而有意义的地幔物质贡献不能排除。另外，江南古陆金（多金属）矿床主要以元古宇为赋矿围岩，且与区内晚中生代花岗岩又不具明显的空间关系，因而这些矿床曾普遍归为沉积-（变质）改造成因或同沉积喷流（SEDEX型）成因［详见许德如等著《湘东北陆内金（多金属）矿床成矿系统与深部资源预测》］；但越来越多的证据也暗示（Mao et al.，2002；贺转利等，2004；Peng and Frei，2004；许德如等，2006a及文中参考文献），地壳深部和/或地幔对这些矿床至少有部分成矿物质的贡献，晚中生代应是该区一个主要成矿期。由此可见，江南古陆晚中生代以来花岗岩的成因及其与金（多金属）成矿作用的关系仍有待正确地厘定。

湘东北（即湖南省东北部）位于江南古陆中段，发育多期岩浆活动，主要有晋宁期、加里东期、印支期和燕山期（图3-2）。对该区不同时代岩浆岩进行年代学和地球化学研究，可以阐明岩浆起源、岩浆

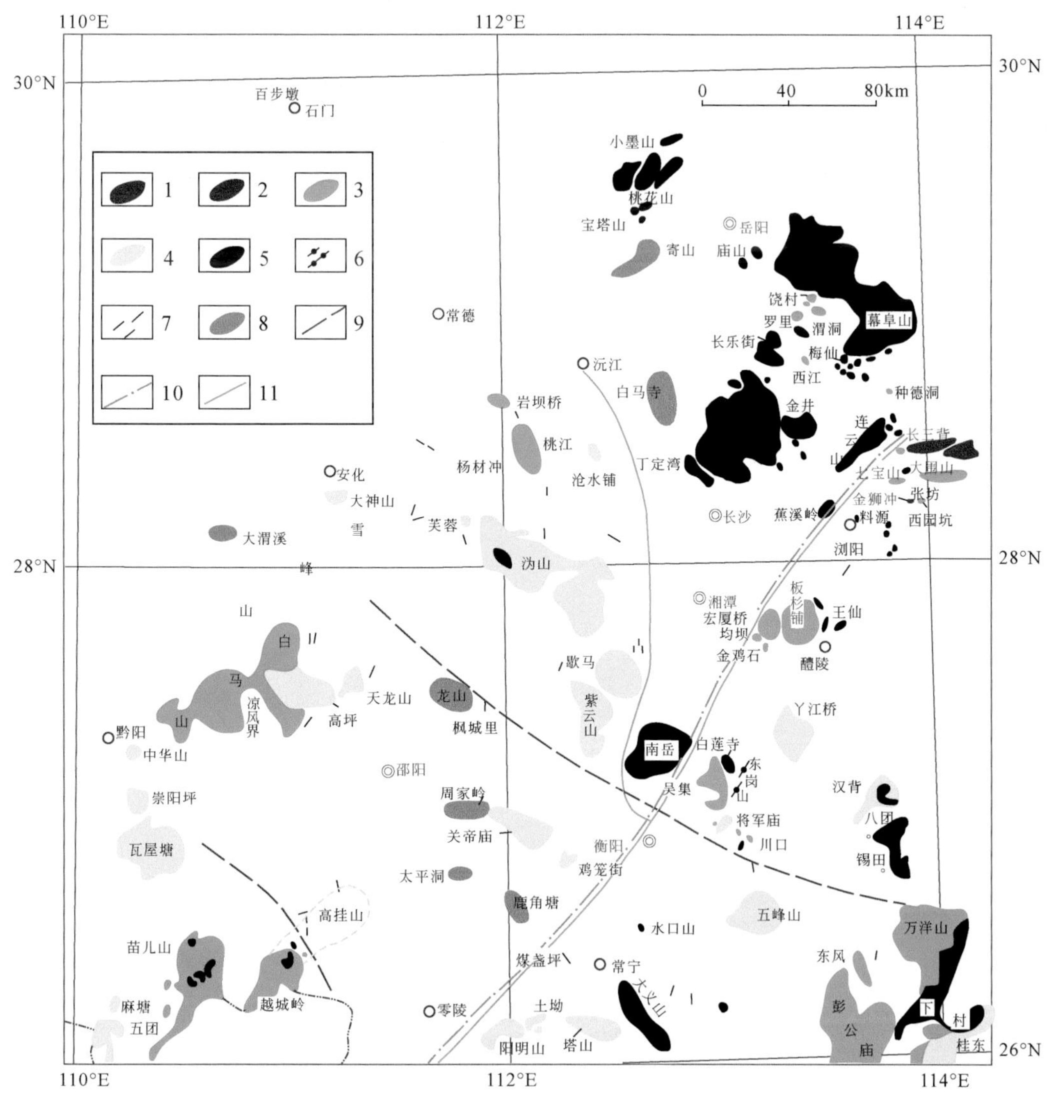

图3-2 湘东地区花岗岩分布略图（据湖南省地质矿产局，1988）

1. 中元古代花岗岩；2. 新元古代花岗岩；3. 加里东期花岗岩；4. 印支期花岗岩；5. 燕山早期花岗岩；6. 燕山期花岗岩；7. 未探明时代的花岗岩；8. 推测的隐伏花岗岩出露区；9. 加里东期花岗岩界线；10. 印支期花岗岩界线；11. 燕山期花岗岩界线

作用背景和岩浆性质与成因，并构建构造-岩浆事件的时空格架，为揭示构造-岩浆活动与成矿事件关系提供依据。本章在总结前人对各期岩体研究的基础上，重点分析了晋宁期、加里东期和燕山期花岗质岩的成因，探讨了不同时期岩浆作用背景及其与构造变形事件成因联系，以期为深入理解华南陆内造山的地球动力学背景、正确揭示江南古陆及邻区金（多金属）矿床的成矿机制提供重要依据。

3.1 新元古代岩浆岩

江南古陆发育一系列年龄为850~820Ma的S型花岗岩（图3-3），这些花岗岩均侵入于中上新元古界冷家溪群和同等地层内，主要包括湖南省境内的葛藤岭、大围山、长三背和张邦源岩体（湖南省地质矿产局，1988；李鹏春等，2007；Deng et al.，2019），江西省境内的九岭岩体（Li et al.，2003a），安徽省境内的浒村、歙县和休宁岩体（Wu et al.，2006；Zheng et al.，2008a，2008b），广西壮族自治区境内的天蓬、三防、本洞、元宝山、寨滚和峒马岩体（Li et al.，2003a；Wang et al.，2006），以及贵州省境内的摩天岭岩体（Ma et al.，2016）。锆石U-Pb定年数据表明，这些S型花岗岩的侵位时间在835~800Ma之间，并主要集中于835~820Ma内（Li et al.，2003a；Wang et al.，2006；Wu et al.，2006；Zheng et al.，2008a，2008b；Zhao et al. 2011）。它们在侵入的同时，还伴随着镁铁质岩的侵入和/或喷发。根据露头面积，镁铁质岩约占同时期侵入岩体积的8%（Li et al.，1999，2008a，2008b，2008c；Wang et al.，2006；Zhou et al.，2007b；Zhou et al.，2009）。约820Ma后，江南古陆也发育许多包括A型和S型花岗岩（Li et al.，2003b；Wu et al.，2005；Li et al.，2008c，2008d；Zheng et al.，2008a；Wang et al.，2012；Yao et al.，2014a；薛怀民等，2010）、镁铁质侵入岩（Ge et al.，2001；Zhou et al.，2007a；Wang et al.，2012）、双

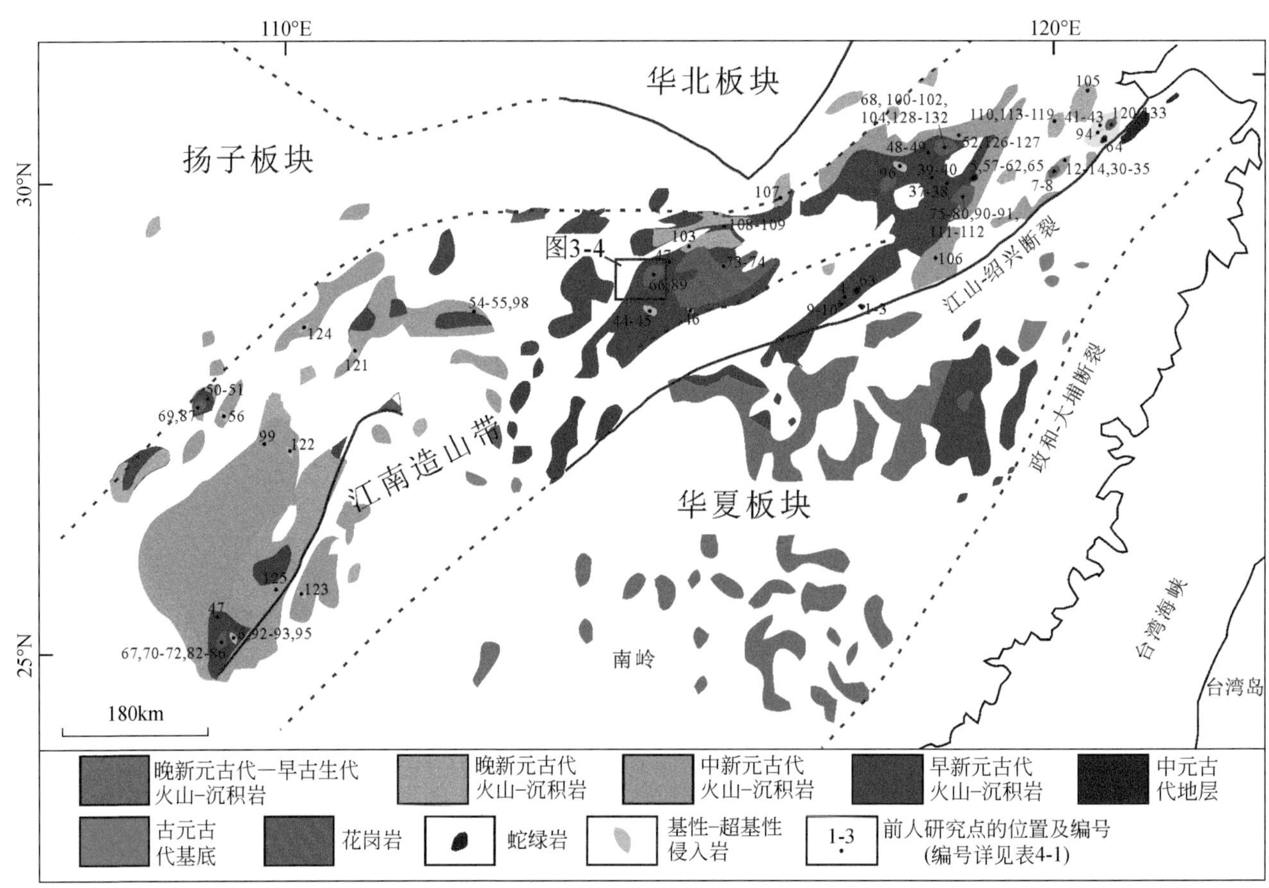

图3-3 江南古陆地质简图（修改自Zhao and Cawood，2012）

峰式火山岩和镁铁质-超铁镁质和酸性火山岩（Wu et al., 2007；Zhou et al., 2007a；Li et al., 2008a, 2008b, 2008c；Wang et al., 2008a, 2008b, 2012；Zheng et al., 2008a）在内的新元古代火成岩。

3.1.1 新元古代花岗质岩

湘东北地区出露三个重要的新元古代过铝质花岗岩岩体，即葛藤岭、大围山和长三背岩体（图 3-4）。由于它们处于特殊的大地构造位置，关于其成因及构造环境的认识一直以来存在分歧。一种观点认为它们是新元古代扬子板块与华夏板块碰撞的岩石学记录（Chen et al., 1991；徐夕生和周新民，1992；Charvet et al., 1996），可能与 Rodinia 超大陆聚合有关（李江海和穆剑，1999）；而另一种观点则认为这些花岗岩形成于后碰撞的拉张环境，可能与 Rodinia 超大陆的裂解及地幔柱活动有关（李献华，1999；葛文春等，2001；李献华等，2002），抑或与俯冲板片裂离导致的基性岩浆底侵有关（王孝磊等，2004）。过铝质花岗岩因含有石榴子石、堇青石、二云母等富铝矿物，铝饱和指数 A/CNK>1，而不同于 Chappell 和 White（1974）、Pitcher（1979）提到的 S 型花岗岩。Pitcher（1979）、Pearce 等（1984）、Harris 等（1986）认为过铝质花岗岩是陆-陆同碰撞早期挤压环境下大陆壳部分熔融的产物，而 Williamson 等（1996）、Forster 等（1997）、Sylĺester（1998）和 Kalsbeek 等（2001）则认为它是碰撞后的岩石圈拉伸环境下形成的。过铝质花岗岩由于其原岩成分、成因、熔融或结晶的条件不同，致使它们具有不同的岩石和矿物组合（葛文春等，2001）。因此对其成因及构造环境的研究依然是花岗岩研究的重要内容。本章在结合前人及其相关资料的基础上，通过岩相学、地质年代学和元素与同位素地球化学的研究，进一步探讨了湘东北新元古代过铝质花岗岩的成因。

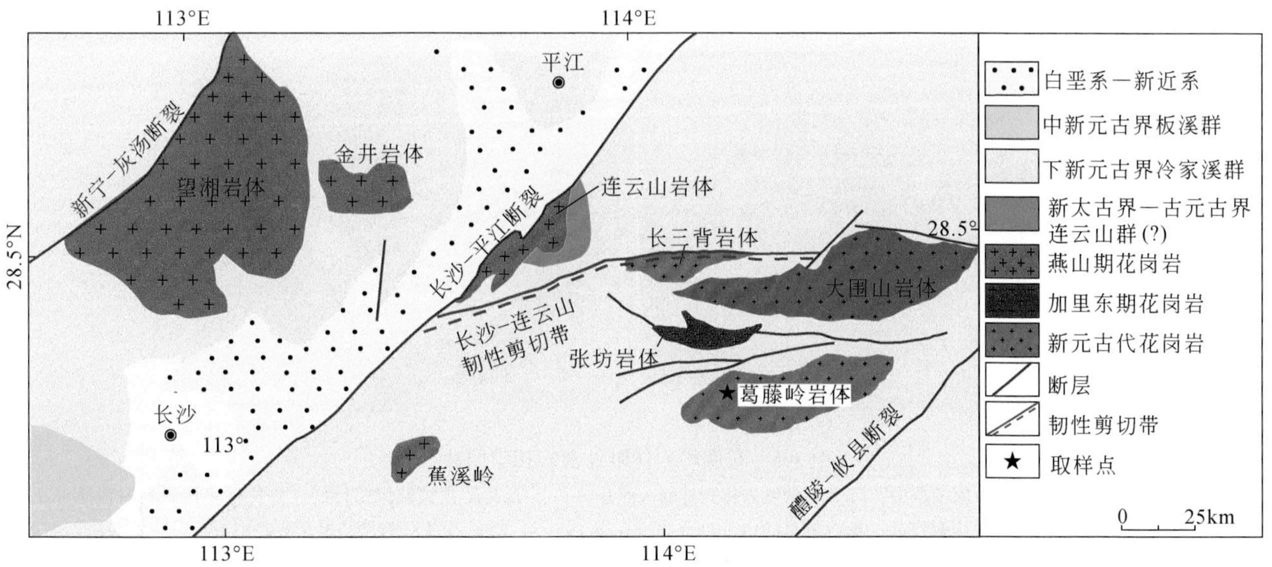

图 3-4　湘东北地区地质简图（据 Deng et al., 2017 修改）

3.1.1.1 地质学与岩相学特征

湘东北地区出露新元古代长三背、大围山和葛藤岭过铝质花岗岩岩体（图 3-4），面积分别为 70km²、74km²、114km²（湖南省地质矿产局，1988；肖拥军和陈广浩，2004）。根据重力测量资料（湖南省地质矿产局，1988），显示均属于江西九岭复式岩体的西延部分，推测其深部可能连为一体，因此它们应属于同一岩体。这些岩体侵入于新元古界冷家溪群浅变质地层中，岩体与围岩呈侵入接触［图 3-5（a）］，外接触带的浅变质砂、泥质碎屑岩产生角岩化，内带主要有云母长英角岩、云母片岩、石榴子石-堇青石-黑云母角岩，而外带为斑点状板岩等。在葛藤岭和长三背岩体的局部地段见有条痕状混合岩和混合岩化片岩，岩石具有片麻状及揉皱构造（湖南省地质矿产局，1988）。

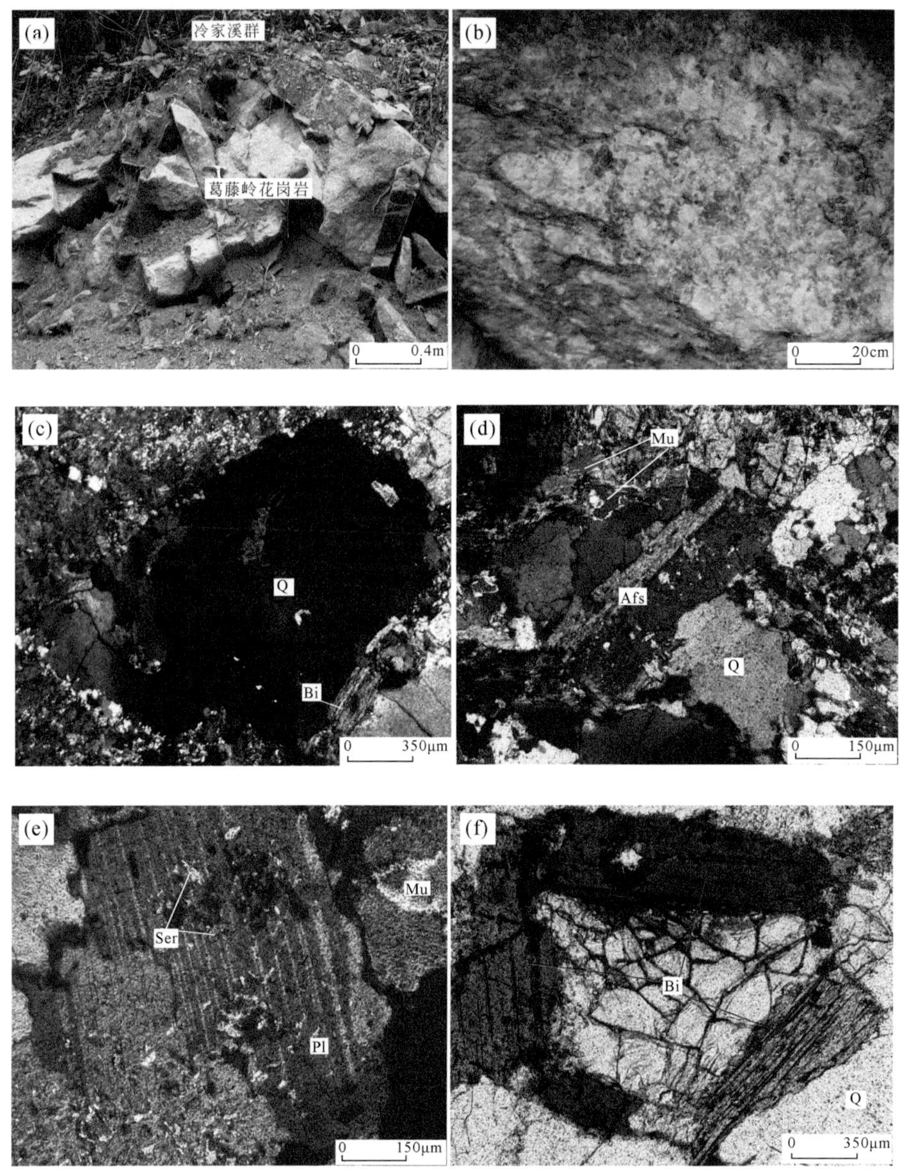

图 3-5　葛藤岭岩体野外及岩相学照片

（a）葛藤岭岩体侵入新元古界冷家溪群中；（b）葛藤岭岩体野外露头照片；（c）石英矿物颗粒保存较好，并具有波状消光的特征（正交偏光）；（d）碱性长石具有简单接触双晶，具有较多的白云母（正交偏光）；（e）斜长石具有明显的聚片双晶；（f）较大的黑云母矿物（单偏光）。Q. 石英；Pl. 斜长石；Afs. 碱性长石；Bi. 黑云母；Mu. 白云母；Ser. 绢云母

湘东北新元古代过铝质花岗岩主要为花岗闪长岩、二长花岗岩、石英二长岩。主要造岩矿物包括斜长石（An=32～37）、钾长石、石英、黑云母和白云母等。其中斜长石呈自形-半自形板状，发育环带及聚片双晶，多已绢云母化；钾长石多为他形晶体，发育格状双晶，主要为微斜长石和条纹长石，多已高岭土化；石英呈他形，波状消光明显；黑云母呈自形-半自形板条状，波状消光；而白云母一般为细小鳞片状，大多是交代黑云母、斜长石、堇青石等的次生矿物。另外还出现部分富铝矿物如堇青石和石榴子石，副矿物有磁铁矿、锆石、独居石、磷灰石、榍石和夕线石等。其中，葛藤岭岩体为灰白色，具块状构造［图 3-5（b）］，主要组成矿物为石英（36%～40%）、斜长石（30%～35%）、钾长石（10%～15%）、黑云母（约 8%）和白云母（～5%）［图 3-5（c）～（f）］。石英颗粒大小为 0.2～1.5mm，通常保存较好，且具有波状消光［图 3-5（c）］。钾长石颗粒大小为 0.4～0.8mm，简单接触双晶；而斜长石颗粒大小

为0.3～1mm，并发育有聚片双晶［图3-5（d)(e)］。白云母矿物颗粒大小为0.1～1.3mm［图3-5（d)(e)］，而黑云母颗粒大小为0.2～1mm，通常发育有极完全解理［图3-5（f)］。部分钾长石和斜长石有蚀变，并有绢云母和高岭石生成。葛藤岭岩体含有较多的白云母，说明其具有S型花岗岩的特征。

3.1.1.2　花岗质岩侵位时代

尽管先前对该岩体开展过地质年代学和地球化学的研究，但侵位时代和岩浆岩成因仍存在分歧。湖南省地质矿产局（1988）曾报道葛藤岭岩体单颗粒锆石U-Pb蒸发年龄约844Ma、黑云母K-Ar年龄约1124Ma，Wang等（2004）则将该岩体和湘东北地区其他新元古代花岗质岩体看作是江西省境内九岭岩体的西延部分，后者的锆石SHRIMP法U-Pb年龄为819±9Ma（Li et al.，2003a）。黑云母K-Ar年龄极易受后期热事件重置的影响，而单颗粒锆石U-Pb蒸发年龄又可能来自S型花岗岩中普遍具有的继承性锆石的干扰，因此，需要采用高精度的锆石U-Pb原位定年技术以精确限定葛藤岭岩体的侵位时代。此外，根据全岩主量和微量元素地球化学，Li等（2007a）认为葛藤岭岩体起源于冷家溪群变泥质岩的部分融熔，而Wang等（2004）则认为其来源于冷家溪群中的砂屑质源区。综上所述，结合全岩主量和微量元素地球化学，我们进一步开展了全岩Sm-Nd同位素分析、高精度锆石U-Pb定年和Hf同位素组成测试，以深入探讨葛藤岭岩体的起源和岩石成因。为进一步约束新元古代岩浆岩侵位时代，揭示岩浆作用背景，本章节重点对葛藤岭岩体进行了锆石U-Pb定年。

采自葛藤岭岩体样品SZT07的阴极发光（CL）图像显示（图3-6），大多数锆石晶形较好，长度可达200μm，长宽比为1.5∶1到2∶1，锆石具有很好的岩浆环带，且部分含有继承锆石核，为典型的岩浆锆石特征。锆石测试点总共40个，边部（表3-1中$^{207}Pb/^{206}Pb$年龄小于1000Ma的测点）的Th含量为$58.1\times10^{-6}\sim1785\times10^{-6}$，U含量为$203\times10^{-6}\sim650\times10^{-6}$，Th/U值为0.15～4.25；核部（表3-1中$^{207}Pb/^{206}Pb$年龄大于1000Ma的测点）的继承锆石的Th含量为$77.9\times10^{-6}\sim273\times10^{-6}$，U含量为$197\times10^{-6}\sim627\times10^{-6}$，Th/U值为0.23～0.55（表3-1）。

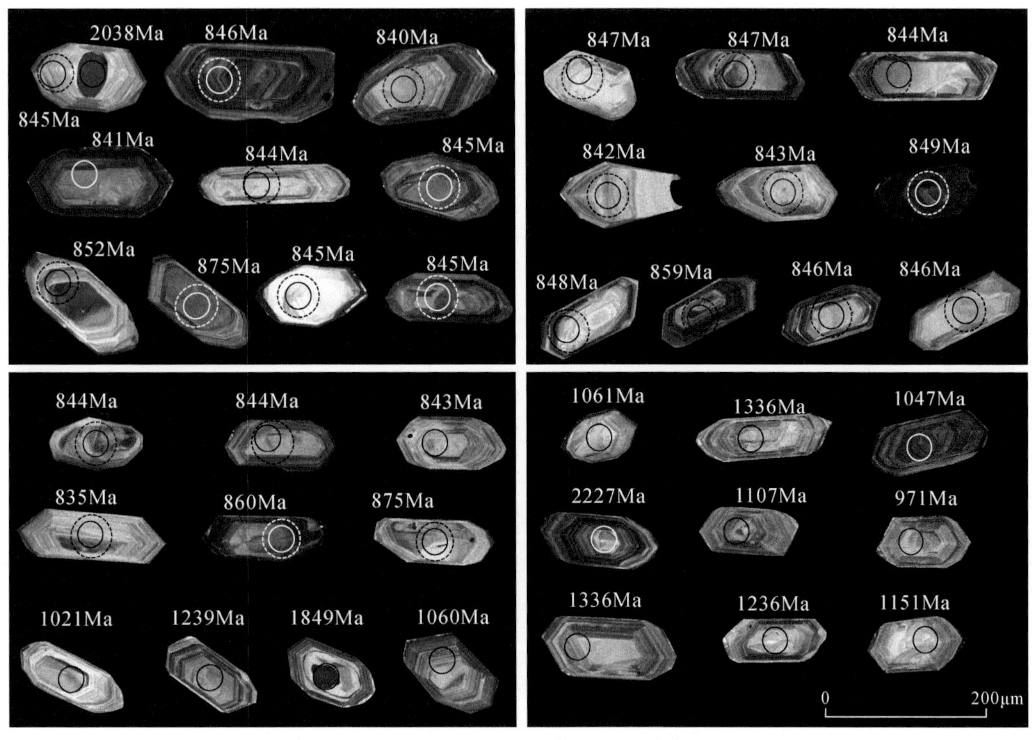

图3-6　葛藤岭岩体锆石CL图像

图中的年龄为锆石$^{206}Pb/^{238}U$年龄，其中小圈指示锆石LA-ICP-MS U-Pb年龄分析的位置，而大圈指示MC-LA-ICP-MS Hf同位素分析的位置

表 3-1　葛藤岭岩体锆石 LA-ICP-MS U-Pb 同位素年龄

测试点号	Th/10^{-6}	U/10^{-6}	Th/U	$^{207}Pb/^{206}Pb$	1σ	$^{207}Pb/^{235}U$	1σ	$^{206}Pb/^{238}U$	1σ	$^{207}Pb/^{206}Pb$年龄/Ma	1σ	$^{207}Pb/^{235}U$年龄/Ma	1σ	$^{206}Pb/^{238}U$年龄/Ma	1σ	谐和度/%
SZT07-1	196	203	0.96	0.0657	0.0016	1.2867	0.0328	0.1412	0.0019	794	56	840	15	852	11	98
SZT07-2	76.2	363	0.21	0.0664	0.0014	1.2801	0.0266	0.1392	0.0016	818	43	837	12	840	9	99
SZT07-3	144	329	0.44	0.0658	0.0013	1.2781	0.0284	0.1403	0.0020	798	36	836	13	846	11	98
SZT07-4	378	432	0.88	0.0666	0.0014	1.2878	0.0267	0.1400	0.0017	833	48	840	12	845	10	99
SZT07-5	123	304	0.41	0.0663	0.0013	1.2889	0.0283	0.1407	0.0018	815	43	841	13	849	10	99
SZT07-6	101	480	0.21	0.0664	0.0012	1.2790	0.0230	0.1394	0.0014	818	35	836	10	841	8	99
SZT07-7	65.7	227	0.29	0.0669	0.0012	1.2918	0.0254	0.1400	0.0018	835	39	842	11	845	10	99
SZT07-8	138	558	0.25	0.0866	0.0016	2.1295	0.0570	0.1763	0.0027	1351	37	1158	18	1047	15	89
SZT07-9	118	409	0.29	0.0670	0.0012	1.2963	0.0259	0.1400	0.0015	839	39	844	11	845	8	99
SZT07-10	479	498	0.96	0.0689	0.0013	1.3898	0.0359	0.1455	0.0023	894	73	885	15	875	13	98
SZT07-11	136	255	0.53	0.1542	0.0031	9.0375	0.3780	0.4127	0.0128	2392	35	2342	38	2227	59	94
SZT07-12	64.5	423	0.15	0.0673	0.0012	1.3275	0.0278	0.1426	0.0019	848	37	858	12	860	11	99
SZT07-13	136	270	0.50	0.0791	0.0014	2.0522	0.0432	0.1874	0.0027	1176	35	1133	14	1107	14	97
SZT07-14	82.9	309	0.27	0.0662	0.0012	1.2847	0.0260	0.1404	0.0019	813	37	839	12	847	11	99
SZT07-15	58.1	261	0.22	0.0668	0.0014	1.3019	0.0319	0.1405	0.0018	831	43	847	14	847	10	99
SZT07-16	202	478	0.42	0.0780	0.0016	1.7689	0.0460	0.1625	0.0022	1147	40	1034	17	971	12	93
SZT07-17	78.0	441	0.18	0.0662	0.0011	1.2779	0.0214	0.1396	0.0015	813	33	836	10	842	9	99
SZT07-18	98.0	235	0.42	0.1127	0.0044	3.4372	0.1864	0.2114	0.0044	1843	75	1513	43	1236	23	79
SZT07-19	77.9	233	0.33	0.0777	0.0015	2.1552	0.0966	0.1954	0.0065	1140	44	1167	31	1151	35	98
SZT07-20	111	425	0.26	0.0647	0.0010	1.2513	0.0193	0.1400	0.0010	765	32	824	9	844	6	97
SZT07-21	92.9	312	0.30	0.0931	0.0021	3.0978	0.1504	0.2303	0.0080	1500	42	1432	37	1336	42	93
SZT07-22	148	533	0.28	0.0668	0.0011	1.2942	0.0234	0.1398	0.0016	831	35	843	10	843	9	99
SZT07-23	63.2	301	0.21	0.0655	0.0012	1.2731	0.0255	0.1401	0.0019	791	37	834	11	845	11	98
SZT07-24	212	499	0.43	0.1244	0.0022	6.4412	0.1258	0.3719	0.0047	2021	33	2038	17	2038	22	99
SZT07-25	109	197	0.55	0.0732	0.0021	1.8454	0.0917	0.1788	0.0068	1020	58	1062	33	1060	37	99
SZT07-26	94.5	310	0.31	0.0672	0.0016	1.3174	0.0311	0.1405	0.0016	843	55	853	14	848	9	99
SZT07-27	273	582	0.47	0.0746	0.0021	1.4887	0.0461	0.1426	0.0022	1059	52	926	19	859	12	92
SZT07-28	204	572	0.36	0.0724	0.0013	1.7291	0.0339	0.1717	0.0022	998	35	1019	13	1021	12	99
SZT07-29	197	304	0.65	0.0645	0.0012	1.2534	0.0275	0.1402	0.0024	767	39	825	12	846	14	97
SZT07-30	1785	420	4.25	0.0683	0.0013	1.3313	0.0294	0.1402	0.0017	877	39	859	13	846	9	98
SZT07-31	123	318	0.39	0.1110	0.0016	5.1026	0.0922	0.3323	0.0042	1816	26	1837	15	1849	20	99
SZT07-32	73.5	413	0.18	0.0647	0.0010	1.2519	0.0234	0.1399	0.0014	765	33	824	11	844	8	97
SZT07-33	78.1	298	0.26	0.0679	0.0012	1.3076	0.0259	0.1400	0.0018	865	37	849	11	844	10	99
SZT07-34	163	552	0.30	0.0657	0.0010	1.2666	0.0260	0.1397	0.0020	798	31	831	12	843	11	98
SZT07-35	109	473	0.23	0.0820	0.0016	2.4624	0.1099	0.2120	0.0069	1256	39	1261	32	1239	37	98
SZT07-36	83.2	324	0.26	0.0653	0.0013	1.2448	0.0287	0.1383	0.0016	783	47	821	13	835	9	98
SZT07-37	80.5	401	0.20	0.0692	0.0012	1.3907	0.0332	0.1455	0.0023	906	32	885	14	875	13	98
SZT07-38	220	650	0.34	0.0663	0.0010	1.2785	0.0205	0.1399	0.0012	817	36	836	9	844	7	99
SZT07-39	172	393	0.44	0.0952	0.0027	2.4555	0.1218	0.1789	0.0047	1532	53	1259	36	1061	25	82
SZT07-40	167	627	0.27	0.1017	0.0027	3.4340	0.2063	0.2303	0.0091	1655	50	1512	47	1336	48	87

采用LA-ICP-MS法对SZT07样品中锆石进行了原位U-Pb定年。如图3-7和表3-1所示，大部分继承锆石的年龄为1.3～1.0Ga，其中两个非常老的年龄分别为2227Ma和2038Ma。边部年龄中有三个年龄（SZT07-18、SZT07-39和SZT07-40）的谐和度小于90%，因此被舍弃掉。两个年龄（SZT07-1和SZT07-27）比其他的边部年龄大很多，可能是受到了继承锆石的影响，而SZT07-36则因为过于年轻，也都被舍弃。剩下的20个边部锆石具有较为谐和且一致的U-Pb年龄，其$^{206}Pb/^{238}U$中值年龄为845±4Ma，代表了葛藤岭岩体的侵位年龄，其年龄与江南造山带其他的花岗岩年龄一致（图3-7）。

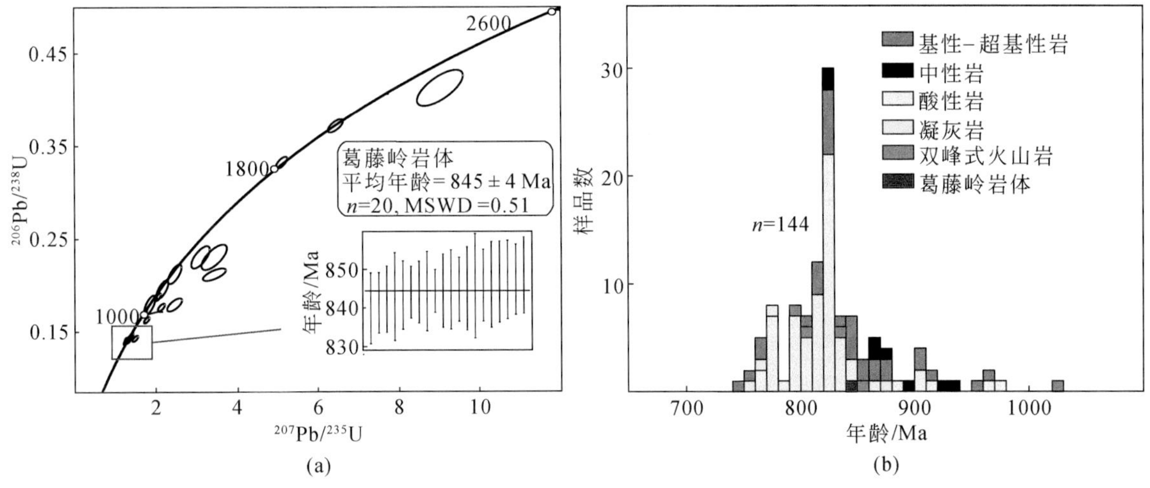

图3-7 葛藤岭岩体锆石U-Pb年龄（a）江南造山带元古宙岩石年龄（b）分布图

（b）中的年龄数据来源于表3-1

对葛藤岩体中锆石边部进行了24个点的Lu-Hf同位素测试，并根据年龄t=845Ma计算了初始$^{176}Hf/^{177}Hf$和$\varepsilon_{Hf}(t)$值（表3-2）。大多数分析点都具有正的$\varepsilon_{Hf}(t)$值，变化范围为-4.9～6.3，平均值为0.7±1.1，处在江南造山带其他岩体的$\varepsilon_{Hf}(t)$值范围内（图3-8）。锆石的Hf模式年龄（t_{DM1}）变化范围为1.17～1.61Ga，平均值为1.36±0.04Ga。正的$\varepsilon_{Hf}(t)$值说明葛藤岭岩体的岩浆源区有地幔物质参与。

表3-2 葛藤岭岩体锆石Hf同位素值

测试点号	$^{176}Lu/^{177}Hf$	$^{176}Hf/^{177}Hf$	2σ	$(^{176}Hf/^{177}Hf)_i$	$\varepsilon_{Hf}(t)$	t_{DM}/Ga	t_{DM2}/Ga
SZT07-1	0.001204	0.282370	0.000010	0.282351	3.8	1.25	1.49
SZT07-2	0.001766	0.282303	0.000010	0.282275	1.1	1.37	1.66
SZT07-3	0.001372	0.282151	0.000009	0.282129	-4.1	1.57	1.98
SZT07-4	0.001757	0.282364	0.000012	0.282336	3.2	1.28	1.52
SZT07-5	0.002408	0.282291	0.000010	0.282253	0.3	1.41	1.71
SZT07-7	0.002760	0.282333	0.000011	0.282289	1.6	1.36	1.63
SZT07-9	0.002218	0.282317	0.000010	0.282282	1.3	1.36	1.64
SZT07-10	0.002453	0.282247	0.000011	0.282208	-1.3	1.47	1.81
SZT07-12	0.002571	0.282350	0.000010	0.282309	2.3	1.33	1.58
SZT07-14	0.002040	0.282330	0.000011	0.282298	1.9	1.34	1.61
SZT07-15	0.001289	0.282359	0.000010	0.282339	3.3	1.27	1.52
SZT07-17	0.002220	0.282311	0.000010	0.282276	1.1	1.37	1.66
SZT07-20	0.002702	0.282465	0.000011	0.282422	6.3	1.17	1.33
SZT07-22	0.001940	0.282307	0.000012	0.282276	1.1	1.37	1.66
SZT07-23	0.002010	0.282250	0.000012	0.282218	-0.9	1.45	1.79

续表

测试点号	$^{176}Lu/^{177}Hf$	$^{176}Hf/^{177}Hf$	2σ	$(^{176}Hf/^{177}Hf)_i$	$\varepsilon_{Hf}(t)$	t_{DM}/Ga	t_{DM2}/Ga
SZT07-26	0.002136	0.282315	0.000011	0.282281	1.3	1.36	1.65
SZT07-27	0.002944	0.282406	0.000011	0.282359	4.1	1.26	1.47
SZT07-29	0.001941	0.282281	0.000011	0.282250	0.2	1.40	1.71
SZT07-30	0.002866	0.282446	0.000012	0.282400	5.5	1.20	1.38
SZT07-32	0.002004	0.282139	0.000020	0.282107	-4.9	1.61	2.03
SZT07-33	0.002454	0.282151	0.000018	0.282112	-4.7	1.61	2.02
SZT07-36	0.002109	0.282302	0.000010	0.282268	0.8	1.38	1.67
SZT07-37	0.003269	0.282339	0.000010	0.282287	1.5	1.37	1.63
SZT07-38	0.002658	0.282330	0.000009	0.282288	1.5	1.36	1.63

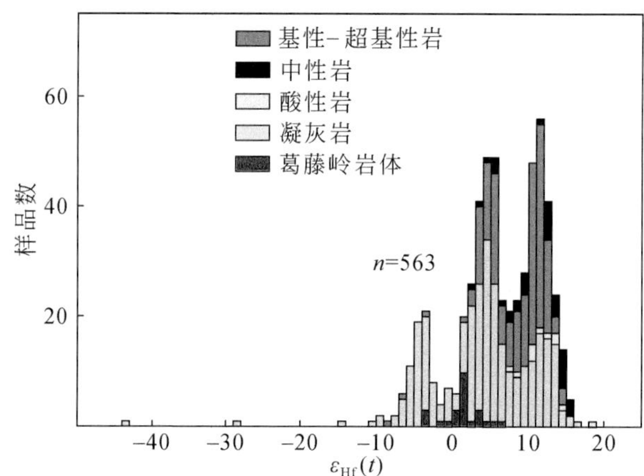

图 3-8　江南造山带元古宙火成岩锆石 $\varepsilon_{Hf}(t)$ 分布图

葛藤岭岩体的数据来自本书；其他的数据来源于 Wu 等（2006）；Wang 等（2008a，2008c）；Zheng 等（2008a）；Chen 等（2009a）；Li 等（2009）；Zhou 等（2009）；Wang 等（2012）；Zhang 等（2012a）；Zhang 等（2012b）；Zhang 等（2013a）；Yao 等（2014a）；Yao 等（2014b）；Yao 等（2015）

3.1.1.3　全岩地球化学特征

湘东北葛藤岭新元古代花岗质岩体的主微量元素含量如表 3-3 所示。综合李鹏春等（2007）所发表的相关数据，21 个分析样品（其中来自葛藤岭岩体 14 个、长三背 4 个、大围山 3 个）的烧失量（LOI）为 0.87%~2.66%，指示后期蚀变作用的影响较小。K_2O 含量为 2.95%~4.99%、Na_2O 为 1.98%~2.80%，Na_2O+K_2O 含量为 5.48%~7.32%、K_2O/Na_2O 值均大于 1。这些样品的 SiO_2 含量为 64.99%~72.72%，Al_2O_3、CaO 的含量分别为 12.94%~16.29%、0.37%~2.97%，而 A/CNK 和 A/CN 值则分别为 1.43~1.83 和 1.80~2.13。铝饱和指数（ASI：molarAl_2O_3/CaO+Na_2O+K_2O）在 1.1~1.5 之间，CIPW 标准矿物计算中均出现刚玉分子（1.5%~5.0%），显示强过铝质性质（Maniar and Piccoli，1989）。在 A/NK-A/CNK 图解中，所有的样品都投在过铝质区域，属于高钾钙碱性花岗岩（图 3-9）。在 Q′-Anor 图上，分为二长花岗岩、花岗闪长岩及石英二长岩（图 3-10）。三者中，二长花岗岩的 SiO_2 含量（64.99%~68.54%）相对偏低，而 MgO、Al_2O_3、CaO、TiO_2、FeO^T 的含量相对偏高，分别为 1.58%~2.11%、14.79%~16.41%、1.53%~3.22%、0.58%~0.81%、4.4%~6.6%。石英二长岩的 SiO_2 含量最高，为 72.72%，但 MgO、Al_2O_3、CaO、TiO_2 及 FeO^T 的含量却最低，分别为 0.87%、12.94%、0.66%、0.24%、2.7%。大多数为花岗闪长岩，其 SiO_2、MgO、Al_2O_3、CaO、TiO_2 及 FeO^T 含量介于上述两者之间。特别是，葛藤岭岩体中的基性成分（$TiO_2+Fe_2O_3+MgO$）含量较高，占全岩组分的 6.46%~7.62%。

此外，葛藤岭岩体具有较高的 TiO_2（0.51%~0.66%）和较低的 Al_2O_3/TiO_2（24.7~29.85）值，指示源区的温度可能较高（SylÍester，1998）。

表3-3　葛藤岭新元古代花岗质岩体主微量元素组成

分析项目	SZT01	SZT02	SZT05	SZT06	SZT07	SZT09	SZT11	SZT12	GSR-1（标样）		DL（偏差）
									测试数据	SV（正常值）	
SiO_2/%	68.28	68.36	69.28	70.02	67.82	65.97	68.70	68.89	72.77	72.830	0.01
TiO_2/%	0.57	0.54	0.53	0.51	0.56	0.66	0.52	0.53	0.29	0.290	0.001
Al_2O_3/%	15.12	15.40	14.89	14.20	15.10	16.29	15.43	15.13	13.44	13.400	0.01
FeO^T/%	5.19	4.92	4.83	4.67	5.33	5.38	4.86	4.86	2.13	2.140	0.01
MnO/%	0.09	0.07	0.06	0.07	0.08	0.08	0.05	0.07	0.07	0.060	0.001
MgO/%	1.54	1.53	1.56	1.39	1.61	1.58	1.45	1.49	0.44	0.420	0.01
CaO/%	1.03	1.14	0.89	1.11	1.25	0.78	0.65	1.43	1.47	1.550	0.01
Na_2O/%	2.16	2.35	2.32	2.52	2.41	2.55	2.32	2.47	3.46	3.130	0.1
K_2O/%	4.01	3.90	3.76	3.48	3.98	4.44	3.50	3.64	5.05	5.010	0.01
P_2O_5/%	0.12	0.11	0.11	0.12	0.12	0.12	0.12	0.11	0.12	0.093	0.001
LOI/%	1.71	1.54	1.68	1.37	1.48	2.06	2.09	1.43			
总量/%	99.82	99.86	99.91	99.46	99.74	99.91	99.69	100.05			
A/NK	1.91	1.90	1.89	1.80	1.83	1.81	2.03	1.89			
A/CNK	1.55	1.51	1.57	1.43	1.43	1.56	1.75	1.43			
CaO/Na_2O	0.48	0.48	0.38	0.44	0.52	0.31	0.28	0.58			
Al_2O_3/TiO_2	26.73	28.62	28.20	27.97	27.00	24.70	29.85	28.62			
$TiO_2+Fe_2O_3+MgO$	7.42	7.10	7.03	6.66	7.61	7.78	6.97	6.97			
Na_2O+K_2O	6.28	6.36	6.18	6.08	6.48	7.14	5.94	6.19			
$FeO^T/(FeO^T+MgO)$	0.75	0.74	0.74	0.75	0.75	0.75	0.75	0.75			
$Sc/10^{-6}$	11.20	12.17	13.29	12.07	13.14	14.70	11.18	12.42	6.448	6.1	25.6
$V/10^{-6}$	53.80	54.51	61.44	56.46	59.71	76.74	54.62	58.54	24.38	24	5.1
$Cr/10^{-6}$	44.90	40.15	51.32	47.79	46.13	63.78	47.63	47.09	4.621	5	99
$Co/10^{-6}$	8.10	8.59	10.76	11.45	9.17	7.64	9.71	8.85	3.56	3.4	1.5
$Ni/10^{-6}$	16.68	18.70	18.19	16.31	17.02	24.26	16.28	17.80	2.375	2.3	27.6
$Cu/10^{-6}$	20.53	23.99	35.25	35.64	26.20	109.60	25.13	31.15	3.288	3.2	8.5
$Zn/10^{-6}$	87.16	73.06	74.82	59.80	74.00	63.90	60.44	67.93	27.74	28	52
$Ga/10^{-6}$	17.23	19.00	19.11	17.31	18.23	21.94	18.10	18.88	19.26	19	0.5
$Ge/10^{-6}$	2.53	2.54	2.72	2.46	2.45	2.66	2.62	2.71	2.429	2	2.8
$Rb/10^{-6}$	179.70	193.00	204.20	182.80	208.00	200.70	168.30	190.70	472.1	466	1.3
$Sr/10^{-6}$	50.57	56.63	47.84	49.92	51.48	54.57	40.58	63.45	105.1	106	0.3
$Y/10^{-6}$	25.33	26.63	34.40	30.94	31.49	33.25	33.92	32.69	62.57	62	0.4
$Zr/10^{-6}$	149.00	49.41	176.20	170.40	172.20	202.10	152.60	172.90	165.4	167	11.3
$Nb/10^{-6}$	9.08	9.82	9.58	9.19	9.29	12.23	8.79	9.22	39.18	40	10.1
$Cs/10^{-6}$	11.40	13.31	14.85	12.68	15.75	7.40	9.55	15.48	38.44	38.4	0.3
$Ba/10^{-6}$	353.40	345.90	366.90	310.30	350.90	445.70	353.20	365.20	345.5	313	6.8
$La/10^{-6}$	25.03	26.56	34.78	27.63	28.18	24.52	31.80	28.15	53.72	54	0.5

续表

分析项目	SZT01	SZT02	SZT05	SZT06	SZT07	SZT09	SZT11	SZT12	GSR-1（标样）		DL（偏差）
									测试数据	SV（正常值）	
$Ce/10^{-6}$	56.57	60.17	73.46	57.94	60.32	54.37	68.26	61.03	107.9	108	0.5
$Pr/10^{-6}$	6.68	6.93	8.96	7.35	7.44	6.84	8.51	7.44	12.97	12.7	0.2
$Nd/10^{-6}$	25.57	26.27	34.19	28.04	28.45	27.03	32.90	28.34	46.45	47	0.4
$Sm/10^{-6}$	5.42	5.54	7.21	6.06	6.12	6.17	6.89	6.09	9.865	9.7	0.8
$Eu/10^{-6}$	0.78	0.92	1.16	0.91	0.99	1.01	1.04	1.02	0.821	0.85	0.9
$Gd/10^{-6}$	5.03	5.26	6.69	5.66	5.71	5.86	6.40	5.75	9.206	9.3	0.6
$Tb/10^{-6}$	0.86	0.90	1.14	1.00	1.01	1.06	1.11	1.02	1.636	1.65	0.1
$Dy/10^{-6}$	5.23	5.46	6.75	6.04	6.04	6.67	6.59	6.31	10.29	10.2	0.3
$Ho/10^{-6}$	1.08	1.13	1.37	1.24	1.28	1.41	1.37	1.35	2.212	2.05	0.1
$Er/10^{-6}$	2.97	3.12	3.68	3.44	3.52	3.93	3.75	3.72	6.573	6.5	0.2
$Tm/10^{-6}$	0.45	0.46	0.54	0.50	0.52	0.60	0.54	0.55	1.076	1.06	0.1
$Yb/10^{-6}$	2.86	2.86	3.42	3.25	3.36	3.89	3.43	3.55	7.481	7.4	0.3
$Lu/10^{-6}$	0.43	0.41	0.52	0.49	0.50	0.54	0.51	0.54	1.161	1.15	0.1
$Hf/10^{-6}$	4.48	1.81	5.27	5.04	5.04	5.96	4.56	5.23	6.264	6.3	0.3
$Ta/10^{-6}$	0.92	0.91	0.93	0.94	0.88	1.07	0.80	0.85	7.217	7.2	0.7
$Pb/10^{-6}$	22.84	18.90	23.46	18.75	17.52	8.26	18.33	23.18	32.21	31	10.9
$Th/10^{-6}$	13.24	12.37	12.61	12.31	12.72	16.91	14.41	13.63	54.88	54	0.3
$U/10^{-6}$	2.87	2.29	2.73	2.61	2.35	2.43	2.51	2.62	19.03	18.8	0.4
$Eu^*/Eu/10^{-6}$	0.46	0.52	0.51	0.48	0.51	0.51	0.48	0.53			
$Ce^*/Ce/10^{-6}$	1.05	1.07	1.00	0.98	1.00	1.01	1.00	1.01			
T_{Zr}/℃	812	718	829	820	818	838	824	819			
Rb/Sr	3.55	3.41	4.27	3.66	4.04	3.68	4.15	3.01			
Rb/Ba	0.51	0.56	0.56	0.59	0.59	0.45	0.48	0.52			
$(La/Yb)_N$	6.27	6.67	7.29	6.11	6.02	4.53	6.65	5.68			

注：SV、DL分别代表标样值、检测上限。A/NK、A/CNK、CaO/Na_2O、Al_2O_3/TiO_2、$TiO_2+Fe_2O_3+MgO$ 和 Na_2O+K_2O 的计算结果均依据主要氧化物的总量被重新计算至100%。$T_{Zr}=12900/(2.95+0.85\times M+\ln D^{Zr,zircon/melt})$，据 Watson 和 Harrison（1983），$D^{Zr,zircon/melt}$ 为锆石样品中 Zr 的丰度（10^{-6}）与标准熔体中 Zr 的丰度的比值；$M=(Na+K+2\times Ca)/(Al\times Si)$，由地质温度计校准的 M 值在0.9～1.7之间。

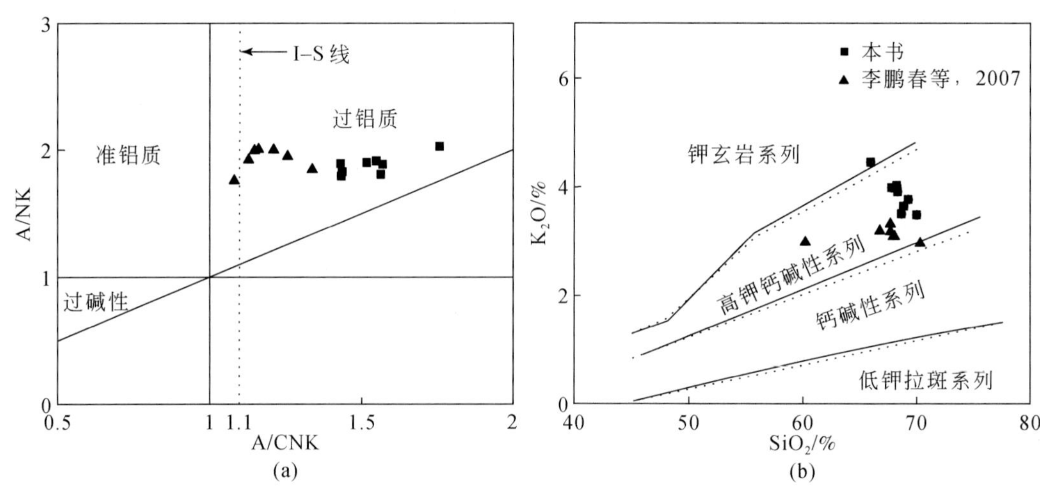

图3-9　葛藤岭岩体A/NK-A/CNK（a）（据 Maniar and Piccoli，1989修改）和 K_2O-SiO_2 图解（b）（据 Morrison，1980修改）

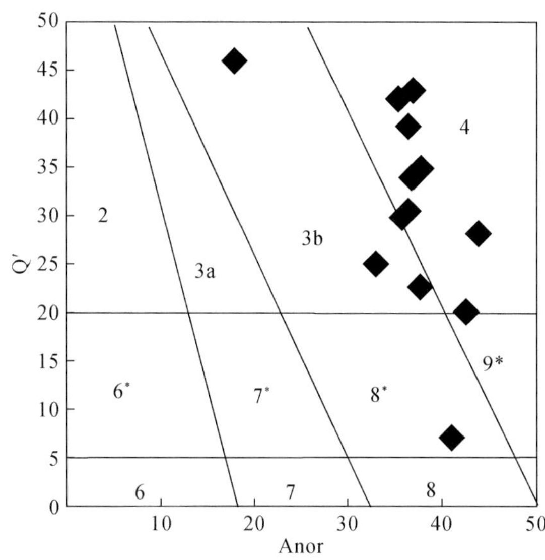

图 3-10 Q′-Anor 图解（据 Streckeisen and Le Maitre，1979 简化）

2. 碱长花岗岩；3a. 花岗岩；3b. 二长花岗岩；4. 花岗闪长岩；6. 碱长正长岩；6*. 碱长石英正长岩；7. 正长岩；7*. 石英正长岩；8. 二长岩；8*. 石英二长岩；9*. 石英二长闪长岩

在 SiO_2 对主要元素的 Harker 图解（图 3-11）上，随 SiO_2 的增加，MgO、Al_2O_3、CaO、FeO^T 含量呈现明显下降趋势，线性相关性好，表明可能受角闪石、黑云母、堇青石等的分异演化影响，P_2O_5 基本没有相关性，TiO_2 呈现较好的负相关性，表明在成岩过程中钛铁矿、石榴子石、单斜辉石、斜长石等矿物分异结晶作用明显。而 K_2O 和 Na_2O 略有增高，相比本区冷家溪群板岩却表现出负相关性（Xu et al.，2007），表明地壳混染或重熔不能使花岗质岩浆中的钾富集，因此可能受到了其他物质（如幔源）的影响。

所分析的湘东北新元古代花岗质岩样品大离子亲石元素 Rb 的含量为 $114\times10^{-6}\sim208\times10^{-6}$、Sr 为 $63\times10^{-6}\sim154\times10^{-6}$、Ba 为 $65\times10^{-6}\sim493\times10^{-6}$，Rb/Ba 值（0.29～0.52）较高，低 Rb/Sr 值（0.8～4.3）及 Sr/Ba 值（0.12～0.39）。Nb 含量较低（$8.7\times10^{-6}\sim40\times10^{-6}$），Zr 含量高（$111\times10^{-6}\sim206\times10^{-6}$），Nb/Ta 值变化较大，介于 8～38 之间。稀土元素总量为 $142.63\times10^{-6}\sim207.07\times10^{-6}$；球粒陨石标准化的稀土元素配分模式图表现为右倾型［图 3-12（a）］，LREE 较富集，$(La/Yb)_N$ 为 5.7～15.2、$(Ce/Yb)_N$ 为 4.6～11.3。轻稀土元素之间表现出明显的分馏，$(La/Sm)_N$ 为 2.8～3.7；而重稀土元素之间的分馏不明显，呈平坦趋势，$(Gd/Lu)_N=1.4\sim2$。Eu 显示明显负异常，$\delta Eu=0.37\sim0.58$。这些特征类似于 S 型淡色花岗岩特征：$La_N<100$、$Yb_N<10$、$Eu/Eu^*<0.5$（Williamson et al.，1996）。Eu 的异常表明有斜长石的分离结晶作用发生，存在通过地壳加厚作用导致泥质岩石部分熔融或地壳重熔作用。在原始地幔标准化的微量元素蛛网图上［图 3-12（b）］，富集 Cs、K、Rb 等大离子亲石元素（LILEs），而 Nb、Ta、Sr、Eu 相对亏损；特别是葛藤岭岩体富集 Pb 和大离子亲石元素 Rb、Ba，亏损 Sr 和高场强元素（HFSEs）Nb、Ta、Ti，与岛弧花岗岩的特征相似（Taylor and McLennan，1995；Lawton and McMillan，1999）。根据 Watson 和 Harrison（1983）提出的方法，计算得到的锆石饱和温度范围 718～838℃，平均值为 810℃。

葛藤岭岩体的 Sm-Nd 同位素含量见表 3-4。样品具有较一致的 $^{147}Sm/^{144}Nd$ 值（0.1266～0.1332）和 $^{143}Nd/^{144}Nd$ 值（0.512070～0.512102）。根据葛藤岭岩体的年龄（$t=845$Ma），计算得出的 $\varepsilon_{Nd}(t)$ 值为 −3.04～−3.80，二阶段 Nd 模式年龄（t_{DM2}）为 1.75～1.81Ga，与江南古陆新元古代地层的 Nd 模式年龄相似（Chen and Jahn，1998）。

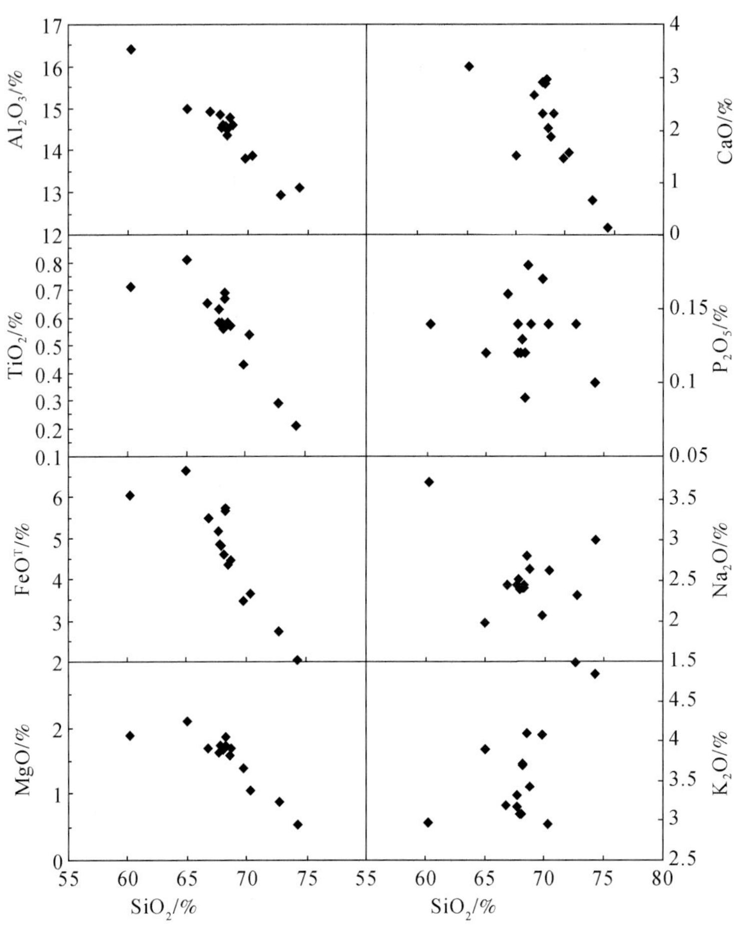

图 3-11　湘东北新元古代花岗岩 Harker 图解

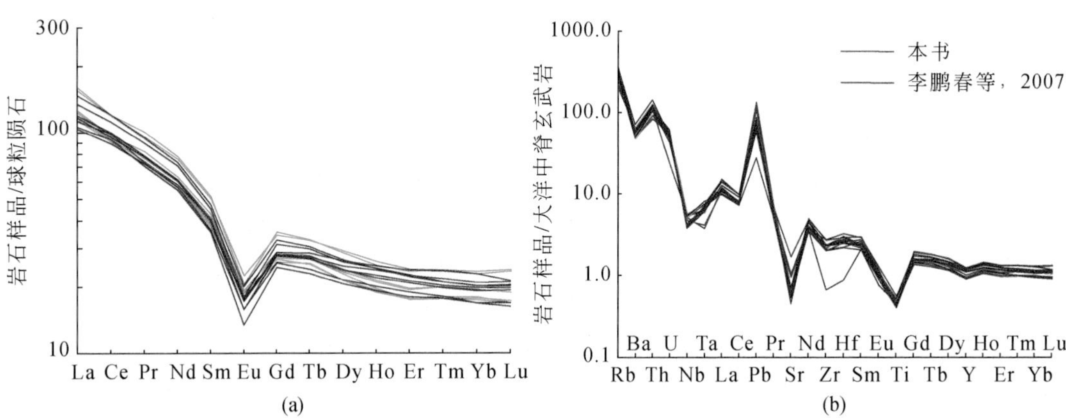

图 3-12　葛藤岭岩体球粒陨石标准化稀土元素配分图（a）和原始地幔标准化微量元素蛛网图（b）

原始地幔和球粒陨石标准化值来源于 Sun 和 McDonough（1989）

表 3-4　葛藤岭岩体全岩 Sm-Nd 同位素组成

分析样品	侵位时代/Ma	$Sm/10^{-6}$	$Nd/10^{-6}$	$^{147}Sm/^{144}Nd$	$^{143}Nd/^{144}Nd$	2σ	$\varepsilon_{Nd}(t)$	t_{DM2}/Ga
SZT01	845	5. 42	25. 57	0. 1282	0. 512070	0. 000007	−3. 68	1. 80

续表

分析样品	侵位时代/Ma	$Sm/10^{-6}$	$Nd/10^{-6}$	$^{147}Sm/^{144}Nd$	$^{143}Nd/^{144}Nd$	2σ	$\varepsilon_{Nd}(t)$	t_{DM2}/Ga
SZT07	845	6.12	28.45	0.1300	0.512102	0.000005	-3.27	1.77
SZT09	845	6.06	27.51	0.1332	0.512092	0.000006	-3.80	1.81
SZT11	845	6.89	32.90	0.1266	0.512094	0.000006	-3.04	1.75
SZT12	845	6.09	28.34	0.1298	0.512092	0.000007	-3.42	1.78

注：$\varepsilon_{Nd}(t)=\{[^{143}Nd/^{144}Nd-^{147}Sm/^{144}Nd\times(e^{\lambda t}-1)]/[(^{143}Nd/^{144}Nd)_{CHUR(0)}-(^{147}Sm/^{144}Nd)CHUR\times(e^{\lambda t}-1)]-1\}\times1000$；$\lambda=6.54\times10^{-12}$；$(^{143}Nd/^{144}Nd)_{CHUR(0)}=0.512638$；$(^{147}Sm/^{144}Nd)_{CHUR}=0.1967$。二阶段Nd模式年龄（$t_{DM2}$）根据Li等（2003b）的公式和参数计算得到。

3.1.1.4　花岗质岩源区

湘东北新元古代花岗岩的岩石学和地球化学等特征均显示其属于S型花岗岩。近年来对S型花岗岩的研究较多，国内外学者普遍接受的观点是它们由变质沉积岩部分熔融形成，而镁铁质岩浆对其影响不大（如 Le Fort et al.，1987；Pichavant et al.，1988；Chappell and White，1992；Harris and Inger，1992；Williamson et al.，1996；Sylíester，1998）。湘东北新元古代花岗岩的A/CNK≥1.1，富铝黑云母的含量高，普遍出现刚玉标准矿物分子以及Fe-Mg-Al等特征表明它们形成于过铝质熔融，岩石类型类似于富黑云母含堇青石过铝质花岗岩类（CPG：Barbarin，1999）。在Qz-Ab-Or标准图上（图3-13），湘东北新元古代花岗岩显示了近低温共融组分，分布在来源于变沉积岩脱水熔融的长英矿物熔融试验区（Stevens et al.，1997）。全岩化学成分显示，$Na_2O<3.5\%$、$K_2O<5.0\%$、$CaO>1.3\%$，以及$Rb/Ba>0.25$、$CaO/Na_2O>0.3$等特征，类似于镁铁质岩浆的底侵以及与变泥质岩的相互作用形成的澳大利亚Lachlan褶皱带S型花岗岩岩基（达40%：Patiño Douce，1995）。低$CaO/(MgO+FeO^T)$和$(Na_2O+K_2O)/(FeO^T+MgO+TiO_2)$分子比值，高$Na_2O+K_2O+FeO^T+MgO+TiO_2)$分子比值（图3-14），暗示其可能来源于富黑云母的变泥质沉积岩的熔融（Lee et al.，2003；Jung et al.，2000），与葛藤岭岩体含白云母，且具有负的$\varepsilon_{Nd}(t)$值相一致。该岩体还具有较高的镁铁质含量（$TiO_2+Fe_2O_3+MgO$：6.46%~7.62%）和正的$\varepsilon_{Hf}(t)$值，指示该岩体还具I型花岗岩特征，进一步说明其源区可能由古老地壳物质和年轻地幔物质组成（Wu et al.，2006；Zheng et al.，2007；Wang et al.，2013b）。此外，与温度在800~850℃条件下过铝质花岗岩MgO（0.22%~

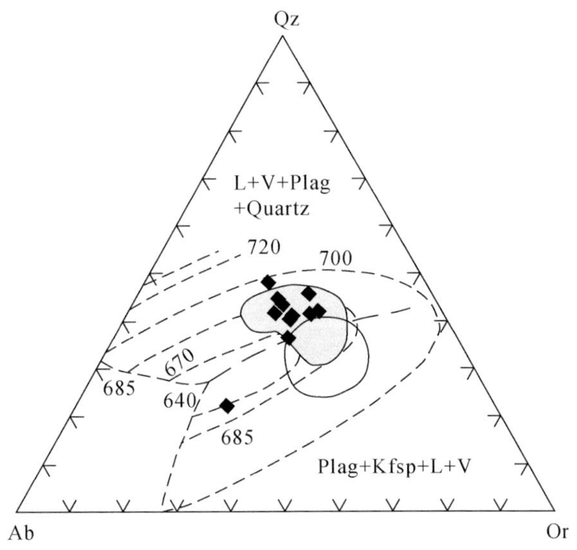

图3-13　Qz-Ab-Or标准图（据Stevens et al.，1997）

阴影部分为变沉积岩脱水熔融的长英矿物熔融试验区；Plag. 斜长石；Kfsp. 钾长石；Quartz. 石英；L. 液相成分；V. 气相成分

0.99%）、FeO^T（1.27%~3.10%）的含量（Clemens and Wall，1981；Puziewicz and Johannes，1988；Holtz and Johannes，1991）相比，湘东北新元古代花岗岩具有较高的 MgO（0.87%~2.11%）、FeO^T（2.7%~6.03%）含量，表明其可能来源于富 Mg-Fe 原岩的部分熔融。

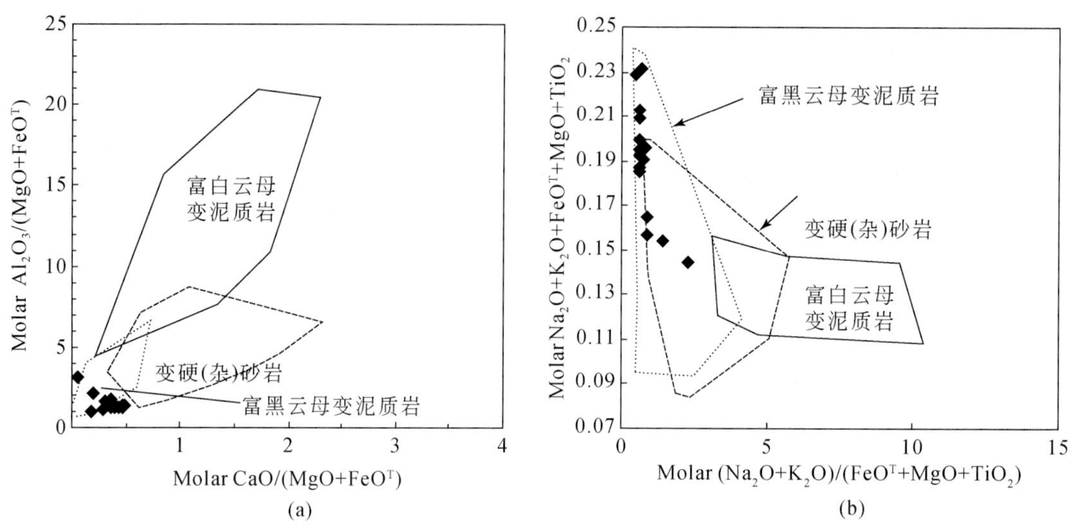

图 3-14　湘东北新元古代花岗岩源岩判别图解（据 Lee et al.，2003）

(a) $CaO/(MgO+FeO^T)-Al_2O_3/(MgO+FeO^T)$；(b) $(Na_2O+K_2O)/(FeO^T+MgO+TiO_2)-(Na_2O+K_2O+FeO^T+MgO+TiO_2)$

微量元素方面，湘东北新元古代花岗岩 Rb、Sr、Ba 含量变化较大，随 Rb 的增加，Sr 和 Ba 均降低，呈负相关关系。Th 含量为 815×10^{-6}，U 含量为 1.1×10^{-6} ~ 4.9×10^{-6}，Th/U 值为 2.8 ~ 6.8（不包括 RX-3 的 Th/U=11.8)，除石英二长岩外均高于大陆地壳平均值 3.8（Taylor and McLennan，1985）。Rb/Th 值为 8 ~ 19，也高于球粒陨石 Rb/Th 值（~8）。符合来源于沉积岩熔融的 S 型长英质岩浆特征（$Th<25\times10^{-6}$、$U<10\times10^{-6}$；Taylor and McLennan，1985）。

Kokonyangi 等（2004）认为 K/Rb 值>150 通常标志花岗岩的形成没有受到岩浆期后水相作用的影响，湘东北新元古代花岗岩 K/Rb 值为 166 ~ 215，结合微量元素比值特征，如偏低的 Rb/Sr 值以及低 Sr/Ba 值（<0.4)，表明这些花岗岩可能来源于变质泥岩的脱水熔融（$Rb>100\times10^{-6}$，Sr 为 300×10^{-6} ~ 400×10^{-6}，Ba 为 600×10^{-6} ~ 1000×10^{-6}，Rb/Ba>0.25：Miller，1985；Kokonyangi et al.，2004）。偏低的 Rb/Sr 值可能与流体的介入有关，暗示花岗岩岩浆可能是在水不饱和条件下，经下地壳黑云母脱水熔融而形成（Rb/Sr：2 ~ 6；Sr/Ba：0.2 ~ 0.7；Harris and Inger，1992）。原始地幔标准化图上，Ba、Nb、Ta、Sr、Eu 异常明显，而 Ti 异常不明显，以及 HFSEs 分布特征等表明其可能来源于大陆壳，并不具有俯冲板块区域特征（Saunders et al.，1991；Tarney and Jones，1994）。Sr 异常显著，两倍于 Na_2O、CaO、K_2O 组分，说明这些元素在源区含量高，即源区物质可能为受风化的变沉积岩（Chappell and White，1992）。LREE 富集，可能是残留锆石所致（Harris and Inger，1992)，Zr 与 HREE 的线性关系也说明这一点。徐夕生和周新民（1992）获得九岭岩体的 $\delta^{18}O$ 为+9.6‰ ~ +12.1‰、ε_{Nd}(937Ma）为-1.2，王孝磊等（2004）获得的 ε_{Nd}(929Ma）为-1.3，这些同位素数据也显示岩体的源岩主要是地壳物质。而 Xu 等（2007）及李鹏春等（2005）研究表明，新元古界冷家溪群为一套浅变质沉积岩系，按化学成分显示为泥质和砂质的沉积岩，证明该区确实存在元古宙的变质沉积岩，因此新元古界冷家溪群极有可能为之提供了物源。结合以上岩石学、地球化学等特征，表明湘东北新元古代花岗岩可能是冷家溪群变泥质岩熔融而成的，但有年轻地幔物质的参与。

3.1.1.5　成岩温度-压力约束

对花岗岩形成时的温度可通过 Zr、P_2O_5 及 Al_2O_3/TiO_2 等成分进行估计（Watson and Harrison，1983；

Rapp et al., 1991; Montel, 1993; Bea et al., 1992; Sylĺester, 1998)。Watson 和 Harrison（1983）研究表明，在含水的过铝质岩浆中，如果花岗岩中的锆石达到饱和（表现残留未熔的锆石核及继承锆石），Zr 的含量是阳离子比值［(Na+K+2Ca)/(Al×Si)］和温度的函数，可以根据花岗岩的成分和 Zr 的含量计算出熔体的“锆石饱和温度”。湘东北新元古代花岗岩中含有一定量的残留锆石，因此表明花岗岩样品达到了锆石饱和，根据 Watson 和 Harrison（1983）给出的公式计算得到的温度为 809～867℃。与其具有较低的 Al_2O_3/TiO_2 值（19～45）及 P_2O_5 含量（0.12%～0.18%）所对应的较高的岩浆温度（Sylĺester, 1998; Harrison and Watson, 1984）相一致。湘东北新元古代花岗岩的 FeO/MgO 值（1.8～3.5）接近于 8kbar① 下熔融实验值（FeO/MgO = 2.5～3.3; Patiño Douce, 1997），而远低于 4kbar 下的 FeO/MgO 值（6.6～7.7），但斜长石韵律环带结构的出现以及岩浆结晶时的水压（3.1～6.5×10^8 Pa：伍光英等，2001）又表明其并没有特别高的压力，因此估计湘东北新元古代花岗质岩浆的熔融可能发生在压力为 6～7kbar 条件下。

3.1.1.6　花岗质岩浆作用背景

关于过铝质花岗岩岩浆，前人通常解释为陆壳加厚（crustal thickening）（Miller, 1985; Coney and Harms, 1984）、岩浆底侵（underplating）与板内侵位（intraplating：Haxel et al., 1984）、地幔上涌（mantle upwelling：Barton, 1990）等作用的结果。以往研究认为分布在江南古陆的新元古代过铝质花岗岩，与新元古代扬子板块和华夏板块碰撞（Chen et al., 1991; Charvet et al., 1996）、地幔柱活动（李献华，1999；葛文春等，2001；李献华等，2001）以及后碰撞软流圈岩浆底侵有关（王孝磊等，2004）。

近年来，许多人认为华夏板块属于中元古代劳伦大陆（Laurentia）西缘，而新元古代扬子块体和劳伦大陆的碰撞，连接了劳伦大陆和澳大利亚-东南极大陆，形成了统一的 Rodinia 超大陆（Li et al., 1995; Li, 1996；张玲华和李正祥，1995）。而 Rodinia 超大陆最后的聚合，除了研究劳伦大陆与周缘陆块的聚合之外，各较小陆块之间拼合关系的研究也受到重视。徐备（2001）认为 Rodinia 超大陆聚合的基本形式表现为早期弧-陆碰撞和晚期陆-陆碰撞，伴之发生走滑剪切。例如，对南极洲与澳大利亚陆块之间 Albany—Fraser 造山带的研究揭示从 1324～1060Ma 发生过三期挤压变形，表明两陆块间为斜向碰撞并伴有右旋剪切运动（White et al., 1997）。胡世玲等（1992）所测皖南地区岛弧型花岗岩糜棱岩石所得到的白云母和青铝闪石 $^{40}Ar/^{39}Ar$ 年龄为 768±29.7Ma 和 799.3±9.2Ma，被认为是碰撞事件的晚期记录。

湘东北新元古代花岗岩的主微量特征类似于大陆碰撞型花岗岩，在 R_1-R_2 图上落入同碰撞环境（图 3-15），而在 Pearce 等（1984）微量元素图解上，湘东北新元古代花岗岩分布于火山岛弧、同碰撞及板内

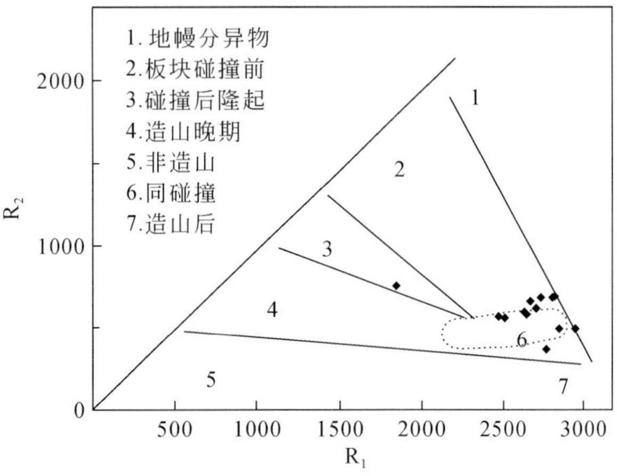

图 3-15　湘东北新元古代花岗岩 R_1-R_2 判别图

① $1kbar=10^8 Pa$。

环境花岗岩边缘交界区域。根据 Pearce（1996）研究认为其应属于后碰撞环境，这可能是花岗岩浆形成过程中由镁铁质岩浆与长英质岩浆混合影响的结果（Kokonyangi et al.，2004；Huppert et al.，1988；Patiño Douce，1995）。构造特征上，其中长三背岩体表现为沿右行剪切带强烈楔入式侵位，因此如果在区域剪切推覆作用下，会促使地壳加厚、温度升高，进而使深部岩石矿物脱水，加之剪切断裂活动使浅层游离水带入深部，形成局部水富集，同样可以形成深熔花岗质岩浆。

综合区域地质演化、岩体构造与岩石学及地球化学特征等证据可以推断，华夏地块自新元古代与扬子地块发生碰撞后，华南陆块亦不断俯冲、碰撞，导致地壳加厚，形成大规模剪切带，不仅提供水源、剪切摩擦热能，还有放射性衰变热能，使深部地壳发生部分熔融，同时为花岗岩浆的上升、运移提供通道。因此，本书认为湘东北新元古代花岗岩形成于同碰撞板块会聚环境，可能与陆壳加厚导致的剪切重熔有关。

3.1.2　变铁镁质–超铁镁质岩

Li 等（1995，1996，1999，2002，2003a）在讨论扬子与华南（华夏）在 Rodinia 超大陆中的位置时，曾提出四堡造山概念，并认为时代上与中元古代晚期格林威尔造山事件相当，华夏地块（包括海南岛）是中元古代劳伦大陆南缘 Mojave 省的西南延伸部分，扬子地块位于劳伦大陆和澳大利亚–南极洲之间；而 830～740Ma 的地幔柱/超地幔柱活动是 Rodinia 超大陆裂解的直接原因。这一假设得到了国内外大多学者的普遍赞同（陆松年等，2001；Metcalfe，1996；Li，1999；Li et al.，2003b；Wang et al.，2003a；Ling et al.，2003；Li et al.，2005a，2005b）。然而，中国境内，尤其是华南地区元古宙造山带形成时间集中于 1.0～0.8Ga（Li，1999；李江海和穆剑，1999），暗示华南格林威尔造山事件较全球相应事件的时代要晚（Hoffman，1991；Moores，1991；Fitzsimons，2000），抑或华南地区的格林威尔造山可能存在两个造山幕（许德如等，2006b），或者造山事件存在不同时性特征。因而，有些学者认为 Li 等的假设对于解释元古宙华南构造性质可能并不适合，元古宙沟–弧–盆演化模式有其合理性（郭令智，1986；郭令智等，1996；Gu et al. 2002；周金城等，2003；Wang et al.，2006；Xu et al.，2007）。Zhou 等（2002）还认为在 865～800Ma，扬子板块是一个四周由俯冲大洋岩石圈所包围的独立大陆，至少暗示 800Ma 以前扬子板块和华夏板块在 Rodinia 超大陆中并不处在同一位置。可见，华南元古宙构造演化格局及其与 Rodinia 超大陆聚合与演化的关系仍是有待深入研究的课题。

分布于江南古陆湖南段（包括湘东北地区）的前寒武纪铁镁质–超铁镁质火山–侵入岩（湖南省地质矿产局，1988）是深入揭示华南格林威尔造山事件、探讨 Rodinia 超大陆形成和裂解过程的重要岩石类型（Li et al.，1999）。本节在综合分析前人有关岩石学、地球化学和同位素数据基础上，结合新的地球化学和 Sr-Nd 同位素分析，通过区域地质和地球化学对比，试图正确理解湖南地区前寒武纪铁镁质–超铁镁质火山–侵入岩所代表的构造–岩浆事件，以期为深入理解华南元古宙以来大地构造演化特征，并为深入理解江南古陆金（多金属）大规模成矿事件的金属物质来源提供科学依据。

3.1.2.1　区域地质和空间分布

位于扬子板块东南缘的江南古陆，因其特殊大地构造位置、元古宇广泛出露、多期次和多类型岩浆作用及大规模成矿作用而成为国内外地质学家和大地构造学家长期关注的热点（黄汲清，1954；郭令智，1986；任纪舜，1990；舒良树等，1994，1995；Charvet et al.，1996；Shu and Charvet，1996；等等）。出露于该区的地层包括前震旦纪基底、震旦纪盖层和后震旦浅海相–陆相沉积地层；下中新元古界冷家溪群和中上新元古界板溪群岩石构成前震旦纪基底。冷家溪群是一套由泥质板岩、砂质板岩、浅变质粉砂岩和砂岩等组成的、具典型浊积流层序的碎屑岩建造，一系列铁镁质–超铁镁质岩和双峰式火山岩也产于该地层内（肖禧砥，1983；郭令智等，1996；Zhou et al.，2009 及本书第 4 章）。与冷家溪群呈角度不整合，而与上覆震旦系呈平行不整合的板溪群则由一套含凝灰质的砂岩、板岩、千枚岩、角砾岩和中酸性凝灰质岩组成。在安徽南部和江西东北部，两个蛇绿岩带构造侵位于元古宇（Chen et al., 1991）。震旦系则由下部海相冰碛岩和上部黑色碳质硅质岩石组成（Wang and Mo, 1995）。

湖南境区的江南古陆呈一向北西突出的弧形构造，受北东向鄂湘黔深断裂带、桃江-城步岩石圈断裂带，北西向常德-安仁转换断裂构造带，北东向醴陵-衡东逆冲断裂带所控制（图3-16）。前寒武纪铁镁质-超铁镁质火山-侵入岩主要沿区内一系列北东向断裂两侧分布，但岩体出露面积小，约50km²（图3-17）。湖南省地质矿产局（1988）曾根据其赋存的层位，将它们归为中元古代晚期、新元古代早期和震旦纪三个期次。但随着高精度锆石U-Pb定年技术的发展，江南古陆前寒武纪铁镁质-超铁镁质火山-侵入岩已识别两个期次：即850～800Ma和790～730Ma（表3-5）。结合空间展布、赋存层位、产出特征和岩性特点，本节将湖南段前寒武纪铁镁质-超铁镁质火山-侵入岩划分为早中新元古代火山-侵入岩和中晚新元古代火山-侵入岩。

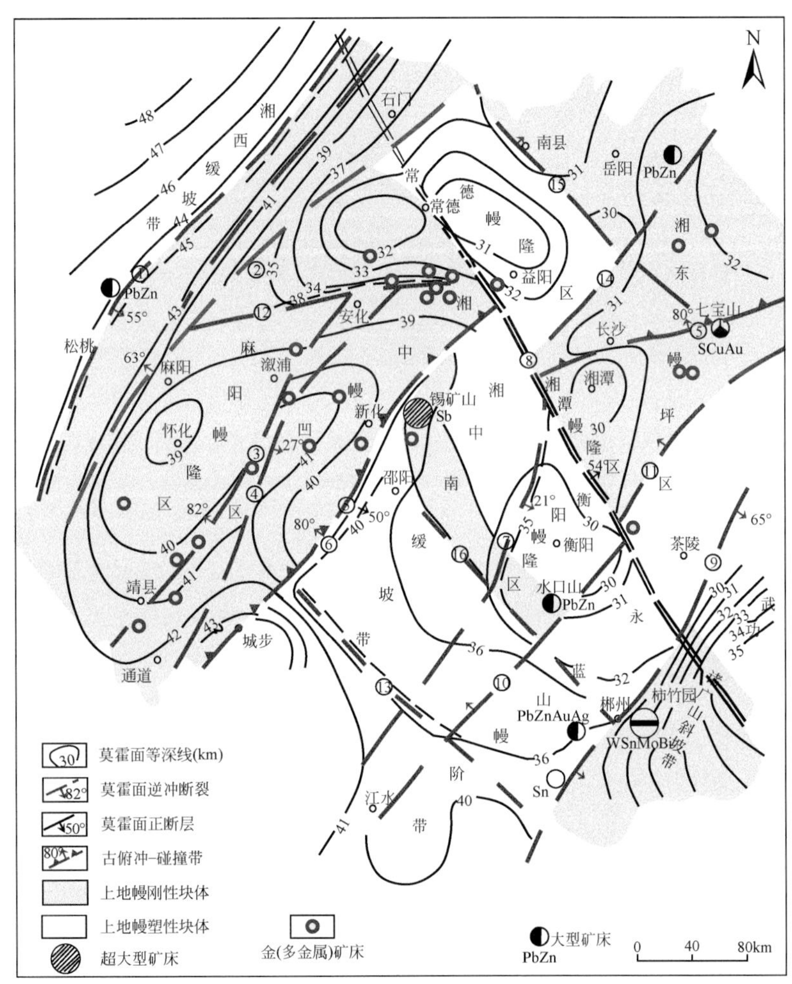

图3-16　湖南省莫霍面及断裂分布推断和主要金属矿床分布图（据饶家荣等，1993修改）

①鄂湘黔深断裂带；②麻阳-澧县深断裂带；③靖县-溆浦深断裂带；④通道-安化深断裂带；⑤桃江-城步岩石圈断裂带；⑥桃江-城步地壳仰冲断裂带；⑦湘乡-祁东地壳隐伏逆冲断裂带；⑧常德-安仁转换断裂构造带；⑨茶陵-临武逆冲断裂带；⑩江永-常宁深断裂带；⑪醴陵-衡东逆冲断裂带；⑫沅陵-桃江深断裂带；⑬新宁-蓝山深断裂带；⑭湘阴-宁乡深断裂带；⑮南县-汨罗深断裂带；⑯邵阳-郴州深断裂带

1. 早中新元古代火山-侵入岩

以湘东北益阳石咀塘-大渡口及浏阳文家市赋存于下中新元古界冷家溪群内的铁镁质-超铁镁质火山-侵入岩为代表，主要由拉斑质玄武岩、细碧质玄武岩、辉绿岩及少量的辉长岩和辉石岩等组成，局部含

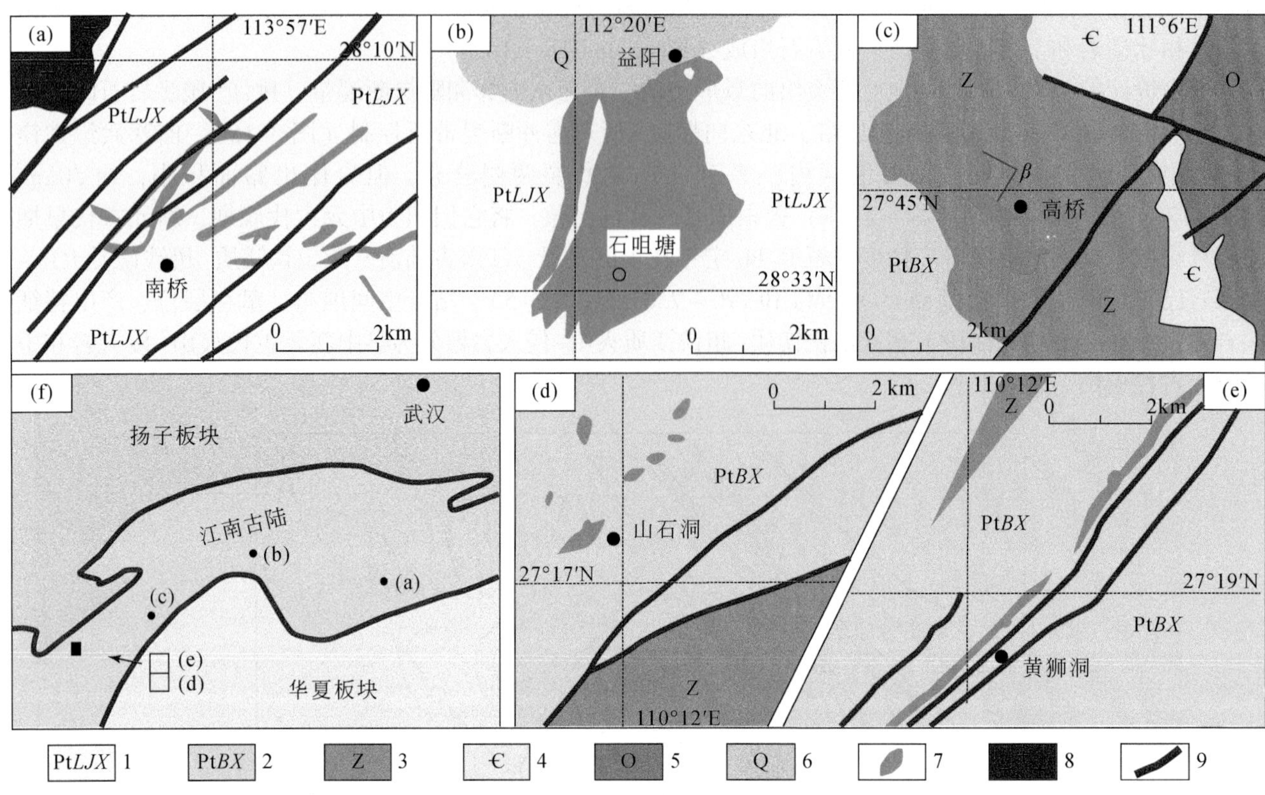

图 3-17　江南古陆中部湖南段前寒武纪铁镁质-超铁镁质火山-侵入岩分布图（据王孝磊等，2003 修改）

（a）浏阳南桥；（b）益阳石咀塘；（c）新化云溪高桥；（d）黔阳山石洞；（e）黔阳黄狮洞；（f）江南古陆位置图。1. 冷家溪群；2. 板溪群；3. 震旦系；4. 寒武系；5. 奥陶系；6. 第四系；7. 基性-超基性岩；8. 花岗岩；9. 断裂

玻安质岩、安山质岩和角斑岩（湖南省地质矿产局，1988）。这些岩石和冷家溪群围岩普遍表现强烈构造变形和变质（图 3-18、图 3-19），但岩体尚保存变余枕状构造、残余气孔构造和变余斑状结构、变余辉绿结构。此外，玻安质岩通常出现于变枕状玄武岩边缘，主要由蜕玻化的玻璃质组成；安山质岩和角斑岩尚具显微花岗变晶结构。由于岩体之间、岩体与围岩之间大多呈断层接触，且显示混杂堆积特征（贺安生和韩雄刚，1992；刘钟伟，1994；郭乐群等，2003；贾宝华等，2004；贾宝华和彭和求，2005；车勤建等，2005），这些铁镁质-超铁镁质火山-侵入岩大体可归为早中新元古代产物。Wang 等（2003a）最近利用 SHRIMP 法已获得益阳沧水铺组下部火山岩段底部的英安质火山集块岩锆石 U-Pb 谐和年龄为 814±12Ma。

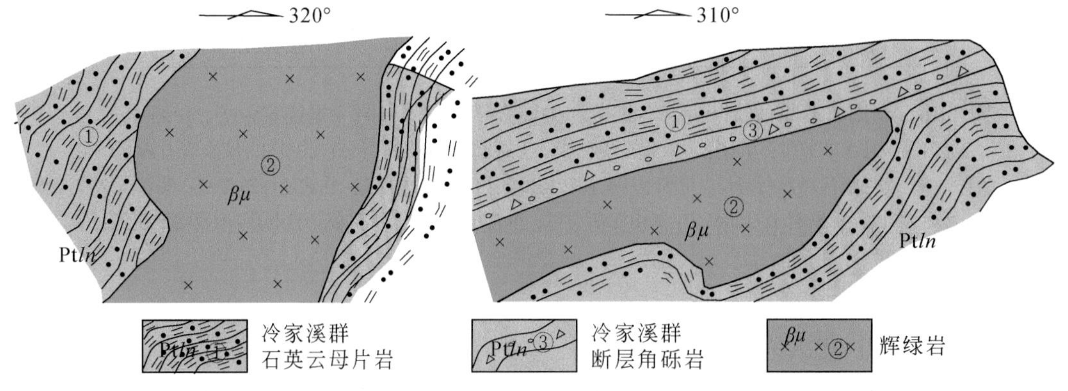

图 3-18　浏阳南桥辉绿岩和中新元古代冷家溪群接触关系素描图

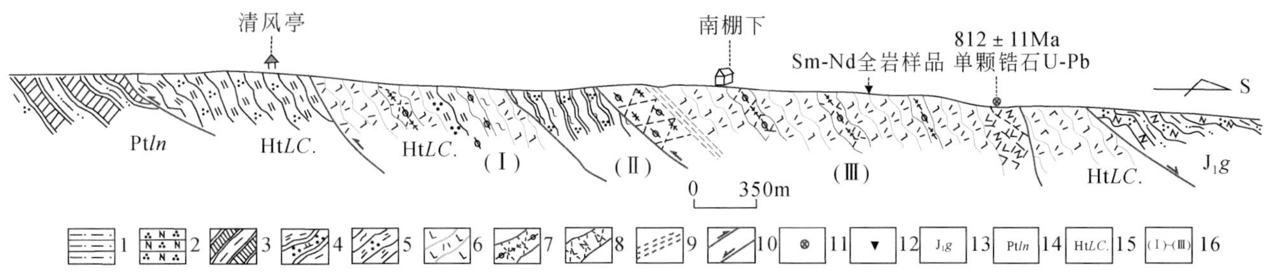

图3-19　“连云山混杂岩”构造-岩石叠置序列剖面图

1. 砂质、碳质页岩；2. 长石石英砂岩；3. 条带状板岩、砂岩板岩；4. 变质岩屑杂砂岩；5. 二云母石英片岩；6. 绿片岩；7. 黝帘石阳起石岩；8. 斜长角闪岩；9. 韧性剪切带；10. 逆冲断层、正断层；11. 锆石U-Pb年龄样；12. Sm-Nd全岩样品点；13. 下侏罗统高家田组；14. 冷家溪群雷神庙组；15. “连云山混杂岩”；16. “连云山混杂岩体”

表3-5　江南古陆湖南段新元古代基性/超基性火山-侵入岩定年数据

序号	岩石	位置	年龄/Ma	定年方法	参考文献
1	水口玄武岩	湘东北	860±20	锆石SHRIMP U-Pb	Zhang et al., 2013a
2	南桥玄武岩	湘东北	838±12	Zircon SIMS U-Pb	Zhang et al., 2013a
3	沧水铺安山岩	湘西	822±28	锆石SHRIMP U-Pb	Zhang et al., 2012b
4	沧水铺安山岩	湘西	824±7	Zircon SIMS U-Pb	Zhang et al., 2012b
5	沧水铺滑塌堆积英安质火山岩	湘东北	814±12	锆石SHRIMP U-Pb	Wang et al., 2003a
6	板溪群斑脱岩	湘东北	802.6±7.6	锆石SHRIMP U-Pb	高林志等，2011
7	黔阳辉绿岩	湘西	747±18	锆石SHRIMP U-Pb	Wang et al., 2008a
8	通道超基性岩	湘西	756±12	锆石SHRIMP U-Pb	Wang et al., 2008a
9	古丈板溪群辉绿岩	湘西	768±28	锆石SHRIMP U-Pb	Zhou et al., 2007a

2. 中晚新元古代火山-侵入岩

据刘钟伟（1994）和丘元禧等（1998），该类型在湖南境内可划分为东、西两个带。西带在湘西地区沿古丈、怀化、芷江、沅陵、黔阳、通道至广西东北部三门和三江一带呈北北东展布，均赋存于板溪群（局部为下震旦统）中，岩性以呈脉状侵入的碱性基性岩和超基性岩体为主。东带则分布于湘东地区的益阳、新化、隆回、醴陵攸坞、望城、湘乡及鹰阳关等地，主要由具角砾状外貌的基性熔岩及中酸性火山碎屑岩组成。除新化、望城和湘乡及湘桂粤三省区交界鹰阳关等地火山-次火山岩赋存于下震旦统外，其余均赋存于板溪群中（刘钟伟，1994；陈多福等，1998）。周新华等（1992）、刘钟伟（1994）、黄建中等（1996）和郑基俭等（2001）认为，赋存于板溪群中的火山-侵入岩形成时间为950～820Ma。不过，最新的锆石U-Pb定年为中晚新元古代（表3-5）。

3.1.2.2　数据来源和分析方法

在湘东北浏阳文家市清风亭-涧溪沿高速公路一剖面（图3-19）采集了侵位于冷家溪群内的变质辉绿岩样品11个。主量元素由中国科学院地球化学研究所（贵阳）采用湿化学分析法完成，分析精度约为1%；微量元素由中国科学院广州地球化学研究所采用ICP-MS分析完成，分析精度为5%～10%，详细的实验方法见刘颖等（1996）。全岩Sr、Nd同位素组成由宜昌地质矿产研究所中南实验检测中心分析测试，具体过程参见Ma等（1998）。其中，$^{87}Rb/^{86}Sr$、$^{147}Sm/^{144}Nd$值的测定精度分别为约0.7%、约0.2%。主、微量及Sr-Nd同位素分析结果分别见表3-6～表3-8。为了系统地分析湖南地区前寒武纪火山-侵入岩所揭示的构造-岩浆环境，本书还引用了前人大量地球化学和同位素数据。但由于研究区岩石普遍遭受强烈蚀变等变质作用影响，烧失量可达10%，因此，处理中剔除了挥发分，重新计算主量元素成分。

表 3-6（a）　江南古陆前寒武纪变质基性岩主量元素地球化学分析表

采样层位及地点	早中新元古代变辉绿岩 文家市（本书）											早中新元古代变中基性火山岩 文家市（贾宝华和彭和求，2005）			
样号	清风亭-1	清风亭-2	清风亭-3	清风亭-4	清风亭-5	清风亭-6	清风亭-7	HG4-8	涧溪-2-10	涧溪-3-11	HL-4	涧-1	涧-2	16-2-陈	14-2-陈
SiO_2/%	51.4	54.44	54.72	52.48	53.55	52.65	53.29	53.9	50.72	50.91	50.72	47.64	50.29	57.68	58.8
TiO_2/%	1.1	1.07	1.3	1.23	1.23	1.37	1.17	1.3	1.23	1.23	1.1	0.41	0.43	0.84	0.74
Al_2O_3/%	16.43	12.55	14.89	15.66	13.86	14.92	14.89	15.4	15.4	12.84	13.69	7.12	5.7	15.83	13.87
Fe_2O_3/%	1.1	1.37	1.9	2.05	2.1	2.63	3.04	2	2.65	2.26	1.68	2.26	1.84	4.67	1.62
FeO/%	5.83	3.1	3.33	3.29	3.5	4.22	3.4	3.67	1.9	3.7	6.62	8.54	8.4	6.16	7.02
MnO/%	0.08	0.11	0.13	0.14	0.11	0.12	0.1	0.07	0.07	0.17	0.14	0.18	0.18	0.14	
MgO/%	4.85	3.08	3.68	5.41	5.57	5.35	4.8	4.91	3.06	5.02	9.26	21.04	21.5	3.86	5.81
CaO/%	6.57	12.64	9.29	9.9	10.72	11.26	10.28	10.57	12.4	11.86	8.68	6.18	6.82	4.71	4.67
Na_2O/%	1.49	2.01	3.19	1.14	1.33	1.16	2.02	1.25	3.51	1.16	0.56	0.37	0.2	2.04	1.7
K_2O/%	1.05	0.12	0.21	1.25	0.63	0.61	0.7	0.59	0.13	0.38	0.97	0.29	0.12	2.04	1.69
P_2O_5/%	0.42	0.3	0.3	0.4	0.28	0.32	0.3	0.42	0.3	0.28	0.4	0.04	0.04	0.12	0.09
总和/%	90.32	90.79	92.94	92.95	92.88	94.61	93.99	94.08	91.37	89.81	93.82	94.07	95.52	98.09	96.01
H_2O^+/%	5.98	3.66	3.95	3.89	3.7	2.7	3.2	3.45	5.09	6.62	4.87	7.88	5.9	7.19	2.3
CO_2/%	3.3	5.02	2.7	2.5	2.85	2	2.3	2.03	3.1	3	0.73				
SiO_2/%	56.91	59.96	58.88	56.46	57.66	55.65	56.70	57.29	55.51	56.69	54.06	50.64	52.65	58.80	61.24
TiO_2/%	1.22	1.18	1.40	1.32	1.32	1.45	1.24	1.38	1.35	1.37	1.17	0.44	0.45	0.86	0.77
Al_2O_3/%	18.19	13.82	16.02	16.85	14.92	15.77	15.84	16.37	16.85	14.30	14.59	7.57	5.97	16.14	14.45
Fe_2O_3/%	1.22	1.51	2.04	2.21	2.26	2.78	3.23	2.13	2.90	2.52	1.79	2.40	1.93	4.76	1.69
FeO/%	6.45	3.41	3.58	3.54	3.77	4.46	3.62	3.90	2.08	4.12	7.06	9.08	8.79	6.28	7.31
MnO/%	0.09	0.12	0.14	0.15	0.12	0.13	0.11	0.07	0.08	0.19	0.15	0.19	0.19	0.14	0.00
MgO/%	5.37	3.39	3.96	5.82	6.00	5.65	5.11	5.22	3.35	5.59	9.87	22.37	22.51	3.94	6.05
CaO/%	7.27	13.92	10.00	10.65	11.54	11.90	10.94	11.24	13.57	13.21	9.25	6.57	7.14	4.80	4.86
Na_2O/%	1.65	2.21	3.43	1.23	1.43	1.23	2.15	1.33	3.84	1.29	0.60	0.39	0.21	2.08	1.77
K_2O/%	1.16			1.34	0.68	0.64	0.74	0.63	0.14	0.42	1.03	0.31	0.13	2.08	1.76
P_2O_5/%	0.47	0.33	0.32	0.43	0.30	0.34	0.32	0.45	0.33	0.31	0.43	0.04	0.04	0.12	0.09
总和/%	100.00	99.85	99.77	100.00	100.00	100.00	100.00	100.00	100.00	100.00	100.00	100.00	100.00	100.00	99.99
Si/Al	3.13	4.34	3.68	3.35	3.86	3.53	3.58	3.50	3.29	3.96	3.71	6.69	8.82	3.64	4.24
Fe/Mg	1.43	1.45	1.42	0.99	1.01	1.28	1.34	1.16	1.49	1.19	0.90	0.51	0.48	2.80	1.49
Al/Ti	14.91	11.71	11.44	12.77	11.30	10.88	12.77	11.86	12.48	10.44	12.47	17.20	13.27	18.77	18.77
Ca/Al	0.40	1.01	0.62	0.63	0.77	0.75	0.69	0.69	0.81	0.92	0.63	0.87	1.20	0.30	0.34
Zr/(TiO_2×10000)												0.0112	0.0118	0.0337	0.0248

注：表中空行下面行中数据系剔除挥发分后重新计算得到的主量元素成分。

表3-6（b）　江南古陆前寒武纪变质基性岩主量元素地球化学分析表

采样层位及地点	早中新元古代变中基性火山岩 文家市南棚下（贾宝华和彭和求，2005）													早中新元古代变基性岩益阳石咀塘（车勤建等，2005）	
样号	Ⅰ-27	Ⅰ-31	Ⅱ-11	Ⅱ-10	12	Ⅰ-9-1	Ⅰ-9-2	Ⅱ-8	4	Ⅰ-24	Ⅱ-1	11	Ⅱ-42	s1	s2
SiO_2/%	52.38	52.2	50.02	51.75	50.83	54.66	53.72	53.22	53.52	53.49	53.22	49.64	50.114	49.44	47.52
TiO_2/%	0.78	0.76	0.34	0.46	0.31	0.76	0.65	0.54	0.69	0.66	0.87	0.71	0.41	0.5	0.53
Al_2O_3/%	14.76	14.22	6.77	16.85	15.17	12.86	12.85	11.24	14.82	13.84	14.78	13.23	16.11	11.21	12.63
Fe_2O_3/%	1.05	1.91	1.34	1.44	1.01	2.19	2.11	0.79	2.44	2.52	2.02	1.96	1.56	2.36	1.26
FeO/%	7.78	7.13	8.69	5.58	6.63	7.39	6.82	6.68	6.72	6.48	8.44	7.78	6.17	7.05	9.4
MnO/%	0.15	0.16	0.16	0.12	0.15	0.18	0.16	0.15	0.15	0.15	0.17	0.17	0.15	0.18	0.18
MgO/%	6.93	7.99	20.47	8.93	9.96	6.49	7.64	11.89	7.18	8.25	6.07	8.54	8.5	13.24	13.56
CaO/%	6.11	9.3	3.55	6.58	9.84	9.27	9.65	9.24	7.17	9.14	7.22	8.36	11.8	10.1	9.5
Na_2O/%	4.12	2.02	0.25	2.68	1.92	2.54	2.03	0.68	3.81	1.72	3.94	3.14	0.77	0.85	1.35
K_2O/%	0.34	0.69	0.87	1.59	0.53	0.5	0.3	0.53	0.72	0.07	0.35	0.4	0.04	0.25	0.32
P_2O_5/%	0.05	0.07	0.02	0.01	0.06	0.08	0.07	0.04	0.07	0.07	0.09	0.07	0.11	0.05	0.07
总和	94.45	96.45	92.48	95.99	96.41	96.92	96	95	97.29	96.39	97.17	94	95.734	95.23	96.32
H_2O^+/%	8.04	3.76		4.56	1.94	1.68	2.47	2.96	5.31	3.82	2.98	9.64	3.66	4.41	4.45
SiO_2/%	55.46	54.12	54.09	53.91	52.72	56.40	55.96	56.02	55.01	55.49	54.77	52.81	52.35	51.92	49.34
TiO_2/%	0.83	0.79	0.37	0.48	0.32	0.78	0.68	0.57	0.71	0.68	0.90	0.76	0.43	0.53	0.55
Al_2O_3/%	15.63	14.74	7.32	17.55	15.73	13.27	13.39	11.83	15.23	14.36	15.21	14.07	16.83	11.77	13.11
Fe_2O_3/%	1.11	1.98	1.45	1.50	1.05	2.26	2.20	0.83	2.51	2.61	2.08	2.09	1.63	2.48	1.31
FeO/%	8.24	7.39	9.40	5.81	6.88	7.62	7.10	7.03	6.91	6.72	8.69	8.28	6.44	7.40	9.76
MnO/%	0.16	0.17	0.17	0.13	0.16	0.19	0.17	0.16	0.15	0.16	0.17	0.18	0.16	0.19	0.19
MgO/%	7.34	8.28	22.13	9.30	10.33	6.70	7.96	12.52	7.38	8.56	6.25	9.09	8.88	13.90	14.08
CaO/%	6.47	9.64	3.84	6.85	10.21	9.56	10.05	9.73	7.37	9.48	7.43	8.89	12.33	10.61	9.86
Na_2O/%	4.36	2.09	0.27	2.79	1.99	2.62	2.11	0.72	3.92	1.78	4.05	3.34	0.80	0.89	1.40
K_2O/%	0.36	0.72	0.94	1.66	0.55	0.52	0.31	0.56	0.74	0.07	0.36	0.43	0.04	0.26	0.33
P_2O_5/%	0.05	0.07	0.02	0.01	0.06	0.08	0.07	0.04	0.07	0.07	0.09	0.07	0.11	0.05	0.07
总和/%	100.00	99.99	100.00	99.99	100.00	100.00	100.00	100.00	100.00	99.97	100.00	100.00	100.00	100.00	100.00
Si/Al	3.55	3.67	7.39	3.07	3.35	4.25	4.18	4.74	3.61	3.86	3.60	3.75	3.11	4.41	3.76
Fe/Mg	1.27	1.13	0.49	0.79	0.77	1.47	1.17	0.63	1.28	1.09	1.72	1.14	0.91	0.71	0.79
Al/Ti	18.83	18.66	19.78	36.56	49.16	17.01	19.69	20.75	21.45	21.12	16.90	18.51	39.14	22.21	23.84
Ca/Al	0.41	0.65	0.52	0.39	0.65	0.72	0.75	0.82	0.48	0.66	0.49	0.63	0.73	0.90	0.75
Zr/(TiO_2×10000)	0.0072	0.0094	0.0245	0.0167	0.0169	0.0059	0.0137	0.0123	0.0123	0.0089	0.0083	0.0089	0.0233	0.0099	0.0120

注：表中空行下面行中数据系剔除挥发分后重新计算得到的主量元素成分。

表 3-6（c）　江南古陆前寒武纪变质基性岩主量元素地球化学分析表

采样层位及地点	早中新元古代变基性岩 益阳石咀塘（车勤建等，2005）						早中新元古代变基性岩 益阳大渡口（车勤建等，2005）					早中新元古代变基性岩 文家市南桥（周金城等，2003）			
样号	s3	s4	s5	s6	s7	s8	s9	s10	s11	s12	NQ-b1	NQ-22	NQ-24	NQ-25	NQ-26-1
SiO_2/%	49.59	47.56	44.84	47.63	50.83	51.06	51.66	50.08	50.95	52.16	51.2	51.03	49.95	50.38	51.34
TiO_2/%	0.56	0.36	0.34	0.9	0.53	0.55	0.84	0.97	0.84	0.84	0.78	0.7	0.48	0.63	0.79
Al_2O_3/%	13.24	10.79	9.24	13.58	11.67	12.18	15.35	14.34	14.15	15.31	15.7	13.81	18.38	14.27	14.27
Fe_2O_3/%	2.42	2.79	0.53	4.93	2.45	1.45	4.08	4.42	3.07	3.08	2.61	1.61	1.16	2.95	1.57
FeO/%	8.2	5.5	9.56	7.14	7.27	7.88	6.24	7.94	6.18	7.5	7.9	8.41	7.71	7.64	10.45
MnO/%	0.16	0.13	0.21	0.2	0.15	0.21	0.22	0.17	0.07	0.16	0.19	0.21	0.16	0.18	0.22
MgO/%	11.34	10.13	20.96	8.71	13.76	13.7	4.71	6.04	9.04	6.3	7.92	7.76	7.12	8.02	7.39
CaO/%	8.2	6.22	6.76	9.81	11.42	10.59	10.52	4.62	7.7	9.72	11.59	13.62	12.26	13.93	11.76
Na_2O/%	1.06	2.21	0.1	1.34	1.11	0.49	0.81	1.02	1.1	0.6	1.31	1.62	2.16	1.72	2.09
K_2O/%	0.79	1.16	0.04	0.04	0.49	0.54	0.28	1.02	1.1	0.6	0.76	0.13	0.23	0.18	0.1
P_2O_5/%	0.06	0.11	0.02	0.04	0.08	0.08	0.1	0.06	0.04	0.31	0.05	0.09	0.01	0.09	0.03
总和/%	95.62	86.96	92.6	94.32	99.76	98.73	94.81	90.68	94.24	96.58	100.01	98.99	99.62	99.99	100.01
H_2O^+/%	4.15	3.84	6	5.29			3.95	8.5			2.19	2.32	2.31	2.43	1.66
SiO_2/%	51.84	54.69	48.42	50.50	50.95	51.70	54.48	55.23	54.06	54.01	51.19	51.54	50.14	50.39	51.33
TiO_2/%	0.59	0.41	0.37	0.95	0.53	0.56	0.89	1.07	0.89	0.87	0.78	0.71	0.48	0.63	0.79
Al_2O_3/%	13.85	12.41	9.98	14.40	11.70	12.34	16.19	15.81	15.01	15.85	15.70	13.95	18.45	14.27	14.27
Fe_2O_3/%	2.53	3.21	0.57	5.23	2.46	1.47	4.30	4.87	3.26	3.19	2.61	1.63	1.16	2.95	1.57
FeO/%	8.58	6.32	10.32	7.57	7.29	7.98	6.58	8.76	6.56	7.77	7.90	8.50	7.74	7.64	10.45
MnO/%	0.17	0.15	0.23	0.21	0.15	0.21	0.23	0.19	0.07	0.17	0.19	0.21	0.16	0.18	0.22
MgO/%	11.86	11.65	22.63	9.23	13.79	13.88	4.97	6.66	9.59	6.52	7.92	7.84	7.15	8.02	7.39
CaO/%	8.58	7.15	7.30	10.40	11.45	10.73	11.10	5.09	8.17	10.06	11.59	13.76	12.31	13.93	11.76
Na_2O/%	1.11	2.54	0.11	1.42	1.11	0.50	0.85	1.12	1.17	0.62	1.31	1.64	2.17	1.72	2.09
K_2O/%	0.83	1.33	0.04	0.04	0.49	0.55	0.30	1.12	1.17	0.62	0.76	0.13	0.23	0.18	0.10
P_2O_5/%	0.06	0.13	0.02	0.04	0.08	0.08	0.11	0.07	0.04	0.32	0.05	0.09	0.01	0.09	0.03
总和/%	100.00	99.99	99.99	99.99	100.00	100.00	100.00	99.99	99.99	100.00	100.00	100.00	100.00	100.00	100.00
Si/Al	3.74	4.41	4.85	3.51	4.35	4.19	3.37	3.49	3.60	3.41	3.26	3.69	2.72	3.53	3.60
Fe/Mg	0.94	0.82	0.48	1.39	0.71	0.68	2.19	2.05	1.02	1.68	1.33	1.29	1.24	1.32	1.63
Al/Ti	23.47	30.27	26.97	15.16	22.08	22.04	18.19	14.78	16.87	18.22	20.13	19.65	38.44	22.65	18.06
Ca/Al	0.62	0.58	0.73	0.72	0.98	0.87	0.69	0.32	0.54	0.63	0.74	0.99	0.67	0.98	0.82
Zr/(TiO_2×10000)	0.0097		0.0182		0.0102	0.0095	0.0043	0.0045				0.0056	0.0052	0.0054	0.0057

注：表中空行下面行中数据系剔除挥发分后重新计算得到的主量元素成分。

表 3-6（d）　江南古陆前寒武纪变质基性岩主量元素地球化学分析表

采样层位及地点	早中新元古代变辉绿岩 浏阳文家市（贾宝华等，2004）						早中新元古代变基性岩 益阳大渡口（王孝磊等，2003）					中晚新元古代变中基性岩 益阳百羊庄（王孝磊等，2003）	
样号	Ⅲ-15	江-1	Ⅲ-2-3	z-1	沙-1	X1	Yy-14-1	Yy-15-2	Yyb-1	Yyb-2	Yyb-3	Yy-17	Yy-19-1
SiO_2/%	48.62	49.64	49.9	48.6	50.02	51.72	53.91	51.22	51.49	51.17	51.87	60.37	57.57
TiO_2/%	1.38	0.71	1.37	0.31	0.34	0.36	0.48	0.49	0.55	0.53	0.56	0.69	0.72
Al_2O_3/%	15.42	13.23	13.75	15.17	6.77	6.42	13.19	11.8	12.28	11.75	12.23	17.29	18.99
Fe_2O_3/%	5.64	1.96	1.51	1.07	1.34	2.44	1.01	2.57	1.97	2.47	1.45	5.6	4.39
FeO/%	6.5	7.78	6.88	6.98	8.69	7.5	7.43	7.24	7.95	7.32	8.85	1.8	2.32
MnO/%	0.2	0.17	0.14	0.17	0.16	0.18	0.15	0.17	0.15	0.15	0.19	0.12	0.13
MgO/%	6.88	8.54	10.95	10.38	20.47	19.24	11.26	13.8	13.81	13.85	14.25	4.42	5.15
CaO/%	7.68	8.36	8.35	10.62	3.55	5.67	9.31	10.64	10.68	11.06	8.9	4.31	4.62
Na_2O/%	1.1	3.14	1.96	2.35	0.25	0.03	3.06	1.67	0.49	1.12	1.45	3.13	3.67
K_2O/%	1.21	0.04	1.54	0.1	0.78	0.03	0.15	0.32	0.54	0.49	0.26	2.09	2.24
P_2O_5/%	0.126	0.07	0.13	0.03	0.02	0.04	0.07	0.08	0.08	0.8		0.19	0.2
总和/%	94.756	93.64	96.48	95.78	92.39	93.63	100.02	100	99.99	100.71	100.01	100.01	100
H_2O^+/%	4.17	3.73	1.4	3.62	5.78	5.89	2.98	3.51			4.09	3.17	3.45
CO_2/%						5.62							
SiO_2/%	49.15	50.98	50.98	48.89	50.95	51.87	53.91	51.22	51.49	51.17	51.87	60.37	57.57
TiO_2/%	1.39	0.73	1.40	0.31	0.35	0.38	0.48	0.49	0.55	0.53	0.56	0.69	0.72
Al_2O_3/%	15.59	13.59	14.05	15.26	6.90	6.86	13.19	11.8	12.28	11.75	12.23	17.29	18.99
Fe_2O_3/%	5.70	2.01	1.54	1.08	1.36	2.61	1.01	2.57	1.97	2.47	1.45	5.60	4.39
FeO/%	6.57	7.99	7.03	7.02	8.85	8.01	7.43	7.24	7.95	7.32	8.85	1.80	2.32
MnO/%	0.20	0.17	0.14	0.17	0.16	0.19	0.15	0.17	0.15	0.15	0.19	0.12	0.13
MgO/%	6.95	8.77	11.19	10.44	20.85	20.55	11.26	13.8	13.81	13.85	14.25	4.42	5.15
CaO/%	7.76	8.59	8.53	10.68	3.62	6.06	9.31	10.64	10.68	11.06	8.9	4.31	4.62
Na_2O/%	1.11	3.22	2.00	2.36	0.25		3.06	1.67	0.49	1.12	1.45	3.13	3.67
K_2O/%	1.22	0.04	1.57	0.10	0.79	0.03	0.15	0.32	0.54	0.49	0.26	2.09	2.24
P_2O_5/%	0.13	0.07	0.13	0.03	0.02	0.04	0.07	0.08	0.08	0.8		0.19	0.20
总和/%	95.77	96.16	98.56	96.34	94.10	96.60	100.02	100.00	99.99	100.71	100.01	100.01	100.00
Si/Al	3.15	3.75	3.63	3.20	7.38	7.56	4.09	4.34	4.19	4.35	4.24		
Fe/Mg	1.77	1.14	0.77	0.78	0.49	0.52	0.75	0.71	0.72	0.71	0.72		
Al/Ti	11.22	18.62	10.04	49.23	19.71	18.05	27.48	24.08	22.33	22.17	21.84	25.06	26.38
Ca/Al	0.50	0.63	0.61	0.70	0.52	0.88	0.71	0.90	0.87	0.94	0.73		
Zr/(TiO_2×10000)	0.0082	0.0106	0.0129	0.0091	0.0289	0.0088	0.0108	0.0102	0.0096	0.0102		0.0226	0.0243

注：表中空行下面行中数据系剔除挥发分后重新计算得到的主量元素成分。

表 3-6（e）　江南古陆前寒武纪变质基性岩主量元素地球化学分析表

采样层位及地点	中晚新元古代变基性岩 黔阳（王孝磊等，2003）						晚新元古代变玄武岩 古丈（王孝磊等，2003）		晚新元古代变玄武质岩 新化高桥（王孝磊等，2003）		晚新元古代（震旦纪）变玄武质岩 湖南新化（陈多福等，1998）								
样号	QY-8	Qyb-1	Qyb-2	QY-2	QY-3	QY-5	GZ-38	GZ-1	GQ-9	GQ-12-2	GT56	GT57	GT58	GT59	GT60	GT61	GT62	GT63	GT64
SiO_2/%	45.82	45.56	45.91	50.18	53.73	54.23	51.75	48.44	56.16	54.45	45.14	57.19	48.8	45.82	42.08	45.05	47.54	56.6	52.17
TiO_2/%	2.56	2.85	3.14	1.85	2.96	2.34	1.83	1.42	4.36	5.13	6.13	4.56	2.84	3.03	3.78	5.04	5.59	4.84	4.49
Al_2O_3/%	13.9	16.14	14.99	12.91	15.09	14.76	15.29	14.19	10.8	11.56	12.15	9.09	11.05	11.42	14.54	11	11.72	9.38	10.93
Fe_2O_3/%	2.34	1.97	3.41	2.84	1.42	2	3.03	5.95	6.26	6.61	10.11	6.92	5.37	4.27	5.58	10.83	7.08	9.92	5.32
FeO/%	9.1	8.8	10.42	8.86	9.53	9.17	8.32	7.38	6.43	6.17	3.68	3.27	5.03	5.69	5.61	3.11	5.82	3.45	6.05
MnO/%	0.18	0.15	0.16	0.19	0.2	0.17	0.17	0.22	0.18	0.13	0.11	0.06	0.11	0.21	0.09	0.06	0.08	0.09	0.15
MgO/%	10.76	10.44	11.33	11.72	3.71	2.63	6.12	11.81	7.83	7.31	9.1	6.35	9.03	9.08	10.35	6.84	7.77	5.7	7.89
CaO/%	11.11	9.95	6.42	6.6	5.5	5.74	7.78	5.91	5.39	5.49	5.66	5.58	9.22	10.09	7.01	8.37	5.55	2.86	4.45
Na_2O/%	1.95	1.89	3.49	3.32	6.08	6.27	4.72	3.93	0.33	1.13	0.1	0.1	2.3	2.18	3	0.3	0.13	0.6	0.5
K_2O/%	1.67	1.66	0.24	1.21	1.31	1.75	0.72	0.61	1.34	1.19	1.77	1.73	0.41	0.25	0.24	1.89	1.63	1.91	1.17
P_2O_5/%	0.61	0.58	0.51	0.33	0.48	0.94	0.28	0.14	0.92	0.83	0.88	0.85	0.51	0.54	0.77	1.03	0.68	0.3	0.71
总和/%	100	99.99	100.02	100.01	100.01	100	100.01	100	100	100	94.83	95.7	94.67	92.58	93.05	93.52	93.59	95.65	93.83
LOI/%	4.96	5.69	7.76	5.02	8.37	5.98	3.6	8.47	5.73	4.82	0.39	1.09	1.5	2.46	2.14	1.83	1.71	1.29	1.36
SiO_2/%	45.82	45.56	45.91	50.18	53.73	54.23	51.75	48.44	56.16	54.45	47.59	59.76	51.55	49.49	45.22	48.17	50.80	59.17	55.59
TiO_2/%	2.56	2.85	3.14	1.85	2.96	2.34	1.83	1.42	4.36	5.13	6.46	4.76	3.00	3.27	4.06	5.39	5.97	5.06	4.79
Al_2O_3/%	13.90	16.14	14.99	12.91	15.09	14.76	15.29	14.19	10.80	11.56	12.81	9.50	11.67	12.34	15.63	11.76	12.52	9.81	11.65
Fe_2O_3/%	2.34	1.97	3.41	2.84	1.42	2.00	3.03	5.95	6.26	6.61	10.66	7.23	5.67	4.61	6.00	11.58	7.56	10.37	5.67
FeO/%	9.10	8.80	10.42	8.86	9.53	9.17	8.32	7.38	6.43	6.17	3.88	3.42	5.31	6.15	6.03	3.33	6.22	3.61	6.45
MnO/%	0.18	0.15	0.16	0.19	0.20	0.17	0.17	0.22	0.18	0.13	0.12	0.06	0.12	0.23	0.10	0.06	0.09	0.09	0.16
MgO/%	10.76	10.44	11.33	11.72	3.71	2.63	6.12	11.81	7.83	7.31	9.60	6.64	9.54	9.81	11.12	7.31	8.30	5.96	8.41
CaO/%	11.11	9.95	6.42	6.60	5.50	5.74	7.78	5.91	5.39	5.49	5.97	5.83	9.74	10.90	7.53	8.95	5.93	2.99	4.74
Na_2O/%	1.95	1.89	3.49	3.32	6.08	6.27	4.72	3.93	0.33	1.13	0.11	0.10	2.43	2.35	3.22	0.32	0.14	0.63	0.53
K_2O/%	1.67	1.66	0.24	1.21	1.31	1.75	0.72	0.61	1.34	1.19	1.87	1.81	0.43	0.27	0.26	2.02	1.74	2.00	1.25
P_2O_5/%	0.61	0.58	0.51	0.33	0.48	0.94	0.28	0.14	0.92	0.83	0.93	0.89	0.54	0.58	0.83	1.10	0.73	0.31	0.76
总和/%	100.00	99.99	100.02	100.01	100.01	100.00	100.01	100.00	100.00	100.00	100.00	100.00	100.00	100.00	100.00	99.99	100.00	100.00	100.00
Al/Ti	5.43	5.66	4.77	6.98	5.10	6.31	8.36	9.99	2.48	2.25	1.98	2.00	3.89	3.77	3.85	2.18	2.10	1.94	2.43
Zr/(TiO_2×10000)	0.0119	0.0096	0.0085	0.0087	0.0083	0.0150	0.0091	0.0000	0.0098	0.0095	0.0107	0.0113	0.0099	0.0117	0.0119	0.0109	0.0110	0.0109	0.0098

注：表中空行下面行中数据系剔除挥发分后重新计算得到的主量元素成分。

表3-7（a）　江南古陆前寒武纪变质基性岩微量元素地球化学分析表

采样层位及地点	早中新元古代变辉绿岩 浏阳文家市（本书）						早中新元古代变中基性火山岩 文家市南棚下（贾宝华和彭和求，2005）										
样号	ZHQ-2	ZHQ-7	ZHQ-6	HG4	ZHJ-3	ZHQ04	涧-1	涧-2	Ⅰ-27	Ⅰ-31	Ⅱ-11	Ⅱ-10	12	Ⅰ-9-1	Ⅰ-9-2	Ⅱ-8	4
$Sc/10^{-6}$	29.42	33.98	37.1	34.02	33.9	33.36	24.8	26.6	38.4	44.2	44	44.1	29.7	36.2	37	40.3	43.6
$Ti/10^{-6}$	2999	3518	4302	3501	3733	3572	2615	2710	4955	4728	2206	2875	1929	4705	4063	3411	4255
$V/10^{-6}$	202	227	234.8	225	210.2	211.4	1333	142	250	220	130	140	191	235	190	180	236
$Cr/10^{-6}$	225.8	445.6	533.2	381.6	438.4	665.6	2691	2485	370	171	1334	445	808	352	475	1030	269
$Mn/10^{-6}$	1061.4	1061.2	1271.6	1194	1215.2	1198.8											
$Co/10^{-6}$	27.42	39	49.1	38.24	42.16	41.2											
$Ni/10^{-6}$	25.7	64.78	168	122.42	135.3	95.62	214	221	370	171	454	136	82	98	124	256	81.5
$Cu/10^{-6}$	28.56	86.64	96.54	70.82	77.2	49.36											
$Zn/10^{-6}$	45.46	61.36	76.66	58.5	62.54	66.16											
$Ga/10^{-6}$	14.108	13.154	13.134	12.08	11.414	13.82											
$Ge/10^{-6}$	1.86	2.32	1.714	1.516	1.432	1.894											
$Rb/10^{-6}$	3.002	53.7	33.56	36.72	17.712	76.16	0.7	1.3	25	30.1	61.2	62.8	25	2		17.5	
$Sr/10^{-6}$	98.3	139.46	74.96	81	62.38	80.46	7.7	9.1	115	96.3	100	55.7	128	82.9	120	42.5	106
$Zr/10^{-6}$	60.28	55.2	62.12	75.22	57.62	68.02	49	53	59.6	74	90	80	54.3	46.4	93	70	86.9
$Y/10^{-6}$	14.794	16.33	17.436	17.386	15.304	16.418	9.62	10.46	18.7	23.1	19.3	36.6	12.26	25.1	27.6	24.3	26.03
$Nb/10^{-6}$	2.99	3.38	3.152	3.742	2.832	3.618	4.4	4.6	6.3	5.4	2.3	4.3	4.4	6.3	6.2	4.9	2.5
$Cs/10^{-6}$	0.312	3.146	2.28	2.544	1.362	5.176											
$Ba/10^{-6}$	22.56	113.92	156.38	138.8	103.44	251.6	30	30	128	155	80	410	89.5	34.4	3.5	88	127
$La/10^{-6}$	9.962	9.846	7.314	9.992	6.984	9.688	3.23	3.29	10.2	8.56	9.3	9.06	5.06	8.74	12.7	9.84	12.45
$Ce/10^{-6}$	19.33	19.936	15.664	21.46	14.928	20.24	6.58	5.48	18.4	16.2	5.89	13.2	12.45	15.3	22.7	14.5	29.77
$Pr/10^{-6}$	2.494	2.536	2.09	2.712	2.008	2.588	2.2	1.55	2.42	2.07	1.45	2.11	2.42	1.45	1.91	2.08	3.28
$Nd/10^{-6}$	9.888	10.308	9.242	10.888	8.348	10.312	4.22	4.26	11.2	10.2	6.34	9.09	6.38	9.52	12.4	9.17	12.77
$Sm/10^{-6}$	2.214	2.38	2.28	2.534	2.118	2.296	1.19	1.21	2.68	2.36	1.17	1.82	1.57	2.49	2.66	2.17	3.01
$Eu/10^{-6}$	0.724	0.74	0.764	0.692	0.726	0.732	0.31	0.29	0.63	0.69	0.37	0.63	0.5	0.68	0.74	0.63	0.9
$Gd/10^{-6}$	2.528	2.548	2.748	2.824	2.496	2.606	1.37	1.5	3.11	3.08	1.16	2.54	1.78	3.03	3.43	2.63	3.52
$Tb/10^{-6}$	0.43	0.456	0.494	0.49	0.424	0.472	0.24	0.26	0.51	0.5	0.18	0.43	0.34	0.52	0.57	0.46	0.6
$Dy/10^{-6}$	2.75	2.996	3.194	3.24	2.824	2.906	1.65	1.76	3.29	3.36	1.14	2.7	2.18	3.43	3.63	6.17	3.82
$Ho/10^{-6}$	0.584	0.634	0.672	0.678	0.592	0.63	0.34	0.36	0.63	0.69	0.24	0.54	0.45	0.7	0.79	0.56	0.79

续表

采样层位及地点	早中新元古代变辉绿岩 浏阳文家市（本书）						早中新元古代变中基性火山岩 文家市南棚下（贾宝华和彭和求，2005）										
样号	ZHQ-2	ZHQ-7	ZHQ-6	HG4	ZHJ-3	ZHQ04	涧-1	涧-2	Ⅰ-27	Ⅰ-31	Ⅱ-11	Ⅱ-10	12	Ⅰ-9-1	Ⅰ-9-2	Ⅱ-8	4
$Er/10^{-6}$	1.61	1.718	1.868	1.928	1.656	1.73	1.34	1.2	1.82	1.99	0.7	1.6	1.78	1.99	2	1.75	2.28
$Tm/10^{-6}$	0.242	0.266	0.284	0.3	0.252	0.278	0.17	0.18	0.28	0.29	0.14	0.25	0.22	0.31	0.3	0.27	0.36
$Yb/10^{-6}$	1.49	1.578	1.718	1.8	1.574	1.66	1	1.06	1.72	1.79	0.96	1.53	1.34	1.97	1.75	1.71	2.28
$Lu/10^{-6}$	0.232	0.236	0.27	0.276	0.236	0.266	0.26	0.29	0.25	0.28	0.15	0.32	0.31	31	0.31	0.25	0.37
$Hf/10^{-6}$	1.854	1.774	1.94	2.242	1.732	2.134	0.7	1.4	2.6	2.6	3.3	1.9	2.3	2.9	4.4	4.3	3.31
$Ta/10^{-6}$	0.27	0.29	0.262	0.302	0.218	0.304	0.15	0.36	0.51	0.41	0.35	0.38	0.35	0.4	0.23	0.25	0.2
$Pb/10^{-6}$	5.544	4.56	2.972	4.032	2.358	3.46											
$Th/10^{-6}$	3.33	3.652	2.508	3.866	2.096	3.808	7.6	6.2	2.1	2.6	6.9	4.9	1.4	1.6	6.6	5.5	3.75
$U/10^{-6}$	0.662	0.698	0.474	0.796	0.404	0.74			1.2	1.1	0.1	0.3	1.01	1	0.5	0.4	1.27
Ti/V	14.85	15.50	18.32	15.56	17.76	16.90	1.96	19.08	19.82	21.49	16.97	20.54	10.10	20.02	21.38	18.95	18.03
Ti/Sc	101.94	103.53	115.96	102.91	110.11	107.07	105.44	101.88	129.04	106.97	50.14	65.19	64.95	129.97	109.81	84.64	97.59
Ti/Cr	13.28	7.89	8.07	9.17	8.52	5.37	0.97	1.09	13.39	27.65	1.65	6.46	2.39	13.37	8.55	3.31	15.82
Zr/Y	4.07	3.38	3.56	4.33	3.77	4.14	5.09	5.07	3.19	3.20	4.66	2.19	4.43	1.85	3.37	2.88	3.34
Zr/Sm	27.23	23.19	27.25	29.68	27.20	29.63	41.18	43.80	22.24	31.36	76.92	43.96	34.59	18.63	34.96	32.26	28.87
Zr/Eu	83.26	74.59	81.31	108.70	79.37	92.92	158.06	182.76	94.60	107.25	243.24	126.98	108.60	68.24	125.68	111.11	96.56
La/Sm	4.50	4.14	3.21	3.94	3.30	4.22	2.71	2.72	3.81	3.63	7.95	4.98	3.22	3.51	4.77	4.53	4.14
Nb/Y	0.20	0.21	0.18	0.22	0.19	0.22	0.46	0.44	0.34	0.23	0.12	0.12	0.36	0.25	0.22	0.20	0.10
Ti/Y	202.72	215.43	246.73	201.37	243.92	217.57	271.83	259.08	264.97	204.68	114.30	78.55	157.34	187.45	147.21	140.37	163.47
Ti/Zr	49.75	63.73	69.25	46.54	64.79	52.51	53.37	51.13	83.14	63.89	24.51	35.94	35.52	101.40	43.69	48.73	48.96
$(La/Yb)_N$	4.54	4.24	2.89	3.77	3.01	3.96	2.19	2.11	4.03	3.25	6.58	4.02	2.57	3.01	4.93	3.91	3.71
Eu^*/Eu	0.93	0.92	0.93	0.79	0.96	0.91	0.74	0.66	0.67	0.78	0.97	0.89	0.91	0.75	0.75	0.80	0.84
Ce^*/Ce	0.94	0.97	0.97	1.00	0.96	0.98	0.60	0.59	0.90	0.93	0.39	0.73	0.86	1.04	1.12	0.78	1.13
$(Gd/Yb)_N$	1.37	1.31	1.29	1.27	1.28	1.27	1.11	1.14	1.46	1.39	0.98	1.34	1.07	1.24	1.59	1.24	1.25
$(La/Sm)_N$	2.81	2.58	2.00	2.46	2.06	2.63	1.69	1.70	2.38	2.27	4.96	3.11	2.01	2.19	2.98	2.83	2.58

表3-7（b） 江南古陆前寒武纪变质基性岩微量元素地球化学分析表

采样层位及地点	早中新元古代变中基性火山岩 文家市（贾宝华和彭和求，2005）						早中新元古代变基性岩 益阳石咀塘（车勤建等，2005）							早中新元古代变基性岩益阳大渡口（车勤建等，2005）	
样号	Ⅰ-24	Ⅱ-1	11	Ⅱ-42	16-2-陈	14-2-陈	s1	s2	s3	s5	s6	s7	s8	s9	s10
$Sc/10^{-6}$	38.2	34	41.6	35	3	16.4	31.9	30.4	35.9			19.81	18.23		30.5
$Ti/10^{-6}$	4108	5372	4532	2570	5138	4625	3150	3302	3514	2203		3188	3342	5316	6418
$V/10^{-6}$	237	250	238	300	20	118									
$Cr/10^{-6}$	393	581	160	16.5	30	316	1035	1403	1035	1443		863	841.6	1508	2264
$Ni/10^{-6}$	93.3	16.4	127	11.3	20	36.7									
$Rb/10^{-6}$	49.4	45.6	9				30	14.3	29.8	24		17	23	29	6
$Sr/10^{-6}$	111	114	59.5	100	190.2	73	42	49	191	28		77.1	80.53	38	22.6
$Zr/10^{-6}$	61.1	74	67.1	100	288.2	191	52	66	57	67		54	53	38	47.7
$Y/10^{-6}$	23.5	24.1	19.3	20.27	24.08	26.91	15.13	15.13	16.41	12.51		11.16	11.25	10.12	13.04
$Nb/10^{-6}$	3.9	6.3	2	7.3	7.7	11.2	3.2	3.6	3.6	5		5	5	4	3.9
$Ba/10^{-6}$	182	98	43.6	259	309.4	316	103	119	323	81		99.5	211.2	96	31
$La/10^{-6}$	9.74	13.1	7.59	4.91	18.3	30.82	8.95	8.65	7.39	6.85	3.35	6.86	7.26	6.25	6.53
$Ce/10^{-6}$	9.74	23.8	15.76	12.02	39.4	62.37	16.79	16.79	14.34	13.82	12.66	13	14.9	14.7	13.61
$Pr/10^{-6}$	2.09	3.26	2.27	2.14	2.36	3.02	1.84	2.19	1.97	2.01	1.68	2.37	2.26	2.41	2.15
$Nd/10^{-6}$	17.9	14	8.91	5.74	19.71	28.82	9.32	9.14	8.36	7.8	6.83	7.22	7.88	7.86	7.07
$Sm/10^{-6}$		2.89	2.29	1.39	4.3	5.52	2.32	2.22	2.3	1.66		1.74	1.78	1.55	1.74
$Eu/10^{-6}$	0.61	0.88	0.74	0.46	1.15	1.11	0.61	0.59	0.89	0.77	0.43	0.72	0.67	0.45	0.41
$Gd/10^{-6}$	3.14	4.19	2.73	1.6	4.3	4.96	3.2	2.39	2.71	2.22	3.36	3.51	3.39	2.04	2.13
$Tb/10^{-6}$	0.5	0.67	0.48	0.26	0.66	0.8	0.39	0.42	0.49	0.37	0.8	0.35	0.29	0.36	0.37
$Dy/10^{-6}$	2.92	4.26	3.09	1.75	4.01	4.96	2.61	2.62	2.82	2.33	2.54	2.25	2.28	2.34	2.52
$Ho/10^{-6}$	0.6	0.86	0.65	0.34	1.01	0.98	0.58	0.57	0.62	0.5	0.21	0.45	0.5	0.49	0.52
$Er/10^{-6}$	1.77	2.52	1.88	1.01	1.68	2.12	1.72	1.7	1.8	1.51	1.7	1.51	1.5	1.54	1.65
$Tm/10^{-6}$	0.28	0.39	0.3	0.17	0.42	0.49	0.23	0.26	0.29	0.22	0.25	0.23	0.22	0.24	0.25
$Yb/10^{-6}$	1.75	2.39	1.89	1.05	2.29	2.83	1.61	1.69	1.82	1.46	1.03	1.22	1.19	1.26	1.29
$Lu/10^{-6}$	0.28	0.35	0.3	0.27	0.36	0.24	0.26	0.19	0.23	0.31	0.27	0.21	0.35	0.27	0.26
$Hf/10^{-6}$	2.7	4.6	1.5	4.3		5.8	2.7	2.4	2.5	2		2.5	3	1.1	1.4
$Ta/10^{-6}$	0.3	0.34	0.48	0.3	4.1	0.3	0.25	0.35	0.33	0.3		0.35	0.4	0.4	0.43
$Th/10^{-6}$	2.9	6.1	2.32	6.6	9	9.9	3.1	3.4	3.6	2.6		4.32	4.93	2.8	1.8
$U/10^{-6}$	1.6	0.6	1.1	2.4											
Ti/V	17.33	21.49	19.04	8.57	256.90	39.19									
Ti/Sc	107.54	158.00	108.94	73.43	1712.67	282.01	98.75	108.62	97.88			160.93	183.32		210.43
Ti/Cr	10.45	9.25	28.33	155.76	171.27	14.64	3.04	2.35	3.40	1.53		3.69	3.97	3.53	2.83
Zr/Y	2.60	3.07	3.48	4.93	11.97	7.10	3.44	4.36	3.47	5.36		4.84	4.71	3.75	3.66
Zr/Sm		25.61	29.30	71.94	67.02	34.60	22.41	29.73	24.78	40.36		31.03	29.78	24.52	27.41
Zr/Eu	100.16	84.09	90.68	217.39	250.61	172.07	85.25	111.86	64.04	87.01		75.00	79.10	84.44	116.34
La/Sm		4.53	3.31	3.53	4.26	5.58	3.86	3.90	3.21	4.13		3.94	4.08	4.03	3.75
Nb/Y	0.17	0.26	0.10	0.36	0.32	0.42	0.21	0.24	0.22	0.40		0.45	0.44	0.40	0.30
Ti/Y	174.81	222.90	234.82	126.79	213.37	171.87	208.20	218.24	214.14	176.10		285.66	297.07	525.30	492.18
Ti/Zr	67.23	72.59	67.54	25.70	17.83	24.21	60.58	50.03	61.65	32.88		59.04	63.06	139.89	134.55
$(La/Yb)_N$	3.78	3.72	2.73	3.18	5.43	7.40	3.78	3.48	2.76	3.19	2.21	3.82	4.14	3.37	3.44
Eu^*/Eu		0.77	0.90	0.94	0.82	0.65	0.68	0.78	1.09	1.22		0.89	0.83	0.77	0.65
Ce^*/Ce	0.52	0.88	0.92	0.90	1.45	1.56	1.00	0.93	0.91	0.90	1.29	0.78	0.89	0.92	0.88
$(Gd/Yb)_N$	1.45	1.42	1.17	1.23	1.52	1.42	1.61	1.14	1.20	1.23	2.64	2.33	2.30	1.31	1.34
$(La/Sm)_N$		2.83	2.07	2.21	2.66	3.49	2.41	2.43	2.01	2.58		2.46	2.55	2.52	2.34

表 3-7（c）　江南古陆前寒武纪变质基性岩微量元素地球化学分析表

采样层位及地点	早中新元古代变基性岩 文家市南桥（周金城等，2003；王孝磊等，2003）				早中新元古代变基性岩 益阳（周金城等，2003；王孝磊等，2003）				早中新元古代变辉绿岩 浏阳文家市（贾宝华等，2004）				
样号	NQ-22	NQ-24	NQ-25	NQ-26-1	Yy-14-1	Yy-15-2	Yyb-1	Yyb-2	Ⅲ-15	江-1	z-1	沙-1	X1
$Sc/10^{-6}$	30.76	34.49	30.78	43.27	27.04	27.5	18	20	47	41.6	44.3	44	31.2
$Ti/10^{-6}$	4243	2891	3780	4740	2880	2940	3300	3180	8370	4375	1871	2078	2307
$V/10^{-6}$									205	238	161	130	164
$Cr/10^{-6}$	155.6	440.9	157.6	148.6	970	996	842	863	279	160	197	1334	2314
$Co/10^{-6}$	56.4	36.86	53.3	40.2					35.9	43.7	45.8	60.8	50.3
$Ni/10^{-6}$	81.5	109.7	97.2	97.8	330	338	293	232	69.4	127	111	454	253
$Zr/10^{-6}$	39.4	25.26	33.92	45.01	52	50	53	54	114	77.1	28.4	100	33.9
$Rb/10^{-6}$	5.1	15.28	6.2	4.32	5.5	11.2	23	17			4.1	61.2	2
$Sr/10^{-6}$	67.8	111.3	74.5	70.21	81.9	75.8	81	77	50	59.5	70.9	4.5	17.4
$Y/10^{-6}$	27.7	19.53	21.57	25.46	12.19	14.55	11.25	11.26	33.8	23.65	13.67		11.26
$Nb/10^{-6}$	1.31	0.64	1.27	1.29	3.7	3.2	5	5		2.5	2.7	3.6	2.4
$Ba/10^{-6}$	28	16.22	66	12.55	98	151	201	100	235	43.6	45	80	43.8
$La/10^{-6}$	1.77	2.48	1.77	2.22	6.52	9.35	7.26	6.86	7.55	7.59	1.38	9.3	6.48
$Ce/10^{-6}$	4.25	2.8	3.4	4.63	13.64	16.39	14.9	13	7.66	15.76	2.4	5.89	6.2
$Pr/10^{-6}$	0.75	0.69	0.61	0.83	1.99	2.32	1.96	1.74	2.55	2.27	0.42	1.45	1.7
$Nd/10^{-6}$	4.16	3.26	3.28	4.5	7.28	9.03	7.88	7.22	11.6	8.94	2.29	6.34	6.43
$Sm/10^{-6}$	1.55	1.26	1.21	1.84	1.71	2.09	2.01	1.78		2.29	0.86		1.47
$Eu/10^{-6}$	0.63	0.52	0.51	0.66	0.36	0.57	0.67	0.72	1.16	0.74	0.38	0.37	0.5
$Gd/10^{-6}$	3.02	2.21	2.4	3.42	2	2.35	3.39	3.51	6.28	2.73	1.46	1.16	1.8
$Tb/10^{-6}$	0.56	0.4	0.44	0.6	0.32	0.38	0.29	0.35	1.06	0.48	0.31	0.18	0.26
$Dy/10^{-6}$	4.51	3.18	3.45	4.53	2.19	2.54	2.28	2.25	2.51	3.09	2.21	1.14	1.83
$Ho/10^{-6}$	1.04	0.83	0.79	1.26	0.46	0.54	0.5	0.45	1.54	0.65	0.48	0.24	0.38
$Er/10^{-6}$	2.9	2.39	2.21	3.91	1.22	1.43	1.34	1.31	4.96	1.88	1.52	0.7	1.11
$Tm/10^{-6}$	0.45	0.4	0.35	0.53	0.2	0.24	0.2	0.17	0.71	0.3	0.24	0.14	0.19
$Yb/10^{-6}$	3.22	2.58	2.55	3.87	1.4	1.61	1.19	1.22	4.1	1.89	1.48	0.96	1.16
$Lu/10^{-6}$	0.48	0.39	0.39	0.61	0.22	0.25	0.24		0.64	0.3	0.23	0.15	0.17
$Hf/10^{-6}$	1.14	0.72	1.01	1.24	1.13	1.2			3.4	1.5	1.3	3.3	1.5
$Ta/10^{-6}$	0.11	0.07	0.13	0.12	0.15	0.15			0.39	0.46	0.15	0.25	0.4
$Pb/10^{-6}$	137	161.3	82	164.6									
$Th/10^{-6}$	0.18	0.29	0.1	0.62	2.46	2.41	5	4.3	5.5	2.32	0.04	6.1	1.8
$U/10^{-6}$	0.24	0.12	0.24	0.18	0.29	0.32							
Ti/V									40.83	18.38	11.62	15.98	
Ti/Sc	137.94	83.82	122.81	109.54	106.51	106.91	183.33	159.00	178.09	105.17	42.23	47.23	
Ti/Cr	27.27	6.56	23.98	31.90	2.97	2.95	3.92	3.68	30.00	27.34	9.50	1.56	1.00
Zr/Y	1.42	1.29	1.57	1.77	4.27	3.44	4.71	4.80	3.37	3.26	2.08		3.01
Zr/Sm	25.42	20.05	28.03	24.46	30.41	23.92	26.37	30.34		33.67	33.02		23.06
Zr/Eu	62.54	48.58	66.51	68.20	144.44	87.72	79.10	75.00	98.28	104.19	74.74	270.27	67.80
La/Sm	1.14	1.97	1.46	1.21	3.81	4.47	3.61	3.85		3.31	1.60		4.41
Nb/Y	0.05	0.03	0.06	0.05	0.30	0.22	0.44	0.44	0.00	0.11	0.20		0.21
Ti/Y	153.18	148.03	175.24	186.17	236.26	202.06	293.33	282.42	247.63	184.99	136.87		204.88
Ti/Zr	107.69	114.45	111.44	105.31	55.38	58.80	62.26	58.89	73.42	56.74	65.88	20.78	68.05
$(La/Yb)_N$	0.37	0.65	0.47	0.39	3.16	3.95	4.14	3.82	1.25	2.73	0.63	6.58	3.79
Eu^*/Eu	0.89	0.95	0.91	0.80	0.59	0.78	0.78	0.88		0.90	1.03		0.94
Ce^*/Ce	0.89	0.52	0.79	0.83	0.92	0.85	0.96	0.91	0.42	0.92	0.76	0.39	0.45
$(Gd/Yb)_N$	0.76	0.69	0.76	0.71	1.16	1.18	2.30	2.33	1.24	1.17	0.80	0.98	1.26
$(La/Sm)_N$	0.71	1.23	0.91	0.75	2.38	2.79	2.26	2.41		2.07	1.00		2.75

表3-7（d）　江南古陆前寒武纪变质基性岩微量元素地球化学分析表

采样层位及地点	中晚新元古代变中基性岩 益阳百羊庄（王孝磊等，2003）		中晚新元古代变基性岩（玄武岩、辉绿岩）黔阳（王孝磊等，2003）						晚新元古代变玄武质岩 GZ-38采自古丈，其余采自新化高桥（王孝磊等，2003）			晚新元古代（震旦纪）变玄武岩湖南新化（陈多福等，1998）								
样号	Yy-17	Yy-19-1	QY-8	Qyb-1	Qyb-2	QY-2	QY-3	QY-5	GZ-38	GQ-9	GQ-12-2	GT56	GT57	GT58	GT59	GT60	GT61	GT62	GT63	GT64
$Sc/10^{-6}$	17.3	18.37	18.33	14.1	14	18.67	22.83	14.16	24.1	14.88	17.41									
$V/10^{-6}$												145	99	158	148	214	188	144	161	198
$Cr/10^{-6}$	142	145.8	176	192	187	312.9	7.62	4.53	141.4	150.8	176.5	176	147	469	482	376	149	154	145	176
$Co/10^{-6}$												61	49	61	55	51	47	53	38	47
$Ni/10^{-6}$	58.9	45.9	176	146	156	271	21.1	8.2	74.8	159.4	160.2	216	153	488	346	223	165	218	129	154
$Rb/10^{-6}$	75.7	79.5	21.9	22	9	27.5	18.3	41.1	9.5	46.79	42.98	7	182	2	2	3	181	88	96	55
$Sr/10^{-6}$	440	291	942	994	403	356	390	302	510	115.7	108.4	55	73	342	248	276	156	138	98	157
$Y/10^{-6}$	15.3	17.2	22.83	18.55	20.41	17.92	27.44	37.6	19.57	34.51	37.11	56	38	31	31	43	45	66	42	34
$Zr/10^{-6}$	156	175	305	275	267	161	246	352	166	426	485	689	538	297	383	485	588	658	553	471
$Nb/10^{-6}$	6.44	7.16	49.8	52	56	20.8	37.7	45.2	18.7	18.05	20.13	29	28	14	13	19	28	24	25	22
$Ba/10^{-6}$	487	453	934	1032	148	1018	397	601	411	466.2	454.5	193	64	18	18	58	152	134	111	259
$La/10^{-6}$	36.63	73.12	55.7	50.45	58.06	28.77	41.55	62.14	27.54	35.9	38.06									
$Ce/10^{-6}$	61.79	115.7	103.3	98.83	111.5	52.94	79.15	120.1	51.53	84.94	92.61	183	68	48	43	69	87	96	78	183
$Pr/10^{-6}$	7.101	10.83	11.42	12.01	13.51	6.36	9.58	14.01	6.23	14.36	15.68									
$Nd/10^{-6}$	28.35	43.33	48.03	43.17	48.3	26.46	38.69	58.63	25.6	57.62	66.02	78	36	41	36	58	63	95	48	54
$Sm/10^{-6}$	5.26	6.88	8.81	8.94	9.64	5.15	7.88	11.45	5.33	15.14	16.75									
$Eu/10^{-6}$	1.27	1.4	2.44	2.31	2.53	1.48	2.22	2.79	1.54	4.6	5.16									
$Gd/10^{-6}$	4.09	4.84	7.36	7.93	8.24	4.71	7.4	10.24	5.11	14.79	16.39									
$Tb/10^{-6}$	0.52	0.59	0.94	0.97	1.05	0.63	0.99	1.37	0.68	1.8	1.99									
$Dy/10^{-6}$	2.95	3.42	5.19	4.85	5.38	3.8	5.66	7.9	4.02	8.77	9.81									
$Ho/10^{-6}$	0.6	0.71	0.95	0.76	0.76	0.72	1.09	1.52	0.77	1.47	1.63									
$Er/10^{-6}$	1.37	1.7	2	2.04	2.24	1.66	2.5	3.49	1.77	2.69	3.03									
$Tm/10^{-6}$	0.22	0.28	0.27	0.28	0.25	0.23	0.37	0.5	0.26	0.38	0.42									
$Yb/10^{-6}$	1.5	1.91	1.58	1.3	1.4	1.52	2.38	3.18	1.7	1.75	1.94									
$Lu/10^{-6}$	0.22	0.29	0.21	0.29	0.29	0.22	0.35	0.45	0.25	0.25	0.26									
$Hf/10^{-6}$	3.91	4.48	4.96			3.49	4.6	6.83	3.16	9.3	10.85									
$Ta/10^{-6}$	0.54	0.61	4.28			1.66	3.06	3.69	1.5	1.05	1.2									
$Th/10^{-6}$	10.92	11.85	5.91	6.2	5.7	4.27	5.77	8.91	4.8	2.13	2.4	5.2	3.8	4.6	4.1	3.8	3.1	3.4	2.8	2.5
$U/10^{-6}$	1.57	1.85	1.45			0.7	1.15	1.91	0.8	0.6	0.57	8.7	8.8	8.5	8.7	1.2	8.6	8.5	8.5	8.8
Zr/Y	10.20	10.17	13.36	14.82	13.08	8.98	8.97	9.36	8.48	12.34	13.07	12.30	14.16	9.58	12.35	11.28	13.07	9.97	13.17	13.85
Nb/Y	0.42	0.42	2.18	2.80	2.74	1.16	1.37	1.20	0.96	0.52	0.54	0.52	0.74	0.45	0.42	0.44	0.62	0.36	0.60	0.65
Ti/Y	270.6	251.2	672.8	921.8	923.1	619.4	647.2	373.4	561.1	758.0	829.4	692.6	752.4	580.6	633.5	566.8	718.6	543.0	722.9	844.5
Th/Yb	7.28	6.20	3.74	4.77	4.07	2.81	2.42	2.80	2.82	1.22	1.24									
Ta/Yb	0.36	0.32	2.71			1.09	1.29	1.16	0.88	0.60	0.62									
$(La/Yb)_N$	16.59	26.01	23.95	26.36	28.17	12.86	11.86	13.27	11.01	13.94	13.33									
Eu^*/Eu	0.83	0.74	0.92	0.84	0.87	0.92	0.89	0.79	0.90	0.94	0.95									
Ce^*/Ce	0.93	0.99	0.99	0.97	0.96	0.95	0.96	0.98	0.95	0.91	0.92									
$(Gd/Yb)_N$	2.21	2.05	3.77	4.94	4.76	2.51	2.52	2.61	2.43	6.84	6.84									
$(La/Sm)_N$	4.35	6.64	3.95	3.52	3.76	3.49	3.29	3.39	3.23	1.48	1.42									

表 3-8 江南古陆变质基性岩 Rb-Sr、Sm-Nd 同位素组成

取样点	Rb/ 10^{-6}	Sr/ 10^{-6}	$^{87}Rb/^{86}Sr$	$^{87}Sr/^{86}Sr$	$\pm2\sigma/10^{-6}$	I_{Sr}^{t}	$\varepsilon_{Sr}(t)$	Sm/ 10^{-6}	Nd/ 10^{-6}	$^{147}Sm/^{144}Nd$	$^{143}Nd/^{144}Nd$	$\pm2\sigma/10^{-6}$	I_{s}^{t}	$\varepsilon_{Nd}(t=850Ma)$	t_{DM2}/Ma	$f_{Sm/Nd}$
早中新元古代变辉绿岩，文家市（本书）																
清风亭-1	60.33	76.35	2.283	0.72971	80	0.716983	180	2.02	8.484	0.1441	0.512156	7	0.511353	-3.69	1813	-0.27
清风亭-2	2.499	113.3	0.06361	0.71107	20	0.710715	91	2.284	9.833	0.1405	0.512116	7	0.511333	-4.08	1845	-0.29
清风亭-3	4.952	107.2	0.1333	0.71222	20	0.711477	102	2.662	11.22	0.1429	0.512134	7	0.511337	-3.99	1838	-0.27
清风亭-4	72.75	94.04	2.235	0.73098	50	0.718521	202	2.435	10.31	0.1429	0.512141	7	0.511344	-3.85	1826	-0.27
清风亭-5	37.01	97.79	1.093	0.72062	40	0.714527	145	2.328	9.853	0.143	0.512109	8	0.511312	-4.49	1878	-0.27
清风亭-6	32.17	84.61	1.097	0.71606	40	0.709945	80	2.314	9.042	0.1548	0.512340	8	0.511477	-1.26	1617	-0.21
清风亭-7	54.77	166.8	0.9483	0.72611	60	0.720824	234	2.487	10.57	0.1424	0.512105	7	0.511311	-4.50	1879	-0.28
HG4	36.89	94.41	1.128	0.71805	80	0.711762	106	2.664	11.35	0.142	0.512134	7	0.511342	-3.89	1830	-0.28
涧溪-1	11.41	98.36	0.3345	0.71278	30	0.710915	94	1.929	8.203	0.1423	0.512136	7	0.511343	-3.89	1829	-0.28
涧溪-2	3.206	86.3	0.1071	0.7107	70	0.710103	82	2.375	9.72	0.1478	0.512238	8	0.511414	-2.49	1716	-0.25
涧溪-3	18.06	72.31	0.7204	0.71356	60	0.709544	74	2.188	8.583	0.1542	0.512346	7	0.511486	-1.08	1602	-0.22
早中新元古代变玄武岩，文家市南桥（周金城等，2003）																
NQ22	2.113	66.57	0.09166	0.710942	13	0.710431	87	1.756	3.769	0.2818	0.513699	15	0.512128	11.47	1228	0.43
NQ25	19.84	74.08	0.07734	0.710063	20	0.709632	76	1.509	3.222	0.2832	0.513819	14	0.512240	13.66	1465	0.44
早中新元古代变中基性火山岩，文家市（贾宝华和彭和求，2005）																
陈家湾-1								5.4693	27.8184	0.1189	0.511887	9	0.511224	-6.20	2016	-0.40
陈家湾-2								5.4379	28.4831	0.1154	0.51184	7	0.511197	-6.74	2060	-0.41
陈家湾-3								4.3413	19.8087	0.1325	0.512068	7	0.511329	-4.15	1850	-0.33
陈家湾-4								4.0648	18.78	0.1309	0.512047	8	0.511317	-4.38	1869	-0.33
陈家湾-5								6.9914	35.8006	0.1168	0.511858	6	0.511207	-6.54	2044	-0.41

续表

取样点	Rb/ 10^{-6}	Sr/ 10^{-6}	$^{87}Rb/^{86}Sr$	$^{87}Sr/^{86}Sr$	±2σ/ 10^{-6}	I_{Sr}^{t}	$\varepsilon_{Sr}(t)$	Sm/ 10^{-6}	Nd/ 10^{-6}	$^{147}Sm/^{144}Nd$	$^{143}Nd/^{144}Nd$	±2σ/ 10^{-6}	I_s^{t}	$\varepsilon_{Nd}(t=850Ma)$	t_{DM2}/Ma	$f_{Sm/Nd}$
陈家湾-6								9. 2279	53. 2068	0. 1049	0. 511699	4	0. 511114	-8. 35	2190	-0. 47
早中新元古代变基性火山岩，文家市（贾宝华和彭和求，2005）																
斫木冲-1								1. 2578	5. 2396	0. 1451	0. 512643	4	0. 511834	5. 72	1051	-0. 26
斫木冲-2								1. 1248	3. 8506	0. 1766	0. 512677	3	0. 511693	2. 95	1275	-0. 10
斫木冲-3								1. 1578	3. 9222	0. 1786	0. 512295	4	0. 511299	-4. 73	1898	-0. 09
斫木冲-4								1. 2001	4. 8208	0. 1505	0. 512215	5	0. 511376	-3. 23	1776	-0. 23
早中新元古代斜长角闪片麻岩，文家市（贾宝华和彭和求，2005）																
斫木冲-11								1. 2578	5. 2396	0. 1415	0. 512643	4	0. 511854	6. 11	1019	-0. 28
斫木冲-12								1. 1248	3. 8506	0. 1766	0. 512368	4	0. 511384	-3. 09	1765	-0. 10
斫木冲-13								1. 1166	4. 3798	0. 1541	0. 512092	4	0. 511233	-6. 03	2002	-0. 22
斫木冲-14								1. 2905	5. 9219	0. 1317	0. 512506	6	0. 511772	4. 50	1149	-0. 33
斫木冲-15								1. 0012	3. 6604	0. 1654	0. 512729	4	0. 511807	5. 19	1094	-0. 16
早中新元古代变中基性火山岩，文家市（贾宝华和彭和求，2005）																
南棚下-1								2. 2899	9. 0075	0. 1537	0. 512117	2	0. 51126	-5. 50	1959	-0. 22
南棚下-2								2. 3897	9. 5935	0. 1506	0. 512064	3	0. 511225	-6. 19	2015	-0. 23
南棚下-3								2. 3280	9. 2048	0. 1529	0. 512103	3	0. 511251	-5. 69	1975	-0. 22
南棚下-4								2. 2856	9. 1561	0. 1509	0. 512069	2	0. 511228	-6. 13	2011	-0. 23
南棚下-5								2. 3158	9. 1931	0. 1523	0. 512093	3	0. 511244	-5. 82	1985	-0. 23
南棚下-6								7. 7136	36. 9343	0. 1263	0. 511648	4	0. 510944	-11. 68	2458	-0. 36
南棚下-7								7. 4980	32. 8321	0. 1381	0. 511850	4	0. 511080	-9. 02	2244	-0. 30
南棚下-8								6. 8857	35. 0360	0. 1188	0. 51152	4	0. 510858	-13. 37	2594	-0. 40
早中新元古代变辉绿岩，文家市（刘钟伟，1994）																

续表

取样点	Rb/ 10^{-6}	Sr/ 10^{-6}	^{87}Rb / ^{86}Sr	^{87}Sr / ^{86}Sr	±2σ/ 10^{-6}	I_{Sr}^t	$\varepsilon_{Sr}(t)$	Sm/ 10^{-6}	Nd/ 10^{-6}	^{147}Sm / ^{144}Nd	^{143}Nd / ^{144}Nd	±2σ/ 10^{-6}	I_s^t	ε_{Nd}(t=850Ma)	t_{DM2} /Ma	$f_{Sm/Nd}$
中和-2								1. 0100	2. 3920	0. 2556	0. 513166	38	0. 511743	3. 94	1195	0. 30
中和-3								1. 4060	3. 1170	0. 2729	0. 513337	15	0. 511816	5. 36	1080	0. 39
中和-4								1. 3000	2. 7520	0. 2847	0. 513496	25	0. 511909	7. 18	932	0. 45
中和-6								1. 3490	3. 3820	0. 2413	0. 513200	18	0. 511855	6. 13	1018	0. 23
中和-7								1. 4320	4. 1240	0. 2100	0. 512868	18	0. 511697	3. 05	1268	0. 07
早中新元古代变超基性岩，益阳（郭乐群等，2003）																
石咀塘-1								1. 8673	7. 5733	0. 1491	0. 511788	1	0. 510957	−11. 43	2438	−0. 24
石咀塘-2								1. 8605	7. 5519	0. 1489	0. 511784	1	0. 510954	−11. 49	2442	−0. 24
石咀塘-3								1. 5811	6. 3983	0. 1494	0. 511794	1	0. 510961	−11. 34	2431	−0. 24
石咀塘-4								1. 6587	6. 567	0. 1527	0. 51186	2	0. 511009	−10. 41	2356	−0. 22
石咀塘-5								1. 7266	6. 8991	0. 1513	0. 511832	2	0. 510989	−10. 81	2388	−0. 23
石咀塘-6								1. 5216	6. 2865	0. 1463	0. 511732	1	0. 510916	−12. 22	2501	−0. 26
石咀塘-7								1. 5876	6. 6707	0. 1439	0. 511684	1	0. 510882	−12. 90	2556	−0. 27
石咀塘-8								1. 6557	6. 7491	0. 1483	0. 511772	2	0. 510945	−11. 65	2456	−0. 25
早中新元古代变玄武岩，益阳（王孝磊等，2003）																
Yy-14-1	6. 796	82. 910	0. 236800	0. 712890	18	0. 711570	103	1. 8450	7. 2290	0. 154300	0. 512364	11	0. 511504	−0. 74	1574	−0. 22
Yy-15-1	13. 280	76. 800	0. 499700	0. 712680	20	0. 709894	79	2. 0160	8. 1220	0. 150100	0. 512339	9	0. 511502	−0. 77	1577	−0. 24
早中新元古代变玄武质岩，益阳（郭乐群等，2003）																
大渡口-9								1. 5674	6. 4199	0. 1476	0. 512184	2	0. 511361	−3. 52	1800	−0. 25
大渡口-10								1. 4222	5. 9337	0. 1445	0. 512144	2	0. 511339	−3. 97	1836	−0. 27
大渡口-11								1. 5754	6. 4606	0. 1474	0. 512184	2	0. 511362	−3. 50	1798	−0. 25
大渡口-12								2. 2658	9. 8597	0. 1389	0. 512056	3	0. 511282	−5. 08	1926	−0. 29

续表

取样点	Rb/ 10^{-6}	Sr/ 10^{-6}	$^{87}Rb/^{86}Sr$	$^{87}Sr/^{86}Sr$	±2σ/ 10^{-6}	I_{Sr}^{t}	$\varepsilon_{Sr}(t)$	Sm/ 10^{-6}	Nd/ 10^{-6}	$^{147}Sm/^{144}Nd$	$^{143}Nd/^{144}Nd$	±2σ/ 10^{-6}	I_s^{t}	$\varepsilon_{Nd}(t=850Ma)$	t_{DM2}/Ma	$f_{Sm/Nd}$
大渡口-13								2. 5156	10. 7206	0. 1419	0. 512101	3	0. 51131	-4. 53	1881	-0. 28
大渡口-14								7. 0547	36. 3799	0. 1172	0. 51174	6	0. 511087	-8. 89	2233	-0. 40
早中新元古代变玄武质岩，益阳郊区（刘钟伟，1994）																
益郊-1								3. 0750	12. 5210	0. 14740	0. 512178	7	0. 511356	-3. 62	1808	-0. 25
益郊-2								2. 8720	11. 9740	0. 14500	0. 512168	21	0. 51136	-3. 55	1802	-0. 26
益郊-3								2. 4240	14. 3850	0. 10190	0. 511943	16	0. 511375	-3. 26	1778	-0. 48
益郊-4								3. 1810	13. 6050	0. 14420	0. 512171	7	0. 511367	-3. 41	1791	-0. 27
益石								4. 0400	16. 9700	0. 14360	0. 512123	9	0. 511323	-4. 28	1861	-0. 27
益石-1								1. 9900	8. 4200	0. 14220	0. 512189	9	0. 511396	-2. 84	1744	-0. 28
早中新元古代变基性火山岩，江西宜春（唐晓珊等，2004）																
雷公造-1								5. 0459	15. 8217	0. 1928	0. 512779	3	0. 511704	3. 18	1257	-0. 02
雷公造-2								4. 3364	12. 3904	0. 2116	0. 512972	4	0. 511792	4. 91	1117	0. 08
雷公造-3								3. 7989	11. 659	0. 1970	0. 512784	4	0. 511686	2. 82	1286	0. 00
雷公造-4								4. 1962	11. 5756	0. 2192	0. 513070	3	0. 511848	5. 99	1028	0. 11
雷公造-5								1. 6073	6. 0667	0. 1602	0. 512310	3	0. 511417	-2. 43	1712	-0. 19
中晚新元古代变基性岩，益阳百羊庄（王孝磊等，2003）																
Yy-17	87. 88	403. 000	0. 62990	0. 712406	28	0. 708895	65	4. 1000	22. 5800	0. 109800	0. 512079	9	0. 511467	-1. 46	1633	-0. 44
Yy-19-1	78. 86	304. 000	0. 74940	0. 712863	14	0. 708685	62	6. 2320	39. 4400	0. 095570	0. 511965	8	0. 511432	-2. 14	1688	-0. 51
中晚新元古代变辉绿-辉长岩，黔阳（周新华等，1992；王孝磊等，2003）																
QY-3ZXH								4. 9	19. 81	0. 14954	0. 512451	5	0. 511617	1. 48	1394	-0. 24
QY-4ZXH								4. 59	19. 11	0. 14517	0. 512414	7	0. 511605	1. 24	1414	-0. 26
QY-5ZXH								10. 61	56. 18	0. 11417	0. 512242	14	0. 511606	1. 25	1413	-0. 42

续表

取样点	Rb/10^{-6}	Sr/10^{-6}	$^{87}Rb/^{86}Sr$	$^{87}Sr/^{86}Sr$	±2σ/10^{-6}	I_{Sr}^{t}	$\varepsilon_{Sr}(t)$	Sm/10^{-6}	Nd/10^{-6}	$^{147}Sm/^{144}Nd$	$^{143}Nd/^{144}Nd$	±2σ/10^{-6}	I_s^{t}	$\varepsilon_{Nd}(t=850Ma)$	t_{DM2}/Ma	$f_{Sm/Nd}$
QY-6ZXH								54. 35	25	0. 13143	0. 512344	8	0. 511611	1. 37	1404	−0. 33
QY-2WXL	27. 64	357. 80	0. 22310	0. 708233	20	0. 706989	38	5. 0570	23. 9300	0. 12780	0. 512338	8	0. 511626	1. 64	1381	−0. 35
QY-3WXL	16. 47	396. 30	0. 12000	0. 708290	20	0. 707621	47	6. 3180	29. 5500	0. 12930	0. 512316	10	0. 511595	1. 05	1430	−0. 34
QY-5WXL	39. 98	307. 20	0. 37580	0. 709171	20	0. 707076	39	9. 9950	47. 4800	0. 12730	0. 512311	15	0. 511601	1. 17	1420	−0. 35
QY-8WXL	51. 96	973. 50	0. 15410	0. 707583	20	0. 706724	34	8. 2870	43. 6800	0. 11480	0. 51237	11	0. 511730	3. 69	1216	−0. 42
中晚新元古代变玄武岩-基性侵入岩，安江（郑基俭等，2001）																
2036-9-5								4. 7399	22. 8244	0. 125500	0. 512283	N	0. 511583	0. 82	1448	−0. 36
2036-9-1								6. 1843	27. 7822	0. 134600	0. 512335	N	0. 511585	0. 84	1446	−0. 32
2036-9-3								4. 9974	21. 7013	0. 139200	0. 512361	N	0. 511585	0. 85	1446	−0. 29
3125-5								9. 1159	64. 4440	0. 085500	0. 511967	N	0. 511490	−1. 00	1596	−0. 57
312-6								3. 1458	16. 2970	0. 116700	0. 512142	N	0. 511491	−0. 98	1594	−0. 41
301-6								5. 0190	24. 9629	0. 121600	0. 512169	N	0. 511491	−0. 98	1594	−0. 38
312-4-1								2. 9327	13. 4131	0. 132200	0. 512290	N	0. 511553	0. 23	1496	−0. 33
晚新元古代（震旦纪）变基性岩（刘继顺，1993；刘钟伟，1994）																
新化变玄武岩								16. 7900	58. 2200	0. 17510	0. 512722	17	0. 511746	4. 00	1191	−0. 11
攸县-1 变辉绿岩								3. 1890	12. 9800	0. 14860	0. 511975	22	0. 511147	−7. 72	2139	−0. 24
攸县-2 变辉绿岩								2. 9870	12. 0500	0. 14990	0. 511988	19	0. 511152	−7. 61	2130	−0. 24
隆回-1 变玄武岩								1. 4900	5. 3800	0. 17530	0. 512749	20	0. 511772	4. 50	1150	−0. 11
隆回-2 变玄武岩								3. 7300	15. 7600	0. 14320	0. 512324	28	0. 511526	−0. 31	1540	−0. 27
隆回-3 变玄武岩								5. 1200	25. 1200	0. 12340	0. 511945	28	0. 511257	−5. 56	1964	−0. 37
隆回-4 变玄武岩								3. 1700	12. 4500	0. 15370	0. 512289	20	0. 511432	−2. 14	1688	−0. 22

续表

取样点	Rb/ 10^{-6}	Sr/ 10^{-6}	$^{87}Rb/^{86}Sr$	$^{87}Sr/^{86}Sr$	$\pm 2\sigma/10^{-6}$	I_{Sr}^{t}	$\varepsilon_{Sr}(t)$	Sm/ 10^{-6}	Nd/ 10^{-6}	$^{147}Sm/^{144}Nd$	$^{143}Nd/^{144}Nd$	$\pm 2\sigma/10^{-6}$	I_{s}^{t}	$\varepsilon_{Nd}(t=850Ma)$	t_{DM2}/Ma	$f_{Sm/Nd}$
古丈-1 变辉长岩								3. 9100	17. 4700	0. 13530	0. 512321	28	0. 511567	0. 49	1475	-0. 31
古丈-3 变辉长岩								7. 1400	32. 7500	0. 13150	0. 512346	21	0. 511613	1. 40	1401	-0. 33
古丈-4 变辉绿岩								6. 7800	32. 7100	0. 12540	0. 51234	9	0. 511641	1. 94	1357	-0. 36
古丈-19 玄武岩								5. 8000	21. 4900	0. 16320	0. 512271	19	0. 511361	-3. 52	1800	-0. 17
晚新元古代变中基性岩，古丈（王孝磊等，2003）																
GZ-38	9. 101	534. 000	0. 04915	0. 712095	25	0. 711821	107	4. 9530	22. 9100	0. 130700	0. 512359	11	0. 5116304	1. 74	1374	-0. 34
晚新元古代变中基性岩，新化（陈多福等，1998）																
GT-57								10. 570	40. 511	0. 157810	0. 512836	N	0. 5119563	8. 11	856	-0. 20
GT-60								15. 450	58. 430	0. 159970	0. 513078	N	0. 5121863	12. 60	490	-0. 19
GT-62								28. 110	109. 900	0. 155540	0. 513034	N	0. 5121670	12. 23	521	-0. 21
GT-64								14. 680	60. 028	0. 147860	0. 512961	N	0. 5121368	11. 64	569	-0. 25

注：表中 N 代表原文未报道。

3.1.2.3 玻安质岩及相关岩类的厘定

本次发现，浏阳文家市和益阳两地赋存于下中新元古界冷家溪群中的铁镁质-超铁镁质火山-侵入岩均含有玻安质岩成分。在文家市，这些岩石表现为绿帘阳起石片岩、阳起石绿帘石片岩，少量为变辉绿岩和变超铁镁质岩等（贾宝华等，2004；贾宝华和彭和求，2005）。至于益阳地区铁镁质-超铁镁质火山-侵入岩，肖禧砥（1983）、贺安生和韩雄刚（1992）、郭乐群等（2003）、车勤建等（2005）、贾宝华和彭和求（2005）认为是含橄榄石和单斜辉石斑晶的玄武质科马提岩，但在这种岩石中未见橄榄石和辉石残斑，MgO 含量也普遍偏低（<15%），而他们所报道的所谓“鬣刺结构”又不具典型科马提岩特征（如 Arndt and Nisbet，1982；Perring et al.，1995；Sproule et al.，2002），因而，我们仍称为玄武质熔岩。

图 3-20 显示，赋存于冷家溪群中的铁镁质-超铁镁质火山-侵入岩成分变化较大：SiO_2 = 48.00% ~ 62.00%，TiO_2 = 0.30% ~ 1.45%，Al_2O_3 = 6.00% ~ 18.50%，MgO = 3.30% ~ 22.60%，FeO^T($FeO+Fe_2O_3$) = 4.90% ~ 12.80%，Na_2O = 0.10% ~ 4.40%，K_2O = 0.00% ~ 2.10%。

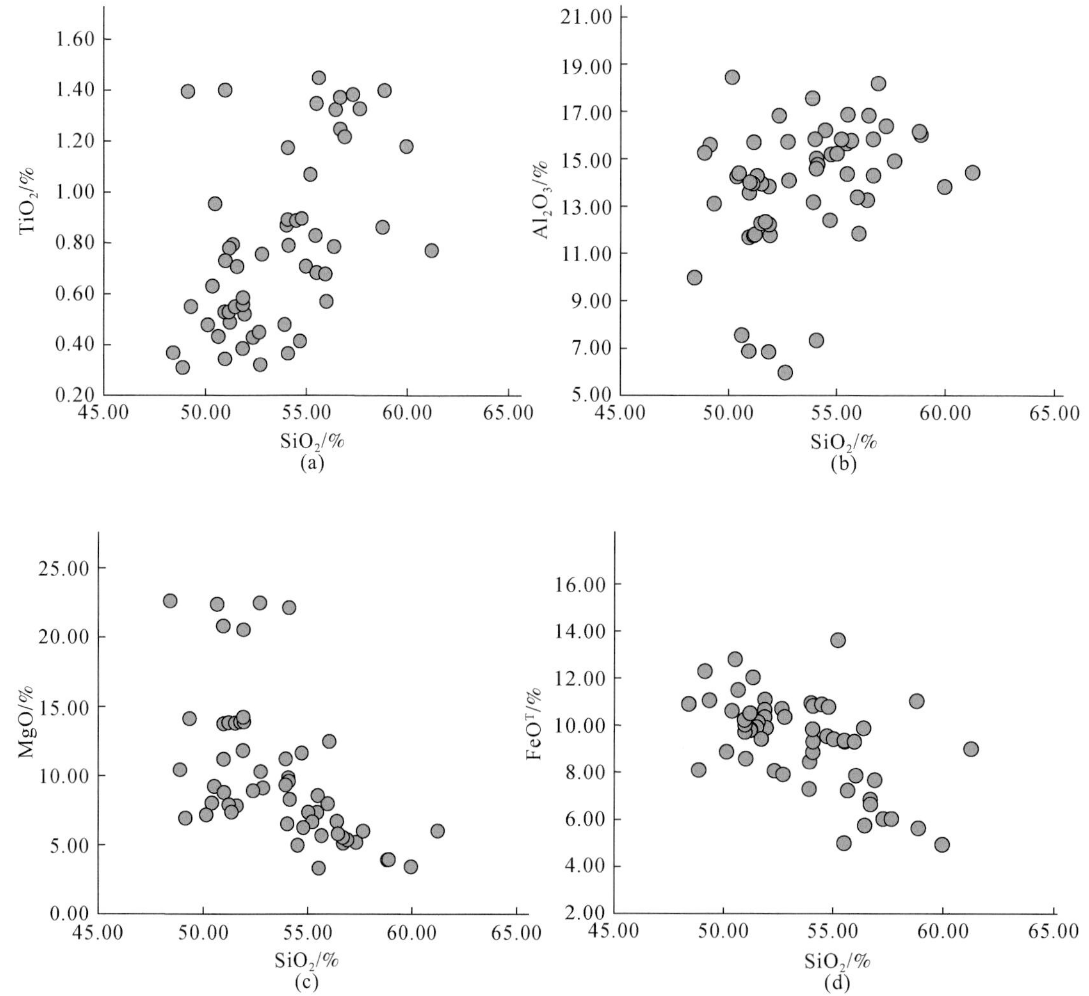

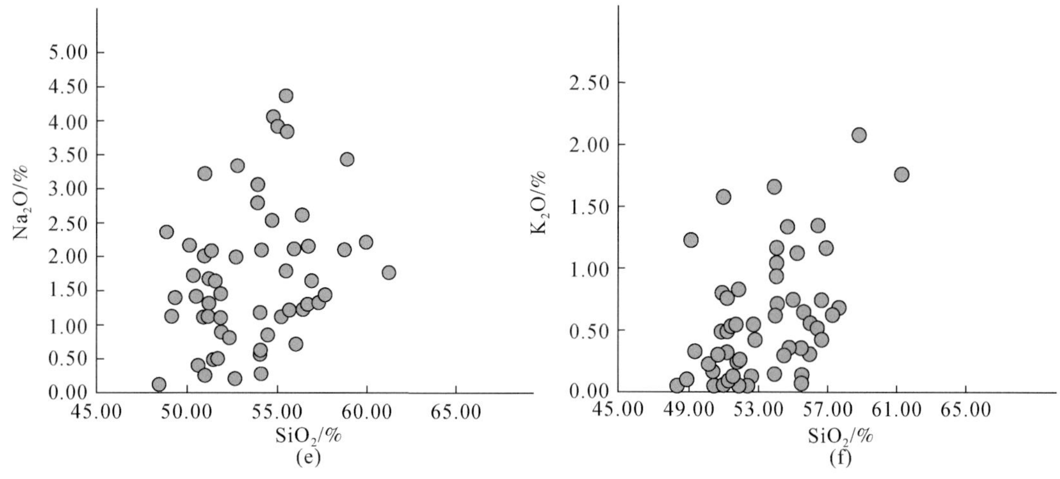

图 3-20　江南古陆湖南段变基性岩多元素变异图

在 Nb/Y-Zr/TiO_2 图解上［图 3-21（a）］，除浏阳两个样品为流纹质英安岩/英安岩外，大部分样品为亚碱性玄武岩和安山岩/玄武岩，少部分为安山岩。可将普遍偏低的 Ti/Y(114～300) 和 Nb/Y(0.03～0.45) 值岩石归于亚碱性玄武岩［图 3-21（b）］；进一步将低的 Ti/Y 和 Zr/Y<6（表 3-7）岩石归于低 Ti

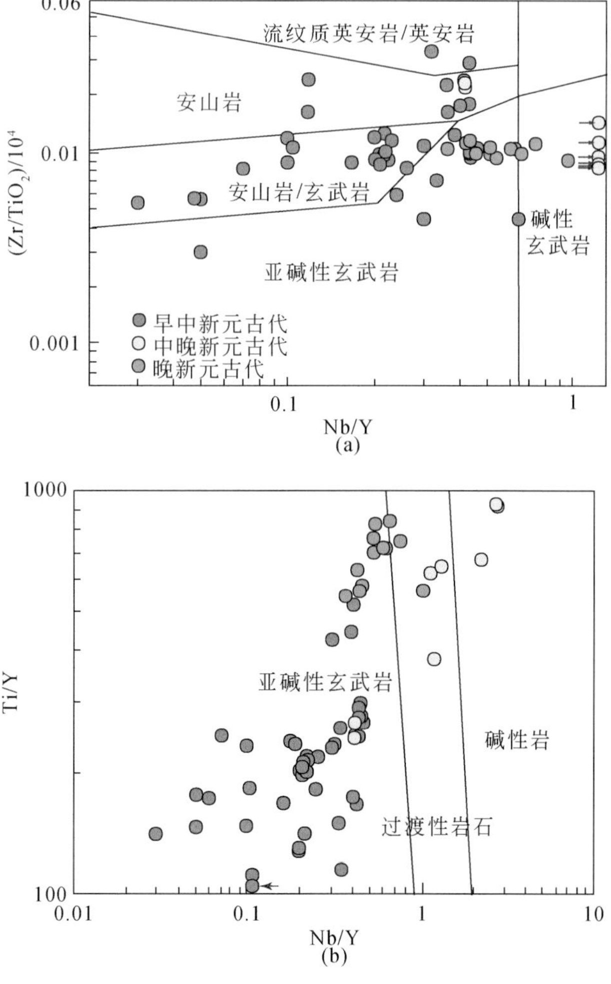

图 3-21　江南古陆湖南段变基性岩 Nb/Y-Zr/TiO_2 图解

（a）（b）分别据 Winchester 和 Floyd（1977）、Erlank 等（1988）

的拉斑玄武质岩（Erlank et al.，1988）。在多元素变异图（图3-20）上，尽管主量元素可能受蚀变等影响而显得分散，但 SiO_2 和 TiO_2、Al_2O_3、Na_2O、K_2O 具有较好的正相关关系，和 MgO、FeO^T 具有明显的负相关关系，因而主要反映了岩浆演化特点。SiO_2 与 CaO 无任何相关关系，说明 Ca 可能相对其他主要元素在蚀变等变质过程中更易于活动。图3-22还表明，Zr 和 Rb、Nb、Y、Sm 等具有宽的但较好的正相关关系，也说明这些岩石在成分上的差别并不受蚀变等控制（Winchester and Floyd，1977；Rolland et al.，2002）。根据球粒陨石标准化稀土配分模式（图3-23），可将它们进一步划分为三种类型。

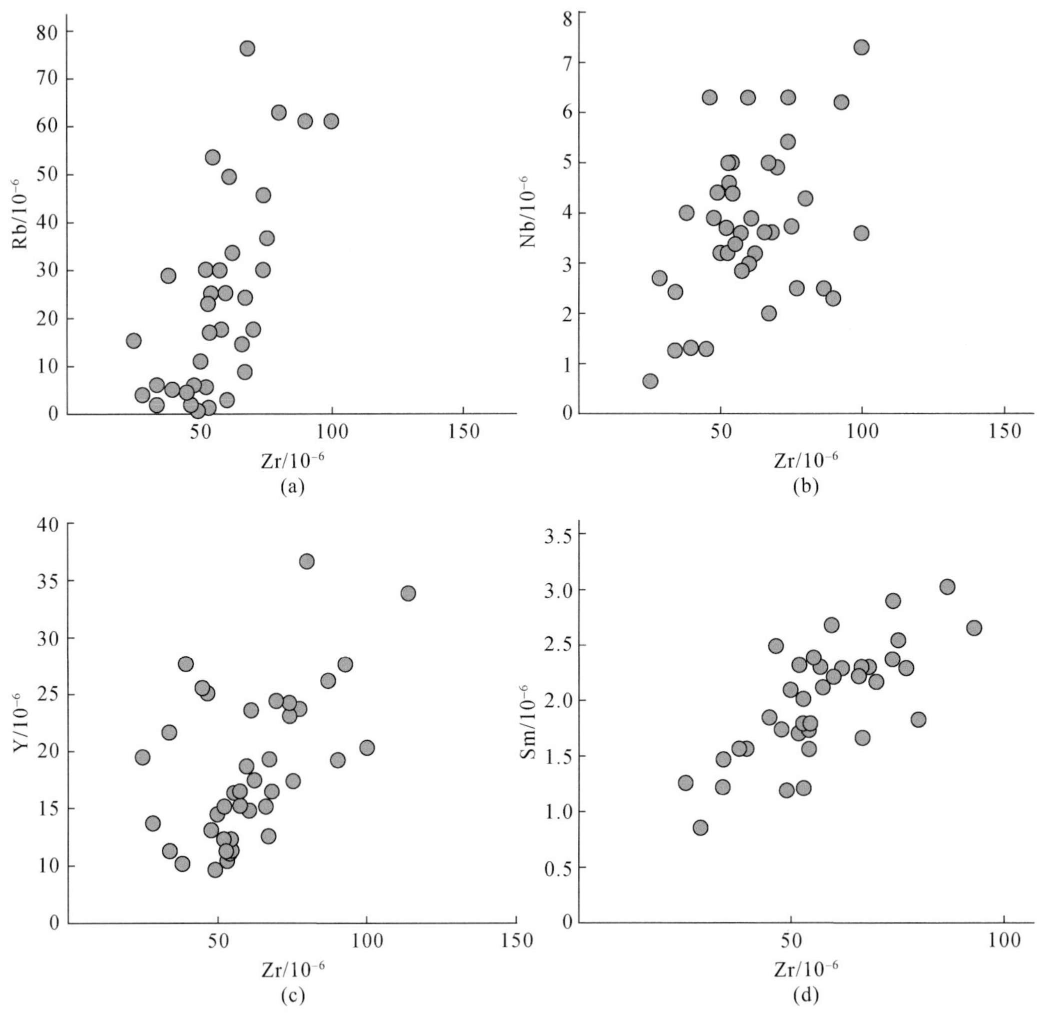

图3-22　江南古陆湖南段变基性岩微量元素协变图解

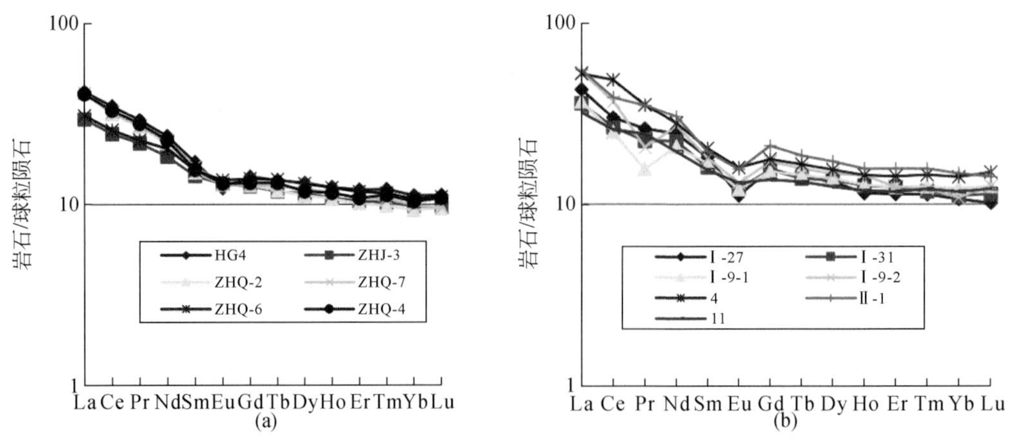

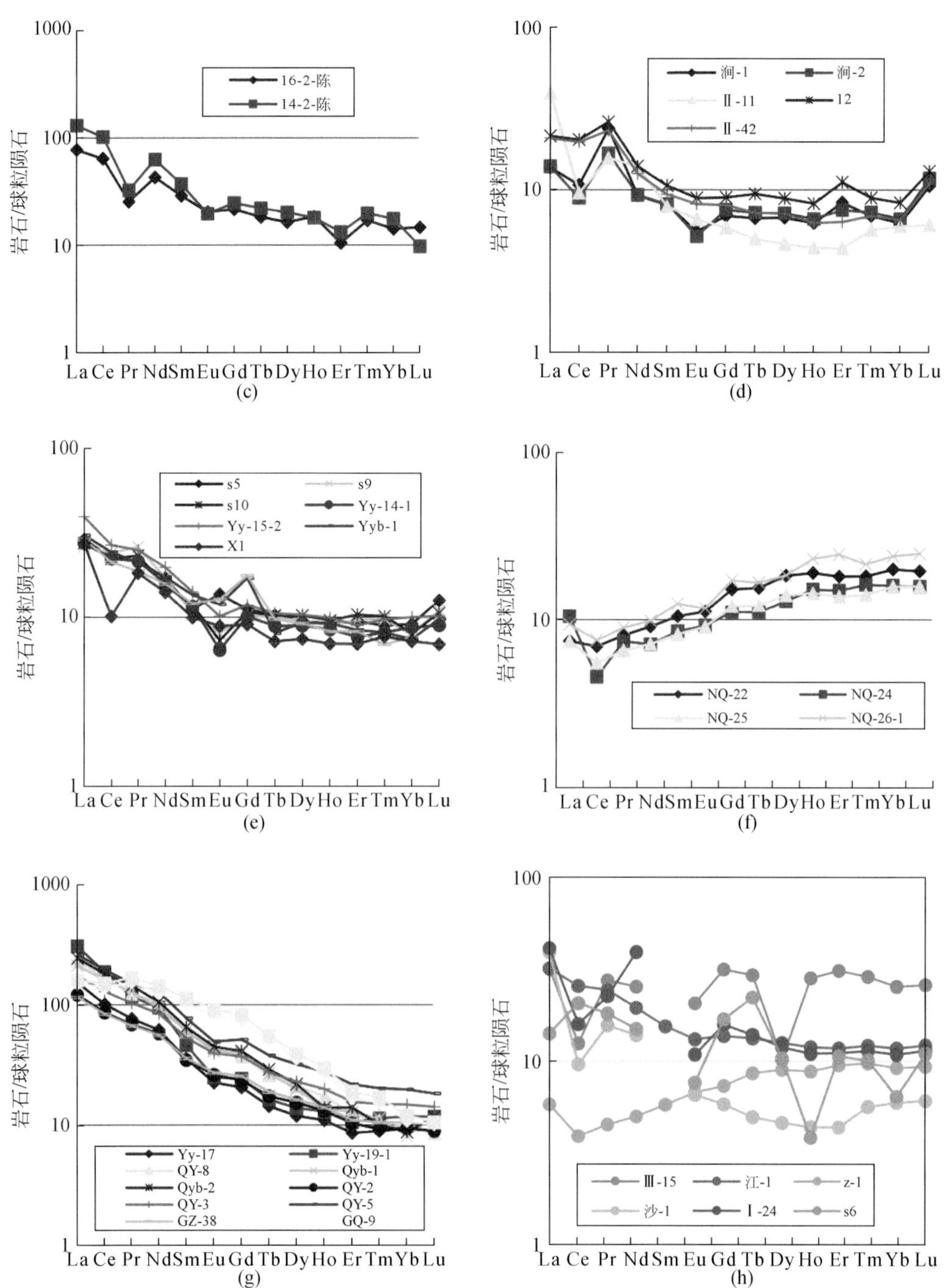

图3-23　江南古陆湖南段变基性岩球粒陨石标准化稀土配分模式图

球粒陨石标准化值来源于 Sun 和 McDonough（1989）

（1）轻稀土亏损型［图3-23（f）］。该类岩石的稀土元素含量低（$22\times10^{-6}\sim34\times10^{-6}$）、球粒陨石标准化 REE 配分曲线左倾［$(La/Yb)_N=0.37\sim0.65$］，且凸面略向上，Eu 异常不明显（$\delta Eu=0.80\sim0.95$），但 Ce 显著负异常（$\delta Ce=0.52\sim0.89$）。这种 REE 地球化学特征可与加拿大纽芬兰（Newfoundland）地区 Bett Cove 蛇绿岩中等含 Ti 的玻安质岩（Bédard，1999）、加拿大安大略省皮克尔莱克（Pickle，Lake）地区绿岩带弧拉斑玄武质岩（Hollings and Kerrich，2004）和印度半岛南部 Dharwar 克拉通的 2.7Ga Ramagiri-Hungund 杂岩绿岩带（Manikyamba et al.，2004）弧拉斑玄武质岩类比。

具该类型 REE 配分特征的岩石仅在湘东北地区浏阳文家市南桥发现，为拉斑质玄武岩和辉绿质岩

(周金城等，2003)，显示较低的 SiO_2(约 51%)、TiO_2 (0.48%~0.79%) 和中等含量的 MgO(7%~8%)，以及低的 Ce 和 Yb 丰度；原始地幔标准化蛛网图也显示 Nb、Ti 的亏损以及 Zr-Hf 可变地亏损和富集 (王孝磊等，2003)。在 Ni-Ti/Cr 图解上 (图 3-24)，除少量样品落在非常低 Ti 的玄武岩和玻安质岩区域外，其余大部分落在洋中脊玄武岩 (MORB) 区域；在 Zr-Zr/Y 和 Ti/1000-V、Zr-Ti/1000 图解上 (图 3-25)，则落在岛弧区域。高 Nd 同位素组成 [$\varepsilon_{Nd}(t)$ = 6.86 ~9.32；表 3-8、图 3-26]，则暗示起源于高度亏损地幔。因而，这类轻稀土亏损型火山-侵入岩可能起源于洋内弧前与弧后环境 (Hollings and Kerrich，2004；Manikyamba et al.，2004)。

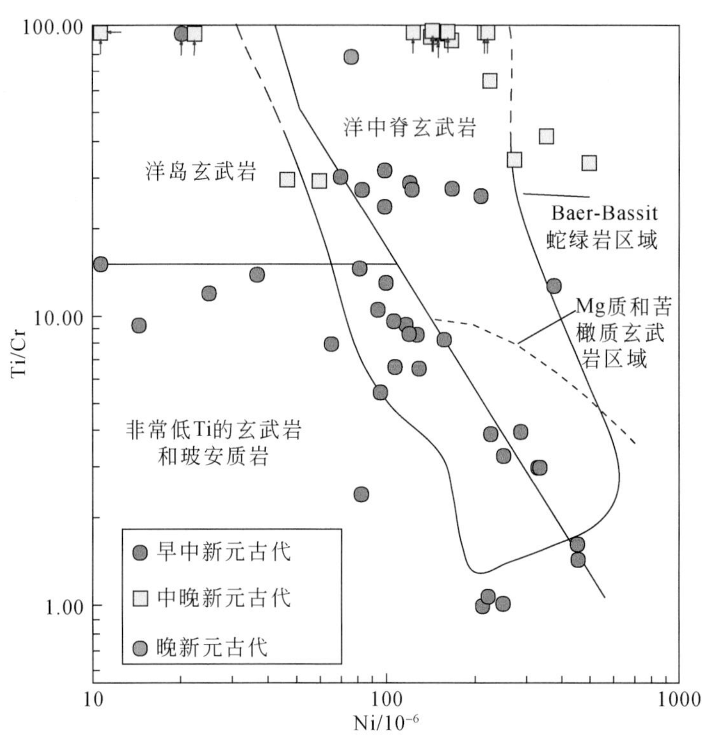

图 3-24　江南古陆湖南段变基性岩 Ni-Ti/Cr 图解 (据 Beccaluva and Serri，1988)

Baer-Bassit 地区蛇绿岩来自 Al-Riyami 等 (2002)

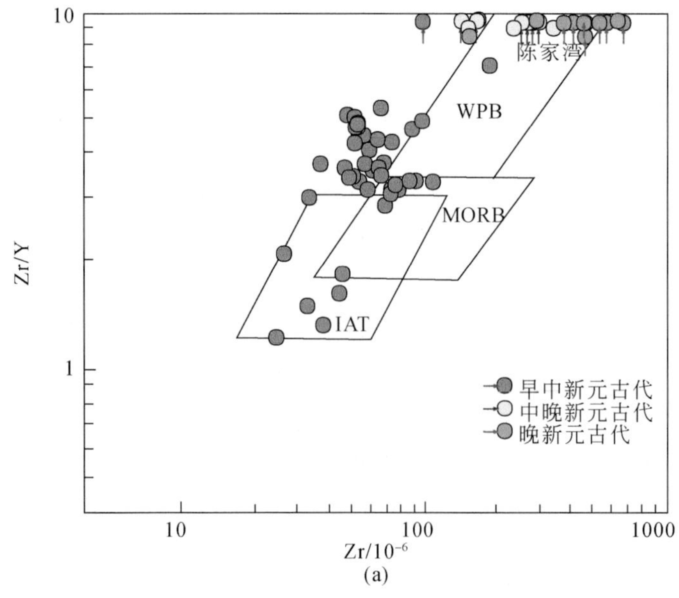

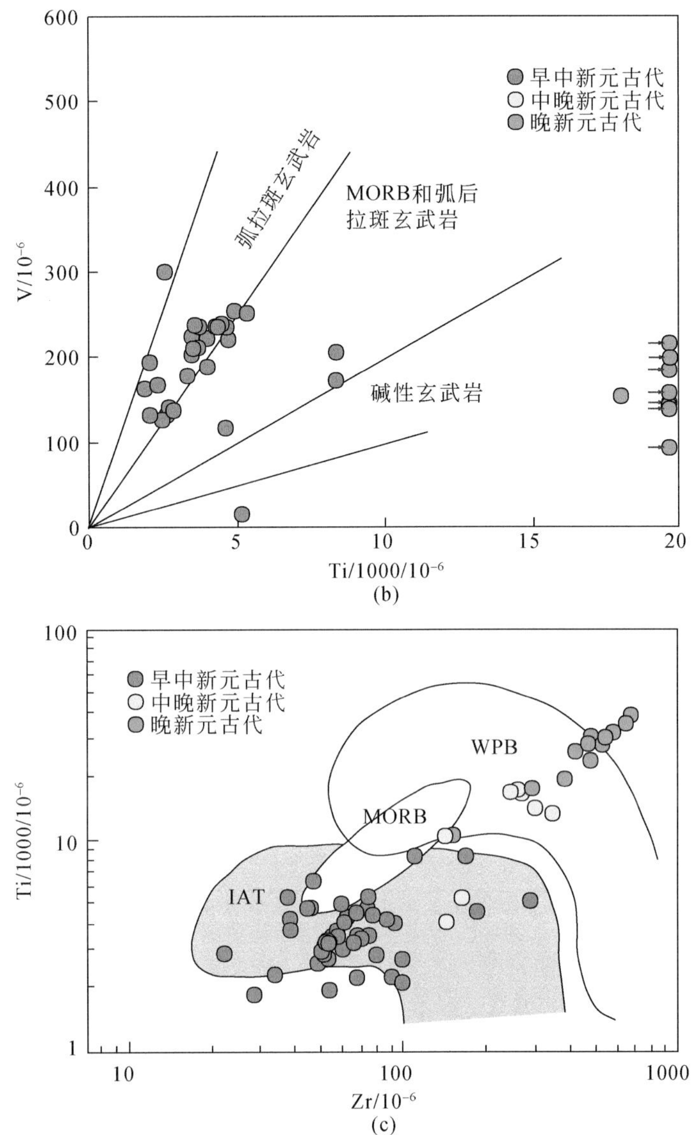

图3-25　江南古陆湖南段变基性岩Zr-Zr/Y、Ti/1000-V和Zr-Ti/1000图解

WPB. 板内玄武岩；MORB. 洋中脊玄武岩；IAT. 岛弧玄武岩。

（a）（b）（c）分别引自Pearce和Norry（1979）、Shervais（1982）和Woodhead等（1993）

（2）U形稀土配分模式型［图3-23（d）（e）］。在湘东北浏阳和益阳两地均出现，但以浏阳文家市更为典型。稀土总量整体偏低（$22\times10^{-6}\sim53\times10^{-6}$）、配分曲线均显示凹面向下、轻稀土略富集［$(La/Yb)_N=2.1\sim4.1$］、重稀土趋于平坦［$(Gd/Yb)_N=1.0\sim2.3$］，Eu和Ce呈显著负异常或无异常（$\delta Eu=0.66\sim1.00$、$\delta Ce=0.39\sim1.00$；表3-7）特征，类似于日本小笠原群岛父岛列岛地区玻安岩系列火山岩（Tarney and Jones，1994）和埃及南部前寒武纪玻安质岩（Wolde et al.，1996；Yibas et al.，2003）。

与第一类型相比，该类型岩石具低的TiO_2（0.31%~0.60%）、可变的SiO_2（48.42%~56.02%），但高的MgO含量（普遍大于10%，其中几个样品达20%以上；表3-6）。在FeO^T/MgO和TiO_2、Cr、SiO_2以及La-La/Nd图解上，也与加拿大纽芬兰地区Bett Cove蛇绿岩中等Ti含量的玻安质岩相似（Bédard，1999），暗示该类型岩石来源于一个不太亏损的地幔源区，Nd同位素组成也反映了该源区特征［益阳和浏阳两地$\varepsilon_{Nd}(t)$值分别为1.56~1.76和0.53~2.09；表3-8］，可能与俯冲的玄武质洋壳和大洋沉积物熔融导致的交代作用有关。此外，该类岩石MgO含量小于20%的样品，SiO_2/Al_2O_3值在2.7~4.5之间（表3-6），与西太平洋地区和埃及南部阿多拉（Adola）地区玻安质岩相应比值一致（Wolde et al.，

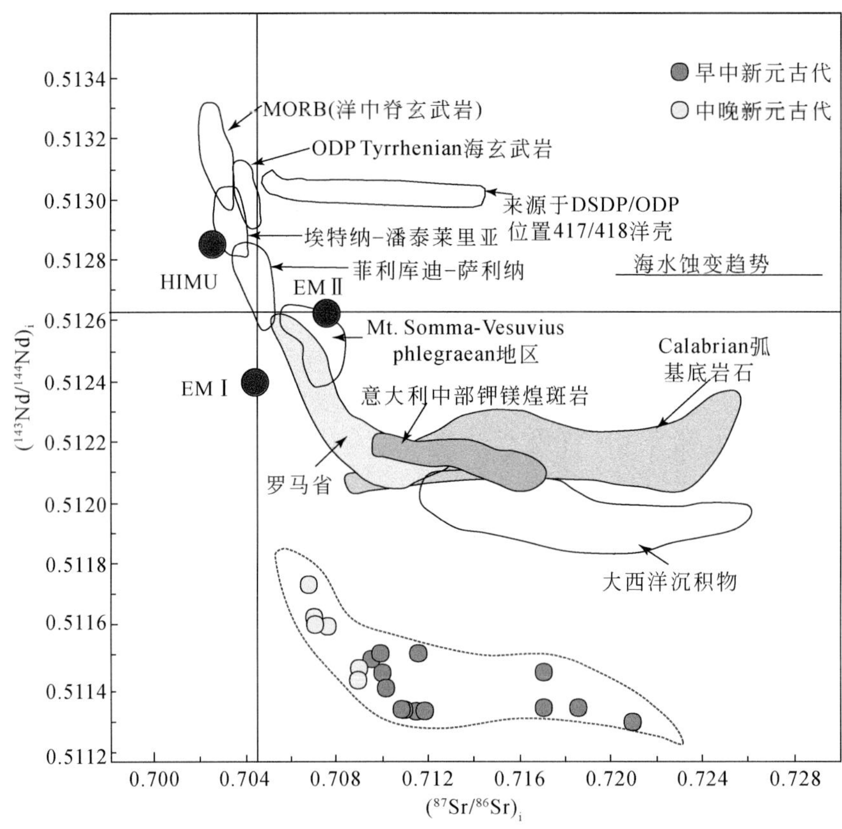

图 3-26　江南古陆湖南段变基性岩 Sr-Nd 同位素图解（引自 Zimmer et al., 1995）

ODP. 大洋钻探计划；DSDP. 深海钻探计划；HIMU. 高 $^{238}U/^{204}Pb$ 值的地幔；EM Ⅰ. 富集地幔Ⅰ；EM Ⅱ. 富集地幔Ⅱ

1996)；而 MgO 含量大于 20% 的样品，Al_2O_3 含量较低（普遍小于 10%）、SiO_2/Al_2O_3 值较高（4.8 ~ 8.8），且高 Cr、Ni 和相对低的 V、Sc 丰度（表 3-6、表 3-7），可能与橄榄石堆晶有关。

这种类型的岩石还具有高的 Al_2O_3/TiO_2 值（普遍大于 20，可达 59），也与大多数玻安质岩相一致（Wolde et al., 1996）。在 Zr-Ti/Zr、Zr-Ti/Sc、Zr-Ti/V（图 3-27）以及 La/Sm-Ti/Zr（图 3-28）图解上，大多数样品落在玻安质岩区域及其附近。在 Ni-Ti/Cr 的图解上（图 3-24），这种类型的岩石也落在低 Ti 的玄武岩和玻安质岩区域以及镁质和苦橄质玄武岩区域。相对来说，这种类型岩石还具有低的 Ce 和 Yb 丰度，原始地幔标准化蛛网图也显示 Nb、Ti 的亏损以及 Zr-Hf 可变的亏损和富集（贾宝华等，2004；车勤建等，2005；王孝磊等，2003），显然具有岛弧-弧前玄武质岩特征。

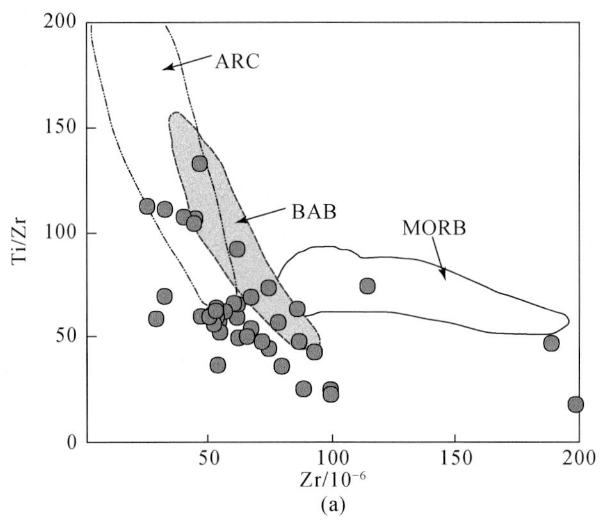

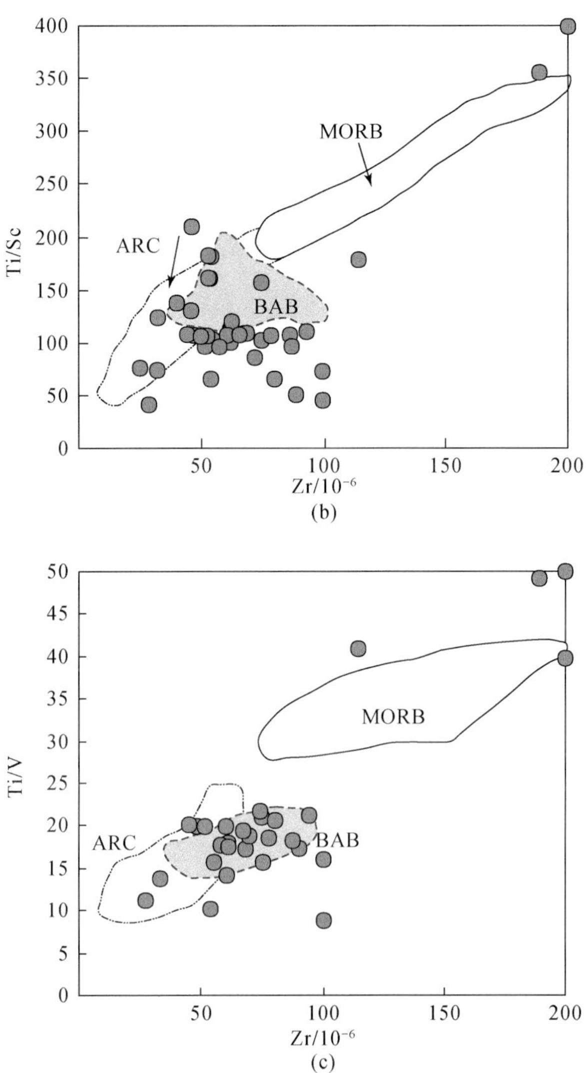

图 3-27　江南古陆湖南段变基性岩 Zr-Ti/Zr、Zr-Ti/Sc、Zr-Ti/V 图解（据 Gribble et al., 1996）

ARC. 弧火山岩；BAB. 玻安质岩；MORB. 洋中脊玄武岩

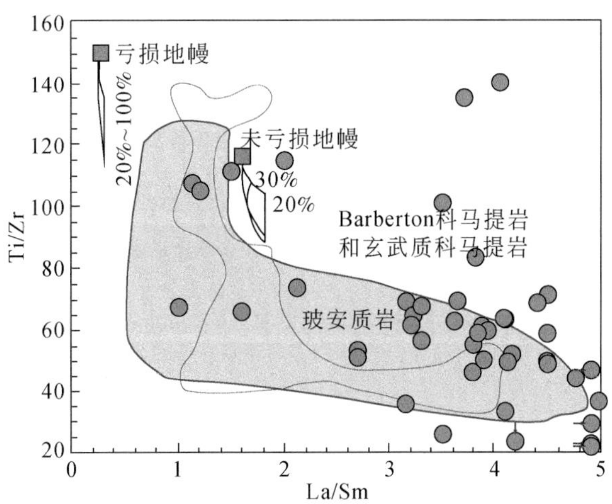

图 3-28　江南古陆湖南段变基性岩 La/Sm-Ti/Zr 图解（据 Parman et al., 2003）

（3）LREE 富集型［图 3-23（a）～（c）］。湘东北地区浏阳和益阳两地均含该类型岩石，主要为玄武质安山岩、安山岩系列，少量为流纹质英安岩。与玻安质岩相比（表 3-6、表 3-7），其具较高的 SiO_2（52.8%～61.2%）和 TiO_2（0.68%～1.45%），但具偏低且范围大的 MgO 含量（3.3%～11.2%）；LREE 富集［$(La/Yb)_N$=2.7～7.4］、负 Eu 异常到无 Eu 异常（δEu=0.65～1.00），Ce 则表现无异常到显著正异常（δCe=0.90～1.56）。SiO_2/Al_2O_3（3.13～4.34）和 Al_2O_3/TiO_2 值（普遍小于 20）均偏低于玻安质岩。此外，这些岩石大部分还具有 Ti/V 值在 14～20 之间，少部分大于 20，可达 50 的特征，反映这些岩石具有岛弧和弧后盆地性质（表 3-7）。在 Ni-Ti/Cr 的图解上（图 3-24），该类型样品落在非常低 Ti 的玄武岩和玻安质岩区域以及 Mg 质和苦橄质玄武岩区域。在 Zr-Zr/Y、Zr-Ti/1000 图解上［图 3-25（a）（c）］，该类型样品大多数落在岛弧区域，少部分落在 IAT-MORB 附近，Ti/1000-V 图解也反映了同样特征［图 3-25（b）］。在湘东北地区浏阳等地，这种岩石具有显著富集至不太亏损的 Nd 同位素成分［$\varepsilon_{Nd}(t)$=−8.86～1.39；表 3-8、图 3-26］。

3.1.2.4 板内火山–侵入岩的厘定

这类火山–侵入岩主要赋存于板溪群和下震旦统内，形成时代为中晚新元古代。

1. 赋存于板溪群中的火山–侵入岩

赋存于湘东北地区板溪群中的火山–侵入岩，如益阳百羊庄、黔阳和古丈等地区，成分变化较大，具有从碱性玄武岩–过渡性玄武岩向拉斑质玄武岩过渡特征（表 3-6、表 3-7）。但在 Nb/Y-Zr/TiO_2 图解上［图 3-21（a）］，除益阳具安山岩性质外，其余为碱性玄武岩。这类岩石具高的 Zr（156×10^{-6}～485×10^{-6}）、普遍高的 TiO_2（可达 5.13%）和 P_2O_5（可达 0.92%），以及高的 Zr/Y 值（8.5～14.8），也反映以板内洋岛玄武岩为主，岛弧玄武岩次之。而可变但高的 Th/Yb（2.41～7.28）和 Ta/Yb（0.32～2.71）值（表 3-7）又暗示这些岩石具有大陆板内洋岛玄武岩-OIB 成分特征。Nd 同位素比值［$\varepsilon_{Nd}(t)$=−0.53～1.69；表 3-8］还暗示其来源于弱亏损到弱富集地幔（王孝磊等，2003）。显著偏低的 Cr 和 Ni 丰度、高的稀土总量（$\sum$REE=135×10^{-6}～300×10^{-6}）、LREE 显著富集和强烈的 HREE 亏损模式［$(La/Yb)_N$=11.0～28.2；图 3-23（g）］、Eu 异常不明显（δEu=0.74～0.95），也与 IAT 和 MORB-BAB 地球化学特征明显不同，因而可能与后造山作用有关。

2. 赋存于下震旦统的火山–侵入岩

与产于冷家溪群和板溪群内的火山–侵入岩相比，湖南新化地区赋存于下震旦统中的火山–侵入岩具有相当高的 TiO_2（3.00%～6.46%）和 P_2O_5（达 1.1%）、极高的 Zr（297×10^{-6}～689×10^{-6}）、相对高的 Cr（147×10^{-6}～482×10^{-6}）、低的 Th（2.1×10^{-6}～5.2×10^{-6}）和 Na_2O（0.10%～3.22%）（表 3-6、表 3-7；陈多福等，1998）。球粒陨石标准化稀土配分模式［图 3-23（h）］则具有典型 OIB 型特征。在 Nb/Y-Ti/Y 图解上以亚碱性玄武岩为主，次为过渡性玄武岩［图 3-21（b）］；在 Nb/Y-Zr/TiO_2 图解上［图 3-21（a）］，也反映出以亚碱性玄武岩为主，少量偏碱性玄武岩；在 Zr-Zr/Y、Zr-Ti/1000、V-Ti/1000 图解上，则全部落在板内玄武岩区域（图 3-25）。低的 Th/Yb 值（1.22～1.24）和 Ta/Yb 值（0.60～0.62）显示大陆拉斑玄武质岩特征（表 3-6、表 3-7）。Nd 同位素比值［$\varepsilon_{Nd}(t)$=8.13～12.63；表 3-8］还暗示其来源于高度亏损的地幔，可能与软流圈上涌有关。

3.1.2.5 与区域上同时代铁镁质–超铁镁质岩对比

根据国际年代地层表（2004 版）有关前寒武纪划分方案，本书将震旦纪归于晚新元古代。目前，在扬子周边及邻区华夏板块发现一系列前寒武纪铁镁质–超铁镁质火山–侵入岩，且赋存于元古宙不同时代地层中，尽管受多期构造和变质事件的改造，但近二十年来随着 SHRIMP、LA-ICP-MS、SIMS 等锆石 U-Pb 精确计时广泛应用，扬子周边及华夏板块许多元古宙火山–侵入岩已获得大量可靠的年龄数据（详见 3.1.1 节），这为合理解释江南古陆湖南段元古宙火山–侵入岩成因和产出构造环境等提供了重要证据。

1. 早中新元古代火山–侵入岩

目前普遍认为赣东北和皖南两个蛇绿岩带侵位时代在约1.0Ga（Chen et al., 1991；赵建新等，1995及文中参考文献）。这些蛇绿岩及相关的细碧岩、玄武岩、安山岩、流纹岩和浊积岩在北西面与早中新元古代地层呈断层接触，而在东南面则为晚新元古代—古生代地层覆盖（舒良树等，1999）。但赣东北蛇绿岩具有高的Nd同位素组成［$\varepsilon_{Nd}(t)$=4.3～6.7］，而皖南蛇绿岩偏低［$\varepsilon_{Nd}(t)$=−1.0～4.5］。虽然TiO_2普遍小于1.0%、P_2O_5普遍小于0.2%，但是皖南蛇绿岩比赣东北蛇绿岩具有较高的相应值。此外，赣东北蛇绿岩还具Nb亏损、Zr-Hf弱富集、稍平坦的或轻稀土亏损的稀土配分模式［$(La/Yb)_N$=0.66～3.01］、弱负Eu异常–弱正Eu异常和无Ce异常–显著Ce负异常；而皖南蛇绿岩则显示Zr-Hf弱的亏损、弱平坦的或轻稀土富集的稀土配分模式。显然，在地球化学特征上，赣东北蛇绿岩类似于湖南段产于冷家溪群中的轻稀土亏损型拉斑质玄武岩和U型玻安质岩，而皖南蛇绿岩则具有U型玻安质岩和LREE富集型玄武质岩成分特征。

在扬子板块北西缘汉南地区，一系列铁镁质–超铁镁质火山–侵入岩赋存在中新元古代地层中。Ling等（2003）曾获得侵位于该地层下部的英安岩和上部的流纹岩单颗粒锆石蒸发法年龄分别为950±4Ma和895±3Ma，而侵入的辉长岩为约820Ma。前两个年龄值与扬子地块东南缘广西北部俯冲–碰撞岩浆作用事件记录时代基本一致（Wang et al., 2006）。Ling等（2003）曾报道早中新元古代地层下部的高Mg安山岩和低Ti拉斑质玄武岩具有高的Mg指数（69～73）、高Cr（209×10^{-6}～621×10^{-6}）和Ni（98×10^{-6}～171×10^{-6}）丰度以及低TiO_2（0.47%～0.69%）。LREE亏损［$(La/Yb)_N$=0.4～1.1］、高场强元素HFSEs（Th、Nb、Ta、Zr、Hf、P、Ti）显示可变的亏损，并具有高的Nd同位素组成［ε_{Nd}（950Ma）=6.0～8.8］。Ling等（2003）认为这些岩石具有玻安质岩地球化学特征，产于弧前环境。而这些岩石上部玄武岩、安山岩和英安岩–流纹岩具有LREE富集型模式［$(La/Yb)_N$=1.70～7.75］，LILEs显著富集而Nb、Ta、Ti、Eu显著亏损，ε_{Nd}（897Ma）=2.0～6.8，因而显示现代弧–弧后盆地火山岩地球化学特征。可见，产于湖南段冷家溪群地层中的火山–侵入岩可与汉南地区相应岩石类型对比。

广西北部元宝山–宝坛地区侵入于下中新元古界四堡群中的铁镁质–超铁镁质侵入岩，其原岩可能为辉绿岩、辉长岩、闪长岩和辉石橄榄岩（葛文春等，2000，2001）。Li等（1999）还获得该区闪长质岩SHRIMP锆石U-Pb年龄为828±7Ma，SiO_2（45%～64%）和Al_2O_3（4.0%～16.5%）含量变化大，且具低但可变的TiO_2（0.27%～1.34%）、MgO（2.5%～35.51%）和稀土总量（68.3×10^{-6}～119×10^{-6}）。CaO/Al_2O_3值在0.37～0.70之间、Al_2O_3/TiO_2值为10～15。这些岩石还具有高但可变的Cr（53×10^{-6}～3546×10^{-6}）和Ni（2.57×10^{-6}～1860×10^{-6}）丰度、显著负Eu异常–弱负Eu异常（δEu=0.57～0.87）。其中，辉绿岩–闪长岩具有显著LREE富集模式，而辉长岩、辉石橄榄岩和橄辉岩等超铁镁质岩则具有较为平坦的或拱曲向上的稀土配分模式。在原始地幔标准化蛛网图上，Nb、Ti、P亏损，Zr-Hf略富集或略亏损。这种岩石还具有富集–亏损的Nd同位素成分［$\varepsilon_{Nd}(t)$=−7.01～5.24］。因而与湖南段浏阳和益阳地区赋存于冷家溪群中火山–侵入岩类似。另据Zhou等（2000）的描述，广西北部铁镁质和超铁镁质火山–侵入岩呈侵入状和似层状出露于四堡群（冷家溪群等同物）和丹洲群（板溪群等同物）中，并沿北东向断裂带两侧分布。Zhou等（2000）还将其中的玄武质岩厘定为地壳混染的科马提质玄武岩，认为与地幔柱导致的陆壳裂解有关。但其地球化学成分与湖南段产于冷家溪群中的LREE富集型玄武质岩非常类似。葛文春等（2001）虽认为产于广西北部龙胜地区新元古界丹洲群中（820～760Ma）的镁铁质–超镁铁质岩是双峰式火山岩而不是蛇绿质岩（夏斌，1984），Nd同位素比值$\varepsilon_{Nd}(t)$=−0.02～1.82，与导致新元古代Rodinia超大陆裂解的地幔柱活动有关，但其中的细碧质岩主要为低钾拉斑玄武岩（K_2O=0.16%～0.92%），并具低的稀土元素含量（$\sum$REE=57×10^{-6}～77×10^{-6}）、轻稀土富集不明显［$(La/Yb)_N$=2.0～5.6］、负Eu异常到无Eu异常（δEu=0.63～0.96）。显然，广西龙胜地区铁镁质岩和湖南段产于冷家溪群中LREE富集型铁镁质–超铁镁质火山–侵入岩也有相似的地球化学特征。

野外调查还表明，浏阳文家市清风亭–涧溪火山–侵入岩与冷家溪群围岩明显呈侵入接触关系（图3-19）。结合上述对比，我们认为湖南地区赋存于冷家溪群内的火山岩形成时代最可能约束在1000～900Ma，而侵入岩时代在 830 ~ 810Ma。

2. 中晚新元古代火山–侵入岩

华夏板块东南缘马面山铁镁质岩赋存于中晚新元古代地层中，SHRIMP 锆石 U-Pb 谐和年龄为 818±9Ma（Li et al., 2005a）；化学成分上具有过渡性–碱性玄武岩特征，SiO_2 含量在 40% ~ 54% 间，TiO_2 在 1.12 ~ 2.94% 间，轻稀土富集型配分模式 [$(La/Yb)_N$ = 4.2 ~ 6.0]，Eu 异常不明显（δEu = 0.85 ~ 1.07）。原始地幔标准化多元素蛛网图类似于 OIB，Nd 同位素组成为 $\varepsilon_{Nd}(t)$ = -4.53 ~ 3.33。这些地球化学特征与益阳百羊庄、黔阳和古丈等岩石类似。Li 等（2005a）进一步认为马面山铁镁质岩具典型双峰式特征，产于大陆裂谷环境，与地幔柱–地幔超柱导致的 Rodinia 超大陆裂解有关。

扬子板块北西缘陕西省汉南地区中–新元古代上部的亚层主要由双峰式玄武岩和流纹岩–英安岩及少量的凝灰岩和角砾岩组成。Ling 等（2003）获得该类型岩石的 SHRIMP 锆石 U-Pb 年龄为 817±5Ma。其中玄武岩具有可变的 Nb、Ta 负异常，并划分为拉斑玄武质岩和碱性玄武岩两个单元，ε_{Nd}（817Ma）分别为 4.6 ~ 5.3 和 0.2 ~ 3.8，前者类似于 E-MORB，并具有高的 Cr（190×10^{-6} ~ 291×10^{-6}）、Ni（65×10^{-6} ~ 93×10^{-6}）丰度和 Mg 指数（69 ~ 54）；而后者类似于 OIB，并显示 LILEs 富集和高的 TiO_2（2.59% ~ 1.91%）含量及低的 Mg 指数（46 ~ 17）。

上述两地火山–侵入岩与湖南地区产于板溪群和下震旦统中的铁镁质–超铁镁质火山–侵入岩具有极相似的地球化学特征。而产于华南其他地区中晚新元古代地层中火山–侵入岩时代在 820 ~ 800Ma（Li et al., 2005b 及文中参考文献）。因此，湖南段赋存于中晚新元古代地层内的铁镁质–超铁镁质火山–侵入岩形成时代可能与之相当。

3.1.2.6　铁镁质–超铁镁质岩成因构造环境

1. 岩石组合与可能的成因

1）早中新元古代火山–侵入岩

赋存于冷家溪群中的早中新元古代铁镁质–超铁镁质火山–侵入岩岩石组合包括高度亏损的拉斑质玄武岩、典型玻安质岩、低 Ti 拉斑玄武质安山岩和安山岩及少量的流纹质英安岩。在现代环境中，玻安质岩严格限于大洋岛弧、高温低压的弧前区域（Tarney and Jones, 1994），目前在大陆边缘弧和大陆裂谷环境中还未有该类岩石的报道（Crawford and Berry, 1992）。玻安质岩的成因，反映了一个两阶段的岩浆产生机制，其主要源区可能是难熔的亏损地幔源区，第二个来源是俯冲板片富集 LREE 和 LILEs 成分的流体和/或板片熔体。然而，江南古陆湖南段赋存于冷家溪群中的火山–侵入岩，特别是玻安质岩普遍还具有高的 Cr 和 Ni 丰度，因而一些学者将这些岩石归入科马提质岩。不过，具有这种特征的岩石也在埃及南部阿多拉地区新元古界 Zr 亏损的玻安岩和拉斑玄武质岩（Wolde et al., 1996；Yibas et al., 2003）、弗林弗伦–斯诺莱克地区古元古界绿岩带火山岩（Leybourne et al., 1997）、Isua 地区太古宇绿岩带中玻安质火山岩（Polat et al., 2002）和品都斯山脉地区具蛇绿岩性质的玻安质岩脉及块状熔岩（Saccani and Photiades, 2004）中发现。因而，其成因可能与岛弧–地幔柱相互作用有关（Arndt, 1991；Bizimis et al., 2003；Parman et al., 2003；Manikyamba et al., 2004）。

低 Ti 的岛弧拉斑玄武质岩反映它们来源于一个先前受俯冲交代的流体或熔体影响的亏损地幔楔。目前，大多数研究者将江南古陆湖南段赋存于冷家溪群中的镁质–超铁镁质火山–侵入岩归为蛇绿质岩或洋壳碎片，认为与板块边缘汇聚事件有关（肖禧砥，1983；金鹤生和傅良文，1986；贺安生和韩雄刚，1992；刘钟伟，1994；金文山等，1998；周金城等，2003，2005；王孝磊等，2003；贾宝华等，2004；贾宝华和彭和求，2005）。这些蛇绿质岩之上还有钙碱性火山岩和火山碎屑沉积岩发生，暗示这些岩石严格限于成熟的洋内弧环境，并不形成于岛弧形成初期，而低 Ti 岛弧拉斑玄武质岩应产于弧后盆地扩张时期（Wang et al., 2002b）。玻安质岩通常可上覆在岛弧拉斑玄武岩或 MORB 之上，与岛弧拉斑玄武岩同时发生，或发生在其之后，或与 MORB 和 IAT 呈互层出现；典型情况下，如果具有从岛弧玄武岩和玻安质岩向 MORB 成分演化特征时，表示与弧后盆地初始裂解有关（Saccani and Photiades, 2004）。区域观察表明

（车勤建等，2005；贾宝华和彭和求，2005），研究区玻安质岩可能与 MORB 和 IAT 呈互层产生，也支持湖南段早中新元古代火山-侵入岩产于一个裂解的或扩张的弧后盆地。因此，其代表来源于上俯冲带之上亏损地幔的熔融，但受到俯冲板片析出的流体或板片本身的熔体影响。

2）中晚新元古代火山-侵入岩

赋存于板溪群中的中晚新元古代火山-侵入岩（825～730Ma）以板内玄武岩为主、岛弧玄武岩次之。虽然刘继顺（1993）、刘钟伟（1994）、唐晓珊等（1997）、郑基俭等（2001）认为这些岩石产于与软流圈上涌有关的板内裂谷，但金鹤生和傅良文（1986）、周新华等（1992）也将它们归于蛇绿岩套或俯冲相关的弧火山岩。成分上，这些岩石类似起源于已受过早期俯冲作用而交代的上地幔，因而可能产于碰撞后环境。新元古代晚期（<800Ma）则为典型的大陆裂谷型玄武质岩，产于震旦纪火山-碎屑沉积岩中，其中碎屑岩具有浊积岩沉积特点，反映了当时处于深水沉积环境。陈多福等（1998）曾将这些岩石归为与软流圈有关的大陆裂解、大洋初始化产物。

2. 镁铁质-超镁铁质岩成因构造环境

Xu 等（2007）在讨论江南古陆冷家溪群和板溪群的古沉积构造环境时，将这些火山-碎屑沉积岩归于弧后盆地经扩张或裂解，直至陆-弧-陆碰撞的产物。赵建新等（1995）、Li 和 McCulloch（1996）的元古宙陆-弧-陆碰撞模式中，还将赣东北蛇绿岩归于弧间盆地演化产物，而将皖南蛇绿岩归于大陆边缘盆地演化产物，认为在 1.0Ga 以前，在华夏和扬子地块之间靠扬子地块一侧存在一个裂解的大陆边缘弧系统，而在华夏地块一侧存在一个洋内弧，连续的陆-岛弧-弧-陆碰撞导致赣东北和皖南蛇绿质岩的分别侵位以及元古宙 S 型花岗质岩产生。金鹤生和傅良文（1986）则提出扬子板块东南缘存在一个向南倾的东西向俯冲带。综合这些模式，并结合本章研究结果，我们推测江南古陆镁铁质-超镁铁质岩成因构造环境如下。

在>850Ga，扬子板块南缘被动大陆边缘一侧，扬子板块向南的俯冲作用导致了一个成熟洋内弧出现，并在弧前和弧后区域产生玻安质岩和低 Ti 的拉斑玄武质岩。而被动大陆边缘和洋内弧间洋壳的连续性俯冲作用，可能导致海沟处被动边缘前缘的出现和弧-陆碰撞。这个弧-陆碰撞最可能发生在新元古代约 850Ma（Wang et al.，2006），并导致弧前区域玻安质岩和低 Ti 的 Mg 质拉斑玄武质岩向北侵位于（或仰冲于）俯冲的、减薄的大陆壳上部而形成逆冲岩片（刘钟伟，1994）。覆盖于外来体低 Ti 拉斑玄武质岩之上的新元古界板溪群下部马底驿组泥板岩、砂岩及硅质岩等深水沉积物，则可能代表弧来源的弧前火山-碎屑沉积岩部分。地球化学特征也表明（Gu et al.，2002），马底驿组火山-碎屑沉积岩还具有由长英质源区向混合的长英质/基性源区、安山质弧源区和拉斑玄武质洋岛弧源区演化特征。而被动大陆边缘基底岩片，即冷家溪群泥板岩、硅质岩等也可能卷入逆冲（刘钟伟，1994），并形成于铁镁质-超铁镁质岩之下的半/准原地的岩席。益阳地区铁镁质-超铁镁质杂岩体分布区可能属这一类型。

到新元古代中期 850～800Ma，早中新元古代铁镁质-超铁镁质火山-侵入岩和相关的逆冲岩片的侵位可能已经终止，而缝合带连续的挤压则导致沿碰撞带的背向逆冲断层和同时因应力松弛导致的半地堑形成。黄建中等（1996）认为板溪群是扬子板块南缘裂陷海盆内具类复理石建造特征的陆源碎屑沉积。因而，新元古代中-晚期的沉积作用产生的结果可以视为前陆盆地沉积物，一方面，早期沉积源区可能是早中新元古代铁镁质-超铁镁质火山-侵入岩（或蛇绿质岩）和位于扬子地块北面因垮塌的被动边缘基底，到后来沉积源区有可能是该前陆褶皱盆地南缘的新元古代具有大陆岛弧性质的火山岩。板溪群上部五强溪组由一套中粗粒和中细粒石英-长英质砂岩组成，并包含少量互层的凝灰质板岩和凝灰岩；地球化学研究表明，其源区由古老的上部大陆壳和更年轻的双峰式长英质火山岩组成（Xu et al.，2007）。新元古代中-晚期铁镁质-超铁镁质火山-侵入岩还相对富钾、高钛和显著 Nb 富集特征，也显示板内玄武岩性质。部分铁镁质-超铁镁质火山-侵入岩则显示岛弧性质（如低 Ti 和低 Nb 丰度）。因而这个时期既有北向的俯冲作用（金鹤生和傅良文，1986），又可能导致弧后前陆盆地的裂解。但俯冲作用是短暂的，弧后裂解并不足以导致洋盆的产生，所以仅有少量的拉斑玄武质岩出现。周新华等（1992）就认为黔阳中晚新元古代铁镁质-超铁镁质岩系弧后盆地裂解初期产物。

新元古代震旦纪早期后（<800Ma），随着俯冲作用停止，局部伸展作用发生，导致基性岩浆作用产生。而连续的弹式背向逆冲则可能使被推覆的元古宙结晶基底出露，并提供硅质碎屑岩沉积于先前的前陆褶皱盆地，形成湘中震旦纪磨拉石建造，如峡区莲沱组就是扬子板块上一套具磨拉石建造特征的陆源碎屑岩系（黄建中等，1996）。但由于新元古代震旦纪以来地壳活动差异明显，湘西北则具有稳定型浅海陆棚碳酸盐建造，湘东南具活动型边缘海槽盆杂陆屑复理石建造，而湘中为过渡型沉积建造。

上述推测说明系列主要事件如外来体构造侵位、俯冲作用反转、碰撞后火山作用和半地堑形成以及俯冲元古宙结晶基底的回弹和出露、地堑充填等均发生在约 150Ma 内。

3.1.3 江南古陆新元古代构造演化

3.1.3.1 华南格林威尔造山事件

格林威尔造山及在时代上与其相当的造山运动是重建 Rodinia 超大陆重要的地质依据（陆松年，2001）。由 Moore 和 Thompson（1980）提出的格林威尔旋回实际上包含了 Elzevirian 和 Ottawan 两次造山运动。Corrigan（1996）认为在劳伦大陆的东南缘存在 1.45～1.20Ga 的“安第斯”轮廓和 1.19～0.98Ga 的“喜马拉雅”轮廓，因而他建议将前者归并为 Elzevirian 造山运动，后者属于末期碰撞造山，应视为一个独立的造山旋回。Rivers（1997）则根据构造特征的差异，建议将格林威尔造山旋回的增生和碰撞造山分开。他所提出的“Elzevirian 造山旋回”指 1290～1190Ma 期间 Elzevir 大陆弧后盆地的打开与封闭；而格林威尔造山运动仅限于末期的陆-陆碰撞事件，时限为 1190～980Ma。

Li 等（1995，1996，1999，2002）的华南（华夏）在 Rodinia 超大陆中位置假设的主要依据之一是，华夏地块（包括海南岛）在 1400Ma 左右普遍经历了一次变质作用，与劳伦大陆南部（北美西部）普遍存在中元古代构造-岩浆活动同期（Nyman et al.，1994）。沿扬子地块周缘（如扬子地块东南缘）已发现大量前寒武纪过铝花岗质岩，但均属新元古代岩浆活动的产物（约 820Ma），并普遍具有可变的但极低的 $\varepsilon_{Nd}(t)$ 值（-19.25～-0.20；Li et al.，2003b）。结合江南古陆湖南段前寒武纪构造演化研究，均暗示华南扬子板块格林威尔造山较全球格林威尔造山事件稍晚。然而，目前在华夏板块及其西南端的海南岛已发现 1400～1000Ma 的变质事件年龄（许德如等，2006b），海南岛前寒武纪花岗质作用事件时代约 1400Ma，可能暗示华南华夏板块较扬子板块经历的格林威尔造山事件更早。因此，我们推测华南格林威尔造山可能存在两个幕：一个是在 1400～1000Ma，另一个则是通常认为的 1000～800Ma。若如此，华南华夏板块（包括海南岛）和扬子板块在 Rodinia 超大陆聚合前应处于不同位置，因而 Li 等（1995）的模式可能需进一步修改，相关工作可见 Wang 等（2015）。

3.1.3.2 江南古陆新元古代构造演化

如前文所述，目前关于华南新元古代的构造演化主要有两种观点。其中地幔柱-裂谷模型认为扬子和华夏板块的碰撞发生在 1100～900Ma，与全球格林威尔造山事件同期（Li et al.，2008c；Ye et al.，2007；Yang et al.，2016；Lyu et al.，2017）；而板片-岛弧模型则认为板块的碰撞发生在 860～820Ma（Zhao and Cawood，2012；Yao et al.，2014a，2015）。这两种观点中一个重要的不同点在于对新元古代 S 型过铝质花岗岩成因的解释：地幔柱-裂谷模型认为这些花岗岩和同期的基性岩是地幔柱活动引起的，与劳伦大陆和澳大利亚的同期岩浆岩相似（Li et al.，2007c；Ye et al.，2007；Li et al.，2008c；Huang et al.，2015）；而板片-岛弧模型则认为它们形成于板块俯冲-碰撞的构造环境之中（Zhou et al.，2009；Wang et al.，2012；Wang et al.，2014a；Yao et al.，2015）。本书研究的 S 型花岗岩具有岛弧花岗岩的特征，其成因与板块碰撞模型相符。然而，仅依据一个地区花岗岩岩体很难准确判断出整个江南古陆岩浆岩的成因。因此本书除总结湘东北地区新元古代花岗质岩和镁铁质-超镁铁质岩的研究结果外，还系统收集了我国华南、澳大利亚和劳伦大陆的元古宙岩浆岩相关数据，并开展对比，以约束江南古陆新元古代构造环境。

前人的年代学研究表明，江南古陆新元古代S型花岗岩的侵位时代为835～820Ma（Li et al.，2003a；Wang et al.，2006；Zheng et al.，2008b；Zhao et al.，2011）。尽管本书仅获得葛藤岭岩体锆石LA-ICP-MS U-Pb年龄为845±4Ma，但以往还获得长三背岩体单颗粒锆石$^{207}Pb/^{206}Pb$蒸发年龄929±6Ma（王孝磊等，2004）和锆石模式年龄（$^{206}Pb/^{238}U$=765Ma、$^{207}Pb/^{235}U$=867Ma、$^{207}Pb/^{206}Pb$=1146Ma），葛藤岭岩体锆石模式年龄（$^{206}Pb/^{238}U$=835Ma、$^{207}Pb/^{235}U$=844Ma、$^{207}Pb/^{206}Pb$=804Ma）和大围山岩体黑云母K-Ar年龄802Ma；胡世玲等（1985）也获得九岭花岗岩体黑云母$^{40}Ar/^{39}Ar$年龄为937Ma。这些年龄数据至少说明江南古陆的酸性岩浆活动持续时间长达25Ma，明显长于典型地幔柱导致的岩浆活动时间（通常<5Ma；Lightfoot et al.，1993；Chesley and Ruiz，1998）。因此，湘东北新元古代花岗岩可能不同于分布在扬子板块东南缘其他新元古代过铝质S型花岗岩的形成时间。贾宝华等（2004）在研究湘东北文家市蛇绿混杂岩带时也认为，湘东北与江南古陆的东段和西段相类似，湘东北新元古代花岗岩的时代同样应位于江南古陆东北段碰撞事件时限内（980～770Ma；郭令智等，1996）。

虽然湘东北新元古代S型花岗岩具有较高的镁铁质含量（$TiO_2+Fe_2O_3+MgO$=6.46%～7.62%）和正的$\varepsilon_{Hf}(t)$值，但这些特征也可能是岛弧活动导致的年轻地壳物质的重熔形成的（Wu et al.，2006）。此外，与地幔柱有关的花岗岩一般为A型花岗岩，而非S型花岗岩（Hamilton et al.，1998；Hames et al.，2000；Wang et al.，2006）。因此，江南古陆新元古代S型花岗岩的形成与板块碰撞作用有关，而非地幔柱成因。

华南的新元古代岩浆岩以酸性为主，这与澳大利亚约825Ma和劳伦大陆西侧约780Ma的以基性岩为主的岩浆岩明显不同（Downes et al.，2006；Wang et al.，2006；Sandeman et al.，2007；Wang et al.，2010；Mackinder，2014）。前人研究表明，劳伦大陆西侧还没有发现约780Ma的酸性岩浆岩，而在澳大利亚仅发现有少量的约825Ma的A型花岗岩（Preiss et al.，2008），这与华南地区同时代岩浆活动形成鲜明的对比。

此外，如图3-29所示，澳大利亚约825Ma和劳伦大陆西侧约780Ma的基性岩地球化学成分较为相似，且均具有大陆溢流玄武岩的特征，为典型的地幔柱活动产物；而华南同时代基性岩的地球化学成分变化较大，只有很少部分落在大陆溢流玄武岩的区域内，说明华南地区的新元古代基性岩也不是地幔柱成因。

另外，通过对江南古陆新元古代不同时期的花岗岩进行地球化学对比，可知江南古陆>850Ma的新元古代花岗岩具有火山岛弧花岗岩特征，而湘东北地区新元古代花岗质岩以及其他835～820Ma的S型花岗岩则具有同碰撞或后碰撞的地球化学特征［图3-29（a）］，由此推测扬子板块和华夏板块由俯冲向碰撞的转换可能发生在850Ma左右。该解释与江南古陆出露的一系列与俯冲有关的>850Ma岩浆岩一致，典型代表为970～968Ma的西湾埃达克岩（Li and Li，2003；Gao et al.，2009）、932±7Ma的高镁闪长岩和916±6Ma的富Nb玄武岩（Chen et al.，2009a）。

如图3-30（a）所示，江南古陆820～730Ma的岩浆岩由一系列A型和S型花岗岩、双峰式火山岩和与裂谷有关的火山岩组成。820～730Ma的花岗岩具有板内花岗岩的地球化学特征，与>850Ma的I型花岗岩和850～820Ma的S型花岗岩明显不同。此外，江南古陆内部分<820Ma的玄武岩也具有板内玄武岩的特征，与>820Ma的具有岛弧性质的玄武岩不同［图3-30（b）］。因此，在820Ma之后，扬子板块和华夏板块可能已发生分离（Li et al.，2008c；Zhao and Cawood，2012）。

基于以上讨论，本书认为江南古陆在新元古代的构造演化如下（图3-31）：

（1）在850Ma之前，华夏板块向扬子板块俯冲，并发生了一系列>850Ma变质作用和酸性-基性/超基性火山岩喷发；

（2）扬子板块和华夏板块的碰撞发生于850～820Ma，形成了两套新元古代地层之间的角度不整合，同时产生S型花岗岩及其他同期的酸性、基性-超基性岩浆岩；

（3）扬子板块和华夏板块碰撞聚合形成统一的华南大陆后，于820Ma之后又发生分离，形成了A型和S型花岗岩、双峰式火山岩和与裂谷有关的板内岩浆岩。

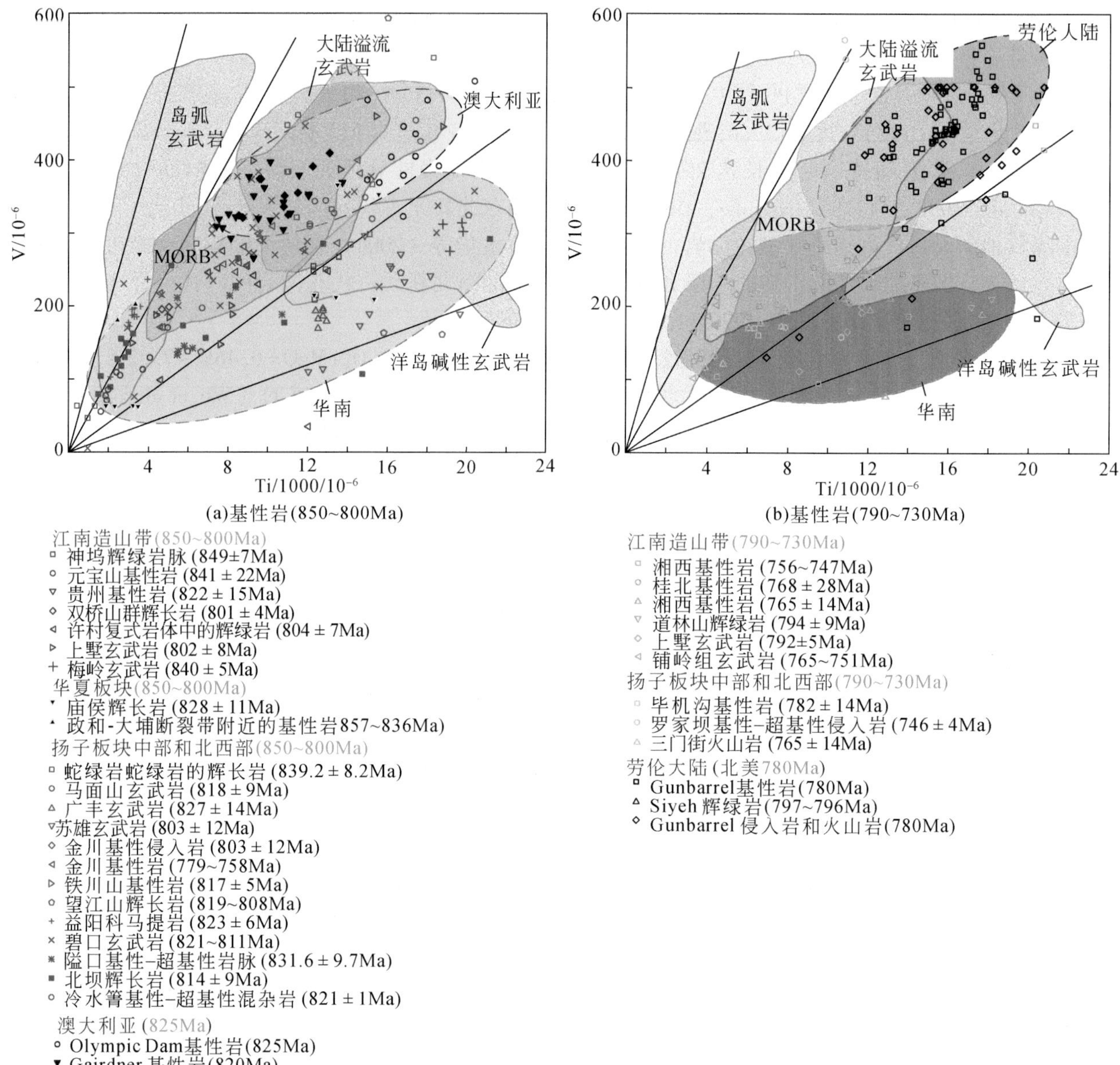

图 3-29　我国华南 850 ~ 800Ma 和澳大利亚 820Ma Gairdner-Amata 基性岩（a）以及我国华南 790 ~ 730Ma 和劳伦大陆西侧 780Ma Gunbarrel 基性岩（b）Ti/1000-V 图解（Shervais，1982）

葛藤岭岩体的数据来自本书，其他的数据来源于 Perrier（1988）、Stoffers（1988）、Zhao 和 McCulloch（1993）、Dudás 和 Lustwerk（1997）、Li 等（2002，2005b，2009）、Ling 等（2003）、Li 等（2005a，2008a，2008b）、Downes 等（2006）、Lai 等（2007）、Sandeman 等（2007）、Wang 等（2007a，2008a，2008b，2008c，2010）、Zhou 等（2007a，2007b，2009）、Zhu 等（2007）、Ootes 等（2008）、Zheng 等（2008a）、Chen 等（2009a）、Zhang 等（2009）、Zhao 和 Zhou（2009）、Ernst 和 Buchan（2010）、Shu 等（2011）、Wang 等（2012）、Mackinder（2014）、Yao 等（2014a，2014b，2015）、Huang 等（2015）和 Xia 等（2015）

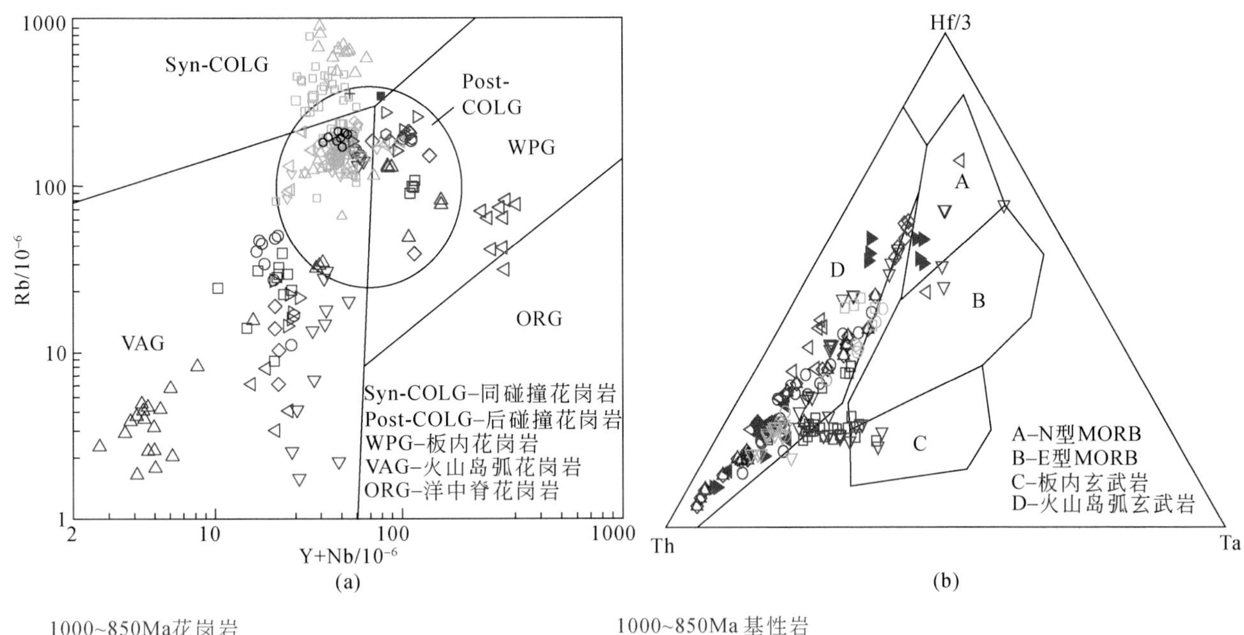

1000~850Ma花岗岩
□ 桃红I型花岗岩 (913±15Ma)
○ 西裘I型花岗岩 (905±14Ma)
△ 西湾埃达克质花岗岩 (970~968Ma)
▽ 仰冲型花岗岩 (880±19Ma)
◇ 平水高Mg闪长岩 (932±7Ma)
◁ 平水斜长花岗岩 (902±5Ma)
▷ 平水群角斑岩[2] (906±10Ma)
845~820Ma S型花岗岩
○ 葛藤岭花岗岩 (845±4Ma)
□ 广西省花岗岩 (835~820Ma)
◇ 云南省花岗岩 (819±8Ma)
△ 安徽省花岗岩 (825~822Ma)
▽ 江西省花岗岩 (820~819Ma)
◁ 湖南省花岗岩 (845~816Ma)
820~750Ma花岗岩
□ 道林山A型花岗岩 (790±5Ma)
○ 石耳山花岗岩 (777~771Ma)
△ 道林山A型花岗岩 (794±9Ma)
◁ 上墅流纹质岩石 (792±5Ma)
▽ 许村岩体中的花岗斑岩 (805±4Ma)
◇ 上墅流纹斑岩 (797±6Ma)
▷ 灵山A型花岗岩 (823±18Ma)
○ 莲花山A型花岗斑岩 (814±26Ma)
+ 右耳山花岗岩 (783±8Ma)
■ 田朋花岗岩 (794.2±8.1Ma)

1000~850Ma 基性岩
□ 富Nb玄武斑岩 (916±6Ma)
○ 平水基性岩 (970Ma)
△ 元宝山基性–超基性岩 (854.7±5.3Ma)
▽ 安山岩和玄武质粗面安山岩 (871~864Ma)
◇ 水阁辉绿岩 (863±6Ma)
+ 璜山玄武岩 (860±9 Ma)
845~820Ma 基性岩
□ 神坞辉绿岩 (849±7Ma)
○ 元宝山基性岩 (841±22Ma)
× 梅岭玄武岩 (840±5Ma)
▽ 贵州省基性岩 (822±15Ma)
820~750Ma 基性岩
◆ 双桥山群辉长岩 (801±4Ma)
◀ 许村复式岩体中的辉绿岩 (804±7Ma)
▶ 上墅玄武岩 (802±8Ma)
□ 湘西基性岩[1] (756~747Ma)
○ 桂北基性岩 (768±28Ma)
△ 湘西基性岩[2] (765±14Ma)
▽ 道林山辉绿岩 (794±9Ma)
◇ 上墅玄武岩 (792±5Ma)
◁ 铺岭组玄武岩 (765~751Ma)

图3-30 江南造山带花岗岩Rb-(Y+Nb)构造投图(a)(Pearce,1996)和基性岩Th-Hf-Ta构造投图(b)(Wood,1980)

葛藤岭岩体的数据来自本书;其他的数据来源于Li和Li(2003)、Li等(2003a,2008c)、Wang等(2004,2006,2012)、Ye等(2007)、Li等(2008b)、Zheng等(2008a)、Chen等(2009a,2009b)、Gao等(2009)和Yao等(2014a)

(a)>850Ma,华夏板块向扬子板块俯冲

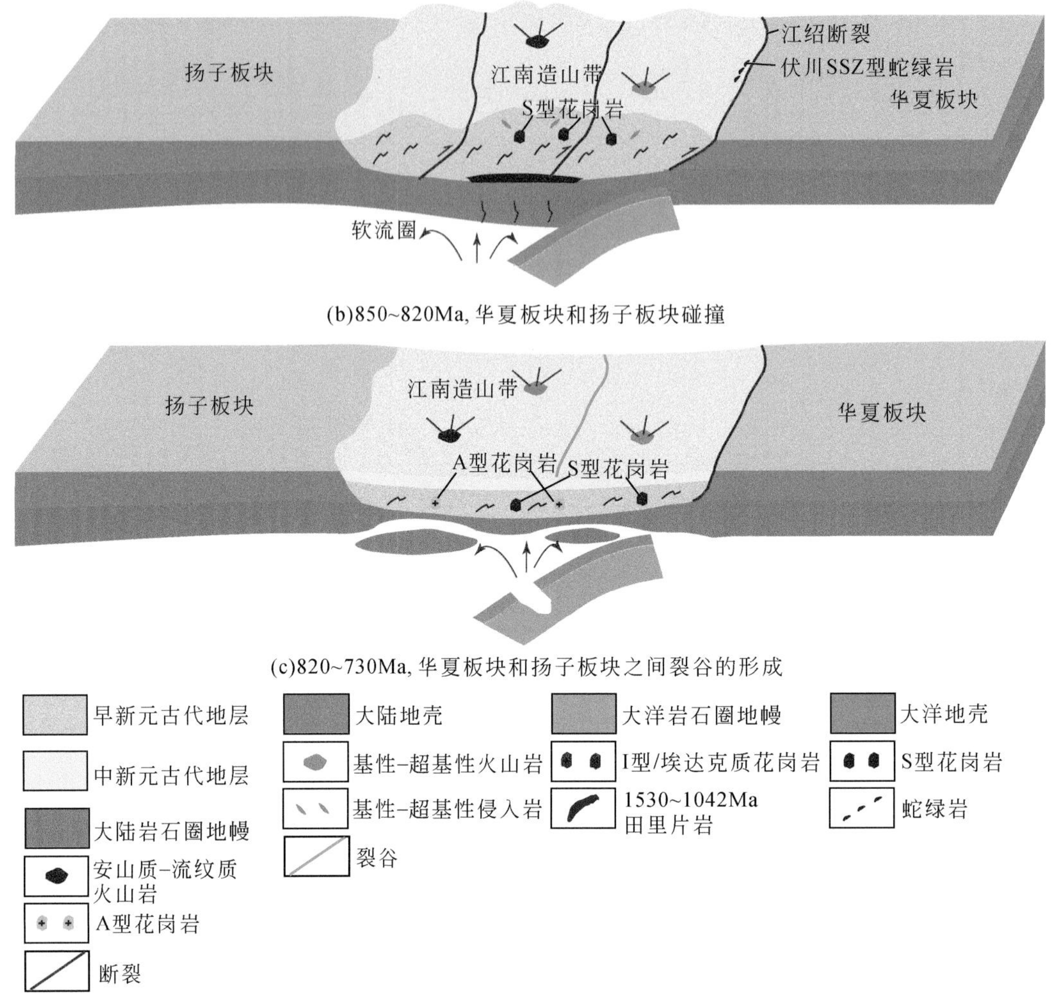

图 3-31　江南造山带新元古代构造演化示意图

3.2　加里东期花岗质岩

我国华南地区广泛分布不同时代花岗质岩，然而，与印支期，特别是与燕山期花岗质岩相比，对华南加里东期花岗质岩的研究程度显得要薄弱得多，再加之目前对华南晚前寒武纪—早古生代地球动力学背景认识上的差异（周新华，1999；王德滋和沈渭洲，2003），华南加里东期花岗质岩的成因及代表的构造岩浆事件尚未确切地厘定，它们与成矿作用的关系基本上也未引起国内地学者的重视。近二十多年来，还随着全球埃达克岩研究的普遍深入，人们同时认识到埃达克岩不仅具有多种类型和多成因构造环境，而且与 Cu-Au 等多金属矿产具有密切的时空关系（Defant and Drummond，1990；Atherton and Petford，1993；Castillo et al.，1999；Xu et al.，2002a；Martin et al.，2005；Condie，2005；王焰等，2000；张旗等，2001a，2001b，2001c，2004；王强等，2002；刘红涛等，2004）。王秀璋等（1999）、彭建堂（1999）、彭建堂等（2003）也提出，加里东期可能是华南，特别是江南古陆 W-Sb-Au-Cu 多金属矿床主要的成矿时期。因此，加强华南加里东期花岗质岩的研究，必将为深入揭示晚前寒武纪以来华南大地构造演化格局和陆壳增生、探讨加里东期花岗质岩浆作用与成矿作用关系提供进一步依据。最近，我们发现扬子板块东南缘的湘东北地区板衫铺加里东期花岗质岩的地球化学特征类似于埃达克岩和太古宙高 Al-TTG（奥长花岗岩-英云闪长岩-花岗闪长岩）岩，因而称为埃达克质花岗闪长岩，进而讨论了它们的成因和构造环境。

3.2.1　区域和野外地质特征

华南地区经历了新元古代扬子板块与华夏板块的碰撞拼贴、震旦纪—晚志留世聚合后的华南大陆的再次裂解和随后的拼合（600～400Ma）、中二叠世—中侏罗世与华北板块和印支板块的汇聚（270～210Ma）以及中侏罗世—白垩纪太平洋板块的俯冲（Li，1998；Xu et al.，2017）。由于多期的构造活动，扬子板块东南缘的江南古陆则以前寒武纪地层广泛出露、多期次多类型的花岗质岩浆作用和大规模金多金属成矿作用而著称。华南早古生代加里东期花岗岩的分布相当广泛，但主要分布在华夏板块区域，如呈北东走向的武夷山-云开大山地区、万洋山-诸广山地区、江西武功山地区等，而在扬子板块东南缘的湘东北地区则分布较少。目前，仅在扬子板块东南缘的湖南地区发现的加里东期花岗质岩体就达39个，总出露面积约4990km^2，约占全省中、酸性侵入岩出露面积的28.6%（湖南省地质矿产局，1988）。湖南省地质矿产局（1988）还将该区加里东期花岗质岩划分为两个阶段，其中第二个阶段岩体以板杉铺、宏夏桥、白马山、益将、桂东和万洋山等地为代表。湘东北加里东期花岗岩主要由板杉铺、宏夏桥以及张坊等岩体组成，其中以板杉铺岩体出露面积最大（图3-32），长21.3km、宽17.8km，出露面积约230km^2。根据最新高精度锆石U-Pb定年，湘东北板杉铺、宏夏桥岩体的侵位时代为434～418Ma（Zhang et al.，2012c；关义立等，2013）。

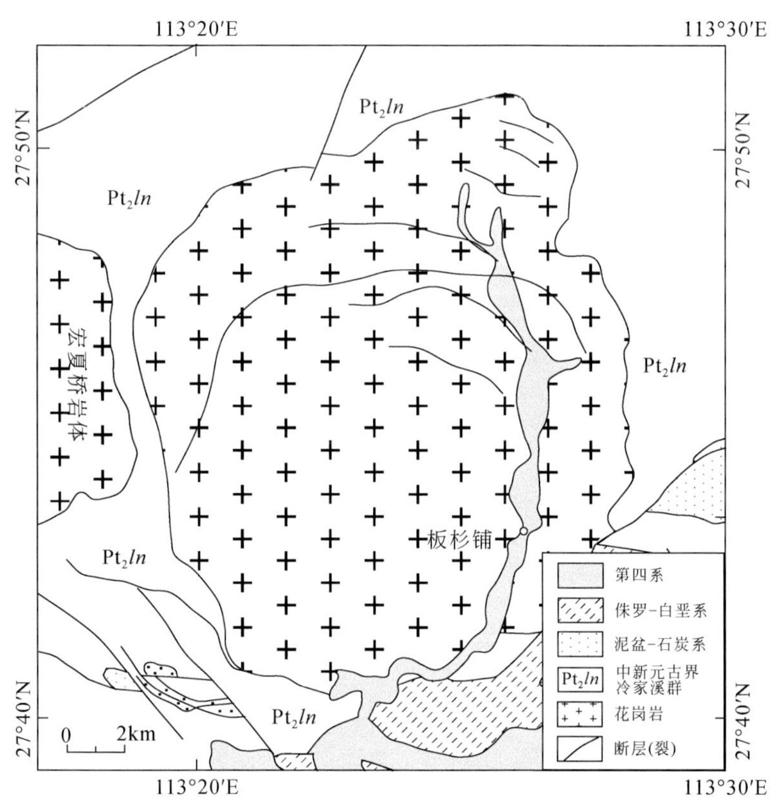

图3-32　湘东北板杉铺岩体地质略图

据湖南省地质调查院，2002；刘耀荣和贾宝华，2000修改

湘东北地区的板杉铺岩体位于醴陵市北西约9km处，平面上岩体形态总体呈北北东向稍长的椭圆形，其西侧与同期的宏夏桥岩体紧邻，而北面的中新元古界冷家溪群内则产有雁林寺、洪源等系列金矿床（贺转利等，2004）。地质调查表明，板杉铺岩体呈灰-浅灰色，与围岩接触界线清楚（图3-32），除东南角与泥盆系—石炭系和侏罗系—白垩系呈断层接触外，岩体周缘大部分与冷家溪群呈侵入接触，接触面

外倾，倾角 45° ~70°。因岩浆侵入形成的接触变质变形带而环绕岩体展布，带宽 0.6 ~1.5km，近岩体的围岩和岩体边部变质变形较强，片理/片麻理构造发育，而远离岩体变质变形逐渐减弱，直至消失，表现出块状构造。另据物探重磁资料，板杉铺岩体在空间上呈向南东倾斜的倒水滴状，环形和辐射状构造发育（图 3-32），反映其侵位机制与典型原地-半原地重熔型花岗质岩明显不同（刘耀荣和贾宝华，2000）。此外，岩体本身分带较为明显，细粒-中粒-粗粒的穿插关系比较清楚，据 1 ∶ 5 万区调资料，从岩体中心至岩体边部（时间从早到晚）依次为中细粒角闪石黑云母花岗闪长岩、细中粒黑云母二长花岗岩、粗中粒和中粗粒黑云母二长花岗岩、微细粒斑状黑云母二长花岗岩、中细粒—细粒二云母二长花岗岩，整体表现为边缘带呈中细粒结构，过渡带一般呈中粒似斑状结构，中心带呈中粒或粗中粒似斑状结构。其中斑晶大多为钾长石，少量为斜长石，边部角闪石斑晶含量则增多，且分布不均匀，大小不一，而中粗粒花岗岩中常伴有黄铁矿化。此外，大量呈椭圆形或 S 形的中基性暗色包体主要分布在岩体边缘带。

3.2.2 岩相学特征

板杉铺岩体主要造岩矿物为钾长石、斜长石、黑云母、角闪石、石英等。石英呈他形，波状消光，局部可见石英与钠长石形成的文象结构（图 3-33）；钾长石呈他形-半自形板状、板柱状晶体，主要为微斜长石、条纹长石，条纹构造发育。斜长石呈自形-半自形粒状、板状，卡钠双晶及正环带构造发育［图 3-33（b)］，与一些埃达克质岩斜长石所表现的特征类似（Stern and Kilian，1996；Castillo et al.，1999）。黑云母常片理化，往往含细粒的锆石、磷灰石嵌晶；而角闪石发育菱形节理，多与黑云母呈聚合体产出［图 3-33（c)］。副矿物则有磁铁矿、赤铁矿、钛铁矿、锆石、独居石、榍石和磷灰石等。

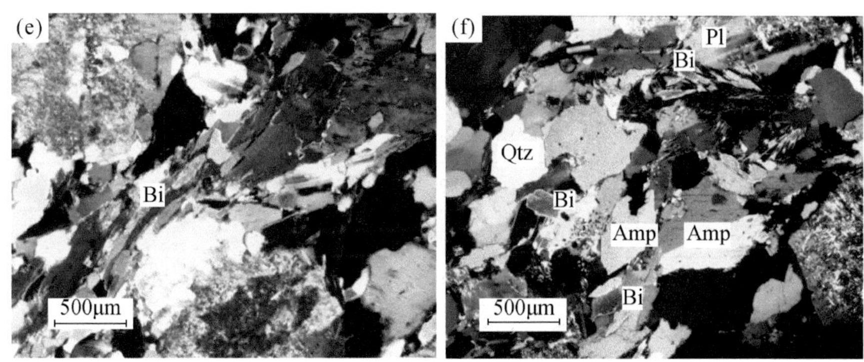

图 3-33　板杉铺岩体地质学与岩相学特征

(a) 岩体分带野外照片（从左至右为细粒到粗粒变化）；(b) 岩体边缘带内的暗色包体（打火机示尺寸）；(c) 钾长石的文象结构（样品 BSP-4，正交偏光）；(d) 斜长石的正环带构造（正交偏光，样品 BJ5）；(e) 片理化黑云母（样品 BSP-4，正交偏光）；(f) 角闪石斑晶及菱形节理（样品 BJ3，正交偏光）。Qtz. 石英；Pl. 斜长石；Bi. 黑云母；Amp. 角闪石

3.2.3　全岩地球化学特征

沿板杉铺岩体仙霞—东冲铺一典型剖面采集了 13 个具有代表性的样品，在宏夏桥岩体铁路采石场采集了 3 个具有代表性的样品。为比较，同时收集了湖南省地质矿产局（1988）所做的 15 个样品全岩化学分析结果（表 3-9）。板杉铺岩体样品中，样品 BSP-01 为镁铁质包体，样品 BSP-6、BJ3、BJ4 为细粒结构花岗质岩，样品 BSP-2 ~ BSP-5、BJ1、BJ2 为中粗粒结构花岗质岩，样品 BJ5、BJ6 和 BJ7 为粗粒结构花岗质岩；宏夏桥岩体样品中，样品 HXB 为镁铁质包体，样品 HXQ-1、HXQ-2 为中粗粒结构花岗质岩。主量元素由中国科学院地球化学研究所采用湿化学分析法完成，分析精度约为 1%；微量元素由中国科学院广州地球化学研究所采用 ICP-MS 分析完成，分析精度为 5%~10%，详细的实验方法见刘颖等（1996）。

表 3-9　湘东北加里东期花岗岩主量元素组成

样品	SiO_2 /%	TiO_2 /%	Al_2O_3 /%	Fe_2O_3 /%	FeO /%	MnO /%	MgO /%	CaO /%	Na_2O /%	K_2O /%	P_2O_5 /%	LOI /%	Na_2O/K_2O	A/CNK	$Mg^{\#}$	来源
BJ1	68.14	0.80	16.94	0.40	0.14	0.08	0.69	2.72	2.64	2.55	0.40	3.97	1.04	1.35	0.71	本书
BJ2	70.01	0.73	17.00	0.50	0.28	0.01	0.58	2.68	2.98	2.53	0.47	2.08	1.18	1.38	0.59	本书
BJ3	69.69	0.90	16.69	0.75	0.50	0.01	0.67	3.32	3.21	2.29	0.53	0.87	1.40	1.28	0.50	本书
BJ4	69.84	0.83	15.92	0.80	0.35	0.02	0.69	3.10	3.08	2.25	0.47	1.95	1.37	1.26	0.53	本书
BJ5	70.85	0.70	15.95	0.50	0.15	0.04	0.52	2.68	3.00	2.67	0.50	1.99	1.12	2.05	0.61	本书
BJ6	69.95	0.97	15.66	0.55	0.31	0.03	1.12	3.29	2.43	2.77	0.37	1.87	0.88	1.74	0.71	本书
BJ7	68.61	1.07	16.94	0.60	0.35	0.03	1.25	3.86	2.53	2.36	0.39	1.55	1.07	1.77	0.71	本书
BSP-2	63.67	0.57	16.11	4.78	—	0.08	3.57	4.88	2.85	2.95	0.15	0.44	0.97	1.33	0.60	本书
BSP-3	65.32	0.58	15.85	4.41	—	0.07	2.84	4.39	2.95	3.21	0.16	0.75	0.92	1.38	0.56	本书
BSP-4	63.53	0.58	16.13	5.09	—	0.08	3.63	5.13	2.83	2.39	0.15	0.83	1.18	1.35	0.59	本书
BSP-5	64.84	0.56	15.85	4.40	—	0.07	3.43	4.72	2.91	2.87	0.14	0.38	1.01	1.35	0.61	本书
BSP-6	65.02	0.59	15.76	4.40	—	0.07	2.85	4.35	2.84	3.26	0.15	0.96	0.87	1.38	0.56	本书
HXQ-1	64.42	0.62	16.00	4.62	—	0.08	2.79	4.50	2.75	3.35	0.17	0.41	0.82	1.35	0.54	本书

续表

样品	SiO_2 /%	TiO_2 /%	Al_2O_3 /%	Fe_2O_3 /%	FeO /%	MnO /%	MgO /%	CaO /%	Na_2O /%	K_2O /%	P_2O_5 /%	LOI /%	Na_2O /K_2O	A /CNK	$Mg^{\#}$	来源
HXQ-2	63.82	0.63	15.99	4.66	—	0.07	2.91	4.67	2.78	3.21	0.17	0.43	0.87	1.34	0.55	本书
BSP-01	69.78	0.35	14.43	2.93	2.21	0.06	1.69	2.93	3.15	3.52	0.11	1.24	0.89	1.58	0.38	1
BSP-02	67.12	0.47	14.00	4.35	3.27	0.07	2.82	4.05	2.85	3.25	*	*	0.88	1.28	0.41	1
BSP-03	72.43	0.25	14.85	1.49	1.15	0.05	0.55	1.80	3.44	3.79	*	*	0.91	2.01	0.28	1
HXQ-01	64.15	0.43	15.09	1.51	3.46	0.06	3.05	4.82	3.25	3.09	0.12	1.22	1.05	1.24	0.53	1
HXQ-02	61.74	0.40	15.10	1.64	4.05	0.08	3.62	5.78	3.62	3.10	2.77	*	1.17	1.09	0.54	1
HXQ-03	65.28	0.45	15.09	1.45	3.18	0.06	2.78	4.37	3.32	3.24	*	*	1.02	1.32	0.52	1
GD	65.44	0.68	15.02	0.45	4.99	0.09	1.69	3.48	3.02	3.54	0.19	1.31	0.85	1.48	0.36	1
YBQ	65.93	0.53	15.28	1.01	3.01	0.07	2.41	4.14	3.21	3.16	0.15	0.99	1.02	1.39	0.52	1
TJ	67.82	0.56	15.17	0.67	3.10	0.06	1.46	3.38	3.44	3.35	*	0.63	1.03	1.55	0.41	1
YJ	57.52	0.86	15.73	1.42	5.92	0.12	5.08	5.95	2.95	1.86	0.17	2.40	1.59	1.22	0.56	1
BMSH	68.47	0.44	15.07	3.00	2.34	0.05	1.46	2.92	3.08	3.42	*	*	0.90	1.67	0.34	1
TJ-01	68.05	0.55	15.07	0.62	3.11	0.06	1.42	3.28	3.43	3.41	*	*	1.01	1.56	0.41	1
TJ-02	66.79	0.60	15.60	0.89	3.08	0.05	1.64	3.81	3.46	3.05	*	*	1.13	1.52	0.43	1
ZF	66.41	0.53	15.62	0.50	3.89	0.10	1.91	3.31	3.26	2.63	0.14	1.41	1.24	1.76	0.44	1
LL	70.05	0.37	14.55	0.57	2.45	0.06	1.16	2.65	3.50	2.34	0.01	0.49	1.50	1.98	0.41	1

注：本书数据在中国科学院地球化学研究所和中国科学院广州地球化学研究所完成。1-来源于湖南省地质矿产局（1988）；“*”表示原文未列出；“—”表示已经换算成 Fe_2O_3。

全岩 Sr-Nd-Pb 同位素组成由宜昌地质矿产研究所中南实验检测中心分析测试，具体过程见 Ma 等（1998）。$^{87}Rb/^{86}Sr$、$^{147}Sm/^{144}Nd$、$^{206}Pb/^{204}Pb$、$^{207}Pb/^{204}Pb$ 和 $^{208}Pb/^{204}Pb$ 值的测定精度分别为±0.7%、±0.2%、±0.1%、±0.1%和±0.1%。代表性样品的主微量元素及相应的 Sr-Nd-Pb 同位素分析结果分别见表 3-9～表 3-11。

表 3-10　湘东北加里东期花岗岩微量元素组成

	BJ2	BJ3	BJ4	BJ5	BJ6	BSP-2	BSP-3	BSP-4	BSP-5	BSP-6	HXQ-1	HXQ-2	BSP-1	HXB
地点	板杉铺仙井乡采石场									板杉铺凳子墩	宏夏桥铁路采石场		板杉铺仙井乡采石场	宏夏桥铁路采石场
岩性	花岗质岩												中基性包体	
$Sc/10^{-6}$	4.27	4.742	5.614	4.62	8.64	13.3	10.5	14.04	11.76	11.23	12.4	6.192	30.06	20.72
$Ti/10^{-6}$	1673	2158	2298	1695	2556	3085	3171	3337	3028	3278	3525	33823	5149	3948
$V/10^{-6}$	30.76	40.94	52.1	30.18	55.94	93.81	85.85	105.5	93.33	84.75	96.99	95.38	217.6	142.6
$Cr/10^{-6}$	32.9	8.716	8.01	7.618	54.04	131	98.2	147.4	159.7	90.62	79.85	81.03	295.7	237.7
$Mn/10^{-6}$	339	346.8	350.2	283.8	390.6	622.5	579.7	623.5	585.2	576.4	626.1	584.7	1147.6	1049.5
$Co/10^{-6}$	4.926	5.788	5.962	4.938	9.814	17.39	14.14	18.07	16.59	14.33	15.11	14.84	31.24	25.57
$Ni/10^{-6}$	11.03	3.488	3.172	3.496	27.96	65.7	46.63	68.18	63.77	46.68	39.31	40.87	89.54	83.36
$Cu/10^{-6}$	21.96	41.12	9.504	12.42	28.98	35.34	28.37	30.36	23.52	22.69	66	71.01	17.38	40.02
$Zn/10^{-6}$	32.86	47.82	44	37.18	50.62	47.89	51.09	52.67	51.37	49.57	50.58	45.28	79.94	68.48

续表

	BJ2	BJ3	BJ4	BJ5	BJ6	BSP-2	BSP-3	BSP-4	BSP-5	BSP-6	HXQ-1	HXQ-2	BSP-1	HXB
地点	板杉铺仙井乡采石场									板杉铺凳子墩	宏夏桥铁路采石场		板杉铺仙井乡采石场	宏夏桥铁路采石场
岩性	花岗质岩												中基性包体	
Ga/10^{-6}	15. 67	17. 29	18. 20	15. 67	16. 57	17. 24	17. 43	17. 51	16. 93	17. 73	18. 12	15. 99	14. 76	18. 78
Ge/10^{-6}	1. 582	1. 272	1. 266	1. 368	1. 544	1. 364	1. 464	1. 435	1. 414	1. 284	1. 651	1. 524	2. 313	1. 874
Rb/10^{-6}	161	125	110	137	152	145	153	129	143	153	153	37	98	160
Sr/10^{-6}	454. 2	697. 6	660. 2	432. 6	359. 6	325	357. 3	324	315. 6	362. 4	351. 2	170	224. 1	330. 4
Y/10^{-6}	10. 27	10. 99	11. 52	8. 42	10. 70	13. 56	13. 3	14. 06	12. 67	13. 77	15. 72	11. 2	16. 25	20. 49
Zr/10^{-6}	158. 4	205. 8	204	161. 3	159. 2	105. 9	220. 7	192. 1	130	184. 5	187. 4	162. 6	172. 2	157. 3
Nb/10^{-6}	13. 63	17. 90	18. 11	13. 54	7. 622	8. 06	8. 835	8. 668	7. 976	8. 801	9. 925	9. 495	7. 872	11. 11
Cs/10^{-6}	8. 322	7. 416	4. 508	5. 862	6. 92	10. 2	9. 441	9. 991	13. 56	9. 434	11. 92	7. 813	8. 606	12. 33
Ba/10^{-6}	1078	1532	1502	1114	1052	690. 6	847. 3	566. 7	672. 1	876. 2	836. 5	512. 1	322. 4	629. 1
La/10^{-6}	69. 02	98. 28	90. 72	50. 82	38. 08	34. 88	36. 25	35. 01	30. 81	39. 71	37. 84	16. 65	19. 89	25. 21
Ce/10^{-6}	109. 2	156. 3	144. 5	94. 74	71. 62	71. 15	73	69. 85	61. 89	79. 88	78. 63	34. 29	40. 1	62. 6
Pr/10^{-6}	10. 79	15. 00	13. 89	7. 98	7. 48	8. 03	8. 29	7. 98	6. 95	8. 97	9. 17	5. 06	4. 69	8. 39
Nd/10^{-6}	32. 58	46. 14	42. 54	24. 24	25. 7	28. 37	29. 31	27. 85	24. 32	31	32. 73	19. 12	17. 1	32. 34
Sm/10^{-6}	4. 018	5. 214	4. 976	3. 146	3. 716	4. 244	4. 379	4. 413	3. 823	4. 623	5. 031	3. 369	3. 222	5. 615
Eu/10^{-6}	0. 754	0. 978	0. 868	0. 676	0. 812	0. 895	0. 958	0. 933	0. 843	0. 969	1. 085	0. 717	1. 048	1. 313
Gd/10^{-6}	1. 964	2. 29	2. 428	1. 622	2. 35	3. 119	3. 154	3. 24	2. 865	3. 401	3. 828	2. 584	2. 959	4. 326
Tb/10^{-6}	0. 348	0. 341	0. 41	0. 296	0. 398	0. 446	0. 44	0. 463	0. 413	0. 471	0. 539	0. 373	0. 493	0. 662
Dy/10^{-6}	1. 902	1. 988	2. 236	1. 612	2. 08	2. 454	2. 439	2. 553	2. 31	2. 567	2. 941	2. 143	2. 907	3. 783
Ho/10^{-6}	0. 348	0. 384	0. 414	0. 296	0. 404	0. 487	0. 484	0. 517	0. 461	0. 492	0. 581	0. 416	0. 622	0. 769
Er/10^{-6}	1. 008	1. 047	1. 17	0. 872	1. 072	1. 329	1. 275	1. 39	1. 282	1. 386	1. 62	1. 151	1. 764	2. 098
Tm/10^{-6}	0. 148	0. 146	0. 16	0. 124	0. 16	0. 194	0. 192	0. 211	0. 184	0. 202	0. 24	0. 182	0. 291	0. 322
Yb/10^{-6}	0. 938	0. 944	0. 99	0. 776	0. 942	1. 262	1. 239	1. 371	1. 221	1. 327	1. 562	1. 196	1. 971	2. 079
Lu/10^{-6}	0. 148	0. 142	0. 152	0. 12	0. 142	0. 201	0. 199	0. 217	0. 191	0. 209	0. 249	0. 192	0. 327	0. 329
Hf/10^{-6}	4. 428	5. 578	5. 392	4. 498	4. 586	2. 813	5. 394	4. 907	3. 452	4. 66	4. 998	4. 349	4. 245	4. 418
Ta/10^{-6}	1. 208	1. 312	1. 47	1. 152	0. 688	0. 771	0. 756	0. 866	0. 801	0. 776	0. 887	0. 82	0. 571	0. 913
Pb/10^{-6}	47. 48	45. 24	38. 46	42. 44	49. 16	43. 23	43. 57	42. 01	41. 28	46. 35	55. 19	33. 07	18. 34	34. 65
Th/10^{-6}	35. 56	46. 14	43. 18	33. 8	20. 5	21. 29	24. 49	18. 33	19. 66	27. 22	27. 46	14. 45	6. 862	15. 8
U/10^{-6}	7. 488	6. 364	5. 864	5. 47	2. 684	3. 89	4. 546	4. 06	3. 75	4. 396	5. 295	1. 268	1. 239	4. 222
REE/10^{-6}	233	329	305	187	155	157	162	156	138	175	176	87	97	150
Sr/Y	44	63	57	51	34	24	27	23	25	26	22	15	14	16
La/Yb	74	104	92	65	40	28	29	26	25	30	24	14	10	12
Eu/Eu*	0. 82	0. 87	0. 76	0. 91	0. 84	0. 75	0. 79	0. 75	0. 78	0. 75	0. 76			

表 3-11　湘东北加里东期花岗岩 Sr-Nd-Pb 同位素组成

岩体名称	板衫铺							宏夏桥	
岩石名称	细粒花岗岩	细粒花岗岩	中粗粒花岗岩	中粗粒花岗岩	中粗粒花岗岩	粗粒花岗岩	粗粒花岗岩	角闪石辉长岩（含暗色包体）	
样品编号	BJ3	BJ4	BJ1	BJ2	BJ5	BJ6	BJ7	HB1	HB2
t/Ma	394	394	394	394	394	394	394	394	394
$Rb/10^{-6}$	126.3	109.9	231.7	167.2	141.9	150.8	140.8	154.6	145.4
$Sr/10^{-6}$	710.5	667.8	380.8	463.5	436.2	353.5	314.3	296.7	348.1
$^{87}Rb/^{86}Sr$	0.5126	0.4747	1.756	1.041	0.9383	1.232	1.293	1.504	1.206
$^{87}Sr/^{86}Sr$	0.71194	0.71179	0.71776	0.71556	0.71493	0.72098	0.72101	0.72295	0.72197
$\pm2\sigma$	0.00002	0.00006	0.00006	0.00004	0.00008	0.00009	0.00003	0.00002	0.00007
$(^{87}Sr/^{86}Sr)_i$	0.70906	0.70913	0.70791	0.70972	0.70967	0.71407	0.71376	0.71451	0.71520
$Sm/10^{-6}$	5.102	5.077	4.91	4.045	3.21	3.637	3.973	5.138	5.324
$Nd/10^{-6}$	44.28	43.29	39.85	33.01	24.83	24.94	26.26	30.7	32.4
$^{147}Sm/^{144}Nd$	0.0697	0.071	0.0746	0.0742	0.0782	0.0919	0.0915	0.1012	0.0994
$^{143}Nd/^{144}Nd$	0.511954	0.511953	0.511935	0.511935	0.511941	0.51196	0.511954	0.511957	0.511953
$\pm2\sigma$	0.000006	0.000006	0.000005	0.000007	0.000007	0.000006	0.000007	0.000011	0.000008
$(^{143}Nd/^{144}Nd)_i$	0.511774	0.511770	0.511743	0.511744	0.511739	0.511723	0.511718	0.511696	0.511697
$\varepsilon_{Nd}(t)$	-6.96	-7.04	-7.58	-7.56	-7.64	-7.96	-8.06	-8.49	-8.47
t_{DM2}/Ga	1.43	1.44	1.49	1.49	1.51	1.60	1.61	1.61	1.59
$^{206}Pb/^{204}Pb$	18.642	18.732	18.84	18.699	18.683	18.275	18.405	18.477	18.482
$^{207}Pb/^{204}Pb$	15.775	15.889	15.673	15.666	15.69	15.659	15.713	15.696	15.66
$^{208}Pb/^{204}Pb$	40.087	40.556	39.563	39.216	39.392	38.776	39.042	39.001	38.927
Φ 值	0.587	0.594	0.564	0.572	0.576	0.598	0.596	0.589	0.585
μ 值	9.78	10	9.57	9.56	9.61	9.6	9.69	9.65	9.57
Th/U	4.32	4.48	3.98	3.92	4	3.96	4.01	3.95	3.91
$^{232}Th/^{204}Pb$	42.25	44.80	38.09	37.48	38.44	38.02	38.86	38.12	37.42
$^{235}U/^{204}Pb$	0.071	0.073	0.069	0.069	0.070	0.070	0.070	0.070	0.069
$(^{206}Pb/^{204}Pb)_i$	18.58	18.67	18.78	18.64	18.62	18.22	18.35	18.42	18.42
$(^{207}Pb/^{204}Pb)_i$	15.74	15.85	15.64	15.63	15.66	15.63	15.68	15.66	15.63
$(^{208}Pb/^{204}Pb)_i$	39.26	39.67	38.81	38.48	38.64	38.03	38.28	38.25	38.19

3.2.3.1　主量元素特征

从表 3-9 可以看出，湘东北加里东花岗岩的 SiO_2 含量变化较大，变化于 57.52%~72.43% 之间，MgO 含量变化也较大，变化于 0.52%~5.08%，但 $Mg^{\#}$ 都比较高，大多数介于 0.41~0.71 之间。Al_2O_3 含量较高，为 14.00%~17.00%，TiO_2 含量在 0.25%~1.07% 之间，与一般的中酸性岩相比，其 TiO_2 含量相对偏低。岩石明显富钾，K_2O 含量为 1.86%~3.79%，Na_2O/K_2O 值为 0.82~1.59，平均 1.07，接近于 1。在 SiO_2-K_2O 图解上，大部分落于高钾钙碱性系列区域（图 3-34）。在 Streckeisen（1973）的 QAP 图解上（图 3-35），大多数样品分布在花岗闪长岩区内。铝饱和指数［A/CNK：molar Al_2O_3（$CaO+Na_2O+K_2O$）］均≥1.1（为 1.09~2.05），显示强过铝质特性。在主要元素的 Harker 图解上，SiO_2 与 CaO、MgO、FeO^T

存在负相关关系，而与TiO_2、Na_2O、Al_2O_3等无明显线性关系（图3-36）。然而，与寄主花岗质岩相比的是，无论是板杉铺岩体，还是宏夏桥岩体内的中基性暗色包体，均具有低的SiO_2含量（58.39%~61.25%），但具有高的FeO^T（6.30%~8.74%）、MgO（5.12%~5.41%）和相对高的TiO_2（0.68%~0.92%）含量，不过两者的$Mg^{\#}$指数均相当。

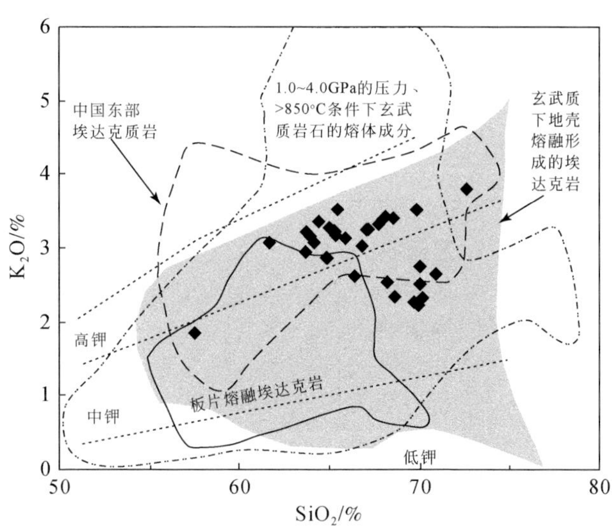

图3-34　湘东北加里东期花岗岩SiO_2-K_2O图解（据Morrison，1980；图中区域据王强等，2002）

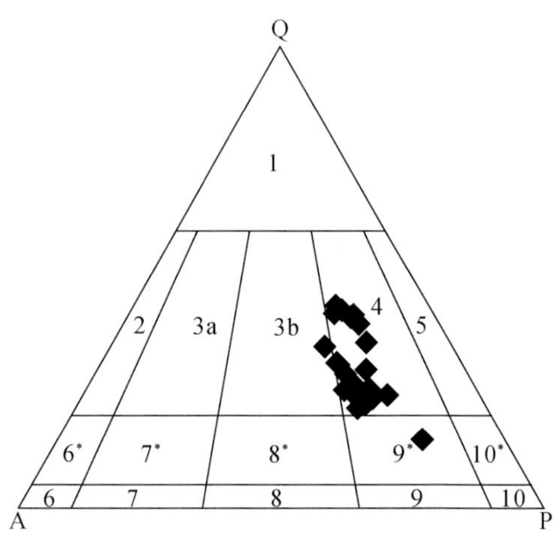

图3-35　湘东北加里东期花岗岩QAP图解（据Streckeisen，1973）

1. 石英花岗岩；2. 碱性斜长花岗岩；3a. 花岗岩；3b. 二长花岗岩；4. 花岗闪长岩；5. 斜长花岗岩；6. 碱长正长岩；6*. 碱长石英正长岩；7. 正长岩；7*. 石英正长岩；8. 二长岩；8*. 石英二长岩；9. 二长闪长岩；9*. 石英二长闪长岩；10. 闪长岩；10*. 石英闪长岩

3.2.3.2　微量（含稀土）元素特征

微量元素分析表明（表3-10），湘东北加里东期花岗质岩表现较高的Sr（除样品HXQ-2为170×10^{-6}外，其他为315.6×10^{-6}~697.6×10^{-6}、均值436.2×10^{-6}）和Ba（512.1×10^{-6}~1532×10^{-6}）、低的Y（8.4×10^{-6}~15.7×10^{-6}）含量，因而具有非常低的Rb/Sr值（0.17~0.45）和高的Sr/Y值（15~63，平均36）。Th（14.45×10^{-6}~46.14×10^{-6}）、Cr（7.618×10^{-6}~159.7×10^{-6}）、Ni（3.172×10^{-6}~68.18×10^{-6}）、Cu（9.504×10^{-6}~71.01×10^{-6}）、Zr（105.9×10^{-6}~220.7×10^{-6}）、Nb（7.622×10^{-6}~18.11×10^{-6}）和Ta（0.688×10^{-6}~1.47×10^{-6}）等元素丰度则显示较大的变化，可能与源区成分和/或岩浆过程有关。

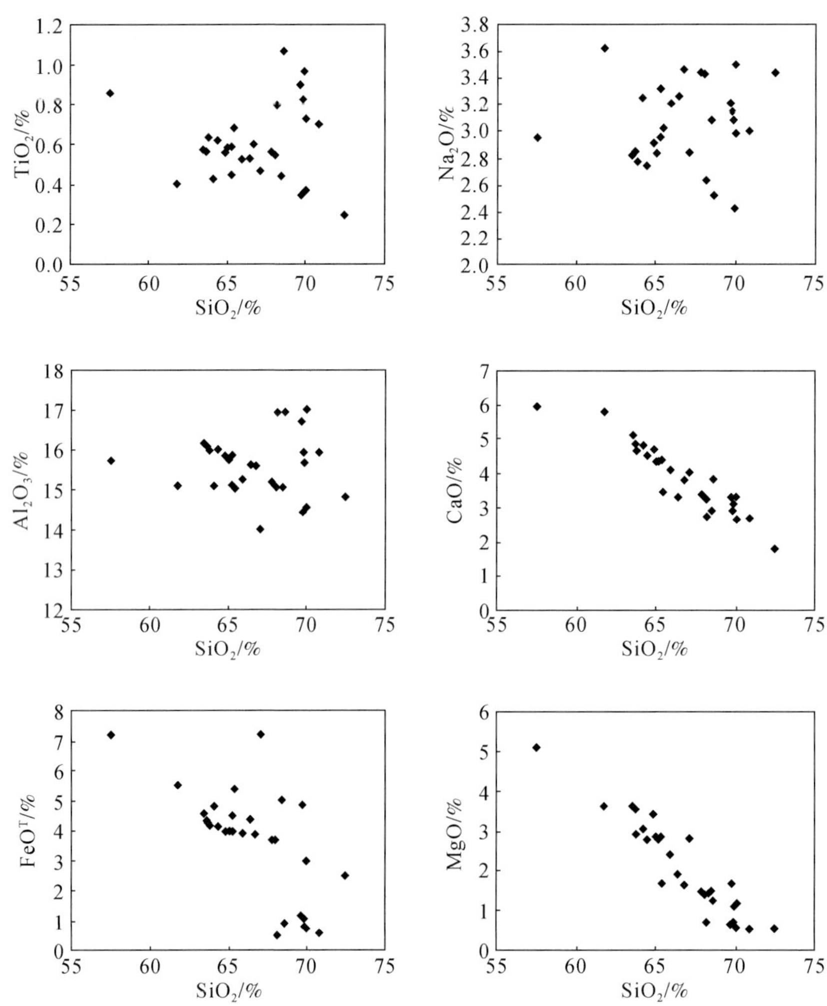

图 3-36　加里东期花岗岩 SiO_2 对主量元素 Harker 图解

原始地幔标准化的微量元素蛛网图［图 3-37（a）］显示，分析的样品明显富集大离子亲石元素（LILEs），特别是 Cs、Rb、Ba、Th、U 等；高场强元素（HFSEs），特别是 Nb、Ta、Ti 则强烈亏损。因而类似于大多数钙碱性弧岩浆岩。在 SiO_2 对微量元素的 Harker 图解上，相容元素 Ni、V 及 Y 有弱负相关关系，而 Ba、Rb、Sr 有弱正相关的趋势，Zr 分布较分散，基本无相关性（图 3-38）。然而，与花岗质岩相比，无论是板杉铺，还是宏夏桥岩体内的中基性包体，均具有高的 Sc（$20.72\times10^{-6}\sim30.06\times10^{-6}$）、Ti（$3948\times10^{-6}\sim5149\times10^{-6}$）、V（$142.6\times10^{-6}\sim217.6\times10^{-6}$）、Cr（$237.7\times10^{-6}\sim295.7\times10^{-6}$）、Mn（$1049.5\times10^{-6}\sim1147.6\times10^{-6}$）、Co（$25.57\times10^{-6}\sim31.24\times10^{-6}$）、Ni（$83.36\times10^{-6}\sim89.54\times10^{-6}$）、Zn（$68.48\times10^{-6}\sim79.94\times10^{-6}$）丰度，但相对低的 Cu（$17.38\times10^{-6}\sim40.02\times10^{-6}$）、Pb（$18.34\times10^{-6}\sim34.65\times10^{-6}$）和 Th（$6.862\times10^{-6}\sim15.800\times10^{-6}$）丰度。

湘东北地区加里东期花岗质岩的稀土元素含量高且变化大（$87\times10^{-6}\sim329\times10^{-6}$），球粒陨石标准化的稀土配分模式均表现轻稀土显著富集的右倾型［图 3-37（b）］，反映稀土元素发生了明显分馏［$(La/Yb)_N=17\sim65$］。但轻稀土元素之间分馏较明显［$(La/Sm)_N=4.9\sim12$］、重稀土元素分布较平坦［$(Gd/Lu)_N=1.6\sim2.0$］，可能暗示源区残留有角闪石和石榴子石。Eu 有弱的负异常（$Eu/Eu^*=0.75\sim0.91$），表明存在斜长石的分异结晶。不过稀土元素总量随着 SiO_2 的含量增加而略有降低的趋势，可能归于角闪石和其他副矿物如榍石、磷灰石的分异结晶的影响（Castillo et al.，1999；Jung et al.，2003），与分析样品具有较高的 P_2O_5 含量（0.37%~0.53%）相一致。

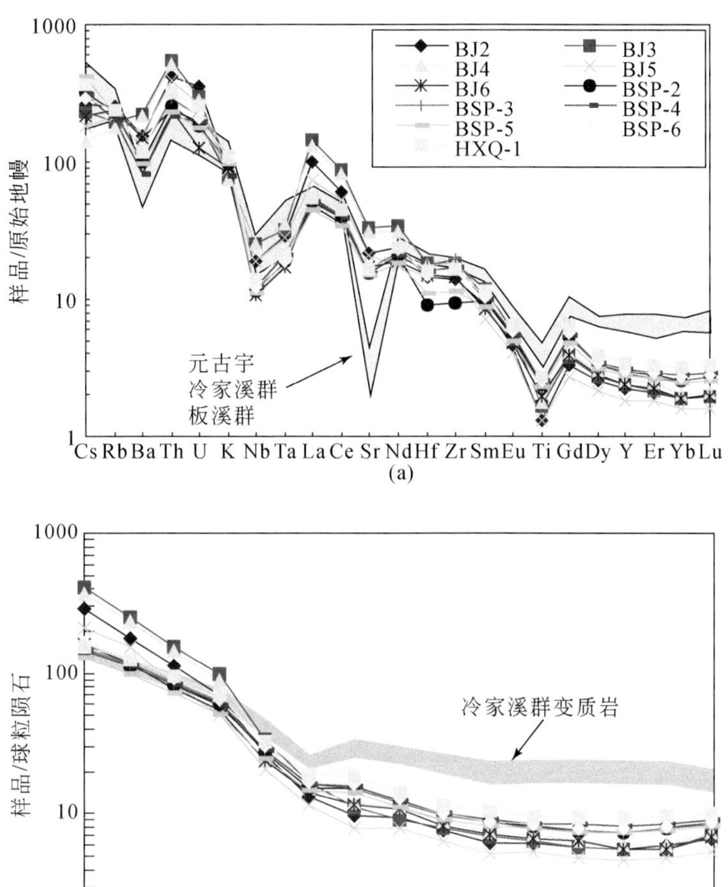

图3-37　加里东期花岗岩原始地幔标准化微量元素蛛网图（a）和球粒陨石标准化稀土元素配分图（b）

原始地幔和球粒陨石标准化值据 Sun and McDonough，1989；元古宇冷家溪群和板溪群数据据本书第4章

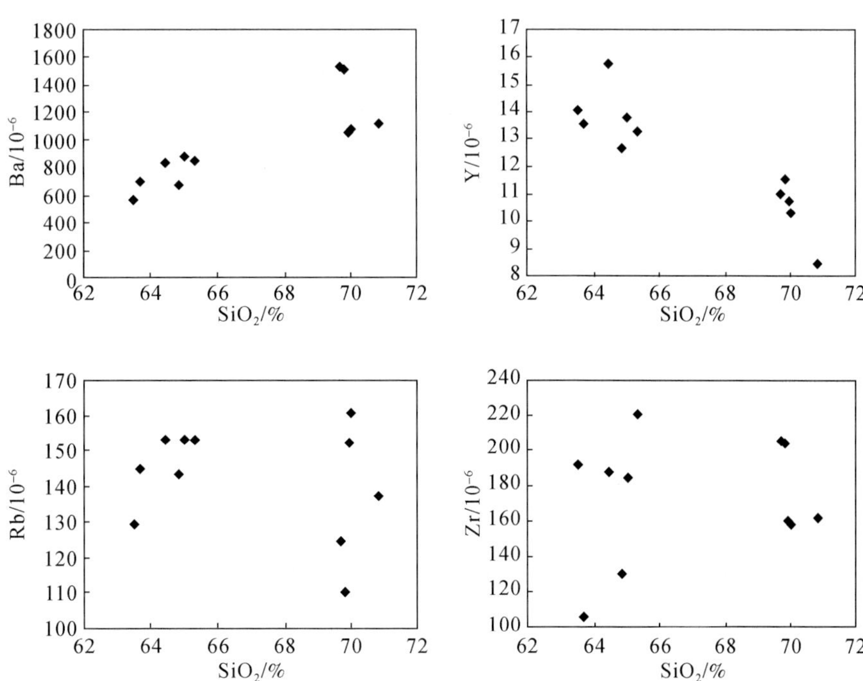

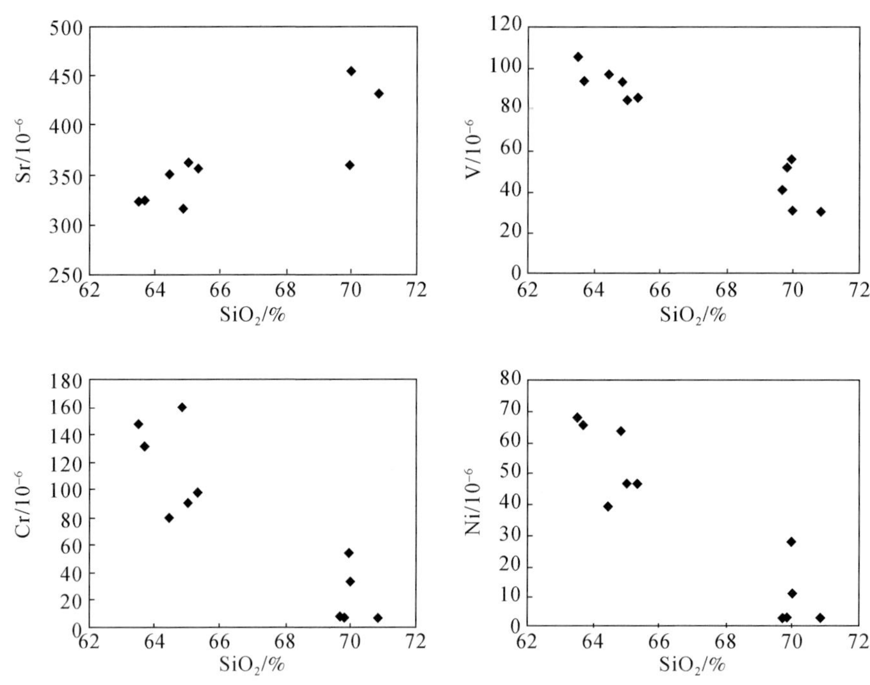

图 3-38　加里东期花岗岩 SiO_2 对微量元素 Harker 图解

3.2.3.3　Sr-Nd-Pb 同位素组成特征

板杉铺和宏夏桥岩体样品 Sr-Nd 同位素分析测试数据及相关计算结果见表 3-11。基于已有的锆石 U-Pb 年龄（湖南地质矿产局，1988；刘耀荣和贾宝华，2000；Zhang et al.，2012c），我们取年龄值 394Ma 进行计算。所测得的花岗质岩样品现今的 $^{87}Sr/^{86}Sr$ 值为 0.71179 ~ 0.72101，初始 $^{87}Sr/^{86}Sr$ 值［$(^{87}Sr/^{86}Sr)_i$］为 0.70791 ~ 0.71407，随粒度由细粒到粗粒，其 $^{87}Sr/^{86}Sr$ 值亦变大。其 Sm-Nd 组成为：$^{147}Sm/^{144}Nd$ = 0.0697 ~ 0.0919，$^{143}Nd/^{144}Nd$ = 0.511935 ~ 0.511960。现在的 ε_{Nd} 值［$\varepsilon_{Nd}(0)$］为 -13.7 ~ -13.2，$\varepsilon_{Nd}(t=394Ma)$ 为 -6.96 ~ -8.06，初始 $^{143}Nd/^{144}Nd$ 值［$(^{143}Nd/^{144}Nd)_i$］为 0.511718 ~ 0.511774。细粒-中粒-粗粒花岗岩差别明显，$\varepsilon_{Nd}(t)$ 分别为 -7.0、-7.6、-8.0。在 ε_{Nd}-ε_{Sr} 图上分布于 I-S 型过渡域（图 3-39）。由于所研究的花岗岩 $f_{Sm/Nd}<-0.5$，故用两阶段的模式计算了 Nd 模式年龄 t_{DM2}，获得的两阶段模式年龄（t_{DM2}）为 1.43 ~ 1.61Ga，细粒-中粒-粗粒花岗岩的 t_{DM2} 分别为 1.43Ga、1.49Ga、1.60Ga，表现出增高的趋势。

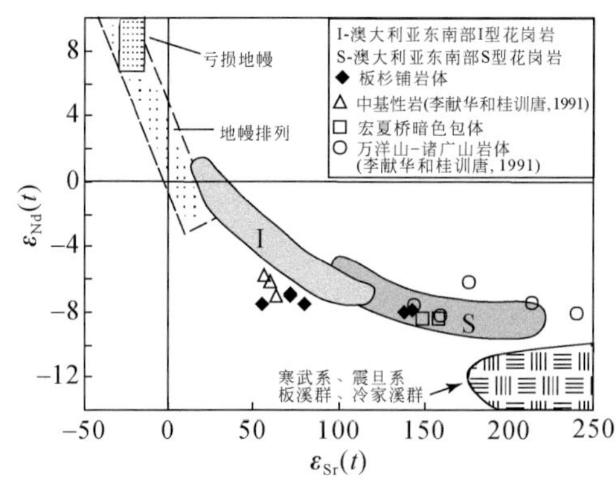

图 3-39　湘东北加里东期花岗岩 ε_{Nd}-ε_{Sr} 图解（扬子东南缘变质沉积岩据李献华和桂训唐，1991）

样品的全岩 Pb 同位素组成列于表3-11，铅模式图解见图3-40。湘东北加里东期花岗岩的$^{206}Pb/^{204}Pb$为18.275～18.840，$^{207}Pb/^{204}Pb$为15.659～15.889，$^{208}Pb/^{204}Pb$为38.776～40.556。计算的（$^{206}Pb/^{204}Pb)_i$、（$^{207}Pb/^{204}Pb)_i$、（$^{208}Pb/^{204}Pb)_i$分别为18.22～18.78、15.63～15.85和38.03～39.67。粗粒、中粗粒和细粒的 Pb 同位素组成有一定差别，（$^{208}Pb/^{204}Pb)_i$分别为38.03～38.64、38.48～38.81、39.26～39.26，显示出逐渐增高的趋势，说明它们的源区可能存在差别。在（$^{206}Pb/^{204}Pb)_i$-（$^{208}Pb/^{204}Pb)_i$图上，它们沿岛弧铅演化［图3-40（a）］，在（$^{206}Pb/^{204}Pb)_i$-（$^{207}Pb/^{204}Pb)_i$图上，不同于元古宇冷家溪群和板溪群变质沉积岩，分布在造山带与上地壳之间［图3-40（b）］，反映铅可能不是单一的来源。

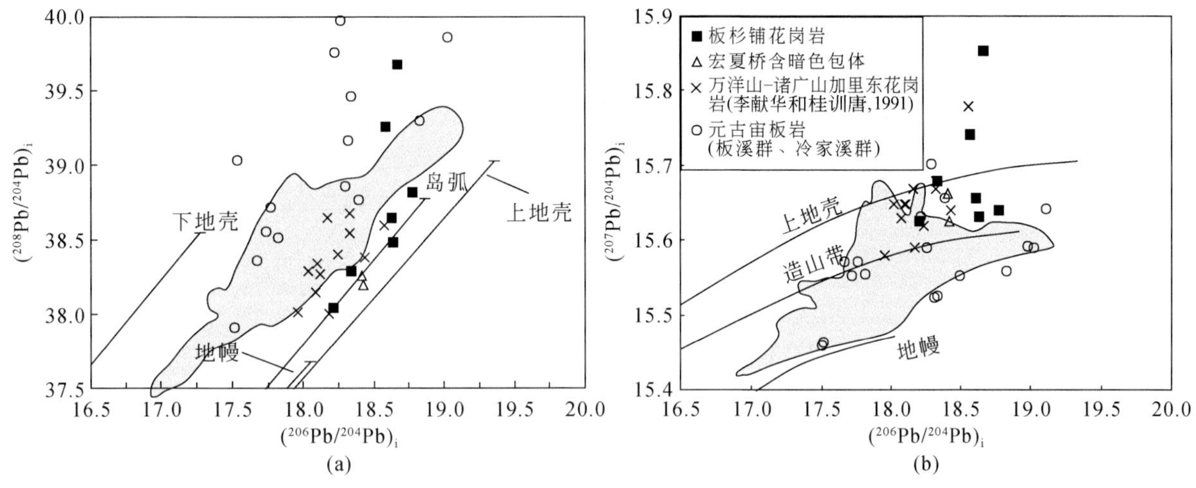

图3-40 湘东北加里东期花岗岩 Pb 同位素图解

铅模式据 Deo 和 Zartman（1979）；图中灰色区域为岛弧铅区域据 Castillo 等（1999）及文中参考文献

3.2.4 岩石成因类型

按 Defant 和 Drummond（1990）的原意，埃达克岩是一套具典型地球化学特征的中-酸性火山岩和侵入岩：$SiO_2 \geq 56\%$、$Al_2O_3 \geq 15\%$（很少低于该值）、MgO 通常小于3%（很少高于6%）；相对于岛弧安山岩、英安岩和钠质流纹岩，该岩类还具有低的 Y 和 HREE（$Y \leq 18\times10^{-6}$，$Yb<1.9\times10^{-6}$）、高的 Sr（很少小于400×10^{-6}）和低的高场强元素（HFSEs）。而高 Sr/Y 和 La/Yb 值则是埃达克质岩浆典型的判别特征（Martin，1999）。在 Yb_N-$(La/Yb)_N$和 Y-Sr/Y 图解上（图3-41），湘东北加里东期花岗质岩样品均落在埃达克岩和太古宙高 Al-TTD/TTG 岩区域及其附近区域，而与岛弧拉斑玄武岩和钙碱性岩明显不同。多元素变异图解（图3-42）也反映所研究的样品与高硅埃达克岩（HSA）、太古宙 TTG 以及含水的玄武质岩高压实验数据相一致。不过，湘东北加里东期花岗质岩岩体化学成分似乎与大多数高 Al-TTG 岩套（$SiO_2 \approx 70\%$时，$Al_2O_3>15\%$，$Yb<1\times10^{-6}$，La/Yb 普遍大于30，$Na_2O/K_2O>1$，Sr 和 Ba 均大于500×10^{-6}：Barker，1979）更具可比性。Condie（2005）认为，与典型埃达克岩相比，各时代的 TTG 岩具有较低的 Sr 丰度、镁铁质含量和 Mg 质指数，以及低的 Nb/Ta（通常小于原始地幔值17.6）和高的 Zr/Sm 值（大于原始地幔值25.2）。这与湘东北加里东期岩体化学成分非常类似（如 $Mg^{\#}$：0.37～0.59；Nb/Ta：11～14；Zr/Sm：40～51；Yb：0.7×10^{-6}～1.0×10^{-6}），但后者所具有的相对低的 K 含量和高的 Na/K 值、高的 Sr 含量和低的 Rb/Sr 值，以及显著 REE 分馏和弱负 Eu 异常的稀土模式，既不同于典型的强过铝质（SP）花岗质岩（Downes et al.，1997；Sylĺester，1998；Chappell，1999；Barbarin，1999），也不同于国内外那些在岩石圈伸展-减薄背景下因玄武质岩浆底侵而诱发的长英质地壳熔融所产生的花岗闪长岩（邢凤鸣等，1989；Shinjoe，1997；Jung et al.，2000；王岳军等，2001；毛健仁等，2004；邱检生等，2004）。因而我们将板衫铺岩体厘定为一套具埃达克岩性质的花岗闪长岩。

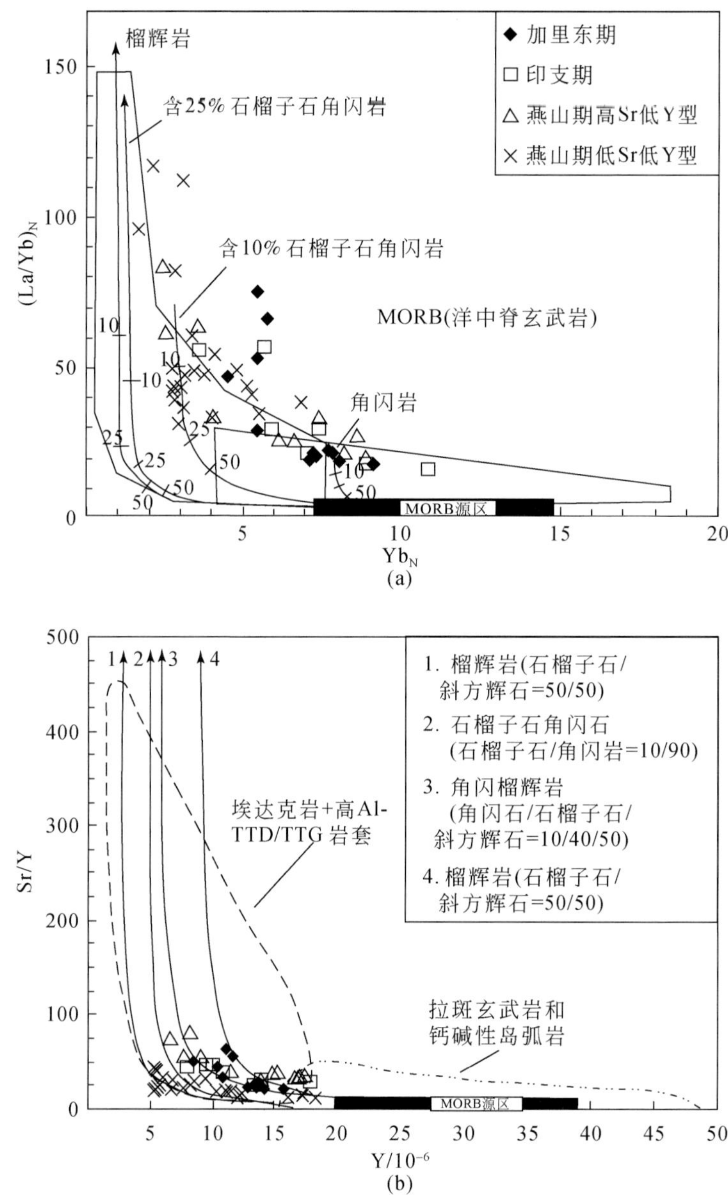

图 3-41　湘东北不同时期花岗质岩岩体 Yb_N-$(La/Yb)_N$（a）和 Y-Sr/Y（b）投影图（据 Drummond and Defant，1990）

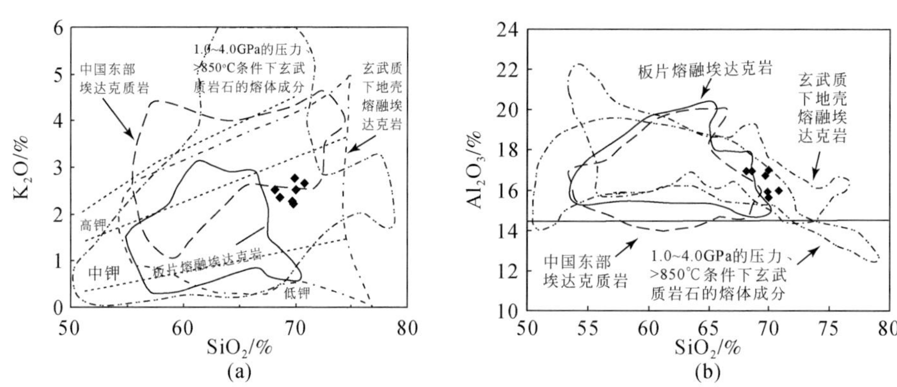

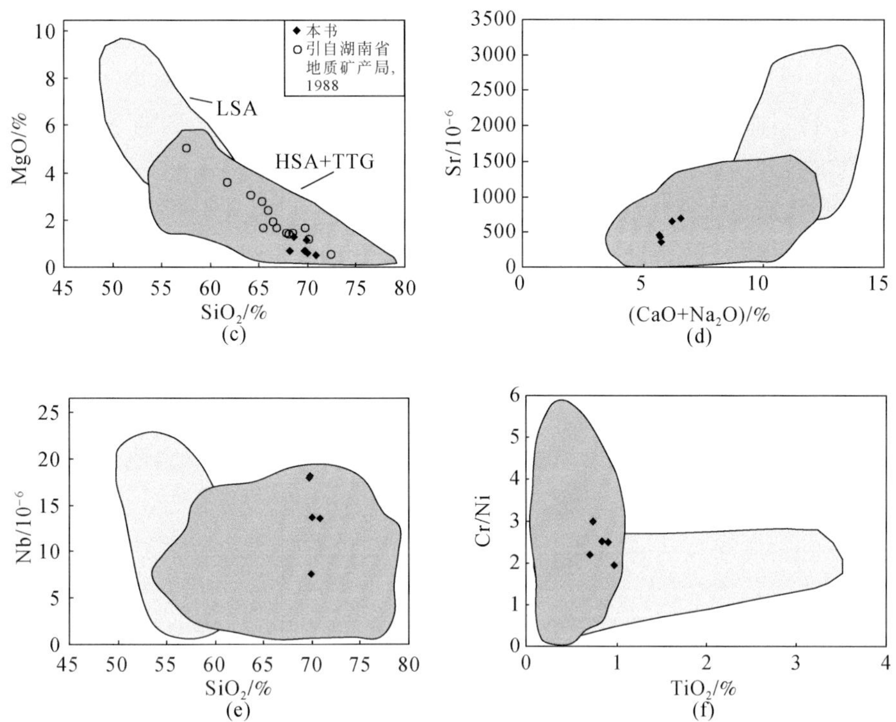

图3-42　加里东期板杉铺岩体化学成分与HSA（高SiO_2埃达克岩）、LSA（低SiO_2埃达克岩）、太古宙TTG岩、实验熔体及中国东部燕山期埃达克质岩的对比

（a）（b）中各区域转引自王强等（2002）；（c）～（f）中HSA、LSA和TTG岩套成分据Martint等（2005）；（c）中的空心圆代表湖南地区宏夏桥、白马山和益将等地加里东晚期花岗岩，引自湖南省地质矿产局（1988）；图中实心菱形系本书数据

3.2.5　源区和岩浆演化

相对高丰度的Sr、低丰度的Yb和Y，高比值的Sr/Y和La/Yb，以及高的Al_2O_3含量，暗示湘东北加里东期岩体的源区残留有石榴子石和/或角闪石，说明较高的温度、压力条件足以使石榴子石稳定（Condie，2005）。成分上与实验熔体数据和太古宙高Al-TTG岩具有更多的相似性，还暗示了所研究的岩体的源区为含有残余榴辉岩相的含水镁铁质弧地壳（Rapp et al.，1999）。Condie（2005）更是认为太古宙高Al-TTG岩稳定域源区岩应为角闪榴辉岩（即残余相由35%单斜辉石、30%角闪石和35%石榴子石组成）而不是石榴子石角闪岩，其形成深度在40～80km之间，温度为700～800℃。但图3-41清楚地显示湘东北加里东期岩体应来源于一个含石榴子石不太多的角闪岩源，与其具有弱的负铕异常、低的Na_2O相一致，反映源区含有少量的斜长石残余相。因此，湘东北加里东期岩体的源区更可能为石榴子石角闪岩，或者是石榴子石角闪岩-角闪榴辉岩过渡相。

高Sr和低Nd同位素比值，说明湘东北加里东期岩体并不来源于俯冲的洋中脊玄武质洋壳部分熔融（Kay et al.，1993；Stern and Kilian，1996）。该期岩体与宁镇地区中生代埃达克质岩在Sr-Nd同位素及某些主、微量元素上的相似性，可能暗示所研究的岩体是在陆内构造环境，由加厚的、被拆沉的镁铁质下地壳因软流圈上涌而诱导的部分熔融形成的（Xu et al.，2002b）。但湘东北加里东期岩体具有更低的MgO含量、相对高的Si和富放射性同位素Pb［前者（$^{206}Pb/^{204}Pb)_i$小于17；Xu et al.，2002b］，以及几乎缺失同期的具软流圈来源的基性岩浆岩，能够排除这一埃达克质岩浆产生机制。类似地，也能排除湘东北加里东期岩体是在陆内拉张-减薄背景下，由来自软流圈地幔的玄武岩浆底侵至加厚的陆壳（>50km）底部导致下地壳麻粒岩部分熔融所产生（张旗等，2001c；王强等，2002；肖龙等，2004）。湘东北加里东期岩体与中国东部中生代 C 型埃达克质火山岩和侵入岩在地球化学成分上的差别［图 3-42（a）（b）］也支持这一认识。

饶家荣等（1993）对湖南境内岩石圈组成和结构研究表明，湖南下地壳的纵波速度为 6.51km/s，比榴辉岩（>8.0km/s）和石榴子石麻粒岩（7.5～8.0km/s）要小得多，暗示湖南下地壳成分不应是玄武质岩，而可能是中酸性麻粒岩。这与所推导的湘东北加里东期岩体源区特征不一致，因而仅由加厚的下地壳中酸性物质熔融不足以产生研究区埃达克质花岗闪长岩。与秘鲁科迪勒拉布兰卡（Blanca）地区中生代—新近纪的显生宙弧具同等 SiO_2 含量的富 Na 花岗质岩存在的相似性（Atherton and Petford，1993），说明湘东北加里东期岩体更可能来源于因岩浆底侵而使加厚的弧系统下地壳玄武质岩部分熔融。然而，大多数与埃达克质岩相关的地幔楔均显示亏损性质，这与湘东北加里东期岩体具有高 Sr 和低 Nd 同位素特征明显不一致。不过，与湘东北加里东期岩体同期的中基性小岩株（辉长岩、石英闪长岩和石英二长岩），同样具有高的 Sr 同位素比值（约 0.7078）和低的但可变的 Nd 同位素比值（图 3-39），可能暗示这些中基性岩浆起源于一个富集的陆下岩石圈地幔。对湖南境内印支期以来产生的镁铁质岩的研究也均揭示湖南境内陆下岩石圈地幔早已经过了富集（许德如等，2006c 及文中参考文献）。

高放射性成因 Pb 与西太平洋大洋沉积物和秘鲁科迪勒拉布兰卡地区火成岩（Petford and Atherton，1996），以及菲律宾弧系统各类熔岩和深海沉积物的类似性（图 3-40），还反映了再循环的大陆壳和大洋沉积物已卷入湘东北加里东期花岗质岩浆的产生。湘东北加里东期岩体与约 2.7Ga 苏必利尔省（Superior）埃达克岩具有非常相似的地球化学成分，特别是低 Nd 和高 Sr 同位素比值，暗示源区可能有俯冲板片来源的大洋沉积物的熔融（Polat and Kerrich，2002）。显著地富集 Ba 和高 Ba/La 值（15～28）也反映大洋沉积物对湘东北加里东期埃达克质岩浆的产生可能有重要的影响；而高的 Ce 丰度（约 160×10^{-6}）、Th/Ce（0.29～0.36）和 Ta/Zr 值（约 0.01）则可能是板块俯冲、剥蚀，再循环大陆物质已经加入弧岩浆的地幔源区结果（Castillo et al.，1999）。因此，深海沉积物以及因俯冲-抬升而被剥蚀的陆源沉积物，可能随俯冲板片再循环到达已富集的地幔楔并参与湘东北加里东期埃达克质岩浆的形成。

源区推导可从以往研究得到进一步证实。李献华和桂训唐（1991）、李献华（1993）曾根据 Sr-Nd-Pb-O 多元同位素体系的示踪，认为华夏板块一侧万洋山-诸广山加里东期花岗质岩的源区岩由陆源沉积物、深海沉积物和蚀变的基性火山岩三个主要端元成分组成，并排除新元古界板溪群作为这些花岗质岩的源区。由于源区岩性质及来源难以确定，李献华和桂训唐（1991）、李献华（1993）认为双桥山群有可能是华南加里东期花岗质岩源区岩一部分，或者麻粒岩相下地壳成分作为源区端元组成部分。尽管双桥山群可能视作冷家溪群的同等物（Wang，1986），但湘东北加里东期岩体侵位于冷家溪群中。而明显的构造侵位特征及岩体内发育大量的中基性岩包体，排除了这些岩体是冷家溪群原地-半原地重熔形成的可能性。图 3-39、图 3-40 进一步证实，湘东北加里东期岩体由于具有 I-S 型花岗岩特征，不仅与湖南境内前寒武纪岩石具有不太一致的 Sr-Nd-Pb 同位素组成，而且与冷家溪群所具有的高 Sr 同位素比值（$t=400$Ma，$^{87}Sr/^{86}Sr=0.74450$）、偏低的 $\varepsilon_{Nd}(400)$ 值（约 −11）以及高的 t_{DM} 值（1.7～1.9Ga）明显不同。图 3-37（b）也清晰地揭示冷家溪群相对湘东北加里东期岩体明显亏损 Ba、Th、U、Sr 和 LREE 等，但富集 Rb、Zr、Nb、Ti 和 HREE 等。区内未发现更古老的岩石，均说明冷家溪群的重熔不足以形成湘东北加里东期花岗质岩浆。与板杉铺岩体紧邻的宏夏桥岩体及其中的中基性暗色包体普遍具高 Cr（达 300×10^{-6}）、Ni（达 90×10^{-6}）丰度（表 3-10），也排除了主要来源于冷家溪群岩石部分熔融。因此，下地壳似乎是湘东北加里东期岩体最可能的源区。

图 3-42（c）明显反映湘东北加里东期花岗质岩浆已经历了分离结晶过程，可变的 Cr 和 Ni 含量及高但可变的 Cr/Ni 值（1.9～3，表 3-10、图 3-42）都支持这一结论。此外，中基性暗色包体与寄主岩体相比，还具有稍低的 Nd 同位素和高的 Sr 同位素组成（图 3-40），同时也暗示了中酸性弧下地壳来源的岩浆与围岩曾发生过同化混染作用（Castillo et al.，1999）。在 SiO_2-Eu/Eu* 图解中（图 3-43），湘东北加里东期花岗岩大概表现为正相关关系，暗示其成分变化不受斜长石分离结晶的影响，因此存在比单独通过岩浆分离结晶更复杂的演化过程。在 Eu/Yb-La/Yb 和 Ce-Ce/Yb 图解上（图 3-44），与地壳混染和分离结晶

（AFC）的趋势非常一致，表明其成分变化可能受地壳混染和分离结晶（AFC）过程同时控制。不过，CaO、MgO、FeO^T、V、Y等的含量与SiO_2的含量呈负相关关系，表明湘东北加里东期花岗岩存在橄榄石、辉石、钛铁矿等矿物的分离结晶。

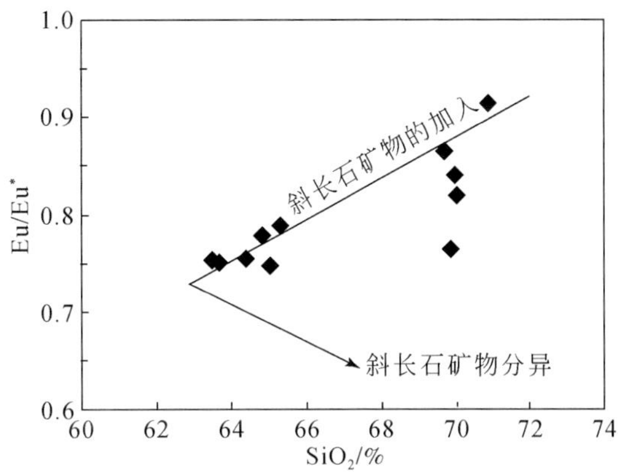

图3-43　湘东北加里东期花岗岩SiO_2-Eu/Eu*图解（据Price et al.，1999）

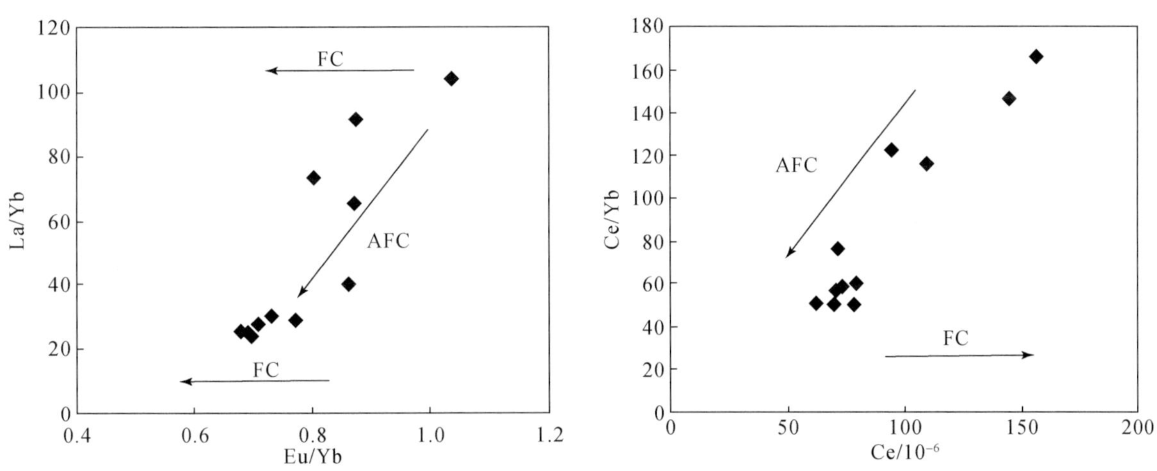

图3-44　湘东北加里东期花岗岩Eu/Yb-La/Yb和Ce-Ce/Yb图解（据Ajaji et al.，1998）

总之，湘东北地区加里东期花岗岩较低的$\varepsilon_{Nd}(t)$（−8～−7）类似于拆沉下地壳熔融岩浆的特征，说明这些花岗岩的源区中含有较多的地幔组分。中基性岩包体较寄主岩石具低的Nd同位素和高的Sr-Pb同位素组成（表3-11），也暗示玄武质来源的岩浆和中酸性下地壳来源的岩浆可能发生了混合作用（Ajaji et al.，1998）。在SiO_2-$(^{87}Sr/^{86}Sr)_i$图解上，初始Sr变化较大，Th/Nb值较高，在Th/Nb-$(^{87}Sr/^{86}Sr)_i$的图解上变化也较大（图3-45），高放射性成因Pb与西太平洋大洋沉积物（Petford and Atherton，1996）、厄瓜多尔北火山熔岩带（NVZ；Bourdon et al.，2002）以及智利中部火山岩带（CVZ）的类似性，Pb-Pb同位素体系还明显表现了岛弧铅演化的趋势，很好地显示沿成熟岛弧和深海沉积物的线性演化反映了大量壳源物质卷入的影响；其$(^{87}Sr/^{86}Sr)_i$（0.7091～0.7141）略高于玄武质下地壳熔融形成的埃达克岩[$(^{87}Sr/^{86}Sr)_i$=0.704～0.708]，这些都说明岩浆演化过程中可能受到了地壳的混染作用。因此，湘东北加里东期花岗岩可能是板块俯冲引起的底侵玄武岩浆，使下地壳发生部分熔融，并与其进行物质交换所形成的，可能主要受同化混染和分离结晶（AFC）过程的控制。

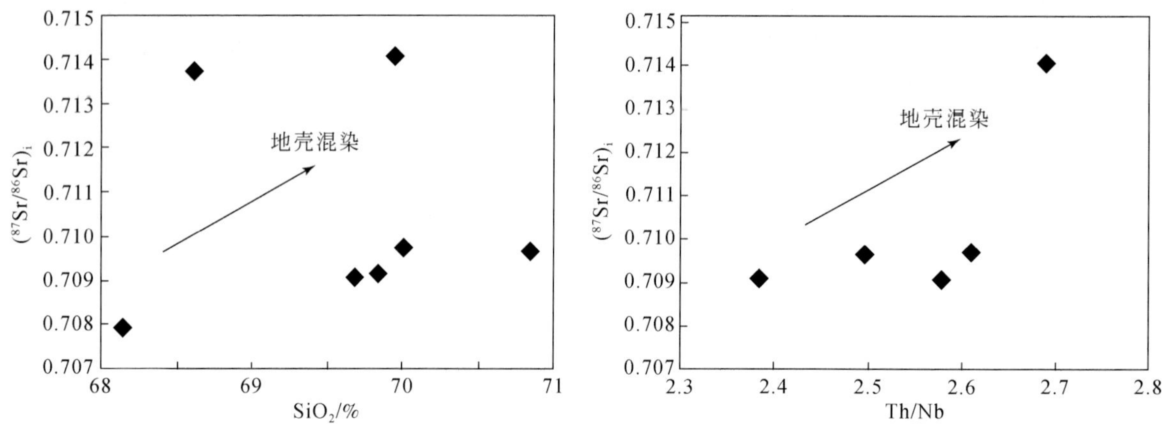

图 3-45 湘东北加里东期花岗岩 $(^{87}Sr/^{86}Sr)_i$ 对 SiO_2 和 Th/Nb 关系图

3.2.6 岩石成因及构造背景

华南加里东期花岗质岩主要分布在华夏板块一侧，如武夷-云开、万洋山-诸广山及江西武功山等地区，其年龄在 400 ~ 510Ma，形成于加里东早期（周汉文等，1994；黄标等，1994；王江海等，1999；Wang et al.，2013a 及文中参考文献）。而玉山-萍乡-茶陵-郴州-灌阳-柳州以西扬子板块东南缘加里东期花岗质岩通常认为形成于加里东晚期（黄标等，1993；刘耀荣和贾宝华，2000）。虽然华南地区加里东期花岗质岩通常解释为同碰撞 S 型花岗岩，但往往伴随 I 型花岗质岩的产出（黄标等，1993；吴俊华等，1993；周新民，2003；王德滋和沈渭洲，2003；王德滋，2004），因而暗示其成因上的复杂性。与湘东北地区加里东期岩体相比，华夏板块加里东期花岗质岩不仅表现出低的 Al_2O_3（普遍小于 15%）和 P_2O_5（普遍小于 0.2%），以及高 K（$K_2O>Na_2O$），而且还表现出低 Sr（普遍小于 200×10^{-6}）和高 Y（普遍大于 20×10^{-6}）、Yb（普遍大于 2.0×10^{-6}）、Sm（普遍大于 6.0×10^{-6}）丰度，稀土分馏不显著［$(La/Yb)_N$ 普遍小于 10］，但 Eu 显著负异常等（李献华，1993；黄标等，1993；吴俊华等，1993；吴富江和张芳荣，2003），可能暗示湘东北和华南其他地区同时期花岗质岩两者在源区和/或成因构造背景上有所差别。图 3-39 和图 3-40 也显示华夏和扬子板块加里东期花岗质岩在 Sr-Nd-Pb 同位素组成上有所不同。因此，单纯的陆-陆碰撞模式可能并不适合解释华南地区加里东期花岗质岩的成因。事实上，湘东北地区加里东期花岗质岩体更能反映弧花岗岩的信息（图 3-46）。

由于至今尚未获得可靠的早古生代蛇绿岩及其年龄数据，加里东期华南地区强烈碰撞性质长期存在显著分歧（舒良树等，1997 及文中参考文献）。饶家荣等（1993）、余达淦（1994）等研究表明，800 ~ 400Ma，由于华南大陆的裂解在扬子板块和华夏板块之间可能形成多个陆间海（或裂陷槽），而 400Ma 左右多阶段的俯冲-碰撞导致了加里东期花岗质岩的形成。曾勇和杨明桂（1999）基于对加里东期赣中碰撞混合岩带的发现，认为震旦纪—早古生代早期华南地区可能存在一成熟的小洋盆，在奥陶纪末洋盆开始萎缩，洋壳向两侧俯冲导致扬子与华夏板块碰撞拼接。类似地，孙明志和徐克勤（1990）认为加里东早期花岗岩（>420Ma）是华南洋（浙赣湘粤桂大洋）与扬子地块相互作用的产物，而加里东晚期花岗岩（<420Ma）是华夏板块与扬子板块相互碰撞的产物。丘元禧等（1996，1998）更认为华南加里东褶皱带是一个弧-陆碰撞造山带，武夷山-云开实际上是一个弧后盆地。晚震旦纪—早古生代蛇绿岩和弧火山岩系在浙江龙泉—福建政和、将乐—赣南—广东和平、开平、台山一线的可能出现（汪新等，1988；杨树锋等，1995；任胜利等，1997a，1997b）似乎支持这一弧-陆碰撞事件。此外，武功山-武夷-云开普遍存在同期的高角闪岩相和麻粒岩相中深变质岩（陈斌和庄育勋，1994；周汉文等，1996；舒良树等，1997，1999），以及古生代海相沉积盖层在华南及东南亚的广泛分布（吴浩若等，1994），进一步说明华南加里

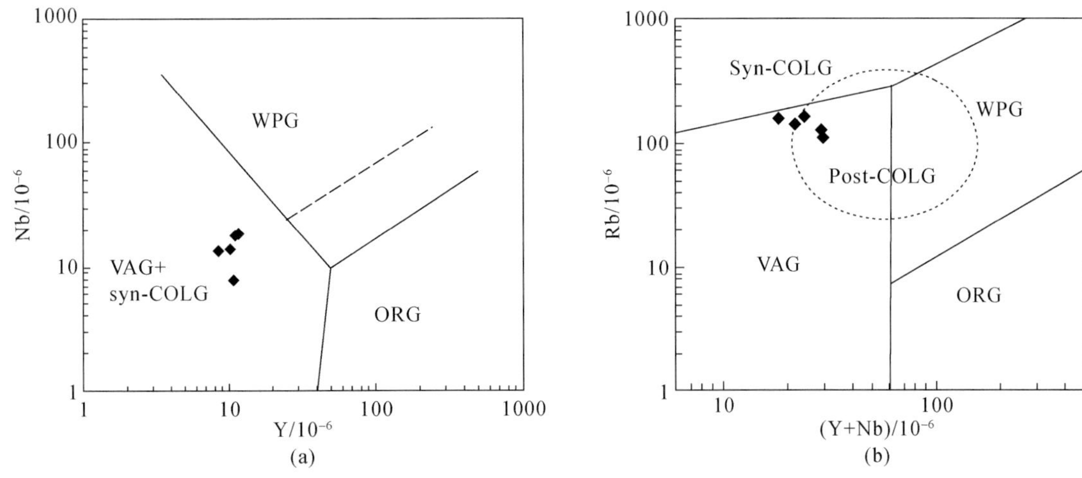

图 3-46　板杉铺花岗岩构造环境判别图（据 Pearce et al., 1984）

WPG. 板内花岗岩；ORG. 洋中脊花岗岩；VAG. 火山弧花岗岩；Syn-COLG. 同碰撞型花岗岩；Post-COLG. 后碰撞型花岗岩

东期可能的俯冲-碰撞事件对湘东北地区埃达克质岩的成因有重要影响。

据此，一个可能的陆-弧-陆碰撞模式（图 3-47）能解释华南加里东期花岗质岩成因。晚震旦纪时期（590～560Ma；任胜利等，1997a），北西侧的扬子板块与东南侧的华夏板块仍以洋盆间隔，但此时在扬子板块东南缘发育一成熟的大陆边缘弧系统；晚震旦纪—早古生代时期（560～460Ma；杨树锋等，1995；任胜利等，1997b），由于洋片沿北西向扬子板块东南缘俯冲，华夏板块逐渐向扬子板块靠拢，并首先与大陆边缘弧碰撞，其结果是洋盆关闭、蛇绿质岩侵位及加里东早期花岗质岩产生。该弧-陆碰撞进而触发了扬子板块东南缘的弧后盆地关闭及扬子与华夏板块间的最终碰撞，并使扬子板块东南缘弧下地壳加厚。这个事件最可能发生在 460～400Ma。俯冲洋片因俯冲角度较缓，可能主要是深海和陆源沉积物发生熔融，并交代和诱导俯冲板片上方的富集地幔熔融产生玄武质岩浆。该玄武质岩浆随后底侵并诱导加厚的弧下地壳中酸性岩石在石榴角闪岩相或角闪岩-榴辉岩相过渡条件下部分熔融，所产生的熔体经同化混染和分异结晶即形成了湘东北加里东晚期埃达克质花岗闪长岩。如果我们假设正确的话，那么华南加里东期可能存在两个连续碰撞缝合带，即分别位于江山—上饶—南城—四会—吴川一线和玉山—萍乡—茶陵—郴州—灌阳—柳州一线（黄标等，1993）。

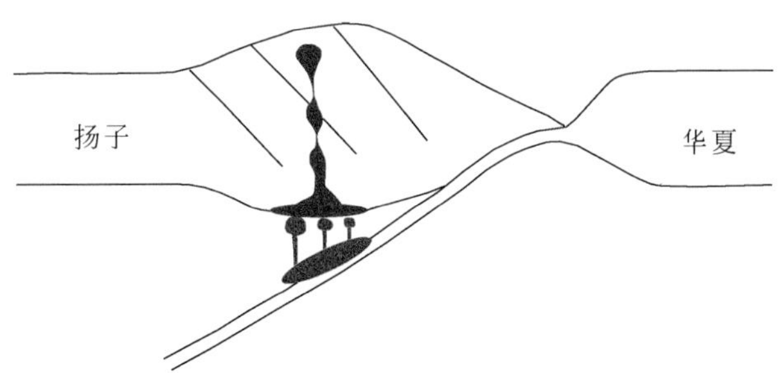

图 3-47　湘东北加里东期花岗岩成因模式图

湘东北地区存在一套具埃达克质岩性质的加里东期花岗闪长岩，可能是由源于先前富集地幔的玄武质岩浆底侵，诱导了中酸性弧下地壳岩石在石榴角闪岩相或石榴角闪岩-角闪榴辉岩过渡相条件下部分熔融而形成的，但所产生的岩浆可能已发生过同化混染和分离结晶作用。早古生代可能存在的陆-弧-陆碰撞是导致该埃达克质花岗闪长岩产生的重要机制。湘东北加里东期具有埃达克质岩性质的花岗闪长岩的厘定不仅支持华南加里东期存在俯冲碰撞事件，而且也反映华南古生代的地壳增生事件。大量资料还表明埃达克岩与 Cu、Au 等多金属矿产具有密切的时空关系（王强等，2002；刘红涛等，2004）；成矿年代学也显示加里东期是华南，特别是扬子板块东南缘 W-Sb-Au-Cu 多金属矿床主要的成矿时期（王秀璋等，1999；彭建堂等，2003）。因此湘东北加里东期埃达克质岩的厘定对于正确理解华南加里东期成矿作用事件无疑具有重要的意义。

3.3　印支期花岗岩

3.3.1　地质概况

相对于燕山期及加里东期花岗岩而言，湘东北地区印支期花岗质岩出露面积很小，约 120km²，且大多呈小岩柱产出（图 3-48），主要分布在望湘岩体的东北部及其南东侧的简禾桥、斗尾冲、洞田、青映村、源头等地。其中望湘岩体的东北部分印支期花岗质岩侵入于古老的寒武纪岩体中，而后侏罗纪和白垩纪又发生花岗岩的侵入。已获锆石 U-Pb 年龄为 233Ma 和 250Ma（湖南省地质矿产局，1988），结合构造运动，属于早中三叠世（湖南省地质调查院，2002），反映了印支期的一次构造-岩浆（热）事件。

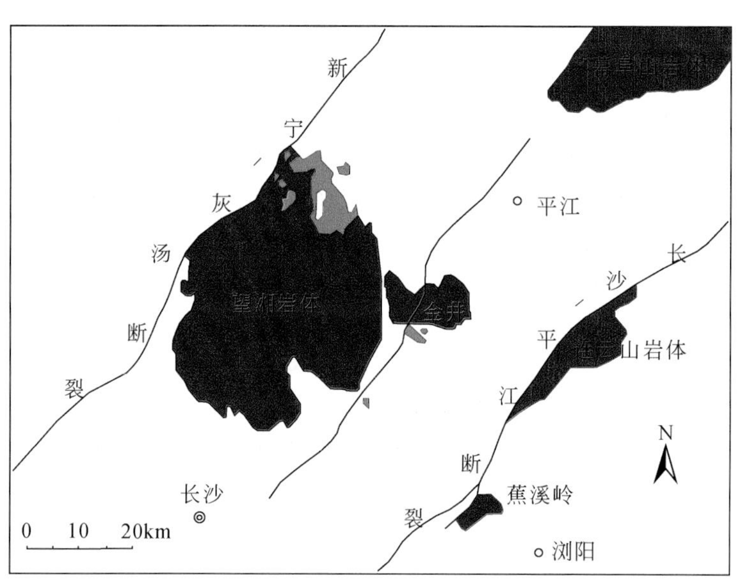

图 3-48　湘东北印支期花岗质岩（绿色部分）分布略图
据湖南省地质调查院，2002 修改

3.3.2　岩相学特征

根据湖南省地质调查院（2002）相关资料，湘东北印支期花岗质岩主要为中细粒黑（二）云母花岗闪长岩，具斑状结构。主要矿物组成为斜长石（43.5%~52.0%）、钾长石（5%~17%）、石英（25.9%~34.1%）、黑云母（8.4%~11.5%），部分岩体含少量白云母（2.3%）及角闪石（0.4%）。其中斜长石多具环带构造，钾长石以微斜长石为主，石英一般为不规则粒状，黑云母多呈半自形片状，多色性为褐色-黄褐色。人工重砂分析表明磁铁矿、褐帘石、榍石含量高，分别为625g/t、47.5g/t、45g/t，其副矿物属磁铁矿-褐帘石-榍石组合，其他副矿物为锆石、磷灰石等，反映岩浆氧化性质。

3.3.3　岩石地球化学特征

湘东北印支期花岗质岩地球化学数据及部分处理参数见表3-12。由表可见，印支期花岗质岩 SiO_2 含量较低（64.3%~68.53%），而 K_2O 的含量高（2.41%~4.27%），K_2O/Na_2O>1（1.03 ~1.79），Na_2O+K_2O 为4.62%~7.12%，在 SiO_2-K_2O 图上显示高钾钙碱质［图3-49（a）］，SiO_2-（Na_2O+K_2O）图上分布在花岗闪长岩范围［图3-49（b）；Middlemost，1994］，表明为高钾钙碱质花岗闪长岩类。铝饱和指数（A/CNK）在0.91%~1.38%之间，除样品SHHM外，其他A/CNK均>1%，CIPW标准矿物计算中刚玉分子为1.6%~6.1%，显示过铝质特性。花岗闪长岩MgO、CaO、P_2O_5、Fe_2O_3、Na_2O 含量均较低，$Mg^\#$ 值为0.30 ~0.62。通过相关性分析，SiO_2 对其他主元素的相关性表现不一，总体基本无相关性，其中与Ti和Al的相关性最好，相关系数（R^2）分别为0.5和0.6，与 Fe^* 和P的相关性次之，R^2 为0.21和0.23，而与K、Na、Ca基本无相关性，说明岩浆过程钛铁矿、磷灰石及高铝矿物如堇青石等的分异结晶作用不明显。

表3-12　湘东北印支期花岗岩主量元素、微量元素组成

样号	QYC	SHHM	JHQ	DMP	LJD	Y-1-2	Y-2	Y-3
SiO_2/%	68.35	68.53	67.46	68.37	64.3	66.4	64.7	67.58
TiO_2/%	0.52	0.39	0.47	0.5	0.58	0.625	0.58	0.45
Al_2O_3/%	15.55	14.96	15.27	15.64	16.19	15.54	16.29	15.88
Fe_2O_3/%	1.71	0.29	2.9	0.79	1.23	1.17	1.24	1.96
FeO/%	2.16	2.71	1.91	3.41	3.2	3.32	3.23	1.86
MnO/%	0.07	0.05	0.1	0.03	0.07	0.11	0.07	0.05
MgO/%	1.22	0.97	1.25	1.41	4.01	1.67	1.03	1.14
CaO/%	2.89	3.8	1.54	4.27	4.01	3.29	4.03	2.18
Na_2O/%	2.35	3.01	2.77	2.34	2.62	2.92	2.64	1.94
K_2O/%	4.21	4.11	4.27	2.41	3.06	3.61	3.08	2.68
P_2O_5/%	0.02	0.14	0.22	0.23	0.22	0.31	0.22	0.14
LOI/%	1.67	2.73	1.3	0.6	0.51	0.63	0.51	2.96
K_2O/Na_2O	1.79	1.37	1.54	1.03	1.17	1.24	1.17	1.38
A/CNK	1.03	0.91	1.23	1.09	1.10	1.07	1.05	1.38
$Mg^\#$	0.37	0.37	0.33	0.38	0.62	0.40	0.30	0.36
Cu/10^{-6}	83	16	24	33				
Zn/10^{-6}	54	84	99	74				
Rb/10^{-6}	175	174	192	235		186.2	151	135
Sr/10^{-6}	442	351	434	332		454.2	491	537
Y/10^{-6}	10.8	7.84	13.87	13.1		9.449	10.03	17.72
Zr/10^{-6}	139	150	175	136				
Nb/10^{-6}	13.6	12	25.9	19		7.8	12	8.1
Cs/10^{-6}	10	10						

续表

样号	QYC	SHHM	JHQ	DMP	LJD	Y-1-2	Y-2	Y-3
$Ba/10^{-6}$	950	872	960	1480				
$La/10^{-6}$	41.8	47.9	38.05	51.1		75.88	36.66	39.44
$Ce/10^{-6}$	66.8	73.1	71.92	80.4		122.1	70.62	73.21
$Pr/10^{-6}$	7.01	7.52	7.9	8.82		14.9	8.04	7.77
$Nd/10^{-6}$	31.4	33.4	27.66	39.4		40.3	25.8	29.52
$Sm/10^{-6}$	5.53	5.34	5.32	6.74		7.24	4.82	5.79
$Eu/10^{-6}$	1.12	1.15	1.19	1.37		1.295	1.08	1.3
$Gd/10^{-6}$	4.46	3.11	3.92	5.92		3.644	3.35	4.5
$Tb/10^{-6}$	0.67	0.38	0.61	0.71		1.25	0.52	0.7
$Dy/10^{-6}$	2.94	2.23	2.95	3.8		2.35	2.36	3.53
$Ho/10^{-6}$	0.43	0.3	0.55	0.64		0.39	0.43	0.67
$Er/10^{-6}$	1.11	0.73	1.48	1.46		1.05	1.17	1.79
$Tm/10^{-6}$	0.16	0.11	0.25	0.22		0.17	0.19	0.31
$Yb/10^{-6}$	1.01	0.62	1.53	1.27		0.97	1.2	1.85
$Lu/10^{-6}$	0.15	0.08	0.22	0.19		0.084	0.17	0.27
$REE/10^{-6}$	164.59	175.97	163.55	202.04		271.62	156.41	170.65
$Pb/10^{-6}$	12	20	29	23				
Sr/Y	40.93	44.77	31.29	25.34		48.07	48.95	30.30
La/Yb	41.39	77.26	24.87	40.24		78.23	30.55	21.32
Eu/Eu^*	0.69	0.86	0.80	0.66		0.77	0.82	0.78
来源	1	1	1	1	1	2	3	4

注：“1、3、4”来源为湖南省地质调查院（2002）；“2”来源为贾大成等（2003）。

湘东北印支期花岗质岩具高的 Rb（$135\times10^{-6}\sim235\times10^{-6}$）、Sr（$332\times10^{-6}\sim537\times10^{-6}$）、Ba（$872\times10^{-6}\sim1480\times10^{-6}$）含量，低的 Rb/Sr（0.40～0.71）和 Rb/Ba 值（1.6～2.0），但高的 Sr/Y 值（25.34～48.95）。此外，Nb 的含量相对低（平均 14.06×10^{-6}），而 Zr 的含量相对高（$136\times10^{-6}\sim175\times10^{-6}$）。原始地幔标准微量元素蛛网图［图 3-50（a）］显示其明显富集大离子亲石元素（LILEs），特别是 Cs、Rb、Ba 等。高场强元素（HFSEs），特别是 Nb、Ti 则强烈亏损。因而类似于大多数钙碱性弧岩浆。相容元素 Ni、V 及 Ba、Rb、Sr 与 SiO_2 无明显的相关性。

湘东北印支期花岗质岩稀土元素总量为 $156.41\times10^{-6}\sim271.62\times10^{-6}$（表 3-12），平均含量为 173×10^{-6}。球粒陨石标准化的稀土元素模式表现为陡的右倾型［图 3-50（b）］，LREE 相对于 HREE 较富集，$La_N=154.7\sim320.2$、$Yb_N=3.6\sim10.9$、$(La/Yb)_N=15\sim56$、$(Ce/Yb)_N=11\sim35$。轻重稀土元素之间表现出明显的分馏，$(La/Sm)_N=4.4\sim6.8$、$(Gd/Lu)_N=2.05.3$。铕显示微弱负异常，δEu 为 0.66～0.86，说明存在斜长石的分异结晶。

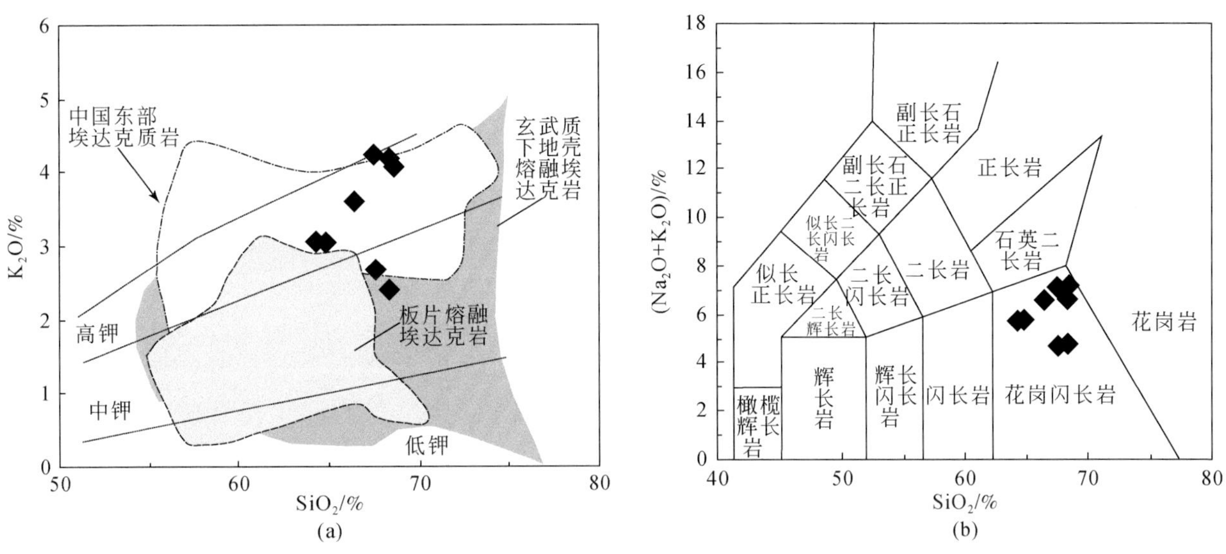

图 3-49 SiO_2 对 K_2O 和（Na_2O+K_2O）图解

（a）阴影范围据王强等（2002）；（b）据 Middlemost（1994）

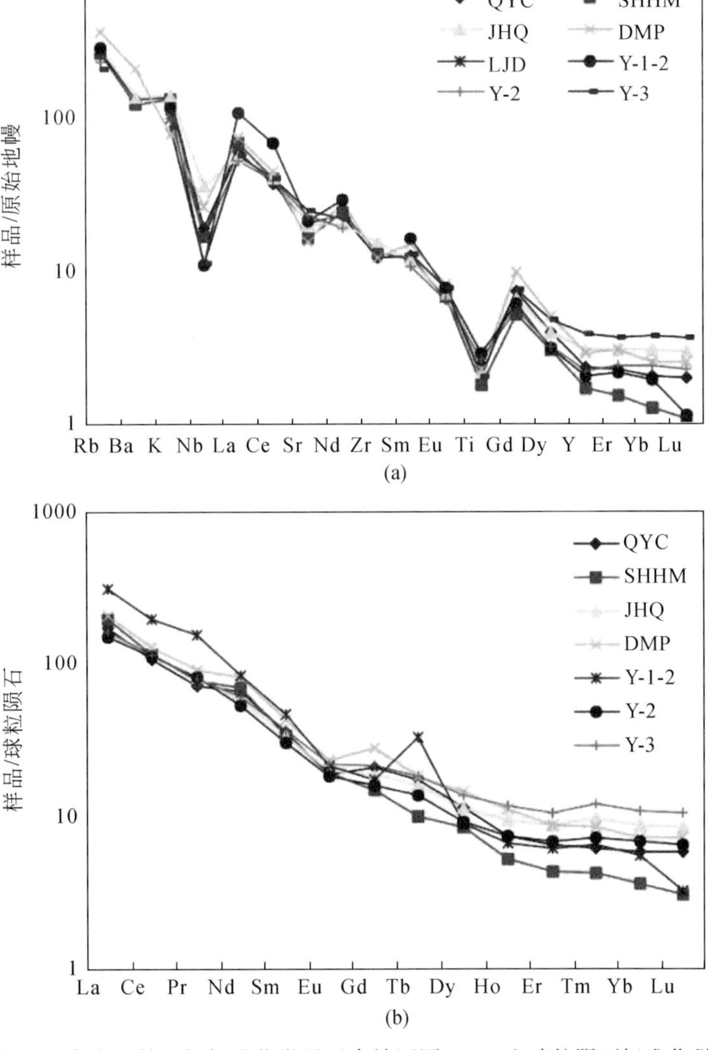

图 3-50 湘东北印支期花岗岩原始地幔标准化微量元素蛛网图（a）和球粒陨石标准化稀土元素配分图（b）

原始地幔和球粒陨石标准化值据 Sun 和 McDonough（1989）

3.3.4　印支期花岗质岩成因

湘东北印支期花岗质岩以高 Al_2O_3（14.96%～16.29%）、Sr（332×10^{-6}～537×10^{-6}）、Sr/Y（25.34～48.95）和La/Yb（21.32～78.23），低Y（7.84×10^{-6}～17.72×10^{-6}）和Yb（0.62×10^{-6}～1.85×10^{-6}），弱负Eu异常等为特征，暗示其源区残留有石榴子石和/或角闪石，并达到一个高的、足以使石榴子石稳定的温压条件（即榴辉岩相或石榴子石角闪岩相）。高钾低钠（$Na_2O/K_2O<1$），低的但可变的 $Mg^\#$（为0.30～0.62），属于高钾钙碱性系列［图3-49（a）］，类似于Atherton和Petford（1993）报道的秘鲁安第斯带Cordillera Blanca岩基，以及中国东部埃达克岩类（张旗等，2004）。在 Yb_N-（La/Yb）$_N$图上［图3-41（a）］，印支期花岗质岩落于斜长角闪岩和石榴子石角闪岩演化线之间，在Y-Sr/Y图上落在角闪榴辉岩演化线上［图3-41（b）］，暗示可能来源于一个含石榴子石不太多的角闪岩源区。这与其具有弱的负铕异常、相对低的 Na_2O 含量（与太古宙高Al-TTD岩相比）相一致，反映源区含有少量的斜长石残余相。

目前高钾钙碱性埃达克岩的形成有下列三种模式：①底侵至下地壳底部的玄武质岩浆的部分熔融（Atherton and Petford，1993）；②加厚的下地壳底部基性岩的部分熔融（张旗等，2001a，2001c）；③拆沉的下地壳熔融（Kay et al.，1993；Xu et al.，2002b）。低Mg含量，明显有别于拆沉下地壳熔融形成的中酸性岩（$Mg^\#$>0.5；Xu et al.，2002b）。在 Yb_N-（La/Yb）$_N$图解上位于斜长角闪岩和10%石榴子石角闪岩熔融曲线内［图3-41（a）］，暗示其不可能单独由麻粒岩下地壳深熔而成。在molarCaO/（MgO+FeO^T）-molarAl_2O_3/（MgO+FeO^T）图上（图3-51），湘东北印支期花岗质岩大部分落于变质玄武岩/英云闪长岩部分熔融区域，只有个别散落于变质泥岩部分熔融和变质杂砂岩的部分熔融区，暗示其物源不可能完全由元古宙变质沉积岩提供（Altherr et al.，2000），还应有其他基性或钠质成分高的物质加入，或者有火成岩物质加入。近年来在湘南道县发现的辉长岩包体（郭锋等，1997）以及虎子岩基性岩（赵振华等，1998）均暗示，在224～204Ma可能存在诱发印支期过铝质花岗岩形成的岩浆底侵。但底侵基性岩浆通过热传导效应与围岩达到温度场均一的时间需要5～20Ma（王岳军等，2002；Koyaguchi and Kaneko，1999），因此底侵至下地壳底部的玄武质岩浆的部分熔融形成花岗岩的时限应小于224Ma，但湘东北地区印支期花岗质岩的年龄为233～250Ma，王岳军等（2005）所限定的时限为244～230Ma，即玄武岩浆底侵是在花岗岩形成之后。剩下的可能就是加厚下地壳底部基性岩的部分熔融（张旗等，2001a，2001c）。王岳军等（2002）的数值模拟研究显示，当陆壳叠置加厚到一定比例时，地壳内温度场的扰动足以导致云母类矿物脱水熔融而生成花岗岩基。构造地层和变形研究表明，华南印支期以挤压逆冲推覆和地壳叠置为主要特征，主要变形时限为258～192Ma（范蔚茗等，2003；王岳军等，2002）。因此，此时的地壳加厚可能是由于构造的挤压，不同块体相互逆冲使中上地壳加厚，而下地壳则由于具有更大的塑性和流动性，可能因地壳缩短而类似挤面团似的不均匀加厚（张旗等，2006）。另外，地幔可能以热流的形式为其提供了熔融的热，因为在明显的玄武质岩浆底侵之前均以地幔（热）流的形式上升并侵蚀岩石圈地幔，张旗等（2006）认为导致中国东部大规模花岗岩熔融的热可能主要是以地幔热流的形式上升的，而底侵虽然可能起了一定作用，但不是主要原因。因此，根据以上讨论，本书认为，湘东北地区印支期花岗质岩可能是碰撞环境下加厚的陆壳（>50km）底部下地壳基性岩部分熔融的产物，虽然地壳内温度场的扰动起了一定作用，但热可能主要来自地幔（热）流的上升。

3.3.5　印支期岩浆作用与深部动力学

印支造山运动是指发生在越南三叠纪地层中的构造不整合事件（Deprat et al.，1914；Fromaget et al.，1932），并认为是分别导致华南地块与印支地块和华北地块之间大陆碰撞作用的重要运动（Carter et al.，2001）。我国大多数地质学家亦认为印支造山运动具有区域上的重要意义，并明确指出印支运动使华南泥盆纪—三叠纪沉积盖层发生了全面褶皱（任纪舜等，1980），使东亚及西太平洋间大陆与海洋发生重新配

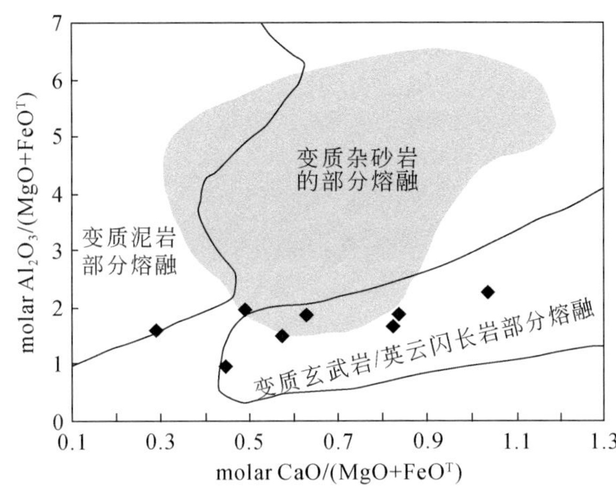

图3-51 湘东北印支期花岗岩 molar $CaO/(MgO+FeO^T)$-molar $Al_2O_3/(MgO+FeO^T)$图解

不同源区的变化范围引自 Altherr 等（2000）

置（蔡学林等，2002），把印支、华南和华北地块连成一体，形成了统一的东亚大陆（Carter et al., 2001）。因此，印支运动是中国东部地壳构造发展史上一个伟大的转折点（任纪舜，1997）。

关于华南印支期大地构造演化目前还有很多不同的看法，如碰撞造山模式（Hsü et al., 1990；李继亮等，1992）、多岛洋碰撞-弧后造山（陈海泓和肖文交，1998）、洋盆或洋陆俯冲模式（Rowley et al., 1997；陈旭等，1995；Gilder et al., 1996）、陆内俯冲造山（金文山等，1997）、岩石圈伸展减薄及伴随的基性岩浆底侵作用（王岳军等，2001；赵振华等，1998；郭锋等，1997；Zhou and Li, 2000）等。我们认为湘东北印支期花岗质岩可能与加厚地壳有关，加厚的陆壳厚度可能>50km，其应力场应以挤压为背景。

加里东晚期扬子与华夏板块的碰撞只限于湘赣地区的缝合，而在南盘江地区（滇黔桂交界及桂西）和钦防地区仍没有完全闭合，残留有小洋盆（殷鸿福等，1999）。印支运动促使了该残余洋盆在广西钦州湾地区最终闭合，两大板块碰撞拼贴，形成了统一的华南板块（王德滋和沈渭洲，2003）。因此印支期两大板块的完全碰撞拼接造山运动，可能导致了地壳的加厚。另外已有对湘赣交界地区研究结果显示，该区在印支期—燕山早期发育逆冲推覆构造，为陆内A型俯冲背景（傅昭仁等，1999；崔学军等，2003），贾大成等（2002a）也认为该区印支期为挤压环境。王岳军等（2005）限定了湖南印支期花岗岩精细年代学年龄为230~244Ma，约240Ma时期，扬子板块北缘与秦岭-大别-苏鲁造山带发生深俯冲/碰撞作用或顺时针旋转俯冲/碰撞（Ames et al., 1996；Li et al., 1993；Zhang, 1997）；在西南缘 Bentong-Raub 缝合带及昌宁—孟连一带蓝片岩中蓝闪石 $^{40}Ar/^{39}Ar$ 年龄约为270Ma（钟大赉，1998），暗示古特提斯洋沿昌宁—孟连一带于海西期（晚二叠世左右）俯冲消减，景洪-临沧-白马雪山碰撞后花岗岩和忙怀组火山岩229~241Ma的SHRIMP锆石U-Pb年龄（简平等，2003；赵成峰，1999）表明在印支期该地区有着强烈的碰撞造山作用（钟大赉，1998；Metacalfe, 1994；莫宣学等，1998）。

因此，中三叠世末印支运动发生，塔里木-华北、藏滇、印支等诸板块向华南大陆压缩，东南侧的古太平洋洋壳向华南大陆俯冲，华南大陆造山作用由周边逐渐向板内发展，造成华南内陆地区早三叠世以前的地层普遍褶皱变形并伴随一系列逆冲推覆构造（Li, 1998；Chen, 1999）、地壳加厚（>50km）；来自地幔（热）流上升的热及地壳内温度场扰动，使下地壳基性岩发生部分熔融，最终形成湘东北印支期高Sr低Y型花岗岩（图3-52）。华南内陆地区由加厚下地壳熔融形成的244~230Ma印支期具埃达克质岩地球化学性质的花岗质闪长岩与华南周缘造山作用具有很好的时序耦合，该认识为我们深入理解华南印支事件的动力学机制提供了新的思路。

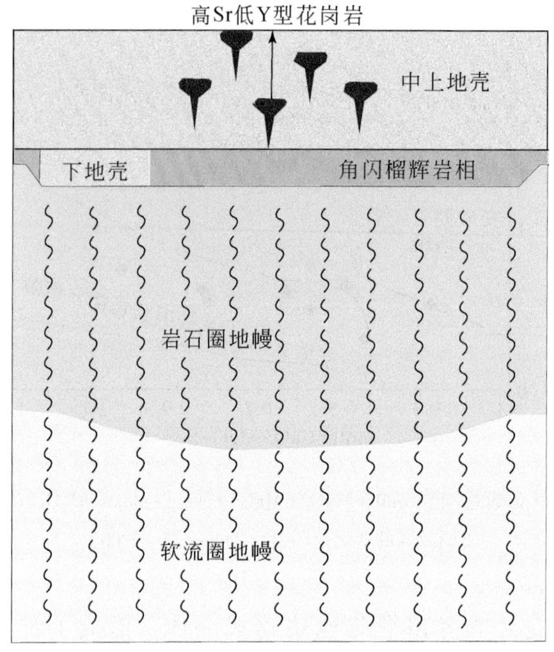

图 3-52　湘东北印支期花岗岩成因模式图（波浪线表示地幔热流）

3.4　燕山期岩浆作用

3.4.1　燕山期岩浆岩基本特征

湘东北地区广泛发育燕山期花岗岩，尤以晚中生代最为丰富，既呈大型岩基出现，又形成遍布全区的酸性-中酸性-基性-超基性岩岩株、岩脉、岩墙和岩流，普遍侵位于新元古界冷家溪群中（湖南省地质矿产局，1988；李鹏春等，2005；许德如等，2009）。其中代表性岩体有幕阜山、连云山、金井、望湘、蕉溪岭、七宝山和龙王排等岩体，总体上呈北东方向展布，严格受区域性深大断裂构造控制（图 0-1、图 3-2）。

根据以往 U-Pb、K-Ar、Rb-Sr 等各种定年方法（表 3-13），湘东北燕山期花岗岩年龄介于 183 ~ 100Ma 之间，但主要集中于晚侏罗世—早白垩世。

湘东北地区燕山期岩体的侵入围岩主要为新元古界冷家溪群浅变质沉积岩，仅幕阜山岩体外侧局部有震旦系（?）板岩，蕉溪岭岩体西部有泥盆系砂泥质碎屑岩。岩体与围岩侵入面倾向围岩，倾角变化大（20° ~ 90°），岩体与围岩呈突变接触，接触界线清楚，但平整不一［图 3-53（a）、图 3-54（a）］，望湘、金井岩体局部呈超覆状态［图 3-53（b）、图 3-54（b）］，总体上岩体形态与围岩原始褶皱形态协调一致。岩体与围岩接触部位热接触变质强烈，外变质带宽一般 200 ~ 2000m，连云山岩体最宽处可达 20km。变质岩以片岩为主，角岩次之，部分岩体与灰岩接触处见石榴子石-透辉石夕卡岩（如蕉溪岭岩体）、石榴子石-透辉石夕卡岩、绿帘石夕卡岩、透辉石-阳起石夕卡岩和接触带深部形成镁质夕卡岩、蛇纹岩（如七宝山岩体）。变质分带明显，自内向外依次为片岩带、千枚岩带、斑点状板岩带，局部见微弱混合岩化带（湖南省地质矿产局，1988）。

表 3-13　湘东北燕山期花岗岩同位素年龄表

序号	岩体	岩性	年龄/Ma	测试方法	来源
1	七宝山	花岗（石英）斑岩	151、153～155	LA-ICP-MS U-Pb	湖南省地质调查院，2002；胡祥昭等，2002；湖南省地质矿产局，1988；李鹏春等，2005；Wang et al.，2014b；胡俊良等，2016；张鲲等，2017；Yuan et al.，2018；许畅等，2019；刘翔等，2019；Li et al.，2016
			148	SIMS U-Pb	
2	望湘	细中粒斑状黑云母二长花岗岩-花岗闪长岩	160、183	U-Pb	
		中细粒二云母二长花岗岩	134、138、152	Rb-Sr	
		细中粒斑状黑云母二长花岗岩	129、132	K-Ar	
3	幕阜山	细中粒斑状黑云母二长花岗岩	136	LA-ICP-MS U-Pb	
			143、148、154		
			170	Rb-Sr	
			139	K-Ar	
		细粒花岗闪长岩	138	LA-ICP-MS U-Pb	
			151		
		细粒二云母花岗岩	146		
			132		
		中细粒二云母二长花岗岩	149		
4	长乐街	细中粒斑状黑云母二长花岗岩	155	U-Pb	
5	蕉溪岭	细中粒斑状黑云母二长花岗岩	162	U-Pb	
		中细粒黑云母花岗闪长岩	158	K-Ar	
6	连云山	细中粒斑状黑云母二长花岗岩	160、164	U-Pb	
		中细粒斑状二云母二长花岗岩	150	LA-ICP-MS U-Pb	
		二长花岗岩	155	LA-ICP-MS U-Pb	
		花岗质脉岩	151		
		花岗伟晶岩	136		
		糜棱岩化花岗质片麻岩	109（白云母）	Ar-Ar	
			100（钾长石）		
		未糜棱岩化片麻岩	128（白云母）		
7	金井	中细粒二云母二长花岗岩 细中粒斑状二云母二长花岗岩	145 158、166、144、147 133、134、138	K-Ar、U-Pb K-Ar、Rb-Sr	
8	丁字湾	细中粒斑状二云母二长花岗岩	167 153、145	Rb-Sr K-Ar	

捕虏体或暗色包体在湘东北地区燕山期岩体中一般不发育，多见于岩体边部，岩性与外接触带变质围岩相同［图 3-54（c）］。岩体流动构造较发育，如在连云山岩体、望湘岩体中，为由长石斑晶和黑云母定向排列所成的流面、流线，其走向主要为北北东及北北西向，大致与岩体总体延伸方向一致［图 3-54（d）］。片麻状构造也常见于连云山岩体、幕阜山岩体、望湘岩体等，其产状与围岩接触面及附近断裂走向有关，以北北东和北西向为主。另外，岩体内构造变形强烈，发育有张性裂隙，以及韧（柔）-脆性走滑剪切构造［图 3-54（e）］和脆性剪切构造［图 3-54（f）］等。

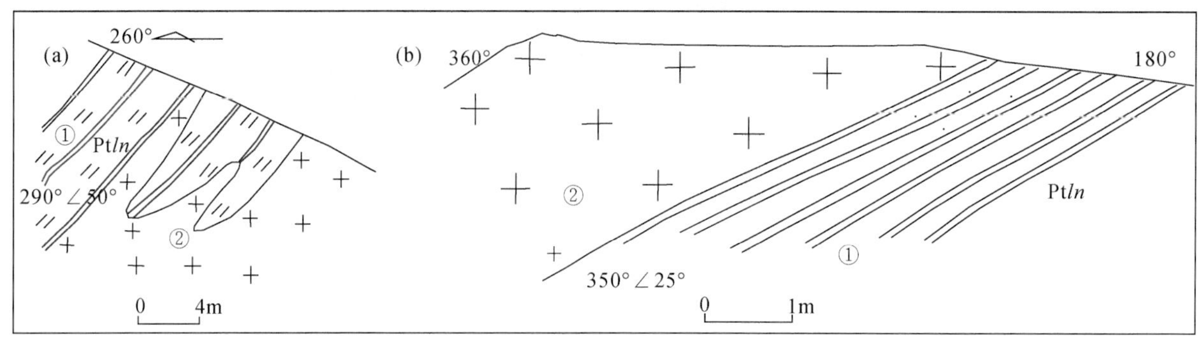

图 3-53　燕山期岩体与围岩接触关系素描图

（a）岩体与冷家溪群（Ptln）呈侵入接触关系；（b）岩体与 Ptln 呈超覆接触关系。
①二云母石英片岩（a）和板岩（b）；②中细粒斑状二云母二长花岗岩（a）和中细粒二云母花岗岩（b）

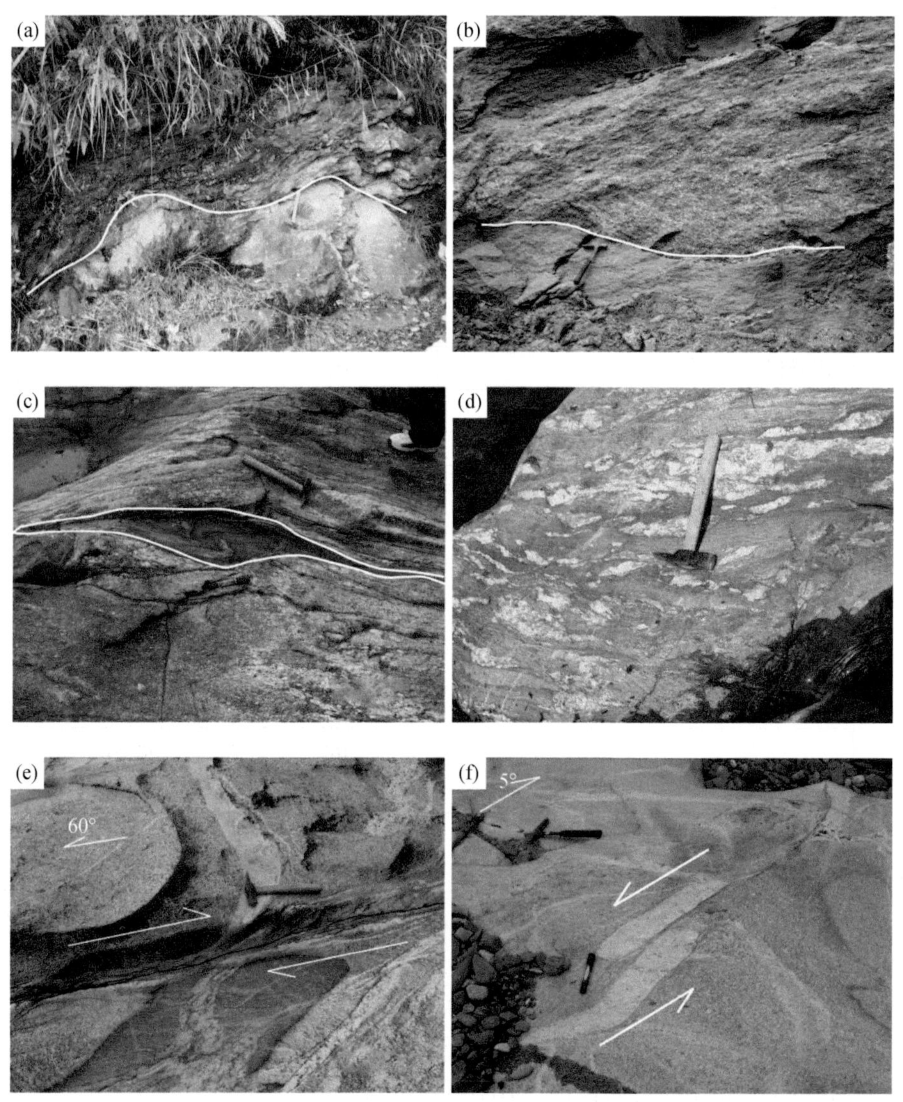

图 3-54　燕山期岩体与围岩接触关系及构造变形野外照片

（a）连云山岩体与围岩接触关系；（b）幕阜山岩体与围岩接触关系；（c）连云山岩体边缘捕虏体；（d）连云山岩体中的流动构造；（e）连云山岩体内发育韧-脆性走滑剪切构造；（f）连云山岩体内发育脆性剪切构造

湘东北燕山期岩体的岩性以中粒、细粒二云母二长花岗岩为主，局部出现黑云母花岗闪长岩（如连云山岩体）、石英斑岩（如七宝山岩体），整体表现块状构造，局部为斑状或似斑状结构、片状或片麻状构造，但各岩体的岩石特征总体相近。主要矿物（表 3-14）为钾长石（12.2%~42.2%）、斜长石（23.8%~49.6%）、黑云母（0.2%~11.0%）、石英（23.0%~36.8%）、白云母（0.3%~8.3%）等；副矿物为磷灰石-独居石-钛铁矿组合，以磷灰石、独居石、钛铁矿、锆石、金红石等含量较高，磁铁矿含量也较高，另外还有少量褐帘石、石榴子石等，总体上各岩体矿物成分及含量等基本相同。

表 3-14　湘东北燕山期花岗岩矿物成分　（单位：%）

岩体	地点	岩性	钾长石	斜长石（An）	石英	黑云母	白云母
望湘	青狮桥	细中粒斑状黑云母花岗闪长岩	17.4	42.0（32~50）	29.3	11.0	0.3
	坝上屋	细粒二云母二长花岗岩	27.2	36.6（28~36）	29.1	5.2	1.9
	蚜泥冲	中细粒二云母二长花岗岩	27.4	33.0（17~38）	31.2	4.5	3.9
	龙王大山	细中粒少斑状二云母二长花岗岩	29.1	32.4（28~38）	30.5	4.9	3.1
	石板吴	细中粒斑状二云母二长花岗岩	29.9	32.7（18~45）	29.3	5.0	3.1
	万寿宫	钠长石化、白云母化细粒（二）白云母二长花岗岩	12.2	49.6	29.8	0.4	7.6
	元冲	钠长石化、白云母化微细粒（二）白云母二长花岗岩	27.2	33.4	27.6	0.2	8.3
	天雷山	粗中粒二云母二长花岗岩	22.5	37.2	31.6	1.1	7.6
	桃花洞	细中粒二云母二长花岗岩	34.1	28.0	28.8	3.5	5.2
连云山	介头	细粒二云母二长花岗岩	27.0	31.5（14）	32.5	3.0	6.0
	道士仙	中细粒二云母二长花岗岩	30.7	24.3（15）	34.6	6.0	4.4
	岩前	细中粒斑状黑云母二长花岗岩	34.6	33.2（30）	26.0	6.2	
	小坦	中细粒黑云母花岗闪长岩	16.8	47.2（29）	28.4	7.6	
金井	坝上屋	细粒二云母二长花岗岩	28.4	33.9（34）	35.3	0.8	1.6
	蚜泥冲	中细粒二云母二长花岗岩	36.0	36.0（31）	23.0	3.0	2.0
	龙王大山	细中粒少斑状二云母二长花岗岩	27.8	42.1（41）	23.0	5.0	2.1
	石板吴	细中粒斑状二云母二长花岗岩	33.7	35.3（27~42）	25.7	3.4	1.9
幕阜山	坝上屋	细粒二云母二长花岗岩	29.0	32.0（15）	31.0	3.0	5.0
	蚜泥冲	中细粒二云母二长花岗岩	29.4	32.4（13~23）	30.7	3.0	4.5
	龙王大山	细中粒少斑状二云母二长花岗岩	34.5	29.1（17~29）	31.9	2.0	2.5
	石板吴	细中粒斑状二云母二长花岗岩	33.8	27.4（26~32）	32.4	4.7	1.7
	万寿宫	细粒二云母二长花岗岩	35.1	23.8（18~30）	34.8	2.6	3.7
	元冲	微细粒斑状二云母二长花岗岩	31.4	26.9（25~34）	36.8	3.4	1.5
	天雷山	粗中粒二云母二长花岗岩	42.2	24.9（30）	27.4	2.5	3.0
	桃花洞	细中粒二云母二长花岗岩	26.6	37.7（30.3）	30.3	2.3	3.1

3.4.1.1　连云山岩体基本特征

区域上，连云山岩体位于长沙-平江断裂的东南侧、井冲-横洞钴铜矿的东侧、黄金洞金矿的西南侧。该岩体整体形态受北东向的长沙-平江深大断裂控制，中部膨大，向北东向缩小、南西侧分叉，出露面积约 135km²。据湖南省地质矿产勘查开发局（1988）资料，连云山岩体在规模上自西南向北东可能有逐渐加大的趋势。岩体主要侵位于冷家溪群板岩之中和连云山杂岩之中（图 3-55），并与围岩呈突变侵入和交代侵入接触，变质带宽可达数百米至 20km 以上。连云山岩体与冷家溪群板岩接触的部位可见混合岩化，并有强烈的剪切变形和定向构造（图 2-17、图 2-62）。捕虏体在岩体内一般不发育，且多见于岩体边部，岩性与外接触带变质围岩相同。

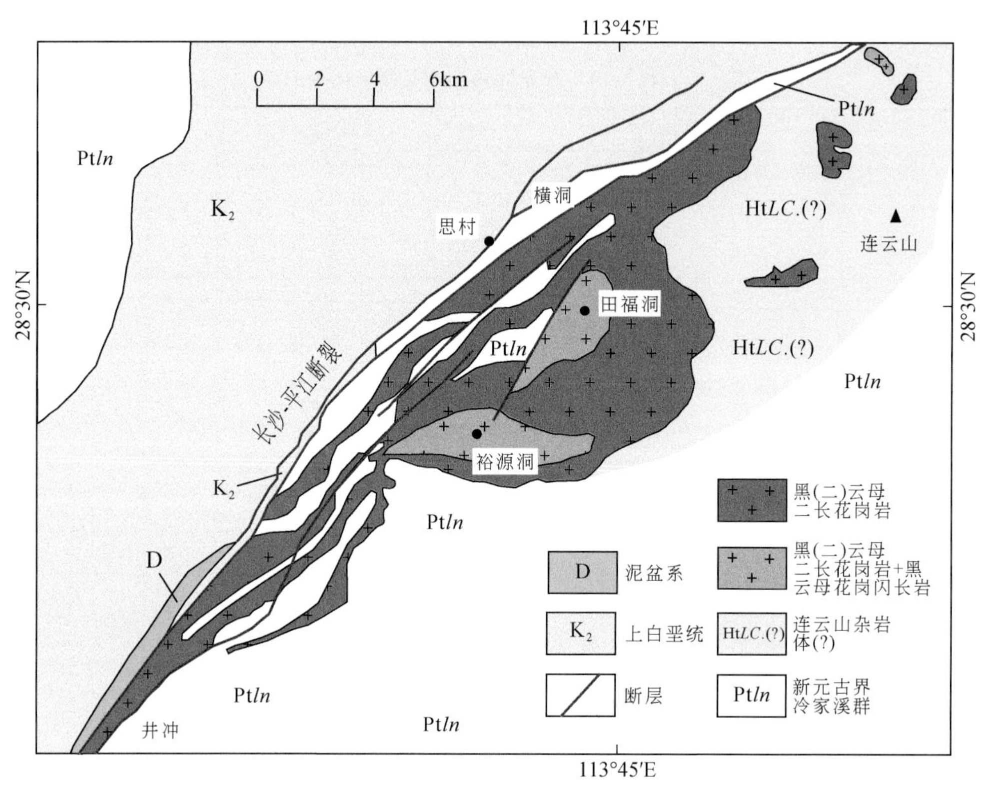

图 3-55　连云山岩体地质简图（据许德如等，2009 修改）

重磁反演结果表明，连云山岩体模型三维正演重力异常与剩余重力异常较为相似，形态基本相同（图 3-56），岩体顶部略有起伏、顶部埋深小于 1km，局部出露地表。岩体底部向东南倾斜，最深处在东南部，下延深度最深为 12km，往西则逐渐接近地表，底部深度为 2km 或更浅（图 3-57）。此外，重力反演还表明，连云山岩体形态复杂，由东南往西往北侵入时分成三支（图 3-58），南北宽约 10km，东西长 16～22km。

连云山岩体是连云山变质核杂岩变质核的重要组成部分，主要岩性为细中粒（少斑状）黑云母二长花岗岩和中细粒（斑状）二云母二长花岗岩，其次为中细粒黑云母花岗闪长岩。其中，细中粒（少斑状）黑云母二长花岗岩呈灰色，似斑状结构，斑晶由粗大的钾长石组成，定向性较好，斜长石呈扭曲双晶、碎裂结构，黑云母略显定向排列［图 3-59（a）（b）］；主要成分包括石英（约 26%）、斜长石（约 33%，An 约 30）、钾长石（约 35%）、黑云母（约 6%），主要副矿物为钛铁矿、磁铁矿、独居石、锆石、磷灰石等。中细粒（斑状）二云母二长花岗岩呈灰白色，块状构造、中细粒花岗结构［图 2-62（c）］，斜长石聚片双晶和石英裂纹较发育，黑云母和白云母呈片状或鳞片状，显示明显的变形，大部分斜长石则蚀变较强，主要矿物为石英（32%～35%）、斜长石（24%～32%，An = 14～15）、钾长石（27%～31%，可见格子双晶）、黑云母（3%～6%）、白云母（4%～6%）［图 2-17（a）、图 2-62（d）～（f）］，主要副矿物为独居石、锆石［图 2-62（g）］、磷灰石、钛铁矿等。连云山混合花岗岩中的矿物种类和该二云母二长花

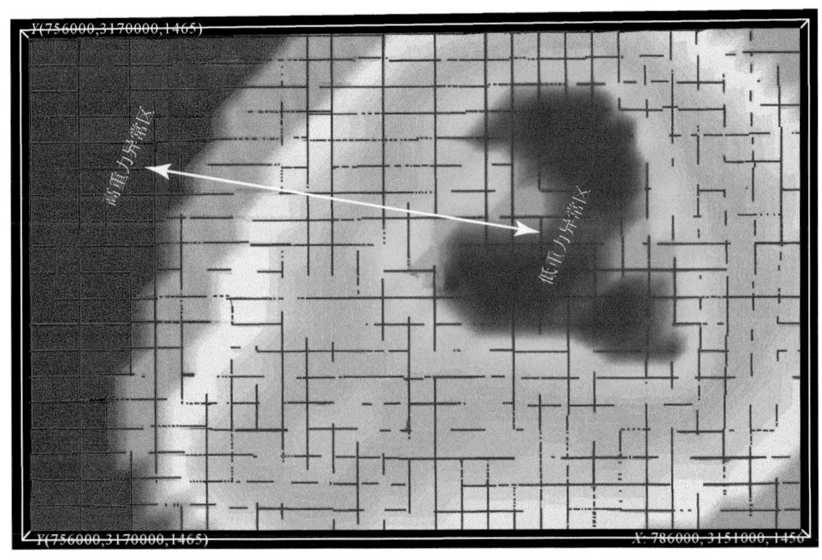

图3-56　连云山岩体重力正演异常

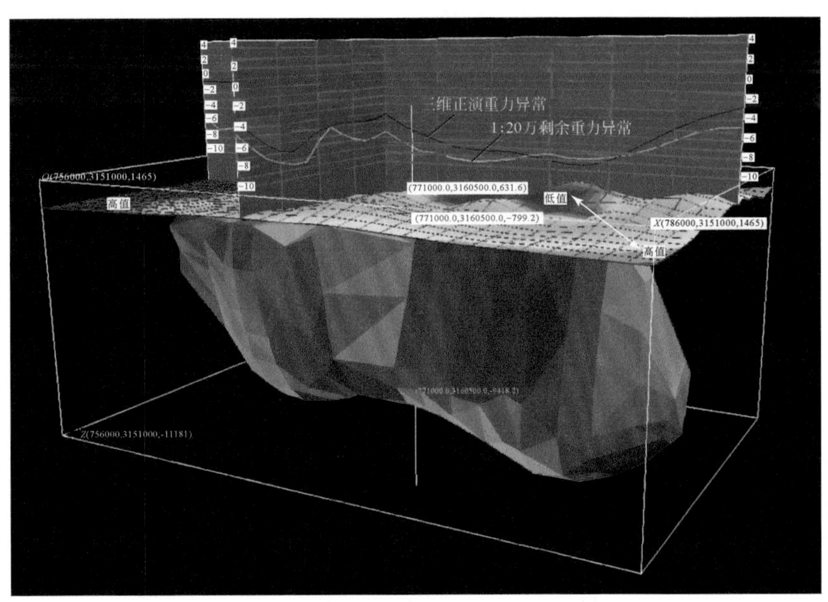

图3-57　连云山岩体模型三维正演拟合剖面

岗岩相似，但是矿物颗粒更细，且定向排列明显，指示了应力应变作用［图2-62（h）］。此外，连云山二云母二长花岗岩中还见矿物颗粒细小的捕虏体［图2-17（b）、图2-62（i）］。黑云母花岗闪长岩的主要成分则包括石英（约28%）、斜长石（约47%，An约29）、钾长石（约17%）、黑云母（约8%）。连云山岩体常见绿泥石化、硅化、绿帘石化、云英岩化和钠长石化等蚀变，局部见长石、石英交代现象。

3.4.1.2　金井岩体基本特征

金井岩体位于湘东北长沙-平江深大断裂带西侧金井一带（图3-60），总面积约110km^2，侵入于新元古界冷家溪群浅变质沉积岩中，与围岩的侵入接触面一般倾向围岩；局部呈超覆状态，与白垩系花岗质砂砾岩呈沉积接触。野外调查和岩石学观察表明，金井岩体多具中-细粒似斑状结构，钾长石矿物通常组成斑晶。岩体局部发育片麻状构造，部分岩体中可见流线、流面构造，与围岩片理走向基本一致。

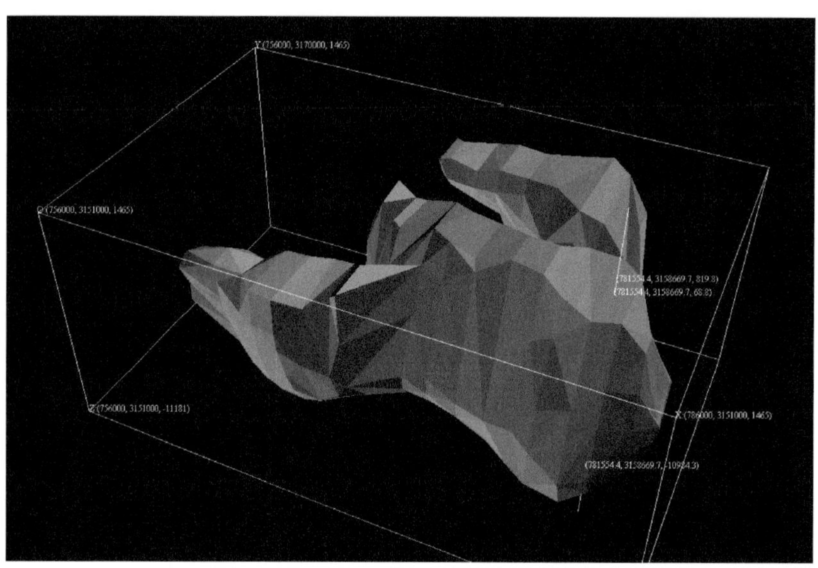

图 3-58　连云山岩体模型侧视图

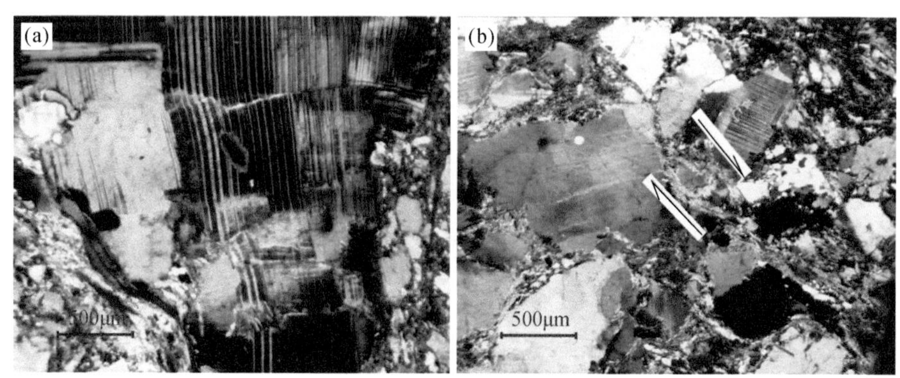

图 3-59　细中粒（少斑状）黑云母二长花岗岩显微照片

（a）长石扭曲双晶（正交偏光）；（b）碎裂及定向结构（正交偏光）。（b）中黑色箭头示剪切方向

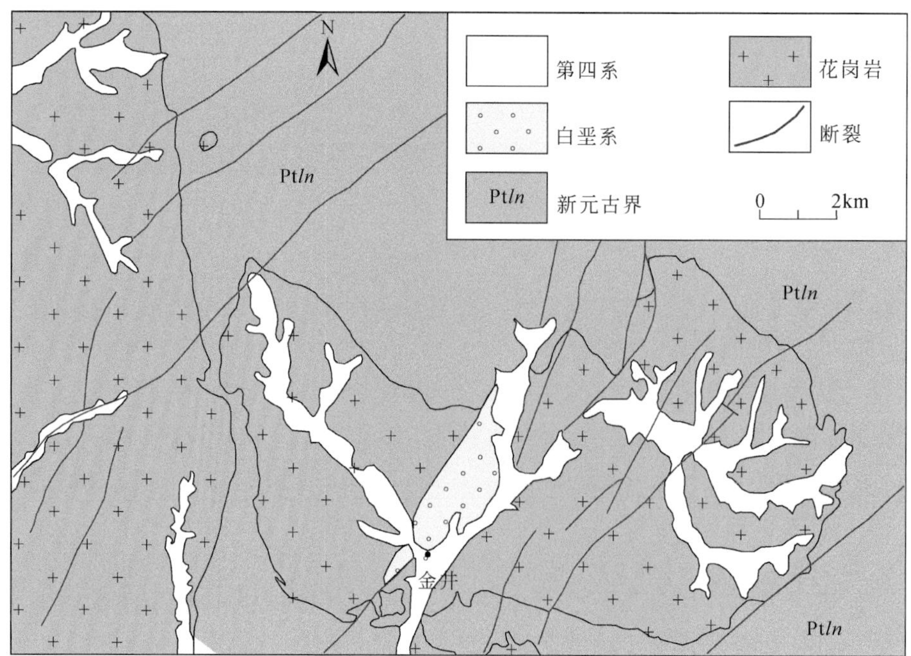

图 3-60　金井花岗岩地质略图

金井岩体模型三维正演重力异常与剩余重力异常较为相似，岩体形态两者基本相同（图3-61）。从金井岩体模型看（图3-62），岩体的顶部起伏较大、顶部埋深0～4km，大部分出露地表，反演区内（东部）岩体顶部起伏较小，顶部埋深0～2km，大部出露地表。岩体底部延伸一般为10km，西南角最深处下延深度最深为13km。总体上金井岩体形态较为复杂，南北宽12～42km，东西长24～50km（图3-63）。

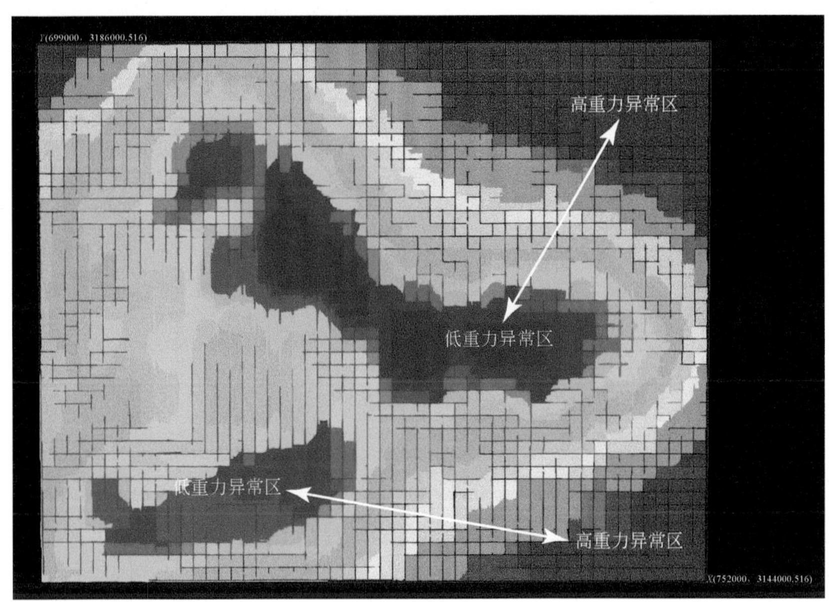

图3-61　金井岩体重力正演异常

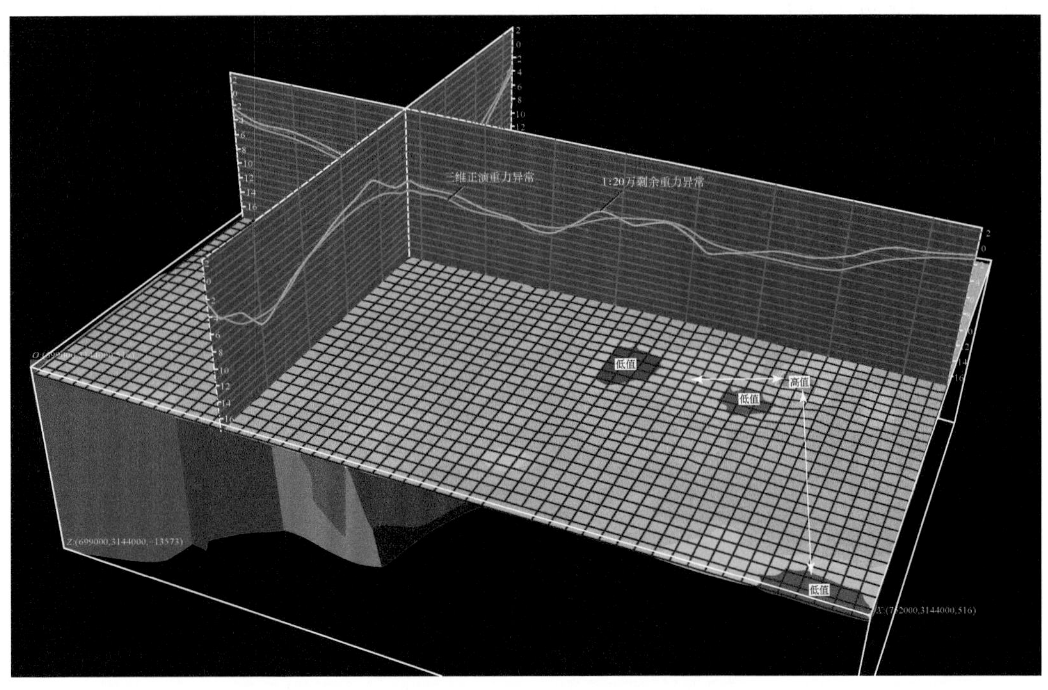

图3-62　金井岩体模型三维正演拟合剖面

金井岩体岩性主要是二云母二长花岗岩，具有细粒至细中粒结构，块状构造，部分具斑状、似斑状结构；其次为中粗粒斜长花岗岩以及侵入其中的细粒斜长花岗岩脉（图3-64）。主要矿物组成有石英、长石和云母。斜长石平均含量32%～41%，呈自形-半自形板状，多具环带构造［图3-65（a）］、碎裂结构

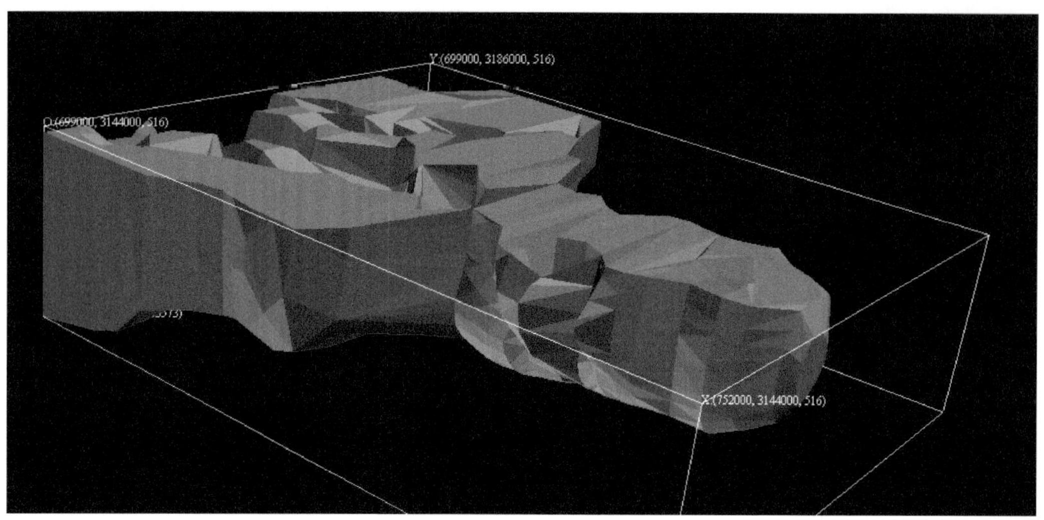

图 3-63　金井岩体模型侧视图

[图 3-65（b）]，有错位现象 [图 3-65（c）]，部分有石英、黑云母等矿物嵌晶。钾长石平均含量 23%~30%，呈他形板状或充填状，以微斜长石为主，少量微斜微纹长石，其中微斜长石具格子双晶 [图 3-65（d）]。钠长石条纹发育，有斜长石、黑云母等矿物嵌晶。石英平均含量 28%~32%，呈他形粒状，波状消光普遍可见，部分沿裂纹有交代现象。黑云母平均含量 5%，呈半自形-他形片状，多色性明显，有金红石、磷灰石、锆石等矿物嵌晶，部分还有金属矿物与之共生现象，云母由于铁含量高而呈褐红色 [图 3-65（e）]，亦有碎裂结构和扭曲解理 [图 3-65（f）]。白云母平均含量 1%~2%，呈他形或半自形片状，常与黑云母共生。副矿物为磷灰石-独居石-钛铁矿组合，以磷灰石、独居石、钛铁矿、锆石、金红石、磁铁矿等含量较高为特征，另外还有少量褐帘石、石榴子石等，其中锆石可分为滚圆、半滚圆状的沉积型锆石和锥柱状岩浆锆石，经 CIPW 标准矿物计算均出现刚玉分子，含量为 1.5%~2.7%。此外，金井岩体的局部热液蚀变强烈，可能暗示它是在相对活动构造环境下侵位的。

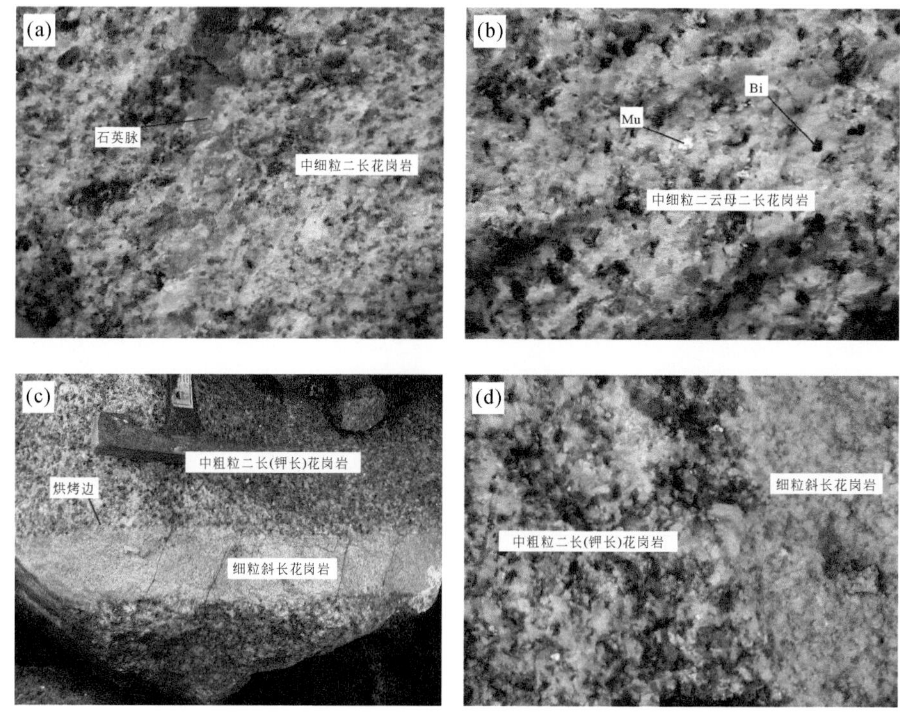

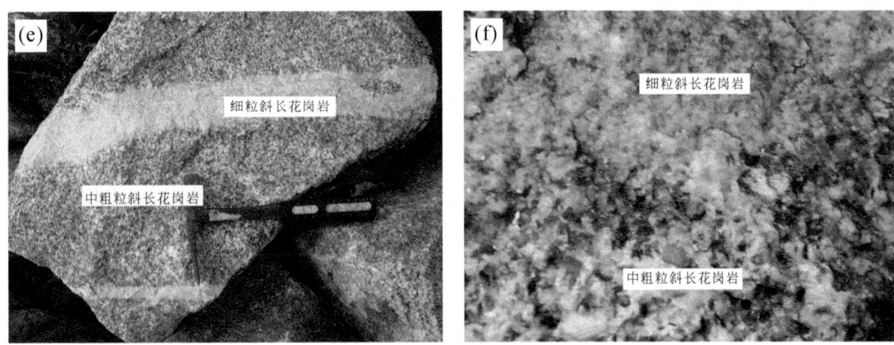

图 3-64　金井岩体野外照片（张家榜和金井水库）

(a) 中细粒二长花岗岩，其中云母较少，主要矿物组成为石英、钾长石和斜长石，花岗岩中，还可见细小的石英脉；(b) 中细粒二云母二长花岗岩，粒度与前者相似，但明显具有较多的白云母和黑云母；(c) 中粗粒二长（钾长）花岗岩和侵入其中的细粒斜长花岗岩，侵入接触界面可见烘烤边；(d) 中粗粒二长（钾长）花岗岩具有较多的肉红色钾长石，与中粗粒斜长花岗岩明显不同；(e)(f) 中粗粒斜长花岗岩和侵入其中的细粒斜长花岗岩，但斜长花岗岩鲜见肉红色的钾长石

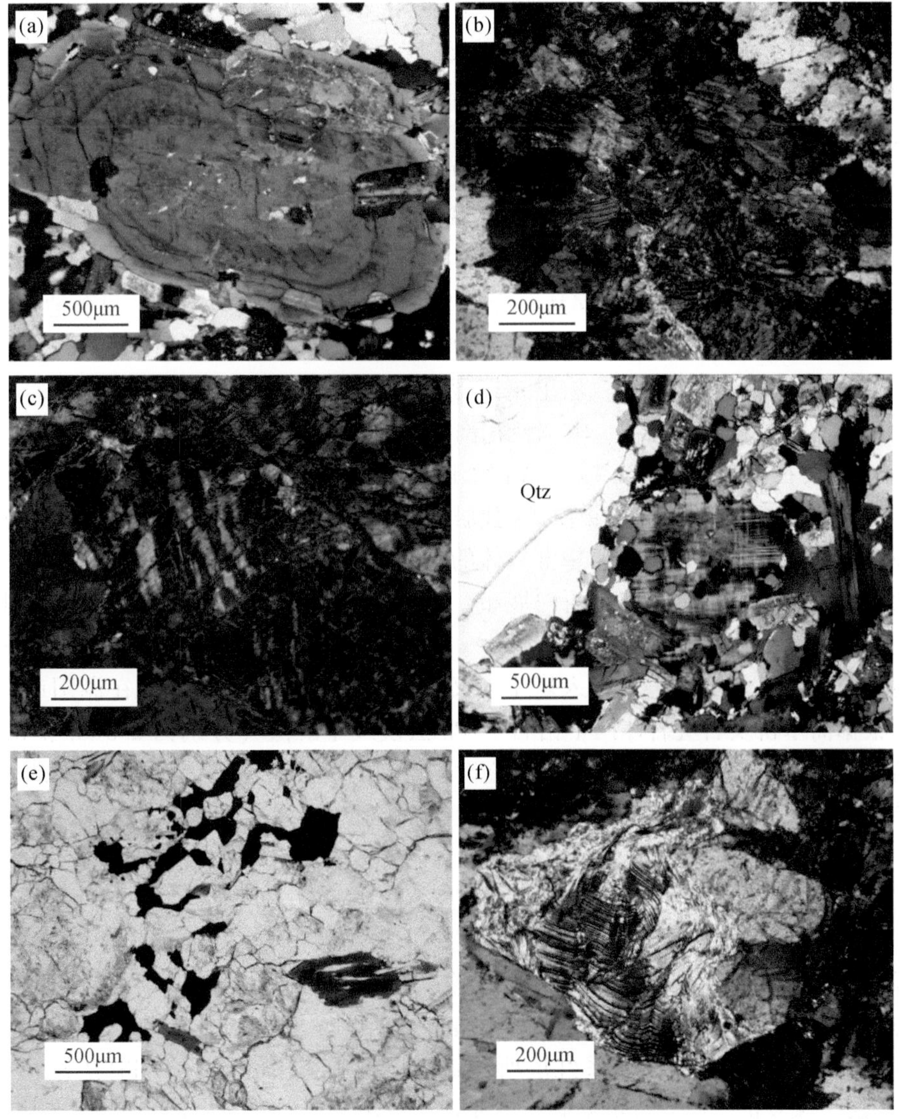

图 3-65　金井岩体岩相学显微照片

(a) 样品 JJ07-1 中斜长石环带结构（正交偏光）；(b) 样品 JJ02-5 中斜长石碎裂及扭曲双晶（正交偏光）；(c) 样品 JJ02-5 中斜长石位错（正交偏光）；(d) 样品 JJ07-1 中微斜长石的格子双晶及石英斑晶（Qtz；正交偏光）；(e) 样品 JJ07-1 中金属矿物与黑云母共生（单偏光）；(f) 样品 JJ02-5 中云母的碎裂结构及扭曲解理（正交偏光）

3.4.1.3 望湘复式岩体基本特征

望湘岩体位于 NE—NNE 向长沙-平江深大断裂带的北西侧、新宁-灰汤断裂带的东侧，分布于望城、长沙、浏阳、汨罗、湘阴、平江等地区，是一大型、具多期侵入的中深成相复合岩基，出露面积约 $1600km^2$。望湘复式岩体主要侵入新元古界冷家溪群中，并在围岩与侵入岩接触部位形成角岩、斑点状板岩等热接触变质岩，晚白垩世红层则覆盖于岩体之上。根据有关资料（湖南省地质矿产局，1988；湖南省地质研究所，1995；湖南省地质调查院，2002），望湘岩体由晋宁期（青白口纪）、加里东期（寒武纪）、印支期（早-中三叠世）、燕山早期（中侏罗世?）、燕山期（晚侏罗世—早白垩世）不同期次的侵入岩组成，可划分为加里东期密岩山超单元、印支期沙溪超单元、燕山早期高家坊和长乐街超单元、燕山期影珠山超单元等，各超单元相互侵入的界线多处可见（图 3-66）。望湘岩体及其周缘除有较多花岗伟晶岩、细粒花岗岩脉外，尚有少量石英正长岩、石英二长岩、花岗闪长斑岩、花岗斑岩、石英斑岩、煌斑岩，以及玄武质岩、粗面质岩等岩脉。整体上，加里东期及印支期花岗质岩偏基性，具有幔-壳混源成因特征，而燕山期花岗质岩则以壳源成因为主。与望湘岩体有关的矿产包括：印支期沙溪超单元中石蛤蟆单元发现有钼矿化；燕山期影珠山超单元中万寿宫单元发现有锡、铌钽矿化，部分中、晚侏罗世花岗伟晶岩脉，有少量铍矿化；燕山早期长乐街超单元花岗岩发现有微弱钨矿化；此外，铅锌铜矿化与切割花岗岩的断层破碎带有关，坡里屋含锡石二长岩体规模虽小，但锡品位特富。除燕山期影珠山超单元外，其他单元均发育叶理组构，尤以望湘岩体的加里期侵入岩等最发育。

（1）加里东期密岩山超单元出露于望湘岩体的西北部、丁字湾岩体的北东边部及平江县西江等地，除西江岩体外，均被晚时代花岗岩侵入而呈残留体状产出，并以望湘岩体西北部的密岩山-白水-白鹤洞及西侧的文家铺-界头铺等地居多，规模大小不一，单个残留体面积多为几百平方米至 $2km^2$、最大的达 $7km^2$，已获全岩 Rb-Sr 等时线年龄值为 544Ma。加里东期侵入岩蚀变破碎明显，显著地被后时代花岗岩及花岗伟晶岩穿插，且岩石片麻状构造明显，并多具韧性剪切变形特征。岩体内含有较多闪长质包体，特别是近地层的石英云母片岩捕虏体甚多。加里东期侵入岩主要岩性为黑云母花岗闪长岩、黑云母英云闪长岩、黑云母角闪石石英闪长岩，细粒、中细粒花岗结构，主要矿物成分为石英（25%~29%）、钾长石（2.3%~15.1%）、斜长石（46.3%~57.3%；An 约 40）、黑云母（10.4%~17.1%），以及少量的白云母（约 0.3%）、角闪石。副矿物为钛铁矿-磁铁矿-独居石组合，钛铁矿含量甚多，磁铁矿含量次之。

（2）印支期沙溪超单元花岗岩出露于望湘岩体的东北部和南东侧，汨罗-路口畬一线的简禾桥、斗尾冲、洞田、青映村、源头等地，总体呈北西向展布，除出露于望湘岩体北东部的石坑等地侵入体规模较大外，其余均呈小岩株产出，出露总面积约 $120km^2$。单个岩体出露面积从小于 $1km^2$ 到数平方千米。望湘岩体的东北部侵入新元古界及加里东期侵入岩中，又被燕山期花岗质岩侵入，在浏阳市源头处，白垩系红层沉积其上。根据简禾桥及石坑岩体两个锆石 U-Pb 法模式年龄值（分别为 233Ma 和 250Ma），将沙溪超单元花岗质岩侵位时代暂定为晚二叠世—中三叠世。侵入岩的岩性主要为二云母和/或黑云母花岗闪长岩、英云闪长岩，细粒、中细粒花岗结构；主要矿物成分为石英（25.9%~34.1%）、钾长石（5%~17%）、斜长石（43.5%~52.0%；An=31~44）、黑云母（8.4%~11.5%），以及少量的白云母（2.3%左右）、角闪石（0.4%）。副矿物主要为磁铁矿-褐帘石-榍石组合，其中，磁铁矿含量最高，榍石及褐帘石含量次之。

（3）燕山早期侵入岩主要出现于望湘岩体边缘的东部、东南部和西部，以及望湘岩体北东部的长乐街超单元（含岑川岩体）。岩体侵入于新元古界和加里东期及印支期花岗质岩中，并被燕山期（晚侏罗世—早白垩世）花岗岩侵入，后被白垩系红层所覆盖。根据所获得的锆石 U-Pb 法模式年龄值为 155~160Ma，侵入时代属中侏罗世，但有待更精确年龄厘定。燕山早期侵入岩岩性主要是二（黑）云母二长花岗岩、黑云母花岗闪长岩，细粒至中细粒结构，部分为斑状结构。主要矿物成分为石英（28.0%~34.4%）、钾长石（8.3%~37.0%）、斜长石（34.0%~49.5%；An=18~50）、黑云母（0.5%~11.0%），以及少量但可变的白云母（0%~2%），偶见角闪石。其中，望湘岩体内细中粒斑状黑云母花岗闪长岩明

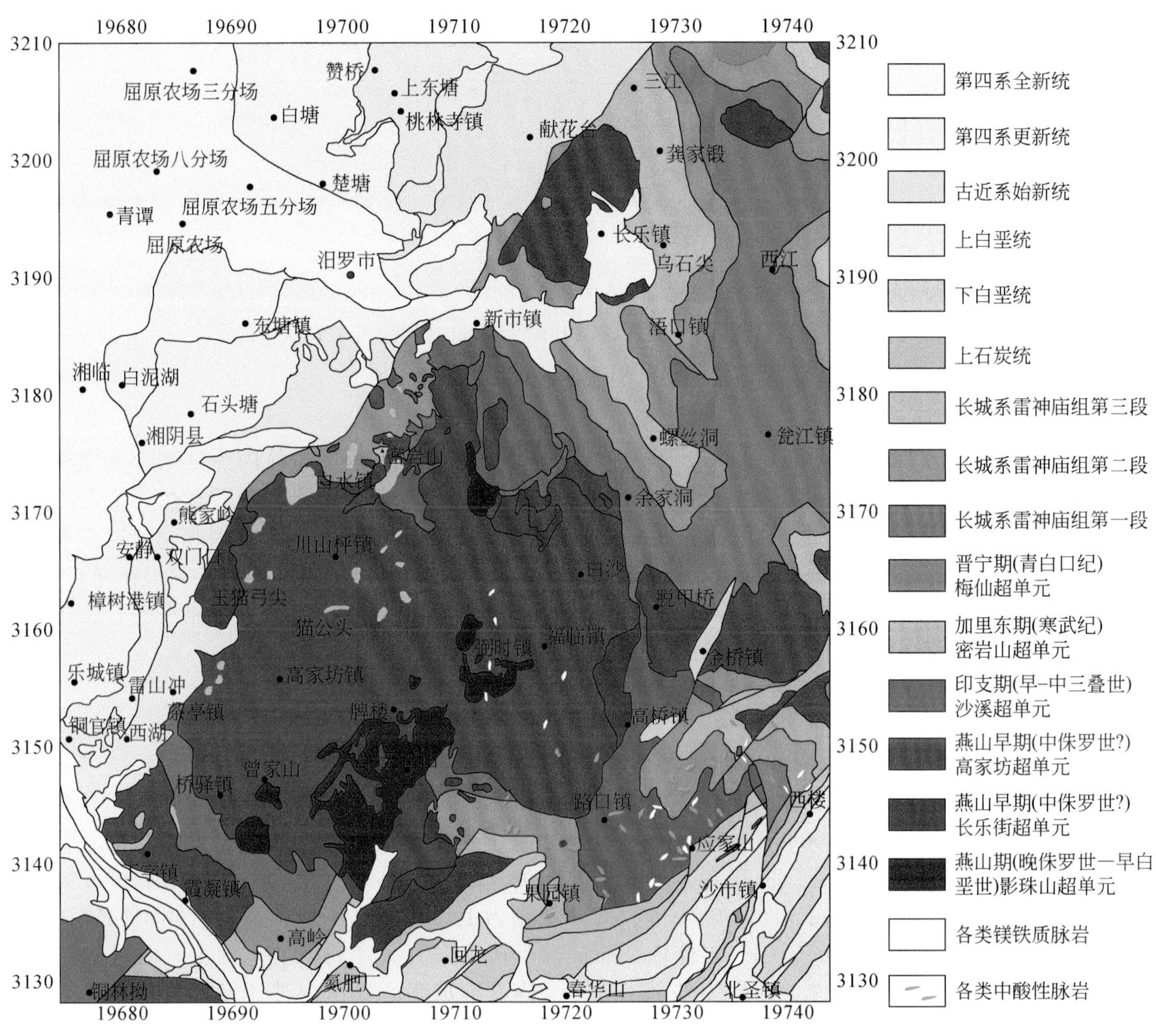

图 3-66　湘东北望湘复式岩体地质略图（据湖南省地质调查院，2002 修改）

显偏基性，黑云母含量高。副矿物为磷灰石-独居石-钛铁矿组合，磷灰石、独居石、钛铁矿、锆石、金红石等含量较高，磁铁矿次之，少量褐帘石、石榴子石。

（4）晚侏罗世燕山期侵入岩占据望湘岩体的大部，主要发育于岩体中部，侵入新元古界及加里东期、印支期和燕山早期花岗质岩中，并被早白垩世花岗岩侵入及晚白垩世红层覆盖（图 3-67），主要岩性为二云母二长花岗岩，但岩石结构差异较大，具细中粒斑状→细中粒少斑状→中细粒→细粒变化特征，但造岩矿物平均含量大致相近，如钾长石由 29.9%→29.1%→27.4%→27.2%，斜长石由 32.7%→32.4%→33.0%→36.6%，石英由 29.3%→30.5%→31.2%→29.1%，黑云母由 5%→4.9%→4.5%→5.2%，白云母由 3.1%→3.1%→3.9%→1.9%。副矿物属磷灰石-独居石-石榴子石-钛铁矿组合，磷灰石、独居石、石榴子石、钛铁矿、锆石等普遍含量比较高，磁铁矿含量极少。

（5）早白垩世燕山期侵入岩属于影珠山超单元，在望湘岩体中部主要沿周家冲—天雷山—影珠山—飘峰山（西侧）一线呈北东至北北东向延长或排布，大体包括万寿宫、元冲、桃花洞、天雷山等侵入体。早白垩世燕山期侵入岩侵入中侏罗世及晚侏罗世花岗岩中，晚白垩世红层中见有其砾石，并具有岩相分带现象，如天雷山东侧侵入体和晚侏罗世花岗岩接触处，边部有宽约 100m 的细粒-中细粒结构边缘带；元冲侵入体与晚侏罗世花岗质岩接触处，其边部斑晶甚少，基质具显微晶质，岩石具石英斑岩-花岗斑岩

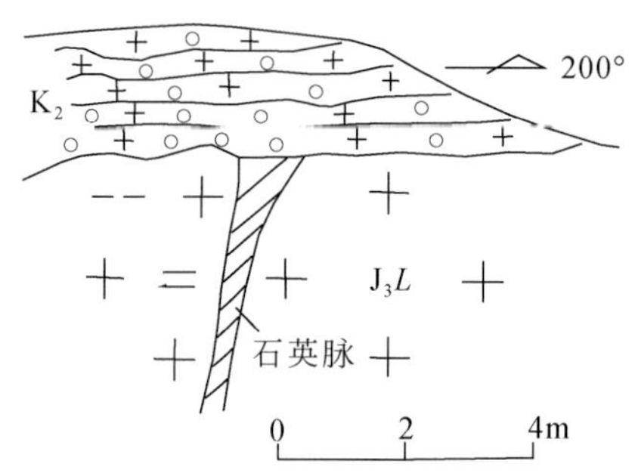

图 3-67　长沙河背屋晚白垩世红层（图中 K_2）与晚侏罗世细中粒斑状二云母二长花岗岩（图中 J_3L）呈沉积接触关系图示

特征，此边缘带宽几十厘米至数米；这些边缘带向内渐变为主体岩性。望湘岩体内多见钠长石化和白云母化蚀变，且以顶部和边部蚀变最强烈。蚀变后的岩石中白云母增加，黑云母减少，有些甚至为白云母型岩石；斜长石牌号（An）降低，抑或生成糖粒状钠长石，岩石内的斜长石增多。因此，个别侵入岩如万寿宫，若按钾长石和斜长石比例划分，应属花岗闪长岩，考虑到岩石化学成分，仍以二长花岗岩称之。此外，望湘岩体内的白云母大都为含锂多硅白云母，和晚侏罗世花岗岩内的白云母明显不同。蚀变后岩石有弱的铌钽和锡石矿化，强蚀变地段可达工业品位。

3.4.1.4　幕阜山岩体基本特征

幕阜山岩体是大云山-幕阜山变质核杂岩变质核的重要组成部分。该岩体位于长沙-平江深大断裂带西侧、幕阜山-浏阳断隆的北端，在湘东北出露于临湘、岳阳、汨罗、平江等地，北部延伸至湖北省，东部接江西省，面积达 2400km^2（图 3-68）。幕阜山岩体包括晚侏罗世、早白垩世两期花岗质侵入体，主要侵入新元古界冷家溪群，但在岩体北侧和北东侧分别与震旦系、寒武系、奥陶系和石炭系接触，接触面一般倾向围岩，倾角 30°～80°不等，北西侧则为上白垩统红层所覆盖。岩体剥蚀较浅，常见围岩残留体。因受后期构造的影响，岩体内挤压破碎带极为发育，走向以北东为主。而这些不同时期侵入岩的分布表现一定规律性，即岩体外部形成早，内部形成晚。岩体内外还发育有众多的花岗伟晶岩脉和细粒花岗岩脉，其中花岗伟晶岩脉数量之多、规模之大，为湖南全省之冠。据暗色矿物及长石类型，花岗伟晶岩脉可划分为黑云母花岗伟晶岩、二云母花岗伟晶岩、白云母花岗伟晶岩、钠锂（锂辉石）型花岗伟晶岩等 4 种类型。受岩体侵入的影响，围岩主要产生角（片）岩化接触变质，部分具钙质围岩残留顶盖的地段发生大理岩化蚀变，某些地段花岗岩具弱钠长石化，并有弱铌钽矿化，与幕阜山岩体有关的花岗伟晶岩具绿柱石、锂辉石及铌钽矿化，而萤石铅锌矿化则与切割幕阜山岩体的断层破碎带有关。据围岩蚀变及花岗岩类岩脉出现情况，推测幕阜山岩体的南、北两侧存在有较大规模的花岗岩体隐伏。

幕阜山岩体的岩性主要为二云母二长花岗岩，次为黑云母二长花岗岩、黑云母花岗闪长岩，以细粒-细中粒结构为主，部分为微细粒、斑状或少斑结构（图 3-69）。其中，晚侏罗世侵入岩主要矿物成分为石英（30.7%～32.4%）、钾长石（29.0%～34.5%）、斜长石（27.4%～32.4%；An＝13～32），以及少量黑云母（2.0%～4.7%）、白云母（1.7%～5.0%）。副矿物属磷灰石-独居石-石榴子石-钛铁矿组合，以普遍出现含量比较高的磷灰石、独居石、石榴子石、钛铁矿、锆石等为特征，但磁铁矿含量极少。早白垩世侵入岩主要矿物成分与晚侏罗世侵入岩基本相近，其中，石英＝27.4%～36.8%、钾长石＝26.6%～42.2%、斜长石＝23.8%～37.7%（An＝17～34）、黑云母＝2.3%～3.4%、白云母＝1.5%～3.7%。

3.4.2　岩浆岩侵位时代

为精确厘定湘东北地区燕山期侵入岩体的形成演化时代，我们对连云山岩体、幕阜山岩体、望湘岩

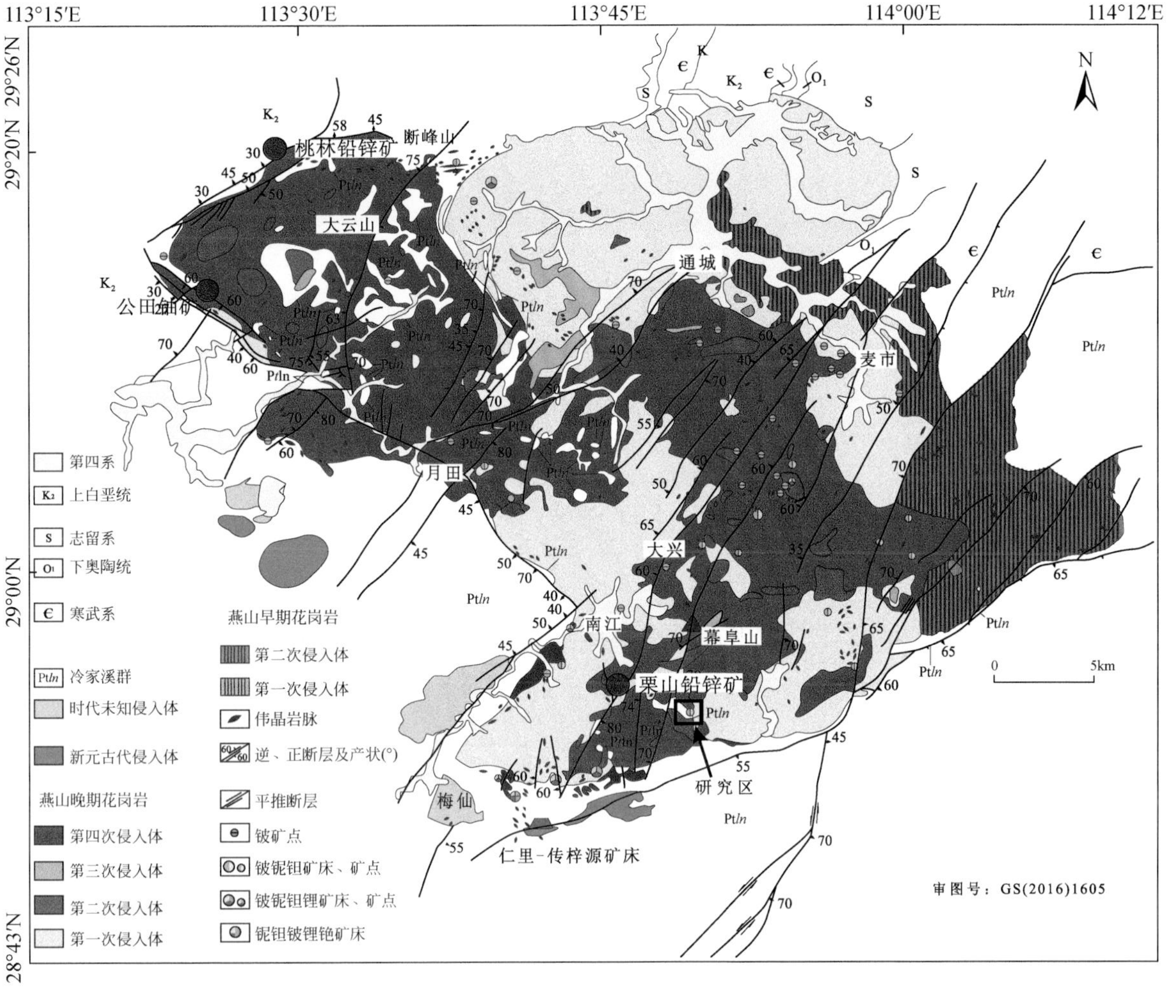

图 3-68　幕阜山稀有金属矿集区地质矿产简图

据李鹏等，2017；许畅等，2019；刘翔等，2019 修改

图 3-69　幕阜山岩体野外和手标本照片

（a）细粒二云母二长花岗岩，主要由石英、斜长石、钾长石、黑云母和白云母组成，矿物颗粒小于 2mm；（b）中粒二云母二长花岗岩，矿物组成与图（a）相似，矿物颗粒多大于 2mm，部分石英颗粒在 5mm 以上；（c）粗粒黑云母二长花岗岩，矿物颗粒多大于 5mm，可以看到明显的片状云母；（d）花岗闪长岩，灰黑色，主要组成矿物为长石，石英，角闪石和黑云母；（e）石榴子石白云母花岗伟晶岩，矿物颗粒较大；（f）产于伟晶岩之中的栗山铅锌矿

体和金井岩体中不同性质花岗质岩主要开展了锆石 U-Pb（LA-ICP-MS 法）定年，其次为云母类 Ar-Ar 和全岩 Rb-Sr 定年，定年结果如下。

3.4.2.1　连云山岩体

为精确限定连云山岩体岩浆活动与构造变形的时限，本次在连云山地区主要沿 *A*-*A*′、*B*-*B*′两剖面（图 3-70）采取了连云山岩体中不同岩相且经历不同脆–韧性变形的花岗质岩，如中细粒二云母二长花岗

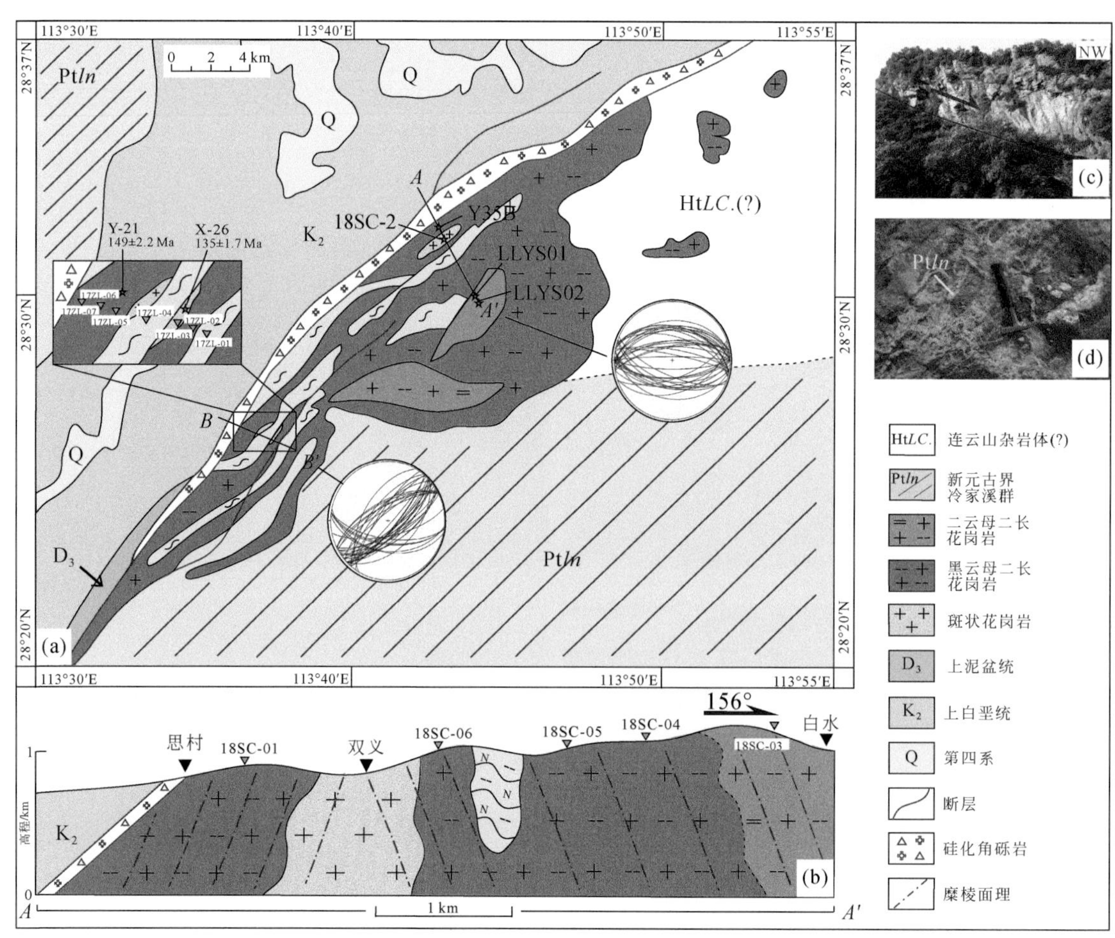

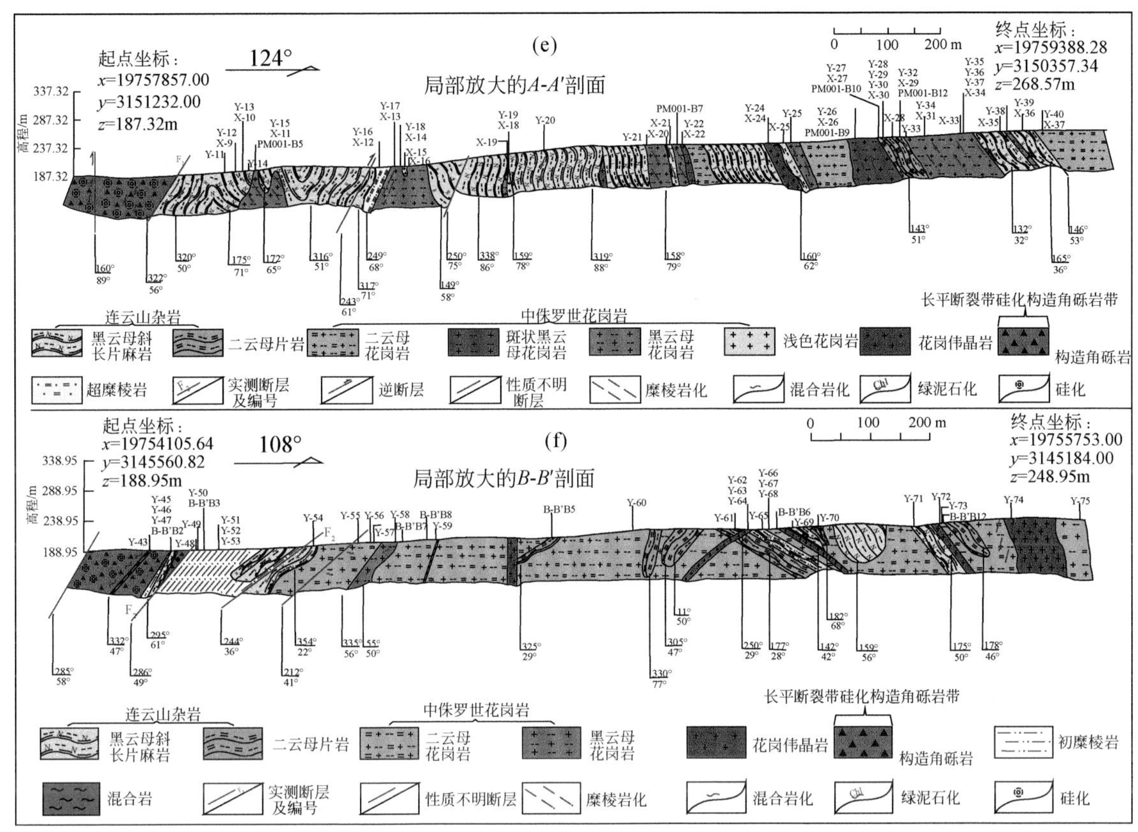

图3-70　连云山地区地质简图、剖面实测图、构造要素赤平投影图及采样位置

（a）连云山地区地质图，赤平投影图分别为 $A\text{-}A'$、$B\text{-}B'$剖面中糜棱岩面理产状；（b）$A\text{-}A'$剖面图；（c）长平断裂野外照片；（d）断层硅化角砾岩；（e）（f）分别为局部放大的 $A\text{-}A'$、$B\text{-}B'$剖面

岩（LLYS01、LLYS02）、弱糜棱岩化中细粒二长花岗岩（X-18）、中粗粒黑云母二长花岗岩（Y35B）、中细粒黑云母花岗岩（D2061B）、斑状花岗岩（18SC-2）、眼球状花岗质糜棱岩（X-26）、糜棱岩化花岗岩（Y-21）、糜棱岩化似斑状黑云母花岗岩（Y-22）、糜棱岩化粗粒黑云母花岗岩（Y-34）、糜棱岩化中细粒二云母二长花岗岩（Y-67）进行 LA-ICP-MS 锆石 U-Pb 定年，部分样品采样位置见图3-70。

1. 糜棱岩化花岗质岩

（1）眼球状糜棱岩（X-26）。岩石呈灰白色，块状构造，清晰可见其眼球状碎斑，斑晶粒径较大，糜棱岩化程度较高，原岩为中粗粒斑状黑云母二长花岗岩，矿物成分主要为石英（40%）、斜长石（25%）、钾长石（15%）、黑云母（15%），及少量白云母、绢云母、绿泥石；岩石发生破碎，可见残余似斑状结构，斑晶粒度大小一般为 2～5mm，少数>5mm。碎斑由长石、石英组成，粒径较大，多呈棱角状，显微裂隙较发育，可见波状消光、变形双晶，碎斑边缘细粒化现象较发育，长石和黑云母发生绢云母化与绿泥石化。基质约 10%，由细粒石英+黑云母+白云母组成，弱定向排列，石英集合体无明显拉长，亚颗粒石英多以膨凸重结晶为主，与碎斑构成核幔结构（图3-71）。

（2）糜棱岩化花岗岩（Y-21）。岩石呈浅灰色，块状构造，清晰可见糜棱面理，矿物颗粒大小较为均匀，可见眼球碎斑，原岩应为细中粒似斑状黑云母二长花岗岩。镜下观察表明，该样品矿物成分主要由石英（30%）、斜长石（25%）、钾长石（20%）、黑云母（15%），及少量白云母、绢云母、绿泥石组成；岩石强烈细粒化，S—C 面理组构发育，可清晰分为碎斑与基质。碎斑多呈眼球状，由长石、石英和少量黑云母组成，少数呈透镜状。可见波状消光、变形双晶，碎斑边缘细粒化现象较发育，长石和黑云母发生绢云母化与绿泥石化。基质约 10%，由细粒石英+黑云母+白云母组成，略具定向排列，石英集合体有拉长，与碎斑构成核-幔结构（图3-72）。

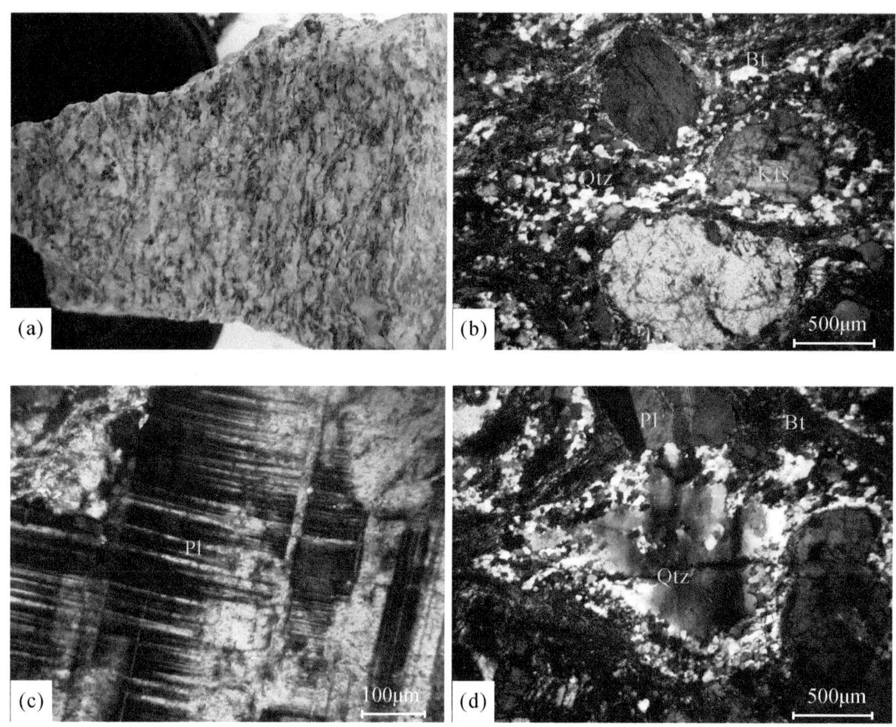

图 3-71　眼球状糜棱岩（X-26）的手标本及显微照片

（a）标本照片；（b）眼球状碎斑；（c）斜长石变形双晶；（d）石英核-幔结构。除（a）外，均为正交偏光。
Qtz. 石英；Kfs. 钾长石；Pl. 斜长石；Bt. 黑云母

图 3-72　糜棱岩化花岗岩（Y-21）的手标本及显微照片

（a）手标本照片；（b）眼球状碎斑；（c）石英的拉长变形；（d）斜长石变形双晶。除（a）外，均为正交偏光。
Qtz. 石英；Kfs. 钾长石；Pl. 斜长石；Bt. 黑云母；Ms. 白云母

我们对连云山岩体中眼球状花岗质糜棱岩（X-26）及糜棱岩化花岗岩（Y-21）样品分别进行了锆石U-Pb定年（表3-15）和阴极发光（CL）成像（图3-73）。

表3-15　连云山岩体锆石LA-ICP-MS U-Pb年龄

测试点号	Th/10^{-6}	U/10^{-6}	Th/U	同位素比值						年龄/Ma						谐和度/%
				$^{207}Pb/^{206}Pb$	1σ	$^{207}Pb/^{235}U$	1σ	$^{206}Pb/^{238}U$	1σ	$^{207}Pb/^{206}Pb$	1σ	$^{207}Pb/^{235}U$	1σ	$^{206}Pb/^{238}U$	1σ	
眼球状花岗质糜棱岩X-26																
~~X-26-03~~	~~232~~	~~524~~	~~0.44~~	~~0.1010~~	~~0.0080~~	~~0.3097~~	~~0.0274~~	~~0.0219~~	~~0.0004~~	~~1643~~	~~147~~	~~274~~	~~21~~	~~139~~	~~2~~	~~34~~
X-26-04	620	3752	0.17	0.0539	0.0022	0.1461	0.0031	0.0197	0.0006	369	91	138	3	126	4	90
~~X-26-05~~	~~776~~	~~3078~~	~~0.25~~	~~0.0649~~	~~0.0028~~	~~0.1928~~	~~0.0114~~	~~0.0216~~	~~0.0017~~	~~772~~	~~91~~	~~179~~	~~10~~	~~138~~	~~10~~	~~73~~
X-26-06	391	1569	0.25	0.0547	0.0011	0.1636	0.0050	0.0217	0.0006	467	51	154	4	138	4	89
~~X-26-08~~	~~662~~	~~3552~~	~~0.19~~	~~0.1067~~	~~0.0082~~	~~0.3128~~	~~0.0415~~	~~0.0210~~	~~0.0013~~	~~1744~~	~~141~~	~~276~~	~~32~~	~~134~~	~~8~~	~~30~~
X-26-11	316	378	0.84	0.0568	0.0014	0.1608	0.0042	0.0206	0.0003	483	86	151	4	131	2	85
~~X-26-13~~	~~585~~	~~1882~~	~~0.31~~	~~0.0616~~	~~0.0027~~	~~0.1846~~	~~0.0127~~	~~0.0215~~	~~0.0006~~	~~661~~	~~96~~	~~172~~	~~11~~	~~137~~	~~4~~	~~77~~
X-26-14	486	2466	0.20	0.0514	0.0006	0.1541	0.0030	0.0217	0.0004	257	24	146	3	139	2	95
X-26-15	361	1953	0.18	0.0515	0.0007	0.1521	0.0031	0.0214	0.0004	261	34	144	3	137	2	94
~~X-26-16~~	~~215~~	~~675~~	~~0.32~~	~~0.0624~~	~~0.0023~~	~~0.1836~~	~~0.0066~~	~~0.0214~~	~~0.0003~~	~~687~~	~~80~~	~~171~~	~~6~~	~~137~~	~~2~~	~~77~~
X-26-17	1293	3994	0.32	0.0588	0.0009	0.1675	0.0034	0.0207	0.0004	567	33	157	3	132	2	82
~~X-26-18~~	~~199~~	~~398~~	~~0.50~~	~~0.0687~~	~~0.0006~~	~~1.2286~~	~~0.0158~~	~~0.1296~~	~~0.0014~~	~~900~~	~~19~~	~~814~~	~~7~~	~~786~~	~~8~~	~~96~~
X-26-19	751	2590	0.29	0.0507	0.0008	0.1510	0.0033	0.0217	0.0005	228	37	143	3	138	3	96
X-26-20	448	2518	0.18	0.0577	0.0012	0.1705	0.0057	0.0215	0.0006	517	42	160	5	137	4	84
X-26-21	394	1043	0.38	0.0575	0.0009	0.1646	0.0027	0.0208	0.0002	522	35	155	2	133	2	84
X-26-22	354	2050	0.17	0.0546	0.0022	0.1607	0.0065	0.0214	0.0003	398	89	151	6	136	2	89
~~X-26-23~~	~~438~~	~~3105~~	~~0.14~~	~~0.0821~~	~~0.0079~~	~~0.2420~~	~~0.0147~~	~~0.0214~~	~~0.0008~~	~~1250~~	~~186~~	~~220~~	~~12~~	~~137~~	~~5~~	~~53~~
~~X-26-24~~	~~416~~	~~4822~~	~~0.09~~	~~0.0675~~	~~0.0013~~	~~0.1927~~	~~0.0055~~	~~0.0207~~	~~0.0006~~	~~854~~	~~40~~	~~179~~	~~5~~	~~132~~	~~4~~	~~70~~
X-26-25	235	1822	0.13	0.0506	0.0006	0.1508	0.0028	0.0216	0.0004	233	26	143	2	138	2	96
~~X-26-26~~	~~433~~	~~860~~	~~0.50~~	~~0.0662~~	~~0.0006~~	~~0.9477~~	~~0.0156~~	~~0.1040~~	~~0.0016~~	~~813~~	~~20~~	~~677~~	~~8~~	~~638~~	~~10~~	~~94~~
~~X-26-01~~	~~168~~	~~296~~	~~0.57~~	~~0.0728~~	~~0.0017~~	~~1.1091~~	~~0.0701~~	~~0.1097~~	~~0.0055~~	~~1009~~	~~48~~	~~758~~	~~34~~	~~671~~	~~32~~	~~87~~
X-26-02	171	1798	0.10	0.0579	0.0034	0.2028	0.0294	0.0248	0.0020	524	130	187	25	158	13	82
X-26-03	252	699	0.36	0.0585	0.0036	0.1953	0.0155	0.0241	0.0009	550	135	181	13	153	6	83
X-26-04-1	383	2773	0.14	0.0591	0.0018	0.2022	0.0080	0.0247	0.0005	572	69	187	7	157	3	82
~~X-26-05-1~~	~~352~~	~~796~~	~~0.44~~	~~0.0500~~	~~0.0019~~	~~0.1872~~	~~0.0070~~	~~0.0272~~	~~0.0006~~	~~195~~	~~91~~	~~174~~	~~6~~	~~173~~	~~4~~	~~99~~
~~X-26-06-1~~	~~61~~	~~1210~~	~~0.05~~	~~0.0644~~	~~0.0015~~	~~0.8835~~	~~0.0241~~	~~0.0994~~	~~0.0021~~	~~767~~	~~245~~	~~643~~	~~13~~	~~611~~	~~12~~	~~94~~
~~X-26-07~~	~~78~~	~~458~~	~~0.17~~	~~0.0662~~	~~0.0016~~	~~1.1042~~	~~0.0299~~	~~0.1210~~	~~0.0025~~	~~813~~	~~50~~	~~755~~	~~14~~	~~736~~	~~14~~	~~97~~
X-26-08	389	1624	0.24	0.0510	0.0012	0.1590	0.0047	0.0226	0.0005	243	54	150	4	144	3	95
~~X-26-09~~	~~375~~	~~484~~	~~0.77~~	~~0.0659~~	~~0.0033~~	~~0.1895~~	~~0.0117~~	~~0.0208~~	~~0.0007~~	~~803~~	~~106~~	~~176~~	~~10~~	~~133~~	~~4~~	~~71~~
X-26-10	**163**	**984**	**0.17**	**0.1092**	**0.0060**	**1.6241**	**0.2107**	**0.1025**	**0.0101**	**1787**	**100**	**980**	**82**	**629**	**59**	**56**
~~X-26-11~~	~~179~~	~~547~~	~~0.33~~	~~0.0907~~	~~0.0026~~	~~0.8258~~	~~0.0863~~	~~0.0662~~	~~0.0069~~	~~1443~~	~~56~~	~~611~~	~~48~~	~~413~~	~~42~~	~~61~~
X-26-12	538	908	0.59	0.0569	0.0021	0.1639	0.0081	0.0209	0.0008	487	80	154	7	133	5	85
~~X-26-13~~	~~422~~	~~467~~	~~0.91~~	~~0.1348~~	~~0.0089~~	~~0.4688~~	~~0.0430~~	~~0.0245~~	~~0.0010~~	~~2161~~	~~115~~	~~390~~	~~30~~	~~156~~	~~6~~	~~14~~
~~X-26-14~~	~~770~~	~~2548~~	~~0.30~~	~~0.0563~~	~~0.0015~~	~~0.2405~~	~~0.0110~~	~~0.0310~~	~~0.0013~~	~~465~~	~~29~~	~~219~~	~~9~~	~~197~~	~~8~~	~~89~~
~~X-26-15~~	~~158~~	~~927~~	~~0.17~~	~~0.1483~~	~~0.0025~~	~~3.5395~~	~~0.2566~~	~~0.1729~~	~~0.0122~~	~~2328~~	~~28~~	~~1536~~	~~57~~	~~1028~~	~~67~~	~~60~~
~~X-26-16~~	~~407~~	~~1663~~	~~0.24~~	~~0.0870~~	~~0.0017~~	~~1.4424~~	~~0.0913~~	~~0.1199~~	~~0.0070~~	~~1361~~	~~39~~	~~907~~	~~38~~	~~730~~	~~40~~	~~78~~
~~X-26-17~~	~~528~~	~~1235~~	~~0.43~~	~~0.0625~~	~~0.0024~~	~~0.1752~~	~~0.0114~~	~~0.0203~~	~~0.0010~~	~~700~~	~~81~~	~~164~~	~~10~~	~~130~~	~~6~~	~~76~~
X-26-18	499	901	0.55	0.0528	0.0019	0.1341	0.0024	0.0186	0.0006	317	81	128	2	119	3	92
X-26-19	480	1982	0.24	0.0528	0.0015	0.1652	0.0044	0.0228	0.0005	320	67	155	4	145	3	93

续表

测试点号	Th/10^{-6}	U/10^{-6}	Th/U	同位素比值						年龄/Ma						谐和度/%
				$^{207}Pb/^{206}Pb$	1σ	$^{207}Pb/^{235}U$	1σ	$^{206}Pb/^{238}U$	1σ	$^{207}Pb/^{206}Pb$	1σ	$^{207}Pb/^{235}U$	1σ	$^{206}Pb/^{238}U$	1σ	
X-26-20	651	2630	0.25	0.0582	0.0027	0.1656	0.0051	0.0211	0.0014	600	104	156	4	135	9	85
糜棱岩化花岗岩 Y-21																
Y-21-01	25	1647	0.01	0.0468	0.0013	0.1591	0.0054	0.0246	0.0005	39	67	150	5	157	3	95
Y-21-02	67	1615	0.04	0.0480	0.0011	0.1595	0.0073	0.0240	0.0008	102	49	150	6	153	5	98
Y-21-03	150	2005	0.07	0.0486	0.0010	0.1605	0.0075	0.0239	0.0009	128	48	151	7	152	5	99
~~**Y-21-04**~~	~~**140**~~	~~**2902**~~	~~**0.05**~~	~~**0.0613**~~	~~**0.0012**~~	~~**0.1961**~~	~~**0.0044**~~	~~**0.0233**~~	~~**0.0005**~~	~~**650**~~	~~**47**~~	~~**182**~~	~~**4**~~	~~**148**~~	~~**3**~~	~~**79**~~
Y-21-05	86	1500	0.06	0.0493	0.0008	0.1713	0.0034	0.0252	0.0003	165	37	161	3	160	2	99
Y-21-06	444	2513	0.18	0.0503	0.0012	0.1652	0.0104	0.0237	0.0010	209	56	155	9	151	6	97
Y-21-07	150	3098	0.05	0.0493	0.0018	0.1367	0.0116	0.0200	0.0010	161	89	130	10	128	7	98
Y-21-08	37	2406	0.02	0.0508	0.0007	0.1660	0.0029	0.0237	0.0004	232	31	156	3	151	3	96
Y-21-09	17	1839	0.01	0.0572	0.0007	0.1812	0.0049	0.0230	0.0008	498	23	169	4	147	5	85
Y-21-10	339	1076	0.32	0.0507	0.0008	0.1651	0.0033	0.0236	0.0003	228	39	155	3	150	2	96
Y-21-11	187	1764	0.11	0.0487	0.0004	0.1581	0.0025	0.0236	0.0004	132	14	149	2	150	2	99
~~**Y-21-12**~~	~~**621**~~	~~**3179**~~	~~**0.20**~~	~~**0.0627**~~	~~**0.0066**~~	~~**0.1983**~~	~~**0.0224**~~	~~**0.0228**~~	~~**0.0004**~~	~~**698**~~	~~**226**~~	~~**184**~~	~~**19**~~	~~**145**~~	~~**2**~~	~~**76**~~
Y-21-13	29	1958	0.01	0.0553	0.0012	0.1725	0.0036	0.0227	0.0005	433	50	162	3	145	3	89
Y-21-14	11	1672	0.01	0.0497	0.0005	0.1586	0.0023	0.0232	0.0003	189	22	149	2	148	2	98
Y-21-15	52	1577	0.03	0.0494	0.0005	0.1630	0.0030	0.0239	0.0003	169	24	153	3	152	2	99
Y-21-16	129	1826	0.07	0.0489	0.0004	0.1597	0.0029	0.0237	0.0004	143	20	150	2	151	3	99
~~**Y-21-17**~~	~~**563**~~	~~**3138**~~	~~**0.18**~~	~~**0.0583**~~	~~**0.0022**~~	~~**0.1657**~~	~~**0.0075**~~	~~**0.0205**~~	~~**0.0003**~~	~~**543**~~	~~**81**~~	~~**156**~~	~~**7**~~	~~**131**~~	~~**2**~~	~~**82**~~
Y-21-18	35	2076	0.02	0.0494	0.0006	0.1566	0.0029	0.0230	0.0003	169	-3	148	3	146	2	99
Y-21-19	103	1676	0.06	0.0530	0.0012	0.1656	0.0048	0.0228	0.0003	328	58	156	4	146	2	93
Y-21-20	64	1260	0.05	0.0504	0.0006	0.1591	0.0024	0.0229	0.0003	217	28	150	2	146	2	97
~~**Y-21-01**~~	~~**45**~~	~~**411**~~	~~**0.11**~~	~~**0.0667**~~	~~**0.0010**~~	~~**1.0655**~~	~~**0.0210**~~	~~**0.1158**~~	~~**0.0018**~~	~~**829**~~	~~**31**~~	~~**737**~~	~~**10**~~	~~**706**~~	~~**10**~~	~~**95**~~
~~**Y-21-02**~~	~~**133**~~	~~**622**~~	~~**0.21**~~	~~**0.0619**~~	~~**0.0010**~~	~~**0.5174**~~	~~**0.0273**~~	~~**0.0604**~~	~~**0.0029**~~	~~**672**~~	~~**35**~~	~~**423**~~	~~**18**~~	~~**378**~~	~~**18**~~	~~**88**~~
~~**Y-21-03**~~	~~**460**~~	~~**952**~~	~~**0.48**~~	~~**0.0603**~~	~~**0.0010**~~	~~**0.3857**~~	~~**0.0214**~~	~~**0.0456**~~	~~**0.0022**~~	~~**617**~~	~~**31**~~	~~**331**~~	~~**16**~~	~~**287**~~	~~**14**~~	~~**85**~~
Y-21-04	240	796	0.30	0.0500	0.0010	0.1642	0.0040	0.0238	0.0004	198	46	154	3	152	3	98
~~**Y-21-05**~~	~~**287**~~	~~**661**~~	~~**0.43**~~	~~**0.1037**~~	~~**0.0015**~~	~~**1.4091**~~	~~**0.0522**~~	~~**0.0980**~~	~~**0.0030**~~	~~**1692**~~	~~**27**~~	~~**893**~~	~~**22**~~	~~**603**~~	~~**18**~~	~~**61**~~
Y-21-06	50	1755	0.03	0.0506	0.0008	0.1561	0.0033	0.0224	0.0003	220	37	147	3	143	2	96
~~**Y-21-07**~~	~~**225**~~	~~**723**~~	~~**0.31**~~	~~**0.0667**~~	~~**0.0008**~~	~~**0.9992**~~	~~**0.0237**~~	~~**0.1086**~~	~~**0.0024**~~	~~**829**~~	~~**172**~~	~~**703**~~	~~**12**~~	~~**665**~~	~~**14**~~	~~**94**~~
~~**Y-21-08**~~	~~**165**~~	~~**436**~~	~~**0.38**~~	~~**0.0661**~~	~~**0.0010**~~	~~**0.7383**~~	~~**0.0373**~~	~~**0.0803**~~	~~**0.0034**~~	~~**809**~~	~~**33**~~	~~**561**~~	~~**22**~~	~~**498**~~	~~**20**~~	~~**87**~~
~~**Y-21-09**~~	~~**106**~~	~~**1575**~~	~~**0.07**~~	~~**0.1032**~~	~~**0.0063**~~	~~**1.0238**~~	~~**0.1494**~~	~~**0.0639**~~	~~**0.0068**~~	~~**1683**~~	~~**113**~~	~~**716**~~	~~**75**~~	~~**400**~~	~~**41**~~	~~**43**~~
~~**Y-21-10**~~	~~**329**~~	~~**2338**~~	~~**0.14**~~	~~**0.0529**~~	~~**0.0006**~~	~~**0.2145**~~	~~**0.0050**~~	~~**0.0294**~~	~~**0.0006**~~	~~**324**~~	~~**28**~~	~~**197**~~	~~**4**~~	~~**187**~~	~~**4**~~	~~**94**~~
Y-21-11	437	3382	0.13	0.0512	0.0006	0.1621	0.0031	0.0229	0.0004	250	30	153	3	146	2	95
Y-21-12	122	1710	0.07	0.0513	0.0008	0.1771	0.0045	0.0250	0.0005	254	35	166	4	159	3	96
~~**Y-21-13**~~	~~**280**~~	~~**754**~~	~~**0.37**~~	~~**0.0611**~~	~~**0.0014**~~	~~**0.3563**~~	~~**0.0144**~~	~~**0.0422**~~	~~**0.0013**~~	~~**643**~~	~~**53**~~	~~**309**~~	~~**11**~~	~~**266**~~	~~**8**~~	~~**85**~~
~~**Y-21-14**~~	~~**194**~~	~~**669**~~	~~**0.29**~~	~~**0.0661**~~	~~**0.0009**~~	~~**0.9852**~~	~~**0.0364**~~	~~**0.1078**~~	~~**0.0036**~~	~~**811**~~	~~**28**~~	~~**696**~~	~~**19**~~	~~**660**~~	~~**21**~~	~~**94**~~
Y-21-15	368	1745	0.21	0.0542	0.0015	0.1813	0.0066	0.0242	0.0004	389	60	169	6	154	2	90
~~**Y-21-17**~~	~~**316**~~	~~**1033**~~	~~**0.31**~~	~~**0.0658**~~	~~**0.0008**~~	~~**0.7456**~~	~~**0.0192**~~	~~**0.0821**~~	~~**0.0020**~~	~~**1200**~~	~~**25**~~	~~**566**~~	~~**11**~~	~~**509**~~	~~**12**~~	~~**89**~~
~~**Y-21-18**~~	~~**317**~~	~~**442**~~	~~**0.72**~~	~~**0.0620**~~	~~**0.0045**~~	~~**0.1932**~~	~~**0.0163**~~	~~**0.0224**~~	~~**0.0004**~~	~~**676**~~	~~**156**~~	~~**179**~~	~~**14**~~	~~**143**~~	~~**3**~~	~~**77**~~
~~**Y-21-19**~~	~~**18**~~	~~**1161**~~	~~**0.02**~~	~~**0.0508**~~	~~**0.0012**~~	~~**0.1991**~~	~~**0.0082**~~	~~**0.0283**~~	~~**0.0008**~~	~~**232**~~	~~**54**~~	~~**184**~~	~~**7**~~	~~**180**~~	~~**5**~~	~~**97**~~
~~**Y-21-20**~~	~~**187**~~	~~**718**~~	~~**0.26**~~	~~**0.0581**~~	~~**0.0012**~~	~~**0.4184**~~	~~**0.0249**~~	~~**0.0514**~~	~~**0.0026**~~	~~**532**~~	~~**44**~~	~~**355**~~	~~**18**~~	~~**323**~~	~~**16**~~	~~**90**~~

注：表中加删除线的黑体数据详见正文说明。

样品 X-26 中锆石普遍呈自形的长柱状或短柱状，颗粒长 100～250μm，长宽比为 2∶1～5∶1。CL 成像显示，许多锆石颗粒具有典型的继承核和增生边结构，其中部分继承核具有岩浆环带，其颜色一般较白，指示了较低的 U 和 Th 含量，而边部的颜色较黑，且大部分具有明显的岩浆环带［图 3-73（a）］。锆石增生边 Th 含量为（171×10^{-6}～1293×10^{-6}），U 含量为（378×10^{-6}～3994×10^{-6}），Th/U 值位于 0.10～0.84。对样品 X-26 中锆石进行了 40 个点的 LA-ICP-MS U-Th-Pb 分析，其中 14 个点分析因谐和度低于 80%，而另外 7 个点具有更大或更小的 $^{206}Pb/^{238}U$ 年龄而被剔除，余下的 19 个点分析产生了一个有利的 $^{206}Pb/^{238}U$ 中值年龄 135±1.7Ma（MSWD=1.7）［表 3-15、图 3-73（b）］。

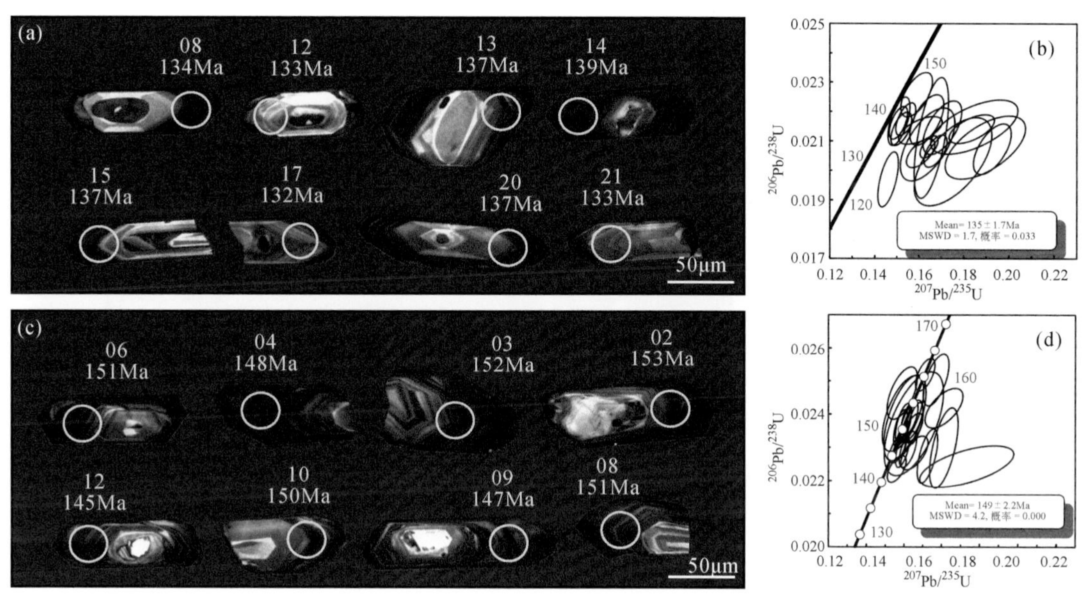

图 3-73　连云山花岗岩的锆石 U-Pb 年龄谐和图及手标本照片

（a）样品 X-26 的锆石阴极发光（CL）图像；（b）样品 X-26 的锆石 U-Pb 年龄谐和图；（c）样品 Y-21 的锆石阴极发光（CL）图像；（d）样品 Y-21 的锆石 U-Pb 年龄谐和图

样品 Y-21 中锆石呈自形的长柱状或短柱状，颗粒长 100～250μm，长宽比 2∶1～5∶1。CL 图像显示大部分锆石具有继承核和增生边结构，部分继承核具岩浆环带，其颜色一般较白，指示了较低的 U 和 Th 含量，而边部的颜色较黑，且大部分具有明显的岩浆环带［图 3-73（c）］。锆石增生边 Th 和 U 含量分别为（11×10^{-6}～444×10^{-6}）、（796×10^{-6}～3382×10^{-6}），Th/U 值为 0.01～0.72。对样品 Y-21 中锆石进行了 39 个点的 LA-ICP-MS U-Th-Pb 分析，其中 6 个分析点因谐和度小于 85%、11 个分析点因年龄值在 706～159Ma 间而被剔除，余下的 22 个点产生有利的 $^{206}Pb/^{238}U$ 中值年龄 149±2.2Ma（MSWD=4.2）［表 3-15、图 3-73（d）］。

（3）糜棱岩化似斑状黑云母花岗岩（Y-22）。该岩石具糜棱岩化特征、似斑状结构，斑晶由具聚片双晶的斜长石和具卡钠联合双晶的钾长石组成，基质主要为石英和黑云母，石英普遍具有波状消光、弱显核-幔结构，而黑云母解理弱呈弯曲。主要矿物包括石英、斜长石、钾长石、黑云母，黑云母常呈单晶或聚合体环绕斜长石和/或钾长石斑晶增长，或沿斜长石微裂隙生长或与石英呈脉状戳穿斜长石，暗示黑云母形成稍晚，而石英可能形成于两个不同时期或具不同的成因环境（图 3-74）。

样品 Y22 中的锆石多为自形晶，柱状、双锥状，长 100～300μm，长宽比为 5∶1～2∶1。CL 图像显示，样品中的锆石均发育有规律的韵律环带结构（图 3-75），反映了其为岩浆成因锆石。部分锆石具有典型的继承核+增生边结构，增生边为岩浆结晶过程形成的。样品 Y22 中锆石 LA-ICP-MS U-Pb 定年结果表明（图 3-76、表 3-16），锆石 $^{206}Pb/^{238}U$ 年龄变化范围为 122～138Ma，其加权平均年龄为 129±1.5Ma（MSWD=5.6），定年结果表明连云山糜棱岩化似斑状黑云母花岗岩形成于早白垩世。

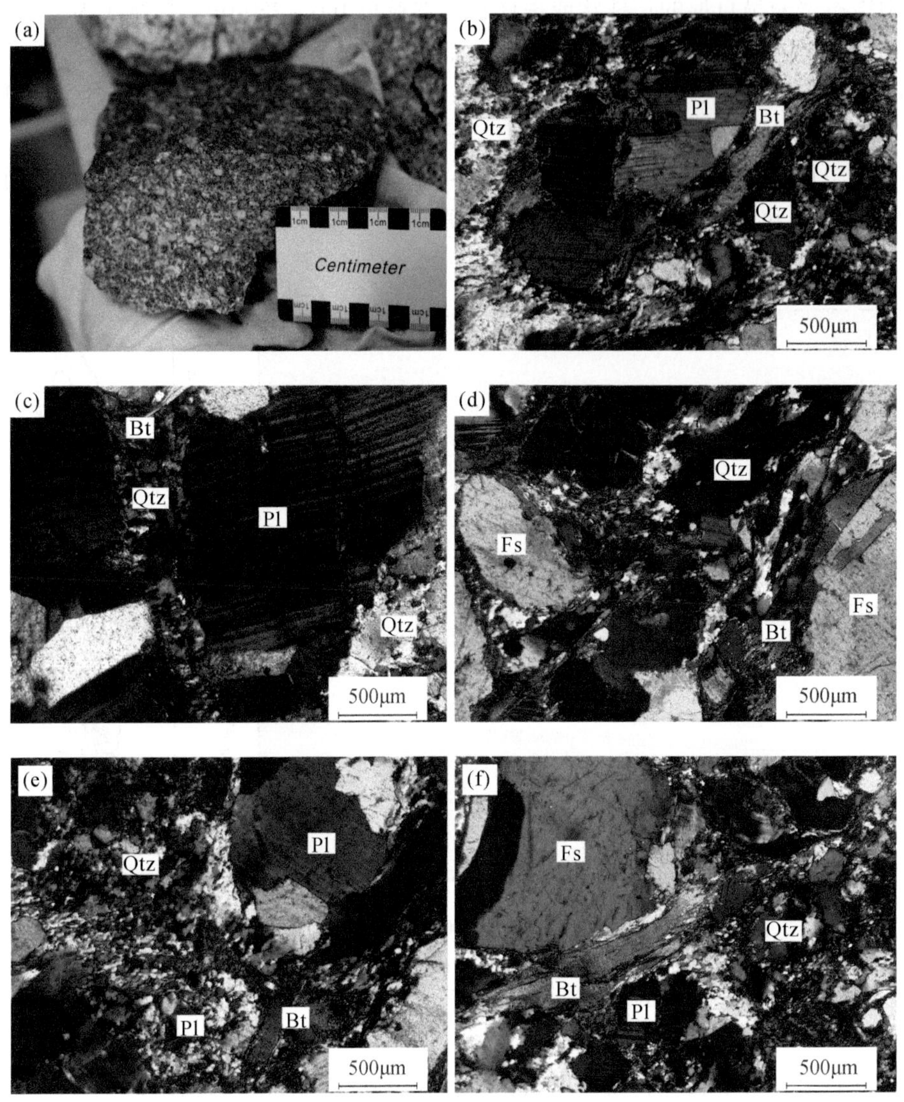

图 3-74　似斑状黑云母花岗岩（Y-22）手标本及显微照片

（a）手标本照片；（b）具聚片双晶的斜长石聚合体斑晶，注意细粒石英和黑云母环绕其生长；（c）石英和黑云母呈脉状穿插斜长石；（d）具卡纳联合双晶的钾长石斑晶及核-幔结构的石英；（e）环绕斜长石边缘结晶的石英，可见长石的残留；（f）石英+斜长石+钾长石+黑云母。除（a）外，均为正交偏光。

Qtz. 石英；Fs. 钾长石；Pl. 斜长石；Bt. 黑云母

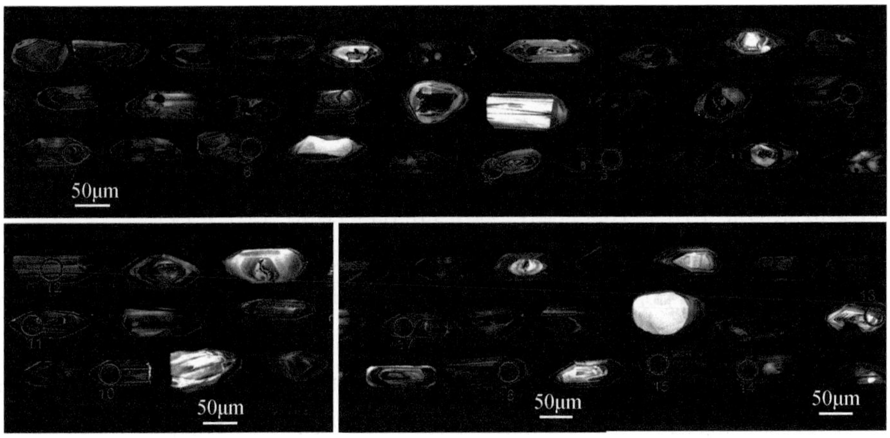

50μm

50μm　50μm　50μm

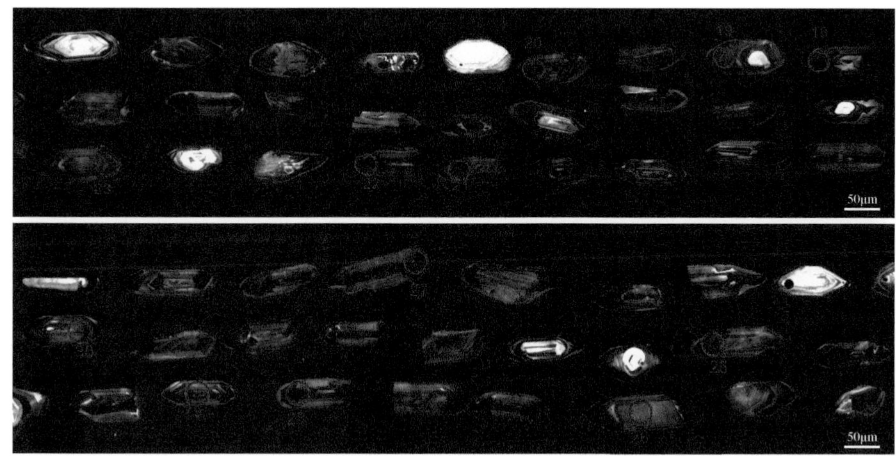

图 3-75　连云山似斑状黑云母花岗岩锆石阴极发光（CL）图像

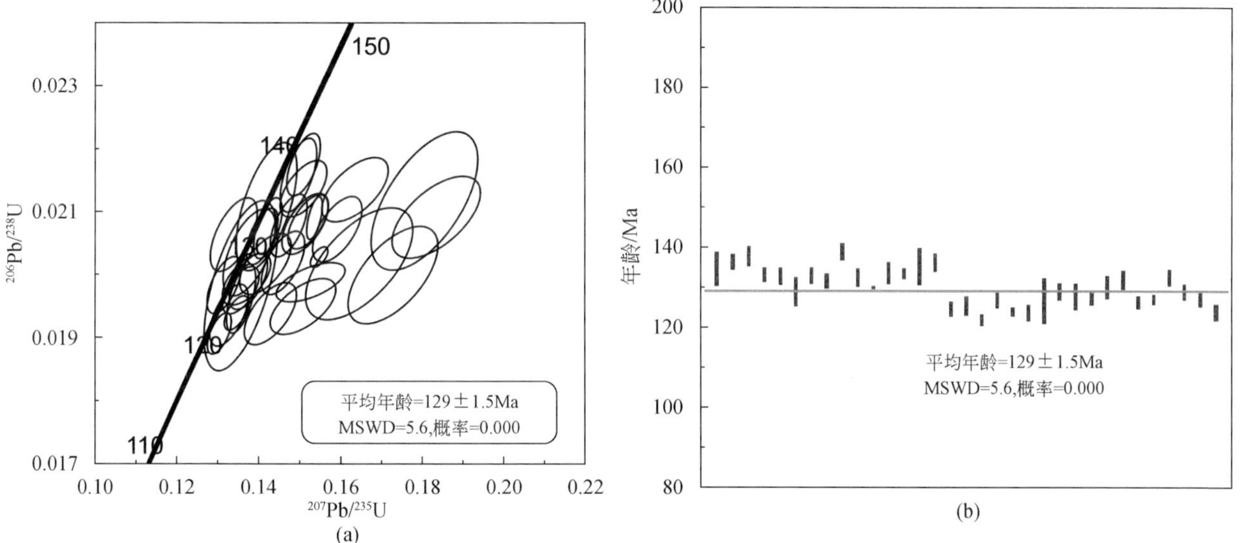

图 3-76　湘东北连云山似斑状黑云母花岗岩锆石 U-Pb 年龄谐和图（a）和平均年龄图（b）

表 3-16　连云山似斑状黑云母花岗岩锆石 LA-ICP-MS U-Pb 定年结果

序号	测试点号	Pb/10^{-6}	Th/10^{-6}	U/10^{-6}	同位素比值						年龄/Ma					
					$^{207}Pb/^{206}Pb$	±1σ	$^{207}Pb/^{235}U$	±1σ	$^{206}Pb/^{238}U$	±1σ	$^{207}Pb/^{206}Pb$	±1σ	$^{207}Pb/^{235}U$	±1σ	$^{206}Pb/^{238}U$	±1σ
2	Y-22-02	72	539	2981	0. 04879	0. 00099	0. 14178	0. 00486	0. 02108	0. 00067	200	42	135	4	134	4
4	Y-22-04	42	96	1763	0. 05119	0. 00108	0. 15078	0. 00375	0. 02136	0. 00030	250	50	143	3	136	2
5	Y-22-05	38	265	1538	0. 05025	0. 00044	0. 14956	0. 00292	0. 02158	0. 00039	206	23	142	3	138	2
6	Y-22-06	53	293	2238	0. 05280	0. 00072	0. 15188	0. 00322	0. 02084	0. 00028	320	25	144	3	133	2
7	Y-22-07	57	384	2413	0. 05133	0. 00058	0. 14717	0. 00294	0. 02078	0. 00033	257	28	139	3	133	2
10	Y-22-10	93	797	4060	0. 05876	0. 00171	0. 16439	0. 00864	0. 02018	0. 00059	567	63	155	8	129	4
11	Y-22-11	49	152	2080	0. 05270	0. 00108	0. 15120	0. 00373	0. 02081	0. 00032	317	14	143	3	133	2
12	Y-22-12	42	487	1735	0. 04953	0. 00060	0. 14072	0. 00253	0. 02061	0. 00030	172	34	134	2	132	2

续表

序号	测试点号	Pb/10^{-6}	Th/10^{-6}	U/10^{-6}	同位素比值						年龄/Ma					
					$^{207}Pb/^{206}Pb$	±1σ	$^{207}Pb/^{235}U$	±1σ	$^{206}Pb/^{238}U$	±1σ	$^{207}Pb/^{206}Pb$	±1σ	$^{207}Pb/^{235}U$	±1σ	$^{206}Pb/^{238}U$	±1σ
13	Y-22-13	40	635	1520	0. 05038	0. 00070	0. 15079	0. 00269	0. 02175	0. 00033	213	27	143	2	139	2
14	Y-22-14	43	298	1809	0. 05565	0. 00101	0. 15902	0. 00398	0. 02072	0. 00034	439	41	150	3	132	2
16	Y-22-16	91	257	3932	0. 05527	0. 00043	0. 15458	0. 00141	0. 02028	0. 00011	433	19	146	1	129	1
17	Y-22-17	65	362	2643	0. 06339	0. 00183	0. 18328	0. 00719	0. 02091	0. 00043	720	62	171	6	133	3
18	Y-22-18	60	303	2533	0. 05325	0. 00037	0. 15345	0. 00126	0. 02090	0. 00023	339	15	145	1	133	1
19	Y-22-19	56	398	2264	0. 06170	0. 00155	0. 18041	0. 00865	0. 02117	0. 00073	665	54	168	7	135	5
20	Y-22-20	53	254	2161	0. 05550	0. 00167	0. 16336	0. 00536	0. 02135	0. 00034	432	67	154	5	136	2
22	Y-22-02	234141	617612	533192	0. 05602	0. 00178	0. 15070	0. 00526	0. 01950	0. 00029	454	66	143	5	124	2
23	Y-22-03	315522	1088237	605472	0. 05026	0. 00093	0. 13561	0. 00234	0. 01962	0. 00036	206	43	129	2	125	2
24	Y-22-04	268957	867610	656462	0. 04956	0. 00071	0. 13027	0. 00196	0. 01907	0. 00022	176	33	124	2	122	1
25	Y-22-05	313268	1064392	704137	0. 04805	0. 00072	0. 13142	0. 00278	0. 01983	0. 00030	102	68	125	2	127	2
26	Y-22-06	378063	1223762	891749	0. 05032	0. 00074	0. 13449	0. 00197	0. 01939	0. 00018	209	33	128	2	124	1
27	Y-22-07	490605	1670596	1069548	0. 04966	0. 00076	0. 13261	0. 00313	0. 01936	0. 00032	189	35	126	3	124	2
28	Y-22-08	496722	1615918	1067896	0. 04963	0. 00087	0. 13547	0. 00592	0. 01982	0. 00089	176	8	129	5	127	6
30	Y-22-10	672227	2120197	1325834	0. 05235	0. 00084	0. 14581	0. 00346	0. 02019	0. 00033	302	40	138	3	129	2
31	Y-22-11	935337	2720938	1090736	0. 06243	0. 00174	0. 17266	0. 00728	0. 01999	0. 00051	689	59	162	6	128	3
32	Y-22-12	790023	2607634	1738881	0. 04982	0. 00124	0. 13693	0. 00390	0. 01993	0. 00027	187	57	130	3	127	2
33	Y-22-13	638992	1929552	1477611	0. 04898	0. 00074	0. 13756	0. 00421	0. 02036	0. 00046	146	40	131	4	130	3
34	Y-22-14	704294	2454473	1019606	0. 04700	0. 00096	0. 13378	0. 00380	0. 02064	0. 00039	56	43	127	3	132	2
35	Y-22-15	591361	2127623	857824	0. 04976	0. 00089	0. 13554	0. 00294	0. 01975	0. 00025	183	45	129	3	126	2
36	Y-22-16	605799	2626947	1019647	0. 05562	0. 00155	0. 15253	0. 00552	0. 01988	0. 00020	439	63	144	5	127	1
37	Y-22-17	218558	636480	514401	0. 04978	0. 00077	0. 14213	0. 00229	0. 02074	0. 00032	183	35	135	2	132	2
38	Y-22-18	185110	762895	186727	0. 05080	0. 00107	0. 14152	0. 00411	0. 02017	0. 00032	232	48	134	4	129	2
39	Y-22-19	150089	534640	273454	0. 05008	0. 00082	0. 13739	0. 00308	0. 01989	0. 00029	198	34	131	3	127	2
40	Y-22-20	70298	238751	160381	0. 05337	0. 00123	0. 14272	0. 00418	0. 01938	0. 00032	343	47	135	4	124	2

(4) 糜棱岩化粗粒黑云母花岗岩（Y-34；图 3-77）。该岩石主要由石英（30%）、斜长石（35%）、钾长石（20%）、黑云母（10%），及少量白云母、绢云母、绿泥石组成；岩石发生细粒化，分为碎斑与基质。碎斑由长石、石英和少量黑云母组成，粒径较大，多呈棱角状，显微裂隙较发育，可见波状消光、变形双晶，碎斑边缘细粒化较强，长石和黑云母发生绢云母化与绿泥石化。基质约 10%，由细粒石英+黑云母+白云母组成，弱定向排列，石英集合体无明显拉长，与碎斑构成核-幔结构，显示动态重晶作用。

样品 Y34 中的锆石多为自形晶，呈柱状、双锥状、菱形，长 100 ~ 200μm，长宽比为 1 ∶ 1 ~ 3 ∶ 1。CL 图像显示，样品中的锆石均发育有规律的韵律环带结构（图 3-78），Th/U 值均大于 0. 1（0. 1 ~ 1. 2）反映了其为岩浆成因锆石。部分锆石具有典型的继承核+增生边结构，增生边为岩浆结晶过程形成的。样品 Y34 中锆石 LA-ICP-MS U-Pb 定年结果表明（表 3-17、图 3-79），27 个谐和度大于 90% 的锆石分析点产生的$^{206}Pb/^{238}U$ 年龄变化范围为 143 ~ 773Ma，并获得其中 20 个年龄值在 143 ~ 188Ma 的分析点加权平均年龄

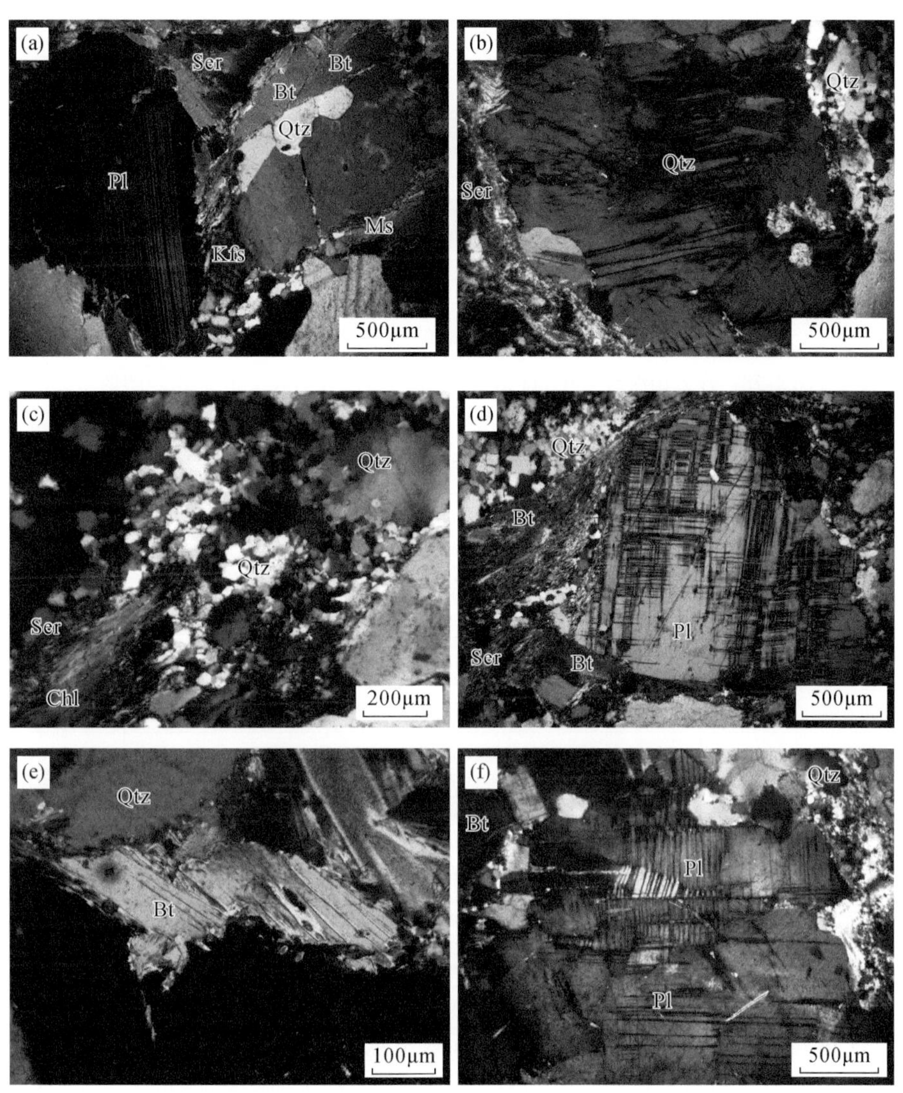

图3-77　糜棱岩化粗粒黑云母花岗岩（Y-34）显微照片

（a）变余花岗结构；（b）石英两组变形纹；（c）绿泥石、绢云母蚀变与石英核幔结构；（d）斜长石眼球状变形碎斑；（e）黑云母书斜构造指示左行；（f）斜长石变形双晶与扭折。除（a）外，均为正交偏光。

Qtz. 石英；Kfs. 钾长石；Pl. 斜长石；Bt. 黑云母；Ser. 绢云母；Chl. 绿泥石；Ms. 白云母

为 152±2.6Ma（MSWD=4.9），定年结果表明粗粒黑云母花岗岩形成于晚侏罗世。

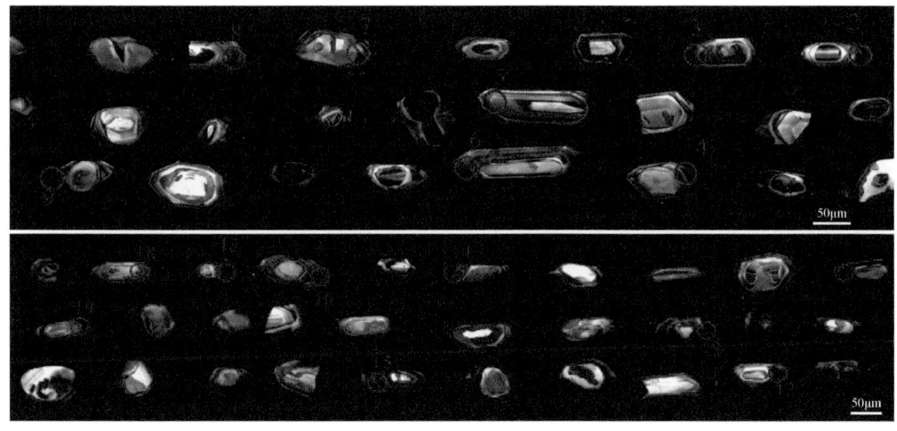

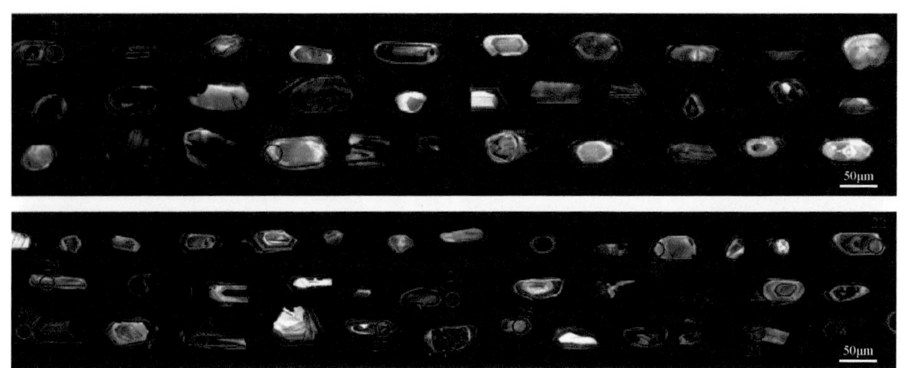

图 3-78　连云山糜棱岩化粗粒黑云母花岗岩锆石阴极发光（CL）图像

表 3-17　连云山糜棱岩化粗粒黑云母花岗岩锆石 LA-ICP-MS U-Pb 定年结果

测试点号	Pb/ 10^{-6}	Th/ 10^{-6}	U/ 10^{-6}	$^{207}Pb/^{206}Pb$	1σ	$^{207}Pb/^{235}U$	1σ	$^{206}Pb/^{238}U$	1σ	$^{207}Pb/^{206}Pb$ 年龄/Ma	1σ	$^{206}Pb/^{238}U$ 年龄/Ma	1σ	谐和度/%
Y-34-02	63.94	348.20	2261.81	0.049903	0.000566	0.171907	0.003692	0.024976	0.000476	191	26	159	3	98
Y-34-03	56.83	65.64	393.90	0.065672	0.000749	1.094533	0.017059	0.120939	0.001741	796	24	736	10	98
Y-34-05	52.79	212.64	2059.07	0.052852	0.000912	0.166939	0.006616	0.022769	0.00058	324	39	145	4	92
Y-34-06	74.96	118.67	699.01	0.065610	0.000727	0.964931	0.010662	0.106676	0.001023	794	22	653	6	95
Y-34-07	27.70	304.84	741.97	0.053657	0.001044	0.257501	0.014638	0.034163	0.001497	367	38	217	9	92
Y-34-08	54.94	522.64	2015.88	0.050474	0.000653	0.155849	0.002709	0.022404	0.000323	217	34	143	2	97
Y-34-09	50.03	212.73	1910.41	0.050835	0.000894	0.157184	0.003870	0.022403	0.000383	232	41	143	2	96
Y-34-12	30.75	648.28	912.66	0.051252	0.000811	0.178931	0.004279	0.025344	0.000529	254	35	161	3	96
Y-34-13	18.78	409.65	560.50	0.051348	0.001338	0.180397	0.005243	0.025498	0.000390	257	64	162	2	96
Y-34-14	32.79	87.69	578.10	0.060968	0.001388	0.583888	0.061086	0.067927	0.006030	639	50	424	36	90
Y-34-16	26.62	663.21	665.05	0.052002	0.001025	0.193929	0.003261	0.027152	0.000499	287	46	173	3	95
Y-34-19	41.84	435.86	1430.96	0.050045	0.000804	0.161308	0.003025	0.023415	0.000440	198	34	149	3	98
Y-34-01	80.31	477.13	2925.68	0.050364	0.001092	0.170445	0.013058	0.024486	0.001635	213	50	156	10	97
Y-34-02	36.76	452.94	1268.43	0.051656	0.001122	0.175199	0.004135	0.024596	0.000312	333	50	157	2	95
Y-34-04	46.63	258.20	1287.03	0.049614	0.000499	0.219636	0.003194	0.032121	0.000457	176	29	204	3	98
Y-34-05	40.47	560.52	1400.58	0.049718	0.000693	0.167508	0.003325	0.024448	0.000418	189	31	156	3	99
Y-34-06	45.83	322.58	1642.28	0.048949	0.001135	0.165226	0.003699	0.024487	0.000464	146	49	156	3	99
Y-34-07	32.34	394.49	1146.68	0.053347	0.000792	0.175016	0.003154	0.023768	0.000237	343	33	151	1	92
Y-34-09	55.04	324.76	1994.06	0.051027	0.001130	0.171819	0.004982	0.024375	0.000382	243	55	155	2	96
Y-34-10	9.50	334.99	280.11	0.047687	0.001172	0.153264	0.003745	0.023346	0.000267	83	55	149	2	97
Y-34-11	85.46	815.68	3068.09	0.049743	0.001395	0.165908	0.005415	0.024232	0.001270	183	69	154	8	99
Y-34-13	57.37	423.76	2055.08	0.049713	0.001070	0.167460	0.005160	0.024374	0.000398	189	50	155	3	98
Y-34-14	44.05	332.62	1566.75	0.049452	0.001067	0.166254	0.004493	0.024407	0.000695	169	52	155	4	99
Y-34-17	34.86	592.09	1012.19	0.049686	0.000863	0.202928	0.006594	0.029531	0.000720	189	41	188	5	99
Y-34-18	37.18	404.79	968.04	0.051849	0.001103	0.225218	0.006988	0.031516	0.000779	280	50	200	5	96
Y-34-19	46.02	470.83	1603.35	0.051181	0.001281	0.171668	0.008533	0.024227	0.000802	256	57	154	5	95
Y-34-20	54.43	47.66	383.08	0.064685	0.001193	1.135490	0.026266	0.127467	0.001967	765	238	773	11	99

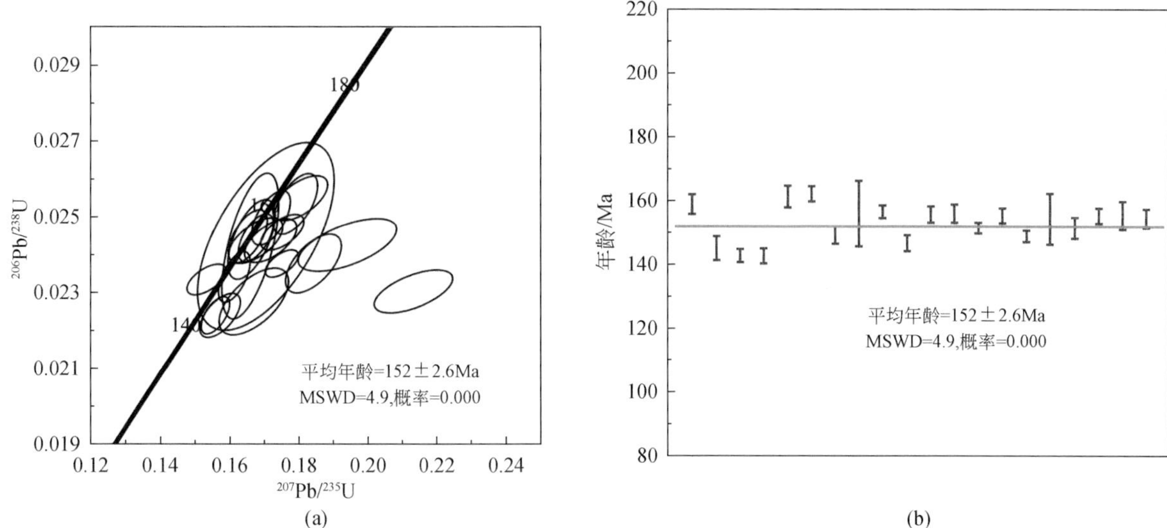

图3-79　湘东北连云山糜棱岩化粗粒黑云母花岗岩锆石U-Pb年龄谐和图（a）和平均年龄图（b）

（5）糜棱岩化中细粒二云母二长花岗岩（Y-67；图3-80）。该岩石中等蚀变，破碎变形较强，少见自形-半自形矿物，粒度大小2～5mm，斜长石30%、碱性长石30%、石英20%、黑云母10%、白云母10%，长石和云母部分绢云母化、绿泥石化，可见石英波状消光、斜长石变形双晶、黑云母楔形扭折带，可见夕线石呈长柱状束状集合体，无色、一级橙黄干涉色、正高突起，纵切面有一组横向裂纹，并交代黑云母。

图 3-80　糜棱岩化中细粒二云母二长花岗岩（Y-67）手标本和显微照片

（a）手标本见糜棱岩化结构；（b）花岗结构；（c）黑云母楔形扭折带；（d）~（f）呈束状集合体的夕线石交代黑云母，并残留黑云母。除（a）外，均为正交偏光。

Qtz. 石英；Kfs. 钾长石；Pl. 斜长石；Bt. 黑云母；Ms. 白云母；Sil. 夕线石

样品 Y67 中的锆石多为自形晶，柱状、菱形，长 50 ~ 100μm，长宽比为 1 ∶ 1 ~ 2 ∶ 1。CL 图像显示，样品中的锆石普遍发育韵律性或扇形环带（图 3-81），除个别分析点 Th/U 值小于 0.1 外，大部分 0.1（0.1 ~ 0.59）反映为岩浆成因锆石。大部分锆石具有典型的继承核+增生边结构，但大部分继承核表现光亮的 CL 图像，而大部分增生边表现黑色的 CL 图像，与高丰度的 Th、U 有关。样品 Y-67 中锆石 LA-ICP-MS U-Pb 定年结果表明（表 3-18、图 3-82），28 个谐和度大于 90% 的锆石分析点产生的 $^{206}Pb/^{238}U$ 年龄变化范围为 135 ~ 1633Ma，并获得其中 16 个年龄值在 139 ~ 149Ma 的分析点加权平均年龄为 143±1.2Ma（MSWD=1.11），定年结果表明中细粒二云母二长花岗岩侵位于早白垩世。

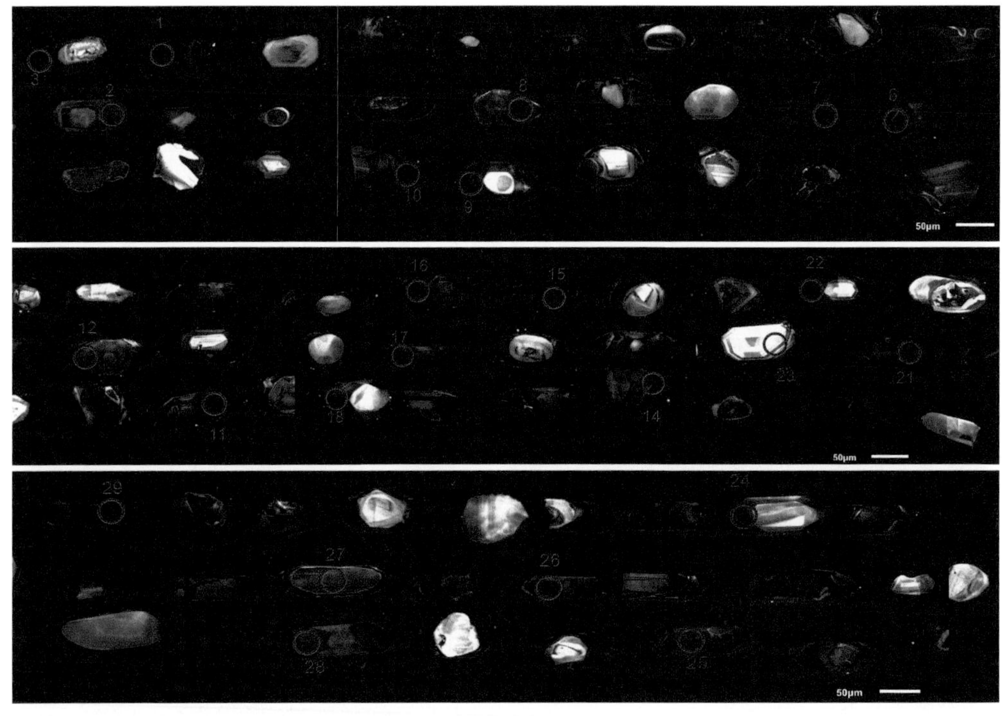

图 3-81　连云山糜棱岩化中细粒二云母二长花岗岩锆石阴极发光（CL）图像

表 3-18　连云山糜棱岩化中细粒二云母二长花岗岩锆石 LA-ICP-MS U-Pb 定年结果

测试点号	Pb/10^{-6}	Th/10^{-6}	U/10^{-6}	^{207}Pb/^{206}Pb	1σ	^{207}Pb/^{235}U	1σ	^{206}Pb/^{238}U	1σ	^{207}Pb/^{206}Pb 年龄/Ma	1σ	^{207}Pb/^{235}U 年龄/Ma	1σ	^{206}Pb/^{238}U 年龄/Ma	1σ	谐和度/%
Y-67-01	75	556	3053	0.0461	0.0011	0.1349	0.0028	0.0212	0.0002	400	-339	129	3	135	1	94
Y-67-02	62	366	691	0.0573	0.0007	0.5631	0.0108	0.0713	0.0011	502	26	454	7	444	7	97
Y-67-03	180	341	7129	0.0499	0.0005	0.1570	0.0026	0.0229	0.0004	191	24	148	2	146	3	98
Y-67-06	74	851	2839	0.0487	0.0025	0.1483	0.0077	0.0222	0.0010	132	-75	140	7	141	6	99
Y-67-07	85	849	3277	0.0479	0.0005	0.1455	0.0024	0.0220	0.0003	98	21	138	2	140	2	98
Y-67-08	77	940	2962	0.0485	0.0004	0.1472	0.0026	0.0220	0.0004	124	20	139	2	140	2	99
Y-67-09	41	331	1567	0.0487	0.0010	0.1522	0.0035	0.0227	0.0006	132	53	144	3	145	4	99
Y-67-10	196	270	8347	0.0486	0.0010	0.1475	0.0054	0.0222	0.0012	132	55	140	5	141	8	98
Y-67-11	94	635	3757	0.0503	0.0006	0.1523	0.0027	0.0220	0.0004	209	25	144	2	140	2	97
Y-67-12	38	260	1485	0.0507	0.0007	0.1559	0.0028	0.0224	0.0004	233	31	147	2	143	3	96
Y-67-14	86	368	2552	0.0496	0.0005	0.2102	0.0068	0.0307	0.0009	176	22	194	6	195	6	99
Y-67-15	100	612	3965	0.0497	0.0005	0.1535	0.0024	0.0224	0.0003	189	22	145	2	143	2	98
Y-67-16	137	559	5583	0.0495	0.0004	0.1534	0.0023	0.0225	0.0004	172	19	145	2	143	2	98
Y-67-18	47	318	1875	0.0509	0.0005	0.1567	0.0040	0.0223	0.0006	235	20	148	4	142	4	96
Y-67-01	28	27	909	0.050980	0.000968	0.206544	0.005194	0.029403	0.000568	239	44	191	4	187	4	97
Y-67-03	47	117	1375	0.054991	0.001105	0.226965	0.009397	0.029718	0.000807	413	46	208	8	189	5	90
Y-67-04	66	641	2328	0.050436	0.000615	0.163324	0.003356	0.02346	0.000388	217	28	154	3	149	2	97
Y-67-05	60	628	2041	0.049066	0.000817	0.168000	0.003585	0.024853	0.000456	150	34	158	3	158	3	99
Y-67-07	223	270	964	0.085670	0.001342	2.123868	0.097809	0.178475	0.006386	1331	30	1157	32	1059	35	91
Y-67-09	303	1136	1727	0.067278	0.000664	1.226233	0.027799	0.132275	0.002947	856	26	813	13	801	17	98
Y-67-10	125	379	1048	0.066933	0.000759	1.206668	0.025483	0.130859	0.002708	835	23	804	12	793	15	98
Y-67-12	96	245	1089	0.065159	0.000842	0.922158	0.027310	0.102711	0.003005	789	26	664	14	630	18	94
Y-67-15	206	329	1750	0.099932	0.001160	3.620590	0.061098	0.262753	0.004262	1633	-178	1554	13	1504	22	96
Y-67-16	64	293	774	0.064898	0.000901	0.799632	0.037975	0.089010	0.004017	772	29	597	21	550	24	91
Y-67-17	412	1729	13319	0.054816	0.000831	0.187315	0.002456	0.024777	0.000272	406	33	174	2	158	2	90
Y-67-18	66	646	2519	0.050954	0.000654	0.157459	0.002989	0.022392	0.000355	239	62	148	3	143	2	96
Y-67-19	39	76	1430	0.050687	0.000942	0.184218	0.003807	0.026478	0.000562	233	75	172	3	168	4	98
Y-67-20	50	178	303	0.068468	0.000921	1.206332	0.027199	0.127533	0.002414	883	28	804	13	774	14	96

2. 弱或未糜棱岩花岗质岩

（1）弱糜棱岩化中细粒二长花岗岩（X-18）。该样品取自图 3-70（e）中 A-A'剖面，弱具糜棱岩化，保留花岗结构（图 3-83），主要矿物由斜长石（30%）、钾长石（30%）、石英（25%）和黑云母（10%）组成，含有少量白云母、绢云母、绿泥石。长石粒径 2～5mm，自形-半自形板状，钾长石以条纹长石为主，少数为微斜长石，其与斜长石接触可见蠕虫结构；斜长石聚片双晶扭曲，并表现 δ 碎斑，黑云母可见波状消光和扭折，部分被绿泥石化、绢云母化。石英可见波状消光，部分被细粒化，发生静态重结晶作用。

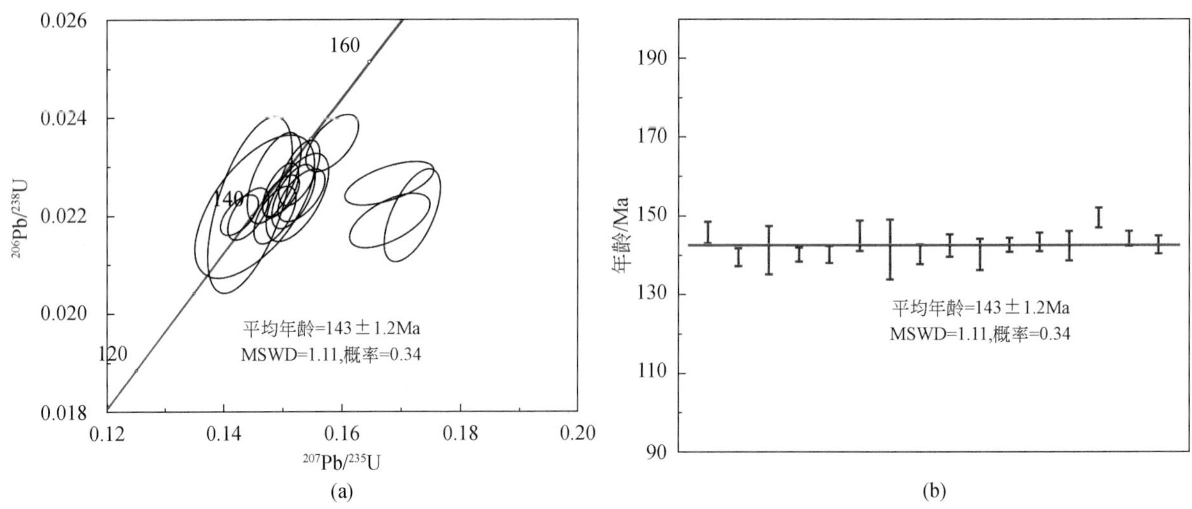

图 3-82　连云山糜棱岩化中细粒二云母二长花岗岩锆石 U-Pb 年龄谐和图（a）和平均年龄图（b）

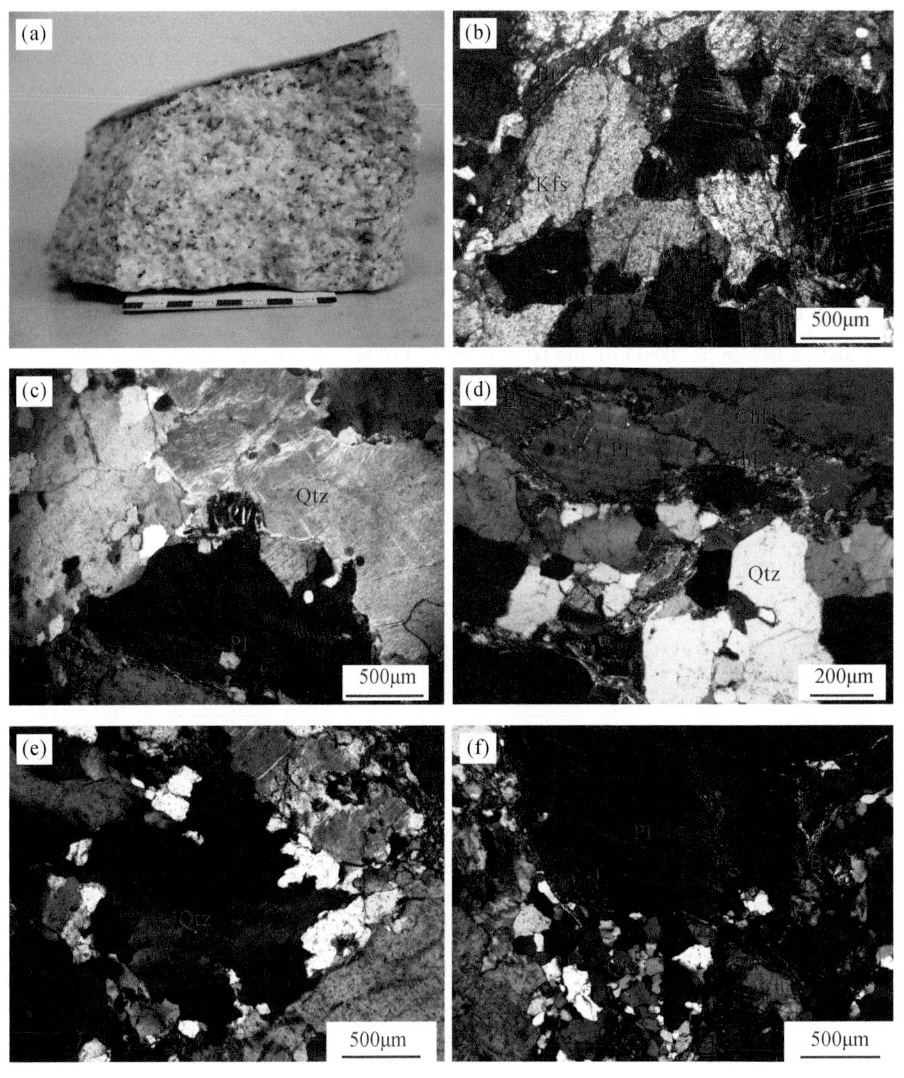

图 3-83　弱糜棱岩化中细粒二长花岗岩（X-18）手标本和显微照片

（a）手标本；（b）花岗结构；（c）蠕虫结构的石英和斜长石的纽带；（d）绿泥石、白云母交代黑云母；（e）波状消光和动态重结晶石英；（f）δ 型斜长石碎斑和重结晶石英。除（a）外，均为正交偏光。

Qtz. 石英；Kfs. 钾长石；Pl. 斜长石；Bt. 黑云母；Ms. 白云母；Chl. 绿泥石

样品X-18中的锆石多为自形菱形、半菱形或短柱状，长50～100μm，长宽比1∶1～2∶1。CL图像显示，样品中的锆石表现典型的核-幔结构，且大部分增生边普遍发育振荡性韵律或扇形环带，可能来源于岩浆结晶（图3-84）。然而，90%以上分析点的Th/U值均小于0.1，可能受到后期热液改造，这与CL图像普遍为黑色，且继承核和增生边结构大部分表现黑色的CL图像相一致。样品X-18中锆石LA-ICP-MS的U-Pb定年结果表明（表3-19、图3-85），24个谐和度大于75%的分析点产生的$^{206}Pb/^{238}U$年龄变化范围为108～166Ma，并获得其中21个年龄值在142～154Ma的分析点加权平均年龄为145±1.2Ma（MSWD=1.6），定年结果表明弱糜棱岩化中细粒二长花岗岩侵位于早白垩世。

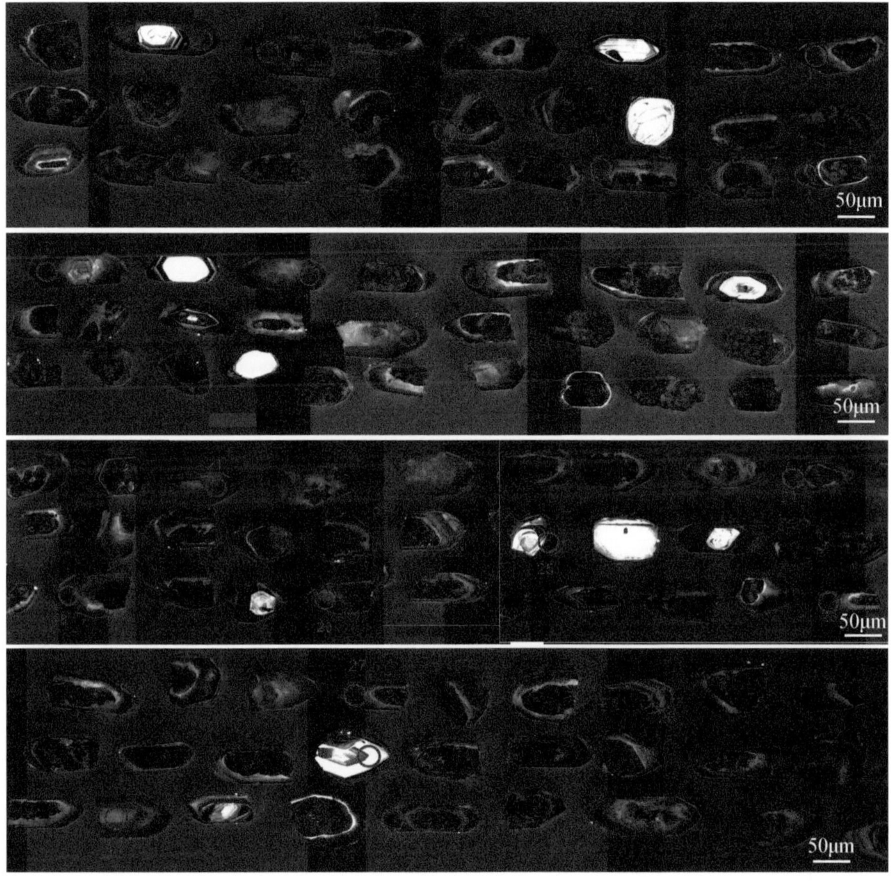

图3-84　连云山弱糜棱岩化中细粒二长花岗岩锆石阴极发光（CL）图像

表3-19　连云山弱糜棱岩化中细粒二长花岗岩（X-18）锆石LA-ICP-MS U-Pb定年结果

测试点号	Pb/10^{-6}	Th/10^{-6}	U/10^{-6}	$^{207}Pb/^{206}Pb$	1σ	$^{207}Pb/^{235}U$	1σ	$^{206}Pb/^{238}U$	1σ	$^{207}Pb/^{206}Pb$年龄/Ma	1σ	$^{207}Pb/^{235}U$年龄/Ma	1σ	$^{206}Pb/^{238}U$年龄/Ma	1σ	谐和度/%
X-18-01	51	618	1888	0.049634	0.000970	0.153322	0.003098	0.022432	0.000424	189	51	145	3	143	3	98
X-18-03	440	447	14861	0.053883	0.001072	0.189890	0.006790	0.026025	0.001255	365	44	177	6	166	8	93
X-18-04	126	187	4821	0.049111	0.000513	0.157602	0.002985	0.023251	0.000353	154	24	149	3	148	2	99
X-18-06	99	88	3887	0.048675	0.000585	0.150555	0.001988	0.022436	0.000260	132	32	142	2	143	2	99
X-18-07	121	293	4529	0.061104	0.001083	0.187995	0.003703	0.022315	0.000285	643	37	175	3	142	2	79
X-18-08	118	129	4305	0.049048	0.000649	0.161480	0.003006	0.023881	0.000409	150	34	152	3	152	3	99

续表

测试点号	Pb/ 10^{-6}	Th/ 10^{-6}	U/ 10^{-6}	$^{207}Pb/^{206}Pb$	1σ	$^{207}Pb/^{235}U$	1υ	$^{206}Pb/^{238}U$	1σ	$^{207}Pb/^{206}Pb$ 年龄/Ma	1σ	$^{207}Pb/^{235}U$ 年龄/Ma	1σ	$^{206}Pb/^{238}U$ 年龄/Ma	1σ	谐和度/%
X18-12	90	162	3510	0.049727	0.000646	0.155159	0.002522	0.022605	0.000264	189	31	146	2	144	2	98
X18-13	110	141	4178	0.051052	0.000652	0.163491	0.002683	0.023210	0.000299	243	30	154	2	148	2	96
X18-14	227	683	8687	0.053114	0.001066	0.167170	0.005087	0.022799	0.000540	345	51	157	4	145	3	92
X18-15	129	162	4883	0.059495	0.001995	0.186444	0.006635	0.022701	0.000292	587	74	174	6	145	2	81
X18-17	17	83	606	0.045008	0.001993	0.149333	0.006011	0.024138	0.000487	error		141	5	154	3	91
X18-18	101	33	3939	0.056915	0.004133	0.178296	0.013716	0.022690	0.000193	487	161	167	12	145	1	85
X18-20	270	1421	10890	0.063527	0.001362	0.201065	0.011614	0.022884	0.001174	726	46	186	10	146	7	75
X-18-02	94	1562	4643	0.050575	0.001430	0.117122	0.003815	0.016817	0.000445	220	67	112	3	108	3	95
X-18-03	91	93	3702	0.049772	0.001224	0.152472	0.002633	0.022235	0.000655	183	56	144	2	142	4	98
X-18-05	95	26	3991	0.052386	0.001353	0.153403	0.003493	0.021228	0.000137	302	59	145	3	135	1	93
X-18-09	72	32	2880	0.053423	0.001358	0.165320	0.005458	0.022397	0.000312	346	90	155	5	143	2	91
X-18-10	162	278	5787	0.059843	0.001661	0.191447	0.010355	0.022869	0.000825	598	29	178	9	146	5	80
X-18-14	115	70	5002	0.049044	0.000844	0.158726	0.012104	0.023344	0.001520	150	41	150	11	149	10	99
X-18-16	88	28	3491	0.049367	0.000620	0.156415	0.003103	0.022941	0.000307	165	−3	148	3	146	2	99
X-18-17	69	100	2709	0.049067	0.000563	0.157658	0.002774	0.023293	0.000364	150	26	149	2	148	2	99
X-18-18	102	87	4101	0.048871	0.000411	0.153445	0.002097	0.022755	0.000270	143	20	145	2	145	2	99
X-18-19	75	79	2986	0.050328	0.000953	0.159947	0.003937	0.023055	0.000585	209	44	151	3	147	4	97
X-18-20	50	139	1991	0.053727	0.001166	0.167138	0.004279	0.022543	0.000309	367	50	157	4	144	2	91

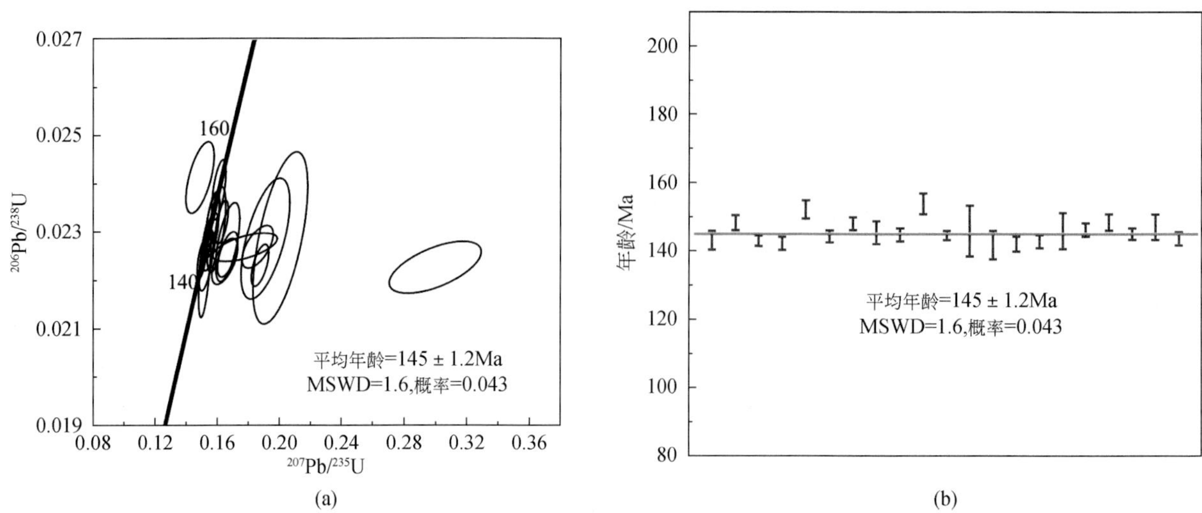

图 3-85　连云山弱糜棱岩化中细粒二长花岗岩锆石 U-Pb 年龄谐和图（a）和平均年龄图（b）

（2）中粗粒黑云母二长花岗岩（Y-35B，图 3-86）。该样品主要矿物由斜长石（30%）、石英（30%）、钾长石（25%）和黑云母（10%）组成，含少量白云母、绢云母、黏土矿物，具有典型花岗结构。长石粒径2～10mm，自形-半自形板状，可见变形双晶，钾长石与斜长石接触边缘偶见类似条纹结构。黑云母自形-半自形片状，多色性明显，暗棕、褐绿-浅黄，部分被白云母、绢云母交代。石英可见波状消光，部分被细粒化。

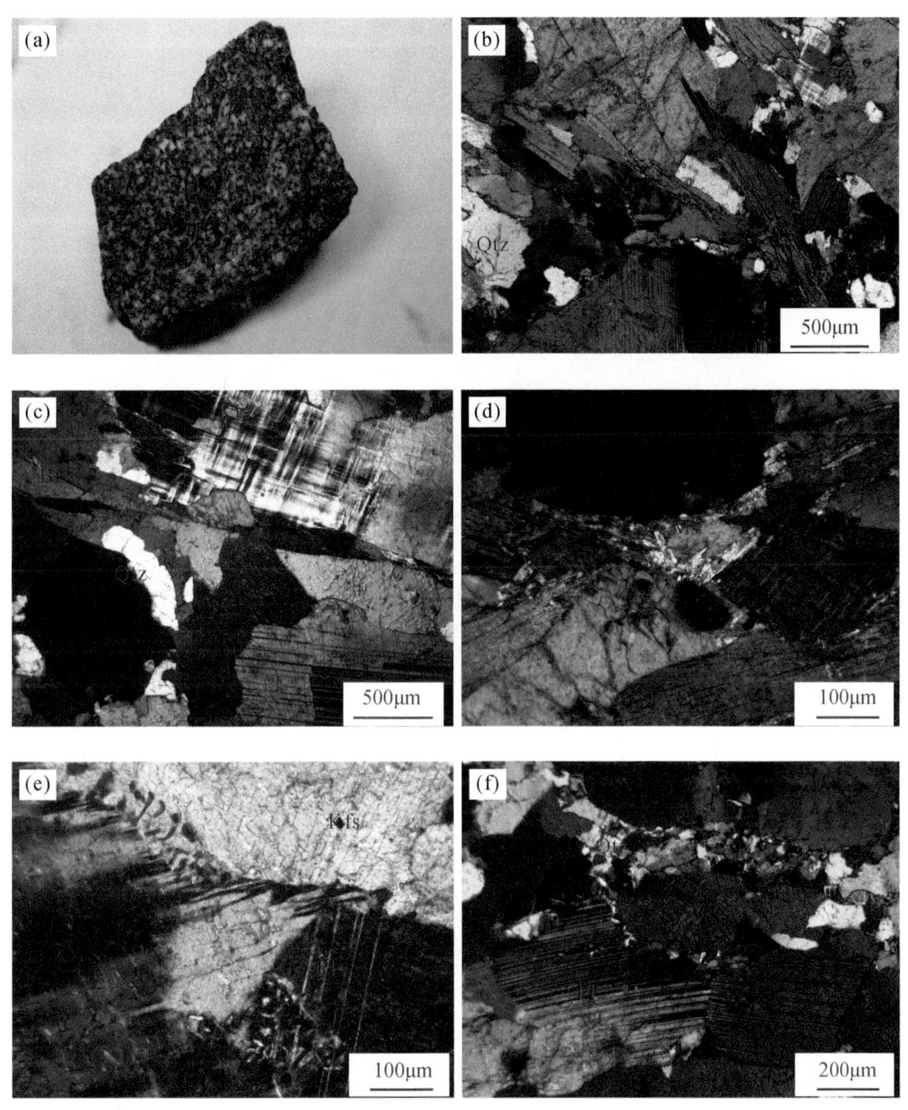

图3-86　中粗粒黑云母二长花岗岩（Y-35B）手标本和显微照片

（a）手标本；（b）（c）花岗结构；（d）白云母交代黑云母；（e）钾长石与斜长石接触边缘类似文象结构；（f）斜长石变形双晶与亚颗粒重结晶石英。除（a）外，均为正交偏光。

Qtz. 石英；Kfs. 钾长石；Pl. 斜长石；Bt. 黑云母；Ms. 白云母

样品Y-35B中的锆石多为自形菱形、柱状，长50～150μm，长宽比1∶1～3∶1。CL图像显示，样品中的锆石普遍发育振荡性韵律性环带，部分表现核-幔结构，但均具有典型岩浆结晶特征（图3-87），这与90%以上分析点的Th/U值均大于0.1（0.1～0.67）相一致，CL图像也普遍表现为灰色，个别锆石增生边表现为薄的黑色CL图像。样品Y-35B中锆石LA-ICP-MS U-Pb定年结果表明（表3-20、图3-88），42个谐和度大于82%的锆石分析点产生的$^{206}Pb/^{238}U$年龄变化范围为146～757Ma，并获得其中32个年龄值在146～156Ma的分析点加权平均年龄为150.3±1.1Ma（MSWD=0.91），定年结果表明中粗粒黑云母二长花岗岩侵位于晚侏罗世至最早的白垩纪。

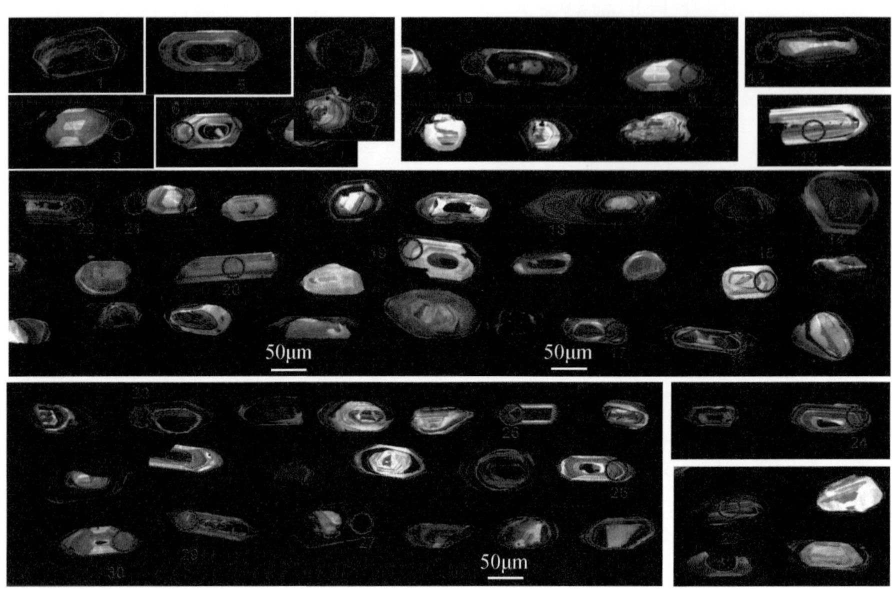

图 3-87　连云山中粗粒黑云母二长花岗岩锆石阴极发光（CL）图像

表 3-20　连云山中粗粒黑云母二长花岗岩（Y-35B）锆石 LA-ICP-MS U-Pb 定年结果

测试点号	Pb/10^{-6}	Th/10^{-6}	U/10^{-6}	$^{207}Pb/^{206}Pb$	1σ	$^{207}Pb/^{235}U$	1σ	$^{206}Pb/^{238}U$	1σ	$^{207}Pb/^{206}Pb$ 年龄/Ma	1σ	$^{207}Pb/^{235}U$ 年龄/Ma	1σ	$^{206}Pb/^{238}U$ 年龄/Ma	1σ	谐和度/%
Y-35B-01	153	234	1240	0.066208	0.000536	0.967057	0.012956	0.105960	0.001339	813	18	687	7	649	8	94
Y-35B-03	56	435	2065	0.049545	0.000506	0.160558	0.002279	0.023551	0.000322	172	24	151	2	150	2	99
Y-35B-05	35	406	1247	0.050512	0.000484	0.164712	0.002648	0.023661	0.000335	220	22	155	2	151	2	97
Y-35B-06	11	186	381	0.052123	0.001996	0.172208	0.005884	0.024109	0.000368	300	82	161	5	154	2	95
Y-35B-07	47	186	1808	0.051746	0.000905	0.165428	0.004992	0.023152	0.000435	276	44	155	4	148	3	94
Y-35B-08	53	62	2148	0.049002	0.000801	0.154524	0.003853	0.022880	0.000483	146	39	146	3	146	3	99
Y-35B-10	37	314	1313	0.050159	0.000570	0.168204	0.002552	0.024334	0.000307	211	26	158	2	155	2	98
Y-35B-12	68	581	2446	0.049511	0.000761	0.167148	0.004261	0.024459	0.000466	172	5	157	4	156	3	99
Y-35B-13	86	126	603	0.065971	0.000597	1.132430	0.014411	0.124578	0.001392	806	23	769	7	757	8	98
Y-35B-14	19	113	521	0.049317	0.000886	0.217097	0.004416	0.032002	0.000448	161	45	199	4	203	3	98
Y-35B-15	68	394	2413	0.059373	0.001429	0.195041	0.006493	0.023798	0.000398	589	52	181	6	152	3	82
Y-35B-16	39	734	1383	0.051579	0.000948	0.166223	0.008984	0.023445	0.001225	333	38	156	8	149	8	95
Y-35B-17	19	400	635	0.048254	0.001812	0.151966	0.005963	0.022834	0.000342	122	89	144	5	146	2	98
Y-35B-18	16	62	584	0.049636	0.000806	0.163894	0.003785	0.023987	0.000456	189	39	154	3	153	3	99
Y-35B-19	14	308	459	0.053626	0.001069	0.175178	0.004838	0.023620	0.000361	354	44	164	4	150	2	91
Y-35B-20	20	318	686	0.052170	0.000958	0.166400	0.003475	0.023172	0.000358	300	47	156	3	148	2	94
Y-35B-01	96	364	683	0.067012	0.000685	1.137053	0.026963	0.123281	0.003050	839	22	771	13	749	18	97
Y-35B-02	51	308	2156	0.050133	0.000612	0.164509	0.006172	0.023882	0.000939	211	28	155	5	152	6	98
Y-35B-03	21	181	864	0.049928	0.000785	0.161002	0.004267	0.023411	0.000517	191	37	152	4	149	3	98

续表

测试点号	Pb/10^{-6}	Th/10^{-6}	U/10^{-6}	$^{207}Pb/^{206}Pb$	1σ	$^{207}Pb/^{235}U$	1σ	$^{206}Pb/^{238}U$	1σ	$^{207}Pb/^{206}Pb$ 年龄/Ma	1σ	$^{207}Pb/^{235}U$ 年龄/Ma	1σ	$^{206}Pb/^{238}U$ 年龄/Ma	1σ	谐和度/%
Y-35B-04	43	92	343	0.066571	0.000646	1.083430	0.021922	0.118370	0.002573	833	25	745	11	721	15	96
Y-35B-05	2	19	93	0.059536	0.005009	0.183022	0.012587	0.022944	0.000572	587	183	171	11	146	4	84
Y-35B-07	109	346	4613	0.052111	0.002505	0.165314	0.006041	0.023037	0.000407	300	111	155	5	147	3	94
Y-35B-09	92	240	1023	0.065121	0.000655	0.746850	0.036183	0.083262	0.003909	789	16	566	21	516	23	90
Y-35B-10	38	206	1517	0.048118	0.000909	0.151215	0.006599	0.022912	0.001071	106	44	143	6	146	7	97
Y-35B-11	24	392	920	0.052600	0.000883	0.171869	0.007735	0.023752	0.001017	322	39	161	7	151	6	93
Y-35B-12	32	609	1245	0.051893	0.001250	0.164190	0.006465	0.023241	0.000972	280	56	154	6	148	6	95
Y-35B-13	38	263	1536	0.049947	0.000957	0.160809	0.007609	0.023447	0.001082	191	44	151	7	149	7	98
Y-35B-14	66	368	1956	0.055160	0.001124	0.243452	0.008762	0.032213	0.001177	420	46	221	7	204	7	92
Y-35B-15	84	30	781	0.065703	0.000723	0.973318	0.022505	0.107879	0.002715	798	23	690	12	660	16	95
Y-35B-16	57	550	2352	0.051288	0.000991	0.162850	0.006637	0.023121	0.000852	254	44	153	6	147	5	96
Y-35B-17	64	863	2558	0.051557	0.000970	0.169084	0.010776	0.023642	0.001215	265	44	159	9	151	8	94
Y-35B-18	23	114	924	0.051621	0.001281	0.171355	0.007755	0.024216	0.001067	333	57	161	7	154	7	95
Y-35B-19	33	464	1272	0.049989	0.000833	0.159040	0.005717	0.023213	0.000868	195	39	150	5	148	5	98
Y-35B-20	40	267	1647	0.049653	0.000949	0.160573	0.004181	0.023561	0.000566	189	17	151	4	150	4	99
Y-35B-21	54	268	1738	0.052531	0.001062	0.219818	0.007238	0.030399	0.000858	309	46	202	6	193	5	95
Y-35B-22	64	44	529	0.066584	0.000880	1.075545	0.023302	0.117303	0.002322	833	28	741	11	715	13	96
Y-35B-23	64	809	2461	0.048030	0.000710	0.157697	0.004405	0.023809	0.000567	102	68	149	4	152	4	98
Y-35B-24	65	450	2579	0.050921	0.000690	0.168954	0.004344	0.024094	0.000588	239	64	159	4	153	4	96
Y-35B-25	67	572	2808	0.049351	0.000751	0.165837	0.007633	0.024455	0.001158	165	35	156	7	156	7	99
Y-35B-27	236	763	10296	0.048715	0.000529	0.156886	0.007073	0.023474	0.001188	200	29	148	6	150	7	98
Y-35B-28	49	269	1997	0.049180	0.000742	0.160965	0.004894	0.023805	0.000791	167	35	152	4	152	5	99
Y-35B-30	65	527	2672	0.051253	0.000787	0.167946	0.006135	0.023857	0.000977	254	35	158	5	152	6	96

（3）中细粒二云母二长花岗岩（LLYS01、LLYS02，图2-62）。本次对2个样品中的锆石分别进行了阴极发光（CL）成像和LA-ICP-MS法的锆石U-Pb定年分析。

二云母二长花岗岩样品LLYS01中的锆石颗粒长100～250μm，长宽比在2：1～4：1之间。从阴极发光的图像上看，很多锆石具有典型的继承核和增生边结构，其中部分继承核具有岩浆环带，其颜色一般较白，指示了较低的U和Th含量，而边部的颜色较黑，且大部分具有明显的岩浆环带（图3-89）。大部分锆石增生边Th含量为$40.7\times10^{-6}\sim301\times10^{-6}$，U含量为$132\times10^{-6}\sim4038\times10^{-6}$，少量的锆石增生边的具有更高的Th和U含量，分别为$506\times10^{-6}\sim4878\times10^{-6}$和$4466\times10^{-6}\sim8356\times10^{-6}$。锆石增生边的Th/U值变化较大，总体上位于0.01～0.56之间。锆石继承核的Th含量为$53.4\times10^{-6}\sim582\times10^{-6}$，U含量为$155\times10^{-6}\sim1468\times10^{-6}$，Th/U值位于0.065～0.849之间。

图3-90为二云母二长花岗岩样品LLYS01锆石U-Pb年龄谐和图和加权平均年龄图。表3-21为锆石LA-ICP-MS U-Pb同位素分析结果，部分数据因谐和度低于90%，予以剔除。在谐和图上，所有的样品点

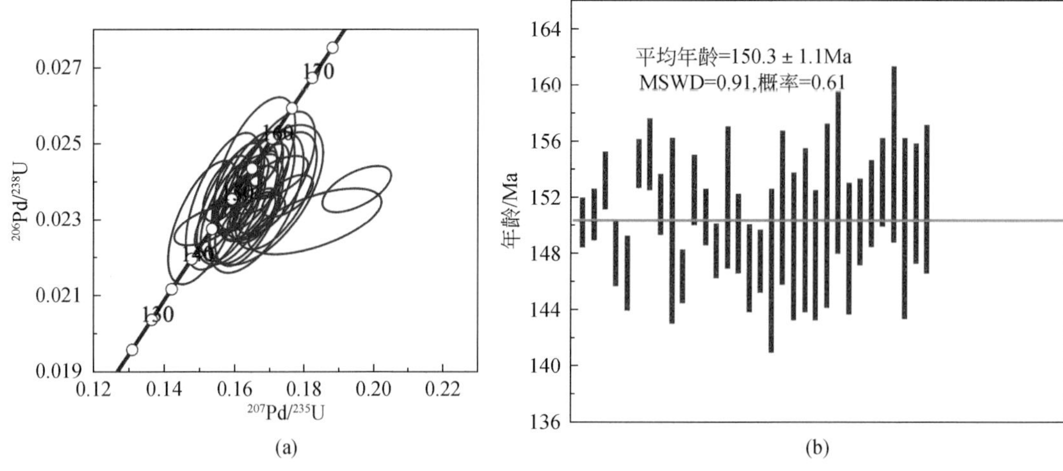

图 3-88　连云山中粗粒黑云母二长花岗岩锆石 U-Pb 年龄谐和图（a）和平均年龄图（b）

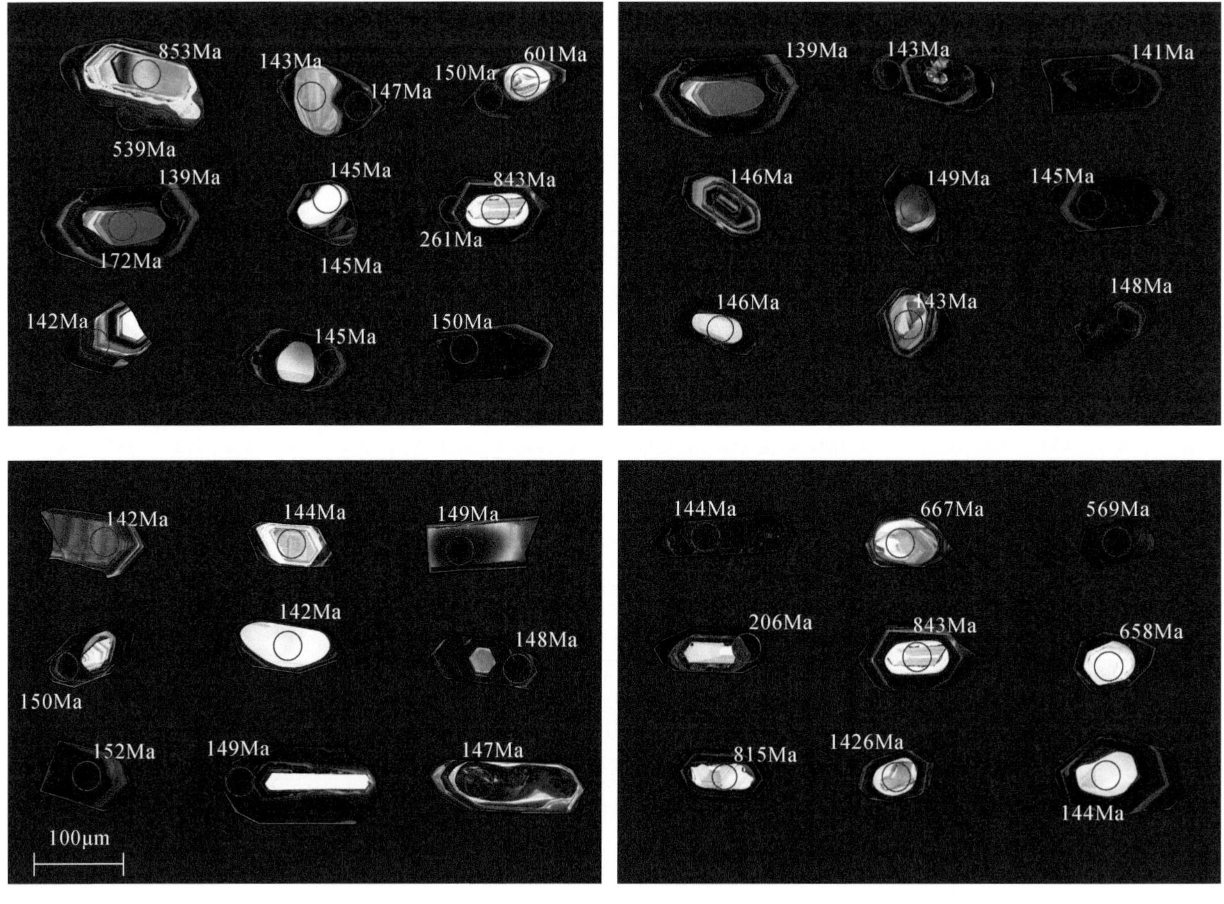

图 3-89　二云母二长花岗岩样品 LLYS01 锆石阴极发光 CL 图像

大于 1000Ma 的采用^{207}Pb/^{206}Pb 年龄；小于 1000Ma 的采用^{206}Pb/^{238}U 年龄

都位于谐和线上，谐和度为 90%～99%。LLYS01-05、LLYS01-06、LLYS01-16 和 LLYS01-32 的年龄值因太小，而被舍弃，反映岩体结晶年龄的锆石的年龄在 141～150Ma 之间，加权平均年龄为 145.17±1Ma（图 3-90）。少量锆石继承核的年龄在 141～150Ma，可能也反映了岩体的形成年龄（图 3-90）。但大部分锆石的继承核的年龄较老，主要有 200～300Ma、600～700Ma 和 850Ma 左右三个不同的年龄群。

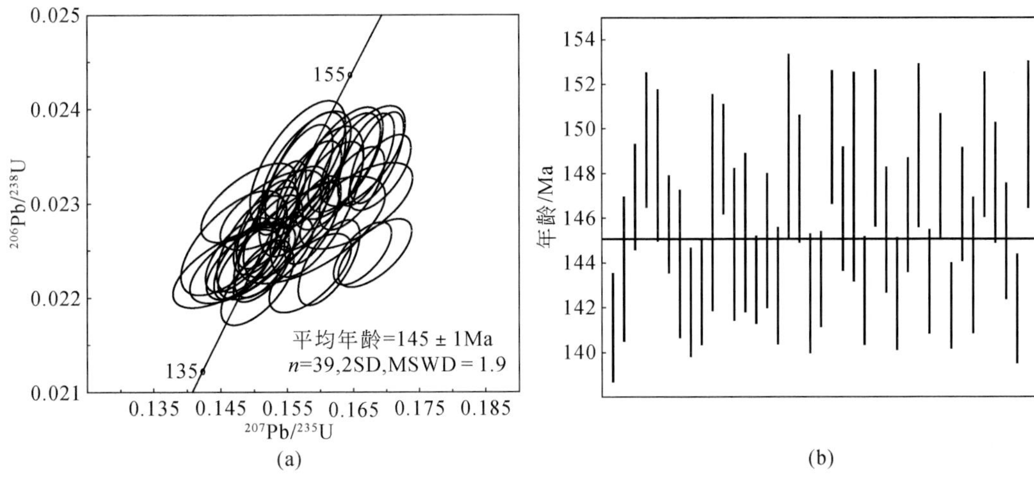

图3-90　二云母二长花岗岩样品LLYS01锆石U-Pb年龄谐和图（a）和加权平均年龄图（b）

表3-21　连云山岩体中细粒二云母二长花岗岩中锆石LA-ICP-MS U-Pb年龄

测试点号	Th/10^{-6}	U/10^{-6}	^{207}Pb/^{206}Pb	1σ	^{207}Pb/^{235}U	1σ	^{206}Pb/^{238}U	1σ	^{207}Pb/^{206}Pb年龄/Ma	1σ	^{207}Pb/^{235}U年龄/Ma	1σ	^{206}Pb/^{238}U年龄/Ma	1σ	谐和度/%
LLYS02-1	148	270	0.0868	0.0028	1.7539	0.0637	0.1454	0.0046	1367	61	1029	23	875	26	83
LLYS02-2	130	484	0.0874	0.0026	2.1315	0.0642	0.1758	0.0047	1369	57	1159	21	1044	26	89
LLYS02-3	34.4	436	0.0622	0.0025	0.3402	0.0249	0.0370	0.0019	683	87	297	19	234	12	76
LLYS02-4	271	2013	0.0533	0.0016	0.2339	0.0085	0.0315	0.0010	343	69	213	7	200	6	93
LLYS02-5	162	3982	0.0552	0.0017	0.1864	0.0072	0.0241	0.0007	420	70	174	6	154	4	87
LLYS02-6	142	1260	0.0490	0.0015	0.1505	0.0049	0.0222	0.0006	146	71	142	4	142	4	99
LLYS02-7	145	270	0.0496	0.0023	0.1718	0.0123	0.0247	0.0012	176	107	161	11	157	8	97
LLYS02-8	879	2064	0.0547	0.0016	0.2672	0.0136	0.0347	0.0015	398	67	240	11	220	9	91
LLYS02-9	363	525	0.0657	0.0019	1.1488	0.0369	0.1262	0.0036	798	56	777	17	766	21	98
LLYS02-10	134	801	0.0495	0.0018	0.1612	0.0057	0.0236	0.0006	172	85	152	5	151	4	99
LLYS02-11	148	715	0.0612	0.0020	0.5031	0.0327	0.0576	0.0034	656	72	414	22	361	21	86
LLYS02-12	356	513	0.0672	0.0020	1.2421	0.0378	0.1337	0.0036	856	61	820	17	809	21	98
LLYS02-13	186	3323	0.0543	0.0019	0.2477	0.0150	0.0328	0.0018	383	78	225	12	208	11	92
LLYS02-14	196	2950	0.0544	0.0016	0.2627	0.0125	0.0346	0.0015	391	67	237	10	219	9	92
LLYS02-15	277	745	0.0651	0.0020	0.5418	0.0289	0.0596	0.0029	789	60	440	19	373	18	83
LLYS02-16	703	5385	0.0526	0.0016	0.1392	0.0042	0.0191	0.0005	322	73	132	4	122	3	92
LLYS02-17	284	476	0.0988	0.0029	2.2405	0.0748	0.1639	0.0050	1602	55	1194	23	978	28	80
LLYS02-18	135	265	0.1864	0.0057	9.8582	0.5639	0.3701	0.0201	2711	51	2422	53	2030	94	82
LLYS02-19	780	4524	0.0659	0.0019	0.4980	0.0158	0.0546	0.0016	1200	59	410	11	343	10	82
LLYS02-20	169	439	0.0728	0.0022	1.2440	0.0403	0.1236	0.0036	1009	94	821	18	751	20	91
LLYS02-21	38.5	3534	0.0503	0.0015	0.1611	0.0051	0.0231	0.0006	209	70	152	4	148	4	97
LLYS02-22	613	745	0.0800	0.0024	1.1770	0.0412	0.1061	0.0033	1198	55	790	19	650	19	80
LLYS02-23	213	3210	0.0495	0.0015	0.1412	0.0045	0.0206	0.0006	172	72	134	4	132	4	98

续表

测试点号	Th/10^{-6}	U/10^{-6}	$^{207}Pb/^{206}Pb$	1σ	$^{207}Pb/^{235}U$	1σ	$^{206}Pb/^{238}U$	1σ	$^{207}Pb/^{206}Pb$ 年龄/Ma	1σ	$^{207}Pb/^{235}U$ 年龄/Ma	1σ	$^{206}Pb/^{238}U$ 年龄/Ma	1σ	谐和度/%
LLYS02-24	96.8	484	0.0644	0.0024	0.3743	0.0182	0.0413	0.0015	767	78	323	13	261	9	78
LLYS02-25	146	5006	0.0512	0.0017	0.1435	0.0048	0.0202	0.0006	256	76	136	4	129	3	94
LLYS02-26	170	4941	0.0495	0.0018	0.1577	0.0060	0.0229	0.0006	172	87	149	5	146	4	98
LLYS02-27	283	2848	0.0561	0.0028	0.1754	0.0110	0.0227	0.0007	457	111	164	9	145	4	87
LLYS02-28	141	5804	0.0510	0.0016	0.1605	0.0049	0.0227	0.0006	239	70	151	4	145	4	95
LLYS02-29	306	394	0.0452	0.0021	0.1382	0.0066	0.0221	0.0007	256		131	6	141	4	92
LLYS02-30	220	839	0.0623	0.0019	0.6372	0.0383	0.0724	0.0040	683	67	501	24	450	24	89
LLYS02-31	149	1618	0.0564	0.0019	0.2289	0.0103	0.0289	0.0009	465	74	209	9	184	6	86
LLYS02-32	767	1556	0.0850	0.0035	1.1425	0.0918	0.0862	0.0060	1317	80	774	44	533	36	63
LLYS02-33	172	4972	0.0518	0.0017	0.1482	0.0046	0.0209	0.0006	276	76	140	4	133	4	94
LLYS02-34	74.8	662	0.0669	0.0020	0.4946	0.0158	0.0536	0.0016	835	62	408	11	336	10	80
LLYS02-35	183	4059	0.0517	0.0015	0.1489	0.0044	0.0208	0.0005	276	67	141	4	133	3	94
LLYS02-36	149	3489	0.0513	0.0016	0.1630	0.0055	0.0230	0.0007	254	66	153	5	147	4	95
LLYS02-37	149	3717	0.0505	0.0015	0.1540	0.0048	0.0221	0.0006	217	69	145	4	141	4	96
LLYS02-38	122	500	0.0489	0.0019	0.1546	0.0058	0.0230	0.0006	143	91	146	5	147	4	99
LLYS02-39	110	283	0.0480	0.0022	0.1499	0.0070	0.0227	0.0006	102	104	142	6	144	4	98
LLYS02-40	69.7	3307	0.0595	0.0021	0.2656	0.0148	0.0311	0.0013	583	76	239	12	198	8	80
LLYS02-41	133	794	0.0572	0.0021	0.3383	0.0237	0.0408	0.0024	502	84	296	18	258	15	86
LLYS02-42	104	3345	0.0489	0.0015	0.1512	0.0049	0.0224	0.0006	143	66	143	4	143	4	99
LLYS02-43	151	693	0.0800	0.0023	2.4239	0.0957	0.2179	0.0077	1196	56	1250	28	1271	41	98
LLYS02-44	133	410	0.0677	0.0020	1.2755	0.0406	0.1362	0.0039	861	61	835	18	823	22	98
LLYS02-45	323	1377	0.0661	0.0019	1.2944	0.0631	0.1393	0.0064	811	61	843	28	841	36	99
LLYS02-46	777	2403	0.0511	0.0016	0.1642	0.0053	0.0232	0.0007	256	70	154	5	148	4	95
LLYS02-47	189	3790	0.0502	0.0015	0.1645	0.0054	0.0236	0.0007	211	101	155	5	150	4	97
LLYS02-48	1117	1451	0.0680	0.0020	1.0508	0.0355	0.1110	0.0035	878	61	729	18	678	20	92
LLYS02-49	3674	3446	0.0517	0.0016	0.1736	0.0056	0.0241	0.0007	333	70	163	5	153	4	94
LLYS02-50	70.5	261	0.1157	0.0038	3.6170	0.1444	0.2238	0.0079	1890	58	1553	32	1302	42	82
LLYS02-51	43.1	48.0	0.0705	0.0030	1.3386	0.0616	0.1361	0.0043	944	89	863	27	822	24	95
LLYS02-52	187	570	0.1044	0.0033	3.5604	0.1997	0.2394	0.0123	1703	58	1541	44	1383	64	89
LLYS02-53	814	3758	0.0510	0.0015	0.1555	0.0047	0.0219	0.0006	243	70	147	4	140	4	95
LLYS02-54	160	990	0.0782	0.0026	1.0146	0.0851	0.0878	0.0065	1154	67	711	43	543	38	73
LLYS02-55	151	824	0.0516	0.0018	0.1918	0.0091	0.0265	0.0010	333	80	178	8	169	6	94
LLYS02-56	38.9	253	0.0527	0.0022	0.2180	0.0151	0.0292	0.0016	317	96	200	13	186	10	92
LLYS02-57	1341	3220	0.0504	0.0015	0.1507	0.0047	0.0217	0.0006	213	69	143	4	139	4	97
LLYS02-58	162	501	0.0642	0.0019	0.8111	0.0347	0.0909	0.0033	746	65	603	19	561	20	92
LLYS02-59	1031	2495	0.0553	0.0029	0.1662	0.0115	0.0217	0.0010	433	119	156	10	138	6	87
LLYS02-60	248	433	0.0470	0.0020	0.1364	0.0063	0.0210	0.0006	55.7	90.7	130	6	134	4	96
LLYS02-61	1118	763	0.0667	0.0020	0.9327	0.0283	0.1015	0.0028	828	61	669	15	623	16	92

续表

测试点号	Th/10^{-6}	U/10^{-6}	$^{207}Pb/^{206}Pb$	1σ	$^{207}Pb/^{235}U$	1σ	$^{206}Pb/^{238}U$	1σ	$^{207}Pb/^{206}Pb$ 年龄/Ma	1σ	$^{207}Pb/^{235}U$ 年龄/Ma	1σ	$^{206}Pb/^{238}U$ 年龄/Ma	1σ	谐和度/%
LLYS02-62	398	3913	0.0688	0.0021	0.3060	0.0122	0.0318	0.0010	900	63	271	9	202	6	70
LLYS02-63	67.1	173	0.0722	0.0025	1.2248	0.0698	0.1205	0.0059	992	70	812	32	734	34	89
LLYS02-64	438	3318	0.0508	0.0015	0.1570	0.0051	0.0224	0.0006	232	66	148	4	143	4	96
LLYS02-65	2202	3470	0.0553	0.0030	0.1732	0.0143	0.0227	0.0014	433	119	162	12	145	9	88
LLYS02-66	40.7	738	0.0498	0.0017	0.1550	0.0058	0.0225	0.0007	183	81	146	5	144	4	98
LLYS02-67	372	3560	0.0742	0.0067	1.5769	0.9725	0.2272	0.1213	1048	183	961	403	1320	639	68
LLYS02-68	75.3	1791	0.0501	0.0016	0.2354	0.0112	0.0341	0.0015	198	76	215	9	216	9	99
LLYS02-69	121	616	0.0502	0.0021	0.1847	0.0079	0.0266	0.0007	211	96	172	7	169	5	98
LLYS02-70	651	1527	0.0852	0.0027	1.4789	0.0616	0.1242	0.0044	1320	62	922	25	755	25	80
LLYS02-71	160	217	0.0885	0.0028	2.7854	0.0904	0.2273	0.0062	1394	61	1352	24	1320	32	97
LLYS02-72	305	844	0.0486	0.0018	0.1832	0.0069	0.0273	0.0008	128	83	171	6	174	5	98
LLYS02-73	348	1752	0.0573	0.0018	0.3789	0.0186	0.0468	0.0020	506	70	326	14	295	12	89
LLYS02-74	87.9	585	0.1437	0.0048	3.2633	0.2364	0.1554	0.0100	2273	58	1472	56	931	56	54
LLYS02-75	271	402	0.0656	0.0021	1.1377	0.0378	0.1252	0.0035	794	67	771	18	761	20	98
LLYS02-76	92.9	132	0.0696	0.0024	1.1485	0.0400	0.1198	0.0035	917	64	777	19	730	20	93
LLYS02-77	126	2005	0.0490	0.0015	0.1518	0.0049	0.0224	0.0006	150	74	144	4	143	4	99
LLYS02-78	133	1982	0.0524	0.0017	0.1588	0.0056	0.0219	0.0006	302	71	150	5	140	4	93
LLYS02-79	650	5373	0.0488	0.0014	0.1519	0.0048	0.0226	0.0007	200	67	144	4	144	4	99
LLYS02-80	95.0	91.8	0.0996	0.0029	3.4600	0.1340	0.2508	0.0087	1617	56	1518	31	1443	45	94
LLYS01-05	88.1	778							132	52	139	3	140	2	99
LLYS01-06	116	940	0.0504	0.0009	0.1492	0.0028	0.0215	0.0002	213	41	141	3	137	2	97
LLYS01-16	219	3519	0.0483	0.0012	0.1463	0.0040	0.0218	0.0003	122	57	139	4	139	2	99
LLYS01-32	147	3296	0.0495	0.0009	0.1391	0.0027	0.0202	0.0002	172	44	132	2	129	1	97
LLYS01-01	558	1791	0.0489	0.0008	0.1522	0.0034	0.0225	0.0004	143	44	144	3	144	2	99
LLYS01-03	506	2460	0.0485	0.0007	0.1542	0.0024	0.0231	0.0003	124	33	146	2	147	2	97
LLYS01-04	57.6	8356	0.0515	0.0005	0.1669	0.0028	0.0235	0.0003	265	22	157	2	150	2	99
LLYS01-09	266	4534	0.0487	0.0008	0.1568	0.0034	0.0233	0.0004	132	36	148	3	148	2	99
LLYS01-12	179	336	0.0469	0.0015	0.1469	0.0051	0.0226	0.0004	55.7	68.5	139	5	144	2	98
LLYS01-19	169	479	0.0473	0.0017	0.1460	0.0054	0.0223	0.0003	65	81	138	5	142	2	95
LLYS01-20	97.3	668	0.0480	0.0013	0.1491	0.0041	0.0224	0.0003	102	61	141	4	143	2	96
LLYS01-21	40.7	3439	0.0500	0.0009	0.1595	0.0046	0.0230	0.0005	195	43	150	4	147	3	99
LLYS01-22	78.9	3856	0.0523	0.0009	0.1690	0.0031	0.0233	0.0003	298	42	159	3	149	2	99
LLYS01-24	73.1	132	0.0511	0.0024	0.1587	0.0073	0.0227	0.0004	243	107	150	6	145	2	99
LLYS01-25	65.6	1166	0.0493	0.0012	0.1549	0.0043	0.0228	0.0004	167	57	146	4	145	2	93
LLYS01-26	136	4038	0.0535	0.0009	0.1664	0.0029	0.0225	0.0002	350	41	156	3	143	1	93
LLYS01-34	236	3468	0.0480	0.0009	0.1517	0.0032	0.0227	0.0003	102	44	143	3	145	2	97
LLYS01-37	148	302	0.0491	0.0016	0.1517	0.0047	0.0224	0.0003	154	76	143	4	143	2	98
LLYS01-38	228	1801	0.0482	0.0011	0.1566	0.0048	0.0234	0.0004	109.4	53.7	148	4	149	3	98

续表

测试点号	Th/10^{-6}	U/10^{-6}	$^{207}Pb/^{206}Pb$	1σ	$^{207}Pb/^{235}U$	1σ	$^{206}Pb/^{238}U$	1σ	$^{207}Pb/^{206}Pb$年龄/Ma	1σ	$^{207}Pb/^{235}U$年龄/Ma	1σ	$^{206}Pb/^{238}U$年龄/Ma	1σ	谐和度/%
LLYS01-41	201	1740	0.0502	0.0009	0.1614	0.0034	0.0232	0.0003	206	45	152	3	148	2	98
LLYS01-46	224	3409	0.0526	0.0012	0.1613	0.0031	0.0224	0.0003	309	53	152	3	143	2	97
LLYS01-48	47.2	1721	0.0492	0.0011	0.1505	0.0036	0.0221	0.0003	154	50	142	3	141	2	99
LLYS01-49	183	3601	0.0539	0.0010	0.1683	0.0037	0.0225	0.0002	365	43	158	3	143	1	96
LLYS01-55	224	3492	0.0524	0.0009	0.1686	0.0027	0.0235	0.0003	302	41	158	2	150	2	94
LLYS01-58	143	1624	0.0520	0.0015	0.1655	0.0056	0.0230	0.0003	283	67	155	5	146	2	99
LLYS01-65	135	2792	0.0491	0.0010	0.1573	0.0043	0.0232	0.0005	154	53	148	4	148	3	97
LLYS01-67	167	3472	0.0480	0.0009	0.1487	0.0031	0.0224	0.0003	98	44	141	3	143	2	97
LLYS01-68	177	778	0.0487	0.0011	0.1579	0.0044	0.0234	0.0004	200	54	149	4	149	2	96
LLYS01-71	964	4509	0.0504	0.0008	0.1588	0.0028	0.0228	0.0003	213	33	150	2	145	2	90
LLYS01-73	108	346	0.0479	0.0016	0.1483	0.0052	0.0224	0.0003	100.1	77.8	140	5	143	2	99
LLYS01-74	199	439	0.0483	0.0016	0.1527	0.0051	0.0229	0.0003	122	80	144	5	146	2	94
LLYS01-76	73.3	2526	0.0500	0.0010	0.1630	0.0043	0.0234	0.0004	195	50	153	4	149	2	96
LLYS01-77	252	1152	0.0474	0.0010	0.1477	0.0033	0.0225	0.0003	77.9	50	140	3	143	2	97
LLYS01-78	82.8	3159	0.0492	0.0009	0.1583	0.0032	0.0232	0.0003	167	38	149	3	148	2	97
LLYS01-83	241	1214	0.0492	0.0010	0.1512	0.0028	0.0223	0.0002	167	44	143	2	142	1	99
LLYS01-85	82.8	666	0.0471	0.0015	0.1492	0.0047	0.0230	0.0003	57.5	70.4	141	4	147	2	98
LLYS01-87	192	1370	0.0479	0.0010	0.1497	0.0035	0.0226	0.0003	94.5	43.5	142	3	144	2	91
LLYS01-88	301	4466	0.0502	0.0008	0.1636	0.0036	0.0234	0.0003	206	37	154	3	149	2	95
LLYS01-92	153	6204	0.0512	0.0010	0.1648	0.0033	0.0232	0.0003	256	44	155	3	148	2	98
LLYS01-94	823	2428	0.048	0.0010	0.1521	0.0031	0.0227	0.0003	102	46	144	3	145	2	99
LLYS01-96	4874	1894	0.0509	0.0012	0.1585	0.0041	0.0223	0.0003	239	56	149	4	142	2	99
LLYS01-98	1162	3738	0.0506	0.0009	0.1665	0.0042	0.0235	0.0003	233	38	156	4	150	2	95
LLYS01-100	95.6	2917	0.0499	0.0009	0.1581	0.0032	0.0229	0.0002	187	44	149	3	146	2	94
LLYS01-15	235	1996	0.0484	0.0012	0.1871	0.0120	0.0270	0.0012	120	64	174	10	172	8	98
LLYS01-31	201	127	0.0513	0.0026	0.1719	0.0086	0.0245	0.0006	254	82	161	7	156	4	96
LLYS01-56	98.6	2128	0.0533	0.0008	0.2346	0.0082	0.0317	0.0009	339	37	214	7	201	6	93
LLYS01-70	62.2	14847	0.0486	0.0007	0.1604	0.0029	0.0239	0.0003	132	31	151	3	152	2	99
LLYS01-97	275	2590	0.0518	0.0011	0.2057	0.0054	0.0286	0.0006	276	48	190	5	182	4	95
LLYS01-99	81.7	1381	0.0519	0.0010	0.2343	0.0056	0.0325	0.0005	283	44	214	5	206	3	96
LLYS01-35	70.4	1089	0.0553	0.0014	0.3239	0.0149	0.0413	0.0015	433	57	285	11	261	9	91
LLYS01-63	265	1468	0.0573	0.0011	0.3994	0.0185	0.0494	0.0019	506	43	341	13	311	12	90
LLYS01-07	582	1276	0.0730	0.0017	1.3871	0.0305	0.1383	0.0016	1014	48	883	13	835	9	94
LLYS01-08	286	1193	0.0629	0.0010	0.7837	0.0434	0.0872	0.0044	706	36	588	25	539	26	91
LLYS01-11	235	277	0.0659	0.0015	1.2338	0.0321	0.1347	0.0021	1200	42	816	15	815	12	99
LLYS01-27	130	155	0.0678	0.0015	1.0055	0.0307	0.1074	0.0026	861	46	707	16	658	15	92
LLYS01-36	288	476	0.0655	0.0014	1.2721	0.0294	0.1398	0.0019	791	44	833	13	843	11	98
LLYS01-42	109	183	0.0665	0.0013	1.2031	0.0242	0.1310	0.0014	822	40	802	11	793	8	98

续表

测试点号	Th/10^{-6}	U/10^{-6}	$^{207}Pb/^{206}Pb$	1σ	$^{207}Pb/^{235}U$	1σ	$^{206}Pb/^{238}U$	1σ	$^{207}Pb/^{206}Pb$ 年龄/Ma	1σ	$^{207}Pb/^{235}U$ 年龄/Ma	1σ	$^{206}Pb/^{238}U$ 年龄/Ma	1σ	谐和度/%
LLYS01-43	153	274	0.1007	0.0014	3.4487	0.0560	0.2475	0.0029	1639	25	1516	13	1426	15	93
LLYS01-44	435	1062	0.0658	0.0009	0.9219	0.0183	0.1011	0.0016	1200	27	663	10	621	9	93
LLYS01-54	494	1383	0.0663	0.0009	0.8959	0.0188	0.0977	0.0017	817	28	650	10	601	10	92
LLYS01-60	97.1	380	0.0634	0.0012	0.9655	0.0413	0.1090	0.0041	724	39	686	21	667	24	97
LLYS01-80	53.4	169	0.0696	0.0017	1.0842	0.0313	0.1124	0.0021	917	44	746	15	687	12	91
LLYS01-89	149	902	0.0608	0.0014	0.8148	0.0576	0.0923	0.0060	632	48	605	32	569	36	93

样品 LLYS02 中锆石颗粒显示相似的形态，绝大多数为自形，其长度 80 ~ 200μm、长宽比为 2：1 ~ 4：1；从 CL 图像可以发现，大多数这些锆石具典型的核–幔内部结构，而锆石边具有典型的振荡性环带（图 3-91）。对这些锆石进行了 80 个样品点分析，其中的 51 个分析数据的谐和度>90%（表 3-21）。而 51 个分析数据中有 23 个来源于对锆石核的分析，其中有 4 个分析结果产生 1617 ~ 1009Ma 的$^{207}Pb/^{206}Pb$ 年龄，其余的分析结果产生 169 ~ 841Ma 的$^{206}Pb/^{238}U$ 年龄；51 个分析数据中有 28 个来源于对锆石边的分析，其中的 26 个分析结果产生有利的$^{206}Pb/^{238}U$ 中值年龄为 142±2Ma（图 3-92），其余两个分析因具有高的 U 丰度（>5000×10^{-6}）和有意义的更年轻的年龄（<130Ma）可能受晚期热液活动影响较大。该推测与大多数这些年轻锆石边相对于锆石核来说具有深黑色的 CL 图像、相对高的 U 丰度（普遍在 2000×10^{-6}以上）和相对低的 Th/U 值（普遍低于 0.1）相一致。除第 80 个分析点年龄采用$^{207}Pb/^{206}Pb$ 年龄外，其余均为$^{206}Pb/^{238}U$ 年龄。

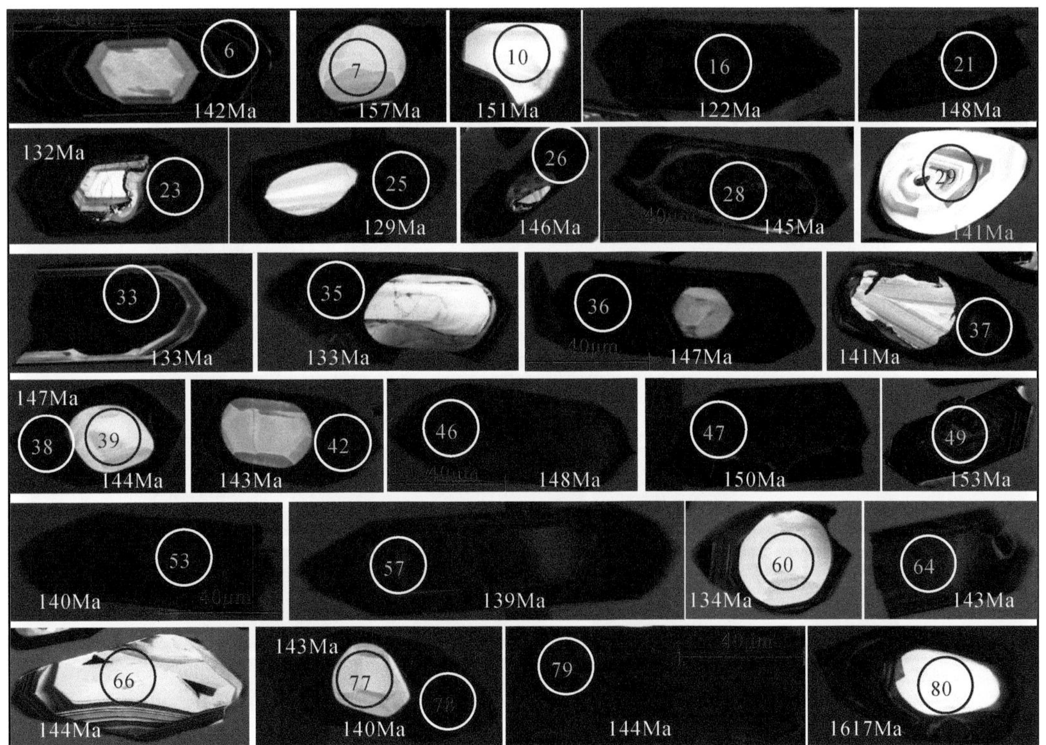

图 3-91　二云母二长花岗岩样品 LLYS02 锆石阴极发光 CL 图像

大于 1000Ma 的采用$^{207}Pb/^{206}Pb$ 年龄；小于 1000Ma 的采用$^{206}Pb/^{238}U$ 年龄

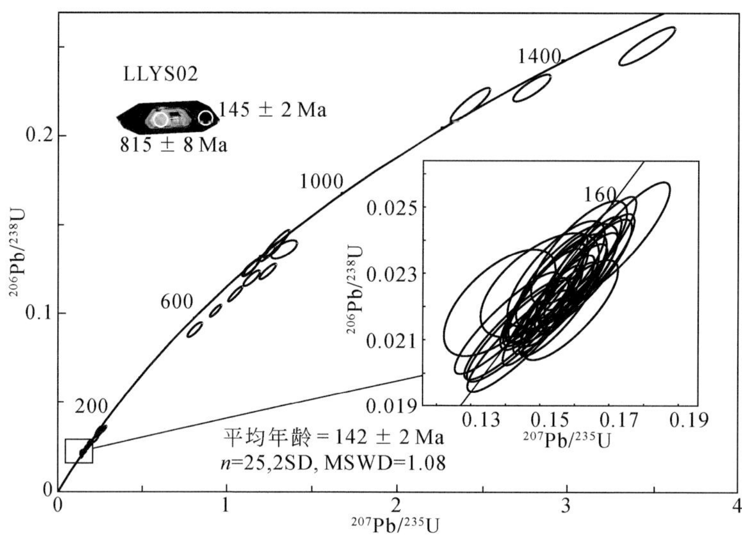

图 3-92　二云母二长花岗岩样品 LLYS02 锆石 U-Pb 年龄谐和图

（4）斑状花岗岩（18SC-2）。该样品取自连云山岩体思村，岩石呈灰白色，主要矿物包括石英、钾长石、斜长石、黑云母（10%左右），斑状结构、块状构造。斑晶主要为钾长石和斜长石。样品 18SC-2 中的锆石多为自形菱柱状，部分为半菱形，长 50 ~ 200μm，普遍在 100 ~ 150μm，长宽比 1 ∶ 1 ~ 4 ∶ 1。CL 图像显示，样品中的锆石普遍发育振荡性韵律性环带，并表现核-幔结构，但均具有典型岩浆成因特征（图 3-93），这与 90% 以上分析点的 Th/U 值均大于 0. 1（0. 1 ~ 3. 13）相一致。不过，CL 图像显示，大部

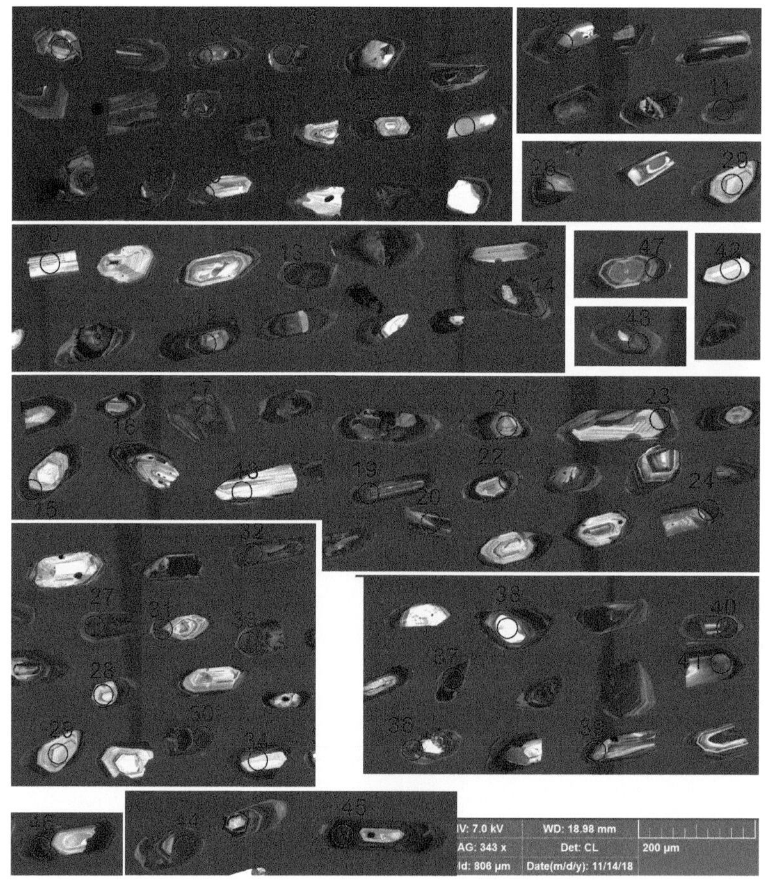

图 3-93　连云山斑状花岗岩样品锆石样品阴极发光（CL）图像

分锆石核表现为灰白色，而锆石增生边表现为灰色或灰黑色，可能是受到后期岩浆热液扰动结果。

样品 18SC-2 中锆石 LA-ICP-MS U-Pb 定年结果表明（图 3-94、图 3-95、表 3-22），43 个谐和度大于或等于 90% 的锆石分析点产生的 $^{206}Pb/^{238}U$ 年龄变化范围为 123 ~ 836Ma，并获得两组 $^{206}Pb/^{238}U$ 加权平均年龄，其中一组年龄值在 123 ~ 148Ma 的 30 个分析点产生的加权平均年龄为 142.97±0.62Ma（MSWD = 0.93），另一组年龄值稍老（150 ~ 168Ma）的 10 个分析点产生的加权平均年龄为 153.3±1.5Ma（MSWD=0.90）。定年结果表明斑状花岗岩侵位于晚侏罗世至最早的白垩纪，这与稍老的年龄值分析点大部分位于锆石核部相一致，可能反映了相隔约 10Ma 的二期岩浆活动事件。

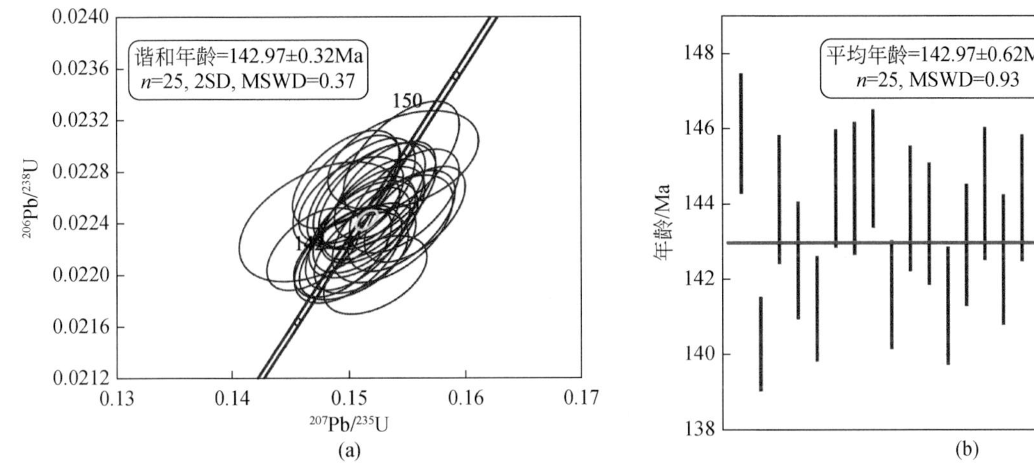

图 3-94　连云山斑状花岗岩较年轻锆石 U-Pb 年龄谐和图（a）和平均年龄图（b）

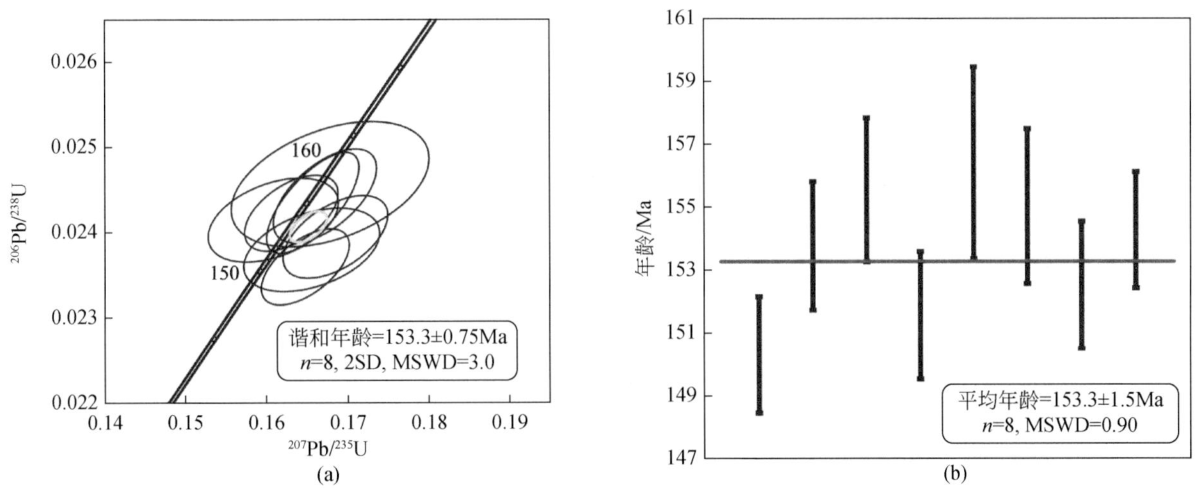

图 3-95　连云山斑状花岗岩较老锆石 U-Pb 年龄谐和图（a）和平均年龄图（b）

表 3-22　连云山斑状花岗岩（18SC-2）锆石 LA-ICP-MS U-Pb 定年结果

测试点号	Pb/10^{-6}	Th/10^{-6}	U/10^{-6}	$^{207}Pb/^{206}Pb$	1σ	$^{207}Pb/^{235}U$	1σ	$^{206}Pb/^{238}U$	1σ	$^{207}Pb/^{206}Pb$ 年龄/Ma	1σ	$^{207}Pb/^{235}U$ 年龄/Ma	1σ	$^{206}Pb/^{238}U$ 年龄/Ma	1σ	谐和度/%
18SC-2-46	125	553	5747	0.052585	0.000959	0.140033	0.002577	0.019316	0.000224	309	10	133	2	123	1	92
18SC-2-15	58	86	1153	0.058594	0.001012	0.415490	0.011543	0.050873	0.001174	554	34	353	8	320	7	90
18SC-2-38	28	258	189	0.065675	0.001691	0.800905	0.022739	0.087741	0.001528	796	54	597	13	542	9	90

续表

测试点号	Pb/10^{-6}	Th/10^{-6}	U/10^{-6}	$^{207}Pb/^{206}Pb$	1σ	$^{207}Pb/^{235}U$	1σ	$^{206}Pb/^{238}U$	1σ	$^{207}Pb/^{206}Pb$年龄/Ma	1σ	$^{207}Pb/^{235}U$年龄/Ma	1σ	$^{206}Pb/^{238}U$年龄/Ma	1σ	谐和度/%
18SC-2-08	59	84	405	0.065364	0.001256	1.259250	0.033579	0.138536	0.002747	787	40	828	15	836	16	98
18SC-2-29	12	454	339	0.052577	0.002143	0.168306	0.007022	0.023216	0.000332	309	125	158	6	148	2	93
18SC-2-07	102	675	4086	0.053294	0.000924	0.164741	0.003197	0.022234	0.000246	343	44	155	3	142	2	91
18SC-2-40	41	151	1760	0.049004	0.000920	0.146094	0.002830	0.021457	0.000238	146	44	138	3	137	2	98
18SC-2-42	16	418	622	0.049905	0.002103	0.149420	0.006813	0.021786	0.000397	191	94	141	6	139	3	98
18SC-2-01	21	485	730	0.048706	0.001209	0.154668	0.004276	0.022885	0.000254	200	57	146	4	146	2	99
18SC-2-02	59	944	2245	0.050042	0.000962	0.152242	0.002918	0.021998	0.000200	198	46	144	3	140	1	97
18SC-2-03	42	342	1709	0.048584	0.000983	0.152218	0.003474	0.022608	0.000272	128	48	144	3	144	2	99
18SC-2-04	52	64	2211	0.048720	0.000858	0.151229	0.003074	0.022351	0.000248	200	38	143	3	142	2	99
18SC-2-05	44	143	1831	0.049011	0.001048	0.150166	0.003233	0.022147	0.000223	150	50	142	3	141	1	99
18SC-2-06	51	86	2112	0.048748	0.000867	0.153089	0.002867	0.022654	0.000250	200	38	145	3	144	2	99
18SC-2-09	59	556	2308	0.047620	0.000914	0.149825	0.003042	0.022654	0.000280	80	44	142	3	144	2	98
18SC-2-11	56	150	2269	0.047291	0.000850	0.149744	0.003012	0.022738	0.000250	65	43	142	3	145	2	97
18SC-2-13	49	65	2033	0.049041	0.000885	0.151370	0.002870	0.022206	0.000230	150	43	143	3	142	1	98
18SC-2-14	49	307	1962	0.049229	0.000865	0.154741	0.003113	0.022570	0.000265	167	41	146	3	144	2	98
18SC-2-16	92	334	3775	0.048566	0.000841	0.152086	0.002858	0.022505	0.000258	128	41	144	3	143	2	99
18SC-2-17	48	55	1990	0.048803	0.000995	0.149921	0.003030	0.022159	0.000249	139	44	142	3	141	2	99
18SC-2-19	37	64	1532	0.049749	0.000958	0.154504	0.003036	0.022417	0.000258	183	14	146	3	143	2	97
18SC-2-20	36	485	1384	0.048298	0.000968	0.151052	0.003051	0.022632	0.000281	122	48	143	3	144	2	99
18SC-2-24	46	280	1877	0.049478	0.000963	0.153731	0.003423	0.022355	0.000275	172	46	145	3	143	2	98
18SC-2-26	66	537	2666	0.048522	0.000898	0.151976	0.003007	0.022614	0.000268	124	44	144	3	144	2	99
18SC-2-27	47	64	1971	0.048702	0.000853	0.151305	0.002889	0.022387	0.000247	200	38	143	3	143	2	99
18SC-2-28	16	514	538	0.048014	0.001571	0.147475	0.004527	0.022411	0.000306	98	78	140	4	143	2	97
18SC-2-30	51	187	2096	0.047836	0.000851	0.150189	0.002954	0.022577	0.000222	100	38	142	3	144	1	98
18SC-2-31	33	238	1350	0.048837	0.001056	0.154492	0.003291	0.022902	0.000291	139	52	146	3	146	2	99
18SC-2-33	46	54	1962	0.048853	0.000949	0.152041	0.002943	0.022463	0.000246	139	46	144	3	143	2	99
18SC-2-36	53	328	2191	0.047618	0.000812	0.146965	0.002629	0.022200	0.000211	80	41	139	2	142	1	98
18SC-2-39	66	373	2733	0.048673	0.000885	0.149686	0.002597	0.022175	0.000229	132	44	142	2	141	1	99
18SC-2-44	48	57	2031	0.048926	0.000907	0.150755	0.002951	0.022279	0.000263	143	43	143	3	142	2	99
18SC-2-45	111	1031	4395	0.049981	0.000809	0.155639	0.002865	0.022467	0.000244	195	32	147	3	143	2	97
18SC-2-12	67	541	2584	0.050054	0.000880	0.164740	0.003557	0.023590	0.000293	198	36	155	3	150	2	97
18SC-2-21	16	269	567	0.048194	0.001524	0.160804	0.005287	0.024140	0.000324	109	79	151	5	154	2	98
18SC-2-23	33	353	1174	0.049416	0.001089	0.167197	0.004185	0.024422	0.000363	169	47	157	4	156	2	99
18SC-2-32	28	250	1145	0.050233	0.001551	0.165553	0.005506	0.023789	0.000322	206	72	156	5	152	2	97
18SC-2-34	6	126	203	0.050181	0.002486	0.167862	0.008035	0.024559	0.000485	211	119	158	7	156	3	99
18SC-2-37	51	293	2062	0.049141	0.000946	0.165698	0.003747	0.024339	0.000391	154	44	156	3	155	2	99
18SC-2-41	34	2241	716	0.051033	0.001317	0.168466	0.004246	0.023942	0.000320	243	56	158	4	153	2	96
18SC-2-47	38	622	1304	0.048753	0.001068	0.163054	0.003781	0.024221	0.000294	200	52	153	3	154	2	99
18SC-2-10	6	326	133	0.049814	0.002553	0.167230	0.007919	0.025379	0.000846	187	120	157	7	162	5	97
18SC-2-18	12	395	313	0.051333	0.001986	0.184824	0.006840	0.026377	0.000561	257	89	172	6	168	4	97

（5）中细粒黑云母花岗岩（D2061B，图3-96）。该样品具有典型花岗结构、块状构造。矿物主要由35%斜长石、30%石英、20%钾长石和15%黑云母组成。颗粒大小0.5～5mm，石英呈他形粒状，部分具波形消光，局部发育动态重结晶颗粒；长石半自形-他形，部分可见变形双晶。黑云母半自形，片状，部分发生绿泥石化。

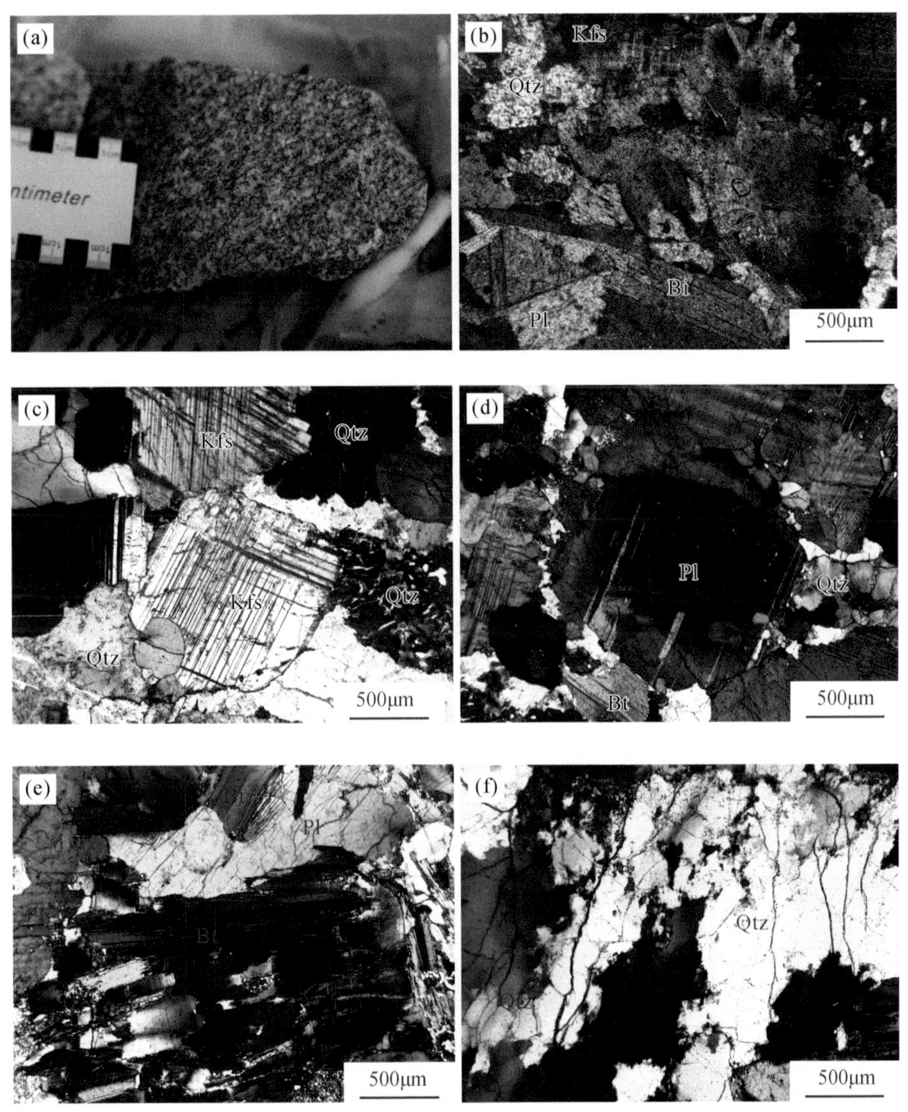

图3-96　中细粒黑云母花岗岩（D2061B）手标本和显微照片

（a）手标本；（b）花岗结构；（c）具格子双晶的钾长石和蠕虫结构的石英；（d）环带结构的斜长石和围绕其边缘重结晶石英；（e）绿泥石、石英交代黑云母；（f）碎裂和波状消光石英。除（a）外，均为正交偏光。

Qtz. 石英；Kfs. 钾长石；Pl. 斜长石；Bt. 黑云母

样品D2061B中的锆石多为自形菱柱状，少为半菱形或他形，长50～200μm，普遍在100～150μm，长宽比1∶1～3∶1。CL图像显示，锆石普遍发育振荡性韵律性环带，并表现核-幔结构，但均具有典型岩浆成因特征（图3-97），这与90%以上分析点的Th/U值均大于0.1（0.12～0.92）相一致。不过，CL图像显示，大部分锆石核表现为灰白色，而锆石增生边表现为灰色或灰黑色，可能是受到后期岩浆热液扰动结果。样品D2061B中锆石LA-ICP-MS U-Pb定年结果表明（表3-23），14个谐和度大于或等于90%的锆石分析点产生的$^{206}Pb/^{238}U$年龄变化范围为133～2743Ma。虽然测试分析点较少，但年龄主要分布于733～897Ma、557～675Ma、133～144Ma三个区间。此外，也有年龄为350Ma、169～193Ma的锆石出现。

133～144Ma 一组的年龄出现可能暗示中细粒黑云母花岗岩侵位于最早的早白垩世，或反映该时期出现岩浆（热）事件。

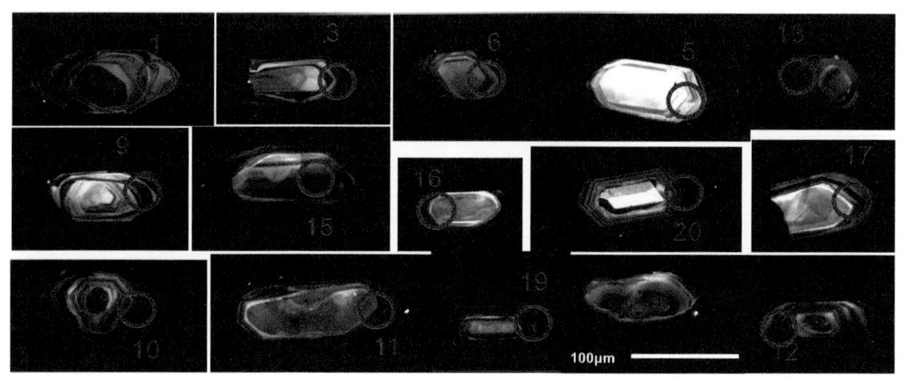

图 3-97　连云山中细粒黑云母花岗岩样品锆石样品阴极发光（CL）图像

表 3-23　连云山中细粒黑云母花岗岩（D2061B）锆石 LA-ICP-MS U-Pb 定年结果

测试点号	Pb/10^{-6}	Th/10^{-6}	U/10^{-6}	$^{207}Pb/^{206}Pb$	1σ	$^{207}Pb/^{235}U$	1σ	$^{206}Pb/^{238}U$	1σ	$^{207}Pb/^{206}Pb$ 年龄/Ma	1σ	$^{207}Pb/^{235}U$ 年龄/Ma	1σ	$^{206}Pb/^{238}U$ 年龄/Ma	1σ	谐和度/%
D2061-01	73.66	106	529	0.067049	0.000711	1.113181	0.016979	0.120502	0.001482	839	22	760	8	733	9	96
D2061-03	70.59	7.64	710	0.066223	0.000793	0.823674	0.018047	0.090233	0.001629	813	26	610	10	557	10	90
D2061-05	372.7	256	631	0.190054	0.001510	11.695073	0.210012	0.446319	0.007101	2743	19	2580	17	2379	32	91
D2061-06	64.2	1177	2491	0.049193	0.000710	0.141128	0.002634	0.020817	0.000278	167	33	134	2	133	2	99
D2061-09	26.67	176	1038	0.050011	0.000853	0.156478	0.003483	0.022685	0.000322	195	41	148	3	145	2	97
D2061-10	112.3	445	561	0.068840	0.001083	1.412964	0.022857	0.149250	0.002427	894	33	894	10	897	14	99
D2061-11	139.4	225	874	0.066148	0.000919	1.224757	0.025276	0.134330	0.002646	811	28	812	12	813	15	99
D2061-12	22.05	95.6	723	0.052873	0.004191	0.197292	0.021978	0.026491	0.000597	324	181	183	19	169	4	91
D2061-13	23.09	146	663	0.049753	0.001154	0.207816	0.005160	0.030331	0.000437	183	54	192	4	193	3	99
D2061-15	25.47	169	394	0.058212	0.001591	0.455461	0.030781	0.055869	0.003060	539	61	381	21	350	19	91
D2061-16	150.97	132	1074	0.065678	0.001526	1.097119	0.027625	0.121112	0.001515	796	49	752	13	737	9	97
D2061-17	63.26	574	2368	0.047807	0.001183	0.149296	0.003920	0.022660	0.000326	100	57	141	3	144	2	97
D2061-19	337	2022	2202	0.064987	0.001909	0.957479	0.043495	0.106989	0.004061	774	62	682	23	655	24	95
D2061-20	271.4	1019	1974	0.065576	0.002100	0.995303	0.043223	0.110338	0.003738	794	67	701	22	675	22	96

结合以往定年结果（表 3-13），连云山岩体形成时代可分为三个脉动：155～150Ma、149～142Ma、136～129Ma，即晚侏罗世、最早的早白垩世、早中白垩世，说明连云山岩体是一复式岩体，岩浆侵位持续了约 26Ma。结合定年的连云山岩体花岗质岩的剪切变形特征，糜棱岩化和剪切变形高峰时间可能发生在约 130Ma。

3.4.2.2　金井岩体

本次对湘东北地区金井岩体中细粒钾长石黑云母斑状花岗岩和钾长石黑云母花岗岩分别进行了全岩 Rb-Sr 等时线定年和 LA-ICP-MS 锆石 U-Pb 定年。

1. 全岩 Rb-Sr 等时线定年

6个中细粒钾长石黑云母斑状花岗岩（JJG03-1、JJG03-2、JJG03-3、JJG05-1、JJG05-3、JJG05-4）样品 Rb-Sr 同位素（表3-24）构成一条较好的等时线（图3-98）。采用 ISOPLOT 程序（Ludwig，1994）进行等时线拟合与计算，使用衰变常数 λ（^{87}Rb）= 0.0142Ga^{-1}，计算过程中输入统一相对误差为^{87}Rb/^{86}Sr = ±0.1%、^{87}Sr/^{86}Sr = ±0.05%，所有引入误差为±2σ。所获得的等时线年龄为133.4±6.4Ma，初始锶（Initial ^{87}Sr/^{86}Sr）为0.72206±0.00059，MSWD = 0.028。

表3-24　金井岩体中细粒钾长石黑云母斑状花岗岩全岩 Rb-Sr 分析数据

样品编号	Rb/10^{-6}	Sr/10^{-6}	^{87}Rb/^{86}Sr	^{87}Sr/^{86}Sr	±2σ
JJG03-1	274.1	156.1	5.074	0.73163	2
JJG03-2	266.5	186.9	4.119	0.72988	4
JJG03-3	275.4	158.4	5.026	0.73162	2
JJG05-1	320.5	117.4	7.892	0.73703	4
JJG05-3	312.1	115.6	7.803	0.73686	1
JJG05-4	319.9	116.5	7.941	0.73711	4

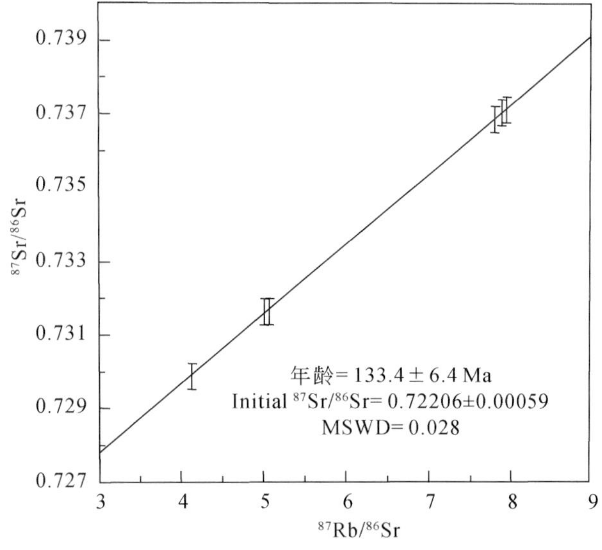

图3-98　岩体中细粒钾长石黑云母斑状花岗岩全岩 Rb-Sr 等时线图

2. 钾长石黑云母花岗岩样品 JTr-02 LA-ICP-MS 锆石 U-Pb 定年

该样品取样位置为28°30′09.4″N，113°21′54.5″E，岩石呈灰白色，主要矿物包括石英、钾长石、斜长石、黑云母（10%左右），花岗结构、块状构造。样品 JTr-02 中的锆石多为自形菱状、短柱状，长50～150μm，长宽比1∶1～4∶1。CL 图像显示，样品中的锆石普遍发育振荡性韵律性环带，并表现核-幔结构，但均具有典型岩浆成因特征（图3-99），这与所有分析点的 Th/U 值均大于0.1（0.27～1.51）相一致。不过，CL 图像显示，大部分锆石核表现为灰白色，而锆石增生边表现为灰色或灰黑色，可能是受到后期岩浆热液扰动结果。样品 JTr-02 中锆石 LA-ICP-MS U-Pb 定年结果表明（图3-100、表3-25），31个谐和度大于90%的锆石分析点产生的 U-Pb 年龄变化范围为151～3187Ma。由于90%以上分析点位于锆石核部，U-Pb 年龄主要集中在771～902Ma（平均829Ma）、1228～1689Ma、1837～2535Ma。不过，其中一颗锆石具有振荡环带的增生边，产生一个年龄值为151±2Ma。

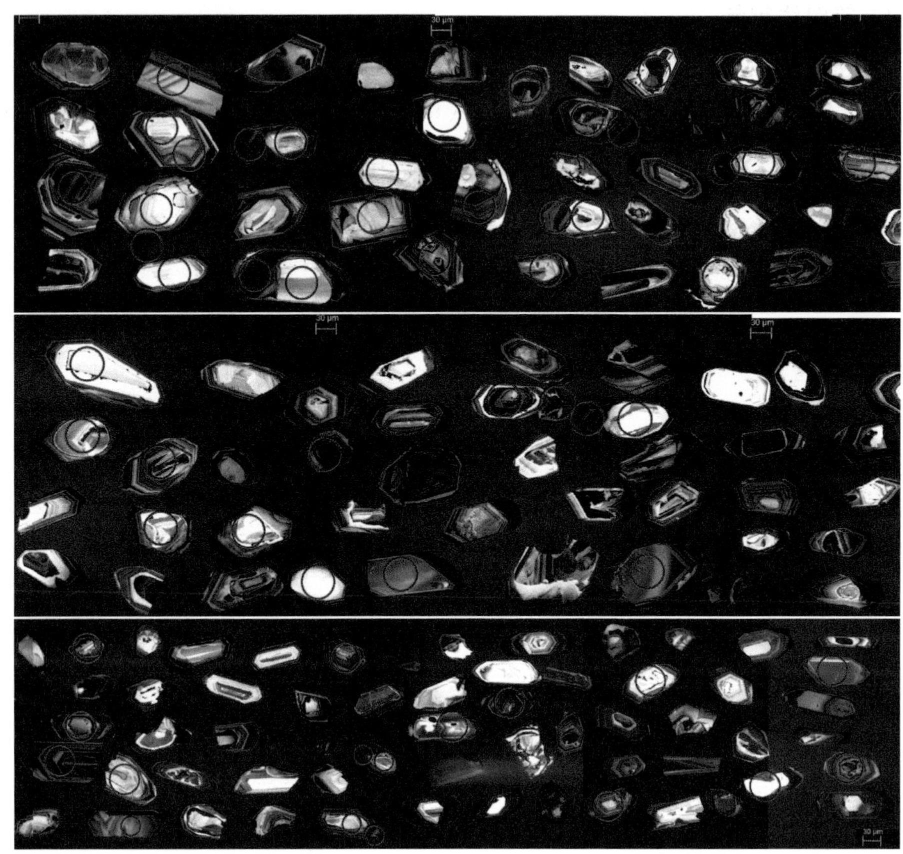

图 3-99　金井钾长石黑云母花岗岩样品 JTr-02 锆石样品阴极发光（CL）图像

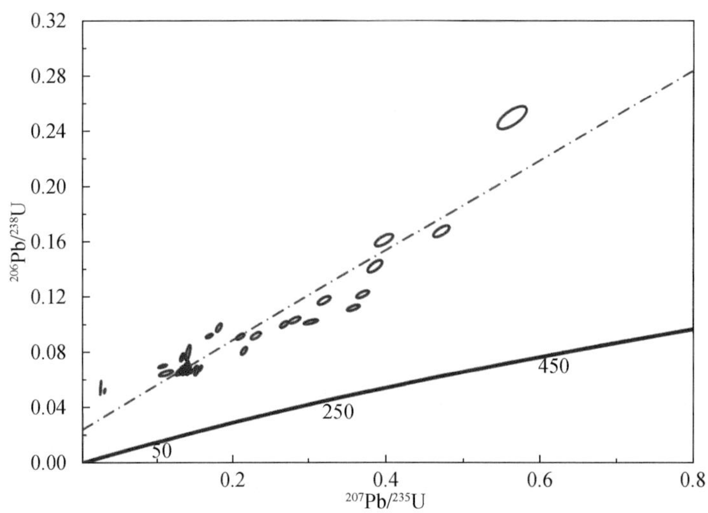

图 3-100　金井钾长石黑云母花岗岩样品 JTr-02 锆石 U-Pb 年龄谐和图和平均年龄图

表3-25　金井钾长石黑云母花岗岩（JTr-02）锆石LA-ICP-MS U-Pb定年结果

测试点号	Pb/10^{-6}	Th/10^{-6}	U/10^{-6}	$^{207}Pb/^{206}Pb$	1σ	$^{207}Pb/^{235}U$	1σ	$^{206}Pb/^{238}U$	1σ	$^{207}Pb/^{206}Pb$年龄/Ma	1σ	$^{207}Pb/^{235}U$年龄/Ma	1σ	$^{206}Pb/^{238}U$年龄/Ma	1σ	谐和度/%
JTr-02-1	167	573	979	0.065771	0.001024	1.252205	0.024221	0.137558	0.001811	798	33	824	11	831	10	99
JTr-02-5	29	118	156	0.068095	0.001335	1.320948	0.026782	0.140615	0.001589	872	45	855	12	848	9	99
JTr-02-6	30	130	162	0.065971	0.001447	1.274261	0.028767	0.139972	0.001526	806	46	834	13	845	9	98
JTr-02-7	71	397	544	0.064846	0.001370	1.031805	0.059761	0.110712	0.005832	769	44	720	30	677	34	93
JTr-02-9	163	145	322	0.161253	0.002876	8.898904	0.243103	0.396783	0.007593	2469	30	2328	25	2154	35	92
JTr-02-11	55	194	341	0.065351	0.001387	1.151012	0.031202	0.126977	0.002213	787	46	778	15	771	13	99
JTr-02-12	75	215	436	0.066124	0.001234	1.250108	0.027777	0.136706	0.002082	809	39	823	13	826	12	99
JTr-02-13	86	141	243	0.100344	0.001526	3.712502	0.069763	0.267128	0.003330	1631	28	1574	15	1526	17	96
JTr-02-19	100	163	604	0.068496	0.000852	1.318901	0.018420	0.139509	0.001377	883	26	854	8	842	8	98
JTr-02-20	566	608	1566	0.102201	0.001122	4.261153	0.089916	0.302412	0.006125	1665	20	1686	17	1703	30	98
JTr-02-21	199	569	1072	0.069105	0.000814	1.432881	0.022052	0.150116	0.001678	902	25	903	9	902	9	99
JTr-02-25	59	181	381	0.065923	0.001020	1.192170	0.033637	0.131055	0.003237	806	31	797	16	794	18	99
JTr-02-26	41	138	203	0.068618	0.001282	1.476015	0.027361	0.156161	0.001451	887	38	921	11	935	8	98
JTr-02-27	35	385	997	0.052080	0.000976	0.210644	0.005194	0.029321	0.000527	287	38	194	4	186	3	95
JTr-02-30	27	133	139	0.066612	0.001319	1.259523	0.025366	0.137043	0.001183	826	42	828	11	828	7	99
JTr-02-31	118	251	415	0.091623	0.001390	2.653218	0.058043	0.209530	0.003589	1461	28	1316	16	1226	19	92
JTr-02-32	63	152	133	0.117690	0.001983	5.214856	0.126317	0.319822	0.005436	1921	30	1855	21	1789	27	96
JTr-02-34	39	686	1343	0.052791	0.002114	0.174789	0.008509	0.023685	0.000266	320	88	164	7	151	2	91
JTr-02-35	456	425	561	0.250107	0.005452	19.646778	0.668841	0.562634	0.012500	3187	35	3074	33	2878	52	93
JTr-02-37	15	40	76	0.066459	0.002017	1.385787	0.044374	0.151212	0.002041	820	58	883	19	908	11	97
JTr-02-39	59	85	203	0.092270	0.001696	2.945552	0.081226	0.230104	0.004316	1473	35	1394	21	1335	23	95
JTr-02-40	18	132	87	0.066165	0.001633	1.223110	0.032135	0.134661	0.001910	813	52	811	15	814	11	99
JTr-02-41	88	203	505	0.066130	0.000882	1.312013	0.021381	0.143596	0.001438	809	28	851	9	865	8	98
JTr-02-42	312	755	612	0.112279	0.001433	5.547685	0.101576	0.357602	0.005247	1837	24	1908	16	1971	25	96
JTr-02-43	65	318	357	0.065948	0.001099	1.239033	0.024354	0.135711	0.001602	806	35	818	11	820	9	99
JTr-02-44	27	86	93	0.081283	0.001798	2.407035	0.055378	0.214267	0.002613	1228	44	1245	17	1252	14	99
JTr-02-46	54	44	113	0.142332	0.002860	7.600106	0.182240	0.385208	0.006191	2257	40	2185	22	2101	29	96
JTr-02-48	232	176	525	0.122107	0.001759	6.262265	0.130811	0.369485	0.005227	1987	26	2013	18	2027	25	99
JTr-02-54	43	48	64	0.167746	0.002796	10.830705	0.170634	0.471036	0.006813	2535	29	2509	15	2488	30	99
JTr-02-57	32	131	197	0.066025	0.001309	1.182245	0.036276	0.129922	0.003288	807	42	792	17	787	19	99
JTr-02-58	70	95	200	0.103541	0.001535	4.026501	0.093727	0.281120	0.004889	1689	28	1640	19	1597	25	97

本次所获得的Rb-Sr等时线年龄（约133Ma）与以往获得的Rb-Sr等时线年龄（134～138Ma）基本一致，但低于K-Ar年龄（145～144Ma）和U-Pb年龄（158Ma）（表3-13），因此Rb-Sr等时线年龄并不是该岩体侵位或冷却封闭的年龄，反映了其侵位后又发生了Rb-Sr同位素体系的再平衡，故记录的是后期构造热事件的时间。以上暗示金井岩体侵位于晚侏罗世，但在138～133Ma经历了一次热事件。

3.4.2.3　望湘复式岩体

取自望湘复式岩体样品 15WX-01 中的锆石少为自形菱柱状，多为半自形-他形，长普遍在 50～100μm，长宽比为1∶1～2∶1。CL 图像显示，样品中的锆石大多发育振荡性韵律性环带，并表现核-幔结构，但均具有岩浆成因特征（图 3-101），这与所有分析点的 Th/U 值均大于 0.1（0.20～2.11）相一致。不过，CL 图像显示，大部分锆石核表现为灰色或灰白色，而部分锆石表现为厚的黑色增生边，有些锆石则全部为均一的黑色，可能是受到后期岩浆热液扰动结果。样品 15WX-01 中 LA-ICP-MS 锆石 U-Pb 定年结果表明（图 3-102、表 3-26），13 个谐和度大于 90% 的锆石分析点产生的 U-Pb 年龄变化范围为 139～2118Ma。由于 90% 以上分析点位于锆石核部，且分析点较少，所以 U-Pb 年龄分散于 1651～2118Ma、775～910Ma、135～147Ma，第三组年龄暗示望湘岩体侵位于早白垩世。不过，结合约 140Ma 的白云母 Ar-Ar 年龄，这些年龄更可能代表一次构造-热事件。

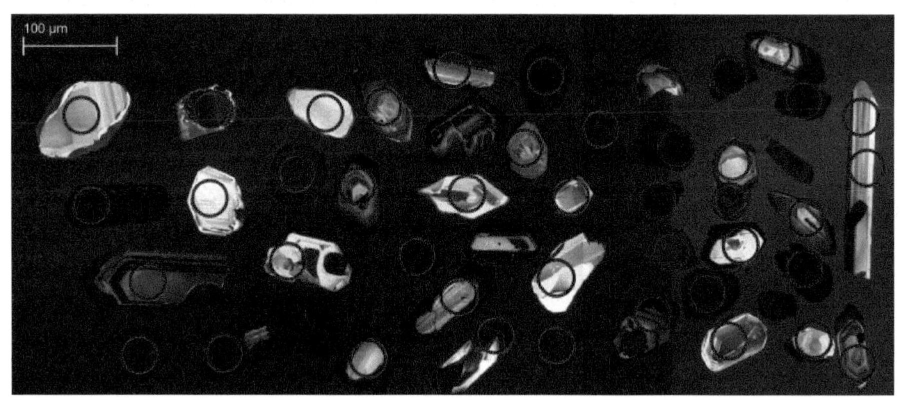

图 3-101　望湘复式岩体样品 15WX-01 样品锆石样品阴极发光（CL）图像

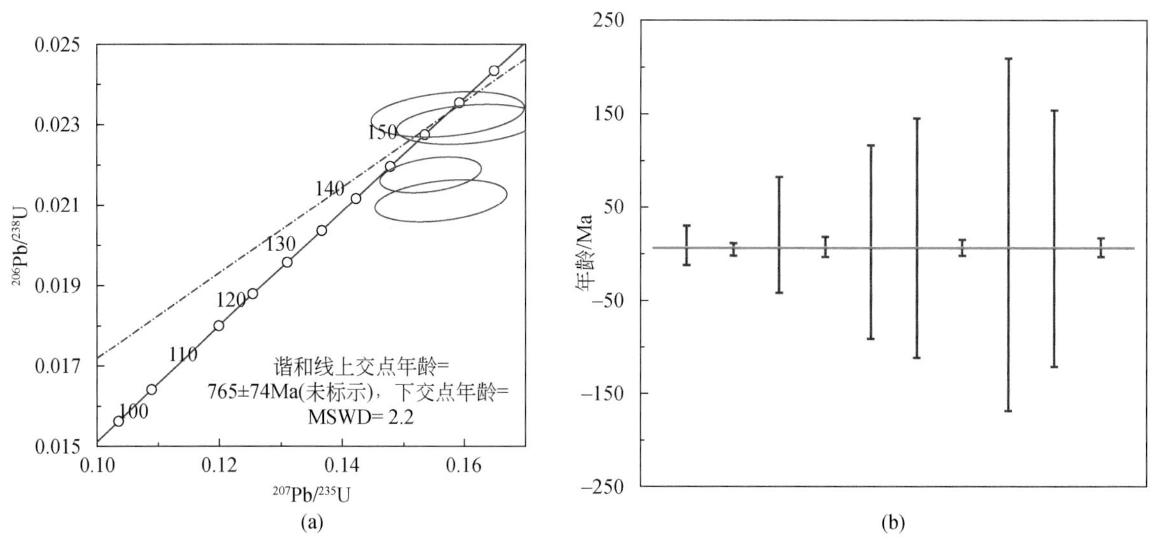

图 3-102　望湘复式岩体样品 15WX-01 锆石 U-Pb 年龄谐和图（a）和平均年龄图（b）

表 3-26　望湘复式岩体样品（15WX-01）锆石 LA-ICP-MS U-Pb 定年结果

测试点号	Pb/10^{-6}	Th/10^{-6}	U/10^{-6}	$^{207}Pb/^{206}Pb$	1σ	$^{207}Pb/^{235}U$	1σ	$^{206}Pb/^{238}U$	1σ	$^{207}Pb/^{206}Pb$ 年龄/Ma	1σ	$^{207}Pb/^{235}U$ 年龄/Ma	1σ	$^{206}Pb/^{238}U$ 年龄/Ma	1σ	谐和度/%
15WX-01-002	50	247	1157	0.052046	0.001591	0.278975	0.010755	0.038472	0.000876	287	75	250	9	243	5	97
15WX-01-005	34	276	1398	0.051314	0.001879	0.154543	0.005473	0.021757	0.000294	254	88	146	5	139	2	94
15WX-01-006	22	246	417	0.056457	0.002808	0.398964	0.027469	0.049311	0.001847	478	105	341	20	310	11	90
15WX-01-010	17	355	553	0.048849	0.002490	0.157278	0.008279	0.023241	0.000369	139	120	148	7	148	2	99
15WX-01-011	262	1270	1248	0.063129	0.001393	1.198410	0.027263	0.136352	0.001455	722	51	800	13	824	8	97
15WX-01-012	179	1596	758	0.061870	0.001584	1.103584	0.034372	0.127727	0.002344	733	56	755	17	775	13	97
15WX-01-015	22	271	839	0.053787	0.002643	0.156187	0.007195	0.021097	0.000350	361	111	147	6	135	2	90
15WX-01-019	79	220	395	0.067723	0.001852	1.451037	0.049606	0.153191	0.002814	861	-142	910	21	919	16	99
15WX-01-020	57	160	336	0.063429	0.001919	1.210261	0.036043	0.137586	0.001558	724	65	805	17	831	9	96
15WX-01-022	24	415	788	0.050547	0.002503	0.160765	0.007838	0.023003	0.000320	220	115	151	7	147	2	96
15WX-01-008	205	205	587	0.104121	0.002097	4.085644	0.095696	0.281677	0.003917	1699	37	1651	19	1600	20	96
15WX-01-017	645	947	1151	0.133911	0.003035	7.054435	0.177676	0.377784	0.005350	2150	41	2118	22	2066	25	97
15WX-01-021	106	124	221	0.128504	0.002968	6.256900	0.159713	0.350632	0.004867	2077	41	2012	22	1938	23	96

3.4.2.4　幕阜山复式岩体

为查清幕阜山复式岩体的侵位时代和岩浆序列，我们从湘东北地区桃林、栗山铅锌（铜）矿区及外围采取了幕阜山岩体中的中粒二云母二长花岗岩（样号 17LS-2）、细粒二云母二长花岗岩（样号 17LS-9）、似斑状二云母二长花岗岩（样号 18DS-4）、中粒黑云母二长花岗岩（样号 17LS-10）、闪长岩（样号 15MFS08）和黑云母花岗闪长岩（样号 17LS-11）6 个样品中（图 3-103、图 3-104）的锆石分别进行了阴极发光（CL）成像和 LA-ICP-MS 法 U-Pb 定年。

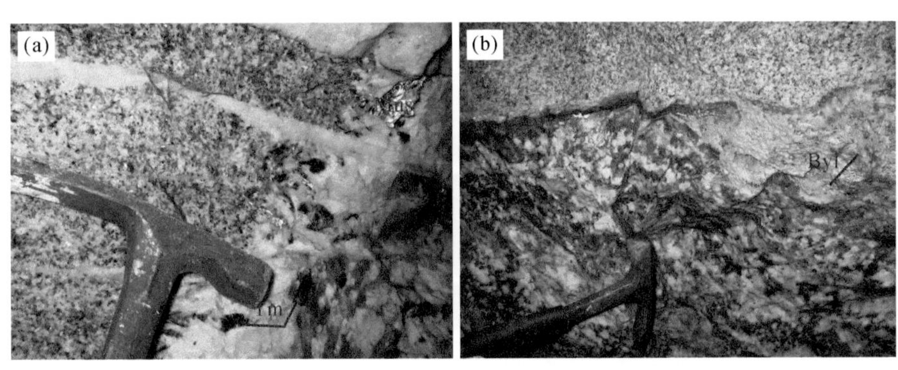

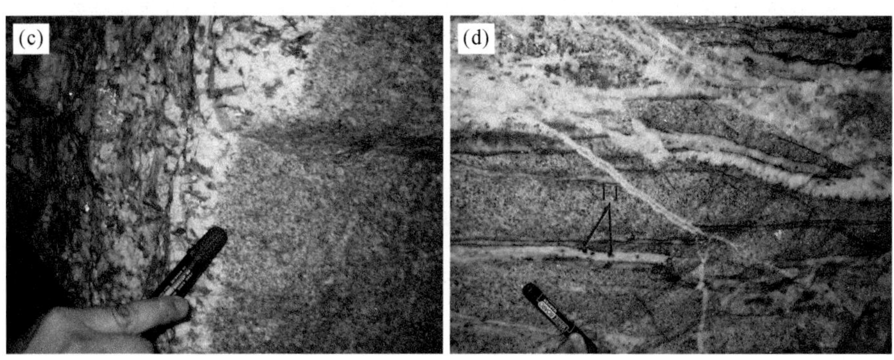

图 3-103　幕阜山岩体栗山矿区野外照片

(a) 中粒二云母二长花岗岩被花岗伟晶岩侵入，两者被更晚期的石英脉侵入；(b) 细粒二云母二长花岗岩与含绿柱石 (Byl) 中粒黑云母二长花岗岩接触；(c) 细粒二云母二长花岗岩与似斑状二云母二长花岗岩接触；(d) 细粒二云母二长花岗岩被含萤石石英细脉侵入，后被石英脉错断。

Mus. 白云母；Tm. 电气石；Byl. 绿柱石；Fl. 萤石

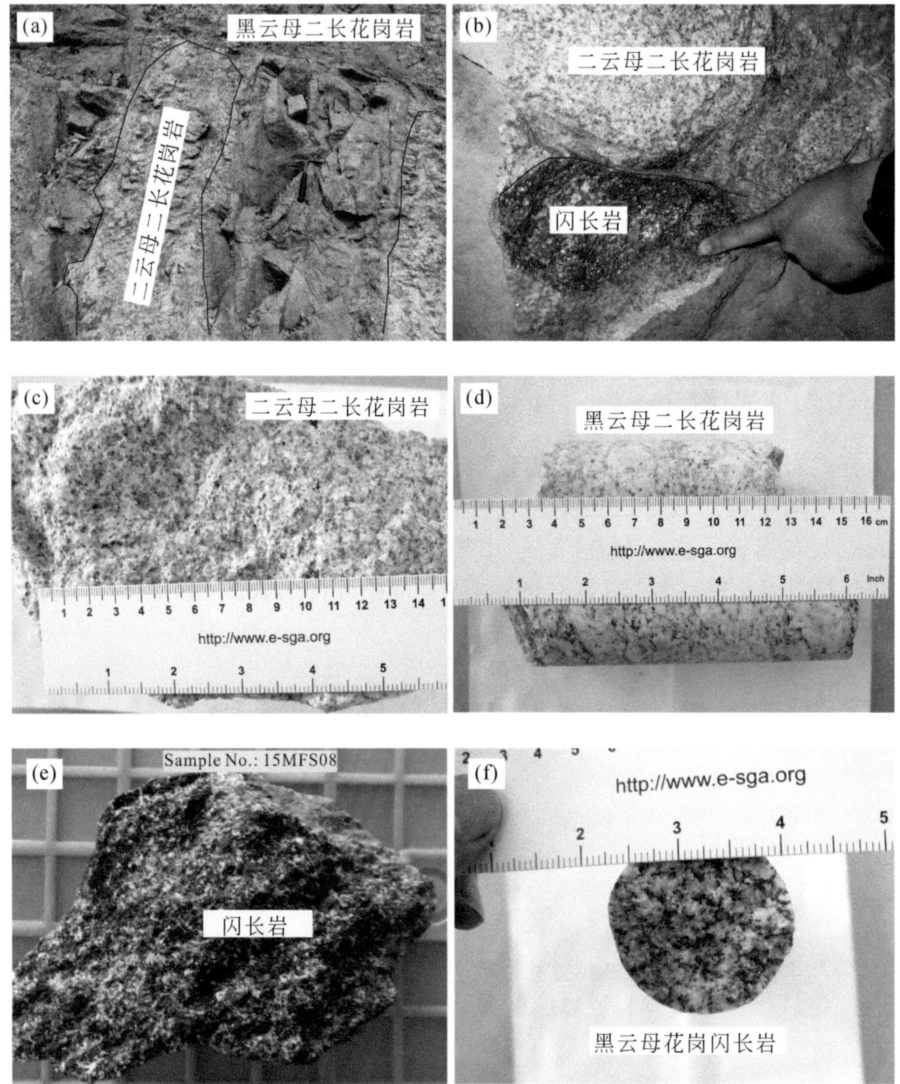

图 3-104　幕阜山岩体锆石 U-Pb 定年样品手标本

1. 岩石学特征

（1）（似斑状）黑云母二长花岗岩［图 3-104（a）（d）］。该岩石被二云母二长花岗岩侵入，颜色为灰白色–灰黑色，花岗结构、块状构造，局部呈似斑状结构。矿物成分为石英（约 30%）、钾长石（约 25%）、斜长石（约 25%）、黑云母（约 12%）、白云母（约 6%），副矿物为锆石、磁铁矿等（约 2%）。其中，石英表面比较干净，但裂纹发育，有的具有波形消光。斜长石常具有聚片双晶，有的发生明显的绢云母化。钾长石表面粗糙。黑云母多分布于矿物颗粒内部以及粒间。白云母有的出现在黑云母边部，有的分布在石英和长石颗粒之间。

（2）二云母二长花岗岩［图 3-104（a）~（c）］。该岩石颜色为灰白色，花岗结构、块状构造。矿物组成与黑云母二长花岗岩相似，为石英（约 35%）、钾长石（约 20%）、斜长石（约 25%）、黑云母（约 8%）、白云母（约 10%）、副矿物（约 2%）。

（3）闪长岩［图 3-104（b）（e）］。该岩石呈包体产于二云母二长花岗岩中，呈灰黑色、粒状结构、块状构造。矿物成分主要为斜长石（约 30%）、黑云母（约 30%）、角闪石（约 18%）、石英（约 15%）、钾长石（约 5%）、副矿物（约 2%）。

（4）黑云母花岗闪长岩［图 3-104（f）］。该岩石颜色为灰黑色–灰白色，花岗结构、块状构造。矿物成分主要为石英（约 35%）、斜长石（约 35%）、钾长石（约 15%）、黑云母（约 8%）及副矿物（约 2%）。

2. 锆石 U-Pb 定年结果

6 个样品的锆石 CL 图像和 U-Pb 定年分析结果见图 3-105、图 3-106 和表 3-27。

（1）中粒黑云母二长花岗岩（样品 17LS-10）。用于锆石定年的黑云母二长花岗岩新鲜无蚀变，挑选出的锆石呈透明半自形–自形柱状，灰黑色–浅亮白色，长度 60 ~ 150μm，长宽比为 1∶1 ~ 3∶1。阴极发光 CL 图像显示（图 3-105），大部分锆石裂纹不发育，具有清晰的岩浆韵律环带，显示岩浆成因特征。岩石中锆石的 U、Th 含量分别为 213×10^{-6} ~ 3615×10^{-6}、127×10^{-6} ~ 3088×10^{-6}，Th/U 值为 0.07 ~ 1.29，大部分大于 0.1，也显示岩浆锆石的特点。本次共选择了 21 点进行测试，其中 9 个分析点由于测试异常或谐和度差而被删除（异常可能是由高 U 含量导致锆石发生蜕晶质化引起），剩余点在一致曲线中呈群集分布，年龄变化于 146 ~ 161Ma，并产生一个有利的 $^{206}Pb/^{238}U$ 中值年龄 153.0±2.8Ma（MSWD = 6.1）［图 3-106（a）］，被解释为代表黑云母二长花岗岩侵位结晶的年龄。

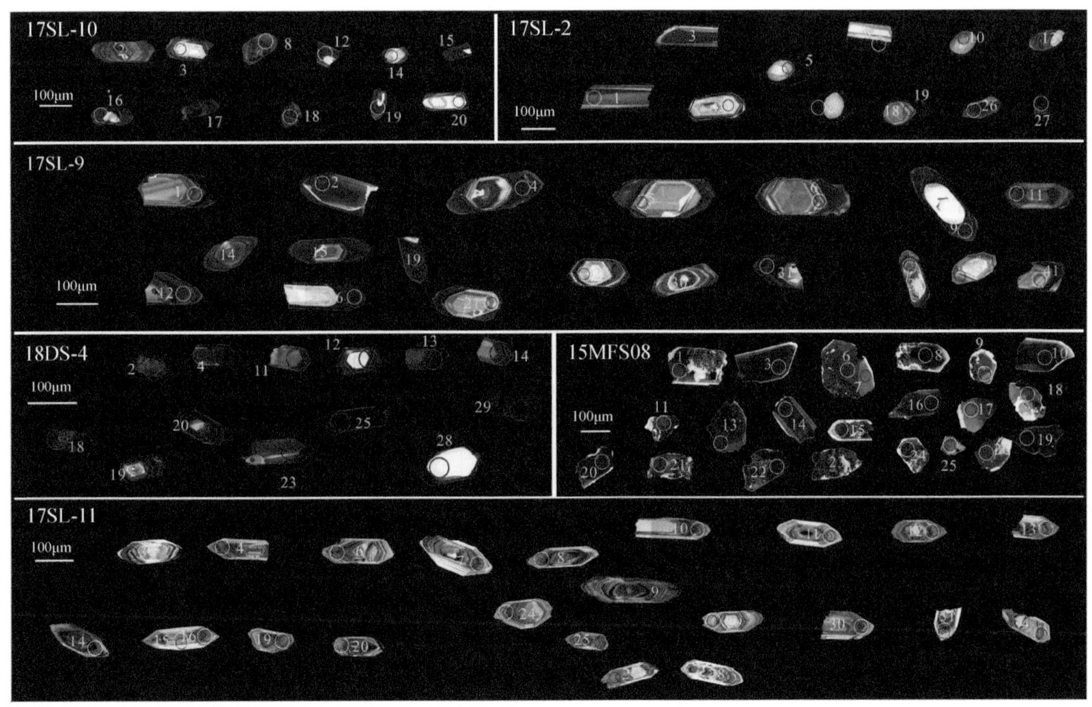

图 3-105　幕阜山岩体锆石 U-Pb 定年样品阴极发光（CL）图像

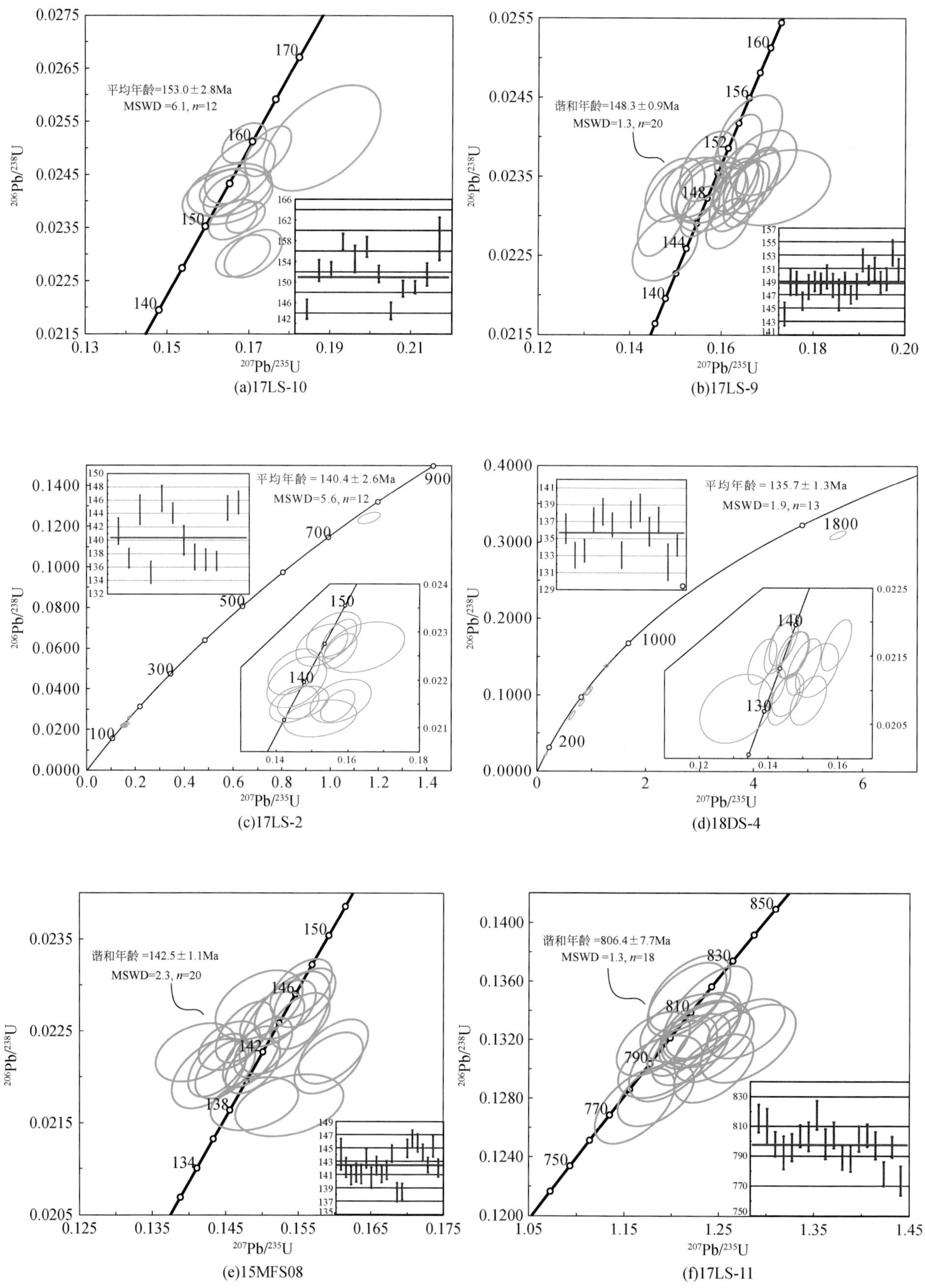

图 3-106　幕阜山岩体锆石 U-Pb 年龄谐和图和平均年龄图

表 3-27　幕阜山复式岩体锆石 LA-ICP-MS U-Pb 定年结果

测试点号	Pb/10^{-6}	Th/10^{-6}	U/10^{-6}	Th/U	$^{207}Pb/^{206}Pb$	1σ	$^{207}Pb/^{235}U$	1σ	$^{206}Pb/^{238}U$	1σ	$^{207}Pb/^{235}U$	1σ	$^{206}Pb/^{238}U$	1σ
17LS-10-2	48	153	2156	0.07	0.05393	0.00145	0.17106	0.00471	0.02301	0.00030	160.34	4.08	146.67	1.88
17LS-10-3	9	127	321	0.40	0.04988	0.00209	0.16521	0.00682	0.02421	0.00033	155.25	5.95	154.19	2.08
17LS-10-8	63	296	2666	0.11	0.04843	0.00112	0.16373	0.00386	0.02424	0.00024	153.97	3.37	154.42	1.49
17LS-10-12	54	329	2183	0.15	0.04831	0.00098	0.16878	0.00361	0.02510	0.00025	158.36	3.14	159.78	1.56
17LS-10-14	22	333	737	0.45	0.04918	0.00152	0.16781	0.00574	0.02457	0.00041	157.51	4.99	156.46	2.58
17LS-10-15	80	1121	2914	0.38	0.05031	0.00092	0.17466	0.00382	0.02494	0.00031	163.45	3.30	158.79	1.97
17LS-10-16	51	268	2193	0.12	0.04906	0.00102	0.16442	0.00373	0.02411	0.00026	154.57	3.26	153.55	1.64
17LS-10-17	104	3088	3403	0.91	0.05278	0.00128	0.16857	0.00443	0.02297	0.00026	158.18	3.85	146.40	1.64
17LS-10-18	55	234	2392	0.10	0.05063	0.00115	0.16606	0.00392	0.02365	0.00025	156.00	3.41	150.68	1.57
17LS-10-19	85	435	3615	0.12	0.05135	0.00091	0.16915	0.00318	0.02369	0.00019	158.68	2.77	150.96	1.22
17LS-10-20	8	152	254	0.60	0.04974	0.00221	0.16476	0.00732	0.02409	0.00035	154.86	6.38	153.47	2.21
17LS-10-21	9	275	213	1.29	0.05442	0.00283	0.18808	0.00951	0.02519	0.00066	174.99	8.13	160.36	4.13
15MFS08-1	82	173	4343	0.04	0.04875	0.00108	0.15307	0.00411	0.02259	0.00037	144.62	3.62	144.01	2.33
15MFS08-3	212	1309	9135	0.14	0.05135	0.00094	0.15982	0.00317	0.02228	0.00023	150.55	2.77	142.04	1.46
15MFS08-6	95	263	4412	0.06	0.04704	0.00081	0.14490	0.00269	0.02208	0.00021	137.40	2.39	140.81	1.33
15MFS08-8	102	235	4703	0.05	0.05143	0.00088	0.15916	0.00311	0.02215	0.00022	149.97	2.73	141.25	1.39
15MFS08-9	68	221	3053	0.07	0.04680	0.00086	0.14397	0.00273	0.02213	0.00023	136.58	2.42	141.08	1.43
15MFS08-10	164	678	7226	0.09	0.04710	0.00077	0.14754	0.00258	0.02249	0.00022	139.74	2.29	143.37	1.39
15MFS08-11	59	70	2761	0.03	0.04652	0.00102	0.14268	0.00334	0.02203	0.00025	135.43	2.97	140.50	1.57
15MFS08-13	103	236	4751	0.05	0.04837	0.00078	0.15014	0.00265	0.02232	0.00022	142.03	2.34	142.32	1.36
15MFS08-14	179	899	8022	0.11	0.04833	0.00073	0.14870	0.00249	0.02212	0.00020	140.77	2.20	141.02	1.23
15MFS08-15	121	360	5654	0.06	0.04818	0.00077	0.14848	0.00256	0.02222	0.00022	140.56	2.27	141.67	1.39
15MFS08-16	160	649	7183	0.09	0.04942	0.00078	0.15521	0.00269	0.02261	0.00020	146.50	2.37	144.14	1.28
15MFS08-17	16	17	811	0.02	0.05144	0.00166	0.15373	0.00492	0.02169	0.00022	145.20	4.33	138.33	1.42
15MFS08-18	22	45	1082	0.04	0.04959	0.00133	0.14894	0.00399	0.02171	0.00019	140.97	3.52	138.44	1.21
15MFS08-19	190	814	8628	0.09	0.04856	0.00082	0.15315	0.00280	0.02274	0.00021	144.69	2.47	144.92	1.34
15MFS08-20	203	1037	9027	0.11	0.04885	0.00082	0.15534	0.00281	0.02296	0.00021	146.61	2.47	146.35	1.35
15MFS08-21	134	468	5940	0.08	0.04930	0.00081	0.15586	0.00278	0.02286	0.00021	147.07	2.44	145.73	1.34
15MFS08-22	125	433	5768	0.07	0.04835	0.00083	0.15136	0.00294	0.02263	0.00020	143.11	2.59	144.26	1.26
15MFS08-24	155	968	6847	0.14	0.04721	0.00079	0.14547	0.00277	0.02234	0.00018	137.90	2.46	142.43	1.11
15MFS08-25	37	73	1740	0.04	0.04773	0.00110	0.14957	0.00395	0.02278	0.00025	141.53	3.49	145.23	1.58
15MFS08-26	53	87	2518	0.03	0.04596	0.00102	0.14085	0.00359	0.02227	0.00021	133.80	3.19	141.97	1.33
17LS-11-1	45	162	268	0.60	0.06837	0.00143	1.24483	0.02775	0.13159	0.00161	821.07	12.57	796.91	9.20
17LS-11-2	58	128	408	0.31	0.06657	0.00141	1.18324	0.02661	0.12827	0.00142	792.82	12.39	778.01	8.13

续表

测试点号	Pb/10^{-6}	Th/10^{-6}	U/10^{-6}	Th/U	$^{207}Pb/^{206}Pb$	1σ	$^{207}Pb/^{235}U$	1σ	$^{206}Pb/^{238}U$	1σ	$^{207}Pb/^{235}U$	1σ	$^{206}Pb/^{238}U$	1σ
17LS-11-4	50	134	313	0. 43	0. 06536	0. 00130	1. 21596	0. 02757	0. 13477	0. 00167	807. 92	12. 65	815. 04	9. 48
17LS-11-6	52	132	348	0. 38	0. 06695	0. 00139	1. 23725	0. 03116	0. 13385	0. 00212	817. 64	14. 15	809. 79	12. 07
17LS-11-7	68	155	456	0. 34	0. 06471	0. 00123	1. 18048	0. 02561	0. 13175	0. 00144	791. 54	11. 94	797. 83	8. 23
17LS-11-8	50	163	320	0. 51	0. 06637	0. 00134	1. 20144	0. 03072	0. 13074	0. 00193	801. 25	14. 18	792. 09	11. 03
17LS-11-10	56	180	348	0. 52	0. 06706	0. 00129	1. 22016	0. 02735	0. 13136	0. 00161	809. 85	12. 52	795. 64	9. 19
17LS-11-11	52	152	326	0. 46	0. 06716	0. 00128	1. 23247	0. 02545	0. 13273	0. 00131	815. 46	11. 59	803. 42	7. 49
17LS-11-12	48	149	299	0. 50	0. 06718	0. 00137	1. 22998	0. 02871	0. 13266	0. 00173	814. 33	13. 08	803. 02	9. 83
17LS-11-13	40	118	248	0. 48	0. 06508	0. 00133	1. 21867	0. 02854	0. 13519	0. 00173	809. 17	13. 07	817. 42	9. 82
17LS-11-14	102	178	757	0. 24	0. 06977	0. 00153	1. 28076	0. 03309	0. 13177	0. 00177	837. 19	14. 74	797. 97	10. 07
17LS-11-15	32	105	195	0. 54	0. 06612	0. 00177	1. 21933	0. 03481	0. 13284	0. 00155	809. 47	15. 94	804. 06	8. 82
17LS-11-16	42	124	262	0. 47	0. 06584	0. 00156	1. 18786	0. 02937	0. 13018	0. 00141	794. 97	13. 64	788. 88	8. 04
17LS-11-18	89	209	574	0. 36	0. 06637	0. 00116	1. 20728	0. 02163	0. 13144	0. 00125	803. 94	9. 96	796. 08	7. 11
17LS-11-19	67	150	464	0. 32	0. 06886	0. 00137	1. 24448	0. 02770	0. 13007	0. 00154	820. 91	12. 54	788. 28	8. 82
17LS-11-20	42	118	255	0. 46	0. 06715	0. 00157	1. 23598	0. 03088	0. 13239	0. 00149	817. 06	14. 03	801. 47	8. 48
17LS-11-21	37	73	257	0. 28	0. 06599	0. 00143	1. 16115	0. 02790	0. 12749	0. 00171	782. 50	13. 12	773. 54	9. 77
17LS-11-24	51	127	320	0. 40	0. 06939	0. 00141	1. 27843	0. 02702	0. 13279	0. 00134	836. 16	12. 06	803. 79	7. 65
17LS-9-1	46	186	1986	0. 09	0. 04785	0. 00094	0. 15529	0. 00337	0. 02332	0. 00025	146. 57	2. 96	148. 61	1. 58
17LS-9-2	79	435	3387	0. 13	0. 04997	0. 00087	0. 16319	0. 00329	0. 02349	0. 00028	153. 49	2. 87	149. 67	1. 78
17LS-9-4	93	481	3989	0. 12	0. 05107	0. 00088	0. 16538	0. 00329	0. 02328	0. 00028	155. 41	2. 87	148. 37	1. 74
17LS-9-5	29	67	1303	0. 05	0. 04625	0. 00118	0. 14765	0. 00393	0. 02306	0. 00037	139. 83	3. 48	146. 95	2. 34
17LS-9-6	26	91	1153	0. 08	0. 04618	0. 00122	0. 14978	0. 00428	0. 02333	0. 00027	141. 72	3. 78	148. 67	1. 68
17LS-9-7	18	412	608	0. 68	0. 04762	0. 00150	0. 14769	0. 00473	0. 02260	0. 00028	139. 87	4. 18	144. 06	1. 75
17LS-9-9	91	384	3751	0. 10	0. 04844	0. 00079	0. 15527	0. 00281	0. 02306	0. 00021	146. 56	2. 47	146. 95	1. 33
17LS-9-10	13	243	402	0. 61	0. 05387	0. 00233	0. 17199	0. 00765	0. 02336	0. 00032	161. 14	6. 63	148. 88	1. 99
17LS-9-11	57	117	2599	0. 04	0. 05060	0. 00110	0. 16321	0. 00386	0. 02326	0. 00030	153. 51	3. 37	148. 22	1. 87
17LS-9-12	116	261	5130	0. 05	0. 04923	0. 00088	0. 16358	0. 00340	0. 02388	0. 00027	153. 84	2. 97	152. 15	1. 69
17LS-9-14	30	251	1262	0. 20	0. 04906	0. 00172	0. 15718	0. 00535	0. 02334	0. 00028	148. 23	4. 70	148. 70	1. 77
17LS-9-15	108	412	4486	0. 09	0. 05077	0. 00088	0. 16134	0. 00311	0. 02291	0. 00021	151. 88	2. 72	146. 01	1. 32
17LS-9-16	94	30	4221	0. 01	0. 05159	0. 00093	0. 16789	0. 00314	0. 02353	0. 00023	157. 58	2. 73	149. 90	1. 45
17LS-9-17	122	1010	4803	0. 21	0. 05150	0. 00097	0. 16751	0. 00343	0. 02344	0. 00027	157. 26	2. 99	149. 35	1. 68
17LS-9-18	45	185	1888	0. 10	0. 04928	0. 00110	0. 16616	0. 00462	0. 02407	0. 00031	156. 08	4. 02	153. 32	1. 94
17LS-9-20	29	116	1272	0. 09	0. 04810	0. 00120	0. 15703	0. 00408	0. 02363	0. 00029	148. 10	3. 58	150. 57	1. 84
17LS-9-21	20	88	846	0. 10	0. 05185	0. 00144	0. 16902	0. 00480	0. 02368	0. 00027	158. 56	4. 17	150. 86	1. 72
17LS-9-22	17	173	674	0. 26	0. 04905	0. 00151	0. 15784	0. 00520	0. 02324	0. 00029	148. 81	4. 56	148. 13	1. 83

续表

测试点号	Pb/ 10^{-6}	Th/ 10^{-6}	U/ 10^{-6}	Th/U	$^{207}Pb/^{206}Pb$	1σ	$^{207}Pb/^{235}U$	1σ	$^{206}Pb/^{238}U$	1σ	$^{207}Pb/^{235}U$	1σ	$^{206}Pb/^{238}U$	1σ
17LS-9-23	109	1755	4269	0. 41	0. 05022	0. 00094	0. 16305	0. 00330	0. 02338	0. 00024	153. 37	2. 88	148. 97	1. 49
17LS-9-24	19	327	674	0. 49	0. 04757	0. 00145	0. 15389	0. 00477	0. 02336	0. 00025	145. 34	4. 20	148. 87	1. 59
17LS-2-1	18	413	614	0. 67	0. 04785	0. 00156	0. 14480	0. 00474	0. 02217	0. 00031	137. 3	4. 2	141. 3	2. 0
17LS-2-3	25	406	1013	0. 40	0. 04962	0. 00153	0. 14740	0. 00466	0. 02153	0. 00023	139. 6	4. 1	137. 3	1. 4
17LS-2-4	12	247	415	0. 60	0. 05289	0. 00225	0. 16444	0. 00740	0. 02268	0. 00035	154. 6	6. 5	144. 6	2. 2
17LS-2-5	11	304	382	0. 79	0. 05231	0. 00235	0. 15213	0. 00672	0. 02120	0. 00026	143. 8	5. 9	135. 2	1. 6
17LS-2-8	38	229	1777	0. 13	0. 04943	0. 00157	0. 15597	0. 00503	0. 02295	0. 00031	147. 2	4. 4	146. 3	2. 0
17LS-2-9	108	407	4657	0. 09	0. 05028	0. 00088	0. 15761	0. 00315	0. 02260	0. 00024	148. 6	2. 8	144. 1	1. 5
17LS-2-10	11	272	379	0. 72	0. 04870	0. 00187	0. 14561	0. 00545	0. 02195	0. 00035	138. 0	4. 8	140. 0	2. 2
17LS-2-13	21	122	955	0. 13	0. 05209	0. 00147	0. 15790	0. 00566	0. 02156	0. 00030	148. 9	5. 0	137. 5	1. 9
17LS-2-18	18	212	734	0. 29	0. 04890	0. 00149	0. 14490	0. 00456	0. 02149	0. 00025	137. 4	4. 0	137. 1	1. 6
17LS-2-19	105	489	4676	0. 10	0. 05315	0. 00114	0. 15706	0. 00320	0. 02146	0. 00022	148. 1	2. 8	136. 9	1. 4
17LS-2-26	17	177	693	0. 26	0. 04862	0. 00145	0. 15263	0. 00476	0. 02272	0. 00029	144. 2	4. 2	144. 8	1. 8
17LS-2-27	110	1811	4451	0. 41	0. 04958	0. 00091	0. 15737	0. 00323	0. 02285	0. 00027	148. 4	2. 8	145. 7	1. 7
18DS-4-2	99	2592	3498	0. 74	0. 05066	0. 00098	0. 15017	0. 00327	0. 02134	0. 00027	142. 1	2. 9	136. 1	1. 7
18DS-4-4	177	3380	7609	0. 44	0. 05235	0. 00111	0. 15149	0. 00345	0. 02085	0. 00024	143. 2	3. 0	133. 0	1. 5
18DS-4-11	133	3652	4630	0. 79	0. 05004	0. 00088	0. 14555	0. 00305	0. 02094	0. 00021	138. 0	2. 7	133. 6	1. 3
18DS-4-12	83	2001	3065	0. 65	0. 04944	0. 00084	0. 14746	0. 00287	0. 02151	0. 00023	139. 7	2. 5	137. 2	1. 4
18DS-4-13	185	1792	9100	0. 20	0. 05311	0. 00081	0. 15951	0. 00285	0. 02166	0. 00025	150. 3	2. 5	138. 1	1. 6
18DS-4-14	61	1442	2401	0. 60	0. 04659	0. 00086	0. 13821	0. 00272	0. 02142	0. 00022	131. 5	2. 4	136. 6	1. 4
18DS-4-18	112	3082	4123	0. 75	0. 04964	0. 00090	0. 14448	0. 00305	0. 02086	0. 00024	137. 0	2. 7	133. 1	1. 5
18DS-4-19	52	167	3041	0. 06	0. 04753	0. 00083	0. 14274	0. 00267	0. 02161	0. 00024	135. 5	2. 4	137. 8	1. 5
18DS-4-20	59	1014	2591	0. 39	0. 04786	0. 00087	0. 14442	0. 00279	0. 02174	0. 00025	137. 0	2. 5	138. 6	1. 6
18DS-4-23	76	1718	2805	0. 61	0. 05180	0. 00124	0. 15392	0. 00407	0. 02129	0. 00026	145. 4	3. 6	135. 8	1. 6
18DS-4-25	66	757	3206	0. 24	0. 04916	0. 00102	0. 14679	0. 00303	0. 02152	0. 00022	139. 1	2. 7	137. 3	1. 4
18DS-4-28	7	252	179	1. 41	0. 04614	0. 00264	0. 13064	0. 00698	0. 02073	0. 00034	124. 7	6. 3	132. 3	2. 1
18DS-4-29	83	2225	2989	0. 74	0. 04841	0. 00089	0. 14107	0. 00253	0. 02104	0. 00019	134. 0	2. 3	134. 2	1. 2

（2）细粒二云母二长花岗岩（样品 17LS-9）。用于锆石定年的二云母二长花岗岩新鲜无蚀变，挑选出的锆石呈透明半自形-自形柱状，灰黑色-浅亮白色，长 80 ~ 250μm，长宽比为 1. 5 ∶ 1 ~ 3 ∶ 1。CL 图像显示（图 3-105），大部分锆石裂纹不发育，具有清晰的岩浆韵律环带，显示岩浆成因特征。这些锆石的 U 含量为 674×10^{-6} ~ 4803×10^{-6}，Th 含量为 30×10^{-6} ~ 1010×10^{-6}，Th/U 值介于 0. 01 ~ 0. 68，也显示出岩浆锆石的特点。本次研究共选择了 25 点进行测试，其中 5 个分析点由于测试异常已删去（可能是高 U 含量导致锆石发生蜕晶质化引起的异常），剩余点在一致曲线中呈群集中分布，年龄变化于 144 ~ 1534Ma，并产生一个有利的 $^{206}Pb/^{238}U$ 中值年龄 148. 3±0. 9Ma（MSWD = 1. 3）［表 3-27、图 3-106（b）］，代表二云母

二长花岗岩侵位结晶的年龄。另外，此类岩石锆石中还存在一些古老继承核。

（3）中粒二云母二长花岗岩（样号 17LS-2）。用于定年的样品为新鲜、无蚀变或蚀变较弱，LA-ICP-MS 法锆石 U-Pb 定年结果见表 3-27。挑选出的锆石长度为 60～200μm，长宽比为 1∶1～2.5∶1。CL 图像显示，绝大多数锆石具明显的振荡韵律环带，且裂纹不发育（图 3-105），显示出岩浆锆石成因特征。这些锆石中 U 含量为 379×10^{-6}～4676×10^{-6}，Th 含量为 177×10^{-6}～1811×10^{-6}，Th/U 值为 0.09～0.79。本次共选取 27 个点进行测试分析，其中 15 个点由于谐和度不够或测试异常而删除（可能是高 U 含量导致锆石发生蜕晶质化引起），剩下的 12 个点具有一致 $^{206}Pb/^{238}U$ 年龄介于 146～135Ma，加权平均年龄为 140.4±2.6Ma［MSWD=5.6；图 3-106（c）］。另外，该样品锆石中存在一些老的继承核（图 3-105）。

（4）似斑状二云母二长花岗岩（样品 18DS-4）。用于定年的样品为新鲜、无蚀变或蚀变较弱，LA-ICP-MS 锆石 U-Pb 定年结果见表 3-27。挑选出的锆石长度介于 50～120μm，长宽比为 1.5∶1～2.5∶1。CL 图像显示，绝大多数锆石具有清晰的振荡韵律环带，且裂纹不发育（图 3-105），显示出岩浆锆石的特征。这些锆石的 Th 含量为 167×10^{-6}～3652×10^{-6}，U 含量为 179×10^{-6}～9100×10^{-6}，Th/U 值为 0.06～1.41（大多数>0.4），与岩浆成因锆石特征大致相同。本次共选取 29 个点进行测试分析，其中 16 个点由于谐和度不够或测试异常而删除（可能由高 U 含量导致锆石发生蜕晶质化引起异常），剩下的 13 个点具有一致的 $^{206}Pb/^{238}U$ 年龄，为 132.3±2.1～138.6±1.6Ma，加权平均年龄为 135.7±1.3Ma，MSWD=1.9［图 3-106（d）］。另外，二云母二长花岗岩样品锆石中存在一些古老继承核（图 3-105）。

（5）闪长岩（样品 15MFS08）。用于锆石定年的闪长岩样品中的锆石呈透明他形，灰黑色，长 80～200μm，长宽比为 1∶1～3∶1。阴极发光 CL 图像显示（图 3-105），大部分锆石裂纹不发育，有的锆石核部具有溶蚀或海绵结构，有的边部具有蚀变边，可能受到了热液蚀变作用的影响。选择没有受到热液蚀变作用的锆石区域进行定年，可以得到岩石的形成年龄。本次研究共选择了 26 个点进行测试（表 3-27），其中 5 个分析点由于测试异常、谐和度低而被删除，剩余点在一致曲线中呈群分布，近一致的年龄变化于 138～147Ma，所产生的有利的 $^{206}Pb/^{238}U$ 中值年龄为 142.5±1.1Ma（MSWD=2.3）［图 3-106（e）］，应代表闪长岩的形成年龄。

（6）黑云母花岗闪长岩（样品 17LS-11）。用于锆石定年的二云母二长花岗岩新鲜无蚀变，挑选出的锆石呈透明自形柱状，灰黑色–浅亮白色，长 80～250μm，长宽比为 2∶1～3∶1。阴极发光 CL 图像显示（图 3-105），大部分锆石裂纹不发育，具有清晰的岩浆韵律环带，显示岩浆成因特征。黑云母花岗闪长岩中锆石的 U 含量为 195×10^{-6}～757×10^{-6}，Th 含量为 73×10^{-6}～209×10^{-6}，Th/U 值介于 0.24～0.60（表 3-27），也显示出岩浆锆石的特点。本次研究共选择了 24 个点进行测试（表 3-27），其中 6 个分析点由于测试异常或具有低的谐和度而被删除，剩余点在一致曲线中呈群分布，具有一致的年龄，变化于 773～818Ma，并产生一个有利的 $^{206}Pb/^{238}U$ 中值年龄：806.4±7.7Ma（MSWD=1.3）［图 3-106（f）］，应代表黑云母花岗岩侵位结晶的年龄。

黑云母花岗闪长岩的锆石 U-Pb 年龄约 806Ma，表明幕阜山岩体范围内存在新元古代岩浆活动，幕阜山岩体是一复式岩体。中粒黑云母二长花岗岩、二云母二长花岗岩和闪长岩的锆石 U-Pb 年龄分别为 153.0±2.8Ma、135.7±1.3Ma～148.3±0.9Ma 和 142.5±1.1Ma，表明其形成于晚侏罗世—早白垩世（153～136Ma）。Wang 等（2014b）研究认为大云山–幕阜山岩基的侵入时间为 154～146Ma，是从基性到酸性岩浆演化的产物。Ji 等（2018）研究表明大云山–幕阜山岩基是晚侏罗世（151～149Ma）—早白垩世（132～127Ma）多期次岩浆活动的产物。实际上幕阜山岩体是约 806Ma、154～146Ma、143～136Ma 和 132～127Ma 等多期次岩浆活动的产物，与野外接触关系观察结果相一致。而该岩体的主体黑云母二长花岗岩和二云母二长花岗岩是晚侏罗世—早白垩世的产物。

3.4.3　岩石地球化学特征

为进一步揭示湘东北燕山期花岗质岩的成因，并为深入探索燕山期花岗质岩浆作用对 Au-Sb-W-Cu-

Pb-Zn 多金属成矿的贡献，我们对连云山岩体、金井岩体、望湘岩体和幕阜山岩体中的燕山期花岗质岩开展了系统的主量和微量元素、Sr-Nd-Pb 同位素地球化学分析。主量元素地球化学数据见表 3-28，微量元素地球化学数据见表 3-29，Sr-Nd 同位素组成数据见表 3-30，Pb 同位素组成数据见表 3-31。样品的全岩 Sr-Nd-Pb 同位素分析测试数据及部分计算结果见表 3-30、表 3-31。基于前面已经获得的年龄数据，对不同岩体中不同岩性分别采用不同年龄计算其 Sr-Nd-Pb 同位素组成参数。另外，为减小 Sm/Nd 分馏的影响，计算中对于 $f_{Sm/Nd}=-0.5\sim-0.3$ 的样品，t_{DM}采用单阶段模式计算；对于 $f_{Sm/Nd}<-0.5$ 和 >-0.3 的样品，t_{DM}采用两阶段模式计算。

表 3-28　湘东北燕山期花岗质岩主量元素组成

岩石类型		样品号	SiO_2 /%	TiO_2 /%	Al_2O_3 /%	Fe_2O_3 /%	FeO /%	MnO /%	MgO /%	CaO /%	Na_2O /%	K_2O /%	P_2O_5 /%	总量 /%	LOI /%	Na_2O/K_2O	A/CNK	$Mg^{\#}$	来源
高Sr低Y型花岗岩	连云山岩体	ZL03	69.8	0.97	17.46	1	0.39	0.05	0.71	3.09	2.83	2.07	0.43	98.80	0.7	1.37	1.4	0.50	本书
		ZL04	70.47	0.95	15.66	1.02	0.75	0.01	0.74	3.24	2.8	1.75	0.37	97.76	1.7	1.60	1.3	0.44	本书
		ZL05	71.54	1	16.17	0.7	0.21	0.01	0.52	2.76	2.86	2.79	0.33	98.89	0.73	1.03	1.3	0.52	本书
		ZL06	72.16	1	15.66	0.69	0.5	0.01	0.57	2.83	2.93	2.3	0.4	99.05	0.93	1.27	1.3	0.48	本书
		ZL09	72.17	0.8	16.2	0.6	0.15	0.01	0.51	2.3	3.1	2.56	0.43	98.83	1.1	1.21	1.3	0.57	本书
		ZL11	72.62	0.73	15.66	0.68	0.5	0.01	0.48	2.56	3.4	1.94	0.33	98.91	0.5	1.75	1.3	0.43	本书
	赤马岩体	20LY-16	69.65	0.37	14.89	0.39	2.1	0.05	1.08	2.7	3.28	3.89	0.16	98.56	1.2	0.84	1.0	0.44	1
		20LY-17	66.79	0.52	15.36	0.32	3.47	0.07	1.53	4.07	2.95	3.05	0.23	98.36	1.39	0.97	1.0	0.42	1
		20LY-18	66.52	0.5	15.52	0.27	3.53	0.08	1.54	4.12	2.96	3.24	0.22	98.50	1.26	0.91	1.0	0.42	1
		20LY-20	68.71	0.43	14.91	0.34	2.75	0.05	1.24	2.99	3.4	3.7	0.19	98.71	1.04	0.92	1.0	0.42	1
		20LY-21	66.11	0.51	15.61	0.7	3.18	0.07	1.54	4.4	3.06	2.91	0.24	98.33	1.43	1.05	1.0	0.42	1
		20LY-22	65.43	0.51	15.67	0.86	3.23	0.07	1.61	4.4	2.9	2.94	0.26	97.88	1.89	0.99	1.0	0.42	1
	石蛤蟆岩体	20LY-36	68.26	0.46	15.33	0.64	2.53	0.05	1.3	2.51	2.98	4.05	0.17	98.28	1.43	0.74	1.1	0.43	1
		20LY-38	68.1	0.45	15.48	0.62	2.73	0.05	1.35	2.56	2.98	3.86	0.17	98.35	1.3	0.77	1.1	0.42	1
低Sr低Y型花岗岩	幕阜山拓庄	8	69.46	0.85	13.86	1.79	1.43	0.02	0.42	3.29	3.04	3.14	0.33	97.63	1.76	0.97	1.0	0.20	本书
		9	69.5	0.67	14.63	2.12	0.7	0.01	0.44	2.96	3.37	2.97	0.42	97.79	1.95	1.13	1.0	0.23	本书
		MX02	69.24	0.69	14.88	1.84	0.6	0.02	0.34	3.23	2.92	3.52	0.43	97.71	1.8	0.83	1.0	0.21	本书
		MX03	69.48	0.47	15.92	1	0.73	0.03	0.47	3.56	3.32	2.89	0.33	98.20	1.4	1.15	1.1	0.34	本书
		MX04	69.51	0.72	15.93	0.99	0.55	0.01	0.25	2.96	2.84	3.76	0.37	97.89	1.45	0.76	1.1	0.24	本书
	幕阜山南江桥	NJQ01	70.05	0.83	15.15	0.96	0.7	0.02	0.34	3.07	2.97	3.61	0.44	98.14	1.7	0.82	1.1	0.28	本书
		NJQ02	69.96	0.81	14.89	0.9	0.75	0.01	0.35	3.09	2.93	3.58	0.43	97.70	1.7	0.82	1.0	0.29	本书
		NJQ03	70.62	0.7	14.42	0.21	1.52	0.01	0.38	3.2	2.95	3.45	0.33	97.79	1.65	0.86	1.0	0.28	本书
		NJQ04	71.64	0.57	13.61	0.92	0.8	0.02	0.18	3.21	2.75	3.79	0.3	97.79	1.59	0.73	0.9	0.16	本书
		NJQ05	70.97	0.67	15.92	0.59	0.75	0.01	0.29	2.15	2.85	3.49	0.37	98.06	1.45	0.82	1.3	0.29	本书
		NJQ06-1	69.9	0.63	14.35	2.06	0.7	0.03	0.41	3.5	3.08	2.73	0.43	97.82	1.65	1.13	1.0	0.22	本书
		NJQ06-2	69.45	0.81	14.63	1.81	0.65	0.04	0.59	3.18	2.94	3.38	0.3	97.78	1.6	0.87	1.0	0.32	本书

续表

岩石类型		样品号	SiO_2/%	TiO_2/%	Al_2O_3/%	Fe_2O_3/%	FeO/%	MnO/%	MgO/%	CaO/%	Na_2O/%	K_2O/%	P_2O_5/%	总量/%	LOI/%	Na_2O/K_2O	A/CNK	Mg[#]	来源
低Sr低Y型花岗岩	幕阜山通城	HT-01	68.82	0.87	16.43	0.95	1.51	0.05	0.6	3.03	3.47	1.86	0.33	97.92	1.4	1.87	1.2	0.31	本书
	幕阜山洪桥	MFS01-1	73.96	0.57	14.12	0.75	0.45	0.05	0.2	1.61	3.44	2.8	0.37	98.32	1.05	1.23	1.2	0.24	本书
		HQ01-1	72.93	0.43	14.88	0.67	0.5	0.04	0.07	1.13	3.03	3.66	0.43	97.77	1.91	0.83	1.4	0.10	本书
		HQ02-2	70.88	0.37	15.75	0.74	0.3	0.04	0.22	1.7	2.97	4.12	0.31	97.40	1.95	0.72	1.3	0.29	本书
		HQ03-1	70.85	0.75	14.63	0.37	1.73	0.04	0.53	2.03	3.15	3.32	0.32	97.72	1.75	0.95	1.2	0.31	本书
		SC03	70.95	0.83	14.12	0.47	0.9	0.01	0.56	1.44	2.36	4.37	0.53	96.54	2.9	0.54	1.3	0.43	本书
		SC04	70.99	0.77	14.42	0.5	0.35	0.01	0.43	1.63	2.04	4.94	0.57	96.65	2.7	0.41	1.2	0.49	本书
		SC07	70.54	0.8	14.38	0.64	0.5	0.01	0.49	2.36	2.84	3.95	0.55	97.06	2.5	0.72	1.1	0.45	本书
		SC09	71.46	0.9	13.86	0.93	0.75	0.01	0.56	2.25	2.7	3.42	0.37	97.21	2.3	0.79	1.1	0.39	本书
		SC-10	73.42	0.97	13.61	0.46	0.19	0.01	0.52	1.99	2.79	3.24	0.3	97.50	1.89	0.86	1.2	0.61	本书
		SC-11	70.92	0.97	14.12	0.5	0.16	0.01	0.53	1.86	2.68	3.69	0.5	95.94	3.47	0.73	1.2	0.61	本书
		SC-12	69.41	0.9	13.86	0.83	0.6	0.01	0.69	2.04	3.15	2.87	0.47	94.83	4.6	1.10	1.2	0.48	本书
		JJ02-1	73.23	0.29	13.93	0.17	1.47	0.03	0.66	0.21	3.68	4.65	0.1	98.42	1.31	0.79	1.2	0.42	本书
		JJ02-5	74.31	0.31	13.25	0.11	1.37	0.03	0.62	0.18	3.72	4.73	0.09	98.72	1.05	0.79	1.1	0.43	本书
		JJ03-1	72.43	0.33	14.24	0.35	1.42	0.03	0.81	0.31	3.84	4.62	0.11	98.49	1.27	0.83	1.2	0.45	本书
		JJ03-2	71.44	0.33	14.88	0.09	1.57	0.03	0.78	0.61	3.75	4.98	0.11	98.57	1.35	0.75	1.2	0.46	本书
		JJ03-3	72.03	0.34	14.52	0.08	1.68	0.03	0.75	0.34	3.71	4.74	0.12	98.34	1.41	0.78	1.2	0.43	本书
		JJ05-1	73.52	0.2	14.25	0.12	1.08	0.03	0.43	1.44	3.37	4.41	0.13	98.98	0.8	0.76	1.1	0.39	本书
		JJ05-3	73.6	0.21	14.24	0.04	1.17	0.03	0.42	1.43	3.52	4.3	0.14	99.10	0.98	0.82	1.1	0.38	本书
		JJ05-4	73.47	0.21	14.31	0.08	1.07	0.03	0.43	1.42	3.43	4.39	0.13	98.97	0.8	0.78	1.1	0.40	本书
		JJ07-1	71.58	0.29	14.89	0.16	1.57	0.07	0.81	1.74	3.24	3.99	0.15	98.49	1.21	0.81	1.2	0.46	本书
		JJ07-2	72.51	0.27	14.64	0.05	1.57	0.06	0.69	1.58	3.33	3.86	0.14	98.70	1.02	0.86	1.2	0.43	本书
	蕉溪岭岩体	99JXL-1	71.76	0.34	14.43	0.34	1.6	0.03	0.67	1.71	3.04	4.9	0.14	98.96	0.82	0.62	1.1	0.39	1
		99JXL-2	71.84	0.3	14.48	0.44	1.3	0.04	0.6	1.66	3.18	5.04	0.12	99.00	0.78	0.63	1.1	0.39	1
		99JXL-3	71.82	0.34	14.56	0.27	1.67	0.03	0.68	1.67	3.12	4.69	0.14	98.99	0.77	0.67	1.1	0.39	1
		20LY-43	71.38	0.36	14.35	0.35	1.72	0.03	0.77	1.71	3.03	4.72	0.15	98.57	1.21	0.64	1.1	0.40	1
		20LY-44	71.24	0.38	14.55	0.29	1.77	0.03	0.75	1.86	3.15	4.62	0.15	98.79	0.98	0.68	1.1	0.40	1
	石蛤蟆岩体	20LY-35	67.62	0.5	15.47	0.53	2.6	0.05	1.7	3.79	3.39	2.9	0.14	98.69	1.1	1.17	1.0	0.50	1
		20LY-37	66.84	0.52	15.87	0.41	2.75	0.05	1.69	3.74	3.5	3.3	0.14	98.81	0.96	1.06	1.0	0.49	1

注："1"表示数据来源于彭头平等（2004）。

表3-29　湘东北燕山期花岗质岩微量元素组成

样品号		$Sc/10^{-6}$	$V/10^{-6}$	$Cr/10^{-6}$	$Co/10^{-6}$	$Ni/10^{-6}$	$Ga/10^{-6}$	$Rb/10^{-6}$	$Sr/10^{-6}$	$Y/10^{-6}$	$Zr/10^{-6}$	$Nb/10^{-6}$	$Cs/10^{-6}$	$Ba/10^{-6}$
高Sr低Y型花岗岩														
连云山岩体	ZL03	3.67	33.3	8.98	3.88	2.4	20.4	137	658	8.08	178	5.59	8.96	1158
	ZL05	3.73	20.6	9.48	2.88	1.38	19.1	168	426	7.53	142	6.22	8.54	755
	ZL06	3.27	21.4	7.26	3.09	1.89	20	144	473	6.4	155	6.09	5.91	742
	ZL11	2.34	21	5.65	3.09	1.89	20.2	118	491	8.86	118	6.23	6.39	743
赤马岩体	20LY-16	6.05	44.2	10.1	5.65	5.07	19.4	186	472	11.4	148	8.37	10.7	652
	20LY-17	10.7	74.3	12	8.62	6.74	23.4	157	568	17.3	157	10.7	10.8	559
	20LY-18	10.4	72	14.1	8.43	6.85	22.2	165	558	17	155	10.5	11	641
	20LY-20	8.49	55	8.01	6.37	4.38	21.5	183	447	13.8	147	9.37	9.4	645
	20LY-21	9	74.5	10.5	9.57	5.2	23.7	136	588	15.1	159	10.2	16.2	688
	20LY-22	9.86	76.9	9.91	9.3	5.18	22.6	135	563	16.5	168	10.4	14	701
石蛤蟆岩体	20LY-36	7.15	49.4	15.8	7.84	6.63	22.7	172	566	14.8	176	13.5	12.1	1014
	20LY-38	8.38	56.6	16.2	8.06	8.13	24.2	182	558	16.8	178	15.2	11.9	1060
低Sr低Y型花岗岩														
幕阜山南江桥	MX02	5.93	26.4	11.5	3.12	2.7	23.9	239	199	11.1	129	10.7	9.23	660
	MX03	4.05	29.1	15.1	5	6.01	21.3	208	249	8.32	148	9.02	9.39	654
	NJQ02	2.03	19.7	8.24	3.33	2.41	19.9	208	217	6.7	167	8.81	4.99	770
	NJQ03	3.34	30.7	7.54	3.55	0.96	21	214	215	8.22	207	12.6	5.08	687
	NJQ05	2.23	14.3	5.58	2.72	0.83	19	186	195	5.88	145	6.92	6.41	723
	HQ02-2	1.1	11.7	8.46	2.34	1.85	20.7	391	230	5.3	113	9.1	48.4	946
	HQ03-1	3.36	25.4	13.2	4.97	14.9	18.2	236	291	9.34	138	8.03	36	754
连云山岩体	SC07	2.79	18.5	11.2	3.64	2.74	19.5	240	161	7.57	122	5.49	6.75	511
	SC09	2.99	19.7	22	3.78	7.51	18.9	218	153	6.1	158	6.57	7.38	482
	SC-10	4.01	27.4	13.3	3.81	5.06	17.1	141	152	5.25	134	5.66	5.29	439
金井岩体	JJ02-1	3.8	24.6	19.5	4.5	5.6	31.2	304	140	5.31	135	14.6	10.5	519
	JJ02-5	3.5	23.6	9.1	4.3	5.2	27.2	273	116	5.24	123	12.9	9.8	507
	JJ03-1	4.2	27.7	15.8	5.5	6.5	22.7	288	140	6.06	150	13.8	10.5	517
	JJ03-2	3.9	26.8	15.8	5.5	6.5	30.6	292	169	5.71	150	13.8	11.5	629
	JJ03-3	4.3	27.4	13.3	5.4	6.3	22.6	282	137	6.57	151	14.1	11.1	517
	JJ05-1	2.6	16.1	6.5	1	5.4	21.3	345	102	5.32	104	16.6	32.5	358
	JJ05-3	2.8	16.3	11.9	1.2	5.1	15.8	336	106	5.44	108	16.9	34.5	344
	JJ05-4	2.6	15.5	6.7	3.4	4.5	19.5	350	103	5.22	105	16.6	34.5	354
	JJ07-1	4.4	26.6	13.6	5.7	6.9	22.2	318	226	5.47	123	16.5	42.5	564
	JJ07-2	3.9	23	13.1	4.5	5.2	21.6	298	229	5.14	110	16.2	46.5	488
蕉溪岭岩体	99JXL-1	4.5	20.1	9.87	4.48	5.82	—	297	190	12.1	142	15.4	11.9	403
	99JXL-2	4.05	16.8	11.5	4.45	5.66	—	289	201	12.2	133	13.9	17.8	670
	99JXL-3	4.7	20.1	14.8	4.11	7.45	—	294	208	11.4	148	16	12.3	537
	20LY-43	4.68	19.4	8.1	4.49	4.67	—	264	197	10.3	150	14.7	9.51	548
	20LY-44	4.68	20.3	8.64	5.0	5.89	—	265	215	11	154	14.6	14.9	521
石蛤蟆岩体	20LY-35	11.7	51.7	31.6	8.43	17.5	18.3	190	208	18.2	236	9.9	18.1	582
	20LY-37	8.37	53.5	27	8.11	17.3	19.2	196	215	16	216	9.22	20.2	769

续表

样品号	Hf/10^{-6}	Ta/10^{-6}	Pb/10^{-6}	Th/10^{-6}	U/10^{-6}	La/10^{-6}	Ce/10^{-6}	Pr/10^{-6}	Nd/10^{-6}	Sm/10^{-6}	Eu/10^{-6}	Gd/10^{-6}	Tb/10^{-6}
高 Sr 低 Y 型花岗岩													
ZL03	5.13	0.4	95	17.7	2.07	53.8	97.6	10.9	36.1	5.52	1.15	2.6	0.39
ZL05	4.26	0.65	137	22	3.4	48.4	87.4	9.72	33.3	5.46	0.87	2.98	0.46
ZL06	4.63	0.61	47.6	14.2	2.29	37.2	69.8	7.36	25.5	3.83	0.83	2.18	0.33
ZL11	3.66	1.02	52.5	12	3.24	32.3	59.2	6.46	22.4	3.64	0.81	2.17	0.35
20LY-16	4.76	0.71	—	17.8	4.86	37.7	69.5	7.06	25.9	4.9	1.13	2.95	0.45
20LY-17	5.67	0.86	—	15.8	3.26	41.9	82.3	8.5	32.9	6.28	1.61	4.45	0.69
20LY-18	5.24	0.88	—	17.5	4.21	41	80.9	8.4	32.6	6.07	1.47	4.63	0.61
20LY-20	5.19	0.72	—	16.9	4.26	40.3	77.5	8.22	29.8	5.65	1.23	3.77	0.53
20LY-21	5.35	0.75	—	15.1	3.01	39.7	78.4	8.25	31.1	5.63	1.39	4	0.59
20LY-22	5.69	0.86	—	16.3	3.3	42	84.7	9.01	33.2	6.6	1.49	4.42	0.65
20LY-36	6.4	0.91	—	21.3	4.37	58.4	109	11.2	40	6.71	1.68	4.28	0.59
20LY-38	6.53	1.06	—	20.8	3.79	54.8	101	10.6	38.9	6.55	1.43	4.16	0.67
低 Sr 低 Y 型花岗岩													
MX02	3.67	1	76.8	17.1	5.51	30.9	55.5	5.78	19.4	3.21	0.66	2.32	0.43
MX03	4.46	0.85	63.1	26.8	2.71	48.8	88.2	9.1	31.5	4.59	0.79	2.69	0.39
NJQ02	5.35	1.13	62.9	32.7	2.29	55.4	96.7	10.1	31.4	4.39	0.68	2.16	0.33
NJQ03	5.96	1.03	53.2	44.3	2.48	82.7	144	15.3	47.8	6.28	0.84	2.55	0.41
NJQ05	4.53	0.61	64.7	23.7	1.96	40.2	67	7.12	23	3.36	0.59	1.6	0.26
HQ02-2	3.8	0.73	57.1	18.5	6.52	32	55.9	5.87	19.4	2.88	0.65	1.73	0.26
HQ03-1	4.21	0.98	68.6	23.9	3.23	44.2	81.1	8.48	28.7	4.17	0.81	2.44	0.39
SC07	3.72	0.55	148	26.9	2.49	43.1	79.4	9.12	30.4	4.39	0.71	2.06	0.33
SC09	4.96	0.62	106	37.6	2.84	59.1	111	12.3	40.1	5.45	0.78	2.09	0.35
SC-10	4.21	0.52	82.2	24.5	2.14	38.9	70.4	7.64	25.1	4.12	0.75	2.02	0.32
JJ02-1	4.2	0.5	42	24.7	3	30.6	56.4	6.38	20.3	3.3	0.59	2.2	0.31
JJ02-5	3.5	0.82	36.9	23.1	3.9	31	54.7	6.23	20.4	3.29	0.6	2.22	0.32
JJ03-1	4.1	0.98	44.2	27.7	6	39.7	73.7	8.13	27.7	4.31	0.7	2.76	0.38
JJ03-2	4.5	0.95	49.3	27.3	12.3	35.6	68.6	7.63	25	4	0.68	2.47	0.35
JJ03-3	4.5	0.77	40.3	30	11.3	42.1	78.8	8.78	30.2	4.74	0.71	2.98	0.41
JJ05-1	3.3	2.09	42.6	16.8	2.2	27.1	48.2	5.33	17.8	2.96	0.5	2.13	0.32
JJ05-3	2.9	1.79	44.2	17	1.9	29	51.6	5.78	18.6	3.2	0.53	2.21	0.31
JJ05-4	2.7	1.26	44.6	18	2.1	26.1	44	5.28	17.2	2.91	0.49	2.03	0.3
JJ07-1	4.2	1.1	48.2	15.3	4.3	26.6	46.3	5.1	16.2	2.71	0.61	1.9	0.27
JJ07-2	3.1	1.23	48.7	13	4.1	21.2	36.1	3.99	13	2.14	0.5	1.66	0.25
99JXL-1	5.1	1.62	—	28.6	4.52	50.7	98.7	10	35.9	6.56	0.99	3.82	0.52
99JXL-2	4.51	1.38	—	25.1	4.8	44.9	88.5	9.04	32.2	5.66	1.01	3.58	0.46
99JXL-3	5.13	1.72	—	28.1	4.51	52.9	102	10.6	37.4	6.46	1.04	3.56	0.49
20LY-43	5.22	1.49	—	30.8	4.44	53.1	104	10.4	37	6.56	0.91	3.88	0.48
20LY-44	5.36	1.58	—	31.1	4.92	55.9	107	10.9	38.6	6.65	1.05	3.88	0.54
20LY-35	5.81	1.05	—	26.8	3.95	52.4	94.2	10.4	35.3	5.2	0.92	3.49	0.57
20LY-37	5.4	0.72	—	29.8	3.49	61.3	110	12	41	5.58	1.00	3.62	0.57

续表

样品号	Dy/10^{-6}	Ho/10^{-6}	Er/10^{-6}	Tm/10^{-6}	Yb/10^{-6}	Lu/10^{-6}	REE/10^{-6}	Eu/Eu *	Rb/Sr	Sr/Y	Cr/Ni	Nb/Ta
高 Sr 低 Y 型花岗岩												
ZL03	1.89	0.3	0.81	0.11	0.61	0.09	212	0.93	0.21	81.46	3.74	14.12
ZL05	1.95	0.28	0.63	0.07	0.42	0.06	192	0.66	0.39	56.66	6.85	9.53
ZL06	1.45	0.23	0.59	0.08	0.44	0.06	150	0.87	0.30	73.95	3.83	9.92
ZL11	1.86	0.32	0.89	0.12	0.7	0.11	131	0.88	0.24	55.41	2.99	6.12
20LY-16	2.24	0.39	1.12	0.16	1.05	0.15	155	0.91	0.39	41.40	1.99	11.79
20LY-17	3.72	0.68	1.56	0.23	1.52	0.18	187	0.93	0.28	32.83	1.78	12.44
20LY-18	3.37	0.59	1.52	0.2	1.52	0.18	183	0.85	0.30	32.82	2.06	11.93
20LY-20	2.78	0.49	1.21	0.18	1.22	0.17	173	0.81	0.41	32.39	1.83	13.01
20LY-21	3.05	0.52	1.37	0.19	1.14	0.16	175	0.90	0.23	38.94	2.02	13.60
20LY-22	3.53	0.57	1.59	0.23	1.41	0.17	190	0.84	0.24	34.12	1.91	12.09
20LY-36	3.12	0.54	1.33	0.22	1.27	0.16	239	0.96	0.30	38.24	2.38	14.84
20LY-38	3.53	0.55	1.49	0.21	1.48	0.18	226	0.84	0.33	33.21	1.99	14.34
低 Sr 低 Y 型花岗岩												
MX02	2.24	0.42	1.02	0.13	0.69	0.1	123	0.74	1.20	18.02	4.26	10.63
MX03	1.83	0.3	0.76	0.1	0.58	0.08	190	0.69	0.83	29.95	2.51	10.61
NJQ02	1.56	0.25	0.69	0.09	0.49	0.07	204	0.68	0.96	32.45	3.42	7.81
NJQ03	1.88	0.29	0.81	0.1	0.53	0.07	304	0.64	1.00	26.17	7.84	12.26
NJQ05	1.29	0.22	0.6	0.08	0.48	0.07	146	0.77	0.95	33.20	6.75	11.35
HQ02-2	1.24	0.2	0.52	0.07	0.47	0.07	121	0.90	1.70	43.43	4.58	12.49
HQ03-1	1.88	0.35	0.92	0.13	0.75	0.11	174	0.78	0.81	31.21	0.88	8.17
SC07	1.58	0.28	0.73	0.09	0.51	0.07	173	0.72	1.50	21.22	4.07	10.05
SC09	1.49	0.23	0.6	0.07	0.36	0.05	234	0.70	1.42	25.10	2.93	10.63
SC-10	1.31	0.21	0.47	0.05	0.29	0.04	152	0.79	0.93	28.92	2.63	10.97
JJ02-1	1.52	0.27	0.65	0.09	0.51	0.07	123	0.67	2.17	26.37	3.48	29.20
JJ02-5	1.54	0.26	0.63	0.09	0.52	0.07	122	0.68	2.35	22.14	1.75	15.73
JJ03-1	1.75	0.31	0.75	0.1	0.59	0.08	161	0.62	2.06	23.10	2.43	14.08
JJ03-2	1.57	0.27	0.65	0.09	0.54	0.08	148	0.66	1.73	29.60	2.43	14.53
JJ03-3	1.95	0.33	0.78	0.11	0.64	0.09	173	0.58	2.06	20.85	2.11	18.31
JJ05-1	1.42	0.24	0.58	0.08	0.47	0.07	107	0.61	3.38	19.17	1.20	7.94
JJ05-3	1.46	0.24	0.58	0.08	0.48	0.06	114	0.61	3.17	19.49	2.33	9.44
JJ05-4	1.39	0.24	0.57	0.09	0.49	0.07	101	0.62	3.40	19.73	1.49	13.17
JJ07-1	1.39	0.25	0.62	0.09	0.53	0.08	103	0.82	1.41	41.32	1.97	15.00
JJ07-2	1.26	0.23	0.58	0.09	0.5	0.07	81.5	0.81	1.30	44.55	2.52	13.17
99JXL-1	2.38	0.36	1	0.15	0.9	0.12	212	0.60	1.57	15.63	1.70	9.51
99JXL-2	2.34	0.36	1.1	0.14	0.95	0.12	190	0.69	1.44	16.40	2.03	10.06
99JXL-3	2.48	0.39	0.99	0.14	0.88	0.12	219	0.66	1.42	18.17	1.99	9.33
20LY-43	2.3	0.37	0.84	0.12	0.7	0.1	220	0.55	1.34	19.20	1.73	9.87
20LY-44	2.35	0.39	0.99	0.11	0.82	0.09	229	0.63	1.23	19.66	1.47	9.22
20LY-35	2.89	0.54	1.6	0.23	1.44	0.24	209	0.66	0.91	11.43	1.81	9.43
20LY-37	2.81	0.5	1.38	0.19	1.17	0.19	241	0.68	0.91	13.44	1.56	12.81

注：数据来源同表3-28。

表 3-30　湘东北燕山期花岗岩 Sr-Nd 同位素组成

样品号	t/Ma	Rb/10^{-6}	Sr/10^{-6}	$^{87}Rb/^{86}Sr$	$^{87}Sr/^{86}Sr$	±2σ	$(^{87}Sr/^{86}Sr)_i$	Sm/10^{-6}	Nd/10^{-6}	$^{147}Sm/^{144}Nd$	$^{143}Nd/^{144}Nd$	±2σ	$(^{143}Nd/^{144}Nd)_i$	$\varepsilon_{Nd}(t)$	t_{DM}
高 Sr 低 Y 型花岗岩															
ZL03	166	141.6	659.6	0.6196	0.71616	0.00002	0.71470	4.858	32.09	0.0916	0.512003	0.000008	0.51190	−10.18	1.78
ZL04	166	98.87	628	0.4543	0.71798	0.00006	0.71691	5.695	37.49	0.0919	0.512017	0.000008	0.51192	−9.91	1.76
ZL05	166	176.6	432.9	1.178	0.71855	0.00007	0.71577	5.523	32.58	0.1026	0.512027	0.000008	0.51192	−9.94	1.54
ZL06	166	142.2	474.8	0.8644	0.71743	0.00006	0.71539	3.434	22.2	0.0936	0.512015	0.000007	0.51191	−9.99	1.77
ZL09	166	163.8	297.7	1.588	0.72145	0.00006	0.71770	1.651	8.454	0.1182	0.512011	0.000008	0.51188	−10.58	1.81
ZL11	165	123.6	497.4	0.7172	0.71873	0.00005	0.71704	3.013	17.63	0.1034	0.511998	0.000007	0.511886	−10.52	1.59
20LY-16	165	—	—	—	0.71736	—	0.714599	—	—	—	0.51195	—	—	−11.6	—
20LY-17	165	—	—	—	0.71353	—	0.71146	—	—	—	0.51198	—	—	−11	—
20LY-20	165	—	—	—	0.7166	—	0.71371	—	—	—	0.51197	—	—	−11.3	—
20LY-22	165	—	—	—	0.71422	—	0.71254	—	—	—	0.51197	—	—	−11.4	—
20LY-36	165	—	—	—	0.71959	—	0.71746	—	—	—	0.51198	—	—	−10.8	—
20LY-38	165	—	—	—	0.71884	—	0.71656	—	—	—	0.51190	—	—	−12.3	—
低 Sr 低 Y 型花岗岩															
8	145	264.2	283.2	2.692	0.71995	0.00004	0.71440	3.807	24.39	0.0944	0.512101	0.000011	0.51201	−8.60	1.63
9	145	191.8	311	1.779	0.71802	0.00004	0.71435	2.894	19.48	0.0899	0.512076	0.000006	0.51199	−9.00	1.66
MX02	145	245.9	238.7	2.973	0.72107	0.00005	0.71494	2.646	14.49	0.1105	0.512097	0.000007	0.51199	−8.97	1.55
MX03	145	203.5	273.3	2.149	0.7194	0.00004	0.71497	4.007	26.53	0.0914	0.512077	0.000006	0.51199	−9.01	1.67
MX04	145	227.2	260	2.523	0.72096	0.00006	0.71576	3.503	23.83	0.0889	0.512046	0.000006	0.51196	−9.57	1.71
NJQ-01	170	219.5	278.7	2.273	0.72045	0.00001	0.71496	2.471	17.02	0.0878	0.512044	0.000006	0.51195	−9.24	1.71
NJQ-02	170	223.8	260.6	2.479	0.72111	0.00002	0.71512	3.901	27.57	0.0856	0.512019	0.000008	0.51192	−9.68	1.75
NJQ-03	170	225.6	250.5	2.601	0.7215	0.00006	0.71521	6.157	45.07	0.0827	0.512053	0.000004	0.51196	−8.96	1.69
NJQ-04	170	219.1	241.2	2.622	0.72137	0.00003	0.71503	2.313	15.99	0.0875	0.512061	0.000005	0.51196	−8.90	1.68
NJQ-05	170	197.4	236.2	2.413	0.72149	0.00003	0.71566	2.644	17.22	0.0929	0.512059	0.000005	0.51196	−9.06	1.70
NJQ06-1	170	167.6	329.3	1.469	0.71763	0.00004	0.71408	3.122	20.32	0.093	0.512109	0.000011	0.51201	−8.09	1.62
NJQ06-2	170	191.9	237.5	2.332	0.72141	0.00001	0.71577	2.5	16.67	0.0908	0.512024	0.000006	0.51192	−9.70	1.75
HT01	170	139.3	507.1	0.7918	0.71484	0.00001	0.71293	4.836	30.71	0.0953	0.512057	0.000006	0.51195	−9.15	1.70
MFS01-1	145	216.3	149.7	3.208	0.72252	0.00003	0.71591	2.556	15.42	0.1003	0.5121	0.000008	0.51201	−8.72	1.41
HQ01-1	145	315.3	91.86	9.928	0.7427	0.00003	0.72224	1.341	5.651	0.1435	0.512115	0.000007	0.51198	−9.23	1.68
HQ02-1	145	345.3	267.1	3.733	0.72235	0.00006	0.71466	3.035	19.19	0.0957	0.512076	0.000006	0.51199	−9.11	1.67
HQ03-1	145	232.1	310.3	2.159	0.71878	0.00005	0.71433	6.525	42.23	0.0935	0.512084	0.000007	0.51200	−8.91	1.66
SC03	162	181	116.9	4.483	0.74872	0.00001	0.73840	8.925	43.39	0.1245	0.511999	0.000006	0.51187	−10.99	1.96
SC04	162	221.9	124.2	5.169	0.74675	0.00005	0.73485	7.133	34.42	0.1254	0.511991	0.000007	0.51186	−11.16	1.99
SC07	162	253.3	195.4	3.745	0.72867	0.00007	0.72005	4.456	29.74	0.0907	0.511918	0.000008	0.51182	−11.87	1.92
SC09	162	225.9	189.6	3.442	0.72818	0.00007	0.72025	3.232	21.61	0.0905	0.511915	0.000005	0.51182	−11.93	1.92
SC10	162	144.4	179.3	2.327	0.72833	0.00002	0.72297	4.358	26.46	0.0996	0.51194	0.000005	0.51184	−11.62	1.61
SC11	162	180.3	184.5	2.823	0.73079	0.00005	0.72429	3.774	21.89	0.1043	0.511973	0.000006	0.51186	−11.08	1.64
SC12	162	159.8	208.4	2.215	0.72883	0.00003	0.72373	4.699	30.82	0.0923	0.511936	0.000007	0.51184	−11.55	1.89
JJ02-1	147	285.8	155.4	5.318	0.73617	0.00005	0.72506	3.701	23.33	0.096	0.511935	0.000008	0.51184	−11.84	1.90

续表

样品号	t/Ma	Rb/10^{-6}	Sr/10^{-6}	$^{87}Rb/^{86}Sr$	$^{87}Sr/^{86}Sr$	±2σ	$(^{87}Sr/^{86}Sr)_i$	Sm/10^{-6}	Nd/10^{-6}	$^{147}Sm/^{144}Nd$	$^{143}Nd/^{144}Nd$	±2σ	$(^{143}Nd/^{144}Nd)_i$	$\varepsilon_{Nd}(t)$	t_{DM}
JJ02-5	147	274.8	138.8	5.724	0.73581	0.00002	0.72385	3.697	23.24	0.0963	0.511978	0.00001	0.51189	-11.01	1.83
JJ03-1	147	274.1	156.1	5.074	0.73163	0.00002	0.72103	4.262	27.39	0.0941	0.511947	0.000006	0.51186	-11.57	1.88
JJ03-2	147	266.5	186.9	4.119	0.72988	0.00004	0.72127	4.279	27.68	0.0935	0.511934	0.000007	0.51184	-11.81	1.89
JJ03-3	147	275.4	158.4	5.026	0.73162	0.00002	0.72112	4.624	29.73	0.0941	0.511951	0.000009	0.51186	-11.49	1.87
JJ05-1	147	320.5	117.4	7.892	0.73703	0.00004	0.72054	3.515	21.04	0.1011	0.511969	0.000006	0.51187	-11.27	1.60
JJ05-3	147	312.1	115.6	7.803	0.73686	0.00001	0.72056	3.022	17.85	0.1025	0.51197	0.000008	0.51187	-11.28	1.61
JJ05-4	147	319.9	116.5	7.941	0.73711	0.00004	0.72052	3.364	19.78	0.1029	0.512	0.000009	0.51190	-10.70	1.58
JJ07-1	147	313.4	271.1	3.341	0.73032	0.00001	0.72334	2.613	15.69	0.1008	0.512003	0.000008	0.51191	-10.60	1.55
JJ07-2	147	295.7	274.4	3.114	0.73191	0.00003	0.72540	2.307	13.66	0.1022	0.512021	0.000007	0.51192	-10.28	1.54

注：数据来源同表 3-28。

表 3-31　湘东北燕山期花岗岩 Pb 同位素组成

样品号	t/Ma	$^{206}Pb/^{204}Pb$	$^{207}Pb/^{204}Pb$	$^{208}Pb/^{204}Pb$	Φ 值	μ 值	Th/U	$(^{206}Pb/^{204}Pb)_i$	$(^{207}Pb/^{204}Pb)_i$	$(^{208}Pb/^{204}Pb)_i$
高 Sr 低 Y 型花岗岩										
ZL03	162	18.336	15.635	38.683	0.592	9.54	3.88	18.312	15.623	38.385
ZL04	162	18.365	15.671	38.758	0.594	9.61	3.9	18.341	15.659	38.456
ZL05	162	18.406	15.725	38.941	0.597	9.71	3.97	18.382	15.713	38.631
ZL06	162	18.321	15.632	38.649	0.592	9.54	3.88	18.297	15.620	38.351
ZL09	162	18.275	15.619	38.513	0.594	9.52	3.84	18.251	15.607	38.219
ZL11	162	18.335	15.631	38.618	0.591	9.53	3.85	18.311	15.619	38.323
低 Sr 低 Y 型花岗岩										
8	145	18.273	15.603	38.509	0.592	9.48	3.84	18.252	15.592	38.247
9	145	18.264	15.61	38.519	0.594	9.5	3.85	18.243	15.599	38.256
MX02	145	18.23	15.575	38.382	0.592	9.43	3.8	18.209	15.565	38.124
MX03	145	18.252	15.617	38.551	0.595	9.51	3.87	18.231	15.606	38.286
MX04	145	17.981	15.534	38.116	0.604	9.38	3.81	17.960	15.524	37.859
NJQ-01	170	18.001	15.572	38.228	0.607	9.46	3.86	17.976	15.559	37.920
NJQ-02	170	18.17	15.608	38.603	0.6	9.51	3.93	18.145	15.595	38.287
NJQ-03	170	18.173	15.606	38.65	0.599	9.5	3.95	18.148	15.593	38.333
NJQ-04	170	18.235	15.663	38.793	0.601	9.61	3.99	18.210	15.650	38.469
NJQ-05	170	18.21	15.64	38.687	0.6	9.57	3.95	18.185	15.627	38.368
NJQ06-1	170	18.233	15.64	38.677	0.599	9.56	3.94	18.208	15.627	38.359
NJQ06-2	170	18.235	15.652	38.723	0.6	9.59	3.96	18.210	15.639	38.402
HT01	170	18.227	15.625	38.577	0.598	9.53	3.89	18.202	15.612	38.264
MFS01-1	145	18.471	15.707	38.797	0.591	9.67	3.87	18.449	15.696	38.528
HQ01-1	145	18.553	15.635	38.517	0.578	9.52	3.7	18.532	15.624	38.263
HQ02-1	145	18.486	15.648	38.628	0.583	9.55	3.78	18.464	15.637	38.368
HQ03-1	145	18.356	15.634	38.679	0.59	9.54	3.87	18.335	15.623	38.413
SC03	162	18.205	15.605	38.458	0.597	9.5	3.85	18.181	15.593	38.164

续表

样品号	t/Ma	$^{206}Pb/^{204}Pb$	$^{207}Pb/^{204}Pb$	$^{208}Pb/^{204}Pb$	Φ 值	μ 值	Th/U	$(^{206}Pb/^{204}Pb)_i$	$(^{207}Pb/^{204}Pb)_i$	$(^{208}Pb/^{204}Pb)_i$
SC04	162	18.305	15.635	38.612	0.594	9.54	3.87	18.281	15.623	38.315
SC07	162	18.335	15.651	38.714	0.593	9.57	3.9	18.311	15.639	38.414
SC09	162	18.318	15.636	38.652	0.593	9.54	3.88	18.294	15.624	38.354
SC10	162	18.282	15.642	38.655	0.596	9.56	3.9	18.258	15.630	38.355
SC11	162	18.275	15.624	38.58	0.594	9.53	3.87	18.251	15.612	38.283
SC12	162	18.299	15.627	38.626	0.593	9.53	3.88	18.275	15.615	38.328

注：数据来源同表 3-28。

根据地质年代学和地球化学分析结果，湘东北燕山期花岗质岩可划分为高 Sr 低 Y 型、低 Sr 低 Y 型两类（图 3-107）。其中，连云山岩体中二云母二长花岗岩、花岗闪长岩和细至中细粒花岗岩，以及幕阜山岩体中黑云母二长花岗岩大都属于高 Sr 低 Y 型，而除此之外的所有岩体中燕山期花岗质岩大都属于低 Sr 低 Y 型。另外，在单个岩体内如连云山岩体、幕阜山岩体中，高 Sr 低 Y 型和低 Sr 低 Y 型两者侵入接触明显，接触面倾向高 Sr 低 Y 型侵入体一侧，在低 Sr 低 Y 型侵入体一侧见有数厘米宽的微弱冷凝边，而高 Sr 低 Y 型一侧出现较轻微的被烘烤现象。前述同位素年代学资料显示，年龄为 142 ~ 155Ma 的花岗质岩大都属高 Sr 低 Y 型，而年龄为 127 ~ 136Ma 的大都属低 Sr 低 Y 型。另据 1 : 20 万浏阳幅区调报告和湖南省地质调查院（2002）资料，高 Sr 低 Y 型侵入体独居石 U-Pb 年龄为 164 ~ 166Ma，而低 Sr 低 Y 型侵入体独居石 U-Pb 年龄为 160 ~ 162Ma，也暗示低 Sr 低 Y 型侵入体稍晚于高 Sr 低 Y 型侵位。

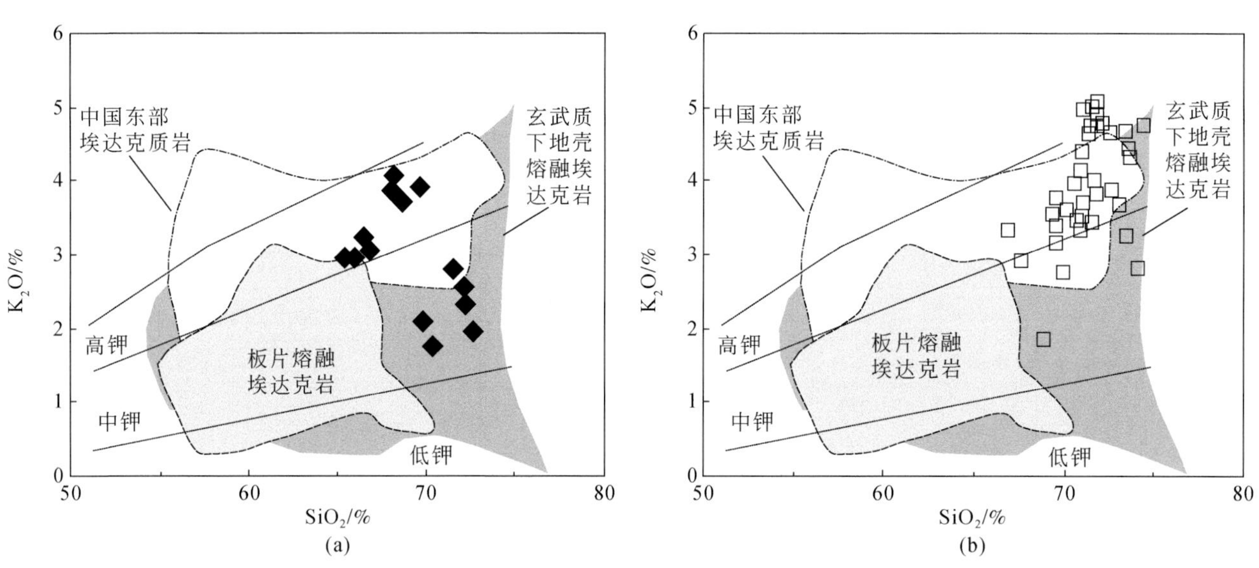

图 3-107　湘东北燕山期高 Sr 低 Y 型（a）和低 Sr 低 Y 型（b）花岗岩 SiO_2-K_2O 图解

据 Morrison，1980；图中区域据王强等，2002

3.4.3.1　高 Sr 低 Y 型（埃达克质岩）

高 Sr 低 Y 型花岗质岩的主量元素分析结果见表 3-28、表 3-32、表 3-33。从表中可以看出，该类型花岗质岩具有变化较大的主要氧化物含量，其中，SiO_2 为 68.1% ~ 75.14%，Al_2O_3 为 14.38% ~ 17.46%，Na_2O 为 2.04% ~ 4.68%，K_2O 为 1.75% ~ 4.94%，CaO 为 0.82% ~ 3.24%，P_2O_5 为 0.30% ~ 0.67%，且铁镁质含量（$MgO+FeO+Fe_2O_3+TiO_2$）相对偏低，但变化较大（0.92% ~ 3.78%；$Mg^{\#}$ = 12 ~ 80）。相应地，SiO_2/Al_2O_3 值较恒定（4.00 ~ 5.39），而其他氧化物对比值如 K_2O/TiO_2(2.30 ~ 7.02)、CaO/Na_2O(0.27 ~

0.97)、Na_2O/K_2O 值则具有较大变化范围（0.41～1.75）。计算的铝饱和指数 A/CNK［Al_2O_3/（CaO+Na_2O+K_2O）：氧化物均为摩尔分子］均大于1.0，大部分在1.1～1.6之间，显示强过铝质特征［图3-108（c）、图3-109（a）、图3-110（c）］。据表3-28、表3-33计算的CIPW标准化刚玉含量为2.5%～7.0%（未列出）。

表3-32　湘东北金井花岗岩和新元古界冷家溪群主量元素与微量元素分析结果

样品	JJG02-1	JJG02-5	JJG03-1	JJG03-2	JJG03-3	JJG05-1	JJG05-3	JJG05-4	JJG07-1	JJG07-2	JLJX-02	JLJX-04	DD01-1	DD01-2	DD01-3
	粗粒钾长石黑云母斑状花岗岩		钾长石黑云母斑状花岗岩						细粒钾长石黑云母斑状花岗岩		新元古界冷家溪群变质沉积岩				
SiO_2/%	72.23	74.31	72.43	71.44	72.03	73.52	73.60	73.47	71.58	72.51	67.59	66.56	67.79	62.97	58.43
TiO_2/%	0.29	0.31	0.33	0.33	0.34	0.2	0.21	0.21	0.29	0.27	0.74	0.7	0.73	0.82	0.77
Al_2O_3/%	13.93	13.25	14.24	14.88	14.52	14.25	14.24	14.31	14.89	14.64	15.12	15.06	14.72	17.15	17.22
Fe_2O_3/%	0.17	0.11	0.35	0.09	0.08	0.12	0.04	0.08	0.16	0.05	0.89	0.22	0.48	0.82	0.58
FeO/%	1.47	1.37	1.42	1.57	1.68	1.08	1.17	1.07	1.57	1.57	5.43	5.35	5.15	5.75	6.5
MnO/%	0.03	0.03	0.03	0.03	0.03	0.03	0.03	0.03	0.07	0.06	0.1	0.68	0.13	0.12	0.13
MgO/%	0.66	0.62	0.81	0.78	0.75	0.43	0.42	0.43	0.81	0.69	1.8	1.99	1.92	2.18	2.26
CaO/%	0.21	0.18	0.31	0.61	0.34	1.44	1.43	1.42	1.74	1.58	0.23	2.59	0.45	0.46	0.28
Na_2O/%	3.68	3.72	3.84	3.57	3.71	3.37	3.52	3.43	3.24	3.33	0.8	2.35	1.6	1.2	1.27
K_2O/%	4.65	4.73	4.62	4.98	4.74	4.41	4.3	4.39	3.99	3.86	3.98	2.7	3.1	3.77	4.13
$P_2O/\%_5$	0.1	0.09	0.11	0.11	0.12	0.13	0.14	0.13	0.15	0.14	0.15	0.13	0.13	0.13	0.13
CO_2/%	0.02	0.02	0.04	0.04	0.06	0.06	0.04	0.06	0.08	0.1	0.04	0.04	0.5	0.8	4.01
H_2O^+/%	1.29	1.03	1.23	1.31	1.35	0.74	0.64	0.74	1.13	0.92	2.87	1.33	3.04	3.55	2.65
总量/%	99.97	101.01	100.99	100.97	100.98	101.01	101.01	101.00	100.935	100.957	99.74	99.7	99.74	99.72	98.36
A/CNK	1.21	1.14	1.20	1.17	1.22	1.10	1.09	1.10	1.16	1.17					
$Mg^{\#}$	0.42	0.43	0.46	0.46	0.44	0.39	0.39	0.40	0.46	0.43					
Ap（磷灰石）	0.21831	0.1965	0.2401	0.2401	0.26197	0.2838	0.30563	0.2838	0.32746	0.30563					
Or（正长石）	27.5043	27.977	27.327	29.456	28.0366	26.0847	25.434	25.966	23.6004	22.8315					
Ab（钠长石）	30.9832	31.32	32.33	31.573	31.2358	28.3732	29.6361	28.878	27.2787	28.0365					
An（钙长石）	0.38992	0.3062	0.8211	2.3104	0.90476	6.30021	6.18531	6.2009	7.65898	6.92996					
C（刚玉）	2.687	1.8851	2.6081	2.4591	2.94109	1.6089	1.51364	1.6283	2.41997	2.43046					
Qz（石英）	31.8626	32.598	29.909	27.34	29.649	32.923	32.5504	32.66	31.8152	33.2087					
$Rb/10^{-6}$	304	273	288	292	282	345	336	350	318	298			152	192	222
$Sr/10^{-6}$	140	116	140	169	137	102	106	103	226	229			75.4	65.4	79.4
$Ba/10^{-6}$	519	507	517	629	517	358	344	354	564	488			369	448	460
$Zr/10^{-6}$	135	123	150	150	151	104	108	105	123	110			214	202	201
$Hf/10^{-6}$	4.2	3.5	4.1	4.5	4.5	3.3	2.9	2.7	4.2	3.1			6.6	6.2	6.7
$Sc/10^{-6}$	3.8	3.5	4.2	3.9	4.3	2.6	2.8	2.6	4.4	3.9			18.5	23	23.5

续表

样品	JJG02-1	JJG02-5	JJG03-1	JJG03-2	JJG03-3	JJG05-1	JJG05-3	JJG05-4	JJG07-1	JJG07-2	JLJX-02	JLJX-04	DD01-1	DD01-2	DD01-3
	粗粒钾长石黑云母斑状花岗岩		钾长石黑云母斑状花岗岩						细粒钾长石黑云母斑状花岗岩		新元古界冷家溪群变质沉积岩				
Nb/10^{-6}	14.6	12.9	13.8	13.8	14.1	16.6	16.9	16.6	16.5	16.2			17.5	18.3	19.6
Ta/10^{-6}	0.5	0.82	0.98	0.95	0.77	2.09	1.79	1.26	1.1	1.23			0.8	1.19	1.96
Th/10^{-6}	24.7	23.1	27.7	27.3	30.0	16.8	17.0	18.0	15.3	13.0			13.9	15.3	15.4
U/10^{-6}	3	3.9	6	12.3	11.3	2.2	1.9	2.1	4.3	4.1			2.2	2.4	2.5
Co/10^{-6}	4.5	4.3	5.5	5.5	5.4	4	4.2	3.4	5.7	4.5			16.5	20	21
Ni/10^{-6}	5.6	5.2	6.5	6.5	6.3	5.4	5.1	4.5	6.9	5.2			35.1	40	42.1
Cr/10^{-6}	19.5	9.1	15.8	15.8	13.3	6.5	11.9	6.7	13.6	13.1			85.9	84	96
Pb/10^{-6}	42	36.9	44.2	49.3	40.3	42.6	44.2	44.6	48.2	48.7			22.2	16.7	14.6
Cs/10^{-6}	10.5	9.8	10.5	11.5	11.1	32.5	34.5	34.5	42.5	46.5			10.5	13.1	16.5
Ga/10^{-6}	31.2	27.2	22.7	30.6	22.6	21.3	15.8	19.5	22.2	21.6			20.5	23.6	22.6
V/10^{-6}	24.6	23.6	27.7	26.8	27.4	16.1	16.3	15.5	26.6	23			103	128	125
Nb/Ta	29.2	15.732	14.082	14.526	18.3117	7.94258	9.44134	13.175	15	13.1707					
Rb/Sr	2.17	2.35	2.06	1.73	2.06	3.38	3.17	3.40	1.41	1.30			2.02	2.94	2.80
Rb/Th	12.31	11.82	10.40	10.70	9.40	20.54	19.76	19.44	20.78	22.92			10.94	12.55	14.42
Rb/Zr	2.25	2.22	1.92	1.95	1.87	3.32	3.11	3.33	2.59	2.71			0.71	0.95	1.10
Sr/Ba	0.27	0.23	0.27	0.27	0.26	0.28	0.31	0.29	0.40	0.47			0.20	0.15	0.17
Rb/Ba	0.59	0.54	0.56	0.46	0.55	0.96	0.98	0.99	0.56	0.61			0.41	0.43	0.48
La/10^{-6}	30.61	31.01	39.71	35.59	42.13	27.08	29.01	26.14	26.55	21.15	31.05	32.43	33.51	33.58	33.64
Ce/10^{-6}	56.43	54.68	73.57	68.59	78.80	48.19	51.62	43.98	46.32	36.05	62.89	66.06	66.47	66.44	70.66
Pr/10^{-6}	6.38	6.23	8.13	7.63	8.78	5.33	5.78	5.28	5.10	3.99	7.82	7.43	7.83	8.38	8.33
Nd/10^{-6}	20.29	20.35	27.74	25.01	30.22	17.82	18.56	17.18	16.17	13.00	29.57	28.95	30.41	31.42	31.54
Sm/10^{-6}	3.3	3.29	4.31	4	4.74	2.96	3.2	2.91	2.71	2.14	5.91	5.57	5.95	6.13	6.1
Eu/10^{-6}	0.59	0.60	0.70	0.68	0.71	0.50	0.53	0.49	0.61	0.50	1.31	1.32	1.28	1.39	1.35
Gd/10^{-6}	2.2	2.22	2.76	2.47	2.98	2.13	2.21	2.03	1.9	1.66	5.62	5.36	5.67	6.09	5.9
Tb/10^{-6}	0.31	0.32	0.38	0.35	0.41	0.32	0.31	0.30	0.27	0.25	0.95	0.9	0.93	1	0.99
Dy/10^{-6}	1.52	1.54	1.75	1.57	1.95	1.42	1.46	1.39	1.39	1.26	5.48	5.32	5.55	5.93	5.84
Ho/10^{-6}	0.27	0.26	0.31	0.27	0.33	0.24	0.24	0.24	0.25	0.23	1.09	1.06	1.12	1.17	1.16
Er/10^{-6}	0.65	0.63	0.75	0.65	0.78	0.58	0.58	0.57	0.62	0.58	3.26	3.21	3.28	3.61	3.42
Tm/10^{-6}	0.09	0.09	0.1	0.09	0.11	0.08	0.08	0.09	0.09	0.09	0.5	0.49	0.51	0.56	0.53
Yb/10^{-6}	0.51	0.52	0.59	0.54	0.64	0.47	0.48	0.49	0.53	0.50	3.23	3.24	3.33	3.56	3.44
Lu/10^{-6}	0.07	0.07	0.08	0.08	0.09	0.07	0.06	0.7	0.08	0.07	0.48	0.53	0.5	0.54	0.51
Y/10^{-6}	5.31	5.24	6.06	5.71	6.57	5.32	5.44	5.22	5.47	5.17	26.47	25.56	26.9	28.47	28.32
REE/10^{-6}	128.53	127.05	166.94	153.23	179.24	112.51	119.56	107.01	108.06	86.64	185.63	187.43	193.24	198.27	201.73
Eu/10^{-6}	0.63	0.64	0.58	0.62	0.54	0.58	0.58	0.59	0.78	0.78	0.69	0.73	0.66	0.69	0.68
$(La/Yb)_N$	40.56	40.30	45.48	44.54	44.48	38.93	40.84	36.05	33.85	28.58	6.5	6.76	6.8	6.37	6.6
$(Ce/Yb)_N$	28.67	27.25	32.36	32.92	31.91	26.57	27.87	23.26	22.65	18.68	5.04	5.28	5.17	4.83	5.32

表3-33（a）　湘东北燕山期花岗质岩主、微量元素分析结果（连云山岩体二云母二长花岗岩和混合岩）

岩性	样品号	SiO_2/%	TiO_2/%	Al_2O_3/%	Fe_2O_3/%	FeO/%	MgO/%	MnO/%	CaO/%	Na_2O/%	K_2O/%	P_2O_5/%	LOI/%	总量/%
中细粒花岗岩	BS001	71.77	0.23	14.62	0.91	1.22	0.57	0.06	0.28	4.68	4.69	0.09	1.37	100.51
	BS002	73.07	0.21	14.38	0.71	1.02	0.46	0.06	0.24	4.19	3.99	0.07	1.14	99.54
混合花岗岩	BS003	67	0.93	14.71	1.95	5.96	2.04	0.09	0.46	1.39	3.96	0.11	1.32	99.92
	BS004	68.66	0.74	14.33	1.35	4.98	1.52	0.07	0.68	2.09	3.65	0.12	1.2	99.39
中细粒花岗岩	BS005	72.82	0.12	15.42	0.59	0.83	0.27	0.04	0.76	3.19	4.79	0.2	1.36	100.4
	BS005-1	74.15	0.14	13.11	0.51	1.16	0.34	0.06	0.33	3.47	4.52	0.14	1.14	99.07
	BS006	75	0.205	13.16	0.489	1.04	0.385	0.042	0.231	3.34	4.21	0.071	0.96	99.13
细粒花岗岩	BS008	72.14	0.17	14.72	0.49	1.23	0.33	0.04	1.51	3.82	3.94	0.25	0.85	99.51
	BS008-1	71.72	0.19	14.95	0.52	1.33	0.37	0.04	1.42	3.68	3.98	0.19	0.81	99.2

岩性	样品号	Na_2O+K_2O/%	K_2O/Na_2O	A/CNK	Ba/10^{-6}	Co/10^{-6}	Cr/10^{-6}	Cu/10^{-6}	Ga/10^{-6}	Ge/10^{-6}	Mo/10^{-6}	Ni/10^{-6}	Pb/10^{-6}	Sc/10^{-6}
中细粒花岗岩	BS001	9.37	1	1.1	513.6	3.71	31.21	3.07	20.45	1.45	0.35	3.83	33.15	3.19
	BS002	8.18	0.95	1.23	464.22	3.15	25.67	3.37	19.29	1.48	1.08	3.65	29.67	2.77
混合花岗岩	BS003	5.36	2.85	1.98	150.25	15.19	89.36	30.93	26.2	1.62	0.29	36.03	20.55	16.36
	BS004	5.73	1.75	1.66	130.45	9.5	49.29	18.85	25.3	1.68	0.2	23.84	24.97	10.69
中细粒花岗岩	BS005	7.98	1.5	1.31	174.09	1.47	13.56	2.92	21.2	0.86	0.57	2.76	48.14	2.41
	BS005-1	7.99	1.3	1.17	451.36	2.13	13.62	3.2	13.78	1.29	0.18	2.31	36.36	2.01
	BS006	7.54	1.26	1.26	547	2.66	17.5	2.78	16.5	1.22	0.22	4.75	26.8	2.44
细粒花岗岩	BS008	7.76	1.03	1.11	260.92	2.34	19.67	3.22	19.63	1.47	0.91	4.79	54.06	3.27
	BS008-1	7.66	1.08	1.16	248.58	2.55	15.16	2.55	19.16	1.58	0.51	3.38	49.22	3.51

岩性	样品号	Sr/10^{-6}	Th/10^{-6}	U/10^{-6}	W/10^{-6}	Zn/10^{-6}	Hf/10^{-6}	Zr/10^{-6}	Rb/10^{-6}	Nb/10^{-6}	Ta/10^{-6}	Sb/10^{-6}	Y/10^{-6}	La/10^{-6}
中细粒花岗岩	BS001	142.05	17.63	3.3	0.75	38.6	0.92	40.65	183.8	4.96	0.35	0.45	4.18	29.72
	BS002	133.11	17.87	4.13	0.75	31.1	0.78	33.8	154.22	4.79	0.47	0.35	3.54	22.71
混合花岗岩	BS003	30.97	15	3.51	0.99	170.5	0.14	6.9	302.13	16.45	0.95	0.21	29.63	36.92
	BS004	40.98	14.55	4.27	0.76	162.9	0.15	7.42	377.24	30.11	1.66	0.33	13.9	31.77
中细粒花岗岩	BS005	70.27	12.92	3.95	0.67	39.49	1.71	69.81	197.05	7.35	0.46	0.28	8.52	18.87
	BS005-1	113.02	9.92	2.48	0.78	25.74	0.59	25.58	166.01	3.79	0.32	3.41	4.49	16.15
	BS006	127	14.5	3.3	0.66	31.1	1.02	44.1	152	5.59	0.34	0.28	3.27	18.3
细粒花岗岩	BS008	111.78	17.23	5.41	1.29	60.01	0.7	33.21	212.91	10.19	1.05	0.29	10.91	27.21
	BS008-1	105.11	17.8	5.01	1.53	71.79	0.75	36.75	227.67	11.08	1.03	0.27	8.24	29.37

岩性	样品号	Ce/10^{-6}	Pr/10^{-6}	Nd/10^{-6}	Sm/10^{-6}	Eu/10^{-6}	Gd/10^{-6}	Tb/10^{-6}	Dy/10^{-6}	Ho/10^{-6}	Er/10^{-6}	Tm/10^{-6}	Yb/10^{-6}	Lu/10^{-6}
中细粒花岗岩	BS001	55.61	5.53	16.96	2.88	0.57	1.86	0.22	0.95	0.15	0.4	0.05	0.3	0.05
	BS002	41.18	3.99	11.31	2.2	0.44	1.4	0.17	0.81	0.13	0.3	0.04	0.27	0.04
混合花岗岩	BS003	77.64	8.74	27.35	6.58	0.54	6.16	0.94	5.39	1.09	3.11	0.46	3.02	0.46
	BS004	66.35	7.33	24.49	5.8	0.49	4.74	0.68	3.24	0.53	1.49	0.16	1.01	0.14
中细粒花岗岩	BS005	36.79	3.82	11.52	3.15	0.39	3.03	0.49	2.17	0.3	0.59	0.07	0.39	0.06
	BS005-1	28.52	2.85	8.57	1.77	0.42	1.21	0.17	0.84	0.16	0.45	0.07	0.37	0.05
	BS006	34	3.33	9.86	1.87	0.37	1.17	0.16	0.74	0.12	0.34	0.05	0.3	0.04
细粒花岗岩	BS008	52.3	5.15	14.66	3.46	0.58	3.06	0.55	2.69	0.4	0.86	0.11	0.58	0.08
	BS008-1	53.58	5.31	15.7	3.34	0.59	2.8	0.45	2	0.29	0.64	0.08	0.38	0.06

续表

岩性	样品号	ΣREE/10^{-6}	ΣLREE/10^{-6}	ΣHREE/10^{-6}	ΣLREE/ΣHREE	锆石饱和温度/℃	Sm/Yb	δEu	δCe				
中细粒花岗岩	BS001	115.26	111.28	3.98	27.99	681.5	9.72	0.81	1.04				
	BS002	85.01	81.84	3.18	25.76	679.5	8.11	0.82	1.04				
混合花岗岩	BS003	178.39	157.75	20.63	7.64	599	2.18	0.28	1.04				
	BS004	148.22	136.22	11.99	11.36	596.8	5.74	0.3	1.05				
中细粒花岗岩	BS005	81.64	74.54	7.1	10.5	737.4	8.03	0.41	1.04				
	BS005-1	61.6	58.28	3.32	17.58	658.5	4.82	0.95	1.01				
	BS006	70.57	67.66	2.91	23.22	703	6.31	0.82	1.05				
细粒花岗岩	BS008	111.67	103.36	8.31	12.43	669.4	6.01	0.59	1.06				
	BS008-1	114.59	107.89	6.7	16.1	679.5	8.69	0.63	1.03				

注：A/CNK = Al_2O_3/(Na_2O+CaO+K_2O)(摩尔分子数)；$\delta Eu = Eu_N/(Sm_N \times Gd_N)^{0.5}$；$\delta Ce = Ce_N/(La_N \times Pr_N)^{0.5}$；锆石饱和温度 = 12900/[2.95+0.85M+ln(49600/Zr_{melt})]−273，Zr_{melt}为熔体中 Zr 的含量，M=(Na+K+2Ca)/(Al×Si)摩尔数（计算中，假设 Si+Al+Fe+Ca+Na+K+P=1）（据 Watson and Harrison，1983）。

表 3-33（b）　湘东北燕山期幕阜山岩体花岗质岩主、微量元素分析结果

样品号	SiO_2/%	TiO_2/%	Al_2O_3/%	Fe_2O_3/%	MnO/%	MgO/%	CaO/%		Na_2O/%	K_2O/%	P_2O_5/%	LOI/%	总量/%	A/NK	A/CNK	Na_2O+K_2O/%	K_2O/Na_2O	锆石饱和温度/℃
高 Sr 低 Y 型（黑云母二长花岗岩）																		
17LS-10	71.33	0.20	15.24	1.62	0.03	0.53	1.90		3.50	4.52	0.10	0.75	98.97	1.43	1.08	8.02	1.29	763
15MFS05-1	71.72	0.21	15.32	2.37	0.09	0.35	2.32		3.47	3.34	0.04	0.49	99.22	1.64	1.13	6.81	0.96	745
15MFS05-2	71.97	0.21	15.36	2.39	0.09	0.35	2.34		3.45	3.36	0.03	0.41	99.55	1.65	1.13	6.81	0.97	742
15MFS05-3	71.85	0.21	15.31	2.38	0.09	0.35	2.34		3.44	3.33	0.04	0.49	99.35	1.65	1.13	6.77	0.97	744
17YKS-07-1	71.56	0.34	14.87	2.19	0.04	0.58	1.80		3.34	4.21	0.11	0.69	99.04	1.48	1.12	7.55	1.26	785
17YKS-07-2	71.30	0.34	15.16	2.11	0.03	0.58	1.76		3.21	4.12	0.11	0.92	98.72	1.56	1.17	7.33	1.28	805
低 Sr 低 Y 型（二云母二长花岗岩）																		
17LS-1	72.86	0.17	14.10	1.69	0.04	0.31	0.80		3.15	5.29	0.23	1.10	98.64	1.29	1.14	8.44	1.68	733
17LS-2	72.91	0.16	14.45	1.69	0.03	0.31	0.53		3.15	5.30	0.22	0.88	98.75	1.32	1.22	8.45	1.68	735
17LS-7	73.09	0.15	14.68	1.54	0.03	0.26	0.75		3.31	5.07	0.21	0.70	99.09	1.34	1.19	8.38	1.53	720
17LS-9	73.28	0.14	14.52	1.40	0.03	0.25	0.84		3.53	4.79	0.18	0.70	98.96	1.32	1.16	8.32	1.36	708
15MFS03-1	72.47	0.21	14.31	2.39	0.10	0.42	1.13		3.14	4.46	0.09	0.69	98.71	1.43	1.19	7.60	1.42	741
15MFS03-3	72.84	0.21	14.40	2.38	0.09	0.42	1.12		3.20	4.63	0.09	0.69	99.39	1.40	1.17	7.83	1.45	761
15MFS04-1	72.14	0.18	14.62	1.93	0.09	0.28	0.65		2.96	5.52	0.22	0.87	98.60	1.35	1.22	8.48	1.87	739
15MFS04-2	71.98	0.19	14.62	1.94	0.09	0.28	0.65		2.96	5.53	0.22	0.86	98.45	1.35	1.21	8.49	1.87	711
15MFS04-3	72.32	0.19	14.59	1.97	0.09	0.28	0.66		2.93	5.41	0.21	0.85	98.66	1.37	1.23	8.34	1.85	—
17TL-21	73.31	0.14	14.44	1.30	0.03	0.26	1.03		2.69	5.11	0.09	0.82	98.40	1.45	1.22	7.80	1.90	679
17TL-22	73.57	0.15	14.68	1.41	0.03	0.27	1.11		3.06	4.25	0.08	0.92	98.61	1.52	1.26	7.31	1.39	748
17TL-24	73.07	0.21	14.53	1.62	0.03	0.39	1.56		2.91	5.05	0.09	0.43	99.46	1.42	1.11	7.96	1.74	783
17TL-25	73.69	0.12	14.40	1.16	0.02	0.22	1.32		2.99	4.92	0.06	0.64	98.90	1.41	1.14	7.91	1.65	734
17YKS-06	73.21	0.20	14.70	1.44	0.03	0.37	1.35		3.22	4.61	0.07	0.64	99.20	1.43	1.15	7.83	1.43	746
STCM3-01	72.57	0.21	14.88	1.60	0.03	0.43	0.48		3.27	5.15	0.08	0.93	98.70	1.36	1.26	8.42	1.57	747
STCM3-03	72.00	0.26	15.06	1.90	0.03	0.48	0.77		3.13	5.22	0.13	0.97	98.98	1.39	1.23	8.35	1.67	801
DJC-13	73.09	0.22	13.81	1.30	0.02	0.28	0.47		1.51	7.50	0.09	1.16	98.29	1.30	1.21	9.01	4.97	771
DJC-19	73.18	0.20	13.07	1.46	0.02	0.25	1.02		1.14	7.36	0.08	1.41	97.78	1.33	1.12	8.50	6.46	862

表 3-33（c）　湘东北燕山期幕阜山岩体花岗质岩主、微量元素分析结果

样品号	17LS-10-1	17LS-10-2	15MFS05-1	15MFS05-2	17YKS-07-1	17YKS-07-2	17LS-1	17LS-2	17LS-7	17LS-9	15MFS03-1	15MFS03-3
岩性	高 Sr 低 Y 型（黑云母二长花岗岩）						低 Sr 低 Y 型（二云母二长花岗岩）					
$Sc/10^{-6}$	4.23	4.40	2.38	2.46	4.39	4.67	3.47	3.27	3.24	2.51	2.08	2.10
$Ti/10^{-6}$	1179.30	1237.00	1135.40	1131.40	1873.10	2048.80	911.50	964.80	809.50	692.30	1097.60	1072.60
$V/10^{-6}$	20.84	18.82	12.57	11.09	25.03	25.49	8.68	7.62	6.80	4.34	13.59	13.49
$Cr/10^{-6}$	17.58	16.23	17.95	25.43	13.87	13.55	7.39	16.90	11.51	7.61	19.61	23.33
$Mn/10^{-6}$	195.60	206.20	600.00	631.00	244.80	247.60	262.10	187.90	229.40	199.70	654.10	639.30
$Co/10^{-6}$	2.79	2.89	2.87	2.96	3.26	3.97	1.82	1.65	1.36	1.16	3.10	3.01
$Ni/10^{-6}$	3.72	3.12	5.56	5.55	2.53	2.83	1.48	1.52	1.64	0.99	5.76	6.53
$Cu/10^{-6}$	2.73	2.62	3.95	4.69	8.61	8.76	1.32	2.92	17.56	6.18	4.15	4.07
$Zn/10^{-6}$	46.14	49.29	76.52	76.62	87.45	88.19	52.40	85.71	137.80	88.58	68.56	67.04
$Ga/10^{-6}$	20.24	20.72	23.66	23.56	21.27	23.02	19.71	20.81	20.96	18.83	19.69	19.73
$Ge/10^{-6}$	1.31	1.23	1.28	1.41	1.75	1.84	1.24	1.38	1.39	1.25	1.13	1.13
$Rb/10^{-6}$	198.70	206.90	144.70	145.70	205.00	210.00	288.60	310.30	305.40	297.00	241.90	241.80
$Sr/10^{-6}$	269.40	276.30	182.00	181.50	296.90	336.00	61.15	74.49	70.19	66.02	131.00	131.90
$Y/10^{-6}$	5.48	5.55	3.04	2.81	7.39	7.72	7.91	7.68	6.67	4.73	4.64	4.93
$Zr/10^{-6}$	118.00	115.20	94.42	91.22	151.80	190.80	81.27	83.14	68.60	58.78	89.39	115.40
$Nb/10^{-6}$	5.47	5.43	9.36	9.46	6.87	7.01	11.31	11.44	11.71	9.54	7.05	6.93
$Cs/10^{-6}$	3.23	3.42	6.74	6.69	10.61	9.52	7.52	10.05	13.77	9.01	5.37	5.34
$Ba/10^{-6}$	757.10	768.70	183.30	181.60	869.70	1148.80	325.90	323.60	269.50	259.00	532.50	534.50
$La/10^{-6}$	30.50	27.15	38.87	36.51	68.41	71.67	21.84	24.02	17.72	18.39	33.39	36.87
$Ce/10^{-6}$	53.12	46.32	72.42	68.17	120.30	128.40	44.59	48.26	35.95	37.31	61.17	67.43
$Pr/10^{-6}$	5.48	4.82	7.45	6.98	12.45	12.78	5.16	5.57	4.15	4.28	6.27	7.05
$Nd/10^{-6}$	17.79	15.56	24.30	22.92	39.67	40.05	18.69	19.79	15.12	15.25	20.91	23.56
$Sm/10^{-6}$	2.59	2.34	3.91	3.56	4.97	5.20	4.13	4.32	3.31	3.19	3.41	3.79
$Eu/10^{-6}$	0.61	0.61	0.65	0.63	0.87	0.91	0.48	0.53	0.42	0.41	0.55	0.57
$Gd/10^{-6}$	1.96	1.81	2.72	2.50	3.44	3.65	3.42	3.50	2.75	2.48	2.43	2.64
$Tb/10^{-6}$	0.24	0.22	0.26	0.23	0.34	0.35	0.46	0.48	0.38	0.30	0.25	0.27
$Dy/10^{-6}$	1.10	1.07	0.97	0.87	1.57	1.62	1.91	1.91	1.60	1.18	1.12	1.20
$Ho/10^{-6}$	0.19	0.19	0.13	0.12	0.26	0.27	0.28	0.28	0.23	0.16	0.18	0.19
$Er/10^{-6}$	0.51	0.51	0.26	0.25	0.74	0.77	0.63	0.62	0.55	0.38	0.43	0.45
$Tm/10^{-6}$	0.07	0.07	0.03	0.03	0.09	0.10	0.08	0.08	0.07	0.05	0.06	0.06
$Yb/10^{-6}$	0.40	0.40	0.22	0.21	0.58	0.65	0.50	0.47	0.43	0.32	0.35	0.37
$Lu/10^{-6}$	0.06	0.06	0.03	0.03	0.08	0.10	0.07	0.07	0.06	0.05	0.05	0.05
$U/10^{-6}$	2.02	1.53	3.44	3.47	3.84	11.91	7.88	6.29	18.96	7.66	4.96	3.77
$Th/10^{-6}$	16.49	15.00	25.56	22.37	39.02	43.89	15.16	15.73	12.96	13.05	21.85	24.40
$Hf/10^{-6}$	3.35	3.15	2.96	2.86	4.28	5.23	2.74	2.75	2.37	2.19	2.54	3.41
$Ta/10^{-6}$	0.46	0.44	0.81	0.81	0.66	0.56	1.14	1.28	1.81	1.36	0.59	0.58

续表

样品号	17LS-10-1	17LS-10-2	15MF S05-1	15MF S05-2	17YKS-07-1	17YKS-07-2	17LS-1	17LS-2	17LS-7	17LS-9	15MF S03-1	15MF S03-3
岩性	高 Sr 低 Y 型（黑云母二长花岗岩）						低 Sr 低 Y 型（二云母二长花岗岩）					
$Pb/10^{-6}$	46.89	47.50	33.55	33.28	45.91	46.65	39.78	47.06	43.90	41.57	51.34	44.18
$LREE/10^{-6}$	110.08	96.81	147.59	138.77	246.66	259.01	94.90	102.49	76.66	78.84	125.70	139.27
$HREE/10^{-6}$	10.02	9.88	7.66	7.05	14.49	15.22	15.25	15.08	12.76	9.65	9.51	10.17
LREE/HREE	10.99	9.80	19.28	19.68	17.02	17.02	6.22	6.80	6.01	8.17	13.21	13.70
$\sum REE/10^{-6}$	120.10	106.69	155.25	145.82	261.15	274.23	110.15	117.57	89.42	88.48	135.21	149.43
$(La/Sm)_N$	7.62	7.49	6.42	6.62	8.89	8.90	3.41	3.59	3.46	3.72	6.33	6.28
$(Gd/Yb)_N$	4.05	3.75	10.33	9.75	4.95	4.65	5.68	6.16	5.27	6.46	5.75	5.86
$(La/Yb)_N$	54.56	48.81	127.90	123.53	85.34	79.21	31.52	36.74	29.42	41.61	68.43	71.09
δCe	1.01	0.99	1.04	1.05	1.01	1.04	1.03	1.02	1.03	1.03	1.04	1.03
δEu	0.83	0.91	0.61	0.64	0.64	0.64	0.39	0.41	0.43	0.45	0.59	0.55
Zr+Nb+Ce+Y	182.07	172.50	179.24	171.66	286.36	333.93	145.08	150.52	122.93	110.37	162.25	194.69
Rb/Sr	0.74	0.75	0.80	0.80	0.69	0.63	4.72	4.17	4.35	4.50	1.85	1.83
Nb/Ta	11.78	12.48	11.63	11.70	10.39	12.47	9.91	8.95	6.47	7.01	12.05	11.90

样品号	15MF S04-1	15MF S04-2	17TL-21	17TL-22	17TL-24	17TL-25	17YKS-06	STCM3-01	STCM3-03	DJC-13	DJC-19
岩性	低 Sr 低 Y 型（二云母二长花岗岩）										
$Cr/10^{-6}$	13.56	8.16	8.12	7.26	10.27	11.24	8.14	18.10	15.04	16.55	12.31
$Mn/10^{-6}$	675.70	549.70	219.30	249.70	216.60	173.30	191.50	214.50	271.30	131.60	109.40
$Co/10^{-6}$	2.11	1.59	1.33	1.57	2.42	1.25	1.87	2.39	3.69	2.28	2.46
$Ni/10^{-6}$	4.56	3.02	1.80	3.43	2.03	2.51	1.47	2.20	2.35	2.95	3.20
$Cu/10^{-6}$	12.04	8.39	21.23	8.85	17.09	6.43	6.09	3.37	5.59	9.97	6.00
$Zn/10^{-6}$	55.14	47.31	62.55	69.30	62.34	55.80	88.68	145.00	189.80	243.50	253.20
$Ga/10^{-6}$	22.75	18.01	22.39	22.90	23.32	21.38	21.78	21.83	27.13	20.71	17.57
$Ge/10^{-6}$	1.37	1.09	1.44	1.44	1.73	1.55	1.18	1.45	1.90	1.53	1.37
$Rb/10^{-6}$	331.60	276.60	306.10	314.50	307.20	283.00	200.20	233.50	307.40	397.70	371.20
$Sr/10^{-6}$	79.79	75.78	85.20	75.98	127.90	104.20	139.80	195.70	327.40	191.20	149.30
$Y/10^{-6}$	6.77	6.33	10.38	10.00	8.10	11.84	5.55	5.26	6.54	6.64	7.96
$Zr/10^{-6}$	87.31	60.62	39.26	98.04	149.80	82.75	95.06	96.86	182.20	128.80	109.60
$Nb/10^{-6}$	11.85	8.36	13.04	13.47	13.16	10.72	7.97	7.06	8.51	7.05	5.77
$Cs/10^{-6}$	21.92	17.02	18.48	16.05	20.36	12.83	8.30	5.41	11.14	10.30	9.96
$Ba/10^{-6}$	325.70	305.40	382.00	304.30	440.60	375.80	496.80	775.20	1041.70	1128.60	1416.20
$La/10^{-6}$	23.38	22.43	29.00	25.49	46.11	32.27	22.63	40.31	72.01	55.68	48.11
$Ce/10^{-6}$	47.75	44.50	56.54	53.64	86.09	64.59	42.61	71.08	126.20	103.30	86.76
$Pr/10^{-6}$	5.49	5.22	6.61	5.59	9.79	6.85	4.41	7.35	13.06	10.43	9.06
$Nd/10^{-6}$	19.66	18.61	22.61	19.09	32.28	23.39	14.89	23.51	40.15	34.21	28.81
$Sm/10^{-6}$	4.36	4.11	4.04	3.41	5.26	4.60	2.39	3.24	5.22	4.80	4.18
$Eu/10^{-6}$	0.53	0.49	0.55	0.44	0.72	0.66	0.42	0.61	0.76	0.76	0.69

续表

样品号	15MF S04-1	15MF S04-2	17TL-21	17TL-22	17TL-24	17TL-25	17YKS-06	STCM3-01	STCM3-03	DJC-13	DJC-19
岩性	低 Sr 低 Y 型（二云母二长花岗岩）										
Gd/10^{-6}	3.46	3.25	2.99	2.76	3.63	3.71	1.85	2.30	3.59	3.43	3.16
Tb/10^{-6}	0.45	0.42	0.45	0.41	0.41	0.54	0.23	0.26	0.37	0.36	0.35
Dy/10^{-6}	1.85	1.70	2.28	2.06	1.77	2.59	1.12	1.17	1.54	1.53	1.65
Ho/10^{-6}	0.26	0.24	0.37	0.35	0.28	0.41	0.20	0.20	0.25	0.26	0.28
Er/10^{-6}	0.56	0.52	0.90	0.91	0.73	0.95	0.51	0.54	0.65	0.68	0.77
Tm/10^{-6}	0.07	0.07	0.14	0.14	0.09	0.12	0.07	0.07	0.07	0.08	0.10
Yb/10^{-6}	0.46	0.42	0.86	0.97	0.54	0.69	0.44	0.46	0.44	0.53	0.61
Lu/10^{-6}	0.07	0.06	0.12	0.14	0.08	0.10	0.07	0.07	0.07	0.08	0.09
U/10^{-6}	9.74	5.40	4.14	5.61	3.95	7.50	3.77	23.36	5.27	3.47	16.53
Th/10^{-6}	16.94	16.49	20.97	24.31	34.85	23.18	16.03	23.62	37.19	32.59	28.53
Hf/10^{-6}	2.98	2.11	1.51	3.19	4.54	2.92	3.00	2.90	5.00	3.90	3.30
Ta/10^{-6}	1.52	1.10	2.34	1.92	1.55	1.22	0.76	0.82	0.63	0.80	0.66
Pb/10^{-6}	44.55	39.71	44.01	43.21	46.21	59.29	64.23	36.50	87.72	51.39	51.85
LREE/10^{-6}	101.17	95.36	119.35	107.66	180.26	132.35	87.35	146.10	257.40	209.18	177.61
HREE/10^{-6}	13.93	13.00	18.47	17.74	15.61	20.95	10.05	10.33	13.52	13.58	14.97
LREE/HREE	7.26	7.33	6.46	6.07	11.54	6.32	8.69	14.15	19.05	15.40	11.86
∑REE/10^{-6}	115.10	108.36	137.82	125.40	195.87	153.30	97.39	156.43	270.92	222.76	192.59
$(La/Sm)_N$	3.46	3.52	4.63	4.83	5.66	4.53	6.11	8.04	8.91	7.49	7.42
$(Gd/Yb)_N$	6.29	6.44	2.88	2.36	5.61	4.44	3.45	4.17	6.82	5.35	4.26
$(La/Yb)_N$	36.86	38.49	24.22	18.91	61.82	33.50	36.56	63.27	118.47	75.22	56.30
δCe	1.03	1.01	1.00	1.10	0.99	1.07	1.05	1.01	1.01	1.05	1.02
δEu	0.42	0.41	0.48	0.44	0.51	0.48	0.61	0.69	0.54	0.57	0.58
Zr+Nb+Ce+Y	153.68	119.81	119.22	175.15	257.15	169.90	151.18	180.26	323.44	245.78	210.09
Rb/Sr	4.16	3.65	3.59	4.14	2.40	2.72	1.43	1.19	0.94	2.08	2.49
Nb/Ta	7.80	7.61	5.57	7.03	8.51	8.79	10.49	8.57	13.50	8.83	8.73

在 SiO_2-K_2O 图中主要落入高钾钙碱性系列和钙碱性系列区域，仅少数样品落在钾玄岩系列［图3-108（a）、图3-109（b）、图3-110（b）］；在QAP图上主要落入花岗闪长岩、二长花岗岩区域［图3-108（b）、图3-111］，在 SiO_2-Na_2O+K_2O 图上落于花岗闪长岩、花岗岩区域（图3-110、图3-112）。Harker图解显示（图3-113～图3-115），SiO_2 与 TiO_2、MgO、FeO^T（$=FeO+Fe_2O_3$）、CaO存在显著负相关，与 K_2O、Al_2O_3 和 P_2O_5 存在弱的负相关，而与 Na_2O 存在较明显的正相关，反映主要元素受蚀变和/或变质影响不大，说明存在辉石、斜长石、角闪石等的分异结晶作用。然而，相比于燕山期花岗质岩，连云山地区混合岩化花岗岩则具有相对较低的 SiO_2 和 K_2O 含量，而FeO和MgO的含量相对较高（表3-33）。

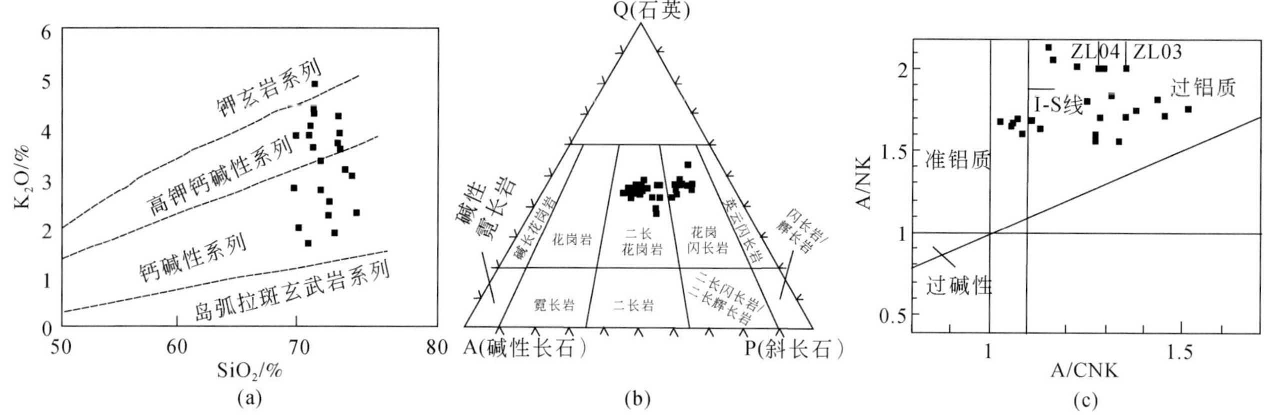

图 3-108　连云山花岗岩 SiO_2-K_2O（a）、Q-A-P（b）和 A/NK-A/CNK（c）图解

（a）据 Morrison（1980）；（b）据 Streckeisen（1973）；（c）据 Maniar 和 Piccoli（1989）

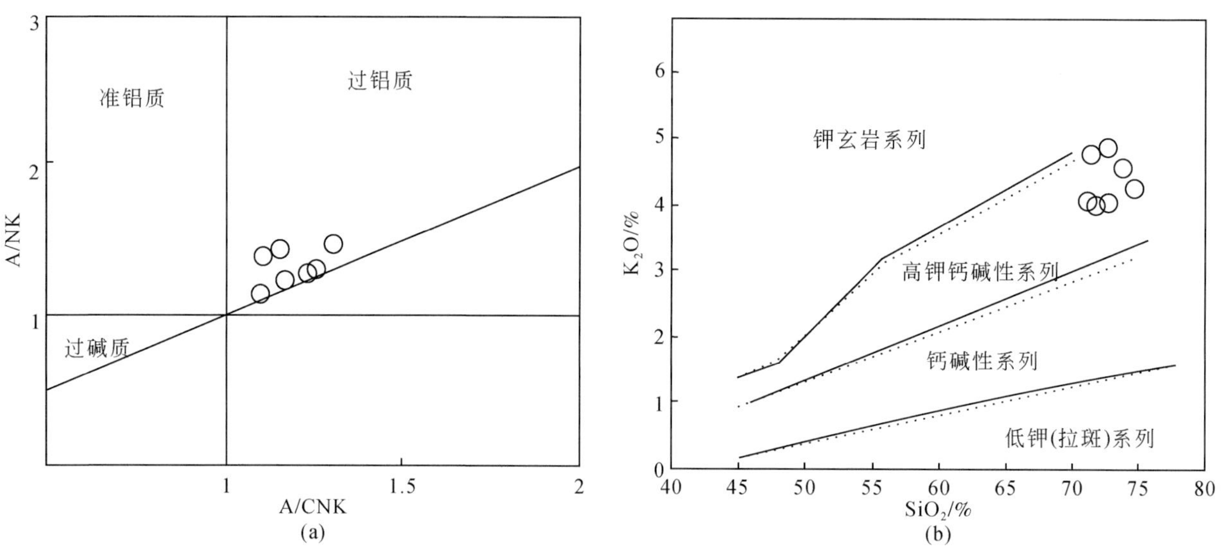

图 3-109　连云山二云母二长花岗岩 A/NK-A/CNK（a）（据 Maniar and Piccoil，1989 修改）和 K_2O-SiO_2 图解（b）（据 Morrison，1980 修改）

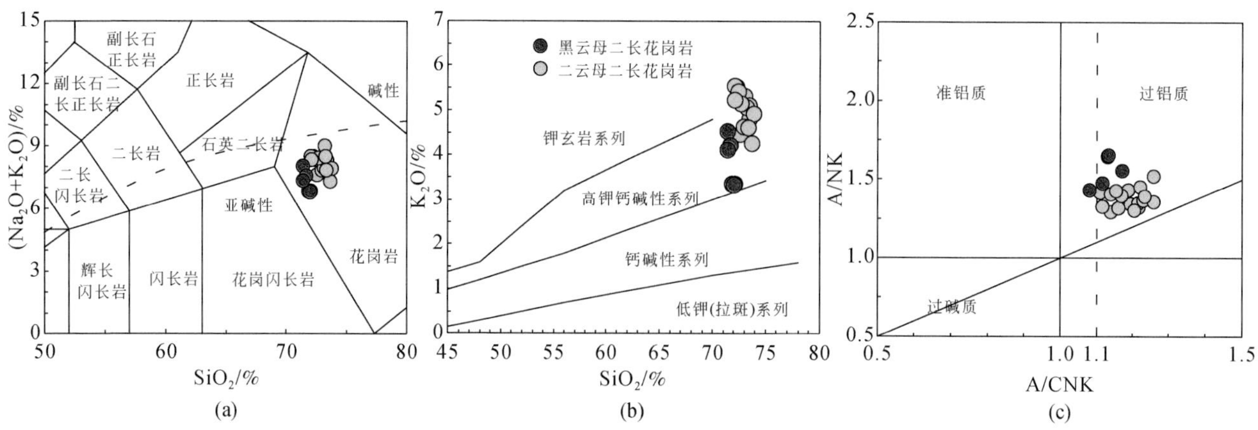

图 3-110　幕阜山岩体中二长花岗岩（Na_2O+K_2O）-SiO_2（TAS）、K_2O-SiO_2 和 A/NK-A/CNK 图解

（a）据 Middlemost（1994）；（b）据 Peccerillo 和 Taylor（1976）；（c）据 Maniar 和 Piccoli（1989）

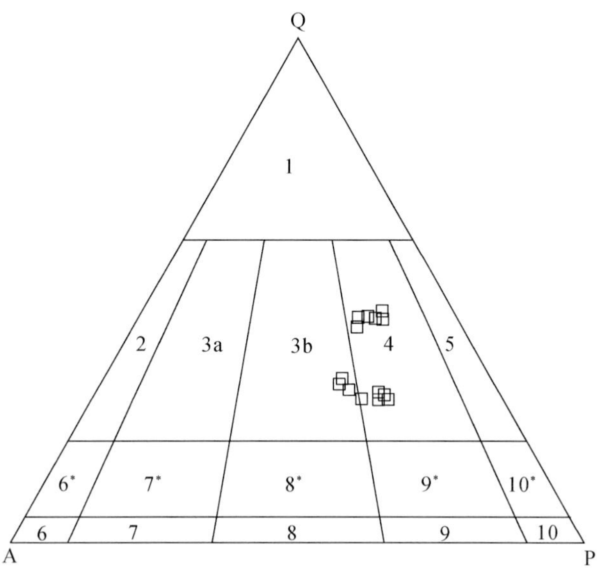

图 3-111　湘东北燕山期高 Sr 低 Y 型花岗岩 QAP 图解（据 Streckeisen，1973）

1. 石英花岗岩；2. 碱性斜长花岗岩；3a. 花岗岩；3b. 二长花岗岩；4. 花岗闪长岩；5. 斜长花岗岩；6. 碱长正长岩；6*. 碱长石英正长岩；7. 正长岩；7*. 石英正长岩；8. 二长岩；8*. 石英二长岩；9. 二长闪长岩；9*. 石英二长闪长岩；10. 闪长岩；10*. 石英闪长岩

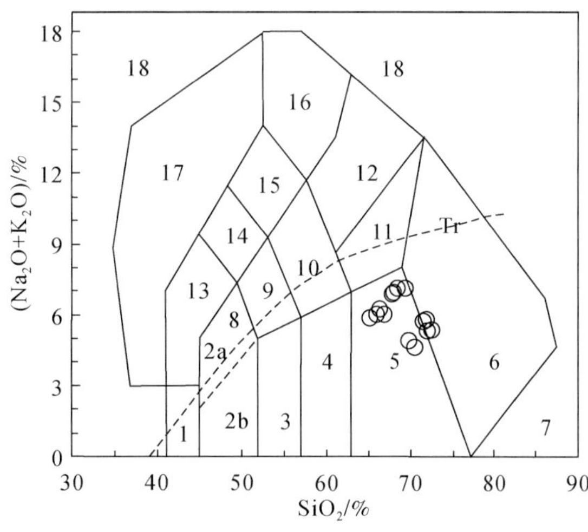

图 3-112　湘东北燕山期高 Sr 低 Y 花岗岩 TAS 图解（据 Middlemost，1994）

1. 橄榄辉长岩；2. 辉长岩；3. 辉长闪长岩；4. 闪长岩；5. 花岗闪长岩；6. 花岗岩；7. 石英正长岩；8. 二长辉长岩；9. 二长闪长岩；10. 二长岩；11. 石英二长岩；12. 正长岩；13. 似长正长岩；14. 似长二长闪长岩；15. 似长二长正长岩；16. 似长正长岩；17. 似长岩；18. 磷霞岩

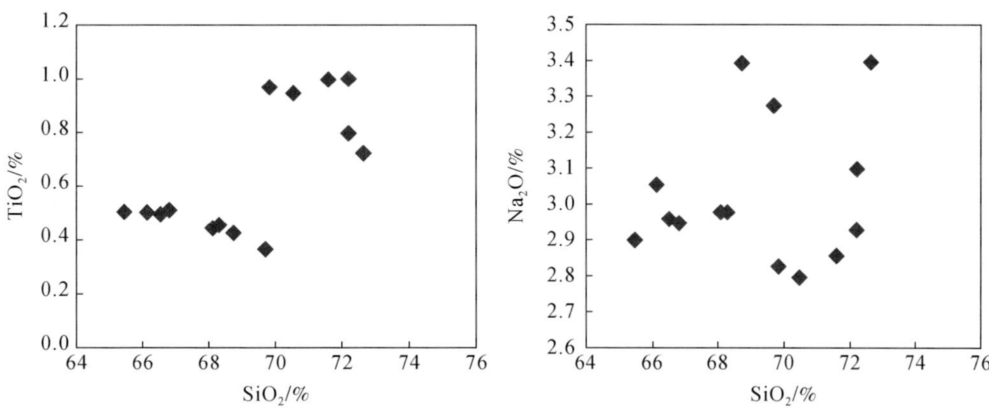

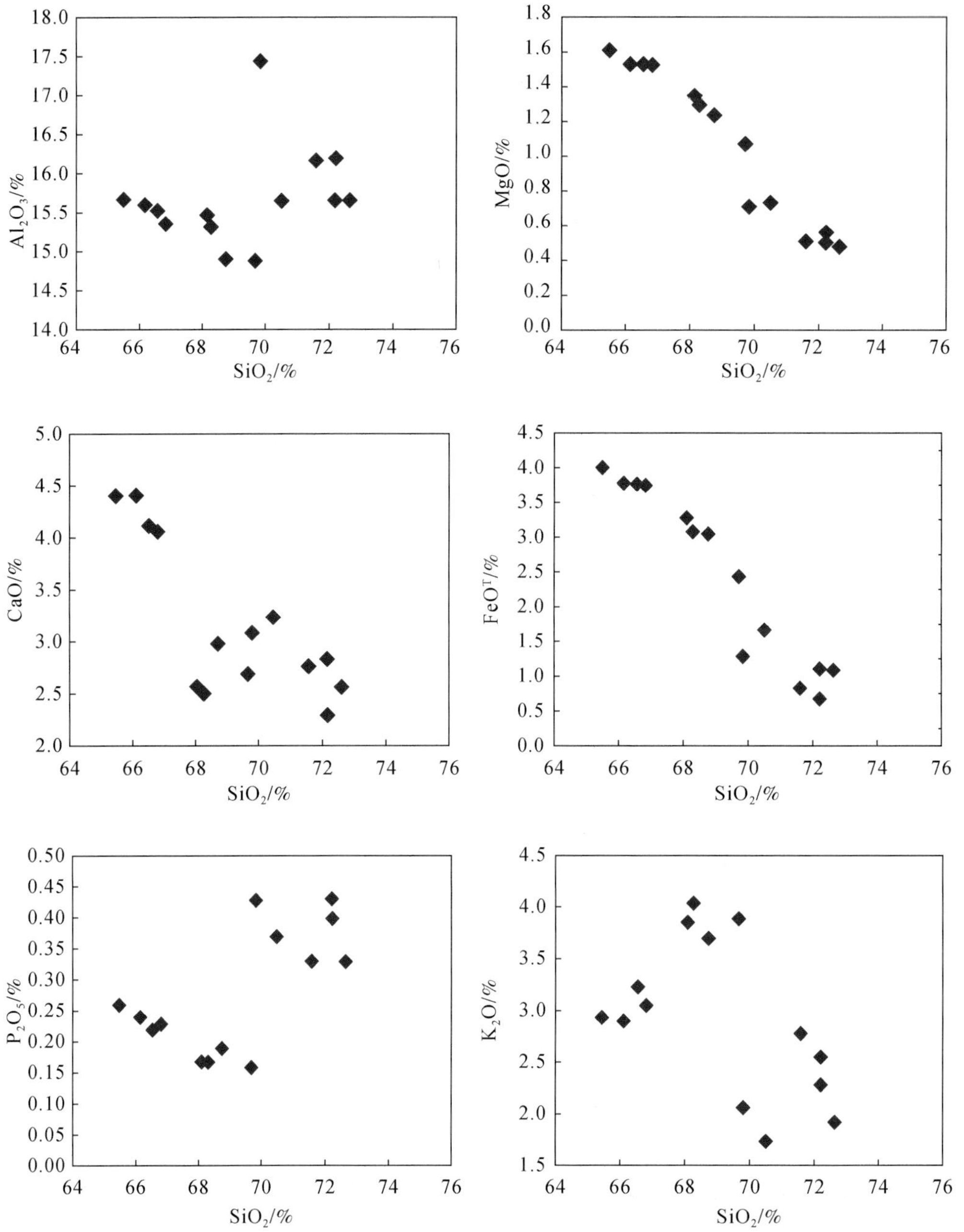

图 3-113　湘东北燕山期高 Sr 低 Y 花岗岩 SiO_2 对主要元素图解

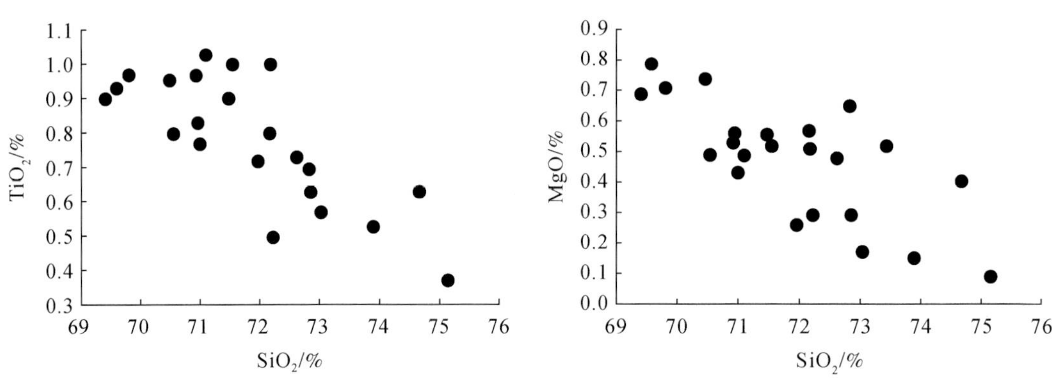

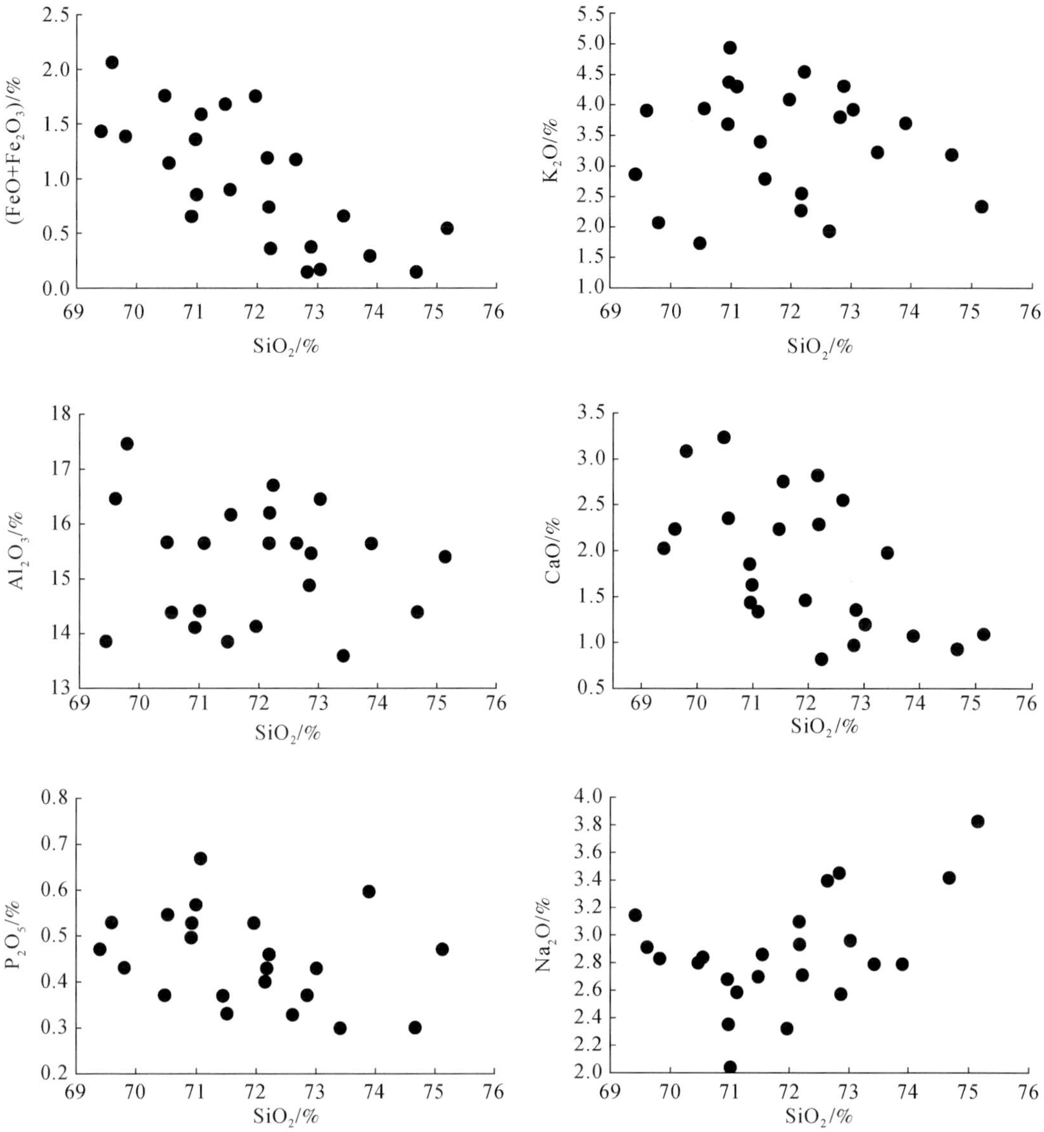

图 3-114　连云山花岗岩 Harker 图解

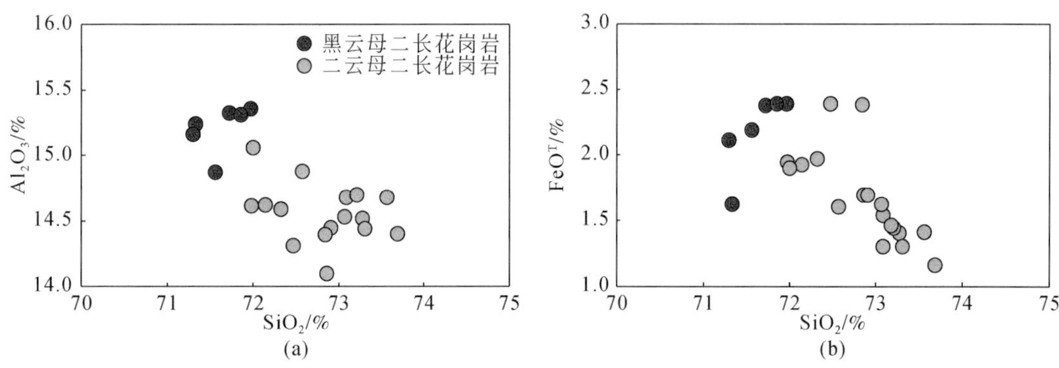

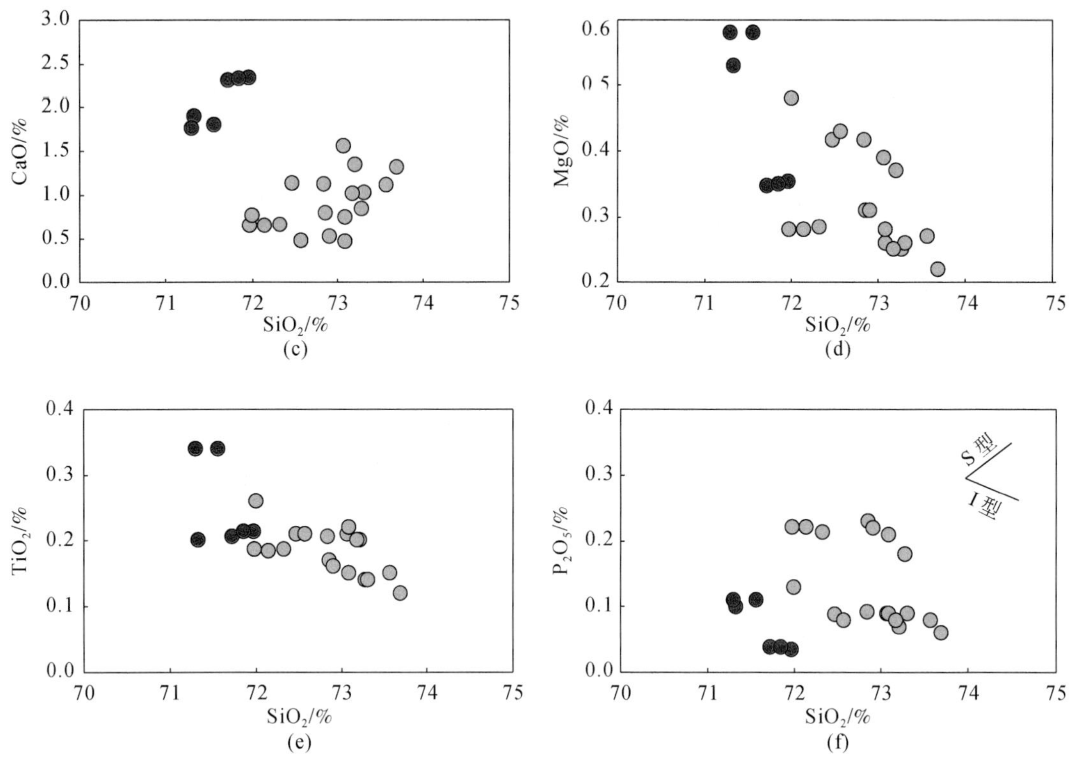

图 3-115　幕阜山岩体中二长花岗岩哈克图解（S 型、I 型分别指 S 型花岗岩、I 型花岗岩趋势）

湘东北地区燕山期高 Sr 低 Y 型花岗质岩代表性样品微量（含稀土）元素分析结果见表 3-29、表 3-32 和表 3-33。从表中分析结果可将该类型花岗质岩样品分为两组：第一组样品同时具相对高的 Sc（$2.04\times10^{-6}\sim10.70\times10^{-6}$）、Ti（$761\times10^{-6}\sim2049\times10^{-6}$）、V（$11.09\times10^{-6}\sim76.90\times10^{-6}$）、Cr（$5.64\times10^{-6}\sim31.21\times10^{-6}$）、Co（$1.47\times10^{-6}\sim9.57\times10^{-6}$）、Ni（$1.38\times10^{-6}\sim8.13\times10^{-6}$）、Sr（$70.27\times10^{-6}\sim658.20\times10^{-6}$）、Zr（$25.58\times10^{-6}\sim190.80\times10^{-6}$）、Ba（$174\times10^{-6}\sim1158\times10^{-6}$）和 Th（$9.92\times10^{-6}\sim43.89\times10^{-6}$）含量，但这些元素的含量在第二组样品中则显著偏低（相应值分别为 Sc=$0.12\times10^{-6}\sim1.33\times10^{-6}$、Ti=$156\times10^{-6}\sim328\times10^{-6}$、V=$0.27\times10^{-6}\sim1.78\times10^{-6}$、Cr=$3.07\times10^{-6}\sim5.06\times10^{-6}$、Co=$0.55\times10^{-6}\sim0.93\times10^{-6}$、Ni=$0.20\times10^{-6}\sim1.37\times10^{-6}$、Sr=$14.76\times10^{-6}\sim44.30\times10^{-6}$、Zr=$28.86\times10^{-6}\sim30.00\times10^{-6}$、Ba=$18\times10^{-6}\sim125\times10^{-6}$和 Th=$6.19\times10^{-6}\sim6.96\times10^{-6}$）。不过，高 Sr 低 Y 型花岗质岩具有相对高丰度的微量元素 Rb、Sr、Ba 和相对低的 Y（$3.04\times10^{-6}\sim17.3\times10^{-6}$）、Yb（$0.21\times10^{-6}\sim1.52\times10^{-6}$）含量，因而具有相对低的但可变的 Rb/Sr 值（0.21～2.89），以及相对高的但可变的 Sr/Y 值（6.29～81.5）。Cr、Ni 的含量也相对较高。在原始地幔标准化元素蛛网图上［图 3-116、图 3-117（a）、图 3-118（a）、图 3-119（b）］，尽管两者均表现出大离子亲石元素（LILEs）Rb、Th、U 相对富集，Sr、Ba 相对亏损和放射性元素 Pb 显著富集，以及高场强元素（HFSEs）Nb、Ta、Ti 相对亏损，但两者仍存在一些差别，如第二组 Ba、Sr、Ti、Zr 及 La、Ce、Eu 亏损更为强烈［图 3-116（a）］，且 Zr/Hf 值偏低（16.5～26.7）；而第一组表现 Nb、Ta 显著负异常、Sr 显著负异常到无异常［图 3-117（b）］，且 Zr/Hf 值相对偏高（30.4～34.7），与 Sun 和 McDonough（1989）的球粒陨石相当。在 SiO_2 对微量元素的 Harker 图解上，相容元素 Co、Ni、V、Y 及 Sr 有负相关或弱负相关关系，而 Ba、Zr 有弱正相关的趋势，Rb 分布较分散，基本无相关性（图 3-120）。

根据稀土元素组成（表 3-29、表 3-32、表 3-33 及图 3-116～图 3-119），将湘东北燕山期高 Sr 低 Y 型花岗质岩样品也大致分为两组：第一组以 Eu 表现弱的或无异常为特征（$Eu/Eu^*=0.79\sim0.96$），斜长石分异结晶不显著，它们的稀土元素含量相对较高但变化大（$61\times10^{-6}\sim239\times10^{-6}$），球粒陨石标准化模式均表现轻稀土强烈富集的右倾型［图 3-116（a）、图 3-117（b）、图 3-118（b）、图 3-119（a）］，反映稀土

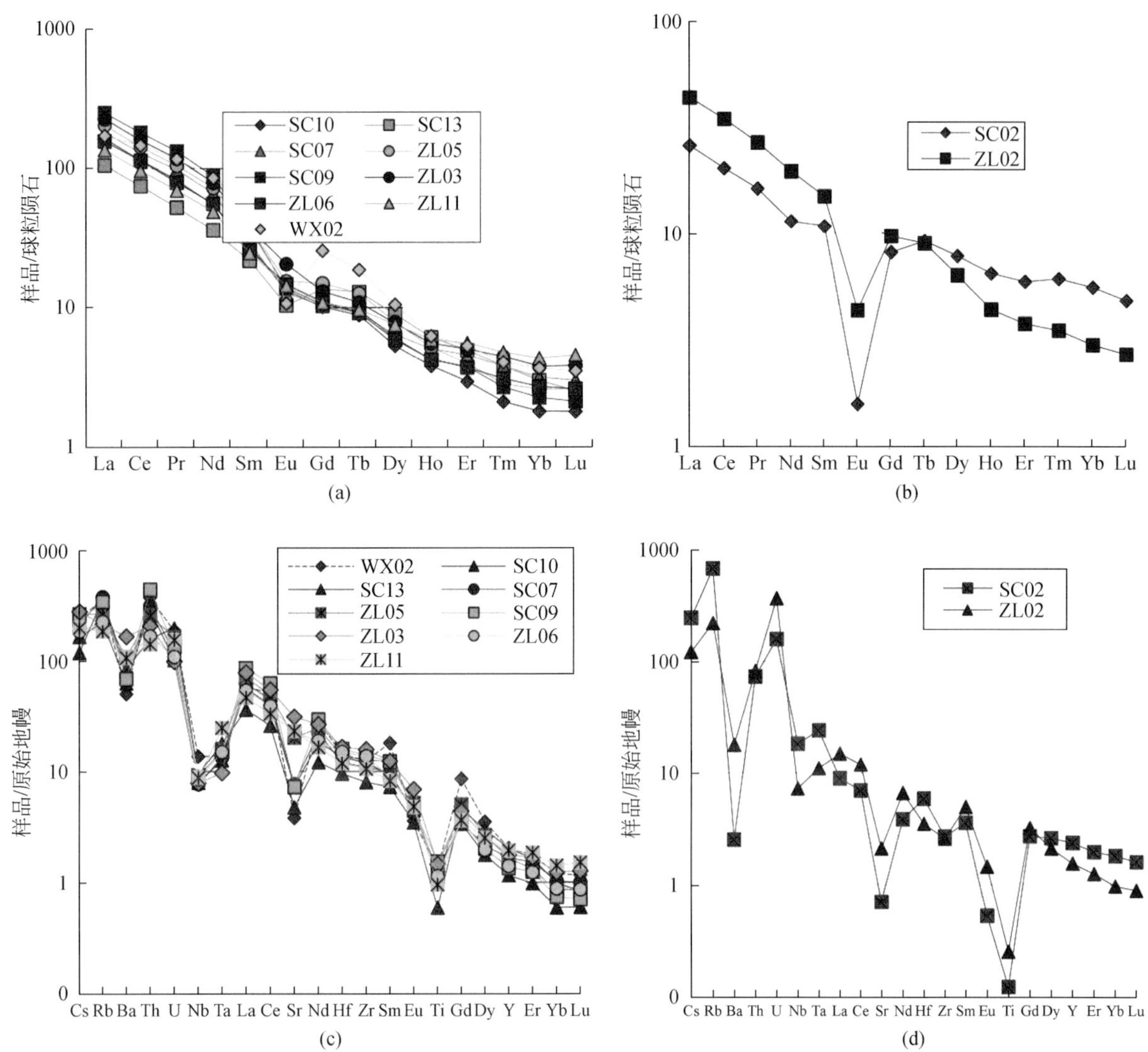

图3-116　连云山花岗岩球粒陨石标准化REE配分图（a）（b）和原始地幔标准化微量元素蛛网图（c）（d）
球粒陨石标准化值和原始地幔标准化值据Sun和McDonough（1989）

元素发生明显分馏的（$La/Yb)_N$和（$Gd/Yb)_N$值分别为19.30～91.17、0.18～2.79，暗示源区残留石榴子石和/或角闪石矿物。第二组以表现显著的负Eu异常为特征（$Eu/Eu^*=0.17\sim0.72$），表明斜长石分异结晶作用显著，稀土总量相对较低但变化较大（$33.10\times10^{-6}\sim261.15\times10^{-6}$），它们的球粒陨石标准化稀土模式虽表现轻稀土富集的右倾型［图3-116（b）、图3-117（b）、图3-118（b）、图3-118（c）］，但分馏程度变化大［（$La/Yb)_N=13.60\sim127.90$］，且该组样品比第一组具更高重稀土元素含量，锆石饱和温度为658.46～737.37℃，平均686.95℃。

此外，湘东北连云山地区混合花岗岩具有较高的ΣREE值（$148.22\times10^{-6}\sim178.39\times10^{-6}$），相对较低的ΣLREE/ΣHREE（7.64～11.36）、Sm/Yb值（2.18～5.47）、（$La/Yb)_N$值（8.23～21.19）和锆石饱和温度（596～599℃），整体表现负Eu异常（$\delta Eu=0.28\sim0.30$），但其Ce异常值与湘东北燕山期花岗质岩相似（$\delta Ce=1.01\sim1.06$）。虽然这些混合花岗岩和花岗质岩的大离子亲石元素如K、Rb、Th、U以及Pb含量相近，但更加亏损Sr和不相容元素Zr、Hf、Ba，而高场强元素如Nb、Ta和Ti亏损较少［图3-118（a）］。

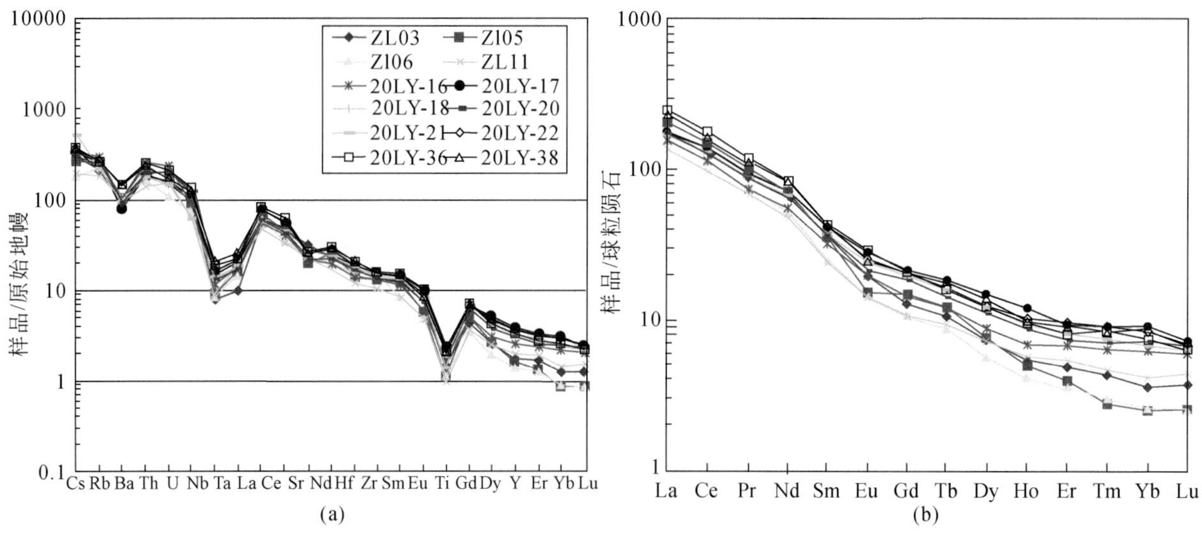

图 3-117　燕山期高 Sr 低 Y 花岗岩原始地幔标准化微量元素蛛网图（a）及球粒陨石标准化稀土元素配分图（b）

原始地幔和球粒陨石标准化值据 Sun 和 McDonough（1989）

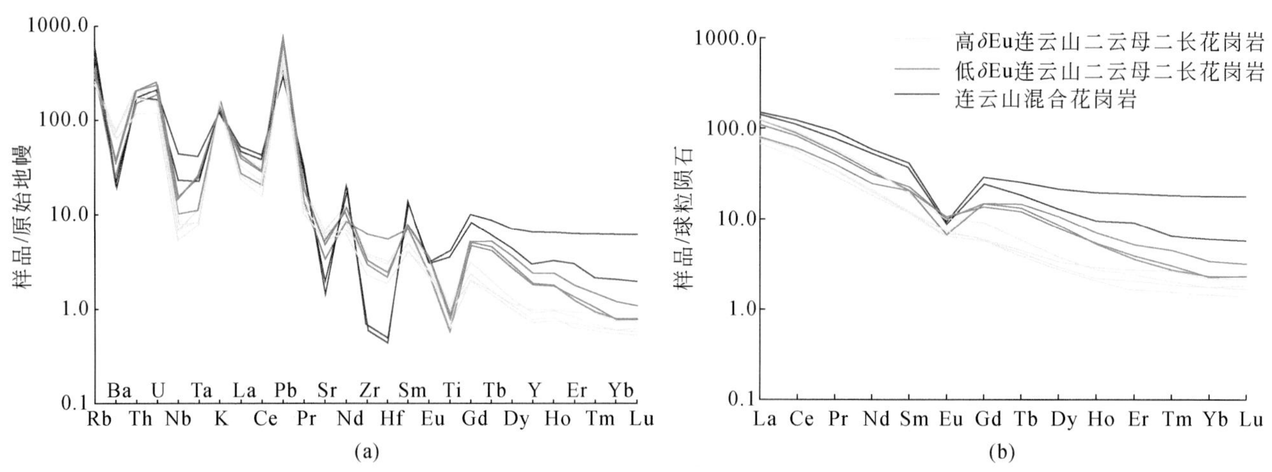

图 3-118　连云山岩体原始地幔标准化微量元素蛛网图（a）及球粒陨石标准化稀土元素配分图（b）

原始地幔和球粒陨石来源于 Sun 和 McDonough（1989）

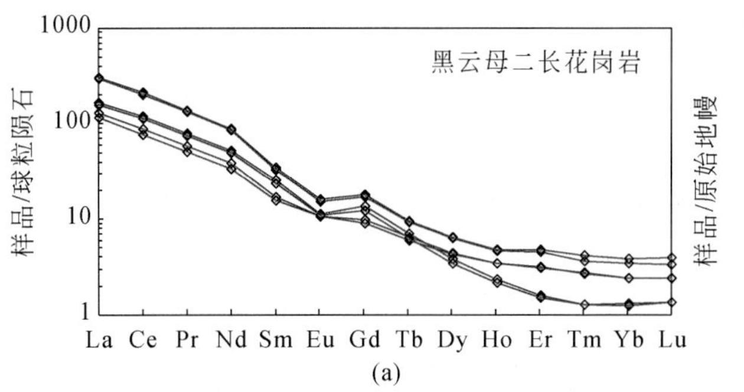

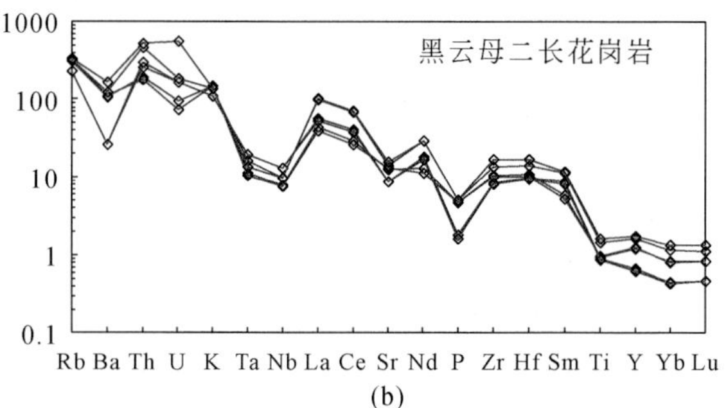

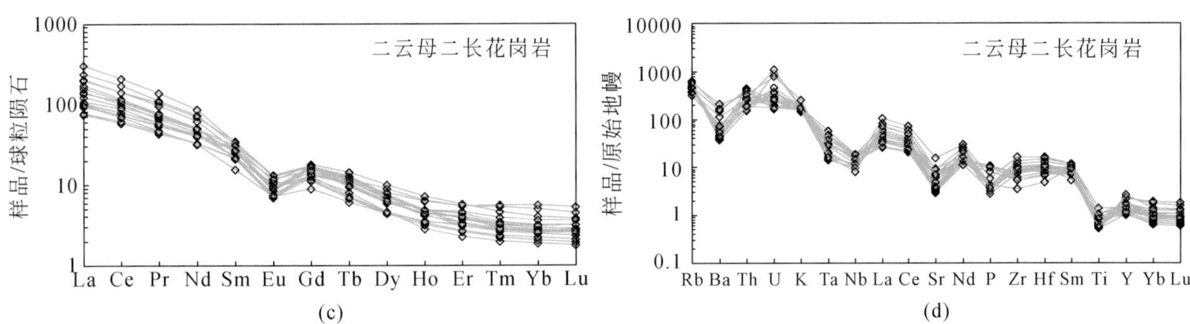

图 3-119　幕阜山岩体中二长花岗岩球粒陨石标准化稀土元素配分曲线（a）（c）和原始地幔标准化微量元素蛛网图（b）（d）

标准化值据 Sun 和 McDonough（1989）

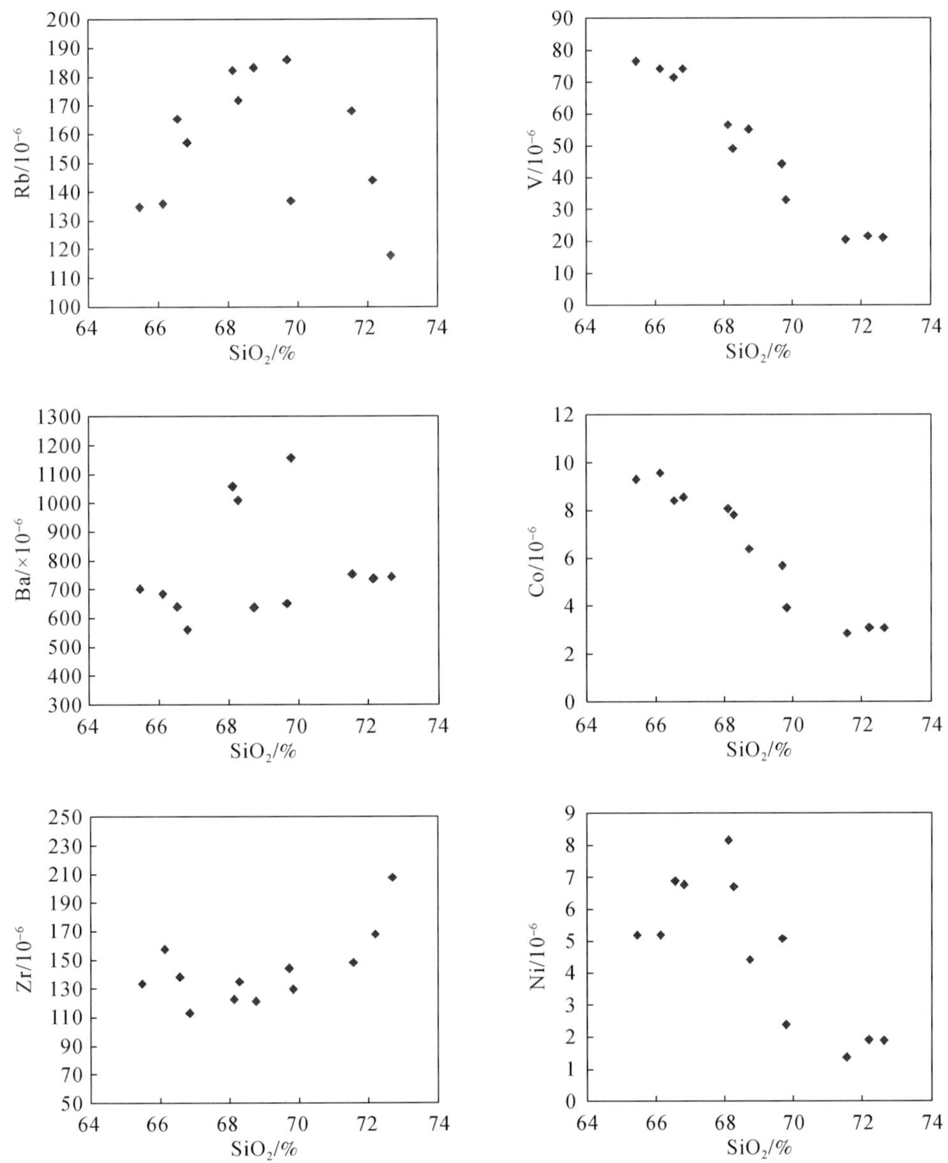

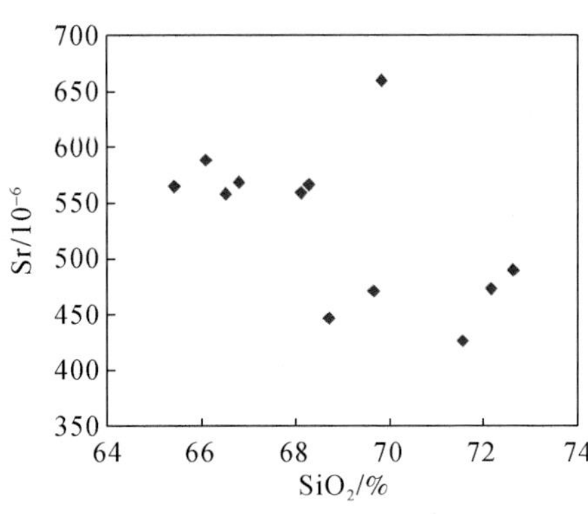

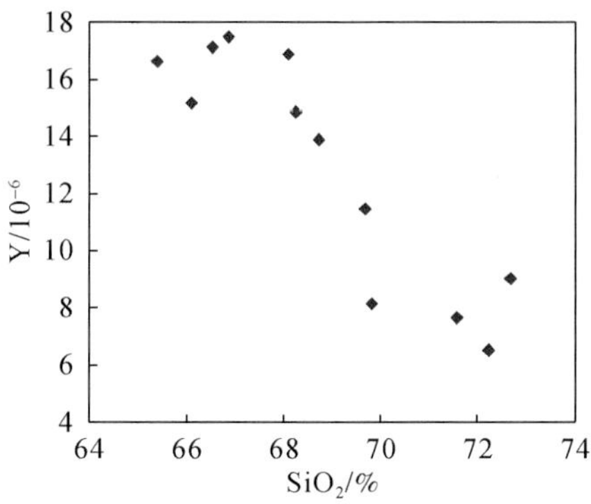

图 3-120　湘东北燕山期高 Sr 低 Y 花岗岩 SiO_2 对微量元素图解

湘东北地区燕山期高 Sr 低 Y 型花岗质岩 Sr-Nd-Pb 同位素数据见表 3-30、表 3-31、表 3-34 ~ 表 3-36。可以看出，该类型岩石具高的但可变的（$^{87}Sr/^{86}Sr$)$_i$ 值（0.70829 ~ 0.73097），低的（$^{143}Nd/^{144}Nd$)$_i$（0.51175 ~ 0.51201）和 $\varepsilon_{Nd}(t)$(−13.7 ~ −8.5）值，不同于澳大利亚东南部褶皱带（LFB）中的 I 型和 S 型花岗岩（图 3-121、图 3-122），但初始 Sr 比值远低于冷家溪群变质沉积岩相应值（0.743）（李鹏春等，2005）。二阶段 Nd 模式（采用的计算公式引自 Li and McCulloch，1996；沈渭洲等，1999）年龄 t_{DM} 为 1.42 ~ 2.1Ga，与华南元古宙变质沉积岩相比略显偏低（t_{DM} = 1.65 ~ 2.14Ga；Li and McCulloch，1996；Chen and Jahn，1998）。Pb 同位素组成为（$^{206}Pb/^{204}Pb$)$_i$ = 17.972 ~ 19.959、（$^{208}Pb/^{204}Pb$)$_i$ = 38.315 ~ 38.941、（$^{207}Pb/^{204}Pb$)$_i$ = 15.589 ~ 15.761（表 3-31、表 3-36）。在（$^{206}Pb/^{204}Pb$)$_i$ −（$^{208}Pb/^{204}Pb$)$_i$ 图上，它们沿岛弧铅演化［图 3-123（a）、图 3-124（a）］；在（$^{206}Pb/^{204}Pb$)$_i$ −（$^{207}Pb/^{204}Pb$)$_i$ 图上，不同于新元古界冷家溪群和板溪群变质沉积岩，分布在造山带与上地壳之间［图 3-123（b）、图 3-124（b）］，反映铅可能不是单一的来源。然而，（$^{207}Pb/^{204}Pb$)$_i$ 与 $\varepsilon_{Nd}(t)$ 和（$^{87}Sr/^{86}Sr$)$_i$，以及 $\varepsilon_{Nd}(t)$ 和（$^{87}Sr/^{86}Sr$)$_i$ 均存在弱的但负相关关系（图 3-125）。此外，来自连云山岩体内位于周洛地区的花岗质岩样品，相对来说具有较低的初始 Sr 和较高的初始 Nd 同位素比值（分别为 0.71546 ~ 0.72680、−11.54 ~ −9.98）。而二个“连云山混杂岩”围岩样品（$^{87}Sr/^{86}Sr$)$_i$ 变化于 0.71033 ~ 0.73008，（$^{143}Nd/^{144}Nd$)$_i$ 变化于 0.51182 ~ 0.51194，$\varepsilon_{Nd}(t)$ 变化于 −12.29 ~ −10.02。因而与连云山岩体相比，“连云山混杂岩”具有稍高的初始 Nd 和稍低的初始 Sr 同位素比值，但其 Nd 模式年龄（t_{DM2}）在 1.74 ~ 1.94Ga 之间（表 3-34），与扬子地块东南缘中元古代变质沉积岩 t_{DM} 值接近（~1.8Ga；Li and McCulloch，1996；Chen and Jahn，1998）。

表 3-34　燕山期连云山岩体以及包体 Sr-Nd 同位素组成

样品	年龄/Ma	$^{87}Rb/^{86}Sr$	$^{87}Sr/^{86}Sr$	$(^{87}Sr/^{86}Sr)_i$	$^{147}Sm/^{144}Nd$	$^{143}Nd/^{144}Nd$	$(^{143}Nd/^{144}Nd)_i$	$(^{143}Nd/^{144}Nd)_{CHUR}$	$\varepsilon_{Nd}(t)$	t_{DM2}/Ma
BS001	145	3.752	0.73060	0.72286						
BS003	145	28.447	0.78871	0.73008	0.24161	0.51205	0.51182	0.51245	−12.29	1931.09
BS004	145	26.784	0.76553	0.71033	0.11639	0.51205	0.51194	0.51245	−10.02	1747.63
BS005	145	8.142	0.74376	0.72698						
BS005-1	145	4.259	0.72907	0.72029	0.28157	0.51202	0.51175	0.51245	−13.65	2041.07
BS006	145	3.455	0.73326	0.72614						
BS008	145	5.530	0.74237	0.73097	0.20515	0.51196	0.51177	0.51245	−13.36	2017.64

表 3-35　幕阜山岩体燕山期花岗岩 Sr-Nd 同位素组成

样品编号	岩性	年龄/Ma	Rb/10^{-6}	Sr/10^{-6}	Sm/10^{-6}	Nd/10^{-6}	$^{87}Rb/^{86}Sr$	$^{87}Sr/^{86}Sr$	2σ	$(^{87}Sr/^{86}Sr)_i$	$^{147}Sm/^{144}Nd$	$^{143}Nd/^{144}Nd$	2σ	$\varepsilon_{Nd}(t)$	$(^{143}Nd/^{144}Nd)_i$	t_{DM2}/Ma	$f_{Sm/Nd}$
17LS-10-1	高 Sr 低 Y 型黑云母二长花岗岩	149.3	199	269.4	2.59	17.8	2.14	0.718966	19	0.714432	0.087835	0.512095	12	−8.52	0.512009	1630	−0.55
17LS-10-2		149.3	207	276.3	2.34	15.6	2.17	0.718984	15	0.714381	0.090866	0.512087	11	−8.73	0.511999	1646	−0.54
17YKS-07-1		149.3	205	296.9	4.97	39.7	2.00	0.716560	16	0.712316	0.075670	0.512076	12	−8.67	0.512002	1642	−0.62
15MFS05-1		149.3	145	182.0	3.91	24.3	2.30	0.720871	14	0.715983	0.097164	0.512059	8	−9.40	0.511964	1701	−0.51
15MFS05-2		149.3	146	181.5	3.56	22.9	2.33	0.720373	14	0.715437	0.093943	0.512088	8	−8.77	0.511996	1650	−0.52
17LS-1	低 Sr 低 Y 型二云母二长花岗岩	144.8	289	61.2	4.13	18.7	13.71	0.745455	17	0.717244	0.133672	0.512092	14	−9.49	0.511965	1705	−0.32
17LS-2		140.4	310	74.5	4.32	19.8	12.09	0.742640	18	0.718504	0.131893	0.512094	11	−9.46	0.511973	1699	−0.33
17LS-7		144.8	305	70.2	3.31	15.1	12.63	0.744599	15	0.718594	0.132171	0.512094	11	−9.42	0.511969	1699	−0.33
17LS-9		144.8	297	66.0	3.19	15.3	13.07	0.747569	18	0.720673	0.126484	0.512049	9	−10.20	0.511929	1762	−0.36
17TL-22		135.7	315	76.0	3.41	19.1	12.01	0.739360	21	0.716188	0.107944	0.512046	10	−10.02	0.511950	1740	−0.45
17TL-25		135.7	283	104.2	4.60	23.4	7.88	0.735367	17	0.720169	0.118879	0.512027	7	−10.57	0.511922	1784	−0.40
15MFS03-1		144.8	242	131.0	3.41	20.9	5.35	0.725646	12	0.714630	0.098433	0.512047	9	−9.72	0.511954	1723	−0.50
15MFS04-1		144.8	332	79.8	4.36	19.7	12.06	0.739004	12	0.714179	0.134023	0.512008	10	−11.14	0.511881	1838	−0.32

表 3-36 幕阜山岩体燕山期花岗岩 Pb 同位素组成

样品编号	岩性	年龄/Ma	$Pb/10^{-6}$	$Th/10^{-6}$	$U/10^{-6}$	$^{206}Pb/^{204}Pb$	$^{207}Pb/^{204}Pb$	$^{208}Pb/^{204}Pb$	2σ	2σ	2σ	$(^{206}Pb/^{204}Pb)_i$	$(^{207}Pb/^{204}Pb)_i$	$(^{208}Pb/^{204}Pb)_i$	$\mu\ (^{238}U/^{204}Pb)$	$\omega\ (^{232}Th/^{204}Pb)$
17LS-10-2	高 Sr 低 Y 型黑云母二长花岗岩	149. 3	47. 5	15. 0	1. 53	18. 284	15. 671	38. 756	0. 0005	0. 0005	0. 0014	18. 236	15. 668	38. 601	2. 05	20. 8
17LS-10-1		149. 3	46. 9	16. 5	2. 02	18. 266	15. 667	38. 747	0. 0005	0. 0005	0. 0016	18. 202	15. 664	38. 575	2. 74	23. 1
17YKS-07-1		149. 3	45. 9	39. 0	3. 84	18. 210	15. 667	39. 091	0. 0005	0. 0005	0. 0016	18. 084	15. 661	38. 675	5. 35	56. 1
15MFS05-1		149. 3	33. 6	25. 6	3. 44	18. 319	15. 659	38. 743	0. 0006	0. 0007	0. 0018	18. 165	15. 652	38. 371	6. 54	50. 2
15MFS05-2		149. 3	33. 3	22. 4	3. 47	18. 310	15. 660	38. 729	0. 0008	0. 0008	0. 0024	18. 154	15. 653	38. 401	6. 65	44. 2
17LS-2	低 Sr 低 Y 型二云母二长花岗岩	140. 4	47. 1	15. 7	6. 29	18. 430	15. 676	38. 715	0. 0006	0. 0006	0. 0016	18. 242	15. 667	38. 562	8. 52	22. 0
17LS-9		144. 8	41. 6	13. 1	7. 66	18. 597	15. 686	38. 709	0. 0006	0. 0005	0. 0014	18. 329	15. 673	38. 560	11. 78	20. 7
17TL-25		135. 7	59. 3	23. 2	7. 50	18. 385	15. 683	38. 945	0. 0005	0. 0005	0. 0015	18. 213	15. 675	38. 771	8. 09	25. 8
15MFS03-1		144. 8	51. 3	21. 9	4. 96	18. 449	15. 664	38. 722	0. 0008	0. 0009	0. 0025	18. 309	15. 658	38. 520	6. 16	28. 1
15MFS04-1		144. 8	44. 6	16. 9	9. 74	18. 423	15. 666	38. 680	0. 0007	0. 0007	0. 0019	18. 106	15. 650	38. 500	13. 94	25. 0
15MFS04-2		144. 8	39. 7	16. 5	5. 40	18. 461	15. 665	38. 666	0. 0007	0. 0007	0. 0021	18. 264	15. 655	38. 470	8. 68	27. 4
STCM3-02		135. 7	34. 0	26. 9	5. 98	18. 301	15. 674	39. 060	0. 0006	0. 0005	0. 0015	18. 061	15. 663	38. 707	11. 25	52. 3

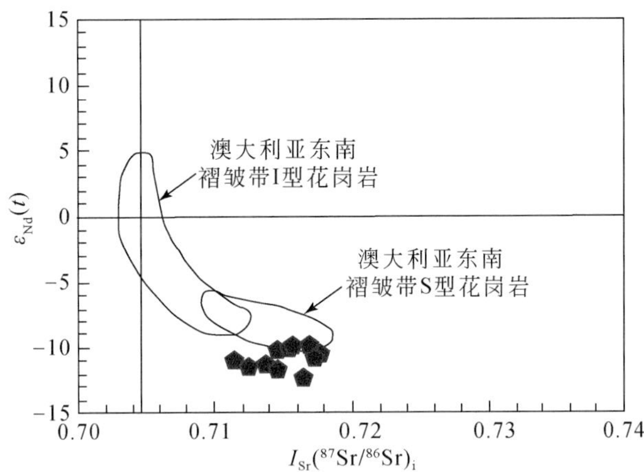

图3-121　燕山期高Sr低Y花岗岩 $I_{Sr}(^{87}Sr/^{86}Sr)_i$-$\varepsilon_{Nd}(t)$ 图解

图中澳大利亚东南褶皱带I型和S型花岗岩范围据Keay等（1997）

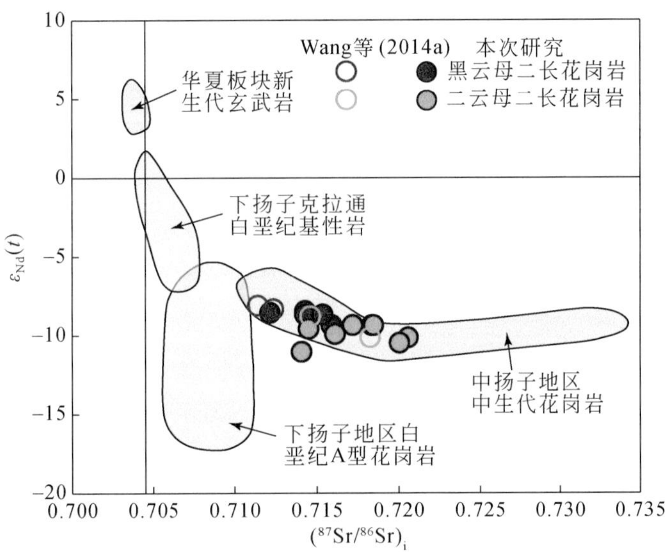

图3-122　幕阜山岩体中高Sr低Y型（红色实心圆）和低Sr低Y型（绿色实心圆）花岗岩 $\varepsilon_{Nd}(t)$-$(^{87}Sr/^{86}Sr)_i$图

数据来源：华夏板块新生代玄武岩（Zou et al.，2000）、下扬子克拉通白垩纪基性岩（Yan et al.，2008）、中扬子地区中生代花岗岩（Wang et al.，2005）、下扬子地区白垩纪A型花岗岩（Chen et al.，2001）

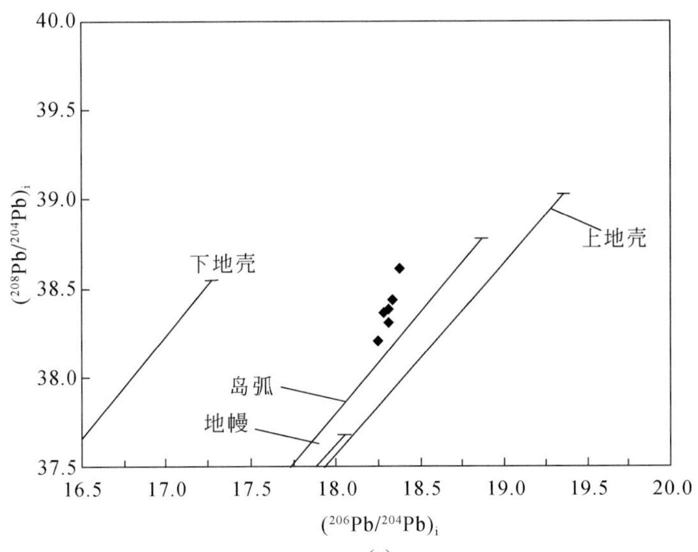

(a)

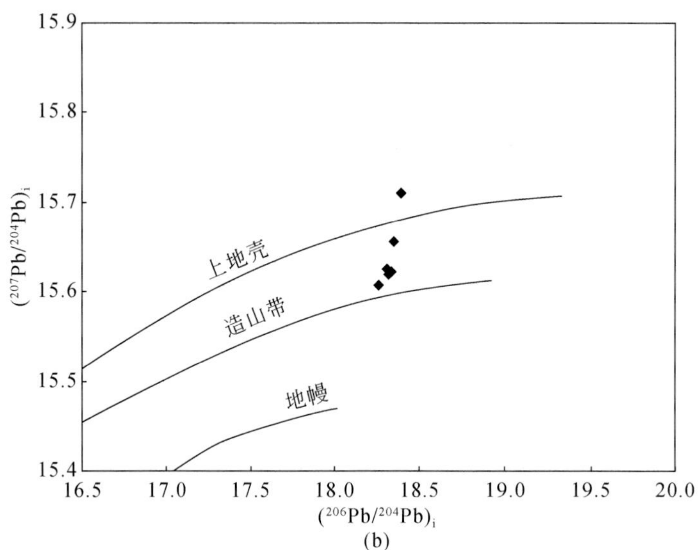

图 3-123　燕山期高 Sr 低 Y 花岗岩 Pb 同位素图解（铅模式据 Doe and Zartman，1979）

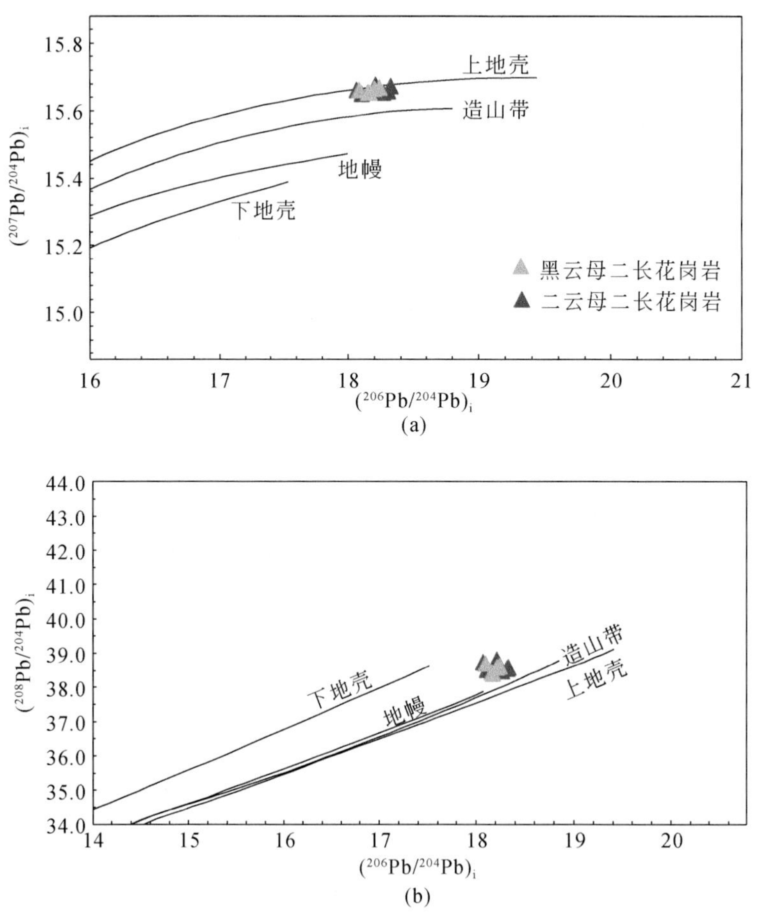

图 3-124　幕阜山岩体中二长花岗岩 Pb 同位素组成（据 Zartman and Doe，1981）

另外，连云山岩体中二云母二长花岗岩和混合花岗岩的二阶段 Nd 模式年龄相似（1.7～2.1Ga），两者的 $\varepsilon_{Nd}(t)$ 值也相近，指示均为地壳来源。在 t-$\varepsilon_{Nd}(t)$ 图解［图 3-126（a）］中，二者均位于华南元古宙地壳的演化区之中。这与江南古陆中部变质基底的二阶段模式年龄（1.87～2.14Ga，平均值 2.01Ga）

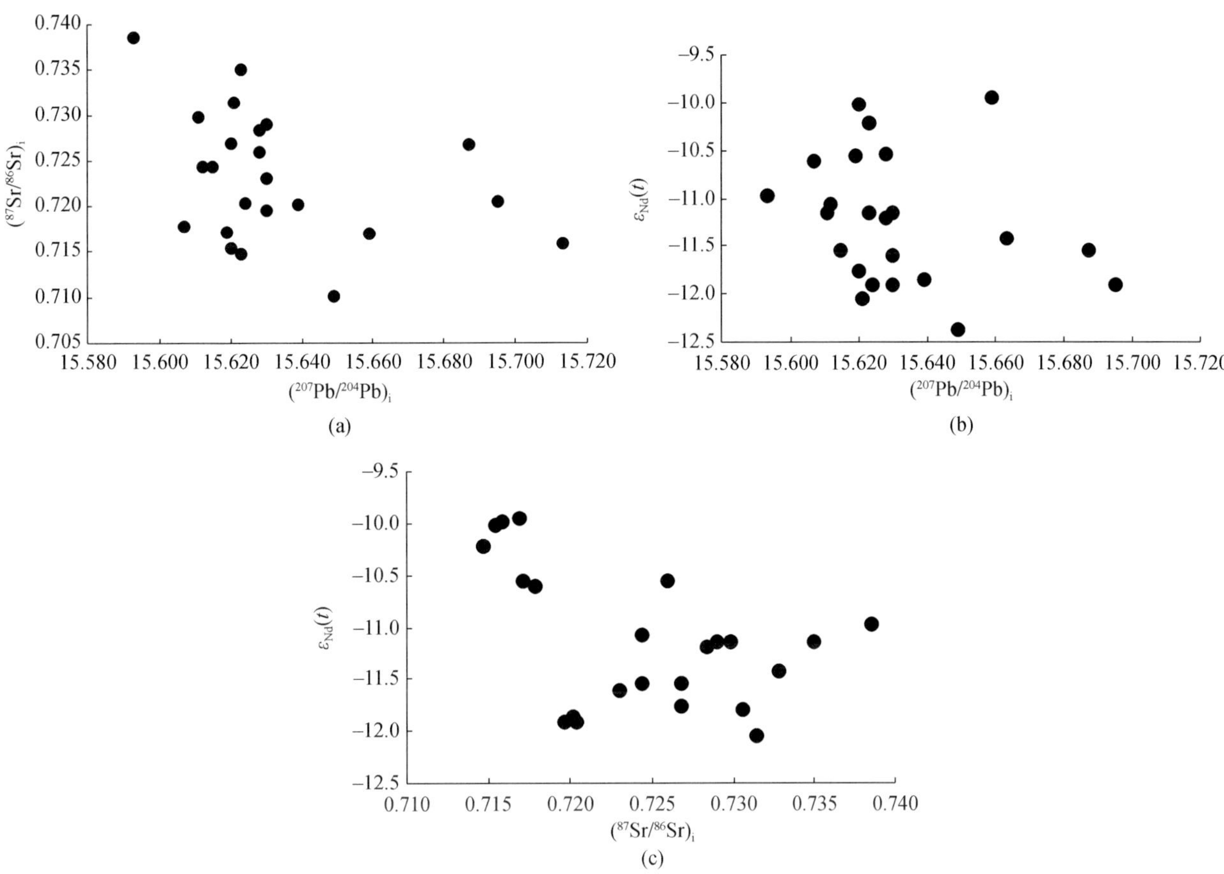

图 3-125　连云山花岗质岩 $(^{207}Pb/^{204}Pb)_i$ - $(^{87}Sr/^{86}Sr)_i$，$(^{207}Pb/^{204}Pb)_i$-$\varepsilon_{Nd}(t)$ 及 $(^{87}Sr/^{86}Sr)_i$-$\varepsilon_{Nd}(t)$ 图解

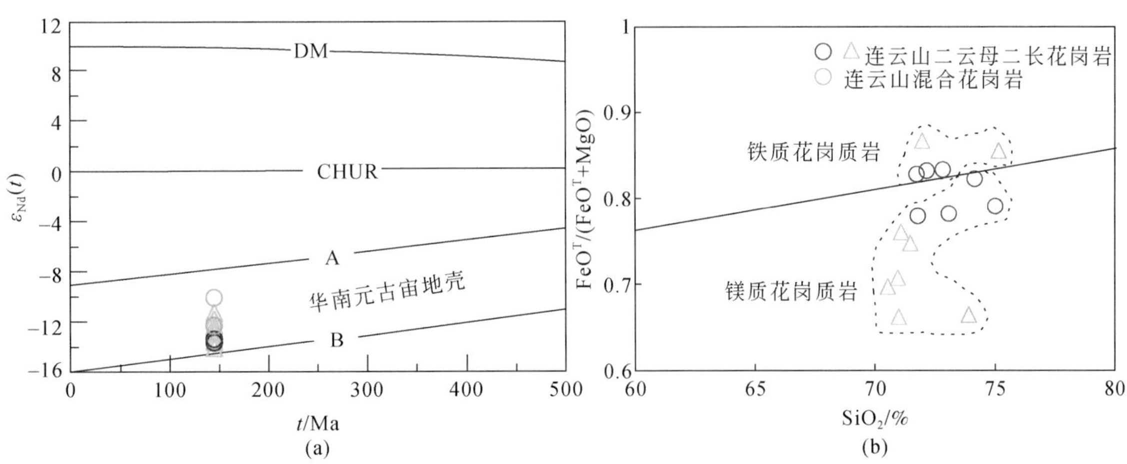

图 3-126　连云山二云母二长花岗岩和混合岩 t-$\varepsilon_{Nd}(t)$ 图解（a）及 SiO_2-$FeO^T/(FeO^T+MgO)$ 图解（b）

底图据沈渭洲等（1993）；圆圈代表本书中的样品数据，三角形代表的连云山二云母二长花岗岩数据，来自许德如等（2009）

相一致。因此，Nd 同位素组成说明，连云山岩体中二云母二长花岗岩和混合花岗岩来源于华南元古宙地壳物质的重熔。

3.4.3.2　低 Sr 低 Y 型

湘东北地区燕山期低 Sr 低 Y 型花岗质岩以金井、幕阜山、望湘等岩体为主，但包含部分连云山岩体

（如位于五星水库、思村、周洛、南江桥、虹桥等地）。从表3-28、表3-32、表3-33可见，该类型花岗质岩富 SiO_2(68.00%~74.31%)、富 K_2O(1.86%~7.50%) 和富 Na_2O(1.14%~3.84%)，K_2O/Na_2O 值普遍>1.0（1.00~2.43；仅个别样品<1），MgO 含量偏低，$Mg^{\#}$为0.16~0.61。在 $SiO_2-Na_2O+K_2O$ 关系图上落入花岗岩区域［图3-110（a）、图3-127（a）］，在 SiO_2-K_2O 图上大部分落入高钾钙碱性系列范围［图3-107（b）、图3-110（b）、图3-127（b）］。相对于高Sr低Y型样品，湘东北地区低Sr低Y型花岗质岩贫 Al_2O_3（13.25%~16.43%：表3-28、表3-32、表3-33），但其铝饱和指数（A/CNK）为0.94~1.53，绝大部分大于1，为弱过铝质岩石，显示强过铝质性质［图3-110（c）、图3-127（c）］。结合矿物组成，该类型花岗质岩应属高钾钙碱性强过铝质（SP）花岗岩类（Chappell and White，1992）。在QAP图（图3-128）和在 $SiO_2-Na_2O+K_2O$ 图［图3-110（a）、图3-129］上，大多数落于花岗岩区域，少部分落于花岗闪长岩区域。在Harker图解上(图3-115、图3-130、图3-131)，SiO_2 呈现两组分布趋势，可能反映所研究的花岗质岩起源于两个在成分上有所差别的源区。CaO/Na_2O 值也明显分为≥0.4和<0.4两组，这与冷家溪群所反映的地球化学特征相一致。随 SiO_2 含量的增加，CaO、MgO、Al_2O_3、FeO、TiO_2 呈现下降趋势，可能受角闪石、黑云母或堇青石等结晶分异演化影响；而 P_2O_5 与 TiO_2 相对降低则可能与磷灰石和钛铁矿等分异结晶有关。K_2O 变化趋势不大，但 K_2O/TiO_2、K_2O/P_2O_5 却有略微增高的趋势，与其围岩冷家溪群所表现的降低趋势相反，说明地壳重熔或地壳混染使 K_2O 富集的可能性不大。但偏低的 $FeO+Fe_2O_3+MgO+TiO_2$ 含量（普遍小于3%）及低的 $Mg^{\#}$（0.4左右），表明岩浆可能经历了较高程度的分异演化。

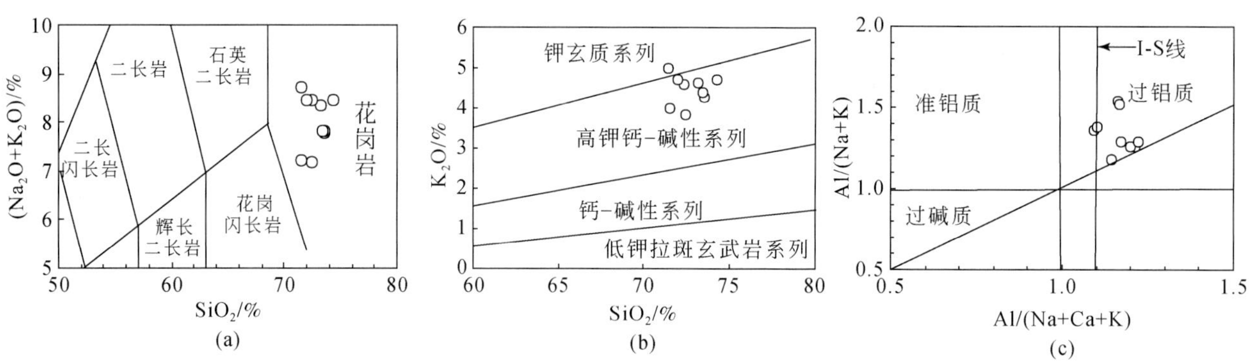

图3-127　湘东北金井燕山早期花岗岩 $SiO_2-Na_2O+K_2O$（据 Middlemost，1994）、SiO_2-K_2O（据 Morrison，1980）及 Al/(Na+Ca+K)-Al/(Na+K)(据 Maniar and Piccoli，1989）图解

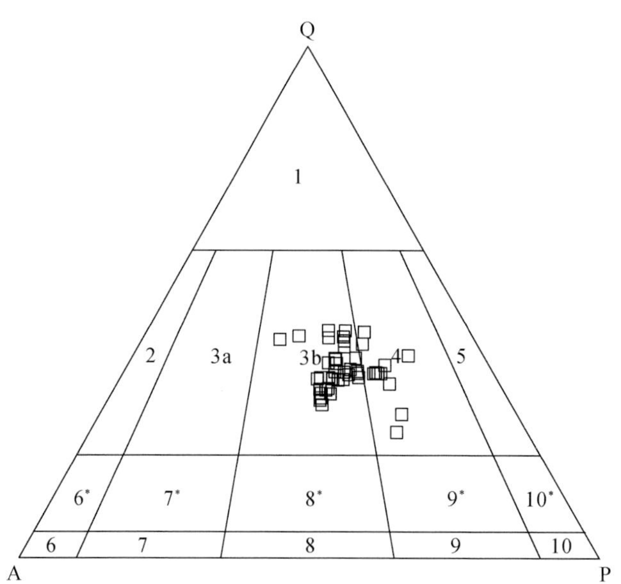

图3-128　湘东北燕山期低Sr低Y花岗岩QAP图解（据 Streckeisen，1973）

图中数字标定的区域说明见图3-111

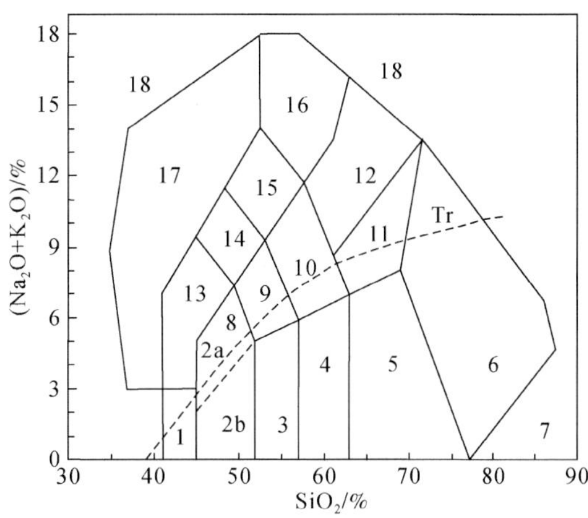

图3-129　湘东北燕山期低Sr低Y花岗岩TAS图解（据Middlemost，1994）

图中数字标定的区域说明见图3-112

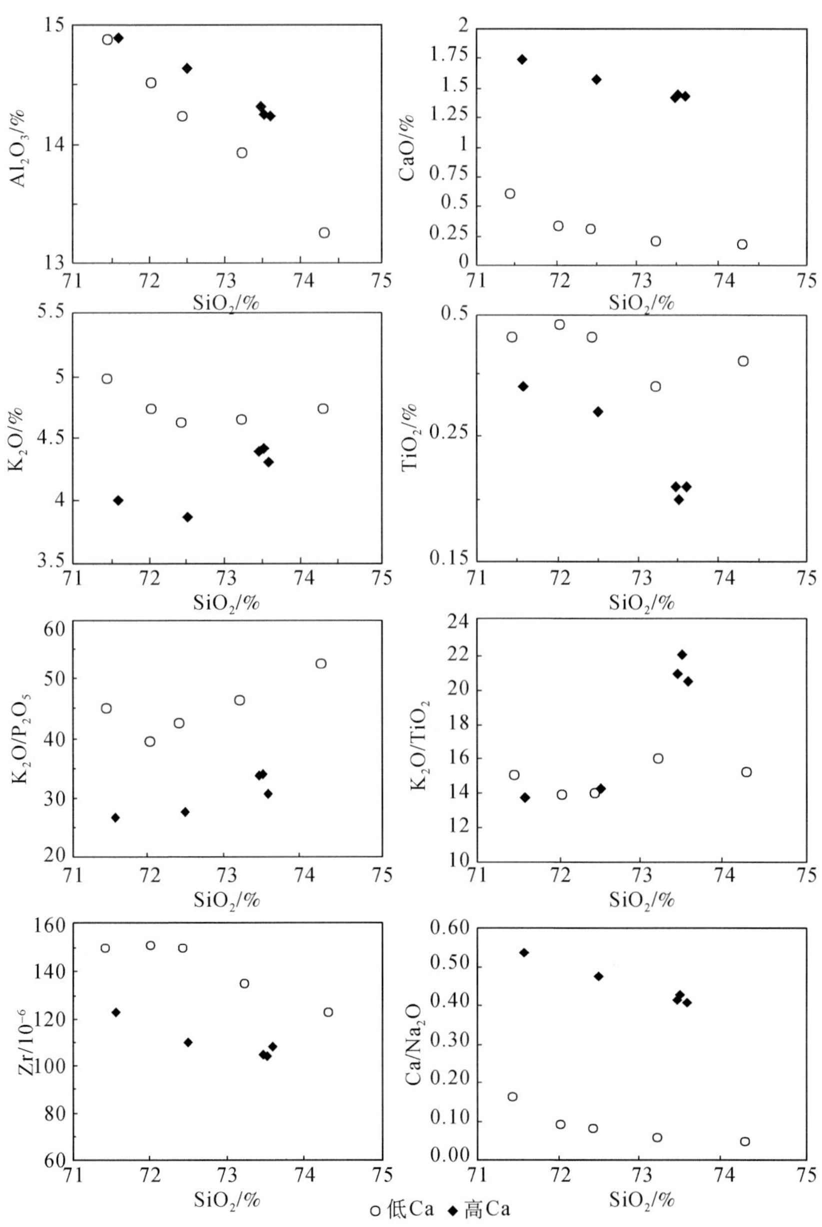

图3-130　湘东北金井燕山早期花岗岩的哈克图解

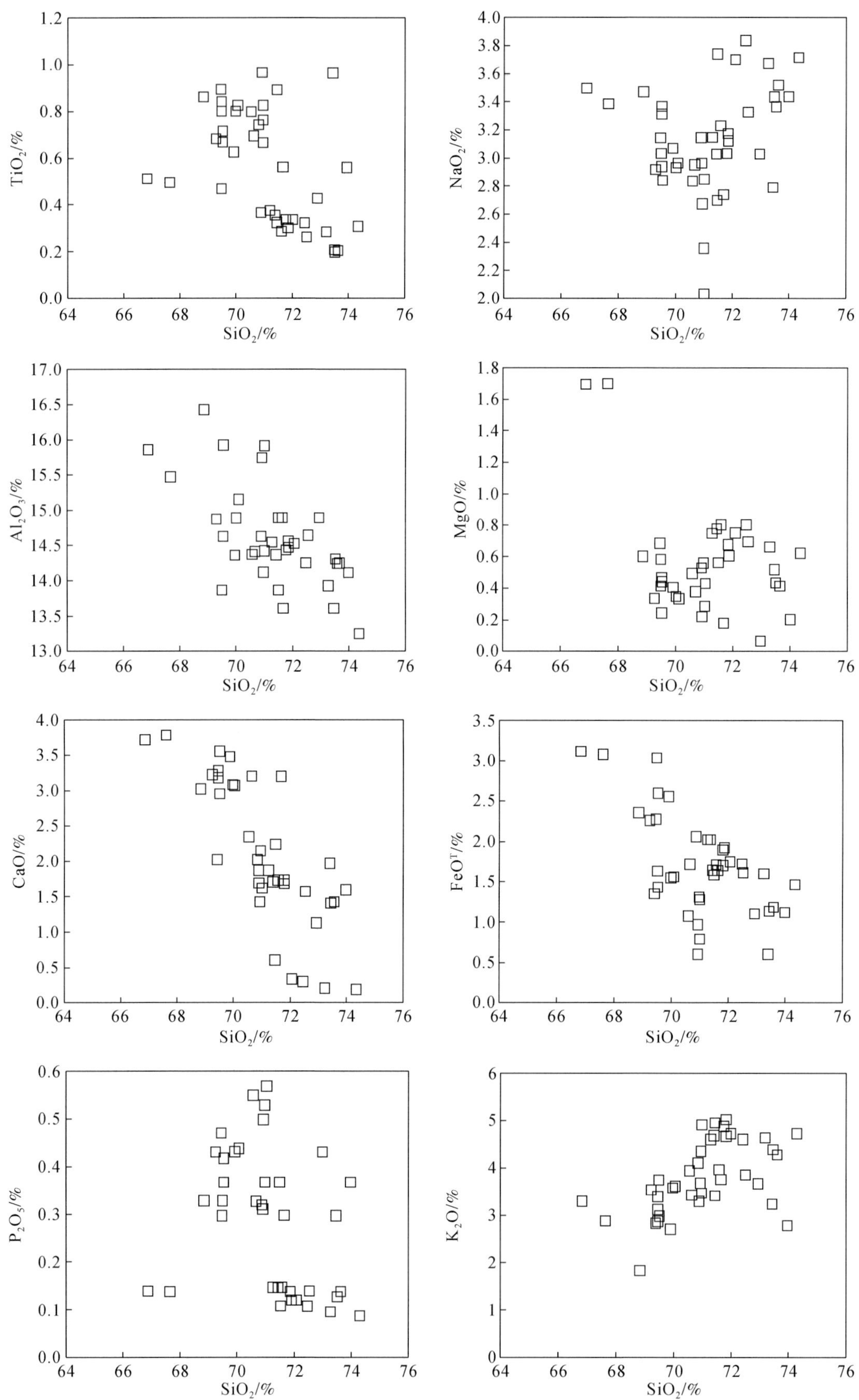

图 3-131　湘东北燕山期低 Sr 低 Y 花岗岩 SiO_2 对主要元素图解

湘东北燕山期低 Sr 低 Y 型花岗质岩具有较高的 Rb 含量（介于 $140\times10^{-6}\sim398\times10^{-6}$之间）和 Ba 含量（$259\times10^{-6}\sim1417\times10^{-6}$），相对低的 Sr 含量（绝大多数在 $61\times10^{-6}\sim150\times10^{-6}$间，个别在 $191\times10^{-6}\sim328\times10^{-6}$之间）、Y 含量（$4.6\times10^{-6}\sim18.2\times10^{-6}$）和 Yb 含量（$0.29\times10^{-6}\sim1.44\times10^{-6}$）（表 3-29、表 3-32、表 3-33），因而具有高的但可变的 Rb/Sr 值（0.8～4.8）和低的但可变的 Sr/Y 值（大多数介于 7.6～33.2 之间）。在微量元素蛛网图（原始地幔标准化）中［图 3-116（b）、图 3-118（a）、图 3-119（b）、图 3-132（a）、图 3-133（b）］，大离子亲石元素 LILEs 如 Rb、Th、U、K 相对富集，而 Ba、Nb、Ta、Sr、Ti、P 相对亏损，与冷家溪群微量元素分布特征类似［图 3-133（a）］。Ba、Sr 和 Eu 的亏损与低压条件下斜长石发生过结晶分异有关；P 和 Ti 异常与磷灰石和钛铁矿等的分异结晶作用有关；而 Nb 与 Ta 的负异常暗示其不可能由软流圈部分熔融直接产生（Foley et al.，1992），因而可能来源于地壳或与地壳混染有关，或者在源区有一富集 Nb、Ta、Ti 的残留矿物（金红石?），或者是因板块俯冲作用影响的富集岩石圈地幔参与了岩浆的演化过程（Dungan et al.，1986）。Nb/Ta 为 5.5～12.0，与大陆下地壳类似（10；Taylor and McLennan，1985）。在 SiO_2 对微量元素的 Harker 图解上，随 SiO_2 含量的增加，V、Ba、Zr、Ni、Sr、Y、Co 有降低的趋势，而 Rb 有增加的趋势（图 3-134）。但 SiO_2-Zr 图解显示（图 3-134），湘东北燕山期低 Sr 低 Y 型花岗质岩同样可分为两组，并随 SiO_2 含量增加，Zr 有降低的趋势，可能反映了源区成分部分熔融程度的差别，或是熔体混合度的差别（Rapp et al.，1999），抑或是源区的不均一性。

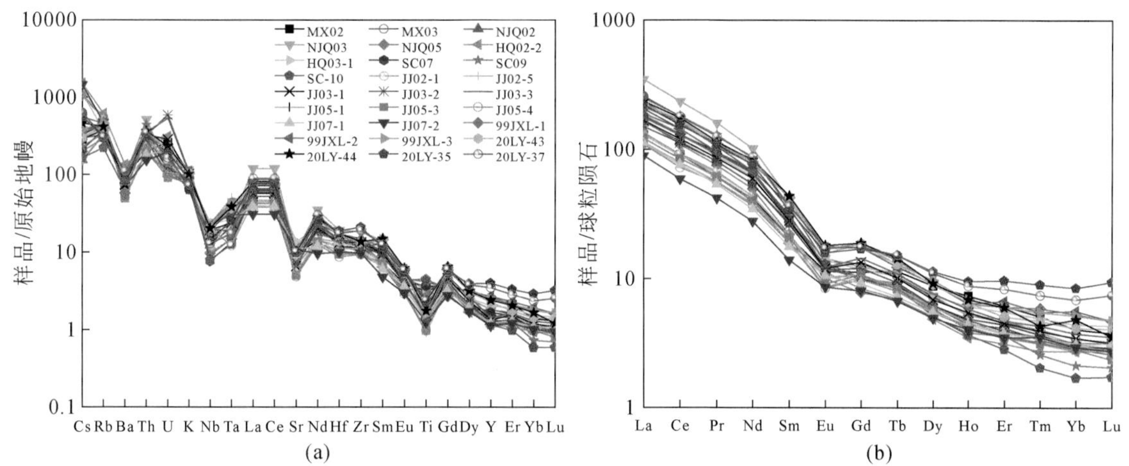

图 3-132　燕山期低 Sr 低 Y 花岗岩原始地幔标准化微量元素蛛网图（a）及球粒陨石标准化 REE 配分图（b）

原始地幔和球粒陨石标准化值据 Sun 和 McDonough（1989）

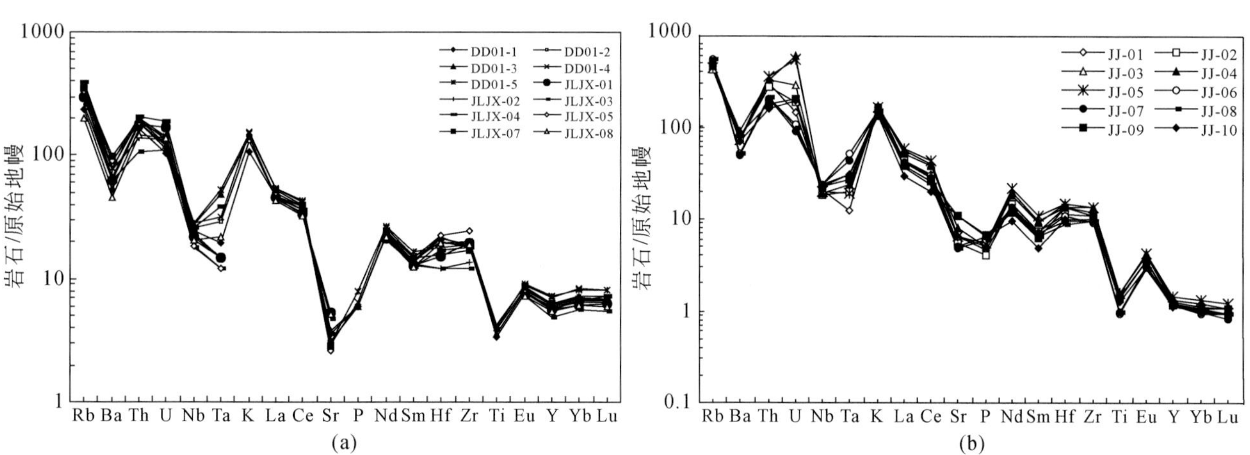

图 3-133　湘东北冷家溪群（a）及燕山期金井花岗岩（b）对原始地幔标准化的微量元素蛛网图

原始地幔值引自 Sun 和 McDonough（1989）

湘东北燕山期低 Sr 低 Y 型花岗质岩稀土元素总量变化大（$81\times10^{-6}\sim304\times10^{-6}$；表 3-29、表 3-32、表 3-33），为稀土元素富集型花岗质岩。球粒陨石标准化的稀土元素模式表现为 LREE 富集型［图 3-118（b）、图 3-119（a）、图 3-132（b）、图 3-135（a）］，轻、重稀土元素明显发生分异且轻稀土较重稀土分异显著［$(La/Yb)_N=18\sim119$，$(Ce/Yb)_N=18\sim33$，$(Gd/Yb)_N=2.3\sim6.9$］，但 LREE 内部分异明显［$(La/Sm)_N=3.4\sim9.0$］、重稀土元素 HREE 内部也存在分异［$(Gd/Lu)_N=1.8\sim5.6$］。Eu 表现为可变的负异常（δEu 比值大多在 0.39～0.60 之间，平均 0.56），表明有斜长石的分离结晶。LREE 相对较富集可能是源区残留锆石、石榴子石所致和/或熔体中含有褐帘石等矿物。低 Sr 低 Y 型花岗质岩稀土元素特征与冷家溪群 REE 组成显然有一定的差别［图 3-135（b）］。在 La-La/Sm 图解上（图 3-136），分离结晶趋势较为明显，反映岩浆成因与分异结晶有关。

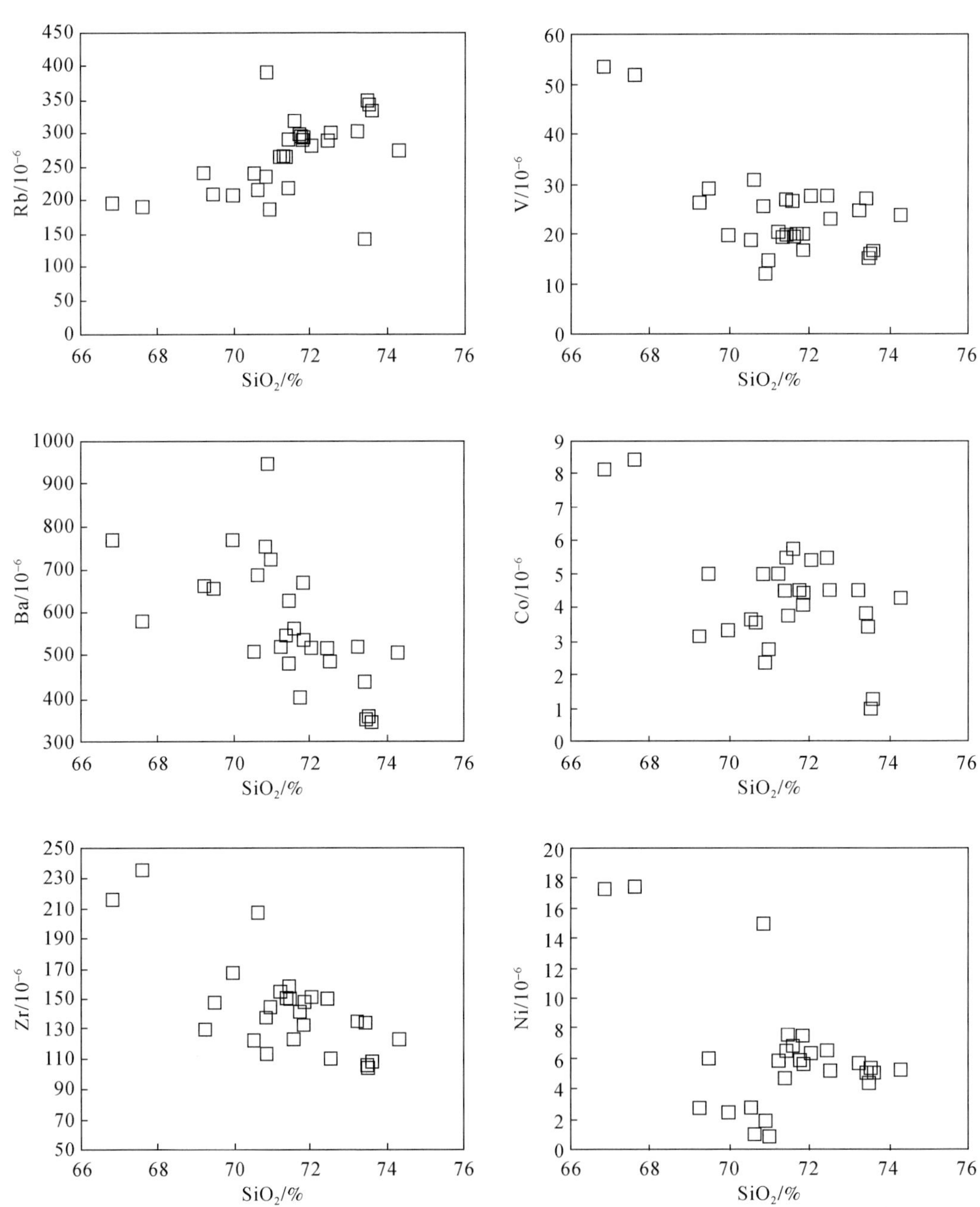

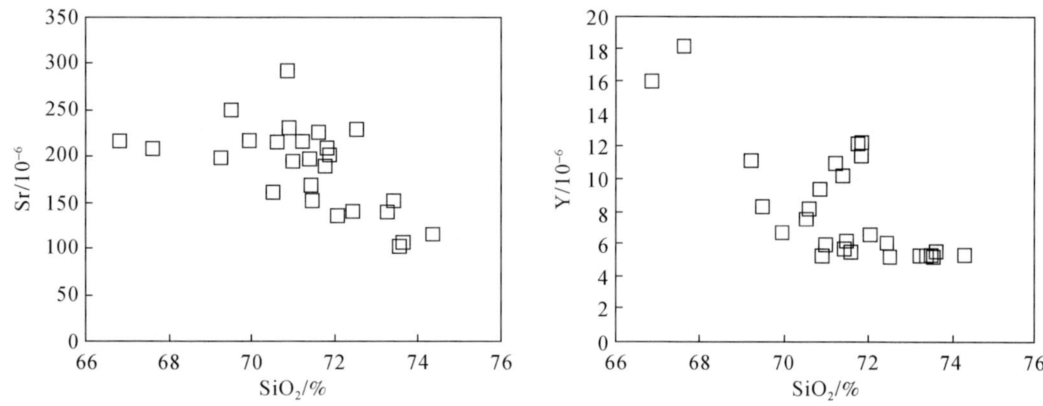

图 3-134　湘东北燕山期低 Sr 低 Y 花岗岩 SiO_2 对微量元素图解

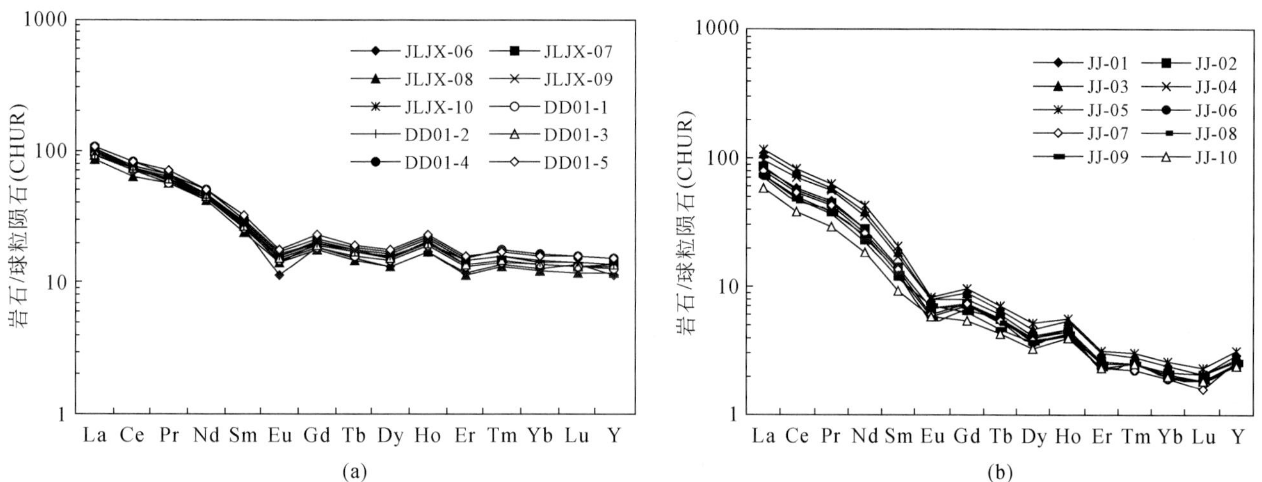

图 3-135　湘东北金井冷家溪群（a）及燕山早期花岗岩（b）稀土元素分配形式

球粒陨石的稀土元素含量引自 Sun 和 McDonough（1989）

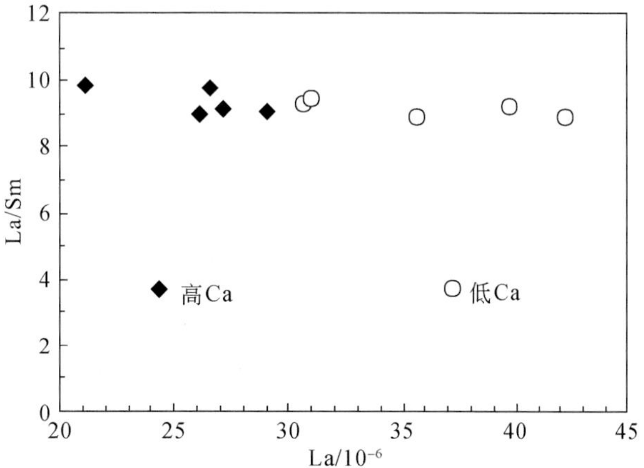

图 3-136　湘东北金井燕山早期花岗岩的 La-La/Sm 图解

湘东北燕山期低 Sr 低 Y 花岗质岩 Sr-Nd 同位素数据见表 3-30、表 3-34、表 3-35、表 3-37、表 3-38。由于该类型花岗质岩的 $f_{Sm/Nd}$ 大多在 0.5 左右，且 $^{147}Sm/^{144}Nd$ 值小于 0.13，所以对 Nd 同位素模式年龄均采用单阶段模式计算 t_{DM}（李献华，1996；Li and McCulloch，1996），并采用二元混合模型（Faure，1986，刘昌实等，1990）计算花岗岩壳幔物质的贡献比例，计算中端元参数见刘昌实等（1990）。低 Sr 低 Y 花岗质岩现今的$^{87}Sr/^{86}Sr$ 值为 0.71484 ~ 0.74872，计算的（$^{87}Sr/^{86}Sr)_i$值为 0.71408 ~ 0.73840（以获得的各岩体不同岩性锆石 U-Pb 年龄为准），远低于冷家群。而 Rb 和 Sr 的含量分别变化于 139×10^{-6} ~ 346×10^{-6}和 61×10^{-6} ~ 330×10^{-6}，均高于冷家溪群。Rb/Sr 普遍在 1.1 ~ 2.8 之间，远高于下地壳值 0.047，而$^{87}Rb/^{86}Sr$ 值（0.791 ~ 13.710）远高于全球平均值（0.09），显示了成熟大陆壳高 Rb/Sr 值的特征。

表 3-37　金井花岗岩的 Rb-Sr 同位素组成

样品编号	t/Ma	Rb/10^{-6}	Sr/10^{-6}	$^{87}Rb/^{86}Sr$	$^{87}Sr/^{86}Sr\pm2\sigma$	1/Sr	I_{Sr} ($^{87}Sr/^{86}Sr)_i$	$f_{Rb/Sr}$
JJG02-1	156	285.8	155.4	5.318	0.73617±5	0.0064	0.72438	63.30
JJG02-5	156	274.8	138.8	5.724	0.73581±2	0.0072	0.72312	68.21
JJG03-1	133.4	274.1	156.1	5.074	0.73163±2	0.0064	0.72201	60.35
JJG03-2	133.4	266.5	186.9	4.119	0.72988±4	0.0054	0.72207	48.81
JJG03-3	133.4	275.4	158.4	5.026	0.73162±2	0.0063	0.72209	59.77
JJG05-1	133.4	320.5	117.4	7.892	0.73703±4	0.0085	0.72207	94.43
JJG05-3	133.4	312.1	115.6	7.803	0.73686±1	0.0087	0.72206	93.35
JJG05-4	133.4	319.9	116.5	7.941	0.73711±4	0.0086	0.72205	95.02
JJG07-1	147	313.4	271.1	3.341	0.73032±1	0.0037	0.72334	39.40
JJG07-2	147	295.7	274.4	3.114	0.73191±3	0.0036	0.72540	36.65

从表 3-30、表 3-34、表 3-35、表 3-38 可以看出，低 Sr 低 Y 花岗质岩的（$^{143}Nd/^{144}Nd)_i$ 值为 0.51182 ~ 0.51201，$\varepsilon_{Nd}(t)$ 值偏低（−12 ~ −8），因此，该类型花岗质岩相对高 Sr 低 Y 型具有较高的初始 Nd 同位素组成、较高的 $\varepsilon_{Nd}(t)$ 值，结果部分落在 LFB S 型花岗岩范围（图 3-112、图 3-137）；Nd 同位素单阶段模式年龄 t_{DM}为 1.4 ~ 1.9Ga，与江南古陆元古宙变质沉积岩相类似，但略显偏低（t_{DM}：1.65 ~ 2.14Ga；Li and McCulloch，1996；Chen and Jahn，1998），暗示来源于元古宙变质沉积岩或与之相同的源区，但源区可能有年轻地幔物质的加入。

表 3-38　金井花岗岩的 Sm-Nd 同位素组成

样品编号	t/Ma	Sm/10^{-6}	Nd/10^{-6}	$^{147}Sm/^{144}Nd$	$^{143}Nd/^{144}Nd\pm2\sigma$	I_{Nd}	t_{DM1}/Ga	t_{DM2}/Ga	$\varepsilon_{Nd}(t)$	$\varepsilon_{Nd}(0)$	$f_{Sm/Nd}$
JJG02-1	156	3.701	23.33	0.096	0.511935±8	0.511837	1.570	1.899	−11.98	−13.71	−0.51
JJG02-5	156	3.697	23.24	0.0963	0.511978±10	0.511880	1.519	1.831	−11.15	−12.87	−0.51
JJG03-1	133.4	4.262	27.39	0.0941	0.511947±6	0.511865	1.530	1.877	−11.44	−13.48	−0.52
JJG03-2	133.4	4.279	27.68	0.0935	0.511934±7	0.511852	1.539	1.897	−11.68	−13.73	−0.52
JJG03-3	133.4	4.624	29.73	0.0941	0.511951±9	0.511869	1.525	1.871	−11.36	−13.40	−0.52
JJG05-1	133.4	3.515	21.04	0.1011	0.511969±6	0.511881	1.595	1.852	−11.13	−13.05	−0.49
JJG05-3	133.4	3.022	17.85	0.1025	0.51197±8	0.511881	1.614	1.853	−11.13	−13.03	−0.48
JJG05-4	133.4	3.364	19.78	0.1029	0.51200±9	0.511910	1.579	1.806	−10.55	−12.45	−0.48
JJG07-1	147	2.613	15.69	0.1008	0.512003±8	0.511906	1.546	1.798	−10.63	−12.39	−0.49
JJG07-2	147	2.307	13.66	0.1022	0.512021±7	0.511923	1.540	1.771	−10.31	−12.04	−0.48

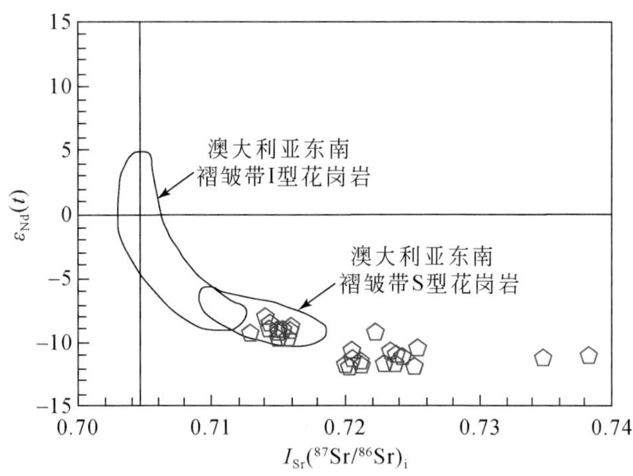

图3-137　燕山期低Sr低Y型花岗岩 I_{Sr}（$^{87}Sr/^{86}Sr$）$_i$-$\varepsilon_{Nd}(t)$ 相关图解
图中Lachlan Fold Belt花岗岩带中I和S型范围据Keay等（1997）

根据Nd及Sm/Nd值，低Sr低Y型花岗质岩可分为高Nd低Sm/Nd组和低Nd高Sm/Nd组，与主量元素反映的高Ca组和低Ca组相对应。其中高Nd低Sm/Nd的花岗岩Sm和Nd含量分别变化于 $3.122\times10^{-6}\sim8.925\times10^{-6}$ 和 $20.32\times10^{-6}\sim45.07\times10^{-6}$ 间，$^{147}Sm/^{144}Nd$ 值变化于0.082～0.125间；低Nd高Sm/Nd组中Sm和Nd含量则分别变化于 $1.3\times10^{-6}\sim4.4\times10^{-6}$ 和 $5.651\times10^{-6}\sim19.80\times10^{-6}$ 间，$^{147}Sm/^{144}Nd$ 的值变化于0.087～0.144之间。虽然两者均介于大陆地壳花岗岩的 $^{147}Sm/^{144}Nd$ 值0.07～0.16之间（Othman et al., 1984），但后者更接近整个地壳 $^{147}Sm/^{144}Nd$ 平均值0.116（DePaolo and Wasserburg, 1979）或0.119（Jacobsen and Wasserburg, 1979）。

湘东北地区低Sr低Y花岗质岩的Pb同位素组成（表3-31、表3-36）为（$^{206}Pb/^{204}Pb$）$_i$ = 17.96～18.53，（$^{208}Pb/^{204}Pb$）$_i$ = 37.86～38.78，（$^{207}Pb/^{204}Pb$）$_i$ = 15.52～15.70。在（$^{206}Pb/^{204}Pb$）$_i$-（$^{208}Pb/^{204}Pb$）$_i$ 图上，这些低Sr低Y花岗质岩沿岛弧铅演化［图3-124（a）、图3-138（a）］，在（$^{206}Pb/^{204}Pb$）$_i$-（$^{207}Pb/^{204}Pb$）$_i$ 图上，大多数分布在造山带附近［图3-124（a）、图3-138（b）］，反映铅可能并不是单一的来源。

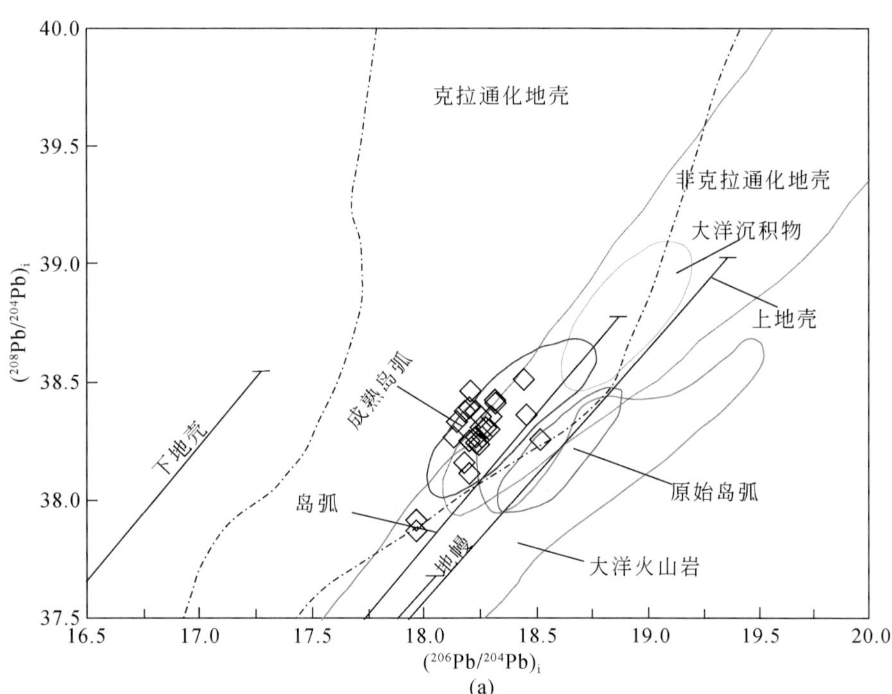

(a)

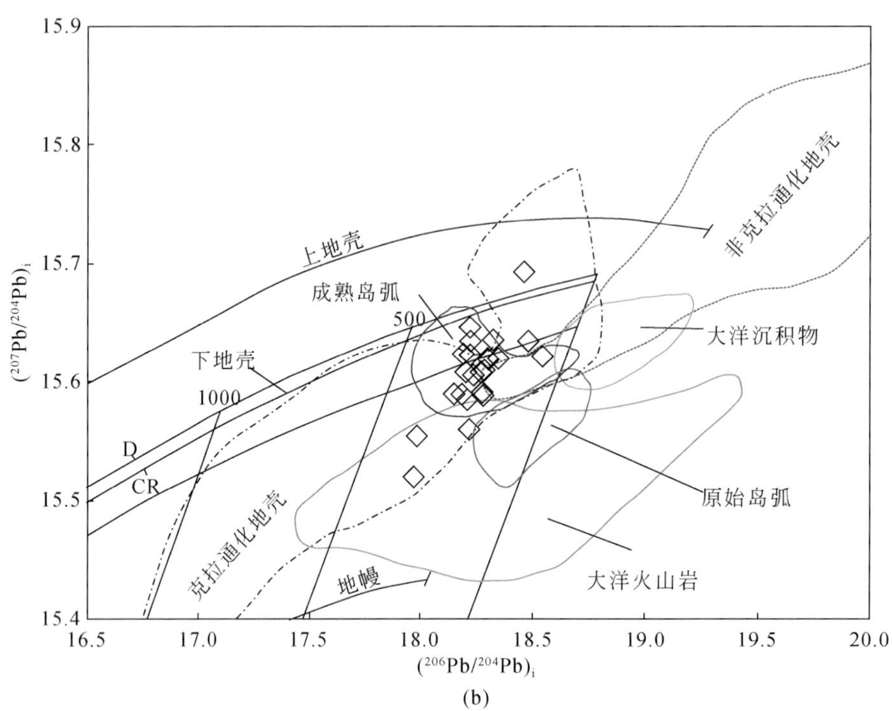

图 3-138　湘东北燕山期低 Sr 低 Y 型花岗岩 Pb 同位素图解（铅模式据 Doe and Zartman，1979）

3.4.4　矿物地球化学特征

3.4.4.1　锆石 Hf 同位素特征

本书在对幕阜山岩体燕山期黑云母二长花岗岩（高 Sr 低 Y 型）和二云母二长花岗岩（低 Sr 低 Y 型）进行了 LA-ICP-MS 锆石 U-Pb 定年之后，分别在锆石年龄测试点或其附近位置分析了原位 Hf 同位素组成，分析结果见表 3-39。黑云母二长花岗岩和二云母二长花岗岩中的锆石分析点的 $^{176}Lu/^{177}Hf$ 值均比较低，都小于 0.002，表明衰变产生的放射性 Hf 的含量极低，可以忽略不计。因此，本书所测得的 $^{176}Lu/^{177}Hf$ 值能很好地反映花岗岩形成时 Hf 的同位素组成特征（吴福元等，2007）。

表 3-39　幕阜山岩体锆石 Hf 同位素组成

测点	年龄/Ma	$^{176}Yb/^{177}Hf$	$^{176}Lu/^{177}Hf$	$^{176}Hf/^{177}Hf$	2σ	$(^{176}Hf/^{177}Hf)_i$	$\varepsilon_{Hf}(0)$	$\varepsilon_{Hf}(t)$	2σ	t_{DM1}/Ma	t_{DM2}/Ma	$f_{Lu/Hf}$
黑云母二长花岗岩（高 Sr 低 Y 型）												
17LS-10-3	149.3	0.026545	0.000771	0.282485	0.000017	0.282482	−10.2	−7.0	0.586135	1080	1646	−0.98
17LS-10-8	149.3	0.040669	0.001110	0.282465	0.000017	0.282462	−10.8	−7.7	0.610904	1116	1690	−0.97
17LS-10-12	149.3	0.040039	0.001134	0.282522	0.000020	0.282519	−8.8	−5.7	0.702779	1037	1564	−0.97
17LS-10-14	149.3	0.024320	0.000674	0.282543	0.000018	0.282541	−8.1	−4.9	0.645768	995	1513	−0.98
17LS-10-16	149.3	0.033581	0.001007	0.282522	0.000016	0.282519	−8.9	−5.7	0.549683	1034	1564	−0.97
17LS-10-18	149.3	0.057832	0.001606	0.282516	0.000016	0.282511	−9.1	−6.0	0.562762	1060	1581	−0.95
17LS-10-19	149.3	0.054413	0.001570	0.282392	0.000017	0.282388	−13.4	−10.3	0.592606	1235	1858	−0.95
17LS-10-20	149.3	0.025251	0.000774	0.282427	0.000019	0.282425	−12.2	−9.0	0.686354	1160	1774	−0.98

续表

测点	年龄/Ma	$^{176}Yb/^{177}Hf$	$^{176}Lu/^{177}Hf$	$^{176}Hf/^{177}Hf$	2σ	$(^{176}Hf/^{177}Hf)_i$	$\varepsilon_{Hf}(0)$	$\varepsilon_{Hf}(t)$	2σ	t_{DM1}/Ma	t_{DM2}/Ma	$f_{Lu/Hf}$
二云母二长花岗岩（低 Sr 低 Y 型）												
17LS-9-1	144.8	0.025172	0.000622	0.282470	0.000016	0.282468	-10.7	-7.6	0.552208	1096	1680	-0.98
17LS-9-2	144.8	0.043079	0.001051	0.282481	0.000017	0.282479	-10.3	-7.2	0.593515	1092	1657	-0.97
17LS-9-4	144.8	0.020740	0.000490	0.282448	0.000014	0.282446	-11.5	-8.3	0.512691	1123	1729	-0.99
17LS-9-5	144.8	0.022485	0.000536	0.282505	0.000016	0.282504	-9.4	-6.3	0.579801	1045	1601	-0.98
17LS-9-6	144.8	0.017359	0.000413	0.282475	0.000016	0.282474	-10.5	-7.4	0.576127	1083	1668	-0.99
17LS-9-9	144.8	0.032779	0.000967	0.282363	0.000015	0.282360	-14.5	-11.4	0.545159	1256	1922	-0.97
17LS-9-11	144.8	0.030278	0.000832	0.282456	0.000017	0.282454	-11.2	-8.1	0.616256	1121	1712	-0.97
17LS-9-12	144.8	0.022042	0.000566	0.282457	0.000017	0.282456	-11.1	-8.0	0.603976	1112	1709	-0.98
17LS-9-16	144.8	0.020894	0.000578	0.282447	0.000016	0.282446	-11.5	-8.4	0.549493	1126	1731	-0.98
17LS-9-21	144.8	0.016187	0.000405	0.282476	0.000016	0.282475	-10.5	-7.3	0.568231	1081	1665	-0.99
17LS-9-31	144.8	0.021840	0.000564	0.282442	0.000015	0.282440	-11.7	-8.6	0.521687	1134	1744	-0.98
17LS-9-32	144.8	0.033308	0.000934	0.282448	0.000021	0.282446	-11.4	-8.4	0.755734	1135	1730	-0.97
17LS-9-41	144.8	0.022340	0.000540	0.282515	0.000015	0.282513	-9.1	-6.0	0.520239	1031	1579	-0.98
17LS-2-1	140.4	0.033927	0.000875	0.282445	0.000016	0.282442	-11.6	-8.6	0.568443	1139	1741	-0.97
17LS-2-4	140.4	0.021426	0.000629	0.282514	0.000017	0.282512	-9.1	-6.1	0.601707	1035	1584	-0.98
17LS-2-8	140.4	0.040749	0.001029	0.282458	0.000021	0.282456	-11.1	-8.1	0.745115	1124	1711	-0.97
17LS-2-9	140.4	0.018823	0.000523	0.282431	0.000017	0.282430	-12.1	-9.0	0.615448	1147	1769	-0.98
17LS-2-26	140.4	0.024424	0.000731	0.282456	0.000018	0.282454	-11.2	-8.2	0.643678	1118	1715	-0.98
17LS-2-27	140.4	0.047141	0.001293	0.282444	0.000019	0.282441	-11.6	-8.6	0.687072	1152	1744	-0.96

黑云母二长花岗岩共分析了 8 个点，$(^{176}Hf/^{177}Hf)_i$ 值介于 0.282388～0.282541，平均值为 0.282481；$f_{Lu/Hf}$值变化于-0.98～-0.95，平均值为-0.97。$\varepsilon_{Hf}(t)$ 值均小于 0，介于-10.3～-4.88，平均值为-7.02；单阶段模式年龄（t_{DM1}）为 995～1235Ma，平均值为 1090Ma；两阶段模式年龄（t_{DM2}）为 1513～1858Ma，平均值为 1649Ma。另外，在 $\varepsilon_{Hf}(t)$ 频率分布直方图［图 3-139（a）］中还可看到 $\varepsilon_{Hf}(t)$ 主要集中在-6～-5，在两阶段模式年龄（t_{DM2}）频率分布直方图［图 3-139（b）］中可以看到 T_{DM2} 主要集中在 1550～1600Ma。

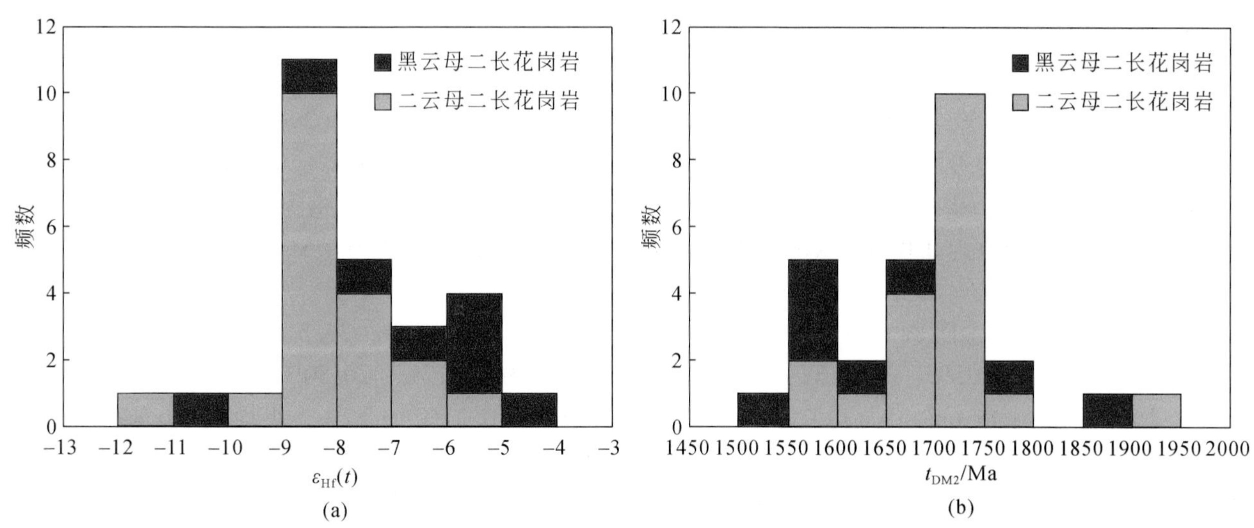

图 3-139　幕阜山岩体中二长花岗岩锆石 $\varepsilon_{Hf}(t)$ 和两阶段 Hf 模式年龄（t_{DM2}）直方图

二云母二长花岗岩共分析了 19 个点，$(^{176}Hf/^{177}Hf)_i$ 值介于 0.282360 ~ 0.282513，平均值为 0.282458；$f_{Lu/Hf}$ 值变化于 -0.99 ~ -0.97，平均值为 -0.98。$\varepsilon_{Hf}(t)$ 值均小于 0，介于 -11.4 ~ -5.98，平均值为 -7.97；单阶段模式年龄（t_{DM1}）为 1031 ~ 1256Ma，平均值为 1113Ma；两阶段模式年龄（t_{DM2}）为 1584 ~ 1922Ma，平均值为 1705Ma。另外，在 $\varepsilon_{Hf}(t)$ 频率分布直方图［图 3-139（a）］中可以看到 $\varepsilon_{Hf}(t)$ 主要集中在 -9 ~ -7，在两阶段模式年龄（t_{DM2}）频率分布直方图［图 3-139（b）］中可以看到 t_{DM2} 主要集中在 1650 ~ 1750Ma。

在 t-$\varepsilon_{Hf}(t)$ 图解（图 3-140）中，黑云母二长花岗岩和二云母二长花岗岩锆石 Hf 同位素数据落在球粒陨石演化线与华南壳源熔体之间。

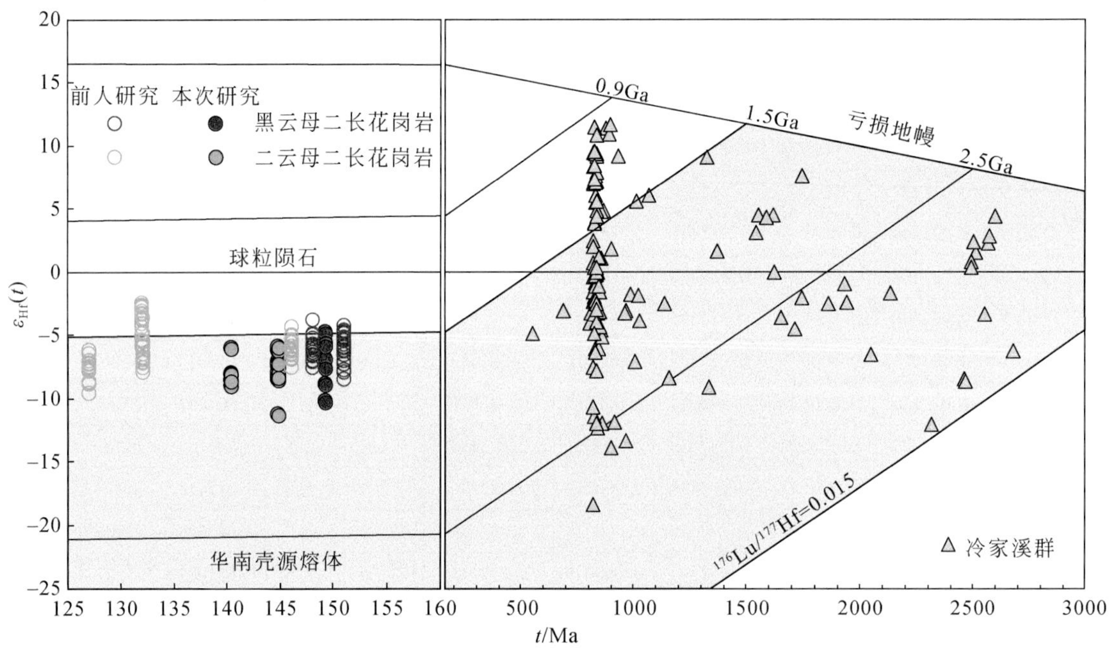

图 3-140　幕阜山岩体中二长花岗岩锆石 Hf 同位素组成演化图解

黑云母二长花岗岩和二云母二长花岗岩数据来源：Ji 等（2017）、Wang 等（2014b）、张鲲等（2017）和本书；冷家溪群数据来源：Li 等（2020）、Wang 等（2017）和本书

3.4.4.2　黑云母成分特征

对幕阜山岩体燕山期黑云母二长花岗岩（高 Sr 低 Y 型）和二云母二长花岗岩（低 Sr 低 Y 型）样品中的黑云母成分进行了电子探针分析，分析计算结果见表 3-40。

黑云母二长花岗岩（高 Sr 低 Y 型）中黑云母的 SiO_2 含量为 37.41% ~ 40.07%，平均值为 37.90%；TiO_2 含量为 2.75% ~ 3.59%，平均值为 3.26%；Al_2O_3 含量为 17.78% ~ 19.02%，平均值为 18.40%；FeO^T 含量为 17.67% ~ 19.91%，平均值为 19.13%；MnO 含量为 0.30% ~ 0.39%，平均值为 0.35%；MgO 含量为 7.43% ~ 8.28%，平均值为 7.79%；CaO 含量为 0.00% ~ 0.15%，平均值为 0.02%；Na_2O 含量为 0.00% ~ 0.03%，平均值为 0.02%；K_2O 含量为 8.62% ~ 10.14%，平均值为 9.85%；F 含量为 0.27% ~ 0.79%，平均值为 0.57%。

二云母二长花岗岩（低 Sr 低 Y 型）中黑云母的 SiO_2 含量为 32.96% ~ 37.51%，平均值为 35.6%；TiO_2 含量为 1.46% ~ 3.05%，平均值为 2.53%；Al_2O_3 含量为 18.17% ~ 20.80%，平均值为 19.29%；FeO^T 含量为 20.92% ~ 25.68%，平均值为 22.97%；MnO 含量为 0.31% ~ 0.67%，平均值为 0.49%；MgO 含量为 4.20% ~ 6.65%，平均值为 5.28%；CaO 含量为 0.00% ~ 0.07%，平均值为 0.01%；Na_2O 含量为 0.00% ~ 0.05%，平均值为 0.02%；K_2O 含量为 7.01% ~ 10.00%，平均值为 9.18%；F 含量为 0.07% ~ 1.11%，平均值为 0.47%。

表3-40　幕阜山岩体燕山期花岗岩中黑云母成分

样品号	17LS-10-1a	17LS-10-2a	17LS-10-3a	17LS-10-4a	17LS-10-5a	17LS-10-6a	17LS-10-6b	17LS-10-6c	17LS-10-6d	17LS-10-7a	17LS-10-7b	17LS-10-7c	17LS-10-8a	17LS-9-1a	17LS-9-2a	17LS-9-3a	17LS-9-4a	17LS-9-5a
岩性	黑云母二长花岗岩（高Sr低Y型）													二云母二长花岗岩（低Sr低Y型）				
SiO_2/%	37.96	38.09	40.07	37.81	37.50	37.89	37.90	37.71	37.41	37.44	37.59	37.49	37.80	37.51	36.33	36.92	34.69	33.41
TiO_2/%	3.41	3.29	2.75	2.77	3.30	3.41	3.27	3.07	3.45	3.35	3.20	3.52	3.59	2.95	2.67	2.77	2.42	1.87
Al_2O_3/%	19.02	18.88	19.00	18.06	18.62	17.78	18.01	18.44	18.58	18.17	18.14	17.97	18.47	18.87	19.45	20.80	19.52	19.43
FeO^T/%	18.87	19.02	17.67	19.83	19.18	19.77	19.19	19.36	18.72	19.19	19.87	19.91	18.07	22.03	22.28	20.92	25.09	25.68
MnO/%	0.35	0.33	0.30	0.36	0.33	0.39	0.35	0.37	0.38	0.33	0.37	0.36	0.31	0.58	0.58	0.54	0.66	0.67
MgO/%	7.63	7.57	7.43	8.22	8.28	7.49	7.65	7.81	7.85	7.70	8.04	7.93	7.71	4.66	4.87	4.20	5.02	5.27
CaO/%	0.00	0.00	0.15	0.00	0.00	0.00	0.00	0.00	0.03	0.00	0.00	0.00	0.00	0.00	0.00	0.00	0.02	0.00
Na_2O/%	0.02	0.00	0.01	0.01	0.03	0.01	0.03	0.03	0.00	0.00	0.02	0.02	0.02	0.04	0.02	0.01	0.02	0.04
K_2O/%	10.03	10.08	8.62	9.84	10.08	9.75	9.81	10.14	9.86	9.88	10.06	9.97	9.94	9.68	9.82	9.71	7.73	7.01
F/%	0.76	0.59	0.47	0.72	0.79	0.67	0.27	0.58	0.43	0.59	0.56	0.55	0.41	0.96	0.45	0.28	0.16	0.16
Cl/%	0.01	0.01	0.01	0.00	0.01	0.00	0.00	0.00	0.00	0.01	0.01	0.01	0.01	0.00	0.00	0.01	0.01	0.00
总量/%	97.74	97.61	96.28	97.30	97.78	96.88	96.38	97.26	96.53	96.41	97.60	97.48	96.14	96.87	96.27	96.03	95.26	93.48
cFe_2O_3/%	0.00	0.00	0.00	2.00	2.08	0.00	0.00	1.62	0.11	0.44	2.31	1.71	0.00	0.00	0.85	0.00	0.02	1.41
cFeO/%	18.87	19.02	17.67	18.03	17.31	19.77	19.19	17.90	18.62	18.80	17.78	18.37	18.07	22.03	21.51	20.92	25.07	24.42
Si	5.62	5.65	5.89	5.65	5.57	5.69	5.69	5.63	5.60	5.64	5.61	5.60	5.66	5.70	5.56	5.59	5.39	5.31
Al^{IV}	2.38	2.35	2.11	2.35	2.43	2.31	2.31	2.37	2.40	2.36	2.39	2.40	2.34	2.30	2.44	2.41	2.61	2.69
T-site	8.00	8.00	8.00	8.00	8.00	8.00	8.00	8.00	8.00	8.00	8.00	8.00	8.00	8.00	8.00	8.00	8.00	8.00
Al^{VI}	0.94	0.94	1.18	0.84	0.84	0.83	0.87	0.88	0.89	0.86	0.80	0.77	0.92	1.07	1.07	1.31	0.97	0.95
Ti	0.38	0.37	0.30	0.31	0.37	0.39	0.37	0.34	0.39	0.38	0.36	0.40	0.40	0.34	0.31	0.32	0.28	0.22
Fe^{3+}	0.00	0.00	0.00	0.22	0.23	0.00	0.00	0.18	0.01	0.05	0.26	0.19	0.00	0.00	0.10	0.00	0.00	0.17
Fe^{2+}	2.34	2.36	2.17	2.25	2.15	2.48	2.41	2.24	2.33	2.37	2.22	2.30	2.26	2.80	2.75	2.65	3.26	3.25
Mn	0.04	0.04	0.04	0.04	0.04	0.05	0.04	0.05	0.05	0.04	0.05	0.05	0.04	0.08	0.08	0.07	0.09	0.09
Mg	1.68	1.67	1.63	1.83	1.84	1.68	1.71	1.74	1.75	1.73	1.79	1.77	1.72	1.06	1.11	0.95	1.16	1.25
O-site	5.39	5.38	5.33	5.50	5.47	5.42	5.41	5.43	5.42	5.43	5.48	5.46	5.35	5.34	5.42	5.29	5.76	5.93
Ca	0.00	0.00	0.02	0.00	0.00	0.00	0.00	0.00	0.00	0.00	0.00	0.00	0.00	0.00	0.00	0.00	0.00	0.00
Na	0.01	0.00	0.00	0.00	0.01	0.00	0.01	0.01	0.00	0.00	0.00	0.01	0.01	0.01	0.01	0.00	0.01	0.01
K	1.89	1.91	1.62	1.88	1.91	1.87	1.88	1.93	1.88	1.90	1.91	1.90	1.90	1.87	1.92	1.88	1.53	1.42

续表

样品号	17LS-10-1a	17LS-10-2a	17LS-10-3a	17LS-10-4a	17LS-10-5a	17LS-10-6a	17LS-10-6b	17LS-10-6c	17LS-10-6d	17LS-10-7a	17LS-10-7b	17LS-10-7c	17LS-10-8a	17LS-9-1a	17LS-9-2a	17LS-9-3a	17LS-9-4a	17LS-9-5a
岩性	黑云母二长花岗岩（高 Sr 低 Y 型）													二云母二长花岗岩（低 Sr 低 Y 型）				
夹层间层	1.90	1.91	1.64	1.88	1.92	1.87	1.89	1.94	1.89	1.90	1.92	1.91	1.90	1.89	1.92	1.88	1.54	1.43
F	0.35	0.28	0.22	0.34	0.37	0.32	0.13	0.27	0.21	0.28	0.26	0.26	0.19	0.46	0.22	0.13	0.08	0.08
Cl	0.00	0.00	0.00	0.00	0.00	0.00	0.00	0.00	0.00	0.00	0.00	0.00	0.00	0.00	0.00	0.00	0.00	0.00
OH^-	3.64	3.72	3.78	3.66	3.63	3.68	3.87	3.73	3.79	3.72	3.74	3.74	3.80	3.54	3.78	3.86	3.92	3.92
附加阴离子	4.00	4.00	4.00	4.00	4.00	4.00	4.00	4.00	4.00	4.00	4.00	4.00	4.00	4.00	4.00	4.00	4.00	4.00
$Fe^{3+}/(Fe^{2+}+Fe^{3+})$	0.00	0.00	0.00	0.09	0.10	0.00	0.00	0.08	0.01	0.02	0.10	0.08	0.00	0.00	0.03	0.00	0.00	0.05
$Fe^{2+}/(Fe^{2+}+Mg)$	0.58	0.58	0.57	0.55	0.54	0.60	0.58	0.56	0.57	0.58	0.55	0.57	0.57	0.73	0.71	0.74	0.74	0.72
X_{Mg}	0.42	0.42	0.43	0.42	0.43	0.40	0.42	0.42	0.43	0.42	0.42	0.42	0.43	0.27	0.28	0.26	0.26	0.27
Al^T	3.32	3.30	3.29	3.18	3.26	3.14	3.19	3.25	3.28	3.22	3.19	3.17	3.26	3.38	3.51	3.71	3.58	3.64
T/℃	684	678	651	654	682	684	680	669	689	684	676	690	695	651	636	639	620	573
$\log f_{O_2}$	−17.9	−18.1	−18.9	−17.8	−16.9	−17.9	−18.1	−17.8	−17.7	−17.9	−16.9	−17.1	−17.6	−18.9	−19.3	−19.1	−19.8	−21.5
样品号	17LS-9-6a	17LS-9-6b	17LS-9-7a	17LS-7-2b	17LS-7-3a	17LS-7-3b	17LS-7-6a	17LS-7-6b	17LS-7-7a	17LS-7-8a	15MFS03-2a	15MFS03-2b	15MFS03-3a	15MFS03-4a	15MFS03-4b	15MFS03-5a	15MFS03-6a	15MFS03-7a
岩性	二云母二长花岗岩（低 Sr 低 Y 型）																	
SiO_2/%	35.82	36.37	36.33	34.58	32.96	34.43	34.49	34.75	33.91	34.78	36.70	36.82	36.40	36.70	37.25	36.73	35.40	36.22
TiO_2/%	2.79	2.41	2.66	2.65	1.90	1.46	2.44	2.39	2.36	2.63	3.02	2.85	2.78	2.61	3.05	2.94	2.17	2.89
Al_2O_3/%	19.14	19.31	19.42	19.64	19.11	20.08	19.64	19.52	20.61	19.33	18.77	19.05	18.37	18.17	18.80	19.13	18.75	18.40
FeO^T/%	23.08	22.42	22.54	23.11	25.68	23.36	23.50	23.18	22.53	23.41	22.19	21.52	22.55	22.12	22.04	22.02	23.83	22.26
MnO/%	0.57	0.56	0.61	0.52	0.64	0.59	0.50	0.57	0.48	0.57	0.32	0.31	0.34	0.31	0.31	0.33	0.39	0.33
MgO/%	4.85	4.85	4.85	4.63	5.22	5.02	4.85	4.84	4.52	4.85	5.91	5.88	5.96	6.02	5.74	6.03	6.65	6.23
CaO/%	0.00	0.00	0.00	0.00	0.05	0.07	0.00	0.00	0.05	0.00	0.00	0.00	0.00	0.00	0.02	0.00	0.01	0.00
Na_2O/%	0.02	0.00	0.05	0.01	0.04	0.03	0.03	0.01	0.03	0.04	0.02	0.01	0.04	0.01	0.02	0.02	0.03	0.02
K_2O/%	9.81	9.80	9.81	9.91	7.91	7.14	9.71	9.60	7.88	9.79	9.83	10.00	9.71	9.74	9.53	9.97	7.59	9.86
F/%	0.62	0.55	0.78	0.67	0.45	0.11	1.08	0.98	0.34	1.11	0.16	0.46	0.21	0.40	0.43	0.50	0.07	0.46
Cl/%	0.01	0.00	0.02	0.00	0.00	0.01	0.00	0.01	0.00	0.01	0.01	0.01	0.02	0.02	0.02	0.00	0.01	0.01
总量/%	96.45	96.03	96.72	95.44	93.78	92.25	95.79	95.43	92.57	96.04	96.87	96.70	96.28	95.93	97.02	97.45	94.86	96.47
cFe_2O_3/%	2.26	1.05	1.25	4.05	4.91	0.00	4.62	3.58	0.00	4.30	1.55	1.26	2.50	1.88	0.00	2.01	0.33	3.20

续表

样品号	17LS-9-6a	17LS-9-6b	17LS-9-7a	17LS-7-2b	17LS-7-3a	17LS-7-3b	17LS-7-6a	17LS-7-6b	17LS-7-7a	17LS-7-8a	15MFS03-2a	15MFS03-2b	15MFS03-3a	15MFS03-4a	15MFS03-4b	15MFS03-5a	15MFS03-6a	15MFS03-7a
岩性	二云母二长花岗岩（低 Sr 低 Y 型）																	
cFeO/%	21.04	21.47	21.41	19.46	21.26	23.36	19.35	19.96	22.53	19.54	20.80	20.38	20.30	20.43	22.04	20.21	23.54	19.38
Si	5.51	5.59	5.55	5.40	5.27	5.46	5.39	5.43	5.37	5.42	5.57	5.59	5.57	5.63	5.62	5.54	5.47	5.54
Al^{IV}	2.49	2.41	2.45	2.60	2.73	2.54	2.61	2.57	2.63	2.58	2.43	2.41	2.43	2.37	2.38	2.46	2.53	2.46
T-site	8.00	8.00	8.00	8.00	8.00	8.00	8.00	8.00	8.00	8.00	8.00	8.00	8.00	8.00	8.00	8.00	8.00	8.00
Al^{VI}	0.98	1.08	1.05	1.02	0.88	1.21	1.00	1.02	1.22	0.96	0.92	0.99	0.89	0.92	0.97	0.95	0.89	0.86
Ti	0.32	0.28	0.31	0.31	0.23	0.17	0.29	0.28	0.28	0.31	0.35	0.33	0.32	0.30	0.35	0.33	0.25	0.33
Fe^{3+}	0.26	0.12	0.14	0.48	0.59	0.00	0.54	0.42	0.00	0.50	0.18	0.14	0.29	0.22	0.00	0.23	0.04	0.37
Fe^{2+}	2.71	2.76	2.74	2.54	2.85	3.10	2.53	2.61	2.98	2.55	2.64	2.59	2.60	2.62	2.78	2.55	3.04	2.48
Mn	0.07	0.07	0.08	0.07	0.09	0.08	0.07	0.08	0.06	0.07	0.04	0.04	0.04	0.04	0.04	0.04	0.05	0.04
Mg	1.11	1.11	1.10	1.08	1.25	1.19	1.13	1.13	1.07	1.13	1.34	1.33	1.36	1.38	1.29	1.36	1.53	1.42
O-site	5.46	5.43	5.42	5.49	5.87	5.75	5.55	5.54	5.62	5.52	5.46	5.42	5.50	5.47	5.43	5.46	5.81	5.50
Ca	0.00	0.00	0.00	0.00	0.01	0.01	0.00	0.00	0.01	0.00	0.00	0.00	0.00	0.00	0.00	0.00	0.00	0.00
Na	0.01	0.00	0.02	0.00	0.01	0.01	0.01	0.00	0.01	0.01	0.01	0.00	0.01	0.00	0.00	0.00	0.01	0.01
K	1.93	1.92	1.91	1.97	1.61	1.45	1.93	1.91	1.59	1.95	1.90	1.93	1.90	1.91	1.84	1.92	1.50	1.92
夹层间层	1.93	1.92	1.93	1.98	1.64	1.47	1.94	1.92	1.61	1.96	1.91	1.94	1.91	1.91	1.84	1.92	1.51	1.93
F	0.30	0.27	0.38	0.33	0.23	0.06	0.53	0.48	0.17	0.55	0.08	0.22	0.10	0.19	0.21	0.24	0.04	0.22
Cl	0.00	0.00	0.01	0.00	0.00	0.00	0.00	0.00	0.00	0.00	0.00	0.00	0.00	0.01	0.00	0.00	0.00	0.00
OH^-	3.69	3.73	3.62	3.67	3.77	3.94	3.46	3.51	3.83	3.45	3.92	3.78	3.89	3.80	3.79	3.76	3.96	3.77
附加阴离子	4.00	4.00	4.00	4.00	4.00	4.00	4.00	4.00	4.00	4.00	4.00	4.00	4.00	4.00	4.00	4.00	4.00	4.00
$Fe^{3+}/(Fe^{2+}+Fe^{3+})$	0.09	0.04	0.05	0.16	0.17	0.00	0.18	0.14	0.00	0.17	0.06	0.05	0.10	0.08	0.00	0.08	0.01	0.13
$Fe^{2+}/(Fe^{2+}+Mg)$	0.71	0.71	0.71	0.70	0.70	0.72	0.69	0.70	0.74	0.69	0.66	0.66	0.66	0.66	0.68	0.65	0.67	0.64
X_{Mg}	0.27	0.28	0.28	0.26	0.27	0.28	0.27	0.27	0.26	0.27	0.32	0.33	0.32	0.33	0.32	0.33	0.33	0.33
Al^T	3.47	3.50	3.50	3.61	3.60	3.75	3.61	3.59	3.85	3.55	3.35	3.41	3.31	3.29	3.35	3.40	3.42	3.32
T/℃	644	618	635	637	578	515	622	619	619	635	658	649	646	636	659	653	604	653
$\log f_{O_2}$	−18.2	−19.9	−19.4	−16.2	−17.6	−23.8	−16.0	−17.3	−19.8	−16.0	−18.4	−18.9	−17.8	−18.7	−18.6	−18.0	−20.4	−16.7

另外，样品中黑云母的 Fe^{2+} 和 Fe^{3+} 值采用林文蔚和彭丽君（1994）的计算方法获得。黑云母二长花岗岩的 X_{Mg}［Mg/(Mg+Fe)］为 0.40～0.43，平均值为 0.42；Ti 为 0.30～0.40a.p.f.u.，平均值为 0.37a.p.f.u.；Fe^{3+}/(Fe^{2+}+Fe^{3+}) 值为 0.00～0.10，平均值为 0.04；Fe^{2+}/(Fe^{2+}+Mg) 值为 0.54～0.60，平均值为 0.57。二云母二长花岗岩的 X_{Mg}［Mg/(Mg+Fe)］为 0.26～0.33，平均值为 0.29；Ti 为 0.17～0.35a.p.f.u.，平均值为 0.30a.p.f.u.；Fe^{3+}/(Fe^{2+}+Fe^{3+}) 值为 0.00～0.18，平均值为 0.07；Fe^{2+}/(Fe^{2+}+Mg) 值为 0.64～0.74，平均值为 0.69。

由 $10TiO_2$-(FeO^T+MnO)-MgO 图解可知，二长花岗岩中的黑云母均为原生黑云母［图 3-141（a）］；Mg-(Al^{VI}+Fe^{3+}+Ti)-(Fe^{2+}+Mn) 分类图显示均属于铁质黑云母，不同的是黑云母二长花岗岩中的黑云母相对更富镁质成分［图 3-141（b）］。此外，本次研究的黑云母在形态上均为自形-半自形，Ti 均小于 0.55a.p.f.u.，Ca 含量极低，Fe^{2+}/(Fe^{2+}+Mg) 值较均一，这些特征指示了其属于岩浆成因而非后期热液流体改造成因（刘彬等，2010；Rasmussen and Mortensen，2013；Stone，2000；张博等，2020）。因此，区内二长花岗岩中的黑云母成分的不同可能是岩浆作用导致的，而非热液蚀变。

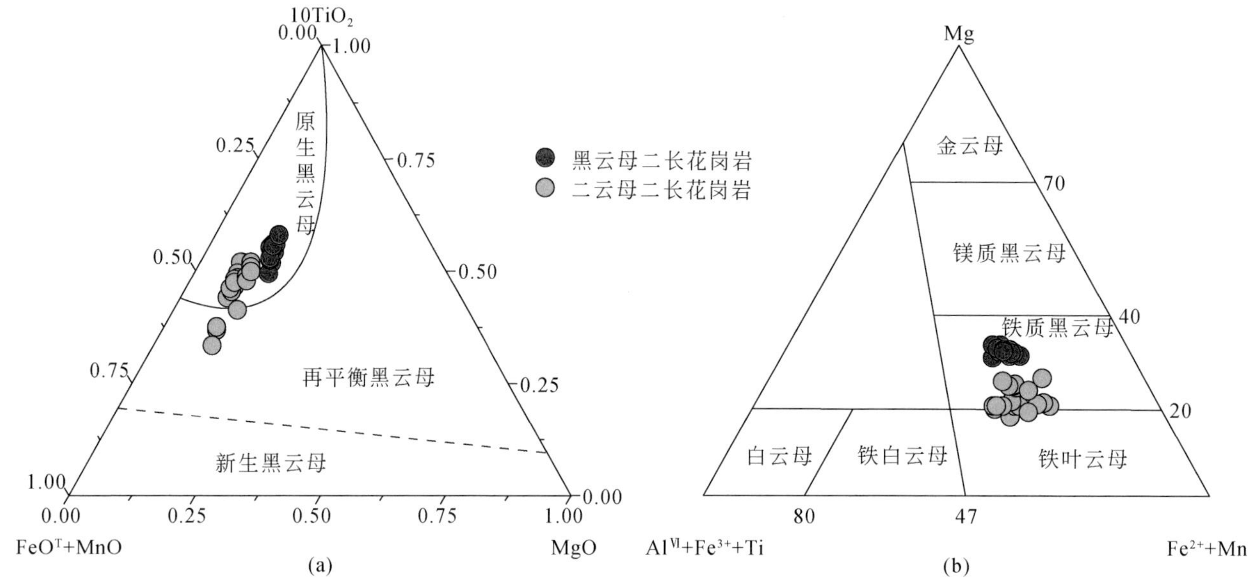

图 3-141　幕阜山岩体中二长花岗岩黑云母 $10TiO_2$-(FeO^T+MnO)-MgO 图解

（a）（据 Nachit et al.，2005）和 Mg-(Al^{VI}+Fe^{3+}+Ti)-(Fe^{2+}+Mn) 分类图解（b）（据 Foster，1960）

3.4.5　燕山期花岗质岩成因

3.4.5.1　岩石类型

Chappell 和 White（1974，2001）最早提出了 I 型和 S 型花岗岩的分类。I 型花岗岩主要是准铝质花岗岩（铝饱和指数 ASI 通常小于 1.0），具有高的 Na_2O 含量（一般大于 3.2%），主要来自变质火成岩的部分熔融；而 S 型花岗岩通常是过铝质花岗岩（铝饱和指数 ASI 通常大于 1.1），具有低的 Na_2O 含量（一般小于 3.2%），且 K_2O 含量大致为 5%，主要来自变质沉积岩的部分熔融。强过铝质花岗岩（即 Ps 型）是指一类普遍具有高的 A/CNK 值（≥1.1）、高的 SiO_2 含量（普遍>67%）、高的 $(^{87}Sr/^{86}Sr)_i$(>0.706) 和低的初始 $\varepsilon_{Nd}(t)$ 值（<2）的 S 型花岗岩，通常被认为是大陆碰撞、地壳加厚环境下主要由变沉积岩部分熔融所形成的产物（White and Chappell，1983；Le Fort et al.，1987）。另外，由于 Ps 型花岗岩含有比黑云母更富铝的矿物，以及低的铁镁质矿物含量，Miller（1985）、Chappell 等（2000）还强调它主要来源于一个中性-长英质地壳源区（包括不成熟的变杂砂岩等变质岩和变火成岩）。野外地质调查和岩相学观察，

以及元素地球化学和同位素地球化学数据，清楚地反映了湘东北地区燕山期花岗质岩大多数表现为典型的强过铝质花岗岩。

然而，从表 3-28、表 3-32、表 3-33 可见，湘东北地区燕山期花岗质岩的 Na_2O 含量有一部分低于 3.2%，因此，这些花岗质岩属于典型的 I 型花岗岩还是 S 型花岗岩仍需要从多方面进行判别。以幕阜山岩体中的黑云母二长花岗岩（高 Sr 低 Y 型）和二云母二长花岗岩（高 Sr 低 Y 型）为例，它们在 Y-Rb 图解［图 3-142（a）］和 Th-Rb 图解［图 3-142（b）］中，两种类型岩石的 Y 和 Th 含量随着 Rb 含量的增加没有呈现出明显的增加趋势，这种变化趋势与 Lachlan 褶皱带 I 型花岗岩（Chappell，1999；Chappell and White，1992）和东南沿海分异的 I 型花岗岩（Li et al.，2007b；Zhang et al.，2015）的特征不同。在 SiO_2-P_2O_5 图解［图 3-115（f）］中，黑云母二长花岗岩和二云母二长花岗岩显示出 S 型花岗岩的演化趋势。前人研究表明，黑云母的矿物化学成分对花岗质岩石的成因有很好的指示作用（龚林等，2018；Shabani et al.，2003；张博等，2020；周作侠，1988）。通常来说，非造山带型碱性岩石（A 型花岗岩）中的黑云母相对富集 Fe，与俯冲作用有关的造山带型钙碱性岩石（I 型花岗岩）相对富集 Mg，过铝质岩石（S 型花岗岩）相对富集 Al（Abdel-Rahman，1994；周作侠，1988）。在黑云母的 MgO-FeO^T-Al_2O_3 图解［图 3-143（a）］和 MgO-Al_2O_3 图解中［图 3-143（b）］，两种花岗岩中的黑云母都落在过铝质岩系（S 型花岗岩）区域内。另外，这两种类型的岩石具有低的 Zr+Nb+Y+Ce（$<350\times10^{-6}$）值，中到高的（Na_2O+K_2O）/CaO 值。黑云母二长花岗岩落入未分异的花岗岩范围内，而二云母二长花岗岩落入分异的花岗岩区域中［图 3-143（c）］，这与两种花岗岩的 Rb/Sr 值相一致（表 3-32），显示出黑云母二长花岗岩未发生分异，而二云母二长花岗岩则经历了分异。而且，两种花岗岩的锆石饱和温度均低于典型 A 型花岗岩的温度（一般大于 800℃，King et al.，1997）。这表明两种类型的花岗岩明显不同于 A 型花岗岩（Whalen et al.，1987）。因此，湘东北燕山期高 Sr 低 Y 型属于正常 S 型花岗岩，而低 Sr 低 Y 型属于分异的 S 型花岗岩。实际上，在野外可以看到一些变质沉积岩捕虏体或残余体出现在花岗岩中（许德如等，2009；Ji et al.，2017）。而且，在锆石定年样品中存在老的继承核，可能暗示变质沉积岩石部分熔融的存在。

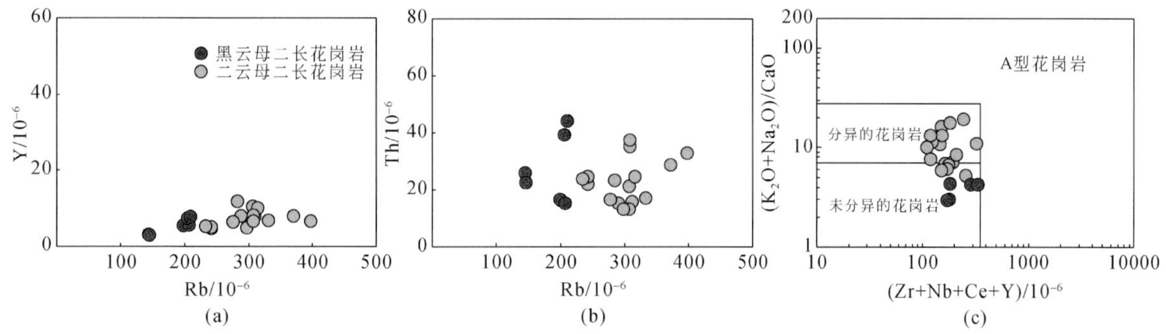

图 3-142　幕阜山岩体中二长花岗岩 Rb-Y 图解（a）（据 Chappell，1999）、Rb-Th 图解（b）（据 Chappell，1999）和（Zr+Nb+Ce+Y）-（K_2O+Na_2O）/CaO 图解（c）（据 Whalen et al.，1987）

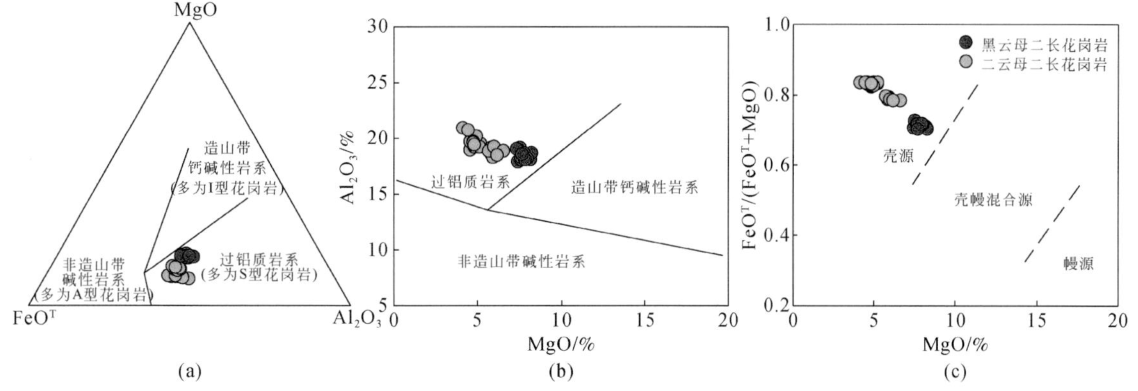

图 3-143　幕阜山岩体中二长花岗岩黑云母 MgO-FeO^T-Al_2O_3 图解（a）（据 Abdel-Rahman，1994）、MgO-Al_2O_3 图解（b）（据 Abdel-Rahman，1994）和 MgO-FeO^T/（FeO^T+MgO）图解（c）（据周作侠，1988）

Barbarin（1996）曾将过铝质花岗质岩石分为两个主要的类型，也就是富黑云母、含堇青石过铝质花岗岩（CPG，特别是石英闪长岩、花岗闪长岩和二长花岗岩）和含白云母过铝质花岗岩（MPG，特别是二云母二长花岗岩-淡色花岗岩）。一般认为富黑云母、含堇青石花岗岩主要通过热的地幔岩浆的底侵或注入导致地壳岩石发生“干”重熔作用产生，而含白云母花岗岩主要是通过地壳岩石的“湿”重熔作用和岩浆的结晶分异作用产生。根据岩石类型和矿物组合，这两种类型的花岗岩（CPG 和 MPG）均在幕阜山岩体中有所出现。例如，幕阜山岩体中尽管没有堇青石矿物出现，但其黑云母二长花岗岩类似于 CPG；而幕阜山岩体中的二云母二长花岗岩类似于 MPGs。

另外，湘东北燕山期花岗质岩在地球化学特征上还具有埃达克岩的亲和性。按 Defant 和 Drummond（1990）的定义，埃达克岩是一套具有典型地球化学特征的中性到酸性火山岩和侵入岩：$SiO_2 \geqslant 56.00\%$、$Al_2O_3 \geqslant 15\%$（很少低于该值）和 MgO 通常小于 3.00%（很少高于 6.00%）；相对于岛弧 ADRs（安山岩、英安岩和钠质流纹岩），该岩类还具有低的 Y 和 HREE（$Y \leqslant 18.00\times10^{-6}$、$Yb \leqslant 1.90\times10^{-6}$）、高的 Sr（很少低于 400.00×10^{-6}）和低的高场强元素（HFSEs），从而导致高 Sr/Y 值（20.00～40.00）和 La/Yb 值（≥10.00）。因而高 Sr/Y 值和 La/Yb 值成为埃达克质岩浆典型的判别标志特征（Martin，1999）。Defant 等（1990）还认为埃达克岩形成于火山弧环境，由俯冲的年轻（≤25Ma）大洋板片熔融所形成。然而近年来的研究表明，拆沉下地壳、增厚（>40km）下地壳和底侵玄武质下地壳的熔融也可以形成与埃达克岩地球化学特征类似的岩石（Atherton and Petford，1993；Petford and Atherton，1996；Muir et al.，1995；Peacock et al.，1994）。

从图 3-144 的 Y-Sr/Y 图和表 3-41 的地球化学特征可以看出，湘东北地区除加里东期、印支期花岗质岩类似于埃达克岩外，燕山期花岗质岩大部分也同样表现出埃达克岩地球化学特征，因而可将燕山期花岗质岩分为两类：一类是具有类似埃达克岩特征的岩石，即高 Sr 低 Y 型花岗岩；另一类则是由于 Sr 含量低而不具有埃达克岩特征的岩石，即普通的花岗质岩，但同样具有低 Y、Yb 特征，本书称为低 Sr 低 Y 型花岗岩。

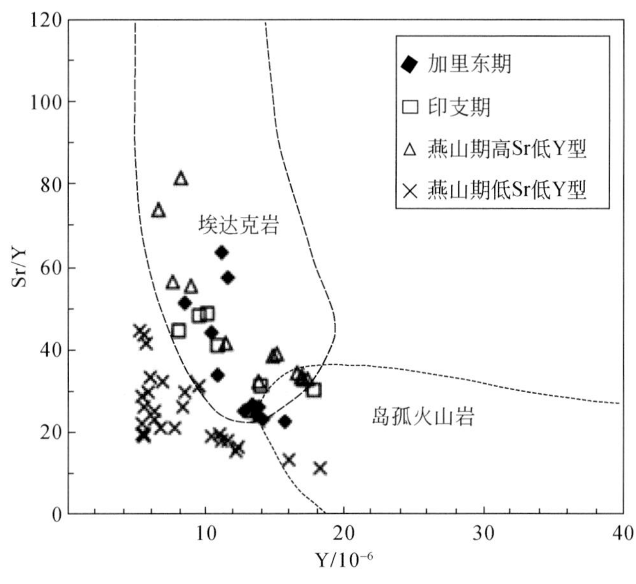

图 3-144　Y-Sr/Y 图解（原图引自 Atherton and Petford，1993）

表 3-41　湘东北显生宙花岗岩与两类埃达克岩及埃达克型高铝 TTD 的对比

分析项目	Ⅰ类埃达克岩	Ⅱ类埃达克岩	埃达克型高铝 TTD	加里东期	印支期	燕山期高 Sr 低 Y 型	燕山期低 Sr 低 Y 型
SiO_2/%	≥56.00	56.06～72.48	65.88～70.40	57.55～72.43	643.3～68.53	65.43～72.62	66.84～74.31
Al_2O_3/%	≥15.00（很少低于 15.00）	14.53～19.81	15.08～17.70	15.66～17.00	14.96～16.19	14.91～17.46	13.25～16.43

续表

分析项目	Ⅰ类埃达克岩	Ⅱ类埃达克岩	埃达克型高铝 TTD	加里东期	印支期	燕山期高 Sr 低 Y 型	燕山期低 Sr 低 Y 型
Na_2O/K_2O	>1.00	1.00～5.57	1.87～5.44	0.82～1.40	0.56～0.97	0.74～1.75	0.41～1.87
MgO/%	<3.00（很少高于 6.00）	0.10～2.56	0.69～1.26	0.52～3.62	0.97～1.67	0.48～1.61	0.20～0.81
$Y/10^{-6}$	≤18.00	2.00～15.00	3.00	8.42～15.72	7.84～17.72	6.40～17.30	5.22～18.20
$Yb/10^{-6}$	≤1.90	0.07～1.03	0.29～0.90	0.78～1.56	0.62～1.85	0.41～1.52	0.29～1.44
$Sr/10^{-6}$	>400.00（很少低于 400.00）	355.00～1512.00	546.00～760.00	315.60～697.60	332.00～537.00	426.40～658.20	102.00～249.00
Sr/Y	20.00～40.00	38.10～617.50	186.33～253.33	22.30～63.50	25.30～49.00	32.30～81.50	11.40～33.20
La/Yb	≥10.00	26.90～142.90	16.91～25.56	24.20～104.10	21.30～41.40	30～116	36.00～156.00
Sr 异常	正异常	正异常	正异常	弱负异常	弱负异常	无异常	负异常
Eu/Eu^*	正异常或微弱负异常	≥0.60	0.94～1.24	0.75～0.91	0.66～0.86	0.81～0.96	0.58～0.82

注：Ⅰ类为由俯冲板片熔融形成的埃达克岩（Defant et al., 1990, 1991; Defant and Drummond, 1993; Stern and Kilian, 1996）。Ⅱ类为由底侵玄武质下地壳熔融形成的埃达克岩（Muir et al., 1995; Petford and Atherton, 1996）。埃达克型高铝 TTD 数据据 Drummond and Defant, 1990; Condie, 2005。

3.4.5.2　花岗质岩浆源区

Sylĺester（1998）的研究表明，强过铝质（Ps 型）花岗质岩 CaO/Na_2O 值能示踪源区成分，而 Al_2O_3/TiO_2 值可以反映岩浆形成时相对的温度和压力条件；在高温、高压碰撞造山带，通常富泥质、贫斜长石（<5%）的源区岩部分熔融产生的 Ps 型花岗岩具有较低的 CaO/Na_2O 值（<0.3），而来源于贫泥质、富斜长石（>25%）粗粒碎屑岩的 Ps 型花岗岩则具有较高的 CaO/Na_2O 值。

由表 3-28、表 3-32、表 3-33 和图 3-145、图 3-146（a）可见，湘东北地区燕山期花岗质岩绝大多数样品的 CaO/Na_2O 值在 0.3 以上（0.39～1.09），而 Al_2O_3/TiO_2 值偏低（14.03～41.62），并与 Lachlan 褶皱带 Ps 型花岗岩具相似的分布范围，可能反映其源区岩主要为富斜长石的粗粒碎屑岩，但存在可变比例的变泥质岩，因而暗示了一个高温（如 875～1000℃）的熔融环境，或与岩石圈拆沉和热的软流圈上涌有关。前人研究表明（Ji et al., 2018; Wang et al., 2014b），幕阜山岩体内出露面积较小的黑云母花岗闪长岩（152～149Ma）落入变玄武质-变闪长质源区内，认为其源区岩石为变质火成岩。因此，不能排除壳源熔体与玄武质岩浆两个端元组分少量混合的可能性，尤其是对于黑云母花岗闪长岩。事实上，本书和 Wang 等（2014b）在幕阜山岩体的黑云母二长花岗岩中发现少量地幔来源的闪长岩（154～143Ma）[图 3-106（e）]。那么，玄武质岩浆的底侵很有可能导致中下地壳的部分熔融和长英质岩浆的形成，因为地幔来源的镁铁质熔体与泥质岩来源的熔体通过混合也可导致 Ps 型花岗岩的 CaO/Na_2O 和 Al_2O_3/TiO_2 值显著增加。然而，该种情况所产生的 Ps 型花岗岩应具有低的 SiO_2 和高的 $MgO+FeO+Fe_2O_3+TiO_2$ 量，显然与湘东北燕山期花岗质岩的岩石化学组成不一致，在野外也很少观察到基性包体，暗示了地幔来源的岩浆对这些花岗岩的形成作用似乎并不明显。更重要的是，Sr-Nd-Pb 同位素组成也不支持湘东北燕山期花岗质熔浆产生和演化过程中对存在铁镁质和长英质熔体有意义的混合（Wang et al., 2008d）。如图 3-147 所示，尽管 $\varepsilon_{Nd}(t)$ 和（$^{87}Sr/^{86}Sr)_i$ 两者间存在负的相关性，可能暗示由地幔熔体和上地壳岩石熔体两端元成分混合的结果（Jung et al., 2000），但结合区域上很少出现同时代的铁镁质岩，可认为湘东北地区燕山期花岗质岩来源于地幔和上地壳熔体的混合是不大可能的。这与 SiO_2-$\varepsilon_{Nd}(t)$、SiO_2-$(^{87}Sr/^{86}Sr)_i$ 以及 $\varepsilon_{Nd}(t)$-Cr 并不存在显著的相关性相一致（图 3-147）。

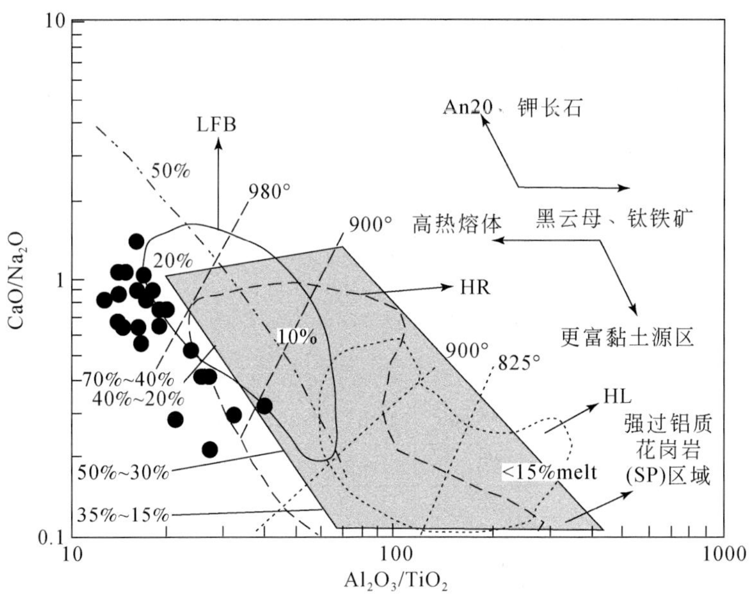

图 3-145　连云山花岗岩 Al_2O_3/TiO_2-CaO/Na_2O 图解（据 Sylĺester，1998）

LFB. 澳大利亚拉克兰褶皱带强过铝质（SP）花岗岩；HR. 欧洲海西造山带强过铝质花岗岩；HL. 喜马拉雅造山带强过铝质花岗岩

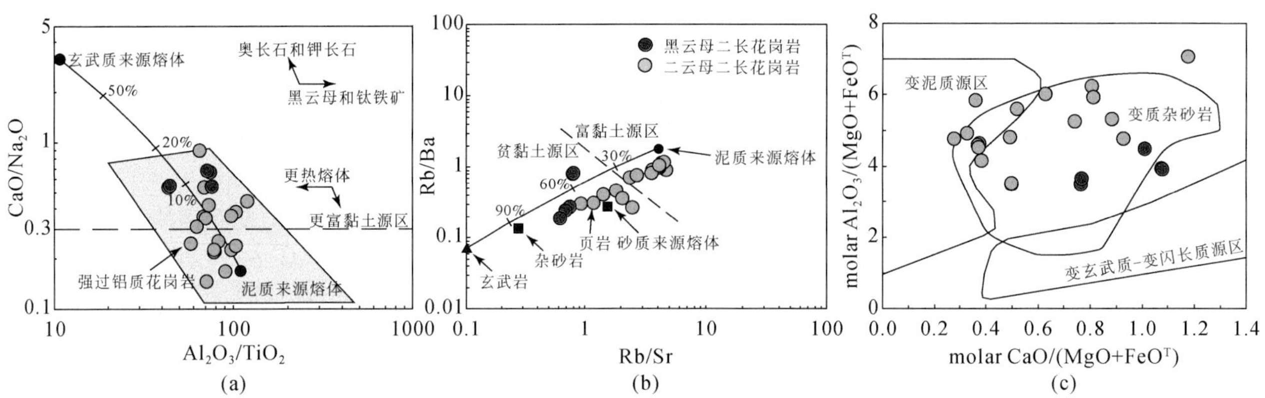

图 3-146　幕阜山岩体中二长花岗岩 Al_2O_3/TiO_2-CaO/Na_2O 图解（a）（据 Sylĺester，1998）、Rb/Sr-Rb/Ba 图解（b）（据 Sylĺester，1998）和 molar$CaO/(MgO+FeO^T)$-molar$Al_2O_3/(MgO+FeO^T)$ 图解（c）（据 Altherr et al.，2000）

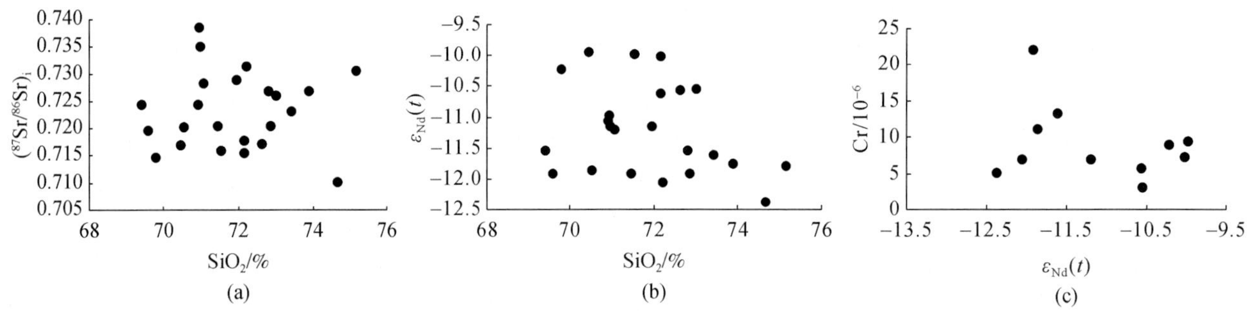

图 3-147　连云山花岗岩 SiO_2-$(^{87}Sr/^{86}Sr)_i$、SiO_2-$\varepsilon_{Nd}(t)$、$\varepsilon_{Nd}(t)$-Cr 图解

此外，湘东北燕山期花岗质岩 Al_2O_3、$Fe_2O_3{}^T$、CaO、MgO 和 TiO_2 的含量随着 SiO_2 的含量增加而降低（图 3-113 ~ 图 3-115、图 3-130、图 3-131），且负 Eu 异常、亏损 Sr 和 Ba，以及 Sr 与 Ba、Rb 之间具有很好的线性关系（图 3-116 ~ 图 3-119、图 3-132、图 3-133 和图 3-148），这些均指示在岩浆演化过程中可能

经历了黑云母、斜长石、钾长石和Fe-Ti氧化物等矿物的分离结晶。因此，分离结晶在岩浆演化过程中可能扮演了重要的角色。

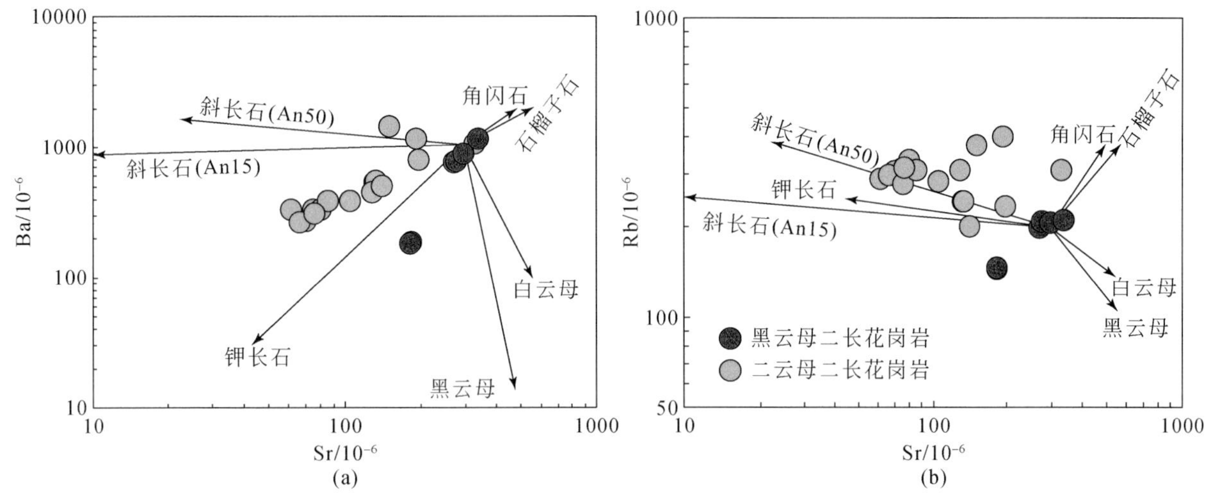

图3-148 幕阜山岩体中二长花岗岩Sr-Ba图解（a）和Sr-Rb图解（b）

矢量箭头相当于主要造岩矿物50%的分离结晶

与微量元素（含REE）组成相一致的是，所识别的两组样品即高Sr低Y型、低Sr低Y型，还分别具有高Ca高Eu、低Ca低Eu特征，并在主量元素含量及氧化物比值上存在一定的差异，因此也称为“高Sr低Y高Ca高Eu型”“低Sr低Y低Ca低Eu型”。第一组（高Sr低Y型）不仅具有较高的铁镁质（1.15%~5.29%）和CaO（0.82%~3.24%）含量，而且具较高的CaO/Na_2O（0.30~1.16）和较低的Al_2O_3/TiO_2值（普遍在15.20~33.38之间，极少数在43.73~73.15之间）；第二组（低Sr低Y型）则显示较低的铁镁质（0.92%~4.15%）和CaO（0.47%~1.56%）含量、较低的CaO/Na_2O值（0.15~0.41）及较高的Al_2O_3/TiO_2值（21.27~120.00）（表3-32），暗示这组岩浆岩可能主要与变泥质岩的黑云母脱水熔融有关。然而，以变泥质岩为主的地质体虽可产生规模大的花岗质岩浆，但它很少产生S型花岗岩（Clemens，2003）。另外，第一组中来源于连云山岩体周洛地区的大多样品和幕阜山岩体中高Sr低Y型黑云母二长花岗岩还具有较高的Na_2O/K_2O值（0.77~1.75，普遍>1）和Sr/Ba值（0.29~1.00）、显著低的Rb/Sr值（0.21~0.80），而来自连云山岩体其他地区样品（包括第二组样品）和幕阜山岩体中低Sr低Y型二云母二长花岗岩则具有相对低的Na_2O/K_2O值（通常<1）和Sr/Ba值（通常在0.11~0.36）以及相对高的Rb/Sr值（0.93~21.92）值。相对高的Rb/Sr值但相对低的Sr/Ba值可能反映其主要来源于含黑云母变杂砂岩的脱水熔融，负Eu异常说明一定数量的斜长石仍残留在源区；相反，那些具低的Rb/Sr值但稍高的Sr/Ba值以及不太明显的负Eu异常样品更可能来源于高比率长石/黑云母的变火成岩源区。在Rb/Sr-Rb/Ba投影图上［图3-146（b）、图3-149］，大部分样品也落在贫黏土的源区和贫黏土与富黏土的源区过渡带附近，仅少部分落在富黏土的源区。因此，与湘东北燕山期花岗质岩相匹配的源区岩可能为富斜长石的变杂砂岩，包括不稳定的火山碎屑岩和某些变英云闪长岩（黑云母-斜长石-石英岩类）。在molarCaO/($MgO+FeO^T$) -molarAl_2O_3/($MgO+FeO^T$)图解［图3-146（c）］以及SiO_2-A/CNK、（FeO^T+MgO+TiO_2)-CaO图解上（图3-150），湘东北燕山期花岗质岩成分还与部分熔融实验中使用的原岩如杂砂岩（Montel and Vielzeuf，1997）、过铝长英质片麻岩（Holtz and Johannes，1991）以及变英云闪长岩（Singh and Johannes，1996）非常接近，且与Albera地块海西期LJG（钙碱性花岗岩）、AL（混合岩带有关的深熔暗色花岗岩）、CL（过铝质淡色花岗岩）花岗质岩成分相重叠，同时暗示当压力为5kbar时，其形成时的温度在800℃以上，可达850℃（Vilà et al.，2005）。由上可见，湘东北燕山期花岗质岩是由一个组成成分多样（以变杂砂岩、长英质片麻岩和变英云闪长岩为主）且具麻粒岩相的下地壳在不同的温压条件部分熔融形成的。

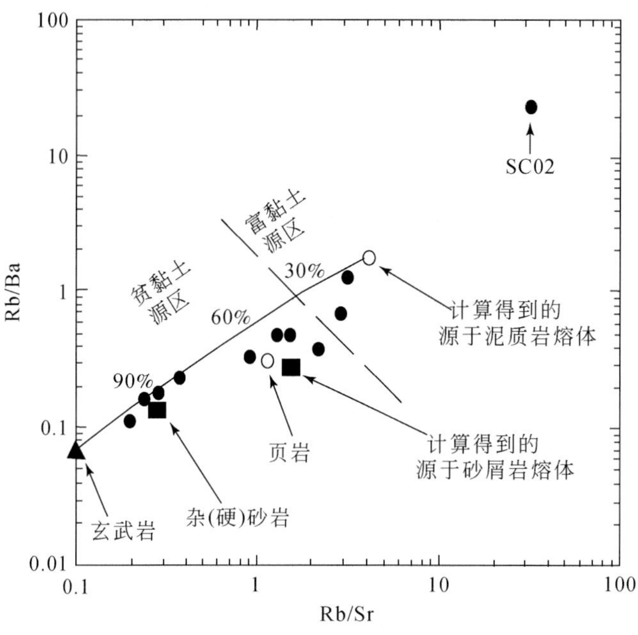

图 3-149　连云山花岗岩 Rb/Sr-Rb/Ba 图解（据 Sylℓester，1998 修改）

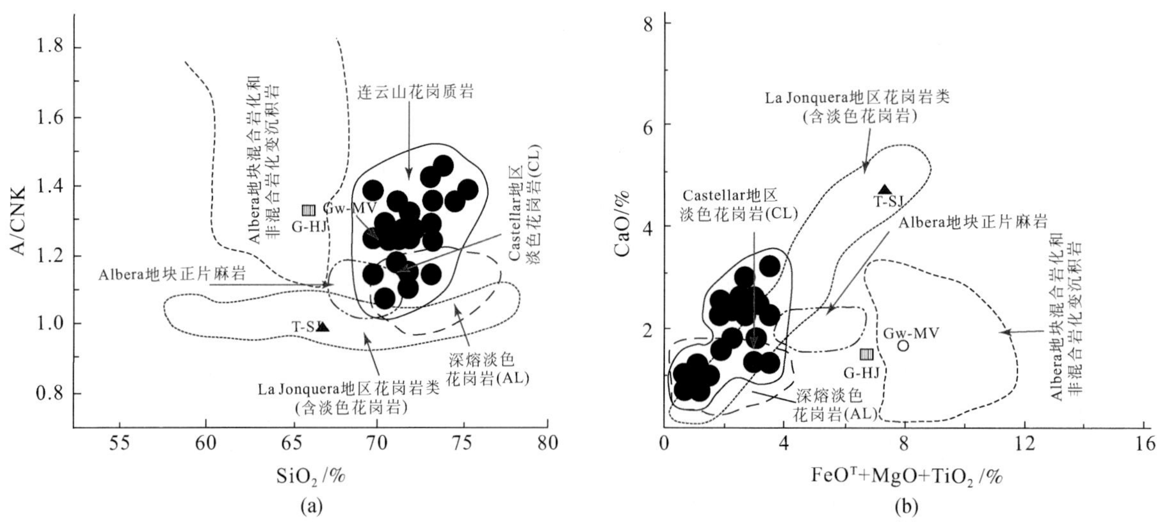

图 3-150　SiO_2-A/CNK（a）和（FeO^T+MgO+TiO_2）-CaO（b）图解

该图解释了湘东北连云山花岗岩成分与 Albera 地块 LJG、AL、CL 花岗岩和变质岩（变沉积岩、正片麻岩）以及部分熔融实验中所使用的代表性壳源成分的对比（据 Vilà et al.，2005）。

Albera 地块相关岩石：来自 La Jonquera 地区海西期钙碱性花岗质岩（除过铝质淡色花岗岩外）（LJG）、Castellar 地区过铝质淡色花岗岩（CL）、混合岩带有关的深熔淡色花岗岩（AL）和 La Jonquera 地区海西期过铝质淡色花岗岩（CL）。实验所采用的原岩：T-SJ. 变英云闪长岩（据 Sighn and Johannes，1996）；Gw-MV. 杂砂岩（据 Montel and Vielzeuf，1997）；G-HJ. 过铝质石英长石片麻岩（据 Holtz and Johannes，1991）

湘东北燕山期花岗质岩的 $\varepsilon_{Nd}(t)=-14\sim-8$（表 3-29、表 3-33、表 3-34），指示其地壳来源。在 $(^{87}Sr/^{86}Sr)_i$-$\varepsilon_{Nd}(t)$ 图解中（图 3-121、图 3-122、图 3-137），两类花岗质岩即第一组高 Sr 低 Y 型、第二组低 Sr 低 Y 型的绝大多数投点落在中扬子地区中生代花岗岩区域内。在 t-$\varepsilon_{Hf}(t)$ 图解中（图 3-140），数据点均落在球粒陨石演化线与华南壳源熔体之间，表明其源区主要来源于地壳并可能混有极少量的地幔物质。在 $(^{206}Pb/^{204}Pb)_i$-$(^{207}Pb/^{204}Pb)_i$ 和 $(^{206}Pb/^{204}Pb)_i$-$(^{208}Pb/^{204}Pb)_i$ 图解上（图 3-123、图 3-124、图 3-138），两类花岗质岩均落于地壳与造山带演化线之间，也指示了以壳源为主并有极少量地幔物质加入的属性。

高Sr低Y型、低Sr低Y型两类花岗质岩的全岩Nd和锆石Hf两阶段模式年龄表明源区岩石可能是古元古代—中元古代地壳物质。然而在湘东北地区，出露的地层主要是下中新元古界冷家溪群。本章及Ji等(2018）的研究还表明，湘东北燕山期岩体的锆石中存在不少新元古代继承核，这与冷家溪群碎屑锆石的主要年龄分布重合，而且这些继承锆石的$\varepsilon_{Hf}(t)$值落入新元古代碎屑锆石的$\varepsilon_{Hf}(t)$值范围内（图3-140)；且冷家溪群也含有与这些花岗岩Hf两阶段模式年龄一致的古元古代—中元古代碎屑锆石。另外，周作侠(1988）认为，黑云母的成分特征也可以用来指示岩石的源区性质。黑云母的$MgO-FeO^T/(FeO^T+MgO)$判别图显示［图3-143（c)］，高Sr低Y型、低Sr低Y型花岗质岩的岩浆源区主要为地壳来源。

另外，湘东北燕山期高Sr低Y高Ca高Eu型花岗质岩（第一组）具有较高的Sr、SiO_2和Al_2O_3含量、较低的Yb和Y含量，Na_2O/K_2O和$(La/Yb)_N$值也较高，具埃达克质岩特征（图3-144)，但它们还具有典型壳源的Sr-Nd-Pb同位素组成和较低的Mg含量。因此，燕山期花岗质岩所具有的埃达克岩地球化学特征并不是由俯冲板片熔融、玄武质岩浆AFC演化或者拆沉下地壳熔融形成的，而是由加厚下地壳部分熔融形成。要使得湘东北燕山期岩体具有埃达克岩特性，部分熔融的源区要至少达到榴辉岩相，石榴子石在源区达到稳定，使得熔体中具有较低的Yb和Y值。可见，湘东北燕山晚花岗质岩为贫黏土的下地壳物质部分熔融的产物，其岩浆源区具有较低的温度和较高的压力。根据岩性、地球化学成分、湿度和氧逸度，结果可以将源区分为两组：一组为相对还原、干燥、贫泥质、富斜长石粗粒碎屑岩源区（高Sr高Ca高Eu低Y型)，而另一组为相对氧化、富水和贫斜长石的富泥质源区（低Sr低Ca低Eu低Y型)。

此外，湘东北地区连云山混合花岗岩的$\varepsilon_{Nd}(t)=-13\sim-10$（表3-34)，也指示了地壳来源。在$t$-$\varepsilon_{Nd}(t)$图解［图3-126（a)］中，它与连云山花岗质岩体均位于华南元古宙地壳的演化区之中。这二者的两个阶段Nd模式年龄值相似，且与江南古陆变质基底一致，说明湘东北燕山期花岗质岩和混合花岗岩来源于华南元古宙地壳物质的重熔。连云山混合花岗岩主要位于连云山岩体和冷家溪群的接触部位，部分位于长沙-平江断裂带附近。与连云山岩体相比，混合花岗岩具有较低的Sr含量和较高的Y和Yb含量，但与冷家溪群砂质板岩相似，只是具有更低的Zr和Hf含量。因此，连云山混合花岗岩很可能是较浅部的冷家溪群板岩部分熔融形成的。

3.4.5.3　岩浆过程：部分熔融+同化混染+分异结晶?

1. 岩浆物理化学条件

氧逸度（f_{O_2}）是一个固有的岩石热力学参数，可用于反映岩浆的氧化还原环境，对多价元素的形成以及元素在岩浆热液过程中的行为具有重要的控制作用（Brounce et al.，2015；Lee et al.，2012；Qiu et al.，2013)。最近几年，氧逸度对岩浆热液成矿过程的重要性还受到越来越多的关注（Mengason et al.，2011；Qiu et al.，2013；Richards，2015；Sun et al.，2015；Trail et al.，2012)。全岩FeO^T、MgO和SiO_2的含量可以用来判断花岗岩源区的氧逸度大小。如图3-151（a）所示，绝大部分湘东北燕山期花岗质岩具较低的$FeO^T/(FeO^T+MgO)$值，位于镁质花岗质岩区，指示岩浆源区氧化度较低的环境（沈渭洲等，1993；Chappell and White，1992)。部分样品则落在镁质-铁质花岗质岩的过渡区，指示相对还原的源区环境（沈渭洲等，1993；Chappel and White，1992)。此外，处于镁质-铁质花岗质岩的过渡区的样品还具有较大的Eu-Sr-Ba负异常和较低的Cr和Co含量，说明这些花岗质岩是由相对干体系的熔体形成；相反，其他大部分样品则产于相对富水的源区。因此，说明湘东北燕山期岩浆源区整体具有较低的氧逸度和可变的湿度［图3-151（a)］，这很可能与该区存在的两类花岗质岩即高Sr低Y型、低Sr低Y型具有不同成因有关。

前人已发表了大量关于华南燕山期花岗岩氧逸度的文章，其中关于估算岩浆氧逸度的方法有很多，主要包括：①黑云母成分（Ayati et al.，2013；Richards，2015；Wones and Eugster，1965)；②全岩Fe_2O_3/FeO值（Richards，2015；Shen et al.，2015)；③锆石Ce和Eu异常（Ballard et al.，2002；Shen et al.，2015；Sun et al.，2015)。黑云母的Fe^{3+}/Fe^{2+}值可利用电子探针数据基于电价平衡原理计算出(Essene and Fyfe，1967；林文蔚和彭丽君，1994；郑巧荣，1983)，锆石Ce^{4+}/Ce^{3+}值可由锆石和花岗岩之间的Ce异常计算出（Ballard et al.，2002)。黑云母的成分和锆石Ce异常都可用于计算氧逸度（Dilles et al., 2015; Shen et al., 2015; Wones and Eugster, 1965)。本书以幕阜山岩体两类花岗岩为例，利用黑云母成分、锆石 Ce 异常和锆石 Ce^{4+}/Ce^{3+}分别计算氧逸度。

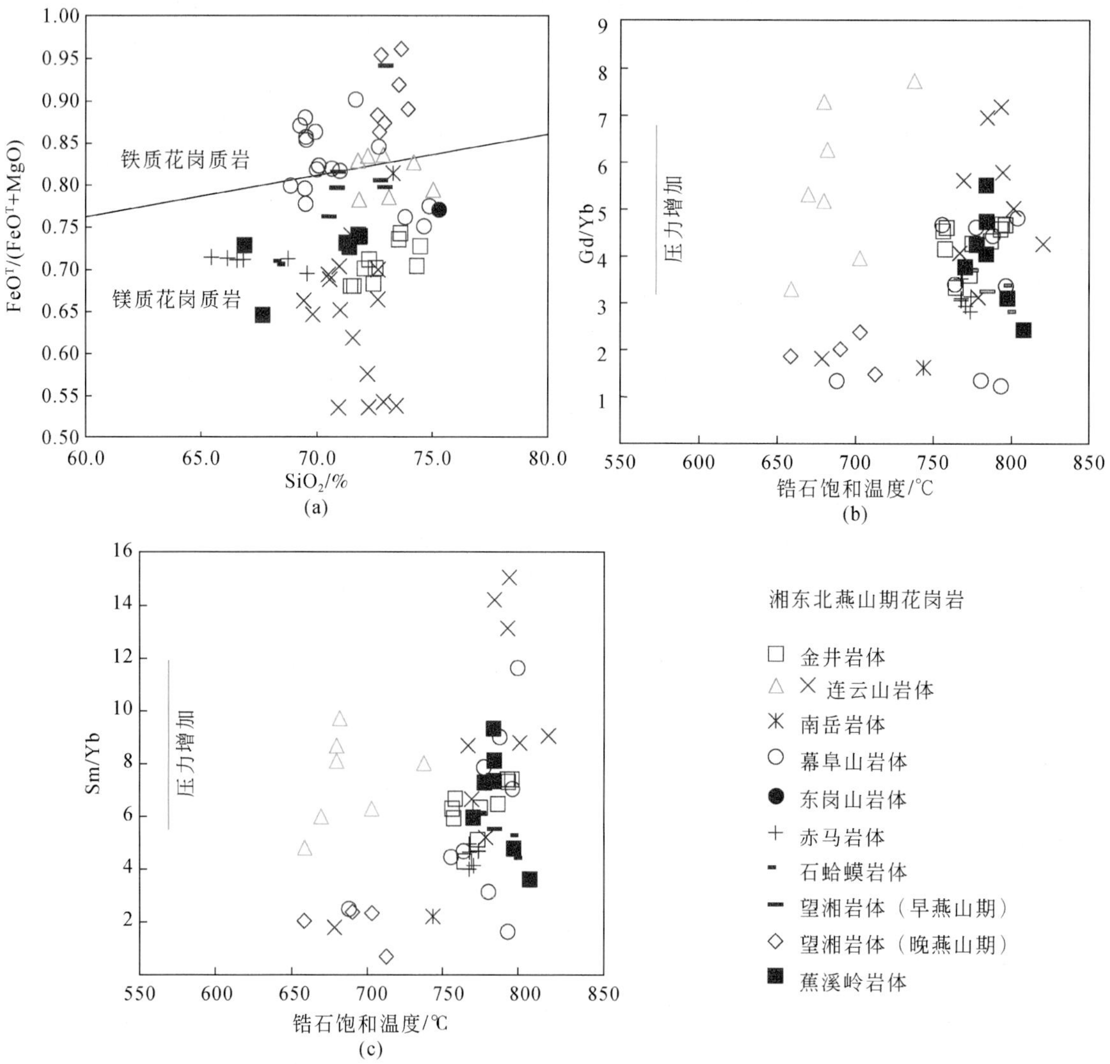

图 3-151　湘东北燕山期花岗岩全岩地球化学数据投图

(a) 花岗岩镁质-铁质花岗质岩分类图解（据沈渭洲等，1993）；(b)（c）锆石饱和温度与 Gd/Y、Sm/Yb 投图。南岳岩体和东岗山岩体数据来源于贾大成和胡瑞忠（2002）、幕阜山岩体数据来源于贾大成和胡瑞忠（2002）以及本书；赤马岩体和石蛤蟆岩体数据来源于彭头平等（2004）；望湘岩体数据来源于贾大成等（2003）和本书；其他岩体来源于本书

锆石作为岩浆岩中重要的副矿物，记录了很多岩浆演化时的各种化学信息（Trail et al., 2012；张向飞等，2017）。因此，锆石可用于指示成岩成矿物理化学条件（勾宗洋等，2019；Trail et al., 2009, 2011）。一般而言，Ce 有 Ce^{4+}和 Ce^{3+}两种价态，Eu 有 Eu^{3+}和 Eu^{2+}两种价态。在氧化环境下，锆石中的 Ce^{3+}容易被氧化成 Ce^{4+}，而 Ce^{4+}和 Zr^{4+}具有相同的价态和相似的离子半径，因此 Ce^{4+}易取代 Zr^{4+}进入锆石中，常表现出 Ce 正异常。同样，Eu^{2+}在氧化环境下可被氧化成 Eu^{3+}，Eu^{3+}与 Zr^{4+}有相似的离子半径，所以锆石更相容 Eu^{3+}，常表现出 Eu 负异常（Ballard et al., 2002；Zhang et al., 2013b）。当岩浆的氧逸度较高时，锆石的 Ce^{4+}/Ce^{3+}值、Ce/Ce^*值和 Eu/Eu^*值也会较高（李凯旋等，2019；梁培等，2018；赵振华，2010）。锆石 Ce^{4+}/Ce^{3+}值可根据 Ballard 等（2002）中的公式计算获得。锆石 Ce 异常用公式 $(Ce/Ce^*)_D \approx (Ce/Ce^*)_{CHUR} = Ce_N/(La\times Pr)_N^{1/2}$（Trail et al., 2012）计算得出。在 Eu/Eu^*-Ce^{4+}/Ce^{3+}和 Eu/Eu^*-Ce/Ce^*图解中（图 3-152），发现幕阜山岩体中两类花岗岩均具低的 Ce^{4+}/Ce^{3+}值、Ce/Ce^*值和 Eu/Eu^*值（表 3-42），且 Eu/Eu^*值与 Ce^{4+}/Ce^{3+}值和 Ce/Ce^*值呈现出正相关性，说明它们均具有较低的氧逸度。另外，与

智利北部斑岩型 Cu 矿床、德兴斑岩型 Cu 矿床、圆珠顶斑岩型 Cu 矿床、七宝山 Cu-Pb-Zn 矿床、铜山岭 Cu-Pb-Zn 矿床和水口山 Cu-Pb-Zn 矿床相比，高 Sr 低 Y 型黑云母二长花岗岩和低 Sr 低 Y 型二云母二长花岗的 Ce^{4+}/Ce^{3+} 值、Ce/Ce^* 值和 Eu/Eu^* 值明显偏低（图 3-152）。

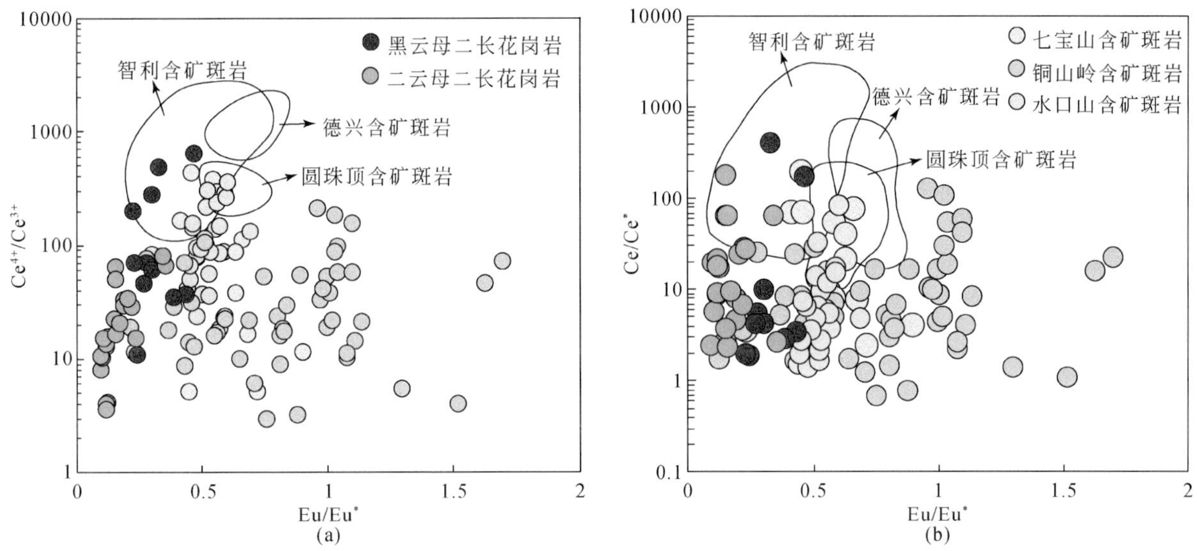

图 3-152 幕阜山岩体中高 Sr 低 Y 型（黑云母二长花岗岩）、低 Sr 低 Y 型（二云母二长花岗岩）锆石 Eu/Eu^*-Ce^{4+}/Ce^{3+} 图解（a）和 Eu/Eu^*-Ce/Ce^* 图解（b）

数据来源：智利含矿斑岩（Ballard et al.，2002）；德兴含矿斑岩（Zhang et al.，2013b，2017）；圆珠顶含矿斑岩（Zhong et al.，2013）；七宝山含矿斑岩（Yuan et al.，2018）；铜山岭含矿斑岩（Zhao et al.，2016）；水口山含矿斑岩（Yang et al.，2018）

前人研究表明黑云母中的 Fe、Mg 含量与其形成时岩浆的氧逸度有着密切的相关性（De Albuquerque，1973；Henry et al.，2005；Wones and Eugster，1965）。Henry 等（2005）、Wones 和 Eugster（1965）研究表明利用黑云母的相关阳离子可用于估算岩浆结晶时的氧逸度。黑云母成分的氧逸度计算的详细过程描述如下。计算公式 $\log f_{O_2}=-A/T+B+C(P-1)/T$ 是由不同的氧逸度缓冲对在高温高压下得出（Eugster and Wones，1962）。其中，T 是温度（单位为 K）、P 是压力（单位为 10^5 Pa），A、B 和 C 代表不同氧逸度缓冲对下的分配系数。T 是由上述黑云母 Ti 温度计计算得出的。P 是由公式 $P=3.03\times Al^T-6.53(\pm0.33)$ 计算得出的，Al^T 代表基于 22 个氧原子计算出的黑云母中的 Al 原子数。氧逸度缓冲对不同，分配系数 A、B 和 C 也不同（Eugster and Wones，1962）。A、B 和 C 值的选择取决于黑云母中 Fe^{2+}、Fe^{3+} 和 Mg^{2+} 的比例。幕阜山岩体中两类花岗岩的黑云母成分数据投在 Fe^{3+}-Fe^{2+}-Mg^{2+} 三角形图解中（图 3-153），FMQ（铁橄榄石-磁铁矿-石英氧逸度）、NNO（镍-氧化镍氧逸度）和 HM（赤铁矿-磁铁矿氧逸度）缓冲对在图中的位置是由实验数据确定的（Wones and Eugster，1965）。如果数据正好投在缓冲对上，那么 A、B 和 C 值可直接根据 Eugster 和 Wones（1962）获得。然而，在大多数情况下，黑云母数据是投在两个缓冲对之间的。在 Ayati 等（2013）研究中，A、B 和 C 值根据离数据点最近的缓冲对进行指定，但是这可能会引起离缓冲对相对较远的点产生明显的误差。本次研究中，利用内插替换的方法计算确定 A、B 和 C 值，从而准确计算氧逸度。在黑云母 Fe^{3+}-Fe^{2+}-Mg^{2+} 图解中（图 3-153），幕阜山岩体中高 Sr 低 Y 型黑云母二长花岗岩中的黑云母投点绝大多数落于 NNO 缓冲线之下，极少数落于 NNO 缓冲线与 HM 缓冲线之间且靠近 NNO 缓冲线；幕阜山岩体中低 Sr 低 Y 型二云母二长花岗岩中的黑云母投点均落于 NNO 缓冲线之下。本次计算出的高 Sr 低 Y 型黑云母二长花岗岩中黑云母的氧逸度（f_{O_2}）为 −18.9 ~ −16.9，低 Sr 低 Y 型二云母二长花岗岩中黑云母的氧逸度（f_{O_2}）为 −23.8 ~ −16.0。另外，在黑云母的 T-$\log f_{O_2}$ 图解中（图 3-154），幕阜山岩体中两类花岗岩的黑云母投点绝大多数落于 NNO（镍-氧化镍）缓冲线之下。而且，幕阜山岩体中高 Sr 低 Y 型和低 Sr 低 Y 型花岗岩的氧逸度都低于与华南典型 Cu-(Au)-Mo 矿床和 Cu-Pb-Zn 矿床有关的花岗岩（图 3-153、图 3-154）。

表 3-42　幕阜山岩体燕山期高 Sr 低 Y 型和低 Sr 低 Y 型花岗岩锆石微量元素组成

样品号	La /10^{-6}	Ce /10^{-6}	Pr /10^{-6}	Nd /10^{-6}	Sm /10^{-6}	Eu /10^{-6}	Gd /10^{-6}	Tb /10^{-6}	Dy /10^{-6}	Ho /10^{-6}	Er /10^{-6}	Tm /10^{-6}	Yb /10^{-6}	Lu /10^{-6}	Y /10^{-6}	Hf /10^{-6}	Ti /10^{-6}	Ce^{4+}/Ce^{3+}	Eu/Eu*	Ce/Ce*	LREE/HREE	ΣREE	Yb/Gd
高 Sr 低 Y 型黑云母二长花岗岩																							
17LS-10-2	0.25	6.75	0.39	3.27	1.78	0.36	8.56	4.14	62.07	25.10	135.87	31.77	372.57	63.88	950.02	14088.86	0.94	66.86	0.28	5.26	0.018	716.77	43.53
17LS-10-3	0.01	12.18	0.02	0.41	1.28	0.48	7.73	2.75	36.11	14.38	76.46	17.57	212.07	42.41	545.12	11721.49	3.07	618.67	0.47	166.69	0.035	423.38	27.42
17LS-10-8	0.53	10.03	0.70	4.70	2.63	0.57	12.23	5.49	81.36	31.62	168.23	38.28	440.66	73.70	1189.84	13690.82	10.57	59.32	0.31	4.06	0.022	870.71	36.04
17LS-10-12	0.14	13.68	0.11	1.45	3.76	0.74	25.78	11.10	154.11	58.74	289.58	61.40	672.52	111.30	2100.41	13150.56	3.05	191.64	0.23	27.47	0.014	1404.42	26.08
17LS-10-14	4.83	26.57	2.59	20.22	8.67	1.18	24.96	6.95	73.42	23.89	104.17	19.62	206.95	35.33	845.44	9620.84	6.74	10.59	0.24	1.84	0.129	559.35	8.29
17LS-10-15	16.22	54.56	3.03	12.47	8.55	1.49	44.36	16.01	201.33	71.41	329.34	65.75	682.87	107.51	2479.07	11987.56	6.64	66.70	0.23	1.91	0.063	1614.89	15.39
17LS-10-16	0.36	9.01	0.15	0.95	1.31	0.37	10.20	4.71	69.16	26.80	136.08	30.61	355.02	60.63	982.44	13181.81	2.53	271.79	0.31	9.50	0.018	705.34	34.79
17LS-10-17	3.59	45.92	3.10	17.16	9.23	2.34	28.68	9.55	120.54	42.51	201.37	41.39	453.70	73.53	1526.63	11853.50	6.35	35.58	0.44	3.37	0.084	1052.63	15.82
17LS-10-18	1.22	13.44	1.15	7.61	4.26	1.08	16.78	6.44	85.39	32.75	162.88	35.67	397.09	66.70	1183.84	13208.46	2.17	34.13	0.39	2.78	0.036	832.47	23.67
17LS-10-19	0.93	18.92	1.41	9.51	6.00	1.12	26.59	11.00	160.93	62.20	315.32	68.58	745.50	121.06	2273.07	13822.02	2.41	44.67	0.27	4.05	0.025	1549.07	28.03
17LS-10-20	0.00	13.89	0.04	0.66	1.57	0.42	9.28	3.30	44.29	17.62	95.01	21.64	266.36	52.51	672.15	11376.38	3.05	464.62	0.33	392.71	0.032	526.58	28.70
低 Sr 低 Y 型二云母二长花岗岩																							
17LS-9-1	0.01	3.06	0.11	2.44	9.24	0.84	65.97	22.21	204.96	52.76	193.24	32.62	319.49	52.03	1895.93	11635.80	7.15	7.70	0.10	19.45	0.017	958.98	4.84
17LS-9-2	0.05	7.18	0.16	3.25	14.71	1.76	136.27	46.19	411.68	102.55	342.64	55.23	509.16	77.24	3461.33	12159.94	10.70	12.37	0.12	20.38	0.016	1708.07	3.74
17LS-9-4	**236.81**	**455.30**	**49.46**	**195.85**	**45.37**	**1.60**	**109.41**	**32.15**	**288.10**	**71.54**	**249.46**	**42.33**	**408.38**	**62.18**	**2475.85**	**15135.11**	**6.08**	**12.84**	**0.07**	**1.03**	**0.779**	**2247.95**	**3.73**
17LS-9-5	0.95	5.19	0.24	2.64	4.11	0.61	35.34	14.05	146.28	40.25	151.98	27.12	265.97	41.57	1486.07	12490.23	3.91	21.73	0.15	2.69	0.019	736.29	7.53
17LS-9-6	0.03	2.57	0.05	1.29	4.94	0.60	41.25	14.96	145.95	38.09	137.32	23.66	231.46	35.81	1400.82	12391.91	5.45	14.92	0.13	16.91	0.014	677.97	5.61
17LS-9-9	**430.36**	**830.63**	**85.57**	**302.06**	**63.08**	**1.48**	**45.77**	**8.12**	**71.30**	**21.31**	**104.07**	**26.09**	**342.88**	**63.40**	**855.74**	**18187.60**	**1.05**	**18.01**	**0.08**	**1.06**	**2.509**	**2396.10**	**7.49**
17LS-9-11	0.00	2.14	0.23	1.93	6.38	0.61	47.19	16.02	154.41	41.07	158.35	31.84	368.54	64.11	1490.28	13840.95	6.97	10.06	0.11	-	0.013	892.81	7.81
17LS-9-12	**17.87**	**37.14**	**3.98**	**16.51**	**11.65**	**0.78**	**78.89**	**28.42**	**268.64**	**68.61**	**242.22**	**43.06**	**429.67**	**65.86**	**2384.31**	**16208.33**	**3.79**	**19.95**	**0.08**	**1.08**	**0.072**	**1313.29**	**5.45**
17LS-9-14	0.53	2.38	0.12	2.19	7.14	0.64	55.23	19.00	179.75	47.96	188.78	38.76	453.62	77.90	1718.49	16321.29	5.01	10.34	0.10	2.33	0.012	1074.01	8.21
17LS-9-15	0.04	1.63	0.06	1.09	4.64	0.54	39.77	15.23	153.52	41.81	157.74	28.59	287.91	44.42	1516.05	17003.71	2.71	13.24	0.12	8.44	0.010	776.99	7.24
17LS-9-16	0.08	0.80	0.07	0.51	0.94	0.32	7.88	4.49	56.56	19.28	99.32	27.54	387.57	71.33	796.15	18003.78	1.03	63.63	0.36	2.63	0.004	676.63	49.20

续表

样品号	La /10^{-6}	Ce /10^{-6}	Pr /10^{-6}	Nd /10^{-6}	Sm /10^{-6}	Eu /10^{-6}	Gd /10^{-6}	Tb /10^{-6}	Dy /10^{-6}	Ho /10^{-6}	Er /10^{-6}	Tm /10^{-6}	Yb /10^{-6}	Lu /10^{-6}	Y /10^{-6}	Hf /10^{-6}	Ti /10^{-6}	Ce^{4+} /Ce^{3+}	Eu /Eu*	Ce /Ce*	LREE/ HREE	ΣREE	Yb/Gd
低 Sr 低 Y 型二云母二长花岗岩																							
17LS-9-19	0. 04	0. 30	0. 03	0. 31	0. 48	0. 08	4. 71	2. 79	42. 71	15. 64	90. 93	26. 11	380. 08	70. 59	670. 10	20759. 24	0. 13	61. 91	0. 16	2. 29	0. 002	634. 80	80. 73
17LS-9-21	0. 01	1. 55	0. 05	1. 63	6. 06	0. 59	36. 94	10. 87	94. 37	22. 53	77. 81	12. 91	126. 58	21. 00	813. 73	11234. 48	7. 26	3. 88	0. 12	17. 70	0. 025	412. 89	3. 43
17LS-9-28	0. 90	12. 44	0. 52	4. 74	9. 00	1. 17	37. 97	11. 95	131. 27	45. 53	204. 94	40. 48	423. 01	74. 91	1559. 69	9940. 50	9. 18	31. 72	0. 19	4. 47	0. 030	998. 81	11. 14
17LS-9-30	0. 06	1. 81	0. 10	1. 33	5. 26	0. 58	47. 85	18. 51	183. 95	50. 84	196. 04	39. 18	431. 13	74. 26	1791. 89	14580. 16	4. 02	14. 76	0. 11	5. 47	0. 009	1050. 88	9. 01
17LS-9-31	**1282. 50**	**2537. 44**	**266. 11**	**1022. 46**	**211. 01**	**4. 07**	**152. 85**	**22. 36**	**153. 42**	**36. 44**	**135. 19**	**27. 16**	**289. 19**	**46. 92**	**1337. 79**	**19332. 50**	**2. 03**	**5. 36**	**0. 07**	**1. 06**	**6. 165**	**6187. 13**	**1. 89**
17LS-9-32	0. 26	5. 53	0. 12	1. 73	7. 56	1. 40	65. 76	24. 46	243. 80	67. 38	250. 74	45. 14	441. 21	72. 97	2304. 87	12325. 00	5. 59	28. 67	0. 19	7. 67	0. 014	1228. 06	6. 71
17LS-9-33	0. 15	1. 98	0. 12	0. 93	2. 98	0. 44	24. 73	8. 84	82. 20	21. 41	77. 88	13. 55	129. 67	21. 70	770. 14	12527. 14	8. 59	16. 03	0. 16	3. 69	0. 017	386. 59	5. 24
17LS-9-41	0. 02	1. 72	0. 09	2. 32	8. 11	0. 88	59. 62	18. 88	163. 81	40. 90	141. 90	24. 26	227. 90	37. 95	1433. 45	11492. 84	6. 45	3. 49	0. 12	8. 83	0. 018	728. 37	3. 82
17LS-2-1	0. 01	13. 19	0. 23	4. 74	11. 03	1. 22	53. 22	14. 15	136. 80	41. 81	171. 86	32. 05	325. 94	55. 09	1458. 72	10428. 22	5. 40	21. 56	0. 15	61. 96	0. 037	861. 34	6. 12
17LS-2-3	0. 00	21. 12	0. 20	3. 83	10. 44	1. 17	49. 20	14. 53	158. 26	53. 59	243. 07	47. 14	489. 35	84. 73	1943. 22	10840. 89	9. 83	61. 32	0. 16	173. 30	0. 032	1176. 64	9. 95
17LS-2-4	**10. 31**	**45. 43**	**7. 09**	**20. 85**	**7. 92**	**0. 95**	**16. 61**	**4. 54**	**50. 93**	**18. 09**	**89. 95**	**19. 15**	**227. 10**	**43. 28**	**672. 04**	**11581. 46**	**2. 37**	**31. 04**	**0. 25**	**1. 30**	**0. 197**	**562. 21**	**13. 67**
17LS-2-5	0. 03	17. 02	0. 15	3. 20	6. 08	1. 55	30. 45	9. 67	115. 44	41. 31	193. 56	37. 33	399. 03	68. 92	1472. 63	8782. 03	12. 93	78. 46	0. 35	63. 63	0. 031	923. 73	13. 11
17LS-2-8	0. 24	6. 20	0. 23	3. 28	6. 22	1. 09	35. 59	12. 85	149. 05	50. 44	224. 77	45. 20	474. 67	75. 81	1755. 37	12884. 06	5. 97	27. 61	0. 22	6. 48	0. 016	1085. 65	13. 34
17LS-2-9	**458. 37**	**909. 68**	**95. 92**	**353. 99**	**73. 66**	**2. 24**	**68. 61**	**16. 18**	**161. 38**	**48. 69**	**211. 65**	**43. 21**	**462. 12**	**73. 01**	**1821. 82**	**15796. 29**	**2. 30**	**16. 71**	**0. 10**	**1. 06**	**1. 746**	**2978. 69**	**6. 74**
17LS-2-10	0. 12	16. 30	0. 24	4. 23	8. 46	1. 13	32. 29	8. 42	85. 32	26. 74	116. 80	22. 36	237. 76	41. 29	964. 88	10630. 33	6. 95	32. 93	0. 21	23. 97	0. 053	601. 45	7. 36
17LS-2-13	0. 01	4. 84	0. 06	1. 31	5. 59	0. 86	47. 00	19. 58	228. 64	73. 43	298. 56	53. 35	525. 76	84. 44	2626. 39	12771. 51	4. 92	48. 78	0. 16	64. 07	0. 010	1343. 43	11. 19
17LS-2-18	0. 03	8. 67	0. 19	3. 59	8. 04	1. 33	36. 74	10. 22	85. 17	23. 39	92. 88	17. 06	174. 00	30. 25	864. 52	10088. 50	9. 34	14. 72	0. 24	26. 69	0. 047	491. 54	4. 74
17LS-2-19	**575. 85**	**1135. 05**	**123. 31**	**469. 84**	**97. 46**	**2. 98**	**98. 83**	**22. 75**	**228. 33**	**69. 07**	**288. 52**	**57. 10**	**585. 64**	**92. 06**	**2482. 48**	**14627. 81**	**2. 77**	**14. 84**	**0. 09**	**1. 04**	**1. 667**	**3846. 78**	**5. 93**
17LS-2-26	0. 17	6. 25	0. 17	2. 80	5. 90	0. 68	23. 30	5. 82	57. 84	18. 63	84. 35	16. 98	181. 75	32. 86	701. 11	9512. 58	11. 44	19. 81	0. 18	9. 17	0. 038	437. 49	7. 80
17LS-2-27	**2503. 34**	**4802. 47**	**511. 43**	**1951. 38**	**371. 23**	**11. 26**	**265. 15**	**36. 94**	**266. 41**	**70. 59**	**287. 25**	**55. 37**	**572. 70**	**88. 93**	**2547. 47**	**15407. 11**	**3. 08**	**6. 53**	**0. 11**	**1. 04**	**6. 177**	**11794. 44**	**2. 16**

注：加粗数据因为轻稀土含量过高没有用于计算氧逸度。

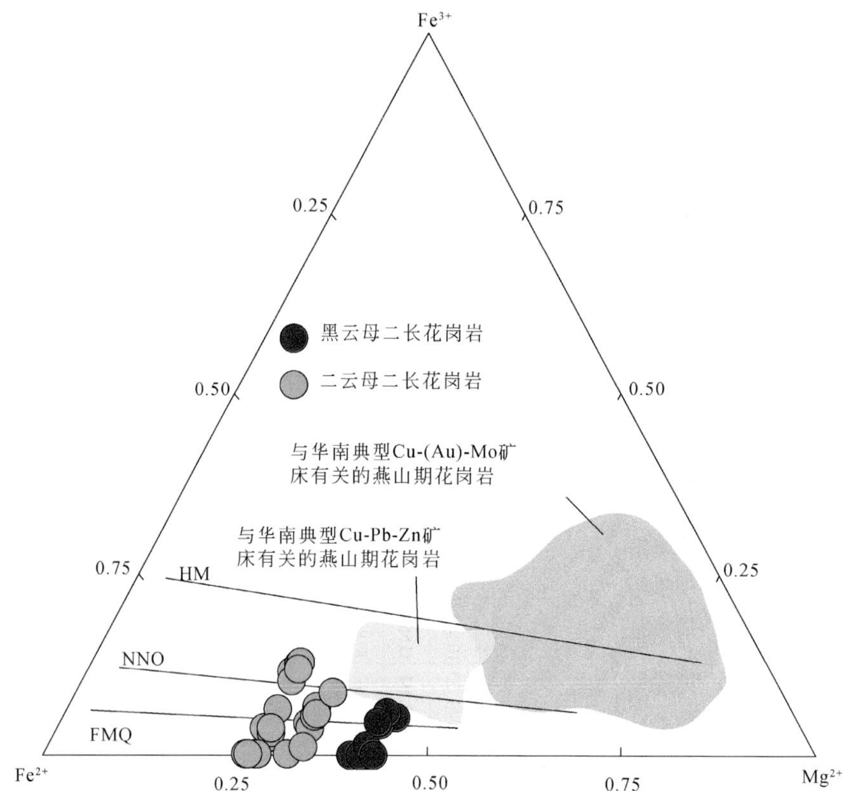

图 3-153　幕阜山岩体中高 Sr 低 Y 型（黑云母二长花岗岩）、低 Sr 低 Y 型（二云母二长花岗岩）黑云母 Fe^{3+}-Fe^{2+}-Mg^{2+}图解（据 Wones and Eugster，1965）

数据来源：与华南典型 Cu-(Au)-Mo 和 Cu-Pb-Zn 矿床有关的燕山期花岗岩（Li et al.，2017）

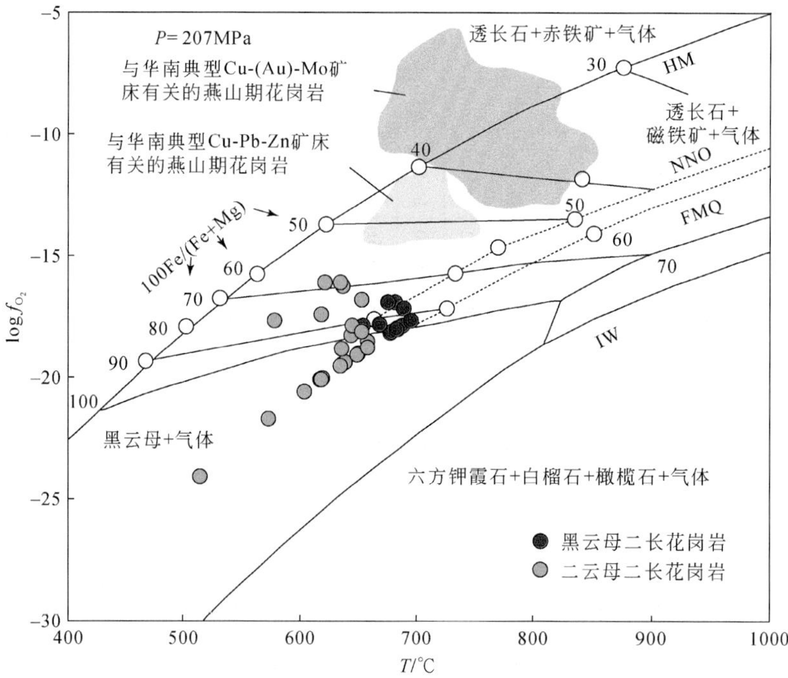

图 3-154　幕阜山岩体中高 Sr 低 Y 型（黑云母二长花岗岩）、低 Sr 低 Y 型（二云母二长花岗岩）黑云母 T-$\log f_{O_2}$图解（据 Wones and Eugster，1965）

数据来源：与华南典型 Cu-(Au)-Mo 和 Cu-Pb-Zn 矿床有关的燕山期花岗岩（Li et al.，2017）

由上可见，湘东北地区燕山期两类花岗质岩即高 Sr 低 Y 型、低 Sr 低 Y 型整体形成于较低的氧逸度环境，但高 Sr 低 Y 型的氧逸度相对低 Sr 低 Y 型略高。

Th-LREE-Gd 和 Zr-Hf 可以用来衡量岩体形成的温度，在地壳部分熔融过程中，独居石、褐帘石和锆石是这些元素的主要赋存矿物（Bea，1996）。其中，独居石和锆石的熔点较高，其含量随着源区部分熔融温度的升高而增加（Montel，1993；Hanchar and Watson，2003）。湘东北燕山期花岗质岩的 Th-LREE-Gd 和 Zr-Hf 含量变化较小，且都比较低，说明其岩浆源区温度普遍偏低，这与大多数壳源花岗质岩具有较低的锆石饱和温度（658.46～737.37℃，平均686.95℃）相一致（Watson and Harrison，1983；Boehnke et al.，2013）。石榴子石是重稀土元素的主要赋存矿物，当花岗岩源区压力较大，形成的石榴子石会吸附大量的重稀土元素，造成熔体的重稀土亏损，因此花岗岩 MREE/HREE 值（Gd/Yb 和 Sm/Yb）可以用来衡量花岗岩源区部分熔融的压力（Zhu et al.，2014）。湘东北燕山期花岗质岩 MREE/HREE 值较高且变化较大，Gd/Yb 和 Sm/Yb 值分别为 3.30～7.74（平均 5.58）和 4.82～9.72（平均 7.39），指示岩浆源区较高的压力条件［图 3-151（b）（c）］。湘东北燕山期岩体均位于深大断裂两侧且大都具强过铝质（A/CNK>1.1）性质、锆石饱和温度较低，而 MREE/HREE 值较高，因此属于高压低温型 SP 花岗岩，其形成的地壳厚度可能大于 50km，由加厚下地壳在深大断裂处减压熔融形成。

锆石饱和温度计是估算岩浆温度的有效方法。因锆石与岩浆熔体之间的分配系数受温度影响非常明显，而受其他因素影响非常小（Hanchar and Watson，2003），锆石中的 Zr 含量可用于估算锆石饱和温度（Hanchar and Watson，2003；Miller et al.，2003；Watson and Harrison，1983）。Watson 和 Harrison（1983）提出了锆石饱和温度计算公式：$\ln D_{zircon/melt}\,Zr=\{-3.80-[0.85(M-1)]\}+12900/T$，其中，$D_{zircon/melt}$ Zr 为锆石和岩浆熔体中锆含量比值，$M=(Na+K+2Ca)/(Al\times Si)$（均为阳离子数），$T$ 为温度（单位为 K）。为进一步确定湘东北燕山期两类花岗质岩即高 Sr 低 Y 型、低 Sr 低 Y 型的岩浆温度，本书以幕阜山岩体为例，利用高 Sr 低 Y 型黑云母二长花岗岩中的 Zr 含量（表 3-33），计算出的锆石饱和温度为 742～805℃，平均值为 764℃；而低 Sr 低 Y 型二云母二长花岗岩中的 Zr 含量相对较低（平均值 95.7×10^{-6}；表 3-33），计算出的锆石饱和温度为 679～862℃，平均值为 748℃（表 3-33）。在岩浆未饱和状态下的锆石饱和温度代表了岩浆的最低温度，而饱和状态下的锆石饱和温度代表岩浆的最高温度（Miller et al.，2003）。本次研究的样品中存在一些老的继承锆石，表明在岩浆演化的过程中，达到锆石饱和状态，锆石饱和温度可近似代表岩浆的最高温度。由于计算出的温度低于大多数花岗岩的结晶温度，所以它们属于“冷”岩浆（Miller et al.，2003），说明在岩浆形成过程中可能由于矿物（如云母）的脱水熔融，使流体参与进来进而导致温度降低。

黑云母中的矿物化学成分可以指示花岗岩的源区特征以及与成矿作用有关的各种物理化学信息（胡荣国等，2020；Nachit et al.，2005；张博等，2020）。根据变泥质岩石熔融实验，Henry 等（2005）发现黑云母的 Ti 含量和 X_{Mg} 值与温度有很好的相关性，并提出了黑云母 Ti 温度计计算公式：$T=\{[\ln(Ti)-a-c(X_{Mg})^3]/b\}^{0.333}$，其中，Ti 的单位为 a. p. f. u.（以 22 个氧原子进行计算，适用条件为 Ti = 0.04～0.60a. p. f. u），X_{Mg} 为 Mg/(Mg+Fe)，T 为温度（单位为℃），$a=-2.3594$，$b=4.6482\times10^{-9}$，$c=-1.7283$。Sarjoughian 等（2015）研究发现该地质温度计不仅适用于变泥质岩石，也适用于花岗质岩石。利用此温度计计算出的幕阜山岩体中高 Sr 低 Y 型黑云母二长花岗岩的 T=654～695℃，平均值为 678℃；而低 Sr 低 Y 型二云母二长花岗岩的 T=515～659℃，平均值为 626℃。另外，黑云母的 Mg/(Mg+Fe)-Ti 图解显示（图 3-155），高 Sr 低 Y 型花岗岩的结晶温度介于 650～700℃，低 Sr 低 Y 型花岗岩的结晶温度介于 500～660℃（主要集中在 600～660℃），这与黑云母 Ti 温度计计算出的结果基本一致。黑云母的 Ti 温度计计算出的温度低于锆石饱和温度，二者之间相差约 100℃，这可能是因为黑云母的 Ti 温度记录了黑云母的结晶温度，而锆石饱和温度记录了早期岩浆熔体的温度。

总体上，上述各种方法计算出的岩浆温度均显示湘东北燕山期高 Sr 低 Y 型花岗岩略高于低 Sr 低 Y 型花岗岩，但本次计算的锆石饱和温度相对其他方法要高。

2. 部分熔融+同化混染+分异结晶

湘东北地区燕山期不同岩体及单个岩体内在 Sr-Nd-Pb 同位素组成及主、微量元素比值（如 Rb/Sr、

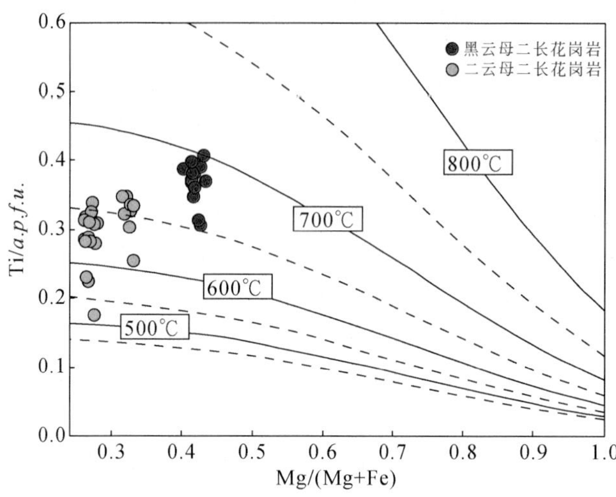

图 3-155　幕阜山岩体中高 Sr 低 Y 型（黑云母二长花岗岩）、低 Sr 低 Y 型（二云母二长花岗岩）黑云母 Ti-Mg/(Mg+Fe) 图解（据 Henry et al., 2005）

Sr/Ba、Sr/Y 等）和 REE 组成（如 Eu 异常等）上的差别，最可能与源区不均一和/或岩浆作用过程有关。SiO_2 与 TiO_2、MgO、FeO^T($FeO+Fe_2O_3$)、CaO、K_2O 和 Na_2O 表现的线性关系（图 3-113 ~ 图 3-115、图 3-130、图 3-131），以及 SiO_2 与 Zr、∑REE 表现的强烈负相关性（图 3-120、图 3-134、图 3-156），说明湘东北地区燕山期花岗质岩浆的形成过程存在有黑云母、斜长石、碱性长石、榍石、锆石以及 LREE 富集的副矿物等的分异结晶作用，或存在斜长石堆晶（Clemens, 2003）。在 Rb-Sr-Ba 图解上（图 3-148、图 3-157），则主要表现为黑云母和碱性长石的分异结晶，其次表现为斜长石和/或角闪石矿物的分异结晶特征（DalÍ Agnol et al., 1999）。

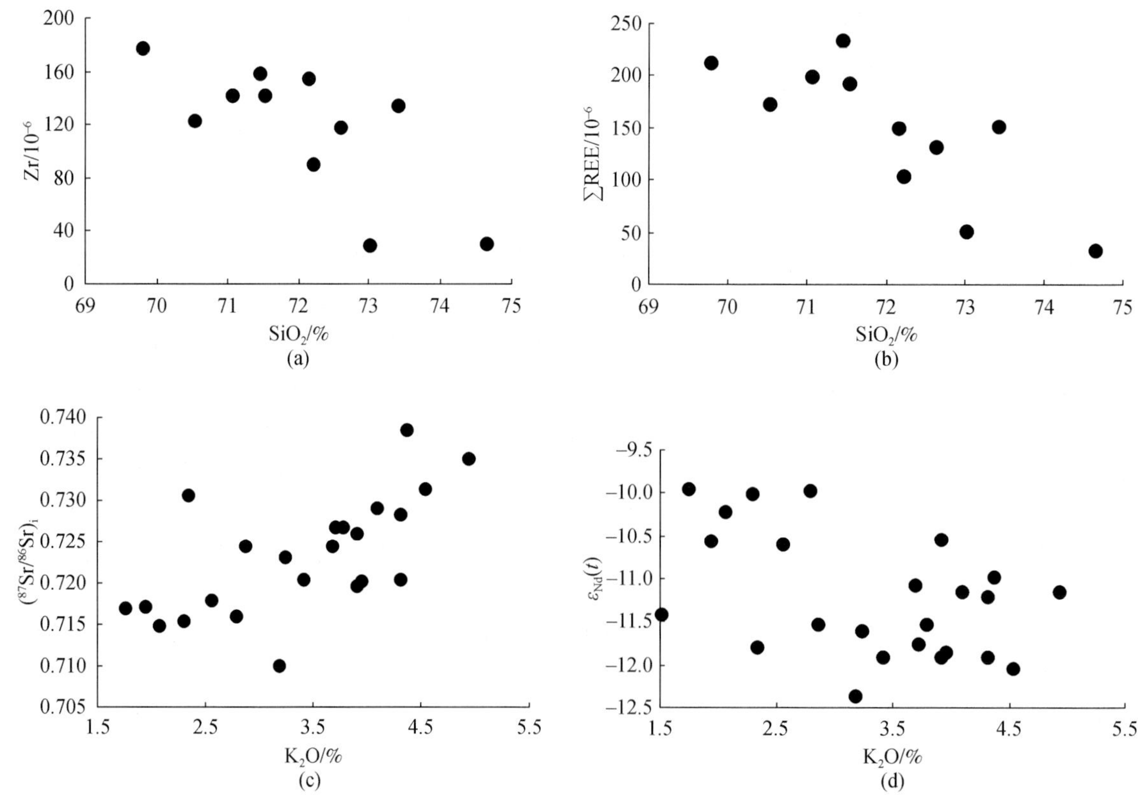

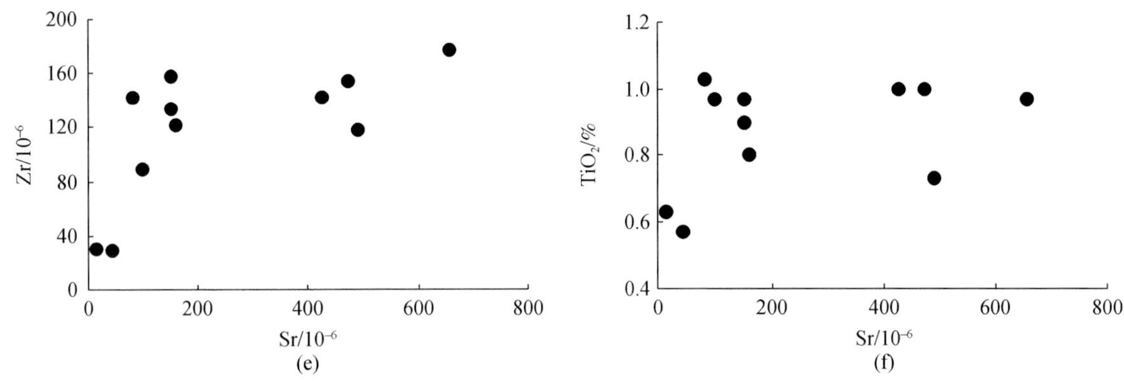

图 3-156　连云山花岗岩 SiO_2-Zr（a）、SiO_2-∑REE（b）、K_2O-($^{87}Sr/^{86}Sr$)$_i$（c）、K_2O-$\varepsilon_{Nd}(t)$（d）、Sr-Zr（e）和 Sr-TiO_2（f）图解

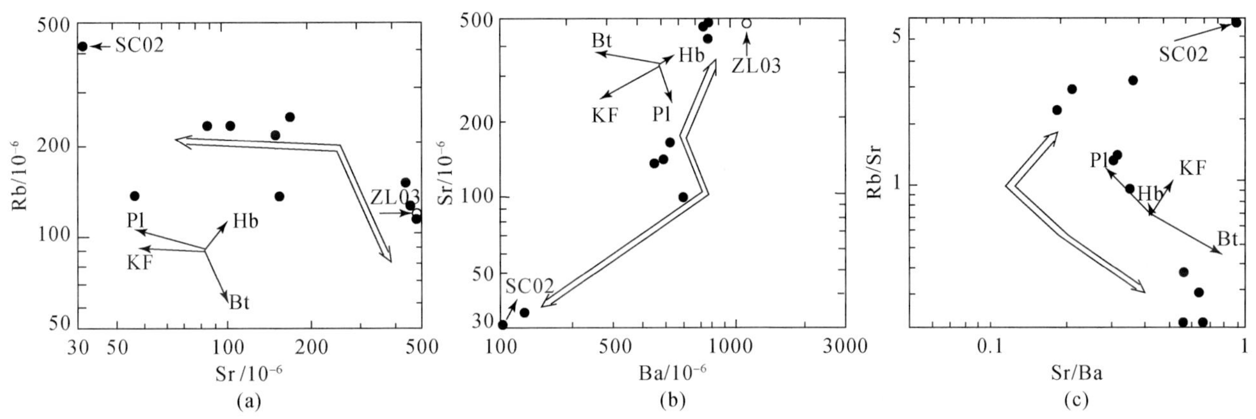

图 3-157　连云山花岗岩 Sr-Rb（a）、Ba-Sr（b）和 Sr/Ba-Rb/Sr（c）图解（据 DalÍ Agnol et al., 1999）
矢量表示残余液体成分中斜长石（Pl）、钾长石（KF）、角闪石（Hb）和黑云母（Bt）的分馏程度；
箭头表示所研究的岩石在岩浆结晶分异过程中的可能趋势

Zr 和 Sr 以及 Sr 和 TiO_2 表现的弱正相关性还说明［图 157（e）（f）］，随温度增加，可变的熔融度是湘东北燕山期花岗质岩浆产生的主要过程。一般来说，高 Al_2O_3 的丰度与变泥质岩黑云母、白云母和夕线石分解的脱水熔融有关，但对富斜长石的变杂砂岩或中酸性火成岩，黑云母脱水则是长英质岩产生的主要形式。另外，长英质熔体中高 CaO 的丰度也是角闪岩典型脱水熔融结果，并卷入角闪石和斜长石的熔融（Masberg et al., 2005 及文中相关文献）。Al_2O_3-CaO 图解可见（图 3-158），湘东北燕山期花岗质岩源区可通过代表性样品 ZL03、ZL04 反映出来，因为这两个样品在连云山岩体中具相当低的 SiO_2 和最高的 CaO 含量（表 3-28），并同时投在黑云母和角闪石脱水区域。但含角闪石的源区岩所产生的熔体具有较高的 CaO 含量，不含或很少含白云母，而富黑云母和白云母的源区岩所产生的熔体应具有较高的 Al_2O_3 和较低的 CaO 含量，以及高的 Rb/Sr 值和低的 Sr/Ba 值（Harris and Inger, 1992）。如图 3-157（c）所示，除样品 SC02 的 Rb/Sr 值大于 4 外，其他样品均小于 4，暗示湘东北燕山期花岗质岩浆主要形成于流体出现时的角闪石脱水熔融（Harrison et al., 1999）。SylÍester（1998）还指出，虽然在富 H_2O 的流体出现条件下，以泥质岩为源区而产生的某些 Ps 型花岗岩在原则上具有高的 CaO/Na_2O 值（>0.3），但固化前这种含过剩水的花岗质熔体不可能上升且远离其源区。因此，湘东北燕山期花岗质岩可能主要是在额外来源的流体出现情况下，由含角闪石的源区岩部分熔融结果，而这种流体通常又与剪切作用导致的通道有关（Kalsbeek et al., 2001），这一认识与湘东北燕山期岩体如连云山岩体普遍显示韧性剪切变形相一致。不过，第二组样品中 SC02、ZL02 的 REE 元素组成与某些角闪岩相混合岩中脉体和 S 型花岗岩具有高相似性，虽说明它们来源于水饱和的熔体，但更可能反映源区岩和残留体已混入麻粒岩条件下产生的熔体中

(Carrington and Watt, 1995)。若如此，这两个样品可能并不代表熔体成分，而是熔体与残留体的混合物。

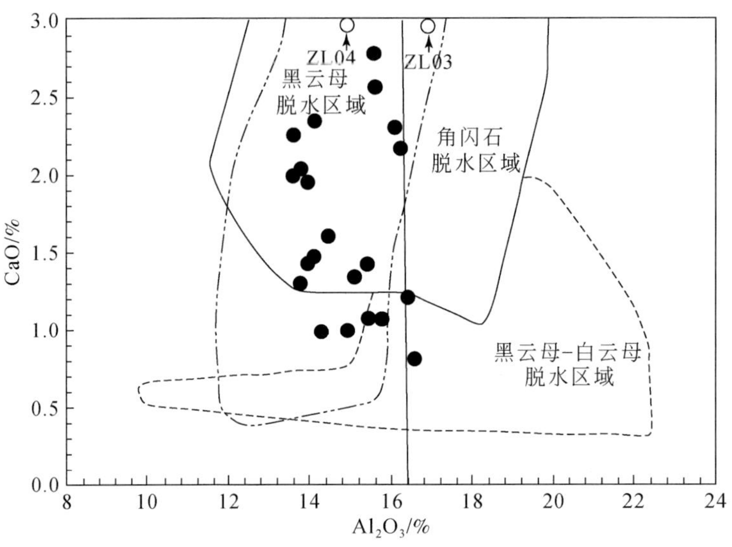

图 3-158　连云山花岗岩 Al_2O_3-CaO 图解（据 Masberg et al., 2005）

同化混染和/或来源于不同地壳成分的熔体混合也可导致湘东北燕山期花岗质岩在地球化学和同位素组成上的差异，这与图 3-156（c）（d）所反映的 K_2O 与（$^{87}Sr/^{86}Sr$）$_i$表现明显正相关，而与 $\varepsilon_{Nd}(t)$ 表现显著负相关相一致。SiO_2-$\varepsilon_{Nd}(t)$ 及 SiO_2-($^{87}Sr/^{86}Sr$)$_i$ 的图解（图 3-159）也反映出，虽然总体变化较大，但随 SiO_2 的含量增加，$\varepsilon_{Nd}(t)$ 值在逐渐降低，而（$^{87}Sr/^{86}Sr$）$_i$ 值表现逐渐增高的趋势，这些都表明在岩浆演化过程中受到了中上地壳的混染作用。$^{87}Sr/^{86}Sr$ 和 $^{87}Rb/^{86}Sr$ 的正相关关系［图 3-160（a）］则更可能反映了混染过程或源区混合（Masberg et al., 2005）。$^{87}Sr/^{86}Sr_i$ 与 Sr 和 FeO^T 的投影具有的双曲线趋势［图 3-160（b）（c）］，则进一步反映连云山花岗岩可能由两个具不同初始 Sr 同位素的端元成分按一定比例混合而成（Faure, 2001）。这与（$^{87}Sr/^{86}Sr$）$_i$ 和 $\varepsilon_{Nd}(t)$ 的投影相一致（图 3-121、图 3-122、图 3-137），反映出它们是由一个高 Rb/Sr、低 Sm/Nd 和一个低 Rb/Sr、高 Sm/Nd 的两个端元成分的混合。但湘东北燕山期花岗质岩的围岩——“连云山混杂岩”及冷家溪群均具非常高的 Sr 同位素组成（详见第 4 章及 Peng and Frei, 2004），如果这两个成分发生混合，那么所产生的花岗质岩浆应具高的初始 Sr 值，显然与其分析结果不一致。

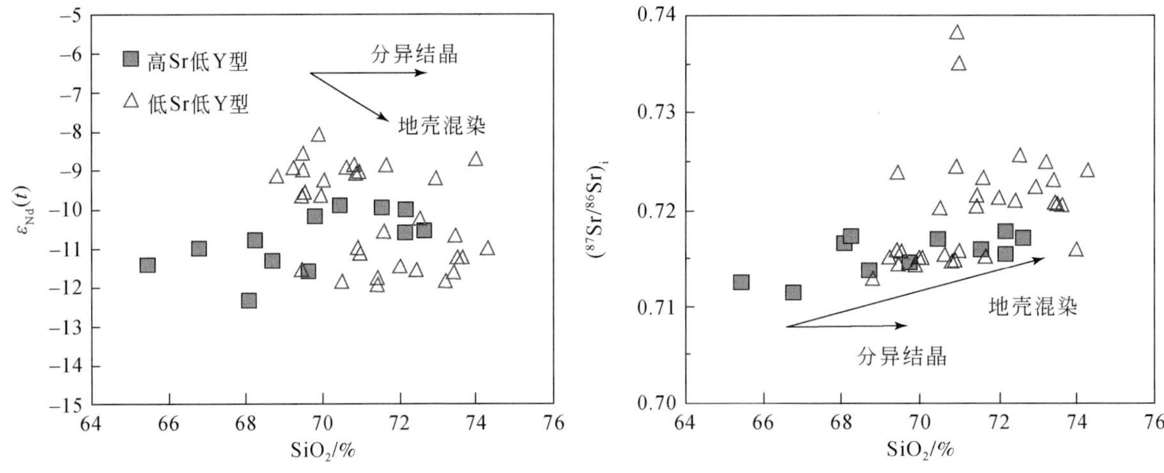

图 3-159　湘东北燕山期花岗岩 SiO_2-$\varepsilon_{Nd}(t)$ 及 SiO_2-($^{87}Sr/^{86}Sr$)$_i$ 的关系图

然而，由于湘东北燕山期岩体系地幔和地壳物质混合的结果已排除，这种低 Sr 同位素地球化学特征最可能与以下两个因素有关：①高级麻粒岩相变质作用和/或重熔作用导致 Sr 同位素的降低；②不平衡的部分熔融（Villaseca et al.，1998）。此外，“连云山混杂岩”具较高的 ε_{Nd}(162Ma) 值和较低放射性 Pb [($^{207}Pb/^{204}Pb_i$) = 15.375 ~ 15.446]，而冷家溪群相对具较低的 ε_{Nd}(162Ma) 值和高放射性 Pb[($^{207}Pb/^{204}Pb_i$) = 15.553 ~ 15.898]，进而说明湘东北燕山期花岗质岩源区岩最可能是“连云山混杂岩”，但受到冷家溪群的混染，因为后者具有分异程度较低的 REE 配分模式 [$(La/Yb)_N$ 值普遍为约 8.0]，明显亏损 Ba、Sr 和 LREE，富集 Zr、Ti 和 HREE 等，能排除冷家溪群是湘东北燕山期岩体的主要潜在源区。此外，湘东北燕山期花岗质岩体还具有较高的 Nd 模式年龄（主要在 1.6 ~ 2.0Ga；表 3-30、表 3-33、表 3-35），进一步揭示这个源区岩时代可能为古元古代或更老。因此，湘东北燕山期花岗质岩为贫黏土的下地壳物质部分熔融，然后经过同化混染和分异结晶的产物（即经历 AFC 过程）。

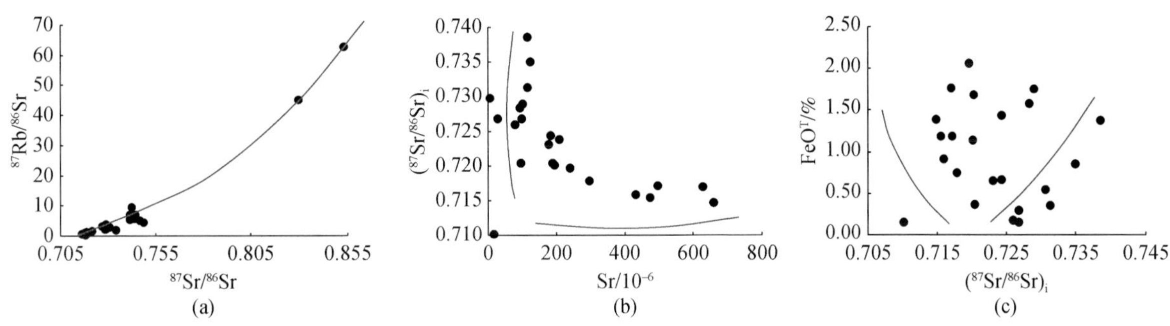

图 3-160　连云山花岗岩 $^{87}Sr/^{86}Sr$-$^{87}Rb/^{86}Sr$（a）、Sr-($^{87}Sr/^{86}Sr$)$_i$（b）和（$^{87}Sr/^{86}Sr$)$_i$-FeO^T（c）图解

3.4.5.4　高 Sr 低 Y 型花岗岩（埃达克质岩）

由表 3-28、表 3-29、表 3-32、表 3-33 可见，湘东北燕山期花岗质岩除普遍具高的 SiO_2 和低的 MgO 含量外，还具有相对低的 Y(2.81×10^{-6} ~ 17.30×10^{-6}) 和 Yb(0.21×10^{-6} ~ 1.52×10^{-6}) 丰度。特别是来自连云山岩体内周洛地区的样品大部分和幕阜山岩体中黑云母二长花岗岩具有高 Al_2O_3 含量（普遍在 15% 以上，达 17.46%）、高 Na_2O/K_2O 值（普遍在 1.0 左右及以上，达 1.75），且 Sr(420×10^{-6} ~ 660×10^{-6}) 和 Ba(740×10^{-6} ~ 1160×10^{-6}) 含量较其他地区花岗岩都偏高，因而这些样品较其他地区具有显著高的 Sr/Y 值（55 ~ 82）。结合第一组（高 Sr 低 Y 高 Ca 高 Eu 型）花岗质岩具有高的 $(La/Yb)_N$ 值，反映了湘东北燕山期花岗质岩还具有埃达克质岩地球化学亲和性，在 Yb_N-$(La/Yb)_N$ 和 Y-Sr/Y 图解上（图 3-41），燕山期花岗质岩样品大部分落在埃达克岩+高 Al-TTD/TTG 岩套区域，少部分落在其下方区域。

目前关于具埃达克岩特征的火成岩的成因模式主要有以下四种：①同源基性岩浆的 AFC（同化混染+分离结晶）模型（Castillo et al.，1999）；②底侵玄武质下地壳的熔融（Atherton and Petford，1993）；③俯冲大洋板片的熔融（Defant and Drummond，1990）；④拆沉下地壳的熔融（Xu et al.，2002b）。Castillo 等（1999）认为，玄武质岩浆经过锆石、磷灰石等的分异结晶也可以形成与埃达克岩类似化学特征的岩石（AFC 模型）。磷灰石和锆石比较富集 HREE，因此它们的分异结晶将导致岩石中 HREE 亏损，REE 分异。但在图 3-161 中可以看出，$(La/Yb)_N$ 并不随 P_2O_5 和 Zr 的降低而升高，这表明磷灰石和锆石的分异结晶并不是 REE 分异 HREE 亏损的主要原因。湘东北乃至整个江南古陆，在晚中生代时期以酸性岩浆活动为主，并未见大规模的基性岩浆活动，仅零星可见年龄为 80 ~ 90Ma 的春华山和蕉溪岭基性岩（范蔚茗等，2003），而地幔岩的直接部分熔融又不会形成英安岩浆或更酸性的岩浆（Jahn and Zhang，1984），因此，湘东北燕山期花岗质岩可以直接由地幔部分熔融产生排除。此外，高（$^{87}Sr/^{86}Sr$)$_i$ 和（$^{207}Pb/^{204}Pb$)$_i$、低（$^{143}Nd/^{144}Nd$)$_i$ 同位素组成也清楚地表明，这些花岗质岩也不可能由同源基性岩浆的分异或消减俯冲板片的 MORB 岩石的部分熔融产生。拆沉下地壳熔融的岩浆由于其与地幔发生交换反应还具高 Mg 含量（MgO >3.0%、$Mg^{\#}$>0.5：Xu et al.，2002b；Rapp et al.，1999），而由底侵下地壳直接熔融产生的埃达克质岩浆则具低 Mg 特征（MgO<3.0%：Rapp，1995），因此，湘东北地区具高 Sr、低 Y 及低 MgO 含量（0.27%~1.61%；表 3-28、表 3-33）的燕山期花岗质岩，不可能是拆沉下地壳熔融的产物，反而与增厚下地壳熔融形成的埃达克岩、变质玄武岩或榴辉岩熔融形成的熔体具有非常一致的 MgO 含量（图 3-162），因而最可能是由底侵的下地壳直接熔融产生。汪相等（2003）曾对湘东地区丫江桥花岗岩（约 168Ma）中锆石的 Hf 同位素进行研究，发现在部分第一期锆石内部存在另一种形态和成分不同的锆石晶体，并认为可能是在花岗质岩浆形成初期混入的幔源岩浆中的结晶产物，进一步暗示晚中生代花岗岩的形成与幔源岩浆的底侵作用有关，与本书所获得的低的但可变的 $\varepsilon_{Nd}(t)$ 值和 $\varepsilon_{Hf}(t)$ 值以及稍年轻的 t_{DM} 模式年龄相一致（表 3-30、表 3-34、表 3-35、表 3-39）。有些学者研究也表明（范蔚茗等，2003），湘东北地区约 150Ma 的镁铁质岩石表现为典型的 EM-OIB 混合趋势，进一步暗示此时区内发生过强烈的软流圈-岩石圈相互作用。

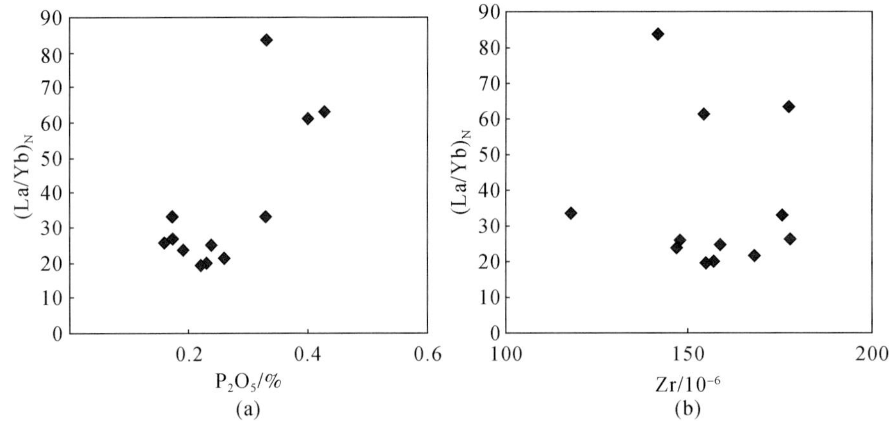

图 3-161　燕山期高 Sr 低 Y 型花岗岩稀土、微量元素变化图解

该图反映 SiO_2>55% 的侵入岩的成分不受磷灰石、锆石的分离结晶控制

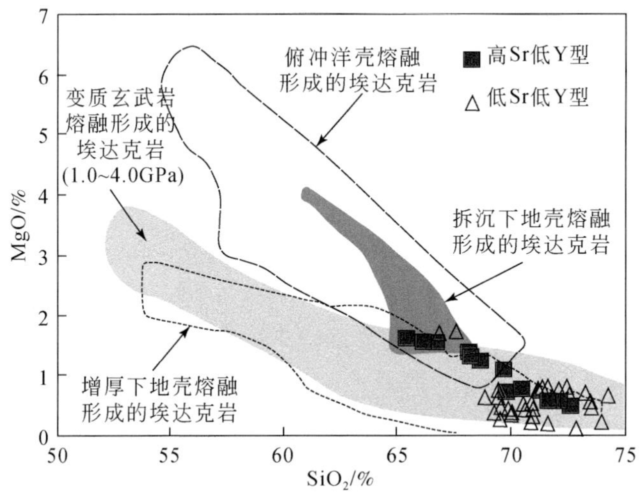

图 3-162　湘东北燕山期花岗岩 SiO_2-MgO 图解（据王强等，2004）

低的 Y 和 Yb 表明花岗岩源区有石榴子石残留，富 Al、Sr 以及铕异常不明显则暗示斜长石在残留相中不稳定而进入熔体（Defant and Drummond，1990）。在 Yb_N-$(La/Yb)_N$ 图中，高 Sr 低 Y 型花岗质岩样品落入含 10% 石榴子石角闪岩演化线附近（图 3-41），在 Y-Sr/Y 图中大致沿角闪榴辉岩演化线（图 3-41），结合低的 Nb、Ta，推测湘东北燕山期花岗质岩浆熔出后的残留相组合应为石榴子石+含 Ti-矿物相+辉石±角闪石，含少量或不含斜长石。Atherton 和 Petford（1993）认为玄武质底侵下地壳熔融形成埃达克岩决定于两个因素：地壳的热状态和厚度。来自地幔的玄武质岩浆的底侵作用不仅可使地壳发生垂向增生，导

致地壳厚度加大，而且也可使下地壳保持高热流状态，这为埃达克岩的形成创造了有利条件。Peacock 等（1994）认为在水不饱和以及增厚的下地壳（厚度至少为40km）环境中，斜长石将变得极不稳定，此时新底侵的玄武质下地壳可发生熔融，熔融的岩浆具有埃达克岩性质。前面研究表明，湘东北燕山期具高Sr、低Y的花岗岩残留相中有少量斜长石存在，因而其熔融深部不可能超过45km，即可能相当于石榴子石麻粒岩相温压条件的约40km。另外，根据地震波速 V_p（饶家荣等，1993），湘东北地区下地壳层（即硅铝-硅镁质结构层）的 V_p 为6.81～7.20km/s，接近于石榴子石麻粒岩 V_p 值（7.5～8.0km/s），也暗示该区下地壳成分主要是中酸性麻粒岩。因此，湘东北燕山期花岗质岩体具高Sr低Y（高Ca高Eu）型的样品可能主要由下地壳中酸性岩石在高温高压且富流体条件下部分熔融形成，从而表现相对高的（$^{87}Sr/^{86}Sr$）$_i$（0.71231～0.73097）、低的 $\varepsilon_{Nd}(t)$（-8.52～-13.65）和较高的 t_{DM}（约1.8Ga）特征，类似于胶东地区埃达克质岩（张旗等，2001a）。此外，湘东北燕山期花岗质岩体内还发育有低Sr低Y型的花岗岩，它与高Sr低Y型的不同之处在于贫Al、Ca，富K，贫Sr，铕异常较明显，但（$^{87}Sr/^{86}Sr$）$_i$ 和 $\varepsilon_{Nd}(t)$ 相似。前面已指出，这种差别是由部分熔融程度不同和/或源区不均一引起的。因此，这种低Sr低Y型与高Sr低Y型花岗岩同样具深源特点，即形成于石榴子石麻粒岩相的温压条件。

3.4.5.5　低Sr低Y型花岗岩

湘东北燕山期花岗质岩大部分具有低Sr低Y低Ca低Eu特征，特别值得注意的是连云山和幕阜山岩体除出现高Sr低Y型外，还同时发育一套低Sr低Y低Ca低Eu型花岗质岩。仔细对比两种类型花岗质岩的地球化学特征发现，除了前者比后者的主量成分贫Al、Ca，富K，贫Sr，负铕异常较明显，I_{Sr}更高，$\varepsilon_{Nd}(t)$ 更低外，二者的相似之处多于不同之处。在连云山、幕阜山岩体内，高Sr低Y型和低Sr低Y型花岗质岩两者侵入接触明显，接触面倾向前者侵入体一侧，在后者侵入体一侧见有数厘米宽的微弱冷凝边，而前者一侧出现较轻微的被烘烤现象，即较早的高Sr低Y（高Ca高Eu）型花岗质岩被较晚的热的低Sr低Y（低Ca低Eu）型侵入体烘烤，表明后者是具侵入成因的，而不是由前者岩浆演化而来的。再者，相对于高Sr低Y（高Ca高Eu）型花质岗岩，湘东北低Sr低Y（低Ca低Eu）型花岗质岩分布面积之广，似乎难以用单纯的岩浆分异演化来解释。

Martin 等（2005）认为花岗质熔体的Sr含量与熔体源区的Sr含量以及熔体残留相有关；而Y、Yb等的含量主要与源岩成分、副矿物、部分熔融程度以及熔融残留相有关。本区元古宙基底冷家溪群和板溪群具有相对较高的Ti、HREE(Yb)、Y含量以及非常低的Sr含量，因此它们熔融不可能产生具有低Yb、Y等特征的花岗岩。Sr的含量主要受残留相中斜长石的控制（斜长石的分配系数 K_{dSr} 为0.35～1.5；Rollinson，1993）（Martin et al.，2005；Bea et al.，1994），低Sr含量、Sr与 SiO_2 的负相关关系和显著负铕异常表明源区残留有斜长石。低Y和Yb表明受HREE分配系数 K_d>1的矿物控制，即源区有石榴子石残留；另外，岩浆中的K/Rb值由于与角闪石的关系密切，其值越高，源区中残留的角闪石可能越少（Drummond and Defant，1990），而湘东北燕山期低Sr低Y型花岗岩的K/Rb值均偏低（87～191），因此残留相中可能残留有少量角闪石；结合稀土元素（HREE、MREE、LREE）的强烈分异，以及Sr与 SiO_2 的弱负相关关系（r=0.5）和负铕异常（Eu/Eu* 为0.53～0.9），表明源区残留相以石榴子石为主，另有角闪石、斜长石残留相。在 Yb_N-$(La/Yb)_N$ 图（图3-41）中，低Sr低Y型位于含10%石榴子石角闪岩演化线之间，类似于高Sr低Y型分布范围，表明低Sr低Y型花岗岩也具有深源特点，形成于加厚的下地壳，其残留相可能有斜长石+辉石+石榴子石+角闪石，可能相当于石榴子石麻粒岩相的温压条件。

湘东北低Sr低Y型花岗质岩与增厚下地壳熔融形成的埃达克岩、变质玄武岩或榴辉岩熔融形成的熔体具有一致的MgO含量（图3-162），且具有较低的Cr(5×10^{-6}～24×10^{-6})、Ni(0.9×10^{-6}～7.5×10^{-6}）含量，低（$^{143}Nd/^{144}Nd$）$_i$（0.51183）和 $\varepsilon_{Nd}(t)$（-11.9）值，以及较高的 t_{DM}(1.9Ga)（表3-29、表3-30、表3-32～表3-35、表3-37、表3-38），表明其来自一个古老的富LREE的源区，与高Sr低Y型相似，也可能由下地壳熔融形成。偏高的（$^{87}Sr/^{86}Sr$）$_i$（0.714～0.740）可能是经地壳混染所致（图3-122、图3-137）。

通常认为与碰撞有关的强过铝质（SP）花岗岩，其源区虽具有多样性，但变质沉积岩（如泥质岩、砂屑岩或杂砂岩）是一个主要的源区，岩石圈加厚及碰撞后地幔来源的镁铁质岩浆的底侵是下地壳熔融及长英质花岗岩产生的重要原因（White and Chappell，1988；Searle et al.，1997；Sylſester，1998；Clemens，2003）。矿物成分及组合、地球化学及同位素等特征，均显示湘东北燕山期低 Sr 低 Y 型花岗质岩应属于富黑云母的强过铝质（SP）花岗岩类，可与 CPG（含堇青石过铝质花岗岩类）或 MPG（含白云母过铝质花岗岩类）相类比（Barbarin，1999），并类似于 Lachlan 及欧洲海西带中变质沉积岩部分熔融成因的 SP 花岗岩类（Chappell and White，1992；Sylſester，1998）。湘东北燕山期低 Sr 低 Y 型花岗质岩中具有较高 CaO/Na_2O 值的样品（即大于 0.4）可能来源于砂屑质源区，而 CaO/Na_2O 值较低的样品（即小于 0.2）源区可能主要与泥质岩有关（Sylſester，1998）。在图 3-146、图 3-163 中，低 Sr 低 Y 型花岗质岩样品也落于变质杂砂岩和变质泥岩的部分熔融范围。然而，对于少量具有较高 CaO/Na_2O 值的样品，同样具有低的 Rb/Sr 和 Rb/Ba 值，可能暗示微量的玄武质熔体已加入源区。此外，由于低 Sr 低 Y 型花岗质岩的 Nb/Ta 值变化较大（5.5 ~ 29.2：表 3-29、表 3-32、表 3-33），且大多数大于地壳平均值（约 11：Taylor and McLennan，1985），但略小于地幔平均值 17.5（Sun and McDonough，1989），而 Zr/Hf 值（26 ~ 39）则介于地壳平均值和地幔平均值之间，也暗示了幔源成分的贡献。Rb/Sr 值大部分为 1.30 ~ 4.72，表明是在富挥发分的条件下熔融结果（Harris et al.，1993），也表明有流体加入的影响（Kalsbeek et al.，2001）。此外，Th/U 值（绝大多数在 2.0 ~ 9.4 之间，平均 4.8）高于地壳平均值（2.8：Taylor and McLennan，1985），Rb/Th 值（绝大部分在 8 ~ 23 之间）高于球粒陨石比值（约 8），Zr 绝大部分变化于 80×10^{-6} ~ 183×10^{-6}，显然高于普通 S 型花岗岩（$Zr<100\times10^{-6}$，温度<800℃）（Watson and Harrison，1983），而类似于高 Zr 的 Lachlan 和海西褶皱带的强过铝质花岗岩类（高温>875℃）。在原始地幔标准化的微量元素蛛网图解上［图 3-116、图 3-118（a）、图 3-119（d）、图 3-132（a）］，Ba、Sr、Nb、Ta 及 Ti 的亏损，暗示其不可能由软流圈部分熔融直接产生（Foley et al.，1992），而可能来源于地壳，或与地壳混染有关，或在源区有一富集 Nb、Ta、Ti 的残留矿物，或是因板块俯冲作用影响的富集岩石圈地幔参与了岩浆的演化过程（Dungan et al.，1986）。与区内冷家溪群围岩的微量元素地球化学特征相比，总体上两者具相似性，但亦存在差异，如 Sr 和 Ba 的丰度、REE 特征及 Rb/Sr、Rb/Ba 和 Rb/Zr 等值（表 3-29、表 3-32、表 3-33、表 3-41），暗示低 Sr 低 Y 型花岗质岩可能起源于冷家溪群变沉积岩，但有其他物质因素介入的影响，很有可能是慢源物质、火成岩物质，或者是源区有地幔物质加入的地壳物质。

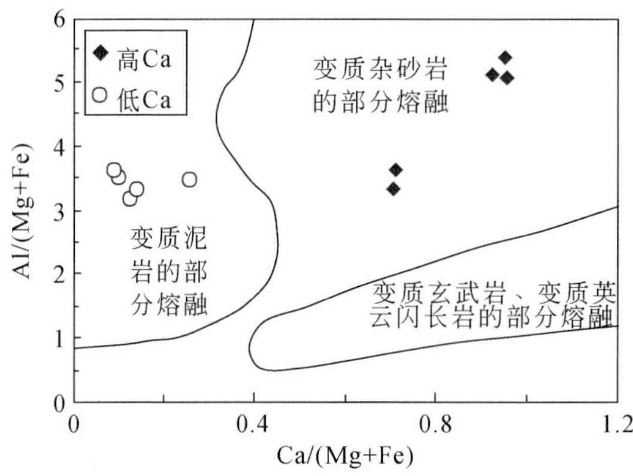

图 3-163　金井岩体 Ca/(Mg+Fe)-Al/(Mg+Fe) 摩尔图解（底图据 Altherr et al.，2000）

高（$^{87}Sr/^{86}Sr$）$_i$ 值、低（$^{143}Nd/^{144}Nd$）$_i$ 值、偏低的 $\varepsilon_{Nd}(t)$ 值以及 Nd 同位素模式年龄 t_{DM}（表 3-30、表 3-34、表 3-35、表 3-37、表 3-38），表明了古老陆壳物质特征。如以区内燕山期金井岩体为例，在 $\varepsilon_{Sr}(t)$-$\varepsilon_{Nd}(t)$ 图解上（图 3-164），湘东北燕山期低 Sr 低 Y 型花岗质岩的数据点大致位于亏损地幔端元（DM）和华南上地壳（UC）构成的二元混合线上；采用刘昌实等（1990）给出的端元参数，用简单二元混合模式（朱金初等，1990）计算的结果显示（表 3-43），这些花岗质岩所占华南上地壳端元重量分数

(f_A) 为 0.826 ~ 0.901 (平均 0.856)，显示主要是由地壳物质衍生的，但不能排除有意义的地幔物质加入 (10%~20%)。若以 t = 145Ma 重新计算冷家溪群的 $\varepsilon_{Nd}(t)$ 值 (普遍小于 −13) 和 ($^{87}Sr/^{86}Sr$)$_i$ 值 (0.742225 ~ 0.751241)，显然，前者低于且后者高于湘东北燕山期低 Sr 低 Y 型花岗质岩的相应值。因此，湘东北燕山期低 Sr 低 Y 型强过铝质花岗岩可能起源于一个特别的源区，即与冷家溪群可能具有相似地球化学特征的源区，但不完全是冷家群本身。

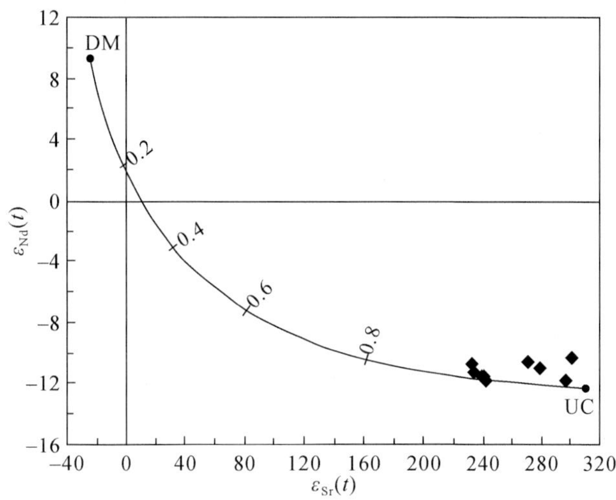

图 3-164　金井花岗岩 $\varepsilon_{Sr}(t)$ -$\varepsilon_{Nd}(t)$ 图解 (据刘昌实等，1990；沈渭洲等，1994)

UC. 华南上地壳；DM. 亏损地幔

区域地质、岩石学、地球化学和同位素特征综合表明，湘东北燕山期低 Sr 低 Y 型花岗质岩具有典型 S 型花岗岩特征，与普遍接受的来源于变质沉积岩部分熔融的 S 型长英质岩石类似；其源区可能为冷家溪群或类似的更古老变质沉积岩，但岩浆在演化过程中可能受到如幔源物质及地壳混染等因素影响。

表 3-43　金井花岗质岩 (低 Sr 低 Y 型) 壳–幔混合比例计算结果

样品编号	f^A_{Nd}	f^A_{Sr}	f_A	f_B
JJG02-1	0.840	0.961	0.901	0.099
JJG02-5	0.782	0.944	0.863	0.137
JJG03-1	0.821	0.897	0.859	0.141
JJG03-2	0.838	0.901	0.870	0.130
JJG03-3	0.816	0.899	0.857	0.143
JJG05-1	0.800	0.890	0.845	0.155
JJG05-3	0.801	0.890	0.845	0.155
JJG05-4	0.762	0.889	0.826	0.174
JJG07-1	0.756	0.935	0.845	0.155
JJG07-2	0.735	0.965	0.850	0.150

注：f^A_{Nd} 为 Nd 在上地壳端所占质量分数，f^A_{Sr} 为 Sr 在上地壳端元所占质量分数，f_A 为平均地壳端元所占质量分数，f_B 为平均地幔端元所占质量分数。

湘东北地区燕山期低 Sr 低 Y 型花岗质岩中 CaO、$Mg^{\#}$、Zr、TiO_2、K_2O、Na_2O、La 等表现的分组差异性质 (表 3-28、表 3-29、表 3-32、表 3-33)，揭示了它们在源区成分上的差异，但在微量元素、Sr-Nd-Pb 同位素组成等方面均有一致特征 (表 3-29 ~ 表 3-33、表 3-35 ~ 表 3-38) 也反映了它们的岩石组成和岩石成因过程是非常相似的，反映分异结晶是一个主要过程。许多研究显示，部分熔融有形成 S 型花岗岩类的地球化学趋势，首先熔融分离的液体岩浆具有最小临界熔融岩浆组分，高温下黑云母进一步脱水熔融产

生的岩浆以高 $MgO+FeO+TiO_2$ 为特征，且与 CaO 含量呈正相关关系（Sherear et al., 1987；Kokonyangi et al., 2004）。黏性花岗岩浆从源区分离出来的临界熔融比例为30%～40%（Wickham, 1987），如此巨量的熔融不可能由白云母的脱水熔融产生，因为据实验研究，白云母的脱水熔融反应只能产生少量的岩浆（Clemens and Vielzeuf, 1987）。而变质沉积岩黑云母的脱水熔融可产生大量岩浆（达40%）(Stevens et al., 1997)，形成大型花岗岩岩基。Harris 和 Inger（1992）的研究还显示，由变泥质岩类源岩水饱和熔融产生过铝长英质岩浆，具有低 Rb/Sr 值（0.7～1.6）和高 Sr/Ba 值（0.5～1.6），以及附加正 Eu 异常。而无水或水不饱和熔融产生高 Rb/Sr 值（3～6）、低 Sr/Ba 值（0.2～0.7）以及斜长石残留引起的附加的 Eu 负异常。湘东北燕山期低 Sr 低 Y 型花岗质岩具有高 Rb/Sr 值、低 Sr/Ba 值以及由斜长石分离引起的负 Eu 异常等特征，说明这些花岗质岩浆的熔融可能是在水不饱和条件下通过下地壳黑云母脱水形成（Rb/Sr=2～6，Sr/Ba=0.2～0.7；Harris and Inger, 1992）。该类型花岗质岩的 Ca 含量虽有差异（表3-28、表3-32、表3-33），但却具有相对恒定的 K_2O/Na_2O 值，且 $K_2O>Na_2O$，表明它们更可能是相同源岩的不同岩浆脉动所分异的结果，因为不同源岩发生部分熔融所产生的花岗岩的 K_2O/Na_2O 值变化较大（Jung et al., 2000）。高 Na_2O、Sr、Sr/Y，低 Y 和 Yb 的高 Al 岩浆的部分熔融，可能产生于俯冲洋壳熔融或中下大陆地壳的熔融。而俯冲大洋岩石圈的熔融，只可能是热的陆壳在脱水之前的熔融，且残留有石榴子石、角闪石等（Petford and Atherton, 1996）。湘东北燕山期低 Sr 低 Y 花岗质岩具有较低的 $\varepsilon_{Nd}(t)$、高的 Rb/Sr 值、低的 Sr/Ba 值等，结合本区中生代陆内大地构造环境，部分熔融不可能与洋壳有关，因而是古老的中下地壳的脱水熔融。

由于斜长石和角闪石与压力的关系密切（Peacock et al., 1994；Rapp, 1995），岩浆源区中残留斜长石和角闪石的量可能反映了岩浆源区的深度，残留斜长石和角闪石越少，岩浆源区越深，反之则岩浆源区越浅。湘东北低 Sr 低 Y 型花岗质岩残留相中较多斜长石和角闪石的存在，表明其源岩的熔融深度比高 Sr 低 Y 型花岗岩要浅。而 Peacock 等（1994）认为，在水不饱和以及增厚的下地壳（厚度至少大于 40km）环境中，斜长石将变得极不稳定，因此残留相中要存在更多的斜长石，地壳厚度不能大于40km 很多，最好应该在≤40km 范围。但是玄武质岩石熔融实验表明，在大于1.0GPa 条件下熔融残留物中将出现石榴子石，且只有在大于1.2GPa（相当于地壳40km 深处）条件下才能够与残留石榴子石平衡，并且熔体强烈亏损 HREE 与 Y（Rapp, 1996；Rapp et al., 1999）。因此湘东北燕山期低 Sr 低 Y 花岗质岩源岩熔融的压力应该为～1.2GPa。

湘东北燕山期低 Sr 低 Y 型花岗质岩为高 P_2O_5 含量、低 Al_2O_3/TiO_2 值（表3-28、表3-32、表3-33），表明其成因为高温熔融（SylÍester, 1998）。而偏低的 Zr 含量（表3-29、表3-32、表3-33）、[(Na+K+2Ca)/(Al×Si)=0.67～0.75] 阳离子比值，显示其熔融温度又较典型过铝质花岗岩熔融温度（800～860℃）低，可能在800℃左右（Waston and Harrison, 1983）。FeO/MgO 值（2.1～2.9；表3-28、表3-32、表3-33）接近于8kbar 下熔融实验值（FeO/MgO=2.5～3.3；Patiño Douce, 1997），而远低于4kbar 下的 FeO/MgO 值（6.6～7.7），且 MgO（0.4%～0.8%）和 FeO^T（0.2%～1.8%；表3-28、表3-32、表3-33）与温度在800～850℃条件下过铝质花岗岩 MgO（0.22%～0.99%）、FeO^T（1.27%～3.10%）的含量基本一致（Clemens and Wall, 1981；Puziewicz and Johannes, 1988；Holtz and Johannes, 1991），因此湘东北燕山期低 Sr 低 Y 型过铝质花岗岩浆的熔融可能发生在高温（±800℃）、高压（约 8kbar）条件下。其脱水熔融可能发生于类似在875℃、10kbar 条件下，中下地壳变沉积岩黑云母脱水熔融反应的质量平衡如下（Douce and Johnston, 1991）：1g Bio（黑云母）+0.59g Plg（斜长石）+0.26g Als（铝硅酸盐）+0.96g Qtz（石英）=2.19g Melt（熔体）+0.62g Gar（石榴子石），其中熔融的比例为36% Bio、21% Plg、34% Qtz、9% Als，因此，黑云母含量高于斜长石含量，从而导致了偏低的 Rb/Sr 值。

3.4.6　燕山期花岗质岩浆作用背景

华南晚中生代燕山期花岗岩是近年来一直受到关注的研究热点之一，但关于其岩浆作用背景仍未取得一致观点，各种地球动力学模式如太平洋板块俯冲模式、底侵作用模式、深熔作用模式（Lapierre et al.，1997；Chen and Jahn，1998；王德滋和周新民，2002；王德滋，2004；周新民，2003；Li and Li，2007），以及将三者结合而提出的三者联合模式（周新民，2003）等先后被提出以解释华南晚中生代燕山期花岗岩的成因。不过，不同模式争论的焦点在于：中生代以来的构造应力性质是以压缩（造山）为主还是以岩石圈伸展（裂解）和减薄为主？Yan等（2003）认为晚中生代扬子板块内部所发生的大规模逆冲剪切变形和花岗质岩浆活动是三叠纪华北板块和华南板块的碰撞导致扬子板块相对于华北板块发生同时期顺时针旋转造成的。王德滋（2004）则认为华南燕山期花岗岩为特提斯构造域与太平洋构造域的活动转换和叠加的产物。Chen等（2002）还根据南岭燕山早期花岗岩具有后造山花岗岩套的特征，并结合存在A型花岗岩、双峰式火山岩及玄武质岩浆作用，认为该区燕山早期的软流圈上涌和岩石圈减薄可能与印支造山作用的后造山（或后碰撞）拉张裂解地球动力学背景有关，而175～90Ma期间陆内岩石圈减薄作用在华南内部可能更广泛发育（范蔚茗等，2003）。但Jahn等（1990）、Wang等（2001）、舒良树和王德滋（2006）认为华南沿海地区及内陆晚中生代的岩浆作用是太平洋板块向欧亚大陆俯冲造成的，而该俯冲事件及随后的玄武质底侵联合控制了中国东部晚中生代以来花岗岩的产生（Zhou and Li，2000）。徐夕生等（1999）也认为，华南晚中生代大规模花岗质岩浆活动与太平洋板块向欧亚大陆的俯冲导致弧后拉张、岩石圈减薄和软流圈上涌直接相关，但早期太平洋板块向欧亚大陆板块的俯冲对大陆裂解起了诱导作用。周新民（2003）进一步将华南燕山早期和晚期理解为性质差异的先后两个造山阶段，认为燕山早期属于板内伸展造山，该时期与花岗岩共生的玄武岩、辉绿岩、辉长岩等元素地球化学特征曲线几乎都不亏损Nb、Ta，而燕山期为岛弧型伸展造山，该时期基性岩类皆亏损Nb、Ta。总之，虽然目前对于古太平洋板块俯冲开始的时间和方式还存在争议，但大部分学者认同华南燕山期的岩浆活动与古太平洋板块俯冲作用有关（Zhou et al.，2006；Li et al.，2007b；Li and Li，2007；Jiang et al.，2009；Jiang et al.，2011）。不过，这些模式主要是针对华南内陆和沿海地区，能否适用于具特殊位置的湘东北燕山期花岗质岩成因，仍需做深入分析。

湘东北地区发育广泛的燕山期花岗岩，呈大型岩基产出，具代表性的岩体有连云山岩体、望湘岩体、金井岩体和幕阜山岩体等。这些岩体形成于晚侏罗世—早白垩世，大多为典型的S型强过铝质花岗岩，并分布于NNE向长沙-平江断裂两侧隆起带。长沙-平江断裂是湘东北地区一条规模较大的断裂带，其北东端延入赣西北、南西端向桂北伸展，湖南境内全长460km，总体走向NE35°左右，向NW陡倾。野外调查表明，该断裂带两侧岩性差异明显，其东南侧分布的主要是由新元古界冷家溪群和晚中生代连云山岩体、蕉溪岭岩体组成的变质核杂岩，断裂带西侧则为发育有正断层的巨厚白垩纪红色盆地沉积岩系，再往西侧为冷家溪群，晚中生代幕阜山岩体、金井岩体和望湘岩体等组成的幕阜山-望湘隆起带（图3-2）。野外地质考察及前人研究表明（张文山，1991），长沙-平江断裂带表现出多期活动变形特征，在其主要活动期，该断裂经历了早中侏罗世左行走滑剪切兼具逆冲推覆、侏罗纪—白垩纪的走滑拉伸和更新世—第四纪的挤压三个主要演化阶段，同时伴随有燕山期一系列花岗质岩体产出。

陆内变形通常被理解为板缘构造作用的远程效应结果（Murphy et al.，1999），这是因为从活动的板缘，造山应力能传送到1200km以上的地区（Craddock and Van Der Pluijm，1989）。若如此，太平洋-Izanagi板块俯冲所引起的远程效应可能对华南晚中生代岩浆活动有重要影响。虽然古太平洋板块的北西向平俯冲模式（Li and Li，2007）可能更适合解释距离俯冲带约1000km的湘东北的岩浆活动和北东向的构造格局（图3-2），但江南古陆远离东南沿海达700km或更远的事实又暗示这种俯冲事件所引起的远程效应对华南内陆，特别是对江南古陆的影响要小得多。华南自180Ma以来全面进入陆内造山作用阶段（张宁和夏文臣，1998；陈旭等，1995），湘东北地区相应地也经历了由陆内会聚走滑造山向陆内离散走滑造山的动力学转变（傅昭仁等，1999）。尽管目前对印支期以来华南联合古陆发生陆内俯冲的俯冲陆块和上叠（仰冲）陆块性质及地球动力学机制还存在不同的观点（邓晋福等，1995；饶家荣等，1993；毛建仁等，1997），但有一点是相同的，即在华南及湘东北地区由此形成了一系列NNE向大型走滑断裂、板片堆叠构造、变质核杂岩及广泛的陆内岩浆作用（丘元禧，1994；傅昭仁等，1999），因此，湘东北燕山期所发生的大规模花岗质岩浆活动是与当时该区地球动力学演变事件密切相关的。

湘东北燕山期花岗质岩主/微量地球化学特征非常类似于大陆碰撞型花岗岩，在 R_1-R_2、Y-Nb 和 Y+Nb-Rb（图 3-165、图 3-166）图解上，大多数也落入同碰撞花岗岩范围；在 Maniar 和 Piccoli（1989）的判别图解上（图 3-167），湘东北燕山期花岗质岩大多为造山花岗岩（IAG+CAG+CCG+POG），更趋于大陆碰撞花岗岩类（CCG）。矿物组合和化学成分则类似于 CPG-MPG 过渡类型。据 Barbarin（1999），无洋

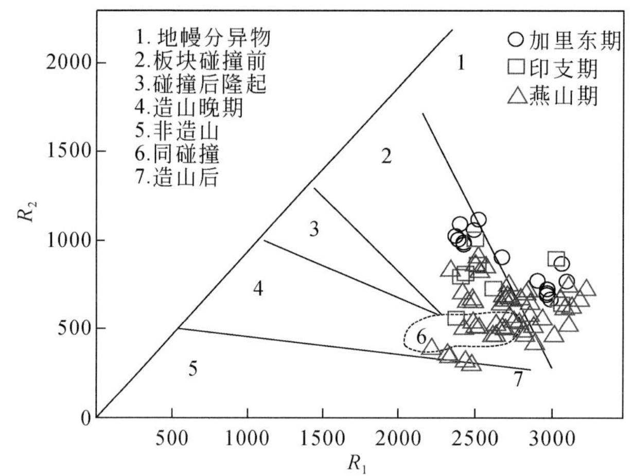

图 3-165　R_1-R_2 因子判别图解（据 Batchelor and Bowden，1985）

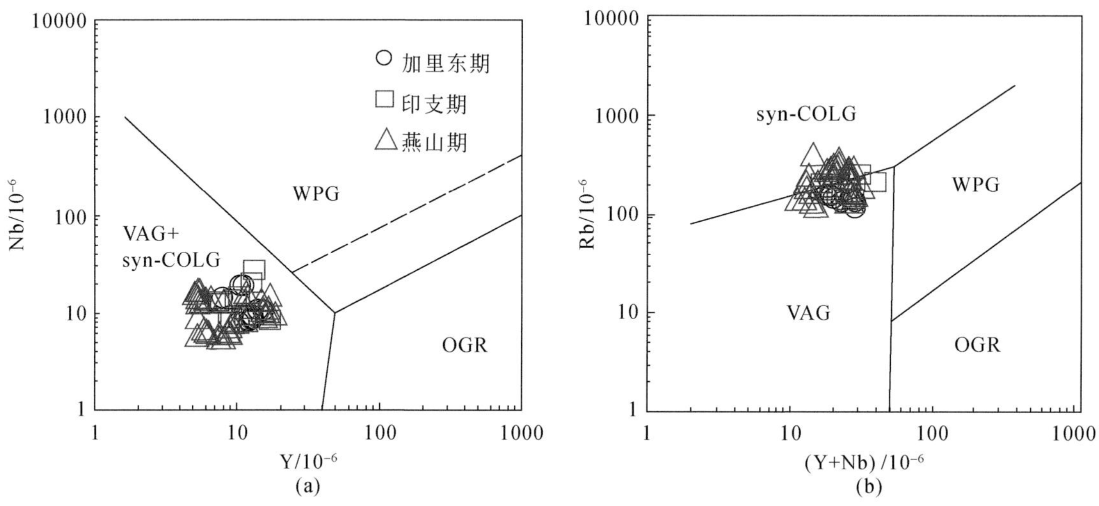

图 3-166　花岗岩 Y-Nb（a）和 Y+Nb-Rb（b）构造环境判别图解（据 Pearce et al.，1984；Pearce，1996）

WPG. 板内环境；syn-COLG. 同碰撞环境；VAG. 火山弧环境；OGR. 造山带环境

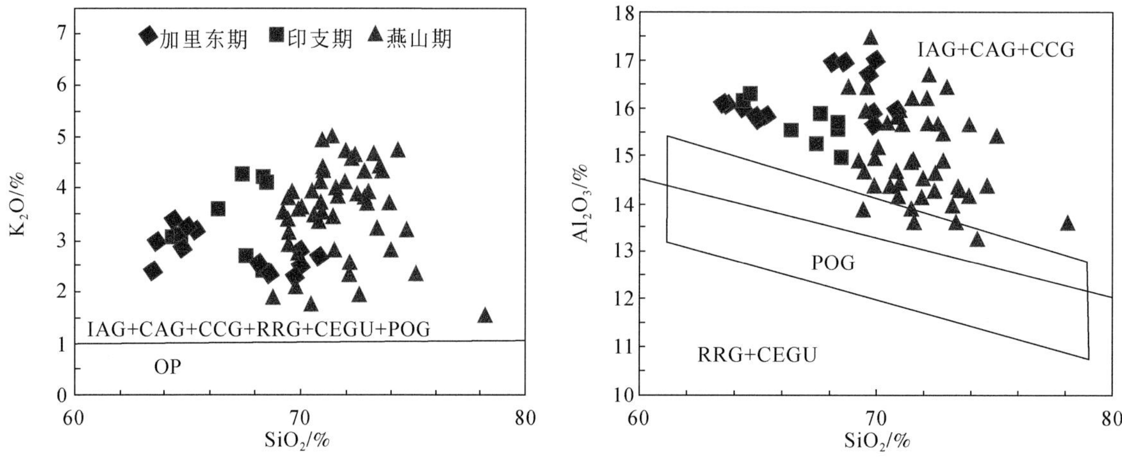

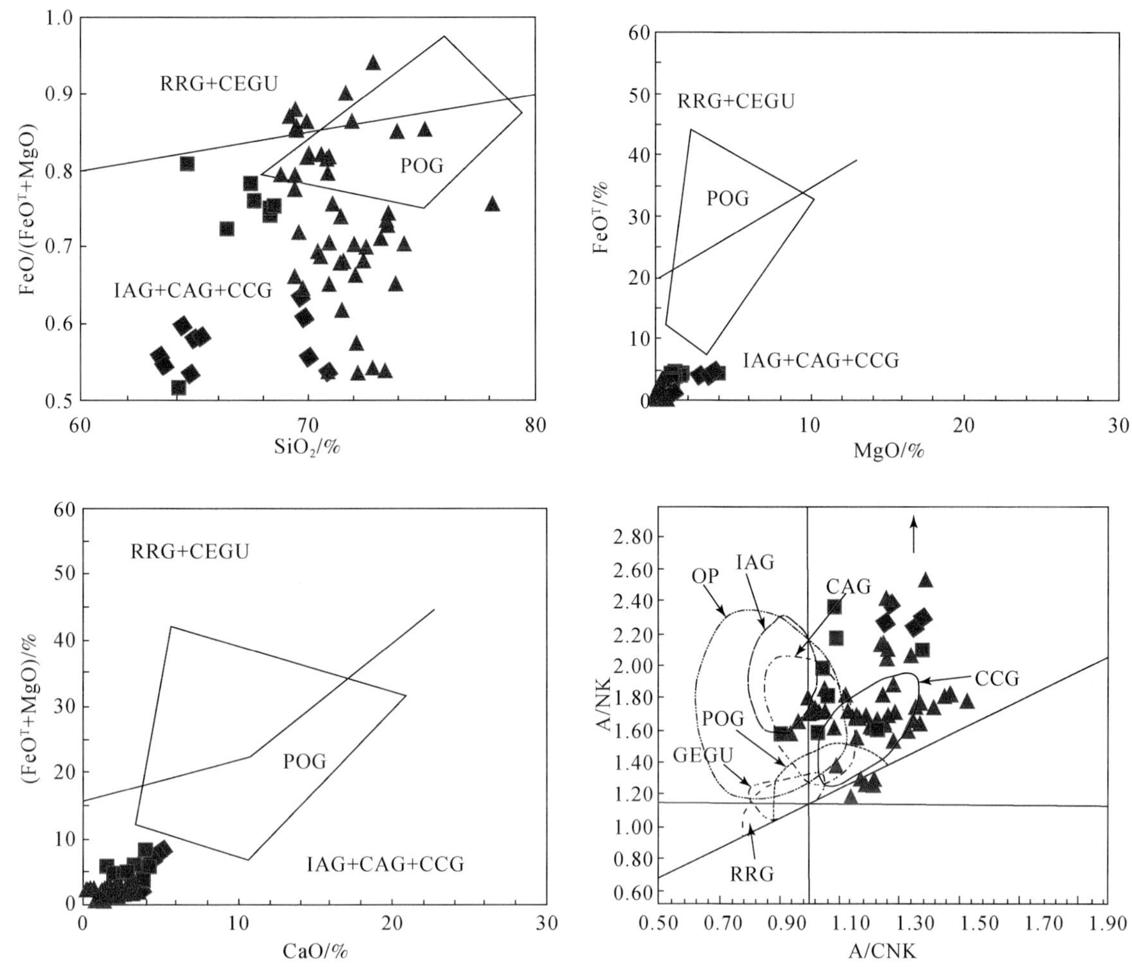

图3-167　花岗岩构造环境主量元素判别图解（据 Maniar and Piccoli，1989）

IAG. 岛弧花岗岩类；CAG. 大陆弧花岗岩类；CCG. 大陆碰撞花岗岩类；POG. 造山后花岗岩类；RRG. 与裂谷有关的花岗岩类；CEUG（continental epeirogenic uplift granitoids）. 陆内造陆运动有关花岗岩类；OP. 大洋斜长花岗岩类

壳存在及大陆碰撞取代俯冲作用的地方，大陆壳的熔化可形成过铝质花岗岩类（MPG 和 CPG），并参与产生富钾钙碱性花岗岩（KCG），MPG 和 CPG 则与造山作用鼎盛时期有关；而高钾钙碱性花岗岩和花岗闪长岩代表了大陆碰撞事件的结束，指示大陆汇聚向离散的转折，两种（MPG 和富黑云母 CPG）过铝质花岗岩主要产于大陆碰撞环境（王德滋和周金城，1999；Barbarin，1999；Pithcher，1997）；白云母/二云母花岗岩是与陆-陆碰撞作用有关的陆壳岩石熔融产物（邓晋福等，1996；Harris et al.，1986）。

湘东北燕山期花岗质岩的 Nd 同位素模式年龄较区内变质基底冷家溪群 Nd 同位素模式年龄 1.73Ga 小 0.1～0.2Ga，与华南变质基底和前中生代花岗岩的 Nd 同位素模式年龄 1.8Ga 相比小约 0.2Ga（陈江峰等，1999），反映中生代花岗岩形成时受地幔物质的影响，即代表一种小规模的地壳垂向增长。与较大规模的太古宙和古-中元古代横向生长以及显生宙的垂向生长相比（陈江峰等，1999；陈江峰和江博明，1999），这种小规模的地壳垂向生长，可能反映了地壳增生的不均衡性，即在不同的地质历史阶段其增长方式不一，且其增长速度、规模、应力状态等物理化学条件均不相同，因而可能与岩石圈拆沉、热的软流圈上涌所引起的玄武质岩浆底侵作用有关。这种情形最可能发生在构造伸展域环境下。SylÍester（1998）认为碰撞造山带通常伴随后碰撞岩石圈拆沉和热的软流圈上涌，以及大量的、高温（>875℃）SP 花岗质熔体的产生。一系列研究也表明（范蔚茗等，2003；贾大成等，2003；Wang et al.，2005），中生代以来湘东北地区所发生的大规模的岩石圈伸展减薄和软流圈上涌是该区中新生代发生岩浆作用的主要原因。结合本章定年成果及第 2 章构造变形序列分析，湘东北燕山期高钾钙碱性过铝质花岗质岩，可能是陆内碰撞由挤压向伸展转换时期的产物，进而标志着湘东北地区地球动力学条件于约 155Ma 发生了由陆内碰撞挤压向陆内伸展的转变。

全岩地球化学和黑云母与锆石矿物化学分析还显示（图 3-151 ~ 图 3-154），湘东北地区燕山期两类花岗质岩即高 Sr 低 Y 型、低 Sr 低 Y 型整体上形成于较低的氧逸度环境，但却指示岩浆源区具有较高的压力［图 3-150（b）（c）］。较高的岩浆源区压力表明，湘东北地区在中晚侏罗世—早白垩世仍处于地壳加厚的状态。此外，所计算的燕山期花岗质岩的锆石饱和温度变化较大，一部分明显较低，而另一部分则相对较高，但整体上高 Sr 低 Y 型花岗岩比低 Sr 低 Y 型花岗岩略具高的锆石饱和温度（表 3-33）。不过，湘东北燕山期花岗质岩大多为 S 型强过铝质花岗岩，具有较多的继承锆石。继承锆石会使得花岗岩中的 Zr 含量升高，因此锆石饱和温度会大于源区的实际温度（Miller et al., 2003）。事实上本章根据黑云母成分计算出的岩浆温度相对锆石饱和温度偏低（图 3-155）。结合野外地质特征，我们认为三叠纪时期，华南板块与印支板块和华北板块间的相继碰撞以及随后的太平洋-Izanagi 板块向欧亚大陆的俯冲可能共同制约了江南古陆晚中生代以来花岗质岩浆作用事件。中晚三叠世印支期印支板块和华南板块、华南板块和华北板块相继碰撞拼贴后，早侏罗世时的古太平洋板块以 6.5 ~ 8.0cm/a 的速率向近北或北西俯冲，与欧亚陆缘呈 28° ~ 42°角度相交（Maruyama et al., 2007），产生斜向俯冲作用，对大陆造成强烈的挤压。这种压应力在陆内的响应，可能导致长平深大断裂带南东侧向北西侧强烈地逆冲剪切推覆，使得印支板块和华南板块、华南板块和华北板块相继碰撞拼贴导致湘东北地区加厚的下地壳向角闪岩-榴辉岩相转变，并在后期岩石圈伸展减薄和软流圈上涌环境下部分融熔，产生湘东北燕山期花岗质岩。更为重要的是，若太平洋-Izanagi 板块在俯冲早期是以平板方式俯冲，则中晚侏罗世—早白垩世时期因下沉俯冲板片发生崩塌、破裂和岩石圈脱水，就使得加厚的下地壳发生部分熔融，形成低温、高压、低氧逸度和湿度略有变化的岩浆源区［图 3-168（a）］。

湘东北地区还发育了一系列晚中生代的基性岩。这些基性岩规模较小，主要为玄武岩、辉绿岩脉和煌斑岩（贾大成和胡瑞忠，2002；贾大成等，2002a，2002b；Wang et al., 2003b；许德如等，2006c）。前人研究表明，这些基性岩可能是两期岩浆活动结果：第一期基性岩浆活动发生在约 136Ma，以蕉溪岭煌斑岩脉为代表；其他基性岩浆岩年龄为 83 ~ 93Ma。大部分晚中生代的基性岩具有 OIB 的地球化学特征，是软流圈物质上涌并混染地壳物质的结果（贾大成和胡瑞忠，2002；贾大成等，2002b）。此外，西楼细碧质玄武岩具有与软流圈地幔不同的 Nd 同位素成分［$\varepsilon_{\mathrm{Nd}}(t) = -1.29 \sim -0.66$］，可能是岩石圈地幔低程度熔融的产物（许德如等，2006c）。基性岩浆活动表明，湘东北地区在晚中生代时期，由于大陆地壳减薄、软流圈物质上涌，岩石圈地幔发生部分熔融［图 3-168（b）］。

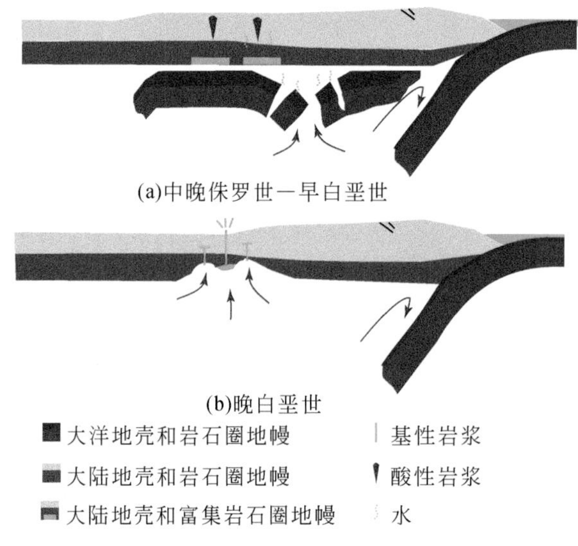

图 3-168　湘东北晚中生代构造演化模式图（据 Li and Li, 2007；Zhu et al., 2014 修改）

本书研究还表明，湘东北燕山期花岗质岩可分为高 Sr 低 Y 型、低 Sr 低 Y 型两类，虽然两者与加厚地壳和玄武岩岩浆底侵均有着密切关系，但其岩浆源区深度却不同，因为高 Sr 低 Y 型源岩的熔融深度很可能大于低 Sr 低 Y 型源岩熔融深度。如前所述，高 Sr 低 Y 型花岗岩的残留相为榴辉岩或角闪榴辉岩相，斜长石极少；而低 Sr 低 Y 型花岗岩残留相可能为石榴子石麻粒岩相。这些差别反映了它们起源不同的地壳厚度，亦即地壳厚度存在不均一性。从 Sr-Nd 同位素组成来看（表 3-29、表 3-34、表 3-35、表 3-37、表 3-38），幕阜山岩体中高 Sr 低 Y 型花岗质岩 I_{Sr} 最低、$\varepsilon_{Nd}(t)$ 最高、t_{DM} 最低（分别为 0.712 ~ 0.716、−9.6 ~ −8.5、1.63 ~ 1.71Ga），而幕阜山岩体、金井岩体和连云山岩体中低 Sr 低 Y 型花岗岩 I_{Sr} 最高、$\varepsilon_{Nd}(t)$ 最低、t_{DM} 最高（分别为 0.714 ~ 0.738、−13.7 ~ −9.4、1.54 ~ 2.05Ga），连云山岩体中高 Sr 低 Y 型花岗岩的相应值则位于上述两者之间，三个岩体在同位素组成上的差别可能反映了基底组成的不均一性，幕阜山和连云山岩体中高 Sr 低 Y 型花岗岩熔融的源区可能有少量地壳玄武质岩石的加入，而幕阜山、金井、连云山岩体中低 Sr 低 Y 型花岗岩源区中可能有更多中上地壳组分。

由上可见，湘东北燕山期花岗质岩，甚至同一岩体内在地球化学组成上的差异，不仅反映了各类岩浆源岩熔融深度的差异、下地壳的不均一性等，也可能反映了玄武岩底侵对岩浆熔融影响程度的差异，或者玄武岩底侵本身存在期次性或强弱的差别。正如张旗等（2006）所指出的，如果玄武岩底侵大规模存在，而且玄武岩的黏性又比花岗岩低得多，应当容易上升，为什么华南中生代玄武岩不是大规模出现，而是花岗岩占绝对优势？从而他们认为大规模花岗岩熔融的热可能主要以地幔热流的形式上升。范蔚茗等（2003）认为，尽管 220Ma 的伸展减薄是局部的，而 175 ~ 90Ma 期间陆内岩石圈减薄作用在华南内部可能是广泛发育的。本书揭示的高 Sr 低 Y 型和低 Sr 低 Y 型花岗质岩所反映的地壳厚度的不均一性，可能是在岩石圈伸展减薄过程的早期，由于加厚地壳本身厚度的不均一，或者地壳性质不同，或者拉伸强度的不同等所造成。因为在岩石力学中，围压及岩石本身抗拉强度不同，导致拉伸实验的结果也不同。

基于此，本书进一步认为，印支期因华南板块与印支板块、华北板块相继碰撞拼贴而加厚的地壳，在燕山期因俯冲的太平洋-Izanagi 板块回撤、撕裂和软流上涌等影响，岩石圈发生伸展运动，再加上因加厚地壳本身厚度的不均一，或者地壳性质不同，或者拉伸强度的不同等造成伸展过程中地壳厚度不同，经由玄武质岩浆底侵作用，下地壳发生熔融，地壳厚度为 40 ~ 45km 时熔融产生高 Sr 低 Y 型花岗质岩，而地壳厚度≤40km 时熔融产生低 Sr 低 Y 型花岗岩（图 3-169）。这一认识将为深入理解华南大面积花岗岩浆作用、华南中生代大地构造背景及其深部动力学机制提供新的思路。

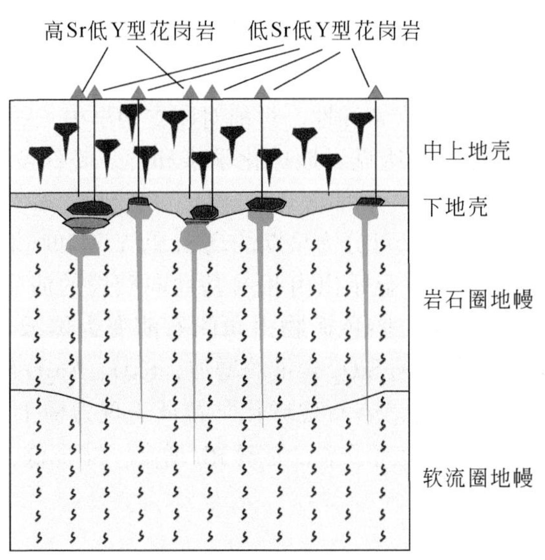

图 3-169　湘东北燕山期高 Sr 低 Y 型和低 Sr 低 Y 型花岗岩成因模式图（波浪线表示地幔热流）

3.5　湘东北构造-岩浆演化规律

湘东北地处江南古陆的中段，属于扬子板块和华夏板块自元古宙以来因多期造山形成的复合造山带，也是扬子板块东南缘构造-岩浆岩带的重要组成部分。岩浆岩的发育无疑与扬子板块和华夏板块间开与合的相互作用相关。根据区内岩浆岩的时空演化、成因联系、形成的地球动力学背景，结合区域构造事件，可将区内花岗质和基性/超基性岩岩浆活动划分为晋宁期、加里东期、印支期和燕山早期四个旋回，可能分别对应于俯冲-碰撞→小洋盆的俯冲消减→陆-陆碰撞使地壳加厚→陆内断陷旋回。

3.5.1　花岗质岩时空演化

湘东北地区不同时代的花岗质岩，无论从微观的岩相学和矿物学、岩石地球化学和同位素组成特征方面，还是从宏观的岩体组成、构造特征方面，以及它们所反映的岩石成因、岩浆源区和构造环境等，均表现出时间和空间上的明显演化趋势和规律。

3.5.1.1　时间演化规律

湘东北地区晋宁期花岗质岩主要包括葛藤岭、长三背、大围山和张邦源岩体（Wang et al.，2004；马铁球等，2009），属于S型花岗岩，年龄为816～845Ma，为扬子和华夏板块在新元古代碰撞造山的产物。新元古代的碰撞造山作用使得华南板块形成一个统一的陆块，新元古代地层也在此时发生了初始的变形和变质（Zhao and Cawood，2012）。

根据本书及前人高精度锆石U-Pb等定年成果，湘东北地区显生宙花岗岩在时间上明显具有旋回性的特点，其同位素年龄数据主要集中在三个时间段：第一阶段为434～418Ma，时间跨度约16Ma，时限为志留纪；第二阶段为250～233Ma，时间跨度约17Ma，时限为三叠纪；第三阶段为155～127Ma。其中又可分为三个脉动期次：155～146Ma、143～136Ma、132～127Ma，即晚侏罗世—最早的早白垩世、早白垩世、早中白垩世，岩浆侵位持续了约30Ma。然而，湘东北地区显生宙不同时期花岗质岩，甚至在同一岩体内，它们均显示出具有不同的岩浆源区、岩石成因和岩浆演化趋势，属于不同的岩浆演化序列。由此，按照花岗质岩的侵位时代，将湘东北地区晋宁期、加里东期、印支期和燕山期花岗质岩分别划属新元古代岩浆演化序列、志留纪岩浆演化序列、早中三叠世岩浆演化序列、晚侏罗世—早中白垩世岩浆演化序列，后者又可再次划分为晚侏罗世—最早白垩世、早白垩世、早中白垩世三个岩浆演化亚序列。

湘东北地区志留纪岩浆演化序列出露较少，以板杉铺和宏夏桥岩体为代表。地球化学特征显示，志留纪花岗质岩属于I-S型，且具有埃达克岩亲和性。目前对印支期早中三叠世岩浆演化序列研究较少，主要出露高钾钙碱性花岗闪长岩，同样具埃达克岩地球化学亲和性。晚侏罗世—早中白垩世岩浆演化序列是湘东北地区出露最为广泛的岩石类型，一般都含有黑云母、白云母，A/CNK大于1.1，为典型的S型过铝质SP花岗质岩，根据地球化学特征，又可分为早期的高Sr低Y型和晚期的低Sr低Y型两类。

总体上，湘东北地区岩浆从早到晚，显示出由相对基性向酸性的演化趋势和规律（图3-170）。岩石中主要造岩矿物表现为石英含量增加，暗色矿物由角闪石演变为黑云母、白云母；Harker图解显示（图3-170），从早到晚，岩石化学成分中随SiO_2含量的增加，K_2O、Na_2O略有增加的趋势，FeO、Fe_2O_3、MgO、MnO、CaO、Al_2O_3均有降低的趋势。岩石地球化学特征表现为稀土总量降低，分馏更趋明显，Eu亏损增加，Eu/Eu^*值降低，微量元素中大离子亲石元素Rb增高，Sr降低，非活动元素Zr降低。

3.5.1.2　空间演化规律

湘东北地区不同时代的花岗质岩在空间上的演化规律尤以晚侏罗世—早白垩世花岗质岩最为明显，而由于新元古代、志留纪和早中三叠世花岗质岩出露很少，表现出的规律性不强。总体上，由新元古代—白垩纪，从南西向到北东向具有以下规律：

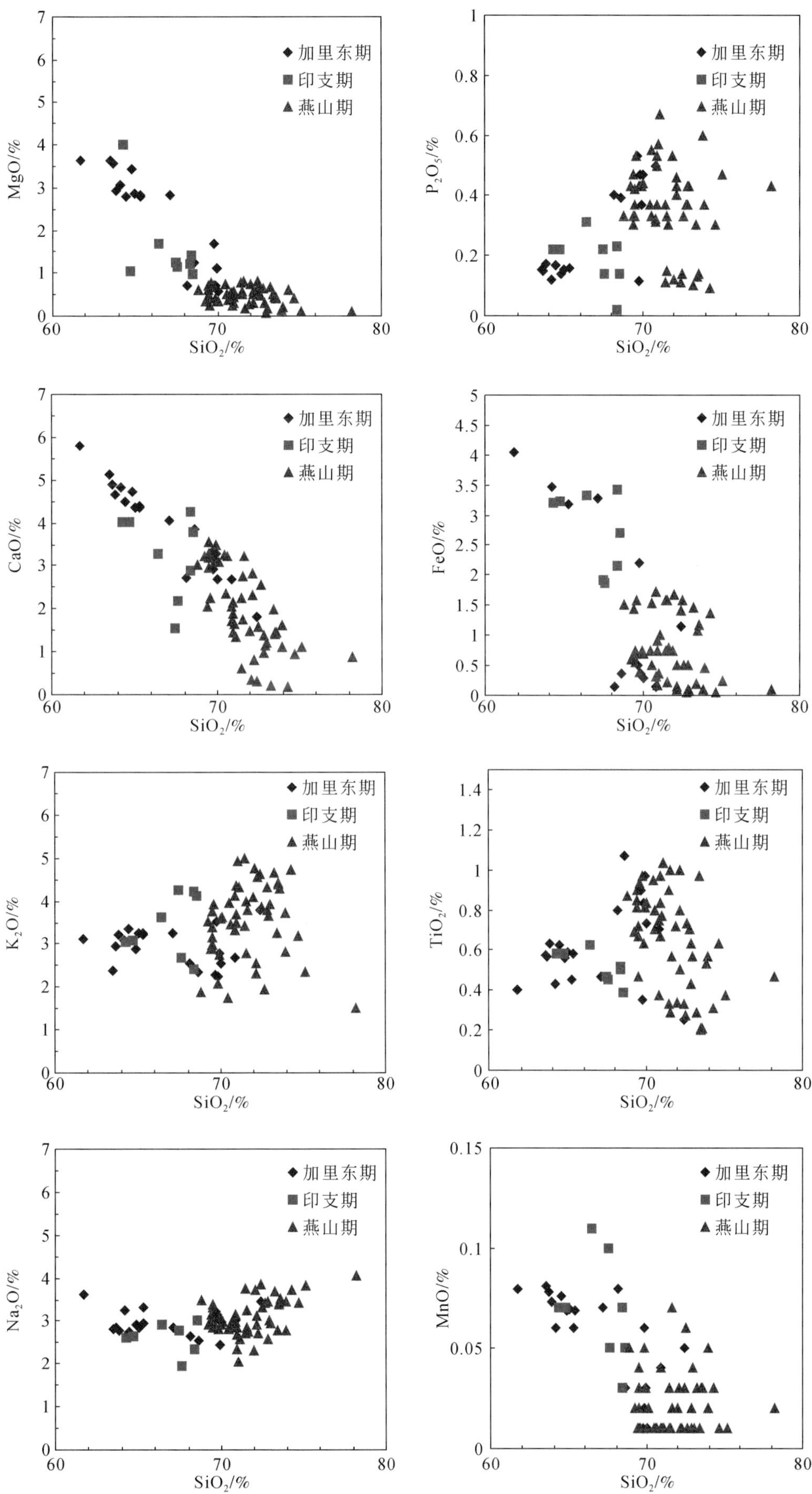
加里东期
印支期
燕山期
MgO/%
P2O5/%
CaO/%
FeO/%
K2O/%
TiO2/%
Na2O/%
MnO/%
SiO2/%

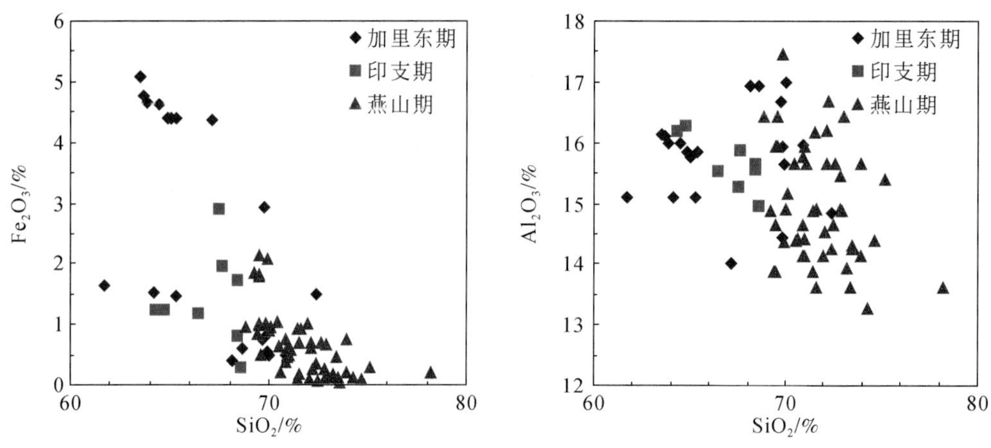

图 3-170　湘东北地区不同时代花岗质岩 Harker 图解

(1) 空间上，新元古代、加里东期、印支期花岗质岩出露相对很少，而燕山期花岗质岩浆作用最强烈、出露规模最大。

(2) 岩体侵位时间上，整体自西南向北东逐渐变晚，岩浆侵入规模增大。如位于幕阜山-望湘隆起带，其西南端以印支期岩体为主，而北东端以燕山期望湘、金井、幕阜山岩体为代表；在浏阳-紫云山隆起带，其南西端和中部整体以新元古代（长三背、大围山、葛藤岭等）、加里东期（宏夏桥、板杉铺）花岗质岩体出露为主，而向北东端逐渐向燕山期花岗质岩体（连云山）演化。

(3) 岩浆源区整体上由早期向晚期地壳物质有增加的趋势，即源区从早至晚从壳幔边界→下地壳→中上地壳方向演化，反映起源深度逐渐变浅。

(4) 岩体形成的构造环境由早期至晚期，由俯冲消减的被动板块边缘演变为较为典型的碰撞环境，至陆内伸展和岩石圈减薄环境。

(5) 岩体的就位机制由早期至晚期，由主动侵位→被动侵位演化。如刘耀荣和贾宝华（2000）所提出的板杉铺岩体为气体膨胀模式就为典型的主动侵位机制，而燕山期连云山岩体明显受长平深大断裂控制，显示了典型的被动侵位机制。

3.5.2　新元古代以来构造-岩浆演化

湘东北地区发育有新元古代、加里东期、印支期和燕山期四期岩浆岩，其中新元古代花岗质岩和铁镁质-超铁镁质岩是元古宙不同时期因板块俯冲、陆-弧-陆碰撞、华南大陆再次裂解的产物。而加里东期、印支期和燕山期花岗质岩为 S 型和/或 I 型，表现出埃达克质岩特征，为陆内造山的产物。通过对不同期次花岗质和铁镁质-超铁镁质岩浆成因过程分析，构建了湘东北地区新元古代以来大地构造演化模式（图 3-171）。

晋宁期：湘东北新元古代花岗质岩以 S 型为主，部分具 I 型特征，而同时期的铁镁质-超铁镁质岩主要表现弧前、碰撞后和板内岩浆岩特征。本书研究还表明，华南 1000～850Ma、850～820Ma 和 820～730Ma 的花岗岩和基性/超基性岩分别具有岛弧、同/后碰撞和板内岩浆岩的地球化学特征。同时，华南 850～730Ma 的基性/超基性岩未有明显的地幔物质加入。因此，扬子板块和华夏板块碰撞可能发生于 850～820Ma。

加里东期：震旦纪时，在扬子-华夏北段会聚的北东向平移动量积累起来，使江山-绍兴深大断裂带变为左行走滑的转换拉张断裂带，在总体拉张背景下，可能存在南华残留盆地由北拉张形成小洋盆（殷鸿福等，1999）。随着加里东期华夏板块与扬子板块由北向南的幕式闭合，该小洋盆在奥陶纪末开始消亡，至加里东晚期，两板块在湘东北地区可能实现软碰撞拼贴，形成加里东褶皱带和加里东期花岗质岩体。

燕山期：岩石圈伸展，形成盆-岭雁列构造格局

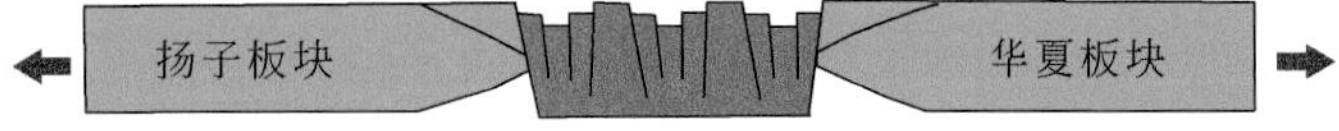

印支期：印支运动使地壳加厚，形成广布的逆冲推覆构造

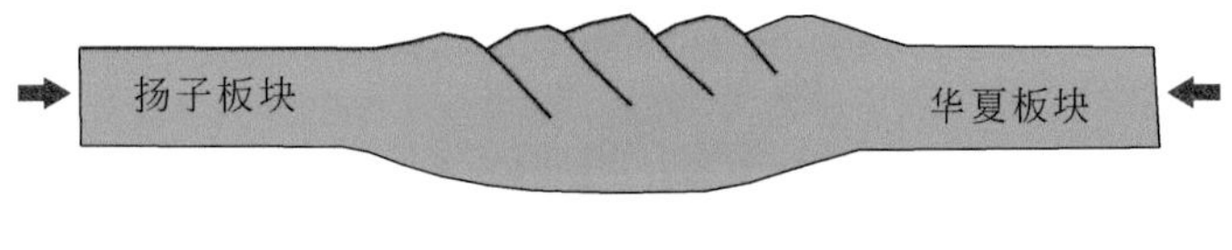

加里东期：南华小洋盆的消失

图3-171　湘东北加里东期—印支期—燕山期构造演化模式卡通图

印支期：印支运动促使了华南板块与印支板块、华南板块与华北板块相继碰撞拼贴，构成统一的泛大陆的一部分（Wang et al.，2013a）。因此印支期三大板块的完全碰撞拼接造山运动，可能导致了湘东北区域内地壳的加厚。下部陆壳俯冲、上部逆冲推覆造山，主体盖层发生褶皱，形成陆内碰撞带广布的逆冲推覆构造。

燕山期：湘东北地区发生了以伸展为主的构造-岩浆事件。从燕山早期开始，岩石圈由挤压向拉张体制转化，最终形成了盆-岭雁列构造格局，发育一系列断陷盆地，并导致了大规模花岗质岩侵位和变质核杂岩形成，以及大规模金（多金属）成矿作用。

总之，湘东北地区处于华南扬子板块与华夏板块的交接部位，其演化历程与两板块长期的相互作用密切相关，其构造-岩浆活动更可能是两板块相互作用和深部岩石圈活动的共同结果。至于其动力来源，是受特提斯构造域、太平洋构造域，或是受两大构造域相互作用的影响，还是受深部地幔活动的影响，尚有待进一步的研究。

参考文献

蔡学林，朱介寿，曹家敏，等．2002. 东亚西太平洋岩石圈与软流圈相互作用探讨．北海：中国地球物理学会第18届年会．

车勤建，彭和求，李金冬，等．2005. 湘北益阳古火山岩的成因及其地质意义．地质通报，24（6）：513-519.

陈斌，庄育勋．1994. 粤西云炉紫苏花岗岩及其麻粒岩包体的主要特点和成因讨论．岩石学报，10（2）：139-150.

陈多福，潘晶铭，徐文新，等．1998. 华南震旦纪基性火山岩的地球化学及构造环境．岩石学报，14（3）：343-350.

陈海泓，肖文交．1998. 多岛海型造山作用——以华南印支期造山带为例．地学前缘，(S1)：3-5.

陈江峰，江博明．1999. Nd，Sr，Pb同位素示踪和中国东南大陆地壳演化//郑永飞．化学地球动力学．北京：科学出版社：262-287.

陈江峰，郭新生，汤加富，等．1999. 中国东南地壳增长与Nd同位素模式年龄．南京大学学报（自然科学版），35（6）：3-5.

陈旭，戎嘉余，Rowley D B，等．1995. 对华南早古生代板溪洋的质疑．地质论评，41（5）：389-400.

崔学军，刘春根，钟达洪，等．2003. 井冈山逆冲推覆构造基本特征及找矿意义．大地构造与成矿学，27（1）：43-47.

邓晋福，赵海玲，，莫宣学，等．1995. 扬子大陆的陆内俯冲与大陆的缩小——由白云母（二云母）花岗岩推导．高校地质学报，1（1）：50-57.

邓晋福，刘厚祥，赵海玲，等．1996. 燕辽地区燕山期火成岩与造山模型．现代地质，10（2）：137-148.

范蔚茗，王岳军，郭锋，等．2003. 湘赣地区中生代镁铁质岩浆作用与岩石圈伸展．地学前缘，10（3）：159-169.

傅昭仁，李紫金，郑大瑜．1999. 湘赣边区NNE向走滑造山带构造发展样式．地学前缘，6（4）：263-272.

高林志，陈峻，丁孝忠，等．2011. 湘东北岳阳地区冷家溪群和板溪群凝灰岩 SHRIMP 锆石 U-Pb 年龄——对武陵运动的制约．地质通报，30（7）：1001-1008.
葛文春，李献华，李正祥，等．2000. 桂北“龙胜蛇绿岩”质疑．岩石学报，16（1）：111-118.
葛文春，李献华，李正祥，等．2001. 桂北新元古代两类过铝花岗岩的地球化学研究．地球化学，30（1）：24-34.
龚林，陈华勇，王云峰，等．2018. 新疆玉海-三岔口铜矿黑云母矿物化学特征及成岩成矿意义．地球科学，43（9）：2929-2942.
勾宗洋，于皓丞，邱昆峰，等．2019. 西秦岭太阳山斑岩铜-钼矿床岩体氧逸度及成矿意义．地学前缘，26（5）：243-254.
关义立，袁超，龙晓平，等．2013. 华南地块东部早古生代的陆内造山作用：来自 I 型花岗岩的启示．大地构造与成矿学，74（4）：698-720.
广西地质矿产局．1988. 广西区域地质志．北京：地质出版社：1-830.
郭锋，范蔚茗，林舸，等．1997. 湘南道县辉长岩包体的年代学研究及成因探讨．科学通报，42（15）：1661-1664.
郭乐群，唐晓珊，彭和求．2003. 湖南益阳早前寒武纪镁铁质-超镁铁质火山岩的 Sm-Nd 同位素年龄．华南地质与矿产，（2）：46-51.
郭令智．1986. 国际前寒武纪地壳演化讨论会论文集（一）//中国地质学会．江南元古代板块运动和岛弧构造的形成和演化．北京：地质出版社：30-39.
郭令智，卢华复，施央申，等．1996. 江南中、新元古代岛弧的运动学和动力学．高校地质学报，2（1）：1-13.
贺安生，韩雄刚．1992. 益阳火山岩特征及其形成构造环境分析．湖南地质，11（4）：269-274，277.
贺转利，许德如，陈广浩，等．2004. 湘东北燕山期陆内碰撞造山带金多金属成矿地球化学．矿床地质，23（1）：39-51.
胡俊良，徐德明，张鲲，等．2016. 湖南七宝山铜多金属矿床石英斑岩时代与成因：锆石 U-Pb 定年及 Hf 同位素与稀土元素证据．大地构造与成矿学，40（6）：1185-1199.
胡荣国，赵义来，蔡永丰，等．2020. 广西大厂花岗斑岩黑云母成分特征及其成岩成矿意义．地球科学，45（4）：1213-1226.
胡世玲，王松山，桑海清，等．1985. 应用$^{40}Ar/^{39}Ar$快中子活化定年技术探讨江西九岭花岗闪长岩体的早期侵位时代．岩石学报，1（3）：29-34.
胡世玲，邹海波，周新民．1992. 江南元古宙碰撞造山带的两个$^{40}Ar/^{39}Ar$年龄值．科学通报，37（3）：286.
胡祥昭，肖宪国，杨中宝．2002. 七宝山花岗斑岩的地质地球化学特征．中南工业大学学报（自然科学版），33（6）：551-554.
湖南省地质调查院．2002. 1∶25 万长沙市幅区域地质调查报告．长沙：湖南省地质调查院．
湖南省地质矿产局．1988. 湖南省区域地质志．北京：地质出版社：1-507.
湖南省地质研究所．1995. 湖南省花岗岩单元—超单元划分及其成矿专属性．湖南地质，A08：1-84.
黄标，徐克勤，孙明志，等．1993. 武夷山中段加里东早期交代改造型花岗岩类的特点及形成的碰撞造山环境．岩石学报，9（4）：388-400.
黄标，孙明志，武少兴，等．1994. 武夷山中段加里东期混合岩的特征及成因讨论．岩石学报，10（4）：427-439.
黄汲清．1954. 中国主要地质构造单位．北京：地质出版社．
黄建中，唐晓珊，张晓阳，等．1996. 对峡东莲沱组与湖南板溪群对比问题的一点浅见．地层学杂志，20（3）：232-236.
贾宝华，彭和求．2005. 湘东北前寒武纪地质与找矿．北京：地质出版社：1-138.
贾宝华，彭和求，唐晓珊，等．2004. 湘东北文家市蛇绿混杂岩带的发现及意义．现代地质，18（2）：229-236.
贾大成，胡瑞忠．2002. 湘东北燕山晚期花岗岩构造环境判别．地质地球化学，30（2）：10-14.
贾大成，胡瑞忠，谢桂青．2002a. 湘东北中生代基性岩脉岩石地球化学及构造意义．大地构造与成矿学，26（2）：179-184.
贾大成，胡瑞忠，卢焱，等．2002b. 湘东北蕉溪岭富钠煌斑岩地球化学特征．岩石学报，18（4）：459-467.
贾大成，胡瑞忠，赵军红，等．2003. 湘东北中生代望湘花岗岩体岩石地球化学特征及其构造环境．地质学报，77（1）：98-103.
简平，刘敦一，孙晓猛．2003. 滇西北白马雪山和鲁甸花岗岩基 SHRIMP U-Pb 年龄及其地质意义．地球学报，24（4）：337-342.
江西省地质矿产局．1988. 江西省区域地质志．北京：地质出版社：1-921.
金鹤生，傅良文．1986. 湖南火山岩的时空演化及其板块构造意义．地质论评，32（3）：225-235.
金文山，赵风清，王祖伟，等．1997. 湘黔桂雪峰期地层单元岩石地球化学特征．湖南地质，16（2）：78-84，91.

金文山，赵风清，王祖伟，等 . 1998. 湘东北—桂北中元古界岩石地球化学特征 . 广西地质，11（1）：59-64，74.

李继亮 . 1992. 中国东南地区大地构造基本问题//李继亮 . 中国东南海陆岩石圈结构与演化研究 . 北京：中国科学技术出版社：3-16.

李江海，穆剑 . 1999. 我国境内格林威尔期造山带的存在及其对中元古代末期超大陆再造的制约 . 地质科学，34（3）：259-272.

李凯旋，梁华英，黄文婷，等 . 2019. 滇西北铜厂沟夕卡岩-斑岩型 Mo-Cu 矿床成矿岩体的高氧逸度特征及区内斑岩矿床成矿元素组合差异控制因素分析 . 地球化学，48（2）：101-113.

李鹏，李建康，裴荣富，等 . 2017. 幕阜山复式花岗岩体多期次演化与白垩纪稀有金属成矿高峰：年代学依据 . 地球科学，42（10）：1684-1696.

李鹏春，许德如，陈广浩，等 . 2005. 湘东北金井地区花岗岩成因及地球动力学暗示：岩石学、地球化学和 Sr-Nd 同位素制约 . 岩石学报，21（3）：921-934.

李鹏春，陈广浩，许德如，等 . 2007. 湘东北新元古代过铝质花岗岩的岩石地球化学特征及其成因讨论 . 大地构造与成矿学，31（1）：126-136.

李献华 . 1993. 万洋山—诸广山加里东期花岗岩的形成机制：微量元素和稀土元素地球 . 地球化学，（1）：35-44.

李献华 . 1996. Sm-Nd 模式年龄和等时线年龄的适用性与局限性 . 地质科学，31（1）：97-104.

李献华 . 1999. 广西北部新元古代花岗岩锆石 U-Pb 年代学及其构造意义 . 地球化学，28（1）：1-9.

李献华，桂训唐 . 1991. 万洋山-诸广山加里东期花岗岩的物质来源——Ⅰ. Sr-Nd-Pb-O 多元同位素体系示踪 . 中国科学 B 辑：化学，（5）：533-540.

李献华，李正祥，葛文春，等 . 2001. 华南新元古代花岗岩的锆石 U-Pb 年龄及其构造意义 . 矿物岩石地球化学通报，20（4）：271-273.

李献华，李正祥，周汉文，等 . 2002. 川西新元古代玄武质岩浆岩的锆石 U-Pb 年代学、元素和 Nd 同位素研究：岩石成因与地球动力学意义 . 地学前缘，9（4）：329-338.

梁培，陈华勇，吴超，等 . 2018. 东准噶尔北缘老山口铁-铜-金矿床古生代岩浆岩锆石 U-Pb 年代学、氧逸度特征及地质意义 . 地学前缘，25（5）：96-118.

林文蔚，彭丽君 . 1994. 由电子探针分析数据估算角闪石，黑云母中的 Fe^{3+}、Fe^{2+}. 长春地质学院学报，24（2）：155-162.

刘彬，马昌前，刘园园，等 . 2010. 鄂东南铜山口铜（钼）矿床黑云母矿物化学特征及其对岩石成因与成矿的指示 . 岩石矿物学杂志，29（2）：151-165.

刘昌实，朱金初，沈渭洲，等 . 1990. 华南花岗岩物源成因特征与陆壳演化 . 大地构造与成矿学，14（2）：125-138.

刘红涛，张旗，刘建明，等 . 2004. 埃达克岩与 Cu-Au 成矿作用：有待深入研究的岩浆成矿关系 . 岩石学报，20（2）：205-218.

刘继顺 . 1993. 关于雪峰山一带金成矿区的成矿时代 . 黄金，14（7）：7-12.

刘翔，周芳春，李鹏，等 . 2019. 湖南仁里稀有金属矿田地质特征、成矿时代及其找矿意义 . 矿床地质，38（4）：771-791.

刘耀荣，贾宝华 . 2000. 湘东板杉铺岩体构造样式与侵位机制 . 中国区域地质，19（2）：159-165.

刘颖，刘海臣，李献华 . 1996. 用 ICP-MS 准确测定岩石样品中的 40 余种微量元素 . 地球化学，25（6）：552-558.

刘钟伟 . 1994. 湖南前寒武纪火山岩地球化学特征及产出构造环境 . 湖南地质，13（3）：137-146.

陆松年 . 2001. 从罗迪尼亚到冈瓦纳超大陆——对新元古代超大陆研究几个问题的思考 . 地学前缘，8（4）：441-448.

马铁球，陈立新，柏道远，等 . 2009. 湘东北新元古代花岗岩体锆石 SHRIMP U-Pb 年龄及地球化学特征 . 中国地质，36（1）：65-73.

毛建仁，陶奎元，杨祝良，等 . 1997. 中国东南部中生代陆内岩浆作用的动力学背景 . 火山地质与矿产，18（2）：95-104.

毛健仁，许乃政，胡青，等 . 2004. 闽西南地区中生代花岗闪长质岩石的同位素年代学、地球化学及其构造演化 . 吉林大学学报（地球科学版），34（1）：12-20.

莫宣学，沈上越，朱勤文，等 . 1998. 三江中南段火山岩-蛇绿岩与成矿 . 北京：地质出版社：1-128.

彭建堂 . 1999. 湖南雪峰地区金成矿演化机理探讨 . 大地构造与成矿学，23（2）：3-5.

彭建堂，胡瑞忠，赵军红，等 . 2003. 湘西沃溪 Au-Sb-W 矿床中白钨矿 Sm-Nd 和石英 Ar-Ar 定年 . 科学通报，48（18）：1976-1981.

彭头平，席先武，王岳军，等 . 2004. 湘东北早中生代花岗闪长岩地球化学特征及其构造意义 . 大地构造与成矿学，28（3）：287-296.

丘元禧 . 1994. 从梵净山“飞来峰”到兰田构造窗——对江南-雪峰推（滑）体的若干认识 . 安徽地质，（Z1）：23-26.

丘元禧，马文璞，范小林，等. 1996. “雪峰古陆”加里东期的构造性质与构造演化. 中国区域地质，(2)：150-160.
丘元禧，张渝昌，马文璞. 1998. 雪峰山陆内造山带的构造特征与演化. 高校地质学报，4 (4)：432-433.
邱检生，胡建，McInnes B I A，等. 2004. 广东龙窝花岗闪长质岩体的年代学、地球化学及岩石成因. 岩石学报，20 (6)：62-73.
饶家荣，王纪恒，曹一中. 1993. 湖南深部构造. 湖南地质，(S1)：1-101.
任纪舜. 1990. 论中国南部的大地构造. 地质学报，64 (4)：275-288.
任纪舜. 1997. 中国大地构造研究的回顾与展望. 中国地质，(2)：36-37.
任纪舜，姜春发，张正坤，等. 1980. 中国大地构造及其演化（1：400 万中国大地构造图简要说明）. 北京：科学出版社.
任胜利，李继亮，周新华，等. 1997a. 闽北政和洋后变质超镁铁岩的岩石地球化学和矿物化学研究. 地球化学，26 (4)：13-23.
任胜利，李继亮，周新华，等. 1997b. 闽北熊山岩墙群的年代学、岩石地球化学研究及其大地构造意义. 中国科学 D 辑：地球科学，27 (2)：115-120.
沈渭洲，朱金初，刘昌实，等. 1993. 华南基底变质岩的 Sm-Nd 同位素及其对花岗岩类物质来源的制约. 岩石学报，9 (2)：115-124.
沈渭洲，徐士进，王银喜，等. 1994. 西华山花岗岩的 Nd-Sr 同位素研究. 科学通报，39 (2)：154-156.
沈渭洲，凌洪飞，李武显，等. 1999. 中国东南部花岗岩类 Nd-Sr 同位素研究. 高校地质学报，5 (1)：22-32.
舒良树，王德滋. 2006. 北美西部与中国东南部盆岭构造对比研究. 高校地质学报，12 (1)：1-13.
舒良树，郭令智，施央申，等. 1994. 九岭山南缘断裂带运动学研究. 地质科学，29 (3)：209-219.
舒良树，施央申，郭令智，等. 1995. 江南造山带板块-地体构造与碰撞造山运动学. 南京：南京大学出版：1-174.
舒良树，卢华复，Charvet J，等. 1997. 武夷山北缘断裂带运动学研究. 高校地质学报，3 (3)：43-53.
舒良树，卢华复，贾东，等. 1999. 华南武夷山早古生代构造事件的 $^{40}Ar/^{39}Ar$ 同位素年龄研究. 南京大学学报（自然科学版），35 (6)：3-5.
孙明志，徐克勤. 1990. 华南加里东花岗岩及其形成地质环境试析. 南京大学学报（地球科学），(4)：10-22.
唐晓珊，黄建中，郭乐群. 1997. 再论湖南板溪群及其大地构造环境. 湖南地质，16 (4)：219-226.
汪相，W L Griffin，王志成，等. 2003. 湖南丫江桥花岗岩中锆石的 Hf 同位素地球化学. 科学通报，48 (4)：379-382.
汪新，杨树锋，施建宁，等. 1988. 浙江龙泉碰撞混杂岩的发现及其对华南碰撞造山带研究的意义. 南京大学学报（自然科学版），24 (3)：367-378.
汪雄武，王晓地. 2002. 花岗岩成矿的几个判别标志. 岩石矿物学杂志，21 (2)：119-130.
王德滋. 2004. 华南花岗岩研究的回顾与展望. 高校地质学报，10 (3)：305-314.
王德滋，周金城. 1999. 我国花岗岩研究的回顾与展望. 岩石学报，15 (2)：3-5.
王德滋，周新民. 2002. 中国东南部晚中生代花岗质火山-侵入杂岩成因与地壳演化. 北京：科学出版社：1-295.
王德滋，沈渭洲. 2003. 中国东南部花岗岩成因与地壳演化. 地学前缘，10 (3)：209-220.
王江海，涂湘林，孙大中. 1999. 粤西云开地块内高州地区深熔混合岩的锆石 U-Pb 年龄. 地球化学，28 (3)：231-238.
王强，赵振华，许继峰，等. 2002. 扬子地块东部燕山期埃达克质（adakite-like）岩与成矿. 中国科学 D 辑：地球科学，32 (S1)：127-136.
王强，赵振华，许继峰，等. 2004. 鄂东南铜山口、殷祖埃达克质（adakitie）侵入岩的地球化学特征对比：（拆沉）下地壳熔融与斑岩铜矿的成因. 岩石学报，20 (2)：351-360.
王涛. 2000. 花岗岩混合成因研究及大陆动力学意义. 岩石学报，16 (2)：161-168.
王孝磊，周金城，邱检生，等. 2003. 湖南中-新元古代火山-侵入岩地球化学及成因意义. 岩石学报，9 (1)：49-60.
王孝磊，周金城，邱检生，等. 2004. 湘东北新元古代强过铝花岗岩的成因：年代学和地球化学证据. 地质论评，50 (1)：65-76.
王秀璋，梁华英，单强，等. 1999. 金山金矿成矿年龄测定及华南加里东成金期的讨论. 地质论评，45 (1)：19-25.
王焰，张旗，钱青. 2000. 埃达克岩（adakite）的地球化学特征及其构造意义. 地质科学，35 (2)：251-256.
王岳军，范蔚茗，郭锋，等. 2001. 湘东南中生代花岗闪长岩锆石 U-Pb 法定年及其成因指示. 中国科学 D 辑：地球科学，31 (9)：745-751.
王岳军，Y H Zhang，范蔚茗，等. 2002. 湖南印支期过铝质花岗岩的形成：岩浆底侵与地壳加厚热效应的数值模拟. 中国科学 D 辑：地球科学，32 (6)：491-499.
王岳军，范蔚茗，梁新权，等. 2005. 湖南印支期花岗岩 SHRIMP 锆石 U-Pb 年龄及其成因启示. 科学通报，50 (12)：

1259-1266.
吴福元，李献华，郑永飞，等 . 2007. Lu-Hf 同位素体系及其岩石学应用 . 岩石学报，23（2）：185-220.
吴富江，张芳荣 . 2003. 华南板块北缘东段武功山加里东期花岗岩特征及成因探讨 . 中国地质，30（2）：166-172.
吴浩若，咸向阳，李曰俊，等 . 1994. 桂南晚古生代放射虫硅质岩及广西古特提斯的初步探讨 . 科学通报，39（9）：809-812.
吴俊华，彭志新，邢旭东 . 1993. 桂东超单元花岗岩各单元特征及其归属探讨 . 湖南地质，12（4）：226-230.
伍光英，陈辉明，贾宝华，等 . 2001. 湘东北长三背花岗岩体成因机制研究 . 华南地质与矿产，（1）：23-35.
夏斌 . 1984. 广西龙胜元古代二种不同成因蛇绿岩岩石地球化学及侵位方式研究 . 南京大学学报（自然科学版），（3）：554-566.
肖龙，Robert P RAPP，许继峰 . 2004. 深部过程对埃达克质岩石成分的制约 . 岩石学报，20（2）：219-228.
肖禧砥 . 1983. 湖南益阳玄武岩质科马提岩及其形成环境 . 中南大学学报（自然科学版），38（4）：106-114.
肖拥军，陈广浩 . 2004. 湘东北大洞—万古地区金矿构造成矿定位机制的初步研究 . 大地构造与成矿学，28（1）：38-44.
邢凤鸣，徐祥，李应运，等 . 1989. 皖南晋宁早期花岗闪长岩带的确定及其岩石学特征 . 岩石学报，（4）：34-44.
徐备 . 2001. Rodinia 超大陆构造演化研究的新进展和主要目标 . 地质科技情报，20（1）：15-19.
徐夕生，周新民 . 1992. 华南前寒武纪 S 型花岗岩类及其地质意义 . 南京大学学报（自然科学版），28（3）：423-430.
徐夕生，周新民，王德滋 . 1999. 壳幔作用与花岗岩成因——以中国东南沿海为例 . 高校地质学报，5（3）：241-250.
许畅，李建康，施光海，等 . 2019. 幕阜山南缘似斑状黑云母花岗岩锆石 U-Pb 年龄、Hf 同位素组成及其地质意义 . 矿床地质，38（5）：1053-1068.
许德如，陈广浩，夏斌，等 . 2006a. 湘东地区板杉铺加里东期埃达克质花岗闪长岩的成因及地质意义 . 高校地质学报，12（4）：507-521.
许德如，夏斌，李鹏春，等 . 2006b. 海南岛北西部前寒武纪花岗质岩 SHRIMP 锆石 U-Pb 年龄及地质意义 . 大地构造与成矿学，30（4）：510-518.
许德如，贺转利，李鹏春，等 . 2006c. 湘东北地区晚燕山期细碧质玄武岩的发现及地质意义 . 地质科学，41（2）：311-332.
许德如，王力，李鹏春，等 . 2009. 湘东北地区连云山花岗岩的成因及地球动力学暗示 . 岩石学报，25（5）：1056-1078.
薛怀民，马芳，宋永勤，等 . 2010. 江南造山带东段新元古代花岗岩组合的年代学和地球化学：对扬子与华夏地块拼合时间与过程的约束 . 岩石学报，26（11）：3215-3244.
杨树锋，陈汉林，武光海，等 . 1995. 闽北早古生代岛弧火山岩的发现及其大地构造意义 . 地质科学，30（2）：105-116.
殷鸿福，吴顺宝，杜远生，等 . 1999. 华南是特提斯多岛洋体系的一部分 . 地球科学——中国地质大学学报，24（1）：3-5.
余达淦 . 1994. 再论华南（东）晋宁-加里东海盆地形成、演化及封闭 . 安徽地质，（Z1）：96-103.
曾勇，杨明桂 . 1999. 赣中碰撞混杂岩带 . 中国区域地质，18（1）：17-22.
翟明国 . 2004. 埃达克岩和大陆下地壳重熔的花岗岩类 . 岩石学报，20（2）：193-193.
张博，郭峰，张晓兵 . 2020. 福建平潭岛花岗质岩石成因：来自锆石 U-Pb 定年、O-Hf 同位素及黑云母矿物化学的约束 . 岩石学报，36（4）：995-1014.
张鲲，徐德明，胡俊良，等 . 2017. 湘东北三墩铜铅锌矿区花岗岩的岩石成因——锆石 U-Pb 测年、岩石地球化学和 Hf 同位素约束 . 地质通报，36（9）：1591-1600.
张玲华，李正祥，Powell C McA. 1995. 扬子古大陆与澳大利亚古大陆新元古代层序对比和古大陆再造 . 地球科学——中国地质大学学报，20（6）：657-667.
张宁，夏文臣 . 1998. 华南晚古生代硅质岩时空分布及再扩张残留海槽演化 . 地球科学——中国地质大学学报，23（5）：480-486.
张旗，钱青，王二七，等 . 2001a. 燕山中晚期的中国东部高原：埃达克岩的启示 . 地质科学，36（2）：248-255.
张旗，王焰，钱青，等 . 2001b. 中国东部燕山期埃达克岩的特征及其构造—成矿意义 . 岩石学报，17（2）：236-244.
张旗，王元龙，王焰 . 2001c. 燕山期中国东部高原下地壳组成初探：埃达克质岩 Sr、Nd 同位素制约 . 岩石学报，17（4）：505-513.
张旗，秦克章，王元龙，等 . 2004. 加强埃达克岩研究，开创中国 Cu、Au 等找矿工作的新局面 . 岩石学报，20（2）：195-204.
张旗，金惟俊，王元龙，等 . 2006. 大洋岩石圈拆沉与大陆下地壳拆沉：不同的机制及意义——兼评“下地壳+岩石圈地幔拆沉模式”. 岩石学报，22（11）：2631-2638.

张文山 . 1991. 湘东北长沙—平江断裂动力变质带的构造及地球化学特征 . 大地构造与成矿学，15（2）：100-109.

张向飞，李文昌，尹光候，等 . 2017. 滇西北休瓦促钨钼矿区复式岩体地质及其成矿特征：来自年代学、氧逸度和地球化学的约束 . 岩石学报，33（7）：2018-2036.

赵成峰 . 1999. 云南腾冲北部华力西期印支期花岗岩 . 中国区域地质，18（3）：3-5.

赵建新，李献华，周国庆，等 . 1995. 皖南和赣东北蛇绿岩成因及其构造意义：元素和 Sm-Nd 同位素制约 . 地球化学，24（4）：311-326.

赵振华 . 2010. 副矿物微量元素地球化学特征在成岩成矿作用研究中的应用 . 地学前缘，17（1）：267-286.

赵振华，包志伟，张伯友 . 1998. 湘南中生代玄武岩类地球化学特征 . 中国科学 D 辑：地球科学，28（S2）：7-14.

郑基俭，贾宝华，刘耀荣，等 . 2001. 湘西安江地区镁铁质-超镁铁质岩形成时代、岩浆来源和形成环境 . 地质通报，20（2）：164-169.

郑巧荣 . 1983. 由电子探针分析值计算 Fe^{3+} 和 Fe^{2+}. 矿物学报，3（1）：55-62.

钟大赉 . 1998. 滇川西部古特提斯造山带 . 北京：科学出版社：1-230.

周汉文，游振东，钟增球，等 . 1994. 云开隆起区钾长球斑片麻状黑云母花岗岩锆石特征研究——形貌、成分以及 U-Pb 同位素年龄 . 地球科学——中国地质大学学报，19（4）：427-432，554.

周汉文，游振东，钟增球，等 . 1996. 粤西云开前寒武纪基底麻粒岩、紫苏花岗岩放射性元素分布特征与岩石成因讨论 . 地球科学——中国地质大学学报，21（5）：75-81.

周金城，王孝磊，邱检生，等 . 2003. 桂北中—新元古代镁铁质-超镁铁质岩的岩石地球化学 . 岩石学报，19（1）：9-18.

周金城，王孝磊，邱检生 . 2005. 江南造山带西段岩浆作用特性 . 高校地质学报，11（4）：527-533.

周新华 . 1999. 壳-幔深部过程化学地球动力学与大陆岩石圈研究//郑永飞 . 化学地球动力学 . 北京：科学出版社：15-27.

周新华，程海，陈海泓 . 1992. 湖南黔阳镁铁-超镁铁质岩 Sm-Nd 年龄测定 . 地质科学，27（4）：391-393.

周新民 . 2003. 对华南花岗岩研究的若干思考 . 高校地质学报，9（4）：556-565.

周作侠 . 1988. 侵入岩的镁铁云母化学成分特征及其地质意义 . 岩石学报，4（3）：63-73.

朱金初，沈渭洲，刘昌实，等 . 1990. 华南中生代同熔系列花岗岩类的 Nd-Sr 同位素特征及成因讨论 . 岩石矿物学杂志，9（2）：97-105.

Abdel-Rahman A F M. 1994. Nature of biotites from alkaline，calc-alkaline，and peraluminous magmas. Journal of Petrology，35（2）：525-541.

Ajaji T，Weis D，Giret A，et al. 1998. Coeval potassic and sodic calc-alkaline series in the post-collisional Hercynian Tanncherfi intrusive complex，northeastern Morocco：geochemical，isotopic and geochronological evidence. Lithos，45（1-4）：371-393.

Al-Riyami K，Robertson A，Dixon J，et al. 2002. Origin and emplacement of the Late Cretaceous Baer-Bassit ophiolite and its metamorphic sole in NW Syria. Lithos，65：225-260.

Altherr R，Holl A，Hegner E，et al. 2000. High-potassium，calc-alkaline I-type plutonism in the European Variscides：northern Vosges（France）and northern Schwarzwald（Germany）. Lithos，50（1-3）：51-73.

Ames L，Zhou G，Xiong B. 1996. Geochronology and isotopic character of ultrahigh-pressure metamorphism with implications for collision of the Sino-Korean and Yangtze cratons，Central China. Tectonics，15：472-489.

Arndt N T. 1991. High Ni in Archean tholeiites. Tectonophysics，187：411-419.

Arndt N T，Nisbet E G. 1982. Komatiites. London，UK：George Allen and Unwin Ltd：1-383.

Atherton M P，Petford N. 1993. Generation of sodium-rich magmas from newly underplated basaltic crust. Nature，362（6416）：144-146.

Ayati F，Yavuz F，Asadi H H，et al. 2013. Petrology and geochemistry of calc-alkaline volcanic and subvolcanic rocks，Dalli porphyry copper-gold deposit，Markazi Province，Iran. International Geology Review，55：158-184.

Ballard J R，Palin M J，Campbell I H. 2002. Relative oxidation states of magmas inferred form $Ce^{(IV)}/Ce^{(III)}$ in zircon：application to porphyry copper deposits of northern Chile. Contributions to Mineralogy and Petrology，144（3）：347-364.

Barbarin B. 1996. Genesis of the two main types of peraluminous granitoids. Geology，24：295-298.

Barbarin B. 1999. A review of the relationships between granitoid types，their origins and their geodynamic environments. Lithos，46：605-626.

Barker F. 1979. Trondhjemite：definition，environment and hypotheses of origin//Barker F. Trondhjemites，Dacites，and Related Rocks. Amsterdam：Elsevier：1-12.

Barton M D. 1990. Cretaceous magmatism，metamorphism，and metallogeny in the east-central Great Basin. Geological Society of

America Memoirs, 174: 283-302.

Batchelor R A, Bowden P. 1985. Petrogenetic interpretation of granitoid rock series using multicationic parameters. Chemical Geology, 48: 43-55.

Bea F. 1996. Residence of REE, Y, Th and U in granites and crustal protoliths; implications for the chemistry of crustal melts. Journal of petrology, 37 (3): 521-552.

Bea F, Fershtater G, Corretgé L G. 1992. The geochemistry of phosphorus in granite rocks and the effect of aluminium. Lithos, 29 (1-2): 43-56.

Bea F, Pereira M D, Stroh A. 1994. Mineral/leucosome trace-element partitioning in a peraluminous migmatite (a laser ablation-ICP-MS study). Chemical Geology, 117 (1-4): 291-312.

Beccaluva L, Serri G. 1988. Boninitic and low- Ti subduction- related lavas from intraoceanic arc- backarc systems and low- Ti ophiolites: a reappraisal of their petrogenesis and original tectonic setting. Tectonophysics, 146: 291-315.

Bédard J H. 1999. Petrogenesis of boninites from the Betts Cove ophiolite, Newfoundland, Canada: identification of subducted source components. Journal of Petrology, 40: 1853-1889.

Bizimis M, Salters V J, Dawson J B. 2003. The brevity of carbonatite sources in the mantle: evidence from Hf isotopes. Contributions to Mineralogy and Petrology, 145 (3): 281-300.

Boehnke P, Watson E B, Trail D, et al. 2013. Zircon saturation re-revisited. Chemical Geology, 351: 324-334.

Bourdon E, Eissen J P, Monzier M, et al. 2002. Adakite-like lavas from Antisana volcano (Ecuador): evidence for slab melt metasomatism beneath the Andean Northern volcanic zone. Journal of Petrology, 43: 199-217.

Brounce M, Kelley K A, Cottrell E, et al. 2015. Temporal evolution of mantle wedge oxygen fugacity during subduction initiation. Geology, 43: 775-778.

Carrington D P, Watt G R. 1995. A geochemical and experimental study of the role of K-feldspar during water-undersaturated melting of metapelites. Chemical Geology, 122 (1-4): 59-76.

Carter A, Roques D, Bristow C, et al. 2001. Understanding Mesozoic accretion in Southeast Asia: significance of Triassic thermotectonism (Indosinian orogeny) in Vietnam. Geology, 29: 211-214.

Castillo P R, Janney P E, Solidum R U. 1999. Petrology and geochem-istry of Camiguin Island, southern Philippines: insights to the source of adakites and other lavas in a complex arc setting. Contributions to Mineralogy and Petrology, 134: 33-51.

Chappell B W. 1999. Aluminium saturation in I- and S- type granites and the characterization of fractionated haplogranites. Lithos, 46 (3): 535-551.

Chappell B W, White A J R. 1974. Two contrasting granite types. Pacific Geology, 8: 173-174.

Chappell B W, White A J R. 1992. I-and S-type granites in the Lachlan Fold Belt. Transactions of the Royal Society of Edinburgh: Earth Sciences, 83 (1-2): 1-26.

Chappell B W, White A J R. 2001. Two contrasting granite types: 25 years later. Australian Journal of Earth Sciences, 48: 489-499.

Chappell B W, White A J R, Williams I S, et al. 2000. Lachlan Fold Belt granites revisited: high-and low-temperature granites and their implications. Australian Journal of Earth Sciences, 47 (1): 123-138.

Charvet J, Shu L S, Shi Y S, et al. 1996. The building of south China: collision of Yangzi and Cathaysia blocks, problems and tentative answers. Journal of Southeast Asian Earth Sciences, 13 (3-5): 223-235.

Chen A. 1999. Mirror- image thrusting in the South China Orogenic Belt: tectonic evidence from western Fujian, southeastern China. Tectonophysics, 305 (4): 497-519.

Chen J F, Jahn B M. 1998. Crustal evolution of southeastern China: Nd and Sr isotopic evidence. Tectonophysics, 284 (1-2): 101-133.

Chen J F, Foland K A, Xing F M, et al. 1991. Magmatism along the southeast margin of the Yangtze block: precambrian collision of the Yangtze and Cathysia blocks of China. Geology, 19 (8): 815-818.

Chen J F, Yan J, Xie Z, et al. 2001. Nd and Sr isotopic compositions of igneous rocks from the Lower Yangtze Region in Eastern China: constrains on sources. Physics and Chemistry of the Earth, Part A 26: 719-731.

Chen P R, Hua R M, Zhang B T, et al. 2002. Early Yanshan ian post-orogenic granitoids in the Nanling region. Science in China Series D: Earth Sciences, 45 (8): 757-768.

Chen Z, Guo K, Dong Y, et al. 2009a. Possible early Neoproterozoic magmatism associated with slab window in the Pingshui segment of the Jiangshan-Shaoxing suture zone: evidence from zircon LA-ICP-MS U-Pb geochronology and geochemistry. Science in China

Series D：Earth Sciences，52（7）：925-939.

Chen Z H，Xing G F，Guo K Y，et al. 2009b. Petrogenesis of the Pingshui keratophyre from Zhejiang：zircon U-Pb age and Hf isotope constraints. Chinese Science Bulletin，54（9）：1570-1578.

Chesley J T，Ruiz J. 1998. Crust-mantle interaction in large igneous provinces：implications from the Re-Os isotope systematics of the Columbia River flood basalts. Earth and Planetary Science Letters，154（1-4）：1-11.

Clemens J D. 2003. S-type granitic magmas—petrogenetic issues，models and evidence. Earth Science Reviews，61（1-2）：1-18.

Clemens J D，Vielzeuf D. 1987. Constraints on melting and magma production in the crust. Earth and Planetary Science Letters，86（2-4）：287-306.

Clemens J D，Wall VJ. 1981. Origin and crystallization of some peraluminous（S-type）granitic magmas. The Canadian Mineralogist，19（1）：111-131.

Condie K C. 2005. TTGs and adakites：are they both slab melts? Lithos，80（1-4）：33-44.

Coney P J，Harms T A. 1984. Cordilleran metamorphic core complexes：cenozoic extensional relics of Mesozoic compression. Geology，12（9）：550-554.

Corrigan D，Rivers T，Dunning G. 1996. Preliminary report on the evolution of the Allochthon Boundary Thrust，Grenville Province of Eastern Labrador：structure，metamorphism and U-Pb geochronology. Lithoprobe Report，57：25-37.

Craddock J P，Van Der Pluijm B A. 1989. Late Paleozoic deformation of the cratonic carbonate cover of eastern North America. Geology，17（5）：416-419.

Crawford A J，Berry R F. 1992. Tectonic implications of Late Proterozoic- early Palaeozoic igneous rock associations in western Tasmania. Tectonophysics，214：37-56.

Dalí Agnol R，Scaillet B，Pichavant M. 1999. An experimental study of a lower Proterozoic A-type granite from the Eastern Amazonian Craton，Brazil. Journal of Petrology，40（11）：1673-1698.

De Albuquerque C A R. 1973. Geochemistry of biotites from granitic rocks，Northern Portugal. Geochimica et Cosmochimica Acta，37（7）：1779-1802.

Defant M J，Drummond M S. 1990. Derivation of some modern arc magmas by melting of young subducted lithosphere. Nature，347（6294）：662-665.

Defant M J，Drummond M S. 1993. Mount St. Helens：potential example of the partial melting of the subducted lithosphere in a volcanic arc. Geology，21（6）：547-550.

Defant M J，Maury R C，Joron J L，et al. 1990. The geochemistry and tectonic setting of the northern section of the Luzon arc（the Philippines and Taiwan）. Tectonophysics，183（1-4）：187-205.

Defant M J，Richerson P M，De Boer J Z，et al. 1991. Dacite genesis via both slab melting and differentiation：petrogenesis of La Yeguada volcanic complex，Panama. Journal of Petrology，32（6）：1101-1142.

Deng T，Xu D R，Chi G X，et al. 2017. Geology，geochronology，geochemistry and ore genesis of the Wangu gold deposit in northeastern Hunan Province，Jiangnan Orogen，South China. Ore Geology Reviews，88：619-637.

Deng T，Xu D R，Chi G X，et al. 2019. Revisiting the ca. 845-820-Ma S-type granitic magmatism in the Jiangnan Orogen：new insights on the Neoproterozoic tectono-magmatic evolution of South China. International Geology Review，61（4）：383-403.

DePaolo D J，Wasserburg G J. 1979. Sm-Nd age of the Stillwater Complex and the mantle evolution curve for neodymium. Geochimica et Cosmochimica Acta，43（7）：999-1008.

Deprat J. 1914. Étude des fusulinidés du Japon，de Chine et d'Indochine. Étude comparative des fusulinidés d'Akasaka（Japon）et des fusulinidés de Chine et d'Indochine. Mémoires du Service Géologique de l'Indochine，3：1-45.

Dilles J H，Kent A J，Wooden J L，et al. 2015. Zircon compositional evidence for sulfur- degassing from ore- forming arc magmas. Economic Geology，110：241-251.

Doe B R，Zartman R E. 1979. Plumbotectonics—the Phanerozoic//Barnes H L. Geochemistry of Hydrothermal Ore Deposits. New York：John Wiley & Sons：22-70.

Douce A E P，Johnston A D. 1991. Phase equilibria and melt productivity in the pelitic system：implications for the origin of peraluminousgranitoids and aluminous granulites. Contributions to Mineralogy and Petrology，107（2）：202-218.

Downes H，Shaw A，Williamson B J，et al. 1997. Sr，Nd and Pb isotope geochemistry of the Hercynian granodiorites and monzogranites，Massif Central，France. Chemical Geology，136（1-2）：99-122.

Downes P J，Wartho J A，Griffin B J. 2006. Magmatic evolution and ascent history of the Aries micaceous kimberlite，Central

Kimberley Basin, Western Australia: evidence from zoned phlogopite phenocrysts, and UV laser^{40}Ar/^{39}Ar analysis of phlogopite-biotite. Journal of Petrology, 47 (9): 1751-1783.

Drummond M S, Defant M J. 1990. A model for trondhjemite-tonalite-dacite genesis and crustal growth via slab melting: archean to modern comparisons. Journal of Geophysical Research: Solid Earth, 95 (B13): 21503-21521.

Dudás F Ö, Lustwerk R L. 1997. Geochemistry of the Little Dal basalts: continental tholeiites from the Mackenzie mountains, Northwest Territories, Canada. Canadian Journal of Earth Sciences, 34 (1): 50-58.

Dungan M A, Lindstrom M M, McMillan N J, et al. 1986. Open system magmatic evolution of the Taos Plateau volcanic field, northern New Mexico: 1. The petrology and geochemistry of the Servilleta Basalt. Journal of Geophysical Research: Solid Earth, 91 (B6): 5999-6028.

Dupont N G, Guo Z, Butler R F, et al. 2002. Discordant paleomagnetic direction in Miocene rocks from the central Tarim Basin: evidence for local deformation and inclination shallowing. Earth and Planetary Science Letters, 199 (3): 473-482.

Erlank A J, Duncan A R, Marsh J S, et al. 1988. A laterally extensive geochemical discontinuity in the subcontinental Gondwana Lithosphere//Proceedings of the Geochemical Evolution of the Continental Crust Conference Abstracts. Geochemical Evolution of the Continental Crust. Brazil: Pocos de Caldas: 1-10.

Ernst R, Buchan K. 2010. Geochemical database of Proterozoic intraplate mafic magmatism in Canada. Geological Survey of Canada, Open File, 6016 (1) .

Essene E, Fyfe W. 1967. Omphacite in Californian metamorphic rocks. Contributions to Mineralogy and Petrology, 15: 1-23.

Eugster H P, Wones D R. 1962. Stability reactions of the ferruginous biotite, annite. Journal of Petrology, 3: 82-125.

Faure G. 1986. Principles of Isotope Geology (second ed) . New York: John Wiley and Sons.

Faure G. 2001. Origin of igneous rocks: the isotopic evidence. Berlin, Germany: Springer-Verlag: 103-156.

Fitzsimons I C W. 2000. A review of tectonic events in the East Antarctic Shield and their implications for Gondwana and earlier super-continents. Journal of African Earth Sciences, 31 (1): 3-23.

Foley J Y, Dahlin D C, Mardock C L, et al. 1992. Chromite deposits and platinum group metals in the western Brooks Range. Alaska: US Bureau of Mines Open-File Report, 80-92.

Forster H J, Tischendorf G, Trumbull R B. 1997. An evaluation of the Rb vs. (Y+Nb) discrimination diagram to infer tectonic setting of silicic igneous rocks. Lithos, 140: 261-293.

Foster M D. 1960. Interpretation of the composition of trioctahedral micas. USGS Prof. Paper, 354 (B): 1-146.

Fromaget J. 1932. Sur la structure des Indosinides. Comptes Rendus Hebdomadaires des Séances de l Académie des Sciences D: Sciences Naturelles, 195: 538.

Gao J, Klemd R, Long L, et al. 2009. Adakitic signature formed by fractional crystallization: an interpretation for the Neo-Proterozoic meta-plagiogranites of the NE Jiangxi ophiolitic melange belt, South China. Lithos, 110 (1): 277-293.

Ge W C, Li X H, Li Z X, et al. 2001. Mafic intrusions in Longsheng area: age and its geological implications. Chinese Journal of Geology, 36: 112-118.

Gilder S A, Gill J, Coe R S, et al. 1996. Isotopic and paleomagnetic constraints on the Mesozoic tectonic evolution of south China. Journal of Geophysical Research: Solid Earth, 101 (B7): 16137-16154.

Gribble R F, Stern R J, Bloomer S, et al. 1996. MORB mantle and subduction components interact to generate basalts in the southern Mariana through back-arc basin. Geochimica et Cosmochimica Acta, 60: 2153-2166.

Gu X X, Liu J M, Zheng M H, et al. 2002. Provenance and tectonic setting of the Proterozoic turbidites in Hunan, South China: geochemical evidence. Journal of Sedimentary Research, 72 (3): 393-407.

Hames W, Renne P, Ruppel C. 2000. New evidence for geologically instantaneous emplacement of earliest Jurassic Central Atlantic magmatic province basalts on the North American margin. Geology, 28 (9): 859-862.

Hamilton M, Pearson D, Thompson R, et al. 1998. Rapid eruption of Skye lavas inferred from precise U-Pb and Ar-Ar dating of the Rum and Cuillin plutonic complexes. Nature, 394 (6690): 260-263.

Hanchar J M, Watson E B. 2003. Zircon saturation thermometry. Reviews in mineralogy and geochemistry, 53 (1): 89-112.

Harris N B W, Inger S. 1992. Trace element modelling of pelite-derived granites. Contributions to Mineralogy and Petrology, 110 (1): 46-56.

Harris N B W, Pearce J A, Tindle A G. 1986. Geochemical characteristics of collision-zone magmatism. Geological Society, London, Special Publications, 19 (1): 67-81.

Harris N B W, Jackson D H, Mattey D P, et al. 1993. Carbon-isotope constraints on fluid advection during contrasting examples of incipient charnockite formation. Journal of Metamorphic Geology, 11 (6): 833-843.

Harrison T M, Watson E B. 1984. The behavior of apatite during crustal anatexis: equilibrium and kinetic considerations. Geochimica et Cosmochimica Acta, 48 (7): 1467-1477.

Harrison J C, Mayr U, McNeil D H, et al. 1999. Correlation of Cenozoic sequences of the Canadian Arctic region and Greenland: implications for the tectonic history of northern North America. Bulletin of Canadian Petroleum Geology, 47 (3): 223-254.

Haxel G B, Tosdal R M, May D J, et al. 1984. Latest Cretaceous and early Tertiary orogenesis in south-central Arizona: thrust faulting, regional metamorphism, and granitic plutonism. Geological Society of America Bulletin, 95 (6): 631-653.

Henry D J, Guidotti C V, Thomson J A. 2005. The Ti-saturation surface for low-to-medium pressure metapelitic biotites: implications for geothermometry and Ti-substitution mechanisms. American Mineralogist, 90 (2-3): 316-328.

Hoffman P F. 1991. Did the breakup of Laurentiatum Gondwana inside out? Science, 252: 1409-1412.

Hollings P, Kerrich R. 2004. Geochemical systematics of tholeiites from the 2. 86 Ga Pickle Crow assemblage, northwestern Ontario: arc basalts with positive and negative Nb-Hf anomalies. Precambrian Research, 134: 1-20.

Holtz F, Johannes W. 1991. Genesis of peraluminous granites Ⅰ. Experimental investigation of melt compositions at 3 and 5 kb and various H_2O activities. Journal of Petrology, 32 (5): 935-958.

Hsü F C, Luo J Y, Yeh K W, et al. 2008. Superconductivity in the PbO-type structure α-FeSe. Proceedings of the National Academy of Sciences, 105 (38): 14262-14264.

Hsü K J, Li J L, Chen H H, et al. 1990. Tectonics of South China: key to understanding West Pacific geology. Tectonophysics, 183 (1-4): 9-39.

Huang Q, Kamenetsky V S, McPhie J, et al. 2015. Neoproterozoic (ca. 820-830Ma) mafic dykes at Olympic Dam, South Australia: links with the Gairdner Large Igneous Province. Precambrian Research, 271: 160-172.

Huppert H E, Sparks R S J. 1988. The generation of granitic magmas by intrusion of basalt into continental crust. Journal of Petrology, 29 (3): 599-624.

Jacobsen S B, Wasserburg G J. 1979. Nd and Sr isotopic study of the Bay of Islands ophiolite complex and the evolution of the source of midocean ridge basalts. Journal of Geophysical Research: Solid Earth, 84 (B13): 7429-7445.

Jahn B M. 1974. Mesozoic thermal events in Southeast China. Nature, 248: 480-483.

Jahn B M, Zhang Z. 1984. Archean granulite gneisses from eastern Hebei Province, China: rare earth geochemistry and tectonic implications. Contributions to Mineralogy and Petrology, 85 (3): 224-243.

Jahn B M, Zhou X H, Li J L. 1990. Formation and tectonic evolution of southeastern China and Taiwan—isotopic and geochemical constraints. Tectonophysics, 183 (1-4): 145-160.

Ji W B, Lin W, Faure M, et al. 2017. Origin of the Late Jurassic to Early Cretaceous peraluminous granitoids in the northeastern Hunan province (middle Yangtze region), South China: geodynamic implications for the Paleo-Pacific subduction. Journal of Asian Earth Sciences, 141: 174-193.

Ji W B, Faure M, Lin W, et al. 2018. Multiple emplacement and exhumation history of the Late Mesozoic Dayunshan-Mufushan batholith in southeast China and its tectonic significance: 1. Structural analysis and geochronological constraints. Journal of Geophysical Research: Solid Earth, 123 (1): 689-710.

Jiang Y H, Jiang S Y, Dai B Z, et al. 2009. Middle to late Jurassic felsic and mafic magmatism in southern Hunan province, southeast China: implications for a continental arc to rifting. Lithos, 107 (3-4): 185-204.

Jiang Y H, Zhao P, Zhou Q, et al. 2011. Petrogenesis and tectonic implications of Early Cretaceous S-and A-type granites in the northwest of the Gan-Hang rift, SE China. Lithos, 121 (1-4): 55-73.

Jung S, Hoernes S, Mezger K. 2000. Geochronology and petrogenesis of Pan-African, syn-tectonic, S-type and post-tectonic A-type granite (Namibia): products of melting of crustal sources, fractional crystallization and wall rock entrainment. Lithos, 50 (4): 259-287.

Kalsbeek F, Jepsen H F, Nutman A P. 2001. From source migmatites to plutons: tracking the origin of ca. 435 Ma S-type granites in the East Greenland Caledonian orogen. Lithos, 57 (1): 1-21.

Karamata S, Kneževi'c V, Pecskay Z, et al. 1997. Magmatism and metallogeny of the Ridanj-Krepoljin belt (eastern Serbia) and their correlation with northern and eastern analogues. Mineralium Deposita, 32: 452-458.

Kay R W, Kay S M. 1993. Delamination and delamination magmatism. Tectonophysics, 219 (1-3): 177-189.

Keay S, Collins W J, McCulloch M T. 1997. A three-component Sr-Nd isotopic mixing model for granitoid genesis, Lachlan fold belt, eastern Australia. Geology, 25 (4): 307-310.

King P L, White A J R, Chappell B W, et al. 1997. Characterization and origin of aluminous A-type granites from the Lachlan Fold Belt, southeastern Australia. Journal of Petrology, 38 (3): 371-391.

Kokonyangi J, Armstrong R, Kampunzu A B, et al. 2004. U-Pb zircon geochronology and petrology of granitoids from Mitwaba (Katanga, Congo): implications for the evolution of the Mesoproterozoic Kibaran belt. Precambrian Research, 132 (1-2): 79-106.

Koyaguchi T, Kaneko K. 1999. A two-stage thermal evolution model of magmas in continental crust. Journal of Petrology, 40 (2): 241-254.

Lai S, Li Y, Qin J. 2007. Geochemistry and LA-ICP-MS zircon U-Pb dating of the Dongjiahe ophiolite complex from the western Bikou terrane. Science in China Series D: Earth Sciences, 50 (2): 305-313.

Lapierre H, Jahn B M, Charvet J, et al. 1997. Mesozoic magmatism in Zhejiang Province and its relation with the tectonic activities in SE China. Tectonophysics, 274 (4): 321-338.

Lawton T F, McMillan N J. 1999. Arc abandonment as a cause for passive continental rifting: comparison of the Jurassic Mexican Borderland rift and the Cenozoic Rio Grande rift. Geology, 27 (9): 779-782.

Le Fort P, Cuney M, Deniel C, et al. 1987. Crustal generation of the Himalayan leucogranites. Tectonophysics, 134 (1-3): 39-57.

Lee C T A, Luffi P, Chin E J, et al. 2012. Copper systematics in arc magmas and implications for crust-mantle differentiation. Science, 336: 64-68.

Lee S Y, Barnes C G, Snoke A W, et al. 2003. Petrogenesis of Mesozoic peraluminous granites in the Lamoille Cany on Area, Ruby Mountains, Nevada, USA. Journal of Petrology, 44 (4): 713-732.

LeybourneM I, Van Wageoner N A, Ayres L D. 1997. Chemical stratigraphy and petrogenesis of the Early Proterozoic Amisk Lake volcanic sequence, Flin Flon-Snow Lake greenstone belt, Canada. Journal of Petrology, 38: 1541-1564.

Li J H, Dong S W, Zhang Y Q, et al. 2016. New insights into Phanerozoic tectonics of south China: Part 1, polyphase deformation in the Jiuling and Lianyunshan domains of the central Jiangnan Orogen. Journal of Geophysical Research-Solid Earth, 121 (4): 3048-3080.

Li P, Li J K, Liu X, et al. 2020. Geochronology and source of the rare-metal pegmatite in the Mufushan area of the Jiangnan orogenic belt: a case study of the giant Renli Nb-Ta deposit in Hunan, China. Ore Geology Reviews, 116: 103237.

Li S G, Xiao Y L, Liou D L, et al. 1993. Collision of the North China and Yangtze blocks and formation of coesite-bearing eclogites: timing and processes. Chemical Geology, 112: 243-350.

Li W X, Li X H. 2003. Adakitic granites within the NE Jiangxi ophiolites, South China: geochemical and Nd isotopic evidence. Precambrian Research, 122 (1): 29-44.

Li W X, Li X H, Li Z X. 2005a. Neoproterozoic bimodal magmatism in the Cathaysia Block of South China and its tectonic significance. Precambrian Research, 136 (1): 51-66.

Li W X, Li X H, Li Z X. 2008a. Middle Neoproterozoic syn-rifting volcanic rocks in Guangfeng, South China: petrogenesis and tectonic significance. Geological Magazine, 145 (4): 475-489.

Li W X, Li X H, Li Z X, et al. 2008d. Obduction-type granites within the NE Jiangxi Ophiolite: implications for the final amalgamation between the Yangtze and Cathaysia Blocks. Gondwana Research, 13 (3): 288-301.

Li X, Qi C, Liu Y, et al. 2005b. Petrogenesis of the Neoproterozoic bimodal volcanic rocks along the western margin of the Yangtze Block: new constraints from Hf isotopes and Fe/Mn ratios. Chinese Science Bulletin, 50 (21): 2481-2486.

Li X H. 1999. U-Pb zircon ages of granites from the southern margin of the Yangtze Block: timing of Neoproterozoic Jinning: orogeny in SE China and implications for Rodinia Assembly. Precambrian Research, 97 (1-2): 43-57.

Li X H, McCulloch M T. 1996. Secular variation in the Nd isotopic composition of Neoproterozoic sediments from the southern margin of the Yangtze Block: evidence for a Proterozoic continental collision in southeast China. Precambrian Research, 76 (1-2): 67-76.

Li X H, Li Z X, Zhou H W, et al. 2002. U-Pb zircon geochronology, geochemistry and Nd isotopic study of Neoproterozoic bimodal volcanic rocks in the Kangdian Rift of South China: implications for the initial rifting of Rodinia. Precambrian Research, 113 (1-2): 135-154.

Li X H, Li Z X, Ge W C, et al. 2003b. Neoproterozoic granitoids in South China: crustal melting above a mantle plume at ca. 825

Ma? Precambrian Research, 122 (1-4): 45-83.

Li X H, Li W X, Li Z X. 2007a. On the genetic classification and tectonic implications of the Early Yanshanian granitoids in the Nanling Range, South China. Chinese Science Bulletin, 52 (14): 1873-1885.

Li X H, Li Z X, Li W X, et al. 2007b. U-Pb zircon, geochemical and Sr-Nd-Hf isotopic constraints on age and origin of Jurassic I- and A-type granites from Central Guangdong, SE China: a major igneous event in response to foundering of a subducted flat-slab? Lithos, 96: 186-204.

Li X H, Li W X, Li Z X, et al. 2008b. 850-790 Ma bimodal volcanic and intrusive rocks in northern Zhejiang, South China: a major episode of continental rift magmatism during the breakup of Rodinia. Lithos, 102 (1): 341-357.

Li X H, Li W X, Li Z X, et al. 2009. Amalgamation between the Yangtze and Cathaysia Blocks in South China: constraints from SHRIMP U-Pb zircon ages, geochemistry and Nd-Hf isotopes of the Shuangxiwu volcanic rocks. Precambrian Research, 174 (1-2): 117-128.

Li X Y, Chi G X, Zhou Y Z, et al. 2017. Oxygen fugacity of Yanshanian granites in South China and implications for metallogeny. Ore Geology Reviews, 88: 690-701.

Li Z X. 1998. Tectonic history of the major East Asian lithospheric blocks since the mid-Proterozoic-a synthesis. Mantle dynamics and plate interactions in East Asia. Geodynamics, 27: 221-243.

Li Z X, Li X H. 2007. Formation of the 1300-km-wide intracontinental orogen and postorogenic magmatic province in Mesozoic South China: a flat-slab subduction model. Geology, 35 (2): 179-182.

Li Z X, Zhang L H, Powell C M. 1995. South China in Rodinia: part of the missing link between Australia-East Antarctica and Laurentia? Geology, 23 (5): 407-410.

Li Z X, Zhang L, Powell C M A. 1996. Positions of the East Asian cratons in the Neoproterozoic supercontinent Rodinia. Australian Journal of Earth Sciences, 43 (6): 593-604.

Li Z X, Li X H, Kinny P D, et al. 1999. The breakup of Rodinia: did it start with a mantle plume beneath South China? Earth and Planetary Science Letters, 173 (3): 171-181.

Li Z X, Li X H, Zhou H W, et al. 2002. Grenvillian continental collision in south China: new SHRIMP U-Pb zircon results and implications for the configuration of Rodinia. Geology, 30 (2): 163-166.

Li Z X, Li X H, Kinny P D, et al. 2003a. Geochronology of Neoproterozoic syn-rift magmatism in the Yangtze Craton, South China and correlations with other continents: evidence for a mantle superplume that broke up Rodinia. Precambrian Research, 122 (1-4): 85-109.

Li Z X, Wartho J A, Occhipinti S, et al. 2007c. Early history of the eastern Sibao Orogen (South China) during the assembly of Rodinia: new mica $^{40}Ar/^{39}Ar$ dating and SHRIMP U-Pb detrital zircon provenance constraints. Precambrian Research, 159 (1-2): 79-94.

Li Z X, Bogdanova S V, Collins A S, et al. 2008c. Assembly, configuration, and break- up history of Rodinia: a synthesis. Precambrian Research, 160 (1-2): 179-210.

Lightfoot P, Hawkesworth C, Hergt J, et al. 1993. Remobilisation of the continental lithosphere by a mantle plume: major-, trace-element, and Sr-, Nd-, and Pb-isotope evidence from picritic and tholeiitic lavas of the Noril'sk District, Siberian Trap, Russia. Contributions to Mineralogy and Petrology, 114 (2): 171-188.

Ling W, Gao S, Zhang B, et al. 2003. Neoproterozoic tectonic evolution of the northwestern Yangtze craton, South China: implications for amalgamation and break-up of the Rodinia Supercontinent. Precambrian Research, 122 (1): 111-140.

Ludwig K R. 1994. Isoplot: a plotting and regression program for radiogenic-isoplot date version 2.75. USGS Open-File Report, 47: 91-445.

Lyu P, Li W, Wang X, et al. 2017. Initial breakup of supercontinent Rodinia as recorded by ca 860-840Ma bimodal volcanism along the southeastern margin of the Yangtze Block, South China. Precambrian Research, 296: 148-167.

Ma C Q, Li Z C, Ehlers C, et al. 1998. A post-collisional magmatic plumbing system: mesozoic granitoid plutons from the Dabieshan high-pressure and ultrahigh-pressure metamorphic zone, east-central China. Lithos, 45 (1): 431-456.

Ma X, Yang K, Li X, et al. 2016. Neoproterozoic Jiangnan Orogeny in southeast Guizhou, South China: evidence from U-Pb ages for detrital zircons from the Sibao Group and Xiajiang Group. Canadian Journal of Earth Sciences, 53 (3): 219-230.

Mackinder A J. 2014. A petrographic, geochemical and isotopic study of the 780 Ma Gunbarrel Large Igneous Province, western North America. Ottawa: Carleton University: 1-127.

Maniar P D, Piccoli P M. 1989. Tectonic discrimination of granitoids. Geological society of America bulletin, 101 (5): 635-643.

Manikyamba C, Kerrich R, Naqvi S M, et al. 2004. Geochemical systematics of tholeiitic basalts from the 2. 7Ga Ramagiri-Hungund composite greenstone belt, Dharwar craton. Precambrian Research, 134: 21-39.

Mao J W, Kerrich R, Li H Y, et al. 2002. High $^{3}He/^{4}He$ ratios in the Wangu gold deposit, Hunan province, China: implications for mantle fluids along the Tanlu deep fault zone. Geochemical Journal, 36 (3): 197-208.

Mao J W, Pirajno F, Cook N. 2011. Mesozoic metallogeny in East China and corresponding geodynamic settings—an introduction to the special issue. Ore Geology Reviews, 43 (1): 1-7.

Mao J W, Cheng Y B, Chen M H, et al. 2013. Major types and time-space distribution of Mesozoic ore deposits in South China and their geodynamic settings. Mineralium Deposita, 48 (3): 267-294.

Martin H. 1999. Adakitic magmas: modern analogues of Archaean granitoids. Lithos, 46: 411-429.

Martin H, Smithies R H, Rapp R, et al. 2005. An overview of adakite, tonalite-trondhjemite-granodiorite (TTG), and sanukitoid: relationships and some implications for crustal evolution. Lithos, 79: 1-24.

Maruyama S, Yuen D A, Windley B F. 2007. Dynamics of plumes and superplumes through time//Yuen D A, Maruyama S, Karato S I, et al. Superplumes: Beyond Plate Tectonics. Dordrecht: Springer: 441-502.

Masberg P, Mihm D, Jung S. 2005. Major and trace element and isotopic (Sr, Nd, O) constraints for Pan- African crustally contaminated grey granite gneisses from the southern Kaoko belt, Namibia. Lithos, 84 (1-2): 25-50.

Mengason M, Candela P, Piccoli P. 2011. Molybdenum, tungsten and manganese partioning in the system pyrrhotite- Fe- S- O melt-rhyolite melt: impact of sulfide segregation on arc magma evolution. Geochimica et Cosmochimica Acta, 75: 7018-7030.

Metcalfe I. 1994. Gondwanaland orogin, dispersion, and accretion of East and Southeast Asian continental terranes. Journal of South American Earth Sciences, 7: 333-347.

Metcalfe I. 1996. Gondwanaland dispersion, Asian accretion and evolution of eastern Tethys. Australian Journal of Earth Sciences, 43 (6): 605-623.

Middlemost E A K. 1994. Naming materials in the magma/igneous rock system. Earth-Science Reviews, 37 (3-4): 215-224.

Miller C F. 1985. Are strongly peraluminous magmas derived from politic sedimentary sources? The Journal of Geology, 93 (6): 673-689.

Miller C F, McDowell S M, Mapes R W. 2003. Hot and cold granites? Implications of zircon saturation temperatures and preservation of inheritance. Geology, 31 (6): 529-532.

Montel J M. 1993. A model for monazite/melt equilibrium and application to the generation of granitic magmas. Chemical Geology, 110 (1): 127-146.

Moore J M, Thompson P. 1980. The Flinton Group: a late Precambrian metasedimentary sequence in the Grenville Province of eastern Ontano. Canadian Journal of Earth Science, 17: 1685-1707.

Montel J M, Vielzeuf D. 1997. Partial melting of metagreywackes, Part Ⅱ. Compositions of minerals and melts. Contributions to Mineralogy and Petrology, 128 (2-3): 176-196.

Moores E W. 1991. Southwest US-East Antarctic (SWEAT) connection: a hypothesis. Journal of Geology, 19: 125-128.

Morrison G W. 1980. Characteristics and tectonic setting of the shoshonite rock association. Lithos, 13 (1): 97-108.

Muir R J, Weaver S D, Bradshaw J D, et al. 1995. The Cretaceous Separation Point batholith, New Zealand: granitoid magmas formed by melting of mafic lithosphere. Journal of the Geological Society, 152 (4): 689-701.

Murphy J B, Keppie J D and Nance R D. 1999. Fault reactivation within Avalonia: plate margin to continental interior deformation. Tectonophysics, 305 (1-3): 183-204.

Mustard R. 2001. Granite- hosted gold mineralization at Timbarra, northern New South Wales, Australia. Mineralium Deposita, 36 (6): 542-562.

Nachit H, Ibhi A, Abia EH, et al. 2005. Discrimination between primary magmatic biotites, reequilibrated biotites and neoformed biotites. Comptes Rendus Geoscience, 337 (16): 1415-1420.

Nyman M W, Karlstrom K E, Kirby E, et al. 1994. Mesoproterozoic contractional orogeny in western North America: evidence from ca. 1. 4 Ga plutons. Geology, 22 (10): 901-904.

Ootes L, Sandeman H, Lemieux Y, et al. 2008. The 780 Ma Tsezotene sills, Mackenzie Mountains: a field, petrographical, and geochemical study. Northwest Territories Open-Report 2008-011: 10.

Othman D B, Polvé M, Allègre C J. 1984. Nd- Sr isotopic composition of granulites and constraints on the evolution of the lower continental crust. Nature, 307 (5951): 510-515.

Oyarzun R, Marquez A, Lillo J, et al. 2001. Giant versus small porphyry copper deposits of Cenozoic age in northern Chile: adakitic versus normal calc-alkaline magmatism. Mineralium Deposita, 36: 794-798.

Parman S W, Shimizu N, Grovel T L, et al. 2003. Constraints on the pre- metamorphic trace element composition of Barberton komatiites from ion probe analyses of preserved clinopyroxene. Contributions to Mineralogy and Petrology, 144: 383-396.

Patiño Douce A E. 1995. Experimental generation of hybrid silicic melts by reaction of high-Al basalt with metamorphic rocks. Journal of Geophysical Research: Solid Earth, 100 (B8): 15623-15639.

Patiño Douce A E. 1997. Generation of metaluminous A- type granites by low- pressure melting of calc- alkaline granitoids. Geology, 25 (8): 743-746.

Peacock S M, Rushmer T, Thompson A B. 1994. Partial melting of subducting oceanic crust. Earth and planetary science letters, 121 (1-2): 227-244.

Pearce J A. 1996. A user's guide to basalt discrimination diagrams. Trace element geochemistry of volcanic rocks: applications for massive sulphide exploration. Geological Association of Canada, Short Course Notes, 12 (79): 113.

Pearce J A, Norry M J. 1979. Petrogenetic implications of Ti, Zr, Y and Nb variations in volcanic rocks. Contributions to Mineralogy and Petrology, 69: 33-47.

Pearce J A, Harris N B W, Tindle A G. 1984. Trace element discrimination diagrams for the tectonic interpretation of granitic rocks. Journal of petrology, 25 (4): 956-983.

Peccerillo A, Taylor S R. 1976. Geochemistry of Eocene calc- alkaline volcanic rocks from the Kastamonu area, northern Turkey. Contributions to Mineralogy and Petrology, 58 (1): 63-81.

Peng B, Frei R. 2004. Nd-Sr-Pb isotopic constraints on metal and fluid sources in W-Sb-Au mineralization at Woxi and Liaojiaping (Western Hunan, China) . Mineralium Deposita, 39 (3): 313-327.

Perrier C. 1988. Etude comparative de deux intrusions gabbroiques dans la zone magmatique du Grand Lake de L′-ours, province de L′ ours, Territoires du Nord-Ouest. Department of Geology, Universite de Mon-treal, 46.

Perring C S, Barnes S J, Hill R E T. 1995. The physical volcanology of Archaean komatiite sequences from Forrestania, Southern Cross Province, Western Australia. Lithos, 34: 189-207.

Petford N, Atherton M. 1996. Na- rich partial melts from newly underplated basaltic crust: the Cordillera Blanca Batholith, Peru. Journal of petrology, 37 (6): 1491-1521.

Pichavant M, Kontak D J, Herrera J V, et al. 1988. The: Miocene- Pliocene Macusani volcanics, SE Peru: Ⅰ. Mineralogy and magmatic evolution of a two- mica aluminosilicate- bearing ignimbrite suite. Contributions to Mineralogy and Petrology, 100: 325-338.

Pirajno F, Bagas L. 2002. Gold and silver metallogeny of the South China Fold Belt: a consequence of multiple mineralizing events? Ore Geology Reviews, 20 (3-4): 109-126.

Pirajno F, Ernst R E, Borisenko A S, et al. 2009. Intraplate magmatism in Central Asia and China and associated metallogeny. Ore Geology Reviews, 35 (2): 114-136.

Pitcher W S. 1979. The nature, ascent and emplacement of granitic magmas. Journal of the Geological Society, London, 136: 627-662.

Polat A, Kerrich R. 2002. Nd-isotope systematics of ~2. 7 Ga adakites, magnesian andesites, and arc basalts, Superior Province: evidence for shallow crustal recycling at Archean subduction zones. Earth and Planetary Science Letters, 202 (2): 345-360.

Polat A, Hofmann A W, Rosing M T. 2002. Boninite-like volcanic rocks in the 3. 7-3. 8 Ga Isua greenstone belt, West Greenland: geochemical evidence for intra-oceanic subduction zone processes in the early Earth. Chemical Geology, 184: 231-254.

Preiss W V, Fanning C M, Szpunar M A, et al. 2008. Age and tectonic significance of the Mount Crawford granite gneiss and a related intrusive in the Oakbank inlier, Mount Lofty Ranges, South Australia. MESA Journal, 49: 38-49.

Price D T, Peng C H, Apps M J, et al. 1999. Simulating effects of climate change on boreal ecosystem carbon pools in central Canada. Journal of biogeography, 26 (6): 1237-1248.

Puziewicz J, Johannes W. 1988. Phase equilibria and compositions of Fe-Mg-Al minerals and melts in water-saturated peraluminous granitic systems. Contributions to Mineralogy and Petrology, 100 (2): 156-168.

Qiu J T, Yu X Q, Santosh M, et al. 2013. Geochronology and magmatic oxygen fugacity of the Tongcun molybdenum deposit, northwest Zhejiang, SE China. Mineralium Deposita, 48: 545-556.

Rapp R P. 1995. Amphibole-out phase boundary in partially melted metabasalt, its control over liquid fraction and composition, and source permeability. Journal of Geophysical Research: Solid Earth, 100 (B8): 15601-15610.

Rapp R P. 1996. Heterogeneous source regions for Archean granitoids: experimental and geochemical evidence//Wit M J, Ashwal L D. Greenstone Belts. Oxford: Clarendon Press: 267-280.

Rapp R P, Watson E B, Miller C F. 1991. Partial melting of amphibolite/eclogite and the origin of Archean trondhjemites and tonalites. Precambrian Research, 51 (1-4): 1-25.

Rapp R P, Shimizu N, Norman M D, et al. 1999. Reaction between slab- derived melts and peridotite in the mantle wedge: experimental constraints at 3. 8 GPa. Chemical Geology, 160 (4): 335-356.

Rasmussen K L, Mortensen J K. 2013. Magmatic petrogenesis and the evolution of (F : Cl : OH) fluid composition in barren and tungsten skarn-associated plutons using apatite and biotite compositions: case studies from the northern Canadian Cordillera. Ore Geology Reviews, 50: 118-142.

Richards J P. 2015. The oxidation state, and sulfur and Cu contents of arc magmas: implications for metallogeny. Lithos, 233: 27-45.

Rivers T. 1997. Lithotectonic elements of the Grenville Province: review and tectonic implication. Precambrian Research, 86: 117-154.

Rolland Y, Picard C, Pecher A, et al. 2002. The cretaceous Ladakh arc of NW himalaya- slab melting and melt- mantle interaction during fast northward drift of Indian Plate. Chemical Geology, 182: 139-178.

Rollinson H R. 1993. Using geochemical data: evaluation, presentation, interpretation. London: Longman Scientific and Technical: 1-352.

Rowley D B, Xue F, Tucker R D, et al. 1997. Ages of ultrahigh pressure metamorphism and protolith orthogneisses from the eastern Dabie Shan: U/Pb zircon geochronology. Earth and Planetary Science Letters, 151 (3-4): 191-203.

Saccani E, Photiades A. 2004. Mid-ocean ridge and supra-subduction affinities in the Pindos ophiolites (Greece): implications for magma genesis in a forearc setting. Lithos, 73: 229-253.

Sajona F G, Maury R C. 1998. Association of adakites with gold and copper mineralization in the Philippines. Comptes Rendus de l′ Académie des Sciences-Series IIA-Earth and Planetary Science, 326 (1): 27-34.

Sandeman H, Ootes L, Jackson V. 2007. Field petrographic, and petrochemical data for the Faber Sill: insights into the petrogenesis of a Gunbarrel event intrusion in the Wopmay Orogen. NWT, Canada: Northwest Territories Geoscience Office, NWT Open File Report, 7: 25.

Sarjoughian F, Kananian A, Ahmadian J, et al. 2015. Chemical composition of biotite from the Kuh-e Dom pluton, Central Iran: implication for granitoid magmatism and related Cu-Au mineralization. Arabian Journal of Geosciences, 8 (3): 1521-1533.

Saunders A D, Norry M J, Tarney J. 1991. Fluid influence on the trace element compositions of subduction zone magmas. Philosophical Transactions of the Royal Society of London. Series A: Physical and Engineering Sciences, 335 (1638): 377-392.

Searle M P, Parrish R R, Hodges K V, et al. 1997. Shisha Pangma leucogranite, south Tibetan Himalaya: field relations, geochemistry, age, origin, and emplacement. The Journal of Geology, 105 (3): 295-318.

Shabani A A T, Lalonde A E, Whalen J B. 2003. Composition of biotite from granitic rocks of the Canadian Appalachian Orogen: a potential tectonomagmatic indicator? The Canadian Mineralogist, 41 (6): 1381-1396.

Shearer C K, Papike J J, Laul J C. 1987. Mineralogical and chemical evolution of a rare-element granite-pegmatite system: harney Peak Granite, Black Hills, South Dakota. Geochimica et Cosmochimica Acta, 51 (3): 473-486.

Shen P, Hattori K, Pan H, et al. 2015. Oxidation condition and metal fertility of granitic magmas: zircon trace-element data from porphyry Cu deposits in the Central Asian Orogenic Belt. Economic Geology, 110: 1861-1878.

Shervais J W. 1982. Ti, V plot and the petrogenesis of modern and ophiolitic lavas. Earth and Planetary Science Letters, 59: 101-118.

Shinjoe H. 1997. Origin of the granodiorite in the forearc region of southwest Japan: melting of the Shimanto accretionary prism. Chemical Geology, 134 (4): 237-255.

Shu L S, Charvet J. 1996. Kinematic and geochronology of the Proterozoic Dongxiang-Shexian ductile shear zone (Jiangnan region, South China). Tectonophysics, 267 (1-4): 291-302.

Shu L S, Faure M, Yu J H, et al. 2011. Geochronological and geochemical features of the Cathaysia block (South China): new evidence for the Neoproterozoic breakup of Rodinia. Precambrian Research, 187 (3): 263-276.

Singh J, Johannes W. 1996. Dehydration melting of tonalites. Part Ⅱ. Composition of melts and solids. Contributions to Mineralogy and Petrology, 125 (1): 26-44.

Sproule R A, Lesher C M, Ayer J A, et al. 2002. Spatial and tem-poral variations in the geochemistry of komatiites and komatiitic basalts in the Abi-tibi Greenstone Belt. Precambrian Research, 115: 153-186.

Stern C R, Kilian R. 1996. Role of the subducted slab, mantle wedge and continental crust in the generation of adakites from the Andean Austral Volcanic Zone. Contributions to mineralogy and Petrology, 123 (3): 263-281.

Stevens G, Clemens J D, Droop G T R. 1997. Melt production during granulite-facies anatexis: experimental data from "primitive" metasedimentary protoliths. Contributions to Mineralogy and Petrology, 128 (4): 352-370.

Stoffers A. 1988. Geochemistry and Petrography of Mafic Dykes from the Great Bear Magmatic Zone. Ottawa, Canada: Carleton University.

Stone D. 2000. Temperature and pressure variations in suites of Archean felsic plutonic rocks, Berens River area, Northwest Superior Province, Ontario, Canada. Canadian Mineralogist, 38 (2): 455-470.

Streckeisen A L. 1973. Plutonic rocks: classification and nomenclature recommended by International Union of Geological Sciences Subcommission on the systematics of igneous rocks. Geotimes, 18 (10): 26-30.

Streckeisen A L, Le Maitre R W. 1979. A chemical approximation to the modal QAPF classification of the igneous rocks. Geosphere, 136: 169-206

Sun S S, McDonough W F. 1989. Chemical and isotopic systematics of oceanic basalts: implications for mantle composition and processes. Geological Society, London, Special Publications, 42 (1): 313-345.

Sun W D, Huang R F, Li H, et al. 2015. Porphyry deposits and oxidized magmas. Ore Geology Reviews, 65: 97-131.

Sylfester P J. 1998. Post-collisional strongly peraluminous granites. Lithos, 45 (1-4): 29-44.

Tarney J, Jones C E. 1994. Trace element geochemistry of orogenic igneous rocks and crustal growth models. Journal of the Geological Society, 151 (5): 855-868.

Taylor S R, McLennan S M. 1985. The continental crust: its composition and evolution. London: Blackwell Scientific Publications: 1-312.

Taylor S R, McLennan S M. 1995. The geochemical evolution of the continental crust. Reviews of geophysics, 33 (2): 241-265.

Trail D, Bindeman I N, Watson E B, et al. 2009. Experimental calibration of oxygen isotope fractionation between quartz and zircon. Geochimica et Cosmochimica Acta, 73 (23): 7110-7126.

Trail D, Watson E B, Tailby N D. 2011. The oxidation state of Hadean magmas and implications for early Earth's atmosphere. Nature, 480: 79-82.

Trail D, Watson E B, Tailby N D. 2012. Ce and Eu anomalies in zircon as proxies for the oxidation state of magmas. Geochimica et Cosmochimica Acta, 97: 70-87.

Vilà M, Pin C, Enrique P, et al. 2005. Telescoping of three distinct magmatic suites in an orogenic setting: generation of Hercynian igneous rocks of the Albera Massif (Eastern Pyrenees). Lithos, 83 (1-2): 97-127.

Villaseca C, Barbero L, Rogers G. 1998. Crustal origin of Hercynian peraluminous granitic batholiths of Central Spain: petrological, geochemical and isotopic (Sr, Nd) constraints. Lithos, 43 (2): 55-79.

Wang D Z, Shu L S, Faure M, et al. 2001. Mesozoic magmatism and granitic dome in the Wugongshan Massif, Jiangxi province and their genetical relationship to the tectonic events in southeast China. Tectonophysics, 339 (3-4): 259-277.

Wang H Z. 1986. Chapter 5, The Proterozoic; Chapter 6, The Sinian system//Yang Z Y, Chen Y Q, Wang H Z. The Geology of China. Oxford: Clarendon Press: 31-63.

Wang H Z, Mo X X. 1995. An outline of the tectonic evolution of China. Episodes, 18 (1): 6-16.

Wang J, Li X, Duan T, et al. 2003a. Zircon SHRIMP U-Pb dating for the Cangshuipu volcanic rocks and its implications for the lower boundary age of the Nanhua strata in South China. Chinese Science Bulletin, 48 (16): 1663-1669.

Wang J Q, Shu L S, Santosh M. 2017. U-Pb and Lu-Hf isotopes of detrital zircon grains from Neoproterozoic sedimentary rocks in the central Jiangnan Orogen, South China: implications for Precambrian crustal evolution. Precambrian Research, 294: 175-188.

Wang L X, Ma C Q, Zhang C, et al. 2014b. Genesis of leucogranite by prolonged fractional crystallization: a case study of the Mufushan complex, South China. Lithos, 206-207: 147-163.

Wang X, Zhou J, Qiu J, et al. 2004. Geochemistry of the Meso- to Neoproterozoic basic-acid rocks from Hunan Province, South China: implications for the evolution of the western Jiangnan orogen. Precambrian Research, 135 (1-2): 79-103.

Wang X, Zhou J, Qiu J, et al. 2008a. Geochronology and geochemistry of Neoproterozoic mafic rocks from western Hunan, South China: implications for petrogenesis and post-orogenic extension. Geological Magazine, 145 (2): 215-233.

Wang X, Li X, Li W, et al. 2008b. The Bikou basalts in the northwestern Yangtze block, South China: remnants of 820-810 Ma continental flood basalts? Geological Society of America Bulletin, 120 (11-12): 1478-1492.

Wang X, Zhao G, Zhou J, et al. 2008c. Geochronology and Hf isotopes of zircon from volcanic rocks of the Shuangqiaoshan Group, South China: implications for the Neoproterozoic tectonic evolution of the eastern Jiangnan orogen. Gondwana Research, 14 (3): 355-367.

Wang X, Li X, Li Z, et al. 2010. The Willouran basic province of South Australia: its relation to the Guibei large igneous province in South China and the breakup of Rodinia. Lithos, 119 (3): 569-584.

Wang X, Zhou J, Wan Y, et al. 2013b. Magmatic evolution and crustal recycling for Neoproterozoic strongly peraluminous granitoids from southern China: Hf and O isotopes in zircon. Earth and Planetary Science Letters, 366: 71-82.

Wang X, Zhou J, Griffin W L, et al. 2014a. Geochemical zonation across a Neoproterozoic orogenic belt: isotopic evidence from granitoids and metasedimentary rocks of the Jiangnan orogen, China. Precambrian Research, 242: 154-171.

Wang X C, Li X H, Li W X, et al. 2007a. ca. 825 Ma komatiitic basalts in South China: first evidence for >1500℃ mantle melts by a Rodinian mantle plume. Geology, 35 (12): 1103-1106.

Wang X L, Zhou J C, Qiu J S, et al. 2006. LA-ICP-MS U-Pb zircon geochronology of the Neoproterozoic igneous rocks from Northern Guangxi, South China: implications for tectonic evolution. Precambrian Research, 145 (1-2): 111-130.

Wang X L, Shu L S, Xing G F, et al. 2012. Post-orogenic extension in the eastern part of the Jiangnan orogen: evidence from ca 800-760 Ma volcanic rocks. Precambrian Research, 222-223: 404-423.

Wang Y, Fan W, Guo F, et al. 2002a. U-Pb dating of early Mesozoic granodioritic intrusions in southeastern Hunan Province, South China and its petrogenetic implications. Science in China Series D: Earth Sciences, 45 (3): 280-288.

Wang Y, Fan W, Cawood P A, et al. 2008d. Sr-Nd-Pb isotopic constraints on multiple mantle domains for Mesozoic mafic rocks beneath the South China Block hinterland. Lithos, 106 (3-4): 297-308.

Wang Y J, Fan W M, Guo F, et al. 2003b. Geochemistry of Mesozoic mafic rocks adjacent to the Chenzhou-Linwu fault, South China: implications for the lithospheric boundary between the Yangtze and Cathaysia blocks. International Geology Review, 45 (3): 263-286.

Wang Y J, Fan W M, Liang X Q, et al. 2005. SHRIMP zircon U-Pb geochronology of Indosinian granites in Hunan Province and its petrogenetic implications. Chinese Science Bulletin, 50 (13): 1395-1403.

Wang Y J, Fan W M, Sun M, et al. 2007b. Geochronological, geochemical and geothermal constraints on petrogenesis of the Indosinian peraluminous granites in the South China Block: a case study in the Hunan Province. Lithos, 96 (3-4): 475-502.

Wang Y J, Fan W M, Zhao G C, et al. 2007c. Zircon U-Pb geochronology of gneissic rocks in the Yunkai massif and its implications on the Caledonian event in the South China Block. Gondwana Research, 12: 404-416.

Wang Y J, Fan W M, Zhang G W, et al. 2013a. Phanerozoic tectonics of the South China Block: key observations and controversies. Gondwana Research, 23: 1273-1305.

Wang Z H, Shu S, Li J L, et al. 2002b. Petrogenesis of tholeiite associations in Kudi ophiolite (western Kunlun Mountains, northwestern China): implications for the evolution of back-arc basins. Contributions to Mineralogy and Petrology, 143: 471-483.

Wang Z L, Xu D R, Hu G C, et al. 2015. Detrital zircon U-Pb ages of the Proterozoic metaclastic-sedimentary rocks in Hainan Province of South China: new constraints on the depositional time, source area, and tectonic setting of the Shilu Fe-Co-Cu ore district. Journal of Asian Earth Sciences, 113 (4): 1143-1161.

Watson E B, Harrison T M. 1983. Zircon saturation revisited: temperature and composition effects in a variety of crustal magma types. Earth and Planetary Science Letters, 64 (2): 295-304.

Whalen J B, Currie K L, Chappell B W. 1987. A-type granites: geochemical characteristics, discrimination and petrogenesis. Contributions to Mineralogy and Petrology, 95: 407-419.

White A J R, Chappell B W. 1983. Granitoid types and their distribution in the Lachlan Fold Belt, southeastern Australia. Geological Society of America Memoir, 159 (12): 21-34.

White A J R, Chappell B W. 1988. Some supracrustal (S-type) granites of the Lachlan Fold Belt. Earth and Environmental Science Transactions of the Royal Society of Edinburgh, 79 (2-3): 169-181.

White R W, Clarke G L, Nelson D R. 1997. SHRIMP U-Pb zircon dating of Grenville-age events in the western part of the Musgrave block, central Australia. Journal of Metamorphic Geology, 17: 455-481.

Wickham S M. 1987. The segregation and emplacement of granitic magmas. Journal of the Geological Society, 144 (2): 281-297.

Williamson B J, Shaw A, Downes H, et al. 1996. Geochemical constraints on the genesis of Hercynian two-mica leucogranites from the Massif Central, France. Chemical Geology, 127 (1): 25-42.

Winchester J A, Floyd P A. 1977. Geochemical discrimination of different magma series and their differentiation products using immobile elements. Chemical Geology, 20: 325-343.

Wolde B, Asres Z, Desta Z, et al. 1996. Neoproterozoic zirconium-depleted boninite and tholeiite series rocks from Adola southern Ethiopia. Precambrian Research, 80: 261-279.

Wones D, Eugster H. 1965. Stability of biotite: experiment, theory, and application. American Mineralogist, 50: 1228-1272.

Wood D A. 1980. The application of a Th-Hf-Ta diagram to problems of tectonomagmatic classification and to establishing the nature of crustal contamination of basaltic lavas of the British Tertiary volcanic province. Earth and Planetary Science Letters, 50: 11-30.

Woodhead J, Eggins S, Gamble J. 1993. High field strength and transition element systematics in island arc and back-arc basin basalts: evidence for multi-phase melt extraction and a depleted mantle wedge. Earth and Planetary Science Letters, 114: 491-504.

Wu R, Zheng Y, Wu Y. 2007. Zircon U-Pb age and isotope geochemistry of Neoproterozoic Jingtan volcanics in South Anhui. Geological Journal of China Universities, 13 (2): 282-296.

Wu R X, Zheng Y F, Wu Y B. 2005. Zircon U-Pb age, element and oxygen isotope geochemistry of Neoproterozoic granites at Shiershan in south Anhui Province. Geological Journal of China Universities, 11 (3): 364-382.

Wu R X, Zheng Y F, Wu Y B, et al. 2006. Reworking of juvenile crust: element and isotope evidence from Neoproterozoic granodiorite in South China. Precambrian Research, 146 (3): 179-212.

Xia Y, Xu X, Zhao G, et al. 2015. Neoproterozoic active continental margin of the Cathaysia block: evidence from geochronology, geochemistry, and Nd-Hf isotopes of igneous complexes. Precambrian Research, 269: 195-216.

Xu D R, Gu X, LiP, et al. 2007. Mesoproterozoic-Neoproterozoic transition: geochemistry, provenance and tectonic setting of clastic sedimentary rocks on the SE margin of the Yangtze Block, South China. Journal of Asian Earth Sciences, 29 (5-6): 637-650.

Xu D R, Chi G X, Zhang Y H, et al. 2017. Yanshanian (Late Mesozoic) ore deposits in China—an introduction to the special issue. Ore Geology Reviews, 88: 481-490.

Xu J F, Shinjo R, Defant M J, et al. 2002b. Origin of Mesozoic adakitic intrusive rocks in the Ningzhen area of east China: partial melting of delaminated lower continental crust? Geology, 30 (12): 1111.

Xu X, Cai X, Liu Y, et al. 2002a. Laser probe ^{40}Ar-^{39}Ar ages of metasomatic K-feldspar from the Hougou gold deposit, northwestern Hebei Province, China. Science in China Series D: Earth Sciences, 45 (6): 559.

Yan D P, Zhou M F, Song H L, et al. 2003. Origin and tectonic significance of a Mesozoic multi-layer over-thrust system within the Yangtze Block (South China). Tectonophysics, 361 (3-4): 239-254.

Yan J, Chen J F, Xu X S. 2008. Geochemistry of Cretaceous mafic rocks from the Lower Yangtze region, eastern China: characteristics and evolution of the lithospheric mantle. Journal of Asian Earth Sciences, 33: 177-193.

Yang Q, Xia X P, Zhang W F, et al. 2018. An evaluation of precision and accuracy of SIMS oxygen isotope analysis. Solid Earth Sciences, 3 (3): 81-86.

Yang Y, Wang X, Li Q, et al. 2016. Integrated in situ U-Pb age and Hf-O analyses of zircon from Suixian Group in northern Yangtze: new insights into the Neoproterozoic low-δ^{18}O magmas in the South China Block. Precambrian Research, 273: 151-164.

Yao J L, Shu L S, Santosh M. 2014a. Neoproterozoic arc-trench system and breakup of the South China Craton: constraints from N-MORB type and arc-related mafic rocks, and anorogenic granite in the Jiangnan orogenic belt. Precambrian Research, 247: 187-207.

Yao J L, Shu L S, Santosh M, et al. 2014b. Neoproterozoic arc-related mafic-ultramafic rocks and syn-collision granite from the western segment of the Jiangnan Orogen, South China: constraints on the Neoproterozoic assembly of the Yangtze and Cathaysia Blocks. Precambrian Research, 243: 39-62.

Yao J L, Shu L S, Santosh M, et al. 2015. Neoproterozoic arc-related andesite and orogeny-related unconformity in the eastern Jiangnan orogenic belt: constraints on the assembly of the Yangtze and Cathaysia blocks in South China. Precambrian Research, 262: 84-100.

Ye M F, Li X H, Li W X, et al. 2007. SHRIMP zircon U-Pb geochronological and whole-rock geochemical evidence for an early

Neoproterozoic Sibaoan magmatic arc along the southeastern margin of the Yangtze Block. Gondwana Research, 12 (1): 144-156.

Yibas B, Reimold W U, Anhaeusser C R, et al. 2003. Geochemistry of the mafic rocks of the ophiolitic fold and thrust belts of southern Ethiopia: constraints on the tectonic regime during the Neoproterozoic (900-700 Ma). Precambrian Research, 121: 157-183.

Yuan S, Mao J, Zhao P, et al. 2018. Geochronology and petrogenesis of the Qibaoshan Cu-polymetallic deposit, northeastern Hunan Province: implications for the metal source and metallogenic evolution of the intracontinental Qinhang Cu-polymetallic belt, South China. Lithos, 302-303: 519-534.

Zartman R E, Doe B R. 1981. Plumbotectonics: the model. Tectonophysics, 75: 135-162.

Zhang C, Fan W, Wang Y, et al. 2009. Geochronology and geochemistry of the Neoproterozoic mafic ultramafic dykes in the Aikou Area, Western Hunan Province: petrogenesis and its tectonic implications. Geotectonica et Metallogenia, 33 (2): 283-293.

Zhang C C, Sun W D, Wang J T, et al. 2017. Oxygen fugacity and porphyry mineralization: a zircon perspective of Dexing porphyry Cu deposit, China. Geochimica et Cosmochimica Acta, 206: 343-363.

Zhang F F, Wang Y J, Zhang A M, et al. 2012c. Geochronological and geochemical constraints on the petrogenesis of Middle Paleozoic (Kwangsian) massive granites in the eastern South China Block. Lithos, 150 (1): 188-208.

Zhang H, Ling M X, Liu Y L. 2013b. High oxygen fugacity and slab melting linked to Cu mineralization: evidence from Dexing porphyry copper deposits, southeastern China. Journal of Geology, 121 (3): 289-305.

Zhang K J. 1997. North and South China collision along the eastern and southern North China margins. Tectonophys, 270: 145-156.

Zhang S, Wu R, Zheng Y. 2012a. Neoproterozoic continental accretion in South China: geochemical evidence from the Fuchuan ophiolite in the Jiangnan orogen. Precambrian Research, 220: 45-64.

Zhang Y, Wang Y, Fan W, et al. 2012b. Geochronological and geochemical constraints on the metasomatised source for the Neoproterozoic (~825Ma) high-Mg volcanic rocks from the Cangshuipu area (Hunan Province) along the Jiangnan domain and their tectonic implications. Precambrian Research, 220: 139-157.

Zhang Y, Wang Y, Geng H, et al. 2013a. Early Neoproterozoic (~850 Ma) back-arc basin in the Central Jiangnan Orogen (Eastern South China): geochronological and petrogenetic constraints from meta-basalts. Precambrian Research, 231: 325-342.

Zhang Y, Yang J H, Sun J F, et al. 2015. Petrogenesis of Jurassic fractionated I-type granites in Southeast China: constraints from whole-rock geochemical and zircon U-Pb and Hf-O isotopes. Journal of Asian Earth Sciences, 111: 268-283.

Zhao G, Cawood P A. 2012. Precambrian geology of China. Precambrian Research, 222: 13-54.

Zhao J, McCulloch M T. 1993. Sm Nd mineral isochron ages of Late Proterozoic dyke swarms in Australia: evidence for two distinctive events of mafic magmatism and crustal extension. Chemical Geology, 109 (1): 341-354.

Zhao J, Zhou M. 2009. Secular evolution of the Neoproterozoic lithospheric mantle underneath the northern margin of the Yangtze Block, South China. Lithos, 107 (3): 152-168.

Zhao J X, Zhou M F, Yan D P, et al. 2011. Reappraisal of the ages of Neoproterozoic strata in South China: no connection with the Grenvillian orogeny. Geology, 39 (4): 299-302.

Zhao P L, Yuan S D, Mao J W, et al. 2016. Geochronological and petrogeochemical constraints on the skarn deposits in Tongshanling ore district, southern Hunan Province: implications for Jurassic Cu and W metallogenic events in South China. Ore Geology Reviews, 78: 120-137.

Zheng Y F, Zhang S B, Zhao Z F, et al. 2007. Contrasting zircon Hf and O isotopes in the two episodes of Neoproterozoic granitoids in South China: implications for growth and reworking of continental crust. Lithos, 96 (1-2): 127-150.

Zheng Y F, Wu R X, Wu Y B, et al. 2008a. Rift melting of juvenile arc-derived crust: geochemical evidence from Neoproterozoic volcanic and granitic rocks in the Jiangnan Orogen, South China. Precambrian Research, 163 (3-4): 351-383.

Zheng Y F, Gong B, Zhao Z F, et al. 2008b. Zircon U-Pb age and O isotope evidence for Neoproterozoic low-^{18}O magmatism during supercontinental rifting in South China: implications for the snowball earth event. American Journal of Science, 308 (4): 484-516.

Zhong L F, Li J, Peng T P, et al. 2013. Zircon U-Pb geochronology and Sr-Nd-Hf isotopic compositions of the Yuanzhuding granitoid porphyry within the Shi-Hang Zone, South China: petrogenesis and implications for Cu-Mo mineralization. Lithos, 177: 402-415.

Zhou J, Li X H, Ge W, et al. 2007a. Age and origin of middle Neoproterozoic mafic magmatism in southern Yangtze Block and relevance to the break-up of Rodinia. Gondwana Research, 12 (1-2): 184-197.

Zhou J, Li X H, Ge W, et al. 2007b. Geochronology mantle source and geological implications of Neoproterozoic ultramafic rocks from Yuanbaoshan area of Northern Guangxi. Geological Science and Technology Information, 26 (1): 11-18.

Zhou J C, Wang X L, Qiu J S. 2009. Geochronology of Neoproterozoic mafic rocks and sandstones from northeastern Guizhou, South China: coeval arc magmatism and sedimentation. Precambrian Research, 170 (1): 27-42.

Zhou M F, Zhao T P, Malpas J, et al. 2000. Crustal contaminated komatiitic basalts in Southern China: products of a Proterozoic mantle plume beneath the Yangtze Block. Precambrian Research, 103 (3/4): 175-189.

Zhou M F, Yan D P, Kennedy A K, et al. 2002. SHRIMP U-Pb zircon geochronological and geochemical evidence for Neoproterozoic arc-magmatism along the western margin of the Yangtze Block, South China. Earth and Planetary Science Letter, 196 (1-2): 51-67.

Zhou X M, Li W X. 2000. Origin of Late Mesozoic igneous rocks in Southeastern China: implications for lithosphere subduction and underplating of mafic magmas. Tectonophysics, 326 (3-4): 269-287.

Zhou X M, Sun T, Shen W Z, et al. 2006. Petrogenesis of Mesozoic granitoids and volcanic rocks in South China: a response to tectonic evolution. Episodes, 29 (1): 26-33.

Zhu K Y, Li Z X, Xu X S, et al. 2014. A Mesozoic Andean-type orogenic cycle in southeastern China as recorded by granitoid evolution. American Journal of Science, 314 (1): 187-234.

Zhu W, Zhong H, Li X, et al. 2007. ^{40}Ar-^{39}Ar age, geochemistry and Sr-Nd-Pb isotopes of the Neoproterozoic Lengshuiqing Cu-Ni sulfide-bearing mafic-ultramafic complex, SW China. Precambrian Research, 155 (1): 98-124.

Zimmer M, Kröner A, Jochum K P, et al. 1995. The Gabal Gerf complex: a Precambrian N-MORB ophiolite in the Nubian shield, NE Africa. Chemical Geology, 123: 29-51.

Zou H B, Zindler A, Xu X S, et al. 2000. Major, trace element, and Nd, Sr and Pb isotope studies of Cenozoic basalts in SE China: mantle sources, regional variations, and tectonic significance. Chemical Geology, 171: 33-47.

第4章 湘东北沉积-变质作用特征

4.1 江南古陆沉积特征概况

位于华南扬子板块东南缘、扬子板块与华夏板块结合部位的江南古陆，其前寒武纪基底以新元古代浅变质岩系为主，也有少量的中元古代变质岩出露［图4-1（b）、表4-1］。其中，最具代表性的中元古代变质岩为赣东北的田里片岩，Li 等（2007）认为该岩石的最大沉积年龄为1530Ma，并在约1000Ma

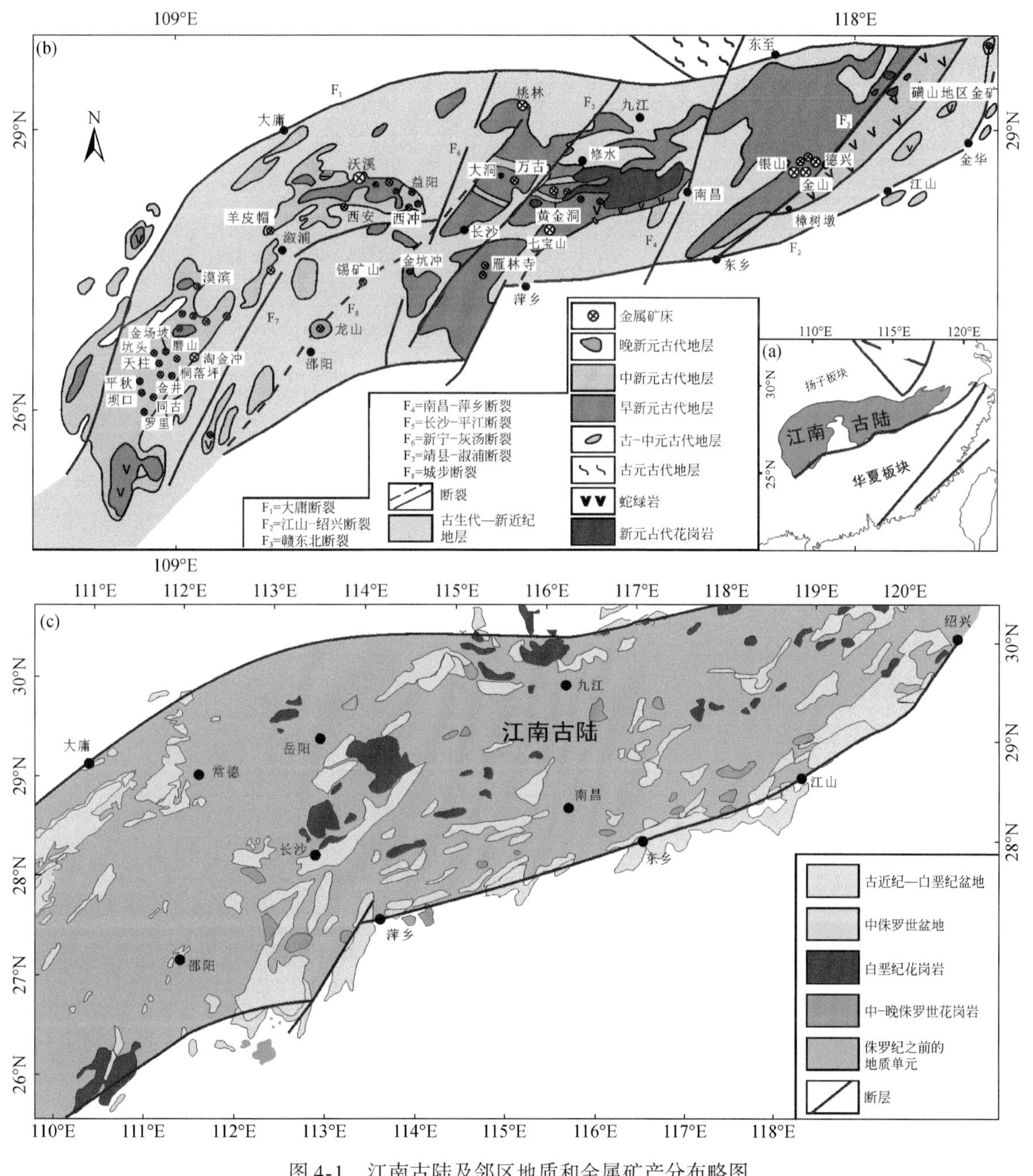

图4-1 江南古陆及邻区地质和金属矿产分布略图

（a）华南板块地质简图（据 Zhao and Cawood，2012 修改）；（b）江南古陆前寒武纪岩石及金矿床分布图（据 Xu et al.，2017 修改）；（c）江南古陆侏罗—白垩纪地层及花岗岩分布图（据 Shu et al.，2009 修改）

表 4-1　江南造山带已报道的和本书获得的元古宇及岩浆岩年龄统计表

序号	岩石	位置	年龄/Ma	定年方法	参考文献
1	田里片岩	赣东北	1530	锆石 SHRIMP U-Pb （最年轻的碎屑锆石）	Li et al., 2007
2	田里片岩	赣东北	1015～1042	S_1 白云母 Ar-Ar	Li et al., 2007
3	田里片岩	赣东北	966±4	S_2 白云母 Ar-Ar	Li et al., 2007
4	绿片岩	赣东北	866±14	蓝闪石 K-Ar	Shu et al., 1994
5	辉长岩	赣东北伏川	875±8	锆石 LA-ICP-MS U-Pb	Zhang et al., 2013a
6	辉长岩	桂东北元宝山	854.7±5.3	锆石 LA-ICP-MS U-Pb	Yao et al., 2014
7	桃红 I 型花岗岩	浙东北	913±15	锆石 SHRIMP U-Pb	Ye et al., 2007
8	西裘 I 型花岗岩	浙东北	905±14	锆石 SHRIMP U-Pb	Ye et al., 2007
9	西湾埃达克质花岗岩	赣东北	970±21	锆石 SHRIMP U-Pb	Gao et al., 2009
10	西湾埃达克质花岗岩	赣东北	968±23	锆石 SHRIMP U-Pb	Li and Li, 2003
11	高 Mg 闪长岩	浙东北平水	932±7	锆石 LA-ICP-MS U-Pb	Chen et al., 2009a
12	富 Nb 玄武斑岩	浙东北平水	916±6	锆石 LA-ICP-MS U-Pb	Chen et al., 2009a
13	斜长花岗岩	浙东北平水	902±5	锆石 LA-ICP-MS U-Pb	Chen et al., 2009a
14	仰冲型花岗岩	赣东北西湾	880±19	锆石 SHRIMP U-Pb	Li et al., 2008b
15	四堡群	广西	868.2±9.7	锆石 LA-ICP-MS U-Pb （最年轻的碎屑锆石）	Wang et al., 2007a
16	四堡群	广西	835.3±3.6	锆石 LA-ICP-MS U-Pb （最年轻的碎屑锆石）	Wang et al., 2012a
17	四堡群	广西	834.9±3.8	锆石 LA-ICP-MS U-Pb （最年轻的碎屑锆石）	Ma et al., 2016
18	冷家溪群	湖南	862±11	锆石 LA-ICP-MS U-Pb （最年轻的碎屑锆石）	Wang et al., 2007a
19	梵净山群	贵州	872±3	锆石 LA-ICP-MS U-Pb （最年轻的碎屑锆石）	Zhou et al., 2009
20	冷家溪群	湖南	878～879	锆石 LA-ICP-MS U-Pb （最年轻的碎屑锆石）	Zhao et al., 2011
21	四堡群	广西	865～872	锆石 LA-ICP-MS U-Pb （最年轻的碎屑锆石）	Zhao et al., 2011
22	双桥山群	江西	849～871	锆石 LA-ICP-MS U-Pb （最年轻的碎屑锆石）	Zhao et al., 2011
23	双桥山群	江西	815～831	锆石 LA-ICP-MS U-Pb （最年轻的碎屑锆石）	Wang et al., 2013b
24	溪口群	皖南	817～833	锆石 LA-ICP-MS U-Pb （最年轻的碎屑锆石）	Wang et al., 2013b
25	溪口群	皖南	842±10	锆石 LA-ICP-MS U-Pb （最年轻的碎屑锆石）	Yin et al., 2013
26	星子群	赣西北	810～820	锆石 LA-ICP-MS U-Pb	Wang et al., 2016
27	康王谷群	赣西北	约 830	锆石 LA-ICP-MS U-Pb	Wang et al., 2016
28	七拱群	湖南益阳	约 830	锆石 LA-ICP-MS U-Pb	Yao et al., 2013
29	虹赤杂砂岩	湖南益阳	约 860	锆石 LA-ICP-MS U-Pb	Yao et al., 2013
30	平水群细碧岩	浙西北	952±5	锆石 LA-ICP-MS U-Pb	Chen et al., 2016

续表

序号	岩石	位置	年龄/Ma	定年方法	参考文献
31	平水群角斑岩[1]	浙西北	954±8	锆石 LA-ICP-MS U-Pb	Chen et al., 2016
32	平水群角斑岩[2]	浙江	904±8	锆石 LA-ICP-MS U-Pb	Chen et al., 2009b
33	平水群角斑岩[2]	浙江	906±10	锆石 LA-ICP-MS U-Pb	Chen et al., 2009b
34	北坞安山岩	浙东阜阳	926±15	锆石 SHRIMP U-Pb	Li et al., 2009
35	章村流纹岩	浙东阜阳	891±12	锆石 SHRIMP U-Pb	Li et al., 2009
36	滑塌堆积安山岩	赣东北	871±7	锆石 LA-ICP-MS U-Pb	Yao et al., 2015
37	滑塌堆积安山岩	赣东北	868±7	锆石 LA-ICP-MS U-Pb	Yao et al., 2015
38	滑塌堆积安山岩	赣东北	864±14	锆石 LA-ICP-MS U-Pb	Yao et al., 2015
39	双桥山群底部石英角斑岩	江西	878±5	锆石 SHRIMP U-Pb	Wang et al., 2008a
40	双桥山群底部凝灰岩	江西	879±6	锆石 SHRIMP U-Pb	Wang et al., 2008a
41	水阁辉绿岩	浙东杭州	863±6	锆石 LA-ICP-MS U-Pb	Yao et al., 2014
42	璜山双峰式火山岩	浙江	860±9	Zircon SIMSU-Pb	Lyu et al., 2017
43	梅岭双峰式火山岩	浙江	840±5	Zircon SIMSU-Pb	Lyu et al., 2017
44	水口玄武岩	湘东北	860±20	锆石 SHRIMP U-Pb	Zhang et al., 2013b
45	南桥玄武岩	湘东北	838±12	锆石 SIMS U-Pb	Zhang et al., 2013b
46	Fangxi 粗玄岩	赣西北	847±18	锆石 LA-ICP-MS U-Pb	Zhang et al., 2013b
47	四堡群斑脱岩	广西	841.7±5.9	锆石 SHRIMP U-Pb	高林志等, 2010a
48	英安岩	安徽石耳山	825±11	锆石 LA-ICP-MS U-Pb	Zheng et al., 2008a
49	英安岩	安徽石耳山	820±16	锆石 LA-ICP-MS U-Pb	Zheng et al., 2008a
50	梵净山群火山岩	贵州	831±4	锆石 LA-ICP-MS U-Pb	Zhao et al., 2011
51	梵净山群火山岩	贵州	827±15	锆石 LA-ICP-MS U-Pb	Zhao et al., 2011
52	上溪群井潭组英安岩	安徽	820±16	锆石 SHRIMP U-Pb	Wu et al., 2007
53	冷家溪群斑脱岩	湖南	822±10	锆石 SHRIMP U-Pb	高林志等, 2011
54	沧水铺安山岩	湖南	822±28	锆石 SHRIMP U-Pb	Zhang et al., 2012b
55	沧水铺安山岩	湖南	824±7	锆石 SIMS U-Pb	Zhang et al., 2012b
56	基性岩	贵州	822±15	锆石 LA-ICP-MS U-Pb	Zhou et al., 2009
57	辉长岩，伏川蛇绿岩	安徽	819±3	锆石 LA-ICP-MS U-Pb	Zhang et al., 2013b
58	辉长岩，伏川蛇绿岩	安徽	827±3	锆石 LA-ICP-MS U-Pb	Zhang et al., 2013b
59	辉长岩，伏川蛇绿岩	安徽	822±3	锆石 LA-ICP-MS U-Pb	Zhang et al., 2013b
60	辉长岩，伏川蛇绿岩	安徽	824±3	锆石 SHRIMP U-Pb	Zhang et al., 2012a
61	辉长岩，伏川蛇绿岩	安徽	827±9	锆石 SHRIMP U-Pb	Ding et al., 2008
62	辉长岩，伏川蛇绿岩	安徽	848±12	锆石 SHRIMP U-Pb	Ding et al., 2008
63	斜长岩，赣东北蛇绿岩	赣东北	968±23	锆石 SHRIMP U-Pb	Li et al., 1994
64	辉长岩，诸暨蛇绿岩	浙西	858±11	锆石 SHRIMP U-Pb	Shu et al., 2006
65	辉长岩，伏川蛇绿岩	安徽	1024±30	全岩 Sm-Nd 等时线年龄	Zhou et al., 1990
66	葛藤岭 S 型花岗岩	湘东北	845±4	锆石 LA-ICP-MS U-Pb	本书
67	元宝山 S 型花岗岩	广西	828±5	锆石 LA-ICP-MS U-Pb	Yao et al., 2014
68	S 型花岗岩	安徽石耳山	822±12	锆石 LA-ICP-MS U-Pb	Zheng et al., 2008a
69	梵净山群 S 型花岗岩	贵州	838±2	锆石 LA-ICP-MS U-Pb	Wang et al., 2011
70	寨滚 S 型花岗岩	广西	836±3	锆石 LA-ICP-MS U-Pb	Wang et al., 2006

续表

序号	岩石	位置	年龄/Ma	定年方法	参考文献
71	峒马 S 型花岗岩	桂北	824±13	锆石 LA-ICP-MS U-Pb	Wang et al., 2006
72	田朋 S 型花岗岩	桂北	794.2±8.1	锆石 LA-ICP-MS U-Pb	Wang et al., 2006
73	九岭 S 型花岗岩	江西	820±10	锆石 SHRIMP U-Pb	Zhong et al., 2005
74	九岭 S 型花岗岩	江西	819±9	锆石 SHRIMP U-Pb	Li et al., 2003a
75	许村 S 型花岗岩	皖南	823±8	锆石 SHRIMP U-Pb	Zhong et al., 2005
76	休宁 S 型花岗岩	皖南	824～825	锆石 LA-ICP-MS U-Pb	Wu et al., 2006b
77	歙县 S 型花岗岩	皖南	823～824	锆石 LA-ICP-MS U-Pb	Wu et al., 2006b
78	歙县 S 型花岗岩	皖南	838±11	锆石 LA-ICP-MS U-Pb	薛怀民等，2010
79	许村 S 型花岗岩	皖南	850±10	锆石 LA-ICP-MS U-Pb	薛怀民等，2010
80	许村 S 型花岗岩	皖南	823～827	锆石 LA-ICP-MS U-Pb	Wu et al., 2006b
81	峨山 S 型花岗岩	云南	819±8	锆石 SHRIMP U-Pb	Li et al., 2003a
82	四堡群 S 型花岗岩	广西	826.8±5.9	锆石 SHRIMP U-Pb	高林志等，2010b
83	本洞 S 型花岗岩	广西	819±9	锆石 SHRIMP U-Pb	Li, 1999
84	本洞 S 型花岗岩	广西	823±3.8	锆石 LA-ICP-MS U-Pb	Wang et al., 2006
85	三防 S 型花岗岩	广西	826±10	锆石 SHRIMP U-Pb	Li, 1999
86	三防 S 型花岗岩	广西	804.3±5.2	锆石 LA-ICP-MS U-Pb	Wang et al., 2006
87	梵净山群 S 型花岗岩[2]	贵州	827.5±7.4	锆石 SIMS U-Pb	Zhao et al., 2011
88	摩天岭 S 型花岗岩	贵州	825.6±3.0	锆石 LA-ICP-MS U-Pb	Ma et al., 2016
89	张邦源花岗岩	湘东北	816±4.6	锆石 SHRIMP U-Pb	马铁球等，2009
90	歙县 S 型花岗岩	皖南	838±11	锆石 LA-ICP-MS U-Pb	薛怀民等，2010
91	休宁 S 型花岗岩	皖南	832±8	锆石 LA-ICP-MS U-Pb	薛怀民等，2010
92	三防基性-超基性岩脉	广西	828±7	锆石 SHRIMP U-Pb	Li et al., 1999
93	元宝山基性岩	广西	841±22	锆石 SHRIMP U-Pb	Zhou et al., 2007b
94	神坞辉绿岩脉	浙北	849±7	锆石 SHRIMP U-Pb	Li et al., 2008c
95	何家湾层状辉绿岩	广西	811.5±4.8	锆石 LA-ICP-MS U-Pb	Wang et al., 2006
96	双桥山群辉长岩	江西	801±4	锆石 SHRIMP U-Pb	Wang et al., 2008a
97	田里片岩中的火山碎屑岩	赣东北	818±12	锆石 SHRIMP U-Pb	Wang et al., 2003
98	沧水铺滑塌堆积英安质火山岩	湘东北	814±12	锆石 SHRIMP U-Pb	Wang et al., 2003
99	下江群斑脱岩	贵州	814±6.3	锆石 SHRIMP U-Pb	高林志等，2010a
100	灵山花岗岩	安徽	823±18	锆石 LA-ICP-MS U-Pb	薛怀民等，2010
101	莲花山花岗岩	安徽	814±26	锆石 LA-ICP-MS U-Pb	薛怀民等，2010
102	右耳山花岗岩	安徽	783±8	锆石 LA-ICP-MS U-Pb	薛怀民等，2010
103	板溪群斑脱岩	湘东北	802.6±7.6	锆石 SHRIMP U-Pb	高林志等，2011
104	花岗岩	安徽石耳山	779±11	锆石 SHRIMP U-Pb	Li et al., 2003b
105	虹赤中酸性火山岩	浙江	797±11	锆石 SHRIMP U-Pb	Li et al., 2003b
106	双峰式火山岩	赣东北	803±9	锆石 SHRIMP U-Pb	Wang et al., 2015a
107	庐山垄流纹岩	赣东北	827～829	锆石 LA-ICP-MS U-Pb	Wang et al., 2016
108	星子角闪岩	江西庐山	811±12	锆石 SHRIMP U-Pb	Li et al., 2013

续表

序号	岩石	位置	年龄/Ma	定年方法	参考文献
109	Shaojiwa rhyolite	江西庐山	828±6	锆石 SHRIMP U-Pb	Li et al., 2013
110	上墅双峰式火山岩	浙北	792±5	锆石 SHRIMP U-Pb	Li et al., 2008c
111	许村岩体中的花岗斑岩	皖南	805±4	锆石 LA-ICP-MS U-Pb	Wang et al., 2012b
112	许村复式岩体中的辉绿岩	皖南	804±7	锆石 LA-ICP-MS U-Pb	Wang et al., 2012b
113	上墅玄武岩	赣东北	802±8	锆石 LA-ICP-MS U-Pb	Wang et al., 2012b
114	上墅英安岩	皖南	794±7	锆石 LA-ICP-MS U-Pb	Wang et al., 2012b
115	上墅流纹斑岩	皖南	797±6	锆石 LA-ICP-MS U-Pb	Wang et al., 2012b
116	上墅流纹岩	皖南和赣东北	797±5	锆石 LA-ICP-MS U-Pb	Wang et al., 2012b
117	铺岭组流纹岩	安徽	765±7	锆石 LA-ICP-MS U-Pb	Wang et al., 2012b
118	铺岭组凝灰岩	安徽	751±8	锆石 LA-ICP-MS U-Pb	Wang et al., 2012b
119	铺岭组凝灰岩	安徽	763±12	锆石 LA-ICP-MS U-Pb	Wang et al., 2012b
120	道林山 A 型花岗岩	江西	790±5	锆石 LA-ICP-MS U-Pb	Yao et al., 2014
121	黔阳辉绿岩	湘西	747±18	锆石 SHRIMP U-Pb	Wang et al., 2008a
122	通道超基性岩	湘西	756±12	锆石 SHRIMP U-Pb	Wang et al., 2008a
123	龙胜辉长-辉绿岩	桂北	761±8	锆石 TIMS Pb-Pb 谐和年龄	葛文春等, 2001
124	古丈板溪群辉绿岩	湘西	768±28	锆石 SHRIMP U-Pb	Zhou et al., 2007a
125	三门街流纹-英安岩	桂北	765±14	锆石 SHRIMP U-Pb	Zhou et al., 2007a
126	井潭组英安岩	皖南	773±7	锆石 LA-ICP-MS U-Pb	吴荣新等, 2007
127	井潭组流纹岩凝灰岩	浙西	779±7	锆石 LA-ICP-MS U-Pb	Zheng et al., 2008a
128	石耳山花岗岩	皖南	771±17	锆石 LA-ICP-MS U-Pb	Zheng et al., 2008b
129	石耳山花岗岩	皖南	777±7	锆石 LA-ICP-MS U-Pb	Zheng et al., 2008a
130	石耳山花岗岩	皖南	775±5	锆石 LA-ICP-MS U-Pb	Zheng et al., 2008a
131	石耳山花岗岩	皖南	777±9	锆石 LA-ICP-MS U-Pb	Wu et al., 2005
132	石耳山花岗岩	皖南	779±11	锆石 SHRIMP U-Pb	Li et al., 2003b
133	道林山 A 型花岗岩	浙北	794±9	锆石 SHRIMP U-Pb	Li et al., 2003b
134	下江群	Congjiang, 黔东南	794.6±4.2	锆石 LA-ICP-MS U-Pb	Ma et al., 2016
135	休宁组	皖南	763±10	锆石 LA-ICP-MS U-Pb	Wang et al., 2013c
136	下江群	黔东北	741±6	锆石 LA-ICP-MS U-Pb	Wang et al., 2010c
137	丹洲群	桂北	730～770	锆石 LA-ICP-MS U-Pb	Wang and Zhou, 2012
138	南华群	皖南	751±8	锆石 LA-ICP-MS U-Pb	Wang et al., 2013b
139	南华群	皖南	753±8	锆石 LA-ICP-MS U-Pb	Wang et al., 2013b
140	下江群	贵州	770～800	锆石 SIMS U-Pb	Wang et al., 2013b
141	江口群长安组	贵州	750～799	锆石 SIMS U-Pb	Wang et al., 2013b
142	板溪群	湖南	782.3±4.3	锆石 SIMS U-Pb	Wang et al., 2013b
143	丹洲群	广西	731.3±4.4	锆石 SIMS U-Pb	Wang et al., 2013b
144	登山杂砂岩	湖南益阳	约 745	锆石 LA-ICP-MS U-Pb	Yao et al., 2013

和约940Ma发生两次变质作用。江南古陆的新元古代变质沉积岩可分为两套绿片岩相的浅变质火山-沉积岩系，它们在不同的地方有着不同的冠名（Zhou et al.，2002；Li et al.，2008a）。①早中新元古代的地层主要包括湖南省的冷家溪群、广西壮族自治区的四堡群、贵州省的梵净山群、江西省的双桥山群、安徽省的上溪群以及浙江省的双溪坞群，它们分别以角度不整合的方式被中晚新元古代的板溪群、丹州群、下江群、登山群和历口群覆盖（Wang et al.，2008a；Li et al.，2009；Wang et al.，2012a；Zhao and Cawood，2012）。这些浅变质岩曾一直被认为是中元古代年龄，但是十多年来的年代学研究表明，早中新元古代地层中最年轻的碎屑锆石年龄为835～870Ma，代表该地层沉积下限（Wang et al.，2007a；Zhao et al.，2011；Wang et al.，2012a）。②上覆早中新元古代地层的中晚新元古代地层中最老的火山岩年龄为800～815Ma，代表该中晚新元古代地层的沉积上限（Wang et al.，2003；高林志等，2010a，2010b，2011，2012）。③上覆于中晚新元古代地层的晚新元古代（震旦纪）地层沉积时限可能为815～730Ma（Wang et al.，2003；Zhao et al.，2011）。

江南古陆的基底盖层主要为古生代以及中生代浅海相及陆相沉积［图4-1（c）］。寒武纪地层主要由板岩和灰岩组成，而奥陶纪地层则由灰岩及少量的泥岩和砂岩组成（Wang et al.，2010a）。自中-晚泥盆世以来，整个华南板块处于稳定的滨海-浅海相的沉积环境（张国伟等，2013），其中江南古陆的古生界主要岩性为含腕足类、珊瑚的碳酸盐岩，以及含蜓类的碳酸质沉积岩，岩性包括灰岩、白云岩、黑色燧石以及少量的砂岩和泥岩（Shu et al.，2008，2014，2015；Faure et al.，2009；Wang et al.，2013a；Song et al.，2015）。江南古陆的中生代地层的岩性主要为一系列陆相沉积岩，并形成了内陆盆地（舒良树和王德滋，2006；Li and Li，2007；Wang and Shu，2012；Xu et al.，2017）。其中，下三叠统—上侏罗统主要由砂岩、粉砂岩和少量的碳酸质泥岩和含煤夹层组成，它们与下伏的上古生界呈不整合接触。中侏罗统主要由砂质砾岩、石英砂岩和碳酸质泥岩以及少量的双峰式火山岩组成，而上覆的白垩系主要为红色砂岩、泥岩以及少量的玄武岩、流纹岩和凝灰岩夹层（Shu et al.，2009；贺转利，2009）。

4.2　湘东北地区沉积地层

湘东北地区地层出露较为齐全（表4-2），主要为新元古界冷家溪群和板溪群及白垩纪陆相红层，还有少量的新太古代—古元古代（?）变质结晶岩系（贾宝华和彭和求，2005）、古生界和侏罗系陆源碎屑沉积岩。新太古代—古元古代（?）地层主要为“连云山混杂岩”，出露范围较小，主要分布在连云山岩体附近，包括雷公糙岩组、斫木冲岩组、陈家湾岩组、枫梓冲岩组、南棚下岩组、清风亭岩组，岩性为一套角闪岩相-麻粒岩相沉积岩和变质岩（贾宝华和彭和求，2005）。但它们是否属于新太古代—古元古代变质结晶岩系尚有待进一步证实。

表4-2　湘东北地区地层简表（据毛景文等，1997；贾宝华和彭和求，2005修改）　（单位：m）

界	系	统	阶	群	组	厚度	岩性
新生界	第四系	全新统					
		更新统					
	古近系	古新统			枣市组	>1000	砂岩、砾岩等
中生界	白垩系	上统			东塘组	>945	砾岩、砂岩、（含砾）不等粒杂砂岩
					戴家坪组	100～1310	砾岩、杂砂岩、粉砂岩和泥岩
	侏罗系	中统			跃龙组	>290	粉砂质泥岩夹长石石英砂岩、粉砂岩及泥质岩、钙质泥岩
		下统			高家田组	593	长石砂岩夹页岩
					石康组	190～220	石英砂岩、粉砂岩夹碳质页岩
	三叠系	上统			三丘田组	410～514	砂岩、粉砂岩
					三家冲组	400	泥岩、粉砂岩
		下统			大冶组	250	灰岩、白云质灰岩、白云岩及泥灰岩

续表

界	系	统	阶	群	组	厚度	岩性
古生界	二叠系	上统			长兴组	40～124	灰岩、硅质灰岩夹硅质岩
					龙潭组	25～98	砂质页岩、页岩、长石石英砂岩、砂岩夹煤线
		下统			茅口组	322	灰岩夹硅质岩、白云岩
					栖霞组	170	燧石团块灰岩夹页岩
	石炭系	上统		壶天群		357	灰岩、白云质灰岩、白云岩
		中统					
		下统	大塘阶			18～250	砾岩、砂砾岩、粉砂岩及页岩
	泥盆系	上统			岳麓山组	95～250	石英砂岩夹页岩、砾岩、板岩，夹灰岩、泥灰岩、砂岩透镜体
					佘田桥组	182～389	
		中统			棋子桥组	224～537	
					跳马涧组	124～229	
	奥陶系				红花园组	78.3	灰岩、白云岩和泥质岩
	寒武系	上统			探溪组	81	页岩、砂岩、灰岩和白云岩
					污泥塘组	104	
		下统			牛蹄塘组	25	
新元古界	震旦系	上统			留茶坡组	40	硅质岩
					金家洞组	33～90	黑色、灰色灰岩
		下统			大塘坡组	16～353	黑色页岩夹锰矿层
					莲坨组	22～198	石英砂岩，千枚状板岩、板岩夹变质粉砂岩
				板溪群	牛牯坪组	348.8	板岩、含凝灰质板岩
					百合垅组	37.9	含砾凝灰质砂岩、粉砂岩
				板溪群	多益塘组	225.1	板岩、条带状粉砂质板岩
					五强溪组	887.7～1067.9	长石石英砂岩、凝灰质板岩、砂质板岩和凝灰岩
					通塔湾组	233.5	粉砂质板岩夹砂岩
					马底驿组	1458.5	紫红色板岩、石英砂岩、长英质砂岩、角砾、岩屑硬砂岩和中酸性火山
					横路冲组	387.6	砂岩、含砾砂岩
				冷家溪群	坪原组	>4994	粉砂质板岩、砂质板岩、薄–厚层状变质细砂岩、变质粉砂岩
					小木坪组	3245～3491	(条带状）粉砂质板岩、变质砂岩、变质杂砂岩
					黄浒洞组	～5000	板岩、变质杂砂岩和砂质板岩
					雷神庙组	>1800	板岩、变质杂砂岩和砂质板岩
古元古界（?）				连云山混杂岩?	雷公糙岩组	1158	斜长角闪岩，黝帘石阳起石岩，细粒石英岩，二云母片岩
					斫木冲岩组	146	阳起石透闪石片岩，斜长角岩，云母片岩
					陈家湾岩组	1991	绿泥石白云母石英片岩，黝帘石阳起石岩，变辉长岩，角闪岩
					枫梓冲岩组	817	绿泥石白云母长英质片岩二云母片岩夹千枚岩
					南棚下岩组	1798	阳起石黝帘石岩，斜长角闪岩，磁铁石英岩
					清风亭岩组	721	绿云母千枚岩，云母片岩，石英微晶片岩

新元古界冷家溪群在湘东北地区广泛出露，出露面积约6000km^2，占全区地层总面积的3/4以上。冷家溪群主要出露于幕阜山–望湘断隆带和浏阳–衡东断隆带，属于扬子板块变质褶皱基底的一部分，为一套半深海–深海盆地平原–海底扇中的低密度浊流碎屑沉积岩系，主要由浅变质的泥质板岩、砂质板岩、粉砂岩和杂砂岩以及夹于其中的火山岩系等组成，最大厚度可达25000m。这套地层曾被认为是中元古代地层，但近十年来的研究表明其年龄为815～870Ma（Wang et al.，2007a；Zhao et al.，2011；高林志等，2011）。冷家溪群自下而上包括雷神庙组、黄浒洞组、小木坪组和坪原组（表4-2）。其中，雷神庙组的岩性主要由青灰色、灰绿色、黄褐色薄层–厚层状绢云母板岩、含粉砂质绿泥石绢云母板岩、粉砂质绢云母板岩组成，间夹变质杂砂岩和砂质板岩；黄浒洞组以大量变质砂岩及变质杂砂岩出现并与板岩构成韵律层为特征，主要岩性以青灰色、灰绿色、黄褐色薄–中层或中–厚层状板岩、粉砂质板岩、变质细砂岩、变质粉砂岩为主，间夹斑点状粉砂质绢云母板岩，其上部变质杂砂岩出现频繁，下部多夹条带状板岩；小木坪组的岩性以灰绿色、青灰色、灰色薄层–厚层含粉砂质板岩、粉砂质板岩、条带状含粉砂质板岩为主，或为夹层状变质砂岩、变质杂砂岩而组成复理式韵律层，该组岩性稳定，条带构造极为发育，以此特有的岩石组合为标志；坪原组以青灰色、灰绿色、灰色、紫红色薄–中层状的粉砂质板岩、含粉砂质板岩、砂质板岩为主，夹薄层–厚层状变质细砂岩、变质粉砂岩等，本组岩性单一，以纹层理构造发育及夹一层灰白色黏土板岩为特征（湖南省地质矿产局，1988；毛景文等，1997）。

新元古界板溪群在湘东北地区仅零星出露于区内南西端石洞坡—莲花桥—柏嘉山一带，在东部金狮冲和汪坪等地局部也有发现，出露面积约150km^2，新元古界板溪群以角度不整合方式覆盖于冷家溪群之上，厚度>3150m，为一套半深海–深海相浅变质沉积岩以及较多<815Ma酸–基性火山岩（高林志等，2011），主要由砂岩、板岩、千枚岩和中酸性凝灰岩、角砾岩组成，并含少量的花岗质砾石和岩屑碎屑砂岩（湖南省地矿局，1988；高林志等，2011）。其中，浅变质沉积岩的碎屑锆石的最小年龄为782.3±4.3Ma（Wang et al.，2012a）。板溪群自下而上包括横路冲组、马底驿组、通塔湾组、五强溪组、多益塘组以及百合垅组、牛牯坪组（表4-2），其中，马底驿组的岩性主要为灰绿色、紫红色或者深灰色浅变质砾岩、砂砾岩、砂质板岩、钙质板岩、碳质板岩和条带状板岩；五强溪组为一套灰绿色或者灰色变质长石石英砂岩、变质砾岩、变余凝灰岩、板岩和条带状板岩等（湖南省地质矿产局，1988）。此外，下震旦统的岩性主要为冰碛岩，以及少量碳酸盐岩和板岩夹层；而上震旦统则主要由灰岩、板岩和砂岩组成。

古生界在湘东北出露较少，其中以泥盆系较为发育，寒武系、石炭系和二叠系仅零星出露。寒武系由黑色页岩、砂岩和与白云岩组成。泥盆系和上覆下石炭统以陆源碎屑沉积的砂岩、粉砂岩和砂质页岩为主。上石炭统和二叠系以碳酸盐沉积为主，其中二叠系为一套富碳酸盐岩的岩石（湖南省地质矿产局，1988），表明晚古生代为滨岸–浅海相，大多数时期沉积比较稳定。中生界以白垩系陆相沉积为主，也有少量三叠系和侏罗系出露。其中，上三叠统—侏罗系主要分布在湘东北南部文家市、官渡等地，为一套陆相碎屑–泥质及煤沉积，反映潟湖、滨湖、沼泽环境。三叠系为一套薄的灰岩层，且与泥灰岩和页岩互层；侏罗系由粉砂岩、粉砂质泥岩和长石石英砂岩组成。白垩系—古近系主要分布于长平盆地、洞庭湖盆地，出露面积较大，约占12.3%，为一套红色杂陆屑建造，反映了滨湖、三角洲沉积环境（湖南省地矿局，1988；湖南省地质调查院，2002）。白垩系包括戴家坪组和东塘组，其中戴家坪组的下部为紫红色厚–巨厚层状砾岩；中部为紫红色中–厚层状不等粒杂砂岩；上部为紫红色薄–厚层状含钙质粉砂岩与钙质细砂岩互层，间夹砂质泥岩，含紫红色砂岩透镜体。东塘组主要为紫红色巨厚层状砾岩夹少量紫红色薄–厚层状、巨厚层状（含砾）不等粒岩屑长石石英砂岩、（含砾）不等粒杂砂岩。砾石成分以板岩为主，胶结物以长石、石英砂（岩）屑及铁质、泥质为主。新生界的岩性为砾岩、灰–深灰色含粉砂质黏土层，其中砾石成分主要为板岩和脉石英，磨圆度好，充填物为黏土和砂屑（湖南省地质矿产局，1988）。

4.3　湘东北区域变质特征

湘东北位于扬子板块与华南板块的结合部位，多期次、多类型变质作用造就了区内丰富多彩的变质岩（图4-2）。其中区域变质岩分布最为广泛，约占区内总面积的50%。在时间上，区内变质事件可上溯至阜平—吕梁期，经武陵（晋宁）期、加里东期，至印支—燕山期最终结束，反映了造山带长期复杂的变质演化历史。综合对比不同变质岩、不同区域的变质事件，可建立区内变质事件序列如表4-3，包括4个旋回、11个变质事件序列。空间上，冷家溪群等浅变质岩系大面积展露；“连云山混杂岩”呈残片、穹状展露于幕阜山、连云山变质核杂岩中（图4-2）。在幕阜山等地还出露含钾长石-夕线石高角闪岩相-麻粒岩相变泥质岩，指示区内局部曾发生过高角闪岩相-麻粒岩相变质。伴随区域变质和花岗岩侵入有多期混合岩化作用形成结构复杂的混合岩，晋宁期、加里东期和燕山期花岗质岩浆期后低温热液还形成分布局限的蚀变岩。此外，多期强烈变形又使得区内动力变质岩广为分布，影响到早前寒武纪—晚白垩世的所有地质体。然而，从这些变质、变形事件可以看出，不同时代的不同岩石、地层表现出显著的不均一性。

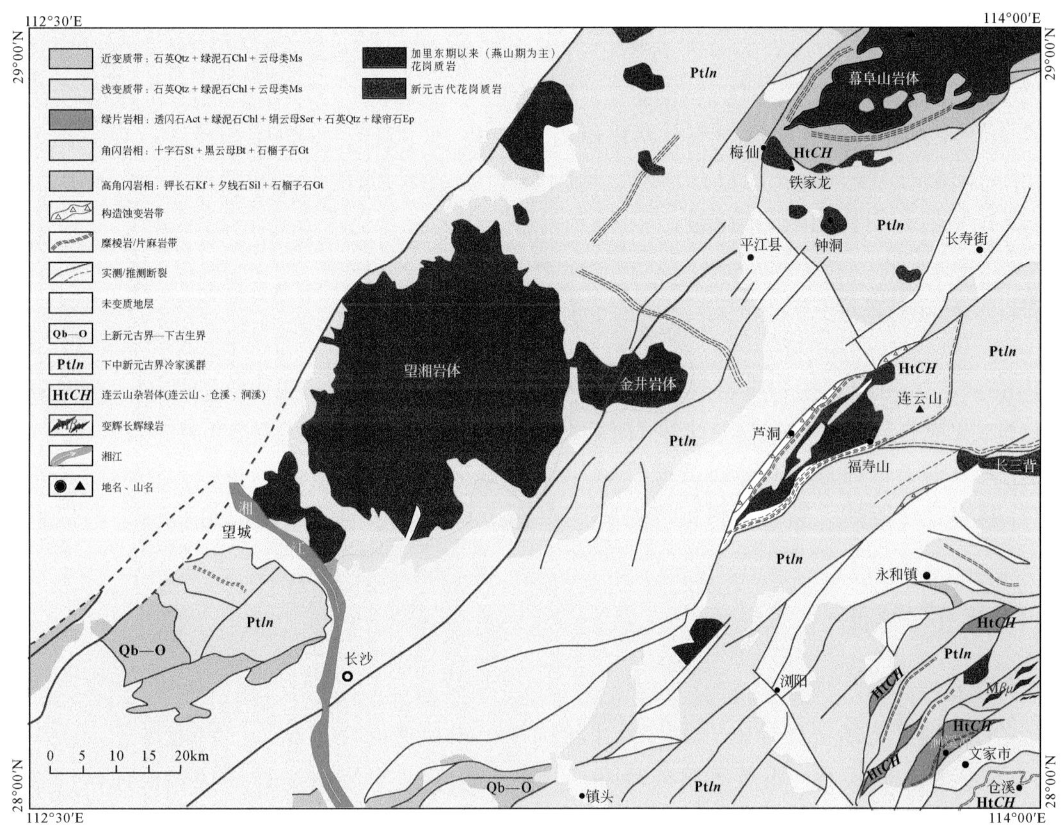

图4-2　湘东北地区1∶25万变质岩分布图（据湖南省地质调查院，2002修改）

表4-3　湘东北地区变质事件序列

变质项目		变质事件序列		“连云山混杂岩”	新元古界冷家溪群变质岩	新元古界板溪群—寒武系极低级变质岩
燕山期	晚期	M_{11}	低温热液蚀变	Al	Al	Al
		M_{10}	边缘混合岩化	MI_3		
		M_9	低绿片岩相区域变质	M_9		
	早期	M_8	剪切深熔型混合岩化	MI_2		
		M_7	角闪岩相变	M_7		
印支—加里东期		M_6	近变质作用（埋藏变质）		M_6	M_6
武陵（晋宁）期		M_5	边缘混合岩化	MI_1		
		M_4	角闪岩相变质	M_4		
		M_3	高角闪岩相变质变质作用		M_3	

续表

变质项目	变质事件序列		"连云山混杂岩"	新元古界冷家溪群变质岩	新元古界板溪群—寒武系极低级变质岩
阜平—吕梁期	M_2	角闪岩相变质	M_2		
	M_1	低绿片岩相区域变质（埋藏变质）	M_1		

"连云山混杂岩"与上覆冷家溪群呈断层接触，又被燕山期花岗岩吞噬、肢解而不完整，该混杂岩还经历了多期混合岩化和热接触变质作用，其组成复杂、岩石类型多样，变质作用程度在空间上具有局部分布不均一性特征。在连云山附近，"连云山混杂岩"主要是由一套角闪岩相的十字石石榴子石黑云母片岩、混合岩化石榴子石二云母片岩、斜长角闪岩等组成。往北至幕阜山附近，则呈穹隆展露，核部为花岗质片麻岩，周缘依次为含夕线石堇青石石榴子石钾长片麻岩、十字石石榴子石黑云母片岩、石榴子石云母片岩等，呈高角闪岩相向低角闪岩相演变，即围绕花岗质片麻岩穹隆呈现侧向递增性，这也说明"连云山混杂岩"早期角闪岩相变质与燕山期幕阜山岩体无关。然而，在浏阳涧溪冲、仓溪附近则主要由一套绿片岩相的阳起石-绿帘石（黝帘石）岩、透闪石片岩、阳起石片岩、绿帘石-阳起石岩、阳起石-绿帘石（黝帘石）片岩和斜长角闪岩组成。

4.3.1 角闪岩相变质岩

"连云山混杂岩"角闪岩相变质岩按地质产状可划分为变质表壳岩、变质镁铁质侵入岩和花岗质片麻岩等三个组合。变质表壳岩主要包括：十字石石榴子石黑云母片岩、混合岩化石榴子石二云母石英片岩、含夕线石堇青石石榴子石钾长片麻岩。变质铁镁质侵入岩主要包括：石榴子石斜长角闪岩、斜长角闪岩等。花岗质片麻岩主要包括：黑云母斜长片麻岩、石榴子石黑云母斜长片麻岩、石榴子石白云母斜长片麻岩。

4.3.1.1 岩相学特征

1. 变质表壳岩

（1）十字石石榴子石黑云母片岩。岩石为片状构造、鳞片花岗变晶结构。出现特征变质矿物十字石与石榴子石、黑云母、斜长石、石英等组成峰期变质矿物组合。十字石呈长柱状和板柱状［图4-3（a）（b）］，局部有溶蚀，内部含丰富的石英等包体。绿泥石沿边缘和解理处交代黑云母，系晚期退变质作用的产物。根据特征矿物十字石可判断其原岩为富铝泥质岩，属角闪岩相十字石亚相。综合相关显微薄片分述如下。

十字石石榴子石黑云母片岩主要矿物为十字石（15%~45%）、石榴子石（2%~22%）、黑云母（20%~41%）和石英（9%~28%），次要矿物有绿泥石、磁铁矿、磷灰石。其中：①十字石［图4-3（a）（b）］呈金黄色，粒径5mm×3mm~1mm×1mm，包裹有石英等矿物形成筛状变晶结构，具弱多色性，$N_{g'}$-金黄色，$N_{p'}$-无色正高突起，最高干涉色Ⅰ级黄。②石榴子石［图4-3（c）］呈浅玫瑰红色、粒状，粒径约2mm，内包裹有石英、斜长石、黑云母，呈筛状变晶结构、环带结构，核部呈筛状，包裹体发育；边部干净，包裹体几乎少见，最外围还有一圈铁质的暗化边；正极高突起，无解理，裂纹发育。③黑云母呈褐色、他形片状、叶片状，粒径4.5mm×2mm~2mm×1mm，内含有石英、磁铁矿等包裹体，多色性明显，$N_{g'}$-深褐色，$N_{p'}$-淡黄色，正高突起，最高干涉色Ⅲ级绿，平行消光。④长石呈半自形-自形粒状，粒径0.2mm左右，可见聚片双晶和环带结构，无色、最高干涉色为Ⅰ级灰。⑤石英，他形粒状、粒径0.25~0.5mm，无色透明，最高干涉色Ⅰ级黄。⑥绿泥石呈板状、片状，粒径0.7mm×0.1mm，绿色，弱多色性，$N_{g'}$-绿色，$N_{p'}$-无色，最高干涉色Ⅰ级灰，平行消光，沿边缘和解理交代黑云母，为晚期矿物，系退变质过程中由黑云母等蚀变而来。

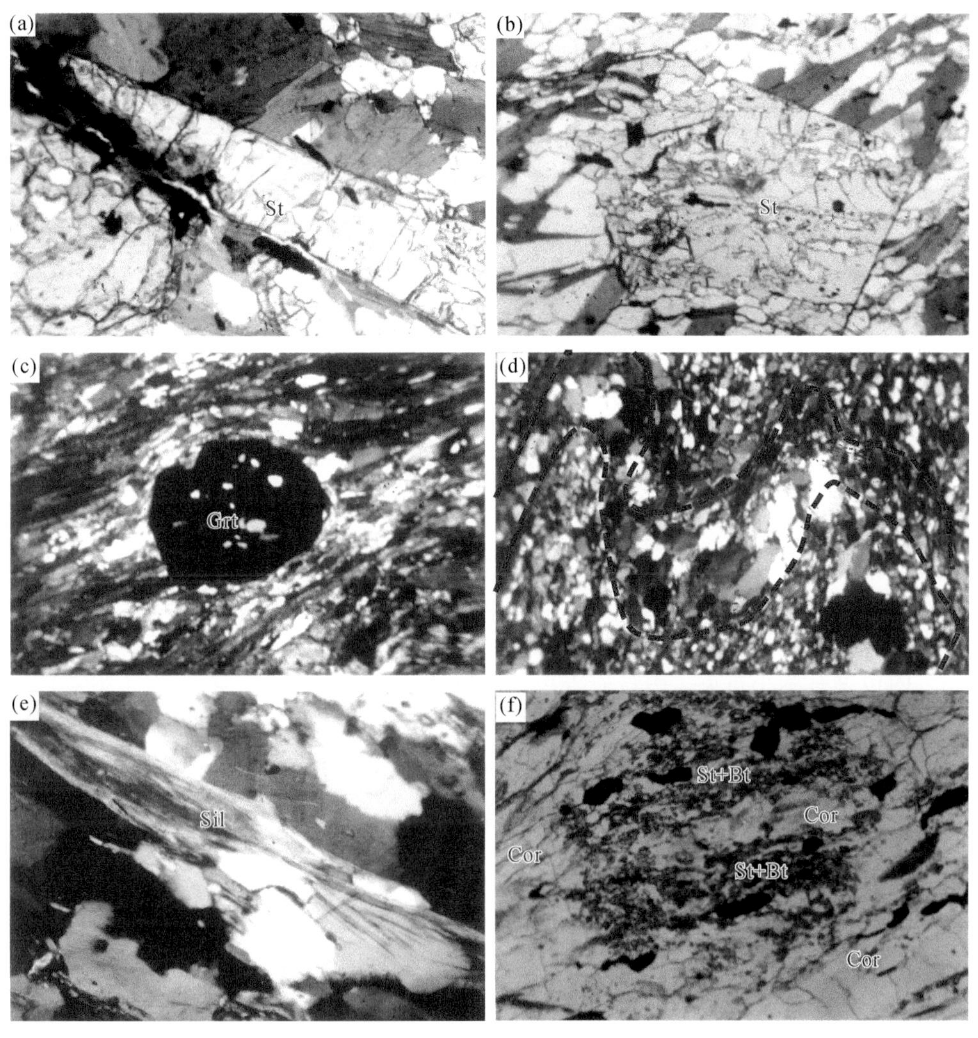

图4-3　湘东北“连云山混杂岩”显微照片（单偏光）

(a) 长柱状十字石 (St) 变斑晶；(b) 板片状十字石 (St) 变斑晶；(c) 石榴子石 (Grt) 筛状变斑晶；(d) 早期变余层理S0发生微褶；(e) 纤状、毛发状夕线石 (Sil)；(f) 堇青石 (Cor) 变斑晶中十字石 (St)、黑云母 (Bt) 定向排列与主期片理斜交

(2) 含夕线石二云母石英片岩。呈鳞片花岗变晶结构、片状构造，变质矿物组合为石英-黑云母-白云母-长石-夕线石，主要矿物为石英（约48%）、黑云母（约27%）、白云母（约20%）；次要矿物为长石（<5%），夕线石、绿泥石；副矿物为磷灰石、锆石、氧化铁。变晶矿物作定向排列，特征矿物夕线石无色、纤状、针状，少数长柱状平行消光，纵切面上（001）裂开发育成竹节状，正延性。

(3) 含十字石黑云母石英片岩。呈筛状变晶结构、鳞片花岗变晶结构，片状构造，变质矿物组合为石英-黑云母-长石-十字石-电气石，主要矿物为石英（65%）、黑云母（30%）；次要矿物为长石（5%）及少量十字石，电气石；副矿物为榍石、磷灰石、锆石等，石英呈他形粒状，粒径0.1～0.2mm。石英变晶可见压扁拉长现象；黑云母鳞片变晶条纹状、条带状与石英聚集条带相间出现，平行定向排列组成变余层理［图4-3（c）］；十字石变斑晶他形-半自形粒柱状，平行片理生长，粒径0.4～0.8mm。岩石中可见后期石英脉横切片理，脉壁附近的黑云母产于退变质，形成绿泥石。

(4) 石榴子石十字石二云母石英片岩。呈筛状变晶结构，鳞片花岗变晶结构，片状构造。变质矿物组合为石英-黑云母-白云母-十字石-石榴子石，主要矿物包括石英（45%）、黑云母（25%）、白云母（12%）、十字石（15%）；次要矿物为石榴子石（2%），少量电气石；副矿物有锆石、磁铁矿。

其中，十字石呈半自形粒状、短柱状，集合体呈短条带状定向分布，内包裹有细小石英包体。黄色、多色性弱，$N_{g'}$-金黄色，$N_{m'}$-浅黄色，$N_{p'}$-极浅黄色。吸收性$N_{g'}>N_{m'}>N_{g'}$，干涉色为Ⅰ级黄色，平行消光，正延性（+）2V=85°，$N_{p'}$=1.74。

（5）石榴子石阳起石石英片岩。该岩石呈筛状变晶结构、柱粒状变晶结构，片状构造。矿物组合为石英-阳起石-黑云母-石榴子石，主要矿物为石英（52%）、阳起石（32%）、黑云母（12%）；次要矿物为石榴子石（<1%）、绿泥石；副矿物包括榍石、锆石、磁铁矿。阳起石，细小柱状、针柱状，呈连续条带，条纹状富集定向排列。

（6）混合岩化石榴子石二云母石英片岩。该岩系花岗质熔体沿片理贯入而形成以贯入作用为主的混合岩。岩石受熔体带来的热能影响，云母、石英等均发生重结晶作用。

（7）石榴子石长石黑云母片岩。该岩石呈筛状变晶结构、鳞片花岗变晶结构，片状构造。变斑晶为石榴子石，呈条形粒状集合体。内包裹有细小石英包裹体构成筛状，大小0.8～5.2mm，属铁铝榴石。基质为石英、斜长石和黑云母、白云母。片状矿物呈定向排列。岩石受热变质作用影响，石英细脉沿片理穿插，其周围黑云母变晶增多，部分黑云母退变质为绿泥石。矿物组合为石英-斜长石-黑云母-白云母-石榴子石。主要矿物为石英（40%～60%）、长石（10%～25%）、黑云母（20%）；次要矿物为绿泥石（1%～5%）、白云母（3%）、石榴子石（2%）。副矿物有榍石、锆石、磁铁矿。

（8）石榴子石堇青石片麻岩。岩石呈灰-深灰色，斑状变晶结构、片麻状构造。矿物组合为堇青石-石英-十字石-黑云母-石榴子石-白云母，主要矿物为堇青石、石英、黑云母；次要矿物为白云母、夕线石、石榴子石、绿泥石；副矿物有磁铁矿、锆石、磷灰石。变斑晶石榴子石为铁铝榴石，等轴粒状，粒径2.8～5.8mm，内包裹有细小石英、磁铁矿等包裹体构成筛状变晶结构。堇青石（20%）呈拉长的不规则粒状，少见柱状，含有大量的细小十字石及少量黑云母、石英、磷灰石包裹体。堇青石次生蚀变可被绢云母、蛇纹石交代，粒径大小0.4～2.1mm；石英（29%）呈他形粒状，粒径0.1～0.4mm，略压扁拉长，具波状消光；黑云母及白云母（13%）呈断续条纹状，定向排列，少量黑云母退变成绿泥石；磁铁矿（5%）呈他形粒状，定向排列分布。

（9）石榴黑云母钾长片麻岩。岩石呈鳞片花岗变晶结构、片麻状构造。矿物组合为钾长石-石英-黑云母-斜长石-石榴子石，主要矿物成分为钾长石（35%～40%）、黑云母（35%）、石英（20%）；次要矿物包括斜长石（5%～10%）、石榴子石（1%）等。钾长石呈他形板状，少量呈半自形板状，粒径0.2～0.6mm，内包裹有粒径0.02～0.1mm的圆形、椭圆形的石英包体；石英为近等轴粒状，粒径0.1～0.2mm；黑云母呈板片状，片径0.1～0.8mm，$N_{g'}$-棕红色，$N_{p'}$-浅黄色；石榴子石为粒状聚晶沿片麻理呈长条形分布，浅粉红色，属铁铝榴石。

（10）含夕线石堇青石石榴子石钾长片麻岩。岩石呈片麻状构造、斑状变晶结构，基质为鳞片花岗变晶结构。基质主要为钾长石、黑云母、白云母、石英、夕线石与变斑晶石榴子石、堇青石，并组成变质峰期矿物组合。夕线石呈纤状、毛发状束状集合体［图4-3（e）］，为典型的高温矿物。堇青石变斑晶中含有大量的十字石和少量的黑云母等包体［图4-3（f）］，十字石呈短柱状与黑云母定向排列，与主期片理小角度相交，系早期变质作用的产物。绿泥石沿边缘和裂纹交代石榴子石和黑云母，系晚期退变质作用所致。

其中，①变斑晶石榴子石，呈浅红色、粒状，粒径5mm，内部包裹石英小包裹体，正极高突起，均质体裂纹发育，绿泥石沿解理和边缘交代石榴子石，含量为8%。②夕线石，呈纤维状、毛发状，淡褐色，正高突起，最高干涉色为Ⅱ级蓝色，平行消光，含量为3%。③钾长石，无色，呈半自形粒状，粒径0.2mm，偶见格子双晶，部分表面因风化而混浊，可见近垂直的解理，负突起高，最高干涉色为Ⅰ级灰白色，含量38%。④石英，呈他形粒状，粒径0.15mm，无色透明，最高干涉色为Ⅰ级黄色，见波状消光，含量32%。⑤黑云母，呈半自形片状，片径0.1mm×0.05mm～0.3mm～0.1mm。褐色，多色性显著，$N_{g'}$-红褐色，$N_{p'}$-淡黄色，中正突起，一组极完全解理，平行消光。绿泥石沿解理和边缘交代黑云母，含量7%。⑥黝帘石，无色、粒状，粒径<0.01mm，以尖点状分布于其他矿物内，正极高突起，最高干涉色为Ⅰ级灰白色，含量5.5%。

2. 花岗质片麻岩

花岗质片麻岩以富含长石、石英为特征，区内主要岩石种类有黑云母斜长片麻岩、石榴子石黑云母斜长片麻岩、石榴子石白云母斜长片麻岩等。

黑云母斜长片麻岩具片麻状构造、鳞片粒柱状变晶结构，矿物成分主要为斜长石、黑云母、白云母和石英等。其中，斜长石约35%、石英约30%，黑云母约30%；次要矿物为白云母、石榴子石；副矿物有磷灰石、锆石等。此类型岩石中黑云母、白云母呈定向排列，说明其变形强烈。浅色矿物斜长石、石英含量>80%，暗色矿物含量较少，其原岩应为长英质变质岩。其中，①斜长石，为自形板状，粒径一般1mm×0.5mm～2.2mm×2mm，少数粗大者粒径达2～5mm，聚片双晶、肖钠双晶发育，可见假格子双晶，个别斜长石中包裹有细小柱状阳起石包体。其光性特征：无色，最高干涉色为Ⅰ级灰色，可见两组近垂直的解理，用垂直（010）晶带最大消光角法测得最大消光角 $N_{p'}\wedge(010)=15°$，斜长石牌号An=30，含量55%～60%。②石英，呈无色、他形粒状，粒径0.2～0.3mm，充填在其他矿物之间，部分颗粒见波状消光，含量27%。③黑云母，为褐色、鳞片状，粒径0.3mm×0.1mm～2mm×0.2mm，多色性显著，$N_{g'}$-深褐色，$N_{p'}$-淡黄褐色，正高突起，最高干涉色Ⅳ级绿，在黑云母边缘呈绿色，向绿泥石过渡，黑云母定向排列，含量10%～12%。④白云母，呈无色-淡绿色、鳞片状，正中突起，干涉色鲜艳，最高干涉色为Ⅰ级灰色，有拖曳现象，含量3%～5%。⑤石榴子石，为多边粒状，粒径1.2mm，浅粉红色，为铁铝榴石，内有铁质微粒斜长石、黑云母等包裹体。

3. 变铁镁质侵入岩

变铁镁质侵入岩主要为石榴子石斜长角闪岩、斜长角闪岩等，与围岩呈侵入接触关系，可见变余斑状或变余辉绿结构、块状构造。地球化学分析其原岩为基性火成岩。

（1）石榴子石斜长角闪岩。该岩石主要为块状和芝麻点状构造、斑状变晶结构。变斑晶为石榴子石；基质为粒柱状变晶结构，主要组成矿物为角闪石和斜长石，二者呈大致定向排列构成面理，此外还有少量石英、黑云母等，它们平衡共生，组成峰期矿物组合。普通角闪石呈港湾状，内有绿帘石、石英和黑云母等早期矿物组合。绿泥石沿裂纹和边缘交代石榴子石、角闪石。其中，①石英无色透明，呈他形粒状，粒径不均，0.01～0.08mm，石英内包裹有更小的矿物包裹体，可见波状消光，最高干涉色为Ⅰ级黄色，含量35%～70%。②斜长石为无色，呈他形粒状，粒径0.03mm×0.02mm～0.05mm×0.04mm，发育聚片双晶，双晶纹细而直，最高干涉色为Ⅱ级黄色，含量20%～30%。③普通角闪石，为他形粒状，粒径0.01mm×0.3mm，蓝绿色，多色性明显 $N_{g'}$-蓝绿色，$N_{p'}$-淡黄绿色，$N_{g'}\wedge C=12°\sim20°$，最高干涉色为Ⅱ级蓝色，含量5%～25%。④石榴子石为自形粒状，粒径0.1～0.6mm。淡红色，裂纹发育，石榴子石中包裹有细小石英而呈筛状变晶结构，含量3%～5%。⑤绿帘石，呈他形粒状，粒径0.05mm，淡黄色，含量1%～2%。

（2）斜长角闪岩，为灰绿色致密块状，柱粒状变晶结构、变余辉绿结构，块状构造。矿物组合为斜长石-普通角闪石-绿帘石（黝帘石）-石英-榍石-方解石，属角闪岩相。其主要矿物成分为斜长石、普通角闪石、绿帘石（黝帘石），部分岩石黑云母呈条带富集，含量较高，达28%；次要矿物为石英、绿泥石、方解石、榍石等。其中，①斜长石为半自形-自形柱状，粒径0.2mm×0.1mm～0.8mm×0.5mm，多见聚片双晶和简单双晶，$N_{p'}\wedge(010)=9.5°$，最高干涉色为Ⅰ级灰白色，斜长石牌号An=25～40，含量30%～50%。②普通角闪石呈半自形柱状，粒径0.2mm×0.1mm～2.5mm×1mm，可见简单双晶，内包裹有绿帘石、榍石等矿物包裹体。绿色，多色性显著，$N_{g'}$-暗褐色-深绿色，$N_{p'}$-浅褐色-浅黄绿色，$N_{m'}$-褐色，最高干涉色为Ⅱ级蓝色，$N_{g'}\wedge C=13°\sim21°$，正延性，含量35%～50%。③绿帘石（黝帘石）为他形粒状，呈集合体形式存在，分布不均匀，多为斜长石中的包裹体，粒径0.05mm×0.1mm，淡黄绿色，弱多色性，正极高突起，糙面显著，最高干涉色Ⅳ级绿，含量10%～20%。④绿泥石呈鳞片状，粒径0.02mm×0.1mm～0.2mm×0.2mm，绿色，弱多色性，最高干涉色为Ⅰ级灰色，近于平行消光，属晚期矿物，在退变质过程中由普通角闪石蚀变而来。

4.3.1.2 矿物学特征

1. 变质表壳岩主要造岩矿物学

湘东北地区变质表壳岩主要造岩矿物有黑云母、石榴子石、十字石、夕线石、斜长石、钾长石、石英、绿泥石、黝帘石、磁铁矿等，部分矿物特征如下。

（1）黑云母。变质表壳岩系主要变质矿物之一。褐色，多色性明显，$N_{g'}$-深褐色、$N_{p'}$-淡黄色，正高突起，最高干涉色为Ⅲ级绿色，平行消光。黑云母电子探针分析见表4-4。

表4-4（a）　变质表壳岩黑云母电子探针分析结果　（单位:%）

样号		SiO_2	TiO_2	Al_2O_3	FeO	MnO	MgO	CaO	Na_2O	K_2O	总量
1016	边	28.781	2.162	21.791	20.119	0.027	9.361	0.036	0.035	10.448	92.53
	核	30.277	1.942	30.836	19.385	0	8.68	0.053	0.37	8.966	100
1025-1	边	36.69	1.646	20.089	21.132	0.024	9.419	0	0.512	6.043	95.816
	核	36.018	1.737	20.288	20.641	0	8.469	0	0.439	10.187	97.779
辜-18		34.673	1.948	19.825	22.496	0.040	7.918	0.064	0.463	9.843	99.725
辜-108		35.622	2.991	20.735	22.460	0.099	6.544	0.034	0.031	9.459	97.973

表4-4（b）　变质表壳岩黑云母电子探针分析（以O=11计算的阳离子数）（单位：a. f. p. u）

样号		Si	Ti	Al^{VI}	Fe^{3+}	Fe^{2+}	Mn	Mg	Ca	Na	K	总量	Mg%	$(Al^{VI}+Fe^{3+}+Ti)\%$	$(Fe^{2+}+Mn)\%$
1016	边	2.324	0.131	2.026	1.059	0.299	0.002	1.127	0.003	0.048	1.076	8.094	24.27	69.26	6.48
	核	2.230	0.098	2.448	0.852	0.240	0.000	0.872	0.004	0.048	0.771	7.563	19.33	75.34	5.33
1025-1	边	2.734	0.092	1.764	1.027	0.290	0.002	1.046	0.000	0.074	0.599	7.628	24.78	68.31	6.91
	核	2.689	0.098	1.785	1.005	0.284	0.000	0.943	0.000	0.064	0.970	7.838	22.92	70.19	6.89
辜-18		2.635	0.111	1.775	1.115	0.314	0.003	0.897	0.005	0.068	0.954	7.878	21.28	71.19	7.53
辜-108		2.663	0.168	1.827	1.095	0.309	0.006	0.729	0.003	0.004	0.902	7.708	17.63	74.75	7.62

在 $Mg-(Al^{VI}+Fe^{3+}+Ti)-(Fe^{2+}+Mn)$ 三角图上（图4-4），黑云母均为铁黑云母。其化学指数，Mg=17.63%～24.78%，$(Al^{VI}+Fe^{3+}+Ti)$ = 68.31%～75.34%，$(Fe^{2+}+Mn)$ = 5.33%～7.62%，其微小差异主要是由于寄主岩石的化学成分不同。

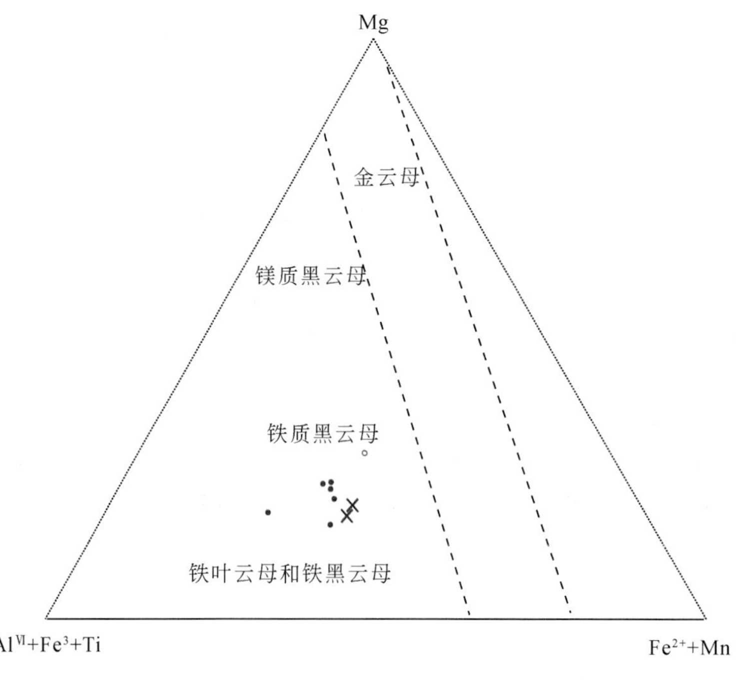

图4-4　湘东北不同变质岩系中黑云母 $Mg-(Al^{VI}+Fe^{3+}+Ti)-(Fe^{2+}+Mn)$ 图解（据Foster，1960）

(2) 石榴子石，也是湘东北地区角闪岩相区域变质岩的主要变质矿物，浅玫瑰红色，粒状，裂隙发育，沿解理纹边缘被绿泥石交代。其电子探针分析结果见表 4-5。

表 4-5 (a)　变质表壳岩石榴子石电子探针分析结果　(单位:%)

样号		SiO_2	TiO_2	Al_2O_3	FeO	MnO	MgO	CaO	Na_2O	K_2O	总量
1025-1	边	37.355	0.056	20.801	38.701	0.148	2.567	0.713	0.000	0.000	100.341
	核	37.4	0.058	22.189	37.284	0.26	2.181	0.557	0.144	0.000	100.073
1016-1	边	36.269	0.072	21.538	37.636	0.935	2.099	1.176	0.180	0.000	99.905
	核	37.328	0.131	21.479	37.302	0.763	2.584	0.784	0.000	0.000	100.371
峷-18-1		37.875	0.055	21.302	35.634	1.631	1.552	1.443	0.233	0.000	99.725
峷-18-2		37.942	0.063	21.877	35.500	1.482	1.249	1.452	0.226	0.000	99.792
峷-18-c		38.035	0.034	20.560	35.638	1.573	1.494	1.448	0.000	0.000	98.782
峷-18-cb		37.645	0.000	22.289	35.454	1.333	1.314	1.334	0.000	0.0000	99.369
峷-18-b		37.847	0.005	21.615	34.849	1.509	1.330	1.387	0.000	0.0000	98.541

表 4-5 (b)　变质表壳岩石榴子石电子探针分析 (以 O=12 计算的阳离子数) (单位: a. f. p. u.)

样号		Si	Ti	Al	Fe^{3+}	Fe^{2+}	Mn	Mg	Ca	Na	K	总量
1025-1	边	3.016	0.003	1.979	0.000	2.613	0.010	0.309	0.062	0.000	0.000	7.992
	核	3.002	0.004	2.099	0.000	2.503	0.018	0.261	0.048	0.022	0.000	7.956
1016	边	2.95	0.004	2.064	0.098	2.453	0.064	0.254	0.102	0.028	0.000	8.019
	核	2.999	0.008	2.034	0.000	2.506	0.052	0.309	0.067	0.000	0.000	7.976
峷-18-1		3.055	0.003	2.025	0.000	2.404	0.111	0.087	0.125	0.035	0.000	7.946
峷-18-2		3.051	0.004	2.073	0.000	2.387	0.101	0.150	0.125	0.035	0.000	7.926
峷-18-c		3.097	0.002	1.973	0.000	2.427	0.108	0.180	0.126	0.000	0.000	7.915
峷-18-cb		3.035	0.000	2.118	0.000	2.390	0.091	0.158	0.115	0.000	0.000	7.907
峷-18-b		3.073	0.000	2.068	0.000	2.366	0.104	0.16	0.121	0.000	0.000	7.893

(3) 十字石，常与石榴子石共生，金黄色，短柱状，弱多色性，$N_{g'}$-金黄色，$N_{m'}$-浅黄色，$N_{p'}$-无色–浅黄色。吸收性 $N_{g'}>N_{m'}>N_{g'}$，平行消光，正延性 (+) 2V=85°，正高突起，最高干涉色为Ⅰ级黄色。其电子探针分析结果见表 4-6。

表 4-6 (a)　变质表壳岩十字石电子探针分析结果　(单位:%)

样号		SiO_2	TiO_2	Al_2O_3	FeO	MnO	MgO	CaO	Na_2O	K_2O	总量
1025-1	边	27.577	0.539	55.53	15.15	0.098	1.126	0.005	0	0	100.025
1025-4	核	27.808	0.509	53.825	16.224	0	1.173	0.093	0	0	99.663

表 4-6 (b)　变质表壳岩十字石电子探针分析 (以 O=14 计算的阳离子数) (单位: a. f. p. u.)

样号		Si	Ti	Al	Fe^{3+}	Fe^{2+}	Mn	Mg	Ca	Na	K	总量
1025-1	边	1.145	0.017	2.718		0.526	0.003	0.070	0.000	0.000	0.000	4.479
1025-1	核	1.166	0.016	2.660		0.569	0.000	0.073	0.004	0.000	0.000	4.488

(4) 夕线石，为无色、纤状、针状，常呈束状集合体，少数长柱状，平行消光，纵切面上 (001) 裂开

发育成竹节状，正延性。其电子探针成分分析结果见表4-7。

表4-7（a）　变质表壳岩夕线石电子探针分析结果　（单位：%）

样号	SiO_2	TiO_2	Al_2O_3	FeO	MnO	MgO	CaO	Na_2O	K_2O	总量
1016-1	36.947	0.145	60.199	1.108	0.016	0.378	0.013	0	1.349	100.155

表4-7（b）　变质表壳岩夕线石电子探针分析（以O=5计算的阳离子数）（单位：a. f. p. u.）

样号	Si	Ti	Al	Fe^{3+}	Fe^{2+}	Mn	Mg	Ca	Na	K	总量
1016-1	1.010	0.003	1.939		0.025	0.000	0.015	0.000	0.000	0.047	3.041

（5）斜长石，变质表壳岩系岩石中广泛出现斜长石，半自形–自形粒柱状，可见聚片双晶和环带结构，无色，最高干涉色为Ⅰ级灰色。其电子探针分析结果见表4-8。

表4-8（a）　变质表壳岩斜长石电子探针分析结果　（单位：%）

样号	SiO_2	TiO_2	Al_2O_3	FeO	MnO	MgO	CaO	Na_2O	K_2O	总量
辜-18	61.265	0	25.411	0.287	0.02	0	5.911	7.096	0.242	100.232

表4-8（b）　变质表壳岩斜长石电子探针分析（以O=8计算的阳离子数）（单位：a. f. p. u.）

样号	Si	Ti	Al	Fe^{3+}	Fe^{2+}	Mn	Mg	Ca	Na	K	总量
辜-18	2.707	0.000	1.323		0.011	0.001	0.000	0.280	0.608	0.014	4.942

（6）石英。湘东北地区表壳岩系中所有变质岩中均含有石英，一般为他形粒状，其光性特征取决于不同的构造区位。

（7）钾长石，呈半自形粒状，偶见格子双晶，无色，可见近垂直解理，负突起高，最高干涉色为Ⅰ级灰白色。

（8）绿泥石。在退变质过程中绿泥石由黑云母蚀变而来，弱多色性，$N_{g'}$-绿色，$N_{p'}$-无色，最高干涉色为Ⅰ级灰色，平行消光。其电子探针成分分析结果见表4-9。

表4-9（a）　变质表壳岩绿泥石电子探针分析结果　（单位：%）

样号	SiO_2	TiO_2	Al_2O_3	FeO	MnO	MgO	CaO	Na_2O	K_2O	总量
1016-1	24.455	0.2	23.475	27.186	0.039	13.504	0.035	0	0	88.894
1025-1	25.588	0.056	21.442	28.811	0.099	9.438	0.029	0	0.002	85.465

表4-9（b）　变质表壳岩绿泥石电子探针分析（以O=14计算的阳离子数）（单位：a. f. p. u.）

样号	Si	Ti	Al	Fe^{3+}	Fe^{2+}	Mn	Mg	Ca	Na	K	总量
1016-1	2.950	0.004	2.064	0.098	2.453	0.064	0.254	0.102	0.028	0.000	8.109
1025-1	2.811	0.005	2.776		2.647	0.009	1.546	0.003	0.000	0.000	9.797

2. 花岗质片麻岩主要造岩矿物学

花岗质片麻岩类的矿物可以明显分为两期，峰期变质矿物为斜长石、钾长石、黑云母、石榴子石，而退变质矿物主要有白云母、绿泥石等。

（1）黑云母，呈鳞片状，鳞片大小为0.3mm×0.1mm～2mm×0.2mm，多色性显著，$N_{g'}$-深褐色，$N_{p'}$-淡黄褐色，正高突起，最高干涉色为Ⅳ级绿色。因退变质作用，黑云母边缘呈绿色向绿泥石过渡。其电子探针成分分析结果见表4-10。

表4-10（a）　花岗片麻岩黑云母电子探针分析结果　（单位：%）

样号		SiO_2	TiO_2	Al_2O_3	FeO	MnO	MgO	CaO	Na_2O	K_2O	总量
1017-1	边	35.861	3.375	17.894	21.55	0.019	6.339	0.062	0.224	11.34	96.835
	核	36.663	2.476	18.223	20.667	0.151	7.223	0.04	0	10.814	96.257

表4-10（b）　花岗片麻岩黑云母电子探针分析结果（以O=11计算的阳离子数）

（单位：a. f. p. u.）

样号		Si	Ti	Al^{VI}	Fe^{3+}	Fe^{2+}	Mn	Mg	Ca	Na	K	总量	Mg%	$(Al^{VI}+Fe^{3+}+Ti)\%$	$(Fe^{2+}+Mn)\%$
1017-1	边	2.747	0.194	1.616	1.077	0.304	0.012	0.724	0.005	0.033	1.108	7.821	18.44	73.52	8.04
	核	2.793	0.142	1.636	1.027	0.290	0.010	0.820	0.003	0.000	1.051	7.773	20.89	71.47	7.64

（2）斜长石，呈自形-半自形板状、粒状，聚片双晶，肖钠双晶发育，无色，最高干涉色为Ⅰ级灰色，可见两组垂直的解理，用垂直（010）晶带最大消光角测得最大消光角 $N_{p'}\wedge(010)=15°$，斜长石牌号 An=30。其电子探针成分分析结果见表4-11。

表4-11（a）　花岗片麻岩斜长石电子探针分析结果　（单位：%）

样号		SiO_2	TiO_2	Al_2O_3	FeO	MnO	MgO	CaO	Na_2O	K_2O	总量
1017-1	核	62.856	0.012	23.019	0.034	0	0	3.944	9.967	0.292	100.124
	边	59.811	0	24.3	0.062	0	0.029	5.185	8.614	0.283	98.284

表4-11（b）　花岗片麻岩斜长石电子探针分析（以O=8计算的阳离子数）（单位：a. f. p. u.）

样号		Si	Ti	Al	Fe^{3+}	Fe^{2+}	Mn	Mg	Ca	Na	K	总量
1017-1	边	2.707	0.000	1.296		0.002	0.000	0.002	0.251	0.756	0.016	5.031
	核	2.785	0.000	1.202		0.001	0.000	0.000	0.187	0.856	0.017	5.049

（3）白云母，无色-淡绿色，鳞片状，正中突起，干涉色鲜艳，最高干涉色为Ⅰ级灰色。

3. 变铁镁质侵入岩主要造岩矿物学

（1）普通角闪石，呈绿色、他形柱状，多色性明显，$N_{g'}$-蓝绿色，$N_{p'}$-淡黄绿色，正高突起，两组完全菱形解理，最高干涉色为Ⅰ级紫红色，$N_{g'}\wedge C=16°\sim20°$，正延性，矿物内包含有石榴子石、石英、绿帘石、绿泥石等早期矿物包裹体。其电子探针成分分析见表4-12。按Leaker等（1997）角闪石分类图解（图4-5），该角闪石属于镁角闪石和钙镁闪石质角闪石。按 Al^{VI}-Al^{IV} 关系图解（图4-6），其属于低角闪岩相变质成因。

表4-12（a）　角闪石电子探针分析结果　（单位：%）

样号		SiO_2	TiO_2	Al_2O_3	FeO	MnO	MgO	CaO	Na_2O	K_2O	总量
1025-2	边	41.455	0.528	13.129	20.377	0.18	7.248	10.307	1.013	0.664	94.901
	核	42.755	0.487	13.565	21.079	0.196	7.201	10.117	1.34	0.338	97.078
1025-3	边	44.117	0.282	14.928	18.604	0.04	7.993	9.441	0.363	0.019	95.787
	核	43.151	0.27	15.014	18.219	0.208	8.828	8.862	1.105	0.141	95.798

表 4-12（b） 角闪石电子探针分析（以 O=23 计算的阳离子数） （单位：a. f. p. u.）

样号		Si	Ti	Al	Fe^{3+}	Fe^{2+}	Mn	Mg	Ca	Na	K	总量
1025-2	边	6.47	0.062	2.415	1.096	1.501	0.024	1.686	1.724	0.307	0.132	15.417
	核	6.508	0.056	2.433	1.170	1.445	0.025	1.634	1.650	0.395	0.066	15.382
1025-3	边	6.509	0.031	2.669	1.764	0.446	0.027	1.985	1.432	0.323	0.027	15.213
	核	6.630	0.032	2.644	1.508	0.754	0.005	1.791	1.520	0.106	0.004	14.994

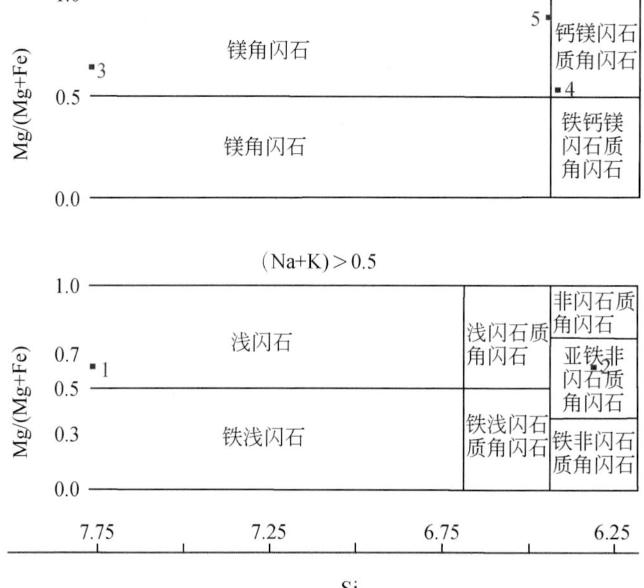

图 4-5 钙质角闪石的分类命名图（据 Leaker et al., 1997）

1. Ⅱ-4-2；2. Ⅲ-2-3；3. Ⅲ-3-2；4. 1025-2；5. 1025-3

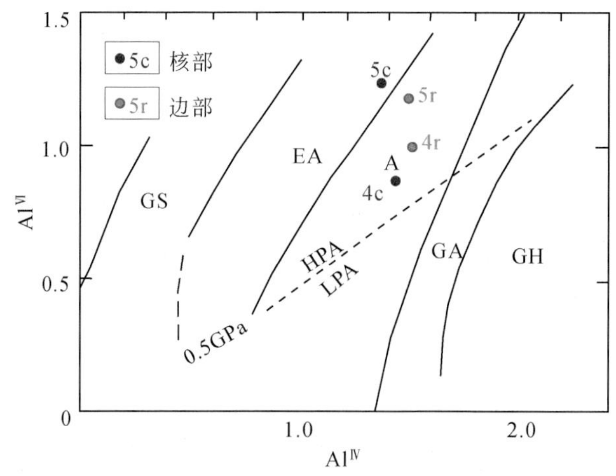

图 4-6 钙质角闪石的 Al^{VI}-Al^{IV} 图解（据 Drugova, 1965；Raase, 1974）

GS. 绿片岩相；EA. 绿帘角闪岩相；A. 角闪岩相；GA. 普通角闪石麻粒岩相；GH. 紫苏辉石麻粒岩相；HPA. 高压型；LPA. 低压型；4. 1025-3；5. 1025-2

（2）斜长石，呈半自形-自形柱状、板状、无色，最高干涉色为Ⅰ级灰色，大部分蚀变为绢云母和绿帘石，未蚀变者可见聚片双晶，退变质过程形成钠长石。其电子探针分析结果见表 4-13。

表 4-13（a）　斜长石电子探针分析结果　（单位:%）

样号	SiO_2	TiO_2	Al_2O_3	FeO	MnO	MgO	CaO	Na_2O	K_2O	总量
1025-2	45. 854	0	34. 931	0	0	0	16. 382	1. 185	0. 019	98. 371
1025-3	45. 81	0. 008	35. 576	0. 13	0	0	15. 664	1. 102	0. 001	98. 291

表 4-13（b）　斜长石电子探针分析（以 O=8 计算的阳离子数）　（单位：a. f. p. u.）

样号	Si	Ti	Al	Fe^{3+}	Fe^{2+}	Mn	Mg	Ca	Na	K	总量
1025-2	2. 131	0. 000	1. 425		0. 000	0. 000	0. 000	0. 812	0. 107	0. 001	4. 967
1025-3	2. 125	0. 000	1. 945		0. 005	0. 000	0. 000	0. 778	0. 099	0. 000	4. 952

（3）石榴子石，为自形粒状，淡红色，裂纹发育，无解理，正极高突起，显均质性，绿泥石沿裂纹和边缘交代石榴子石。其电子探针成分分析结果见表 4-14。

表 4-14（a）　石榴子石电子探针分析结果　（单位:%）

样号		SiO_2	TiO_2	Al_2O_3	FeO	MnO	MgO	CaO	Na_2O	K_2O	总量
1025-2	边	36. 617	0. 07	20. 773	23. 189	10. 464	0. 768	7. 584	0. 097	0	99. 562
	核	36. 685	0. 165	21. 097	22. 012	11. 22	0. 713	7. 05	0. 063	0	98. 987
1025-3	边	38. 566	0	22. 229	29. 794	1. 843	1. 689	5. 92	0	0	100. 041
	核	39. 08	0. 38	21. 602	28. 258	1. 913	1. 596	6. 521	0. 085	0	99. 435

表 4-14（b）　石榴子石电子探针分析（以 O=12 计算的阳离子数）　（单位：a. f. p. u.）

样号		Si	Ti	Al	Fe^{3+}	Fe^{2+}	Mn	Mg	Ca	Na	K	总量
1025-2	边	2. 975	0. 004	1. 989	0. 000	1. 576	0. 720	0. 093	0. 660	0. 015	0. 000	8. 033
	核	2. 985	0. 010	2. 022	0. 000	1. 498	0. 773	0. 086	0. 615	0. 010	0. 000	7. 999
1025-3	边	3. 049	0. 000	2. 071	0. 000	1. 970	0. 123	0. 199	0. 502	0. 000	0. 000	7. 915
	核	3. 093	0. 023	2. 015	0. 000	1. 870	0. 128	0. 188	0. 553	0. 013	0. 000	7. 883

（4）绿泥石，呈鳞片状、粒状，绿色，弱多色性，最高干涉色为 Ⅰ 级灰色，可见近平行消光，系普通角闪石、黑云母等晚期退变质矿物。其电子探针分析结果见表 4-15，均属铁镁绿泥石。

表 4-15（a）　绿泥石电子探针分析结果　（单位:%）

样号	SiO_2	TiO_2	Al_2O_3	FeO	MnO	MgO	CaO	Na_2O	K_2O	总量
1016-1	24. 455	0. 2	23. 475	27. 186	0. 039	13. 504	0. 035	0	0	88. 894
1025-1	25. 588	0. 056	21. 443	28. 811	0. 099	9. 438	0. 029	0	0. 002	85. 465

表 4-15（b）　绿泥石电子探针分析（以 O=8 计算的阳离子数）　（单位：a. f. p. u）

样号	Si	Ti	Al	Fe^{3+}	Fe^{2+}	Mn	Mg	Ca	Na	K	总量
1016-1	2. 562	0. 016	2. 892		2. 382	0. 003	2. 109	0. 004	0. 000	0. 000	9. 974
1025-1	2. 811	0. 005	2. 776		2. 647	0. 009	1. 546	0. 003	0. 000	0. 000	9. 797

（5）绿帘石，呈他形粒状，淡黄绿色，弱多色性，正极高突起，糙面显著，最高干涉色为Ⅳ级绿色。其电子探针分析结果见表 4-16。

表 4-16 (a) 绿帘石电子探针分析结果 (单位:%)

样号	SiO_2	TiO_2	Al_2O_3	FeO	MnO	MgO	CaO	Na_2O	K_2O	总量
1025-3	43. 299	0. 028	33. 886	0. 094	0. 043	0	16. 179	0. 966	0	94. 495

表 4-16 (b) 绿帘石电子探针分析 (以 O=8 计算的阳离子数) (单位: a. f. p. u.)

样号	Si	Ti	Al	Fe^{3+}	Fe^{2+}	Mn	Mg	Ca	Na	K	总量
1025-3	3. 282	0. 002	3. 027	0. 005		0. 003	0. 000	1. 314	0. 142	0. 000	7. 773

4. 3. 1. 3 变质作用期次分析

通过矿物平衡共生组合分析、变质反应关系、矿物世代划分和变斑晶显微构造分析等多方面综合研究,“连云山混杂岩” 的变质作用至少经历过 5 个期次 (详见表 4-3)。

(1) 早期低绿片岩相变质作用 (M_1), 表现为绿片岩相区域变质, 为前角闪岩相变质残留, 由于后期角闪岩相发生近变质作用, 该期变质矿物组合几乎消失, 仅在铁家龙石榴子石斜长角闪岩 (薄片 1025-2) 的角闪石晶体中发现绿帘石、石英和黑云母包裹体残留; 在水家坪黑云母斜长片麻岩 (薄片 1016-1) 的斜长石斑晶中存在细小柱状阳起石和黝帘石等包裹体残留; 在连云山十字石石榴子石云母片岩 (薄片Ⅳ-5-1) 的前构造期, 石榴子石变斑晶中早期片理与主期片理较大角度斜交 [图 4-7 (a)], 组成早期片理的变质矿物组合为绿片岩相斜长石、石英和云母等。早期片理 S_1, 基本无变形迹象。综合上述特征分析, 早期共生矿物组合为绿片岩相组合, 且据其区域性残存分布、早期片理 S_1 无变形迹象推断其系埋藏变质作用所致。

(2) 角闪岩相变质作用 (M_2)。其矿物组合以粗粒石榴子石变斑晶与特征变质矿物十字石及基质矿物角闪石、斜长石、黑云母、石英等为代表, 角闪石、斜长石和黑云母构成区域面理。该期变质矿物组合为峰期变质矿物组合, 根据出现特征矿物十字石, 判断其变质程度达角闪岩相十字石亚相。

(3) 高角闪岩相变质作用 (M_3)。在幕阜山花岗质片麻岩穹隆核部出现典型高温矿物堇青石、夕线石和钾长石组合带, 在堇青石变斑晶内有短柱状十字石、黑云母等平行定向排列并与主期片理斜交 [图 4-3 (f)], 说明在十字石亚相之后发生过递增变质作用。

(4) 角闪岩相变质作用 (M_4)。早期十字石巨斑晶因韧性伸展作用而片理化 [图 4-7 (b)], 并形成新生矿物组合石英-长石-黑云母-石榴子石; 早期石榴子石变斑晶塑性变形呈眼球状集合体; 沿早期片理充填新生型细粒状石榴子石集合体 [图 4-7 (c)、(d)]。该期石榴子石与早期石榴子石的区别为: 早期石榴子石一般呈较大的筛状变晶结构和环带结构, 边缘有溶蚀呈圆形或椭圆形; 晚期石榴子石个体相对较小, 表面干净, 外形为正六边形。该变质特征仅发现于连云山地区, 推测与燕山期连云山岩体侵位、连云山变质核杂岩形成有关。根据沿新生面理发育石榴子石-黑云母-长石-石英的矿物组合, 判断其为角闪岩相, 且该期变质作用伴有石榴子石、十字石的剪切变形, 说明温度很高, 达到了花岗质成分的熔融条件。这与野外观察到的燕山早期连云山地区发生过剪切深熔混合岩化相佐证。

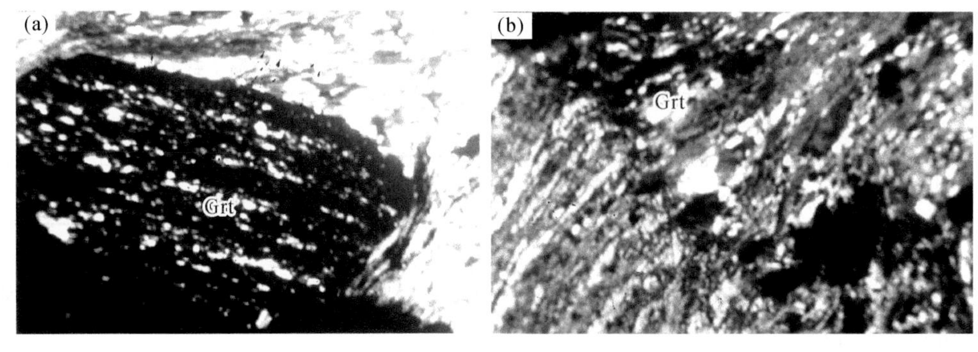

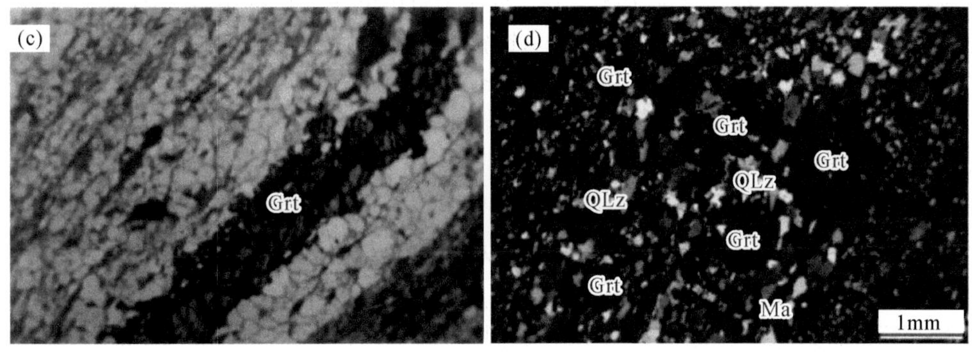

图 4-7　湘东北"连云山混杂岩"显微照片［（a）~（c）为单偏光；（d）为正交偏光］

（a）十字石石榴子石云母片岩中石榴子石（Grt）变斑晶中早期片理与主期片理大角度斜交；（b）早期石榴子石（Grt）变斑晶因韧性伸展而片理化；（c）沿早期片理充填的细粒状石榴子石（Grt）集合体；（d）云母片岩中粒状石榴子石（Grt）组成的条带

（5）晚期绿片岩相区域变质作用（M_5）。晚期表现为绿泥石、白云母、绿帘石等低温矿物部分置换普通角闪石、黑云母、石榴子石等早期较高温矿物，其矿物组合具低绿片岩相变质特征。

综上所述，整个"连云山混杂岩"中角闪岩相变质不具连续递变的特点，而表现出叠加的关系。其中，十字石亚相相当于中温角闪岩相，夕线石-钾长石带相当于高角闪岩相或麻粒岩相，整个岩石变质程度较高，并有混合岩化作用发生。

4.3.1.4　变质作用演化

1. 变质温度、压力估算

根据各变质矿物的电子探针分析结果（表 4-3 ~ 表 4-16），利用变基性岩-石榴子石斜长角闪岩（样品 1025-2、1025-3）中峰期变质矿物变斑晶石榴子石及基质矿物斜长石、角闪石组成的温度计、压力计，求得峰期温度 T、压力 P 见表 4-17。

表 4-17　"连云山混杂岩"变基性岩峰期变质矿物的温度、压力（温压）估算结果

岩石名称	T/℃	温度计	P/kbar	压力计
石榴子石斜长角闪岩（1025-2）	450（核） 404（边）	角闪石-石榴子石对温度计（Hb-Gt）（Graham and Powell，1984）	10.31（边） 9.38（核）	角闪石中铝压力（Al in Hb）（Hammarstrom and Zen，1986）
			11.20（边） 10.15（核）	角闪石中铝压力（Al in Hb）（Hollister et al.，1987）
			8.51（边） 7.14（核）	角闪石中铝压力（Al in Hb）（Johnson and Rutherford，1989）
石榴子石斜长角闪岩（1025-3）	520		8.23（边） 8.37（核）	角闪石中铝压力（Al in Hb）（Hammarsrom and Zen，1986）
			8.86（边） 9.02（核）	角闪石中铝压力（Al in Hb）（Hollister et al.，1987）
			6.76（边） 6.87（核）	角闪石中铝压力（Al in Hb）（Johnson and Rutheford，1989）

（1）早期绿片岩相变质作用阶段（M_1）的温压估算。该阶段高绿片岩相（样品 1025-2）变质残余的矿物共生组合为绿帘石-阳起石-石英-黑云母，判断属低绿片岩相。该组合的温度为 400 ~ 500℃

（Yardley，1989）。在富铝片麻岩（样品 153）中，石榴子石中的包体矿物组合为黑云母–白云母–绿泥石–石英–斜长石，根据反应方程式：绿泥石+斜长石＝铁铝榴石+绿泥石+石英+H_2O 发生的温压条件的实验资料，上述组合形成的温压条件估计为：$T \leqslant 500$℃，$P \leqslant 4$kbar。

（2）角闪岩相变质作用阶段（M_2）的温压估算。该阶段以峰期特征变质矿物十字石大量发育为特征。根据形成十字石的变质反应，Hoschek（1969）标定其平衡温度为 540±15 ~ 546±15℃。另据样品 1025-2 变基性岩，边缘压力为 8.5 ~ 11.2kbar，温度为 404℃，平均深度 D＝33km，dT/dD＝12.2℃/km；核部压力 7.1 ~ 10.1kbar，温度为 450℃，平均深度 D＝29.3km，dT/dD＝15.4℃/km。该变基性岩为高压相系高绿片岩相–低角闪岩相变质岩，从早期（核部）到晚期（边缘）经历了一个降温增压的过程。据 1025-3 号变基性岩样品，边缘压力为 6.8 ~ 8.9kbar，温度为 524℃，平均深度 D＝26.2km，dT/dD＝20℃/km；核部压力 6.9 ~ 9.0kbar，温度为 524℃，平均深度 D＝26.7km，dT/dD＝20℃/km。据此可推断 M2 阶段经历了早期近高压低角闪岩（高绿片岩）相至晚期的中压相系的角闪岩相变质作用。

（3）高角闪岩相或近麻粒岩相变质作用阶段（M_3）的温压估算。该阶段出现典型高温矿物组合：石英–钾长石–斜长石–夕线石–铁铝榴石–堇青石，其温度、压力范围可由变质反应式（白云母+石英＝夕线石+钾长石），以及角闪岩相向麻粒岩相过渡的变质反应式（夕线石+黑云母+石英＝堇青石+石榴子石+正长石+H_2O）来限定，温度为 660 ~ 735℃，压力在 3.5 ~ 8kbar 之间。

（4）角闪石相变质作用阶段（M_4）的温压估算。该阶段以早期十字石斑晶片理化、石榴子石变斑晶眼球化为特征，并伴以“连云山混杂岩”剪切深熔作用和混合岩化，据此判断其温度大于 700℃（Massonne，1992），即位于泥质岩系花岗质成分初始熔融线以东。

（5）晚期低绿片岩相退变质阶段（M_5）的温压估算。据混合岩化石榴子石斜长角闪岩（185 连-5-10、185 连 5-14）和富白云母斜长花岗质片麻岩（连-193）流体包裹体测温资料（表 4-18），低温组温度变化范围可分为 119 ~ 199℃及 204 ~ 297℃两组。低温组反映后期退变质（伴随混合岩化和热液蚀变）温度。以石榴子石斜长角闪岩（样品 1025-1）中退变质矿物绿泥石的化学成分为依据，利用 Cartelinearu 和 Nieva（1985）的绿泥石温度计计算得 T＝235℃，与流体包裹体测温相对较高的低温组温度一致。以断陷红盆 NE 向边界断裂中变余糜棱岩（49-1）多硅白云母的化学成分为依据（表 4-19），利用钠云母分子含量与温度关系图（图 4-8）、多硅白云母 P-T 稳定曲线（图 4-9），估计温压条件为 T＝250℃，P＝1.1kbar，D＝3.6km，dT/dD＝69.40℃/km，属低压绿片岩相。

表 4-18　“连云山混杂岩”流体包裹体测温结果

样号		大小/μm	气液比/%	均一温度/℃	备注
185 连-5-10	1	5	6	312	混合岩化石榴子石斜长角闪岩。 低温组Ⅱ：213 ~ 297℃，平均 265℃；中温组：301 ~ 342℃，平均 321℃
	2	5	6	297	
	3	8	10	291	
	4	8	10	293	
	5	5	7	301	
	6	6	7	247	
	7	6	10	285	
	8	6	10	260	
	9	6	15	338	
	10	5	10	342	
	11	6	10	312	
	12	8	10	213	
	13	6	10	232	

续表

样号		大小/μm	气液比/%	均一温度/℃	备注
189 连-5-14	14	5	6	285	石榴子石斜长角闪岩。 低温组Ⅱ：204～285℃，平均 251℃； 中温组：308～386℃，平均 336℃
	15	5	6	204	
	16	6	5	230	
	17	6	15	386	
	18	10	10	283	
	19	5	10	308	
	30	5	10	314	
连-193	31	6	10	199	富白云母斜长花岗质片麻岩。 低温组Ⅰ：119～199℃，平均 163℃； 中温组：371～415℃，平均 391℃
	32	8	10	193	
	33	5	10	395	
	34	6	20	382	
	35	5	5	119	
	36	5	5	124	
	37	5	5	173	
	38	5	10	394	
	39	8	10	371	
	40	15	20	415	
	41	5	7	132	
	42	5	7	195	
	43	5	10	146	
	44	5	5	160	
	45	6	10	193	

注：由中国地质大学（武汉）地质过程与矿产资源国家重点实验室英国莱芝仪分析测试。

表 4-19（a）　多硅白云母电子探针分析结果　（单位:%）

样号	SiO_2	TiO_2	Al_2O_3	Cr_2O_3	FeO	MnO	MgO	CaO	Na_2O	K_2O	NiO	总量
49-1	47.50	0.21	32.86	0.35	5.16	0.00	1.88	0.03	0.26	8.61	0.00	96.86

表 4-19（b）　多硅白云母电子探针分析（以 O=11 计算的阳离子数）　（单位：a. f. p. u.）

样号	Si	Ti	Al	Cr	Fe^{2+}	Mn	Mg	Ca	Na	K	Ni	总量
49-1	3.134	0.01	2.555	0.018	0.285	0.000	0.185	0.002	0.033	0.725	0.000	6.948

2. *P-T-t* 轨迹的重建及深部作用过程

将温压估算结果和矿物世代分析综合起来进行考虑，对“连云山混杂岩”角闪岩相变质岩进行 *P-T* 作图获得如图 4-10 所示的 *P-T* 轨迹，以反映变质作用过程。整个过程似顺时针方向演化的 *P-T* 轨迹。根据这个 *P-T* 轨迹，结合湘东北地区变基性-超基性岩 Sm-Nd 定年，我们认为“连云山混杂岩”角闪岩相变质岩经历了吕梁运动初期的构造埋藏变质作用（M_1）以及随后深埋到 33km 深度的近高压变质作用（M_1）。随后增厚的地壳，因重力均衡隆升，同时基性岩浆底侵作用和下地壳对中上地壳加温仍在继续，从而使“连云山混杂岩”角闪岩相变质岩具降压增温的轨迹（M_1^1—M_2^1 段）。

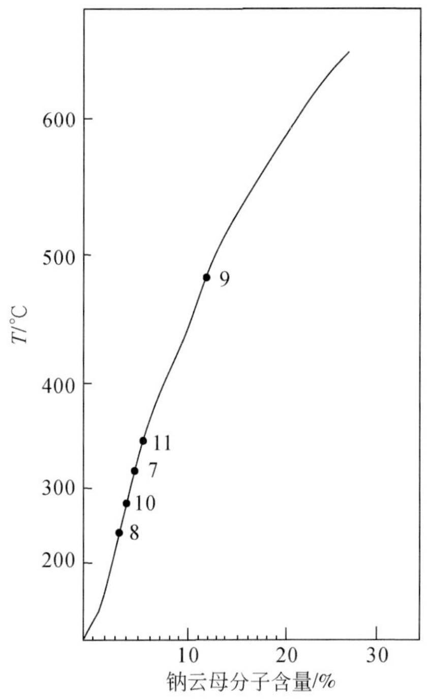

图 4-8　钠云母分子含量与温度关系图
（据 Schreyer et al.，1980）
7. 22-1；8. 49-1；9. 连-灶-3；10. 9-3；11. 17-3

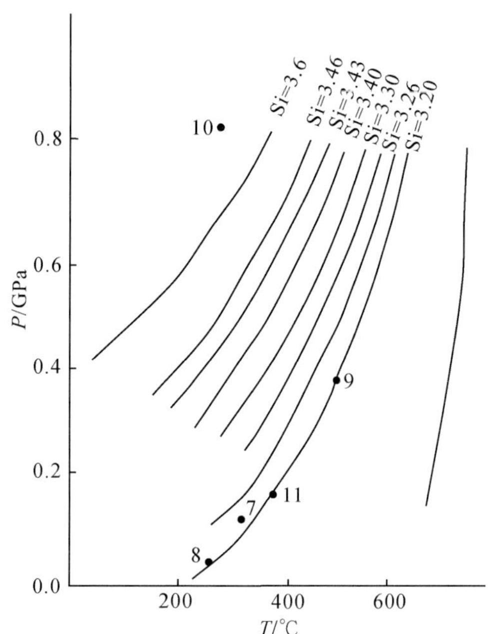

图 4-9　多硅白云母 *P-T* 稳定曲线
（据 Velde，1967）
7. 22-1；8. 49-1；9. 连-灶-3；10. 9-3；11. 17-3

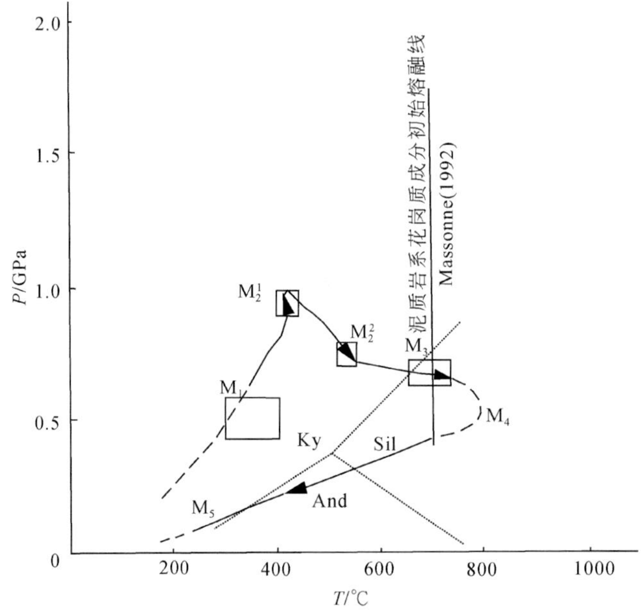

图 4-10　“连云山混杂岩”角闪岩相变质岩变质作用 *P-T* 轨迹
And. 红柱石；Ky. 蓝晶石；Sil. 夕线石

这个研究结果可能获年代学和 Nd 同位素示踪研究的支持。在幕阜山地区被石榴子石斜长角闪岩（样品 1025-2）侵入的十字石石榴子石黑云母片岩（样品 1025-1），Sm-Nd 全岩等时线年龄为 1904±57Ma，$\varepsilon_{Nd}(t)=5.4$，$t_{DM}=1948$Ma，而连云山地区石榴子石斜长角闪岩（连-辜-5），Sm-Nd 全岩等时线年龄为 1960±3Ma，$\varepsilon_{Nd}(t)=5.6$，$t_{DM}=1982$Ma（贾宝华和彭和求，2005）。Sm-Nd 同位素年龄和 Nd 同位素年龄揭示：1.982Ga 左右，幕阜山-连云山地区就存在基性岩浆底侵作用，随后于 1.96Ga 左右（Ⅰ幕）吕梁碰撞造山作用使地壳收缩增厚，先存低绿片岩相浅变质岩系发生近高压绿片岩相变质作用（M_1 期）。在

1.904Ga 左右（Ⅱ幕）则发生低角闪岩相变质作用（M_1^2）。

由于缓慢抬升、充分的热弛豫、连续的增温（持续低侵作用），深部岩石受到加热必然引起变质地体近等压增温，产生 *P-T* 图解中 M_2—M_3 段递进变质作用轨迹。

虽然湘东北地区历经武陵运动（约 1.0Ga）、加里东运动和印支运动，但是区域性的热流增高尚不足以使吕梁期已达角闪岩相变质的“连云山混杂岩”再次发生矿物相的转变。因此，武陵期、加里东期和印支期的 *P-T* 轨迹难以确认。只有在侵位的炽热花岗岩体周围叠加的热变质晕内才有可能，M_3 期变质作用产生的高温矿物组合堇青石-夕线石-钾长石就是核部存在花岗质片麻岩这一额外热源所致。花岗质片麻岩岩石组合与九岭等晋宁期岩体岩石组合相似，因此推断 M_3 期变质作用与晋宁期构造热事件相对应。该期变质作用可能与新元古代陆-弧-陆碰撞和/或大陆裂解事件有关。

M_4 期变质作用以连云山地区最为典型。连云山岩体锆石 U-Pb 年龄集中于 155～130Ma，可作该期变质年龄的估计值。伴随该期变质有剪切重熔型花岗岩形成和“连云山混杂岩”混合岩化作用。据研究，M_4 期角闪岩相区域变质与燕山期岩石圈地幔拆沉、基底再次活化和底侵作用密切相关。之后，湘东北地区进入了 NE—NNE 向盆-岭构造形成和发展阶段，九岭-幕阜山岭快速抬升，“连云山混杂岩”发生降温降压的低绿片岩相退变质作用。绿片岩相退变质时期 M_5 与九岭-幕阜山岭第一阶段降升时期对应，即 130～110Ma。

综上所述，“连云山混杂岩”变质作用特征可作如下总结：

（1）“连云山混杂岩”是迄今为止在湘东北地区所发现的一套局部变质达角闪岩相至高角闪岩相的中、深变质岩系。主期角闪岩相变质系吕梁运动所致。

（2）“连云山混杂岩”角闪岩相变质岩经历了一个漫长复杂的变质过程，至少经历了 5 期变质作用，整个变质过程为近顺时针方向演化的 *P-T-t* 轨迹。

（3）在约 1900Ma，由于碰撞地壳明显加厚，使“连云山混杂岩”深埋到地下达 33km 深处，发生了近高压变质作用。Nd 同位素示踪和递增变质作用的热历史反映出层圈间、壳幔间的强烈相互作用。现今的“连云山混杂岩”是在燕山期 155～130Ma 以来通过岩石圈地幔拆沉、多期底侵和基底活化而折返至地表的。

4.3.2　绿片岩相变质岩

4.3.2.1　岩相学特征

湘东北地区“连云山混杂岩”绿片岩相变质岩是一套区域变质和韧性剪切变形变质的复合变质岩。根据岩石化学成分、变余结构构造特征，可将其分成变基性火山岩和变质沉积岩两个大类。贾宝华和彭和求（2005）曾对其中相关的蛇绿岩残片（?）进行过详细的描述，本章仅就其变质特点进行阐述。

1. 变基性火山岩组合

该变基性火山岩组合是“连云山混杂岩”南棚下岩组的基本组成，呈脉状侵入于冷家溪群中，劈理化等构造变形强烈［图 4-11（a）～（c）］，仅部分保留变余斑状结构、变余辉绿结构和变余假流纹构造。岩石普遍呈绿色，常见的岩石类型有绿帘石（黝帘石）-阳起石片岩、透闪石片岩、阳起石片岩、绿帘石-阳起石岩、阳起石-绿帘石（黝帘石）片岩和斜长角闪岩等。原岩可能为熔结凝灰岩、玄武岩、富铁镁质基性火成岩。

1）阳起石-绿帘石（黝帘石）片岩、绿帘石（黝帘石）-阳起石片岩

该类岩石呈灰绿色、致密块状，显示显微纤状变晶结构、显微微晶变晶结构、显微隐晶结构。局部具有变余晶屑结构、变余凝灰结构、变余假流纹构造，部分岩石具显著定向构造、片状构造。主要变质矿物为阳起石、绿帘石，因变质矿物阳起石和绿帘石含量差异而使岩石分类有所差异；次要变质矿物为绿泥石、石英、云母及少量斜长石晶屑残余。粒柱状变晶阳起石颗粒较粗，粒径 0.2～0.8mm 不等；绿帘石（黝帘石）变晶粒径较小，一般<0.001mm；纤状阳起石变晶与隐晶尘状绿帘石（黝帘石）常呈团块或条纹产出。团块或条纹为火山凝灰质塑变玻屑，经浆屑压扁拉长、重结晶而成，可见没有蚀变完全的斜长石晶体，保留有斜长晶屑外形和双晶特征。

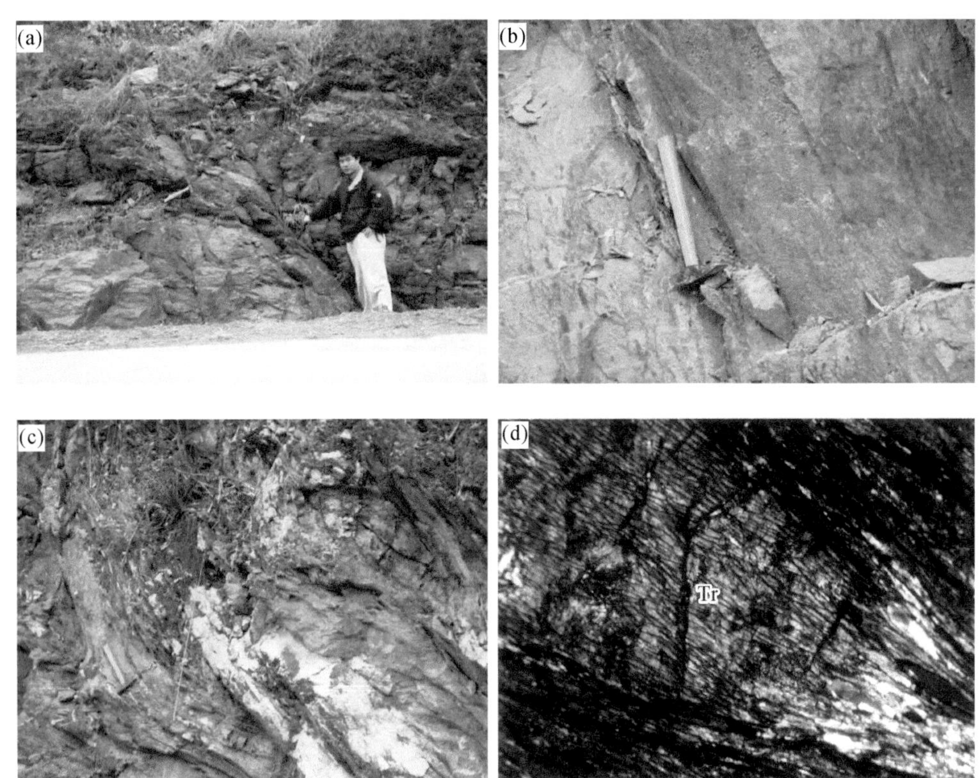

图 4-11　湘东北变基性火山岩野外［(a)~(c)］和室内显微照片［(d) 为正交偏光］

(a) 变基性火山岩与冷家溪群呈侵入接触；(b) 块状构造的变基性火山岩；(c) 强烈劈理化的变基性火山岩；(d) 变基性火山岩中变形的透闪石 (Tr) 残斑

具斑状变晶结构的岩石，变斑晶含量 5%~20% 不等，成分为阳起石变晶或阳起石与绿帘石（黝帘石）变晶集合体，变斑晶大小在 0.5~3mm，集合体外形保留了原基性斜长石宽板状自形晶形，围绕此晶形外有一圈宽约 0.2mm 的海绵边，其成分为更细的绿帘石尘状物和泥质物的混合体。基质阳起石纤状变晶杂乱-半定向分布，其间夹有微晶-隐晶的绿帘石变晶、石英变晶及绿泥石鳞片变晶。阳起石变晶粒径<0.1mm，绿帘石变晶更细，绿帘石尘状物和微晶往往呈小团块集合体状，部分岩石集合体团块外圈有净边发育，净边为石英，外形轮廓为斜长石宽板状自形晶。

2）*透闪石片岩*

岩石呈灰绿色，野外观察到其强烈劈理化，显示粒状纤柱状变晶结构、变斑状结构，片状构造。变质矿物组合为透闪石-阳起石-黝帘石，岩石主要由变晶新生的纤柱状透闪石及细小粒状黝帘石，少量黄铁矿、石英、阳起石等定向排列分布组成。变斑晶透闪石因动力变质呈椭圆状、眼球状［图 4-11 (d)］，大小为 a（长轴）= 0.4mm、b（短轴）= 0.2mm。有的变斑晶之间单双晶纹明显变形弯曲或折断。

3）*斜长角闪黑云母岩*

该岩石见于沙坝下等地，呈灰黑色，柱粒状鳞片变晶结构及变余嵌晶包含结构，块状构造。变质矿物组合为斜长石-黑云母-角闪石-石英。主要矿物包括斜长石（40%）、黑云母（28%）、角闪石（20%）；次要矿物为石英绿帘石（黝帘石）（2%）、方解石（4%）。其中，①角闪石，呈褐色、柱状，具多色性和吸收性，$N_{g'}$-暗褐色、$N_{m'}$-褐色、$N_{p'}$-浅褐色，$N_{g'}>N_{m'}>N_{p'}$，发育一组解理，$N_{g'}\wedge C=18°\sim22°$，正延性，多数向绿色种属过渡或变为绿色种属，粒径 0.2mm×0.4mm~1mm×1.8mm。在部分晶体内残留有浑圆形橄榄石嵌晶假象。据此，其原岩成分应属辉石岩或辉长岩类。②黑云母，呈板片状、条状，常常交代角闪石，$N_{g'}$-褐色、$N_{p'}$-浅黄色，呈条带富集定向分布，粒径 0.1mm×0.2mm~0.8mm×4mm。③斜长石，呈自形-半自形粒状、板状，可见钠氏双晶，多被绿帘石、绢云母等交代，粒径 0.2mm×0.4mm~1.2mm×1.6mm。

4）斜长角闪岩类

以岩墙状与围岩呈显著侵入接触，片麻理不发育，可见变余辉绿结构、变余半自形粒状结构等，这些特征可与变质表壳岩中斜长角闪岩相区别。区内主要包括细中粒斜长角闪岩和浅色细粒斜长角闪岩两种岩石类型。在退变质过程中，斜长石蚀变为绢云母和绿帘石，并产生钠长石，普通角闪石蚀变为绿泥石、黑硬绿泥石。在雷公糙可见由灰黑色细中粒斜长角闪岩（碎斑）和浅灰色细粒斜长角闪岩构成的角闪岩角砾岩。

（1）细中粒斜长角闪岩（样品Ⅲ-2-3），呈板柱状，变晶结构、块状构造，主要矿物有斜长石、普通角闪石；次要矿物有绿泥石、石英；副矿物有方解石等。其中，①斜长石，呈长板状，粒径在0.2mm×0.1mm～1.5mm×0.3mm。斜长石为半自形-自形，且构成近三角形的孔隙时，为变余辉绿结构。斜长石大部分已蚀变为绢云母和绿帘石，在斜长石假象外包围有钠长石，可见小双晶，钠长石是在退变质过程中形成的。②普通角闪石呈短柱状，自形程度不如斜长石，粒径0.3mm×0.2mm～1.2mm×0.8mm，褐色，多色性明显，$N_{g'}$-暗褐色，$N_{p'}$-淡褐色，正高突起，可见两组完全菱形解理，$N_{g'} \wedge C=16°\sim20°$，集中在18°左右，正延性，在普通角闪石中含有绢云母、绿帘石包裹体。在样品号Ⅲ-2-4斜长角闪岩中，镜下可见角闪石具环带结构。

（2）浅灰色细粒斜长角闪岩（样品Ⅲ-2-4），呈柱粒状，变晶结构、块状构造，主要矿物有斜长石、绿泥石、石英、普通角闪石。斜长石，柱状，半自形-自形，自形程度高，在斜长石之间充填其他矿物，为变余辉绿结构，粒径0.5mm×0.25mm，无色，最高干涉色为Ⅰ级灰色，80%都已蚀变为绢云母和绿帘石，使表面混浊，且产生少量钠长石。绿泥石沿边缘和解理交代普通角闪石，系晚期退变质产物。矿物组合为斜长石-普通角闪石-石英，属角闪岩相。据其结构构造判断原岩可能为辉绿岩。

2. 变质沉积岩组合

1）泥质变质岩类

该岩类以富含白云母（含量在10%以上）及石英为特征（图4-12），可分为白云母片岩、白云母石英片岩、绢云母石英千枚岩等。岩石类型以千枚岩类为主，但韧性变形强烈改变了岩石面貌，使千枚岩变成构造片岩。

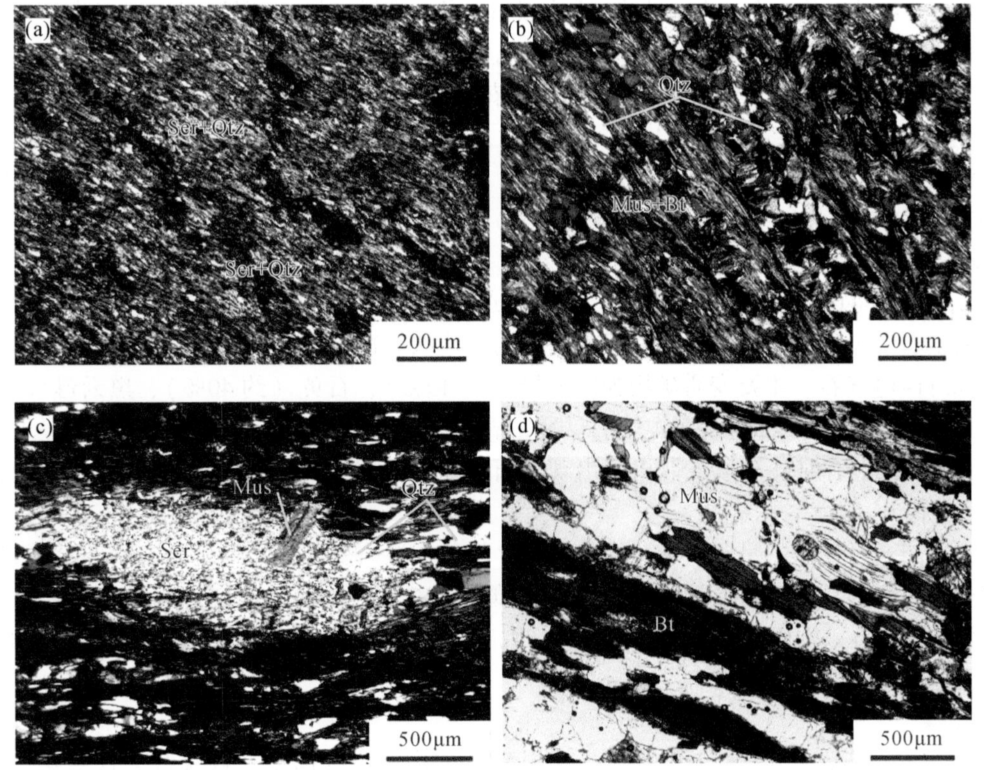

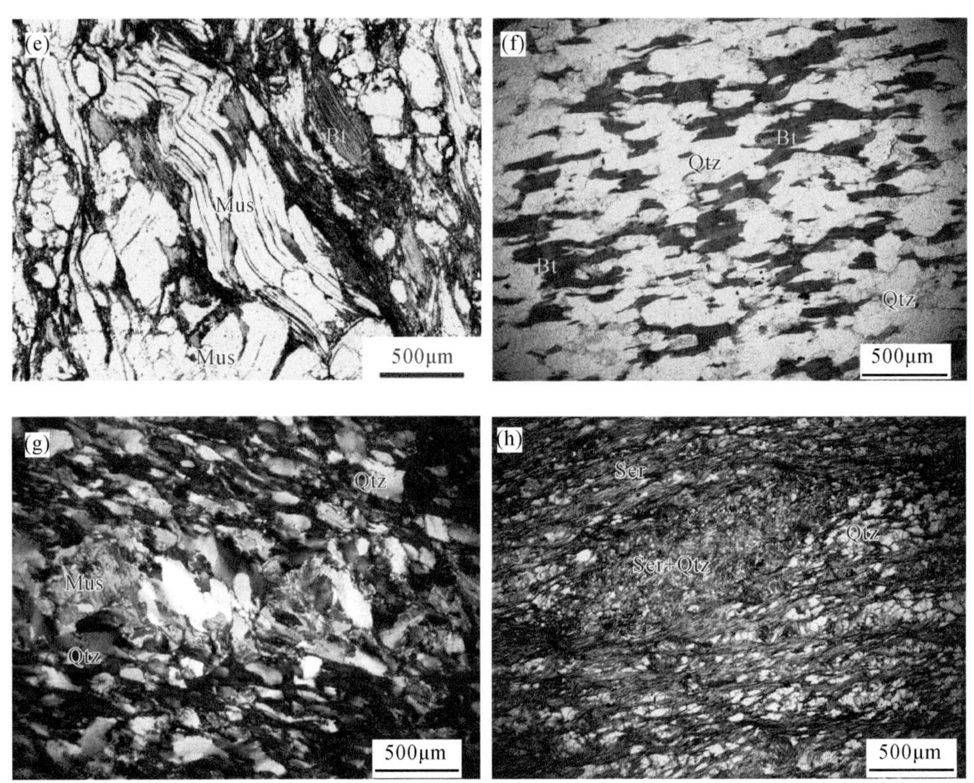

图4-12　湘东北泥质变质岩室内显微照片［（d）、（e）、（f）和（h）为单偏光，其余为正交偏光］

（a）千枚岩千枚状构造；（b）千枚岩粒状鳞片变晶结构；（c）变形的透镜状绢云母（Ser）集合体；（d）石英（Qtz）云母片岩中片状构造和鳞片变晶结构；（e）石英云母片岩中白云母（Mus）的揉皱变形；（f）黑云母（Bt）石英片岩中的鳞片粒状变晶结构；（g）二云母片岩中石英（Qtz）+白云母（Mus）斜切早期板理；（h）云母片岩中S-C面理构造及σ透镜体均指示右行

（1）绢云石英千枚岩，呈灰-浅灰白色，显微鳞片变晶结构、千枚状构造［图4-12（a）（b）］。主要矿物为新生的显微鳞片状绢云母、黑云母雏晶及细粉砂级石英碎屑。它们呈明显的优先定向排列，其中石英因韧性剪切略有压扁拉长；板劈理有微细褶皱现象，大致具膝折雏形。

（2）二云母石英片岩、二云母片岩，呈显微鳞片花岗变晶结构，片状构造。变晶新生的云母鳞片和重结晶的石英颗粒作明显的定向排列［图4-12（c）~（g）］，而且鳞片状云母呈连续条纹或条带状定向产出。

（3）绿泥石石英片岩，呈鳞片花岗变晶结构、片状构造。变质矿物组合为石英-绿泥石-黑云母-黝帘石-榍石。主要矿物为石英（50%）、绿泥石（39%），次要矿物为黑云母（5%）、黝帘石（5%），以及呈透镜状的矿物榍石颗粒［图4-12（c）（f）］。绿泥石、鳞片状黑云母呈明显的定向分布；石英常见压扁拉长，粒径大小0.03~0.25mm，定向排列。沿片理或微裂隙可见石英脉、方解石脉穿入或渗入。

（4）石榴子石二云母片岩，呈花岗鳞片变晶结构，片状构造。变质矿物组合为白云母-黑云母-石英-石榴子石-绿帘石-电气石。主要变质矿物为白云母（约40%）、石英（约40%）、黑云母（15%）；次要矿物为石榴子石（3%）及少量棕褐色电气石、绿帘石；副矿物为微量磁铁矿。变晶矿物呈明显的定向排列，石英被压扁拉长，有时甚至呈条带相间出现，石榴子石为铁铝石榴子石呈细小粒状集合体。黑云母部分被绿泥石交代。

（5）黝帘石二云母片岩，呈花岗鳞片变晶结构，片状构造。变质矿物组合为白云母-黑云母-石英-黝帘石-电气石。主要变质矿物为白云母（23%）、石英（32%）、黑云母（27%）、黝帘石（17%）；次要矿物为电气石、绿泥石；副矿物有锆石、磁铁矿。黝帘石，呈无色，细小粒状，变晶星散分布于岩石中，具异常干涉色，粒径0.05~0.2mm。

2）*石英岩类*

该岩类包括磁铁石英岩和绢云母石英岩，花岗变晶结构、块状构造。磁铁石英岩主要矿物成分为石英（>95%）、磁铁矿（约 5%）。绢云母石英岩主要矿物有石英（60%）、绢云母（35%）；次要矿物有白云母（3%）、电气石（2%）。其中，石英呈他形粒状，粒径 0.08 ~ 0.15mm，因静态重结晶石英颗粒界线平直；绢云母呈鳞片状定向排列；白云母呈鳞片状，粒径 0.07mm×0.02mm，与绢云母作为胶结物；电气石呈短柱状、粒状，为棕褐色。

4.3.2.2　矿物学特征

绿片岩相区域变质岩中所涉及的变质矿物多达十几种，如较常见的绿泥石、绿帘石、黑硬绿泥石、钠长石、白云母、阳起石等。现将代表性矿物分述如下。

1）白云母

白云母是“连云山混杂岩”绿片岩相变质岩中出现最广泛的变质矿物之一，依粒径不同，可划分为粒径较大的片状白云母和细小鳞片状绢云母。绢云母是“连云山混杂岩”各岩片早期低绿片岩相变质作用产物，而白云母则是较晚期强变形带中形成的。绢云母呈黄白色-无色弱多色性，突起明显。白云母，片状，平行消光，一轴负晶，2V=15° ~ 20°。其电子探针分析结果见表 4-20。

表 4-20（a）　白云母电子探针分析结果　（单位:%）

样号	SiO_2	TiO_2	Al_2O_3	FeO	MnO	MgO	CaO	Na_2O	K_2O	总量
Ⅰ-17-2	50.146	0.061	31.859	0.966	0.023	1.853	0.057	0	11.514	96.479
09-3	55.92	0.00	26.35	0.27	0.01	0.28	0.07	0.37	12.75	96.02
17-3	45.82	0.24	32.20	5.41	0.19	0.82	0.57	0.45	8.89	94.58
22-1	47.37	0.51	33.62	1.68	0.02	0.86	0.03	0.41	10.92	95.43
49-1	47.50	0.21	32.86	5.16	0.00	1.88	0.03	0.26	8.61	96.51

表 4-20（b）　白云母电子探针分析（以 O=11 计算的阳离子数）　（单位：a. f. p. u.）

样号	Si	Ti	Al	Fe^{3+}	Fe^{2+}	Mn	Mg	Ca	Na	K	总量
Ⅰ-17-2	2.093	0.002	1.567		0.034	0.001	0.115	0.003	0.000	0.613	4.428
09-3	3.667	0.000	2.037		0.015	0.001	0.027	0.005	0.047	1.067	6.869
17-3	3.113	0.012	2.578		0.307	0.011	0.083	0.041	0.059	0.771	6.992
22-1	3.157	0.026	2.641		0.094	0.001	0.085	0.002	0.053	0.928	6.988
49-1	3.134	0.010	2.555		0.285	0.000	0.185	0.002	0.033	0.725	6.948

2）钠长石

钠长石主要有两种，即变余斑晶（样品Ⅰ-17-1）和细小变晶（样品 49-1）。斜长石变余斑晶颗粒较大，呈不规则状、眼球状和透镜状，无色，最高干涉色为Ⅰ级灰色，可见聚片双晶和简单双晶，钠长石内有绿帘石和黝帘石包裹体。绿片岩相变质作用过程中形成的钠长石为细粒他形粒状，可见双晶和解理。其电子探针分析表明（表 4-21），它们为较纯的钠长石，这表明变质作用程度局限于绿片岩相。

表 4-21（a）　钠长石电子探针分析结果　（单位:%）

样号	SiO_2	TiO_2	Al_2O_3	FeO	MnO	MgO	CaO	Na_2O	K_2O	总量
Ⅰ-17-1	68.766	0.041	19.811	0.044	0.016	0	1.051	11.021	0.023	100.773
Ⅰ-17-2	67.231	0.021	19.591	0.279	0.034	0	0.12	11.097	0.063	98.436
Ⅰ-27-3	65.238	0	19.112	0.369	0.001	0.89	0.628	11.866	0.063	98.167
49-1	68.16	0.03	19.21	0.08	0.02	0	0.14	11.51	0.05	99.21

表 4-21（b）　钠长石电子探针分析（以 O=5 计算的阳离子数）　（单位：a. f. p. u.）

样号	Si	Ti	Al	Fe^{3+}	Fe^{2+}	Mn	Mg	Ca	Na	K	总量
Ⅰ-17-1	1.864	0.001	0.633		0.001	0.000	0.000	0.031	0.579	0.001	3.109
Ⅰ-17-2	1.864	0.000	0.640		0.006	0.001	0.000	0.004	0.597	0.002	3.115
Ⅰ-27-3	1.831	0.000	0.632		0.009	0.000	0.037	0.019	0.646	0.002	3.177

表 4-21（c）　钠长石电子探针分析（以 O=8 计算的阳离子数）　（单位：a. f. p. u.）

样号	Si	Ti	Al	Fe^{3+}	Fe^{2+}	Mn	Mg	Ca	Na	K	总量
49-1	2.998	0.001	0.996		0.003	0.001	0.000	0.007	0.981	0.003	6.988

3）角闪石类

绿片岩相变质岩中的角闪石主要有普通角闪石、阳起石和透闪石等，它们一般分布于强变形带中。角闪石多呈蓝绿色或绿色，柱状或细小针柱状，平行分布，并构成矿物线理。镜下多色性明显：深蓝色-淡黄色或蓝绿色-淡绿色，可见角闪石式解理。根据 $Al^{Ⅳ}$-$Al^{Ⅵ}$ 图解（图 4-13）和 $Al^{Ⅳ}$-$(Na+K)^{A}$ 图解（图 4-14），可判断以绿片岩相高压型角闪石为主，并有绿帘角闪岩相高压型角闪石和近麻粒岩相低压型角闪石。多变质成因角闪石的出现说明沧溪、涧溪冲变质岩具复杂的变质作用。

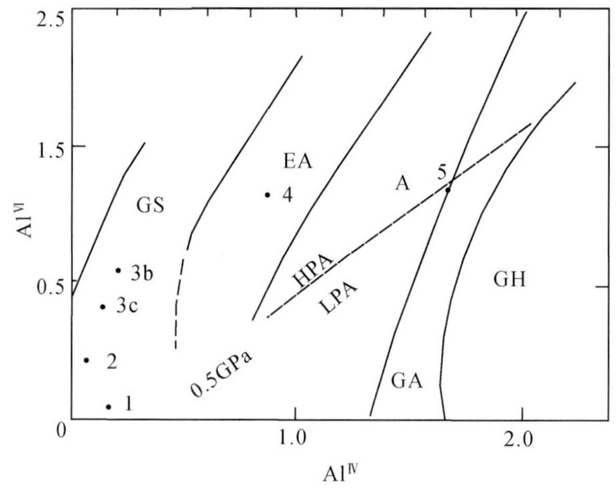

图 4-13　钙质角闪石的 $Al^{Ⅳ}$-$Al^{Ⅵ}$ 图解（据 Drugova and Glebovitskiy，1965；Raase，1974）

GS. 绿片岩相；EA. 绿帘角闪岩相；A. 角闪岩相；GA. 普通角闪石麻粒岩相；GH. 紫苏辉石麻粒岩相；HPA. 高压型；LPA. 高压型。

1. Ⅱ-4-2；2. Ⅱ-14-1；3b. Ⅲ-3-2 边部；3c. Ⅲ-3-2 核部；4. Ⅲ-15-3；5. Ⅲ-2-3

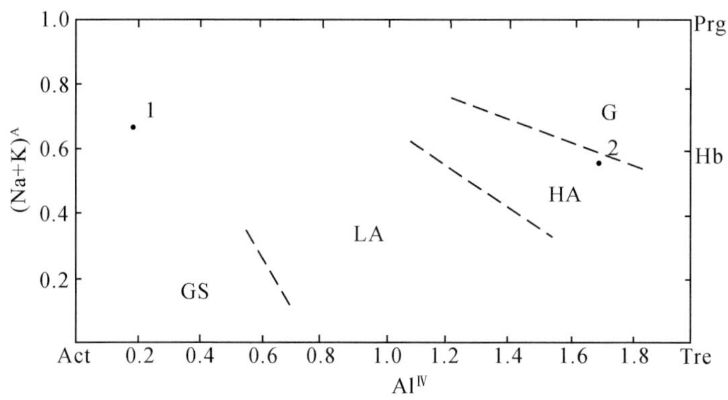

图 4-14　钙质角闪石的 $Al^{Ⅳ}$-$(Na+K)^{A}$ 图解（据安三元和胡能高，1992）

GS. 绿片岩相；LA. 低角闪岩相；HA. 高角闪岩相；Prg. 韭闪石；Hb. 普通角闪石；

Act. 阳起石；Tre. 透闪石；G. 麻粒岩相。样品号见图 4-13

（1）普通角闪石，可分为褐色和绿色两种。绿色普通角闪石呈柱状或短柱状，粒径0.2mm×0.1mm～0.8mm×0.2mm，镜下具强多色性，$N_{g'}$-绿色，$N_{p'}$-淡黄绿色，$N_g \wedge C=16°\sim22°$，正延性，最高干涉色为Ⅱ级蓝色。褐色普通角闪石（样品Ⅲ-2-3、沙-1）呈短柱状，$N_{g'}$-暗褐色，$N_{p'}$-淡褐色，正高突起，$N_{g'} \wedge C=16°\sim21°$，一般为10°，正延性，可见简单双晶，内有早期绢云母、绿帘石包裹体。从表4-22中可看出，两者成分变化较大，表示温压环境有所变化。在角闪石边缘有绿泥石反应边，系晚期退变质的产物。

表4-22（a）　普通角闪石类电子探针分析结果　（单位:%）

样号	SiO_2	TiO_2	Al_2O_3	FeO	MnO	MgO	CaO	Na_2O	K_2O	总量
Ⅱ-4-2	52.569	0.161	1.493	14.323	0.151	13.33	10.271	3.781	0.057	96.135
Ⅲ-2-3	41.569	3.136	13.694	9.78	0.077	11.321	10.327	2.462	0.86	93.226
Ⅲ-3-2（-b）	51.904	0.042	4.865	13.418	0.119	12.073	10.804	0.47	0.02	93.715
Ⅲ-3-2（-c）	53.446	0.113	3.665	14.026	0.075	13.55	10.506	0.196	0	95.577

表4-22（b）　普通角闪石类电子探针分析（以O=23计算的阳离子数）　（单位：a.f.p.u.）

样号	Si	Ti	Al	Fe^{3+}	Fe^{2+}	Mn	Mg	Ca	Na	K	总量
Ⅱ-4-2	7.816	0.018	0.262	0.000	1.781	0.019	2.954	1.636	1.090	0.011	15.586
Ⅲ-2-3	6.324	0.359	2.455	0.253	1.226	0.010	2.568	1.683	0.726	0.167	15.771
Ⅲ-3-2边	7.76	0.005	0.857	0.020	1.657	0.015	2.691	1.731	0.136	0.004	14.876
Ⅲ-3-2核	7.831	0.012	0.633	0.571	1.126	0.009	2.96	1.649	0.056	0.000	14.847

（2）阳起石。阳起石常见于各类变基性岩中，大部分为纤状变晶，单体长度$d=0.1\sim0.4$mm，有的具放射状排列特征；还有小部分呈毛发状与石英、绿泥石、绿帘石中较粗者（$d=0.03\sim0.08$mm）集中在一起呈团分布。小部分为长柱状变晶，长0.5～3mm，个别阳起石变斑晶内保留了玄武岩基质。中斜长石微晶（长条状）呈杂乱分布的特点，或局部可见由阳起石交代不彻底的斜长石晶屑，隐约观察到其双晶纹或保留了斜长石晶屑假象。阳起石矿物成分电子探针结果见表4-23。

表4-23（a）　阳起石电子探针分析结果　（单位:%）

样号		SiO_2	TiO_2	Al_2O_3	FeO	MnO	MgO	CaO	Na_2O	K_2O	总量
Ⅰ-9-2		54.889	0.001	1.484	12.906	0.02	13.396	11.67	0	0	94.366
Ⅰ17-2		54.769	0.064	1.527	11.208	0.019	15.024	11.446	0.077	0	94.134
Ⅰ-27-3		52.786	0.071	3.739	13.575	0.083	13.548	11.712	0.461	0.034	96.009
Ⅱ-14-1	边	54.32	0	2.769	10.12	0.093	16.547	11.628	0.183	0.103	95.763
	核	54.575	0	2.857	9.905	0.061	16.044	11.323	0.343	0	95.108
Ⅲ-15-3	边	50.489	0.196	7.59	13.798	0.098	12.619	11.095	0.723	0.033	96.641
	核	47.52	0.224	10.534	15.605	0.001	10.836	10.3	1.169	0.093	96.283

表4-23（b）　阳起石电子探针分析（以O=23计算的阳离子数）　（单位：a.f.p.u.）

样号	Si	Ti	Al	Fe^{3+}	Fe^{2+}	Mn	Mg	Ca	Na	K	总量
Ⅰ-9-2	8.109	0.000	0.258	0.000	1.595	0.003	2.950	1.847	0.000	0.000	14.767
Ⅰ17-2	8.051	0.007	0.265	0.000	1.378	0.002	3.293	1.803	0.022	0.000	14.821
Ⅰ-27-3	7.737	0.008	0.646	0.087	1.574	0.010	2.960	1.839	0.131	0.006	14.999

续表

样号		Si	Ti	Al	Fe^{3+}	Fe^{2+}	Mn	Mg	Ca	Na	K	总量
Ⅱ-14-1	边	7.836	0.000	0.471	0.340	0.872	0.011	3.558	1.797	0.051	0.019	14.956
	核	7.899	0.000	0.487	0.190	1.004	0.007	3.462	1.756	0.096	0.000	14.901
Ⅲ-15-3	边	7.362	0.021	1.304	0.440	1.226	0.012	2.743	1.733	0.204	0.006	15.053
	核	7.032	0.025	1.837	0.749	1.150	0.000	2.390	1.633	0.335	0.018	15.170

在糜棱岩化的阳起石片岩（样品Ⅱ-14-1）中，阳起石碎斑呈柱状、眼球状，粒径 1mm×0.5mm，显示淡绿色、弱多色性、正中突起，最高干涉色为Ⅱ级绿色，$N_{g'} \wedge C = 10° \sim 15°$，一般为 14°，可见简单双晶，因塑性变形，双晶发生扭曲。在阳起石碎斑外围常可见有晚期退变质的绿泥石反应边。

（3）透闪石。可分变斑晶和纤状两种。透闪石变斑晶呈短柱状，粒径 0.8mm×0.05mm ~ 1.2mm×1mm，为无色、中正突起，$N_{g'} \wedge C = 4° \sim 18°$、正延性，最高干涉色Ⅱ级蓝，包裹有绿帘石。

4）*绿帘石（黝帘石）*

绿帘石（黝帘石）为绿片岩相岩石中的主要组成矿物，标本上呈浅绿色，细小粒状；在镜下方呈正高突起，干涉色为Ⅰ级黄白色，Ⅱ级鲜艳不均匀干涉色。绿帘石多数呈隐晶的尘状集合体，其形态各异，大小悬殊，大者似浆屑（$d = \sim 5$mm），小者似玻屑（$d = 0.2 \sim 0.5$mm），压扁拉长（见样品Ⅰ-32）。小数呈粒状变晶（$d = 0.1 \sim 0.3$mm）集合体，完全保留了斜长石或辉石晶屑的轮廓。据这些特征推断，其原岩可能为玄武质熔凝灰岩。绿帘石电子探针分析结果见表 4-24。

表 4-24（a）　绿帘石电子探针分析结果　　（单位:%）

样号	SiO_2	TiO_2	Al_2O_3	FeO	MnO	MgO	CaO	Na_2O	K_2O	总量
Ⅰ-9-2	39.061	0.407	29.032	2.997	0.093	0.11	22.036	0.01	0	93.546
Ⅰ-17-2	40.784	0.041	32.885	0.566	0.009	0	21.578	0.123	0.013	95.999
Ⅰ-27-3	41.867	0.147	23.785	8.879	0.042	0.018	20.217	0	0	94.955
Ⅲ-15-3	39.221	0.117	27.929	7.42	0.028	0	21.458	0	0	96.173

表 4-24（b）　绿帘石电子探针分析（以 O=12.5 计算的阳离子数）　　（单位：a. f. p. u.）

样号	Si	Ti	Al	Fe^{3+}	Fe^{2+}	Mn	Mg	Ca	Na	K	总量
Ⅰ-9-2	8.109	0.000	0.258	0.000	1.595	0.003	2.950	1.847	0.000	0.000	14.762
Ⅰ-17-2	3.118	0.002	2.963	0.001		0.001	0.000	1.768	0.018	0.001	7.872
Ⅰ-27-3	3.373	0.009	2.258	0.529		0.003	0.002	1.745	0.000	0.000	7.920
Ⅲ-15-3	3.118	0.007	2.617	0.438		0.002	0.000	1.828	0.000	0.000	8.011

5）*绿泥石*

绿泥石为角闪石、阳起石退变质矿物，浅黄绿色-无色，弱多色性，最高干涉色为Ⅰ级灰色，可见“柏林蓝”异常干涉色。其电子探针成分分析见表 4-25。按 Deer 等（1982）的分类，本区绿泥石为铁镁绿泥石。

表 4-25（a）　绿泥石电子探针分析结果　　（单位:%）

样号		SiO_2	TiO_2	Al_2O_3	FeO	MnO	MgO	CaO	Na_2O	K_2O	总量
Ⅰ-17-1	边	26.228	0.014	21.335	20.412	0.034	17.718	0.056	0.035	0	85.832
	核	24.56	0.017	21.824	21.695	0.124	17.028	0.102	0.183	0	85.533
Ⅰ-17-2		27.176	0.035	20.936	20.244	0.141	16.539	0.333	0	0	85.404

续表

样号	SiO_2	TiO_2	Al_2O_3	FeO	MnO	MgO	CaO	Na_2O	K_2O	总量
Ⅰ-27-3	31.315	0.09	17.134	20.297	0.107	8.109	0.182	0.546	0.08	77.86
Ⅱ-14-1	27.676	0.004	22.416	18.049	0.085	21.915	0.108	0	0	90.253
09-3	28.26	0.06	20.41	13.97	0.08	24.16	0.08	0.01	0.01	87.03
17-3	30.65	0.09	23.90	23.12	0.22	8.82	0.23	0.10	0.34	87.46

表4-25（b）　绿泥石电子探针分析（以O=14计算的阳离子数）　（单位：a. f. p. u.）

样号		Si	Ti	Al	Fe^{3+}	Fe^{2+}	Mn	Mg	Ca	Na	K	总量
Ⅰ-17-1	边	2.744	0.001	2.631		1.786	0.003	2.764	0.006	0.007	0.000	9.943
	核	2.612	0.001	2.735		1.930	0.011	2.700	0.012	0.038	0.000	10.038
Ⅰ-17-2		2.850	0.003	2.588		1.776	0.013	2.586	0.037	0.000	0.000	9.853
Ⅰ-27-3		3.565	0.008	2.299		1.932	0.010	1.376	0.022	0.121	0.012	9.344
Ⅱ-14-1		2.711	0.000	2.588		1.478	0.007	3.200	0.011	0.000	0.000	9.996
09-3		2.794	0.004	2.378		1.155	0.007	3.56	0.008	0.002	0.001	9.980
Ⅰ-17-3		3.124	0.007	2.871	0.222	1.733	0.019	1.34	0.025	0.020	0.044	9.435

6）*黑硬绿泥石*

黑硬绿泥石多产于强应变带的斜长角闪岩（样品Ⅱ-4-2）中，呈束状集合体，多色性强，$N_{g'}$-黑褐色、$N_{p'}$-黄绿色，中正突起、最高干涉色为Ⅱ级绿色。黑硬绿泥石往往沿边缘交代普通角闪石，为晚期退变质阶段产物。由其电子探针分析见表4-26，可知黑硬绿泥石贫铝富镁，可能与其产于强应变带中有关。

表4-26（a）　黑硬绿泥石电子探针分析结果　（单位:%）

样号	SiO_2	TiO_2	Al_2O_3	FeO	MnO	MgO	CaO	Na_2O	K_2O	总量
Ⅱ-4-2（①）	51.016	0.1	5.261	15.162	0.068	10.413	11.067	0.393	0.059	93.539
Ⅱ-4-2（②）	50.79	0.087	3.549	15.622	0.141	12.279	11.285	0.598	0	94.351

表4-26（b）　黑硬绿泥石电子探针分析（以O=14计算的阳离子数）　（单位：a. f. p. u.）

样号	Si	Ti	Al	Fe^{3+}	Fe^{2+}	Mn	Mg	Ca	Na	K	总量
Ⅱ-4-2（①）	4.698	0.007	0.571		1.168	0.005	1.430	1.092	0.070	0.007	9.048
Ⅱ-4-2（②）	4.674	0.006	0.385		1.202	0.011	1.684	1.113	0.107	0.000	9.181

4.3.2.3　变质作用及*P-T-t*趋势

根据分析，连云山绿片岩相混杂岩质变质岩经历了三个阶段的较为复杂的变质作用过程（图4-15、表4-3）。

1. 中低绿片岩相区域变质（M_1）

该期变质为“连云山混杂岩”绿片岩相变质岩主期变质作用。

（1）变泥质岩、变火山碎屑岩矿物组合为：①石英-绢云母-(斜长石)-(黑云母)；②石英-绢云母-绿泥石-(斜长石)-(黑云母)。其典型矿物组合为绢云母-绿泥石-(雏晶）黑云母，属低绿片岩相。

（2）变基性岩矿物组合为：钠长石-绿帘石-绿泥石-阳起石-方解石-黑云母。

根据主期矿物组合中黑云母少量出现，而以绿片岩相矿物组合为主，说明绿片岩相变质温度

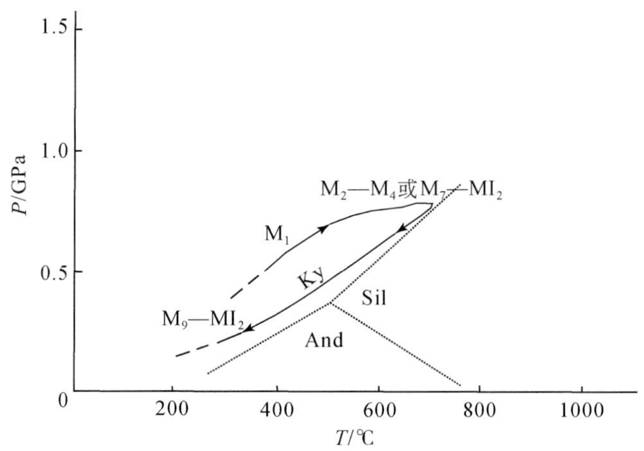

图 4-15　“连云山混杂岩”绿片岩相变质岩变质作用 P-T 轨迹

And. 红柱石；Ky. 蓝晶石；Sil. 夕线石

T 为约 450℃。利用角闪石 NaM_4-Al^{IV} 压力计（Brown，1977）求得压力 P=5.8kbar（样品Ⅱ-4-2）；利用 Hb-Pl 温度计（Blundy and Holland，1990）求得温度 T=350～450℃（样品Ⅱ-4-27）；利用 Hb-Pl 压力计求得阳起绿帘石岩（样品Ⅲ-15-3）早期阳起石压力 P=5.07kbar（三种压力计所得平均值）。因此早期绿片岩相变质作用的温度压力条件为：T=350～450℃、P=5.07～5.8kbar、深度 D=16.7～19.14km、地热梯度 dT/dD=18.27～26.95℃/km，属中压绿片岩相变质。据有关研究（贾宝华和彭和求，2005），阳起石绿帘石岩、云母石英片岩 Sm-Nd 全岩等时线年龄为 2090±20Ma、2030±8Ma 和 1960±17Ma，可能反映了“连云山混杂岩”的吕梁期变质年龄；而阳起石绿帘石岩 Sm-Nd 全岩等时线年龄 2592±49Ma 可能是阜平期变质年龄的反映。不过，这些 Sm-Nd 等时线年龄的可信度有待高精度定年方法（如锆石 U-Pb）的证实（详见 4.5 节）。

2. 角闪岩相变质（M_2—M_4 或 M_7—MI_2）

该期变质矿物组合为普通角闪石–斜长石–石英–黑云母，并伴有强烈韧性剪切变形。利用角闪石–斜长石温压计求得温压条件为 T=727℃、P=8.2kbar（三种压力平均值）、深度 D=27km、地热梯度 dT/dD=26.9℃/km，属中–高角闪岩相变质级。湘东北地区元古宙变基性–超基性岩和花岗质岩锆石 U-Pb 年龄分别为 800～860Ma、820～845Ma（详见本书第 3 章），因此估计其变质时期为武陵期或燕山晚期。

3. 低绿片岩相区域变质（M_9）

该期变质表现为绿泥石、白云母、绿帘石、黑硬绿泥石等低温矿物部分置换普通角闪石、黑云母、阳起石等早期较高温矿物，并伴随有北东向强烈脆韧性变形。同时根据上述退变质矿物的 P-T 稳定域可推断 P-T 条件为 T=200～350℃、P=2～3kbar。而由晚期阳起石（样品Ⅲ-15-3）角闪石压力计求得其压力为 P=2.43kbar（三者压力平均值）；利用多硅白云母温压计求得样品 22-1 条件为 T=320℃、P=2.1kbar，样品 17-3 条件为 T=360℃、P=1.7kbar。综合上述，该期变质作用的条件为 T=200～360℃、P=1.7～2.43kbar、深度 D=5.6～8.0km、地热梯度 dT/dD=35.7～45℃/km，属低压相系的低绿片岩相变质，可能发生在燕山晚期。

由图 4-15 的 P-T 轨迹可见，在板块碰撞机制下，“连云山混杂岩”绿片岩相变质岩经历了早期升温升压、构造沉降，晚期降温减压、逐步抬升的过程，与“连云山混杂岩”角闪岩相变质岩 P-T 轨迹相似（图 4-10），即早期升温升压、晚期降温减压的顺时针方向。这说明“连云山混杂岩”绿片岩相和角闪岩相变质岩具有相似的变质构造环境和机制：早期具挤压碰撞造山特点，而晚期则作为整个湘东北盆岭构造系的一部分而整体隆升。

4.3.3　甚低级变质岩

湘东北地区下中新元古界冷家溪群、中上新元古界板溪群、上新元古界震旦系和南华系，以及下古生界沉积岩层，均遭受了区域低级或极低级变质作用，岩石的原始成分和结构构造发生了不同程度的改造。

4.3.3.1　变质岩石类型

依据原岩成分，该变质岩石在研究区主要有以下几类（图4-16）。

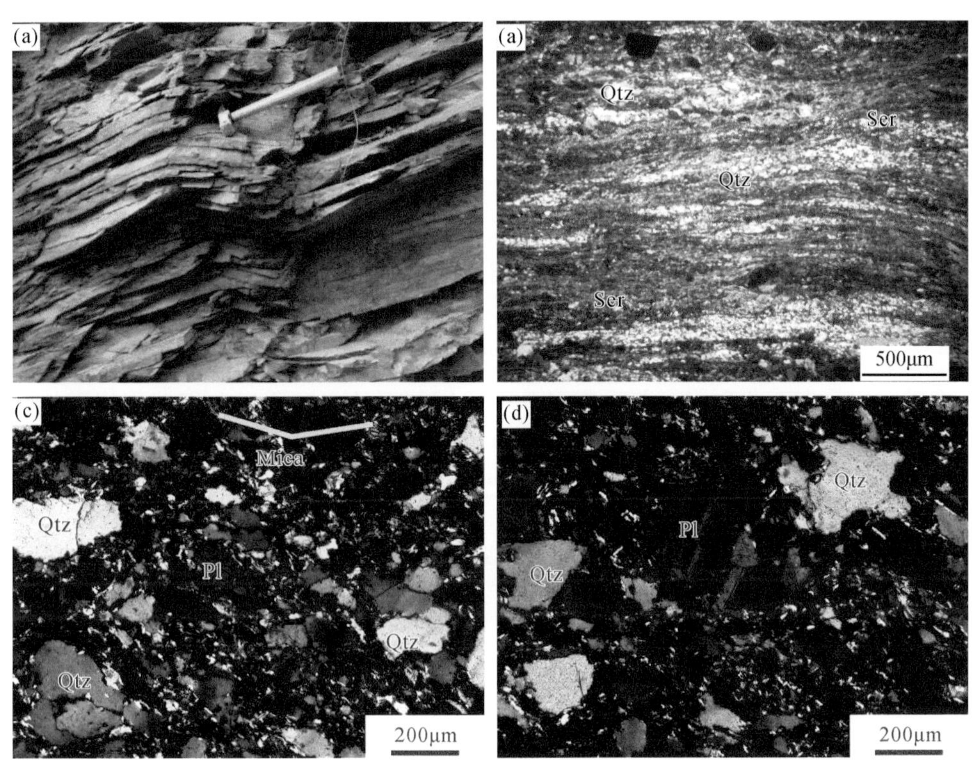

图4-16　湘东北极低变质岩野外（a）和室内显微照片［（b）~（d）均为正交偏光］

（a）冷家溪群褶皱变形的板岩；（b）冷家溪群具变余板状构造的板岩；（c）具变余砂状结构的砂岩；（d）变余砂岩中的长石单晶碎屑。Qtz. 石英；Ser. 绢云母；Pl. 长石；Mica. 云母类

（1）变沉积碎屑岩，包括变砾岩、变杂砂岩、变长石石英砂岩、石英岩、变含砾板岩（冰碛岩）、变粉砂岩和板岩等，是冷家溪群、板溪群和震旦系的主要组成岩石，出露面积最广。这些岩石的主要特点是，原始沉积结构保存尚好，非层状硅酸盐碎屑矿物（长石、石英）形态及成分变化较小，石英颗粒局部边缘存在压溶和次生重结晶加大现象。层状硅酸盐碎屑（状）矿物，如黑云母、白云母形态比有变化，多发生膝折、弯曲和缩短，大部分黑云母碎屑已蚀变为绿泥石或绿泥石/白云母（伊利石）堆垛集合体。基质或胶结物以泥质为主，但均已变质并发育平行层理及劈理两个方向微晶白云母（伊利石）及绿泥石，在震旦系中发育绢云母化伊利石-蒙脱石或蒙脱石-绿泥石组合，变质程度较低。

（2）变沉积-火山碎屑岩，主要发育于板溪群马驿组和五强溪组中，其他岩组中也有呈厚度不等的夹层出现。岩石类型包括凝灰质砂岩、凝灰质板岩。露头及手标本岩石以灰绿色、浅绿色为主，镜下可见大量碎屑状绿泥石或绿泥石/白云母堆垛集合体，平行层理排列，晶体长0.02~0.2mm，偶见少许残留晶屑、岩屑等细火山碎屑物。基质以微米级绿泥石为主，伴有白云母（伊利石），沿着层理及劈理两个方向定向排列，可能由火山灰变质而成。

（3）变质碳酸盐岩，发育震旦系金家洞组（夹层）及下古生界寒武系内。岩石类型有结晶白云岩、结晶灰岩、粉晶含白云石灰岩等。典型岩石中，含有粉晶方解石（90%）、白云石粉晶（6%）、碳质（3%）及少量黄铁矿团块，粉-细晶结构。

（4）硅质岩，是震旦系留茶坡组的主要成分，在牛蹄塘组下部夹层中也常见，主要由泥晶-微晶石英组成，粒径一般0.09mm，镶嵌结构明显。据彭军等（1995）对邻区留茶坡组硅质岩的$\delta^{18}O‰$及$\delta^{30}Si‰$测定，并用燧石-海水间氧同位素平衡分馏方程计算，成岩温度为66.0～89.7℃，明显高于古海水温度（35～45℃），表明硅质岩至少经历了成岩变质作用的改造。

（5）碳质板岩，为变质的有机岩石，发育于牛蹄塘组内，寒武系探溪组下部也夹多层薄层。典型岩石为绢云母碳质板岩，其中绢云母含量可达15%，有机质含量可达70%以上，常含少量微粒状黄铁矿、石英粉砂，局部含碳量高，形成石煤层。

4.3.3.2　变质作用特征

中下新元古界冷家溪群、中上新元古界板溪群等极低级变质岩，主要反映在微细的黏土矿物成分及细结构的改变上，因而，一般很难用光学显微镜及岩石化学方法进行研究，至今尚未有成熟的变质反应式及成岩格子作为参考使用。

冷家溪群遭受了区域极低级-低级变质作用。索书田等（1998）、朱明新和王河锦（2001）等曾利用变泥质岩石X射线分别对湘东北地区及邻区进行了极低级变质作用的研究。朱明新和王河锦（2001）在湖南长沙望城县南东乌山-雷锋公路上及镇头镇东公路上采集了冷家溪群和板溪群50块岩石标本；索书田等（1998）在黔东南、湘西北和赣西北采集了几个地层剖面的变泥质岩和细碎屑岩石样品，利用伊利石结晶度研究了冷家溪群和板溪群及与之相当岩群的变质作用。本书在综合前人资料的基础上，结合本次区域地质调查所获得的资料，对研究区甚低级变质岩变质作用综述如下（表4-27）。

表4-27　对研究区甚低级变质岩样品研究分析结果

样品	地层	岩石名称	矿物组合	伊利石结晶度 IC/（°）	绿泥石结晶度 CC/（°）	伊利石b_0值 /nm
hw-191	新元古界冷家溪群	灰色板岩	伊利石、绿泥石、石英	0.196	0.553	
hw-192		土灰色板岩	伊利石、绿泥石、石英	0.223		
hw-193		青灰色板岩	伊利石、绿泥石、石英		0.315	
hw-194		灰色板岩	伊利石、绿泥石、石英	0.204		0.8999
hw-195		灰色板岩	伊利石、绿泥石、石英	0.191	0.255	0.9011
hw-196		灰色板岩	伊利石、绿泥石、石英	0.227	0.448	0.9003
hw-197		黄绿色泥板岩	伊利石、绿泥石、石英	0.198	0.490	0.9039
hw-198		黄色板状变质砂岩	伊利石、绿泥石、石英	0.223		0.9023
hw-199	新元古界板溪群	黄褐色砂质板岩	伊利石、绿泥石、石英	0.220		
hw-200		黄绿色砂质板岩	伊利石、绿泥石、石英	0.219	0.707	0.9031
hw-201		红褐色变质粉砂岩	伊利石、绿泥石、石英	0.217		0.9035
hw-202		青灰色泥质板岩	伊利石、绿泥石、石英	0.276	0.362	0.9042
hw-203		土黄色泥板岩	伊利石、绿泥石、石英、长石	0.270		0.9018
hw-204		青黄色泥板岩	伊利石、绿泥石、石英	0.237		0.9031
hw-205	新元古界冷家溪群	青黄色块状变质砂岩	伊利石、绿泥石、石英	0.219		0.9027
hw-206		浅紫色泥板岩	伊利石、绿泥石、石英	0.231		0.9019
hw-207		青色泥板岩	伊利石、绿泥石、石英	0.226	0.241	0.9007
hw-208		土褐色含砂质板岩	伊利石、绿泥石、石英	0.230	0.246	0.9000
hw-209		黄绿色块状变质砂岩	伊利石、绿泥石、石英，长石、黄铁矿	0.223	0.249	
hw-210		青色板岩	伊利石、绿泥石、石英	0.258	0.318	0.8999
hw-211		灰色凝灰质变质砂岩	伊利石、绿泥石、石英		0.302	0.9015
hw-212		青色泥板岩	伊利石、绿泥石、石英、长石	0.219	0.347	0.9043

续表

样品	地层	岩石名称	矿物组合	伊利石结晶度 IC/（°）	绿泥石结晶度 CC/（°）	伊利石 b_0 值 /nm
hw-213	新元古界冷家溪群	黄青色泥板岩	伊利石、绿泥石、石英、长石	0.198	0.342	0.9023
hw-214		黄青色板岩	伊利石、绿泥石、石英	0.233	0.233	0.9031
hw-215		黄青色板岩	伊利石、绿泥石、石英	0.209		0.9031
hw-216		黄青色板岩	伊利石、绿泥石、石英	0.242	0.402	0.9039
hw-217		青黑色板岩	伊利石、绿泥石、石英	0.192	0.223	
hw-218		青黑色板岩	伊利石、绿泥石、石英	0.212	0.246	0.9007
hw-219		青色含砂质板岩	伊利石、绿泥石、石英	0.198	0.258	
hw-220		黄青色千枚状板岩	伊利石、绿泥石、石英、长石			0.9027
hw-221		青色含砂质板岩	伊利石、绿泥石、石英	0.204	0.232	
hw-222		黄青色含砂质板岩	伊利石、绿泥石、石英	0.211	0.408	0.9002
hw-223		青黑色千枚岩	伊利石、绿泥石、石英、白云石、长石	0.223	0.213	0.8999
hw-226		青色板岩	伊利石、绿泥石、石英	0.211	0.322	0.9007
hw-227		青色板岩	伊利石、绿泥石、石英	0.225	0.239	
hw-228		黄青色含砂质板岩	伊利石、绿泥石、石英	0.217	0.247	0.9011
hw-229		青色含砂质板岩	伊利石、绿泥石、石英，长石	0.223	0.229	0.9011
hw-230		青色板岩	伊利石、绿泥石、石英、白云石、长石	0.217	0.220	0.9015
hw-231		青色板岩	伊利石、绿泥石、石英、白云石、长石	0.212	0.226	0.9019
hw-232		青色板岩	伊利石、绿泥石、石英	0.228	0.231	0.9018
hw-233		青色块状变质砂岩	伊利石、绿泥石、石英	0.230	0.289	
hw-234		青色块状变质砂岩	伊利石、绿泥石、石英	0.229	0.258	0.9035
hw-235		青色泥板岩	伊利石、绿泥石、石英	0.203	0.203	0.9027
hw-236		青色含砂质板岩	伊利石、绿泥石、石英	0.187		0.9039
hw-237		青色块状变质砂岩	伊利石、绿泥石、石英、白云石、长石	0.225	0.254	
hw-238		青色块状变质砂岩	伊利石、绿泥石、石英	0.231	0.250	0.9031
hw-239		黄绿色块状变质砂岩	伊利石、绿泥石、石英	0.228	0.313	
hw-240		黄绿色块状变质砂岩	伊利石、绿泥石、石英	0.227	0.234	0.9023
hw-241		黄绿色块状变质砂岩	伊利石、绿泥石、石英、黄铁矿	0.231	0.408	

注：所用衍射仪为国产BD-86衍射仪。非定向样衍射条件：电压30kV，电流30mA，Cu靶发射狭缝1/2°，接收狭缝0.4mm，防扩散狭缝2°，步长0.03°，扫描速度2（°）/mm；定向样步长0.02°，扫描速度0.5（°）/mm（据朱明新和王河锦，2001）。

1. 冷家溪群、板溪群变质作用

1）*伊利石结晶度（IC）*

湘东北地区冷家溪群、板溪群变泥质岩石X射线分析结果（表4-27）表明，冷家溪群伊利石（白云母）结晶度（IC）在0.187°~0.258°之间，且绝大多数分布在0.198°~0.242°之间。板溪群伊利石结晶度（IC）为0.217°~0.276°。根据Kish（1991）标样对近变质带的划分（0.38°~0.37°/0.21°），可以看出本区冷家溪群应该划为浅变质带和近变质带上部。板溪群的区域变质带为近变质带上部，变质温度相当于280~400℃，在冷家溪群和板溪群之间有一个浅变质带-近变质转变带。

2）*伊利石（白云母）b_0 值*

伊利石的 b_0 值具有重要的地质意义，常用来做地质压力计。用 b_0 值可把压力划分为以下几个系列：

b_0<0. 9000nm 为低压相，0. 9000nm ≤ b_0 ≤ 0. 9040nm 属中压相，b_0 > 0. 9040nm 为高压相（Sassi et al., 1974；Guidotti et al., 1976）。

湘东北地区 36 个全岩样品经石英 d（211）峰校正（其余 14 个因误差太大没校正）后所测 b_0 值介于 0. 8999 ~ 0. 9042nm 之间（表 4-26），相当于中压变质。从 b_0 值的累积频数曲线图（图 4-17）也可看出，冷家溪群区域性浅变质为中压变质类型，依据冷家溪群岩石的平均密度（2. 7g/cm^3）及静岩压力温度比（1. 08℃/MPa）估计，压力为 2. 7 ~ 3. 5kbar，埋深均值 D = 8. 9 ~ 11. 6km，地热梯度 31. 5 ~ 34. 5℃/km，属上地壳下部物理环境。在这种条件下，碎屑状黑云母变为绿泥石或绿泥石/白云母堆垛集合体，基质中变质矿物组合为白云母（伊利石）、绿泥石，沿着层理及板劈理两个方向定向排列，反映至少经历了两个世代变质。岩石中板劈理与层理的夹角较小，多在 25°以下。

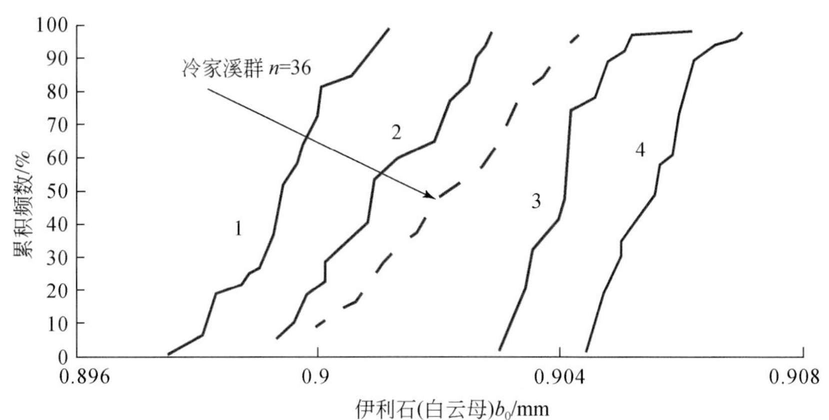

图 4-17　冷家溪群伊利石（白云母）b_0 的累积频数曲线（虚线）（据朱明新和王河锦，2001 修改）

n = 36. 测定的样品数；1. bosost 低压型；2. New Hampshire 中低压型；3. Otago 中高压型；4. Sanbagawa 高压型

2. 震旦系、南华系及下古生界极低级变质作用

湘东北地区震旦系及下古生界岩层遭受了区域极低级变质作用，主要特点是：

（1）发育绿泥石、白云母（伊利石）堆垛集合体。其中，绿泥石晶格面网间距为 1. 4mm，白云母（伊利石）的面网间距为 1. 0mm，主要为 2M 型。堆垛集合体中以绿泥石为主，次为白云母（伊利石）。

（2）基质中发育微米级的绿泥石及白云母（伊利石），平行层理及劈理两个方向优选定向分布。

（3）发育区域透入性板劈理，表现为压溶劈理缝隙，多呈网结状。碎屑状绿泥石/白云母（伊利石）堆垛集合体沿劈理发生弯曲、膝折，集合体缩短，形态比发生改变。基质中沿劈理有新的微米级白云母、绿泥石等层状硅酸盐矿物发育。

（4）在地层柱中由下往上变质程度降低，下部岩石中变质矿物包括由碎屑云母变质而成的绿泥石/白云母（伊利石）堆垛集合体、微米级绿泥石/白云母（伊利石）等矿物组合，而在上部岩石中，尚保留或出现有伊利石-蒙脱石、蒙脱石-绿泥石及伊利石-绢云母黏土矿物组合。

总体看来，新元古界—下古生界浅变质地层反映了变质环境相当于葡萄石-绿纤石相条件，温度大体介于 150 ~ 400℃之间，压力为 1. 4 ~ 3. 5kbar，埋深 5. 6 ~ 11. 6km。冷家溪群和板溪群的矿物组合是石英、绿泥石、伊利石（白云母），冷家溪群个别样品中含有白云石、长石以及黄铁矿［图 4-16（c）（d）］，板溪群个别样品含长石。震旦系—下古生界矿物组合主要为绿泥石/白云母（伊利石）堆垛集合体、微米级绿泥石及伊利石-蒙脱石、蒙脱石-绿泥石、伊利石-白云母黏土矿物组合。冷家溪群变质程度属于浅变质带到近变质带上部，而不是人们普通所认为的绿片岩相或低绿片岩相。板溪群的变质程度为近变质带的上部，而震旦系—下古生界则属近变质带变质。

4.3.3.3　变质作用演化

冷家溪群极低级-低级变质作用可能是武陵运动的结果，而板溪群、震旦系和下古生界的极低级变质作用可能在加里东运动最终完成。通过野外观察和多种测试方法证实，它们都经历了沉积-成岩压实变质，并伴随构造变形的两个阶段变质作用。

碎屑状的绿泥石/白云母堆垛晶体长轴及（001）解理平行层理定向排列，在粒序层中堆垛晶体由下向上颗粒减小，反映了沉积过程中的动力条件。堆垛集合体中绿泥石与白云母接触面平行层理排列，表示绿泥石和白云母是通过逐层交代云母矿物（主要是黑云母）形成的。这种由绿泥石和白云母间层构成的碎屑状颗粒，被板劈理切割，发生压溶和构造缩短。平行层理排列的微米级自生绿泥石和白云母晶体一般也较平行劈理的同类黏土矿物颗粒大，岩石变质程度与地层柱中岩石的位置密切相关。因此，湘东北地区区域低级和极低级变质作用主要是在成岩压实变质作用阶段完成的，其主要控制因素是岩石的荷载压力及地热梯度的变化。

成岩压实变质作用还可从平行层理的压溶劈理、对称型的平行层理延长的缝合线构造、单轴压扁（扁平面平行层理面）作用形成的黄铁矿结核或集合体（$Z\approx Y/Z\approx 1.8\sim 3.5$）及对称底模构造得到证明。堆垛集合体中尚可保留有绿泥石/黑云母集合体，表明碎屑黑云母还未完全被绿泥石及白云母交代。从黑云母成分及高的 Ti 含量推测，黑云母属火山成因。黑云母向绿泥石的转化过程大体是：

1 黑云母 $+0.2Na^{+}+0.4Ca^{2+}+1.9Mg^{2+}+7.2H_2O=0.4$ 柯绿泥石 $+0.3$ 榍石 $+0.2SiO_2+0.02Fe^{2+}+1.5K^{+}+3.1H^{+}$

1 柯绿泥石 $+1$ 榍石 $+1.1Fe^{2+}+1.2CO_2+3.6H^{+}=1.5$ 绿泥石 $+1$ 锐钛矿 $+1.2$ 方解石 $+4.7SiO_2+2.1M^{2+}+0.4K^{+}+0.1H_2O$

其中柯绿泥石是过渡型的三八面体绿泥石与二八面体绿泥石的混层矿物。

在造山运动阶段，伴随板劈理的发育，绿泥石/白云母集合体发生形态变化，并沿着其解理或显微裂隙发育新的白云母。基质中沿着劈理方向形成新的微米级白云母和绿泥石组合，其中白云母为 2*M* 型，晶格面网间距 2.0nm，晶形多未发生变形。

随区域变质变形递进发展，变形和变质逐渐局限于线状地带，沿着不同尺度的剪切带，压溶作用更加明显，它不仅改造了先期的变质矿物组合，还有新的显微层状矿物生成，并伴有大量的方解石、石英细脉发育，局部沿着剪切面或层理面，形成绿泥石大晶体或集合体。透射电镜观察，这类绿泥石沿 *C* 方向也有云母的夹层，与绿泥石近平行排列。电子衍射图中主衍射点为绿泥石，沿 *C* 方向叠加有云母的衍射斑点。

由此可见，无论是下中新元古界冷家溪群还是中上新元古界—下古生界，成岩压实变质作用及与构造变形相伴的区域变质作用都是相当明显的，反映了沉积、压实、构造过程均是相对活动型的构造环境，具有造山带的显著特征。

4.3.4　混合岩化和热液蚀变

4.3.4.1　混合岩化作用

湘东北“连云山混杂岩”遭受了不同程度混合岩化［图4-18（a）（f）］，大致可分为三期：

（1）第一期混合岩化可能发生在武陵（晋宁）期。该期混合岩化仅局部残存，表现为顺片（麻）理产出的长英质带状新成体（富白云母斜长花岗质片岩），条带宽1～3cm，形态为复杂的紧闭褶皱、A型褶皱［图4-18（a）］等复杂褶皱，显示固态流变的变形特点，新成体含量可达30%。据富白云母花岗质片麻岩（泥屋湾花岗质片麻岩）中锆石表面年龄为791±17Ma，判断该期混合岩化时代为武陵（晋宁）期。

（2）第二期可能是在早白垩世早期发生的剪切深溶混合岩化，典型地出露于连云山周洛等地区，与区内大面积原地-半原地花岗岩的成因有关。所形成的混合岩主要为条带状、眼球状混合岩和混合岩化片麻岩类等［图4-18（a）（f）］。混合岩化岩石中脉体较细，条带宽一般为1.15mm。该期混合岩化作用与区域上NE向左旋走滑逆冲剪切带同时，为同构造混合岩化作用，主要证据有：①仅发育于连云山地区，

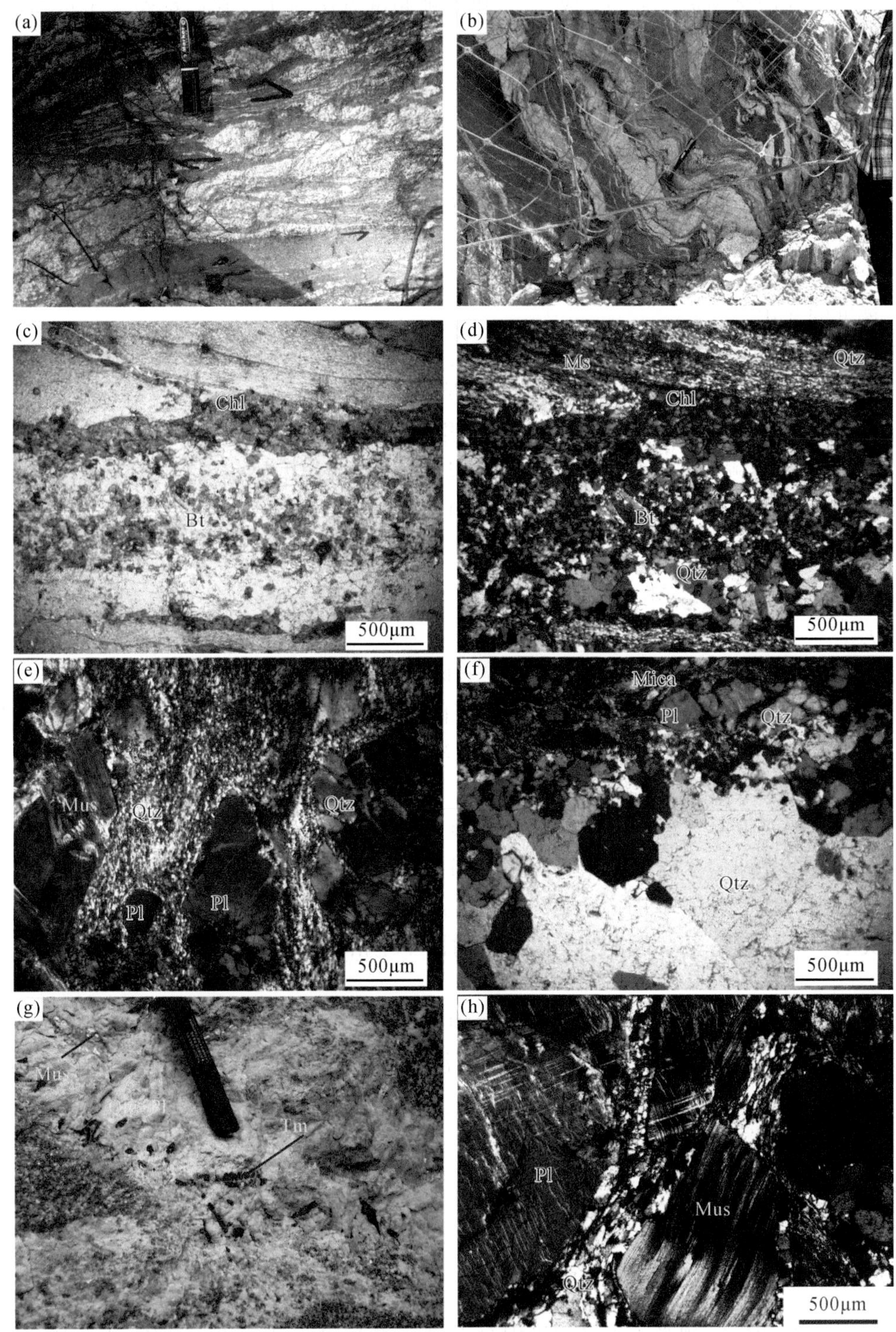

图4-18　湘东北混合岩化和伟晶岩化变质岩野外和室内显微照片

［（d）为单偏光；（d）~（f）和（h）均为正交偏光］

（a）混合岩化黑云母片岩显示二期以上褶皱和右旋剪切变形；（b）混合岩化黑云母片岩的浅色体和暗色体强烈揉皱；（c）（d）混合岩化片岩中暗色条带（绿泥石+中细粒石英+黑云母）与浅色条带（细粒石英+白云母）；（e）混合岩化片岩中浅色条带包含长石颗粒碎斑；（f）混合岩化片岩中粗粒结晶石英与浅色条带；（g）含电气石、白云母伟晶岩；（h）糜棱岩化伟晶岩中粗粒钾长石和白云母粒间分布的细粒石英。

Qtz. 石英；Mus/Ms. 白云母；Mica. 云母类；Pl. 长石；Chl. 绿泥石；Bt. 黑云母；Tm. 电气石

混合岩的分布与长平深大断裂变形强弱有关。变形强处混合岩化岩石发育，脉体呈眼球状断续平行定向产出，变形弱处则呈条带状产出。②据野外观察研究，混合岩化岩石、原地-半原地花岗岩和剪切带（长平深大断裂）紧密共生，混合岩化岩石表现为同构造混合化特征，原地-半原地花岗岩为同构造侵入岩。③脉体褶皱不发育，但呈眼球状或细长的条带状，且具韧性伸展流变的特点［图4-18（b）］，系连云山变质核杂岩隆升过程中基底拆离伸展所致。④从室内岩相学中可以发现，混合岩化岩石中古成体中明显具有残留结构、蠕英结构，这种结构实质上代表了一种深熔结构。⑤先期角闪岩相变质条件下的石榴子石变斑晶被剪切、压扁、拉长呈长条状；十字石变斑晶则呈片理化产出［图4-7（b）］。根据有关计算，石榴子石、十字石发生变形的温压条件为$T>700℃$，$P>5\text{kbar}$（Massone，1992），该温压条件完全可使岩石发生熔融。

（3）第三期为白垩纪晚期边缘混合岩化，可能与燕山晚期花岗岩侵入有关，分布范围局限于围岩与岩体的接触带附近。新成体成分主要为伟晶质［图4-18（g）（h）］，混合岩化的性质表现为贯入型，新成体厚度较大，最宽者可十余厘米，切割早期眼球状混合岩化斜长角闪岩。该期混合岩化脉体在长平深大断裂附近呈肠状、“Z”形褶皱状产出，褶皱转折端处加厚变粗而两翼则变长变细变薄，其运动学方向示左旋韧性剪切，系燕山晚期长平深大断裂左旋韧性走滑所致。

4.3.4.2 热液蚀变

湘东北地区热液蚀变零星分布于连云山、幕阜山、金井和望湘等岩体内及周缘，以及宁乡-公田、长沙-平江和车田段等NE、EW向断裂内及附近局部地段。热液蚀变作用主要与晚中生代多期次岩浆活动，特别是与燕山晚期岩浆活动有关，常伴随石英脉形成发育有绢云母化、绿泥石化、黄铁矿化和硅化等岩浆期后低温热液蚀变。这些热液蚀变在产状上主要与一系列NE—NNE向、近EW向脆生断裂或裂隙有关，导致出现各种类型的蚀变岩，如石英脉、蚀变碎裂岩、蚀变角砾岩等（图4-19），并往往出现Au、Ag、Cu、Pb、Zn、Co、W，甚至与花岗伟晶岩有关的Nb、Ta大规模矿化。

利用多硅白云母地质温度计、多硅白云母温压计和流体包裹体测温（表4-18、表4-19），估算湘东北地区至少发生两期低温热液蚀变：早期热液蚀变温压条件为$T=250\sim360℃$、$P=1.1\sim2.1\text{kbar}$，而晚期热液蚀变温压条件为$T=163℃$、P约为1kbar。

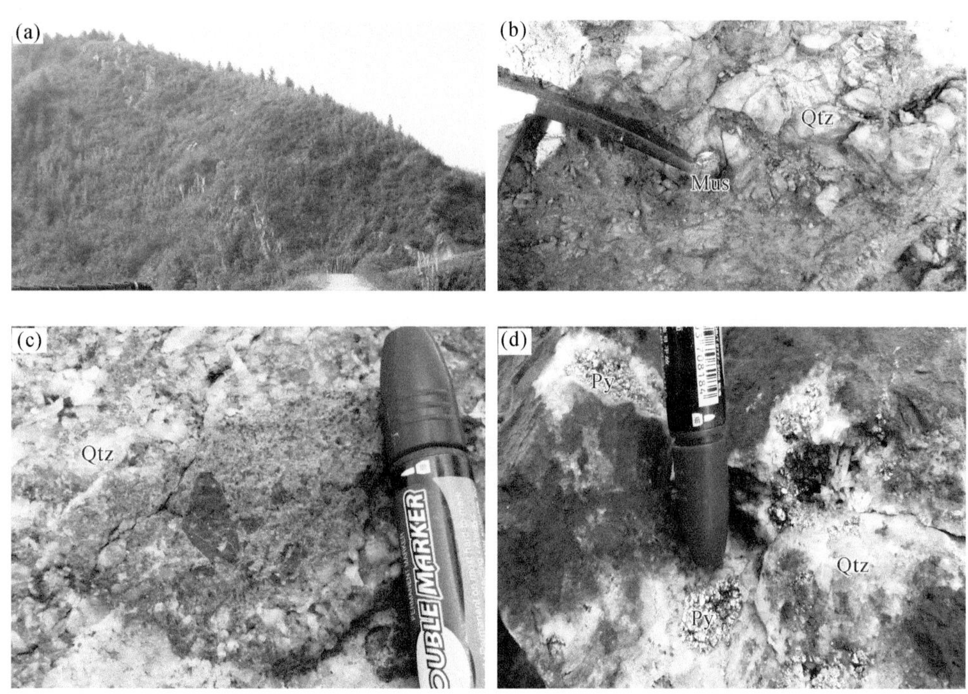

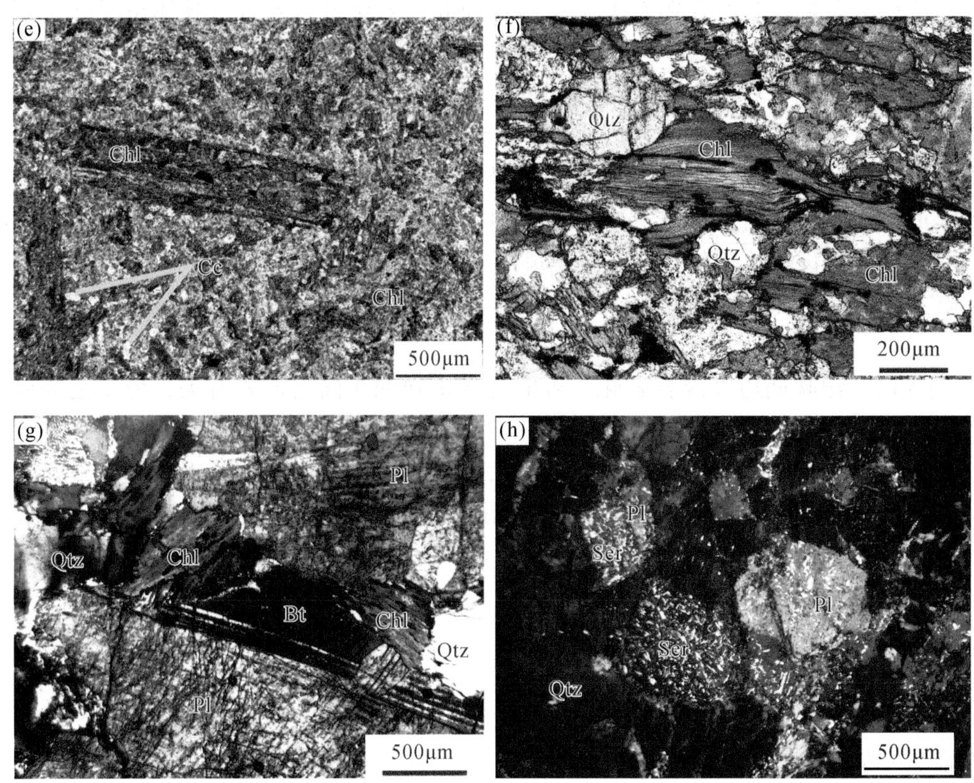

图 4-19　湘东北热液蚀变特征野外和显微照片［（e）（f）为单偏光；（g）（h）为正交偏光］

（a）长沙-平江断裂带的强硅化角砾岩带；（b）含白云母的石英脉；（c）长沙-平江断裂带内热液胶结的构造角砾岩；（d）含黄铁矿化的石英岩；（e）石英闪长岩中黑云母的绿泥石化、碳酸盐化蚀变（注意黑云母假象）；（f）强绿泥石化花岗岩（注意绿泥石化后保留黑云母假象）；（g）黑云母二长花岗岩中黑云母绿泥石化；（h）花岗岩中长石发生绢云母化。

Qtz. 石英；Mus. 白云母；Ser. 绢云母；Pl. 长石；Chl. 绿泥石；Bt. 黑云母；Py. 黄铁矿

4.3.5　动力变质岩

4.3.5.1　分类和分布

湘东北地区动力变质岩分布广泛，几乎所有地质体都经历过，甚至经历了多期动力变质历史，形成糜棱岩、碎裂岩和构造角砾岩等系列岩石。参考目前国内外动力变质岩分类方案，结合湘东北动力变质岩的研究，将区内动力变质岩进行分类。

从图 4-19、表 4-28 中可以看出，这些动力变质岩的分布是有规律的，脆性动力变质岩在时间上通常出现在晚期构造变动期，特别是燕山晚期—喜马拉雅期；而韧性动力变质岩则主要见于燕山早期、武陵（晋宁）期、吕梁期、阜平期。

表 4-28　湘东北地区动力变质岩分类表

成因	岩类	岩石名称	伴生构造	时代	分布特征
脆性动力变质岩	砾岩	构造角砾岩	脆性断层	燕山期—喜马拉雅期	NE、NW、NEE 向脆性断层中
	粒化岩	碎裂化岩			
		碎裂岩			
		碎斑岩			
		碎粉岩（断层泥）			

续表

成因	岩类	岩石名称	伴生构造	时代	分布特征
韧性动力变质岩	糜棱岩类	糜棱岩化××岩 初糜棱岩 糜棱岩	小型脆-韧性及韧性剪切带	前喜马拉雅期	主要分布于冷家溪群线状强应变带及 NE 向走滑断层中
	构造片岩类	构造片岩	韧性滑脱	燕山期	变质核杂岩拆离断层
			近水平韧性推覆	前武陵期	EW 向、NEE 向韧性剪切带，褶皱结晶基底展露区
		构造片麻岩	“连云山混杂岩”内早期韧性剪切与走滑	阜平期—吕梁期	“连云山混杂岩”结晶基底展露区

（1）糜棱岩系列。其分布与强应变带密切相关，主要见于冷家溪群等褶皱基底和结晶基底区，可分为超糜棱岩系列、糜棱岩系列、初糜棱岩系列。不同系列岩石类型包括糜棱岩化片麻岩、糜棱岩化片岩、糜棱岩化板岩、糜棱岩化基性岩、糜棱岩化花岗质岩、糜棱岩化伟晶质岩（图 4-20）。不同糜棱岩系列的矿物组成、结构和构造等特征的相关描述详见本书第 2 章、第 3 章。

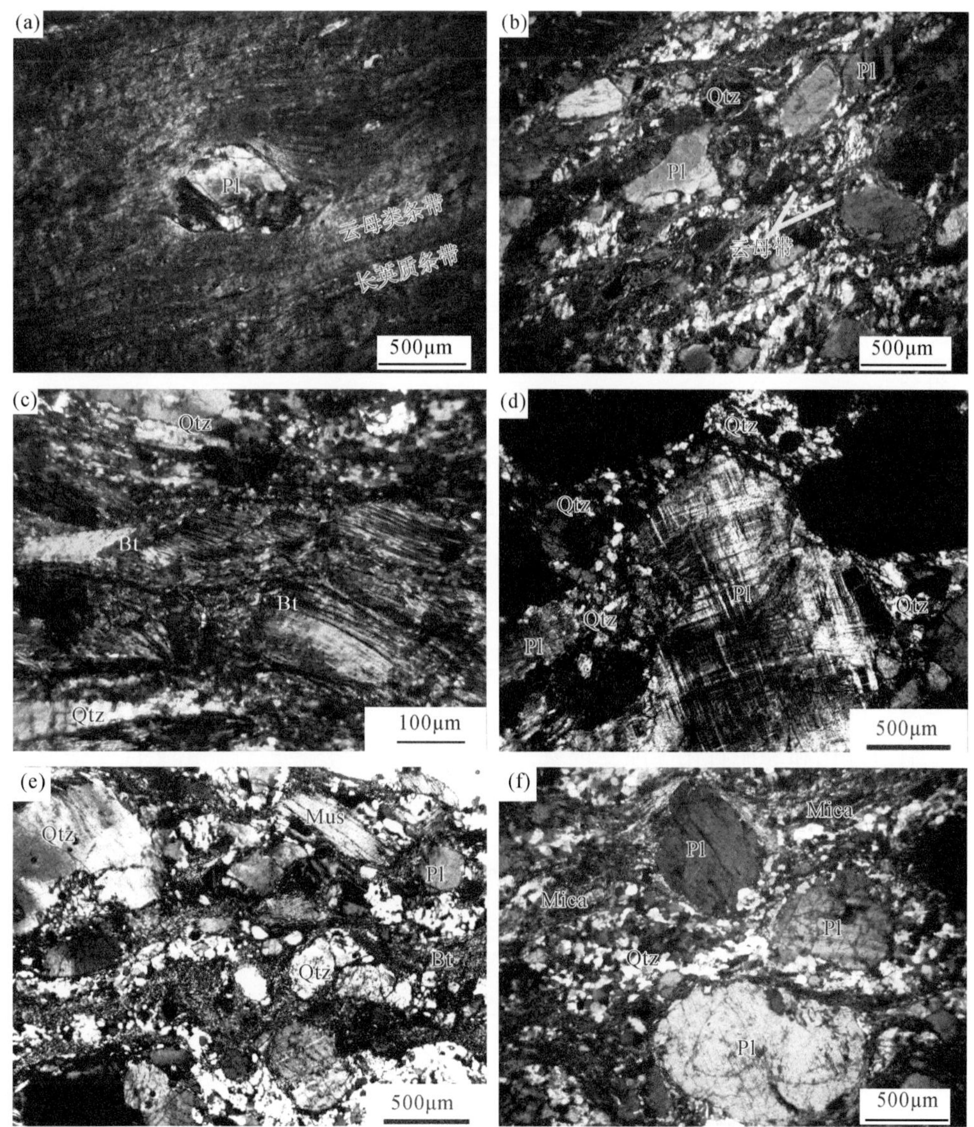

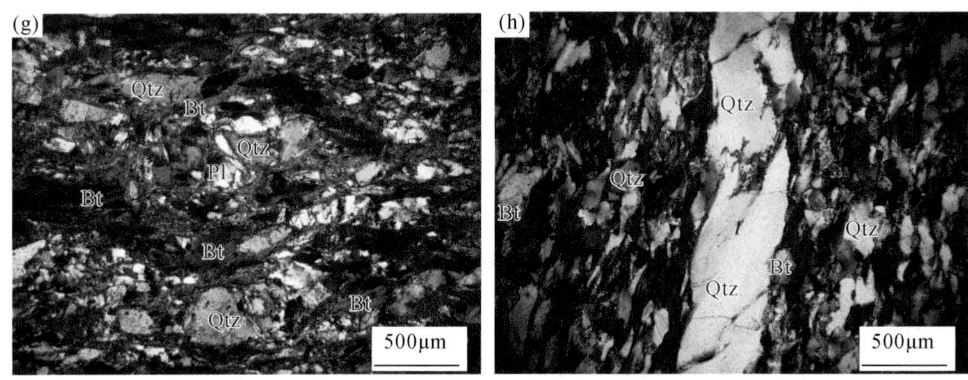

图 4-20　湘东北糜棱岩化系列岩石显微照片（均为正交偏光）

(a) 片麻岩质超糜棱岩显示条纹条带关系结构和指示左旋的 σ 型长石碎斑；(b) 花岗质超糜棱岩显示糜棱面理和剪切面理；(c) 片麻岩质超糜棱岩中显示右行的书斜状黑云母；(d) 糜棱岩化花岗伟晶岩中微斜长石粗晶周围发生细粒化；(e) 糜棱岩化花岗岩中初糜棱岩结构；(f) 糜棱岩化斑状花岗岩中眼球状、σ 型长石碎斑；(g) 糜棱岩化黑云母斜长片麻岩中斑状、粒状变晶结构；(h) 糜棱岩化二云母片岩中石英脉斜切片理。

Qtz. 石英；Mus. 白云母；Mica. 云母类；Pl. 长石；Bt. 黑云母

（2）碎裂岩系列。主要分布于具多期构造活动的脆性断裂带内，如 NE—NNE 向的长沙-平江、宁乡-公田等深大断裂带内碎裂岩系就非常发育。碎裂岩带往往切割或叠加于糜棱岩带，显示是区域构造发展晚期，特别是燕山期和喜马拉雅期的产物。

（3）构造片岩。主要沿区内变质核杂岩构造和滑脱带发育，基本见及整个基底构造区。“连云山混杂岩”几乎都是构造片岩。研究表明，这些变质岩在变形初期大多受到韧性剪切作用，变形后又经历了长期静态重结晶，沿区域性片理和片麻理生成峰期变质产物。可以说，湘东北区域变质岩实际上是区域动力变质改造的结果。

4.3.5.2　主要类型

1. 碎裂岩系列

1）构造角砾岩

具砾状结构、角砾状构造，角砾呈棱角-次棱角状，大于 2mm，主要为硅质胶结；碎基含量 20%～25%。从图 4-21（a）可以看出，沿长平断裂发育了数条巨大的硅化角砾岩带。角砾岩带宽可达百余米，呈硅化岩墙产出，角砾成分复杂，主要由各类片岩、片麻岩及花岗质角砾等组成，但由于多期强烈蚀变，角砾原岩成分大都难以识别。

2）粒化岩类

（1）碎裂岩。岩石被切割成不规则碎块，碎块位移不大，碎块之间有时可以拼接。碎块之间多为碎基及次生的泥质、硅质、钙质、铁质充填。在局部地区如亭子岭、周洛等，碎裂作用多次发生，且普遍伴有硅化、绢云母化和绿泥石化等蚀变现象，蚀变作用多沿裂隙进行。由于蚀变强烈，原岩性质往往难以识别，如长石颗粒常被绢云母和石英交代呈假晶现象，石英颗粒也重结晶，并被后期石英脉穿插（图 4-21）。

（2）碎斑岩。岩石具碎斑结构，碎粉物质包围了残留的碎斑，碎斑大都发生位移，少量还旋转，但在一定程度上保留了原岩的特征和结构，常见的碎斑岩有花岗碎斑岩等。

（3）碎粒岩。岩石具有碎粒结构，碎斑为长石、云母、石英和阳起石、透闪石等，多具变形构造，如变形纹、扭折带、波状消光。碎粒大小在 0.1～0.5mm，碎基占 50%～90%，碎基有一定的定向排列，常见碎粒花岗岩、碎粒斜长角闪岩等。

（4）断层泥。在湘东北地区比较发育，多见于 NE 向、NW 向脆性断层系中，如汨罗、文家市等地多有灰绿色、褐红色断层泥产出。

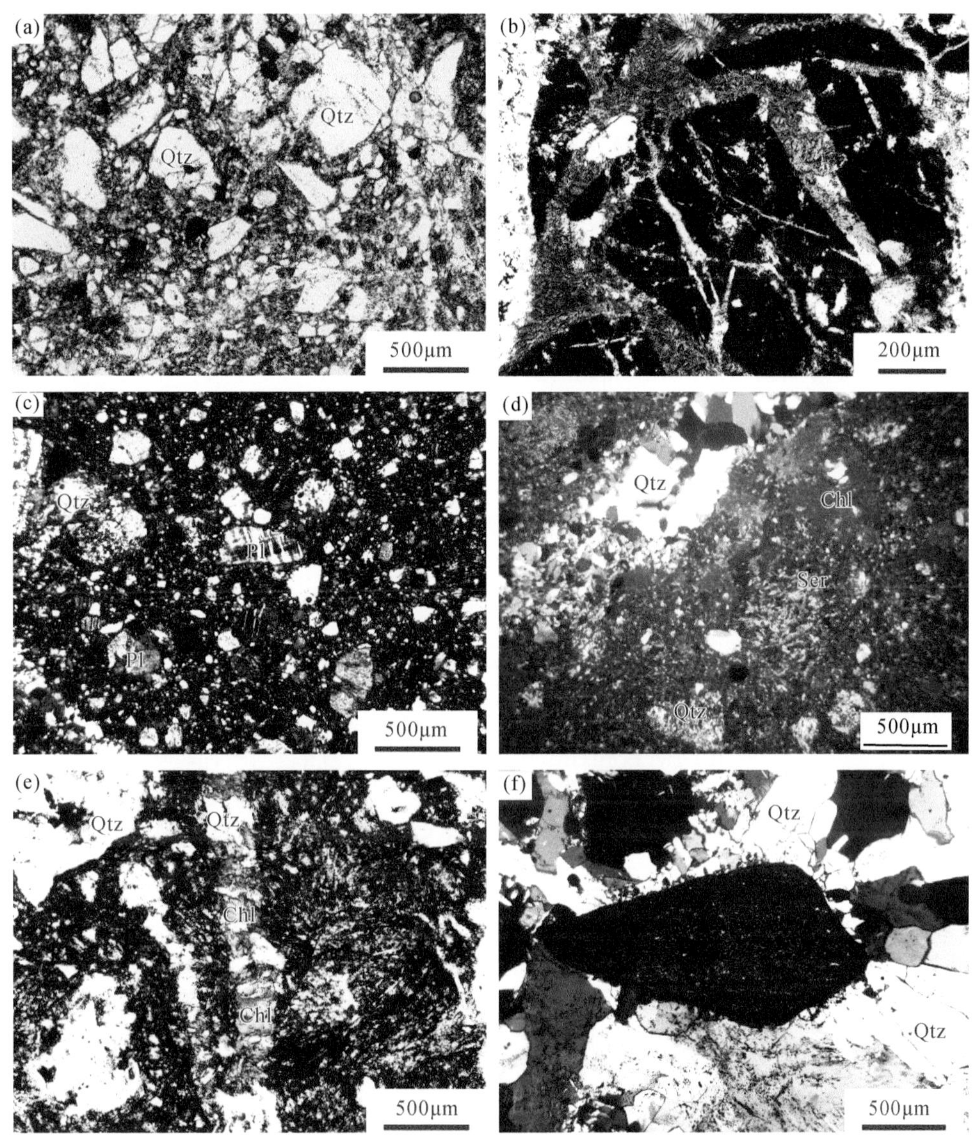

图4-21 湘东北长平断裂带内构造角砾岩显微照片［（a）（b）（e）为单偏光，其余为正交偏光］

（a）硅化构造角砾岩的破碎角砾结构；（b）绿泥石化硅化构造角砾岩中破碎后石英±绢云母±绿泥石脉充填的角砾；（c）绿泥石化硅化构造角砾岩中复杂成分角砾；（d）碎裂岩中破碎角砾结构和硅化、绿泥石化、长石绢云母化及晚期石英脉；（e）绿泥石化硅化构造角砾岩中石英+绿泥石细脉切穿角砾；（f）强硅化构造角砾岩中的板岩角砾。

Qtz. 石英；Chl. 绿泥石；Ser. 绢云母；Pl. 长石

2. 糜棱岩系列

湘东北地区糜棱岩分布较广，尤其在长平深大断裂带、宁乡–公田断裂带等内发育，出现了近百米宽的糜棱岩带，以花岗质糜棱岩、片麻岩质糜棱岩为主。花岗质糜棱岩呈条带状、透镜状展布于花岗质糜棱岩带。岩石中碎斑含量15%～45%，成分为钾长石、斜长石和石英；基质含量55%～85%，成分为石英、绢云母、黑云母等。岩石中碎斑呈眼球状、透镜状，少数呈板状，大小一般在2～10mm间，其长轴定向排列，石英多已动态重结晶，粒径大小0.03～0.30mm。

此外，在文家市出露许多由基性火成岩动力变质而成的糜棱岩，典型岩石有样品Ⅰ-17-1及样品Ⅱ-14-1等，它们呈灰绿色致密块状、变余糜棱结构，碎基具鳞片变晶结构、片状构造。碎斑主要为钠长石、方解石；基质为绿泥石、石英、阳起石。变质矿物组合为钠长石–方解石–绿泥石–石英–阳起石–绿帘石。其中，钠长石碎斑呈不规则状、眼球状、透镜状，趋于定向排列，粒径在0.3mm×0.2mm～0.1mm×0.06mm之间，无色，最高干涉色为Ⅰ级灰色，可见聚片双晶和简单双晶，钠长石表面有细小的黝帘石和绿帘石包裹体，钠长石含量35%；方解石呈团块状，粒径在0.25mm×0.1mm左右，无色，闪突起明显，菱形解理，高级白干涉色，可见聚片双晶，含量25%。基质部分绿泥石呈鳞片状集合体，粒径在0.1mm×0.01mm，淡绿色，最高干涉色为Ⅰ级灰色，含量20%；阳起石呈纤维状，粒径大概为0.05mm×0.001mm，淡绿色，最高干涉色为Ⅱ级绿色，含量5%。

3. 构造片岩类

湘东北地区“连云山混杂岩”大部分为构造片岩或构造片麻岩。区域构造变形序列研究表明（详见本书第2章、第5章），每一构造单元岩石变形的开始，大都为韧性剪切变形，形成了沿区域性片（麻）理生长的峰期变质矿物，这是变形后长期静态重结晶的结果。区内发育的主要岩石类型有：石榴子石云母石英片岩、二云母片岩、绢云母片岩、黑云母斜长片麻岩、斜长角闪片岩、阳起石绿帘石片岩、透闪石片岩等。

4.3.5.3　构造变形变质特征

我们主要对湘东北连云山地区三个典型剖面的变形变质特征进行了观察和实测，以了解变质岩的类型、空间分布和变形式样，为分析变形变质期次划分提供依据。

1. 宏观变形变质特征

1）*A-A'*实测剖面（剖面位置详见图3-70）

从图3-70可见，由NW向至SE向，可划分为三个构造-岩性单元，包括：①构造角砾岩带；②糜棱岩化带/韧性剪切带；③晚中生代花岗质岩和连云山杂岩片麻岩、片岩。由早到晚总体呈现出由韧性到脆性的变形特征。

（1）构造角砾岩带。角砾呈次棱角状-棱角状，可分为岩石角砾（砂岩、板岩）和矿物角砾（主要为石英）。该角砾岩带硅化强烈、绿泥石化较发育，表明在退变质作用过程中有流体加入。绿泥石化角砾岩的形成反映了糜棱岩化带/韧性剪切带与上部脆性断层之间的空间、动力学联系。特别是中地壳遭受剪切的岩石逐步向脆性断层运动，进而到浅部水平时，会经历角砾岩化、碎裂和退变质的蚀变作用。

（2）糜棱岩韧性剪切带。带内主要是强烈剪切的片麻岩，塑性变形特征明显，如石英、长石被压扁拉长呈眼球状长英质矿物，出现重结晶石英颗粒以及云母变形鱼等。

（3）晚中生代花岗质岩和连云山杂岩片麻岩、片岩。晚中生代花岗质岩可分为两种：（斑状）黑云母花岗岩和二云母花岗岩，均发生了不同程度的糜棱岩化。在岩体与片麻岩接触部位多有混合岩化的特征。

2）B-B'实测剖面（剖面位置详见图3-70）

图3-70可见其表现的变形变质特征与*A-A'*剖面类似。

从实测剖面可观察到，由W向E，同样出现三个变形变质带：

（1）构造角砾岩带。构造角砾岩中的角砾呈次棱角状-棱角状，可分为岩石角砾（砂岩、板岩）和矿物角砾（主要为石英），岩石硅化强烈。

（2）糜棱岩化带/韧性剪切带。其内糜棱岩化岩石主要是花岗质初糜棱岩。岩石发生强烈的剪切，塑性变形特征明显，可见眼球状的石英、长石。长石、石英等残斑的边缘或周围见动态重结晶晶粒，还常发育核-幔结构。

（3）晚中生代花岗质岩和连云山杂岩片麻岩、片岩。花岗质岩主要为二云母花岗岩，变形较弱或无变形。在岩体与片麻岩接触部位多有混合岩化的特征。

总之，“连云山混杂岩”遭受了多期变形变质叠加，发育不同层次的韧性剪切构造，且早期韧性剪切构造常与晚期韧性再造形成的变形组构混为一体。宏观上表现为揉流褶皱、长英质眼球体、透镜体、肠状脉体、面理构造。根据褶皱轴向和透镜体长轴方向，可初步判断区内至少经历了右旋和左旋两期构造剪切事件。

2. 显微变形变质特征

糜棱岩化岩浆岩显微观察表明（图4-22），石英主要表现为韧性变形（位错滑移及蠕变），出现以亚晶粒旋转为主的动态重结晶，石英因出现恢复作用而形成核幔结构，新晶以膨凸重结晶作用为主。长石的变形机制以内部的显微破裂和碎裂流动为主，局部发生弱的位错滑移，晶内出现波状消光、变形双晶、变形带、扭折等由位错滑移引起的变形现象。高应变时，长石可以发育眼球体，边部为细粒的长石及石英集合体，也可见蠕英结构。黑云母也以韧性变形为主，可见波状消光、楔形扭折。

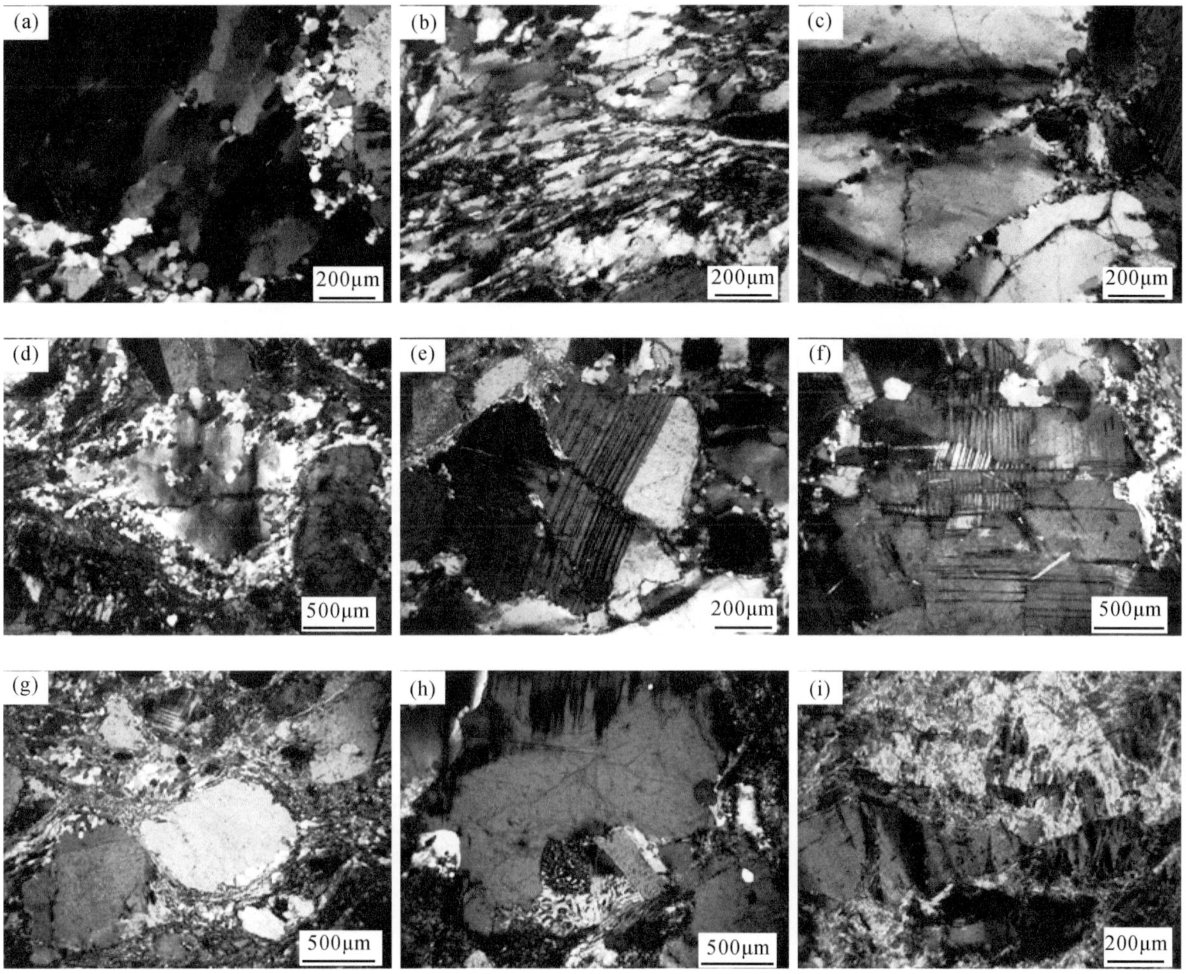

图 4-22　糜棱岩化岩浆岩显微构造变形特征

(a) 棋盘式石英亚颗粒；(b) 石英动态重结晶与拉长；(c) 石英膨凸重结晶；(d) 石英核幔结构；(e) 长石穿晶裂隙；(f) 长石变形双晶与扭折；(g) 眼球状长石碎斑，边部为细粒的长石及石英集合体；(h) 长石与石英接触发育蠕英结构；(i) 黑云母楔形扭折带

除了以上矿物变形变质外，连云山糜棱岩化花岗质岩与基底岩层均发育不同程度的可判断剪切指向的构造标志，如 S-C 面理、长石和云母的书斜构造、碎斑长轴方向、微褶皱的轴向，长石的穿晶裂隙与扭折也可以作为判断剪切指向的佐证。值得注意的是，这些标志也指示了两种截然相反的剪切方向：左行与右行（图 4-23）。

图 4-23　糜棱岩化花岗质岩显微构造变形特征

(a) 糜棱岩化花岗质岩 S-C 面理指示右行；(b) 片麻质糜棱岩 S-C 面理指示右行；(c) 黑云母书斜构造指示右行；(d) (e) 长石书斜构造指示左行；(f) 长石碎斑长轴方向指示左行；(g) 斜长石穿晶剪裂隙指示左行；(h) 斜长石变形双晶与扭折可指示左行；(i) 超糜棱岩微褶皱的轴向指示左行。箭头示剪切方向

在不考虑岩石定向的情况下，由 002-B5 云母片岩薄片可以观察到两期面理叠加的现象（图 4-24），主要面理构造以及一些 σ 透镜体均指示右行，但是存在个别透镜体长轴方向指示了左行，并且第一期面理被第二期（右行）面理改造，存留着左行的指示特征。以上剪切构造特征暗示了早期左行韧性剪切，后期右行韧性剪切叠加改造。

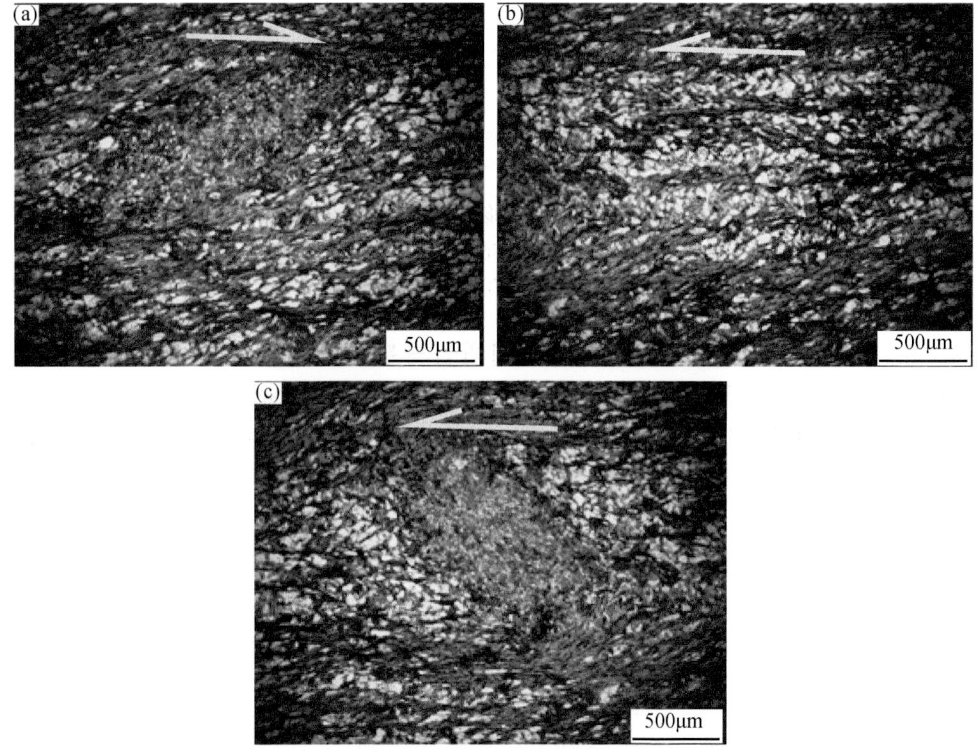

图 4-24　002-B5 薄片云母片岩显微构造照片

(a) S-C 面理构造及 σ 透镜体均指示右行；(b) 第一期面理被第二期面理叠加改造，指示前期为左行；(c) 透镜体长轴方向也指示左行

4.4 新元古代变沉积岩地球化学特征

为示踪湘东北地区金（多金属）大规模成矿的物质来源，最终正确理解矿床形成的地球动力学背景，以及为找矿勘查提供科学依据，本节将重点讨论冷家溪群和板溪群变沉积岩的岩石地球化学特征、源区性质、风化作用及形成的大地构造环境。

4.4.1 岩石（相）学特征

湘东北地区冷家溪群浅变质陆源碎屑岩系自下至上可分为雷神庙组、南桥组、黄浒洞组、小木坪组和坪原组（图4-25），是一套包括（粉砂质）绢云母板岩、绢云母板岩夹粉砂质板岩、砂质板岩、凝灰质

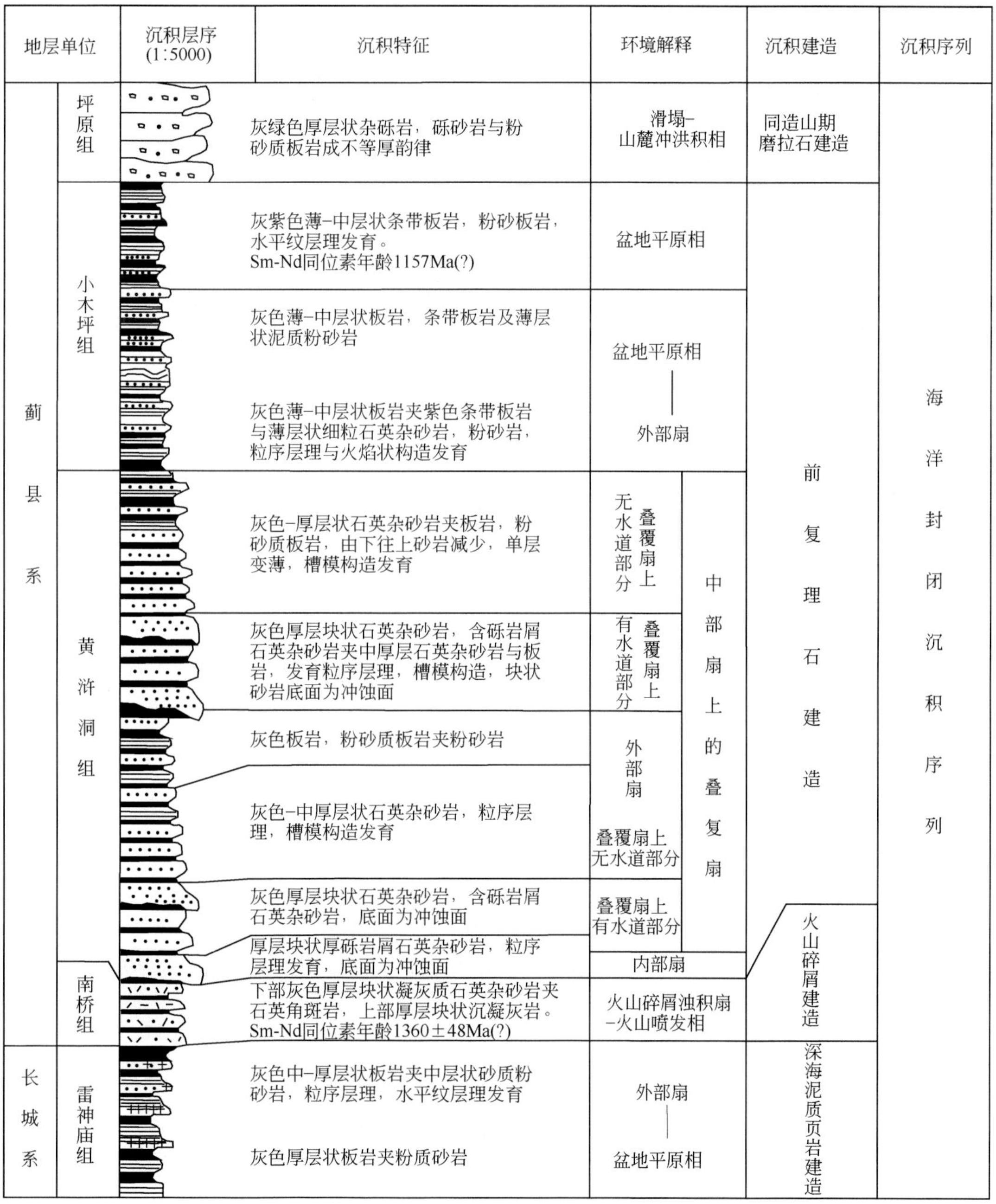

地层单位		沉积层序(1:5000)	沉积特征	环境解释		沉积建造	沉积序列
蓟县系	坪原组		灰绿色厚层状杂砾岩，砾砂岩与粉砂质板岩成不等厚韵律	滑塌-山麓冲洪积相		同造山期磨拉石建造	海洋封闭沉积序列
	小木坪组		灰紫色薄-中层状条带板岩，粉砂板岩，水平纹层理发育。Sm-Nd同位素年龄1157Ma(?)	盆地平原相		前复理石建造	
			灰色薄-中层状板岩，条带板岩及薄层状泥质粉砂岩 灰色薄-中层状板岩夹紫色条带板岩与薄层状细粒石英杂砂岩，粉砂岩，粒序层理与火焰状构造发育	盆地平原相 | 外部扇			
	黄浒洞组		灰色-厚层状石英杂砂岩夹板岩，粉砂质板岩，由下往上砂岩减少，单层变薄，槽模构造发育	叠覆扇上无水道部分	中部扇上的叠复扇		
			灰色厚层块状石英杂砂岩，含砾岩屑石英杂砂岩夹中厚层石英杂砂岩与板岩，发育粒序层理，槽模构造，块状砂岩底面为冲蚀面	叠覆扇上有水道部分			
			灰色板岩，粉砂质板岩夹粉砂岩	外部扇			
			灰色-中厚层状石英杂砂岩，粒序层理，槽模构造发育	叠覆扇上无水道部分			
			灰色厚层块状石英杂砂岩，含砾岩屑石英杂砂岩，底面为冲蚀面	叠覆扇上有水道部分			
			厚层块状厚砾岩屑石英杂砂岩，粒序层理发育，底面为冲蚀面	内部扇			
	南桥组		下部灰色厚层块状凝灰质石英杂砂岩夹石英角斑岩，上部厚层块状沉凝灰岩。Sm-Nd同位素年龄1360±48Ma(?)	火山碎屑浊积扇-火山喷发相		火山碎屑建造	
长城系	雷神庙组		灰色中-厚层状板岩夹中层状砂质粉砂岩，粒序层理，水平纹层理发育 灰色厚层状板岩夹粉质砂岩	外部扇 | 盆地平原相		深海泥质页岩建造	

图4-25 冷家溪群沉积序列图

板岩、粉砂质板岩夹砂质粉砂岩和岩屑杂砂岩的组合，局部夹千枚岩和石英云母片岩以及脉状、似层状变辉绿岩、黝帘石岩等变基性火山岩-次火山岩，具有典型鲍马序列（图4-26）。沉积原岩主要为泥质粉砂岩和粉砂质泥岩两类，泥岩具条带状，主要矿物为石英、绿泥石、伊利石、白云母、绢云母、钠长石以及钾长石，副矿物为电气石、石榴子石、金红石、锆石、绿帘石和一些不透明矿物，疑为铁质矿物（图4-27）。

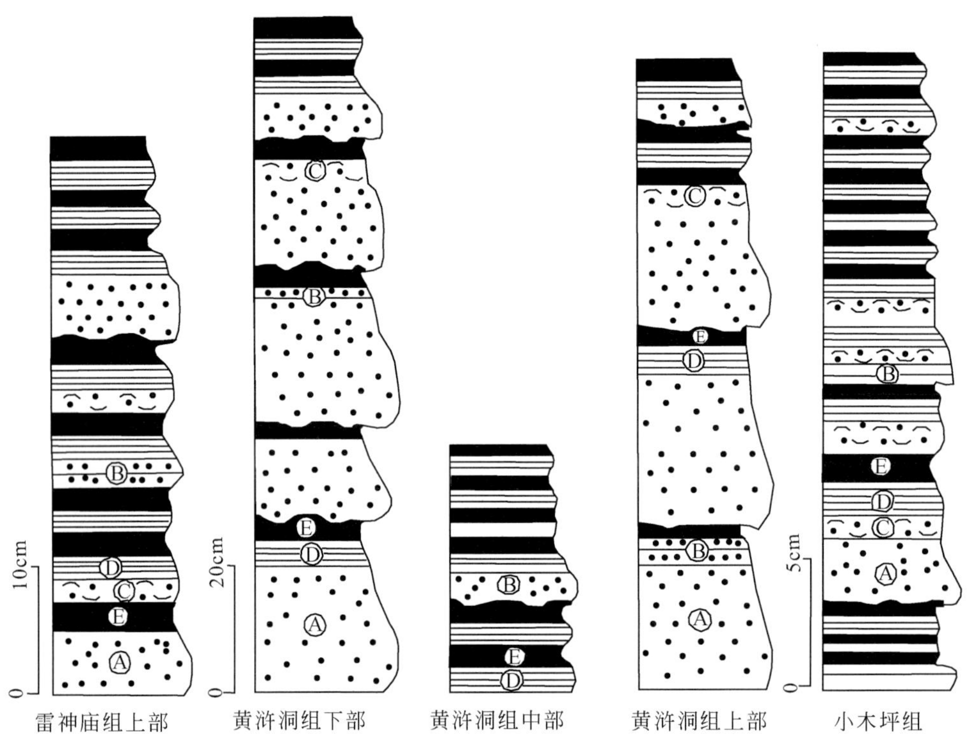

图4-26　冷家溪群鲍马序列组合图

A. 具递变粒序层理的砂岩或砂砾岩段；B. 具下平行层理细砂岩段；C. 具沙纹旋涡层理粉砂岩段；D. 具上平行层理泥质粉砂岩段；E. 泥岩页岩段

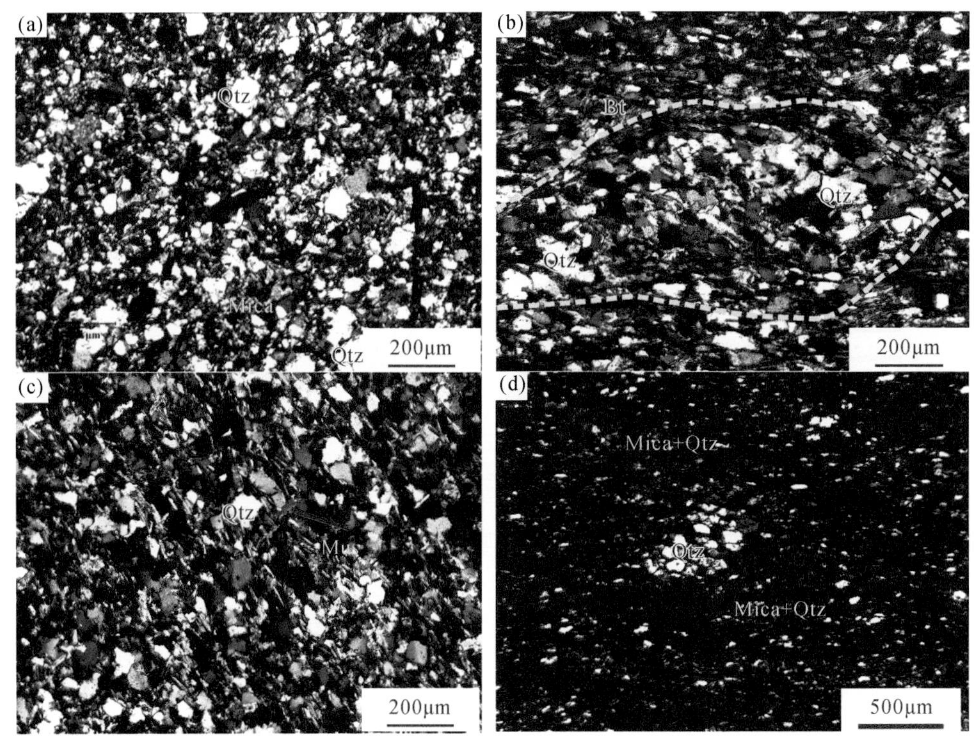

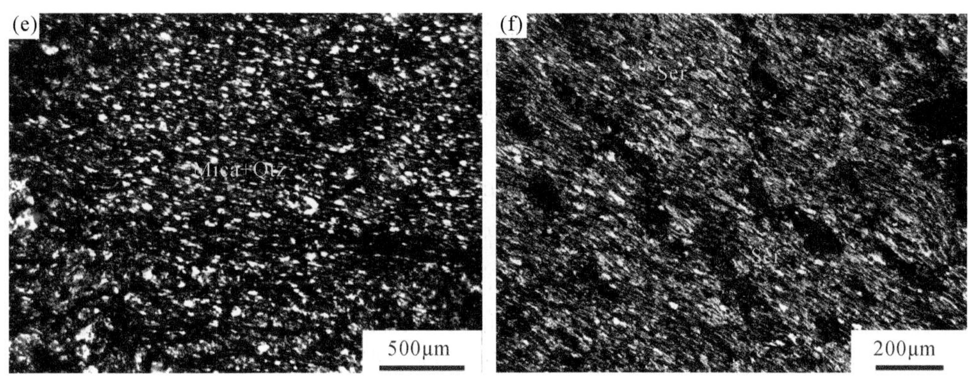

图 4-27　湘东北冷家溪群岩石显微照片（均为正交偏光）

（a）细砂岩样品 JJ07-6；（b）云母石英片岩中石英+黑云母构成的透镜体；（c）变质砂岩中变余砂状结构；（d）云母类板岩中极细粒石英与鳞片状云母密集定向排列；（e）云母类板岩中粒状鳞片变晶结构；（f）绢云母板岩。

Qtz. 石英；Mica. 云母类；Ser. 绢云母；Bt. 黑云母；Mus. 白云母

地层单位	沉积序列 1∶5000	沉积特征	沉积相	
五强溪组	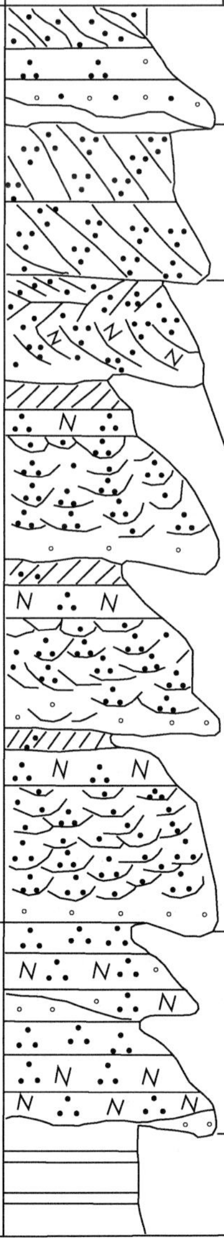	中粒石英砂岩夹石英砂砾岩，具小型交错层理	河流	河床
		细粒石英砂岩透镜状砂砾岩，具大型斜层理发育对称波痕	三角洲	
		中粗粒长石石英砂岩夹细粒石英砂岩，具水平层理，双向交错层理，板状层理，发育大型不对称波痕		
		厚层块状粗中粒石英砂岩，长石石英岩与薄层粉砂质板岩呈韵律。具平行层理，发育大型槽状交错层理，底冲刷明显	河流	堤岸—边滩—河床
通塔湾组		中层状长石石英粗砂岩，含砾砂岩及透镜状石英砾岩，具平行–水平层理		河床
		板岩		

图 4-28　望城石潭冲板溪群五强溪组沉积序列图

新元古界板溪群主要分布在湘东北南西侧石洞坡—莲花桥—柏嘉山一带，东部金狮冲、汪坪等地亦有零星出露，出露面积约 150km^2，厚度大于 3150m，系一套浅变质砂泥质碎屑岩系。其中，马底驿组为一套紫红色、灰紫色板岩，条带板岩，含粉砂质板岩夹灰绿色薄层泥质粉砂岩与粉砂质板岩，局部地段发育顺层分布呈串珠状钙质团块-钙质薄层，由下而上普遍发育水平层理、砂泥薄互层理、脉状层理、透镜状层理、中-小型沙纹层理，属潮坪沉积。五强溪组以单调的岩石组合——粗碎屑岩为特征，为一套泥质岩石组合，下部为灰绿色薄层状粉砂质板岩、条带状板岩；中部为灰绿色条带状凝灰质板岩、粉砂质板岩夹中层状凝灰质粉砂岩，偶夹薄层状沉凝灰岩；上部浅灰色厚层状变质凝灰质粉砂岩与条带状凝灰质板岩互层，水平纹层极发育，介质为宁静的浅海陆棚相沉积（图 4-28、图 4-29）。板溪群的砂泥质碎屑岩主要矿物为石英、绿泥石、伊利石（绢云母）、蒙脱石、钾长石、白云母等，部分样品有少量钠长石。矿物组合反映板溪群在沉积成岩作用后经历了热动力变质作用（湖南省地质调查院，2002）。

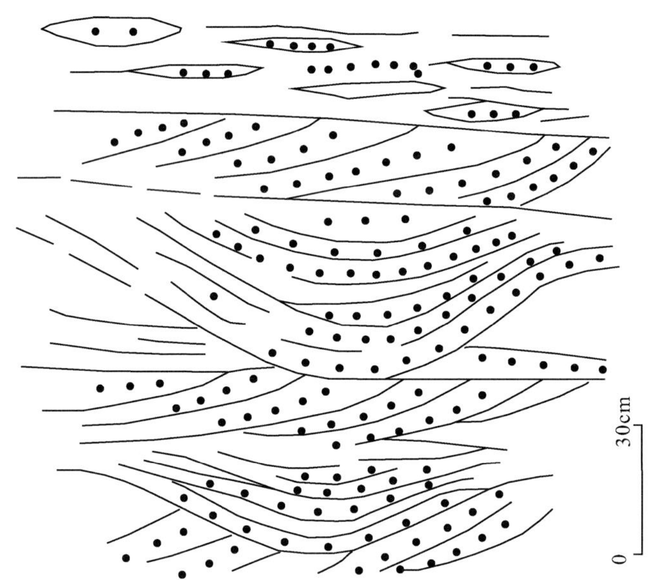

图 4-29　五强溪组砂岩中的冲刷充填交错层理及板岩交错层理素描

4.4.2　样品来源与分析方法

本次共采集了冷家溪群和板溪群 160 个代表性细粒和中-粗粒碎屑沉积岩样品开展了主量元素、微量元素（包括稀土元素）和 Rb-Sr、Sm-Nd 同位素分析。其中，59 个冷家溪群样品采自公路、河道、山谷等露头，或取自钻孔岩心，且这些样品是新鲜的，未受到风化和蚀变的影响。为了与新获得的冷家溪群数据作对比，本书所利用的 101 个板溪群样品引自顾雪祥等（2003）的数据。根据区域地质对比、岩石（相）学特征、XRD 分析结果（朱明新和王河锦，2001），以及 SiO_2/Al_2O_3 值（Herron，1988），所有研究的冷家溪群和板溪群样品分别被划分为泥质板岩、砂质板岩、粉砂岩和/或砂岩［包括岩屑砂屑岩、硬（杂）砂岩和/或长石砂岩］。全岩主量、微量元素分析均在中国科学院地球化学研究所和河北省分析测试研究中心所完成。其中，全岩主量元素采用熔融制样 X 荧光光谱法分析；全岩微量元素（包括稀土元素）采用电感耦合等离子体发射光谱仪（ICP-AES）和电感耦合等离子体质谱仪（ICP-MS）分析；铀（U）元素采用激光诱导荧光光度仪（LFL）分析，而铅元素（Pb）采用 X 射线荧光光谱仪（XFR）分析。所有微量元素分析精度和误差在 5% 以内，所有主量元素分析误差在 3% 以内。

4.4.3　主量元素特征

图 4-30 为湘东北冷家溪群和板溪群岩石主量元素和指数变异图，表 4-29 ~ 表 4-31 为湘东北冷家溪群和板溪群变质沉积岩主量元素组成。由此可以看出，冷家溪群和板溪群在主元素成分上无明显差别，但 SiO_2 含量变化较大（58.4%~74.0%，平均 68.3%），Al_2O_3（12.20%~20.45%，平均 16.3%）和 K_2O（2.11%~4.80%，平均 3.7%）则较为富集。Na_2O 和 CaO 含量分别为 1.27%~2.06%、0.20%~1.20%，Na_2O+K_2O 平均含量为 5.0%，$Mg^{\#}$为 0.37。铝质系数（A=47 ~ 55）和钙质系数（C=1 ~ 8）表现出富硅铝而贫钙的特征，因而这些地层的岩石属铝硅酸盐岩类。氧化物中 K_2O 含量普遍大于 Na_2O，且与 Al_2O_3 呈正相关关系；矿物组分上富绢云母和黑云母而贫斜长石，表明该变质沉积岩是以富钾、富铝的泥砂质岩原岩为主的负变质岩，在 Simonen（1953）的 Si-[al+fm-(c+alk)] 原岩判别图上，也落在泥质沉积岩和砂质沉积岩两端元之间，但部分样品明显偏于泥质沉积岩。

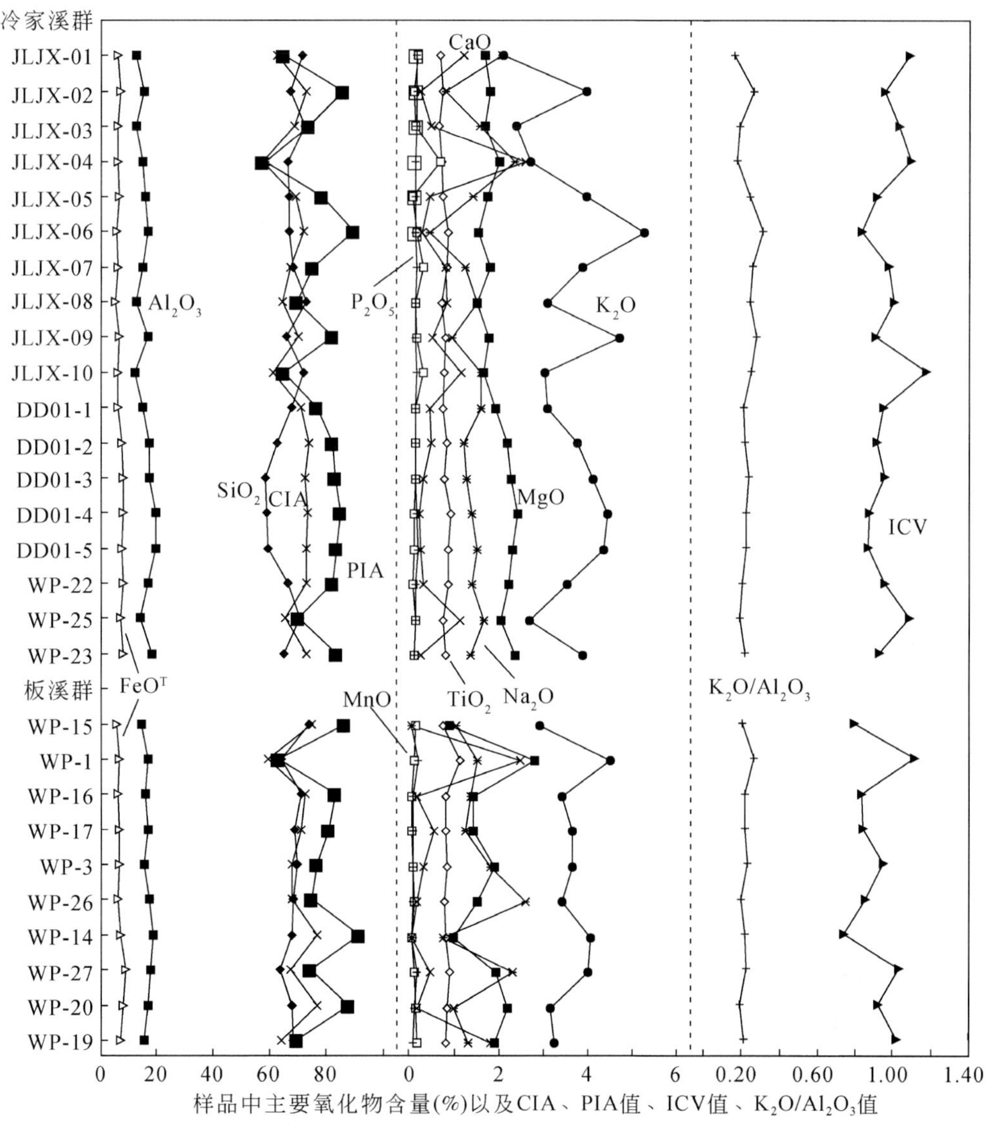

图 4-30　湘东北冷家溪群和板溪群岩石主量元素和指数变异图

表 4-29　湘东北冷家溪群和板溪群变碎屑沉积岩主量元素组成

样品号	岩性	SiO_2 /%	TiO_2 /%	Al_2O_3 /%	FeO^T /%	MnO /%	MgO /%	CaO /%	Na_2O /%	K_2O /%	P_2O_5 /%	K_2O/Al_2O_3	CIA	PIA	ICV	来源
冷家溪群																
JLJX-01	板岩	72.89	0.69	12.83	6.12	0.19	1.72	1.22	2.09	2.11	0.14	0.16	62.95	65.10	1.09	本书
JLJX-02		69.37	0.76	15.52	7.11	0.10	1.85	0.24	0.82	4.08	0.15	0.26	72.84	86.18	0.96	本书
JLJX-03		74.00	0.66	12.65	6.20	0.12	1.70	0.49	1.60	2.43	0.14	0.19	68.68	73.96	1.03	本书
JLJX-04		67.28	0.71	15.22	6.23	0.69	2.01	2.62	2.38	2.73	0.13	0.18	57.48	58.60	1.10	本书
JLJX-05		68.49	0.76	16.38	6.44	0.07	1.77	0.46	1.45	4.07	0.12	0.25	69.22	78.80	0.91	本书
JLJX-06		68.24	0.88	17.15	5.75	0.16	1.57	0.28	0.46	5.38	0.13	0.31	72.08	90.00	0.83	本书
JLJX-07		69.69	0.85	15.10	6.10	0.30	1.81	0.80	1.25	3.94	0.15	0.26	67.33	75.46	0.98	本书
JLJX-08		74.17	0.71	12.76	5.09	0.13	1.52	0.83	1.52	3.14	0.13	0.25	64.49	69.99	1.00	本书
JLJX-09		67.24	0.81	17.05	6.54	0.15	1.81	0.51	0.96	4.80	0.13	0.28	70.11	82.53	0.91	本书
JLJX-10		73.03	0.78	12.20	6.00	0.29	1.68	1.16	1.60	3.08	0.16	0.25	61.51	65.13	1.17	本书
DD01-1		70.05	0.75	15.21	6.41	0.13	1.98	0.47	1.65	3.20	0.13	0.21	71.09	76.71	0.95	本书
DD01-2		65.59	0.85	17.86	7.51	0.12	2.27	0.48	1.25	3.93	0.14	0.22	73.91	82.30	0.91	本书
DD01-3		63.22	0.83	18.63	8.44	0.14	2.45	0.30	1.37	4.47	0.14	0.24	72.42	83.07	0.96	本书
DD01-4		61.40	0.94	20.45	8.23	0.08	2.49	0.21	1.42	4.62	0.15	0.23	73.57	85.03	0.88	本书
DD01-5		62.04	0.88	20.16	7.95	0.09	2.37	0.24	1.56	4.53	0.18	0.22	72.99	83.59	0.87	本书
WP-22	粉砂岩	66.66	0.86	16.92	7.96	0.07	2.20	0.28	1.38	3.52	0.13	0.21	72.94	82.51	0.96	1
WP-25		70.72	0.73	13.94	6.91	0.11	2.03	1.12	1.64	2.67	0.13	0.19	65.59	70.01	1.08	1
WP-23		65.12	0.80	17.98	8.11	0.08	2.34	0.24	1.35	3.88	0.10	0.22	73.10	83.83	0.93	1
平均值		68.29	0.79	16.00	6.84	0.17	1.98	0.66	1.43	3.70	0.14	0.23	69.02	77.38	0.97	
板溪群																
WP-15	砂岩	74.18	0.73	14.32	5.81	0.11	0.88	0.02	1.02	2.90	0.03	0.20	74.97	86.71	0.79	1
WP-1		64.07	1.11	16.86	6.45	0.09	2.80	2.46	1.51	4.49	0.17	0.27	59.64	63.30	1.12	1
WP-16	粉砂岩	71.02	0.78	15.76	6.07	0.03	1.40	0.14	1.34	3.40	0.06	0.22	72.44	83.09	0.83	1
WP-17		68.95	0.79	16.81	6.53	0.02	1.40	0.54	1.24	3.64	0.06	0.22	71.14	80.99	0.84	1
WP-3		69.54	0.82	15.54	6.38	0.07	1.87	0.29	1.79	3.65	0.06	0.23	68.10	76.95	0.95	1
WP-26		68.19	0.76	17.08	6.16	0.10	1.51	0.15	2.59	3.42	0.05	0.20	67.79	74.69	0.85	1
WP-14	板岩	67.72	0.78	18.57	7.03	0.02	0.98	0.03	0.75	4.07	0.04	0.22	76.84	91.66	0.73	1
WP-27		63.66	0.89	17.77	8.79	0.10	1.91	0.44	2.29	4.01	0.14	0.23	67.46	74.62	1.03	1
WP-20		67.89	0.83	16.59	8.04	0.13	2.18	0.14	0.96	3.16	0.09	0.19	76.70	87.78	0.92	1
WP-19		68.41	0.80	15.58	6.83	0.14	1.87	1.79	1.28	3.25	0.05	0.21	64.01	69.23	1.02	1
平均值		68.36	0.83	16.49	6.81	0.08	1.68	0.60	1.48	3.60	0.08	0.22	69.91	78.90	0.91	

注：所有分析数据已被换算成100%干体重；“1”代表引自顾雪祥等（2003）；ICV 为成分变化指数，$ICV=(Fe_2O_3+K_2O+Na_2O+CaO+MgO+TiO_2)/Al_2O_3$；PIA 为蚀变斜长石指数，$PIA=100\times(Al_2O_3-K_2O)/(Al_2O_3+CaO^*+Na_2O-K_2O)$；CIA 为蚀变化学指数，$CIA=[Al_2O_3/(Al_2O_3+CaO^*+Na_2O+K_2O)]\times100$，其中 CaO^* 指岩石中硅酸盐所含的 CaO 摩尔数。

表 4-30　冷家溪群变碎屑沉积岩主量元素及组成参数

岩石及	砂质板岩								砂岩		含黏土质板岩				砂岩（类型Ⅱ）						砂岩（类型Ⅰ）				
样品号	LL02	LL04	LL05	LL06	LL07	LL09	DD01	$n=22$	WP-23	WP-22	DD02	DD03	DD04	DD05	WP-25	LL10	LL01	LL03	LL08	$n=11$	LJ-1	LJ-5	LJ-2	LJ-3	$n=4$
SiO_2/%	69.80	69.96	68.85	68.60	70.05	67.63	70.47	68.50	65.12	66.66	66.03	63.72	61.84	62.47	70.72	73.46	73.32	74.41	74.52	73.95	75.84	68.00	69.34	69.80	73.56
Al_2O_3/%	15.61	15.83	16.46	17.24	15.18	17.14	15.30	16.56	17.98	16.92	17.98	18.78	20.60	20.31	13.94	12.28	12.90	12.72	12.82	12.43	10.67	13.60	13.52	14.95	12.28
TiO_2/%	0.76	0.74	0.76	0.88	0.85	0.81	0.76	0.76	0.80	0.86	0.86	0.84	0.94	0.89	0.73	0.78	0.69	0.67	0.72	0.88	0.53	0.68	0.76	0.84	0.66
CaO/%	0.24	2.72	0.46	0.28	0.81	0.51	0.47	0.29	0.24	0.28	0.48	0.31	0.21	0.24	1.12	1.17	1.22	0.49	0.84	1.18	0.25	2.19	5.96	3.37	0.81
FeO^T/%	6.53	5.85	5.94	5.25	5.62	6.01	5.85	7.33	8.11	7.96	6.89	7.72	7.57	7.31	6.91	5.45	5.58	5.67	4.64	6.39	7.08	8.35	6.2	4.84	5.97
MnO/%	0.10	0.08	0.07	0.16	0.30	0.15	0.14	0.10	0.08	0.07	0.13	0.14	0.08	0.09	0.11	0.30	0.19	0.12	0.13	0.15	0.71	0.19	0.79	0.33	0.11
MgO/%	1.86	2.09	1.78	1.58	1.82	1.82	2.00	2.04	2.34	2.20	2.29	2.46	2.51	2.38	2.03	1.69	1.73	1.71	1.52	1.65	0.12	2.65	1.24	1.53	2.29
Na_2O/%	0.83	2.47	1.46	0.46	1.26	0.97	1.66	1.40	1.35	1.38	1.26	1.38	1.43	1.57	1.64	1.61	2.10	1.61	1.52	0.91	3.95	2.55	1.36	2.61	2.37
K_2O/%	4.11	2.84	4.09	5.41	3.96	4.83	3.22	2.86	3.88	3.52	3.95	4.50	4.66	4.56	2.67	3.10	2.12	2.44	3.16	2.31	0.68	1.67	0.67	1.54	1.82
P_2O_5/%	0.15	0.14	0.12	0.13	0.15	0.13	0.14	0.09	0.10	0.13	0.14	0.14	0.15	0.18	0.13	0.16	0.14	0.14	0.13	0.15	0.16	0.11	0.15	0.17	0.15
CIA	73	57	69	72	67	70	69	75	73	73	72	72	73	73	66	61	63	69	64	70	59	58	50	56	64
PIA	89	59	80	92	77	84	78	84	85	84	84	85	87	86	71	67	66	76	72	78	60	60	50	57	68
ICV	0.92	1.06	0.88	0.80	0.94	0.87	0.91	0.89	0.93	0.96	0.87	0.92	0.84	0.83	1.08	1.12	1.04	0.99	0.97	1.11	1.18	1.33	1.20	0.99	1.12
SiO_2/Al_2O_3	4.47	4.42	4.18	3.98	4.61	3.94	4.61	4.16	3.62	3.94	3.67	3.39	3.00	3.08	5.07	5.98	5.68	5.85	5.81	6.08	7.11	5.00	5.13	4.67	6.08
K_2O/Na_2O	4.98	1.15	2.80	11.69	3.15	5.00	1.94	2.24	2.87	2.55	3.14	3.25	3.25	2.91	1.63	1.92	1.01	1.52	2.07	4.02	0.17	0.66	0.49	0.59	0.76
K_2O/Al_2O_3	0.26	0.18	0.25	0.31	0.26	0.28	0.21	0.17	0.22	0.21	0.22	0.24	0.23	0.22	0.19	0.25	0.16	0.19	0.25	0.19	0.06	0.12	0.05	0.10	0.15

注：CIA 据 Nesbitt 和 Young（1982）；PIA 据 Fedo 等（1995）；ICV 据 Cox 等（1995）；所有板溪群的数据来自 Gu 等（2003）及文中参考文献；所有分析数据已被换算成 100% 干体重；$FeO^T=FeO+Fe_2O_3$，n 为样品数。

表 4-31　板溪群变碎屑沉积岩主量元素及组成参数

岩石及样品号	粗粒和细粒砂岩（类型Ⅰ）				粗粒、中粒和细粒砂岩（类型Ⅱ）			粉砂岩				砂质板岩								
	WP-5	WP-12	WP-9	$n=4$	WP-15	Luo9-3	$n=13$	WP-3	Wp-1	WP-16	WP-17	WP-27	WP-26	WP-14	WP-19	WP-20	W-60	W-58	W-61	$n=57$
SiO_2/%	82.10	87.31	87.38	73.25	74.18	94.46	75.48	69.54	64.07	71.02	68.95	63.66	68.19	67.72	68.41	67.89	69.28	64.99	70.46	67.64
Al_2O_3/%	9.74	6.61	6.59	14.40	14.32	2.62	12.80	15.54	16.86	15.76	16.81	17.77	17.08	18.57	15.58	16.59	17.21	18.59	16.01	16.71
TiO_2/%	0.24	0.12	0.12	0.49	0.73	0.10	0.51	0.82	1.11	0.78	0.79	0.89	0.76	0.78	0.80	0.83	0.47	0.31	0.56	0.72
CaO/%	0.06	0.07	0.07	0.58	0.02	0.19	0.62	0.29	2.46	0.14	0.54	0.44	0.15	0.03	1.79	0.14	0.21	0.43	0.21	1.25
FeO^T/%	2.09	2.02	1.98	4.39	5.81	1.42	4.79	6.38	6.45	6.07	6.53	8.79	6.16	7.03	6.83	8.04	6.43	6.83	6.23	6.67
MnO/%	0.06	0.03	0.03	0.09	0.11	0.02	0.05	0.07	0.09	0.03	0.02	0.10	0.10	0.02	0.14	0.13	0.19	1.56	0.12	0.29
MgO/%	0.28	0.37	0.37	0.98	0.88	0.27	1.43	1.87	2.80	1.40	1.40	1.91	1.51	0.98	1.87	2.18	1.41	1.18	1.49	1.73
Na_2O/%	4.09	2.87	2.77	3.70	1.02	0.14	1.40	1.79	1.51	1.34	1.24	2.29	2.59	0.75	1.28	0.96	1.20	1.50	1.26	1.60
K_2O/%	1.32	0.67	0.67	2.00	2.90	0.71	2.88	3.65	4.49	3.40	3.64	4.01	3.42	4.07	3.25	3.16	3.54	3.80	3.61	3.35
P_2O_5/%	0.02	0.02	0.01	0.15	0.03	0.04	0.06	0.06	0.17	0.06	0.06	0.14	0.05	0.04	0.05	0.09	0.05	0.12	0.06	0.09
CIA	54	54	55	62	75	68	67	68	60	72	71	67	68	77	64	77	74	72	72	67
PIA	55	55	56	64	87	79	75	78	65	84	82	76	75	92	70	89	86	83	83	75
ICV	0.83	0.93	0.91	0.85	0.79	1.08	0.92	0.95	1.12	0.83	0.84	1.03	0.85	0.73	1.02	0.92	0.77	0.76	0.33	0.92
SiO_2/Al_2O_3	8.43	13.21	13.26	5.13	5.18	36.05	5.98	4.47	3.80	4.51	4.10	3.58	3.99	3.65	4.39	4.09	4.03	3.50	4.40	4.07
K_2O/Na_2O	0.32	0.23	0.24	0.54	2.84	5.07	2.26	2.04	2.97	2.54	2.94	1.75	1.32	5.43	2.54	3.29	2.95	2.53	2.37	2.39
K_2O/Al_2O_3	0.14	0.10	0.10	0.14	0.20	0.27	0.23	0.23	0.27	0.22	0.22	0.23	0.20	0.22	0.21	0.19	0.21	0.20	0.23	0.20

冷家溪群和板溪群样品中，SiO_2 与 TiO_2（相关系数 $r=-0.72$）、Al_2O_3（相关系数 $r=-0.91$）、FeO^T（相关系数 $r=-0.78$）、MgO（相关系数 $r=-0.69$）和 K_2O（相关系数 $r=-0.68$）呈较好的负相关（图4-31～图4-33），其中，冷家溪群的 SiO_2 与 Al_2O_3 的相关性较好，相关系数 $r=0.97$［图4-32、图4-33、图4-34（a)］，而与MnO、Na_2O、CaO、P_2O_5 无明显相关性。MgO、K_2O、FeO^* 与 Al_2O_3 表现出良好的正相关［图4-32、图4-33、图4-34（b)］，表明钾质和铝质等黏土矿物如伊利石或蒙脱石控制了其主量元素组成，源区K和Mg进入黏土矿物，而Ca被滤掉（Nesbitt et al.，1980），风化作用起重要作用。除个别样品（JLJX-06）外，K_2O/Na_2O 值均为1.01～5.43（平均2.6），部分样品则低于PAAS值（澳大利亚后太古宙页岩，Post-Archean Australian Shale：3.1～3.5；Taylor and McLennan，1985；Condie，1993）。根据 K_2O/Na_2O 和 SiO_2/Al_2O_3 值（表4-29～表4-31；Gu et al.，2002，2003），冷家溪群砂岩可划分为Ⅰ和Ⅱ两个类型，其中：类型Ⅰ可与太古宙平均杂砂岩（average greywacke）（Condie，1993）类比，而类型Ⅱ可与PAAS和/或NASC（北美页岩，North American Shale Composite）类比（Taylor and McLennan，1985）。同样，板溪群砂岩（Gu et al.，2002，2003）似乎也包含两个类型：类型Ⅰ（以样品WP-5、WP-12为代表）在化学成分上类似于太古宙TTG平均成分（Condie，1993），而类型Ⅱ（除WP-5、WP-12的其他样品）则类似于PAAS。K_2O/Na_2O-SiO_2/Al_2O_3 投影图显示（图4-35），除了相关砂岩样品具较高的 SiO_2/Al_2O_3 值外（普遍≥5.0），冷家溪群和板溪群其他样品类似于元古宙—显生宙页岩，清楚反映黏土矿物控制了随石英含量的增加而被稀释的主要元素成分，因而造成它们比NASC具有更高 SiO_2 和更低 Al_2O_3 含量（Condie，1993）。

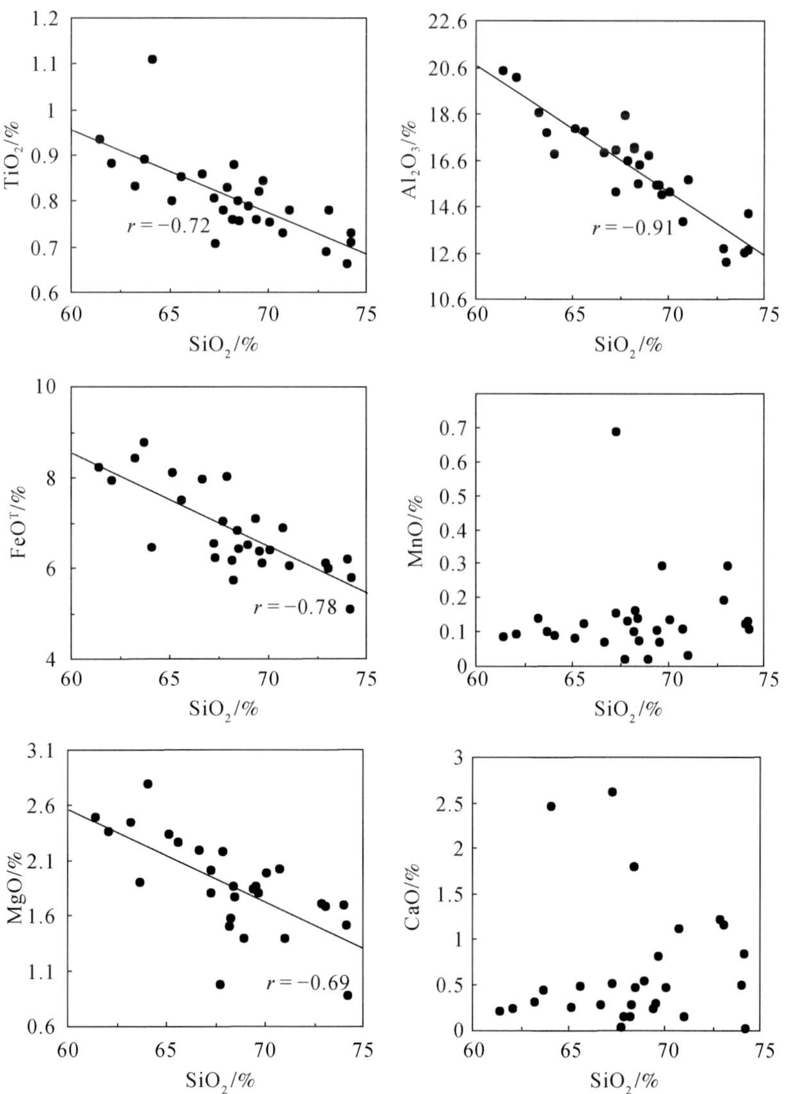

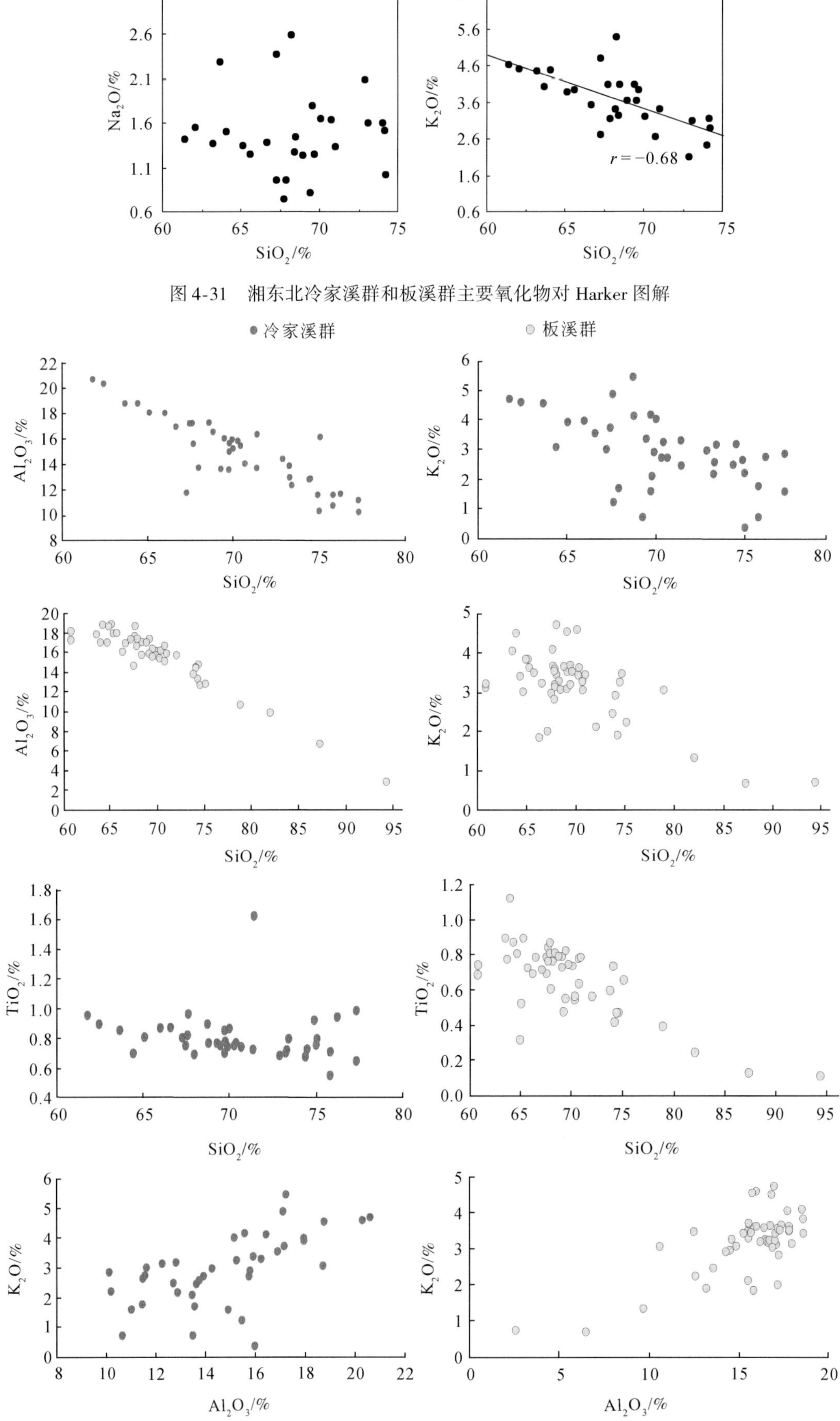

图 4-31　湘东北冷家溪群和板溪群主要氧化物对 Harker 图解

图 4-32　冷家溪群和板溪群变质沉积岩的 SiO_2 与 Al_2O_3、K_2O、TiO_2 图解及 Al_2O_3 与 K_2O 图解

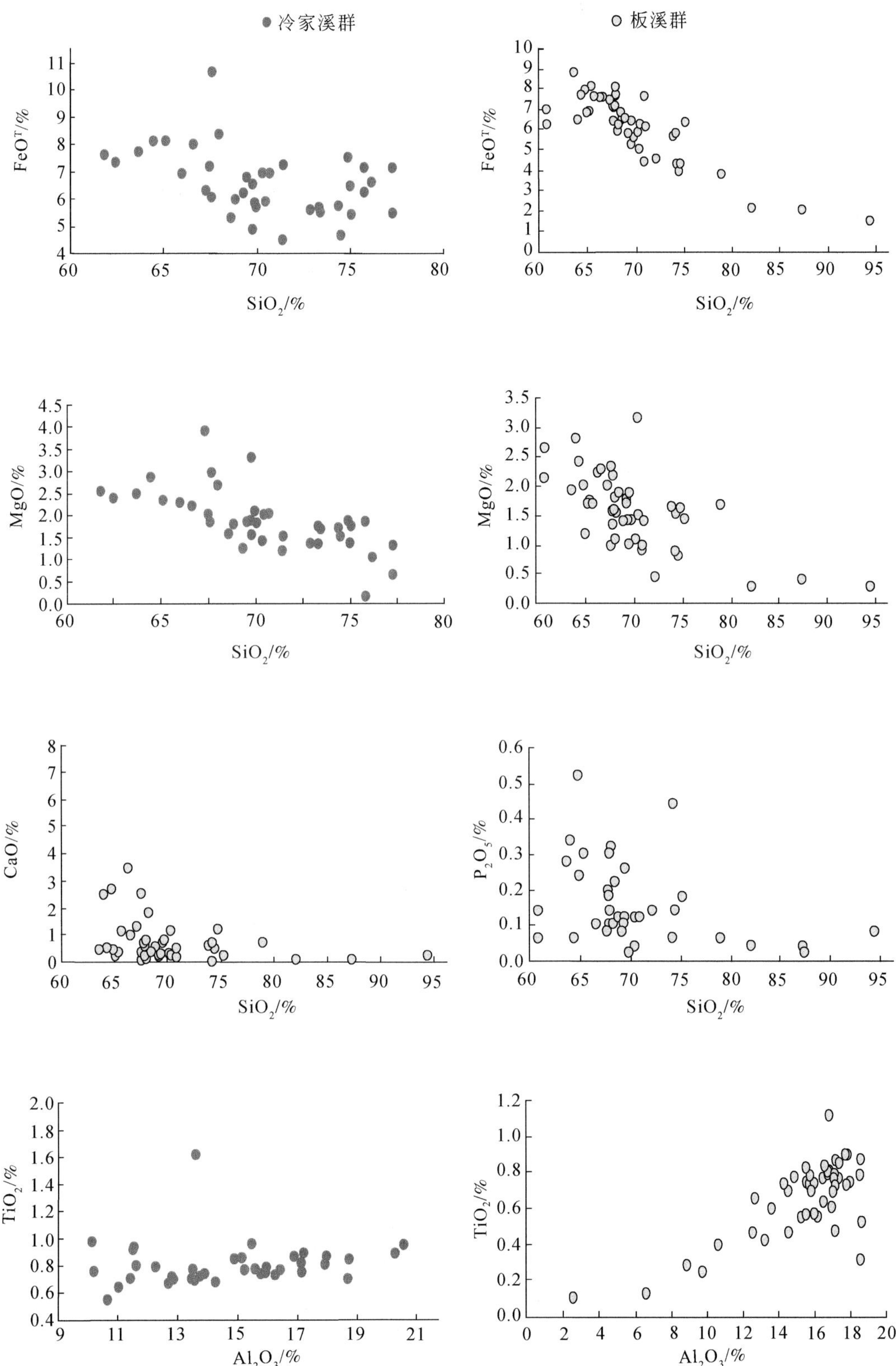

图 4-33 冷家溪群和板溪群沉积岩的 SiO_2 与 FeO^T、MgO、CaO、P_2O_5 图解与 Al_2O_3 与 TiO_2 图解

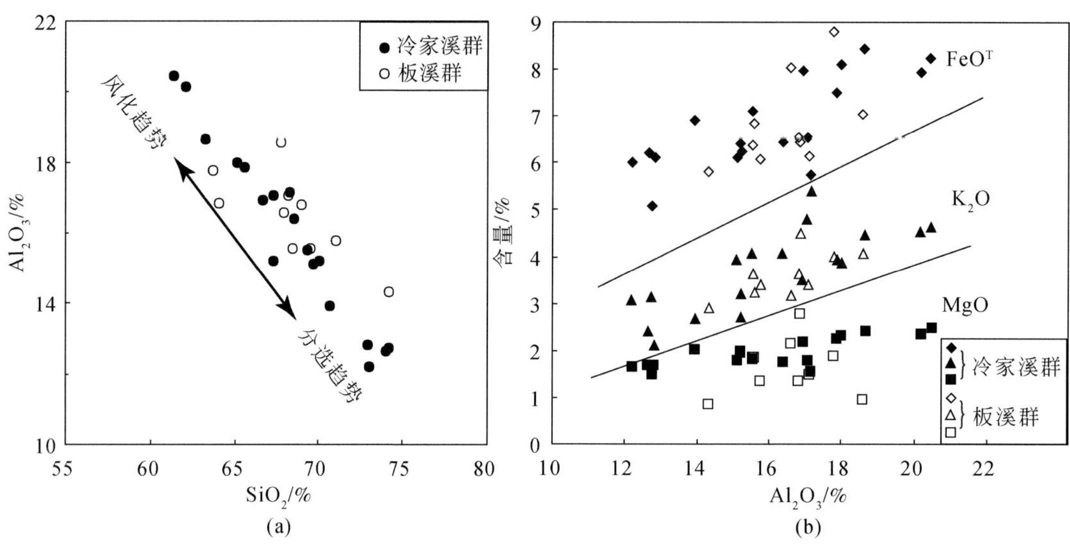

图 4-34　冷家溪群和板溪群 SiO_2-Al_2O_3（a）和 Al_2O_3-FeO^T、K_2O 及 MgO（b）图解

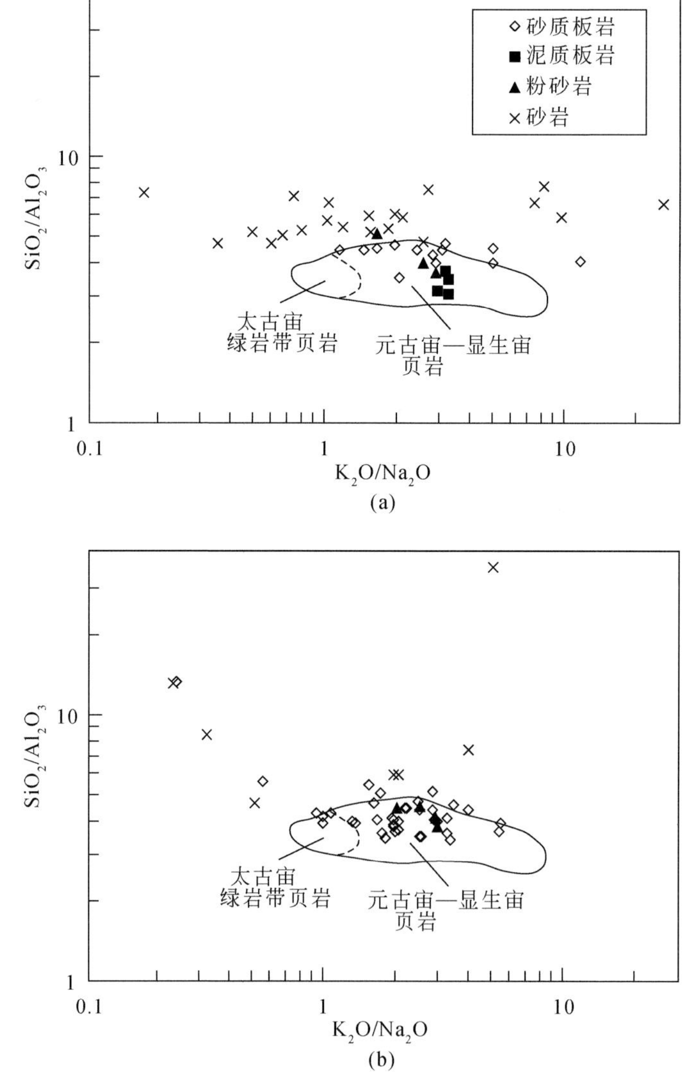

图 4-35　冷家溪群（a）和板溪群（b）的 K_2O/Na_2O-SiO_2/Al_2O_3 图解

图中太古宙、元古宙—显生宙页岩范围据 Wronkiewicz 和 Condie（1987）、Condie（1993）

不过，与冷家溪群样品相应的相关系数相比（r_1=-0.27、r_2=-0.03、r_3=0.01），板溪群样品显示 SiO_2 与 FeO^T（r_1=-0.77）和 TiO_2（r_2=-0.60）具有更好的负相关关系，而 Al_2O_3 与 TiO_2（r_3=0.54；Gu et al.，2002）具有更好的正相关关系，暗示板溪群比冷家溪群受沉积分选的影响更大。

4.4.4　微量元素特征

4.4.4.1　大离子亲石元素 LILEs 和 Th、U

湘东北冷家溪群和板溪群变质沉积岩样品的微量元素数据详见表4-32、表4-33。由表可见，所有新元古代岩石样品中 Rb、Sr、Ba 丰度分别为 22×10^{-6}~246×10^{-6}（平均 163×10^{-6}）、35×10^{-6}~403×10^{-6}（平均 83×10^{-6}）和 112×10^{-6}~1645×10^{-6}（平均 572×10^{-6}）。然而，与PAAS（Taylor and McLennan，1985）相比，冷家溪群大多数样品高度亏损 Sr 和 Ba，但可变地富集 Rb（表4-31；Gu et al.，2002，2003；Xu et al.，2007a）。此外，与 PAAS 相比，冷家溪群相关的类型Ⅱ砂岩也具有较高的 Pb 丰度（~26×10^{-6}），而粉砂岩具有较高的 U、Pb 和 Cs 丰度（分别为约 4×10^{-6}、约 32×10^{-6} 和约 16×10^{-6}）。不过，与 PAAS 相比，冷家溪群泥质板岩除 Rb 含量较高外（约1.36 PAAS），其 LILEs、Th 和 U 与 PAAS 丰度大都相近。除了1个不寻常的样品 WP-7，板溪群砂质板岩、粉砂岩样品（Gu et al.，2002，2003）具有与 PAAS 类似的 U、Th、Ba 和 Rb 丰度，但相对亏损 Sr（0.51 PAAS），且 Cs（4.3×10^{-6}~32.6×10^{-6}）和 Pb（7.0×10^{-6}~64.3×10^{-6}）的丰度可变。此外，板溪群类型Ⅱ砂岩样品除了显著富集 Ba 外（可高达 1645×10^{-6}），与相关的砂质板岩、粉砂岩样品则具有相似的 LILEs、Th 和 U 丰度；而类型Ⅰ砂岩样品尽管具有可变的 Sr、Ba、U 和 Pb 等丰度，但其他元素丰度类似于太古宙克拉通砂岩（Condie，1993）。另外，板溪群样品的 Th/U 值（4.78）类似于 PAAS 值，而冷家溪群的 Th/U 值（平均5.8）较高，大于上地壳（3.8）和 PAAS（4.7）相应值，可能与当时所处的氧化还原环境有关。

相比 Rb 接近于 PAAS（160×10^{-6}），冷家溪群和板溪群样品中 Sr 和 Ba 整体上偏低，可能是化学风化过程中，K 和 Rb 等元素比二价的 Ca 和 Sr 以及 Na 更易于滤取进入黏土中（Camire et al.，1993）。相对于 PAAS，中-细粒的冷家溪群和板溪群样品（Gu et al.，2002，2003）相对亏损 Sr、Na 和 Ca，但相对富集 Rb，因此暗示这些岩石经历了较强烈的化学风化作用。这与这些样品具有高的 Th/U 值（普遍>4.0）（表4-32、表4-33；Gu et al.，2002，2003）相一致。然而，冷家溪群（r=0.23、r=0.21）和板溪群（r=0.52、r=0.48）样品 Al_2O_3 与 Th 和 Rb 均显示弱的正相关性，可能暗示 LILEs、Th 和 U 在新元古代变质沉积岩，特别是在冷家溪群岩石中分配并不完全由页硅酸盐所控制。

4.4.4.2　过渡族金属元素 TTEs

冷家溪群和板溪群样品过渡金属元素 Cr、Co、Ni、V 的平均含量分别为 126×10^{-6}、19.4×10^{-6}、38.5×10^{-6}、116×10^{-6}，类似于上地壳值；Cr/Th 的平均值为8.4，亦接近于 PAAS（7.5）和 UCC（上部大陆壳，upper continental crust，8.0），说明源区物质以长英质为主。其中 Sc 和 V 随 Al_2O_3 的增加而变大（相关系数 r 分别为0.71、0.66），可能暗示这些元素被黏土所束缚，而在风化过程中才聚集。此外，除类型Ⅰ砂岩与太古宙克拉通砂岩（Condie，1993）具有相似的 TTEs 元素丰度外，大多数板溪群样品（Gu et al.，2002，2003）可与 PAAS 和/或 NASC 类比。但冷家溪群样品与板溪群砂质板岩/砂岩具有相似的 TTEs 丰度（表4-32、表4-33；Gu et al.，2002，2003），相关的砂岩更是与板溪群砂质板岩/砂岩具有可比的 Cr 丰度（Gu et al.，2002，2003），前者富集度为约1.39 PAAS 或约1.23 NASC。此外，对于相关的岩石，冷家溪群泥质板岩具有更高的 Sc、Co 和 Ni（分别为约 24×10^{-6}、约 22×10^{-6} 和约 43×10^{-6}）。而冷家溪群和板溪群样品所具有的有意义的 Sc 与 Al_2O_3 正相关关系（相关系数 r 分别为0.56、0.71）不能反映这些 TTEs 元素在风化过程主要富集于页硅酸盐矿物内。

表 4-32　冷家溪群变质沉积岩微量元素及组成参数

岩石及	砂岩（类型Ⅱ）				砂质板岩					粉砂岩								含黏土质板岩			
样品号	LL01	LL03	LL08	WP-25	DD01	LL02	LL04	LL05	LL07	WP-23	WP-22	HJ3-1	HJ-2	HJ3-2	HJ3-4	HJ3-5	HJ3-6	DD02	DD03	DD04	DD05
Ga/10^{-6}	14.3	11.8	24.5	18.2	20.5	16.1	21.3	16.8	8.6	24.7	23.3	24	23.1	25.8	23.5	23.8	28.2	23.6	22.6	33.6	26.5
Ba/10^{-6}	441	441	695	295	369	528	618	625	316	396	365	413	421	422	409	425	456	448	460	548	540
Rb/10^{-6}	187	162	222	123.6	152	203	246	208	125	192.2	172.8	171	195.7	203.2	194.9	179.2	208.5	192	222	226	227
Sr/10^{-6}	112	100	61	55.2	75.4	70	76	56	108	40.9	40.4	75.9		72.4	68.9	74.5	75.1	65.4	79.4	62.4	64.4
Pb/10^{-6}	19.9	18.1	35.1	29.2	22.2	12.3	18.4	13.6	13.6	23.4	24.3	75.8	5.9	59.5	36.3	20.6	9.6	16.7	14.6	17.4	14.3
Cs/10^{-6}	11.9	9.5	11.9	9.6	10.5	10.3	13.5	10.6	10	14.9	12.3	21.8	19.8	26.9	28.4	16.1	18.3	13.1	16.5	18.5	15.8
Sc/10^{-6}	15.2	14	19.9	16.2	18.5	14.4	18.8	15.7	12.5	19.1	16.9	17.4	17.6	19.7	19.5	19.9	20.9	23	23.5	25.8	23.3
Cr/10^{-6}	72.3	54.9	77.4	175.4	85.9	67.5	84.8	12.4	54.6	148.3	157.5	141.3	111.4	196.5	171.7	181.6	118	84	96	105	103
V/10^{-6}	117.5	95.9	158.2	116.6	103	115.7	150.1	57.6	86.9	142.1	130.9	113.9	106.2	125.2	123.3	123	133.8	128	125	148	144
Co/10^{-6}	14.9	12.7	21	18.7	16.5	14.9	19.8	7.6	11.4	21	20.3	19.6	20.7	18.5	18.1	20.3	17.7	20	21	23	22.8
Ni/10^{-6}	32.7	27.6	46	36.6	35.1	33.9	42.9	18.6	27.7	42.6	42.6	35.8	51	41.8	43.2	43.6	44.2	40	42.1	45.8	45
U/10^{-6}	3.5	2.3	2.8	3.5	2.2	2.8	4	3	2.9	4.1	4.5	4.1	3.1	3.4	4	4.1	4	2.4	2.5	3	2.6
Th/10^{-6}	15.1	8.9	16.2	14.9	13.9	11.6	17.3	15.2	12.1	19.2	19.6	15.3	12.5	15.6	15.6	16	15.8	15.3	15.4	16.8	16.3
Ta/10^{-6}	0.6	0.5	0.6	1	0.8	0.6	1.6	<0.5	0.9	1.2	1.3	1.2	0.9	1.2	1.1	1.2	1.2	1.19	1.96	1.31	2.16
Nb/10^{-6}	15.4	12.7	16.5	11.2	17.5	14.6	18.7	13.1	14.6	13.8	14.7	12.1	9.2	11.2	11.2	11.8	11.9	18.3	19.6	20	20.3
Zr/10^{-6}	216	137	192	179.3	214	153	201	274	212	194.2	206.3	197.2	147.5	172.8	171.9	180.1	181.9	202	201	224	215
Hf/10^{-6}	4.7	3.7	4.8	5.3	6.6	3.7	5.2	6.9	6.1	5.8	6.1	6.5	5	5.7	5.6	6.1	6.1	6.2	6.7	6.1	5.5
Y/10^{-6}	32.97	22.31	32.35	31.1	26.9	24.52	16.39	46.2	30.38	33.1	36.1	26.8	25.9	28.1	32.5	28.3	30.7	28.47	28.32	31.9	32.56
Th/U	4.31	3.87	5.79	4.26	6.32	4.14	4.33	5.07	4.17	4.68	4.36	3.73	4.03	4.59	3.90	3.90	3.95	6.38	6.16	5.60	6.27
Zr/Th	14.30	15.39	11.85	12.03	15.40	13.19	11.62	18.03	17.52	10.11	10.53	12.89	11.80	11.08	11.02	11.26	11.51	13.20	13.05	13.33	13.19
Th/Sc	0.99	0.64	0.81	0.92	0.75	0.81	0.92	0.97	0.97	1.01	1.16	0.88	0.71	0.79	0.80	0.80	0.76	0.67	0.66	0.65	0.70
Th/Cr	0.21	0.16	0.21	0.08	0.16	0.17	0.20	1.23	0.22	0.13	0.12	0.11	0.11	0.08	0.09	0.09	0.13	0.18	0.16	0.16	0.16
La/Sc	2.71	3.14	2.42	2.59	2.41	2.78	2.39	2.79	3.19	2.36	2.28	2.53	2.50	2.49	2.69	2.43	2.48	2.19	2.18	2.30	2.37
Rb/Sr	1.67	1.62	3.64	2.24	2.02	2.90	3.24	3.71	1.16	4.70	4.28	2.25		2.81	2.83	2.41	2.78	2.94	2.80	3.62	3.52
Zr/Hf	45.96	37.03	40.00	33.83	32.42	41.35	38.65	39.71	34.75	33.48	33.82	30.34	29.50	30.32	30.70	29.52	29.82	32.58	30.00	36.72	39.09
La/Th	2.71	3.14	2.42	2.59	2.41	2.78	2.39	2.79	3.19	2.36	2.28	2.53	2.50	2.49	2.69	2.43	2.48	2.19	2.18	2.30	2.37
$(Ba/La)_N$	1.06	1.55	1.74	0.75	1.08	1.61	1.47	1.45	0.81	0.86	0.80	1.05	1.32	1.07	0.96	1.07	1.14	1.31	1.34	1.39	1.37

注："N" 代表标准化，标准值据 McDonough 和 Sun（1995）。

表 4-33　板溪群变质沉积岩微量元素及组成参数

岩石及样品号	粗粒和细粒砂岩（类型Ⅰ）			粗粒、中粒和细粒砂岩（类型Ⅱ）				粉砂岩					砂质板岩									
	WP-5	WP-21	WP-12	WP-6	WP-10	WP-9	WP-15	WP-1	WP-16	WP-17	WP-3	XA-1	WP-26	WP-14	WP-27	WP-20	WX20-1	WX20-2	WX20-9	WX28-1	WP-19	WP-7
Ga/10^{-6}	8.6	13.9	5.8	23.1	24.3	23.1	19.2	22.4	22.2	22.4	20	23.9	23.8	25	25	21.9	22	21.2	21.9	22.2	20.8	18.9
Ba/10^{-6}	775	112	266	1645	1531	1473	475	943	360	372	564	975	448	566	519	324	535	515	521	527	417	1115
Rb/10^{-6}	35.9	43.8	22.1	150	144	143	142	118	165	173	124	122	128	193	153	148	172	181	175	209	158	113
Sr/10^{-6}	74.5	122	54.8	35.8	65.5	58.3	73.2	93.5	41.5	40.5	55.5	115	71	81.1	63.5	50.5	105	114	108	129	80	403
Pb/10^{-6}	5.2	19.9	5.3	9.9	8.9	6.3	16.6	64.3	23.4	47.1	14	12.7	9	21	20.8	7	20.1	15.1	18.3	13.7	14.3	19.8
Cs/10^{-6}	1.2	3.4	0.6	4.4	5.1	4.1	10.6	4.3	11.4	10.1	5.3	7.3	5.6	14	7.4	12.8	24.2	26.6	26.7	32.6	15.4	3.5
Sc/10^{-6}	3.3	9.9	1.7	10.6	10.8	9.9	13.1	10.2	15.6	16.5	15.6	15.3	14.8	18.1	16.7	16	16.8	16.6	16.8	17	15.8	10.9
Cr/10^{-6}	71.9	130	65.2	109	116	69.9	115	76.6	120	135	91.6	151	124	164	133	179	112	120	143	153	177	66.5
V/10^{-6}	17.2	63	11.3	70	66.1	56.4	94.1	79.4	117	119	93.9	90.9	86.8	131	109	112	107	105	105	108	103	56.5
Co/10^{-6}	4.6	22.1	4.5	8.7	9.3	7.8	15	12.1	22.4	28.7	13.6	19.2	16.8	13.1	21.3	23.6	18.7	16.2	19.3	21.4	19.5	7.2
Ni/10^{-6}	7.4	24.8	8	33.1	26.5	24.2	27.3	39.4	39.8	33.6	33.6	55.4	37.2	26.8	48.5	44.7	38.5	29.3	35.7	39	31.7	22.5
U/10^{-6}	0.7	1.3	0.5	2.5	1.9	1.8	2.8	2.6	3.3	3.5	2.1	2.7	2.4	3	3.6	3.1	3	2.7	2.7	2.9	2.9	15.5
Th/10^{-6}	3.7	12.4	2.8	13.9	13.1	12.7	12.8	11.2	15.3	15.1	10	11.7	12.8	15.5	16.3	16	12.5	12.2	11.8	13	14.6	9.7
Ta/10^{-6}	0.4	0.6	0.2	1.4	1.1	1.1	0.9	1.5	1.1	1.1	0.8	1.1	1	1	1.3	1	0.9	0.9	0.8	1	1	0.9
Nb/10^{-6}	5.7	7.4	3.2	16.4	16.5	15.4	10.3	20.4	12.1	11.8	10.4	13.1	13	11.4	16.7	12.1	11.2	10.3	10.7	11.9	11.2	12.4
Zr/10^{-6}	89.1	125	63.6	249	242	213	203	220	192	192	182	199	206	189	250	212	182	177	181	201	211	207
Hf/10^{-6}	2.5	3.5	1.7	7.2	6.9	6.6	5.7	6.3	5.6	5.5	5	6.2	6	5.4	7.2	6.1	5.2	5.1	5.1	5.7	6.1	5.1
Y/10^{-6}	10.3	15	5.5	41.8	39.5	36.2	25.2	37.1	36.1	31.6	30.2	30	32.9	26.8	47.6	29.1	27	27.6	31.8	37.9	27.3	174
Th/U	5.29	9.54	5.60	5.56	6.89	7.06	4.57	4.31	4.64	4.31	4.76	4.33	5.33	5.17	4.53	5.16	4.17	4.52	4.37	4.48	5.03	0.63
Zr/Th	24.08	10.08	22.71	17.91	18.47	16.77	15.86	19.64	12.55	12.72	18.2	17.01	16.09	12.19	15.34	13.25	14.56	14.51	15.34	15.46	14.45	
Th/Sc	1.12	1.25	1.65	1.31	1.21	1.28	0.98	1.10	0.98	0.92	0.64	0.76	0.86	0.86	0.98	1.00	0.74	0.73	0.70	0.76	0.92	0.89
Th/Cr	0.05	0.10	0.04	0.13	0.11	0.18	0.11	0.15	0.13	0.11	0.11	0.08	0.10	0.09	0.12	0.09	0.11	0.10	0.08	0.08	0.08	0.15
La/Sc	11.82	4.69	9.59	5.25	5.98	5.06	2.53	4.34	3.06	2.58	2.13	2.99	2.97	2.18	3.67	2.41	2.19	2.03	2.34	2.61	2.51	5.43
Rb/Sr	0.48	0.36	0.40	4.19	2.20	2.45	1.94	1.26	3.98	4.27	2.23	1.06	1.80	2.38	2.41	2.93	1.64	1.59	1.62	1.62	1.98	0.28
Zr/Hf	35.64	35.71	37.41	34.58	35.07	32.27	35.61	34.92	34.29	34.91	36.40	32.10	34.33	35.00	34.72	34.75	35.00	34.71	35.49	35.26	34.59	40.59
La/Th	10.54	3.74	5.82	4.01	4.93	3.94	2.59	3.96	3.12	2.82	3.32	3.91	3.44	2.55	3.76	2.41	2.94	2.76	3.33	3.41	2.71	6.10
$(Ba/La)_N$	1.95	0.24	1.60	2.90	2.33	2.89	1.41	2.09	0.74	0.86	1.67	2.09	1.00	1.41	0.83	0.83	1.43	1.50	1.30	1.17	1.04	1.85

注：“N”代表标准化，标准值据 McDonough 和 Sun（1995）。

4.4.4.3　高场强元素 HFSEs

除来自板溪群 1 个不寻常样品 WP-7 和相关的类型 Ⅰ 砂岩样品（表 4-32、表 4-33；Gu et al.，2002，2003），大多新元古界的样品整体上均具有与 PAAS 类似的 Zr、Hf 和 Y 含量（$Zr=210\times10^{-6}$，$Hf=5.0\times10^{-6}$，$Y=27\times10^{-6}$；Taylor and McLennan，1985）。所有样品中 Nb 和 Ta 的含量也类似于 NASC 和/或 PAAS 相应值。不过，板溪群类型 Ⅰ 砂岩（Gu et al.，2002，2003）具有与太古宙克拉通砂岩平均值和/或太古宙 TTG 平均值（Condie，1993）相似的 Zr($63.6\times10^{-6}\sim89.1\times10^{-6}$)、Hf($1.7\times10^{-6}\sim2.5\times10^{-6}$)、Y($5.5\times10^{-6}\sim10.3\times10^{-6}$)、Nb 和 T 丰度。此外，所有样品 Cr/Zr 值为 0.35～0.98（平均 0.62），均小于 1，表明冷家溪群和板溪群的源区岩以长英质为主。不过，两者的 Th/Co 值虽然相近，略高于 PAAS 值（0.63），但冷家溪群 La/Th 值（2.34）偏低，而板溪群 La/Th 值为 2.88，后者相似于上地壳值而偏高于 PAAS 值(2.6)。总体上，新元古代变质沉积岩的微量元素特征及其比值（如 La/Co、La/Th、Th/Co 及 La/Ni）均接近于 PAAS 值，表明冷家溪群和板溪群的源区岩物质组成以长英质为主，为典型的大陆地壳来源的沉积岩。

总之，在原始地幔标准化蛛网图上［图 4-36（a）］，新元古代变质沉积岩显示 Rb、Th、U、K 等 LILEs 元素相对富集，而 Ba、Nb、Ta、P、Ti 特别是 Sr 相对亏损。

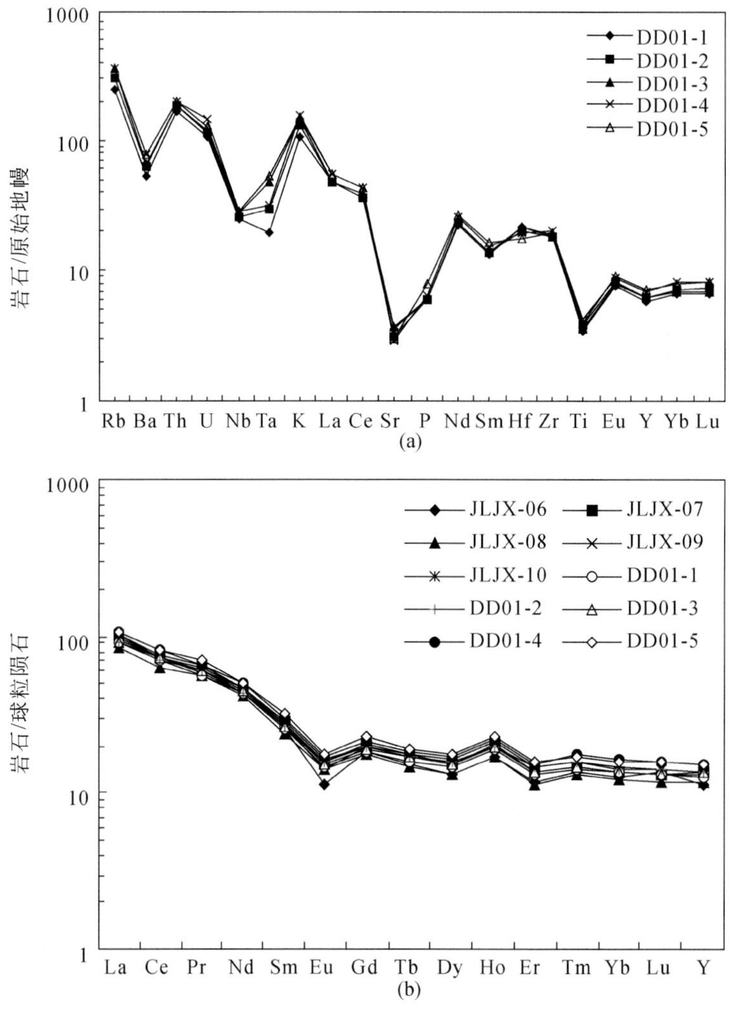

图 4-36　湘东北冷家溪群微量元素原始地幔标准化蛛网图（a）和 REE 球粒陨石标准化配分图（b）

标准化值引自 Sun 和 McDonough（1989）

4.4.4.4　稀土元素特征

湘东北新元古代变质沉积岩的 ΣREE 为 $67.30\times10^{-6}\sim407.20\times10^{-6}$（表 4-34～表 4-36）；在稀土元素

表4-34 冷家溪群变质沉积岩稀土元素及组成参数

岩石及样品号	砂质板岩						泥质板岩											
	LL02	LL04	LL05	LL07	DD01	平均值	DD02	DD03	DD04	DD05	HD07	HD08	HD09	HD10	HD11	HD12	HD13	平均值
La/10^{-6}	32.23	41.38	42.34	38.56	33.51	38.63	33.58	33.64	38.68	38.66	34.74	33.23	33.58	30.81	26.59	33.31	31.26	33.46
Ce/10^{-6}	67.22	83.86	87.25	74.73	66.47	78.27	66.44	70.66	77.84	79.34	71.09	68.05	67.01	63.66	55.22	70.66	65.70	68.70
Pr/10^{-6}	7.57	9.33	11.18	8.92	7.83	9.25	8.38	8.33	8.97	9.65	8.72	8.30	8.38	7.87	6.69	8.26	7.58	8.28
Nd/10^{-6}	27.98	32.86	42.38	32.19	30.41	33.85	31.42	31.54	35.40	36.28	32.69	31.34	31.67	29.66	24.66	31.53	29.78	31.45
Sm/10^{-6}	5.39	6.12	8.88	6.42	5.95	6.70	6.13	6.10	6.78	7.31	6.62	6.41	6.27	5.80	4.91	6.45	6.10	6.26
Eu/10^{-6}	1.17	1.20	1.62	1.38	1.28	1.34	1.39	1.35	1.47	1.54	1.42	1.35	1.32	1.14	1.00	1.40	1.27	1.33
Gd/10^{-6}	5.10	4.96	8.34	6.17	5.67	6.14	6.09	5.89	6.59	6.94	5.78	5.56	5.54	5.10	4.39	5.59	5.30	5.71
Tb/10^{-6}	0.80	0.66	1.39	0.96	0.93	0.95	1.00	0.99	1.08	1.12	0.91	0.88	0.91	0.81	0.71	0.92	0.88	0.93
Dy/10^{-6}	4.66	3.47	8.78	5.85	5.55	5.69	5.93	5.84	6.50	6.82	5.67	5.40	5.43	4.97	4.15	5.44	5.39	5.59
Ho/10^{-6}	0.96	0.71	1.79	1.20	1.12	1.17	1.17	1.16	1.30	1.36	1.18	1.12	1.13	1.02	0.85	1.12	1.12	1.14
Er/10^{-6}	2.81	2.13	5.09	3.30	3.28	3.33	3.61	3.42	3.85	3.91	3.37	3.13	3.31	2.84	2.45	3.23	3.23	3.30
Tm/10^{-6}	0.45	0.39	0.83	0.53	0.51	0.55	0.56	0.53	0.62	0.60	0.56	0.53	0.54	0.48	0.40	0.52	0.53	0.53
Yb/10^{-6}	2.85	2.69	5.05	3.34	3.33	3.48	3.56	3.44	4.08	3.97	3.45	3.30	3.43	3.00	2.60	3.31	3.30	3.40
Lu/10^{-6}	0.43	0.44	0.75	0.50	0.50	0.53	0.54	0.51	0.60	0.60	0.53	0.50	0.52	0.46	0.39	0.50	0.51	0.51
REE/10^{-6}	159.62	190.20	225.67	184.05	166.34	189.89	169.80	173.40	193.76	198.10	176.73	169.10	169.04	157.62	135.01	172.24	161.95	170.61
$(Gd/Yb)_N$	1.45	1.49	1.34	1.50	1.38	1.45	1.39	1.39	1.31	1.42	1.36	1.37	1.31	1.38	1.37	1.37	1.30	1.36
Eu/Eu^*	0.68	0.67	0.58	0.67	0.67	0.65	0.70	0.69	0.67	0.66	0.70	0.69	0.68	0.64	0.66	0.71	0.68	0.68
$(La/Sm)_N$	3.76	4.26	3.00	3.78	3.54	3.70	3.45	3.47	3.59	3.33	3.30	3.26	3.37	3.34	3.41	3.25	3.23	3.36
$(La/Yb)_N$	7.64	10.39	5.67	7.80	6.80	7.88	6.37	6.61	6.41	6.58	6.80	6.80	6.62	6.94	6.91	6.80	6.40	6.66
$(Gd/Lu)_N$	1.48	1.40	1.38	1.54	1.41	1.45	1.40	1.44	1.37	1.44	1.37	1.39	1.33	1.37	1.41	1.40	1.29	1.38

岩石及样品号	砂岩（类型Ⅰ）						砂岩（类型Ⅱ）						粉砂岩							
	LJ-1	LJ-5	LJ-2	LJ-3	LJ-4	平均值	LL01	LL03	LL08	WP-25	平均值	WP-23	WP-22	HJ3-1	HJ-2	HJ3-2	HJ3-4	HJ3-5	HJ3-6	平均值
La/10^{-6}	57.90	47.30	42.00	77.70	51.40	55.26	40.99	27.95	39.23	38.60	36.69	45.40	44.70	38.70	31.30	38.80	42.00	38.90	39.20	39.88
Ce/10^{-6}	132.00	85.00	92.00	156.00	118.00	116.60	86.63	58.34	77.87	79.90	75.69	91.70	90.10	81.60	70.40	79.20	87.20	80.50	82.50	82.90
Pr/10^{-6}	11.40	8.76	8.24	15.30	9.99	10.74	9.85	6.59	9.27	9.50	8.80	10.60	10.50	9.60	7.40	9.30	10.30	9.30	9.80	9.60
Nd/10^{-6}	41.30	33.30	27.80	50.90	36.20	37.90	35.29	25.75	32.57	33.00	31.65	37.30	37.70	33.90	26.70	32.40	35.90	32.50	33.70	33.76
Sm/10^{-6}	9.35	7.11	6.73	12.30	8.60	8.82	7.21	4.90	6.54	6.70	6.34	6.90	7.60	6.70	5.40	6.20	7.00	6.60	6.60	6.63

续表

岩石及样品号	砂岩（类型Ⅰ）						砂岩（类型Ⅱ）						粉砂岩							
	LJ-1	LJ-5	LJ-2	LJ-3	LJ-4	平均值	LL01	LL03	LL08	WP-25	平均值	WP-23	WP-22	HJ3-1	HJ-2	HJ3-2	HJ3-4	HJ3-5	HJ3-6	平均值
$Eu/10^{-6}$	1.52	1.28	1.17	1.72	1.49	1.44	1.43	1.05	1.25	1.20	1.23	1.40	1.40	1.50	1.30	1.50	1.60	1.40	1.60	1.46
$Gd/10^{-6}$	6.01	5.22	4.38	7.45	5.88	5.79	6.56	4.66	6.49	5.80	5.88	5.80	6.40	5.80	5.10	5.70	6.90	5.80	6.10	5.95
$Tb/10^{-6}$	0.84	0.79	0.70	1.16	0.80	0.86	1.06	0.77	1.05	0.90	0.95	0.90	1.00	0.80	0.80	0.80	1.00	0.80	0.90	0.88
$Dy/10^{-6}$	5.39	4.94	4.10	8.01	5.07	5.50	6.48	4.30	6.30	5.50	5.65	5.80	6.50	5.00	4.80	5.40	6.10	5.20	5.70	5.56
$Ho/10^{-6}$	0.98	1.04	0.90	1.55	1.08	1.11	1.29	0.91	1.34	0.80	1.09	0.90	0.90	0.70	0.70	0.80	0.90	0.80	0.90	0.83
$Er/10^{-6}$	2.98	2.84	2.59	4.31	3.11	3.17	3.74	2.50	3.71	3.00	3.24	3.30	3.60	2.70	2.70	2.80	3.20	2.80	3.30	3.05
$Tm/10^{-6}$	0.44	0.40	0.40	0.65	0.48	0.47	0.58	0.40	0.62	0.50	0.53	0.50	0.50	0.40	0.40	0.40	0.50	0.50	0.50	0.46
$Yb/10^{-6}$	2.22	2.36	2.28	3.79	2.60	2.65	3.74	2.64	4.00	3.30	3.42	3.80	3.90	3.20	2.80	3.10	3.50	3.10	3.40	3.35
$Lu/10^{-6}$	0.34	0.31	0.32	0.53	0.36	0.37	0.54	0.39	0.59	0.50	0.51	0.60	0.60	0.50	0.40	0.50	0.50	0.50	0.50	0.51
$REE/10^{-6}$	272.67	200.65	193.61	341.37	245.06	250.67	205.39	141.15	190.83	189.20	181.64	214.90	215.40	191.10	160.20	186.90	206.60	188.70	194.70	194.81
$(Gd/Yb)_N$	2.19	1.79	1.56	1.59	1.83	1.79	1.42	1.43	1.31	1.42	1.40	1.24	1.33	1.47	1.48	1.49	1.60	1.52	1.45	1.44
Eu/Eu^*	0.57	0.62	0.64	0.55	0.64	0.60	0.64	0.67	0.59	0.59	0.62	0.68	0.61	0.74	0.76	0.77	0.70	0.69	0.77	0.72
$(La/Sm)_N$	3.90	4.19	3.93	3.98	3.76	3.95	3.58	3.59	3.78	3.63	3.64	4.14	3.70	3.64	3.65	3.94	3.78	3.71	3.74	3.79
$(La/Yb)_N$	17.62	13.54	12.45	13.85	13.36	14.17	7.41	7.15	6.63	7.90	7.27	8.07	7.75	8.17	7.55	8.46	8.11	8.48	7.79	8.04
$(Gd/Lu)_N$	2.20	2.10	1.70	1.75	2.03	1.96	1.51	1.49	1.37	1.44	1.45	1.20	1.33	1.44	1.59	1.42	1.72	1.44	1.52	1.45

注："N"为标准化，标准值引自 Taylor 和 McLennan（1985）；$Eu/Eu^* = Eu_N/(Sm_N \times Gd_N)^{1/2}$。

表 4-35　板溪群变质沉积岩稀土元素及组成参数

岩石及样品号	砂岩								粉砂岩						砂质板岩						
	粗粒和细粒砂岩（类型Ⅰ）			粗粒、中粒和细粒砂岩（类型Ⅱ）																	
	WP-5	WP-21	WP-12	WP-9	WP-10	WP-6	WP-15	平均值	WP-1	WP-16	WP-17	WP-3	XA-1	平均值	WP-26	WP-14	WP-19	WP-27	WP-20	$n=4$	平均值
$La/10^{-6}$	39.00	46.40	16.30	50.10	64.60	55.70	33.10	50.88	44.30	47.80	42.60	33.20	45.80	42.74	44.00	39.50	39.60	61.30	38.60	38.53	41.90
$Ce/10^{-6}$	71.30	84.90	29.50	97.50	125.00	107.00	68.80	99.58	89.20	83.70	83.60	67.50	92.40	83.28	89.70	80.20	80.10	123.00	79.40	80.50	86.04
$Pr/10^{-6}$	7.80	10.20	3.40	11.70	14.80	12.80	8.20	11.88	10.40	10.80	10.30	8.30	10.90	10.14	10.50	9.30	9.20	14.80	9.30	9.43	10.09
$Nd/10^{-6}$	26.50	35.00	11.30	40.40	50.10	44.20	29.40	41.03	37.50	38.30	37.10	29.60	37.00	35.90	37.80	33.00	32.80	53.40	32.90	33.15	35.83
$Sm/10^{-6}$	4.00	6.00	2.00	7.60	9.70	8.70	5.60	7.90	7.30	7.40	7.50	6.30	6.80	7.06	7.50	6.10	6.20	10.40	6.60	6.55	7.00

续表

岩石及样品号	砂岩								粉砂岩						砂质板岩						
	粗粒和细粒砂岩（类型Ⅰ）			粗粒、中粒和细粒砂岩（类型Ⅱ）																	
	WP-5	WP-21	WP-12	WP-9	WP-10	WP-6	WP-15	平均值	WP-1	WP-16	WP-17	WP-3	XA-1	平均值	WP-26	WP-14	WP-19	WP-27	WP-20	$n=4$	平均值
Eu/10^{-6}	1.00	1.30	0.50	1.40	1.90	1.60	1.00	1.48	1.40	1.40	1.40	1.20	1.60	1.40	1.50	1.10	1.20	1.80	1.30	1.35	1.37
Gd/10^{-6}	2.80	3.90	1.30	6.20	7.70	6.80	4.30	6.25	6.00	6.10	5.80	5.20	6.20	5.86	5.90	4.40	4.70	8.90	5.40	5.50	5.70
Tb/10^{-6}	0.30	0.50	0.20	0.90	1.10	1.10	0.60	0.93	0.90	1.00	0.90	0.90	0.90	0.92	0.90	0.70	0.70	1.30	0.80	0.83	0.86
Dy/10^{-6}	1.90	3.00	1.00	5.90	7.00	7.30	4.40	6.15	6.10	6.00	5.80	5.30	5.60	5.76	5.90	4.60	4.60	8.50	5.00	5.48	5.61
Ho/10^{-6}	0.30	0.40	0.20	0.90	1.00	1.10	0.70	0.93	1.00	0.90	0.90	0.80	0.90	0.90	0.90	0.70	0.70	1.30	0.80	0.85	0.87
Er/10^{-6}	1.10	1.30	0.60	3.40	3.70	3.90	2.50	3.38	3.60	3.10	3.10	2.90	2.90	3.12	3.30	2.60	2.80	4.60	2.90	3.13	3.19
Tm/10^{-6}	0.20	0.20	0.10	0.60	0.50	0.60	0.40	0.53	0.60	0.50	0.50	0.40	0.40	0.48	0.50	0.40	0.40	0.70	0.50	0.53	0.51
Yb/10^{-6}	1.30	1.40	0.80	4.10	4.00	4.30	3.00	3.85	4.10	3.40	3.40	3.30	3.20	3.48	3.70	3.00	3.10	5.10	3.20	3.50	3.57
Lu/10^{-6}	0.20	0.20	0.10	0.60	0.60	0.70	0.50	0.60	0.80	0.50	0.50	0.50	0.50	0.56	0.50	0.50	0.50	0.70	0.50	0.53	0.53
REE/10^{-6}	157.70	194.70	67.30	231.30	291.70	255.80	162.50	235.33	213.20	210.90	203.40	165.40	215.10	201.60	212.60	186.10	186.60	295.80	187.20	189.83	203.07
$(Gd/Yb)_N$	1.75	2.26	1.32	1.23	1.56	1.28	1.16	1.31	1.19	1.45	1.38	1.28	1.57	1.37	1.29	1.19	1.23	1.41	1.37	1.27	1.29
Eu/Eu^*	0.91	0.82	0.95	0.62	0.67	0.64	0.62	0.64	0.65	0.64	0.65	0.64	0.75	0.67	0.69	0.65	0.68	0.57	0.67	0.69	0.67
$(La/Sm)_N$	6.14	4.87	5.13	4.15	4.19	4.03	3.72	4.02	3.82	4.07	3.58	3.32	4.24	3.80	3.69	4.08	4.02	3.71	3.68	3.71	3.78
$(La/Yb)_N$	20.27	22.40	13.77	8.26	10.91	8.75	7.46	8.84	7.30	9.50	8.47	6.80	9.67	8.35	8.04	8.90	8.63	8.12	8.15	7.43	7.95
$(Gd/Lu)_N$	1.74	2.43	1.62	1.29	1.60	1.21	1.07	1.29	0.93	1.52	1.44	1.29	1.54	1.35	1.47	1.10	1.17	1.58	1.34	1.30	1.32

岩石及样品号	砂质板岩					
	WX20-1	WX20-2	WX20-9	WX28-1	WP-7	平均值
La/10^{-6}	36.80	33.70	39.30	44.30	59.20	41.90
Ce/10^{-6}	76.50	71.00	82.30	92.20	133.00	86.04
Pr/10^{-6}	9.10	8.20	9.60	10.80	17.70	10.09
Nd/10^{-6}	32.10	29.20	34.30	37.00	77.20	35.83
Sm/10^{-6}	6.40	5.60	6.60	7.60	23.30	7.00
Eu/10^{-6}	1.30	1.20	1.30	1.60	5.00	1.37
Gd/10^{-6}	5.20	4.70	5.50	6.60	30.90	5.70
Tb/10^{-6}	0.70	0.70	0.90	1.00	4.50	0.86

续表

岩石及样品号	砂质板岩					
	WX20-1	WX20-2	WX20-9	WX28-1	WP-7	平均值
Dy/10^{-6}	5.10	4.70	5.40	6.70	26.40	5.61
Ho/10^{-6}	0.80	0.70	0.90	1.00	3.70	0.87
Er/10^{-6}	2.80	2.80	3.10	3.80	12.00	3.19
Tm/10^{-6}	0.50	0.50	0.50	0.60	1.70	0.51
Yb/10^{-6}	3.30	3.30	3.40	4.00	10.90	3.57
Lu/10^{-6}	0.50	0.50	0.50	0.60	1.70	0.53
REE/10^{-6}	181.10	166.80	193.60	217.80	407.20	203.07
Gd/Yb_N	1.28	1.15	1.31	1.34	2.30	1.29
Eu/Eu^*	0.69	0.71	0.66	0.69	0.57	0.66
$(La/Sm)_N$	3.62	3.79	3.75	3.67	1.60	3.78
$(La/Yb)_N$	7.54	6.90	7.81	7.48	3.67	7.95
$(Gd/Lu)_N$	1.29	1.17	1.37	1.37	2.26	1.32

表 4-36　冷家溪群稀土元素组成

样品号	La/10^{-6}	Ce/10^{-6}	Pr/10^{-6}	Nd/10^{-6}	Sm/10^{-6}	Eu/10^{-6}	Gd/10^{-6}	Tb/10^{-6}	Dy/10^{-6}	Ho/10^{-6}	Er/10^{-6}	Tm/10^{-6}	Yb/10^{-6}	Lu/10^{-6}	δEu/10^{-6}	$(La/Yb)_N$	$(Gd/Yb)_N$	REE/10^{-6}
JLJX-01	32.72	60.8	7.77	28.99	5.7	1.28	5.4	0.89	5.15	1.06	3.13	0.47	3	0.5	0.71	7.72	1.5	156.76
JLJX-02	31.05	62.9	7.82	29.57	5.9	1.31	5.6	0.95	5.48	1.09	3.26	0.5	3.2	0.5	0.69	6.90	1.4	159.16
JLJX-03	31.22	62.9	7.51	28.04	5.7	1.21	5.1	0.85	4.89	0.92	2.74	0.42	2.7	0.4	0.68	8.17	1.5	154.69
JLJX-04	32.43	66.1	7.43	28.95	5.6	1.32	5.4	0.9	5.32	1.06	3.21	0.49	3.2	0.5	0.74	7.18	1.4	161.87
JLJX-05	34.78	71.3	8.41	32.3	6.5	1.36	6	1	5.8	1.15	3.43	0.52	3.3	0.5	0.66	7.47	1.5	176.39
JLJX-06	34.75	69	8.16	30.69	5.9	0.99	5.7	0.9	5	1.01	2.95	0.49	3.2	0.5	0.52	7.86	1.5	169.18
JLJX-07	37.53	71.8	8.96	33.37	6.6	1.43	6.1	1.02	5.92	1.19	3.36	0.53	3.4	0.5	0.69	7.89	1.5	181.76
JLJX-08	30.71	59.5	7.87	29.72	5.5	1.23	5.3	0.86	5.01	0.99	2.87	0.46	3	0.4	0.69	7.39	1.5	153.47
JLJX-09	35.66	71.2	8.47	32.85	6.4	1.36	6.2	1.03	6.2	1.24	3.71	0.56	3.6	0.5	0.66	7.05	1.4	179.06
JLJX-10	38.01	70.7	8.75	33.01	6.2	1.24	6.1	0.99	5.8	1.15	3.42	0.52	3.4	0.5	0.62	7.97	1.5	179.75
PAAS	38	80	8.83	32	5.6	1.1	4.7	0.77	4.68	0.99	2.85	0.41	2.8	0.4	0.66	9.73	1.4	183.16
UCC	30	64	7.1	26	4.5	0.88	3.8	0.64	3.5	0.8	2.3	0.33	2.2	0.3	0.65	9.78	1.4	146.37

注：PAAS 来源 Taylor 和 McLennan（1985）；UCC（上部地壳）来源 Condie（1993）。

配分模式图上（图4-36～图4-39），显示LREE强烈富集的右倾斜型和负Eu异常（$Eu/Eu^* = 0.55 \sim 0.95$），且具弱的分异［$(La/Sm)_N = 1.6 \sim 6.2$］，HREE分布相对平坦［$(Gd/Yb)_N = 1.1 \sim 2.3$］。这种REE丰度和配分模式类似于PAAS和/或NASC稀土元素组成特征［$(La/Yb)_N$为约8.0，Eu/Eu^*为约0.66；Taylor and McLennan，1985］，暗示湘东北新元古代变质沉积岩的源区岩物质为长英质，而可变的Eu负异常表明源区可能存在差异，推测有年轻岛弧物质加入（Taylor and McLennan，1985）。

然而，与PAAS相比，冷家溪群粉砂岩（Gu et al.，2002）似乎显示较高的Eu异常值（普遍>0.68，平均为0.72），而其中的类型Ⅰ砂岩（表4-34、表4-36）具有相对高的REE丰度（达341.37×10^{-6}）、更大的HREE亏损［$(La/Yb)_N = 12.45 \sim 17.62$、$(Gd/Yb)_N = 1.56 \sim 2.19$］和更低的负Eu异常（0.55～0.64），其中的泥质板岩则具有稍微低的∑REE含量（中值为约171×10^{-6}）和$(La/Yb)_N$值（平均6.7）。此外，根据Gu等（2002，2003），尽管大多数板溪群样品具有可与冷家溪群砂质板岩和类型Ⅱ砂岩相比的REE组成特征（图4-39），然而，板溪群类型Ⅰ砂岩（样品WP-5、WP-12、WP-21）具有LREE强烈

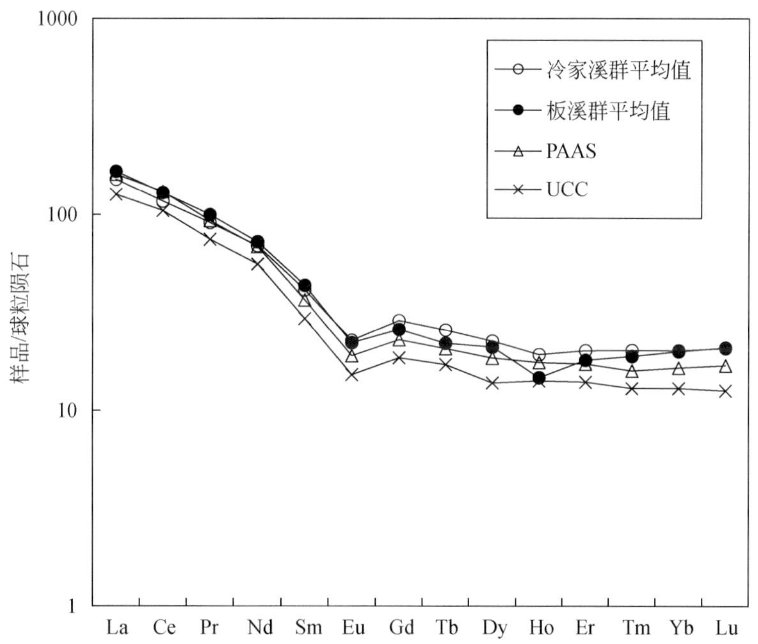

图4-37　湘东北冷家溪群和板溪群球粒陨石标准化稀土元素分配模式图

球粒陨石标准化值据Taylor和McLennan（1985）

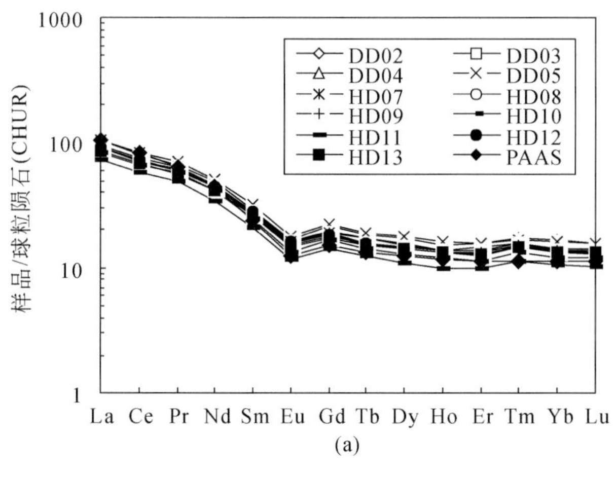

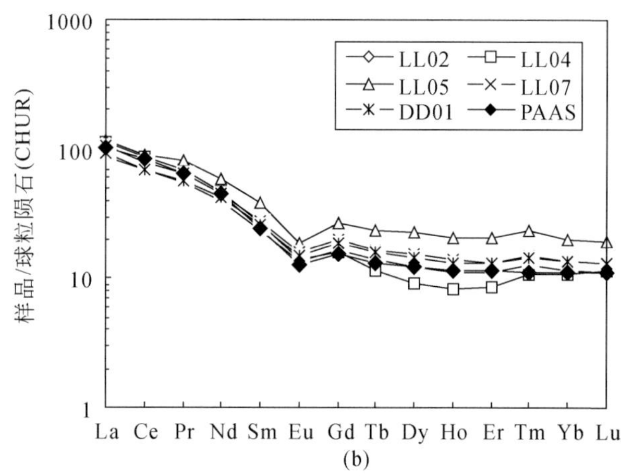

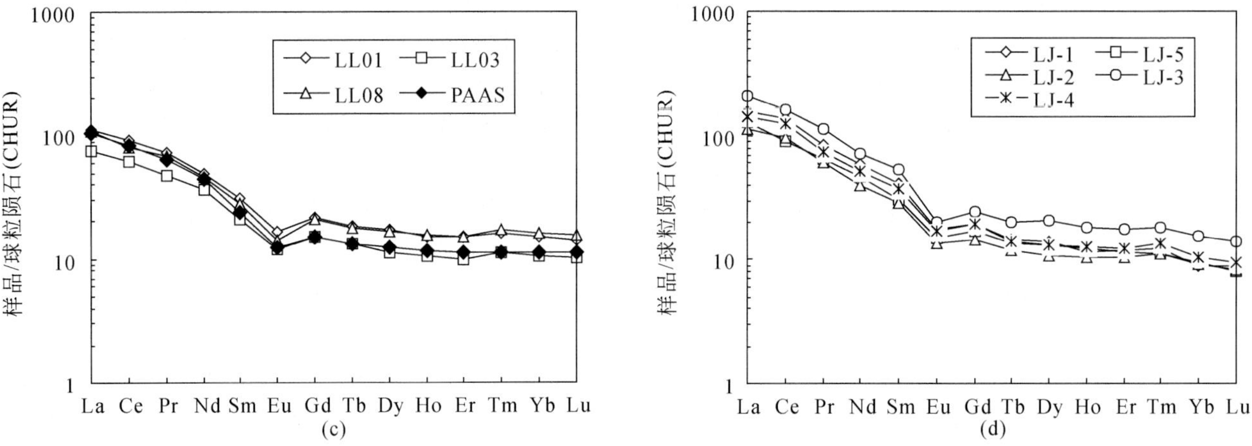

图 4-38　冷家溪群泥质板岩（a）、砂质板岩（b）、砂岩（类型Ⅱ）（c）和砂岩（类型Ⅰ）（d）球粒陨石标准化稀土元素配分模式图

图中 PAAS 来自 Taylor 和 McLennan（1985）

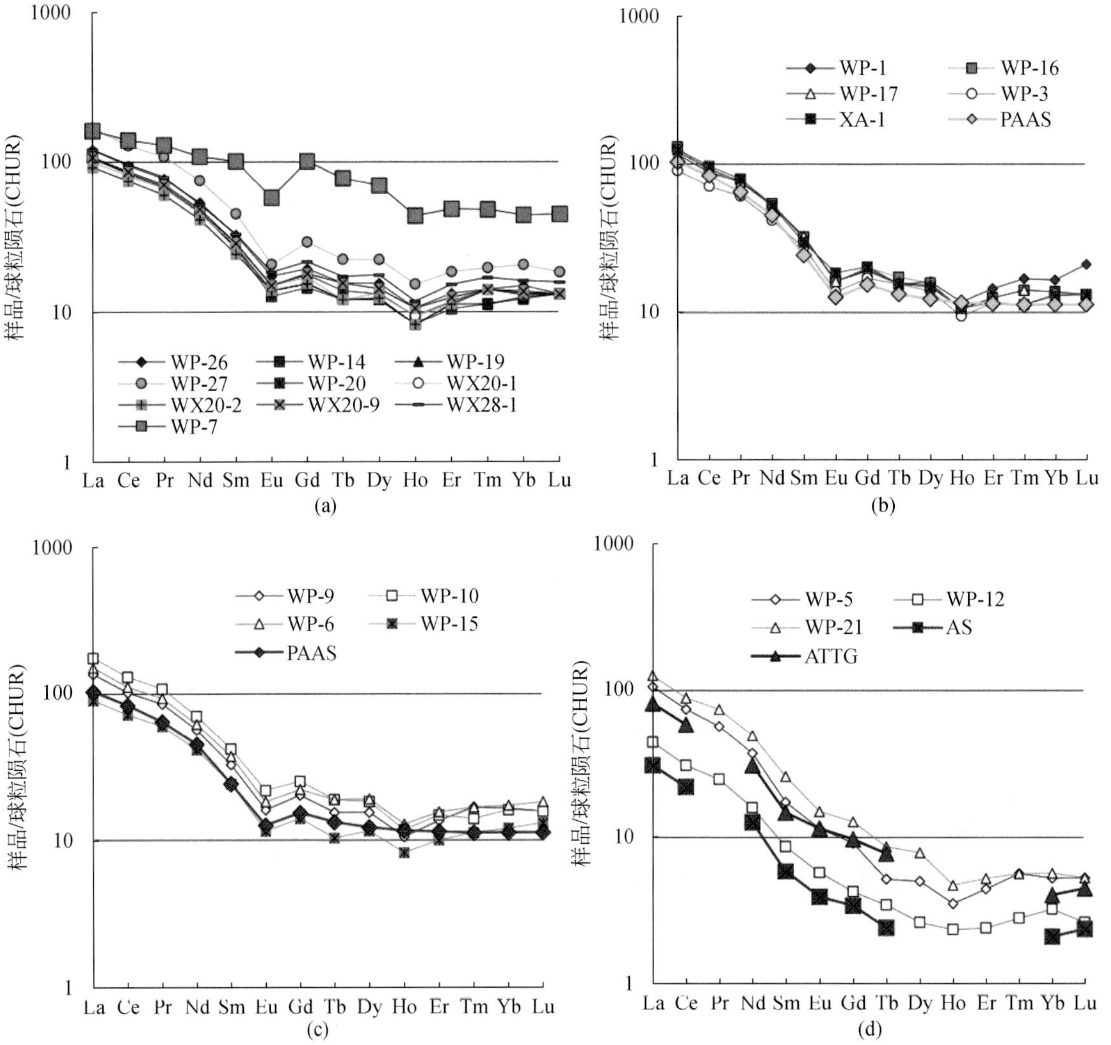

图 4-39　板溪群变质沉积岩球粒陨石标准化稀土元素配分模式图

图中 PAAS 来自 Taylor 和 McLennan（1985）、太古宙 TTG 平均成分（ATTG）来自 Condie（1993）

富集的稀土配分模式、低但可变的∑REE值（$67.30\times10^{-6}\sim194.70\times10^{-6}$）、高的（$La/Yb)_N$值（13.77～22.40）和（$La/Sm)_N$值（4.87～6.14），以及弱的负Eu异常（$Eu/Eu^*=0.82\sim0.95$）。另外，来自板溪群砂质板岩样品WP-7具有相当低的（$La/Yb)_N$值（3.67）和（$La/Sm)_N$值（1.60），以及显著高的∑REE值（407.20×10^{-6}）和低的Eu/Eu^*值（0.57），其原因将在下文做进一步解释。

4.4.5　近矿围岩地球化学特征

根据以往地质调查和勘探成果，尽管湘东北地区不同金矿区的赋矿围岩均为冷家溪群，但由于其自下而上可分为四个亚层，且不同矿区的近矿围岩还存在差别，如大万金矿区的近矿围岩主要是冷家溪群第四亚层坪原组粉砂质板岩、砂质板岩、薄-厚层状变质细砂岩、变质粉砂岩，而黄金洞金矿区的近矿围岩主要是冷家溪群第三亚层小木坪组（条带状）粉砂质板岩、变质砂岩、变质杂砂岩。因此，有必要对不同矿区近矿围岩的地球化学特征开展进一步研究，以精细刻画冷家溪群的源区与沉积环境的局部变化，并为阐明不同金矿区的成因提供可靠依据。

本次研究另从大万金矿区采样6个近矿围岩样品，从黄金洞金矿区采取5个近矿围岩样品分别开展微量元素（包括稀土元素）地球化学分析（表4-37），并对大万金矿区的3个样品、黄金洞金矿区所有样品进行了Sm-Nd同位素组成分析（表4-38）。

表4-37　湘东北冷家溪群近矿围岩微量元素（包括稀土元素）地球化学分析表

样品	大万金矿区冷家溪群坪原组近矿围岩						黄金洞金矿区冷家溪群小木坪组近矿围岩				
	14WG37	14WG37-1	14WG38	14WG39	14WG45	14WG45-1	14JM01	14JM02	14JM03	14JM04	14JM05
$Sc/10^{-6}$	23.35	22.74	19.75	27.75	23.52	21.1	19.77	15.67	13.17	14.47	10.17
$Ti/10^{-6}$	5261	4995	4640	5229	5460	4943	4750	4421	3371	3898	2948
$V/10^{-6}$	139.10	133.30	117.10	145.60	142.20	128.00	121.60	96.71	78.57	88.09	61.03
$Cr/10^{-6}$	124.50	115.50	109.70	209.50	117.60	97.84	135.70	107.90	88.14	119.60	61.52
$Mn/10^{-6}$	450	413	540	514	1217	1101	816	699	2184	1324	1070
$Co/10^{-6}$	18.04	17.09	15.47	6.15	21.12	19.67	21.68	18.46	15.72	17.30	13.54
$Ni/10^{-6}$	46.57	40.59	34.64	43.30	48.04	43.50	43.81	40.05	35.34	36.30	27.38
$Cu/10^{-6}$	52.65	50.57	30.01	31.89	36.06	33.98	49.20	69.33	59.45	39.83	58.18
$Zn/10^{-6}$	130.50	121.80	104.90	139.80	187.40	164.80	117.80	111.80	104.60	94.69	90.24
$Ga/10^{-6}$	27.38	26.63	22.68	26.37	28.41	25.75	23.53	19.25	15.44	16.66	12.37
$Ge/10^{-6}$	3.75	3.46	2.90	3.71	3.97	3.54	3.46	3.34	2.88	3.00	2.77
$Rb/10^{-6}$	227.20	219.40	162.70	201.80	221.10	199.90	174.70	145.30	129.50	121.40	89.00
$Sr/10^{-6}$	39.16	37.20	40.23	15.44	84.62	76.46	55.13	49.62	142.50	98.00	73.98
$Y/10^{-6}$	31.43	29.78	27.68	29.09	34.96	31.33	27.91	28.75	20.67	24.48	20.48
$Zr/10^{-6}$	192	185	181	181	206	189	208	265	164	224	175
$Nb/10^{-6}$	13.89	13.25	12.25	12.99	14.91	13.56	14.49	14.06	10.46	11.66	9.94
$Cs/10^{-6}$	30.32	29.30	18.71	17.64	19.44	17.51	14.38	11.76	13.03	10.84	7.20
$Ba/10^{-6}$	473	452	387	504	459	415	404	316	268	277	198
$La/10^{-6}$	41.830	39.920	36.340	31.980	43.810	38.550	42.330	40.910	29.430	34.740	27.020
$Ce/10^{-6}$	88.200	82.310	74.630	65.210	92.570	81.980	87.700	84.350	59.550	70.650	54.580

续表

样品	大万金矿区冷家溪群坪原组近矿围岩						黄金洞金矿区冷家溪群小木坪组近矿围岩				
	14WG37	14WG37-1	14WG38	14WG39	14WG45	14WG45-1	14JM01	14JM02	14JM03	14JM04	14JM05
Pr/10^{-6}	10.250	9.777	8.913	7.838	11.010	9.752	10.280	9.854	7.183	8.437	6.619
Nd/10^{-6}	38.520	37.010	33.590	29.500	41.960	37.250	38.270	36.700	27.180	30.980	25.300
Sm/10^{-6}	7.402	6.984	6.176	5.667	7.985	7.053	6.862	6.743	5.276	5.967	5.007
Eu/10^{-6}	1.451	1.408	1.264	1.151	1.566	1.391	1.334	1.274	0.977	1.116	0.908
Gd/10^{-6}	6.637	6.289	5.712	5.451	7.339	6.423	6.103	6.218	4.689	5.468	4.587
Tb/10^{-6}	1.037	0.974	0.896	0.916	1.155	1.021	0.946	0.947	0.719	0.839	0.704
Dy/10^{-6}	6.177	5.843	5.417	5.679	6.839	6.159	5.605	5.548	4.171	4.877	4.063
Ho/10^{-6}	1.311	1.246	1.157	1.198	1.455	1.292	1.166	1.163	0.852	1.014	0.837
Er/10^{-6}	3.619	3.457	3.203	3.281	3.905	3.536	3.238	3.186	2.315	2.701	2.267
Tm/10^{-6}	0.541	0.520	0.486	0.493	0.597	0.528	0.490	0.476	0.350	0.405	0.337
Yb/10^{-6}	3.528	3.291	3.120	3.105	3.824	3.395	3.194	3.054	2.248	2.626	2.148
Lu/10^{-6}	0.548	0.522	0.488	0.484	0.600	0.530	0.498	0.496	0.355	0.410	0.341
REE/10^{-6}	211	200	181	162	225	199	208	201	145	170	135
Hf/10^{-6}	5.72	5.45	5.38	5.36	6.33	5.71	6.01	7.31	4.87	6.20	5.05
Ta/10^{-6}	1.177	1.126	1.037	1.094	1.267	1.142	1.267	1.198	0.891	0.999	0.825
Pb/10^{-6}	14.21	12.23	11.42	15.21	17.13	15.34	15.99	9.297	41.29	19.09	43.86
Th/10^{-6}	16.95	16.17	14.64	16.11	18.01	16.13	17.3	16.04	11.76	13.26	10.56
U/10^{-6}	2.69	2.57	2.60	2.51	3.12	2.79	3.04	3.04	2.18	2.50	2.03
Th/U	6.3	6.3	5.6	6.4	5.8	5.8	5.7	5.3	5.4	5.3	5.2
Th/Sc	0.73	0.71	0.74	0.58	0.77	0.76	0.88	1.02	0.89	0.92	1.04
Zr/Sc	8.21	8.14	9.18	6.51	8.74	8.98	10.54	16.90	12.44	15.47	17.24
$(Sm/Yb)_{PAAS}$	0.86	0.87	0.81	0.75	0.86	0.85	0.88	0.91	0.96	0.93	0.96
$(Pr/Sm)_{PAAS}$	0.77	0.78	0.81	0.77	0.77	0.77	0.84	0.82	0.76	0.79	0.74
Eu*	0.21	0.21	0.21	0.21	0.2	0.21	0.21	0.2	0.2	0.2	0.19
Ce*	4.26	4.17	4.15	4.12	4.21	4.23	4.2	4.2	4.1	4.13	4.08

表 4-38　湘东北冷家溪群近矿围岩 Sm-Nd 同位素组成

样品	矿区	U-Pb 年龄/Ma	Sm /10^{-6}	Nd /10^{-6}	$^{147}Sm/^{144}Nd$	$^{143}Nd/^{144}Nd$	2σ	$(^{143}Nd/^{144}Nd)_i$	$\varepsilon_{Nd}(0)$	$\varepsilon_{Nd}(t)$	t_{DM1}/Ma	$f(Sm/Nd)$	t_{DM2}/Ma
14WG036	大万金矿区冷家溪群坪原组近矿围岩	850	6.984	37.01	0.1141	0.511983	0.000005	0.511347	−12.78	−3.80	1781	−0.42	1819
14WG038		850	6.176	33.59	0.1111	0.511986	0.000008	0.511367	−12.71	−3.41	1725	−0.43	1788
14WG039		850	5.667	29.5	0.1161	0.512030	0.000008	0.511383	−11.85	−3.10	1745	−0.41	1762

续表

样品	矿区	U-Pb 年龄/Ma	Sm /10^{-6}	Nd /10^{-6}	$^{147}Sm/^{144}Nd$	$^{143}Nd/^{144}Nd$	2σ	$(^{143}Nd/^{144}Nd)_i$	$\varepsilon_{Nd}(0)$	$\varepsilon_{Nd}(t)$	t_{DM1}/Ma	$f(Sm/Nd)$	t_{DM2}/Ma
14JM01	黄金洞金矿区冷家溪群小木坪组近矿围岩	850	6.862	38.27	0.1084	0.511827	0.000007	0.511223	−15.82	−6.23	1909	−0.45	2015
14JM02		850	6.743	36.7	0.1111	0.511829	0.000005	0.511210	−15.78	−6.48	1955	−0.44	2036
14JM03		850	5.276	27.18	0.1173	0.511837	0.000005	0.511183	−15.62	−7.00	2069	−0.40	2077
14JM04		850	5.967	30.98	0.1164	0.511848	0.000005	0.511199	−15.41	−6.69	2033	−0.41	2052
14JM05		850	5.007	25.3	0.1196	0.511861	0.000005	0.511194	−15.15	−6.79	2080	−0.39	2060

注：计算相关参数时，采用 $(^{143}Nd/^{144}Nd)_{DM}=0.51315$，$(^{147}Sm/^{144}Nd)_{DM}=0.2135$，$(^{143}Nd/^{144}Nd)_{CHUR}=0.512638$，$(^{147}Sm/^{144}Nd)_{CHUR}=0.1967$。

4.4.5.1　微量元素地球化学特征

从表4-37可见，大万金矿区冷家溪群坪原组近矿围岩比黄金洞金矿区冷家溪群小木坪组近矿围岩具相对高的Sc（分别为$19.75\times10^{-6}\sim27.75\times10^{-6}$、$10.17\times10^{-6}\sim19.77\times10^{-6}$）、Ti（分别为$4640\times10^{-6}\sim5460\times10^{-6}$、$2948\times10^{-6}\sim4750\times10^{-6}$）、V（分别为$117.1\times10^{-6}\sim145.6\times10^{-6}$、$61.03\times10^{-6}\sim121.60\times10^{-6}$）、Zn（分别为$104.9\times10^{-6}\sim187.4\times10^{-6}$、$90.24\times10^{-6}\sim117.8\times10^{-6}$）、Rb（分别为$162.7\times10^{-6}\sim227.2\times10^{-6}$、$89.00\times10^{-6}\sim147.70\times10^{-6}$）、Ba（分别为$387\times10^{-6}\sim504\times10^{-6}$、$198\times10^{-6}\sim404\times10^{-6}$）、Cs（分别为$17.51\times10^{-6}\sim30.32\times10^{-6}$、$7.20\times10^{-6}\sim14.38\times10^{-6}$）和REE总量（分别为$162\times10^{-6}\sim225\times10^{-6}$、$135\times10^{-6}\sim208\times10^{-6}$），以及相对低的Mn（分别为$413\times10^{-6}\sim1217\times10^{-6}$、$699\times10^{-6}\sim2184\times10^{-6}$）、Cu（分别为$30.01\times10^{-6}\sim52.65\times10^{-6}$、$39.83\times10^{-6}\sim69.33\times10^{-6}$）、Sr（分别为$15.44\times10^{-6}\sim84.62\times10^{-6}$、$49.62\times10^{-6}\sim142.5\times10^{-6}$）和Zr（分别为$181\times10^{-6}\sim206\times10^{-6}$、$164\times10^{-6}\sim265\times10^{-6}$）。结果表明，大万金矿区冷家溪群坪原组近矿围岩比黄金洞金矿区冷家溪群小木坪组近矿围岩具有相对高的Th/U值（前者：5.6～6.4，后者：5.2～5.7），但相对低的Th/Sc值（前者：0.58～0.77，后者：0.88～1.04）和Zr/Sc值（前者：6.51～9.18，后者：10.54～17.24）。

由于本次测试的样品是浅变质沉积岩，根据文献调研，本书分别采用NASC（北美页岩）和PAAS（澳大利亚后太古宙页岩）对微量元素和稀土元素数据进行标准化。如图4-40（a）可知，与NASC相比，尽管大万金矿区和黄金洞金矿区样品均显著亏损Cr、Co、Ni、Sr和Ba，而显著富集Rb、Cs、Th，但黄金

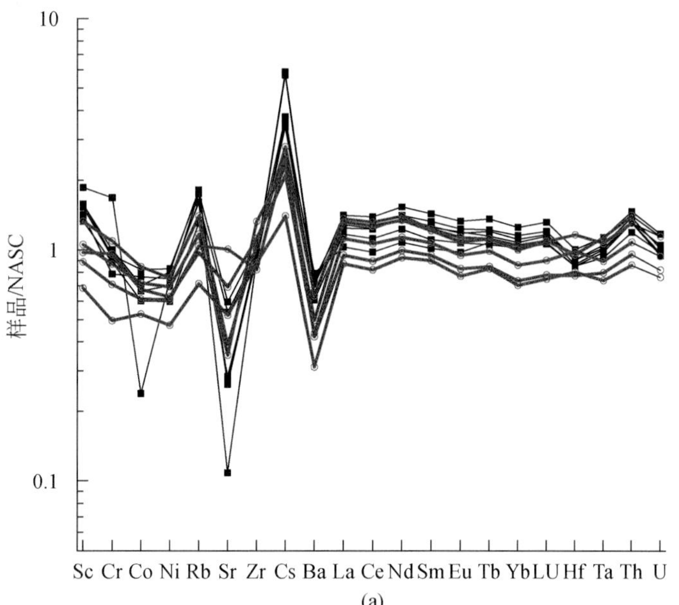

(a)

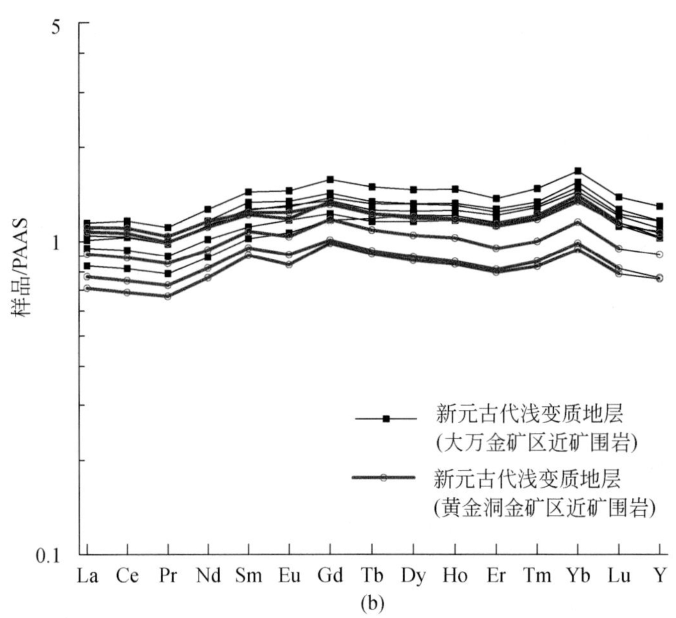

图 4-40　新元古代浅变质岩 NASC 标准化微量元素蛛网图（a）（Gromet et al., 1984）和 PAAS 标准化稀土元素配分模式图（b）（Taylor and McLennan, 1985）

洞金矿区冷家溪群小木坪组近矿围岩较 NASC 普遍具有低的至相近的微量元素（包括 REE）组成，且 Hf 表现出相对富集；相反，大万金矿区冷家溪群坪原组近矿围岩较 NASC 普遍具有高的至相近的微量元素（包括 REE）组成，且 Hf 表现出相对亏损。

从 PAAS 标准化稀土元素配分图还可看出［图 4-40（b）］，尽管大万金矿区样品和黄金洞金矿区样品均无明显的轻稀土和重稀土富集 $[(La/Yb)_{PAAS}=0.68\sim0.79$，$(Yb/Gd)_{PAAS}=0.96\sim1.16$，$(Sm/Yb)_{PAAS}=0.75\sim0.96$，$(Pr/Sm)_{PAAS}=0.74\sim0.84]$，表现出相对平坦的 REE 配分模式，且具有显著的 Eu 负异常（$\delta Eu=0.19\sim0.21$）和 Ce 正异常（$\delta Eu=4.08\sim4.26$），但大万金矿区样品具有与 PAAS 相近或稍高的 REE 总量，而黄金洞金矿区近矿围岩则与之相反，且负 Eu 异常较大万金矿区样品表现得更为明显。

大万金矿区近矿围岩与黄金洞金矿区近矿围岩在微量元素（包括 REE）组成上的差异，可能与它们的源区岩特征、源区岩风化程度等有着密切关系。其中大离子亲石元素 Sr 和 Ba 显著亏损，而 Rb 则有不同程度的富集，说明源区岩在风化后，产生的黏土矿物吸附了大量的 Rb，因此高的 Rb 指示源区岩经历过较强的风化作用。

4.4.5.2　Sm-Nd 同位素组成特征

根据冷家溪群沉积时代的以往研究成果，结合本次对冷家溪群碎屑锆石 U-Pb 定年，本书取 850Ma，以计算 Sm-Nd 同位素组成相关参数（表 4-38）。

从表 4-38 可见，冷家溪群的 $^{147}Sm/^{144}Nd$ 变化于 0.1084 ~ 0.1196，$^{143}Nd/^{144}Nd$ 变化于 0.511827 ~ 0.512030，计算的初始 Nd 同位素 $(^{143}Nd/^{144}Nd)_i$ 变化于 0.511183 ~ 0.511383，$\varepsilon_{Nd}(t)$ 变化于 −7.00 ~ −3.10；计算的二阶段 Nd 模式年龄 t_{DM2} 为 1762 ~ 2077Ma。所有样品均落在华南元古宙地壳 Nd 同位素组成范围内（图 4-41）。

然而，大万金矿区坪原组近矿围岩与黄金洞金矿区小木坪组近矿围岩的 Sm-Nd 同位素组成具有显著的差异：前者具有较高的 $(^{143}Nd/^{144}Nd)_i$（0.511347 ~ 0.511383）和 $\varepsilon_{Nd}(t)$（变化于 −3.80 ~ −3.10），而后者相应值较低（分别为 0.511183 ~ 0.511223、−7.00 ~ −6.23）；此外，前者较后者还具有相对年轻的 Nd 模式年龄（分别为 1762 ~ 1819Ma、2015 ~ 2077Ma）。大万金矿区与黄金洞金矿区近矿围岩在 Sm-Nd 同位素组成上的差别说明，当冷家溪群坪原组沉积时，其源区有一定量的新生物质加入，从而导致 $\varepsilon_{Nd}(t)$ 升高。

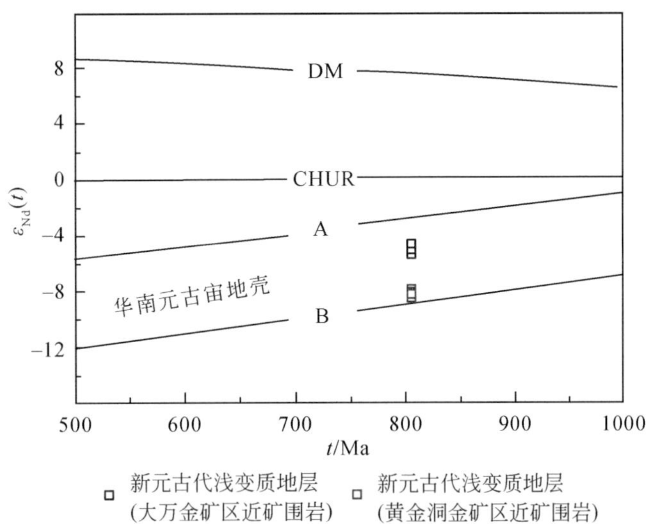

图 4-41　新元古代浅变质岩 Nd 同位素组成（据沈渭洲等，1993）

4.4.6　源区和沉积构造环境暗示

（变质）碎屑沉积岩的岩石学、矿物学和全岩地球化学（主/微量元素地球化学、Sr-Nd 同位素地球化学等）已被广泛应用于确定沉积岩的源区特征、评估源区岩的古风化性质和示踪沉积构造环境与沉积盆地性质，由此以正确理解大陆演化特征（Nesbitt and Young，1984；Taylor and McLennan，1985；Bhatia and Crook，1986；Roser and Korsch，1986；McLennan et al.，1990，1993，1995；Fedo et al.，1995；Gu et al.，2002；Mader and Neubauer，2004；Xu et al.，2007a；Diskin et al.，2011；Wang et al.，2013b；Tao et al.，2014；Zou et al.，2016）。另外，（变质）碎屑沉积岩的锆石 U-Pb 年龄分布已经成功地被作为一种有力工具应用于制约碎屑沉积岩的源区特征、检验或证实不同地块或微陆块间的亲和关系，以此重建古陆或古地体的构造演化历史和古地理位置，后者则是深入研究与盆地形成和造山过程有关的地球动力学的关键窗口（Gerdes and Zeh，2006；Wang et al.，2007a，2010c，2012b；Condie et al.，2009；Yu et al.，2010；Cawood et al.，2013a，2013b；Li et al.，2013；Zhang et al.，2014）。以往研究表明，具有相同的沉积时代，但来自不同构造环境的碎屑沉积岩和相关的浊积岩就表现出十分不同的风化作用过程、元素和同位素地球化学组成以及源区岩特征（Dickinson and Suczek，1979；Taylor and McLennan，1985；Bhatia and Crook，1986；Roser and Korsch，1986；McLennan and Taylor，1991；McLennan et al.，1990，1993）。根据元素地球化学和 Nd 同位素组成特征，McLennan 等（1990）、McLennan 和 Taylor（1991）进一步识别出来自被动和活动大陆边缘的现代浊积岩具有四种显著不同的源区：来自现代被动大陆边缘的浊积岩显示高 Th/Sc 值（约 1.0）和 Th/U 值（普遍大于上地壳 3.8 的平均值）、具有负 Eu 异常（中值：约 0.7）的 LREE 富集型稀土元素配分模式和相对低的 $^{143}Nd/^{144}Nd$ 值（$\varepsilon_{Nd}=-26\sim-10$）（McLennan et al.，1990）；相反，来自现代活动大陆边缘（如弧前、大陆弧、弧后、走滑等）的浊积岩具有可变的 Th/Sc 值（0.01～1.8）、可变的 REE 配分模式［Eu 异常变化于无 Eu 异常（$Eu/Eu^*=1.0$）至 Eu 亏损（$Eu/Eu^*=0.65$）之间］、可变的 $^{143}Nd/^{144}Nd$ 值（$\varepsilon_{Nd}=-13.8\sim8.3$）和相对低的 Th/U 值（典型介于 1.0～4.0 之间）（McLennan et al.，1990）。此外，沉积于弧后和大陆弧环境的沉积物普遍显示古老上地壳和年轻弧来源物质的混合源特征，暗示处于一个位于被动和活动大陆边缘环境间的中间构造环境（McLennan et al.，1990）。上述简单的论述说明，碎屑沉积岩的地球化学特征非常有利于评估源区岩和源区古风化条件，也有利于证实古构造环境、正确理解大陆的演化。

然而，碎屑沉积的地球化学记录受到诸如源区岩、风化/再循环、迁移过程或构造事件的颗粒分选和沉积作用，以及沉积期后的成岩作用与区域变质作用或热变质事件等因素控制（Taylor and McLennan，1985；Wronkiewicz and Condie，1987；McLennan et al.，1990，1993；Gao et al.，1999；Cullers and Podkovyrov，2000；Lahtinen，2000；Bhat and Ghosh，2001）。因此，在证实源区成分、确定研究区构造演化时，就应谨慎地评估所研究的碎屑岩的地球化学特征。如上所述，湘东北新元古代沉积岩大都经历了极低级变质作用，我们主要讨论了水动力分选、源区风化等因素对源区和构造环境示踪的制约。

4.4.6.1　水动力分选和石英稀释

已广泛接受的观点是，水动力分选可导致具不同颗粒大小和不同矿物含量的沉积物的 REE 分异（Cullers et al.，1988；McLennan et al.，1990）。湘东北地区新元古界冷家溪群，特别是板溪群样品中 Zr 与 Yb 和 HREEs 间良好的正相关关系（图 4-42；冷家溪群的相关系数 r 分别为 0.66 和 0.64，板溪群的相关系数 r 分别为 0.92 和 0.91），似乎暗示 HREE 分异完全由锆石所控制。板溪群样品所具有的 Th/Sc 与 Zr/Sc 间宽阔的关系进一步暗示由于分选和再循环锆石加入板溪群沉积物中，从而对这些元素及比值有重要影响（图 4-43 中趋势线 2）。对于板溪群样品，Al_2O_3 与 Zr、REE、Rb、Ba 所具有的弱正相关关系（相关系数 r 分别为 0.4211、0.2533、0.4822、0.1706）（图 4-44）以及 Zr 与 SiO_2（$r=-0.47$）和（$(Gd/Yb)_N$（$r=-0.15$）所具有的弱负相关关系也反映与它们相关的矿物优先富集在富黏土矿物的岩石中，暗示重矿物丰度对板溪群沉积不可能起重要作用。主要由石英稀释所控制的水动力分选影响（Lahtinen，2000）最可能是板溪群类型 Ⅰ 砂岩所有微量元素丰度降低和 SiO_2 含量增加的原因（Gu et al.，2002，2003）。

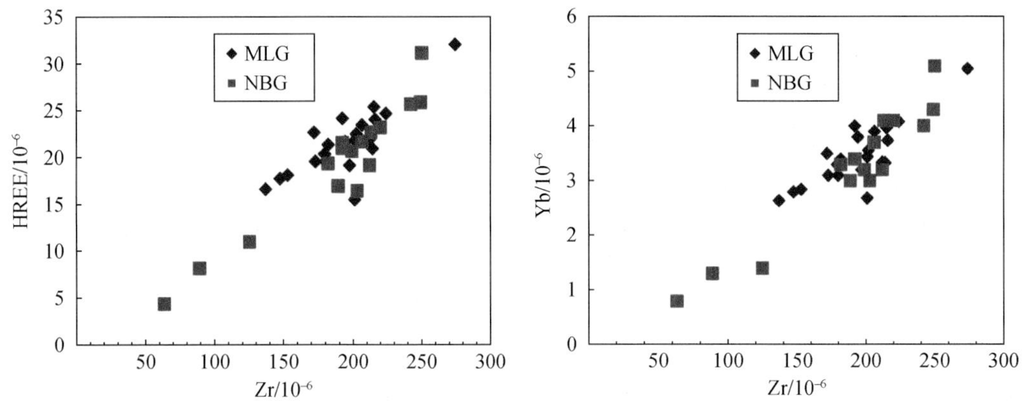

图 4-42　冷家溪群（MLG）和板溪群（NBG）变质沉积岩的 Zr 与 HREE（a）和 Yb（b）投影图

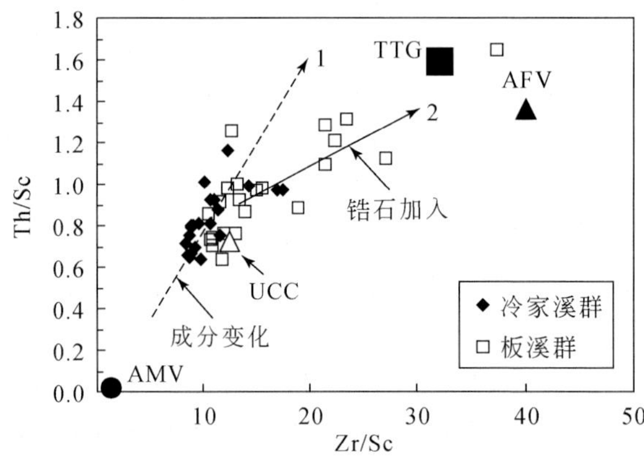

图 4-43　冷家溪群和板溪群样品 Zr/Sc-Th/Sc 投影图（底图来自 McLennan et al.，1993）

太古宙 TTG 平均数据、UCC 数据来自 Condie（1993）；太古宙长英质火山岩 AFV 和太古宙 maWc 火山岩 AMV 平均数据引自 Taylor 和 McLennan（1985）；1、2 分别为成分变化趋势线 1 和锆石加入趋势线 2

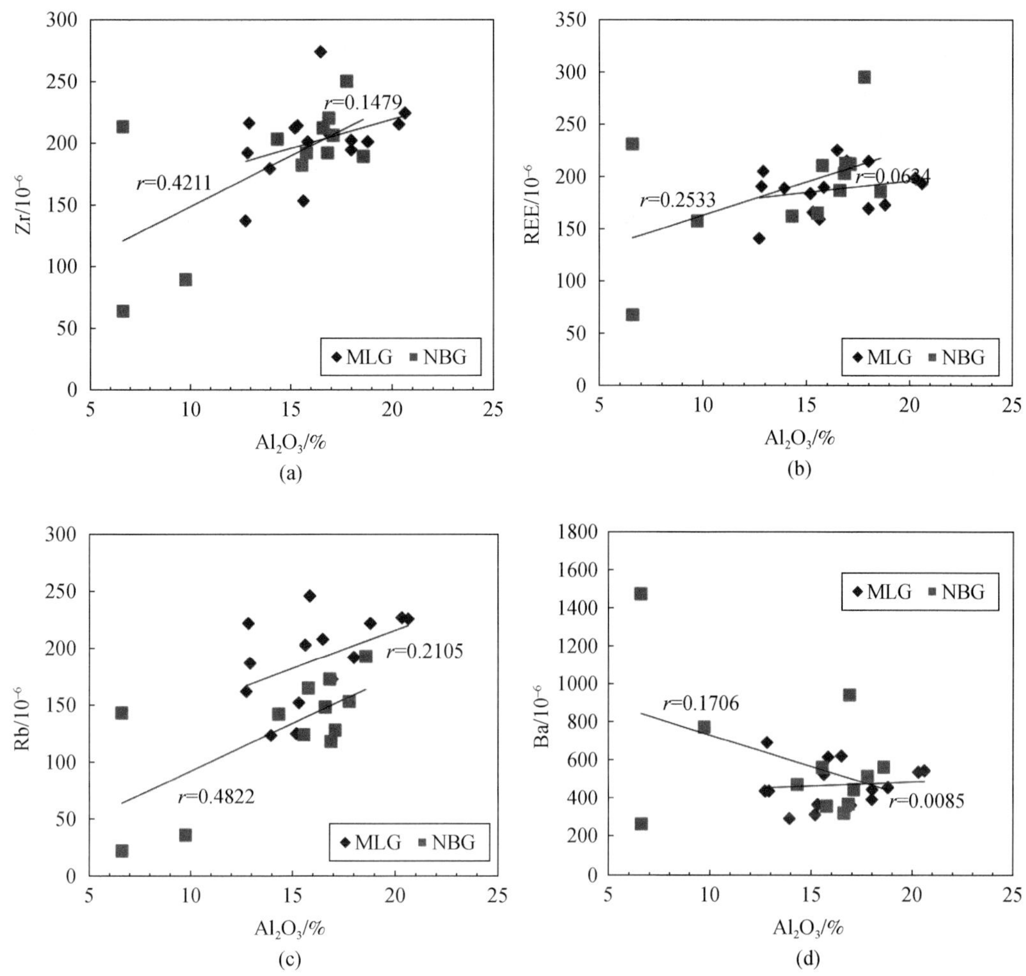

图4-44 冷家溪群（MLG）和板溪群（NBG）变沉积岩 Al_2O_3 与 Zr（a）、REE（b）、Rb（c）和 Ba（d）协变图

冷家溪群样品的 SiO_2 变化范围相对小，暗示沉积分选导致重矿物富集于冷家溪群沉积物中并不起有意义的作用，与它们具有相对一致的 REE 配分模式，和相对均一的 Th/Sc 与 Zr/Sc 值（表4-32、表4-34、图4-36～图4-39；Gu et al.，2002）。而 Zr 与 Al_2O_3、SiO_2 和 $(Gd/Yb)_N$ 极其弱的关系（相关系数 r 分别为 0.15、-0.12、-0.19）以及 TiO_2 与 Al_2O_3 系统的相关性进一步显示，冷家溪群中 REE 和微量元素可能受第一循环物质的大量加入所控制（Cox et al.，1995）。Zr/Sc-Th/Sc 投影（图4-43）也证实了原始物质输送至源区有一个增长的贡献（图4-43 中趋势线1），尽管有人认为在非稳定态风化作用过程中砂质岩和泥质岩之间增高的分异可能贡献了这种趋势（Hassan et al.，1999）。

4.4.6.2 风化强度对源区成分暗示

源区古风化是影响沉积岩主量元素成分和矿物学特征的最重要过程之一。蚀变化学指数 CIA = $[Al_2O_3/(Al_2O_3+CaO^*+Na_2O+K_2O)]\times100$，其中 CaO^* 仅指岩石中含硅酸盐矿物中所含的 CaO 摩尔数，是潜在有用的，能确定沉积物源区的化学风化强度（Nesbitt and Young，1982，1984；Fedo et al.，1995）。例如，McLennan 等（1990）认为显生宙页岩的 CIA 为 70～75，主要矿物为白云母、伊利石、蒙脱石等，反映源区受中等程度风化。将 CIA 值投影于 $A(=Al_2O_3)-CN(=CaO^*+Na_2O)-K(=K_2O$，均用摩尔分子比例）三角图解空间，还能有效地评估碎屑沉积岩的化学风化过程、迁移特征、成岩-变质作用和源区岩成分（Fedo et al.，1995，1997；Nesbitt and Young，1984，1989；Nesbitt et al.，1997）。特别是，如果将具宽阔成分范围的页岩和同沉积的砂岩足够的 CIA 数值投影于 A-CN-K 成分空间，就能够推导源区岩成分和蚀变交代影响度。

湘东北地区板溪群和冷家溪群变质沉积岩的 CIA 为 57 ~ 77，平均为 69，类似于显生宙页岩平均值，源区为中等风化程度，推测源区处于寒冷或干旱的气候条件，抑或为构造活动区。冷家溪群样品 A-CN-K 三角投影［图 4-45（a）］表明，大多数样品数据沿一条直线分布构成一个非常紧凑的堆集，并与 A-K 连接线相垂直，暗示这些样品受到钾（K）交代作用影响。几个砂质板岩和砂岩样品紧靠 A 顶点，可能显示存在丰富的高岭石和/或绿泥石矿物，暗示很少或没有受到 K 交代作用影响。除了 1 个砂岩样品（LJ-2）因具有大于 5% 的 CaO 含量而位于长石（斜长石-钾长石）连接线的下方，大多数样品很好地投影于这个连接线的上方，说明这些样品中长石含量稀少。在图 4-45（a）中，通过投影点的一条回归线（粗实线）能够延伸返回至斜长石-碱性长石连接线，其交截位置暗示源区岩具有高的斜长石与碱性长石的比例，源区岩因而可能为玄武岩、英云闪长岩或花岗闪长岩。另外，这个模型很好地与大多数样品中出现伊利石+白云母相耦合，反映了典型的非稳态风化条件，也就是活动构造允许产生于源区岩中的风化剖面内所有风化带被剥蚀（Nesbitt et al.，1997）。然而，大多数冷家溪群样品的 K-交代前 CIA 值（即“纠正的”CIA 值）在 76 ~ 95 之间（平均为 85），明显地反映了相对于机械（构造活动）风化，源区岩的强烈化学风化作用是更普遍现象。

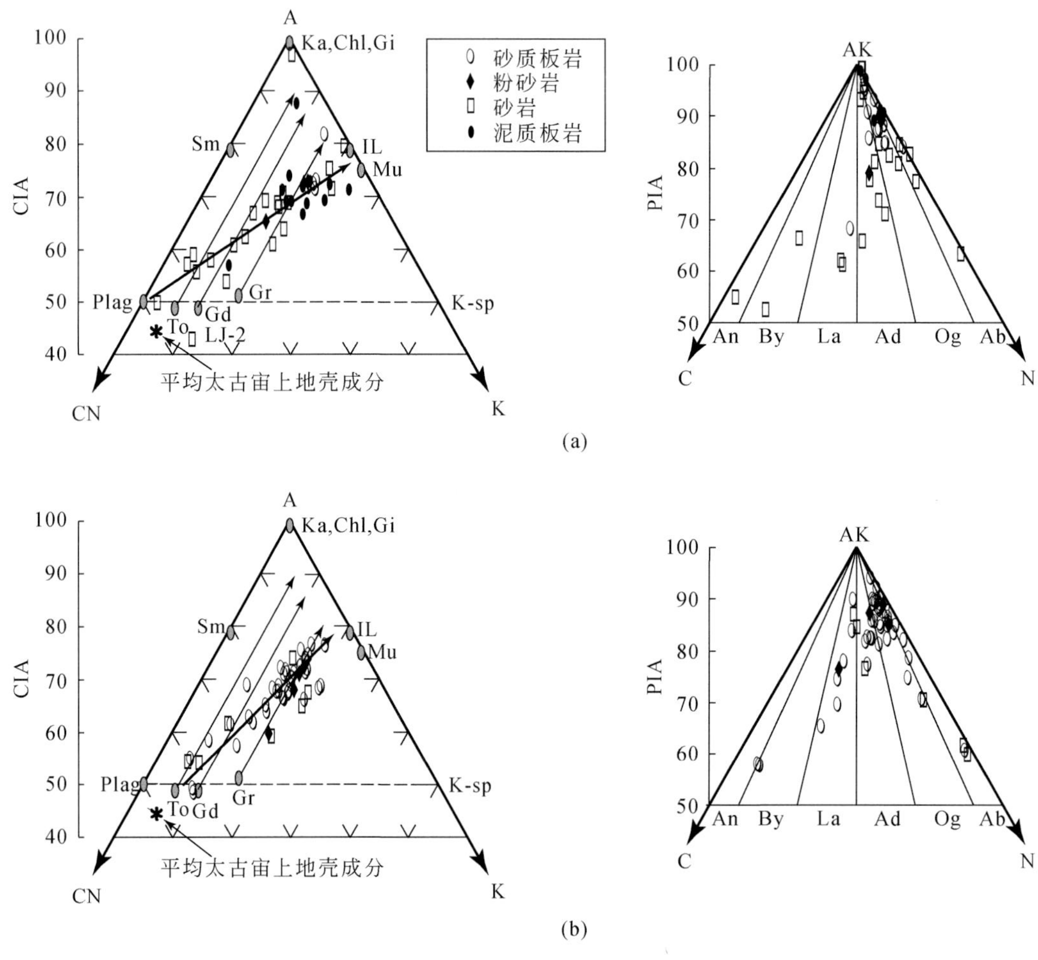

图 4-45　冷家溪群（a）和板溪群（b）变质沉积岩的 A-CN-K 和 AK-C-N 三元投影（仅显示三角图上半部分）

K-交代前 CIA 指数从新鲜原始火成岩的约 50 变化到大多数风化岩石的最大值 100（Fedo et al.，1995）；花岗岩（Gr）、英云闪长岩（To）、花岗闪长岩（Gd）和平均太古宙上地壳成分数据引自 Condie（1993）；大部分研究的样品的 PIA 值约为 85；大多数冷家溪群和板溪群样品投影在中长石（Ad）和钠长石（Ab）成分范围；相对于所推测的源区岩性，许多样品偏移至 AK-N 连接线；板溪群样品分布暗示了可能受后沉积 Na 交代作用影响。Ka. 高岭石；Chl. 绿泥石；Gi. 三水铝石；Sm. 蒙脱石；IL. 伊利石；Mu. 白云母；Plag. 斜长石；K-sp. 钾长石；An. 钙长石；By. 倍长石；La. 拉长石；Ad. 中长石；Og. 奥长石；Ab. 钠长石冷家溪群样品受到强烈的化学风化作用也可以从其具有高的斜长石蚀变指数 PIA 反映出来（对于中-细粒样品，PIA 普遍>80：表4-29、表4-30；PIA 据 Fedo 等（1995）中公式计算：PIA=[(Al_2O_3-K_2O)/(Al_2O_3+CaO^*+Na_2O-K_2O)]×100。将冷家溪群样品 PIA 值投影于（Al_2O_3-K_2O)-CaO-Na_2O(AK-C-N）成分空间后发现，样品点形成一条亚平行于 AK-N 连接线的趋势［图4-45（a）］，反映大多数样品的 PIA 值介于80～100之间（平均为94），暗示其内的长石完全发生了蚀变。有些砂岩样品则向富钠（Na）的 AK-N 连接线偏移，暗示与岩浆活动有关的钠长石化影响了这些样品（Fedo et al.，1995）。

冷家溪群样品的地球化学特征暗示它们来源于一个主要由英云闪长岩和玄武岩，并具有可变量的花岗闪长岩和花岗岩组成的源区。大多数样品所具有的高的前交代 CIA 值和 PIA 值能更好地用源区岩经历强烈的化学风化作用解释，与冷家溪群样品普遍具有高的 Th/U 值相一致（>4.0：表4-32、表4-37及 Gu et al.，2002，2003），因而不同于后太古宙浊积岩，但与太古宙相一致（McLennan and Taylor，1991）。

在图4-45（b）中，尽管板溪群样品与冷家溪群显示相似的演化趋势［图4-45（a）］，它们之间稍微的差异仍然揭示两者在源区岩成分的有意义改变。从图4-45（b）可看出，通过板溪群样品点的最适合的线反向延伸至长石连接线而交截时，推测源区岩成分接近英云闪长岩-花岗闪长岩成分，但包含少量的花岗岩和玄武岩成分。另外，几个具有高 CaO 含量的砂质板岩样品也显示有意义的 Na 交代作用发生。

4.4.6.3　源区主要组成

K_2O/Al_2O_3 值可以用来确定细碎屑岩的源区成分，这是因为黏土矿物和长石的 K_2O/Al_2O_3 值存在明显差别，从大到小依次为：碱性长石（0.4～1）、伊利石（约0.3）、其他黏土矿物（约0）（Cox et al.，1995）。泥质岩的 K_2O/Al_2O_3 值大于0.5，表明母岩中碱性长石占绝对优势，若 K_2O/Al_2O_3 值小于0.4，说明源区中碱性长石相对较少（Cox et al.，1995）。湘东北冷家溪群和板溪群变质沉积岩 K_2O/Al_2O_3 为0.22（0.18～0.31）（表4-29～表4-31、图4-35），表明其母岩中碱性长石的含量较低。根据 Girty 等（1994）研究，沉积物中 Al_2O_3/TiO_2<14时，说明其可能来源于镁铁质岩石，而 Al_2O_3/TiO_2 值介于19～28时，说明其可能来源于花岗闪长质和英云闪长质岩石。湘东北新元古代变碎屑沉积岩 Al_2O_3/TiO_2 值为15.2～23.8，平均为20.1，表明其主要来源于长英质岩石，而非镁铁质岩石。湘东北新元古代变碎屑 ICV 平均为0.9，类似于碱性长石范围（0.8～1）（Cox et al.，1995），因此源区存在长石。但大离子亲石元素 CaO、Sr、Ba 异常，表明长石在源区受到风化或在后期沉积过程中被分解了。从指示沉积物的成分变化指数 ICV［ICV=(Fe_2O_3+K_2O+Na_2O+CaO+MgO+TiO_2)/Al_2O_3］方面看，湘东北新元古代变碎屑沉积岩的 ICV 为0.73～1.17、平均为0.9，表明其成熟度低，其与扬子陆块东南缘变质沉积岩 Sm-Nd 同位素研究结果一致（表4-38；李献华和 McCulloch，1996；Li et al.，1996），说明其原岩形成于构造活动区（Cox et al.，1995；Van de Kamp and Leake，1985）。

在沉积作用过程中，REE 连同高场强元素 HFSEs 和某些过渡族金属如 Co 被认为是最不活动性元素（Cullers et al.，1987，1988；Taylor and McLennan，1985；McLennan et al.，1990，1993）。Taylor 和 McLennan（1985）、McLennan（1991）也认为 REE、Th、Sc 及高场强元素在水中存留时间很短，能快速进入沉积物中，因此是很好的源区示踪剂。因而这些元素在判别碎屑沉积岩的源区成分时是特别有用的（Bhatia and Crook，1986；Taylor and McLennan，1985；Wronkiewicz and Condie，1987；Cullers and Berendsen，1998）。湘东北冷家溪群和板溪群变碎屑沉积岩显著的轻稀土富集、明显的负铕异常和平坦的 HREE 分配型式（表4-34～表4-37；图4-36～图4-40），表明来源于主要由长英质组分构成的古老的上地壳；负铕异常同时表明源岩曾受到了使斜长石分离的壳内分异作用（如部分熔融、分离结晶作用）的影响（Taylor and McLennan，1985）；而高场强元素 Zr、Nb、Ta、Hf、Y、Th 和 U 非常类似于 PAAS，过渡金属元素 Co、Ni、V 则低于 PAAS，也表明其源区相对 PAAS 来说轻微地富硅，且为分异的源区；微量元素比值（如 La/Co、La/Th、Th/Co、La/Ni、Cr/Zr、Th/Sc）进一步说明它们为典型的大陆地壳来源的沉积岩。

Th-Hf-Co 和 La-Th-Sc 的三角投影（图4-46）则揭示了以下几个重要信息：①大多数冷家溪群和板溪群样品非常类似于显生宙页岩，暗示它们来源于一个古老的、很好分异的上大陆壳或它的火山岩等同物质（也就是花岗闪长岩或其富 K 的火山岩成分；McLennan et al.，1990），和这些样品普遍与大多数后太古宙碎屑沉积岩具有相似的 REE 配分模式相一致（Taylor and McLennan，1985）；②在板溪群沉积时期，至少在局部富 K 的长英质岩的比例发生了有意义的增加；③冷家溪群沉积时期，发生了有意义比例的镁铁质/超镁铁质成分加入源区。所推导的冷家溪群和板溪群的这些源区岩成分，不仅与主量元素地球化学特征相一致，也能为微量元素地球化学和 Sm-Nd 同位素地球化学所证实（本书以及 Li and McCulloch，1996；Chen and Jahn，1998）。

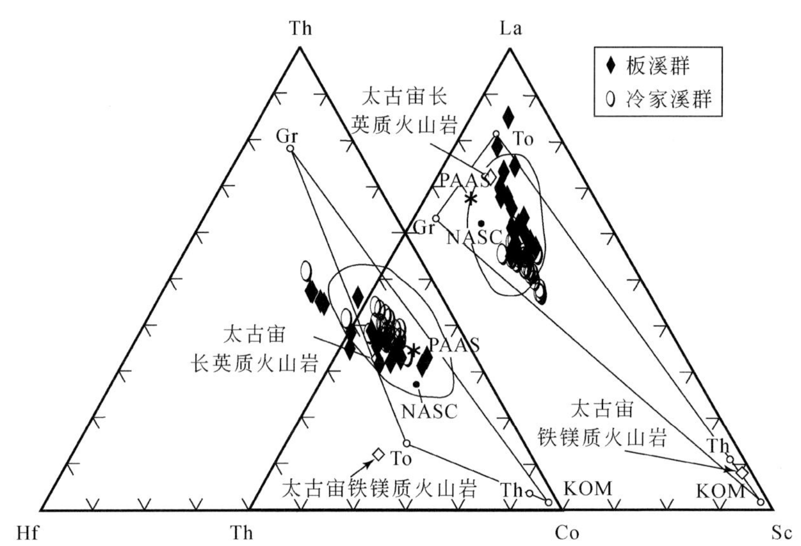

图 4-46　冷家溪群和板溪群变质沉积岩 Th-Hf-Co 和 La-Th-Sc 三角投影图（据 Jahn and Condie，1995）
显生宙页岩、太古宙长英质火山岩和太古宙 maWc 火山岩区域引自 Taylor 和 McLennan（1985）。NASC. 北美页岩；PAAS. 澳大利亚后太古宙页岩。To. 英云闪长岩；Gr. 花岗岩；Th. 拉斑玄武岩；KOM. 科马提岩

冷家溪群中类型Ⅰ砂岩（Gu et al.，2002；表 4-33）与显生宙富石英的杂砂岩具有类似的 REE 组成成分，但后者具有更低的过渡族金属 TTEs 丰度和更高的 Th/Sc 值（1.30 ~ 1.60：Taylor and McLennan，1985），暗示这种砂岩主要来源一个起源于长英质火成岩的沉积岩的多循环源区，但源区可能存在有意义比例的火山成因镁铁质成分。冷家溪群中类型Ⅰ砂岩还与澳大利亚东部古生代 Hill End 岩套有相似的微量元素组成（Bhatia and Crook，1986），进一步说明镁铁质和长英质火山岩构成冷家溪变碎屑沉积岩的源区的主要岩石类型。冷家溪群粉砂岩所具有的高的 Cr 和 LREEs 丰度，以及高的 Eu/Eu* 值（达 0.76）和 Th/Sc 值（达 1.2）（表 4-32、表 4-34）也说明其源区岩以变火山-侵入岩地体为主，但经历了剧烈的风化作用，且镁铁质岩对源区的贡献不能排除（McLennan et al.，1990）。冷家溪群泥质板岩所具有的高 Sc 含量和低的 Th/Sc 值（表 4-32、表 4-34、表 4-37）进一步反映镁铁质成分优先加入了源区。

因此，冷家溪群的源区岩来源于一个主要由变质火山岩-侵入岩组成的、具有一定比例的镁铁质成分的地体，但源区物质沉积前发生了强烈的风化。此外，也有少量的镁铁质岩和更古老的上地壳成分加入。不同于太古宙上地壳的平均成分［ε_{Nd}(1.7Ga) ≈-10；McLennan et al.，1995］，本书所获得的冷家溪群及四堡群（前者同等地层；Li and McCulloch，1996）所具有的高 ε_{Nd}(1.6Ga) 值（-0.5 ~ 1.4）也支持这一解释。

板溪群中类型Ⅰ砂岩所具有的小幅度负 Eu 异常（>0.82）、出现低的 CIA 值以及低的 Th/Sc 值（表 4-29、表 4-31、表 4-33；Gu et al.，2002），暗示其源区岩可能是由富 K 的花岗质基岩所组成的更古老上部大陆壳源区和更年轻的长英质火山岩的混合源区（Taylor and McLennan，1985；McLennan and Taylor，1991）。而其中具不寻常地球化学成分的样品 WP-7 能解释其来源于一个再循环的沉积源区（Gu et al.，2002，2003），但要求有一个因相关玄武岩分异而产生的更年轻长英质火山成因的成分贡献给源区（McLennan et al.，1990）。另外，几个具有高 Cr 和 LREEs 丰度、高 Th/Sc 值的板溪群砂质板岩样品（表 4-33、表 4-35）最可能是源区含有一个有意义的镁铁质成分，且经历过剧烈风化的综合结果（McLennan et al.，1990）。据此，所推测的板溪群源区岩为以英云闪长岩为主的英云闪长岩-花岗闪长岩-花岗岩组合，但源区应经历了有意义的壳内分异

和强烈的风化或再循环。这与板溪群沉积物具有比沉积年龄更高的Nd模式年龄（t_{DM}=1.40~1.90Ga；Li and McCulloch，1996；Chen and Jahn，1998）相一致。而邻近基底中一个由富K的花岗质基岩组成的更古老的壳源成分不能被排除；由长英质岩和玄武质岩组成的更年轻的双峰式火山成因成分对源区的贡献也是可能的，因为板溪群具有相对较高的$\varepsilon_{Nd}(t)$值（-5.3~-0.3；Li and McCulloch，1996）。

以上推导的冷家溪群和板溪群源区岩特征也与本书及前人开展的碎屑锆石U-Pb定年结果相一致（Wang et al.，2007a；Zhao et al.，2011；高林志等，2011）。

4.4.6.4　沉积构造环境

湘东北地区冷家溪群和板溪群变碎屑沉积岩在地球化学组成上的显著相似性似乎暗示在早中新元古代向中晚新元古代过渡时期，沉积构造环境的性质并未发生有意义的突变；野外地质调查和许多研究结果也表明（Hsü et al.，1990；Charvet et al.，1996；Qiu et al.，1998；Zhu and Wang，2001），冷家溪群和板溪群两者均经历了极低级变质作用和相似的构造变形（如逆冲推覆褶皱、推覆构造），并仍然保留有沉积构造等，反映两者具有相近的沉积构造环境。冷家溪群杂砂岩（如其内的棱角状至次棱角状碎屑颗粒，表4-39）的迅速沉积，并伴随中至低结构成熟度，有利于冷家溪群沉积于裂谷环境的解释（Bhat and Ghosh，2001）。早中新元古代—中晚新元古代过渡时期与伸展或裂谷事件有关的大规模玄武质火山作用的记录（见4.1节、4.2节），也和指示活动构造环境的非稳态A-CN-K关系相耦合。在这种情形下，伸展作用和沉积盆地加深就会伴随有稳定态和非稳定态风化条件的相互交替进行。这种伸展/裂谷作用最可能是>850Ma时期的弧后盆地因软流圈上涌或地幔柱的破坏结果（详见第3章）。

表4-39　扬子板块东南缘江南古陆中部湖南段新元古代不同层位的累计重矿物及分布特征

地层	每立方米累计重矿物晶粒数			
	1~10	11~100	101~1000	>1001
板溪群	橄榄石、辉石、角闪石、石榴子石、铬尖晶石、锆石、金红石、电气石、绿帘石、磷灰石、独居石、重晶石、钛铁矿、尖晶石、榍石、铬铁矿	橄榄石、辉石、角闪石、石榴子石、铬尖晶石、锆石、金红石、电气石、绿帘石、磷灰石、独居石、重晶石、钛铁矿、尖晶石、榍石、铬铁矿	橄榄石、辉石、角闪石、石榴子石、铬尖晶石、锆石、金红石、电气石、绿帘石、磷灰石、独居石、重晶石、钛铁矿、尖晶石、榍石、铬铁矿	辉石、石榴子石、锆石、电气石、金红石、绿帘石、独居石、重晶石、钛铁矿、榍石
冷家溪群	橄榄石、辉石、角闪石、石榴子石、铬尖晶石、锆石、金红石、电气石、绿帘石、磷灰石、独居石、重晶石、钛铁矿、尖晶石、榍石、铬铁矿	橄榄石、辉石、石榴子石、铬尖晶石、锆石、金红石、电气石、绿帘石、独居石、重晶石、钛铁矿、尖晶石、榍石	辉石、石榴子石、锆石、电气石、绿帘石、独居石、重晶石、钛铁矿、榍石	石榴子石、锆石、电气石、绿帘石、钛石

注：①相比冷家溪群，板溪群中辉石、橄榄石、角闪石、铬尖晶石、独居石（电气石）、金红石、磷灰石等重矿物含量和钛铁矿含量较高；②冷家溪群杂砂岩含有大量棱角状-次棱角状碎屑被认为是中低结构成熟度的特征。

湘东北新元古代变质沉积岩具有高的ICV值和低的CIA值等特征也表明，冷家溪群和板溪群沉积物的物源区和沉积盆地处于构造活动区，且气候条件对源区风化作用影响较小。在SiO_2-K_2O/Na_2O图解中（图4-47），样品点均落在被动大陆边缘（PM）和活动大陆边缘（ACM）。Bhatia（1983）认为在沉积过程及其后的成岩乃至变质作用过程中，Ca、Na等活动性元素易发生改变，如Na和Ca变得亏损而Si变得富集等。因此对于古老变质沉积岩来说，K_2O/Na_2O和SiO_2/Al_2O_3值会增高，因而在SiO_2-K_2O/Na_2O图解中样品偏向于被动陆缘。如果去除这些影响因素，校正后的大多数样品应该位于活动大陆边缘（ACM）。因此，根据其主量元素地球化学特征，湘东北地区新元古代变质沉积岩沉积在活动大陆边缘构造背景。

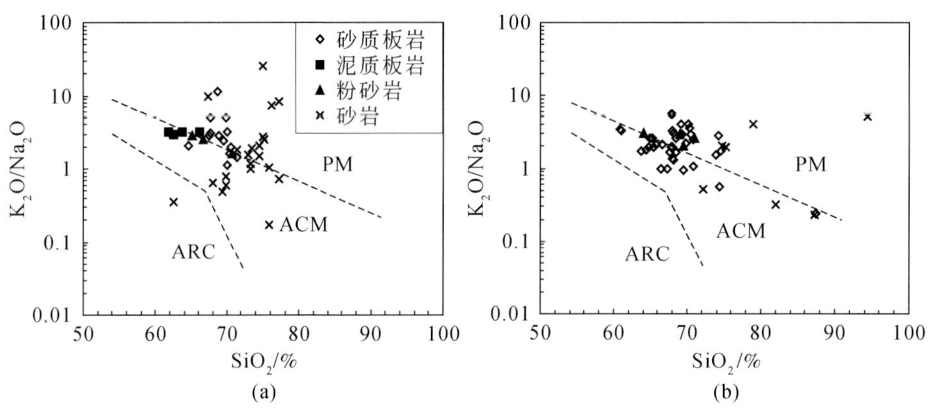

图 4-47　冷家溪群（a）和板溪群（b）变沉积岩 SiO_2-K_2O/Na_2O 图解（据 Roser and Korsch，1986）

ACM. 活动大陆边缘；ARC. 大陆弧环境；PM. 被动大陆边缘

在图 4-48 中，冷家溪群和板溪群样品均主要投影在大陆弧环境区域，似乎暗示这些沉积岩沉积于大陆弧环境；大多数样品的微量元素比值如 Th/Sc、La/Sc、Ti/Zr 等（表 4-32、表 4-33、表 4-37）也类似于活动大陆边缘和岛弧区沉积岩比值；此外，大多样品的 REE 组成还表现出 LREE 富集、Eu 负异常特征（表 4-34 ~ 表 4-37），表明大陆地壳可能为其主要物源，沉积物中的弧物质可能来源于大陆岩浆弧。与新元古代复理式层序相关的镁铁质火山岩（Zhou et al.，2000）也显示与来源于大陆边缘弧现代玄武岩，包括与早期弧后盆地打开相关的玄武岩（Condie，1986）的亲和性。更为成熟和剥蚀的岩浆弧，特别是沿大陆边缘分布的岩浆弧能为弧前和弧后盆地提供混合的侵入岩和火山岩碎屑（Dickinson and Suczek，1979）。因此，我们认为，冷家溪群变碎屑沉积岩最可能来源于一个叠置于古老的加厚大陆壳之上的、很好分异的、成熟的、被切割的岩浆弧。这与冷家溪群具有介于“典型安山岩模式”与 PAAS 模式间（Condie，1993；Taylor and McLennan，1985）的中性 REE 配分模式相一致。

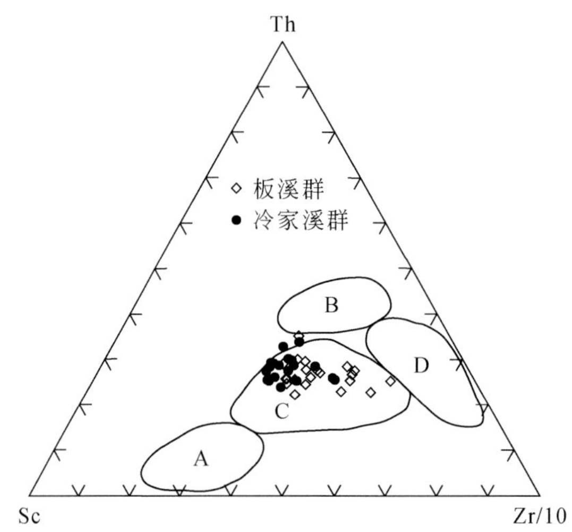

图 4-48　新元古代变质沉积岩 Th-Sc-Zr/10 构造环境判别三元图解（据 Bhatia and Crook，1986）

A. 大洋岛弧；B. 大陆岛弧；C. 活动大陆边缘；D. 被动大陆边缘

与板溪群有关的镁铁质/超镁铁质侵入岩具有板内玄武岩地球化学亲和性（唐晓珊等，1994；Qiu et al.，1998），能被解释为在碰撞后或裂谷作用而形成的产物（Condie，1986；本书第 3 章）。Chen 等（1991）、Li 和 McCulloch（1996）也提出沿扬子板块东南缘具弧玄武岩亲和性的蛇绿质岩构造侵位不晚于新元古代约 0.8Ga。如果是事实，那么一个年轻弧系统增生于扬子板块东南缘可能发生于弧后盆地扩张的最近阶段（1.0 ~ 0.8Ga）。然而，板溪群的地球化学特征并未显示有意义的蛇绿质岩加入其源区，可能暗示这个增生事件对源区影响很小，或者这个增生事件并不发生在 1.0 ~ 0.8Ga。结合新元古代岩浆作用分析，我们推测 0.85 ~ 0.82Ga，沿扬子板块东南缘最可能发生了陆-弧-陆碰撞事件，从而导致区域性地壳全面抬升和弧后盆地转变成前陆盆地以及板溪群沉积于区域不整合面之上（Wang，1986）。

根据以上分析，结合湘东北地区新元古代岩浆作用背景，我们提出了一个修改的扬子板块与华夏板块于新元古代聚合过程的陆-弧-陆碰撞模式，以便于更好理解新元古代火山-碎屑岩沉积盆地的发展历史（图 4-49）。在这个模式中，冷家溪群被解释为沉积在一个与>0.85Ga 大陆边缘弧地体相邻的伸展或裂解的弧后盆地连续沉积序列。约 0.82Ga 后，这个弧后盆地因陆（扬子板块）-弧-陆（华夏板块）碰撞而转变成一个弧后前陆盆地（Tran et al.，2003），后者则接受板溪群沉积物的沉积。

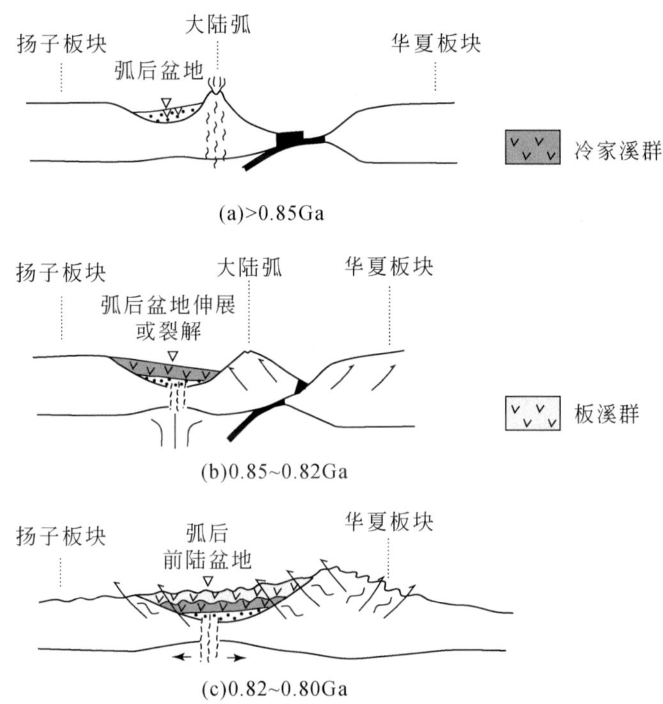

图 4-49　早中新元古代—中晚新元古代过渡时期华南扬子板块与华夏板块间陆-弧-陆碰撞过程大陆块体和弧地体的可能位置（据 Li and McCulloch，1996；Li et al.，2002 修改）

4.5　湘东北构造-沉积环境演变

目前，关于华南元古宙的构造演化主要存在两种观点：地幔柱-裂谷模式认为扬子和华夏板块的碰撞发生在 1100 ~ 900Ma，与全球格林威尔造山事件同期（Li et al.，2008a；Ye et al.，2007；Yang et al.，2016；Lyu et al.，2017）；板片-岛弧模式则认为板块的碰撞发生在 860 ~ 820Ma（Zhao and Cawood，2012；Yao et al.，2014，2015）。这两种不同观点的存在，对正确理解湘东北地区元古宙以来构造沉积特征产生了较大的影响。然而，由于江南古陆在新元古代形成后又经历了极其复杂的地质构造演化历史，地壳变形剧烈、各种变质作用发育、岩浆活动强烈，无疑给正确认识湘东北地区构造-沉积事件及其演化特征带来了较大困难。在本书第 3 章和本章第 4.4 节中，我们通过对湘东北不同时期岩浆岩和新元古代变沉积碎屑岩开展地质年代学、元素地球化学和 Sm-Nd 同位素示踪，推测下中新元古界冷家溪群可能沉积于扩张的弧后盆地，而中上新元古界板溪群可能沉积于陆-弧-陆碰撞相关的弧后前陆盆地。虽然这些认识似乎更符合上述第二种观点，但关于湘东北地区元古宙以来构造-沉积特征仍有待深入理解。为了更合理解释元古宙以来湘东北地区沉积岩的源区特征及构造-沉积环境的演变，并进一步证实它们的沉积时限，本节开展了碎屑锆石的 U-Pb 定年和 Lu-Hf 同位素研究。

由于锆石具有抵抗风化、侵蚀、磨损和结晶后变化等影响的能力，可以经受住多期次搬运、成岩作用和达角闪岩相的变质作用，并具有一个固有的、稳定的U-Pb同位素系统（Fedo et al.，2003），因此，开展（变质）碎屑沉积岩中碎屑锆石分析为解决上述问题提供了方法（Nelson，2001）。（变质）沉积层序中碎屑锆石群的年龄分布已被成功地用作一种强有力的代表，以约束碎屑沉积岩的源区特征和最大沉积年龄，建立不同地层层序间的时空联系，测试或澄清不同陆块或微大陆的可能隶属关系，从而揭示古大陆或古陆的构造历史、恢复古地理特征，这些也是研究盆地形成和造山过程地球动力学的一个关键因素（Gerdes and Zeh，2006；Zhao et al.，2011；Cawood et al.，2013a；May et al.，2013；Wang et al.，2014b）。另外，关于大陆地壳演化的推论主要来自对Nd和Hf同位素系统的研究（Armstrong，1981；Bennett et al.，1993；Vervoort et al.，1996；Hawkesworth and Kemp，2006；Kemp et al.，2006；Hawkesworth et al.，2013；Vervoort and Kemp，2016）。由于Nd同位素系统不能解决地壳生长的单个周期，而Hf同位素分析技术已经取得了巨大进展，许多学者越来越多地使用锆石Hf同位素数据来约束大陆壳的增生和分异（Vervoort and Kemp，2016；Zou et al.，2017）。此外，由于锆石具有高的封闭温度，它不仅在变质作用达到高级时稳定，而且也耐扩散和同位素交换（Griffin et al.，2002）。因此，锆石中较低的Lu/Hf值使得确定地幔和地壳的初始^{167}Hf/^{177}Hf值，并估计它们的分化特征成为可能（Vetrin et al.，2016）。

本次我们在阴极发光图像辅助下，同时利用LA-ICP-MS原位定年技术和MC-ICP-MS原位Hf同位素分析方法，对湘东北地区冷家溪群和所谓的“连云山岩群”（?）中碎屑锆石进行了U-Pb定年和Lu-Hf同位素分析，以进一步约束这些变质碎屑沉积岩的源区和沉积环境，并通过对最年轻锆石的分析以制约它们的沉积时限；在此基础上，结合碎屑锆石原位Lu-Hf同位素分析，试图重新评估前寒武纪，特别是元古宙以来湘东北地区，乃至华南大陆的增生和构造改造事件，并讨论了华南（包括湘东北）大陆的壳-幔分异时间和前寒武纪地壳演化模式，特别是Rodinia超大陆聚合和裂解时期华南（包括江南古陆）大陆在劳伦大陆和/或冈瓦纳大陆的位置（Li et al.，2008a，2008b，2008c，2008d；Zhao and Cawood，2012）。

4.5.1　样品来源与分析方法

4.5.1.1　样品来源及岩相学特征

为可靠地揭示湘东北前寒武纪，特别是元古宙以来构造沉积特征，本次分别采取了冷家溪群板岩及赋存于其内的含金石英脉样品，以及所谓“连云山岩群”中糜棱岩化程度不同的片岩、片麻岩样品。其中，共选用了16个代表性样品用于碎屑锆石U-Pb定年和Lu-Hf同位素分析。所选用的样品中，1个冷家溪群板岩样品（14YJW18）采自黄金洞金矿区，5个冷家溪群板岩样品（14WG019、14WG047、14WG59、14WG062、14WG058）和1个含矿石英脉（粉砂质板岩?）样品（14WG03）采自大万金矿区，1个冷家溪群（?）硅化板岩样品（BY09）采自长平断裂带内，2个云母片岩样品（D2053B、BS03）、2个千糜岩样品（Y-16B、QMY08）、1个板岩质超糜棱岩（Y-61）、2个黑云母斜长片麻岩样品（Y-65、Y-69）采自连云山岩体周边（周洛、龙潭峡地区）所谓的“连云山岩群”（?），且这些变质沉积岩呈残留体出露于连云山花岗质岩体内。

（1）千枚状板岩［图4-50（a）~（d）］，主要由黑云母（55%~35%）、石英（20%~40%）、白云母（25%~15%）组成。岩石具千枚状或变余板状构造、鳞片变晶结构，主要由极细粒状石英以及鳞片状黑云母、白云母等密集定向排列形成。黑云母和白云母主要呈鳞片状产出，石英呈他形粒状产出或呈细粒拉长透镜状产出。此外，岩石中见少量石英集合体透镜体顺片理方向定向排列，透镜体由细粒石英、白云母组成，其原岩可能为硅质碎屑。至少见两期面理叠加，早期面理矿物定向较差，晚期云母矿物相对集中形成面理，第二期面理由第一期面理褶皱反映。可见晚期的中粒石英脉切穿千枚岩。

（2）糜棱岩化硅化板岩［图4-50（e）］，具糜棱结构、条带状构造、眼球构造。矿物具定向排列，主要由石英（40%）、长石（30%）、绢云母（20%）、绿泥石及少量黏土矿物组成。其中，残斑由石英、长石组成，呈透镜状或眼球状，塑性变形强烈，部分碎斑发生碎裂化、细粒化。基质矿物由细粒、微粒的长石、石英、绢云母及黏土矿物组成。岩石还保留弱板状构造，表现为由长石+绢云母+黏土矿物组成的条带，与细粒、微粒的石英+长石条带呈互层出现。岩石被晚期石英+绿泥石脉穿插。

（3）黑（二）云母片岩［图4-50（f）~（h）］，具细粒鳞片粒状变晶结构、片状构造，矿物主要由石英（45%~55%）、黑云母（23%~30%）和/或白云母（4%~12%）、斜长石（15%）、碱性长石（6%）组成。片状黑云母和/或白云母平行于片理方向定向排列，局部黑云母强烈绿泥石化。岩石具初糜棱岩化特征，如石英被拉长呈透镜体，透镜体长轴平行于片理方向，且具波形消光。石英边部明显重结晶，形成细粒-微粒石英颗粒。此外，可见平行于片理的石英脉以及斜交片理的石英+白云母脉（脉中石英发生变形，表明脉早于或同构造变形期形成）。

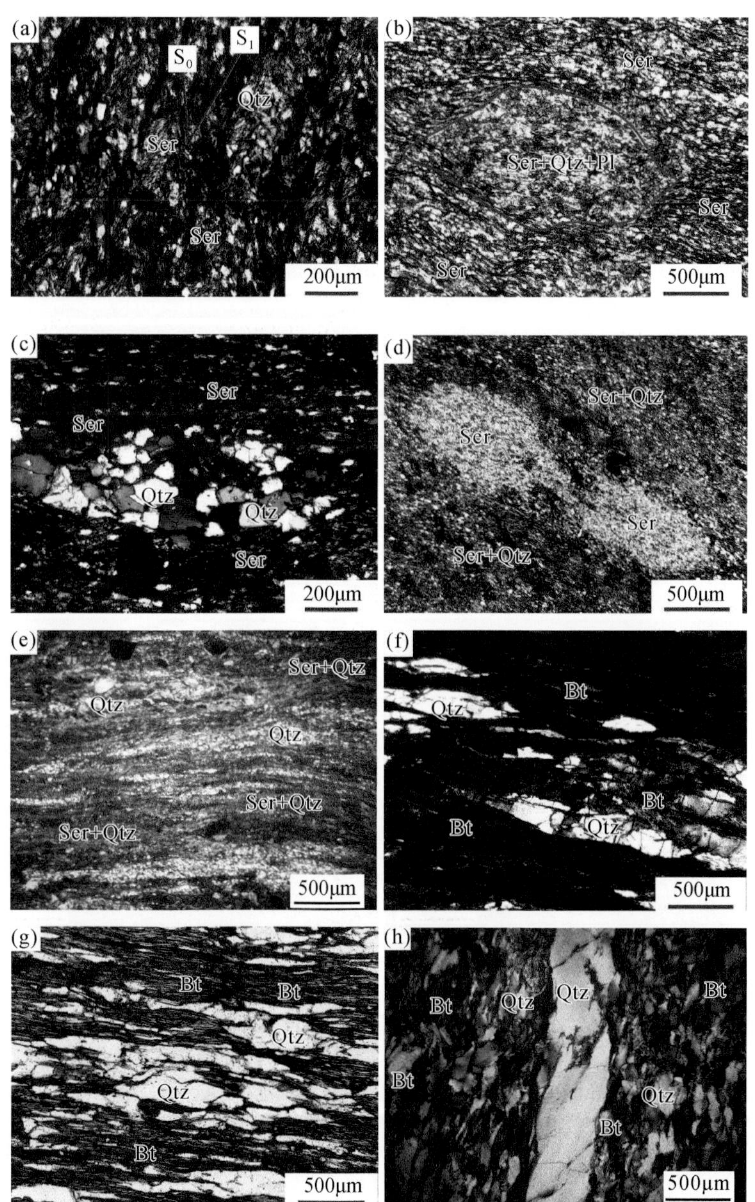

图4-50　湘东北前寒武纪变质沉积岩显微照片［（a）（b）（d）（g）为单偏光；其余均为正交偏光］

（a）冷家溪群千枚状板岩显示两期面理（原始层理S_0、第一期面理S_1）；（b）冷家溪群千枚状板岩中由石英+长石+绢云母构成的透镜体；（c）冷家溪群千枚状板岩中石英透镜体；（d）冷家溪群千枚状板岩中绢云母透镜体；（e）冷家溪群糜棱岩化硅化板岩，注意残留的板块构造；（f）（g）“连云山岩群”（?）黑云母片岩中片状构造；（h）“连云山岩群”（?）糜棱岩化二云母片岩中石英脉平行片理面穿入。

Qtz. 石英；Ser. 绢云母；Bt. 黑云母；Pl. 长石

（4）黑云母斜长片麻岩［图4-51（a）~（c）］，细粒鳞片粒状变晶结构、片麻状构造，由石英（30%~35%）、斜长石（35%~35%）、黑云母（15%~28%）、碱性长石（10%~15%），及少量白云母（2%~3%）组成。片状矿物呈定向排列，可分暗色条带和浅色条带。石英颗粒较小，边界清晰，无明显动态重结晶，可见波状消光、变形纹、膨凸重结晶现象，透镜体形态可指示右行（经调查和详细观察，可分两种运动方向：右行代表上部向东，左行代表上部向西）；云母包括黑云母、白云母，少部分蚀变为绿泥石和绢云母，变形较强，可见膝折、楔状扭折消光、云母鱼的矿物长轴方向与应力方向一致；长石变形较弱，有机械双晶，眼球体同样指示右行。片麻岩的变形以区域应力作用为主，剪切作用略为明显，结合定向薄片的产状，运动标志指示上部向SEE。

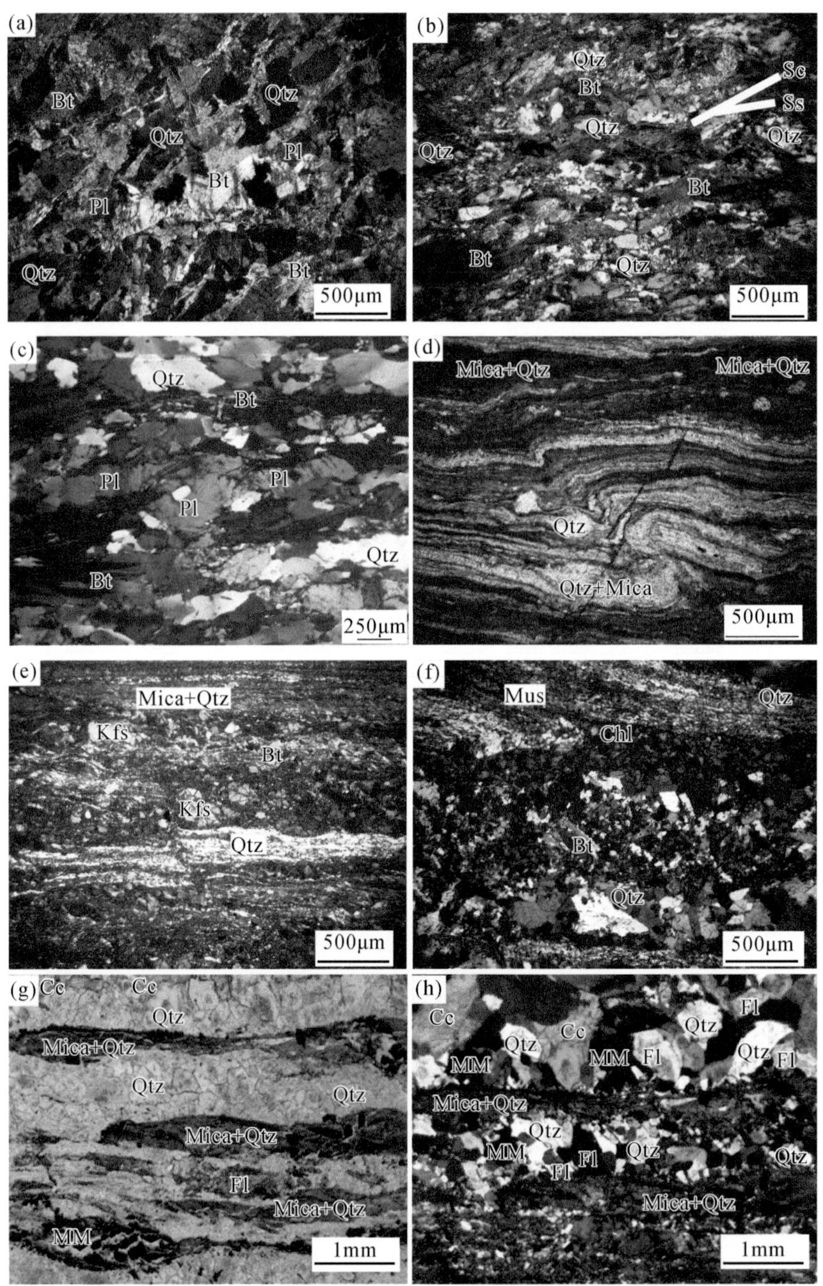

图4-51　湘东北前寒武纪变质沉积岩显微照片［（d）和（g）为单偏光；其余均为正交偏光］

（a）“连云山岩群”（?）黑云母斜长片麻岩中黑云母膝折变形；（b）S(Ss)-C(Sc）面理；（c）指示右行的眼球状长石；（d）板岩质超糜棱岩微褶皱和σ石英；（e）（f）千糜岩条纹条带构造和碎裂长石、重结晶石英；（g）（h）由交叠出现的石英+方解石+萤石+金属矿物条带与云母类+石英条带组成的含矿石英脉。

MM. 金属矿物；Qtz. 石英；Mica. 云母类；Bt. 黑云母；Pl. 长石；Fl. 萤石；Cc. 方解石；Kfs. 钾长石；Mus. 白云母；Chl. 绿泥石

(5) 板岩质超糜棱岩，与长英质超糜棱岩［详见图2-65（f）］的矿物成分、结构构造以及其中发育的构造性质完全一致［图4-51（d）］。

(6) 千糜岩［图4-51（e）（f）］，呈碎斑结构、显微粒状片状变晶结构，片状矿物连续定向形成千枚状构造；矿物粒径普遍<0.1mm，基质由石英、长石、绢云母和绿泥石组成，可见细的条纹条带，长英质矿物压扁拉长。此外，还有微褶皱或微断层发育。

(7) 含矿石英脉［图4-51（g）（h）］，产于北西（西）向层间破碎带内，最大厚度可达1m，两侧为构造角砾岩，主要脉石矿物为石英，占整个脉的90%以上，其次为方解石和少量的绢云母、绿泥石和白云母；毒砂和黄铁矿是最主要的矿石矿物，此外还有少量的方铅矿、闪锌矿、辉锑矿、白钨矿、黄铜矿、自然金和车轮石等。

4.5.1.2 锆石 U-Pb 定年和 Hf 同位素分析方法

采用传统的磁性和重液体分离技术后，在双目显微镜下利用手工方法从破碎岩石中挑选锆石颗粒，然后将锆石颗粒安装在环氧盘中，经过抛光以暴露其内部结构。碎屑锆石 U-Pb 定年在中国科学院广州地球化学研究所矿物学与成矿学重点实验室利用 Resonetics RESOlution M-50（193nm ArF excimer）激光系统 LA-ICP-MS 完成。该定年方法允许在合理的时限内进行定量分析，且成本低（Fedo et al., 2003）。样品装配被放置在一个被 Ar 和 He 冲洗过的特殊设计的双体积样品单元内。激光剥蚀是在10Hz 的恒能（80～81mJ/cm^2 之间）下运行的，点径为31μm。被剥离的材料由 He-Ar 气体挟带，并通过定制的鱿鱼系统（squid system）使信号同质化到 ICP-MS。每组五个未知数都由标准分析等同考虑。背景和分析信号的线下选择和集成，微量元素分析，U-Pb 定年的时间漂移校正和定量校准由内部程序 ICPMSDataCal 执行。外部标准玻璃 NIST SRM 610 和标准锆石 Temora 用于外部校准。29 个 Si 原子被用作内部校正标准。使用 Excel 程序 ComPbCorr_3_17（Andersen, 2002）来纠正普通 Pb。谐和图和加权平均计算使用 Isoplot/Ex v.3 进行计算（Ludwig, 2001）。光学显微成像和阴极发光（CL）图像均用来指导 U-Pb 定年点选择。U-Pb 定年中单个分析点所报道的不确定性在1σ 水平，获得的$^{206}Pb/^{238}U$ 和$^{207}Pb/^{206}Pb$ 的平均年龄的可信度为95%。在以下讨论中，锆石分析点定年结果小于1.0Ga 的采用$^{206}Pb/^{238}U$ 年龄，定年结果大于等于1.0Ga 的分析点采用$^{207}Pb/^{206}Pb$ 年龄。这是由于和谐度的变化，当锆石分析点年龄小于1.0Ga 时，$^{207}Pb/^{206}Pb$ 年龄变得越来越不精确（Gerdes and Zeh, 2006），而因为^{207}Pb 在年轻锆石中积累率低，$^{206}Pb/^{238}U$ 年龄在较年轻的锆石颗粒中更为可靠。此外，在解释碎屑锆石年龄时，排除了那些不谐和度大于10%或小于-10%的分析结果（Cawood et al., 2013b）。

碎屑锆石 Hf 同位素分析在中国科学院广州地球化学研究所同位素地球化学国家重点实验室采用 New Wave Merchantek LUV213 型激光系统结合 Neptune MC-ICPMS 完成。锆石 Hf 同位素分析的激光剥蚀位置与 U-Pb 分析的点相同或近似。分析中使用40μm 的点径和10Hz 的重复率，有关分析程序可详见 Wu 等（2006）等论述。初始$^{176}Hf/^{177}Hf$ 值以 Lu 的衰变常数 1.867×10^{-11} 来计算（Söderlund et al., 2004），并利用 Blichert-Toft 和 Albarède（1997）的 Hf 球粒陨石值来计算 ε_{Hf}比值，而$^{176}Hf/^{177}Hf$ 的亏损地幔增长线获自与平均 MORB 相应值相似（Nowell et al., 1998）、$^{176}Lu/^{177}Hf=0.0384$（Griffin et al., 2002）的、具有现代$^{176}Hf/^{177}Hf=0.28325$ 值的模式亏损地幔。阶段1模式年龄（t_{DM}）为锆石从中结晶出来的岩浆的源区物质提供了最低年龄。本书中，我们也计算了地壳模式年龄（t_{DM}^{C}），即两阶段模式年龄，它假定母岩浆是最初起源于亏损地幔的平均大陆地壳（$^{176}Lu/^{177}Hf=0.015$）所产生的。

4.5.2 碎屑锆石 U-Pb 定年结果

湘东北元古宙变沉积岩碎屑锆石 U-Pb 定年数据结果见表4-40～表4-49。

表 4-40 冷家溪群碎屑岩样品 14WG003、14WG019、14WG047 碎屑锆石 LA-ICP-MS U-Pb 定年结果

样品号与分析点	Pb /10^{-6}	Th /10^{-6}	U /10^{-6}	$^{207}Pb/^{206}Pb$	1σ	$^{207}Pb/^{235}U$	1σ	$^{206}Pb/^{238}U$	1σ	$^{207}Pb/^{206}Pb$ 年龄/Ma	1σ	$^{207}Pb/^{235}U$ 年龄/Ma	1σ	$^{206}Pb/^{238}U$ 年龄/Ma	1σ	谐和度 /%
14WG003-3	120	828	1595	0.053677	0.000996	0.524396	0.010400	0.070718	0.000960	367	38	428	7	440	6	97
14WG003-5	59	104	348	0.114415	0.001557	4.454949	0.066255	0.281194	0.002425	1872	20	1723	12	1597	12	92
14WG019-4	101	97	846	0.167366	0.002582	11.326421	0.212888	0.489026	0.006891	2531	26	2550	18	2566	30	99
14WG047-22	95	197	479	0.060095	0.001802	0.505744	0.016926	0.060798	0.000560	606	67	416	11	380	3	91
14WG047-14	74	338	463	0.073280	0.002456	1.417417	0.049459	0.139040	0.001499	1022	67	896	21	839	8	93
14WG047-11	56	231	635	0.066606	0.001392	1.087102	0.048506	0.115566	0.004018	826	48	747	24	705	23	94
14WG047-20	52	97	554	0.074032	0.001401	1.604030	0.049322	0.155080	0.002733	1043	38	972	19	929	15	95
14WG047-24	18	51	246	0.068963	0.001439	1.401298	0.086737	0.141628	0.007135	898	43	889	37	854	40	95
14WG047-25	37	506	367	0.053420	0.001034	0.560195	0.013308	0.076099	0.001264	346	44	452	9	473	8	95
14WG047-33	13	82	162	0.059853	0.001378	0.664331	0.017551	0.079875	0.001104	598	55	517	11	495	7	95
14WG047-05	46	500	501	0.052766	0.001485	0.473456	0.013193	0.065028	0.000757	320	68	394	9	406	5	96
14WG047-10	34	83	443	0.057240	0.001436	0.530249	0.012980	0.067018	0.000678	502	49	432	9	418	4	96
14WG047-23	31	116	404	0.058001	0.001878	0.532175	0.016860	0.066985	0.001055	532	70	433	11	418	6	96
14WG047-09	63	243	793	0.056527	0.001256	0.505328	0.010906	0.064623	0.000605	472	44	415	7	404	4	97
14WG047-12	46	71	621	0.056487	0.001242	0.534307	0.012972	0.068141	0.000886	472	50	435	9	425	5	97
14WG047-13	32	103	401	0.056517	0.001324	0.517028	0.012734	0.066053	0.000943	472	52	423	9	412	6	97
14WG047-16	26	108	315	0.056464	0.001386	0.519432	0.012398	0.066402	0.000879	472	54	425	8	414	5	97
14WG047-30	129	148	844	0.053518	0.001043	0.497481	0.009798	0.067245	0.000672	350	44	410	7	420	4	97
14WG047-02	119	155	320	0.053852	0.001108	0.499892	0.010415	0.067283	0.000773	365	46	412	7	420	5	98
14WG047-08	82	114	1149	0.054147	0.001280	0.515456	0.012556	0.068863	0.000879	376	52	422	8	429	5	98
14WG047-17	41	221	523	0.066666	0.001312	1.218534	0.024778	0.131724	0.001410	828	45	809	11	798	8	98
14WG047-21	46	54	307	0.105079	0.001424	4.362289	0.127033	0.298837	0.006781	1717	20	1705	24	1686	34	98
14WG047-26	48	150	609	0.054063	0.001009	0.489898	0.009349	0.065675	0.000661	372	43	405	6	410	4	98
14WG047-27	26	85	339	0.055860	0.001107	0.494693	0.010251	0.064107	0.000615	456	17	408	7	401	4	98
14WG047-28	51	201	661	0.066656	0.001052	1.223847	0.021629	0.132730	0.001291	828	33	812	10	803	7	98
14WG047-01	45	176	593	0.054957	0.001032	0.503403	0.009788	0.066375	0.000758	409	43	414	7	414	5	99
14WG047-04	42	61	263	0.055221	0.001123	0.493627	0.009914	0.064795	0.000785	420	44	407	7	405	5	99
14WG047-06	35	68	480	0.054406	0.001274	0.494256	0.011604	0.065638	0.000753	387	47	408	8	410	5	99
14WG047-07	58	339	749	0.054385	0.001557	0.497427	0.012758	0.066242	0.000707	387	65	410	9	413	4	99
14WG047-19	120	828	1595	0.065905	0.001159	1.247784	0.023412	0.136852	0.001335	803	37	822	11	827	8	99
14WG047-29	59	104	348	0.054178	0.000951	0.484463	0.008665	0.064741	0.000671	389	39	401	6	404	4	99
14WG047-32	101	97	846	0.054145	0.001161	0.486924	0.010355	0.064970	0.000624	376	53	403	7	406	4	99

表 4-41 冷家溪群碎屑岩样品 14WG058 碎屑锆石 LA-ICP-MS U-Pb 定年结果

样品号与分析点	Pb /10^{-6}	Th /10^{-6}	U /10^{-6}	$^{207}Pb/^{206}Pb$	1σ	$^{207}Pb/^{235}U$	1σ	$^{206}Pb/^{238}U$	1σ	$^{207}Pb/^{206}Pb$ 年龄/Ma	1σ	$^{207}Pb/^{235}U$ 年龄/Ma	1σ	$^{206}Pb/^{238}U$ 年龄/Ma	1σ	谐和度 /%
14WG058-19	11	1	193	0.050897	0.001205	0.351253	0.008096	0.050215	0.000542	235	56	306	6	316	3	96
14WG058-20	9	1	160	0.050853	0.001849	0.355511	0.012420	0.051086	0.000589	235	85	309	9	321	4	96
14WG058-45	28	274	311	0.060972	0.001222	0.522381	0.010604	0.062092	0.000614	639	43	427	7	388	4	90

续表

样品号与分析点	Pb/10^{-6}	Th/10^{-6}	U/10^{-6}	$^{207}Pb/^{206}Pb$	1σ	$^{207}Pb/^{235}U$	1σ	$^{206}Pb/^{238}U$	1σ	$^{207}Pb/^{206}Pb$年龄/Ma	1σ	$^{207}Pb/^{235}U$年龄/Ma	1σ	$^{206}Pb/^{238}U$年龄/Ma	1σ	谐和度/%
14WG058-25	98	364	572	0.069762	0.000913	1.286515	0.021120	0.133222	0.000936	920	27	840	9	806	5	95
14WG058-27	59	280	310	0.071934	0.001096	1.312358	0.016664	0.133461	0.001322	983	30	851	7	808	8	94
14WG058-16	131	403	727	0.068700	0.000648	1.346985	0.016876	0.141841	0.001199	900	20	866	7	855	7	98
14WG058-18	28	135	133	0.077808	0.002081	1.531083	0.036747	0.143801	0.001701	1143	53	943	15	866	10	91
14WG058-22	149	341	743	0.073074	0.001010	1.579618	0.018586	0.156916	0.001201	1017	28	962	7	940	7	97
14WG058-43	73	154	365	0.075900	0.001277	1.631062	0.028934	0.159454	0.005989	1092	34	982	11	954	33	97
14WG058-7	52	122	129	0.098813	0.001077	3.741367	0.048531	0.273918	0.002180	1613	59	1580	10	1561	11	98
14WG058-48	62	128	168	0.101420	0.001505	3.935779	0.073040	0.280453	0.003181	1650	22	1621	15	1594	16	98
14WG058-6	28	94	65	0.097503	0.001710	3.780885	0.068688	0.280749	0.003336	1591	68	1589	15	1595	17	99
14WG058-32	155	247	379	0.111800	0.000899	4.749163	0.081218	0.306055	0.004683	1829	15	1776	14	1721	23	96
14WG058-39	106	166	262	0.115447	0.001303	5.006112	0.160924	0.311880	0.008650	1887	20	1820	27	1750	43	96
14WG058-29	311	343	782	0.113475	0.000520	4.892036	0.054467	0.312126	0.003460	1857	9	1801	9	1751	17	97
14WG058-28	185	271	433	0.105855	0.000601	4.685152	0.045460	0.320424	0.003069	1729	10	1765	8	1792	15	98
14WG058-14	83	102	194	0.111299	0.000993	4.950448	0.051305	0.322308	0.002824	1821	16	1811	9	1801	14	99
14WG058-21	230	552	537	0.114366	0.001696	5.405429	0.398375	0.332666	0.019027	1870	28	1886	63	1851	92	98
14WG058-33	205	119	495	0.112187	0.000743	5.184217	0.087481	0.332706	0.005492	1835	7	1850	14	1851	27	99
14WG058-1	113	187	216	0.125477	0.001012	6.419815	0.094807	0.369485	0.004303	2054	55	2035	13	2027	20	99
14WG058-49	149	166	253	0.168157	0.001485	9.266225	0.192895	0.398851	0.008297	2539	15	2365	19	2164	38	91
14WG058-26	348	595	611	0.169938	0.000866	9.532125	0.130458	0.405404	0.005239	2557	8	2391	13	2194	24	91
14WG058-12	733	934	1200	0.168702	0.000551	9.571240	0.066442	0.410578	0.002693	2546	6	2394	6	2218	12	92
14WG058-31	201	245	327	0.164635	0.000898	9.473497	0.066424	0.415376	0.002392	2506	9	2385	6	2239	11	93
14WG058-13	394	689	579	0.170500	0.000756	9.866620	0.081369	0.418701	0.003033	2563	7	2422	8	2255	14	92
14WG058-50	314	404	519	0.166440	0.000655	9.759556	0.099042	0.423413	0.003998	2522	6	2412	9	2276	18	94
14WG058-41	134	132	226	0.164389	0.001472	9.868543	0.182499	0.435891	0.010058	2502	15	2423	17	2332	45	96
14WG058-44	309	623	427	0.169197	0.000889	10.330973	0.069425	0.441357	0.003072	2550	8	2465	6	2357	14	95
14WG058-37	88	48	156	0.163373	0.001762	10.093510	0.093699	0.444135	0.004372	2491	18	2443	9	2369	20	96
14WG058-11	523	940	708	0.167334	0.000675	10.377376	0.069314	0.448976	0.002911	2531	7	2469	6	2391	13	96
14WG058-10	434	588	649	0.168769	0.000781	10.600265	0.135915	0.454427	0.005382	2548	49	2489	12	2415	24	96
14WG058-24	251	281	391	0.165472	0.000787	10.479891	0.079558	0.458377	0.003498	2513	7	2478	7	2432	15	98
14WG058-38	186	162	296	0.162948	0.000861	10.598087	0.084009	0.466065	0.002858	2487	9	2489	7	2466	13	99
14WG058-15	400	434	586	0.167934	0.000733	11.075501	0.105143	0.477398	0.004692	2539	7	2530	9	2516	20	99
14WG058-9	415	562	559	0.167393	0.000578	11.042227	0.072603	0.477404	0.003132	2536	49	2527	6	2516	14	99
14WG058-34	395	546	562	0.164291	0.000702	10.975629	0.093454	0.479838	0.003982	2502	7	2521	8	2527	17	99
14WG058-4	154	156	223	0.166039	0.000917	11.108540	0.071054	0.483515	0.002363	2537	50	2532	6	2543	10	99
14WG058-35	267	352	383	0.163957	0.000851	11.060262	0.111100	0.483588	0.004366	2498	9	2528	9	2543	19	99
14WG058-30	286	389	385	0.168108	0.000726	11.290556	0.101759	0.486267	0.004081	2539	7	2547	8	2555	18	99
14WG058-8	387	500	517	0.167395	0.000665	11.311432	0.115741	0.488984	0.005000	2539	49	2549	10	2566	22	99
14WG058-3	482	515	712	0.166617	0.000649	11.375492	0.183723	0.493053	0.007640	2542	49	2554	15	2584	33	98
14WG058-36	247	299	357	0.162277	0.000887	11.204876	0.087866	0.493328	0.003167	2479	9	2540	7	2585	14	98

续表

样品号与分析点	Pb /10⁻⁶	Th /10⁻⁶	U /10⁻⁶	$^{207}Pb/^{206}Pb$	1σ	$^{207}Pb/^{235}U$	1σ	$^{206}Pb/^{238}U$	1σ	$^{207}Pb/^{206}Pb$ 年龄/Ma	1σ	$^{207}Pb/^{235}U$ 年龄/Ma	1σ	$^{206}Pb/^{238}U$ 年龄/Ma	1σ	谐和度 /%
14WG058-23	401	526	537	0. 168746	0. 000793	11. 566954	0. 065549	0. 496141	0. 002671	2546	7	2570	5	2597	12	98
14WG058-5	226	256	316	0. 165884	0. 000810	11. 442020	0. 129164	0. 498522	0. 005422	2535	52	2560	11	2607	23	98
14WG058-17	430	388	609	0. 165611	0. 000642	11. 461859	0. 116980	0. 500868	0. 005074	2514	6	2561	10	2618	22	97
14WG058-2	233	274	316	0. 167574	0. 000845	11. 648514	0. 142354	0. 502429	0. 005919	2552	55	2577	11	2624	25	98
14WG058-46	172	211	287	0. 174646	0. 003423	12. 681276	0. 969865	0. 552885	0. 057843	2603	33	2656	72	2837	240	93
14WG058-47	129	139	206	0. 175770	0. 003657	13. 437832	0. 968034	0. 555484	0. 040209	2613	29	2711	68	2848	167	95

表 4-42　冷家溪群碎屑岩样品 WG-62 碎屑锆石 SIMS U-Pb 定年结果

样品号与分析点	U/10⁻⁶	Th/10⁻⁶	f206/%	$^{207}Pb/^{235}U$	±%	$^{206}Pb/^{238}U$	±%	$^{207}Pb/^{206}Pb$	±%	*Disc. %* conv.	$^{207}Pb/^{206}Pb$ 年龄/Ma	±%	$^{206}Pb/^{238}U$ 年龄/Ma	±%	$^{207}Pb/^{235}U$ 年龄/Ma	±%
WG_62@02	263	28917	0. 04	1. 34782	1. 93	0. 1430	1. 83	0. 06836	0. 63	−2. 2	879. 6	12. 9	861. 6	14. 8	866. 6	11. 3
WG_62@03	138	7540	*0. 02	4. 65173	1. 61	0. 3093	1. 57	0. 10907	0. 37	−3. 0	1783. 9	6. 7	1737. 4	23. 9	1758. 6	13. 5
WG_62@04	313	36283	*0. 01	1. 27976	1. 62	0. 1353	1. 53	0. 06862	0. 53	−8. 3	887. 3	10. 9	817. 8	11. 8	836. 7	9. 3
WG_62@05	332	13186	0. 86	1. 20904	5. 64	0. 1411	1. 67	0. 06214	5. 38	27. 1	678. 9	111. 1	851. 0	13. 3	804. 8	31. 8
WG_62@06	393	8088	{0. 04}	1. 40941	1. 74	0. 1489	1. 70	0. 06864	0. 33	0. 8	888. 0	6. 8	894. 9	14. 3	892. 9	10. 4
WG_62@07	509	9575	0. 26	1. 29853	2. 30	0. 1404	2. 26	0. 06706	0. 45	0. 9	839. 7	9. 3	847. 1	18. 0	845. 1	13. 3
WG_62@08	333	20955	0. 12	1. 25853	1. 96	0. 1362	1. 91	0. 06701	0. 44	−1. 9	838. 0	9. 1	823. 2	14. 7	827. 2	11. 1
WG_62@09	368	21793	0. 17	1. 56832	1. 63	0. 1598	1. 58	0. 07118	0. 38	−0. 8	962. 6	7. 7	955. 7	14. 1	957. 8	10. 1
WG_62@10	610	23926	0. 01	2. 47156	2. 39	0. 2075	1. 67	0. 08639	1. 71	−10. 7	1347. 0	32. 6	1215. 4	18. 5	1263. 7	17. 4
WG_62@11	455	31102	{0. 06}	1. 29977	1. 59	0. 1411	1. 53	0. 06682	0. 42	2. 4	832. 2	8. 7	850. 7	12. 2	845. 6	9. 2
WG_62@12	482	10718	0. 05	1. 38827	1. 67	0. 1458	1. 63	0. 06906	0. 37	−2. 7	900. 5	7. 6	877. 4	13. 4	884. 0	9. 9

注：f206 是指测定的整个 Pb 中普通^{206}Pb的百分比。普通 Pb 和放射性成因 Pb 据测定的^{204}Pb来校正。U、Th 和 Pb 的丰度由中国科学院广州地球化学研究所同位素地球化学国家重点实验室 SIMS 测定。不确定性以 σ 给出。

表 4-43　冷家溪群碎屑岩样品 14WG059、14WG062、14YJW018 碎屑锆石 LA-ICP-MS U-Pb 定年结果

样品号与分析点	Pb /10⁻⁶	Th /10⁻⁶	U /10⁻⁶	$^{207}Pb/^{206}Pb$	1σ	$^{207}Pb/^{235}U$	1σ	$^{206}Pb/^{238}U$	1σ	$^{207}Pb/^{206}Pb$ 年龄/Ma	1σ	$^{207}Pb/^{235}U$ 年龄/Ma	1σ	$^{206}Pb/^{238}U$ 年龄/Ma	1σ	谐和度 /%
14WG059-18	244	18	403	0. 165626	0. 001947	11. 392960	0. 181930	0. 498692	0. 005656	2514	53	2556	15	2608	24	97
14WG062-26	92	118	304	0. 088413	0. 002123	3. 102833	0. 085252	0. 253316	0. 004405	1392	45	1433	21	1456	23	98
14WG062-28	63	300	261	0. 069772	0. 001325	1. 607616	0. 030892	0. 166673	0. 001824	922	39	973	12	994	10	97
14WG062-29	31	132	166	0. 066043	0. 001398	1. 265918	0. 026440	0. 138789	0. 001428	809	44	831	12	838	8	99
14WG062-30	183	354	720	0. 078928	0. 001182	2. 303876	0. 039671	0. 210928	0. 002245	1170	30	1213	12	1234	12	98
14WG062-32	56	188	291	0. 069297	0. 001083	1. 451628	0. 029021	0. 151694	0. 002052	909	31	911	12	910	11	99
14WG062-33	154	537	818	0. 071431	0. 001129	1. 414737	0. 021466	0. 143899	0. 001378	970	36	895	9	867	8	96
14WG062-35	106	323	376	0. 086380	0. 001478	2. 434691	0. 051812	0. 204204	0. 002777	1347	33	1253	15	1198	15	95
14WG062-36	126	91	177	0. 189434	0. 003339	13. 750385	0. 277837	0. 526461	0. 006691	2739	28	2733	19	2727	28	99
14WG062-37	20	120	97	0. 071829	0. 001692	1. 328611	0. 030713	0. 134285	0. 001383	981	48	858	13	812	8	94
14WG062-39	42	175	227	0. 067517	0. 001218	1. 266487	0. 024458	0. 135597	0. 001452	854	42	831	11	820	8	98
14WG062-42	85	326	510	0. 069050	0. 001813	1. 240099	0. 043758	0. 128887	0. 001714	902	49	819	20	782	10	95
14WG062-43	37	211	200	0. 071225	0. 001856	1. 295745	0. 039757	0. 131106	0. 001702	965	54	844	18	794	10	93

续表

样品号与分析点	Pb/10^{-6}	Th/10^{-6}	U/10^{-6}	$^{207}Pb/^{206}Pb$	1σ	$^{207}Pb/^{235}U$	1σ	$^{206}Pb/^{238}U$	1σ	$^{207}Pb/^{206}Pb$年龄/Ma	1σ	$^{207}Pb/^{235}U$年龄/Ma	1σ	$^{206}Pb/^{238}U$年龄/Ma	1σ	谐和度/%
14WG062-44	116	492	672	0.070728	0.002090	1.340476	0.068065	0.135230	0.002676	950	61	863	30	818	15	94
14WG062-46	109	171	289	0.097642	0.001210	3.847496	0.056588	0.285822	0.003026	1589	18	1603	12	1621	15	98
14WG062-49	79	64	132	0.146417	0.001955	9.104753	0.167053	0.450546	0.006611	2306	23	2349	17	2398	29	97
14WG062-54	103	517	339	0.087136	0.002139	2.415709	0.064839	0.200170	0.003649	1365	47	1247	19	1176	20	94
14WG062-55	173	251	426	0.112569	0.002756	4.740854	0.122003	0.303129	0.004664	1843	43	1774	22	1707	23	96
14WG062-59	39	103	234	0.066767	0.001372	1.276801	0.027388	0.137946	0.001678	831	43	835	12	833	10	99
14WG062-61	151	134	242	0.160776	0.002577	10.240558	0.221794	0.459301	0.006382	2465	27	2457	20	2436	28	99
14WG062-62	301	629	1869	0.069876	0.001483	1.532548	0.091583	0.159783	0.008656	924	44	944	37	956	48	98
14WG062-63	293	1216	1756	0.072256	0.000943	1.253946	0.017999	0.125636	0.001025	994	27	825	8	763	6	92
14WG062-67	91	297	526	0.067032	0.000851	1.239936	0.019502	0.134067	0.001476	839	26	819	9	811	8	99
14WG062-68	66	114	165	0.102391	0.001344	4.093362	0.062896	0.290363	0.003797	1678	24	1653	13	1643	19	99
14WG062-69	53	344	269	0.069307	0.001291	1.218982	0.024331	0.128246	0.002079	909	34	809	11	778	12	96
14WG062-70	115	161	754	0.067552	0.001048	1.184821	0.021222	0.127159	0.001557	854	27	794	10	772	9	97
14YJW018-25	223	1236	1262	0.066262	0.001052	1.117137	0.022889	0.120540	0.002629	815	37	762	11	734	15	96
14YJW018-82	7	37	41	0.067525	0.002993	1.169120	0.050910	0.126584	0.002546	854	92	786	24	768	15	97
14YJW018-84	45	215	261	0.066803	0.001237	1.186034	0.021773	0.128327	0.001466	831	39	794	10	778	8	97
14YJW018-29	31	130	179	0.068888	0.001599	1.239471	0.028910	0.129164	0.001925	894	44	819	13	783	11	95
14YJW018-68	60	371	318	0.065340	0.001086	1.181541	0.021334	0.130808	0.001343	787	35	792	10	792	8	99
14YJW018-42	19	92	106	0.071892	0.001755	1.312214	0.045289	0.131651	0.002197	983	50	851	20	797	13	93
14YJW018-22	13	68	67	0.067455	0.002192	1.242395	0.040235	0.132753	0.002196	854	67	820	18	804	12	97
14YJW018-36	17	69	99	0.068152	0.001784	1.251330	0.033733	0.132844	0.001713	872	55	824	15	804	10	97
14YJW018-62	68	171	423	0.066516	0.000925	1.221310	0.019303	0.133146	0.001478	833	29	810	9	806	8	99
14YJW018-70	108	492	632	0.067909	0.001180	1.251170	0.021083	0.133399	0.001485	865	36	824	10	807	8	97
14YJW018-71	53	267	289	0.064956	0.001181	1.204516	0.021106	0.134187	0.001399	772	33	803	10	812	8	98
14YJW018-6	42	153	244	0.072556	0.001993	1.345986	0.035459	0.134817	0.001757	1011	56	866	15	815	10	93
14YJW018-63	20	115	103	0.066835	0.001451	1.245235	0.029126	0.134974	0.001564	831	45	821	13	816	9	99
14YJW018-1	86	594	408	0.066652	0.001317	1.242254	0.026639	0.134998	0.001775	828	46	820	12	816	10	99
14YJW018-73	46	195	263	0.066863	0.001235	1.249415	0.023303	0.135189	0.001372	835	39	823	11	817	8	99
14YJW018-11	16	69	86	0.066558	0.001774	1.237134	0.032264	0.135350	0.001623	833	56	818	15	818	9	99
14YJW018-39	63	212	373	0.069052	0.001288	1.296072	0.026385	0.136155	0.001620	902	39	844	12	823	9	97
14YJW018-24	46	204	240	0.065936	0.001363	1.260039	0.027678	0.137191	0.002704	806	47	828	12	829	15	99
14YJW018-30	22	92	119	0.072454	0.002255	1.384628	0.041048	0.137963	0.002180	998	31	882	17	833	12	94
14YJW018-77	14	56	77	0.066878	0.001705	1.272897	0.033451	0.138068	0.001924	835	49	834	15	834	11	99
14YJW018-54	71	243	411	0.068494	0.001118	1.308526	0.024350	0.138176	0.001469	883	33	849	11	834	8	98
14YJW018-49	44	188	243	0.067156	0.001193	1.284712	0.025028	0.138273	0.001598	843	37	839	11	835	9	99
14YJW018-76	18	53	101	0.070058	0.001677	1.339215	0.034723	0.138453	0.001985	931	55	863	15	836	11	96
14YJW018-65	39	121	227	0.069626	0.001199	1.337171	0.026450	0.139199	0.001774	917	35	862	11	840	10	97
14YJW018-64	23	76	129	0.066177	0.001194	1.268544	0.023827	0.139333	0.001854	813	38	832	11	841	10	98
14YJW018-79	36	68	222	0.067349	0.001317	1.296259	0.029538	0.139335	0.001882	850	41	844	13	841	11	99

续表

样品号与分析点	Pb/10^{-6}	Th/10^{-6}	U/10^{-6}	$^{207}Pb/^{206}Pb$	1σ	$^{207}Pb/^{235}U$	1σ	$^{206}Pb/^{238}U$	1σ	$^{207}Pb/^{206}Pb$年龄/Ma	1σ	$^{207}Pb/^{235}U$年龄/Ma	1σ	$^{206}Pb/^{238}U$年龄/Ma	1σ	谐和度/%
14YJW018-55	35	85	211	0.066808	0.001298	1.287455	0.027101	0.139842	0.001953	831	41	840	12	844	11	99
14YJW018-33	26	84	153	0.064237	0.001430	1.245848	0.028334	0.139996	0.001814	750	47	822	13	845	10	97
14YJW018-69	90	570	425	0.065980	0.001022	1.278911	0.022659	0.140298	0.001823	806	33	836	10	846	10	98
14YJW018-4	29	96	160	0.072466	0.001882	1.408487	0.040912	0.140499	0.001833	998	52	893	17	847	10	94
14YJW018-51	87	505	444	0.067835	0.001114	1.321972	0.024643	0.140888	0.001731	865	34	855	11	850	10	99
14YJW018-35	72	289	399	0.065140	0.001366	1.274002	0.029333	0.141064	0.001871	789	44	834	13	851	11	98
14YJW018-80	260	1231	1326	0.067238	0.001167	1.311931	0.025443	0.141431	0.001771	856	36	851	11	853	10	99
14YJW018-7	27	71	153	0.067804	0.001559	1.329359	0.031765	0.142140	0.001628	863	48	859	14	857	9	99
14YJW018-40	48	157	260	0.073568	0.001828	1.458671	0.037857	0.143844	0.001737	1029	45	913	16	866	10	94
14YJW018-19	73	198	426	0.063773	0.001608	1.273799	0.032341	0.144224	0.001862	744	54	834	14	869	10	95
14YJW018-13	10	34	52	0.066407	0.001860	1.310021	0.036108	0.144307	0.002557	820	57	850	16	869	14	97
14YJW018-89	25	61	144	0.070544	0.001749	1.419766	0.042884	0.145045	0.002439	944	50	897	18	873	14	97
14YJW018-66	126	406	690	0.068059	0.001022	1.367322	0.022827	0.145479	0.001574	870	31	875	10	876	9	99
14YJW018-50	35	81	194	0.072900	0.001726	1.467860	0.032704	0.146360	0.002241	1013	48	917	13	881	13	95
14YJW018-44	80	445	383	0.070531	0.000972	1.437717	0.019379	0.147912	0.001490	944	28	905	8	889	8	98
14YJW018-86	196	317	1144	0.066967	0.001329	1.365475	0.025974	0.148734	0.004144	837	42	874	11	894	23	97
14YJW018-2	30	72	175	0.066523	0.001271	1.368077	0.041779	0.148745	0.003637	833	39	875	18	894	20	97
14YJW018-56	106	350	573	0.068206	0.001159	1.418765	0.027967	0.150851	0.002058	876	35	897	12	906	12	99
14YJW018-48	95	352	487	0.066085	0.000924	1.390249	0.024085	0.152090	0.001949	809	25	885	10	913	11	96
14YJW018-5	103	200	575	0.067777	0.001242	1.460932	0.033541	0.156130	0.002678	861	33	914	14	935	15	97
14YJW018-81	136	140	832	0.065959	0.001530	1.495446	0.137967	0.167805	0.014577	806	44	929	56	1000	80	92
14YJW018-59	126	511	547	0.073488	0.000963	1.737872	0.029843	0.171129	0.001827	1028	21	1023	11	1018	10	99
14YJW018-28	24	52	115	0.069603	0.001600	1.672234	0.051913	0.172378	0.004654	917	44	998	20	1025	26	97
14YJW018-12	120	102	610	0.071734	0.001100	1.717566	0.030432	0.173612	0.001914	989	31	1015	11	1032	11	98
14YJW018-88	70	109	328	0.073969	0.001271	1.855821	0.036931	0.180779	0.002412	1040	35	1066	13	1071	13	99
14YJW018-74	91	114	433	0.078690	0.001752	2.096602	0.080294	0.190778	0.004156	1165	44	1148	26	1126	23	98
14YJW018-37	148	130	644	0.085221	0.002080	2.475897	0.110693	0.204313	0.006075	1320	48	1265	32	1198	33	94
14YJW018-61	52	99	192	0.081861	0.001252	2.534992	0.047723	0.224888	0.003390	1243	30	1282	14	1308	18	98
14YJW018-23	173	285	604	0.092304	0.002760	2.934865	0.096522	0.227875	0.004310	1474	56	1391	25	1323	23	95
14YJW018-53	88	123	301	0.089908	0.001377	2.957315	0.049619	0.237860	0.002283	1433	30	1397	13	1376	12	98
14YJW018-60	97	191	307	0.096519	0.001640	3.396442	0.081383	0.254031	0.003380	1558	33	1504	19	1459	17	97
14YJW018-14	117	163	375	0.090477	0.001717	3.242183	0.080133	0.259454	0.004211	1436	37	1467	19	1487	22	98
14YJW018-18	172	448	480	0.091425	0.002063	3.385025	0.087824	0.267251	0.004222	1455	43	1501	20	1527	21	98
14YJW018-9	87	172	241	0.102513	0.002197	3.806678	0.091169	0.268919	0.003007	1670	39	1594	19	1535	15	96
14YJW018-10	339	412	1002	0.101599	0.001525	3.797469	0.067113	0.270989	0.003175	1654	28	1592	14	1546	16	97
14YJW018-57	62	190	182	0.105886	0.002819	3.977537	0.310798	0.271901	0.018971	1731	54	1630	63	1550	96	95
14YJW018-58	56	130	143	0.100079	0.001536	4.011382	0.074189	0.290477	0.003566	1626	28	1637	15	1644	18	99
14YJW018-16	108	236	268	0.100763	0.002401	4.090599	0.111677	0.293194	0.004368	1639	44	1652	22	1657	22	99
14YJW018-85	56	80	141	0.107611	0.001926	4.488414	0.087833	0.300764	0.003839	1761	32	1729	16	1695	19	98

续表

样品号与分析点	Pb /10^{-6}	Th /10^{-6}	U /10^{-6}	^{207}Pb /^{206}Pb	1σ	^{207}Pb /^{235}U	1σ	^{206}Pb /^{238}U	1σ	^{207}Pb/^{206}Pb 年龄/Ma	1σ	^{207}Pb/^{235}U 年龄/Ma	1σ	^{206}Pb/^{238}U 年龄/Ma	1σ	谐和度 /%
14YJW018-90	108	166	283	0.107615	0.002040	4.521317	0.089901	0.303138	0.003521	1761	35	1735	17	1707	17	98
14YJW018-75	31	71	84	0.104016	0.003610	4.072096	0.171131	0.303909	0.024384	1698	65	1649	34	1711	21	96
14YJW018-67	173	237	435	0.105104	0.001380	4.485318	0.072331	0.308762	0.003556	1717	24	1728	13	1735	18	99
14YJW018-3	65	96	153	0.115135	0.001849	5.235137	0.091046	0.329156	0.003623	1883	29	1858	15	1834	18	98
14YJW018-47	53	39	115	0.124567	0.001714	6.480350	0.108904	0.376818	0.005386	2033	24	2043	15	2061	25	99
14YJW018-43	321	403	589	0.146027	0.001585	8.125277	0.100245	0.403007	0.003378	2300	19	2245	11	2183	16	97
14YJW018-20	58	93	101	0.131680	0.003542	7.583797	0.203358	0.415057	0.005291	2121	48	2183	24	2238	24	97
14YJW018-31	465	297	856	0.144353	0.002657	9.013579	0.192507	0.449104	0.006745	2280	37	2339	20	2391	30	97
14YJW018-46	84	129	122	0.180105	0.004367	11.143194	0.214734	0.452837	0.007674	2654	40	2535	18	2408	34	94
14YJW018-83	46	39	74	0.162380	0.002738	10.699030	0.210754	0.476483	0.007039	2481	28	2497	18	2512	31	99
14YJW018-32	204	157	328	0.161860	0.002853	10.913968	0.210344	0.485586	0.006344	2475	25	2516	18	2552	28	98
14YJW018-17	175	126	272	0.167649	0.003650	11.525901	0.266987	0.496758	0.006013	2600	37	2567	22	2600	26	98
14YJW018-15	190	98	274	0.179403	0.003694	13.884056	0.347338	0.560104	0.008573	2647	34	2742	24	2867	35	95
14YJW018-52	186	134	189	0.272259	0.003742	25.654052	0.440319	0.681162	0.008571	3320	22	3333	17	3349	33	99

表4-44　“连云山岩群”混合岩化云母片岩样品BS03、D2053B碎屑锆石LA-ICP-MS U-Pb定年结果

样品号与分析点	Pb /10^{-6}	Th /10^{-6}	U /10^{-6}	^{207}Pb /^{206}Pb	1σ	^{207}Pb /^{235}U	1σ	^{206}Pb /^{238}U	1σ	^{207}Pb/^{206}Pb 年龄/Ma	1σ	^{207}Pb/^{235}U 年龄/Ma	1σ	^{206}Pb/^{238}U 年龄/Ma	1σ	谐和度 /%
BS03-08	136	738	947	0.063105	0.001081	0.826233	0.029687	0.097406	0.001756	722	36	612	17	599	10	97
BS03-09	83	278	811	0.063791	0.001288	0.814758	0.038486	0.094903	0.002735	744	38	605	22	584	16	96
BS03-10	91	360	519	0.070045	0.001501	1.156807	0.049792	0.125740	0.001951	931	44	780	23	764	11	97
BS03-11	45	106	895	0.058628	0.001580	0.501220	0.035009	0.062238	0.002973	554	58	413	24	389	18	94
BS03-13	81	308	724	0.064406	0.001276	0.880341	0.043754	0.100032	0.003043	754	37	641	24	615	18	95
BS03-14	84	255	1195	0.061504	0.001108	0.587733	0.027560	0.069756	0.002348	657	39	469	18	435	14	92
BS03-16	203	677	1454	0.064993	0.001004	1.035838	0.034356	0.116739	0.002745	776	31	722	17	712	16	98
BS03-22	66	241	566	0.063077	0.001097	1.013907	0.034703	0.115359	0.003384	711	37	711	18	704	20	99
BS03-23	53	54	2179	0.053191	0.001022	0.186314	0.003931	0.025222	0.000209	345	44	173	3	161	1	92
BS03-35	232	713	1794	0.069444	0.000937	1.017977	0.026035	0.105575	0.002288	922	28	713	13	647	13	90
BS03-40	25	625	743	0.053572	0.001644	0.180270	0.005541	0.024382	0.000250	354	69	168	5	155	2	91
BS03-42	302	554	968	0.101811	0.001389	3.228866	0.103646	0.228480	0.006736	1657	26	1464	25	1327	35	90
BS03-53	46	117	652	0.065016	0.001521	0.828900	0.038811	0.092297	0.003875	776	55	613	22	569	23	92
BS03-54	94	79	240	0.113678	0.001726	5.174195	0.090065	0.329970	0.003272	1859	28	1848	15	1838	16	99
BS03-63	68	260	501	0.067708	0.001422	0.982223	0.026285	0.105365	0.002145	861	43	695	13	646	13	92
D2053B-03	571	915	1593	0.117661	0.001776	4.478211	0.089656	0.274284	0.003780	1921	27	1727	17	1563	19	90
D2053B-04	66	217	374	0.071709	0.001636	1.338236	0.030965	0.135230	0.001769	977	51	862	13	818	10	94
D2053B-08	146	347	1069	0.072474	0.001921	1.117122	0.023702	0.115170	0.002599	999	54	762	11	703	15	91
D2053B-14	33	188	196	0.068428	0.001840	1.071760	0.029719	0.113812	0.001823	883	83	740	15	695	11	93
D2053B-17	76	313	559	0.066558	0.001283	0.938607	0.021204	0.102128	0.001719	833	41	672	11	627	10	93
D2053B-20	14	130	244	0.055232	0.002051	0.363358	0.013775	0.047493	0.000556	420	79	315	10	299	3	94
D2053B-25	89	560	558	0.066678	0.001462	1.075578	0.032496	0.116437	0.002396	828	46	741	16	710	14	95

续表

样品号与分析点	Pb /10^{-6}	Th /10^{-6}	U /10^{-6}	^{207}Pb /^{206}Pb	1σ	^{207}Pb /^{235}U	1σ	^{206}Pb /^{238}U	1σ	^{207}Pb/^{206}Pb 年龄/Ma	1σ	^{207}Pb/^{235}U 年龄/Ma	1σ	^{206}Pb/^{238}U 年龄/Ma	1σ	谐和度 /%
D2053B-29	43	135	185	0. 081253	0. 002648	1. 971143	0. 067444	0. 176171	0. 001848	1228	69	1106	23	1046	10	94
D2053B-30	188	374	701	0. 086020	0. 001497	2. 576181	0. 053569	0. 218001	0. 002975	1339	33	1294	15	1271	16	98
D2053B-31	145	117	640	0. 089512	0. 001700	2. 604835	0. 050353	0. 212487	0. 002380	1417	31	1302	14	1242	13	95
D2053B-32	140	133	295	0. 135972	0. 002944	7. 221772	0. 175869	0. 386264	0. 004863	2176	38	2139	22	2105	23	98
D2053B-33	24	97	140	0. 074308	0. 002143	1. 241634	0. 035335	0. 122279	0. 001417	1050	58	820	16	744	8	90
D2053B-40	12	120	216	0. 055534	0. 002118	0. 358066	0. 014378	0. 046562	0. 000578	435	85	311	11	293	4	94

表 4-45　“连云山岩群”混合岩化千糜岩样品 Y-16B、QMY08 碎屑锆石 LA-ICP-MS U-Pb 定年结果

样品号与分析点	Pb /10^{-6}	Th /10^{-6}	U /10^{-6}	^{207}Pb /^{206}Pb	1σ	^{207}Pb/ ^{235}U	1σ	^{206}Pb/ ^{238}U	1σ	^{207}Pb/^{206}Pb 年龄/Ma	1σ	^{207}Pb/^{235}U 年龄/Ma	1σ	^{206}Pb/^{238}U 年龄/Ma	1σ	谐和度 /%
QMY08-01	37	626	1421	0. 049679	0. 001191	0. 153215	0. 004265	0. 022378	0. 000343	189	56	145	4	143	2	98
QMY08-25	305	339	658	0. 134152	0. 002352	6. 562145	0. 113865	0. 352929	0. 002704	2154	31	2054	15	1949	13	94
QMY08-34	73	207	447	0. 067531	0. 001181	1. 344308	0. 025686	0. 143783	0. 001597	854	42	865	11	866	9	99
QMY08-35	48	129	276	0. 069009	0. 001484	1. 401983	0. 029322	0. 147187	0. 001523	898	44	890	12	885	9	99
QMY08-39	24	52	562	0. 056729	0. 001633	0. 336334	0. 013699	0. 042249	0. 001075	480	63	294	10	267	7	90
QMY08-40	46	608	2073	0. 050064	0. 001128	0. 147085	0. 004228	0. 021078	0. 000297	198	52	139	4	134	2	96
QMY08-47	18	122	825	0. 049544	0. 001622	0. 155978	0. 005026	0. 022829	0. 000203	172	81	147	4	146	1	98
QMY08-48	34	84	1776	0. 049545	0. 001231	0. 144682	0. 004076	0. 021200	0. 000333	172	55	137	4	135	2	98
QMY08-49	20	154	931	0. 053382	0. 001667	0. 160802	0. 004780	0. 021886	0. 000186	346	70	151	4	140	1	91
Y-16B-15	49	65	2364	0. 048853	0. 000985	0. 155048	0. 003094	0. 022932	0. 000206	139	44	146	3	146	1	99
Y-16B-20	29	404	467	0. 051188	0. 001720	0. 310387	0. 010723	0. 043914	0. 000445	250	78	274	8	277	3	99
Y-16B-21	26	169	1133	0. 049269	0. 001448	0. 156007	0. 004546	0. 022949	0. 000188	161	64	147	4	146	1	99
Y-16B-22	13	71	59	0. 068164	0. 002421	1. 325878	0. 045780	0. 142040	0. 001837	874	74	857	20	856	10	99
Y-16B-24	22	579	723	0. 051774	0. 001593	0. 165165	0. 005498	0. 023030	0. 000247	276	66	155	5	147	2	94
Y-16B-25	32	294	533	0. 049907	0. 001432	0. 345841	0. 009877	0. 050360	0. 000544	191	67	302	7	317	3	95
Y-16B-26	30	296	501	0. 052794	0. 001518	0. 353608	0. 009906	0. 048603	0. 000478	320	65	307	7	306	3	99
Y-16B-27	24	190	420	0. 053484	0. 001287	0. 358962	0. 009101	0. 048493	0. 000497	350	86	311	7	305	3	97
Y-16B-29	104	89	183	0. 151465	0. 002392	9. 151565	0. 149254	0. 435938	0. 003707	2363	28	2353	15	2332	17	99
Y-16B-30	72	177	783	0. 065488	0. 001277	0. 778811	0. 015564	0. 085653	0. 000591	791	41	585	9	530	4	90
Y-16B-32	26	275	413	0. 057566	0. 001819	0. 391993	0. 012720	0. 049153	0. 000536	522	73	336	9	309	3	91

表 4-46　“连云山岩群”混合花岗岩质千糜岩样品 BY09 碎屑锆石 LA-ICP-MS U-Pb 定年结果

样品号与分析点	Pb /10^{-6}	Th /10^{-6}	U /10^{-6}	^{207}Pb /^{206}Pb	1σ	^{207}Pb /^{235}U	1σ	^{206}Pb /^{238}U	1σ	^{207}Pb/^{206}Pb 年龄/Ma	1σ	^{207}Pb/^{235}U 年龄/Ma	1σ	^{206}Pb/^{238}U 年龄/Ma	1σ	谐和度 /%
BY09-01	37	481	1520	0. 047251	0. 001288	0. 142885	0. 003811	0. 021915	0. 000175	61	63	136	3	140	1	96
BY09-03	58	61	2861	0. 048410	0. 000991	0. 147663	0. 003199	0. 022066	0. 000223	120	45	140	3	141	1	99
BY09-04	40	293	1686	0. 052898	0. 001333	0. 161845	0. 004019	0. 022321	0. 000309	324	62	152	4	142	2	93
BY09-05	52	123	2320	0. 050148	0. 000979	0. 162491	0. 003083	0. 023473	0. 000168	211	44	153	3	150	1	97
BY09-08	38	69	303	0. 065372	0. 001573	1. 074419	0. 028910	0. 118638	0. 001519	787	45	741	14	723	9	97

续表

样品号与分析点	Pb/10^{-6}	Th/10^{-6}	U/10^{-6}	$^{207}Pb/^{206}Pb$	1σ	$^{207}Pb/^{235}U$	1σ	$^{206}Pb/^{238}U$	1σ	$^{207}Pb/^{206}Pb$年龄/Ma	1σ	$^{207}Pb/^{235}U$年龄/Ma	1σ	$^{206}Pb/^{238}U$年龄/Ma	1σ	谐和度/%
BY09-09	37	148	1804	0.048144	0.001460	0.138519	0.004155	0.020862	0.000178	106	72	132	4	133	1	98
BY09-10	58	169	2899	0.049624	0.000910	0.143015	0.002733	0.020781	0.000140	176	10	136	2	133	1	97
BY09-15	68	159	627	0.068712	0.001445	0.932048	0.019016	0.098655	0.001456	900	39	669	10	607	9	90
BY09-16	159	448	2101	0.061900	0.000998	0.663663	0.012123	0.077062	0.000773	672	35	517	7	479	5	92
BY09-17	49	57	2470	0.050173	0.001076	0.157114	0.003624	0.022496	0.000210	211	50	148	3	143	1	96
BY09-18	21	330	845	0.050092	0.002671	0.152131	0.007877	0.022105	0.000277	198	121	144	7	141	2	97
BY09-19	44	180	2250	0.049858	0.001118	0.150985	0.003401	0.021786	0.000202	187	19	143	3	139	1	97
BY09-20	51	139	889	0.057904	0.001536	0.454199	0.014065	0.055779	0.000825	528	53	380	10	350	5	91
BY09-25	57	107	1872	0.054296	0.001156	0.292415	0.012652	0.038139	0.001322	383	44	260	10	241	8	92
BY09-26	55	101	1450	0.057825	0.001397	0.560726	0.042617	0.065594	0.004381	524	49	452	28	410	27	90
BY09-27	20	368	662	0.047892	0.001746	0.173059	0.006285	0.026155	0.000279	100	(106)	162	5	166	2	97
BY09-28	46	155	2577	0.048810	0.001194	0.130359	0.003200	0.019282	0.000152	139	57	124	3	123	1	98
BY09-29	63	262	414	0.063715	0.001311	1.066637	0.027579	0.120910	0.002116	731	44	737	14	736	12	99
BY09-30	64	175	350	0.064277	0.001406	1.404817	0.030875	0.158006	0.001403	750	45	891	13	946	8	94
BY09-32	62	744	2991	0.047055	0.001053	0.133894	0.003038	0.020595	0.000202	54	52	128	3	131	1	97
BY09-33	31	21	1569	0.048395	0.001395	0.154976	0.004867	0.023109	0.000293	120	64	146	4	147	2	99
BY09-34	38	392	1632	0.047051	0.001357	0.149212	0.004520	0.022957	0.000279	50	70	141	4	146	2	96
BY09-35	65	439	2041	0.055546	0.001383	0.249396	0.007553	0.032324	0.000528	435	49	226	6	205	3	90
BY09-36	53	824	2273	0.046979	0.000987	0.139429	0.002924	0.021489	0.000194	56	43	133	3	137	1	96
BY09-37	73	473	3546	0.048653	0.000989	0.145378	0.003005	0.021586	0.000164	132	53	138	3	138	1	99
BY09-39	35	33	1692	0.049743	0.001229	0.169050	0.005028	0.024436	0.000347	183	57	159	4	156	2	98
BY09-40	129	198	6458	0.049468	0.000910	0.157714	0.003110	0.022998	0.000207	169	43	149	3	147	1	98
BY09-41	30	75	1459	0.052502	0.001493	0.168853	0.005080	0.023239	0.000300	306	65	158	4	148	2	93
BY09-43	31	72	1088	0.054670	0.001260	0.244305	0.007466	0.032162	0.000602	398	52	222	6	204	4	91
BY09-47	95	201	579	0.068674	0.001614	1.469278	0.048578	0.153057	0.002543	900	49	918	20	918	14	99
BY09-50	36	36	1779	0.049321	0.001289	0.163830	0.004699	0.024096	0.000376	165	66	154	4	153	2	99
BY09-51	5	81	203	0.050344	0.003300	0.153116	0.009320	0.022196	0.000341	209	158	145	8	142	2	97
BY09-53	159	540	930	0.068896	0.001826	1.327541	0.033806	0.138768	0.000986	895	56	858	15	838	6	97
BY09-54	45	29	2420	0.047276	0.001361	0.145210	0.004241	0.022175	0.000273	65	67	138	4	141	2	97
BY09-55	63	304	3267	0.048060	0.001123	0.141190	0.003314	0.021180	0.000191	102	56	134	3	135	1	99
BY09-56	88	496	897	0.055710	0.001145	0.628847	0.013080	0.081443	0.000790	443	46	495	8	505	5	98
BY09-57	27	178	1069	0.048331	0.001352	0.173345	0.005021	0.025892	0.000334	122	67	162	4	165	2	98
BY09-59	56	195	2908	0.048059	0.001074	0.140528	0.003167	0.021116	0.000219	102	49	134	3	135	1	99
BY09-60	45	448	1846	0.047419	0.001151	0.162806	0.004164	0.024836	0.000353	78	57	153	4	158	2	96
BY09-61	45	112	2346	0.049140	0.001096	0.146896	0.003430	0.021562	0.000204	154	52	139	3	138	1	98
BY09-62	82	321	3331	0.050920	0.001039	0.179787	0.003728	0.025508	0.000225	239	46	168	3	162	1	96
BY09-64	43	138	257	0.066331	0.001496	1.299266	0.030977	0.141574	0.001438	817	48	845	14	854	8	99

续表

样品号与分析点	Pb /10^{-6}	Th /10^{-6}	U /10^{-6}	$^{207}Pb/^{206}Pb$	1σ	$^{207}Pb/^{235}U$	1σ	$^{206}Pb/^{238}U$	1σ	$^{207}Pb/^{206}Pb$ 年龄/Ma	1σ	$^{207}Pb/^{235}U$ 年龄/Ma	1σ	$^{206}Pb/^{238}U$ 年龄/Ma	1σ	谐和度/%
BY09-65	20	130	890	0. 050282	0. 001447	0. 163315	0. 004703	0. 023575	0. 000257	209	67	154	4	150	2	97
BY09-66	57	267	2865	0. 049317	0. 001080	0. 144061	0. 003204	0. 021129	0. 000165	161	52	137	3	135	1	98
BY09-67	35	49	1531	0. 051410	0. 001440	0. 180200	0. 005101	0. 025455	0. 000287	257	65	168	4	162	2	96
BY09-68	70	264	2937	0. 053955	0. 001184	0. 179736	0. 004055	0. 024113	0. 000228	369	48	168	3	154	1	91
BY09-69	267	1896	3152	0. 061257	0. 001356	0. 565947	0. 014293	0. 067022	0. 000978	650	47	455	9	418	6	91
BY09-71	118	400	819	0. 065021	0. 001159	1. 085168	0. 022580	0. 120380	0. 001473	776	37	746	11	733	8	98
BY09-72	57	46	576	0. 067722	0. 001530	0. 966646	0. 028328	0. 103327	0. 002247	861	46	687	15	634	13	91
BY09-74	270	439	2268	0. 066898	0. 001113	1. 063869	0. 017227	0. 114544	0. 000759	835	39	736	8	699	4	94
BY09-77	32	409	1410	0. 049721	0. 001316	0. 145445	0. 004219	0. 021068	0. 000236	189	61	138	4	134	1	97
BY09-79	81	129	4341	0. 049486	0. 001104	0. 140036	0. 003211	0. 020393	0. 000170	172	52	133	3	130	1	97
BY09-80	32	28	1513	0. 050621	0. 001457	0. 174537	0. 005859	0. 024820	0. 000382	233	60	163	5	158	2	96
BY09-81	17	212	551	0. 053321	0. 001835	0. 220220	0. 007989	0. 029853	0. 000405	343	78	202	7	190	3	93
BY09-82	41	77	2159	0. 049984	0. 001230	0. 151913	0. 004119	0. 022069	0. 000298	195	25	144	4	141	2	97
BY09-83	63	82	1059	0. 062225	0. 001168	0. 641940	0. 026148	0. 074053	0. 002524	683	39	504	16	461	15	91
BY09-84	18	133	751	0. 051631	0. 001682	0. 174768	0. 005707	0. 024657	0. 000249	333	76	164	5	157	2	95
BY09-86	70	698	3296	0. 049299	0. 001175	0. 144478	0. 003454	0. 021387	0. 000185	161	56	137	3	136	1	99
BY09-88	67	190	656	0. 064627	0. 001513	0. 882532	0. 029518	0. 098489	0. 002132	761	44	642	16	606	13	94
BY09-90	54	40	546	0. 063151	0. 001232	1. 031851	0. 035030	0. 118523	0. 003338	722	41	720	18	722	19	99
BY09-91	46	172	2122	0. 053172	0. 001304	0. 174634	0. 005943	0. 023524	0. 000407	345	56	163	5	150	3	91
BY09-92	49	162	1825	0. 054779	0. 001292	0. 221587	0. 007232	0. 029066	0. 000572	467	52	203	6	185	4	90
BY09-93	37	1154	1007	0. 050693	0. 001532	0. 166665	0. 004829	0. 023878	0. 000245	228	70	157	4	152	2	97
BY09-94	52	138	2666	0. 047288	0. 001018	0. 140229	0. 003140	0. 021419	0. 000210	65	55	133	3	137	1	97
BY09-95	67	118	3151	0. 048114	0. 000968	0. 153967	0. 003091	0. 023098	0. 000163	106	46	145	3	147	1	98
BY09-96	111	90	1404	0. 061182	0. 001789	0. 682201	0. 028747	0. 077384	0. 002274	656	62	528	17	480	14	90
BY09-97	41	90	1740	0. 047584	0. 001010	0. 172231	0. 003617	0. 026183	0. 000236	80	47	161	3	167	1	96
BY09-98	67	307	3428	0. 048887	0. 000958	0. 140383	0. 003058	0. 020655	0. 000178	143	46	133	3	132	1	98
BY09-100	28	22	1268	0. 048602	0. 001455	0. 166731	0. 005283	0. 024703	0. 000306	128	70	157	5	157	2	99
BY09-101	58	323	1720	0. 055153	0. 001158	0. 268591	0. 006438	0. 035172	0. 000475	417	46	242	5	223	3	91
BY09-102	137	68	1350	0. 048957	0. 004478	0. 843141	0. 068176	0. 100411	0. 002992	146	200	621	38	617	18	99
BY09-103	172	594	1164	0. 065168	0. 001081	1. 115778	0. 022661	0. 123612	0. 001567	789	33	761	11	751	9	98
BY09-104	58	167	396	0. 068018	0. 002174	1. 163383	0. 031839	0. 126724	0. 002075	878	(100)	784	15	769	12	98
BY09-105	56	124	1614	0. 053202	0. 001582	0. 285029	0. 014988	0. 037035	0. 001404	345	67	255	12	234	9	91
BY09-106	64	47	3336	0. 048455	0. 001210	0. 148485	0. 003979	0. 022140	0. 000226	120	64	141	4	141	1	99
BY09-107	53	75	2775	0. 049820	0. 001140	0. 143886	0. 003329	0. 020908	0. 000174	187	54	136	3	133	1	97
BY09-110	77	93	4047	0. 049617	0. 000960	0. 145052	0. 002930	0. 021146	0. 000165	176	44	138	3	135	1	98
BY09-111	62	73	3213	0. 050734	0. 001126	0. 157536	0. 004154	0. 022441	0. 000309	228	52	149	4	143	2	96

表4-47　“连云山岩群”黑云母斜长片麻岩样品Y-65、Y-69碎屑锆石LA-ICP-MS U-Pb定年结果

样品号与分析点	Pb/10^{-6}	Th/10^{-6}	U/10^{-6}	$^{207}Pb/^{206}Pb$	1σ	$^{207}Pb/^{235}U$	1σ	$^{206}Pb/^{238}U$	1σ	$^{207}Pb/^{206}Pb$年龄/Ma	1σ	$^{207}Pb/^{235}U$年龄/Ma	1σ	$^{206}Pb/^{238}U$年龄/Ma	1σ	谐和度/%
Y-69-01	1180	17399	79452	0.069382	0.001373	1.429364	0.029108	0.148607	0.001256	909	36	901	12	893	7	99
Y-69-02	1151	14296	37938	0.098809	0.001825	3.667952	0.067414	0.267973	0.002174	2000	34	1564	15	1531	11	97
Y-69-03	2276	37384	59311	0.105689	0.002018	4.381692	0.095689	0.298459	0.003346	1728	35	1709	18	1684	17	98
Y-69-04	583	15874	32794	0.070146	0.001807	1.463690	0.043008	0.150123	0.002029	932	53	916	18	902	11	98
Y-69-06	597	9252	46321	0.070855	0.001582	1.248347	0.028149	0.127682	0.001446	954	46	823	13	775	8	93
Y-69-07	1087	12853	97506	0.068315	0.001184	1.103629	0.019619	0.116567	0.000837	880	40	755	9	711	5	93
Y-69-08	528	5295	36213	0.063279	0.001704	1.359646	0.037284	0.155426	0.001597	717	56	872	16	931	9	93
Y-69-09	143	115	452	0.104630	0.002101	4.269647	0.086369	0.294591	0.002889	1709	36	1688	17	1664	14	98
Y-69-11	90	112	254	0.100705	0.001829	4.203134	0.079933	0.300958	0.002594	1639	35	1675	16	1696	13	98
Y-69-12	95	295	268	0.084872	0.001618	2.795001	0.055941	0.237448	0.002079	1322	37	1354	15	1373	11	98
Y-69-13	40	88	241	0.069615	0.001740	1.469687	0.035939	0.152830	0.001518	917	52	918	15	917	9	99
Y-69-14	39	88	239	0.069253	0.001753	1.359358	0.033905	0.142021	0.001285	906	56	872	15	856	7	98
Y-69-15	126	386	298	0.092830	0.001885	3.387795	0.071008	0.263319	0.002428	1484	34	1502	16	1507	12	99
Y-69-16	107	132	462	0.080488	0.001634	2.410152	0.052904	0.215952	0.002273	1209	41	1246	16	1260	12	98
Y-69-17	83	204	483	0.066585	0.001464	1.406767	0.031989	0.152555	0.001447	833	41	892	14	915	8	97
Y-69-18	183	421	890	0.075606	0.001307	1.882390	0.040612	0.179375	0.002339	1085	35	1075	14	1064	13	98
Y-69-19	86	231	555	0.065184	0.001240	1.234673	0.025726	0.136522	0.001292	789	41	816	12	825	7	98
Y-69-20	106	140	239	0.122150	0.002064	5.942012	0.111380	0.350756	0.003137	1988	30	1967	16	1938	15	98
Y-69-21	129	177	473	0.085937	0.001469	2.850490	0.051153	0.239428	0.001991	1337	33	1369	14	1384	10	98
Y-69-22	39	85	239	0.067371	0.001643	1.359313	0.034097	0.145802	0.001466	850	50	872	15	877	8	99
Y-69-23	52	47	83	0.167054	0.003221	10.990484	0.223291	0.475457	0.004826	2528	32	2522	19	2507	21	99
Y-69-24	57	297	230	0.069516	0.001582	1.433516	0.033484	0.149096	0.001499	914	47	903	14	896	8	99
Y-69-25	56	59	110	0.134212	0.002572	7.526928	0.147591	0.405953	0.004045	2154	33	2176	18	2196	19	99
Y-69-26	137	339	391	0.089794	0.001623	3.172156	0.058263	0.255435	0.002091	1421	34	1450	14	1466	11	98
Y-69-27	142	323	876	0.070712	0.001370	1.435021	0.027680	0.146819	0.001197	950	39	904	12	883	7	97
Y-69-28	156	177	757	0.079841	0.001656	2.184491	0.047374	0.197452	0.001633	1194	42	1176	15	1162	9	98
Y-69-29	101	73	235	0.137033	0.003211	7.143642	0.170028	0.377451	0.003705	2191	41	2129	21	2064	17	96
Y-69-30	134	250	251	0.111024	0.002249	5.618959	0.121325	0.366621	0.003249	1817	32	1919	19	2013	15	95
Y-69-31	112	236	342	0.084632	0.001858	2.937212	0.068222	0.252076	0.002243	1307	43	1392	18	1449	12	95
Y-69-32	81	268	145	0.093150	0.002268	3.842095	0.100600	0.301220	0.003850	1491	46	1602	21	1697	19	94
Y-69-33	95	169	237	0.095282	0.002239	4.002667	0.104746	0.305926	0.002590	1544	44	1635	21	1721	13	94
Y-69-34	93	114	265	0.095505	0.002347	3.933347	0.110926	0.300416	0.002608	1539	46	1621	23	1693	13	95
Y-69-35	231	822	1055	0.066121	0.001738	1.547840	0.047871	0.170922	0.001505	809	56	950	19	1017	8	93
Y-69-37	95	148	215	0.105870	0.002955	4.812942	0.157774	0.331833	0.002994	1729	51	1787	28	1847	15	96
Y-69-38	241	233	619	0.131045	0.002951	6.362495	0.232374	0.352589	0.008768	2122	40	2027	32	1947	42	95
Y-69-39	196	419	766	0.076032	0.001511	2.247031	0.052367	0.214992	0.002387	1096	44	1196	16	1255	13	95
Y-69-40	114	264	392	0.090398	0.001713	2.798130	0.066581	0.223843	0.002890	1435	36	1355	18	1302	15	96
Y-69-41	68	193	368	0.070280	0.001566	1.448734	0.031900	0.149535	0.001446	937	42	909	13	898	8	98
Y-69-42	256	243	729	0.112453	0.002004	4.737906	0.088739	0.304191	0.002974	1839	33	1774	16	1712	15	96

续表

样品号与分析点	Pb /10^{-6}	Th /10^{-6}	U /10^{-6}	^{207}Pb /^{206}Pb	1σ	^{207}Pb /^{235}U	1σ	^{206}Pb /^{238}U	1σ	$^{207}Pb/^{206}Pb$ 年龄/Ma	1σ	$^{207}Pb/^{235}U$ 年龄/Ma	1σ	$^{206}Pb/^{238}U$ 年龄/Ma	1σ	谐和度 /%
Y-69-43	131	613	603	0. 067208	0. 001336	1. 363875	0. 028795	0. 146519	0. 001414	844	(158)	874	12	881	8	99
Y-69-44	79	86	520	0. 067725	0. 001429	1. 412044	0. 030165	0. 150725	0. 001267	861	43	894	13	905	7	98
Y-69-45	257	523	735	0. 096870	0. 001448	3. 539870	0. 056562	0. 263981	0. 002219	1565	28	1536	13	1510	11	98
Y-69-46	58	144	361	0. 067661	0. 001432	1. 325516	0. 028997	0. 141862	0. 001354	857	44	857	13	855	8	99
Y-69-47	419	1966	2434	0. 067221	0. 001043	1. 177398	0. 019448	0. 126526	0. 000948	856	31	790	9	768	5	97
Y-69-48	169	544	1028	0. 071440	0. 001662	1. 340927	0. 037031	0. 136437	0. 002670	970	47	864	16	824	15	95
Y-69-49	78	156	199	0. 096053	0. 001853	3. 812466	0. 075107	0. 287348	0. 002867	1550	31	1595	16	1628	14	97
Y-69-50	356	1088	2551	0. 065516	0. 001020	1. 059543	0. 017374	0. 116631	0. 000840	791	33	734	9	711	5	96
Y-69-51	123	414	695	0. 065223	0. 001156	1. 287237	0. 024274	0. 142208	0. 001238	783	38	840	11	857	7	97
Y-69-52	105	123	701	0. 065056	0. 001189	1. 327188	0. 025519	0. 146801	0. 001176	776	37	858	11	883	7	97
Y-69-53	282	375	853	0. 098447	0. 001825	3. 877980	0. 105770	0. 281336	0. 005267	1595	34	1609	22	1598	27	99
Y-69-54	47	142	148	0. 082951	0. 002205	2. 525805	0. 065446	0. 219515	0. 002146	1278	52	1279	19	1279	11	99
Y-69-55	232	106	510	0. 138993	0. 002784	7. 689767	0. 147524	0. 397970	0. 003159	2215	35	2195	17	2160	15	98
Y-69-56	92	227	471	0. 064478	0. 001439	1. 427017	0. 032053	0. 159594	0. 001822	767	48	900	13	955	10	94
Y-69-57	298	581	637	0. 110855	0. 001935	5. 145015	0. 096386	0. 334028	0. 003421	1813	37	1844	16	1858	17	99
Y-69-58	131	183	339	0. 105901	0. 001812	4. 474459	0. 077417	0. 304314	0. 002457	1731	31	1726	14	1713	12	99
Y-69-60	159	103	256	0. 178627	0. 002831	12. 090294	0. 203215	0. 487504	0. 003918	2640	26	2611	16	2560	17	98
Y-69-61	267	508	1944	0. 068010	0. 001145	1. 254357	0. 030145	0. 132798	0. 002273	878	34	825	14	804	13	97
Y-69-62	50	167	275	0. 067399	0. 001737	1. 359562	0. 035399	0. 145895	0. 001527	850	54	872	15	878	9	99
Y-69-63	96	244	479	0. 078599	0. 001680	1. 737592	0. 044647	0. 158583	0. 001899	1162	43	1023	17	949	11	92
Y-69-64	178	270	490	0. 102261	0. 001821	4. 170891	0. 078830	0. 294226	0. 002545	1666	33	1668	16	1663	13	99
Y-69-65	118	289	242	0. 104921	0. 001872	4. 353875	0. 088405	0. 299237	0. 003283	1713	33	1704	17	1688	16	99
Y-69-66	209	637	1314	0. 070265	0. 001164	1. 321871	0. 029099	0. 135503	0. 002033	1000	34	855	13	819	12	95
Y-69-67	79	242	489	0. 073208	0. 001472	1. 340988	0. 027183	0. 132160	0. 001040	1020	36	864	12	800	6	92
Y-69-69	82	199	282	0. 079387	0. 001556	2. 389668	0. 054197	0. 218461	0. 002489	1183	39	1240	16	1274	13	97
Y-69-70	160	91	473	0. 101779	0. 001652	4. 229704	0. 079771	0. 302020	0. 002657	1657	30	1680	16	1701	13	98
Y-69-71	57	80	155	0. 092072	0. 001820	3. 651182	0. 078695	0. 289407	0. 002638	1469	37	1561	17	1639	13	95
Y-69-72	106	200	269	0. 094959	0. 001925	3. 743151	0. 085408	0. 288099	0. 002852	1528	38	1581	18	1632	14	96
Y-69-73	46	109	107	0. 095772	0. 002374	3. 699473	0. 095890	0. 283871	0. 002860	1544	47	1571	21	1611	14	97
Y-69-74	65	91	396	0. 065154	0. 001662	1. 353763	0. 037976	0. 152495	0. 001547	789	54	869	16	915	9	94
Y-69-75	66	131	387	0. 062751	0. 001709	1. 288090	0. 037070	0. 151071	0. 001591	700	63	840	16	907	9	92
Y-69-76	101	37	379	0. 087992	0. 001973	3. 041094	0. 073245	0. 253231	0. 001969	1383	43	1418	18	1455	10	97
Y-69-77	150	363	343	0. 095593	0. 001928	3. 771158	0. 080449	0. 288580	0. 002026	1540	38	1587	17	1634	10	97
Y-69-78	156	136	279	0. 138515	0. 002434	8. 151082	0. 156528	0. 429739	0. 003787	2209	25	2248	17	2305	17	97
Y-69-79	169	510	879	0. 066651	0. 001154	1. 378629	0. 026478	0. 150655	0. 001389	828	36	880	11	905	8	97
Y-69-80	167	143	244	0. 185319	0. 002891	12. 375557	0. 204542	0. 485718	0. 004000	2701	26	2633	16	2552	17	96
Y-69-81	64	101	380	0. 068954	0. 001586	1. 441768	0. 034024	0. 151357	0. 001460	898	47	906	14	909	8	99
Y-69-82	92	54	219	0. 117905	0. 002096	5. 817687	0. 106389	0. 357226	0. 003162	1925	37	1949	16	1969	15	98
Y-69-83	79	157	568	0. 069421	0. 001211	1. 157737	0. 019837	0. 120780	0. 000804	922	35	781	9	735	5	93

续表

样品号与分析点	Pb /10^{-6}	Th /10^{-6}	U /10^{-6}	^{207}Pb/^{206}Pb	1σ	^{207}Pb/^{235}U	1σ	^{206}Pb/^{238}U	1σ	^{207}Pb/^{206}Pb 年龄/Ma	1σ	^{207}Pb/^{235}U 年龄/Ma	1σ	^{206}Pb/^{238}U 年龄/Ma	1σ	谐和度/%
Y-69-84	73	141	175	0.106604	0.001910	4.185589	0.078498	0.284298	0.002546	1743	33	1671	15	1613	13	96
Y-69-85	293	784	2429	0.067774	0.001107	0.970625	0.020257	0.103648	0.001453	861	33	689	10	636	8	91
Y-69-86	322	370	2377	0.068210	0.001167	1.177507	0.019945	0.125107	0.000991	876	35	790	9	760	6	96
Y-69-87	151	87	1010	0.067293	0.001357	1.363336	0.026535	0.147087	0.001358	856	41	873	11	885	8	98
Y-69-88	130	357	709	0.065820	0.001404	1.349541	0.026736	0.148906	0.001247	1200	50	867	12	895	7	96
Y-69-89	109	131	228	0.120138	0.002370	6.051651	0.132487	0.364807	0.004827	1958	35	1983	19	2005	23	98
Y-69-90	164	435	1062	0.068067	0.001200	1.260901	0.026687	0.134019	0.001879	872	36	828	12	811	11	97
Y-69-91	163	450	959	0.067336	0.001141	1.302859	0.022068	0.140023	0.001217	850	35	847	10	845	7	99
Y-69-92	240	776	1403	0.067418	0.001094	1.301952	0.026885	0.139478	0.002034	850	33	847	12	842	12	99
Y-69-93	212	566	1354	0.066827	0.001076	1.228539	0.021523	0.132773	0.001443	831	33	814	10	804	8	98
Y-69-94	53	142	311	0.063370	0.001341	1.256302	0.025506	0.143279	0.001166	720	44	826	11	863	7	95
Y-69-95	105	483	441	0.066589	0.001437	1.405649	0.029529	0.152076	0.001274	833	44	891	12	913	7	97
Y-69-96	17	86	101	0.067488	0.002513	1.018991	0.040893	0.109986	0.002561	854	78	713	21	673	15	94
Y-69-97	164	269	1064	0.065662	0.001017	1.291872	0.023078	0.141823	0.001568	794	33	842	10	855	9	98
Y-69-98	72	59	103	0.172833	0.002676	12.143976	0.191816	0.507631	0.004447	2587	26	2616	15	2647	19	98
Y-69-99	100	131	309	0.089168	0.001512	3.259836	0.056193	0.264019	0.001855	1409	32	1472	13	1510	9	97
Y-69-100	71	105	167	0.110353	0.002078	4.823833	0.095108	0.316090	0.002897	1806	33	1789	17	1771	14	98
Y-69-101	137	199	459	0.086373	0.001460	2.888000	0.050393	0.241784	0.001851	1346	38	1379	13	1396	10	98
Y-69-102	30	67	66	0.095975	0.002605	3.888692	0.108677	0.293510	0.003148	1547	51	1611	23	1659	16	97
Y-69-103	194	65	798	0.088536	0.001292	2.821522	0.044730	0.230345	0.001923	1394	28	1361	12	1336	10	98
Y-69-104	62	126	117	0.110139	0.002006	5.172041	0.102060	0.339536	0.003299	1802	33	1848	17	1884	16	98
Y-65-01	88	434	449	0.067721	0.001253	1.234868	0.024022	0.131904	0.001236	861	39	817	11	799	7	97
Y-65-02	48	314	193	0.069563	0.001570	1.379041	0.035133	0.142743	0.001486	917	42	880	15	860	8	97
Y-65-03	31	60	263	0.067511	0.001762	0.953157	0.026888	0.101844	0.001274	854	54	680	14	625	7	91
Y-65-04	27	84	157	0.069228	0.001889	1.284438	0.036856	0.133666	0.001239	906	56	839	16	809	7	96
Y-65-05	135	99	267	0.163237	0.002514	8.687295	0.136192	0.383787	0.002452	2500	26	2306	14	2094	11	90
Y-65-06	117	104	458	0.086869	0.001467	2.764235	0.049700	0.229654	0.002132	1367	33	1346	13	1333	11	99
Y-65-07	21	38	128	0.075005	0.001960	1.418108	0.036404	0.136927	0.001307	1133	52	897	15	827	7	91
Y-65-08	287	520	1482	0.079115	0.001252	1.806854	0.035702	0.164497	0.002152	1176	31	1048	13	982	12	93
Y-65-10	49	221	251	0.065878	0.001675	1.250093	0.030837	0.137342	0.001370	1200	52	823	14	830	8	99
Y-65-11	35	76	208	0.068293	0.001666	1.331810	0.032021	0.140806	0.001192	877	50	860	14	849	7	98
Y-65-12	68	258	480	0.066637	0.001420	0.973835	0.019956	0.105727	0.000923	828	44	690	10	648	5	93
Y-65-13	290	669	852	0.097721	0.001435	3.073397	0.048552	0.226759	0.001915	1581	28	1426	12	1317	10	92
Y-65-14	225	114	1106	0.084101	0.001219	2.214572	0.040254	0.190145	0.002486	1294	29	1186	13	1122	13	94
Y-65-15	149	261	620	0.088389	0.001324	2.265689	0.037958	0.184759	0.001533	1391	29	1202	12	1093	8	90
Y-65-16	70	224	394	0.065668	0.001260	1.247136	0.024832	0.137259	0.001317	796	41	822	11	829	7	99
Y-65-17	187	229	612	0.094874	0.001682	3.162679	0.086375	0.239731	0.005006	1526	33	1448	21	1385	26	95
Y-65-18	72	259	322	0.074977	0.001416	1.605699	0.032490	0.154755	0.001505	1133	38	972	13	928	8	95
Y-65-19	93	214	255	0.100559	0.001795	3.270030	0.074804	0.234804	0.003648	1635	(161)	1474	18	1360	19	91

续表

样品号与分析点	Pb /10^{-6}	Th /10^{-6}	U /10^{-6}	$^{207}Pb/^{206}Pb$	1σ	$^{207}Pb/^{235}U$	1σ	$^{206}Pb/^{238}U$	1σ	$^{207}Pb/^{206}Pb$ 年龄/Ma	1σ	$^{207}Pb/^{235}U$ 年龄/Ma	1σ	$^{206}Pb/^{238}U$ 年龄/Ma	1σ	谐和度 /%
Y-65-20	66	208	383	0. 066932	0. 001267	1. 239049	0. 024542	0. 133826	0. 001133	835	41	818	11	810	6	98
Y-65-21	136	771	493	0. 067970	0. 001050	1. 365498	0. 023935	0. 145533	0. 001714	878	32	874	10	876	10	99
Y-65-22	153	372	954	0. 067069	0. 001037	1. 259069	0. 022769	0. 135627	0. 001396	839	33	827	10	820	8	99
Y-65-24	102	498	452	0. 068101	0. 001500	1. 413098	0. 032428	0. 149514	0. 001559	872	42	894	14	898	9	99
Y-65-25	51	175	278	0. 066794	0. 001428	1. 329898	0. 028659	0. 143576	0. 001269	831	44	859	13	865	7	99
Y-65-27	81	187	630	0. 065676	0. 001374	1. 014924	0. 020907	0. 111574	0. 000911	796	44	711	11	682	5	95
Y-65-28	69	249	344	0. 074419	0. 003014	1. 490363	0. 062090	0. 144355	0. 001204	1054	82	926	25	869	7	93
Y-65-29	71	265	425	0. 070065	0. 001610	1. 222551	0. 028017	0. 125862	0. 001108	931	46	811	13	764	6	94
Y-65-30	50	233	311	0. 067315	0. 001715	1. 204590	0. 034193	0. 128882	0. 001665	848	53	803	16	781	10	97
Y-65-31	68	174	408	0. 068696	0. 001433	1. 324170	0. 028143	0. 139150	0. 001411	900	38	856	12	840	8	98
Y-65-33	60	218	350	0. 070254	0. 001492	1. 259836	0. 026651	0. 129581	0. 001216	1000	44	828	12	785	7	94
Y-65-34	24	74	156	0. 070040	0. 001958	1. 181963	0. 034906	0. 121782	0. 001556	929	57	792	16	741	9	93
Y-65-35	40	78	191	0. 080300	0. 001894	1. 956927	0. 061761	0. 175475	0. 003722	1206	42	1101	21	1042	20	94
Y-65-36	66	299	284	0. 068745	0. 001647	1. 431805	0. 035562	0. 150322	0. 001516	900	48	902	15	903	9	99
Y-65-37	217	278	894	0. 091842	0. 001597	2. 585910	0. 058635	0. 202487	0. 002991	1465	33	1297	17	1189	16	91
Y-65-38	25	55	173	0. 066568	0. 001765	1. 150384	0. 030296	0. 125058	0. 001130	833	56	777	14	760	6	97
Y-65-39	140	525	707	0. 069489	0. 002133	1. 397673	0. 041487	0. 145385	0. 001004	922	63	888	18	875	6	98
Y-65-41	170	145	887	0. 074051	0. 001235	1. 856363	0. 033644	0. 181015	0. 001681	1043	33	1066	12	1073	9	99
Y-65-42	56	202	304	0. 068497	0. 001639	1. 309972	0. 030403	0. 138547	0. 001167	883	48	850	13	836	7	98
Y-65-43	82	102	248	0. 108627	0. 002418	3. 737473	0. 087889	0. 248260	0. 002225	1776	40	1579	19	1429	12	90
Y-65-44	190	431	1146	0. 070051	0. 001203	1. 220984	0. 024809	0. 125828	0. 001573	931	35	810	11	764	9	94
Y-65-45	150	226	412	0. 101859	0. 001584	3. 945442	0. 065197	0. 279452	0. 002142	1658	29	1623	13	1589	11	97
Y-65-46	33	147	202	0. 068992	0. 001834	1. 091932	0. 030406	0. 114495	0. 001414	898	56	749	15	699	8	93
Y-65-47	45	206	231	0. 070179	0. 001464	1. 303794	0. 027005	0. 134540	0. 001320	1000	38	847	12	814	8	95
Y-65-48	39	91	238	0. 064860	0. 001375	1. 262351	0. 027040	0. 140742	0. 001415	769	44	829	12	849	8	97
Y-65-49	57	177	373	0. 069016	0. 001465	1. 238091	0. 028757	0. 129241	0. 001263	898	44	818	13	784	7	95
Y-65-51	53	111	326	0. 066044	0. 001392	1. 301389	0. 028057	0. 142124	0. 001303	809	43	846	12	857	7	98
Y-65-52	428	685	3678	0. 067483	0. 000933	1. 010684	0. 017236	0. 107766	0. 001126	854	24	709	9	660	7	92
Y-65-53	61	278	325	0. 067393	0. 001401	1. 235849	0. 024911	0. 132505	0. 001111	850	43	817	11	802	6	98
Y-65-54	306	1893	1134	0. 070162	0. 001109	1. 562041	0. 027202	0. 160378	0. 001575	933	31	955	11	959	9	99
Y-65-56	31	77	184	0. 065564	0. 001744	1. 288844	0. 035332	0. 141594	0. 001424	792	56	841	16	854	8	98
Y-65-57	234	462	676	0. 091886	0. 001509	3. 274791	0. 057372	0. 256641	0. 002367	1465	30	1475	14	1473	12	99
Y-65-58	70	274	413	0. 067837	0. 001333	1. 211830	0. 025580	0. 128818	0. 001434	865	36	806	12	781	8	96
Y-65-59	38	125	217	0. 064254	0. 001559	1. 228236	0. 030565	0. 138012	0. 001492	750	251	814	14	833	8	97
Y-65-60	26	86	142	0. 069741	0. 001830	1. 382826	0. 037124	0. 142719	0. 001285	920	54	882	16	860	7	97
Y-65-61	22	86	124	0. 070134	0. 002164	1. 316031	0. 047527	0. 134164	0. 002035	931	58	853	21	812	12	95
Y-65-63	114	226	824	0. 068479	0. 001452	1. 158450	0. 022572	0. 121429	0. 000946	883	44	781	11	739	5	94
Y-65-64	74	302	357	0. 067510	0. 001480	1. 384064	0. 028919	0. 146677	0. 001420	854	46	882	12	882	8	99
Y-65-65	51	163	282	0. 067376	0. 001708	1. 357158	0. 029442	0. 144231	0. 001360	850	53	871	13	869	8	99

续表

样品号与分析点	Pb/10^{-6}	Th/10^{-6}	U/10^{-6}	$^{207}Pb/^{206}Pb$	1σ	$^{207}Pb/^{235}U$	1σ	$^{206}Pb/^{238}U$	1σ	$^{207}Pb/^{206}Pb$年龄/Ma	1σ	$^{207}Pb/^{235}U$年龄/Ma	1σ	$^{206}Pb/^{238}U$年龄/Ma	1σ	谐和度/%
Y-65-66	46	123	282	0.065205	0.001692	1.271223	0.028712	0.139041	0.001718	789	56	833	13	839	10	99
Y-65-67	15	51	80	0.068097	0.002851	1.355605	0.046932	0.143136	0.001846	872	92	870	20	862	10	99
Y-65-68	72	199	428	0.065065	0.002093	1.347068	0.030933	0.147541	0.001725	776	68	866	13	887	10	97
Y-65-69	91	362	498	0.065603	0.002153	1.303676	0.030186	0.141124	0.001447	794	69	847	13	851	8	99
Y-65-70	83	445	286	0.066781	0.002073	1.557209	0.033624	0.166218	0.001561	831	65	953	13	991	9	96
Y-65-71	19	61	97	0.062489	0.002449	1.325691	0.049245	0.151073	0.001836	700	83	857	22	907	10	94
Y-65-72	57	191	360	0.067020	0.001825	1.173606	0.024870	0.125134	0.001238	839	53	788	12	760	7	96
Y-65-73	32	92	204	0.064709	0.001723	1.156752	0.027928	0.127899	0.001812	765	56	780	13	776	10	99
Y-65-74	12	55	60	0.066521	0.002601	1.291408	0.052643	0.139151	0.002888	833	81	842	23	840	16	99
Y-65-75	92	178	251	0.096060	0.001893	3.601773	0.063051	0.268343	0.003431	1550	32	1550	14	1532	17	98
Y-65-76	27	102	132	0.066396	0.002285	1.338225	0.043651	0.145267	0.002359	820	77	862	19	874	13	98
Y-65-77	11	33	76	0.065870	0.002672	1.082479	0.051553	0.117531	0.003430	1200	84	745	25	716	20	96
Y-65-78	187	990	926	0.064719	0.001395	1.170278	0.022145	0.129058	0.001499	765	44	787	10	782	9	99
Y-65-79	90	396	465	0.063858	0.001667	1.207214	0.026380	0.134939	0.001438	737	56	804	12	816	8	98
Y-65-80	30	73	182	0.063461	0.002245	1.220881	0.035760	0.137934	0.001563	724	71	810	16	833	9	97
Y-65-81	71	238	360	0.070042	0.002314	1.420972	0.038393	0.144529	0.001977	929	67	898	16	870	11	96
Y-65-82	23	74	167	0.066980	0.001893	1.005495	0.028283	0.108412	0.001276	839	59	707	14	664	7	93
Y-65-83	77	224	462	0.066727	0.001418	1.258813	0.026877	0.135826	0.001206	829	44	827	12	821	7	99
Y-65-84	56	178	353	0.065823	0.001373	1.166693	0.024625	0.127743	0.001377	1200	39	785	12	775	8	98
Y-65-85	142	352	482	0.082310	0.001366	2.432665	0.038557	0.212414	0.001722	1254	32	1252	11	1242	9	99
Y-65-86	124	286	346	0.089814	0.001628	3.148658	0.053287	0.251811	0.002190	1421	35	1445	13	1448	11	99
Y-65-87	404	156	1231	0.112850	0.002044	4.825160	0.100025	0.306316	0.004544	1856	33	1789	17	1723	22	96
Y-65-88	101	208	362	0.083797	0.001945	2.524703	0.055265	0.215690	0.002306	1288	45	1279	16	1259	12	98
Y-65-89	51	164	368	0.066124	0.001714	1.035366	0.025880	0.112914	0.001738	809	56	722	13	690	10	95
Y-65-90	43	91	258	0.063478	0.001628	1.259917	0.030333	0.142863	0.001561	724	22	828	14	861	9	96
Y-65-91	101	105	681	0.068593	0.001360	1.319105	0.024483	0.138045	0.001096	887	36	854	11	834	6	97
Y-65-92	129	326	506	0.085383	0.001547	2.088858	0.044142	0.175445	0.002354	1324	35	1145	15	1042	13	90
Y-65-93	56	155	334	0.066296	0.001365	1.288503	0.028665	0.139612	0.001532	817	43	841	13	842	9	99
Y-65-94	341	70	975	0.114601	0.001785	5.071252	0.082240	0.318439	0.002797	1874	23	1831	14	1782	14	97
Y-65-95	126	713	539	0.069207	0.001521	1.352347	0.030089	0.141008	0.001093	906	46	869	13	850	6	97
Y-65-96	58	225	301	0.070845	0.001559	1.351001	0.029894	0.138027	0.001312	954	46	868	13	833	7	95
Y-65-97	81	370	412	0.068758	0.001385	1.278476	0.025045	0.134549	0.000933	900	41	836	11	814	5	97
Y-65-98	20	90	96	0.067134	0.002047	1.310052	0.039535	0.142005	0.001616	843	65	850	17	856	9	99
Y-65-99	87	106	327	0.084276	0.001505	2.645902	0.049816	0.227312	0.001987	1299	34	1314	14	1320	10	99
Y-65-100	57	156	446	0.066761	0.001501	0.940285	0.021873	0.102034	0.000893	831	46	673	11	626	5	92
Y-65-101	70	166	330	0.070892	0.001539	1.644957	0.036023	0.168293	0.001374	954	44	988	14	1003	8	98
Y-65-102	13	48	67	0.065549	0.002624	1.266136	0.050060	0.140875	0.001750	791	84	831	22	850	10	97
Y-65-103	181	904	805	0.068382	0.001261	1.397279	0.028842	0.147829	0.001318	880	37	888	12	889	7	99
Y-65-104	153	52	660	0.088215	0.001444	2.664758	0.046019	0.218704	0.001453	1387	31	1319	13	1275	8	96

续表

样品号与分析点	Pb /10^{-6}	Th /10^{-6}	U /10^{-6}	^{207}Pb/^{206}Pb	1σ	^{207}Pb/^{235}U	1σ	^{206}Pb/^{238}U	1σ	^{207}Pb/^{206}Pb 年龄/Ma	1σ	^{207}Pb/^{235}U 年龄/Ma	1σ	^{206}Pb/^{238}U 年龄/Ma	1σ	谐和度/%
Y-65-105	62	172	369	0. 064647	0. 001375	1. 230736	0. 027677	0. 137924	0. 001220	763	45	815	13	833	7	97
Y-65-106	142	323	989	0. 064488	0. 000999	1. 163711	0. 023655	0. 130688	0. 001838	767	33	784	11	792	10	98
Y-65-107	120	514	670	0. 064747	0. 001113	1. 178360	0. 021806	0. 131924	0. 001231	765	235	791	10	799	7	98
Y-65-108	93	162	203	0. 102580	0. 001816	4. 582642	0. 090397	0. 323239	0. 002947	1672	32	1746	16	1806	14	96
Y-65-109	42	104	254	0. 064788	0. 001558	1. 262700	0. 032249	0. 141547	0. 001420	769	50	829	14	853	8	97
Y-65-110	75	128	198	0. 099789	0. 002011	3. 936427	0. 082159	0. 287265	0. 002474	1620	37	1621	17	1628	12	99
Y-65-111	116	209	738	0. 069011	0. 001223	1. 277547	0. 033449	0. 134929	0. 002686	898	69	836	15	816	15	97
Y-65-112	73	178	446	0. 064879	0. 001264	1. 238891	0. 025845	0. 139496	0. 001112	772	42	818	12	842	6	97
Y-65-113	116	416	580	0. 066373	0. 001232	1. 356848	0. 024919	0. 150218	0. 001347	818	34	871	11	902	8	96
Y-65-114	222	297	300	0. 157171	0. 002563	10. 506996	0. 181686	0. 491146	0. 004536	2426	28	2481	16	2576	20	96

表 4-48 “连云山岩群”糜棱岩化云母片岩样品 Y-61 碎屑锆石 LA-ICP-MS U-Pb 定年结果

样品号与分析点	Pb /10^{-6}	Th /10^{-6}	U /10^{-6}	^{207}Pb/^{206}Pb	1σ	^{207}Pb/^{235}U	1σ	^{206}Pb/^{238}U	1σ	^{207}Pb/^{206}Pb 年龄/Ma	1σ	^{207}Pb/^{235}U 年龄/Ma	1σ	^{206}Pb/^{238}U 年龄/Ma	1σ	谐和度/%
Y-61-01	79	122	166	0. 112326037	0. 002114	5. 505168	0. 108854	0. 353754	0. 003405	1839	35	1901	17	1952	16	97
Y-61-02	63	96	79	0. 168910451	0. 003095	11. 170462	0. 220556	0. 477950	0. 004907	2547	31	2537	18	2518	21	99
Y-61-03	76	235	286	0. 079112962	0. 001515	2. 125806	0. 041454	0. 194407	0. 001605	1176	38	1157	13	1145	9	98
Y-61-04	125	362	348	0. 092587725	0. 001612	3. 054178	0. 053919	0. 238721	0. 001812	1480	33	1421	14	1380	9	97
Y-61-05	154	197	413	0. 116805908	0. 001879	4. 940813	0. 090201	0. 306078	0. 003099	1909	29	1809	15	1721	15	95
Y-61-06	30	82	401	0. 056286463	0. 001653	0. 573135	0. 017044	0. 074056	0. 000783	465	65	460	11	461	5	99
Y-61-07	162	430	572	0. 082348197	0. 001400	2. 415718	0. 043229	0. 212472	0. 001703	1254	33	1247	13	1242	9	99
Y-61-08	122	260	316	0. 096806798	0. 001617	3. 801608	0. 071165	0. 284145	0. 002789	1565	31	1593	15	1612	14	98
Y-61-09	111	483	592	0. 06483751	0. 001128	1. 237322	0. 021891	0. 138063	0. 001021	769	37	818	10	834	6	98
Y-61-10	64	69	160	0. 113159617	0. 002214	5. 322494	0. 110120	0. 340696	0. 003797	1851	35	1872	18	1890	18	99
Y-61-11	71	132	290	0. 078775406	0. 001612	2. 257964	0. 046175	0. 207215	0. 001722	1166	40	1199	14	1214	9	98
Y-61-12	59	43	141	0. 119353025	0. 002530	6. 074702	0. 132665	0. 367748	0. 003883	1947	38	1987	19	2019	18	98
Y-61-13	42	103	212	0. 068196505	0. 001603	1. 579296	0. 037126	0. 167443	0. 001653	876	45	962	15	998	9	96
Y-61-14	57	164	161	0. 087130863	0. 001805	2. 915870	0. 067930	0. 241097	0. 002810	1365	39	1386	18	1392	15	99
Y-61-15	36	78	108	0. 096612433	0. 002095	3. 335714	0. 094955	0. 248297	0. 004680	1561	41	1489	22	1430	24	95
Y-61-16	120	83	306	0. 116102924	0. 001881	5. 737026	0. 102298	0. 355946	0. 003745	1898	–4	1937	15	1963	18	98
Y-61-17	158	127	225	0. 201619494	0. 003188	14. 398356	0. 320630	0. 512453	0. 007832	2839	26	2776	21	2667	33	95
Y-61-18	72	101	248	0. 086784155	0. 001886	3. 014877	0. 066037	0. 248742	0. 002436	1367	38	1411	17	1432	13	98
Y-61-19	128	352	590	0. 069985851	0. 001598	1. 643151	0. 031851	0. 167927	0. 001407	928	48	987	12	1001	8	98
Y-61-20	20	82	272	0. 053139745	0. 001793	0. 530905	0. 016098	0. 071223	0. 000782	345	76	432	11	444	5	97
Y-61-21	36	119	127	0. 077638366	0. 002765	2. 188779	0. 057888	0. 201154	0. 002181	1139	71	1177	18	1182	12	99
Y-61-22	293	113	557	0. 151927198	0. 005571	9. 826869	0. 210833	0. 458494	0. 003624	2369	62	2419	20	2433	16	99

续表

样品号与分析点	Pb/10^{-6}	Th/10^{-6}	U/10^{-6}	$^{207}Pb/^{206}Pb$	1σ	$^{207}Pb/^{235}U$	1σ	$^{206}Pb/^{238}U$	1σ	$^{207}Pb/^{206}Pb$年龄/Ma	1σ	$^{207}Pb/^{235}U$年龄/Ma	1σ	$^{206}Pb/^{238}U$年龄/Ma	1σ	谐和度/%
Y-61-23	60	110	166	0.089281498	0.004080	3.518195	0.097729	0.278977	0.002513	1410	88	1531	22	1586	13	96
Y-61-25	75	186	445	0.064406512	0.003474	1.355942	0.042547	0.148543	0.001603	754	115	870	18	893	9	97
Y-61-26	114	284	412	0.074779438	0.003552	2.272316	0.062139	0.214858	0.002061	1063	95	1204	19	1255	11	95
Y-61-27	80	203	276	0.078042101	0.003278	2.455011	0.062615	0.222726	0.002075	1148	84	1259	18	1296	11	97
Y-61-28	156	289	377	0.099765574	0.003616	4.340451	0.099659	0.308994	0.003182	1620	68	1701	19	1736	16	97
Y-61-29	131	155	280	0.120316484	0.003729	6.314165	0.134340	0.373199	0.003825	1961	56	2020	19	2044	18	98
Y-61-30	81	164	87	0.148312502	0.004168	9.774460	0.207667	0.470064	0.004180	2328	48	2414	20	2484	18	97
Y-61-31	86	258	499	0.064715367	0.001689	1.330688	0.029788	0.147059	0.001390	765	56	859	13	884	8	97
Y-61-32	79	84	207	0.105662765	0.002212	4.794353	0.098992	0.327136	0.003250	1726	39	1784	17	1824	16	97
Y-61-33	73	245	290	0.076709787	0.001686	1.923968	0.050478	0.180186	0.002769	1122	17	1089	18	1068	15	98
Y-61-34	34	81	104	0.084106995	0.001982	2.830445	0.065385	0.243701	0.002756	1295	45	1364	17	1406	14	96
Y-61-35	85	123	224	0.104130256	0.001849	4.395581	0.077271	0.304355	0.002367	1699	33	1712	15	1713	12	99
Y-61-37	152	145	483	0.097583984	0.001609	3.830266	0.067423	0.283173	0.002836	1589	31	1599	14	1607	14	99
Y-61-38	1032	11348	32775	0.099140779	0.002204	4.010276	0.089522	0.291823	0.002868	1609	42	1636	18	1651	14	99
Y-61-39	2639	16618	45257	0.166865252	0.002803	11.230206	0.186562	0.485237	0.003844	2528	28	2542	16	2550	17	99
Y-61-40	1726	8053	83022	0.082109962	0.001367	2.537981	0.044530	0.222745	0.001848	1250	32	1283	13	1296	10	98
Y-61-41	2048	28051	62933	0.098411199	0.001561	3.737050	0.060189	0.273926	0.002075	1594	34	1579	13	1561	11	98
Y-61-42	2179	30962	94360	0.086498771	0.001370	2.573032	0.045230	0.214362	0.001893	1350	35	1293	13	1252	10	96
Y-61-43	1082	20411	25295	0.107559663	0.002178	4.498132	0.094927	0.302042	0.002887	1758	37	1731	18	1701	14	98
Y-61-44	1106	44547	60847	0.073770976	0.001556	1.376308	0.035827	0.134733	0.002269	1035	43	879	15	815	13	92
Y-61-45	2275	6667	110520	0.090108883	0.001595	2.799242	0.052084	0.224309	0.002143	1428	33	1355	14	1305	11	96
Y-61-46	1021	6277	37848	0.099397545	0.001725	3.731457	0.068845	0.270875	0.002484	1613	38	1578	15	1545	13	97
Y-61-47	1555	25960	38243	0.100548508	0.001664	4.271472	0.106248	0.304957	0.005085	1635	31	1688	20	1716	25	98
Y-61-48	344	17175	34517	0.059528352	0.001941	0.690353	0.022255	0.084349	0.000987	587	68	533	13	522	6	97
Y-61-49	2666	17455	58762	0.151123187	0.002356	8.347143	0.133268	0.398511	0.003050	2359	27	2269	15	2162	14	95
Y-61-50	1425	15607	38353	0.110533576	0.001919	4.857908	0.088429	0.316920	0.002761	1809	31	1795	15	1775	14	98
Y-61-51	2227	46214	107336	0.073935795	0.001437	1.863212	0.037689	0.181574	0.001697	1039	40	1068	13	1076	9	99
Y-61-52	1726	24609	55720	0.09364149	0.001694	3.432036	0.068082	0.264324	0.003024	1502	39	1512	16	1512	15	99
Y-61-53	2466	27761	67440	0.109270662	0.001775	4.766925	0.082435	0.314374	0.002866	1787	30	1779	15	1762	14	99
Y-61-54	1418	5882	22099	0.181749673	0.003030	13.854345	0.236678	0.550239	0.005422	2669	27	2740	16	2826	23	96
Y-61-55	1237	28228	72121	0.06734141	0.001310	1.424925	0.028628	0.152591	0.001543	850	41	899	12	915	9	98
Y-61-56	1488	24715	68645	0.077975214	0.001461	2.108116	0.041033	0.194715	0.001790	1146	37	1151	13	1147	10	99
Y-61-57	924	23425	60784	0.06313308	0.001441	1.215067	0.028043	0.138736	0.001368	722	48	808	13	838	8	96

续表

样品号与分析点	Pb /10^{-6}	Th /10^{-6}	U /10^{-6}	$^{207}Pb/^{206}Pb$	1σ	$^{207}Pb/^{235}U$	1σ	$^{206}Pb/^{238}U$	1σ	$^{207}Pb/^{206}Pb$ 年龄/Ma	1σ	$^{207}Pb/^{235}U$ 年龄/Ma	1σ	$^{206}Pb/^{238}U$ 年龄/Ma	1σ	谐和度 /%
Y-61-58	4468	27452	138753	0. 135018166	0. 002704	6. 874324	0. 347778	0. 359002	0. 014634	2165	35	2095	45	1977	69	94
Y-61-59	1558	10338	34640	0. 133868302	0. 002477	7. 407407	0. 139610	0. 398778	0. 003579	2150	32	2162	17	2163	17	99
Y-61-60	955	3453	18217	0. 165628389	0. 002935	11. 097985	0. 206788	0. 483667	0. 005306	2514	30	2531	17	2543	23	99
Y-61-61	750	11600	31210	0. 081368164	0. 001768	2. 416802	0. 052952	0. 214104	0. 001726	1231	43	1248	16	1251	9	99
Y-61-62	696	12722	18533	0. 094881897	0. 002018	3. 780501	0. 081827	0. 288180	0. 003296	1526	40	1589	17	1632	17	97
Y-61-63	2043	26231	55125	0. 097908775	0. 001489	4. 209998	0. 068182	0. 309855	0. 002559	1585	23	1676	13	1740	13	96
Y-61-64	490	4929	9052	0. 139357651	0. 003177	8. 061598	0. 184838	0. 418386	0. 004480	2220	40	2238	21	2253	20	99
Y-61-65	376	10997	15664	0. 076442584	0. 002589	2. 013061	0. 080471	0. 189721	0. 004186	1106	67	1120	27	1120	23	99
Y-61-66	809	5170	16586	0. 145951613	0. 002792	8. 475837	0. 158821	0. 419737	0. 003536	2299	33	2283	17	2259	16	98
Y-61-67	3747	18308	71709	0. 185362892	0. 002667	11. 474387	0. 187357	0. 446200	0. 004258	2702	24	2562	15	2378	19	92
Y-61-68	1909	10484	62651	0. 10764524	0. 001720	4. 465568	0. 075647	0. 299097	0. 002489	1761	29	1725	14	1687	12	97
Y-61-69	700	12807	43080	0. 067845739	0. 001597	1. 449416	0. 035075	0. 154138	0. 001441	865	55	910	15	924	8	98
Y-61-70	1286	17525	41875	0. 096651662	0. 002006	3. 542596	0. 073218	0. 264655	0. 002344	1561	39	1537	16	1514	12	98
Y-61-71	5860	8934	163885	0. 152680152	0. 002755	7. 795935	0. 160827	0. 367769	0. 004349	2376	30	2208	19	2019	21	91
Y-61-72	1721	12244	52741	0. 107856891	0. 001905	4. 620222	0. 083051	0. 309036	0. 002751	1765	32	1753	15	1736	14	99
Y-61-73	429	4230	16108	0. 090178089	0. 002182	3. 187472	0. 079017	0. 255038	0. 002626	1429	46	1454	19	1464	14	99
Y-61-74	921	14683	31366	0. 088524964	0. 001903	3. 112775	0. 070513	0. 254095	0. 003024	1394	41	1436	17	1460	16	98
Y-61-75	1539	21797	49546	0. 095583731	0. 001752	3. 550072	0. 064771	0. 268027	0. 002374	1540	34	1538	14	1531	12	99
Y-61-76	2244	20026	55038	0. 111654762	0. 001997	5. 587765	0. 105688	0. 360385	0. 003378	1828	32	1914	16	1984	16	96
Y-61-78	1954	9201	65917	0. 106197317	0. 002011	4. 360622	0. 079271	0. 295963	0. 002152	1735	34	1705	15	1671	11	98
Y-61-79	531	21437	41452	0. 058085474	0. 001742	0. 872900	0. 026031	0. 108478	0. 001073	532	67	637	14	664	6	95
Y-61-80	1532	16546	53754	0. 115125824	0. 002074	3. 889573	0. 075263	0. 243124	0. 002227	1883	32	1612	16	1403	12	86
Y-61-81	2129	35258	60367	0. 099589319	0. 001895	3. 900329	0. 076344	0. 282348	0. 002589	1617	35	1614	16	1603	13	99
Y-61-82	3288	23989	103740	0. 110139385	0. 002033	4. 702933	0. 098684	0. 307058	0. 003287	1802	33	1768	18	1726	16	97
Y-61-83	2463	35877	102920	0. 095883742	0. 001979	2. 961378	0. 068028	0. 222464	0. 002800	1546	39	1398	17	1295	15	92
Y-61-84	1168	33130	73276	0. 070117095	0. 001631	1. 340487	0. 031586	0. 137714	0. 001130	931	53	863	14	832	6	96
Y-61-85	3140	14830	75251	0. 149457654	0. 003164	10. 789401	0. 699293	0. 529148	0. 034282	2340	36	2505	60	2738	145	91
Y-61-86	3175	38903	285756	0. 070306695	0. 001267	1. 132848	0. 020481	0. 116120	0. 000826	939	37	769	10	708	5	91
Y-61-87	581	15524	37952	0. 071021498	0. 001672	1. 331912	0. 031780	0. 135437	0. 001256	967	48	860	14	819	7	95
Y-61-88	2290	65070	156954	0. 073696215	0. 001593	1. 474843	0. 056883	0. 146232	0. 005450	1033	44	920	23	880	31	95

表 4-49　湘东北黄金洞金矿区冷家溪群样品 14YJW18 锆石 Lu-Hf 同位素组成

样品分析点	年龄/Ma	$^{176}Lu/^{177}Hf$	$^{176}Hf/^{177}Hf$	1s	$(^{176}Hf/^{177}Hf)_i$	$\varepsilon_{Hf}(t)$	1s	t_{DM1}/Ga	1s	t_{DM2}/Ga
14YJW18-01	816	0.001549	0.282524	0.000019	0.2825004	8.4	0.379206894	1.04	0.02663	1.17
14YJW18-02	894	0.001003	0.282140	0.000014	0.2821227	−3.2	0.199229777	1.57	0.018899	1.97
14YJW18-03	1883	0.001056	0.281450	0.000010	0.2814123	−6.1	0.060628197	2.52	0.01318	2.90
14YJW18-05	935	0.001409	0.282078	0.000011	0.2820535	−4.7	0.090257523	1.67	0.014748	2.09
14YJW18-06	815	0.001006	0.282287	0.000015	0.2822717	0.3	0.244841978	1.36	0.020781	1.68
14YJW18-07	857	0.001381	0.282424	0.000009	0.2824019	5.9	0.052176157	1.18	0.013366	1.37
14YJW18-09	1670	0.001618	0.281805	0.000032	0.281754	1.2	0.840891512	2.06	0.044333	2.29
14YJW18-10	1654	0.001436	0.281666	0.000010	0.2816212	−3.9	0.064476638	2.25	0.01355	2.59
14YJW18-11	818	0.002306	0.282453	0.000019	0.2824176	5.6	0.374138716	1.17	0.026913	1.36
14YJW18-14	1436	0.00119	0.281967	0.000010	0.2819352	2.3	0.071859625	1.82	0.013878	2.04
14YJW18-15	2647	0.0007	0.280969	0.000015	0.2809338	−5.6	0.269092567	3.15	0.020717	3.45
14YJW18-16	1639	0.001038	0.281613	0.000021	0.2815808	−5.7	0.469197906	2.30	0.029059	2.68
14YJW18-18	2600	0.000848	0.281292	0.000020	0.2812498	4.6	0.444571751	2.72	0.027669	2.80
14YJW18-19	1455	0.000598	0.282167	0.000017	0.2821503	10.4	0.327045946	1.51	0.023657	1.55
14YJW18-20	869	0.000401	0.281366	0.000010	0.281359	−30.8	0.082442457	2.59	0.013791	3.66
14YJW18-22	804	0.002789	0.282554	0.000017	0.2825123	8.6	0.302599782	1.04	0.024371	1.16
14YJW18-23	1474	0.001637	0.281849	0.000017	0.2818032	−1.5	0.308378379	2.00	0.02335	2.30
14YJW18-24	829	0.001617	0.282527	0.000012	0.2825015	8.8	0.148965226	1.04	0.017395	1.16
14YJW18-25	734	0.001077	0.282245	0.000019	0.2822304	−3.0	0.379735665	1.42	0.026123	1.83
14YJW18-29	1025	0.002047	0.282406	0.000013	0.2823664	8.4	0.193877383	1.23	0.019351	1.34
14YJW18-30	783	0.001068	0.282496	0.000012	0.2824803	7.0	0.155503477	1.07	0.01739	1.24
14YJW18-31	2280	0.000581	0.281247	0.000013	0.2812217	−3.8	0.171276355	2.76	0.017125	3.06
14YJW18-32	2475	0.000747	0.281017	0.000011	0.2809815	−7.8	0.106363138	3.09	0.014629	3.45
14YJW18-33	845	0.000879	0.282158	0.000017	0.2821442	−3.5	0.329281964	1.54	0.023944	1.95
14YJW18-35	851	0.001165	0.282574	0.000010	0.2825557	11.2	0.076929929	0.96	0.014337	1.03
14YJW18-36	804	0.001334	0.282227	0.000016	0.2822072	−2.2	0.294607602	1.46	0.022901	1.83
14YJW18-40	866	0.001783	0.282126	0.000014	0.2820974	−4.7	0.210336636	1.62	0.019728	2.04
14YJW18-42	797	0.001753	0.282408	0.000022	0.2823819	3.8	0.512078097	1.22	0.03205	1.45
14YJW18-48	913	0.002063	0.281654	0.000012	0.2816182	−20.7	0.128142846	2.30	0.01633	3.06
14YJW18-49	835	0.002009	0.282326	0.000012	0.2822946	1.6	0.140506618	1.34	0.017132	1.62
14YJW18-50	881	0.001121	0.282348	0.000010	0.2823294	3.8	0.072674954	1.28	0.014057	1.52
14YJW18-51	850	0.000737	0.282128	0.000019	0.2821157	−4.4	0.386567067	1.57	0.026069	2.01

续表

样品分析点	年龄/Ma	$^{176}Lu/^{177}Hf$	$^{176}Hf/^{177}Hf$	1s	$(^{176}Hf/^{177}Hf)_i$	$\varepsilon_{Hf}(t)$	1s	t_{DM1}/Ga	1s	t_{DM2}/Ga
14YJW18-54	834	0.001564	0.282013	0.000009	0.281988	-9.3	0.050009551	1.77	0.013184	2.30
14YJW18-55	844	0.001214	0.282011	0.000012	0.2819922	-9.0	0.153404588	1.75	0.017133	2.29
14YJW18-56	906	0.00122	0.282266	0.000018	0.2822453	1.4	0.348308673	1.40	0.02498	1.69
14YJW18-58	1626	0.001244	0.281778	0.000023	0.2817394	-0.3	0.527578987	2.08	0.031627	2.35
14YJW18-59	1028	0.001167	0.281893	0.000014	0.2818699	-9.2	0.22838555	1.92	0.019985	2.44
14YJW18-60	1558	0.001554	0.282007	0.000010	0.2819611	6.0	0.071205296	1.78	0.013997	1.90
14YJW18-61	1243	0.001533	0.282068	0.000012	0.2820317	1.4	0.156345197	1.69	0.017405	1.95
14YJW18-63	816	0.000867	0.282477	0.000012	0.282464	7.1	0.144234039	1.09	0.016844	1.26
14YJW18-64	841	0.001426	0.282347	0.000014	0.2823245	2.8	0.206514878	1.29	0.019514	1.55
14YJW18-65	840	0.000973	0.282260	0.000012	0.2822447	-0.1	0.157307054	1.40	0.0173	1.73
14YJW18-66	876	0.001836	0.282377	0.000010	0.2823466	4.3	0.064387577	1.26	0.014002	1.48
14YJW18-67	1717	0.000811	0.281789	0.000012	0.2817625	2.5	0.14287739	2.04	0.016409	2.24
14YJW18-68	792	0.001612	0.282069	0.000016	0.2820448	-8.2	0.292204349	1.69	0.022872	2.20
14YJW18-69	846	0.000893	0.282417	0.000014	0.2824032	5.7	0.195929584	1.18	0.018864	1.37
14YJW18-70	807	0.001432	0.281972	0.000018	0.2819501	-11.3	0.343377695	1.82	0.024725	2.40
14YJW18-71	812	0.00122	0.282428	0.000011	0.2824094	5.1	0.099242383	1.17	0.015186	1.38
14YJW18-73	817	0.001373	0.282423	0.000012	0.2824014	5.0	0.128607328	1.18	0.016418	1.39
14YJW18-74	1165	0.00064	0.281867	0.000016	0.281853	-6.7	0.282865971	1.93	0.021799	2.39
14YJW18-76	836	0.001635	0.282370	0.000013	0.2823441	3.3	0.161874267	1.27	0.017842	1.51
14YJW18-77	834	0.000934	0.282221	0.000013	0.2822063	-1.6	0.163620567	1.45	0.017511	1.82

注：计算中采用参数 $(f_{Lu/Hf})_{DM}=0.16$，$(f_{Lu/Hf})_{crust}=-0.55$。

4.5.2.1　冷家溪群板岩类

共对 7 个冷家溪群板岩样品（14YJW018、14WG003、14WG019、14WG047、14WG59、14WG062、14WG058）中锆石颗粒进行 163 个 U-Pb 定年分析。在分析过程中避免了锆石颗粒中的矿物包裹体和裂隙。如图 4-52 ~ 图 4-55 所示，冷家溪群板岩中大多数锆石颗粒具有自形到半自形的棱柱状、半棱柱状或短柱状形态，少部分锆石晶体（小于 10%）显示不同程度磨损的圆形或亚圆形。这些锆石普遍长宽比在 1∶1 ~ 2∶1 间，一般长度在 50 ~ 100μm，最长可达 200μm。但那些显示自形长棱柱状的锆石晶体其长宽比可达 3∶1 以上，而宽度最小约 25μm。CL 图像显示，大多数样品中锆石晶体具有振荡性环带，个别样品中锆石晶体还显示扇形环带。此外，少部分锆石晶体显示核-幔结构，但增生边普遍较薄且呈黑色或光亮的 CL 图像。还有少数锆石晶体呈现白色或灰白色 CL 亮光，增生边的厚度较厚，可达 20μm。结合大多数锆石分析点的 Th/U 值普遍大于 0.10（Th/U=0.10 ~ 1.53；表 4-40 ~ 表 4-43），这些锆石具有岩浆来源特征（Hoskin and Schaltegger，2003）。但那些具有 CL 白色亮光图像的锆石（如样品 14WG058 中分析点 14WG058-19、14WG058-20），由灰白色的自形方状核和不规则的白色增生边组成（图 4-53），且增生边显示均一结构，Th/U 值为 0.01，显然是变质成因。

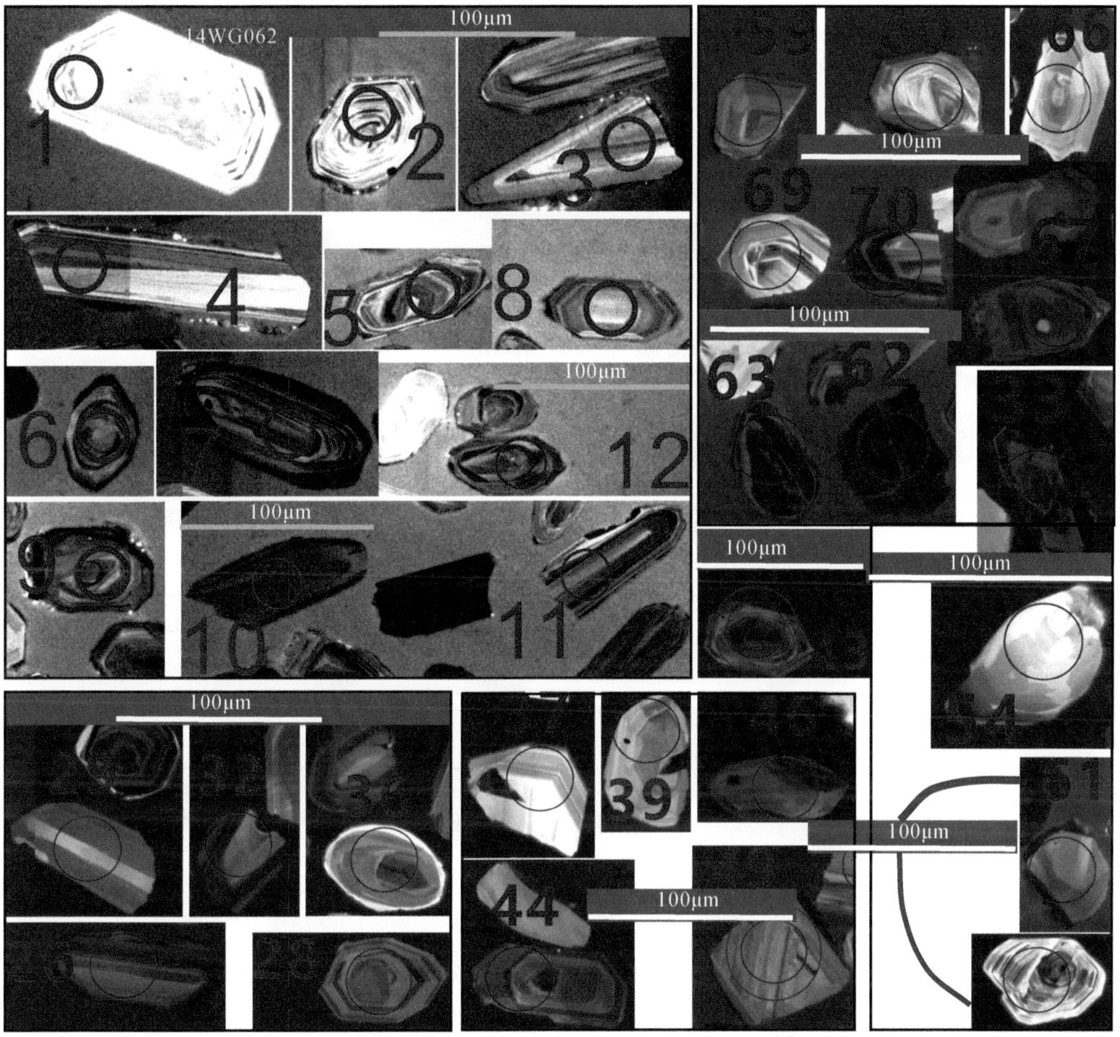

图 4-52　冷家溪群板岩样品 14WG062 中碎屑锆石阴极发光 CL 图像

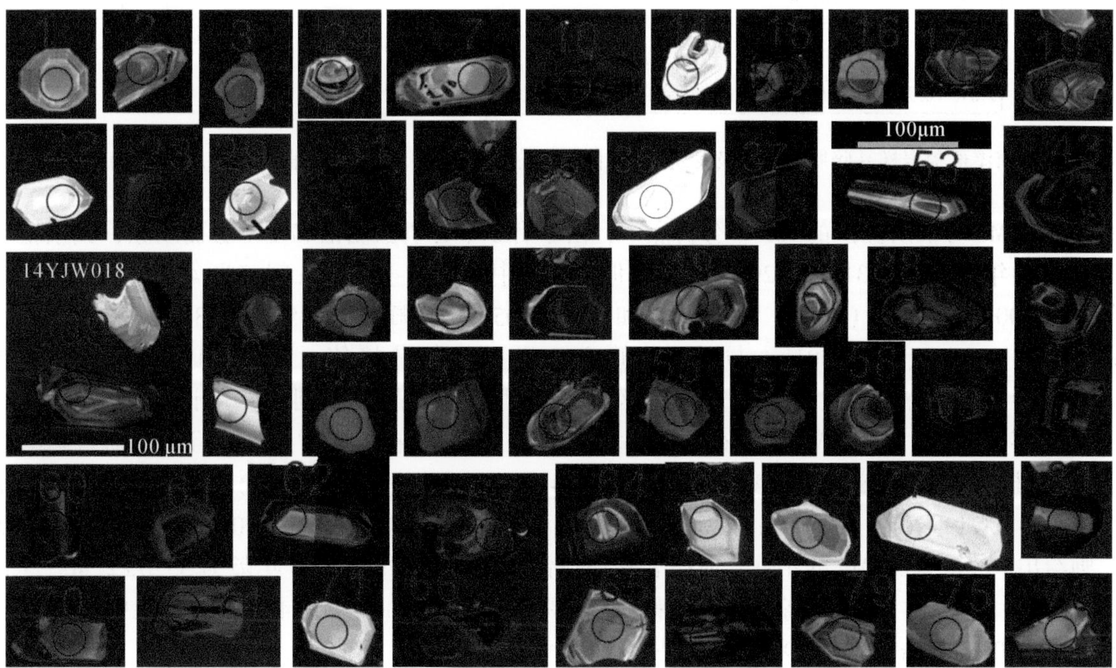

图 4-53　冷家溪群板岩样品 14YJW018 中碎屑锆石阴极发光 CL 图像

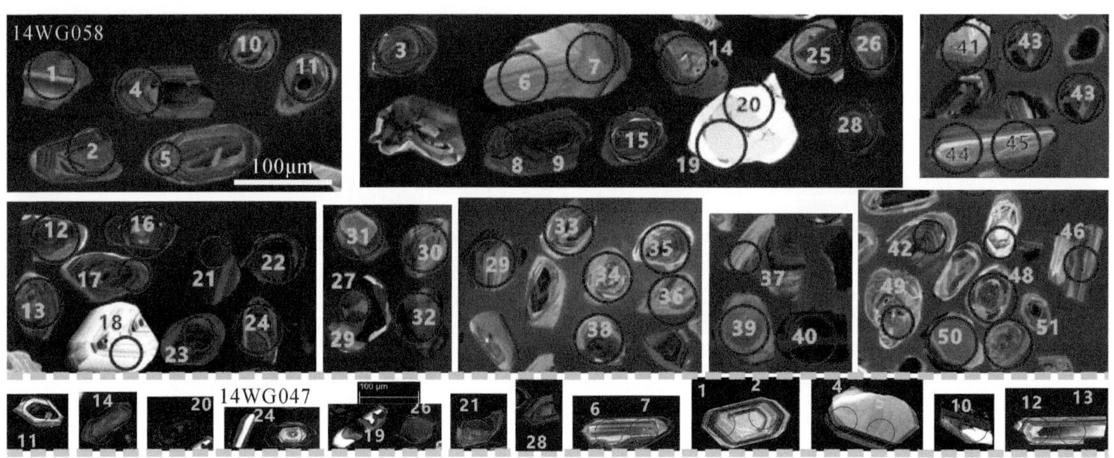

图 4-54　冷家溪群板岩样品 14WG058、14WG047 中碎屑锆石阴极发光 CL 图像

705Ma Th/U= 0.12	734Ma $\varepsilon_{Hf}(t)$=–3.0 Th/U= 0.98	768Ma Th/U= 0.90	778Ma Th/U= 0.82	779Ma Th/U= 0.69	783Ma Th/U= 0.73
803Ma $\varepsilon_{Hf}(t)$=8.6 Th/U= 0.18	804Ma Th/U= 1.02	804Ma $\varepsilon_{Hf}(t)$=–2.1 Th/U= 0.70	806Ma Th/U= 0.40	806Ma Th/U= 0.64	807Ma $\varepsilon_{Hf}(t)$=–11.2 Th/U= 0.78
818Ma	857Ma $\varepsilon_{Hf}(t)$=5.9	833Ma $\varepsilon_{Hf}(t)$=7.0	869Ma	1198Ma	843Ma $\varepsilon_{Hf}(t)$=–9.0
808Ma Th/U= 0.90	812Ma $\varepsilon_{Hf}(t)$=–5.1	792Ma $\varepsilon_{Hf}(t)$=–8.2 Th/U= 1.16	797Ma $\varepsilon_{Hf}(t)$=3.8 Th/U= 0.87	812Ma	798Ma Th/U= 0.18

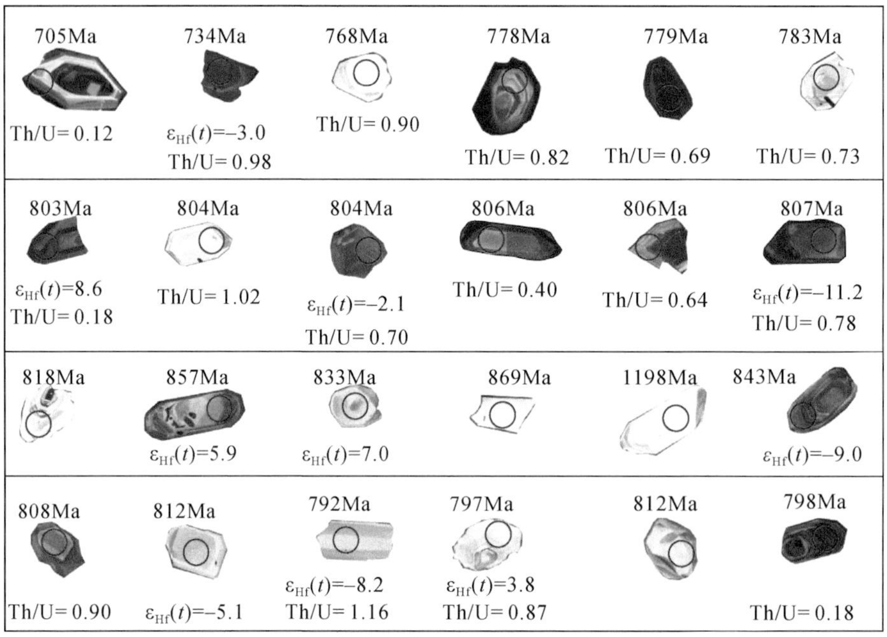

图 4-55　冷家溪群板岩样品碎屑锆石阴极发光 CL 图像及部分锆石分析点的 Th/U 值、$\varepsilon_{Hf}(t)$ 值和相应 U-Pb 年龄

由 LA-ICP-MS 方法所测试的 163 个分析点中，由于有 6 个分析数据谐和度不够而删除，其余锆石分析点产生的 U-Pb 年龄范围在 316～3320Ma 之间，但主要集中在 700～2740Ma 间（图 4-56），并产生 2 个主要年龄群：2300～2740Ma（峰值：2500Ma）和 700～1050Ma（峰值：825Ma），3 个次要的年龄峰值：约 1660Ma、约 1850Ma、约 2650Ma，同时还出现几个微量的年龄峰值：1450～1160Ma、约 2100Ma、约 2270Ma、约 3320Ma。这些年龄峰值对应于区内岩浆活动，与前人得到的年龄谱图相似（Sun et al., 2009）。其中年龄为 750～1050Ma 的锆石数量最多，这与江南古陆在这一时期强烈且持续的岩浆活动密切相关。此外，样品 14WG058 中 2 个变质成因锆石（14WG058-19、14WG058-20）产生的 $^{206}Pb/^{238}U$ 年龄分别为 316±3Ma、321±4Ma；另一样品 14WG047 中 1 个可能为复合成因（Th/U＝0. 12）的锆石分析点（点号 11）则给出一个 705±23Ma 的年龄。而最老的一颗锆石产生的 $^{207}Pb/^{206}Pb$ 年龄为 3320±22Ma，CL 图像显示深灰亮度，呈他形、磨圆度高，反映其来源于远距离搬运。然而，在 14WG003 样品中还出现一系列年龄在 400～500Ma 的锆石，后文将对它们是否具有地质意义做进一步解释。

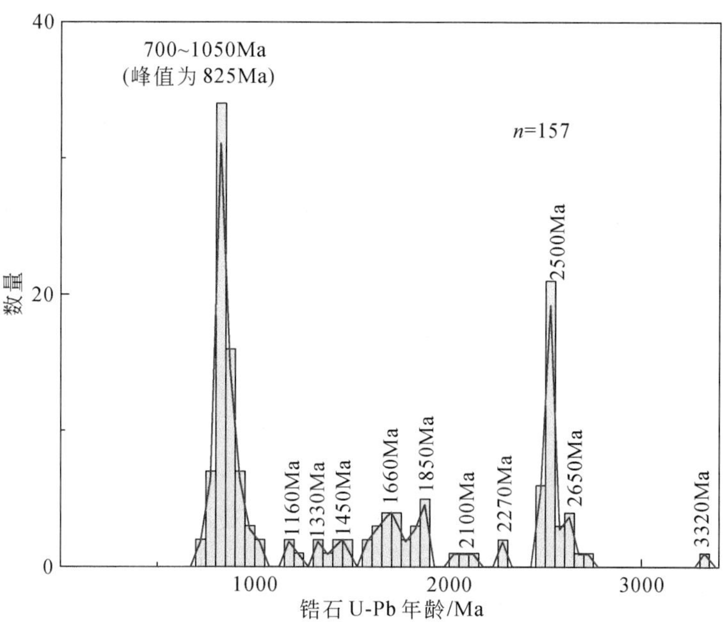

图4-56 冷家溪群板岩样品碎屑锆石U-Pb直方年龄频谱图

未包括样品14WG003、14WG047中U-Pb年龄为400~500Ma的锆石

4.5.2.2 "连云山岩群"（?）岩石

共对8个"连云山岩群"（?）片岩、片麻岩、千糜岩和超糜棱岩样品（D2053B、BS03、Y-16B、QMY08、Y-61、Y-65、Y-69、BY-09）中碎屑锆石颗粒进行了641个U-Pb定年分析（表4-44~表4-48）。在分析过程中尽量避免锆石颗粒中的矿物包裹体和裂隙。

1. 锆石成因类型

根据锆石形态和内部结构等特征，"连云山岩群"（?）8个样品中锆石可分为三种类型，且它们与不同样品的岩性相一致。

（1）第一类锆石以云母片岩样品BS03、D2053B为代表（图4-57），大多数锆石为半自形-他形卵状，少部分为自形棱柱状、短柱状或半截棱柱状，锆石颗粒长度大都在40~80μm，宽度在40~60μm，长宽

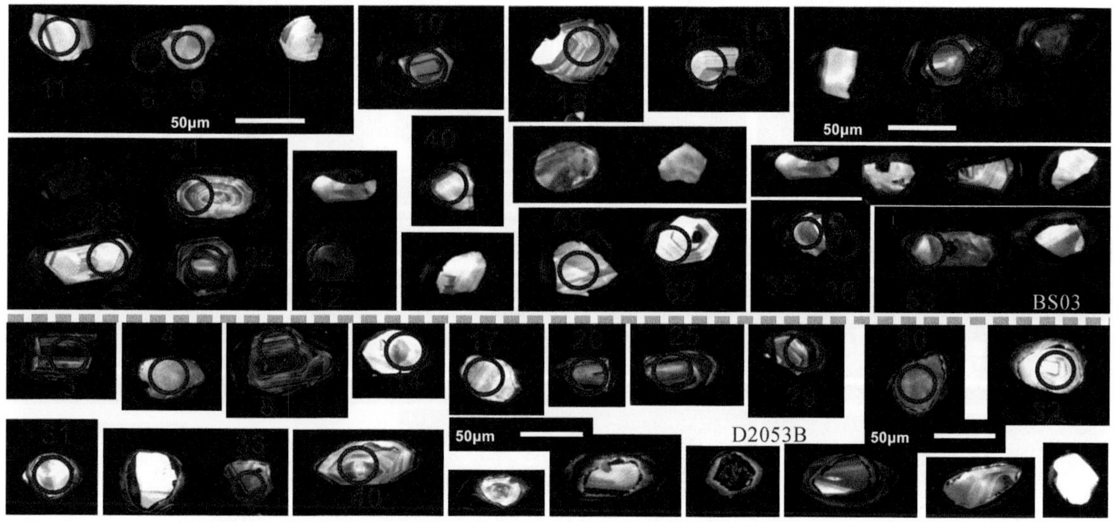

图4-57 云母片岩样品BS03、D2053B中碎屑锆石阴极发光CL图像

比一般在 1∶1 ~ 1.5∶1 之间。CL 图像显示，绝大部分锆石具有典型的核−幔内部结构，大多数核显示他形不规则形态，且呈白色或灰白色 CL 亮光，并具有振荡环带或扇形或补丁环带；而绝大部分增生边厚度相对较大（部分达 30μm），并显示黑色、灰黑色 CL 亮光，弱见振荡性环带。此外，通过 CL 图像发现，许多锆石显示复杂的幔结构，如具有由黑色与白色增生边交替出现的多期增生的特点。此外，少部分锆石为均一的黑色、灰黑色 CL 亮光，无环带或环带不清晰或内部结构非常复杂。因此，这类锆石可能具有复杂的成因，Th/U 值（表 4-44）可能也暗示其成因复杂性。其中，样品 D2053B 中锆石 Th/U 值均在 0.18 ~ 1.00 间；样品 BS03 中除 1 个分析点 Th/U 值为 0.02 外，其余均在 0.12 ~ 0.84 之间。

（2）第二类锆石以硅化板岩样品（BY-09，图 4-58）、千糜岩样品（Y-16B、QMY08，图 4-59）和黑云母斜长片麻岩样品（Y-65、Y-69，图 4-60、图 4-61）为代表。大多数碎屑锆石具自形到半自形的长棱柱状、半棱柱状或短柱状形态，少部分碎屑锆石（小于 10%）显示不同程度磨损的圆形或亚圆形。这些锆石普遍长宽比在 3∶1 ~ 1∶1 间，一般长度在 50 ~ 80μm 之间，最长可达 150μm。CL 图像显示，虽然这类锆石同样具有典型的核−幔内部结构，且大多数锆石核振荡性环带清晰，但它们均表现规则的自形形态。除样品 BY-09 中锆石外，其他样品中大部分锆石幔（边）普遍表现厚度相对较薄、具 CL 灰白色亮光的增生边。此外，个别样品中锆石晶体还显示显著的扇形环带，也存在少量锆石颗粒为均一的黑色或灰黑色 CL 亮光，且形态不规则。不过，这些锆石的大部分显示为岩浆成因特征。根据锆石 U-Th-Pb 分析结果（表 4-45 ~ 表 4-48）：①在千糜岩样品中，样品 Y-16B 除 1 个锆石分析点 Th/U 值为 0.03 外，其余在 0.13 ~ 1.20；而 QMY-08 样品中的锆石分析点具有相对较小的 Th/U 值，且除 2 个分析点 Th/U 值小于 0.1 外，其余均在 0.15 ~ 0.52 之间。不过，通过检查 CL 图像发现，虽然 Th/U 值小于 0.1 的 2 个分析点均位于

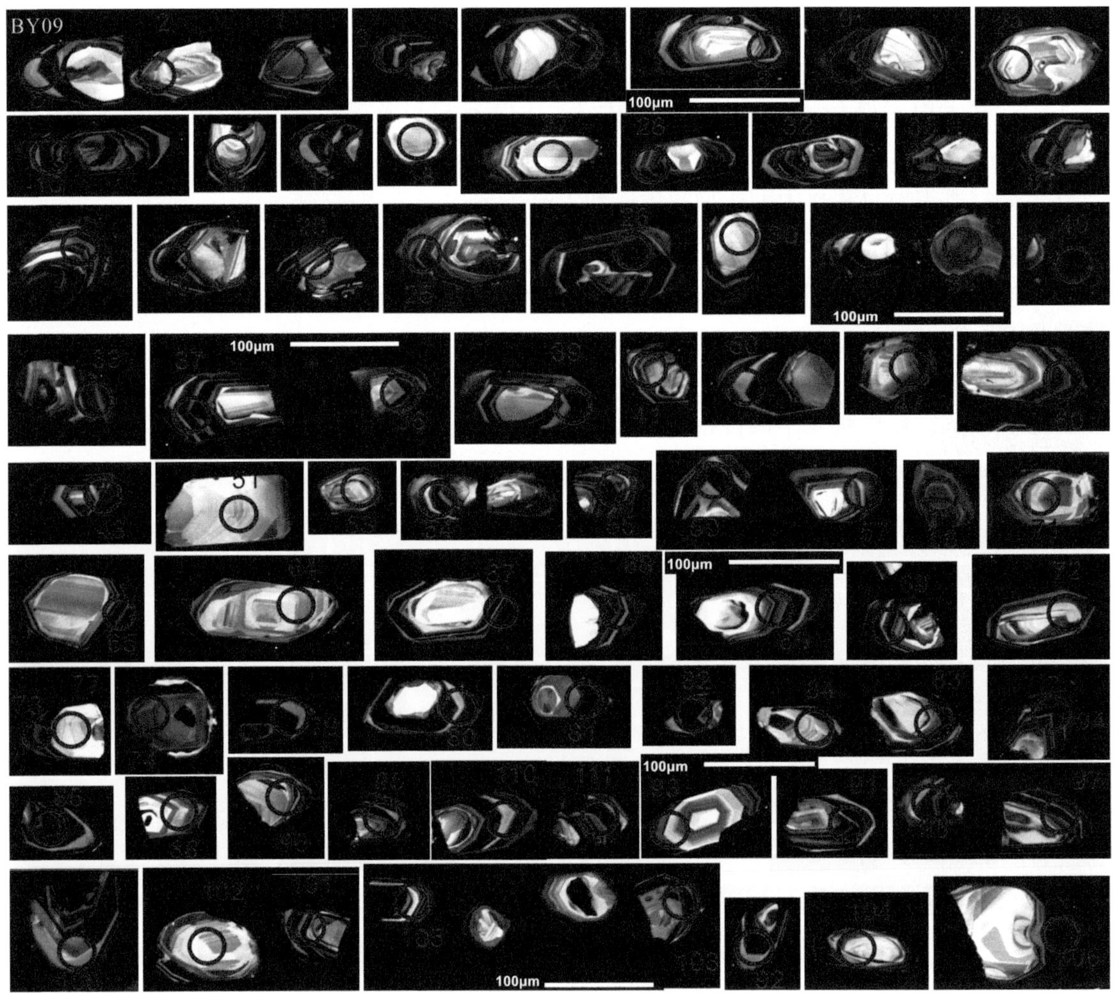

图 4-58　硅化板岩样品 BY-09 中碎屑锆石阴极发光 CL 图像

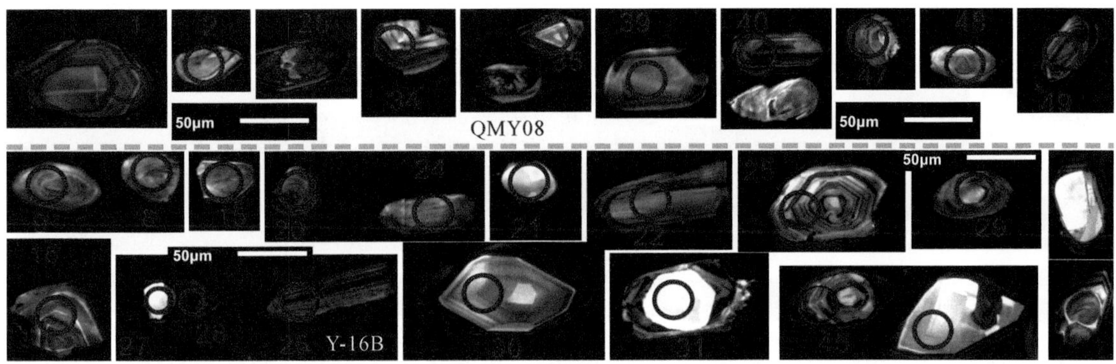

图 4-59　千糜岩样品 QMY08、Y-16B 中碎屑锆石阴极发光 CL 图像

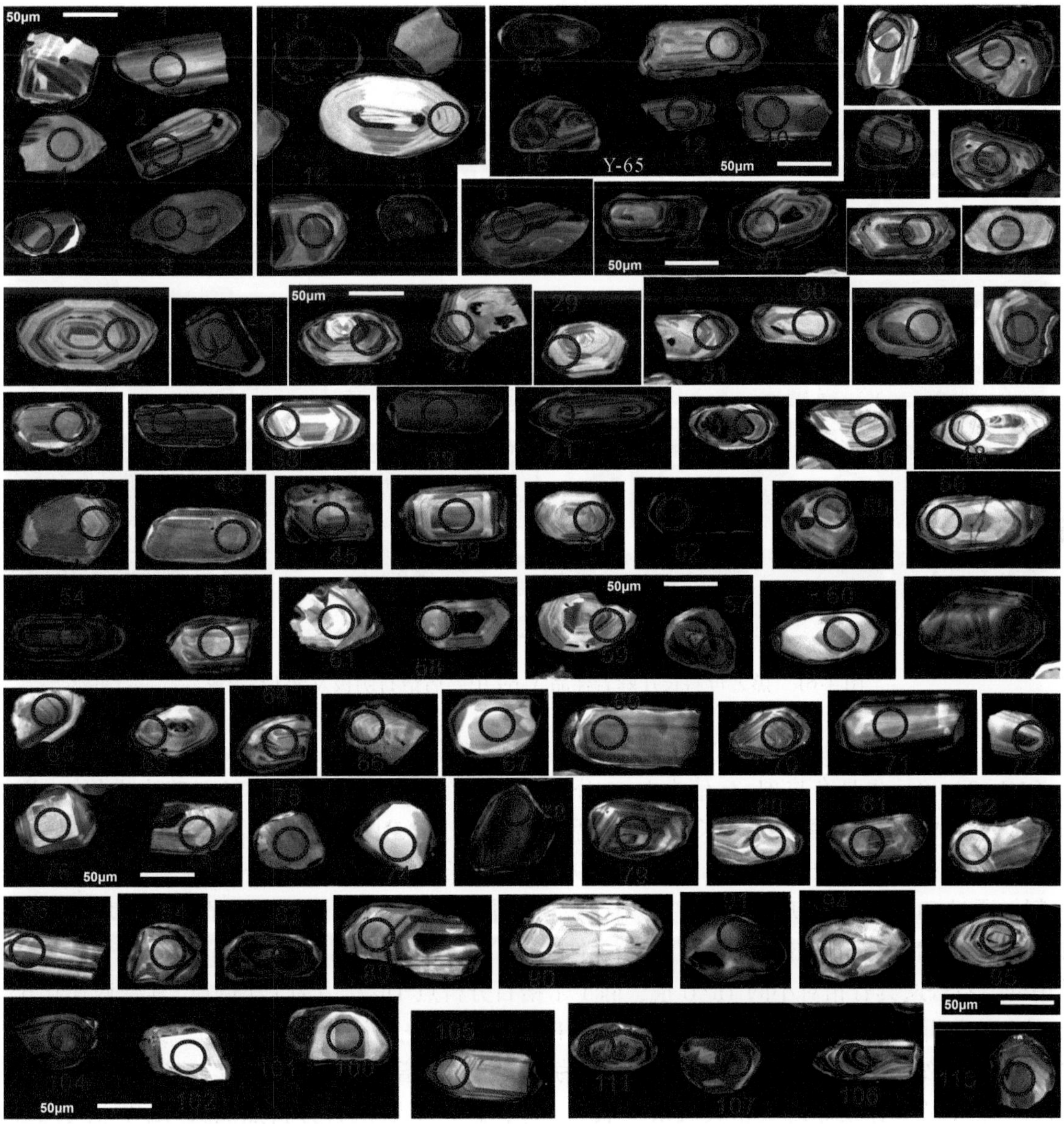

图 4-60　黑云母斜长片麻岩样品 Y-65 中碎屑锆石阴极发光 CL 图像

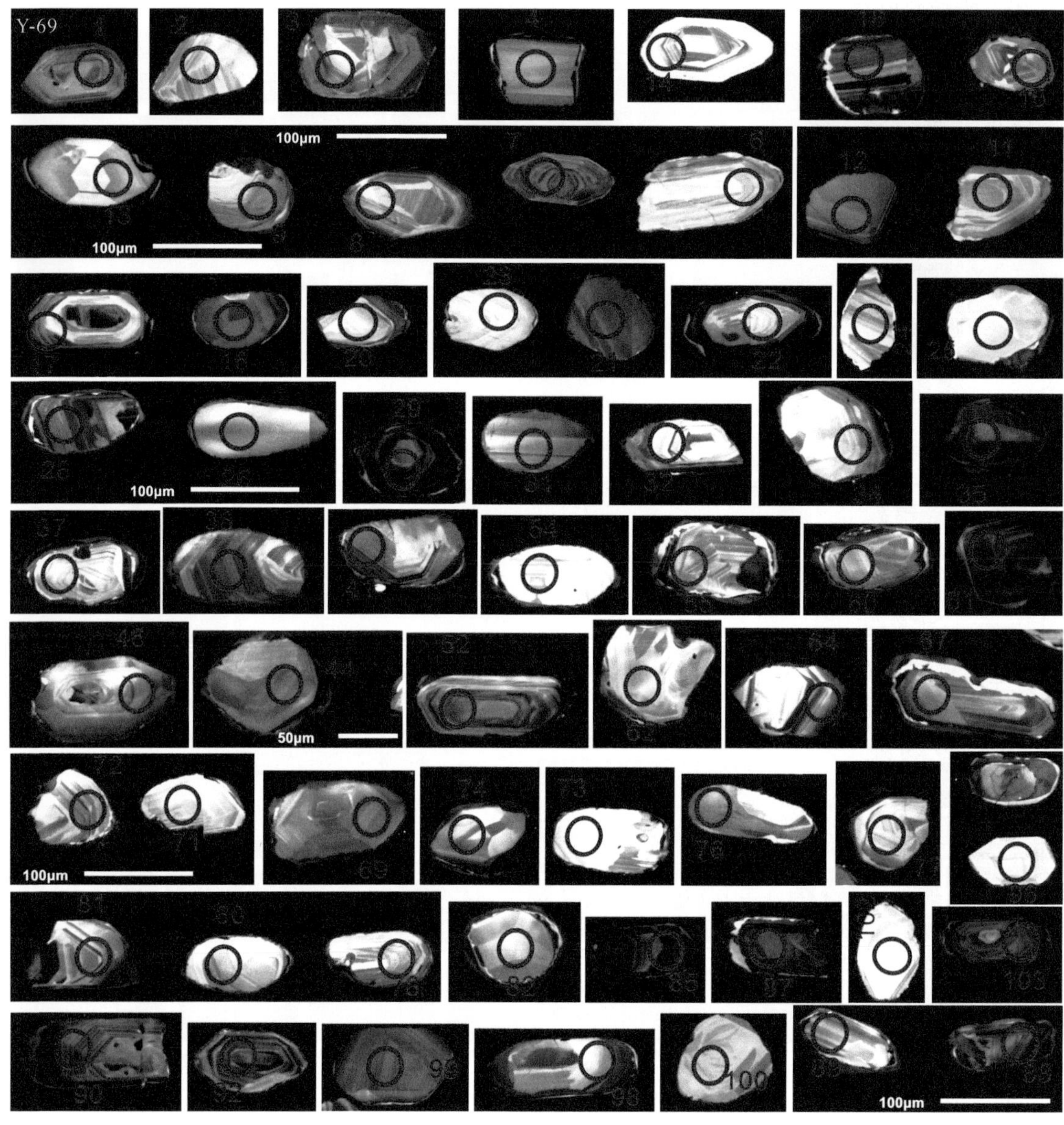

图 4-61　黑云母斜长片麻岩样品 Y-69 中碎屑锆石阴极发光 CL 图像

锆石核部，且具有相对年轻的$^{206}Pb/^{238}U$年龄，但那些 Th/U 值较高的锆石分析点（如 QMY-08-40、QMY-08-47、QMY-08-49）也具有与 Th/U 值为 0.05 分析点相近的$^{206}Pb/^{238}U$年轻年龄（晚中生代），因此，这些锆石应为岩浆成因。②在黑云母斜长片麻岩样品中，样品 Y-65 中除 3 个锆石分析点 Th/U 值小于或等于 0.1 外，其余在 0.13～1.67 之间；而样品 Y-69 除 3 个锆石分析点小于或等于 0.1 外，其余都在 0.13～1.85 之间。通过 CL 图像也发现，样品 Y-69 中 Th/U 值小于或等于 0.1 的 3 个锆石分析点均位于具清晰振荡性环带或扇状环带的锆石核部，因此，暗示了这些锆石核应起源于岩浆成因。③对于硅化板岩样品 BY-09，其中的锆石普遍具有相对小的 Th/U 值，除 1 个锆石分析点 Th/U 值为 1.15 外，其余均在 0.65 以下，且 55%以上的分析点 Th/U 值小于 0.1。尽管样品 BY-09 中锆石普遍具有相对低的、类似于变质成因的锆石的 Th/U 值，但绝大多数分析点位于具有清晰振荡环带的锆石增生边上。进一步结合该样品中锆石 Th/U 值与$^{206}Pb/^{238}U$年龄具有较好的负相关关系（表 4-46），且大多数锆石分析点当其 Th/U 值小于 0.1 时，$^{206}Pb/^{238}U$年龄显示于晚中生代结晶，因此，我们认为这些锆石可能也来源于岩浆结晶。结合锆石 CL 图像，尽管样品 QMY-08、Y-16B、BY-09、Y-65、Y-69 中少数锆石分析点 Th/U 值小于 0.1，但这些分析点均位于清晰的环带中，因此，这些样品中锆石显然具有岩浆来源特征（Hoskin and Schaltegger，2003）。

（3）第三类锆石以板岩质超糜棱岩样品 Y-61 为代表（图 4-62），尽管这类锆石普遍具有半自形-他形形态，但锆石晶体普遍呈等轴，具有相近的长宽比，且长宽普遍在 50～80μm 之间。这种锆石类型的另一特点是，锆石核普遍具有自形形态，振荡性环带或扇形环带清晰，且 CL 图像普遍显示灰白色，而锆石增生边的厚度普遍较薄，呈灰白色或灰黑色。这类锆石也被认为具有岩浆来源特征（Hoskin and Schaltegger，2003），这与它们的 Th/U 值普遍大于 0.1（0.14～1.22）相一致。

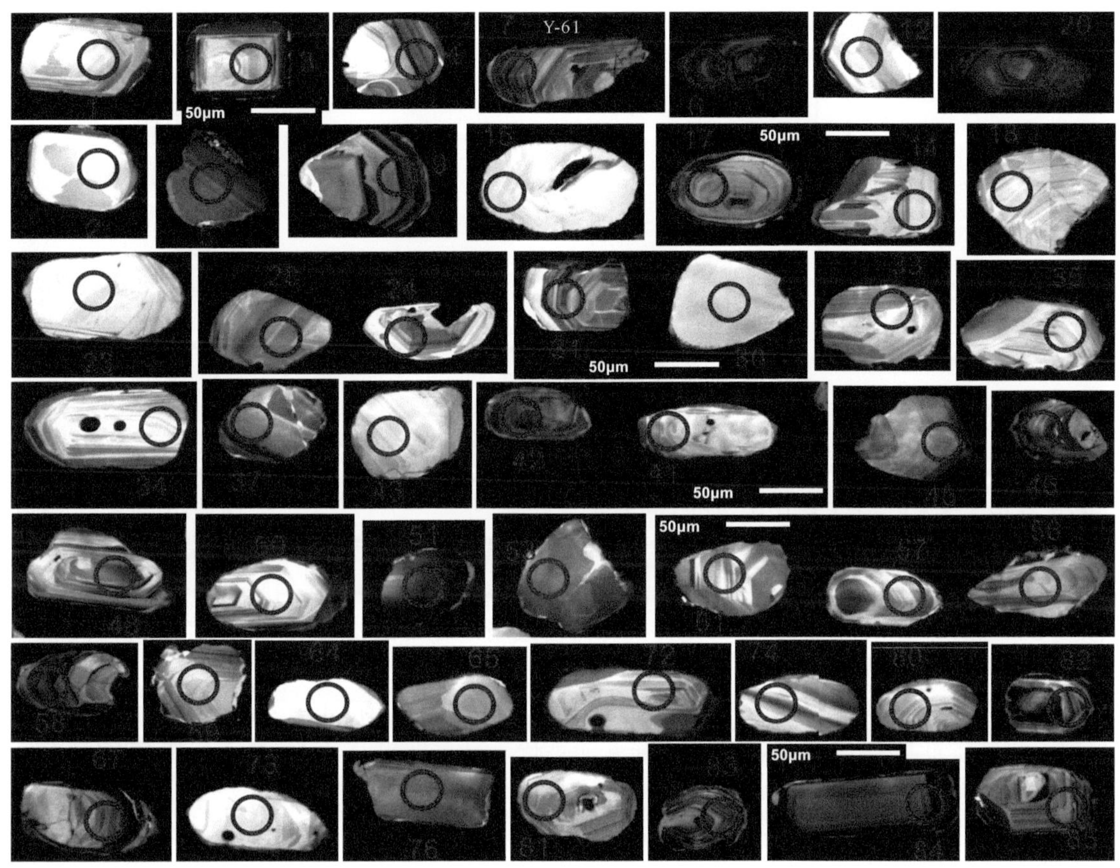

图 4-62　显示板岩质超糜岩样品 Y-61 中碎屑锆石阴极发光 CL 图像

2. 锆石 U-Pb 定年结果

1）混合岩化云母片岩样品 BS03、D2053B

共对样品 BS03 中 26 颗碎屑锆石晶体进行了 30 个 U-Pb 分析，其中因 10 个分析点显示不谐和 U-Pb 年龄而被舍弃，剩余的 20 个锆石分析点产生的谐和-近谐和 U-Pb 年龄变化于约 155Ma 与约 1859Ma 间（表 4-44）。其中，2 颗显示白色 CL 亮光且具有清晰振荡环带的锆石核（BS03-23、BS03-40），产生了最年轻的^{206}Pb/^{238}U 年龄，分别为 161±1Ma、155±2Ma，而 1 颗具有灰色核和黑色幔的锆石核分析点（BS03-54）产生了一个相对最老的^{207}Pb/^{206}Pb 年龄，为 1859±28Ma。

对样品 D2053B 中 21 颗碎屑锆石进行了 21 个 U-Pb 分析，其中由于 8 个分析产生了不谐和 U-Pb 年龄而被舍弃，其余 13 个分析点产生的谐和 U-Pb 年龄变化于约 293Ma 与约 2176Ma 间（表 4-44）。其中，1 颗显示灰色 CL 亮光且具有清晰振荡环带的锆石核（D2053B-40），产生了相对最年轻的^{206}Pb/^{238}U 年龄，为 293±4Ma，而 1 颗具有灰白色核和灰色幔的锆石核分析点（D2053B-32）产生了一个相对老的^{207}Pb/^{206}Pb 年龄，为 2176±23Ma。这两个云母片岩样品中 33 个谐和-近谐和年龄分析点共同确定了 1 个主要的年龄高峰在 500～840Ma（峰值：700Ma），并伴有几个次要的峰值分别在 160Ma、300Ma、1160～1250Ma、1250～1450Ma、1800～2000Ma（图 4-63）。

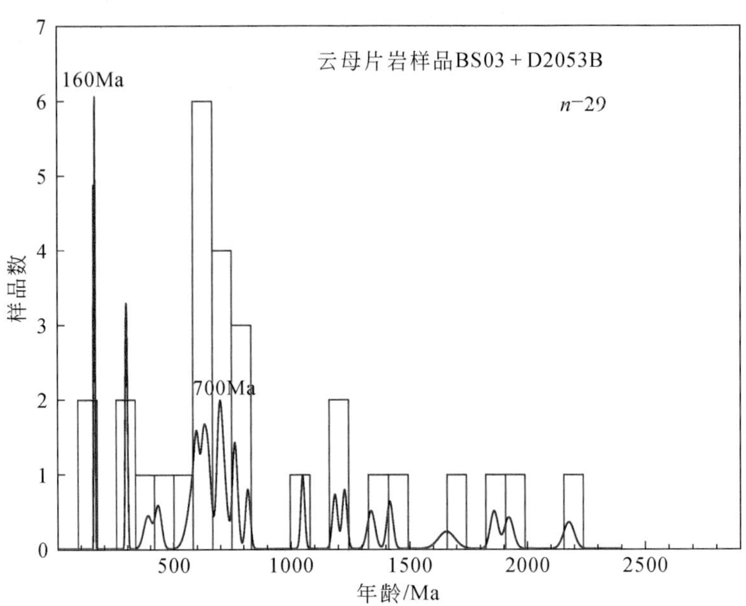

图 4-63　云母片岩样品锆石 U-Pb 年龄直方图

2）混合岩化千糜岩样品（Y-16B、QMY08）

共对样品 Y-16B 中 22 颗碎屑锆石晶体进行了 23 个 U-Pb 分析，其中因 9 个分析点显示不谐和 U-Pb 年龄而被舍弃，剩余的 13 个分析点产生的谐和–近谐和 U-Pb 年龄变化于约 14Ma 与约 42358Ma 间（表 4-45）。其中，3 颗显示灰色或灰白色 CL 亮光且具有振荡或扇形环带的锆石核（Y-16B-15、Y-16B-21、Y-16B-24），产生了最年轻的 $^{206}Pb/^{238}U$ 年龄分别为 148±1Ma、145±1Ma 和 144±2Ma，而 1 颗具核–幔结构，显示灰黑色 CL 亮光的锆石核分析点（Y-16B-29）产生了一个最老的 $^{207}Pb/^{206}Pb$ 年龄为 2358±26Ma。此外，还出现一些早新元古代（862～837Ma）、晚新元古代—早古生代（约 531Ma）、晚古生代—早中生代（308～219Ma）的锆石。

对样品 QMY08 中 16 颗碎屑锆石进行了 16 个 U-Pb 分析，其中因 6 个分析产生了不谐和 U-Pb 年龄而被舍弃，其余 10 个分析点产生的谐和 U-Pb 年龄变化于约 134Ma 与约 4602Ma 间（表 4-45）。其中 5 颗呈灰色–灰黑色 CL 亮光且具有清晰振荡环带的锆石分析点产生了相对年轻的 $^{206}Pb/^{238}U$ 年龄，变化于 134±2Ma 与 146±1Ma 间。有意思的是，1 颗具清晰振荡环带的锆石分析点（QMY08-02）产生了一个与地球年龄相近的 $^{207}Pb/^{206}Pb$ 年龄，为 4602±240Ma。此外，还出现一些早新元古代（885～866Ma）、早古元古代（约 2154Ma）、晚古生代—早中生代（约 267Ma）的锆石。

这两个千糜岩样品中 23 个谐和–近谐和年龄分析点共同确定了 2 个主要的年龄高峰在 270～360Ma（峰值：305Ma）和 130～150Ma（峰值：145Ma），并伴有 2 个次要的峰值，分别在 2100～2400Ma、800～1100Ma（图 4-64）。

3）混合花岗岩（硅质板岩）样品（BY09）

对样品 BY09 中 96 颗碎屑锆石晶体共进行了 96 个 U-Pb 分析，其中因 18 个分析点显示不谐和 U-Pb 年龄而被舍弃，剩余的 78 个分析点产生的谐和–近谐和 U-Pb 年龄变化于约 123Ma 与约 946Ma 间（表 4-46）。其中，1 颗具核–幔结构、由灰白色 CL 亮光和具有振荡环带的锆石核与黑色 CL 亮光的增生边组成的锆石，其核部分析点（BY09-30）产生了最老的 $^{206}Pb/^{238}U$ 年龄，为 946±8Ma。但这个样品的锆石分析点年龄主要集中在 110～175Ma（峰值：137Ma），并伴有 4 个次要的年龄峰值分别在 175～260Ma、440～500Ma、560～660Ma、680～780Ma（图 4-65）。此外，还出现几颗早新元古代（837～946Ma）、早–中古生代（350～418Ma）的锆石。

4）黑云母斜长片麻岩样品（Y-65、Y-69）

对样品 Y-69 中 104 颗碎屑锆石晶体共进行了 104 个 U-Pb 分析，其中因 5 个分析点显示不谐和 U-Pb 年

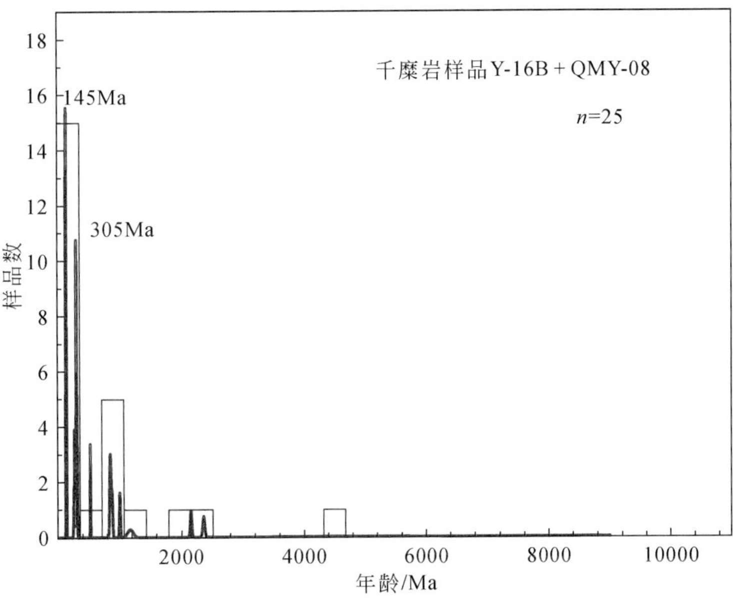

图 4-64　千糜岩样品锆石 U-Pb 年龄直方图

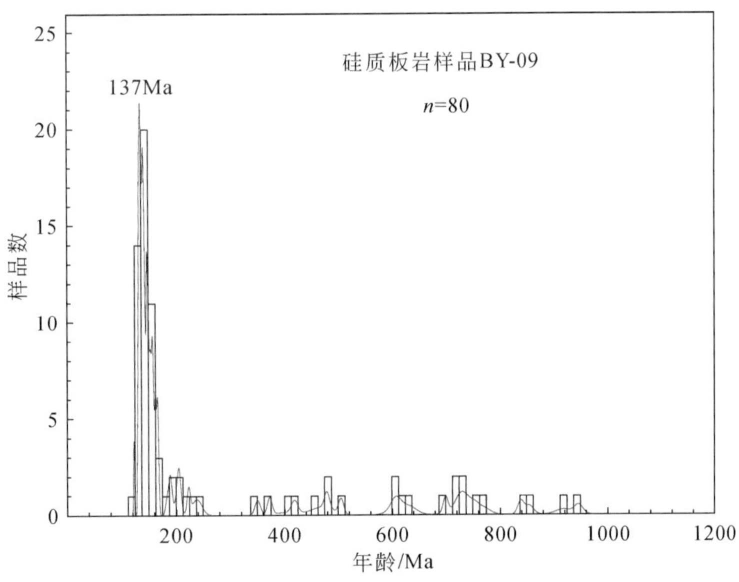

图 4-65　硅质板岩样品 BY09 锆石 U-Pb 年龄直方图

龄而被舍弃，剩余的 99 个分析点产生的谐和–近谐和 U-Pb 年龄变化于约 636Ma 与约 2701Ma 间（表 4-47）。其中 2 颗呈黑色或灰白色 CL 亮光且具有清晰振荡环带的锆石（Y-69-85、Y-69-96），产生了最年轻的 $^{206}Pb/^{238}U$ 年龄分别为 636±8Ma、673±15Ma，而 1 颗具核（灰白色 CL 亮光）–幔（白色 CL 亮光）结构、振荡性环带清晰的锆石核分析点（Y-69-80）产生一个最老的 $^{207}Pb/^{206}Pb$ 年龄，为 2701±26Ma。

对样品 Y-65 中 113 颗碎屑锆石进行了 114 个点的 U-Pb 分析，其中 9 个分析点由于产生了不谐和 U-Pb 年龄而被舍弃，其余 105 个分析点产生的谐和 U-Pb 年龄变化于约 625Ma 与约 2500 Ma 间（表 4-47）。其中，2 颗显示灰黑色或灰白色 CL 亮光且具有清晰振荡环带或扇形环带的锆石分析点（Y-65-03、Y-65-100）产生了相对年轻的 $^{206}Pb/^{238}U$ 年龄变化于 625±7Ma 与 626±5Ma 间。不过，其中分析点 Y-65-100 位于具有核–幔结构的锆石核部。此外，1 颗具清晰扇形环带的锆石核分析点（Y-65-05）产生了一个新太古代—早古元古代的 $^{207}Pb/^{206}Pb$ 年龄，为 2500±26Ma。

这两个黑云母斜长片麻岩样品中共 183 个谐和–近谐和年龄分析点共同确定了 1 个主要的年龄群在 710 ~ 980Ma（峰值：851Ma），并伴有 4 个次要的年龄群分别在 615 ~ 710Ma、970 ~ 2100Ma、2100 ~ 2250Ma、2380 ~ 2750Ma（图 4-66）。

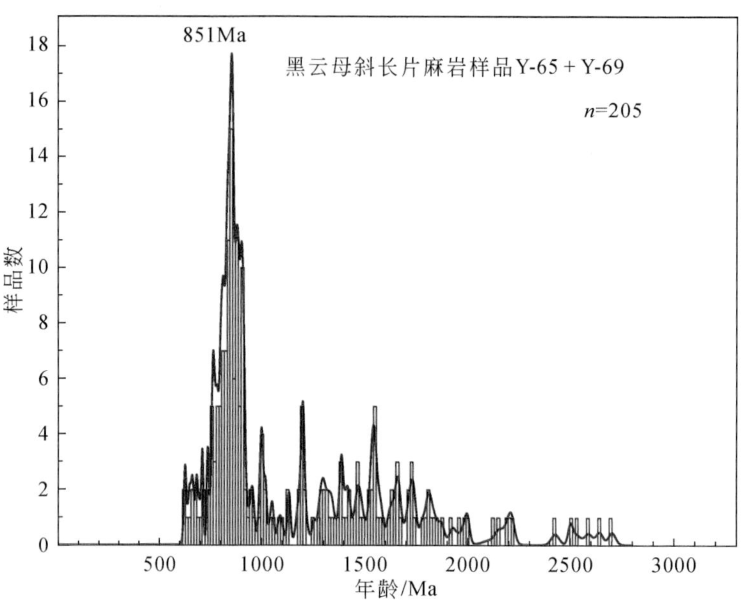

图 4-66　黑云母斜长片麻岩锆石 U-Pb 年龄直方图

5）*糜棱岩化云母片岩样品*（Y-61）

共对样品 Y-61 中 88 颗碎屑锆石晶体进行了 88 个 U-Pb 分析（表 4-48）。这些分析点产生的谐和–近谐和 U-Pb 年龄变化于约 444Ma 与约 2839Ma 间。其中，2 颗自形棱柱状且显示黑色 CL 亮光和清晰振荡环带的锆石颗粒（Y-61-6、Y-61-20）的分析产生了最年轻的^{206}Pb/^{238}U 年龄，分别为 444±5Ma、461±5Ma；而 1 颗呈卵形形态、具有核（灰白色 CL 亮光）–幔（黑色 CL 亮光）结构的振荡性环带清晰的锆石核分析点（Y-61-17）产生了一个最老的^{207}Pb/^{206}Pb 年龄，为 2839±26Ma。这个样品的 88 个锆石谐和–近谐和年龄分析主要集中在年龄群 790 ~ 2000Ma，产生 6 个主要年龄高峰分别在 466Ma、840Ma、925Ma、1140Ma、1600Ma、1770Ma，并伴有 3 个次要的年龄群分别在 660 ~ 710Ma、2140 ~ 2400Ma、2500 ~ 2870Ma（图 4-67）。

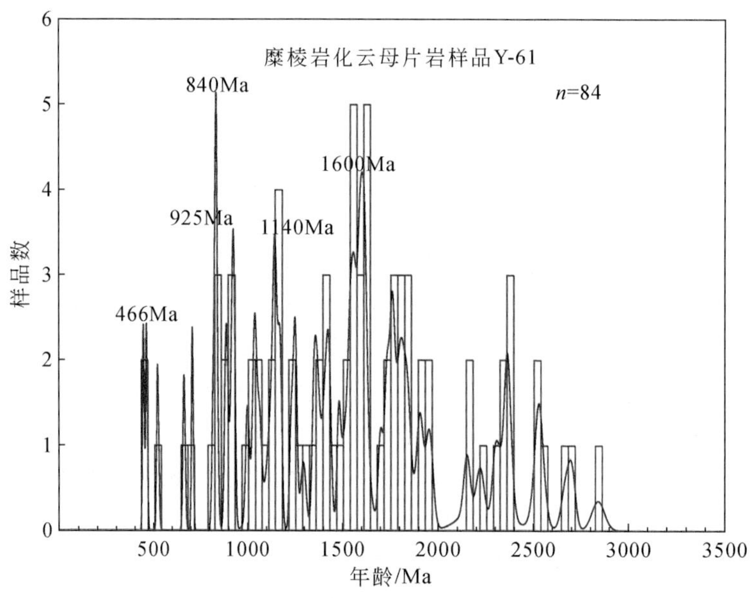

图 4-67　糜棱岩化云母片岩锆石 U-Pb 年龄直方图

4.5.3　碎屑锆石 Hf 同位素

本次对冷家溪群板岩样品 14YJW18 进行了 77 个锆石 Hf 同位素分析，且分析点均对应了进行过 LA-ICP-MS 锆石 U-Pb 定年的相应点。研究中，使用 Belousova 等（2010）的排除标准对 Hf 同位素数据按顺序进行筛选：①排除了那些 U-Pb 不谐和年龄大于 10% 的锆石；②形成年龄比模式年龄更大的锆石被排除；③排除了那些 Th/U 值<0.05 的、可能为变质起源的锆石。根据这个标准，77 个分析点中有 24 个分析点被排除不予讨论。本次所分析的锆石具有典型的振荡环带或扇形环带，且 Th/U 值均大于 0.1（表 4-43、图 4-53），因此，这些分析的锆石为典型的岩浆锆石（Vavra et al., 1996；1999；Corfu et al., 2003；Wu and Zheng，2004；Hoskin and Schaltegger，2003）。从表 4-49 发现，样品 14YJW18 中碎屑锆石颗粒具有高度可变的 Hf 同位素组成，$^{176}Lu/^{177}Hf$ 值变化于 0.000401 ~ 0.002789 间，但大多数集中在 0.000401 ~ 0.002063 之间。而年龄在 730 ~ 900Ma 的锆石颗粒普遍具有较高的$^{176}Hf/^{177}Hf$ 值（普遍大于 0.282000）和低的 Hf 模式年龄（t_{DM}^{C}）（普遍在 1.1 ~ 2.1Ga 之间；图 4-68）。相反，那些年龄在 1.15 ~ 2.65Ga 的锆石普遍具有较低的$^{176}Hf/^{177}Hf$ 值（普遍小于 0.282000）和较高的 Hf 模式年龄（普遍大于 2.1Ga）。不过，上述两类锆石均具有非常正的或非常负的 $\varepsilon_{Hf}(t)$ 值，分别变化于-30.8 ~ 11.2 间、-44.4 ~ 10.4 间（图 4-68）。

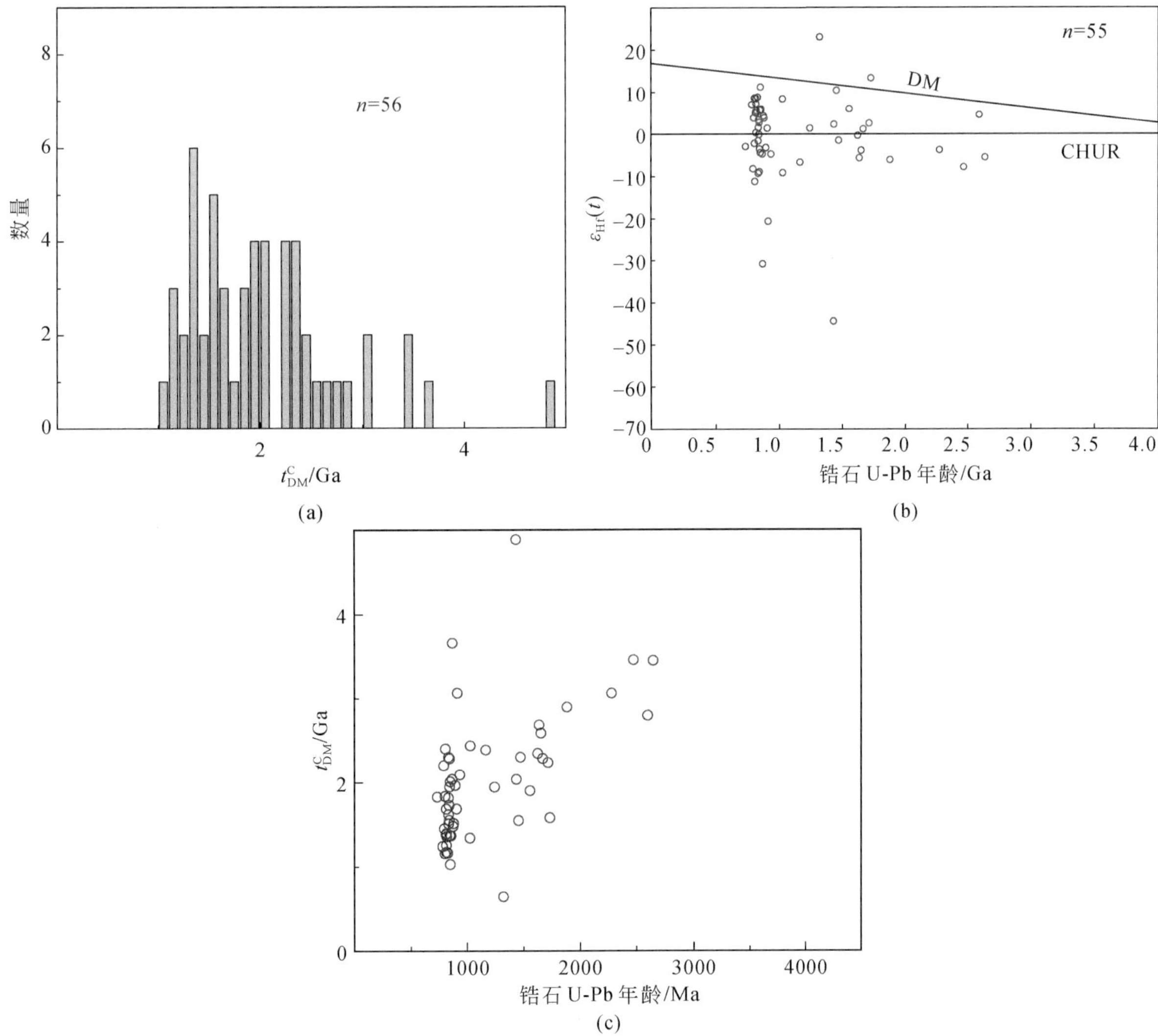

图 4-68　Hf 模式年龄（t_{DM}^{C}）概率直方图（a）、锆石结晶年龄与 $\varepsilon_{Hf}(t)$ 分布图（b）和 Hf 模式年龄（t_{DM}^{C}）图（c）

4.5.4　U-Pb 定年揭示的信息

本次定年结果所获得的一个特别令人费解的问题是：无论被认为早中新元古代（870 ~ 815Ma）的冷家溪群样品，还是被认为所谓的新太古代—早古元古代（贾宝华和彭和求，2005）“连云山岩群”样品，均存在比通常认为的沉积时代更年轻的锆石年龄。

例如，冷家溪群板岩所有样品虽然主要存在 2 个较老的年龄群［图 4-56、图 4-69（a）］：2300 ~ 2740Ma（峰值：2500Ma）、700 ~ 1050Ma（主要集中在 750 ~ 1050Ma，峰值：825Ma），但也存在许多锆石分布在最晚的中新元古代（818 ~ 669Ma，峰值：779Ma）、晚新元古代（637 ~ 606Ma，峰值：616Ma）、早中古生代（505 ~ 350Ma，峰值：410Ma，主要集中于样品 14YJW018）、晚古生代（321 ~ 316Ma，峰值 318Ma，以样品 14WG058 为代表）、早中生代（241 ~ 185Ma，峰值：212Ma，以样品 14YJW018 为代表），以及晚中生代（166 ~ 130Ma，峰值：145Ma，以样品 14YJW018 为代表）。

另外，以往被认为是新太古代—早古元古代（贾宝华和彭和求，2005）的“连云山岩群”样品，如（糜棱岩化）云母片岩、黑云母斜长片麻岩、千糜岩，其锆石年龄分布也存在与冷家溪群板岩同样的现象。虽然这些锆石样品主要存在 4 个形成阶段［图 4-69（b）］：中新太古代（2839 ~ 2500Ma，峰值：2541Ma）、古元古代（2426 ~ 1609Ma，峰值：1823Ma）、中元古代（1592 ~ 1000Ma，峰值：1316Ma）和早中新元古代（998 ~ 660Ma，峰值：855Ma），但也存在许多锆石的年龄分布在最晚的中新元古代（816 ~ 660Ma，峰值：767Ma）、晚新元古代（648 ~ 569Ma，峰值：620Ma）、早中古生代（530 ~ 389Ma，峰值：463Ma）、晚古生代（317 ~ 267Ma，峰值：305Ma），以及晚中生代（161 ~ 134Ma）。

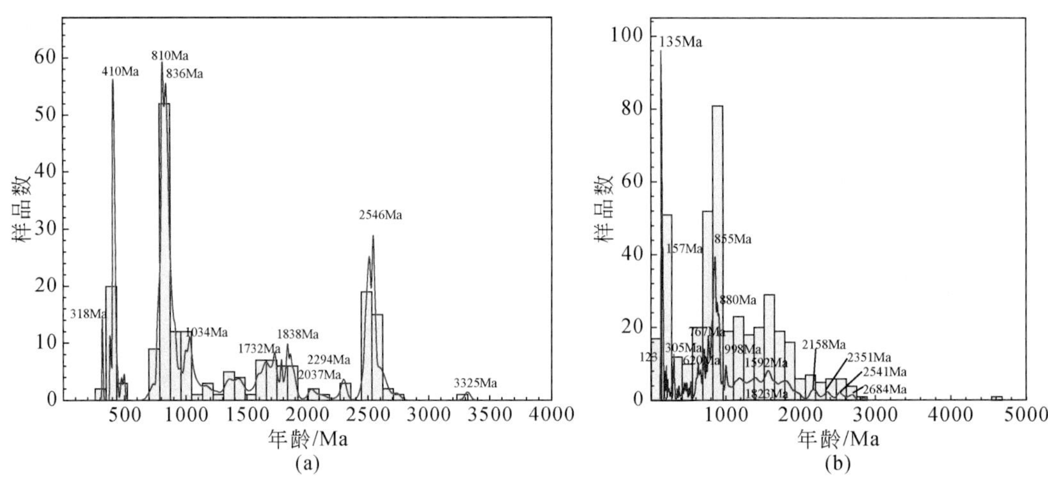

图 4-69　“连云山岩群（?）”锆石 U-Pb 年龄直方图

按理，所分析的前寒武纪变碎屑沉积岩样品不应出现比它们沉积时代更年轻的锆石，除非这些岩石沉积后经历了强烈的热液和/或变质改造（如达高角闪岩相以上），或因岩浆侵入带来的热能导致混合岩化作用，使得先前锆石溶解、再沉淀，或发生重结晶作用。如本章 4.3 节所述，湘东北地区曾发生了达高角闪岩相的变质作用和强烈的热液改造，这些事件应在所研究的锆石中普遍留下痕迹，由于它们会导致锆石中 Th、U 元素发生迁移活动，从而使先前的锆石溶解、再沉淀，出现增生边现象，CL 图像也表现出黑色或灰白色或白色亮光，这在一些样品锆石中普遍可见（详见 4.5.2 节）。然而，这些锆石普遍具有薄的增生边（通常小于 10μm），且绝大部分分析点位于具有清晰振荡环带或扇形环带的锆石部分，且所获得的 Th/U 值普遍大于 0.1（表 4-40 ~ 表 4-48），说明这些锆石并不是变质或热液成因的锆石，这与我们所研究的样品普遍显示低的变质级（低绿片岩相至低角闪岩相）相一致。比较特殊的是，来自冷家溪板岩样品 14WG058 中一颗锆石内 2 个分析点（14WG058-19、14WG058-20；表 4-41），不仅 CL 图像显示灰白色的核和白色的增生边且不具任何环带，而且 Th/U 值均小于 0.1，显然，该颗锆石应为变质成因，因此产生的$^{206}Pb/^{238}U$年龄代表了变质或热液事件时代。而有意义的是样品BY09，大部分锆石分析点的Th/U值小于0.1（表4-45），但均具有振荡性环带，个别显示扇形环带，显然不应是变质成因，而是来源于岩浆结晶。

另外，这是否与样品分选时混样有关呢？本次研究中所有锆石样品均由作者所在课题组成员自己碎样、挑选。即使出现混样现象，不同来源的锆石应显示不同的锆石形态和CL内部结构。然而，从CL图像可以看出，每一个样品内所有锆石的形态和内部结构均基本一致，因此，我们认为本次分析结果不应是锆石混样所造成。

因此，本次分析结果可能暗示了样品来源的地层所沉积时代并非人们普遍认为的早中新元古代或新太古代—早古元古代。

4.5.4.1　冷家溪群最大沉积年龄

假设碎屑锆石在随后的热液活动、变形变质和/或岩浆作用过程中，其U-Pb同位素系统仍然是封闭的，所获得的最年轻的U-Pb年龄群可用于限制沉积层序的最大沉积时间（Kaur et al.，2011及文中参考文献）。根据LA-ICP-MS法锆石U-Pb定年结果，冷家溪群板岩样品存在最年轻的一组锆石年龄群（在1050～750Ma间的早新元古代—中新元古代），所统计得到的最年轻年龄高峰在约825Ma（图4-56），该年龄能被解释为湘东北地区冷家溪群的最大沉积时代，这与以往对同地区的冷家溪群和同期玄武质喷发岩的相关研究相一致（Wang et al.，2007a；Zhao et al.，2011；高林志等，2011；Yao et al.，2013；Zhang et al.，2013b；表4-50）。此外，冷家溪群板岩样品14WG058中存在2个变质成因的锆石，其U-Pb年龄为316～321Ma，可能代表一次海西期变质或热液事件。

表4-50　江南古陆湖南已报道的冷家溪群碎屑和同时代喷出岩锆石U-Pb年龄统计表

序号	岩石	位置	年龄/Ma	定年方法	参考文献
1	冷家溪群	湖南	862±11	锆石LA-ICP-MS U-Pb（最年轻的碎屑锆石）	Wang et al.，2007a
2	冷家溪群	湖南	878～879	锆石LA-ICP-MS U-Pb（最年轻的碎屑锆石）	Zhao et al.，2011
3	七拱群	湖南益阳	约830	锆石LA-ICP-MS U-Pb	Yao et al.，2013
4	虹赤杂砂岩	湖南益阳	约860	锆石LA-ICP-MS U-Pb	Yao et al.，2013
5	冷家溪群斑脱岩	湖南	822±10	锆石SHRIMP U-Pb	高林志等，2011
6	沧水铺安山岩	湖南	822±28	锆石SHRIMP U-Pb	Zhang et al.，2012b
7	沧水铺安山岩	湖南	824±7	Zircon SIMSU-Pb	Zhang et al.，2012b

4.5.4.2　“连云山混杂岩”的提出

“连云山岩群”（?）（糜棱岩化）云母片岩、黑云母斜长片麻岩、千糜岩，其原岩的沉积时代曾被认是新太古代—早古元古代（贾宝华和彭和求，2005）。然而，除2个云母片岩样品（BS03、D2053B）、2个千糜岩样品（Y-16B、QMY08）明显发生混合岩化，并表现非常年轻的晚中生代（晚侏罗世至早白垩世）年龄外，其他未发生混合化作用的样品如糜棱岩化云母片岩样品（Y-61）、黑云母斜长片麻岩样品（Y-65、Y-69）除主要存在新太古代—早古元古代、早古元古代—早中元古代、早中元古代—晚中元古代和早中新元古代4个较老的年龄群外，也有许多锆石的年龄显示样品存在最晚的中晚新元古代和晚新元古代，甚至早古生代。其中，黑云母斜长片麻岩样品（Y-65、Y-69）的碎屑锆石U-Pb年龄变化于约626Ma与约2701Ma间，除产生新太古代—早古元古代（2701～2426Ma，峰值：2564Ma）、早古元古代—早中元古代（2215～1409Ma，峰值：1704Ma）、早中元古代—晚中元古代（1394～1003Ma，峰值：1248Ma）和早中新元古代（991～816Ma，峰值：869Ma）4个较老的年龄群外，也有许多锆石的年龄显示样品存在中晚新元古代（814～660Ma，峰值：760Ma）和晚新元古代（648～625Ma，峰值：634Ma）（图4-66）。类似的，糜棱岩化云母片岩样品（Y-61）碎屑锆石晶体U-Pb年龄变化于约444Ma与约2839Ma间，除产生于中新太古代—早古元古代（2839～2338Ma，峰值：2506Ma）、早古元古代—早中元古代（2299～1410Ma，峰值：1730Ma）、早中元古代—晚中元古代（1394～1035Ma，峰值：1203Ma）和早中新元古代（998～819Ma，峰值：882Ma）4个较老的年龄群外，也有几颗锆石的年龄显示样品产生于中晚新元古代（708～664Ma）和早古生代（522～444Ma，均值：470Ma）（图4-67）。

上述三个样品中所获得的最年轻年龄的锆石均具有清晰的振荡性环带或扇形环带，且Th/U值均大于0.1，因此，它们要么代表了所谓的“连云山岩群”最大的沉积时代，要么代表了一次混合岩化事件，或一次岩浆侵入事件，或一次超变质作用（至少麻粒岩相）事件。由于定年的所谓“连云山岩群”岩石样品变质程度普遍偏低，一种可能的解释是这套岩石沉积时代与冷家溪群相近或较之稍老（上述三个样品碎屑锆石U-Pb年龄主要峰值为871Ma），但在中晚新元古代（760～634Ma）、早古生代各经历了一次混合岩化事件。但还有一种可能的解释是，这套片麻岩、片岩系列未发生混合岩化或超变质作用，因此，其年轻的锆石年龄原岩（分别为634Ma、470Ma）可能代表黑云母斜长片麻岩和云母片岩的原岩分别沉积于震旦纪和早奥陶世。不论是上述何种情形，所谓的“连云山岩群”并不存在，应停止使用。不过，进一步结合华南地质构造，特别是湘东北地区长平深大断裂带的演化特征（详见本书第2章、第5章），我们认为所谓的“连云山岩群”实际上可能是一套由具有不同沉积时代、不同类型岩石组成的混杂堆积，因此，本书将其命名为“连云山混杂岩”，其构造意义详见4.5.5节。

4.5.4.3　混合岩化和韧性变形时代

混合岩是由中高级变质岩和长英质物质两部分岩石所组成，国内学者习惯分别称为基体（古成体）和脉体（新成体）（国外分别称为palesome和neosome；游振东，2014）。混合岩是由芬兰地质学家Sederholm（1907）首次引入的术语，用来描述一类外表很不均匀，由面理化的变质岩基体和顺层或沿裂隙分布的花岗质脉体相互混杂而成的岩石。随后Sawyer和Brown（2008）重新对混合岩定义，提出该类岩石主要发育在中高级变质区域，在微观到宏观尺度上具有不均一性，且由两种或多种不同的岩相组分构成。其中一个组分必须由部分熔融形成，并且包含成因相关的两部分，即浅色体和暗色体。混合岩在古老陆块基底或造山带高级变质地体中常见，且与花岗岩存在紧密的时空关系，因此，混合岩研究涉及混合岩和花岗岩的成因联系、大陆地壳演化以及混合岩化和造山作用的时空关系等关键科学问题（Mehnert，1968；程裕淇，1987；Brown，1994；Sawyer，1996；Foster et al.，2001；Johannes et al.，2003；Yang et al.，2005；Kruckenberg et al.，2011；王信水等，2019）。大量岩石学、地球化学、实验岩石学和年代学研究表明，混合岩存在多种成因机制，包括地壳深熔（或者部分熔融）、变质分异、岩浆注入和交代作用（Turner，1941；Sclar，1965；Johannes and Gupta，1982；Sawyer and Robin，1986；Johannes et al.，1995；Kriegsman，2001）。经过多年来的研究，特别是变质泥质岩K_2O-FeO-MgO-Al_2O_3-SiO_2-H_2O（KFMASH）体系实验模拟，人们对于混合岩形成过程已经有了明确的认识（White et al.，2008），即陆壳岩石的部分熔融和熔体的局部富集是混合岩形成的基本原因。而其基本条件是温度、压力超过一般区域变质岩（极端或深成变质作用），而且有水流体的参与（吴宗絮和Wyllie，1991）。因此查明混合岩的原岩性质和形成时代、不同组分的空间关系和岩石组构以及混合岩化作用的活动期次和时代，以此限定混合岩的形成机制，是深入探讨变质作用-岩浆作用-造山作用的成因关系的基础（王信水等，2019）。

湘东北地区与连云山岩体接触的局部地段或被岩体侵入接触部位，变质沉积岩如黑云母片岩、千糜岩普遍发生混合岩化作用，形成混合岩化黑云母片岩、混合岩化千糜岩、混合岩化花岗岩（图4-70）。混合岩化黑云母片岩（BS03、D2053B）、混合岩化千糜岩（Y-16B、QMY08）、混合花岗岩（BY09）等样品即是其代表。根据连云山地区NW—SE向周洛-龙潭实测剖面所揭示的信息［图3-71（e）］，自NW—SE向，混合岩化逐渐增强，并呈渐变过渡，岩性也从强硅化变沉积岩［见图4-70（a）中左下角］、混合岩化黑云母片岩夹混合岩化千糜岩［图4-70（c）（d）］，变化至强混合岩化黑云母片岩［图4-70（e）］、混合花岗岩［图4-70（f）］，直至侵入的花岗岩［图4-70（g）（h）］。总体上，离连云山岩体越近，混合岩化越强［图4-70（f）（g）］。但因靠近韧性剪切带的强变形中心，岩石发生左旋剪切和强烈糜棱岩化

[图4-70（a）（c）（e）]，并出现强烈剪切褶皱[图4-70（b）]，或表现为细条纹条带状混合岩化千糜岩或超糜棱岩[图4-70（d）]，因而浅色体条带（长英质糜棱岩）与暗色体或古成体条带（黑云母片岩质糜棱岩）普遍交互出现。我们在观察同时还发现，这些岩石可能因多期混合岩化作用，早期形成的混合岩化浅色脉体在后期再次发生强烈韧性剪切变形，表现为多期剪切褶皱构造[图4-70（b）]，以及沿可能为第二期糜棱岩面理（S_2?）分布的颈缩状香肠构造和透镜状构造[图4-70（a）~（c）和（e）]。但由于强烈构造变形和变质改造，早期面理（S_1?）已很难确定，仅能通过残留的早期浅色脉和褶皱包络面来推测图4-70（a）（b）。普遍地，混合岩化岩石中浅色脉体（长英质糜棱岩）和古成体或暗色体呈现条纹条带状构造，脉体条带宽度普遍小于0.5cm，但有些浅色脉体可达10cm以上，且可见规模不一的浅色体条带穿插于古成体条带中。

强硅化含角砾混合岩化片岩[见图4-70（a）中左下角]呈灰绿色，条带状或条纹状构造，局部含构造角砾，由浅色脉体和灰绿色古成体组成，主要矿物为石英（40%）、长石（30%）、绢云母（20%）、绿泥石（5%）及少量白云母。岩石塑性变形强烈，部分碎斑发生碎裂化、细粒化，因而表现糜棱结构、眼球构造，矿物具定向排列，并沿 S_2（?）糜棱面理分布。残斑由石英、长石组成，呈透镜状或眼球状，基质矿物由细-微粒的长石、石英、绢云母组成。其中，浅色脉体表现多期穿插现象且宽度不一，一般小于0.5cm，有的达2~5cm。而暗色体还保留弱板状构造，表现为长石-绢云母-黏土矿物条带夹细-微粒的石英-长石条带，并被晚期石英-绿泥石脉穿插。

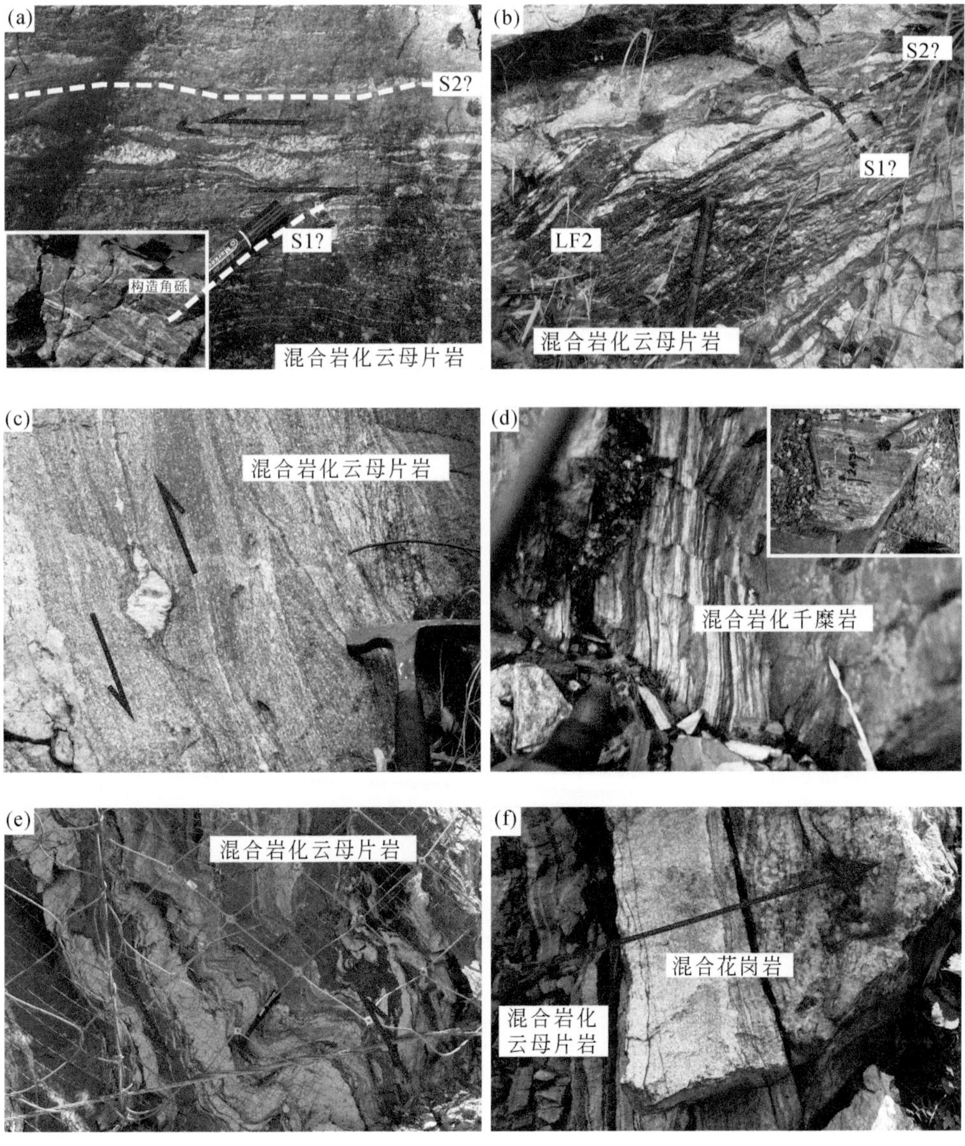

图 4-70　连云山地区周洛至龙潭实测剖面混合岩化岩石野外照片［图（a）~（h）自剖面 NW 至 SE］

（a）强烈剪切变形的混合岩化黑云母片岩，左下角示强硅化含角砾混合岩化片岩；（b）强烈剪切变形的混合岩化黑云母片岩，LF2 代表第二期（?）剪切褶皱轴；（c）强烈剪切变形的混合岩化黑云母片岩；（d）混合岩化千糜岩，夹于混合岩化黑云母片岩中，指示了剪切应变中心部位；（e）强烈剪切变形的混合岩化黑云母片岩；（f）示从强混合岩化黑云母片岩向细粒混合花岗岩、粗粒或斑状混合花岗岩过渡；（g）（h）示花岗岩侵入混合岩化黑云母片岩中。红色箭头示剪切矢量。S1、S2 分别代表早期和晚期面理

混合岩化云母片岩样品（BS03、D2053B）呈灰黑色、黑色或灰白色，条纹条带状构造，由白色的糜棱岩化和强烈剪切变形的浅色脉体与黑色的暗色体或古成体组成。浅色脉体宽度变化较大，虽普遍呈细条纹条带且小于 0.5cm，但有的呈宽的条带状，可达 10 ~ 15cm 宽。浅色条带由细粒石英、白云母、长石及少量绢云母组成，长石呈碎斑状，白云母有膝折。暗色条带主要由黑云母及中细粒石英组成，黑云母强绿泥石化。可见粗粒结晶石英，部分波状消光，与浅色条带石英呈变余熔蚀结构。

混合岩化千糜岩样品（JC-12、Y-16B、QMY08）具有典型的条纹条带状结构，一般来说，浅色体条带与暗色体条带具有相近的宽度，通常小于 0.5cm，但有时浅色体条带宽度可达 1 ~ 2cm。浅色体条带由细粒石英、白云母、长石及少量绢云母组成，显示细粒粒状变晶结构。由于强烈韧性变形作用，矿物细粒化显著，其中，石英普遍呈细粒状、显示动态重结晶作用和波状消光，并呈丝带状集合体平行糜棱面理排列，而长石呈 δ 型旋转碎斑分布于基质中，白云母则显示膝折变形。暗色体或古成体条带主要由绿泥石、黑云母及中细粒石英组成，其中，黑云母定向明显，顺糜棱面理分布，但其绿泥石化强烈，可能是在后期糜棱岩化过程中发生了退变质作用。此外，局部可见粗粒结晶石英，部分波状消光，与浅色条带石英呈变余熔蚀结构。

糜棱岩化混合花岗岩［样品 BY09，图 4-70（f）］与强混合岩化黑云母片岩呈过渡关系。该种岩石呈灰白色、白色，显示细条纹条带至条带状构造，弱残留有古成体条带，且岩性具有从细粒到粗粒或斑状混合花岗岩渐变的特点。其中，强烈糜棱岩化的细粒混合花岗岩呈细条纹状构造，矿物主要由钾长石（45%）、石英（35%）、斜长石（10%）组成，含少量黑云母（8%）、白云母（2%）。有的钾长石、石英呈眼球状构造，糜棱组构。残斑成分主要为钾长石和石英，且残斑周围常有细小的石英颗粒及黑云母包围。基质含量为 15%，碎斑多呈棱角状、眼球状，以长石、石英为主，少量为黑云母，可见书斜构造，S-C 组构，指示左行。黑云母发生绿泥石化。而糜棱岩化粗粒或斑状混合花岗岩残留古成体相对较多［图 4-70（f）］，主要由石英（40%）、斜长石（25%）、钾长石（15%）、黑云母（15%），及少量白云母、绢云母、绿泥石组成；岩石发生细粒化，分为碎斑与基质。碎斑的矿物组成与粒径大小、矿物变形与蚀变特征等，与糜棱岩化花岗质岩类似（图 3-71、图 3-72、图 3-74、图 3-77、图 3-80）。残斑由石英和长石组成，长石主要呈眼球状、透镜状或残斑；石英呈长条形，见波状消光，发育应力纹、动态重结晶，甚至形成重结晶多晶条带；石英和长石残斑边缘或周围见动态重结晶的亚颗粒和新形成的微晶颗粒，类似核-幔结构。基质 10%~15%，由细粒石英、黑云母、白云母组成，弱定向排列，石英集合体无明显拉长，与碎斑构成核-幔结构。

根据对混合岩化黑云母片岩、混合岩化千糜岩中锆石 U-Pb 定年结果，4 个样品除产生少量的冥古宙（4602Ma）、早古元古代（2363Ma）、早古元古代—早中元古代（2176 ~ 1417Ma，峰值：1864Ma）、中中元古代（1339 ~ 1228Ma）和早中新元古代（946 ~ 818Ma，峰值：873Ma）4 个较老的年龄群外，也存在许多锆石年龄分布在中晚新元古代（769 ~ 695Ma，峰值：725Ma）和晚新元古代（647 ~ 569Ma，峰值：

614Ma)、早中古生代(530~389Ma,峰值:456Ma)、中晚古生代(350~267Ma,峰值:303Ma),以及早中生代(241~185Ma,峰值:212Ma)和晚中生代(167~123Ma,峰值:145Ma)之中。特别是晚中生代的锆石最为丰富,又可分为中晚侏罗世(167~146Ma)、晚侏罗世—早白垩世(143~136Ma)和早中白垩世(135~123Ma),它们的峰期分别为154Ma、140Ma和133Ma,与晚中生代三期花岗质岩浆活动事件相一致(详见第3章)。

可见,湘东北地区混合岩化作用的峰期时间在晚侏罗世—早中白垩世。但由于这些岩石表现强烈的多期变形,且锆石所记录的年龄与区域构造-岩浆事件相一致,再综合这些锆石大部分表现为岩浆起源的特征,如果我们认为上述岩石的原岩沉积时代在早中新元古代约873Ma,那么,它们在中晚新元古代、早古生代和早中生代至少还经历了一次混合岩化作用,但具体发生在哪一个时期,本书还不能确定。另外,结合湘东北地区未变形的晚中生代花岗质岩体U-Pb定年结果,并考虑变形的晚中生代花岗质岩云母类Ar-Ar定年(详见第3章、第5章),我们推测韧性剪切变形时代最早发生于早白垩世约140Ma,可能延伸到早中白垩世约130Ma(135~122Ma)。

4.5.5 变沉积岩源区特征及构造意义

4.5.5.1 混合岩化变沉积岩源区特征

为进一步确定“连云山岩群”与混合花岗岩的起源,也就是后者是否来源于所谓的“连云山岩群”,本书对6个混合岩化黑云母片岩样品、7个混合岩化千糜岩样品、8个黑云母斜长片麻岩样品,以及10个糜棱岩质混合花岗岩样品分别开展了Sm-Nd同位素分析,分析结果见表4-51。Sm-Nd同位素分析在中国科学院广州地球化学研究所同位素地球化学国家重点实验室MC-ICP-MS仪器上完成,利用阳离子树脂交换柱对Sr和Nd元素进行提取,盐酸作为淋洗液。实验过程具体描述见韦刚健等(2002)和Li等(2004)。$^{143}Nd/^{144}Nd$测定值通过$^{146}Nd/^{144}Nd=0.7219$校正质量分流,而$^{143}Nd/^{144}Nd$的报道值通过Shin-Etsu JNdi-1标准$^{143}Nd/^{144}Nd=0.512115$进行校正(Yuan et al., 2010)。在计算相关参数时,我们采用了冷家溪群的沉积时代850Ma。

从表4-51可见,糜棱岩质混合花岗岩的$^{147}Sm/^{144}Nd$、$^{143}Nd/^{144}Nd$测定值分别变化于0.0873~0.0942(平均:0.0911)之间、0.512013~0.512069(平均:0.512025)之间;所计算的($^{143}Nd/^{144}Nd$)$_i$和$\varepsilon_{Nd}(t)$值分别为0.511491~0.511548(平均:0.511517)、-0.69~0.13(平均:-0.47)。由于所有样品的f(Sm/Nd)值在-0.56~-0.52间,所计算的二阶段模式年龄变化于1530~1593Ma间,其平均值为1550Ma。

混合岩化千糜岩的$^{147}Sm/^{144}Nd$、$^{143}Nd/^{144}Nd$测定值分别变化于0.1085~0.1205(平均:0.1148)之间、0.511979~0.512027(平均:0.512007)之间;所计算的($^{143}Nd/^{144}Nd$)$_i$和$\varepsilon_{Nd}(t)$值分别为0.511340~0.511394(平均:0.511367)、-3.94~-2.88(平均:-3.40)。由于所有样品的f(Sm/Nd)值在-0.45~-0.39(平均:-0.42),所计算的二阶段模式年龄变化于1745~1830Ma间,其平均值为1787Ma(表4-51)。

混合岩化黑云母片岩的$^{147}Sm/^{144}Nd$、$^{143}Nd/^{144}Nd$测定值分别变化于0.1128~0.1219(平均:0.1177)之间、0.511886~0.511940(平均:0.511915)之间;所计算的($^{143}Nd/^{144}Nd$)$_i$和$\varepsilon_{Nd}(t)$值分别为0.511235~0.511282(平均:0.511259)、-5.99~-5.07(平均:-5.53)。由于所有样品的f(Sm/Nd)值在-0.43~-0.38(平均:-0.40)间,所计算的二阶段模式年龄变化于1922~1996Ma间,其平均值为1958Ma(表4-51)。

黑云母斜长片麻岩的$^{147}Sm/^{144}Nd$、$^{143}Nd/^{144}Nd$测定值分别变化于0.1119~0.1232(平均:0.1172)之间、0.511783~0.511994(平均:0.511882)之间;所计算的($^{143}Nd/^{144}Nd$)$_i$和$\varepsilon_{Nd}(t)$值分别为0.511159~0.511312(平均:0.511229)、-7.48~-4.49(平均:-6.12)。由于所有样品的f(Sm/Nd)

值在-0.43～-0.37（平均：-0.40）间，所计算的二阶段模式年龄变化于1874～2116Ma间，其平均值为2006Ma（表4-51）。

表4-51　湘东北地区“连云山岩群”变质沉积岩和混合花岗岩Sm-Nd同位素组成

样品号	岩性	U-Pb年龄/Ma	Sm/10^{-6}	Nd/10^{-6}	$^{147}Sm/^{144}Nd$	$^{143}Nd/^{144}Nd$	2σ	$(^{143}Nd/^{144}Nd)_i$	$\varepsilon_{Nd}(0)$	$\varepsilon_{Nd}(t)$	t_{DM1}/Ma	f(Sm/Nd)	t_{DM2}/Ma
BY03	糜棱岩质混合花岗岩	850	4.46	30.88	0.0873	0.512017	0.000006	0.511530	-12.12	-0.22	1365	-0.56	1530
BY04		850	5.926	39.26	0.0912	0.512020	0.000005	0.511512	-12.05	-0.58	1404	-0.54	1559
BY05		850	5.789	37.15	0.0942	0.512016	0.000006	0.511491	-12.14	-0.99	1444	-0.52	1593
BY06		850	4.101	26.52	0.0935	0.512069	0.000006	0.511548	-11.10	0.13	1369	-0.52	1502
BY07		850	6.778	45.8	0.0895	0.512016	0.000005	0.511517	-12.13	-0.47	1389	-0.55	1550
BY08		850	5.513	36.7	0.0908	0.512013	0.000006	0.511506	-12.20	-0.69	1409	-0.54	1568
BS003		850	6.58	27.35	0.24161	0.512051	0.000006	0.510703	-11.47	-16.39		0.23	2901
BS004		850	5.80	24.49	0.11639	0.512048	0.000009	0.511401	-11.47	-2.74	1719	-0.41	1734
D2051A	混合岩化黑云母片岩	850	8.805	43.68	0.1218	0.511914	0.000004	0.511235	-14.12	-5.99	2044	-0.38	1996
D2051B		850	8.29	41.62	0.1204	0.511919	0.000006	0.511248	-14.03	-5.74	2004	-0.39	1976
D2051E		850	6.695	35.54	0.1139	0.511917	0.000006	0.511282	-14.07	-5.07	1877	-0.42	1922
D2053A		850	5.896	31.59	0.1128	0.511886	0.000005	0.511257	-14.67	-5.56	1904	-0.43	1961
BS01		850	6.821	33.81	0.1219	0.511940	0.000006	0.511260	-13.62	-5.50	2004	-0.38	1956
BS02		850	5.547	29.14	0.1151	0.511912	0.000005	0.511271	-14.16	-5.30	1907	-0.42	1940
Y-16A	混合岩化千糜岩	850	2.895	14.85	0.1178	0.512027	0.000005	0.511370	-11.91	-3.35	1781	-0.40	1782
QMY01		850	4.159	22.58	0.1113	0.511996	0.000005	0.511376	-12.51	-3.24	1713	-0.43	1774
QMY03		850	3.033	16.21	0.1131	0.512002	0.000005	0.511372	-12.40	-3.32	1735	-0.43	1780
QMY05		850	4.742	25.02	0.1146	0.511979	0.000004	0.511340	-12.86	-3.94	1796	-0.42	1830
QMY06		850	3.498	19.49	0.1085	0.511999	0.000005	0.511394	-12.46	-2.88	1664	-0.45	1745
Y-61A		850	2.421	12.45	0.1175	0.512023	0.000005	0.511368	-12.00	-3.40	1782	-0.40	1787
Y-34		850	6.349	31.86	0.1205	0.512023	0.000006	0.511351	-12.00	-3.72	1837	-0.39	1812
Y-61B	黑云母斜长片麻岩	850	6.857	37.03	0.1119	0.511783	0.000004	0.511159	-16.68	-7.48	2040	-0.43	2116
Y-61C		850	6.773	35.09	0.1167	0.511831	0.000005	0.511180	-15.75	-7.06	2065	-0.41	2082
Y-20B		850	7.046	34.99	0.1217	0.511883	0.000004	0.511205	-14.72	-6.58	2091	-0.38	2043
Y-20C		850	7.049	37.69	0.1130	0.511844	0.000004	0.511214	-15.48	-6.40	1971	-0.43	2029
Y-54A		850	4.645	22.94	0.1224	0.511994	0.000007	0.511312	-12.56	-4.49	1923	-0.38	1874
Y-54C		850	7.493	38.91	0.1164	0.511943	0.000006	0.511294	-13.57	-4.85	1886	-0.41	1903
Y-65		850	6.937	34.04	0.1232	0.511957	0.000004	0.511270	-13.28	-5.30	2002	-0.37	1940
X-20		850	6.483	34.94	0.1122	0.511820	0.000004	0.511195	-15.96	-6.78	1990	-0.43	2059

从以上Sm-Nd同位素组成可以发现以下两个方面的信息：

（1）糜棱岩质混合花岗岩相比混合岩化黑云母片岩、混合岩化千糜岩和黑云母斜长片麻岩具有非常高的$\varepsilon_{Nd}(t)$值，暗示糜棱岩质混合花岗岩并不是来源于这些地壳岩石部分熔融的结果，因而也不是这些地壳岩石变质分异的结果（Turner，1941；Sclar，1965；Johannes and Gupta，1982；Sawyer and Robin，1986；Johannes et al.，1995；Kriegsman，2001）。因此，最可能的成因方式是通过岩浆注入或交代作用形成。此外，如果糜棱岩质混合花岗岩是交代作用成因，那就要求有大规模的、来源于亏损地幔的岩浆侵入，$\varepsilon_{Nd}(t)$值至少为7.5，显然，这是不可能的，因为在中晚侏罗世—早白垩世，湘东北并未出现大规模的同期基性或超基性岩浆岩，野外观察和薄片鉴定也未发现明显交代现象（图 4-71）。所以，岩浆注入可能是连云山地区糜棱岩质混合花岗岩成因的最好解释。不过，这种注入的岩浆明显具有酸性偏中性的特征（详见第 3 章），与连云山花岗质岩体相比，SiO_2 含量在 68% 左右，明显低于连云山花岗质岩体（普遍在 71% 以上）；而镁铁质含量则明显偏高，∑(FeO+MgO+CaO) 达到 10.41%；同时还具有显著的 Eu 负异常（δEu 在 0.3 左右）、相对高的 LREE 和 HREE 含量，以及相对高的 Co、Cr、Cu、Ni、Ga、Ge、Sc、W、Zn、Rb、Nb、Ta 和 Y 含量，但相对低的 Ba、Mo、Pb、Sr、Th、Zr、Hf 和 Sb 含量。因此，连云山混合花岗岩与连云山花岗质侵入体并不具有相同的源区。

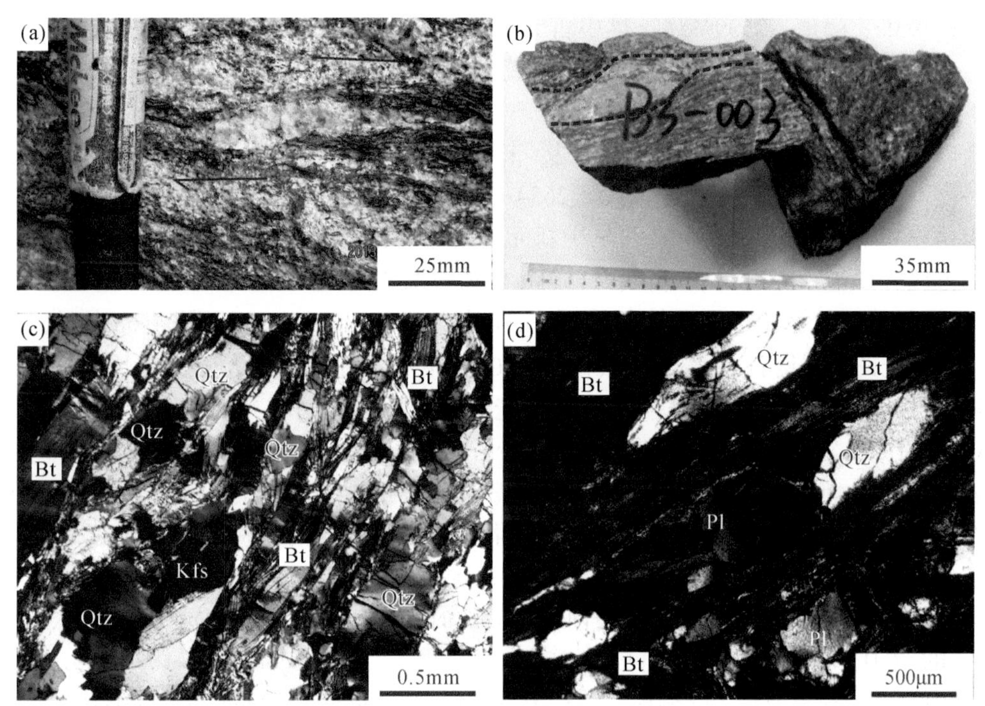

图 4-71　连云山地区周洛至龙潭实测剖面混合花岗岩野外和显微照片［（c）和（d）为正交偏光］

（a）示右旋剪切变形的混合花岗岩；（b）千糜状混合花岗岩；（c）（d）混合花岗岩中矿物呈定向排列。Qtz. 石英；Pl. 斜长石；Kfs. 钾长石；Bt. 黑云母。红色箭头示剪切矢量

（2）混合黑云母片岩、混合千糜岩和黑云母斜长片麻岩的原岩可能具有不同的源区岩。从 Sm-Nd 同位素分析结果来看，混合千糜岩普遍较黑云母片岩和黑云母斜长片麻岩具有相对高的 $\varepsilon_{Nd}(t)$ 值，且与湘东北大万金矿区冷家溪群坪原组板岩相近，均在-3.4 左右；而混合黑云母片岩和黑云母斜长片麻岩则与黄金洞金矿区冷家溪群小木坪组板岩具有相近的 Sm-Nd 同位素组成，$\varepsilon_{Nd}(t)$ 值普遍在-7.0 ~ -4.4 之间。结合 Nd 二阶段模式年龄，千糜岩和冷家溪群坪原组板岩的原岩应来源于约 1790Ma 的源区岩，而黑云母片岩和黑云母斜长片麻岩以及黄金洞金矿区冷家溪群小木坪组板岩的原岩应来源于 2050 ~ 1950Ma 的源区岩。混合花岗岩则可能起源于约 1550Ma 的更年轻地壳物质部分融熔结果。

结合主/微量元素分析（详见本章 4.4 节）和锆石 Lu-Hf 同位素分析，冷家溪群坪原组和下覆的小木坪组具有不完全一致的源区。$\varepsilon_{Nd}(t)$ 值表明，冷家溪群坪原组比小木坪组的源区岩包含更多的新生地壳物质。尽管冷家溪群小木坪组部分年龄为 800 ~ 1050Ma 的锆石具有 1.0 ~ 1.3Ga 较年轻的二阶段 Hf 模式年龄（t_{DM2}），且 $\varepsilon_{Hf}(t)$ 值多为正值（图 4-68），指示新元古代有大量新生地壳物质参与沉积，但 $\varepsilon_{Hf}(t)$ 值表现较大变化范围（主要在-11.5 ~ 11.5），因此新生地壳物质参与量较坪原组要少得多。

4.5.5.2　变沉积岩源区及构造意义

碎屑锆石年龄谱反映了其源岩的年龄分布，这是识别来自不被怀疑的或被侵蚀的源区的沉积物源区的关键（Rainbird et al., 2001）。通过对被调查的沉积单元中碎屑锆石年龄谱在侧向和层序上的对比，可

以限定沉积源区随时间的变化，从而反映盆地的演化历史（Fonneland et al.，2004）。然而，有人指出，对源区的解释必须考虑碎屑可能通过相同或更老的沉积体系发生再循环（Dickinson and Gehrels，2003）。

1. 冷家溪群源区特征及构造意义

根据微量元素地球化学特征、Sm-Nd 同位素组成、碎屑锆石 U-Pb 定年结果和 Lu-Hf 同位素组成，冷家溪群坪原组和下覆的小木坪组可能具有不同的源区，因此，本节将这两个亚层分开讨论后，再系统总结冷家溪群变沉积岩的源区特征。

来自湘东北地区大万金矿区 5 个冷家溪群坪原组板岩样品主要产生三个年龄群：中新太古代—早古元古代（2739～2479Ma，峰值：2539Ma）、早中古元古代—早中元古代（2054～1591Ma，峰值：1791Ma）和早中新元古代（994～798Ma，峰值：853Ma）。此外，也有少量的中晚中元古代（1394～1170Ma，峰值：1314Ma）锆石出现。

与大万金矿区冷家溪群坪原组板岩样品类似，来自黄金洞金矿区 1 个冷家溪群小木坪组板岩样品主要产生三个年龄群：中新太古代—早古元古代（2654～2121Ma，峰值：2445Ma）、早中古元古代—早中元古代（2033～1433Ma，峰值：1658Ma）和早中新元古代（935～734Ma，峰值：837Ma）。此外，也有少量的中晚中元古代（1320～1028Ma，峰值：1159Ma）和古太古代锆石出现。

锆石 Hf 模式年龄能对年轻地壳的生长给出年龄制约（Zou et al.，2017）。图 4-68 的 t_{DM}^{C} 模式年龄分布表明，冷家溪群最老的碎屑锆石 t_{DM}^{C} 模式年龄约 3.07Ga，暗示湘东北地区大陆壳增长最早发生在太古宙，但该大陆壳随后被改造。较年轻的源区岩往往比古老源区岩更容易循环，因此古老地壳的比例更容易保存（Hawkesworth et al.，2013），如此，冷家溪群中最古老的 t_{DM}^{C} 模式年龄将比上覆地层（如板溪群或“连云山岩混杂岩”）更老，但比下覆的古老基底更年轻。此外，最古老的碎屑锆石跨越球粒陨石 $\varepsilon_{Hf}(t)$ 线，表明这些锆石结晶于源自年轻地壳或原始地幔的岩浆。如果考虑先前对局部地区进行的 Hf 同位素分析（Xu et al.，2014a，2014b；Zhou et al.，2015；Zou et al.，2017），湘东北地区大陆壳可能首先出现在 4.0～3.6Ga，然后被改造。另外，与地球历史之前和之后的时代相比，定义的地球中年的 1.7～0.75Ga 时期是独一无二的（Holland，2006；Shields，2007；Bradley，2008；Bekker et al.，2010；Cawood and Hawkesworth，2014），罗迪尼亚超大陆循环（1.3～0.75Ga）和 Columbia/Nuna 超大陆循环中一部分（2.1～1.3Ga）涵盖在这个时期内。越来越多的证据表明，地球进入了一个独特的时代，其特点是地球浅表（大气、海洋、生物圈）和深部（岩石圈）稳定性，与史前和史后戏剧性变化形成鲜明对比（Bradley，2011；Cawood and Hawkesworth，2014）。地球中年时期的最显著特征可以概括如下：这期间以被动大陆边缘很少出现为标志（Bradley，2008），与沿超级大陆边缘发展了一系列汇聚型增生造山带和不出现与罗迪尼亚超级大陆时期（1.3～0.8Ga）相对应的明显被动边缘年龄峰值相一致；条带状含铁建造（BIF）（Bekker et al.，2010），以及造山型金矿（Goldfarb et al.，2001）和 VHMS 型矿床（Mosier et al.，2009）也很少出现在这个时期。这个年龄段碎屑锆石的 $\varepsilon_{Hf}(t)$ 值普遍跨过球粒陨石线，且无有意义的异常（Belousova et al.，2010；Cawood and Hawkesworth，2014）。地球中年时期的这些现象暗示它们是相互连接的，因此被共同的构造过程和地球内部循环演化所控制。在图 4-68（c）碎屑锆石结晶年龄与 t_{DM}^{C} Hf 模式年龄图中，所分析的冷家溪群中碎屑锆石有 85% 左右其地壳孵育时间超过 300Ma，暗示这些锆石大部分结晶于含有大数量古老地壳岩石熔融的花岗质岩浆，但有部分地幔来源物质的加入。另一个关键观察是，在图 4-68（a）所示的大多数时间段内，一部分具有意义的、其 $^{207}Pb/^{206}Pb$ 年龄为 2.5Ga 和 1.0～0.7Ga 的岩石似乎直接来自地幔源区，因此这种地幔来源的岩石应代表年轻地壳，并不是再循环物质。这表明，晚新太古代和新元古代都是新生地壳的重要增长时期。对于这些年龄在 1.0Ga 与 0.7Ga 间的碎屑锆石还存在一个随结晶年龄降低，最大的地壳孵育时间也随之大幅降低的趋势［图 4-68（c）］，暗示了地壳改造速度越来越迅速，而来源于更老地壳的年轻的锆石并不改造（Wu et al.，2008）。此外，我们也非常清晰地看到［图 4-68（b）］，湘东北地区元古宙地壳基底岩石的形成一部分来自先前改造的大陆成分，另一部分则来自大量年轻岩浆的加入。

陆地大陆地壳可以定义为能将地球与太阳系其他行星区分开来的独特特征。大陆地壳的形成和演化一直是地球科学中重要的，也是长期争论的课题（Rudnick，1995；Hawkesworth and Kemp，2006）。目前已提出了解释大陆地壳生长和演化方式的两个主要假设：周期性（episodic）生长模式和持续性（continuous）生长模式。前者强调，地壳增长事件是呈现周期性几个主要的峰值，这是基于全球碎屑锆石 U-Pb 年龄峰和 Hf 同位素数据库（Condie et al.，2009；Condie and Aster，2010；Condie，2014）。相反，后者则强调大陆地壳在整个地球历史上一直以可变的或/和稳定的速率生长（Armstrong，1981，1991；Belousova et al.，2010；Hawkesworth et al.，2010）。因此，以锆石 U-Pb 年龄峰值探讨这个模式将受到新地壳形成中锆石良好保存的严重影响，并不要求地壳产生或岩浆活动的加速脉冲（Hawkesworth et al.，2009；2010）。显然，区分上述两种地壳增长模式的关键是如何确定新形成的地壳中锆石保存的影响。

如图 4-68（a）所示，湘东北大陆地壳的增生主要发生在 2740～700Ma 之间，并具有两个重要的生长幕：2740～2300Ma（峰值：2546Ma）和 1000～700Ma（峰值：842Ma）。这些年龄段的碎屑锆石的磨圆度都相对较低，晶体自形程度较高，因此应都来源于近源区（如扬子板块）。如这样，湘东北最重要的地壳增生事件来源于发生在超大陆循环时期含有新生地壳物质或地幔物质的岩浆侵入事件。如果上述峰值是超级大陆聚合时期良好的保存潜力造成的，则超级大陆形成与锆石 Hf 模式年龄之间的良好相关性将显而易见（Wang et al.，2011）。本书研究表明［图 4-68（a）、图 4-72］，冷家溪群碎屑锆石 Hf 模式年龄不仅与超大陆形成时间具有良好相关性，还与华南扬子板块形成时间具有很好的相关性，但与华夏板块却无好的相关性，因此本书更趋于大陆壳连续生长模式。

尽管冷家溪群坪原组和下覆的小木坪组具有相似的碎屑锆石年龄谱，暗示它们来源于一个共同的源区，但可能由于源区岩组成成分的差异，从而导致两者表现不同的元素和 Sm-Nd 同位素地球化学组成上的差异。从微量元素比值如 Th/Sc、Th/U、Sm-Nd 同位素组成 $\varepsilon_{Nd}(t)$ 以及 Lu-Hf 同位素组成来看，冷家溪群坪原组比下覆的小木坪组具有更低的 Th/Sc 值（小于 0.8）和更高的 Th/U 值（5.6～6.4），以及更

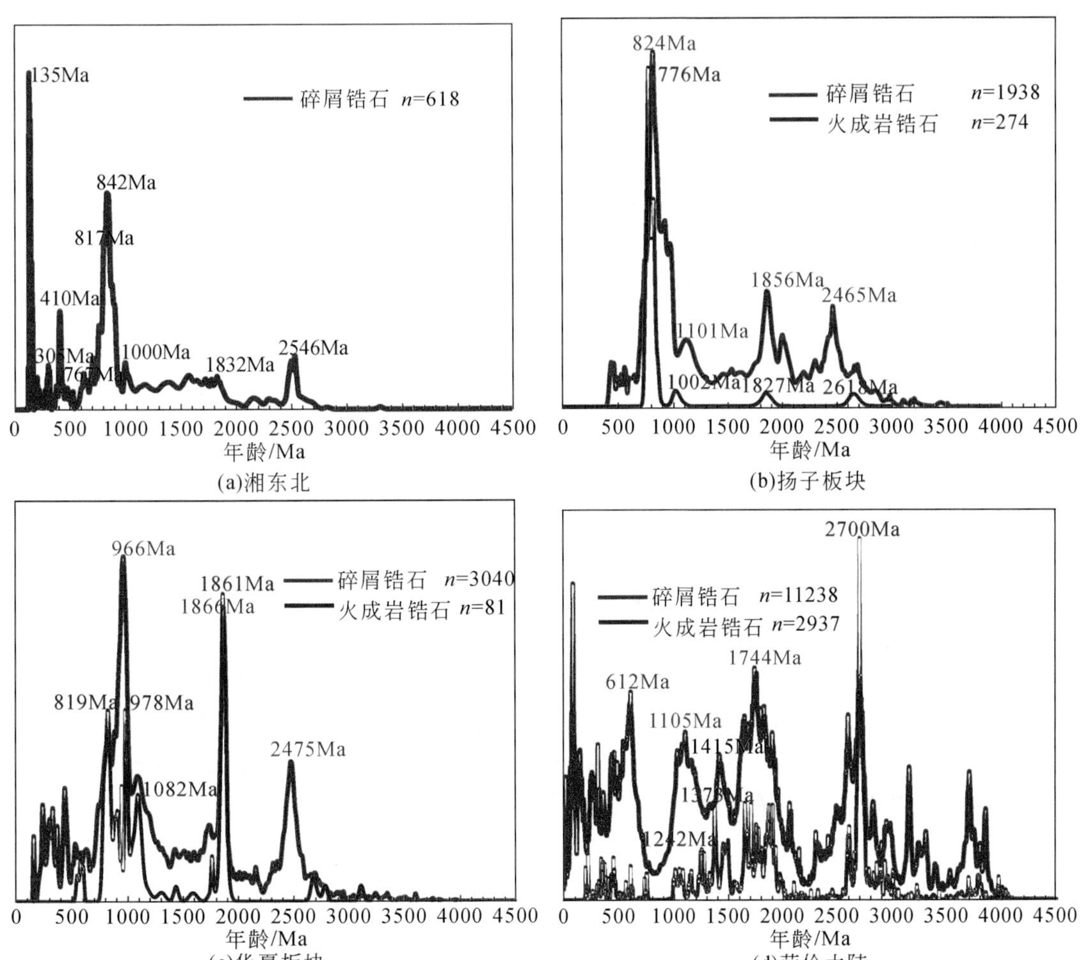

(a)湘东北　(b)扬子板块　(c)华夏板块　(d)劳伦大陆

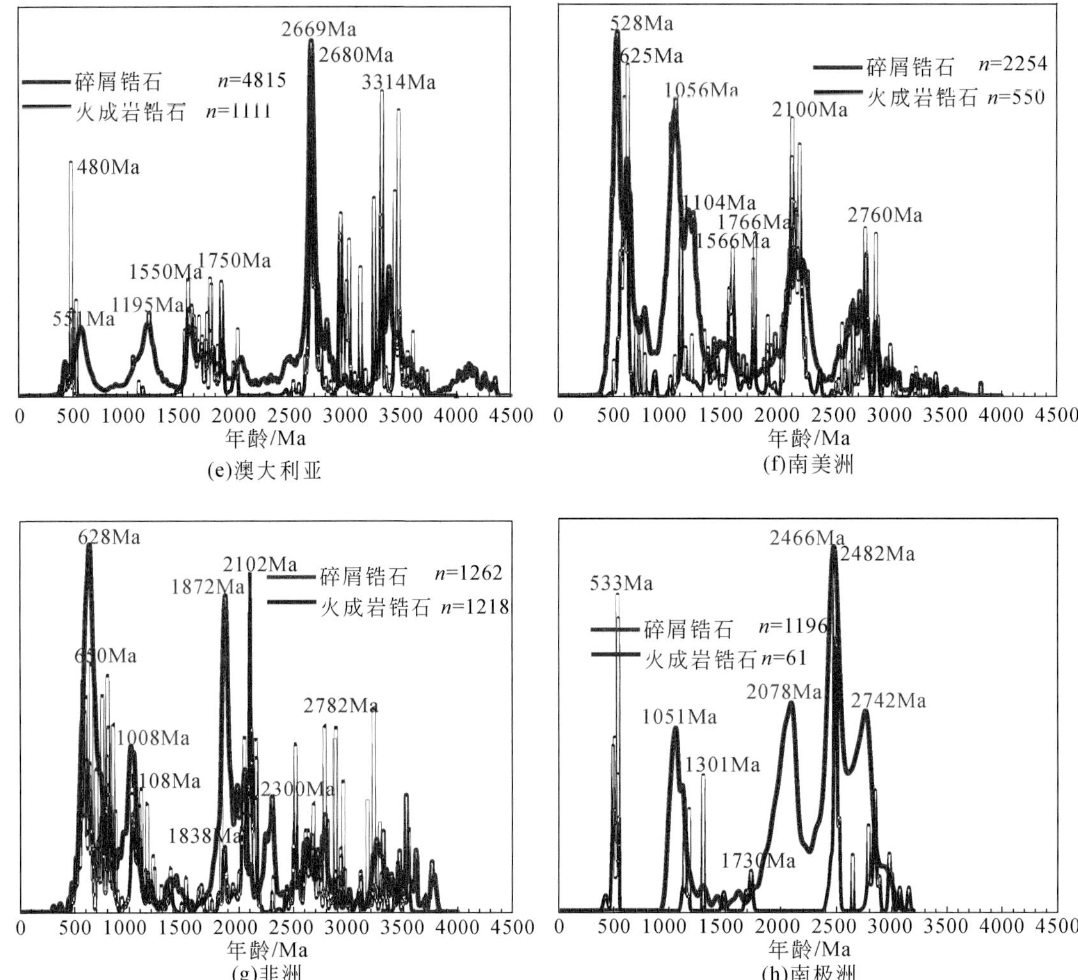

图 4-72　碎屑锆石和火成岩锆石 U-Pb 年龄概率密度与比较图

数据来自本书及 Li（1999）、Li 等（2002，2007，2008a）、Xu 等（2007b）、Wan 等（2007，2010）、Wang 等（2007a）、Shu 等（2008）、Yu 等（2008）、Condie 和 Aster（2010）、Wang 等（2010b）、Wu 等（2010）、Duan 等（2011）、Li 等（2011a）、Yao 等（2011，2012）、Xu 等（2012，2014a、2014b）、Wang 等（2012a，2013b）和 Wang 等（2015b）及文中参考文献

高的 $\varepsilon_{Nd}(t)$ 值（约-3.4）和更年轻的 Nd 模式年龄（约 1790Ma），暗示有大量的新生地壳物质或第一循环物质对冷家溪群坪原组沉积岩有重要贡献，或其源区存在一定比例的镁铁质物质。根据对冷家溪群岩石地球化学示踪结果（见本章 4.4 节），其主要源区岩成分是一个主要由变质火山岩-侵入岩组成的、具有一定比例的镁铁质成分的地体，主要岩石类型由英云闪长岩和玄武岩、具有可变量的花岗闪长岩和花岗岩组成。因此，我们推测冷家溪群坪原组在沉积时，有一定量的但经过再循环的镁铁质成分从源区加入。

冷家溪群板岩样品碎屑锆石产生 2 个主要年龄群：2740～2300Ma（峰值：2500Ma）和 1050～750Ma（峰值：825Ma），2 个次要的年龄群：约 1850Ma（峰值）、约 1660Ma（图 4-56）。由一颗呈他形、磨圆度高的碎屑锆石所产生的最老的 3320±22Ma 年龄在误差范围内与华南扬子板块北西侧崆岭群 TTG 片麻岩杂岩体年龄相一致（Qiu et al.，2000；Zhang et al.，2006），暗示其来源于这个杂岩体。与扬子板块包含一些裸露的太古宙岩石不同的是，华南华夏板块尚未有太古宙基底的报道，但大量太古宙碎屑锆石和微量的继承性/捕虏晶锆石的出现，暗示在华夏板块之下或邻区源区存在着太古宙岩石（Wu et al.，2010；Li et al.，2012；Yao et al.，2012 及文中参考文献）。Hf 同位素数据也显示了扬子板块在 3.1～2.8Ga 和 2.4～1.5Ga、华夏板块在 3.3～2.3Ga 和 1.87Ga 的重要地壳增长幕有年轻的岩浆加入事件（Li et al.，2012；Yao et al.，2012）。形成时代为新太古代—早古元古代的锆石不仅被发现于扬子板块基底（2.78～1.8Ga；

Greentree et al., 2006; 2.7～2.6Ga: Chen et al., 2013)，而且也发现于华夏板块基底(2.6～1.9Ga: Li et al., 2011a)。因此，湘东北冷家溪群板岩中的新太古代—古元古代(2740～1600Ma)碎屑锆石可能来自扬子板块或华夏板块，或同时来源于两者内相应时代的地壳物质。

另外，以往研究表明(Rogers and Santosh, 2002; Zhao et al., 2002, 2004)，存在于古元古代—中元古代的哥伦比亚(Columbia)超大陆是2.1～1.8Ga时期发生于几乎全球每个主要大陆块体的碰撞事件导致的结果。冷家溪群板岩中有少量碎屑锆石分布在2300～1821Ma之间(峰值：1972Ma)(图4-56)，很可能记录了2.1～1.8Ga时期全球Columbia超大陆形成的碰撞造山事件。这个1972Ma碎屑锆石年龄峰值也与早中古元古代扬子板块北西缘崆岭地体中的花岗岩和相关变质岩的年龄(袁海华等，1991; Qiu et al., 2000; Zhang et al., 2006; Xiong et al., 2009; Peng et al., 2012)、扬子板块西南缘变质岩的年龄(Greentree and Li, 2008)、浙江西南和东南地区变质基底中早古元古代花岗质岩与变基性岩的年龄(Hu et al., 1992; 甘晓春等，1995; Xiang et al., 2008; Liu et al., 2009; Yu et al., 2009)以及华夏板块广西东南地区变质基底中石榴子石辉岩的年龄(覃小锋，2006)相一致，它们的年龄均在1800～2050Ma。此外，在华夏板块的武夷山地区(福建北西部)也出现年龄为1.86～1.89Ga的花岗质岩，并解释为古老陆壳物质改造的产物(Yu et al., 2010; Li et al., 2011b)。另外，Li(1997)还获得华夏板块内角闪岩原岩1766±19Ma的SHRIMP法U-Pb年龄，Yao等(2011)从福建沿海玄武岩中获得了晚古元古代年龄的锆石捕虏晶。由于2.0～1.7Ga(高峰：约1.86Ga)被认为是华夏板块地壳增生的一个重要时期(Li et al., 2011a; Yao et al., 2012)，且其基底也包含有晚新太古代—最早古元古代继承性或碎屑锆石颗粒(Xu et al., 2012)，所以华夏板块内中晚古元古代岩石可能为湘东北地区冷家溪群提供了2.1～1.7Ga碎屑锆石。然而，我们不能排除冷家溪群中这个年龄的锆石也可能来源于扬子板块，或来源于当时与华南相近的周边大陆块体，如华北大陆(Hu et al., 2012及文中参考文献)、澳大利亚大陆(Belousova et al., 2009; Howard et al., 2009及文中参考文献)、印度地块(Kaur et al., 2011及文中参考文献)和劳伦大陆(Hoffman, 1988; Raines et al., 2013)。

冷家溪群也出现许多年龄在1.0～1.7Ga之间的碎屑锆石(峰值：1450Ma，图4-56)，我们推测这个年龄群最可能对应于哥伦比亚超级大陆在中元古代时期的长期解体历史(Rogers and Santosh, 2002; Zhao and Cawood, 2012及文中参考文献)。在华南扬子和华夏板块内，具有这个年龄群的碎屑锆石已广泛报道存在于(变质)沉积岩中(Li et al., 2002, 2007a, 2011a, 2012; Greentree et al., 2006; Wang et al., 2007b, 2008a, 2010b, 2012a, 2013a; Yu et al., 2007, 2008, 2010; Sun et al., 2009; Zhou et al., 2009; Wan et al., 2010; Wu et al., 2010; Duan et al., 2011; Wang and Zhou, 2012; Xu et al., 2012; Yao et al., 2011, 2012; Cawood et al., 2013b)，暗示当时的扬子和华夏板块均提供了这个年龄群的锆石。然而，具有这个年龄范围的岩石很少出现在华南地区，目前能发现的仅包括扬子板块西南缘大红山群中的变火山岩(Greentree and Li, 2008)、华夏板块西南缘广西东南部云开群中的变火山岩和华夏板块云开地区1.4Ga花岗岩(覃小锋等，2006)。不过，在华南地区的海南岛(Wang et al., 2015b)，却广泛发育年龄为1.4～1.7Ga的晚古元古代—早中元古代变火山-碎屑沉积岩(马大铨等，1997; Li et al., 2008c, 2008d)、约1430Ma的中元古代花岗质侵入岩(许德如等，2006a; Li et al., 2002, 2008a)以及出现于变质基性岩中，年龄为1442～1612Ma(SHRIMP U-Pb)的锆石晶体(Xu et al., 2007b)，暗示冷家溪群板岩中1.7～1.0Ga间的碎屑锆石来源于华夏板块，且最可能来源于海南岛。根据Li等(1995, 1999, 2002, 2008a, 2008b)关于华南大陆在Rodinia超大陆中的重建工作，他们认为华夏地块(包括海南岛)是中元古代劳伦大陆西南Mojave省的延伸部分，扬子地块则位于劳伦大陆和澳大利亚-南极洲之间。然而，Wang等(2015a)曾对该模式提出了质疑，其依据是华南内陆包括华夏板块和扬子板块并不出现约1450Ma的花岗质岩浆岩。此外，不像沿澳大利亚和劳伦大陆边缘在Rodinia超大陆聚合时发生最重要的1.3～1.0Ga岩浆作用事件(Veevers et al., 2005; Naipauer et al., 2010及文中参考文献)，华南大陆该时期的岩浆事件是缺失的(Wang et al., 2010b)。因此，无论是扬子板块，还是华夏板块，均无法为冷家溪群提供1.7～1.0Ga期间的锆石。

年龄为1.6～1.8Ga的火成岩广泛出现在劳伦大陆（Jones et al.，2009；Daniel et al.，2013）和澳大利亚大陆（Belousov et al.，2009，2010及文中参考文献），但是在澳大利亚大陆年龄为1.3～1.5Ga的岩石并未出现，而仅存在年龄为1.5～1.6Ga的岩石（Stewart et al.，2001；Daniel et al.，2013）。相反，在北美地区（劳伦大陆中部和南部），年龄为1.3～1.5Ga的岩浆岩已被广泛观察到（Nyman et al.，1994；Condie et al.，2005）。如果综合来看，我们将会发现冷家溪群板岩中碎屑锆石所具有的1.2～1.9Ga主要年龄群不仅与劳伦大陆起源的碎屑锆石年龄群具有宽阔的相似性（Ross and Villenueve，2003；Thomas et al.，2004；Naipauer et al.，2010；Daniel et al.，2013；May et al.，2013），而且也类似来源于澳大利亚大陆（包括塔斯曼尼亚）的那些碎屑锆石年龄群（Gehrels et al.，1996；Ireland et al.，1998；Berry et al.，2001；Wang et al.，2013d）。因此，劳伦大陆和澳大利亚大陆两者均可能为冷家溪群沉积提供1.0～1.7Ga年龄的物源。虽然冷家溪群岩石具有与华北大陆1.0～1.7Ga年龄一致的碎屑锆石年龄群（Hu et al.，2012），暗示华北大陆中元古代大陆壳可能也为冷家溪群沉积贡献了主要的碎屑，然而，在华北大陆却很少有年龄为1.41～1.50Ga和1.0～1.3Ga的岩浆岩报道（Hu et al.，2012及文中参考文献）。

Rodinia超大陆的形成被认为发生于1.3～0.9Ga的时间内，且涉及全球几乎所有大陆（Hoffman，1991；Li et al.，2008a）。然而，指示大陆碰撞环境，并具有格林威尔年龄的花岗质岩或高级变质岩在扬子板块却普遍缺失，尽管有一些证据表明格林威尔期变质作用可能发生在这个板块的东南缘（即江南古陆）和北侧至西侧（Chen et al.，1991；Zhou and Zhu，1992；Li et al.，1995；2002，2007a，2008b；Qiu et al.，2000；Xu et al.，2004；Zheng et al.，2006；Wang et al.，2008b，2010b，2012a），以及少量年龄为0.9～1.1Ga的火成岩出露于该板块的东南缘和西缘（Li et al.，2002；Greentree et al.，2006；Ye et al.，2007；Li et al.，2009；Sun et al.，2009及文中参考文献）。同样，具有格林威尔期年龄的岩石也很少出现在华夏板块内，如唯一报道的位于武夷山西侧的格林威尔期流纹岩年龄为972±8Ma（SHRIMP U-Pb），且包含的继承性岩浆锆石年龄约为1.1Ga（Shu et al.，2008）。华南大陆普遍缺失具有典型格林威尔期年龄（1.0～1.3Ga；Boger et al.，2000）的火成岩和相关的变质岩，不仅与长江河流系统均不包含具有1.0～1.3Ga主要年龄群的碎屑锆石相一致（Yang et al.，2012），也与华夏板块各种沉积时代的（变质）沉积岩碎屑锆石U-Pb年龄集中于0.8～1.2Ga，且具有约970Ma的峰值年龄（图4-73；Yu et al.，2008；Wang et al.，2010b；Shu et al.，2011；Li et al.，2012；Yao et al.，2012），以及扬子板块各种沉积时代的（变质）沉积岩碎屑锆石U-Pb年龄集中于0.7～1.1Ga，且具有约825Ma的峰值年龄（Sun et al.，2009；Wang et al.，2010b，2012a，2013a；Duan et al.，2011；Wang and Zhou，2012；Xu et al.，2012；Yao et al.，2012）相一致。根据以往研究，江南古陆前寒武纪基底层序及上覆的新元古代沉积岩地层中年龄为1.0～1.3Ga的碎屑锆石也表现非常弱（Wang et al.，2007a；Wang et al.，2010b；Wang et al.，2012a），进一步反映典型的格林威尔期岩浆作用不具有意义，与之相反的是与俯冲有关的、年龄为0.82～1.0Ga的岩浆活动却异常丰富（Chen et al.，1991；Zhou and Zhu，1993；Li et al.，1994），这与本书的研究结果非常一致。结合华南大陆不同沉积时代的（变质）沉积岩中（包括湘东北冷家溪群板岩）具有0.8～1.2Ga U-Pb年龄群的碎屑锆石大多数表现为自形至半自形结构，并暗示从源区发生短距离迁移的特征，湘东北地区冷家溪群板岩中年龄为0.7～1.3Ga（主要集中在750～1050Ma，高峰：825Ma）的碎屑锆石主要来源于华南大陆内部相同时期的岩浆岩，而不是来源于那些主要与格林威尔造山事件有关的、年龄为1.0～1.2Ga的岩浆岩和变质岩的造山带，如位于劳伦大陆东部和亚马孙西南部间的格林威尔或Rondonia-Sunsas造山带（Hoffman，1991；Chew et al.，2008）、位于劳伦大陆和波罗的大陆（Baltica）间的Grenvillian-Sveconorwegian造山带（Carter and Manighetti，2006；McAteer et al.，2010；Bingen et al.，2011及文中参考文献）和澳大利亚大陆的Wilks-Albany-Fraser造山带（1050～1300Ma）、南极洲北东部Bunger Hills地区的Windmill岛（1050～1300Ma）、南极洲西部的Maud造山带（1070～1300Ma）和卡拉哈里（Kalahari）克拉通内的Namaqua-Natal省（1070～1130Ma；Fiztsmons，2000a，2000b，2003；Will et al.，2009及文中参考文献）。

进一步结合扬子板块（包括江南古陆）广泛存在年龄为740～880Ma的年轻地壳岩石，并有少量约1.0Ga的物质加入，而华夏板块则含有更多的年龄为0.9～1.0Ga的年轻物质［图4-72（b）（c）］，因此，

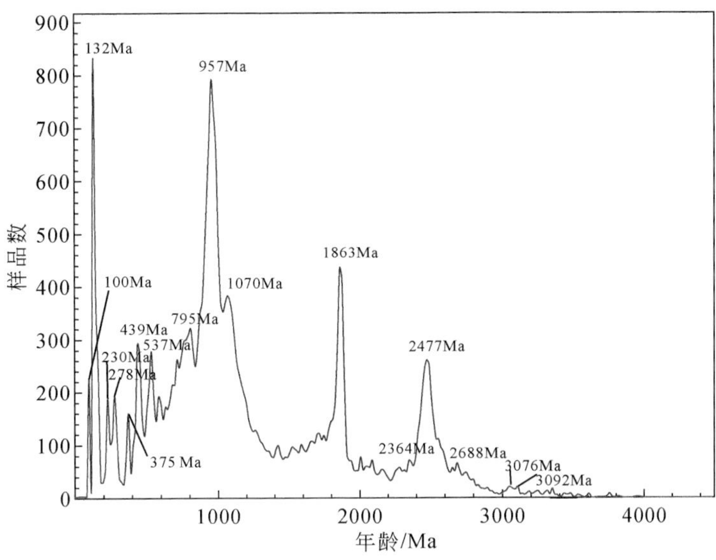

图4-73 华南华夏板块不同时代沉积岩中碎屑锆石年龄分布直方图

数据来自 Wu 等（2007，2010）、Xu 等（2007b）、Yu 等（2007，2008，2010）、Wan 等（2010）、Wang 等（2010a）、Yao 等（2011，2014）、Li 等（2012）

华夏板块也可能在1.0～0.9Ga为冷家溪群沉积提供了碎屑物质。然而，相对于典型格林威尔造山带，冷家溪群具有年龄为0.9～1.0Ga的碎屑锆石却非常少，且华夏板块源区在为冷家溪群沉积提供物源时，不可能只提供这个年龄段的碎屑，因此，冷家溪群这个年龄段的微量碎屑锆石可能来自扬子板块本身或来自当时相邻的地块，如印度板块的 Ghats 东部地区和南极洲东部的 Prince Charles 山脉北部（图4-74；Boger et al.，2000；Fitzsimons，2000b）。然而，从表4-40可见，冷家溪群碎屑岩样品14WG003还出现大量400～500Ma年龄的年轻锆石，但这个年龄的锆石在“连云山混杂岩”中也有出现，它们的地质意义将在以下部分进一步讨论。

总之，虽然冷家溪群碎屑锆石年龄群极其类似于劳伦大陆、澳大利亚大陆和南极洲大陆［图4-72(d)～(f)］，但结合冷家溪群板岩碎屑锆石 Hf 同位素组成，揭示了湘东北地壳除在太古宙（3.66～2.59Ga，高峰：3.07Ga）地壳开始增生外，古元古代（2.35～1.62Ga，高峰：2.07Ga）和中元古代（1.58～1.03Ga，高峰：1.36Ga）则是主要的地壳增长期；这和冷家溪群板岩大量出现年龄为晚新太古代—古元古代的碎屑锆石相一致，因此其源区更可能来源于扬子板块本身相应时代的地壳物质。

2. “连云山混杂岩”源区特征及构造意义

对于中生代末发生混合岩化的黑云母斜长片麻岩和糜棱岩化云母片岩样品（Y-65、Y-69、Y-61），它们的碎屑锆石 U-Pb 年龄变化于约444Ma与约2839Ma间（表4-47、表4-48），并表现7个年龄群：中新太古代—早古元古代（2839～2338Ma，峰值：2535Ma）、早古元古代—早中元古代（2299～1409Ma，峰值：1717Ma）、早中元古代—晚中元古代（1394～1003Ma，峰值：1226Ma）、早中新元古代（998～816Ma，峰值：876Ma）、中晚新元古代（814～660Ma，峰值：760Ma）、晚新元古代（648～625Ma，峰值：634Ma）和早古生代（522～444Ma，均值：475Ma）（图4-66、图4-67）。虽然这些年龄群分布与冷家溪群具有一定的差别，因为后者很少出现中晚中元古代—早新元古代（1300～900Ma）和中晚新元古代（810～610Ma），但均出现早古生代期间的锆石，尽管它们在“连云山混杂岩”仅微量地出现。如果黑云母斜长片麻岩和糜棱岩化云母片岩的原岩与冷家溪群板岩具有相同的沉积时限（即早中新元古代），那么中晚新元古代以来的锆石年龄最可能解释为在中晚新元古代（高峰：740Ma）出现大规模混合岩化事件，这一事件可能与 Rodinia 超大陆裂解双峰式岩浆作用有关。然而，在湘东北地区并未出现同时期的侵入岩或火山岩，在扬子板块却存在同时期（峰值：776Ma；Wang et al.，2015a）的大规模岩浆活动。结合这个年龄群的大多数碎屑锆石具有较高的磨圆度和半自形-他形特征，因此，这些中晚新元古代碎屑沉积物应

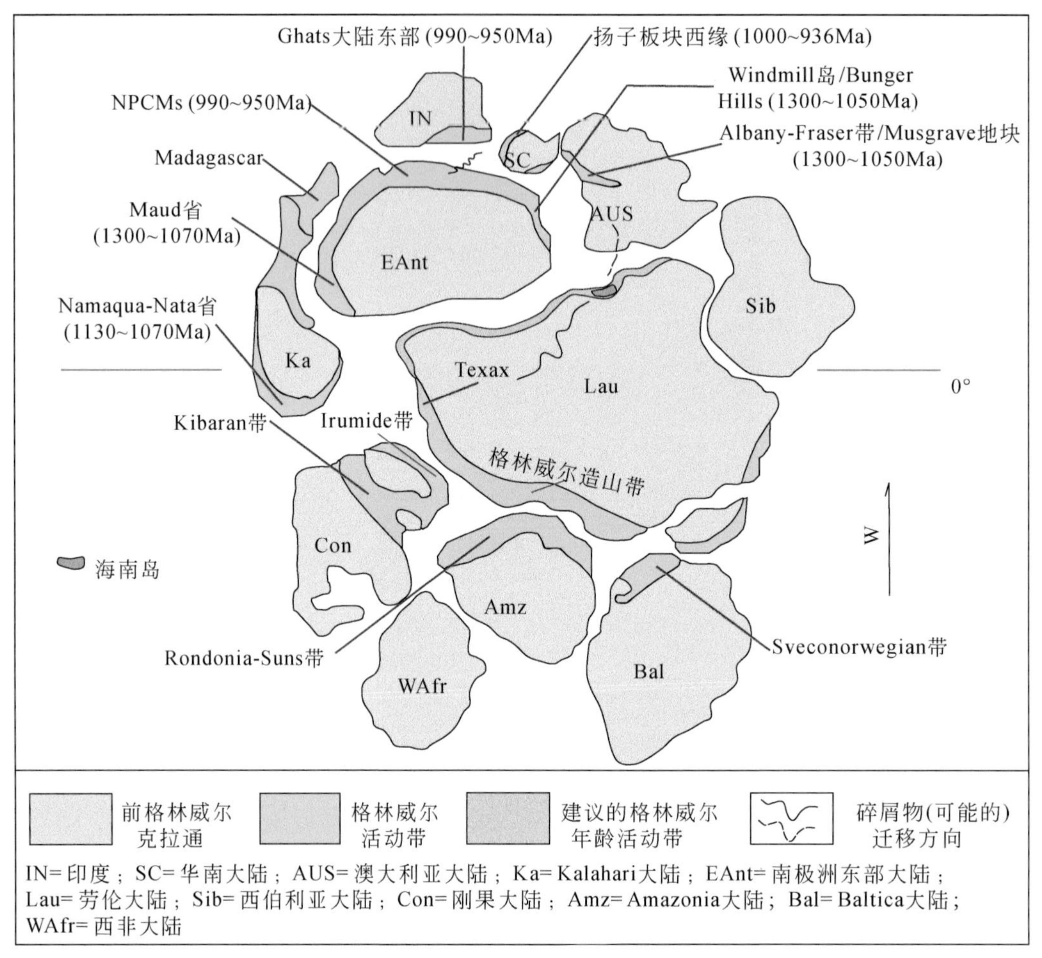

图4-74　华南在罗迪尼亚超大陆中的可能位置（据Hoffman，1991；Fitzsimons，2000a，2000b，2003修改）

来自扬子板块［图4-72（b）；Wang et al.，2015a］。另外，扬子板块和华夏板块均不存在1400～1000Ma的岩石，因此，最可能的是劳伦大陆在湘东北地区“连云山混杂岩”原岩沉积时也提供大量物源。至于“连云山混杂岩”出现的比早中元古代年龄更老的碎屑锆石，则来自与冷家溪群板岩，更可能是与冷家溪群小木坪组相似的源区，即更可能来自扬子板块本身。这和黑云母片岩、黑云母斜长片麻岩具有与黄金洞金矿区冷家溪群小木坪组相近的$\varepsilon_{Nd}(t)$值（-7.0～-4.4）、Nd二阶段模式年龄（1950～2050Ma）相一致。

值得注意的是，这些“连云山混杂岩”样品中还出现晚新元古代（约634Ma）的大量碎屑锆石，因而这个年龄段的碎屑锆石很可能记录了华南南华纪时期的火山-岩浆侵入事件。虽然，目前在湘东北地区并未出现该时期的火山-侵入岩，但在江南古陆南缘和华夏古陆北缘的新余—萍乡、弋阳—宜黄、永丰—吉水、安仁—祁东、江口—三江一带，出现一系列南华纪火山-碎屑沉积岩，并赋存有著名的晚新元古代BIF型铁矿，其中以新余式铁矿为代表（汤加富等，1987；Xu et al.，2013）。不过有关这些BIF型铁矿的成因还存在与冰川有关的拉皮坦（Rapitan）型（汤加富等，1987；李志红等，2014；张建岭等，2018a）或阿尔戈马型（Algoma）（谢自谷等，1986；沈保丰，2012）等不同看法，因此，是否与同时期火山作用有关仍不确定。舒良树等（2008）、舒良树（2012）曾认为伴随Rodinia大陆的裂解，华南板块内双峰式火山岩和裂谷盆地发育，双峰式岩浆活动到760Ma基本结束（Wang and Li，2003），因而在680～440Ma期间，华南处于稳定的陆缘滨海-斜坡相沉积环境，并没有发生过构造-热事件。Xiang和Shu（2010）、Yao等（2011）也分别于奥陶系发现了U-Pb年龄为520～650Ma、530～670Ma的碎屑锆石，并认为由于当时华南处于西冈瓦纳大陆的边缘，这一年龄代表了冈瓦纳大陆聚合造山和变质事件（Meert and Lieberman，2008；Adams et al.，2011；Duan et al.，2011；Yao et al.，2012）。结合本次研究的碎屑锆石大多数为磨圆度较高、具有显著增生边的半自形-他形晶体，暗示源区岩经历了长距离搬运，并在后期发生强烈的变质作用，因而所获得的年龄群为625～648Ma的碎屑锆石最可能来源于劳伦大陆［图4-72（d）］。

更为有意义的是，和个别冷家溪群板岩样品类似，“连云山混杂岩”中糜棱岩化云母片岩样品（Y-61）同时出现了3个年龄为早古生代（均值：475Ma）的碎屑锆石，且这些碎屑锆石具有显著均一的振荡环带，明显为岩浆来源或混合岩化结果。虽然，湘东北地区存在加里东期岩浆侵入事件（如加里东期板衫铺岩体、宏夏桥岩体等），但它们的侵位时代普遍小于475Ma（详见本书第3章）。另外，由于云母片岩被强烈构造改造，已难判别出是混合岩化结果还是加里东期岩浆侵入造成。不过，在华夏板块一侧曾发生大规模的、侵位时代跨度在507～398Ma的加里东期花岗质岩浆活动（Wang et al.，2013b；张建岭等，2018b）。因此，在湘东北地区所谓的“连云山岩群”中出现的约475Ma年轻碎屑锆石很可能来源于华夏板块加里东早期花岗质岩。若如此，其源区特征更加证实所谓的“连云山岩群”并不是新太古代—古元古代沉积产物，实质上是中晚寒武世—早奥陶世沉积产物，“连云山岩群”应为一混杂堆积产物。

3. 混合岩化“连云山混杂岩”源区特征及构造意义

湘东北地区混合岩化黑云母片岩、混合岩化千糜岩和混合花岗岩样品中锆石U-Pb年龄变化范围大（122～2358Ma），除出现2个次要的年龄群分别在古元古代（2358～1647Ma，峰值：1923Ma）和早中中元古代（1437～1326Ma）外，主要表现7个年龄群：早中新元古代（935～829Ma，峰值：876Ma）、中晚新元古代（805～656Ma，峰值：734Ma）、晚新元古代（649～572Ma，峰值：612Ma）、早中古生代（543～374Ma，均值：446Ma）、晚古生代（317～264Ma，峰值：291Ma）、早中生代（246～176Ma，峰值：206Ma）、晚中生代（166～122Ma，峰值：144Ma）。与“连云山混杂岩”中未混合岩化的黑云母斜长片麻岩和糜棱岩化云母片岩相比，在碎屑锆石年龄群分布特征上，两者在太古宙—早古生代具有相似性，暗示这个时期的年龄群物源来源于同一源区，即来源于扬子板块、劳伦大陆和华夏板块相应时期的源区岩。这一研究结果，同时也更进一步证实“连云山混杂岩”更可能是中晚寒武世—早奥陶世后混杂堆积。不过，与“连云山混杂岩”中未混合岩化岩石不同的是，混合岩化岩石出现大量的晚古生代、早中生代和晚中生代锆石。这些年龄群也与华南华夏板块相应时期大规模构造-岩浆和变质事件一一对应（Wang et al.，2013c），暗示“连云山混杂岩”在形成后又经历了多期混合岩化作用。特别是晚中生代的锆石最为丰富，又可分为中晚侏罗世、晚侏罗世—早白垩世和早白垩世，并与晚中生代三期花岗质岩浆活动事件一致（详见本书第3章）。因此，早白垩世应代表湘东北地区混合岩化作用的最晚期。另外，由于湘东北地区混合岩化作用的机制为“岩浆贯入”，不同期次混合岩化过程对应出现具有不同壳-幔比例的花岗质岩浆侵入，并与围岩发生混合岩化作用，因此，从混合岩化围岩至混合花岗岩其$\varepsilon_{Nd}(t)$值显著升高（-5.53→-3.40→-0.47），而t_{DM2}模式年龄则显著降低（1958Ma→1787Ma→1550Ma）（表4-51）。这些结果及混合岩化千糜岩、混合岩化黑云母片岩分别与冷家溪群坪原组板岩、黑云母斜长片麻岩/冷家溪群小木坪组板岩具有相近的$\varepsilon_{Nd}(t)$值和t_{DM2}模式年龄相一致（表4-38）。

4.5.6 新元古代以来沉积构造环境演变

地球化学研究结果暗示（详见本章4.4节），冷家溪群可能沉积在一个与>850Ma大陆边缘弧地体相邻的伸展或裂解的弧后盆地，而在约820Ma后板溪群则沉积在一个与陆-弧-陆碰撞有关的弧后前陆盆地。这与冷家溪群具有负的，但可变的$\varepsilon_{Nd}(t)$值（-7.0～-3.1）和可变正、负的$\varepsilon_{Hf}(t)$值（-11.0～10.0）相一致，反映冷家溪群沉积时有大量新生物质加入，暗示一个活动大陆边缘沉积构造环境特征。这一推论也与冷家溪群板岩中部分锆石颗粒具有自形-半自形形态、部分锆石晶体显示不同程度的磨圆度相一致（图4-52～图4-55），反映了这些碎屑锆石主要来源于一个近源的火山-侵入岩或大陆基底，并沉积在一个相对活动的构造环境。

同样，“连云山混杂岩”中锆石部分为自形-半自形棱形柱状、半棱形柱状，部分为半自形-他形卵状（图4-57～图4-62），暗示它们沉积在一个相对活动的构造环境（Dickinson and Suczek，1979）。但据湖南省地质调查院（2002）相关资料，华南湖南地区自早震旦世以来，处于深、浅不均衡的陆棚环境，先后形成了含磷碳酸盐-硅质白云岩-硅质岩、泥质硅质岩-灰质硅质岩-灰质黏土岩-泥质云质碳酸盐建造及笔石页岩建造。扬子东南缘早古生代的构造古地理格局，总体上是继承了新元古代的特点，属稳定大陆边缘发展阶段，至志留纪中晚期，海盆关闭。加里东运动期间，泥盆系跳马涧组高度不整合于志留系岩层之上，上述地层褶皱隆升，伴随雪峰构造层和加里东构造层发生区域近变质作用和酸性岩浆活动。由于区内缺失中奥陶世—中泥盆世早期沉积，说明研究区经历了较长时间的风化剥蚀。然而，本书对所谓“连云山岩群”中碎屑锆石 U-Pb 定年表明，所谓的“连云山岩群”实际上还可能包含一套中晚寒武世—早奥陶世的沉积地层，说明在湘东北地区局部存在有早古生代地层的沉积。

本书第 3 章对加里东期花岗质岩地球化学示踪结果以及许德如等（2006b）分析认为，晚震旦纪时期（590～560Ma），华南北西侧的扬子板块与东南侧的华夏板块可能仍以残留小洋盆相连（?），但此时在扬子板块东南缘已发育一成熟的大陆边缘弧系统；晚震旦纪—早古生代时期（560～460Ma），由于洋片沿北西向向扬子板块东南缘俯冲，华夏板块逐渐向扬子板块靠拢，并首先与大陆边缘弧发生碰撞，其结果是造成小洋盆（?）关闭、蛇绿质岩侵位（?）、加里东早期花岗质岩产生以及扬子与华夏板块间的最终碰撞和弧下地壳加厚。该弧-陆碰撞事件最可能发生在 460～400Ma。许德如等（2007）进一步认为，华南地区（包括海南岛）在早古生代至少至奥陶纪经历了一个从活动大陆边缘到被动大陆边缘的过渡性沉积构造环境，并认为华夏板块（包括海南岛）应于晚奥陶世后（如在志留纪末—泥盆纪初）才脱离东冈瓦纳大陆边缘，并于晚古生代—早中生代完成与华南扬子地块的拼贴。因此，所谓“连云山岩群”中的中晚寒武世—早奥陶世沉积地层最可能沉积于一个成熟的大陆边缘弧盆环境。

区域上，长平（长沙-平江）深大断裂带规模巨大，其往北东延至赣西北修水仍有形迹，可能成为郯庐（郯城-庐江）断裂带在华南延伸部分的分支（傅昭仁等，1999）；往南则经湘潭、衡阳、双牌可延至桂北，可能与衡阳-临武深大隐伏断裂相连（Li et al.，2016a），全长达 680km 以上。在湘东北地区，该深大断裂既是分割盆地与隆起的重力梯度带和区域航磁异常带（文志林等，2016；本书第 5 章），也是一条重要的地质分界线，断裂带的两侧不仅在变形变质程度和深部构造存在着显著差异，而且两侧所出露的燕山期花岗质岩在规模和成因上还存在不同：其西侧以陆壳改造型大型花岗质岩基、岩株为主（幕阜山、望湘、金井等岩体），东侧则以壳幔混合型花岗质类小岩体（脉）侵入为主（详见本书第 3 章以及金维群等，2000）。可见，长平深大断裂带是一条具有特殊意义的变形带。根据本书第 5 章及以往研究（张文山，1991；傅昭仁等，1999；Li et al.，2016b；许德如等，2017；周岳强等，2019；Zou et al.，2021），长平深大断裂带具有多期次活动变形特征，最早可能形成于因扬子板块和华夏板块在新元古代（820～800Ma）碰撞聚合形成统一的华南大陆而引起的 NW—SE 向挤压环境，但之后该断裂带又经历了以下陆内地壳变形和构造叠加改造事件：①加里东期（约 400Ma）因晚新元古代华南大陆裂解导致分离的扬子板块与华夏板块发生陆内俯冲-聚合而引起的南北向挤压和左行走滑错动；②早中生代印支期（中晚三叠世 230～220Ma）因华南板块与其西南面的印支板块和北面的华北板块相继碰撞导致大陆内部俯冲而触发的南北向挤压和左行会聚走滑；③燕山早期晚侏罗世—最早的早白垩世（155～143Ma）因俯冲的古太平洋板块以变化角度向华南板块之下俯冲而引起的 NW—SE 向至近 EW 向挤压和左行走滑剪切兼具逆冲推覆；④燕山晚期早白垩世—晚白垩世（143～82Ma）因俯冲的古太平洋板块后撤引起的 NW—SE 向走滑-拉伸；⑤古近纪—第四纪的挤压。

从碎屑锆石 U-Pb 定年和 Hf 同位素示踪结果以及本书第 2 章构造变形和本章 4.3 节变质特征研究可知，所谓的“连云山岩群”（本书命名为“连云山混杂岩”）实际上是一套由具有不同时代、不同岩性、不同构造变形特征和不同变质相的岩石、地层混杂堆聚而成。另据有关研究（贾宝华和彭和求，2005），湘东北地区存在元古宙蛇绿质岩残片，可能系新元古代沿江绍（江山-绍兴）断裂发生陆-弧-陆碰撞而残留下的产物，本书第 3 章的研究结果也证实了湘东北地区存在产于新元古代洋内弧环境下的玻安质岩。因此，这些事实均指向长沙-平江深大断裂带可能是一条构造混杂岩带。如果考虑到“连云山混杂岩”中可能包含一套中晚寒武世—早奥陶世的沉积地层，但又未卷入志留纪—泥盆纪以来的沉积物，该混杂岩带的形成时间最可能发生在加里东期造山作用过程，但之后又经历了印支期、燕山期等多期陆内构造-岩浆活化，该断裂带的演化从而最终控制了湘东北，乃至华南地区走滑盆-岭构造格局的形成以及变质核杂岩的抬升剥露（图 4-75）。该推断分别与傅昭仁等（1999）关于湘赣边区 NNE 向走滑造山带以及曾勇和杨明桂（1999）关于赣中碰撞混杂岩带的研究结果类似。

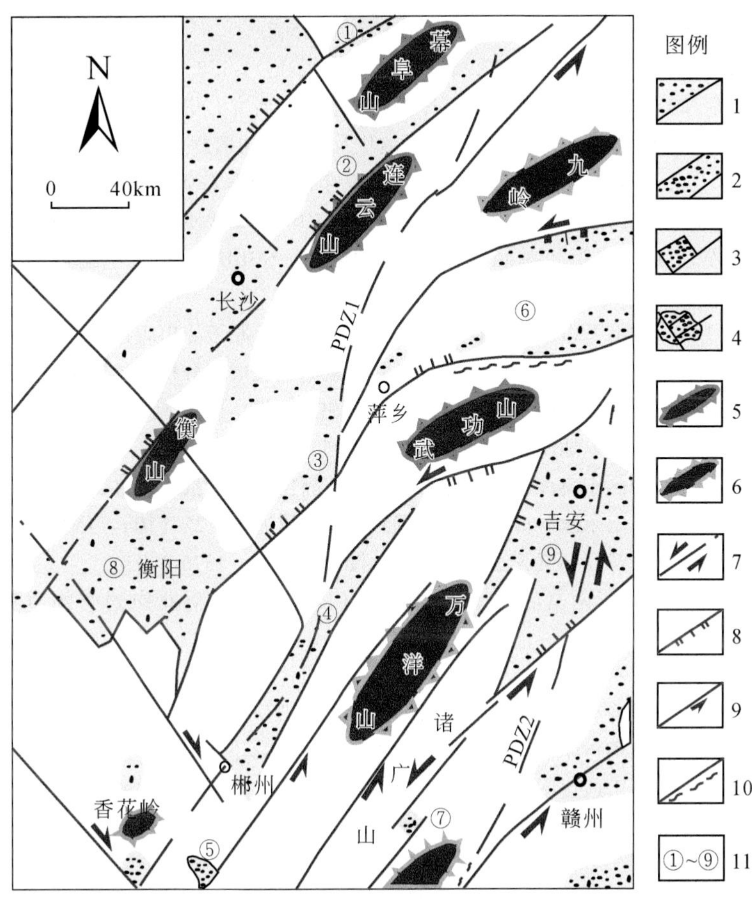

图 4-75　湘赣边区走滑盆岭构造图（据傅照仁等，1999 修改）

1. 半地堑式走滑纵谷盆地；2. 地堑式走滑纵谷盆地；3. 走滑拉分盆地；4. 隐伏垒堑式断陷联合盆地；5. 长垣状变质核杂岩构造；6. 推测的变质核杂岩构造；7. 深部走滑主断裂；8. 盆缘正断层产状；9. 断层水平错动方向；10. 拆离断层及下盘糜棱岩带；11. 构造盆地编号：①桃林盆地，②长平盆地，③醴攸盆地，④永茶盆地，⑤宜章盆地，⑥宜丰盆地，⑦丰州盆地，⑧衡阳盆地，⑨吉安盆地。PDZ1. 湘赣边主断裂；PDZ2. 赣江主断裂

参考文献

安三元，胡能高 . 1992. 北秦岭裂陷的形成与变质作用 . 西安：西北大学出版社：1-203.

程裕淇 . 1987. 有关混合岩和混合岩化作用的一些问题——对半个世纪以来某些基本认识的回顾 . 中国地质科学院院报，(2)：5-19.

傅昭仁，李紫金，郑大瑜 . 1999. 湘赣边区 NNE 向走滑造山带构造发展样式 . 地学前缘，6 (4)：263-272.

甘晓春，季惠民，孙大中，等 . 1995. 浙西南早元古代花岗质岩石的年代 . 岩石矿物学杂志，14 (1)：1-8.

高林志，戴传固，刘燕学，等 . 2010a. 黔东地区下江群凝灰岩锆石 SHRIMP U-Pb 年龄及其地层意义 . 中国地质，37 (4)：1071-1080.

高林志，戴传固，刘燕学，等 . 2010b. 黔东南-桂北地区四堡群凝灰岩锆石 SHRIMP U-Pb 年龄及其地层学意义 . 地质通报，29 (9)：1259-1267.

高林志，陈峻，丁孝忠，等 . 2011. 湘东北岳阳地区冷家溪群和板溪群凝灰岩 SHRIMP 锆石 U-Pb 年龄——对武陵运动的制约 . 地质通报，30 (7)：1001-1008.

高林志，刘燕学，丁孝忠，等 . 2012. 江南古陆中段沧水铺群锆石 U-Pb 年龄和构造演化意义 . 中国地质，39（1）：12-20.
葛文春，李献华，林强，等 . 2001. 呼伦湖早白垩世碱性流纹岩的地球化学特征及其意义 . 地质科学，36（2）：176-183.
顾雪祥，刘建明，郑明华 . 2003. 湖南沃溪钨-锑-金矿床的矿石组构学特征及其成因意义 . 矿床地质，22（2）：107-120.
贺转利 . 2009. 江南造山带湖南段金多金属成矿动力学特征及成矿模式 . 广州：中国科学院广州地球化学研究所 .
湖南省地质调查院 . 2002. 1：25 万长沙市幅区域地质调查报告 . 长沙：湖南省地质调查院 .
湖南省地质矿产局 . 1988. 湖南省区域地质志 . 北京：地质出版社：1-507.
贾宝华，彭和求 . 2005. 湘东北前寒武纪地质与找矿 . 北京：地质出版社：1-138.
金维群，刘姤群，张录秀，等 . 2000. 湘东北铜多金属矿床控岩控矿构造研究 . 华南地质与矿产，（2）：51-57.
李献华，McCulloch M T. 1996. 扬子南缘沉积岩的 Nd 同位素演化及其大地构造意义 . 岩石学报，12（3）：359-369.
李志红，朱祥坤，孙剑 . 2014. 江西新余铁矿的地球化学特征及其与华北 BIFs 铁矿的对比 . 岩石学报，30（5）：1279-1291.
马大铨，黄香定，陈哲培，等 . 1997. 海南省抱板群研究的新进展 . 中国区域地质，16（2）：19-25，81.
马铁球，陈立新，柏道远，等 . 2009. 湘东北新元古代花岗岩体锆石 SHRIMP U-Pb 年龄及地球化学特征 . 中国地质，36（1）：65-73.
毛景文，李红艳，徐钰，等 . 1997. 湖南万古地区金矿地质与成果 . 北京：原子能出版社：1-133.
彭军，夏文杰，伊海 . 1995. 湘西晚前寒武纪层状硅质岩硅氧同位素组成及成因分析 . 地质论评，41（1）：34-41.
覃小锋，潘元明，李江，等 . 2006. 桂东南云开地区变质杂岩锆石 SHRIMP U-Pb 年代学 . 地质通报，25（5）：553-559.
舒良树 . 2012. 华南构造演化的基本特征 . 地质通报，31（7）：1035-1053.
舒良树，王德滋 . 2006. 北美西部与中国东南部盆岭构造对比研究 . 高校地质学报，12（1）：1-13.
舒良树，于津海，贾东，等 . 2008. 华南东段早古生代造山带研究 . 地质通报，27（10）：1581-1593.
沈保丰 . 2012. 中国 BIF 型铁矿床地质特征和资源远景 . 地质学报，86（9）：1376-1395.
沈渭洲，朱金初，刘昌实，等 . 1993. 华南基底变质岩的 Sm-Nd 同位素及其对花岗岩类物质来源的制约 . 岩石学报，9（2）：115-124.
索书田，毕先梅，赵文霞，等 . 1998. 右江盆地三叠纪岩层极低级变质作用及地球动力学意义 . 地质科学，33（4）：14-24.
汤加富，符鹤琴，余志庆 . 1987. 华南晚前寒武纪硅铁建造的层位，类型与形成条件 . 矿床地质，6（1）：1-10.
唐晓珊，黄建中，何开善 . 1994. 论湖南板溪群 . 中国区域地质，（3）：274-277.
王信水，江拓，高俊，等 . 2019. 中天山地块南缘两类混合岩的成因及其地质意义 . 岩石学报，35（10）：3233-3261.
韦刚健，梁细荣，李献华，等 . 2002. （LP）MC-ICPMS 方法精确测定液体和固体样品的 Sr 同位素组成 . 地球化学，31（3）：295-299.
文志林，邓腾，董国军，等 . 2016. 湘东北万古金矿床控矿构造特征与控矿规律研究 . 大地构造与成矿学，40（2）：281-294.
吴荣新，郑永飞，吴元保 . 2007. 皖南新元古代井潭组火山岩锆石 U-Pb 定年和同位素地球化学研究 . 高校地质学报，13（2）：282-296.
吴宗絮，Wyllie P J. 1991. 黑云母片麻岩-H_2O 系统在 0. 1-0. 2GPa 压力下的熔融实验 . 岩石矿物学杂志，10（2）：105-113.
谢自谷，梅才湘，王建国，等 . 1986. 关于赣中新余式铁矿多层次（位）的讨论 . 矿床地质，5（1）：88-96.
许德如，夏斌，李鹏春，等 . 2006a. 海南岛北西部前寒武纪花岗质岩 SHRIMP 锆石 U-Pb 年龄及地质意义 . 大地构造与成矿学，30（4）：510-518.
许德如，陈广浩，夏斌，等 . 2006b. 湘东地区板杉铺加里东期埃达克质花岗闪长岩的成因及地质意义 . 高校地质学报，12（4）：507-521.
许德如，马驰，Nonna B C，等 . 2007. 海南岛北西部邦溪地区奥陶纪火山-碎屑沉积岩岩石学、矿物学和地球化学：源区及构造环境暗示 . 地球化学，36（1）：11-26.
许德如，邹凤辉，宁钧陶，等 . 2017. 湘东北地区地质构造演化与成矿响应探讨 . 岩石学报，33（3）：695-715.
薛怀民，董树文，马芳 . 2010. 长江中下游地区庐（江）-枞（阳）和宁（南京）-芜（湖）盆地内与成矿有关潜火山岩体的 SHRIMP 锆石 U-Pb 年龄 . 岩石学报，26（9）：2653-2664.
游振东 . 2014. 极端条件下的变质作用：范畴与标志 . 地学前缘，21（1）：32-39.
袁海华，张志兰，刘炜，等 . 1991. 直接测定颗粒锆石 $^{207}Pb/^{206}Pb$ 年龄的方法 . 矿物岩石，11（2）：72-79.
曾勇，杨明桂 . 1999. 赣中碰撞混杂岩带 . 中国区域地质，18（1）：17-22.
张国伟，郭安林，王岳军，等 . 2013. 中国华南大陆构造与问题 . 中国科学 D 辑：地球科学，43（10）：1553-1582.
张建岭，许德如，于亮亮，等 . 1998a. 江西新余铁矿花岗岩体和赋矿围岩锆石 U-Pb 定年 . 中国有色金属学报，28（5）：

971-984.

张建岭，许德如，于得水，等 . 1998b. 赣中山庄二长花岗岩的成因与构造背景：岩石学、地球化学及锆石 U-Pb 年代学证据. 岩石学报，34（6）：1641-1656.

张文山 . 1991. 湘东北长沙-平江断裂动力变质带的构造及地球化学特征 . 大地构造与成矿学，15（2）：100-109.

周岳强，许德如，董国军，等 . 2019. 湖南长沙-平江断裂带构造演化及其控矿作用 . 东华理工大学（自然科学版），42（3）：201-208.

朱明新，王河锦 . 2001. 长沙-澧陵-浏阳一带冷家溪群及板溪群的甚低级变质作用 . 岩石学报，17（2）：291-300.

Adams C J，Miller H，Aceñolaza F G，et al. 2011. The Pacific Gondwana margin in the late Neoproterozoic-early Paleozoic：detrital zircon U-Pb ages from metasediments in northwest Argentina reveal their maximum age，provenance and tectonic setting. Gondwana Research，19（1）：71-83.

Andersen T. 2002. Correction of common lead in U-Pb analyses that do not report ^{204}Pb. Chemical geology，192（1-2）：59-79.

Armstrong R A，Compston W，Retief E A，et al. 1991. Zircon ion microprobe studies bearing on the age and evolution of the Witwatersrand triad. Precambrian Research，53（3-4）：243-266.

Armstrong R L. 1981. Radiogenic isotopes：the case for crustal recycling on a near- steady- state no- continental- growth Earth. Philosophical Transactions of the Royal Society of London（Series A：Mathematical and Physical Science），301（1461）：443-472.

Bekker A，Slack J F，Planavsky N，et al. 2010. Iron formation：the sedimentary product of a complex interplay among mantle，tectonic，oceanic，and biospheric processes. Economic Geology，105（3）：467-508.

Belousova E A，Reid A J，Griffin W，et al. 2009. Rejuvenation vs. recycling of Archean crust in the Gawler Craton，South Australia：evidence from U-Pb and Hf isotopes in detrital zircon. Lithos，113（3-4）：570-582.

Belousova E A，Kostitsyn Y A，Griffin W L，et al. 2010. The growth of the continental crust：constraints from zircon Hf- isotope data. Lithos，119（3-4）：457-466.

Bennett V C，Nutman A P，Mcculloch M T. 1993. Nd-isotopic evidence for transient，highly depleted mantle reservoirs in the early history of the earth. Earth and Planetary Science Letters，119：299-317.

Berry R F，Jenner G A，Meffre S，et al. 2001. A North American provenance for Neoproterozoic to Cambrian sandstones in Tasmania? Earth and Planetary Science Letters，192（2）：207-222.

Bhat M I，Ghosh S K. 2001. Geochemistry of the 2. 51 Ga old Rampur group pelites，western Himalayas：implications for their provenance and weathering. Precambrian Research，108（1-2）：1-16.

Bhatia M R. 1983. Plate tectonics and geochemical composition of sandstones. The Journal of Geology，91（6）：611-627.

Bhatia M R，Crook K A. 1986. Trace element characteristics of graywackes and tectonic setting discrimination of sedimentary basins. Contributions to Mineralogy and Petrology，92（2）：181-193.

Bingen B，Belousova E A，Griffin W L. 2011. Neoproterozoic recycling of the Sveconorwegian orogenic belt：detrital-zircon data from the Sparagmite basins in the Scandinavian Caledonides. Precambrian Research，189（3-4）：347-367.

Blichert-Toft J，Albarède F. 1997. The Lu-Hf isotope geochemistry of chondrites and the evolution of the mantle-crust system. Earth and Planetary Science Letters，148（1-2）：243-258.

Blundy J D，Holland J B. 1990. Calcic amphibole equilibria and a new amphibole- plagioclase geothermometer. Contributions to Mineralogy and Petrology，104：208-224.

Boger S D，Carson C J，Wilson C，et al. 2000. Neoproterozoic deformation in the Radok Lake region of the northern Prince Charles Mountains，east Antarctica：evidence for a single protracted orogenic event. Precambrian Research，104（1-2）：1-24.

Bradley D C. 2008. Passive margins through earth history. Earth-Science Reviews，91（1-4）：1-26.

Bradley D C. 2011. Secular trendsin the geologic record and the supercontinent cycle. Earth-Science Reviews，108（1-2）：16-33.

Brown E H. 1977. The crossite content of Ca—amphibole as a guide to pressure of metamorphism. Journal of Petrology，18（1）：53-72.

Brown L J，Weeber J H. 1994. Hydrogeological implications of geology at the boundary of Banks Peninsula volcanic rock aquifers and Canterbury Plains fluvial gravel aquifers. New Zealand journal of geology and geophysics，37（2）：181-193.

Camire G E，Lafleche M R，Ludden J N. 1993. Archaean metasedimentary rocks from the northwestern Pontiac Subprovince of the Canadian Shield：chemical characterization，weathering and modelling of the source areas. Precambrian Research，62（3）：285-305.

Carter L, Manighetti B. 2006. Glacial/interglacial control of terrigenous and biogenic fluxes in the deep ocean off a high input, collisional margin: a 139 kyr-record from New Zealand. Marine Geology, 226 (3-4): 307-322.

Cathelineau M, Nieva D. 1985. A chlorite solid solution geothermometer: the Los Azufres (Mexico) geothermal system. Contributions to Mineralogy and Petrology, 91 (3): 235-244.

Cawood P A, Hawkesworth C J. 2014. Earth's middle age. Geology, 42 (6): 503-506.

Cawood P A, Hawkesworth C J, Dhuime B. 2013a. The continental record and the generation of continental crust. Bulletin, 125 (1-2): 14-32.

Cawood P A, Wang Y, Xu Y, et al. 2013b. Locating South China in Rodinia and Gondwana: a fragment of greater India lithosphere? Geology, 41 (8): 903-906.

Charvet J, Shu L S, Shi Y S, et al. 1996. The building of south China: collision of Yangzi and Cathaysia blocks, problems and tentative answers. Journal of Southeast Asian Earth Sciences, 13 (3-5): 223-235.

Chen H, Ni P, Chen R Y, et al. 2016. Chronology and geological significance of spillite- keratophyre in Pingshui Formation, northwest Zhejiang Province. Geology in China, 43 (2): 410-418.

Chen J F, Jahn B M. 1998. Crustal evolution of southeastern China: Nd and Sr isotopic evidence. Tectonophysics, 284 (1-2): 101-133.

Chen J H, Curran H A, White B, et al. 1991. Precise chronology of the last interglacial period: ^{234}U-^{230}Th data from fossil coral reefs in the Bahamas. Geological Society of America Bulletin, 103 (1): 82-97.

Chen K, Gao S, Wu Y, et al. 2013. 2.6-2.7 Ga crustal growth in Yangtze craton, South China. Precambrian Research, 224: 472-490.

Chen Z, Guo K, Dong Y, et al. 2009a. Possible early Neoproterozoic magmatism associated with slab window in the Pingshui segment of the Jiangshan-Shaoxing suture zone: evidence from zircon LA-ICP-MS U-Pb geochronology and geochemistry. Science in China Series D: Earth Sciences, 52 (7): 925-939.

Chen Z H, Xing G F, Guo K Y, et al. 2009b. Petrogenesis of the Pingshui keratophyre from Zhejiang: zircon U-Pb age and Hf isotope constraints. Chinese Science Bulletin, 54 (9): 1570-1578.

Chew D M, Magna T, Kirkland C L, et al. 2008. Detrital zircon fingerprint of the Proto-Andes: evidence for a Neoproterozoic active margin? Precambrian Research, 167 (1-2): 186-200.

Condie K C. 1986. Origin and early growth rate of continents. Precambrian Research, 32 (4): 261-278.

Condie K C. 1993. Chemical composition and evolution of the upper continental crust: contrasting results from surface samples and shales. Chemical Geology, 104 (1-4): 1-37.

Condie K C. 2014. Growth of continental crust: a balance between preservation and recycling. Mineralogical Magazine, 78 (3): 623-637.

Condie K C, Aster R C. 2010. Episodic zircon age spectra of orogenic granitoids: the supercontinent connection and continental growth. Precambrian Research, 180 (3-4): 227-236.

Condie K C, Beyer E, Belousova E, et al. 2005. U-Pb isotopic ages and Hf isotopic composition of single zircons: the search for juvenile Precambrian continental crust. Precambrian Research, 139: 42-100.

Condie K C, Belousova E, Griffin W L, et al. 2009. Granitoid events in space and time: constraints from igneous and detrital zircon age spectra. Gondwana Research, 15 (3-4): 228-242.

Corfu F, Hanchar J M, Hoskin P W O, et al. 2003. Atlas of Zircon Textures. Reviews in Mineralogy and Geochemistry, 53 (16): 469-500.

Cox S F, Sun S S, Etheridge M A, et al. 1995. Structural and geochemical controls on the development of turbidite-hosted gold quartz vein deposits, Wattle Gully mine, central Victoria, Australia. Economic Geology, 90 (6): 1722-1746.

Cullers R L, Berendsen P. 1998. The provenance and chemical variation of sandstones associated with the Mid-continent Rift System, USA. European Journal of Mineralogy, 10 (5): 987-1002.

Cullers R L, Podkovyrov V N. 2000. Geochemistry of the Mesoproterozoic Lakhanda shales in southeastern Yakutia, Russia: implications for mineralogical and provenance control, and recycling. Precambrian Research, 104 (1-2): 77-93.

Cullers R L, Barrett T, Carlson R, et al. 1987. Rare-earth element and mineralogic changes in Holocene soil and stream sediment: a case study in the Wet Mountains, Colorado, USA. Chemical Geology, 63 (3-4): 275-297.

Cullers R L, Basu A, Suttner L J. 1988. Geochemical signature of provenance in sand-size material in soils and stream sediments near the Tobacco Root batholith, Montana, USA. Chemical Geology, 70 (4): 335-348.

Daniel C G, Pfeifer L S, Jones J V, et al. 2013. Detrital zircon evidence for non-Laurentian provenance, Mesoproterozoic (ca. 1490-1450Ma) deposition and orogenesis in a reconstructed orogenic belt, northern New Mexico, USA: defining the Picuris orogeny. Bulletin, 125 (9-10): 1423-1441.

Deer W A, Howie R A, Zussman J. 1982. Rock- forming minerals (second edition) //Orthosilicates (volume 1A) . London: Longman Scientific and Technical: 444-465.

Dickinson W R, Suczek C A. 1979. Plate tectonics and sandstone compositions. AAPG Bulletin, 63 (12): 2164-2182.

Dickinson W R, Gehrels G E. 2003. U-Pb ages of detrital zircons from Permian and Jurassic eolian sandstones of the Colorado Plateau, USA: paleogeographic implications. Sedimentary Geology, 163 (1-2): 29-66.

Ding B H, Shi R D, Zhi X C, et al. 2008. Neoproterozoic (ca. 850 Ma) subduction in the Jiangnan orogen: evidence from the SHRIMP U-Pb dating of the SSZ-type ophiolite in southern Anhui Province. Acta Petrologica et Mineralogica, 27 (5): 375-388.

Diskin S, Evans J, Fowler M B, et al. 2011. Recognising different sediment provenances within a passive margin setting: towards characterising a sediment source to the west of the British late Carboniferous sedimentary basins. Chemical Geology, 283 (3-4): 143-160.

Drugova G M, Glebovitskiy V A. 1965. Some patterns of change in the composition of garnet, biotite, and hornblende during regional metamorphism. Regional Metamorphism of the Precambrian Associations of the USSR: 33-46.

Duan L, Meng Q R, Zhang C L, et al. 2011. Tracing the position of the South China block in Gondwana: U-Pb ages and Hf isotopes of Devonian detrital zircons. Gondwana Research, 19: 141-149.

Faure M, Shu L, Wang B, et al. 2009. Intracontinental subduction: a possible mechanism for the Early Palaeozoic Orogen of SE China. Terra Nova, 21 (5): 360-368.

Fedo C M, Wayne Nesbitt H, Young G M. 1995. Unraveling the effects of potassium metasomatism in sedimentary rocks and paleosols, with implications for paleoweathering conditions and provenance. Geology, 23 (10): 921-924.

Fedo C M, Young G M, Nesbitt H W. 1997. Paleoclimatic control on the composition of the Paleoproterozoic Serpent Formation, Huronian Supergroup, Canada: a greenhouse to icehouse transition. Precambrian Research, 86 (3-4): 201-223.

Fedo C M, Sircombe K N, Rainbird R H. 2003. Detrital zircon analysis of the sedimentary record. Reviews in Mineralogy and Geochemistry, 53 (1): 277-303.

Fitzsimons I C W. 2000a. Grenville-age basement provinces in East Antarctica: evidence for three separate collisional orogens. Geology, 28 (10): 879-882.

Fitzsimons I C W. 2000b. A review of tectonic events in the East Antarctic Shield and their implications for Gondwana and earlier supercontinents. Journal of African Earth Sciences, 31 (1): 3-23.

Fitzsimons I C W. 2003. Proterozoic basement provinces of southern and southwestern Australia, and their correlation with Antarctica. Geological Society, London, Special Publications, 206 (1): 93-130.

Fonneland H C, Lien T, Martinsen O J, et al. 2004. Detrital zircon ages: a key to understanding the deposition of deep marine sandstones in the Norwegian Sea. Sedimentary Geology, 164 (1-2): 147-159.

Foster M D. 1960. Interpretation of the composition of trioctahedral micas. USGS Professional Paper, 354 (B): 1-146.

Foster D A, Schafer C, Fanning C M, et al. 2001. Relationships between crustal partial melting, plutonism, orogeny, and exhumation: idaho-Bitterroot batholith. Tectonophysics, 342 (3-4): 313-350.

Gao L Z, Zhang C H, Liu P J, et al. 2009. Recognition of Meso-and Neoproterozoic stratigraphic framework in North and South China. Acta Geoscientica Sinica, 30 (4): 433-446.

Gao S, Ling W L, Qiu Y M, et al. 1999. Contrasting geochemical and Sm-Nd isotopic compositions of Archean metasediments from the Kongling high-grade terrain of the Yangtze craton: evidence for cratonic evolution and redistribution of REE during crustal anatexis. Geochimica et Cosmochimica Acta, 63 (13/14): 2071-2088.

Gehrels G E, Butler R F, Bazard D R. 1996. Detrital zircon geochronology of the Alexander terrane, southeastern Alaska. Geological Society of America Bulletin, 108 (6): 722-734.

Gerdes A, Zeh A. 2006. Combined U-Pb and Hf isotope LA-(MC-) ICP-MS analyses of detrital zircons: comparison with SHRIMP and new constraints for the provenance and age of an Armorican metasediment in Central Germany. Earth and Planetary Science Letters, 249 (1-2): 47-61.

Girty G H, Hanson A D, Knaack C, et al. 1994. Provenance determined by REE, Th, and Sc analyses of metasedimentary rocks,

Boyden Cave roof pendant, central Sierra Nevada, California. Journal of Sedimentary Research, 64 (1b): 68-73.

Goldfarb R J, Groves D I, Gardoll S. 2001. Orogenic gold and geologic time: a global synthesis. Ore Geology Reviews, 18: 1-75.

Graham C M, Powell R. 1984. A garnet hornblende geothermometer: calibration, testing, and application to the Pelona Schist. Southern California. Journal of Metamorphic Geology, 2 (1): 13-31.

Greentree M R, Li Z. 2008. The oldest known rocks in south-western China: SHRIMP U-Pb magmatic crystallisation age and detrital provenance analysis of the Paleoproterozoic Dahongshan Group. Journal of Asian Earth Sciences, 33 (5-6): 289-302.

Greentree M R, Li Z, Li X, et al. 2006. Late Mesoproterozoic to earliest Neoproterozoic basin record of the Sibao orogenesis in western South China and relationship to the assembly of Rodinia. Precambrian Research, 151 (1-2): 79-100.

Griffin W L, Wang X, Jackson S E, et al. 2002. Zircon chemistry and magma mixing, SE China: in-situ analysis of Hf isotopes, Tonglu and Pingtan igneous complexes. Lithos, 61 (3-4): 237-269.

Gromet L P, Haskin L A, Korotev R L, et al. 1984. The "North American shale composite": its compilation, major and trace element characteristics. Geochimica et Cosmochimica Acta, 48 (12): 2469-2482.

Gu X X, Liu J M, Zheng M H, et al. 2002. Provenance and tectonic setting of the Proterozoic turbidites in Hunan, South China: geochemical evidence. Journal of Sedimentary Research, 72 (3): 393-407.

Gu X X, Liu J M, Schulz O, et al. 2003. Geochemical constraints on the tectonic setting of the Proterozoic turbidites in the Xuefeng Uplift region of the Jiangnan orogenic belt. Geochimica, 32 (5): 406-426.

Guidotti C V, Sassi F P. 1976. Muscovite as a petrogenetic indicator mineral in pelitic schists. Neues Jahrbuch für Mineralogie-Abhandlungen, 127 (2): 97-142

Hammarstrom J M, Zen E A. 1986. Aluminum in hornblende: an empirical igneous geobarometer. Amer Mineral, 71 (11): 1297-1313.

Hassan S, Ishiga H, Roser B P, et al. 1999. Geochemistry of Permian-Triassic shales in the Salt Range, Pakistan: implications for provenance and tectonism at the Gondwana margin. Chemical Geology, 158 (3-4): 293-314.

Hawkesworth C J, Kemp A. 2006. Using hafnium and oxygen isotopes in zircons to unravel the record of crustal evolution. Chemical Geology, 226 (3-4): 144-162.

Hawkesworth C J, Cawood P, Kemp T, et al. 2009. A matter of preservation. Science, 323 (5910): 49-50.

Hawkesworth C J, Dhuime B, Pietranik A B, et al. 2010. The generation and evolution of the continental crust. Journal of the Geological Society, 167 (2): 229-248.

Hawkesworth C J, Cawood P, Dhuime B. 2013. Continental growth and the crustal record. Tectonophysics, 609: 651-660.

Herron M M. 1988. Geochemical classification of terrigenous sands and shales from core or log data. Journal of Sedimentary Research, 58 (5): 820-829.

Hoffman P F. 1988. United plates of America, the birth of a craton: early Proterozoic assembly and growth of Laurentia. Annual Review of Earth and Planetary Sciences, 16 (1): 543-603.

Hoffman P F. 1991. Did the breakout of Laurentia turn Gondwanaland inside-out? Science, 252 (5011): 1409-1412.

Holland H D. 2006. The oxygenation of the atmosphere and oceans. Philosophical Transactions of the Royal Society B: Biological Sciences, 361 (1470): 903-915.

Hollister L S, Grissom G C, Peters E K, et al. 1987. Confirmation of the empirical correlation of Al in hornblende with pressure of solidification of calc-alkaline plutons. American Mineralogist, 72 (3-4): 231-239.

Hoschek G. 1969. The stability of staurolite and chloritoid and their significance in metamorphism of pelitic rocks. Contributions to Mineralogy and Petrology, 22 (3): 208-232.

Hoskin P W O, Schaltegger U. 2003. The composition of zircon and igneous and metamorphic petrogenesis, Zircon. Reviews in Mineralogy and Geochemistry, 53 (1): 27-62.

Howard K E, Hand M, Barovich K M, et al. 2009. Detrital zircon ages: improving interpretation via Nd and Hf isotopic data. Chemical Geology, 262 (3-4): 277-292.

Hsü K J, Li J L, Chen H H, et al. 1990. Tectonics of South China: key to understanding West Pacific geology. Tectonophysics, 183 (1-4): 9-39.

Hu B, Zhai M G, Li T S, et al. 2012. Mesoproterozoic magmatic events in the eastern North China Craton and their tectonic implications: geochronological evidence from detrital zircons in the Shandong Peninsula and North Korea. Gondwana Research, 22: 828-842.

Hu X J, Xu J K, Chen C H, et al. 1992. U-Pb single zircon ages for the Early Proterozoic granite and pegmatite in southwest Zhejiang Province. Chinese Science Bulletin, (18): 1554-1556.

Ireland T R, Flottmann T, Fanning C M, et al. 1998. Development of the early Paleozoic Pacific margin of Gondwana from detrital-zircon ages across the Delamerian orogen. Geology, 26 (3): 243-246.

Jahn B M, Condie K C. 1995. Evolution of the Kaapvaal Craton as viewed from geochemical and Sm-Nd isotopic analyses of intracratonic pelites. Geochimica et Cosmochimica Acta, 59 (11): 2239-2258.

Johannes W, Gupta L N. 1982. Origin and evolution of a migmatite. Contributions to Mineralogy and Petrology, 79 (2): 114-123.

Johannes W, Holtz F, Moeller P. 1995. REE distribution in some layered migmatites: constraints on their petrogenesis. Lithos, 35 (3-4): 139-152.

Johannes W, Ehlers C, Kriegsman L M, et al. 2003. The link between migmatites and S-type granites in the Turku area, southern Finland. Lithos, 68 (3-4): 69-90.

Johnson M C, Rutherford, et al. 1989. Experimental calibration of the aluminum-in-hornblende geobarometer with application to Long Valley caldera (California) volcanic rocks. Anaesthesia, 56 (2): 195-195.

Jones J V, Connelly J N, Karlstrom K E, et al. 2009. Age, provenance, and tectonic setting of Paleoproterozoic quartzite successions in the southwestern United States. Geological Society of America Bulletin, 121 (1-2): 247-264.

Kaur P, Zeh A, Chaudhri N, et al. 2011. Archaean to Palaeoproterozoic crustal evolution of the Aravalli mountain range, NW India, and its hinterland: the U-Pb and Hf isotope record of detrital zircon. Precambrian Research, 187 (1-2): 155-164.

Kemp A, Hawkesworth C J, Paterson B A, et al. 2006. Episodic growth of the Gondwana supercontinent from hafnium and oxygen isotopes in zircon. Nature, 439 (7076): 580-583.

Kish H J. 1991. Illite Crystallinity: recommendations on sample preparation, X-ray diffraction settings and interlaboratory standards. Journal of Metamorphic Geology, 6: 665-675.

Kriegsman L M. 2001. Partial melting, partial melt extraction and partial back reaction in anatectic migmatites. Lithos, 56 (1): 75-96.

Kruckenberg S C, Vanderhaeghe O, Ferré E C, et al. 2011. Flow of partially molten crust and the internal dynamics of a migmatite dome, Naxos, Greece. Tectonics, 30 (3): TC3001.

Lahtinen R. 2000. Archaean-Proterozoic transition: geochemistry, provenance and tectonic setting of metasedimentary rocks in central Fennoscandian Shield, Finland. Precambrian Research, 104 (3-4): 147-174.

Leaker B E, Woolley A R, Birch W D, et al. 1997. Nomenclature of amphiboles. Report of the subcommittee on amphiboles of International Mineralogical Association Commission on new minerals and minerals names. Mineralogical Magazine, 61: 295-321.

Li G, Li J, Qin K, et al. 2012. Geology and hydrothermal alteration of the Duobuza gold-rich porphyry copper district in the Bangongco metallogenetic belt, northwestern Tibet. Resource Geology, 62 (1): 99-118.

Li J H, Shi W, Zhang Y Q, et al. 2016a. Thermal evolution of the Hengshan extensional dome in central South China and its tectonic implications: new insights into low-angle detachment formation. Gondwana Research, 35: 425-441.

Li J H, Dong S W, Zhang Y Q, et al. 2016b. New insights into Phanerozoic tectonics of south China: Part 1, polyphase deformation in the Jiuling and Lianyunshan domains of the central Jiangnan Orogen. Journal of Geophysical Research-Solid Earth, 121 (4): 3048-3080.

Li L, Sun M, Wang Y, et al. 2011a. U-Pb and Hf isotopic study of zircons from migmatised amphibolites in the Cathaysia Block: implications for the early Paleozoic peak tectonothermal event in Southeastern China. Gondwana Research, 19 (1): 191-201.

Li L M, Sun M, Wang Y, et al. 2011b. Geochronological and Geochemical study of Palaeoproterozoic gneissic granites and clinopyroxenite xenoliths from NW Fujian, SE China: implications for the crustal evolution of the Cathaysia Block. Journal of Asian Earth Sciences, 41 (2): 204-212.

Li X. 1997. Timing of the Cathaysia Block formation: constraints from SHRIMP U-Pb zircon geochronology. Episodes Journal of International Geoscience, 20 (3): 188-192.

Li X, McCulloch M T. 1996. Secular variation in the Nd isotopic composition of Neoproterozoic sediments from the southern margin of the Yangtze Block: evidence for a Proterozoic continental collision in southeast China. Precambrian Research, 76 (1-2): 67-76.

Li X, Zhou G, Jianxin Z, et al. 1994. SHRIMP ion microprobe zircon U-Pb age and Sm-Nd isotopic characteristics of the NE Jiangxi ophiolite and its tectonic implications. Chinese Journal of Geochemistry, 13 (4): 317-325.

Li X, Li Z, Zhou H, et al. 2003b. SHRIMP U-Pb zircon age, geochemistry and Nd isotope of the Guandaoshan pluton in SW

Sichuan: Petrogenesis and tectonic significance. Science in China Series D: Earth Sciences, 46 (1): 73-83.

Li X, Chung S, Zhou H, et al. 2004. Jurassic intraplate magmatism in southern Hunan- eastern Guangxi: $^{40}Ar/^{39}Ar$ dating, geochemistry, Sr- Nd isotopes and implications for the tectonic evolution of SE China. Geological Society, London, Special Publications, 226 (1): 193-215.

Li X, Watanabe Y, Yi X. 2013. Ages and sources of ore-related porphyries at Yongping Cu- Mo deposit in Jiangxi Province, Southeast China. Resource Geology, 63 (3): 288-312.

Li X H. 1999. U-Pb zircon ages of granites from the southern margin of the Yangtze Block: timing of NeoproterozoicJinning: orogeny in SE China and implications for Rodinia Assembly. Precambrian Research, 97 (1-2): 43-57.

Li X H, Li Z X, Ge W C, et al. 2003a. Neoproterozoic granitoids in South China: crustal melting above a mantle plume at ca. 825 Ma? Precambrian Research, 122 (1-4): 45-83.

Li X H, Li W X, L Z X, et al. 2008d. 850-790 Ma bimodal volcanic and intrusive rocks in northern Zhejiang, South China: a major episode of continental rift magmatism during the breakup of Rodinia. Lithos, 102 (1): 341-357.

Li X H, Li W X, Li Z X, et al. 2009. Amalgamation between the Yangtze and Cathaysia Blocks in South China: constraints from SHRIMP U-Pb zircon ages, geochemistry and Nd-Hf isotopes of the Shuangxiwu volcanic rocks. Precambrian Research, 174 (1-2): 117-128.

Li W, Li X. 2003. Adakitic granites within the NE Jiangxi ophiolites, South China: geochemical and Nd isotopic evidence. Precambrian Research, 122 (1): 29-44.

Li W X, Li X H, Li Z X, et al. 2008b. Obduction- type granites within the NE Jiangxi Ophiolite: implications for the final amalgamation between the Yangtze and Cathaysia Blocks. Gondwana Research, 13 (3): 288-301.

Li W X, Li X H, Li Z X. 2008c. Middle Neoproterozoic syn- rifting volcanic rocks in Guangfeng, South China: petrogenesis and tectonic significance. Geological Magazine, 145 (4): 475-489.

Li Z, Bogdanova S V, Collins A S, et al. 2008a. Assembly, configuration, and break- up history of Rodinia: a synthesis. Precambrian Research, 160 (1-2): 179-210.

Li Z X, Li X H. 2007. Formation of the 1300-km-wide intracontinental orogen and postorogenic magmatic province in Mesozoic South China: a flat-slab subduction model. Geology, 35 (2): 179-182.

Li Z X, Zhang L H, Powell C M. 1995. South China in Rodinia: part of the missing link between Australia- East Antarctica and Laurentia? Geology, 23 (5): 407-410.

Li Z X, Li X H, Kinny P D, et al. 1999. The breakup of Rodinia: did it start with a mantle plume beneath South China? Earth and Planetary Science Letters, 173 (3): 171-181.

Li Z X, Li X H, Zhou H W, et al. 2002. Grenvillian continental collision in south China: new SHRIMP U-Pb zircon results and implications for the configuration of Rodinia. Geology, 30 (2): 163-166.

Li Z X, Wartho J A, Occhipinti S, et al. 2007. Early history of the eastern Sibao Orogen (South China) during the assembly of Rodinia: new mica $^{40}Ar/^{39}Ar$ dating and SHRIMP U-Pb detrital zircon provenance constraints. Precambrian Research, 159 (1-2): 79-94.

Liu R, Zhou H W, Zhang L, et al. 2009. Paleoproterozoic reworking of ancient crust in the Cathaysia Block, South China: evidence from zircon trace elements, U-Pb and Lu-Hf isotopes. Chinese Science Bulletin, 54 (9): 1543-1554.

Ludwig K R. 2001. Isoplot/Ex version 2. 49: a geochronology toolkit for Microsoft Excel. Berkeley Geochronology Center Special Publication.

Lyu P L, Li W X, Wang X C, et al. 2017. Initial breakup of supercontinent Rodinia as recorded by ca 860- 840 Ma bimodal volcanism along the southeastern margin of the Yangtze Block, South China. Precambrian Research, 296: 148-167.

Ma X, Yang K, Li X, et al. 2016. Neoproterozoic Jiangnan Orogeny in southeast Guizhou, South China: evidence from U-Pb ages for detrital zircons from the Sibao Group and Xiajiang Group. Canadian Journal of Earth Sciences, 53 (3): 219-230.

Mader D, Neubauer F. 2004. Provenance of Palaeozoic sandstones from the Carnic Alps (Austria): petrographic and geochemical indicators. International Journal of Earth Sciences, 93 (2): 262-281.

Massonne H. 1992. Evidence for low-temperature ultrapotassic siliceous fluids in subduction zone environments from experiments in the system K_2O-MgO-Al_2O_3-SiO_2-H_2O (KMASH) . Lithos, 28 (3-6): 421-434.

May S R, Gray G G, Summa L L, et al. 2013. Detrital zircon geochronology from the Bighorn Basin, Wyoming, USA: implications for tectonostratigraphic evolution and paleogeography. Bulletin, 125 (9-10): 1403-1422.

McAteer C A, Daly J S, Flowerdew M J, et al. 2010. Detrital zircon, detrital titanite and igneous clast U-Pb geochronology and basement-cover relationships of the Colonsay Group, SW Scotland: laurentian provenance and correlation with the Neoproterozoic Dalradian Supergroup. Precambrian Research, 181 (1-4): 21-42.

McDonough W F, Sun S S. 1995. The composition of the Earth. Chemical geology, 120 (3-4): 223-253.

McLennan S M, Taylor S R. 1991. Sedimentary rocks and crustal evolution: tectonic setting and secular trends. The Journal of Geology, 99 (1): 1-21.

McLennan S M, Taylor S R, McCulloch M T, et al. 1990. Geochemical and Nd-Sr isotopic composition of deep-sea turbidites: crustal evolution and plate tectonic associations. Geochimica et Cosmochimica Acta, 54 (7): 2015-2050.

McLennan S M, Hemming S, McDaniel D K, et al. 1993. Geochemical approaches to sedimentation, provenance, and tectonics. Special Papers-Geological Society of America, 284: 21-24.

McLennan S M, Hemming S R, Taylor S R, et al. 1995. Early Proterozoic crustal evolution: geochemical and Nd-Pb isotopic evidence from metasedimentary rocks, southwestern North America. Geochimica et cosmochimica acta, 59 (6): 1153-1177.

Meert J G, Lieberman B S. 2008. The Neoproterozoic assembly of Gondwana and its relationship to the Ediacaran-Cambrian radiation. Gondwana Research, 14 (1-2): 5-21.

Mehnert K R. 1968. Migmatites and the origin of granitic rocks//Megascopic structures of migmatite. Amsterdam, London, New York: Elsevier Publishing Company: 7-42.

Mosier D L B, Singer V I, Donald A. 2009. Volcanogenic massive sulfide deposits of the world: Database and grade and tonnage models. U. S. Geological Survey.

Naipauer M, Sato A M, González P D, et al. 2010. Eopaleozoic patagonia-east antarctica connection: fossil and U-Pb evidence from El Jagüelito Formation. Ⅶ SSAGI South American Symposium on Isotope Geology Brasília, 7: 602-605.

Nelson R. 2001. Geologic analysis of naturally fractured reservoirs (Second edition). Elsevier: Gulf Professional Publishing.

Nesbitt H W, Markovics G. 1980. Chemical processes affecting alkalis and alkaline earths during continental weathering. Geochimica et Cosmochimica Acta, 44 (11): 1659-1666.

Nesbitt H W, Young G M. 1982. Early Proterozoic climates and plate motions inferred from major element chemistry of lutites. Nature, 299 (5885): 715-717.

Nesbitt H W, Young G M. 1984. Prediction of some weathering trends of plutonic and volcanic rocks based on thermodynamic and kinetic considerations. Geochimica et Cosmochimica Acta, 48 (7): 1523-1534.

Nesbitt H W, Young G M. 1989. Formation and diagenesis of weathering profiles. The Journal of Geology, 97 (2): 129-147.

Nesbitt H W, Fedo C M, Young G M. 1997. Quartz and feldspar stability, steady and non-steady-state weathering, and petrogenesis of siliciclastic sands and muds. Journal of Geology, 105: 173-192.

Nowell G M, Kempton P D, Pearson D G. 1998. Hf-Nd isotope systematics of kimberlites: relevance to terrestrial Hf-Nd systematics. The Agora Political Science Undergraduate Journal, 7 (1): 628-630.

Nyman M W, Karlstrom K E, Kirby E, et al. 1994. Mesoproterozoic contractional orogeny in western North America: evidence from ca. 1. 4 Ga plutons. Geology, 22 (10): 901-904.

Peng M, Wu Y, Gao S, et al. 2012. Geochemistry, zircon U-Pb age and Hf isotope compositions of Paleoproterozoic aluminous A-type granites from the Kongling terrain, Yangtze Block: constraints on petrogenesis and geologic implications. Gondwana Research, 22 (1): 140-151.

Qiu Y M, Gao S, McNaughton N J, et al. 2000. First evidence of>3. 2 Ga continental crust in the Yangtze craton of south China and its implications for Archean crustal evolution and Phanerozoic tectonics. Geology, 28 (1): 11-14.

Qiu Y X, Zhang Y C, Ma W P. 1998. Tectonics and geological evolution of Xuefeng intra-continental orogen, South China. Geological Journal of China Universities, 4 (4): 432-443.

Raase P. 1974. Al and Ti contents of hornblende, indicators of pressure and temperature of regional metamorphism. Contributions to mineralogy and petrology, 45 (3): 231-236.

Rainbird R H, Hamilton M A, Young G M. 2001. Detrital zircon geochronology and provenance of the Torridonian, NW Scotland. Journal of the Geological Society, 158 (1): 15-27.

Raines M K, Hubbard S M, Kukulski R B, et al. 2013. Sediment dispersal in an evolving foreland: detrital zircon geochronology from Upper Jurassic and lowermost Cretaceous strata, Alberta Basin, Canada. GSA Bulletin, 125: 741-755.

Rogers J J, Santosh M. 2002. Configuration of Columbia, a Mesoproterozoic supercontinent. Gondwana Research, 5 (1): 5-22.

Roser B P, Korsch R J. 1986. Determination of tectonic setting of sandstone- mudstone suites using SiO_2 content and K_2O/Na_2O ratio. The Journal of Geology, 94 (5): 635-650.

Ross G M, Villeneuve M. 2003. Provenance of the Mesoproterozoic (1.45 Ga) Belt basin (western North America): another piece in the pre-Rodinia paleogeographic puzzle. GSA Bulletin, 115 (10): 1191-1217.

Rossman G R, Weis D, Wasserburg G J. 1987. Rb, Sr, Nd and Sm concentrations in quartz. Geochimica et cosmochimica Acta, 51 (9): 2325-2329.

Rudnick R L. 1995. Making continental crust. Nature, 378 (6557): 571-578.

Sassi F P, Scolai A. 1974. The b0 value of the porassie white micas as barometric indicator in low- grade metamorphism of pelitic schists. Contributions to Mineralogy and Petrol ogy, 45: 148-152.

Sawyer D T, Sobkowiak A, Matsushita T. 1996. Metal [ML x; M = Fe, Cu, Co, Mn] /hydroperoxide- induced activation of dioxygen for the oxygenation of hydrocarbons: oxygenated Fenton chemistry. Accounts of Chemical Research, 29 (9): 409-416.

Sawyer E W, Robin P Y. 1986. The subsolidus segregation of layer-parallel quartz-feldspar veins in greenschist to upper amphibolite facies metasediments. Journal of Metamorphic Geology, 4 (3): 237-260.

Sawyer E W, Brown M. 2008. Working with migmatites. Quebec: Mineralogical Association of Canada.

Schreyer W, Abraham K, Kulke H. 1980. Natural sodium phlogopite coexisting with potassium phlogopite and sodian aluminian talc in a metamorphic evaporite sequence from Derrag, Tell Atlas, Algeria. Contributions to Mineralogy and Petrol ogy, 74: 223-233.

Sclar C B. 1965. Layered mylonites and the processes of metamorphic differentiation. Geological Society of America Bulletin, 76 (5): 611-612.

Sederholm J J. 1907. Om granit och gneis deras uppkomst: uppträdande och utbredning inom urberget i Fennos-kandia. Bulletin de la Commission Geologique de Finlande, 23.

Shields G A. 2007. The marine carbonate and chert isotope records and their implications for tectonics, life and climate on the early earth. Developments in Precambrian Geology, 15: 971-983.

Shu L S, Zhou G Q, Shi Y S, et al. 1994. Study of the high pressure metamorphic blueschist and its Late Proterozoic age in the eastern Jiangnan belt. Chinese Science Bulletin, 39 (14): 1200-1204.

Shu L S, Faure M, Jiang S, et al. 2006. SHRIMP zircon U-Pb age, litho- and biostratigraphic analyses of the Huaiyu Domain in South China. Episodes, 29 (4): 244-252.

Shu L S, Faure M, Wang B, et al. 2008. Late Palaeozoic- Early Mesozoic geological features of South China: response to the Indosinian collision events in Southeast Asia. Comptes Rendus Geoscience, 340 (2-3): 151-165.

Shu L S, Zhou X M, Deng P, et al. 2009. Mesozoic tectonic evolution of the Southeast China Block: new insights from basin analysis. Journal of Asian Earth Sciences, 34 (3): 376-391.

Shu L S, Faure M, Yu J H, et al. 2011. Geochronological and geochemical features of the Cathaysia block (South China): new evidence for the Neoproterozoic breakup of Rodinia. Precambrian Research, 187 (3-4): 263-276.

Shu L S, Jahn B, Charvet J, et al. 2014. Early Paleozoic depositional environment and intraplate tectono-magmatism in the Cathaysia Block (South China): evidence from stratigraphic, structural, geochemical and geochronological investigations. American Journal of Science, 314 (1): 154-186.

Shu L S, Wang B, Cawood P A, et al. 2015. Early Paleozoic and Early Mesozoic intraplate tectonic and magmatic events in the Cathaysia Block, South China. Tectonics, 34 (8): 1600-1621.

Simonen A. 1953. Mineralogy of the wollastonites found in Finland. Bull. Comm. Géol. Finlande, (159): 9-18.

Söderlund P, Söderlund U, Möller C, et al. 2004. Petrology and ion microprobe U-Pb chronology applied to a metabasic intrusion in southern Sweden: a study on zircon formation during metamorphism and deformation. Tectonics, 23: TC5005.

Song H, Xu Z Q, Ni S J, et al. 2015. Response of the Motianling granitic pluton in North Guangxi to the tectonic evolution in the southwestern section of the Jiangnan orogenic belt: Constraints from Neoproterozoic zircon geochronology. Geotectonica et Metallogenia, 39 (6): 1156-1175.

Stewart J H, Gehrels G E, Barth A P, et al. 2001. Detrital zircon provenance of Mesoproterozoic to Cambrian arenites in the western United States and northwestern Mexico. Geological Society of America Bulletin, 113 (10): 1343-1356.

Sun M, Long X, Cai K, et al. 2009. Early Paleozoic ridge subduction in the Chinese Altai: insight from the abrupt change in zircon Hf isotopic compositions. Science in China Series D: Earth Sciences, 52 (9): 1345-1358.

Sun S S and McDonough W F. 1989. Chemical isotopic systematics of oceanic basalts: implications for mantle composition and processes. London: Geological Society.

Tao H, Sun S, Wang Q, et al. 2014. Petrography and geochemistry of lower carboniferous greywacke and mudstones in Northeast Junggar, China: implications for provenance, source weathering, and tectonic setting. Journal of Asian Earth Sciences, 87: 11-25.

Taylor H P. 1997. Oxygen and hydrogen isotope relationships in hydrothermal mineral deposits. Geochemistry of Hydrothermal Ore Deposits: 229-302.

Taylor S R, McLennan S M. 1985. The continental crust: its composition and evolution. Oxford: Blackwell Scientific Publications: 1-312.

Thomas W A, Astini R A, Mueller P A, et al. 2004. Transfer of the Argentine Precordillera terrane from Laurentia: constraints from detrital-zircon geochronology. Geology, 32 (11): 965-968.

Tran H T, Ansdell K, Bethune K, et al. 2003. Nd isotope and geochemical constraints on the depositional setting of Paleoproterozoic metasedimentary rocks along the margin of the Archean Hearne craton, Saskatchewan, Canada. Precambrian Research, 123 (1): 1-28.

Turner F J. 1941. The development of pseudo-stratification by metamorphic differentiation in the schists of Otago, New Zealand. American Journal of Science, 239 (1): 1-16.

Van de Kamp P C, Leake B E. 1985. Petrography and geochemistry of feldspathic and mafic sediments of the northeastern Pacific margin. Earth and Environmental Science Transactions of the Royal Society of Edinburgh, 76 (4): 411-449.

Vavra G, Gebauer D, Schmid R, et al. 1996. Multiple zircon growth and recrystallization during polyphase Late Carboniferous to Triassic metamorphism in granulites of the Ivrea Zone (Southern Alps): an ion microprobe (SHRIMP) study. Contributions to Mineralogy and Petrology, 122 (4): 337-358.

Vavra G, Schmid R, Gebauer D. 1999. Internal morphology, habit and U- Th- Pb microanalysis of amphibolite- to- granulite facies zircons: geochronology of the Ivrea Zone (Southern Alps) . Contributions to Mineralogy and Petrology, 134 (4): 380-404.

Veevers J J, Saeed A, Belousova E A, et al. 2005. U-Pb ages and source composition by Hf- isotope and t race- element analysis of detrital zircons in Permian sandstone and modern sand from southwestern Australia and a review of the paleogeographical and denudational history of the Yilgarn Craton. Earth-Science Reviews, 68 (3-4): 245-279.

Velde B. 1967. Si^{4+} content of natural phengites. Contributions to Mineralogy and Petrology, 14 (3): 250-258.

Vervoort J D, Kemp A I. 2016. Clarifying the zircon Hf isotope record of crust-mantle evolution. Chemical Geology, 425: 65-75.

Vervoort J D, Patchett P J. 1996. Behavior of hafnium and neodymium isotopes in the crust: constraints from Precambrian crustally derived granites. Geochimica et Cosmochimica Acta, 60 (19): 3717-3733.

Vervoort J, Patchett P, Gehrels G, et al. 1996. Constraints on early Earth differentiation from hafnium and neodymium isotopes. Nature, 379: 624-627.

Vetrin V R, Belousova E A, Chupin V P. 2016. Trace element composition and Lu-Hf isotope systematics of zircon from plagiogneisses of the Kola superdeep well: contribution of a Paleoarchean crust in Mesoarchean metavolcanic rocks. Geochemistry International, 54 (1): 92-111.

Wan Y, Liu D, Xu M, et al. 2007. SHRIMP U-Pb zircon geochronology and geochemistry of metavolcanic and metasedimentary rocks in Northwestern Fujian, Cathaysia block, China: tectonic implications and the need to redefine lithostratigraphic units. Gondwana Research, 12 (1-2): 166-183.

Wan Y, Liu D, Wang S, et al. 2010. Juvenile magmatism and crustal recycling at the end of the Neoarchean in Western Shandong Province, North China Craton: evidence from SHRIMP zircon dating. American Journal of Science, 310 (10): 1503-1552.

Wang H Z. 1986. Chapter 5, The Proterozoic; Chapter 6, The Sinian system//Yang Z Y, Chen Y Q, Wang H Z. The Geology of China. Oxford: Clarendon Press.

Wang J, Li Z X. 2003. History of Neoproterozoic rift basins in South China: implications for Rodinia break-up. Precambrian Research, 122 (1-4): 141-158.

Wang J, Li X, Duan T, et al. 2003. Zircon SHRIMP U-Pb dating for the Cangshuipu volcanic rocks and its implications for the lower boundary age of the Nanhua strata in South China. Chinese Science Bulletin, 48 (16): 1663-1669.

Wang Q, Liu X. 1986. Paleoplate tectonics between Cathaysia and Angaraland in inner Mongolia of China. Tectonics, 5 (7): 1073-1088.

Wang Q, McDermott F, Xu J, et al. 2005. Cenozoic K-rich adakitic volcanic rocks in the Hohxil area, northern Tibet: lower-crustal melting in an intracontinental setting. Geology, 33 (6): 465-468.

Wang Q, Wyman, D A Li, Z-X, et al. 2010c. Petrology, geochronology and geochemistry of ca. 780Ma A-type granites in South China: petrogenesis and implications for crustal growth during the breakup of the supercontinent Rodinia. Precambrian Research, 178 (1): 185-208.

Wang W, Zhou M F. 2012. Sedimentary records of the Yangtze Block (South China) and their correlation with equivalent Neoproterozoic sequences on adjacent continents. Sedimentary Geology, 265: 126-142.

Wang W, Zhou M F, Yan D P, et al. 2012a. Depositional age, provenance, and tectonic setting of the Neoproterozoic Sibao Group, southeastern Yangtze Block, South China. Precambrian Research, 192 (95): 107-124.

Wang W, Zhou M, Yan D, et al. 2013c. Detrital zircon record of Neoproterozoic active-margin sedimentation in the eastern Jiangnan Orogen, South China. Precambrian Research, 235: 1-19.

Wang X, Zhao G, Zhou J, et al. 2008a, Geochronology and Hf isotopes of zircon from volcanic rocks of the Shuangqiaoshan Group, South China: implications for the Neoproterozoic tectonic evolution of the eastern Jiangnan orogeny. Gondwana Research, 14 (3): 355-367.

Wang X, Li X, Li W, et al. 2008b. The Bikou basalts in the northwestern Yangtze block, South China: remnants of 820-810 Ma ontinental flood basalts? Geological Society of America Bulletin, 120 (11-12): 1478-1492.

Wang X, Li Z, Li X, et al. 2011. Geochemical and Hf-Nd isotope data of Nanhua rift sedimentary and volcaniclastic rocks indicate a Neoproterozoic continental flood basalt provenance. Lithos: 127 (3-4): 427-440.

Wang X, Zhou J, Wan Y, et al. 2013b. Magmatic evolution and crustal recycling for Neoproterozoic strongly peraluminous granitoids from southern China: Hf and O isotopes in zircon. Earth and Planetary Science Letters, 366: 71-82.

Wang X, Zhou J, Griffin W L, et al. 2014. Geochemical zonation across a Neoproterozoic orogenic belt: isotopic evidence from granitoids and metasedimentary rocks of the Jiangnan orogen, China. Precambrian Research, 242: 154-171.

Wang X C, L X H, L W X, et al. 2007b. Ca. 825 Ma komatiitic basalts in South China: first evidence for>1500 C mantle melts by a Rodinian mantle plume. Geology, 35 (12): 1103-1106.

Wang X C, Li X H, Li Z X, et al. 2010b. The Willouran basic province of South Australia: its relation to the Guibei large igneous province in South China and the breakup of Rodinia. Lithos, 119 (3): 569-584.

Wang X G, Liu Z Q, Liu S B, et al. 2015a. LA-ICP-MS zircon U-Pb dating and petrologic geochemistry of fine-grained granite from Zhuxi Cu-W deposit, Jiangxi Province and its geological significance. Rock and Mineral Analysis, 34 (5): 592-599.

Wang X L, Zhou J C, Qiu J S, et al. 2006. LA-ICP-MS U-Pb zircon geochronology of the Neoproterozoic igneous rocks from Northern Guangxi, South China: implications for tectonic evolution. Precambrian Research, 145 (1-2): 111-130.

Wang X L, Zhou J C, Griffin W A, et al. 2007a. Detrital zircon geochronology of Precambrian basement sequences in the Jiangnan orogen: dating the assembly of the Yangtze and Cathaysia Blocks. Precambrian Research, 159 (1-2): 117-131.

Wang X L, Shu L S, Xing G F, et al. 2012b. Post-orogenic extension in the eastern part of the Jiangnan orogen: evidence from ca 800-760 Ma volcanic rocks. Precambrian Research, 222-223: 404-423.

Wang Y, Zhang F, Fan W, et al. 2010a. Tectonic setting of the South China Block in the early Paleozoic: resolving intracontinental and ocean closure models from detrital zircon U-Pb geochronology. Tectonics, 29 (6): 1-16.

Wang Y, Zhou Y, Cai Y, et al. 2016. Geochronological and geochemical constraints on the petrogenesis of the Ailaoshan granitic and migmatite rocks and its implications on Neoproterozoic subduction along the SW Yangtze Block. Precambrian Research, 283: 106-124.

Wang Y J, Fan W M, Zhang G W, et al. 2013a. Phanerozoic tectonics of the South China Block: key observations and controversies. Gondwana Research, 23 (4): 1273-1305.

Wang Y J, Zhang A M, Cawood P A, et al. 2013c. Geochronological, geochemical and Nd-Hf-Os isotopic fingerprinting of an early Neoproterozoic arc- back- arc system in South China and its accretionary assembly along the margin of Rodinia. Precambrian Research, 231: 343-371.

Wang Z, Xu D, Hu G, et al. 2015b. Detrital zircon U-Pb ages of the Proterozoic metaclastic-sedimentary rocks in Hainan Province of South China: new constraints on the depositional time, source area, and tectonic setting of the Shilu Fe-Co-Cu ore district. Journal of Asian Earth Sciences, 113 (4): 1143-1161.

White L, Lister G, Forster M, et al. 2008. Tectonic sequence diagrams and the constraints they offer for the structural and metamorphic history of the Kullu Valley, NW India. Himalayan Journal of Sciences, 5 (7): 169.

Will T M, Zeh A, Gerdes A, et al. 2009. Palaeoproterozoic to Palaeozoic magmatic and metamorphic events in the Shackleton Range,

East Antarctica: constraints from zircon and monazite dating, and implications for the amalgamation of Gondwana. Precambrian Research, 172: 25-45.

Wronkiewicz D J, Condie K C. 1987. Geochemistry of Archean shales from the Witwatersrand Supergroup, South Africa: source-area weathering and provenance. Geochimica et Cosmochimica Acta, 51 (9): 2401-2416.

Wu F Y, Zhang Y B, Yang J H, et al. 2008. Zircon U-Pb and Hf isotopic constraints on the Early Archean crustal evolution in Anshan of the North China Craton. Precambrian Research, 167: 339-362.

Wu L, Jia D, Li H, et al. 2010. Provenance of detrital zircons from the late Neoproterozoic to Ordovician sandstones of South China: implications for its continental affinity. Geological Magazine, 147 (6): 974-980.

Wu R X, Zheng Y F, Wu Y B. 2005. Zircon U-Pb age, element and oxygen isotope geochemistry of Neoproterozoic granites at Shiershan in south Anhui Province. Geological Journal of China Universities, 11 (3): 364-382.

Wu R X, Zheng Y F, Wu Y B, et al. 2006. Reworking of juvenile crust: element and isotope evidence from Neoproterozoic granodiorite in South China. Precambrian Research, 146 (3-4): 179-212.

Wu Y, Zheng Y. 2004. Genesis of zircon and its constraints on interpretation of U-Pb age. Chinese Science Bulletin, 49 (15): 1554-1569.

Wu Y B, Zheng Y F, Zhang S B, et al. 2007. Zircon U-Pb ages and Hf isotope compositions of migmatite from the North Dabie terrane in China: constraints on partial melting. Journal of Metamorphic Geology, 25 (9): 991-1009.

Xiang H, Zhang L, Zhou H W, et al. 2008. U-Pb zircon geochronology and Hf isotope study of metamorphosed basic-ultrabasic rocks from metamorphic basement in southwestern Zhejiang: the response of the Cathaysia Block to Indosinian orogenic event. Science in China Series D: Earth Sciences, 51 (6): 788-800.

Xiang L, Shu L S. 2010. Pre-Devonian tectonic evolution of the eastern South China Block: geochronological evidence from detrital zircons. Science China Earth Sciences, 53 (10): 1427-1444.

Xiong Q, Zheng J P, Yu C M, et al. 2009. Zircon U-Pb age and Hf isotope of Quanyishang A-type granite in Yichang: signification for the Yangtze continental cratonization in Paleoproterozoic. Chinese Science Bulletin, 54 (3): 436-446.

Xu D, Wang Z, Cai J, et al. 2013. Geological characteristics and metallogenesis of the shilu Fe-ore deposit in Hainan Province, South China. Ore Geology Reviews, 53: 318-342.

Xu D R, Gu X X, Li P C, et al. 2007a. Mesoproterozoic-Neoproterozoic transition: geochemistry, provenance and tectonic setting of clastic sedimentary rocks on the SE margin of the Yangtze Block, South China. Journal of Asian Earth Sciences, 29 (5-6): 637-650.

Xu D R, Xia B, Li P C, et al., 2007b. Protolith natures and U-Pb sensitive high mass-resolution ion microprobe (SHRIMP) zircon ages of the metabasites in Hainan Island, South China: implications for geodynamic evolution since the late Precambrian. Island Arc, 16: 575-597.

Xu D R, Deng T, Chi G X, et al. 2017. Gold mineralization in the Jiangnan Orogenic Belt of South China: geological, geochemical and geochronological characteristics, ore deposit-type and geodynamic setting. Ore Geology Reviews, 88: 565-618.

Xu S, Liu W, Wang R, et al. 2004. The history of crustal uplift and metamorphic evolution of Panzhihua-Xichang micro-palaeoland, SW China. Sciences in China Series D: Earth Sciences, 47: 689-703.

Xu Y, Cawood P A, Du Y, et al. 2014a. Terminal suturing of Gondwana along the southern margin of South China Craton: evidence from detrital zircon U-Pb ages and Hf isotopes in Cambrian and Ordovician strata, Hainan Island. Tectonics, 33 (12): 2490-2504.

Xu Y H, Sun Q Q, Cai G Q, et al. 2014b. The U-Pb ages and Hf isotopes of detrital zircons from Hainan Island, South China: implications for sediment provenance and the crustal evolution. Environmental Earth Sciences, 71 (4): 1619-1628.

Xu Y J, Du Y S, Cawood P A, et al. 2012. Detrital zircon provenance of Upper Ordovician and Silurian strata in the northeastern Yangtze Block: response to orogenesis in South China. Sedimentary Geology, 267-268: 63-72.

Yan Y, Hu X, Lin G, et al. 2011. Sedimentary provenance of the Hengyang and Mayang basins, SE China, and implications for the Mesozoic topographic change in South China Craton: evidence from detrital zircon geochronology. Journal of Asian Earth Sciences, 41 (6): 494-503.

Yang C, Li X, Wang X, et al. 2015. Mid-Neoproterozoic angular unconformity in the Yangtze Block revisited: insights from detrital zircon U-Pb age and Hf-O isotopes. Precambrian Research, 266: 165-178.

Yang L, Deng J, Wang Z, et al. 2016. Relationships between gold and pyrite at the Xincheng gold deposit, Jiaodong Peninsula,

China: implications for gold source and deposition in a brittle epizonal environment. Economic Geology, 111 (1): 105-126.

Yang S Y, Zhang F, Wang Z B. 2012. Grain size distribution and age population of detrital zircons from the Changjiang (Yangtze) River system, China. Chemical Geology, 296-297: 26-38.

Yang X, Jin Z, Ma J. 2005. Anatexis in Himalayan crust: Evidence from geochemical and chronological investigations of Higher Himalayan Crystallines. Science in China Series D: Earth Sciences, 48 (9): 1347-1356.

Yao J L, Shu L S, Santosh M. 2011. Detrital zircon U-Pb geochronology, Hf- isotopes and geochemistry—new clues for the Precambrian crustal evolution of Cathaysia Block, South China. Gondwana Research, 20 (2-3): 553-567.

Yao J L, Shu L S, Santosh M, et al. 2012. Precambrian crustal evolution of the South China Block and its relation to supercontinent history: constraints from U-Pb ages, Lu-Hf isotopes and REE geochemistry of zircons from sandstones and granodiorite. Precambrian Research, 208: 19-48.

Yao J L, Shu L S, Santosh M, et al. 2013. Geochronology and Hf isotope of detrital zircons from Precambrian sequences in the eastern Jiangnan Orogen: constraining the assembly of Yangtze and Cathaysia Blocks in South China. Journal of Asian Earth Sciences, 74: 225-243.

Yao J L, Shu L S, Santosh M, et al. 2014. Neoproterozoic arc- related mafic- ultramafic rocks and syn- collision granite from the western segment of the Jiangnan Orogen, South China: constraints on the Neoproterozoic assembly of the Yangtze and Cathaysia Blocks. Precambrian Research, 243: 39-62.

Yao J L, Shu L S, Santosh M, et al. 2015. Neoproterozoic arc- related andesite and orogeny- related unconformity in the eastern Jiangnan orogenic belt: constraints on the assembly of the Yangtze and Cathaysia blocks in South China. Precambrian Research, 262: 84-100.

Yao Y, Liu D. 2012. Effects of igneous intrusions on coal petrology, pore-fracture and coalbed methane characteristics in Hongyang, Handan and Huaibei coalfields, North China. International Journal of Coal Geology, 96: 72-81.

Yardley B W, Yardley B. 1989. An introduction to metamorphic petrology. Harlow: Longman Scientific and Technical: 1-272.

Ye M F, Li X H, Li W X, et al. 2007. SHRIMP zircon U-Pb geochronological and whole-rock geochemical evidence for an early Neoproterozoic Sibaoan magmatic arc along the southeastern margin of the Yangtze Block. Gondwana Research, 12 (1-2): 144-156.

Yin C, Lin S, Davis D W, et al. 2013. Tectonic evolution of the southeastern margin of the Yangtze Block: constraints from SHRIMP U-Pb and LA- ICP- MS Hf isotopic studies of zircon from the eastern Jiangnan Orogenic Belt and implications for the tectonic interpretation of South China. Precambrian Research, 236: 145-156.

Yuan C, Zhou M, Sun M, et al. 2010. Triassic granitoids in the eastern Songpan Ganzi Fold Belt, SW China: magmatic response to geodynamics of the deep lithosphere. Earth and Planetary Science Letters, 290 (3): 481-492.

Yu J H, O'Reilly Y S, Wang L J, et al. 2007. Finding of ancient materials in Cathaysia and implication for the formation of Precambrian crust. Chinese Science Bulletin, 52 (1): 13-22.

Yu J H, O' Reilly S Y, Wang L, et al. 2008. Where was South China in the Rodinia supercontinent: evidence from U-Pb geochronology and Hf isotopes of detrital zircons. Precambrian Research, 164 (1-2): 1-15.

Yu J H, Wang L, O'reilly S Y, et al. 2009. A Paleoproterozoic orogeny recorded in a long- lived cratonic remnant (Wuyishan terrane), eastern Cathaysia Block, China. Precambrian Research, 174 (3-4): 347-363.

Yu J H, O'Reilly S Y, Wang L, et al. 2010. Components and episodic growth of Precambrian crust in the Cathaysia Block, South China: evidence from U-Pb ages and Hf isotopes of zircons in Neoproterozoic sediments. Precambrian Research, 181 (1-4): 97-114.

Zhai Y, Deng J. 1996. Outline of the mineral resources of China and their tectonic setting. Australian Journal of Earth Sciences, 43 (6): 673-685.

Zhang C, Santosh M, Zou H, et al. 2013a. The Fuchuan ophiolite in Jiangnan Orogen: geochemistry, zircon U-Pb geochronology, Hf isotope and implications for the Neoproterozoic assembly of South China. Lithos, 179: 263-274.

Zhang S, Wu R, Zheng Y. 2012a. Neoproterozoic continental accretion in South China: geochemical evidence from the Fuchuan ophiolite in the Jiangnan orogen. Precambrian Research, 220: 45-64.

Zhang S B, Zheng Y F, Wu Y B, et al. 2006. Zircon U-Pb age and Hf-O isotope evidence for Paleoproterozoic metamorphic event in South China. Precambrian Research, 151: 265-288.

Zhang Y, Wang Y, Fan W, et al. 2012b. Geochronological and geochemical constraints on the metasomatised source for the Neoproterozoic (~825 Ma) high-mg volcanic rocks from the Cangshuipu area (Hunan Province) along the Jiangnan domain and their tectonic implications. Precambrian Research, 220: 139-157.

Zhang Y, Wang Y, Geng H, et al. 2013b. Early Neoproterozoic (~850 Ma) back-arc basin in the Central Jiangnan Orogen (Eastern South China): geochronological and petrogenetic constraints from meta-basalts. Precambrian Research, 231: 325-342.

Zhang Z, Du Y, Teng C, et al. 2014. Petrogenesis, geochronology, and tectonic significance of granitoids in the Tongshan intrusion, Anhui Province, Middle-Lower Yangtze River Valley, eastern China. Journal of Asian Earth Sciences, 79: 792-809.

Zhao G, Cawood P A. 2012. Precambrian geology of China. Precambrian Research, 222: 13-54.

Zhao G, Cawood P A, Wilde S A, et al. 2002. Review of global 2.1-1.8 Ga orogens: implications for a pre-Rodinia supercontinent: Earth-Science Reviews, 59: 125-162.

Zhao G, Sun M, Wilde S A, et al. 2004. A Paleo-Mesoproterozoic supercontinent: assembly, growth and breakup. Earth-Science Reviews, 67 (1-2): 91-123.

Zhao J, Zhou M, Yan D, et al. 2011. Reappraisal of the ages of Neoproterozoic strata in South China: no connection with the Grenvillian orogeny. Geology, 39 (4): 299-302.

Zheng Y F, Zhao Z F, Wu Y B, et al. 2006. Zircon U-Pb age, Hf and O isotope constraints on protolith origin of ultrahigh-pressure eclogite and gneiss in the Dabie orogen. Chemical Geology, 231 (1-2): 135-158.

Zheng Y F, Wu R X, Wu Y B, et al. 2008a. Rift melting of juvenile arc-derived crust: geochemical evidence from Neoproterozoic volcanic and granitic rocks in the Jiangnan Orogen, South China. Precambrian Research, 163 (3-4): 351-383.

Zheng Y F, Gong B, Zhao Z F, et al. 2008b. Zircon U-Pb age and O isotope evidence for Neoproterozoic low-^{18}O magmatism during supercontinental rifting in South China: implications for the snowball earth event. American Journal of Science, 308 (4): 484-516.

Zhong Y F, Ma C Q, Lin G C, et al. 2005. The SHRIMP U-Pb geochronology of zircons from the composite batholith of Jiulingshan granitoids, Jiangxi Province. Earth Science, 30 (6): 685-691.

Zhou J, Li X, Ge W, et al. 2007a. Age and origin of middle Neoproterozoic mafic magmatism in southern Yangtze Block and relevance to the break-up of Rodinia. Gondwana Research, 12 (1-2): 184-197.

Zhou J, Li X, Ge W, et al. 2007b. Geochronology, mantle source and geological implications of Neoproterozoic ultramafic rocks from Yuanbaoshan area of Northern Guangxi. Geological Science and Technology Information, 26 (1): 11-18.

Zhou J, Wang X, Qiu J. 2009. Geochronology of Neoproterozoic mafic rocks and sandstones from northeastern Guizhou, South China: coeval arc magmatism and sedimentation. Precambrian Research, 170 (1-2): 27-42.

Zhou M F, Zhao T P, Malpas J, et al. 2000. Crustal-contaminated komatiitic basalts in Southern China: products of a Proterozoic mantle plume beneath the Yangtze Block. Precambrian Research, 103 (3-4): 75-189.

Zhou M F, Kennedy A K, Sun M, et al. 2002. Neoproterozoic arc-related mafic intrusions along the northern margin of South China: implications for the accretion of Rodinia. Journal of Geology, 110 (5): 611-618.

Zhou X, Zou H, Yang J, et al. 1990. Sm-Nd isochronous age of Fuchuan ophiolite suite in Shexian county, Anhui Province and its geological significance. Chinese Science Bulletin, 35 (3): 208-212.

Zhou X M, Zhu Y H. 1992. Magma mixing in the Jiang-Shao fault zone and the Precambrian geology of both side of the Jiang-Shao zone. Science in China Series D: Earth Sciences, 22: 298-303.

Zhou Y, Xu D, Dong G, et al. 2021. The role of structural reactivation for gold mineralization in northeastern Hunan Province, South China. Journal of Structural Geology, 145: 104306.

Zhou Y Z, Zheng Y, Zeng C Y, et al. 2015. On the understanding of Qinzhou Bay-Hangzhou bay metallogenic belt, South China. Earth Science Frontiers, 22 (2): 1-6.

Zhu M X, Wang H J. 2001. Very low-grade metamorphism of the Lengjiaxi and Banxi Groups around the area of Changsha-Liling-Liuyang, Hunan province, China. Acta Petrologica Sinica, 17 (2): 291-300.

Zou S, Wu C, Xu D, et al. 2016. Provenance and depositional setting of Lower Silurian siliciclastic rocks on Hainan Island, South China: implications for a passive margin environment of South China in Gondwana. Journal of Asian Earth Sciences, 123: 243-262.

Zou S H, Yu L L, Yu D S, et al. 2017. Precambrian continental crust evolution of Hainan Island in South China: constraints from detrital zircon Hf isotopes of metaclastic-sedimentary rocks in the Shilu Fe-Co-Cu ore district. Precambrian Research, 296: 195-207.

第 5 章　湘东北陆内伸展变形机制

5.1　区域构造变形动力学特征

5.1.1　显微构造与岩组分析

为了探讨湘东北地区构造变形的动力学机制，并为探讨区内伸展构造的形成演化提供变形条件，本次在对湘东北地区韧性剪切变形带中的主要构造岩进行显微组构研究的基础上，结合区域构造-岩浆（热）事件，以长平（长沙-平江）断裂带、长三背岩体和连云山岩体为对象，选择了代表性的样品重点开展了岩石组构分析。其中，石英等矿物 C 轴组构的测量采用费氏台光学和 X 光衍射分析方法。

5.1.1.1　长平断裂带组构特征

长平断裂带是由数条主干断裂及次一级断裂组成的破碎带，如江背断裂、长寿街-柏家山主干断裂、边山断裂、蛇公咀断裂等，它们并不完全严格地表现为 NE35°，而是沿走向呈波状弯曲、时分时合，地表断面多倾向北西 43°~60°。该断裂沿线切割了冷家溪群、板溪群马底驿组、泥盆系、石炭系等地层，并控制了白垩系及燕山期岩体发育，造成地貌上西北低平而南东陡峻的截然变化，使冷家溪群沿走向中断而引起构造上的不连续，空间上则明显控制着 NE 向盆地的展布以及冷家溪群、泥盆系、白垩系。受断裂控制，长平盆地走向 NE30°，呈向南东倾斜的单背斜，北西缘扬起与冷家溪群呈不整合，南东呈箕状-半箕状，沉积中心向东南迁移。盆内亦有长期活动的同生断裂。几何学特征上，主干断裂次级同向断裂多呈雁列状展布，断裂两侧地层发生过明显平移，并伴有许多牵引构造、剪切构造、羽状构造、折尾构造等。

本次主要对长平断裂带北东端的“连云山混杂岩”及冷家溪群板岩进行了 X 光岩组分析，分析结果见表 5-1 和图 5-1。分析结果显示，断裂带通过处，岩石中石英（1120）晶面极图有较明显的优选方位，其中片岩多具小圆环带特征，混合花岗岩和混合岩化片麻岩多具大圆环特征，板岩则为大圆环与点极密特征，反映岩石总体上经历了比较强烈的脆韧性变形。在脆韧性构造变形过程中，石英以底面滑移和柱面滑移为主，兼具动态重结晶，且可能受到多期次构造作用的叠加。石英的变形机制显示，从板岩到混合岩化片麻岩再到片岩，温度逐渐升高，应变速率变慢，脆韧性变形逐渐占有优势。从定向组构与宏观构造的关系，结合石英变形机制分析，本区构造应力场方向为近北西向，运动学特征是左行压扭性特点，并伴随有一定的剪切压扁变形。

表 5-1　“连云山混杂岩”及冷家溪群 X 光岩组分析和解译结果

标本号	岩性	衍射极密特征	石英光轴极密特征	宏观面产状	组构与宏观构造关系	组构解释
ZLG02	（云母）片岩	小圆环	极密度不高	235°∠26°	点极密与 S 面近垂直	柱面滑移，中高温低应变，可能是多期构造的叠加
ZLG03		小圆环	点极密	168°∠35°		柱面滑移，共轴压扁作用，中高温低应变，可能有多期构造的叠加

续表

标本号	岩性	衍射极密特征	石英光轴极密特征	宏观面产状	组构与宏观构造关系	组构解释
ZLG05	混合岩化片麻岩	以直立为轴对称的不连续的小圆环带	点极密沿小圆环带分布	170°∠55°		柱面滑移兼底面滑移，或对称的压扁作用，压力轴与小圆环带轴平行，部分极点可能是动态重结晶
ZLG06		不完整大圆环带与相间60°的极密	点极密	154°∠65°		底面滑移，点极密可能是动态重结晶的产物
LG08	板岩	不连续大圆环带与相间60°的极密	点极密	130°∠70°		准单晶状组构，构造重结晶
LG11	绢云母板岩	不连续大圆环与极密	点极密	77°∠81°		底面滑移，点极密可能是动态重结晶的产物
HPG4	片麻岩	大圆环与极密	点极密 次极密	148°∠59°		底面滑移兼柱面滑移
WG01	混合花岗岩	大圆环带与极密	点极密	185°∠62°		底面滑移，点极密可能是动态重结晶的产物

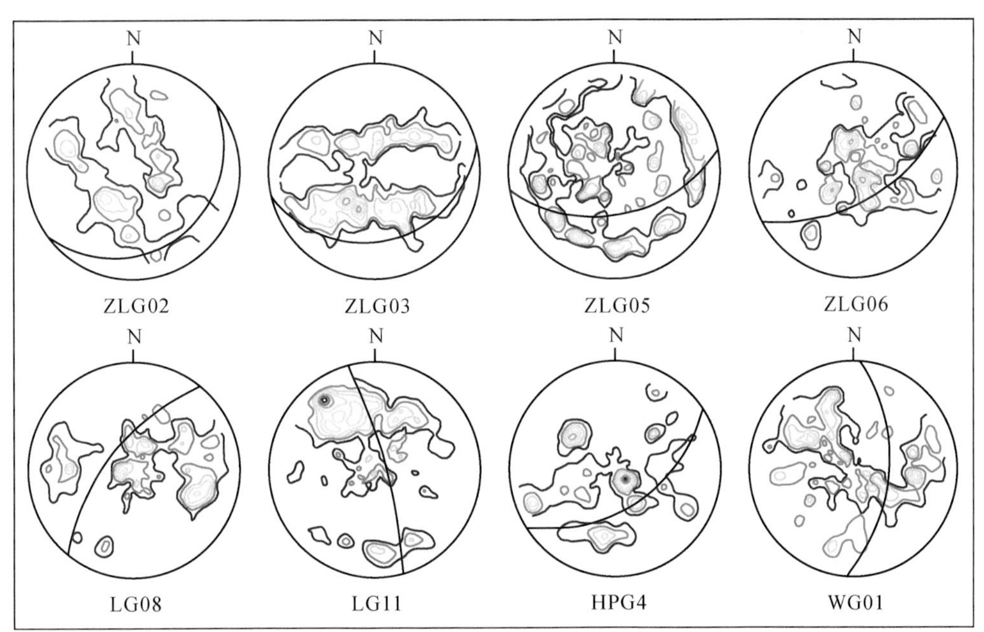

图5-1　长平断裂带岩石石英a轴（1120）X光岩组图（施米特网，上半球投影）

5.1.1.2　“连云山混杂岩”组构特征

1. 糜棱岩

湘东北地区糜棱岩分布很广，尤其在长沙-平江、宁乡-公田等断裂带出现了近百米宽的糜棱岩带，主要由花岗质糜棱岩、黑云母斜长片麻岩质糜棱岩组成。此外，花岗质伟晶岩、石英云母片岩、千枚岩和变质砂质岩也局部发生糜棱岩化。这些糜棱岩主要分布在断裂带内、岩体与断裂带接触部位以及岩体外围，主要矿物成分为石英、长石类、黑云母、白云母和绢云母，这些矿物常被压扁拉长或动态重结晶。花岗质糜棱岩呈条带状、透镜状展布于强变形部位（详见本书第2章）。岩石中碎斑含量15%~45%，成分为钾长石、斜长石和石英；基质含量55%~85%，成分为石英、绢云母、黑云母等。岩石中碎斑呈眼球状、透镜状，少数呈板状，大小一般在2~10mm之间，其长轴定向排列，石英多已动态重结晶，粒径大小0.03~0.30mm［图5-2（a)(b)］。

在文家市也出露许多由基性火成岩动力变质而成的糜棱岩（详见本书第 4 章），呈灰绿色、致密块状构造，基质具鳞片变晶结构、片状构造。碎斑为钠长石、方解石；基质为绿泥石、石英、阳起石。变质矿物组合为钠长石-方解石-绿泥石-石英-阳起石+绿帘石。其中，钠长石呈碎斑状，具有不规则状、眼球状、透镜状形态，趋于定向排列，粒度在 0. 1mm×0. 06mm ~ 0. 3mm×0. 2mm 之间，无色，最高干涉色为Ⅰ级灰色，可观察到聚片双晶和简单双晶，钠长石表面有细小的黝帘石和绿帘石包裹体，钠长石含量 35%；方解石呈团块状，粒度在 0. 25mm×0. 1mm 左右，无色，闪突起明显，菱形解理，高级白干涉色可见聚片双晶，含量 25% ［图 5-2 （c）（d）］；绿泥石出现于基质中，表现为鳞片状集合体，粒度在 0. 1mm×0. 01mm，淡绿色，最高干涉色为Ⅰ级灰色，含量 20%；阳起石则呈纤维状，粒度约 0. 05mm×0. 001mm，淡绿色，最高干涉色为Ⅱ级绿色，含量 5%。

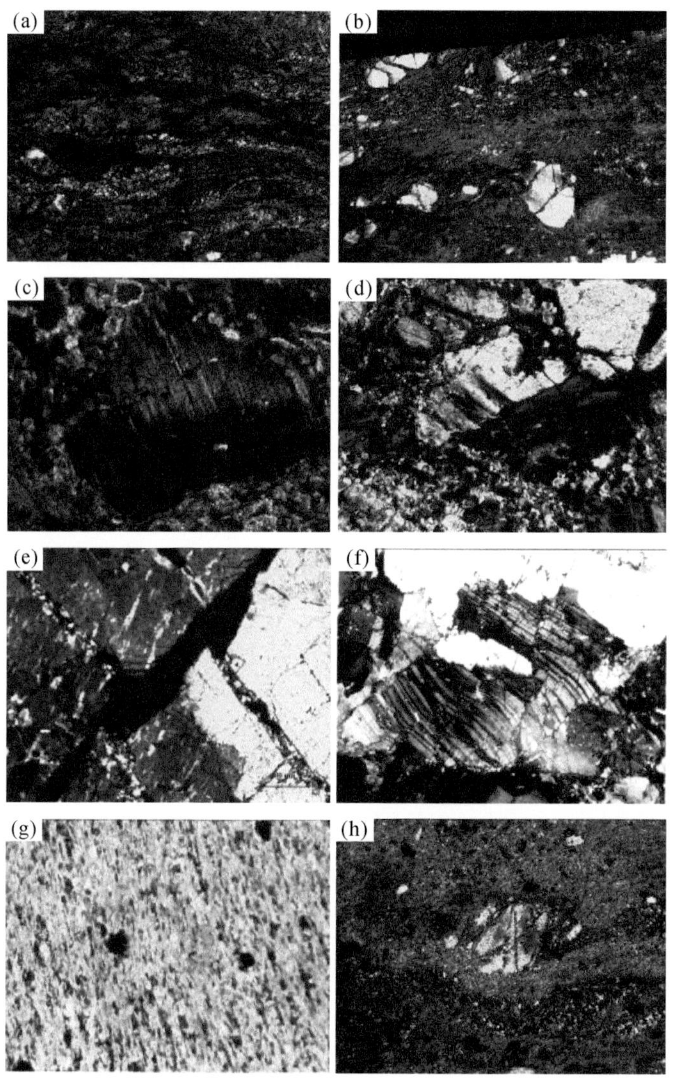

图 5-2　“连云山混杂岩”变形特征（均为正交偏光照片）

（a）黑云斜长片麻岩矿物重结晶定向排列；（b）黑云斜长片麻岩中石英旋转应变；（c）糜棱岩化花岗岩中斜长石聚片双晶和核-幔构造；（d）糜棱岩化花岗岩中斜长石机械双晶；（e）糜棱岩化花岗岩中碎裂长石发育穿晶纹；（f）糜棱岩化花岗岩中斜长石因受扭力产生轻微碎裂，并使双晶纹弯曲；（g）千枚岩的微鳞片变晶结构和绢云母等矿物定向排列；（h）黑云斜长片麻岩中石英 σ 残斑

在花岗质（初）糜棱岩中（详见本书第 2 章），石英含量约 50%，成因上可分为残斑和动态重结晶两种。其中，残斑状石英呈长条状、扁豆状，其长轴与面理方向一致，由于动态重结晶，边界呈锯齿状，晶内具强烈的波状消光。动态重结晶形成的石英颗粒细小，粒径在 0. 00 n ~0. 0 n mm 之间。花岗质（初）糜棱岩中钾长石含量 10%~20%，多以残斑形式出现，呈粒状，具强烈的机械破碎［图 5-2 （e）］，极少

数呈不对称眼球状或双晶发生弯曲现象［图5-2（f）］，根据其拖尾可判断断层呈左行剪切。残斑粒径为0.0 n～0.n mm。云母含量10%～20%，呈鳞片状，片幅为0.0 n～0.n mm，其长轴与片理方向一致［图5-2（g）］，石英碎粒还可出现平行光轴的波状消光带。

石英、钾长石和云母相间排列普遍形成分异条带状构造。此外，糜棱岩化-碎裂化花岗岩中的石英，亦有残斑与动态重结晶两种形式。残斑内发育亚晶，具强烈的波状消光，边缘动态重结晶较强，残斑具定向排列，形成片理［图5-2（h）］。

由上可知，“连云山混杂岩”的主要显微构造特征表现在石英具有较强的塑性变形，且经动态重结晶而细化，说明形成于相对较深的构造层次。

糜棱岩的石英光轴岩组图［图5-3（a）］近似于一小圆环，环带内存在一个点极密和2～3个次极密，环带中心为B轴，属于B-构造岩。对于这种依B轴对称作小圆环状分布的轴极密，通常认为是扁平菱面体式博姆纹位移滑动，并伴有颗粒或S面绕B轴转动的结果。多个极密的存在可能代表断层运动具多期性或构造应力场的多次变化。

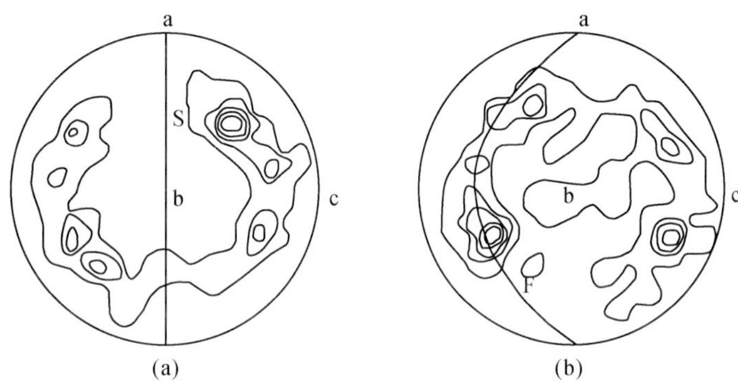

图5-3 连云山群杂岩糜棱岩石英光轴岩组图（a）和碎裂岩石英光轴岩组图（b）

（a）等值线间距：1%-3%-4%-7%-9%，S为劈理面（上半球投影，100粒，切片产状165°∠35°）；

（b）等值线间距：1%-3%-4%-7%-9%，F为断层面（上半球投影，100粒，切片产状335°∠10°）

2. 碎裂岩

碎裂岩（详见本书第2章）主要矿物成分为石英、绢云母等，并见少量岩屑。石英有较粗的碎斑和细小碎基两种。碎斑粒径约2mm，晶内具较强的波状消光。亚晶具较强的破碎和粒间旋转，周围细小的石英粒径在0.0 n～0.n mm之间。岩屑碎斑大小为0.5～10mm，由绢云母和石英组成。绢云母具定向排列，显示出劈理构造。

碎裂岩石英光轴岩组图［图5-3（b）］近于一小圆环，环带内存在一个主极密和2～3个次极密。B轴位于环带中心，属B-构造岩。F为断层面，经过主极密，表明它与断层运动相关。该碎裂岩类虽以机械碾碎作用为主而形成，但石英的波状消光、亚晶以及劈理发育等，又说明它形成于偏脆-韧性的环境中。

3. 硅化断层角砾岩

硅化断层角砾岩（详见本书第2章）的矿物成分主要为石英（含量约90%），其余为泥质。角砾成分为超碎裂岩、胶结物为硅质。超碎裂岩中石英碎斑大小为0.3mm左右，晶内具强烈的波状消光，周围为细粒石英集合体，大小为0.0n mm，局部有动态重结晶现象。此外，局部发育有绢云母化、绿泥石化和碳酸盐化断层角砾岩。

硅化断层角砾岩石英光轴岩组图［图5-4（a）］接近一不完整的大圆环，该岩组图的形成与断层早期构造运动有关，并形成超碎裂岩，其石英颗粒沿某一S面滑动，且该面围绕B轴旋转形成B-构造岩。第二期构造运动对岩组图的环带并无较大影响，说明该期为张性破碎。绢云母化、碳酸盐化断层角砾岩石英光轴［图5-4（b）］存在一个较强的点极密，为S-构造岩，与早期压剪性相对应，后期构造运动对S-

构造岩有影响，使点极密有一定的分散。该构造岩表明断层有明显的三期活动：第一期具较强的压剪性，形成碎裂岩；第二期为张性，碎裂岩再度形成角砾岩，同时伴随石英细脉充填；第三期为压性，使石英细脉边界部分出现较强的机械破碎。

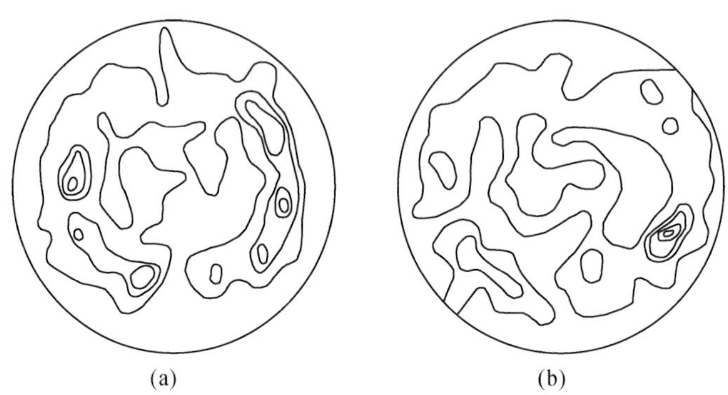

图 5-4　连云山群杂岩硅化断层角砾岩（a）和绢云母化断层角砾岩（b）石英光轴岩组图

（a）等值线间距：0.8%-2.4%-1.0%-5.6%（上半球投影，120 粒，切片产状水平）；

（b）等值线间距：0.7%-2.1%-3.5%-4.9%-6.3%（上半球投影，120 粒，切片产状水平）

4. 碎裂板岩

碎裂板岩（详见本书第 2 章）的矿物成分有石英、方解石、斜长石、白云母和绢云母等。石英磨圆度较好，粒径在 0.003～0.04mm 间，含量为 45%，晶内塑性变形不明显。白云母、绢云母定向排列形成劈理［图 5-5（a）］，具显微鳞片变晶结构，但发育不均匀。此类构造岩石英光轴岩组图［图 5-5（b）］显示斜方对称，B 轴为对称中心，属 B-构造岩，劈理面 S 为对称面。这一岩组图的形成是受三维应力作用的结果。Tuner 认为三个主应力轴 σ_1、σ_2、σ_3 可以等同于三个对称面相交而形成的三个互相垂直的方向，σ_1 在圆环带面内且垂直于劈理方向，因而得出 σ_1 产状为 215°∠52°。根据 σ_1 与断层面产状（310°∠51°）的关系，可得出断层曾经历过左行平移。

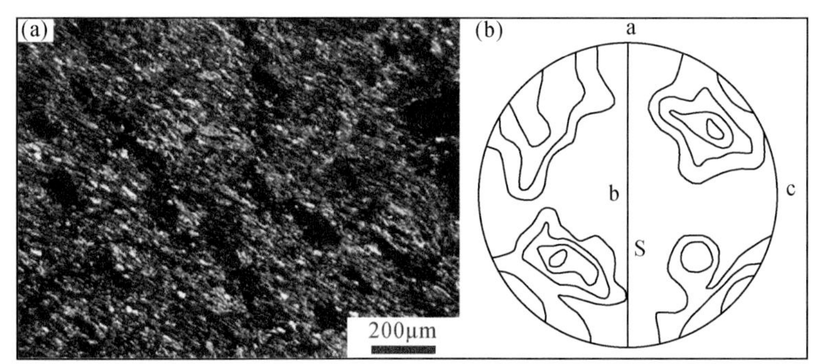

图 5-5　碎裂板岩显微照片（a）和石英光轴岩组图（b）

（b）等值线间距：0.7%-2.1%-3.5%-4.9%，S 为劈理面（上半球投影，120 粒，切片产状水平）

由此可知，这类构造岩的主要显微构造特征表现为石英无塑性变形，劈理虽发育但不均匀，说明它们主要形成于脆性变形环境中。

5. 构造片（麻）岩类

湘东北“连云山混杂岩”大部分表现为构造片岩、片麻岩。据本书第 2 章、第 4 章有关资料，构造片（麻）岩类的主要岩石类型包括石榴子石云母石英片岩、二云母片岩、绢云母片岩、黑云母斜长片麻岩、斜长角闪片岩、阳起石绿帘石片岩、透闪石片岩等。构造变形序列研究表明，每一构造单元岩石变形首先大都为韧性剪切和糜棱岩化，形成了沿区域性片（麻）理生长的峰期变质矿物以及糜棱岩结构，这是变形后长期静态重结晶的结果。

5.1.1.3　长平断裂带组构特征总结

综合长平断裂带主要构造岩的显微构造特征，可得出如下 3 点初步认识：

（1）主断面下盘各构造岩（糜棱岩、超碎裂岩-碎裂岩、硅化断层角砾岩等）中的矿物，主要表现为脆-韧性变形，如石英的波状消光、亚晶、变形纹及动态重结晶以及矿物的定向排列与岩石的片理化等，表明其具较深构造层次变形特点。

主断面上盘各构造岩（如碎裂板岩等）主要表现为脆性变形，如岩石矿物不具粒内变形，仅为机械破碎及不均匀劈理化等，则显示出浅表构造层次变形特点。

（2）岩组分析与显微构造特征表明，长平断裂带内的各构造岩至少经历了早期压性剪切、中期伸展脆性变形、晚期挤压破碎等多次构造活动。不过，尽管各次活动的力学性质不尽相同，但它们在空间与时间上具有成因联系，可能为同一构造期不同构造演化阶段的产物，或由同一应力场（如 NW—SE 向）因局部应力场的变化所导致。

（3）长平深大断裂为一条区域性的拆离走滑断裂带，可能是伸展背景下的最终产物。分隔脆性变形带与脆-韧性变形带的主断面即为拆离面。拆离面上盘系统基本上是脆性体制，无任何塑性变形，主要为脆性变形形成的角砾岩-碎裂板岩带。拆离面下盘系统基本上是脆-韧性体制，近主断面下部发育一套以塑性变形为主的糜棱岩带、碎裂-超碎裂岩带及硅化断层角砾岩带组合而成的左行脆-韧性剪切变形带。

5.1.1.4　长三背岩体组构特征

在长三背岩体中（图 2-38、图 3-4），代表性构造部位采集了构造岩定向标本，然后通过费氏台对制作的定向组构薄片进行石英 C 轴组构分析，每块薄片测量 100 个颗粒，最终得出各带、各部位石英 C 轴组构图（图 5-6）。

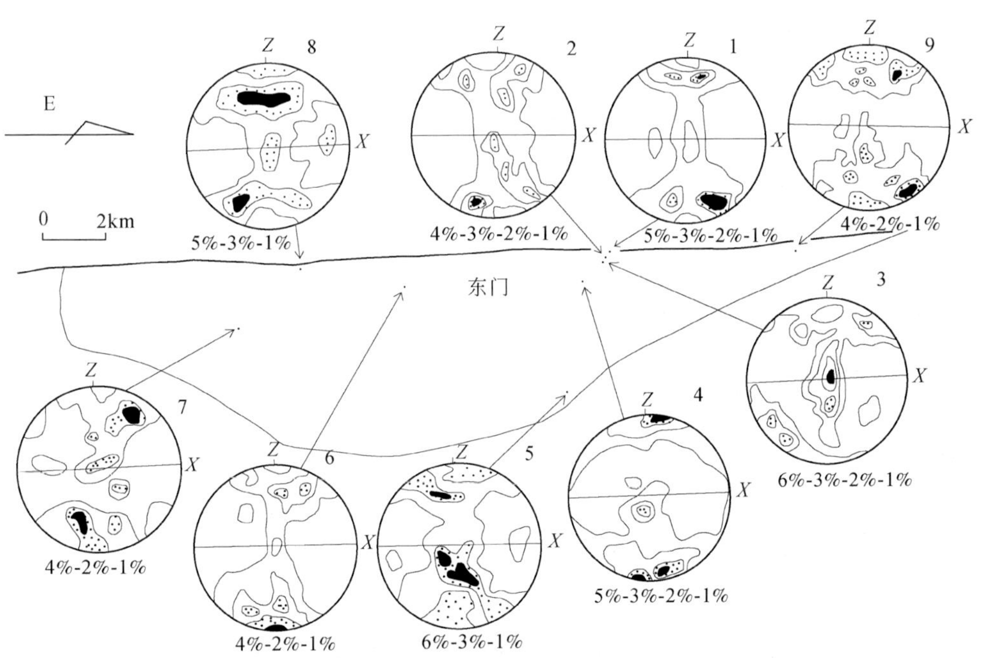

图 5-6　长三背岩体中石英 C 轴组构图

1，2，5，8. 花岗质糜棱岩；3，4，6，7，9. 花岗质初糜棱岩

（1）对于岩体北侧边界剪切变形带连续取样点（1 号点、2 号点、3 号点）中的初糜棱岩 3 号点，其发育有近 Z 轴的小圆环带，开角 90°，具明显的不对称极密，小圆环带向 Y 轴出露处延伸，在 Y 轴附近出现 C 轴极密，相应的（A）轴极密出现在 X 轴附近，这种组构是高温高剪切应变的结果。据石英 C 轴极密点与糜棱叶理关系，以及变形岩石中 S 面理与 C 面理的关系，判断剪切指向为右行平移，剪切角 38°。

在糜棱岩2号点中，发育I型交叉不规则环带极密组构，环带极点位于X轴附近；在Z轴附近有一个小圆环带，包含一个C轴主极密，三个以上的次极密，有的极密分布接近中心Y轴，剪切角17°。

糜棱岩1号点组构图类似2号点，只是小圆环带及开角更小（70°～75°），剪切角（α）仅为13°。这种从不对称极密、环带发育不完善的组构，到多极密I型交叉不规则环带组构的变化，反映了应变强度及剪切旋转程度由相对低至高的转化。

与之类同的图形尚有5号和8号点，将5号点图形与之逐个比较，显然南侧带的主应变度要小于北侧，并且有转变为具挤压-剪切的特点。

（2）中北部的4号点，于花岗质初糜棱岩中的石英C轴组构图与上述发生了明显的变化，环带轴近于垂直，环带中有近Z轴的两个明显的不对称极密，小圆环有向Y轴处延伸的趋势，并在近Y轴处形成次极密。这反映了以南北向挤压应力场为主，兼有右行剪切运动的特点。类似的组构图有岩体西部的7号和东部的9号点，较4号点而言，绕Z轴的小圆环带发育得更明显，半开角变小，分别是40°和38°，说明岩体侵位在相对较高的应变环境中，成岩温度是逐渐降低的。

由此可见，长三背岩体石英C轴组构图可以明显地分为两大类：第一类是出现环绕Z轴的小圆环带，不对称极密靠近Z轴的三角区内，环带不发育，以斜方对称为主，见于东西两侧及中北部，具轴对称压缩与平面应变之间的过渡性特点；第二类多极密I型交叉不规则环带组构，以单斜对称为主，见于岩体南北两侧，反映出以平面应变为主兼压扁应变的特点，这与应变分析结果一致。糜棱岩中的这种石英C轴组构的差异性变化，显然是随着应变加强或减弱而产生，其对应的实质情况为：①这种差异是剪切糜棱岩带中心（1号点）与边部（3号点）的具体反映；②是岩体北侧至南侧带的不同部位所受SN向构造挤应力方式及强弱变化的具体反映。长三背岩体岩组图形的晶体流变机制，可能是石英底面和（+）（-）菱面滑移造成的，而菱面滑移的大量出现与变形温度较高有关，正好说明长三背岩侵位的高温剪切应变条件。

5.1.2　古应力和应变速率

对差异应力量的了解有助于研究糜棱岩的形成环境及其抬升、剥蚀过程（王志洪，1995）。古应力估算的基本原理是利用岩石在稳态流动过程中，矿物所形成的一些显微构造特征，包括自由位错密度、亚颗粒大小及动态重结晶颗粒大小等，与差异应力之间存在一定的函数关系，可估算出古应力值。所谓稳态流动，是指应变速率为常数，变形过程中应力保持不变，即$\Delta\sigma/\Delta t=0$，或指应力为常数，变形过程中应变速率保持不变，即$\Delta\varepsilon/\Delta t=0$的状态。在稳态流动过程中，变形位错产生的速率与恢复作用中位错消失的速率达到动态平衡。本书主要采用石英颗粒和动态重结晶来估算长平断裂带和长三背岩体构造变形的古应力值的大小。

5.1.2.1　长三背岩体应力应变

1. 古应力值

长三背岩体中糜棱岩化花岗岩或花岗质糜棱岩中的原生矿物颗粒在韧性剪切过程中，有不同程度的塑性变形和动态重结晶作用，利用石英动态重结晶颗粒求出古应力值。选择不同地段随机性薄片样点测量，结果列入表5-2。

表5-2　长三背岩体变形岩石石英动态重结晶颗粒直径及古应力值估算表

地段		样号	岩性	D_d/μm	古应力值/10^6Pa	平均古应力值/10^6Pa
北边界	西端	17	花岗质初糜棱岩	56.20	33.83	37.73
	中东段	16-2	花岗质糜棱岩	40.80	47.49	
		7-1	花岗质糜棱岩	32.48	48.21	
		7-2	花岗质初糜棱岩	62.10	32.86	
		7-3	花岗质初糜棱岩	80.50	26.25	

续表

地段		样号	岩性	D_d/μm	古应力值/10^6 Pa	平均古应力值/10^6 Pa
中北部	东端	5-2	花岗质初糜棱岩	66.50	33.32	32.98
	中东段	7-4	花岗质初糜棱岩	75.60	27.71	
		3	花岗质初糜棱岩	50.20	39.55	
		15	花岗质初糜棱岩	65.50	31.36	
南侧	中东段	8-3	糜棱岩化花岗岩	96.40	20.96	28.75
		8-2	花岗质初糜棱岩	72.20	28.83	
		8-1	花岗质初糜棱岩	58.80	34.44	
	南段	13-2	花岗质初糜棱岩	66.80	30.83	
		14-1	糜棱岩化花岗岩	72.60	28.69	

注：D_d 为动态重结晶颗粒直径，$D_d = 1/n \sum (Di_1, Di_2)^{1/2}$，$Di_1$、$Di_2$ 分别为动态结晶颗粒长轴、短轴，每一薄片统计 30～50 颗动态结晶颗粒。

由表 5-2 可知，古应力值在北部边界最大，尤其是在其中东段；岩体内中北部次之，南侧近于均等，而岩体北边界的西端与岩体中部古应力值最小。此外，根据岩体糜棱岩带不同位置的古应力值所作的等值线（图 5-7）还可看出，其圈闭形态及古应力值大小分布规律与野外地质调查所勾绘出的变形岩石展布相吻合。

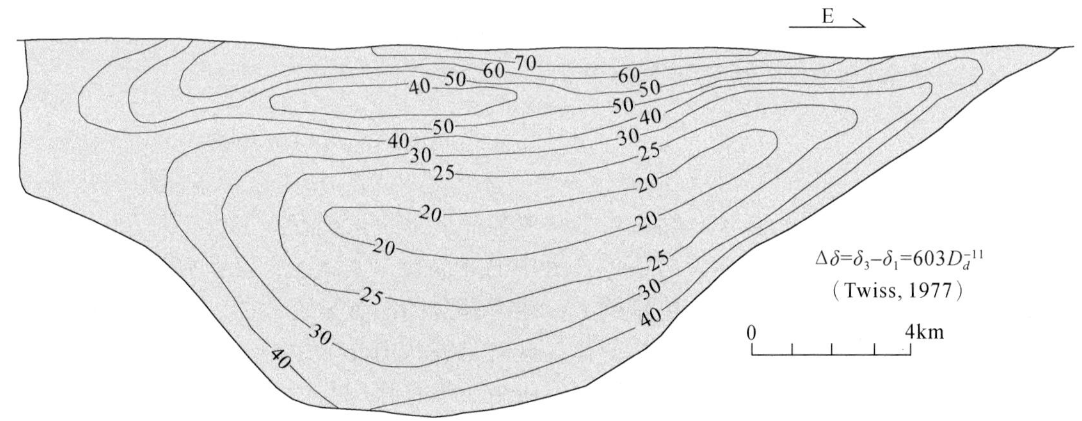

图 5-7　长三背岩体糜棱岩带古应力值等值线图（单位：10^6 Pa）

2. 有限应变

根据长三背岩体不同单元或变形带代表性点中岩石的 S-C 组构之间的夹角（φ）及变形岩石中 XZ 面上变形石英颗粒 X/Z 值 Rf-φ 图，求得平均应变轴 Rf（图 5-8）。北侧带样品中（图 5-6），石英颗粒投影点明显呈垂直条带状集中分布，位于 $\varphi=0°$的右侧，φ 角变形区间 5°～10°，越近北边界，φ 角越小，对于一条短剖面上的 1、2、3 号点中，从南（3 号点）至北（1 号点），Rf 越趋变大，φ 越趋变小，分别是 2→3.5→4.5 和 30°→18°→10°，为右行剪切机制；南侧带样品点 5-1、5-2、7-1、7-2 中，石英颗粒投影点则有呈横向上条带状分布之趋势，于 $\varphi=0°$两侧基本对称分布，Rf 值明显减小，一般在 2 左右，受剪切带影响地段，图形类似于北侧的 2 号点，但不及北侧那样强。

结合 YZ 面上的 Rf-φ 图解，求得弗林指数 K 值为：北侧带 2 号点为 0.94，3 号点为 0.68，南侧带 5-1 号点为 0.47，7-2 号点为 0.13，总体呈剪切–压扁机制。

5.1.2.2　“连云山混杂岩”应力应变

1. 自由位错法估算古应力值、应变速率

利用自由位错法可以估算晚期韧性再造糜棱岩的古应力值和应变速率。亚颗粒是同种矿物颗粒之间

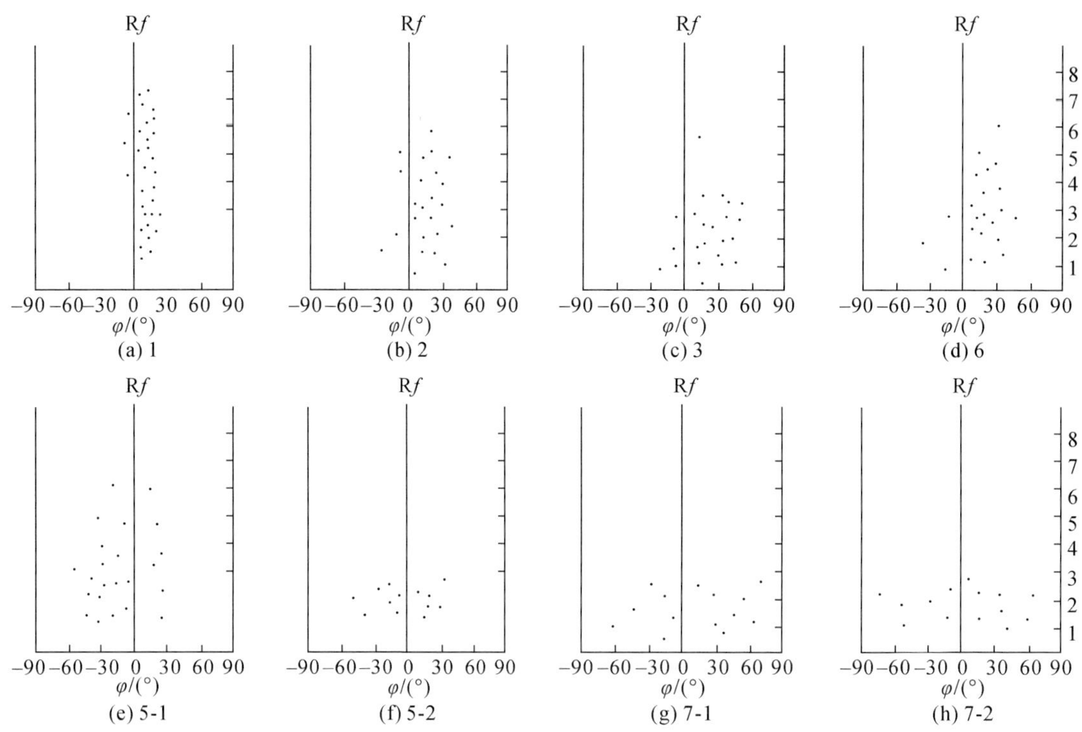

图 5-8 岩体石英 Rf-φ 组构图（据 Ramsay，1967）

样号点 1、2、7-1 为花岗质糜棱岩；样号点 3、6、5-1、5-2、7-2 为花岗质初糜棱岩

界线不明显、光性相近、形状细小晶粒。亚晶与相邻晶体之间的结晶方位的角度差（位向差）通常不超过 5°～6°，所以在显微镜下亚晶只有很小的光性异常，不容易识别。它的边界不清晰，几乎是过渡的，所以形态也不明显，一般呈长圆形或不规则方块形。亚粒晶内部也可能存在光性不均匀，即有弱的波状消光。亚颗粒一般很细小，但有些亚晶粒内还包含更小的亚晶粒。实际上，亚颗粒就是以位错壁为边界的结晶颗粒，亚晶的边界叫作亚晶界，在位错壁上，绝大部分的晶胞是连续的，这就造成亚晶边界不清晰。亚晶粒之间的位向差小，使消光呈连续状变化，这就是波状消光产生的主要原因。在高温及低应变速率条件下，晶体不断变形使位错不断积累，韧型位错由于攀移作用与滑移作用的结合，往往沿一定方向排列成行，形似墙壁，称为位错壁。位错壁将晶粒分成晶格方向稍有不同的两部分，这个位错壁就成为晶粒内的一个界面，叫作亚晶界或小角度晶界。被位错壁（即亚晶界）分开的两部分，已经是两个晶体，称为亚晶粒。由于晶粒内的位错壁可以有很多条，这样就把晶粒分割成许多个亚晶粒，这种现象叫作多边形化，又称为亚晶粒构造。亚颗粒是一种不太强的韧性变形产物，随着变形的加强，亚颗粒将逐渐消失。矿物的亚颗粒化是粗粒矿物在韧性变形中逐渐细粒化的主要原因，代表韧性变形晚期的特征。

在稳态流动过程中，由于恢复作用出现位错的攀移、交滑移、集中、重排等导致形成了许多由位错壁所分隔的亚颗粒，冶金学、陶瓷学及变形实验证明，亚颗粒的直径与差异应力呈一定的函数关系，即：$\Delta\sigma(\sigma_1-\sigma_3)=k\mu bd^{-1}$。其中，$k$ 为无量纲常数，μ 为剪切模量（单位：MPa），b 为布格斯矢量（单位：cm），d 为亚颗粒大小（单位：μm）。因而这一公式可简化为：$\Delta\sigma=18000d^{-1}$（Twiss，1977）。

对于晚期韧性再造条纹条带状混合岩，据李先富等（2000）透射电镜扫描研究，石英自由位错发育，位错网、位错壁等常见，局部还可见到亚晶粒，其内有少量的位错。位错壁、位错网等是位错蠕变的结果，属高温塑性变形。据其平均错密度可达 4.5×10^8 计算出差异应力 $\Delta\sigma$ 为 80MPa，相应的应变速率 ε 为 $4.7\times10^{-12}s^{-1}$。

2. 用分形方法确定变形温度及应变速率

通常可利用动态重结晶石英颗粒的分形特征来确定主要构造变形期构造片岩、片麻岩的变形温度及应变速率。动态重结晶是变形过程中形成的晶粒。这种晶粒的特点是，晶粒在生长过程中不断被压扁、拉长，故呈不规则长圆形；晶粒边界不平直，呈锯齿状或缝合线状，晶粒内部光性不均匀，可以有波状消光，并存在亚晶，说明粒内有位错存在。动态重结晶的粒度很细小，一般粒度不均匀，粒度的大小取决于变形时的流变应力，而且与温度无关。动态重结晶与静态结晶晶粒的最明显区别是，动态重结晶缺乏静态结晶晶粒那种有三联点的平直边界与多边形的形态，而且静态结晶晶粒一般无波状消光等光性异常。此外，静态结晶晶粒比较粗大，晶粒中常含较多的杂质、包体，而在动态重结晶的晶粒中少见。在韧性剪切带中，动态重结晶晶粒常有规律地排列，多呈斜列式的条带，其轴的倒向指向剪切运动的方向。此外，动态重结晶具有一定的光轴组构，存在明显优选方位。动态重结晶是韧性剪切带最重要的构造类型之一，是一种典型的韧性变形构造。在剪切带中，动态重结晶的发育程度和特征是衡量韧性变形强度的重要标志，也是剪切带中进行几何分析与应变计算的主要依据。一般来说，变形越强，动态重结晶越发育，而且粒度越细。

本书对“连云山混杂岩”早期构造片（麻）岩（变晶糜棱岩）中石英的分形特征进行了尝试性的应用研究，估算应变速率。动态重结晶石英颗粒边界分形的自相似性和标度不变性是许多地质现象的重要特征。动态重结晶石英颗粒边界普遍呈不规则的港湾状、曲线状，表现为缝合线结构或锯齿状结构。实验构造地质学及显微构造研究表明，动态重结晶石英颗粒边界几何形态具有统计学上的自相似性和标度不变性，不同边界形态具有特定的分形维数（Kruhl et al.，1996；Takahashi et al.，1998）。

Kruhl 等（1996）研究了不同级别变质岩和花岗岩中石英颗粒边界形态。他们发现在光学显微尺度上，缝合线边界统计具有 1～2 个数量级以上的自相似性。在测量步长的两个数量级范围内 L（颗粒边界长度或周长）-r（颗粒粒径）线性相关，二者遵循幂次定律，相关线的斜率即为分形维数 D。不同温度范围的石英颗粒边界的分形具有不同的维数，低绿片岩相变质岩中石英颗粒边界的分形维数在 1.23～1.31 之间变化，高绿片岩相到低角闪岩相的分形维数为 1.14～1.23，中角闪岩相-麻粒岩相及同构造花岗岩中的分形维数则为 1.05～1.14。在石英颗粒缝合线结构形成过程中，随着温度的升高，石英颗粒边界的分形维数减小，分形维数可作为变形变质的温度计。Takahashi 等（1998）通过大量实验研究得出结论：重结晶石英颗粒形状具统计学上的自相似性。在温度不变的实验条件下，分形维数随应变速率的增加而增大；在应变速率不变的实验条件下，石英颗粒形态的分形维数随温度的降低而增大。分形维数随变形条件而发生系统变化，可以作为一组变形条件的指示计。Takahashi 等（1998）把分形维数（D）、变形温度 T(K) 和应变速率 $\varepsilon(\mathrm{s}^{-1})$ 联系起来，通过最小二乘法线性拟合得到公式：$D=\varphi\log\varepsilon+\rho/T+1.08$。

在该公式中，应变速率系数 $\varphi=9.34\times10^{-2}$，变形温度系数 $\rho=6.44\times10^{2}$(K)。

很明显，分形维数 D 的增大与 $1/T$ 及 ε 的增加密切相关。假定石英的显微构造保存良好，并且已知变质矿物的变形温度，通过测量动态重结晶石英颗粒边界的分形维数，就可建立塑性变形岩石新的古应变速率计。

“连云山混杂岩”中石英普遍发生了以颗粒边界迁移方式的重结晶，表现为拉长状、锯齿状等不规则状边界形态，可用来统计分析边界形态的分形特征。

1）样品与统计法

本书选择了三个代表性的糜棱岩样品，其中的石英多呈不规则拉长状。从样品连-32(P11)、连-138(P31) 到连-147(P41)，石英粒度逐渐减小，亚颗粒比例递减，而重结晶颗粒比重增加。采用面积-周长法，首先对糜棱岩显微照片进行扫描，然后在 AutoCAD 绘图软件中对动态重结晶石英颗粒边界逐个矢量化，借助软件特有的面积和周长查询功能统计测量每一颗粒的真实周长和面积，最后用所测面积确定具相同面积的圆的直径（即颗粒直径）。统计样品的分形特征见表 5-3 和图 5-9。

表 5-3　“连云山混杂岩”构造片（麻）岩动态重结晶石英颗粒边界的分形特征

样品号	测量数 N	粒径分布 d/pm	周长分布 p/pm	分形维数 D	相关系数 R^2	应变速率估算/s^{-1}
连-32	105	23.8～132.3	79.9～627.2	1.092	0.93	10～8.8
连-138	102	21.7～283.0	77.0～1217.0	1.074	0.97	10～8.9
连-147	141	12.94～257.4	53.79～1341.0	1.064	0.96	8.8×10～10

注：1pm＝10^{-12}m。

2）统计结果

分别以 log(*p*)、log(*d*) 为纵、横坐标，将三个样品的分布数据投于图 5-9 上。三个样品中动态重结晶石英颗粒边界统计数据相关系数大于 0.93，分形维数在 1.064～1.092 之间。由此可见，动态重结晶石英颗粒边界具有统计意义上的自相似性。

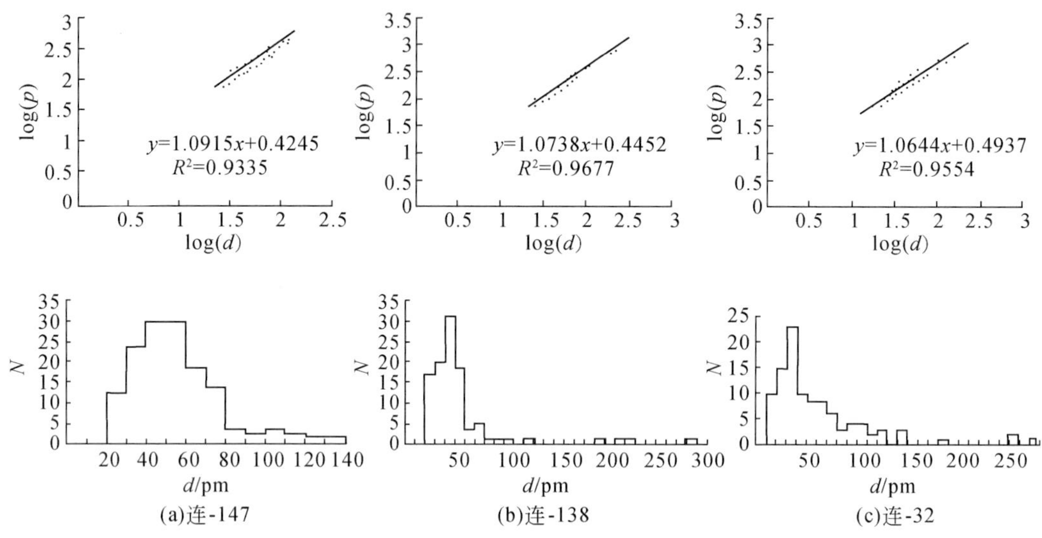

图 5-9　“连云山混杂岩”重结晶石英颗粒-周长双对数及粒径-频率分布图

动态重结晶作用使得矿物颗粒粒度随重结晶程度和应变强度的增加而减小。表 5-3 和图 5-9 反映出从样品连-32 到连-147 分形维数不断地降低，重结晶石英颗粒粒径的范围也在不断减小。这说明分形维数可真实反映重结晶程度及应变的强度。图 5-9 所示动态重结晶石英颗粒边界的分形维数为 1.0644～1.0915，对照 Kruhl 等（1996）温度计，暗示“连云山混杂岩”构造片（麻）岩应经历了角闪岩相-麻粒岩相变质作用。

“连云山混杂岩”构造片（麻）岩中发育大量的显微构造：石英普遍发生了动态重结晶等塑性变形；长石以微破裂及边缘粒化为主；黑云母可见膝折和云母鱼构造；S-C 组构和 δ 残斑常见。构造岩矿物组合为十字石-黑云母-白云母-斜长石-石英。据普遍出现特征矿物十字石、石榴子石判断其变质程度达角闪岩相十字石亚相，其平衡温度为 540～550℃（Bucher and Grapes，2011）。另据斜长角闪岩（1025-30、1025-2）石榴子石与角闪石温度计求得温度分别为 520℃、450℃。因此，我们取变形温度为 503℃（三者平均值），采用 Takahashi 等（1998）的公式计算，初步获得应变速率为 $1\times10^{-8.8}$～$1\times10^{-10}\,s^{-1}$，属于中应变速率向低应变速率过渡的变形条件。

综上所述，“连云山混杂岩”从早期构造片（麻）岩到晚期韧性改造形成条纹条带状混合岩，其应变速率从早期的中应变速率（$1\times10^{-8.8}\,s^{-1}$）到晚期的低应变速率（$1\times10^{-11}\,s^{-1}$）是逐渐降低的。同时结合显微构造和石英变形机制图（White，1976）分析，主要变形机制以位错蠕变、位错滑移和重结晶作用为主，局部构造片（麻）岩（含夕线石钾长片麻岩）中，扩散蠕变机制也起一定的作用。这不仅反映了岩石的塑性流动变形机制，而且标志着角闪岩相-高角闪岩相（近麻粒岩相）的中、上地壳（局部下地壳）形成环境，也表明“江南-雪峰古陆”基底中更深层次的物质尚未抬升出来。

5.1.3　区域变形环境

5.1.3.1　韧性剪切变形条件

韧性剪切带是发育在地壳一定深度的高应变带，Sibson（1977）等认为在同一条断裂带的上部表现为脆性变形，而在下部表现为韧性变形，脆-韧性断裂的分界深度大致为 15km，变形范围在 10 ~ 15km（图 5-10；Rutter et al.，2001）。韧性剪切带的变形环境与变形变质带的发生、演化的物理化学条件、环境、组分的迁移、运动方式及动力学等都有密切的关联。而通过对特征变形矿物、流体力学及韧性剪切带岩体中矿物的测定等研究，可以来确定韧性剪切带的变形环境和变形时代。温度和压力是影响岩石和矿物变形的主要因素。岩石和矿物在不同的温压条件下，受不同的变形机制控制，会显示不同的变形行为和变形现象，由此可以依据矿物特定的变形现象来大体推断其变形的温度和压力条件，主要特征变形矿物的变形特征如下。

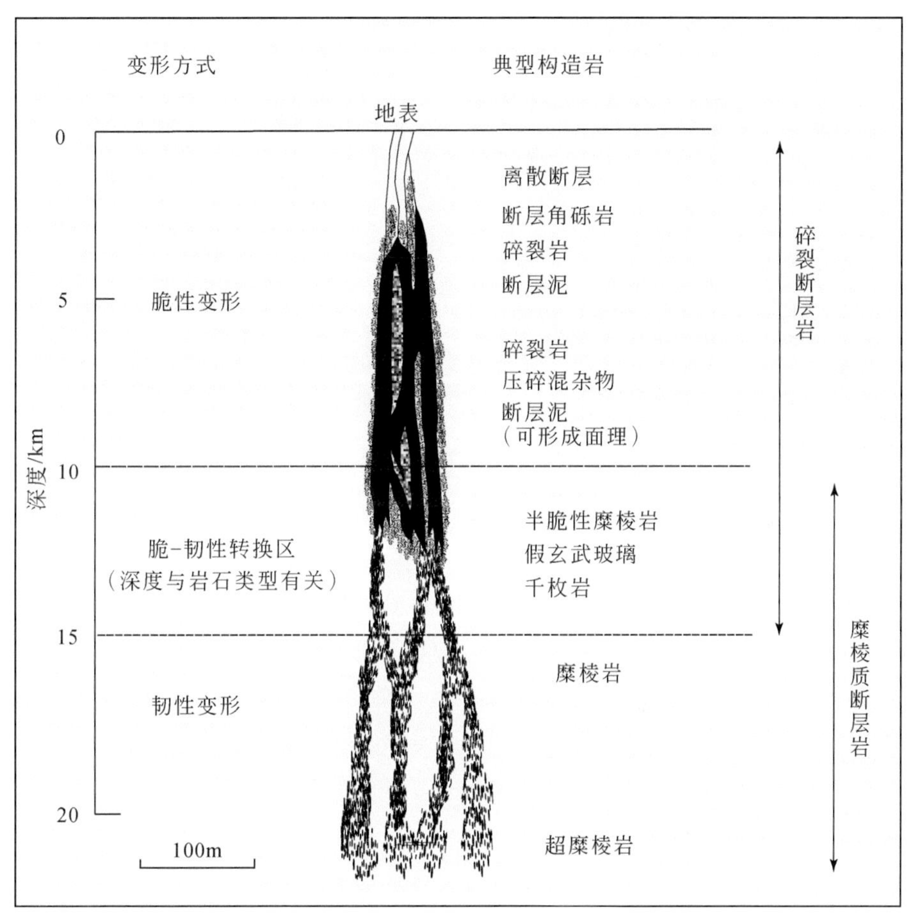

图 5-10　随深度变化脆-韧性剪切变形示意图（据 Rutter et al.，2001）

1. 扭折带

扭折带在湘东北地区韧性剪切带内较为常见，常表现为斜长石、云母的扭折变形。以云母的扭折带为例，在温度较低（300 ~ 500℃）、应变速率较高的条件下，云母出现的扭折带较密集、狭窄，与压缩方向呈高角度；温度较高（600 ~ 700℃）、应变速率较低时，扭折带较少、较宽，与压缩方向呈低角度。通过观察薄片中黑云母的扭折带［图 5-11（a）（b）］，认为其属于（300 ~ 500℃）低温、高压变形环境。

2. 机械双晶

斜长石机械双晶的宽度和强度与应变和变质程度有关。胡玲（1996）认为在温度 $T \leqslant 500$℃的条件下，斜长石以破裂为主，或沿解理裂开，或形成剪破裂；当温度 $T=500\sim650$℃、压力 $P=1\sim1.5$GPa 时，长石以稳态碎裂流动为主，显微镜下可见长石颗粒被压扁，发育补丁状波状消光、解理、双晶弯曲。当温度 $T>900$℃时，长石以位错蠕变为主。通过对湘东北韧性剪切带糜棱岩中斜长石机械双晶的观察［图 5-11（c）］，认为其变形温度为 $T=500\sim650$℃，但因本区变形压力较小，其温度应低于 500℃。

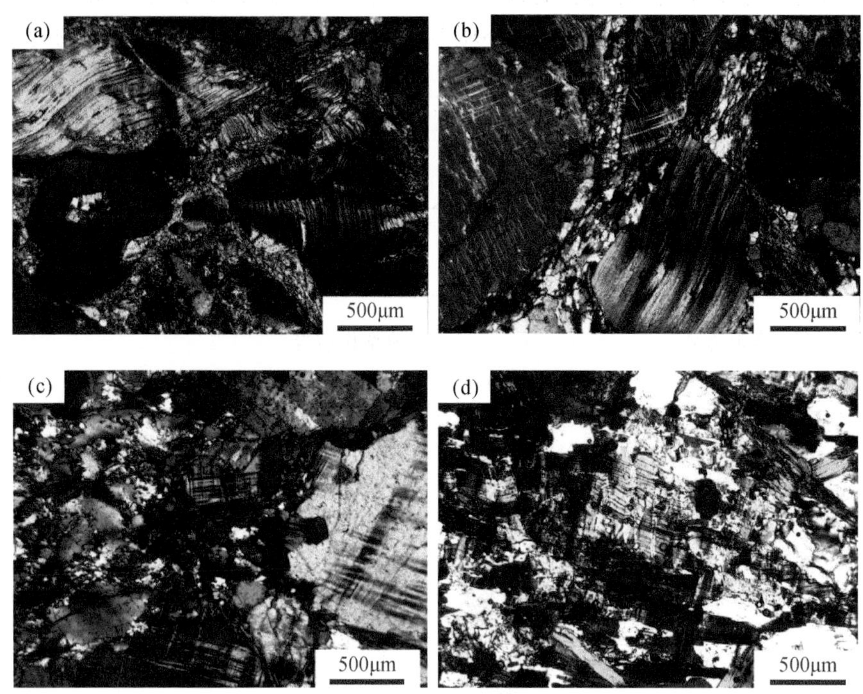

图 5-11　湘东北韧性剪切带糜棱岩矿物变形特征（均为正交偏光）

（a）伟晶质糜棱岩内白云母挠曲变形；（b）伟晶质糜棱岩内白云母挠曲变形；（c）糜棱岩化的斑状花岗岩斜长石机械双晶；（d）石英云母片岩中白云母的膝折

3. 矿物变形组合

在不同的温压或不同的应力环境下，湘东北韧性剪切带中糜棱岩也会显示出不同的矿物变形特征组合。石英常出现位错滑移形成的单晶丝带构造、亚晶粒、动态重结晶，石英矩形条带等；云母类、长石类，发育机械双晶、共轭裂隙，形成拉长状新晶，其中黑云母以密集、狭窄的扭折为主，出现大量白云母［图 5-11（d）］。

5.1.3.2　区域构造的地球物理条件

1. 岩石圈深部结构

区域地球物理资料表明，湘东地区位于太行山-武陵山北北东向巨型重力梯度带和炎陵县-临武北北东向重力梯度带之间，其布格重力由西（一般$-15\times10^{-5}\sim0\mathrm{m/s^2}$）往东（一般$-40\times10^{-5}\sim-30\times10^{-5}\mathrm{m/s^2}$）逐渐降低，重力垂向二阶倒数整体呈十分清晰的北东向正负相间排列的异常，反映盆地和山岭间变质结晶基底“三隆三凹”的起伏变化及莫霍面的抬升。湘东北地区岩石圈莫霍面深度一般为 31 ~ 35km，在洞庭湖区莫霍面为 32 ~ 35km，岩石圈厚 150m 左右，向东逐渐增厚，在幕阜山-连云山隆起区莫霍面厚 31 ~ 32km，略向东倾斜，岩石圈厚变为 200 ~ 230m（饶家荣等，1993）。据吉安-铜鼓地区大地电磁测深资料，地壳上地幔电阻率极高（$n\times10^3\sim10^4\Omega\cdot\mathrm{m}$），属高阻刚性地幔块体；而湘潭-文家市区莫霍面厚度 30 ~ 31km，岩石圈厚变为 200 ~ 230m，上地幔呈中低阻（$n\times10^2\Omega\cdot\mathrm{m}$）的楔形带，属塑性地幔块体。地学大断面和深部地球物理资料综合研究表明，湘东北元古宙褶皱基底之下存在一壳内低速层和结晶基底，低速层的顶板埋深约 15km，平均厚度 5km，可能为以塑性流动变形为特征的顺层韧性剪切带-韧性流层（图 5-12）。低速层和莫霍面之间的下地壳纵波波速为 6. 3 ~ 7. 2km/s，平均密度为 2. 95g/cm^2，推测下地壳是由固态流变作用形成的花岗质片麻岩和熔融流动变形作用形成的麻粒岩组成的结晶基底（湖南省地质矿产局，1988；秦葆珊，1991；熊绍柏，1992；袁学诚，1996；湖南省地质调查院，2002；梁新权和郭定良，2002）。

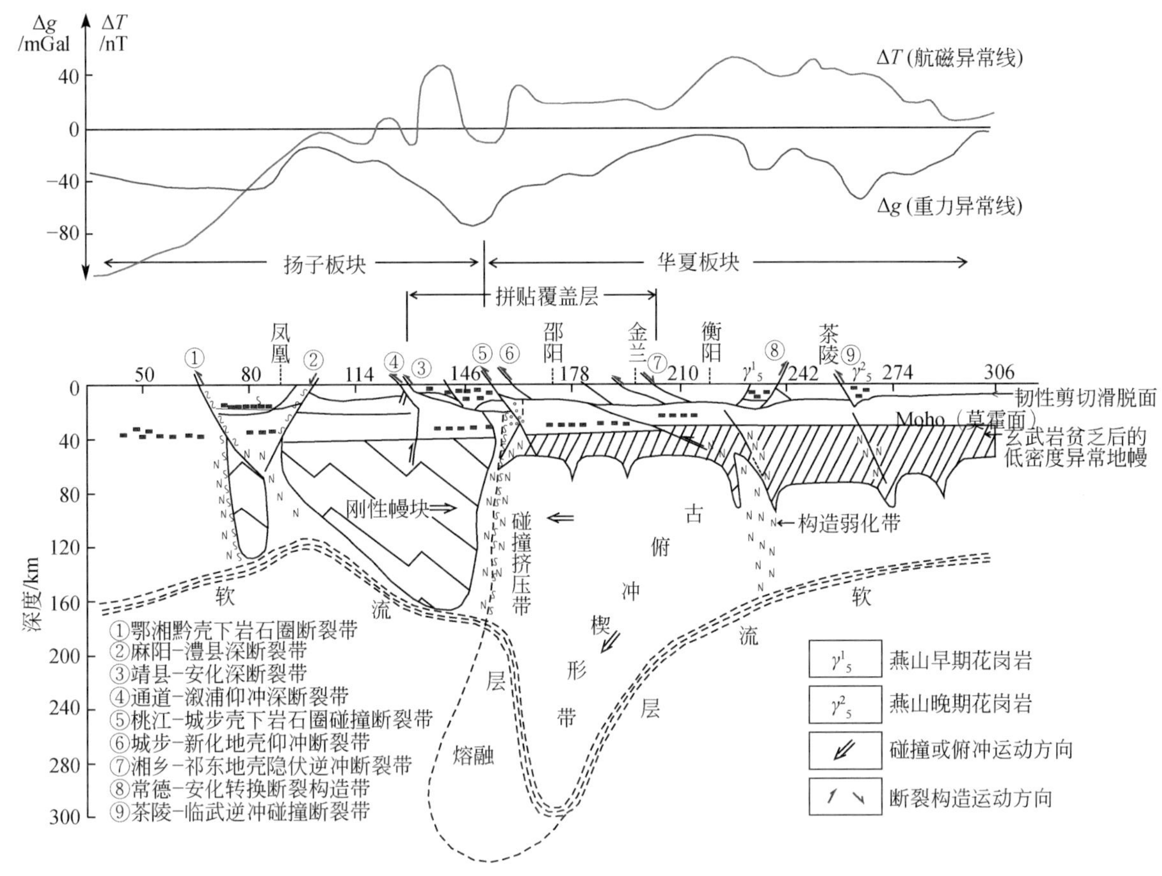

图5-12　扬子-华夏板块中段俯冲-碰撞构造模型（据饶家荣等，1993修改）

饶家荣等（1993）认为湖南省整个区域的地壳属于大陆壳型地壳，据地壳的视基性度（J），雪峰-洞庭-湘东地区为偏铁镁质型地壳（J=0.50），而其北西、南东两侧为硅铝-偏硅铝质型地壳，说明原来两者为一整体，拉裂后超基性、基性岩浆上涌才于其中形成偏铁镁质型地壳（丘元禧等，1998）。纵向上，根据地震波速（V_p）与密度，湘东北地区的岩石圈结构可分为四层（饶家荣等，1993；梁新权和郭定良，2002）：

（1）上地壳（即上部花岗质或硅铝质结构层）V_p为4.50～6.40km/s，厚0～25.5km；褶皱基底深度由3.85～25.5km，V_p速度由浅至深呈线性增加（6.00～6.40km/s），于15～20km出现低速、低密度层，大致在元古宇底部与太古宇顶部之间。

（2）中地壳（即中部次硅铝质壳体结构层）由更古老结晶基底构造层组成，厚0～11.70km、V_p为6.43～6.65km/s、密度2.90～3.07t/m^3，相对较稳定。

（3）下地壳（即下部硅铝-硅镁质壳体结构层），V_p为6.81～7.20km/s、厚0～5.3km，相当于地幔分异作用形成的壳幔混合构造层。

（4）岩石圈上地幔，由莫霍面以下的尖晶石二辉橄榄岩（厚约40km）和石榴子石二辉橄榄岩（厚约30km）组成。

2. 区域重力场特征

区域布格重力异常主要反映了地质构造特征及花岗岩的空间分布（Zhang et al.，2014）。湘东北地区的低重力场反映了花岗岩体和凹陷盆地的分布，总体呈北东向展布，与盆岭省的构造线方向一致（图5-13）。重力高值主要与中生代局部隆起有关，本区幕阜山隆起带、连云山隆起带等重力异常特征明显，相互间由反映断裂构造的重力梯度带所分割，即宁乡-灰汤重力梯度带和长沙-平江重力梯度带。此外，本区的高重力梯度带还可能反映了相对高密度的变质基底。大万金矿区的赋矿围岩主要为浅变质冷家溪群板岩，且矿区 8km 范围内无岩体出露，其深部存在高密度的变质基底（贾宝华和彭和求，2005），因此，该矿区具有相对较高的重力值。

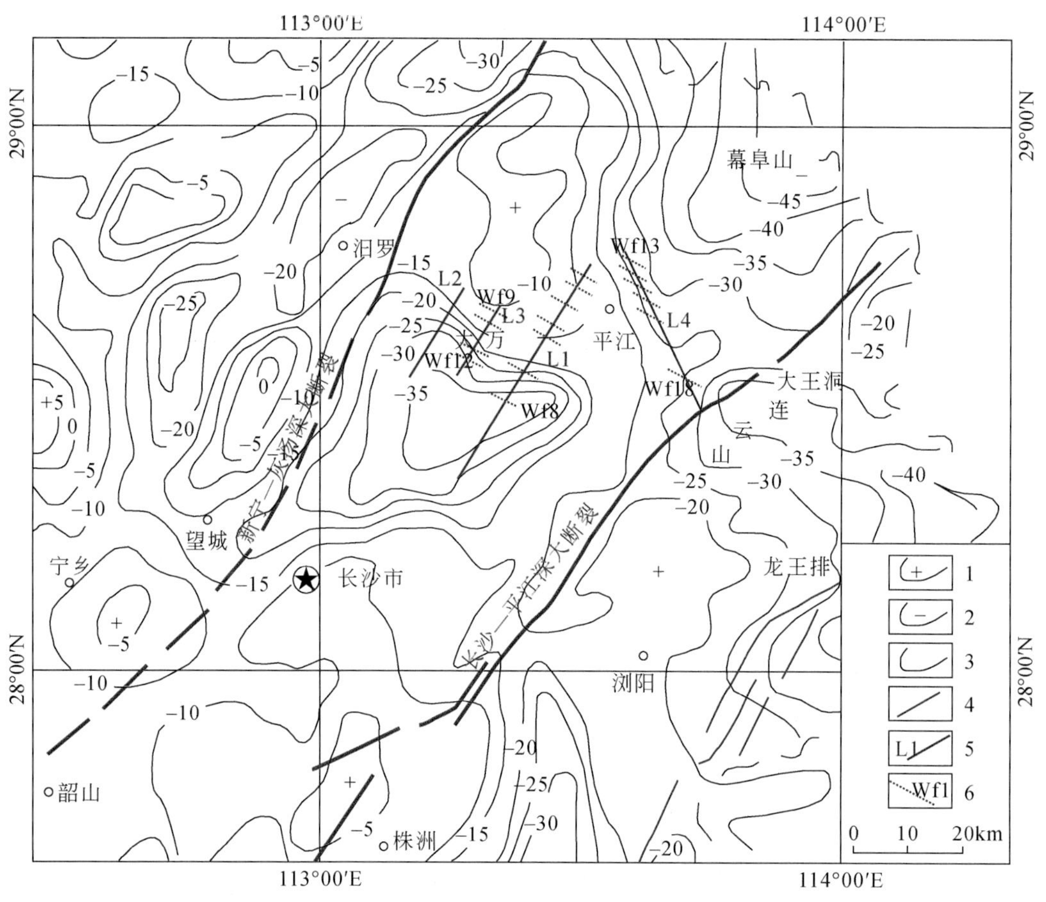

图 5-13　区域布格重力异常平面图（据毛景文等，1997 修改）

1. 重力正异常等值线；2. 重力负异常等值线；3. 重力异常零等值线；4. 断裂；5. 2014 年物探勘探线；6. 2014 年物探工作推断出的深部断层及其编号

3. 区域航磁场特征

区域航磁场主要反映的是地质体含铁物质量的变化，负异常通常为弱磁性地质体，如沉积岩地层；正异常反映的是强磁性地质体，如岩浆岩及部分较高变质岩层。异常的线性展布及正负异常的交界线多为线性构造或断裂。湘东北地区的航磁特征与区内北东向的盆-岭构造格局一致。如图 5-14 所示，湘东北地区的北西部和中部所存在的两个较大正异常区明显呈北东向排列，与花岗岩山岭的分布一致，而花岗岩山岭之间的断陷盆地则表现出较为宽泛和稳定的航磁负异常。此外，图 5-13 中还可见较多的北西（西）向呈羽状分布的小异常带，这与湘东北地区广泛分布的北西（西）向断裂相对应。大万金矿区处于航磁负异常区，且变化较小，这与矿区稳定产出的冷家溪群板岩地层和无岩体出露的现象一致。

4. 区域构造的地球物理信息

湘东北航磁和布格重力异常与该区北东向盆-岭省构造格局相一致。航磁正异常分布在连云山、金井、望湘和幕阜山等岩体附近，明显呈北东向排列。同时，几处重力负异常区也呈北东向分布，与花岗岩山岭的位置一致。在山岭之间，则分布有宽泛而稳定的航磁负异常和低重力场，反映了红层盆地的分布。北东向深大走滑断裂控制着花岗岩山岭和红层盆地的分布。此外，在思村—社港一带（图 5-14），分布着本区最大的航磁正异常，暗示金井岩体的深部可能有一较大的隐伏岩体存在。

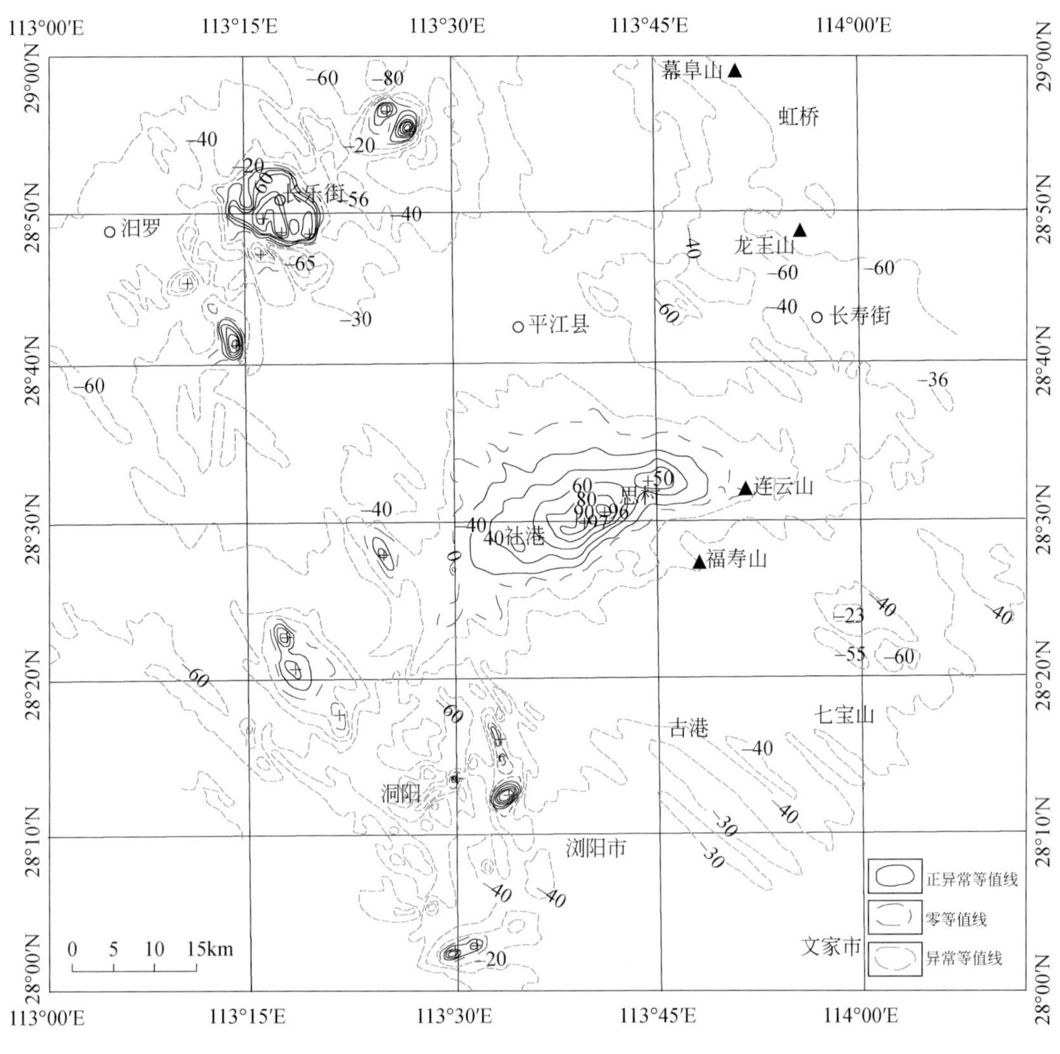

图5-14　区域航磁 Δt（nT）等值线平面图（据湖南省地质调查院，2001修改）

重力、航磁异常图清楚地反映了长沙-平江断裂的空间分布特征（图5-13～图5-15）。在布格重力图中，长平断裂表现为一条NE向的重力梯度带（图5-15）。断裂带附近重力布格异常值由东西两侧向中心逐渐增加，两侧负异常强度为-35～-30mGal。断裂西侧的长平盆地表现为较宽的重力低值，而东侧较高的重力高值对应于连云山-衡阳隆起。60km×60km滑动平均剩余重力异常反映地壳浅部地质体密度横向不均匀的变化，断裂两侧剩余低值正异常强度为4～8mGal。重力上延15km的垂向二次倒数异常更加清晰地反映了断裂两侧基地构造和构造岩浆活动特征。根据重力资料计算的莫霍面深度显示，湘东北莫霍面厚31～32km，略向北东倾斜，与断裂带走向基本相符。在航磁异常中，断裂东侧的连云山北东向异常带，长约85km，宽约25km，由两个异常组成，磁异常强度为40～150nT，其南部与汨罗-浏阳-株洲北西向异常相交叉而形成小弧形异常，反映了浅变质岩系构造隆起及构造岩浆热变质带的分布。

5.1.3.3　区域构造的地球化学条件

通过1∶20万及1∶5万水系沉积物及金属量测量，区域单（多）元素异常较多（188个），其中Cu、Pb、Zn、Au、Ag、W、Co是湘东北地区主要的成矿元素，其异常具有寻找相应矿产的直接指示意义，且主要沿NE—NNE向盆-岭过渡带或转折部位分布（图5-16），Au、Sb、As等元素的富集场与金矿化关系密切。

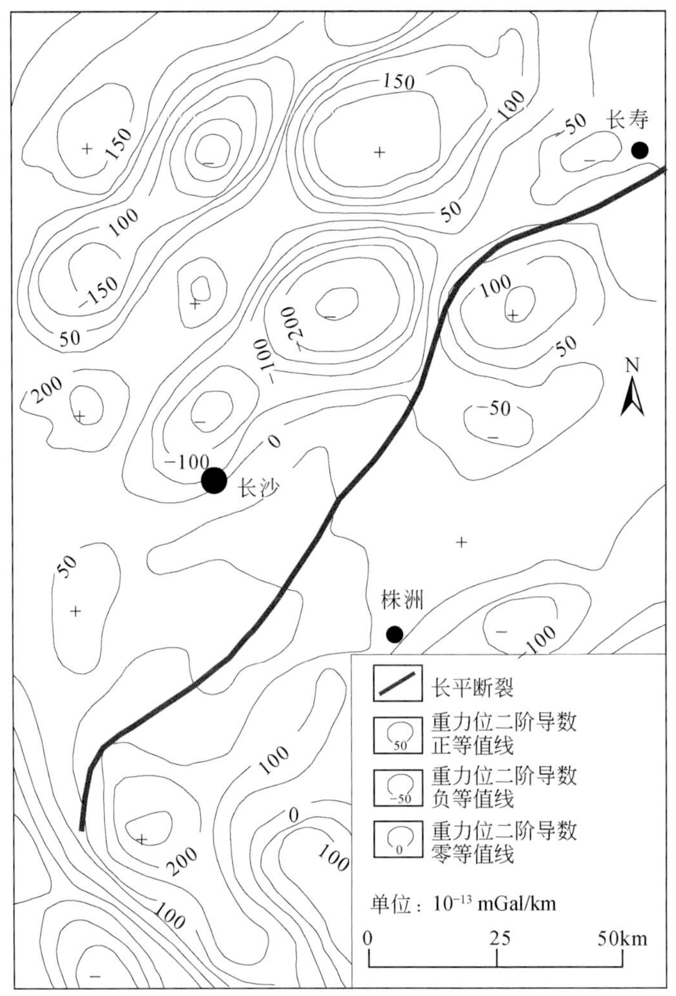

图 5-15　长平断裂重力垂直梯度分布图

湘东北地区冷家溪群中金的含量普遍较高，是地壳克拉克值的 1 ~ 8 倍，高出 Taylor 和 McLennan (1985) 的上部地壳丰度 2 ~ 18 倍。岩石中金分布极不均匀，金含量最低为 0.5×10^{-9}，最高可达 44.2×10^{-9}，平均为 11.6×10^{-9}，其中以黄金洞—九岭一带含金最高，强度最高可达 400×10^{-9}。在冷家溪群坪原组内，由下部至上部，金含量逐渐增高，而上部地层中硫化物含量也较高。坪原组第二、第三岩性段中黄铁矿含量分别高出第一岩性段的 8 倍和 10 倍，第二岩性段中还含有十分丰富的毒砂，其数量远远超过第一、第三岩性段，由此可看出，地层中金含量与硫含量呈正相关关系。不同岩性对金的富集能力也有所差异，本区粉砂质板岩中金含量平均达 15.3×10^{-9}，明显高于其他岩石。

区内岩浆岩以印支期、燕山早期金含量最高，分别为 2.12×10^{-9} 和 2.43×10^{-9}；两种不同类型花岗岩中又以壳幔混合型含金量最高，为 3.78×10^{-9}；而陆壳改造型花岗岩中金含量仅 0.96×10^{-9}，前者为后者的 4 倍，也可能是后者在成岩过程中金被改造迁移出的结果。可见，区内金多金属异常分布明显受 NE 向构造-岩浆带的严格控制。

5.1.4　区域变形动力学特征

区域构造演化特征表明，大约在新元古代扬子板块和华夏板块完成拼贴后（Chen et al.，1991；Li et al.，2002），江南古陆仍经历了多期次陆内裂解和碰撞、聚合，表现出极其复杂的地球动力学演化特征（傅昭仁等，1999；李紫金等，1998；贺转利等，2004）。根据区域构造变形特征（详见本书第 2 章）和应力应变分析，结合区域变形环境和变形条件，以及岩浆作用和沉积-变质作用特征分析（详见本书第 3 章、

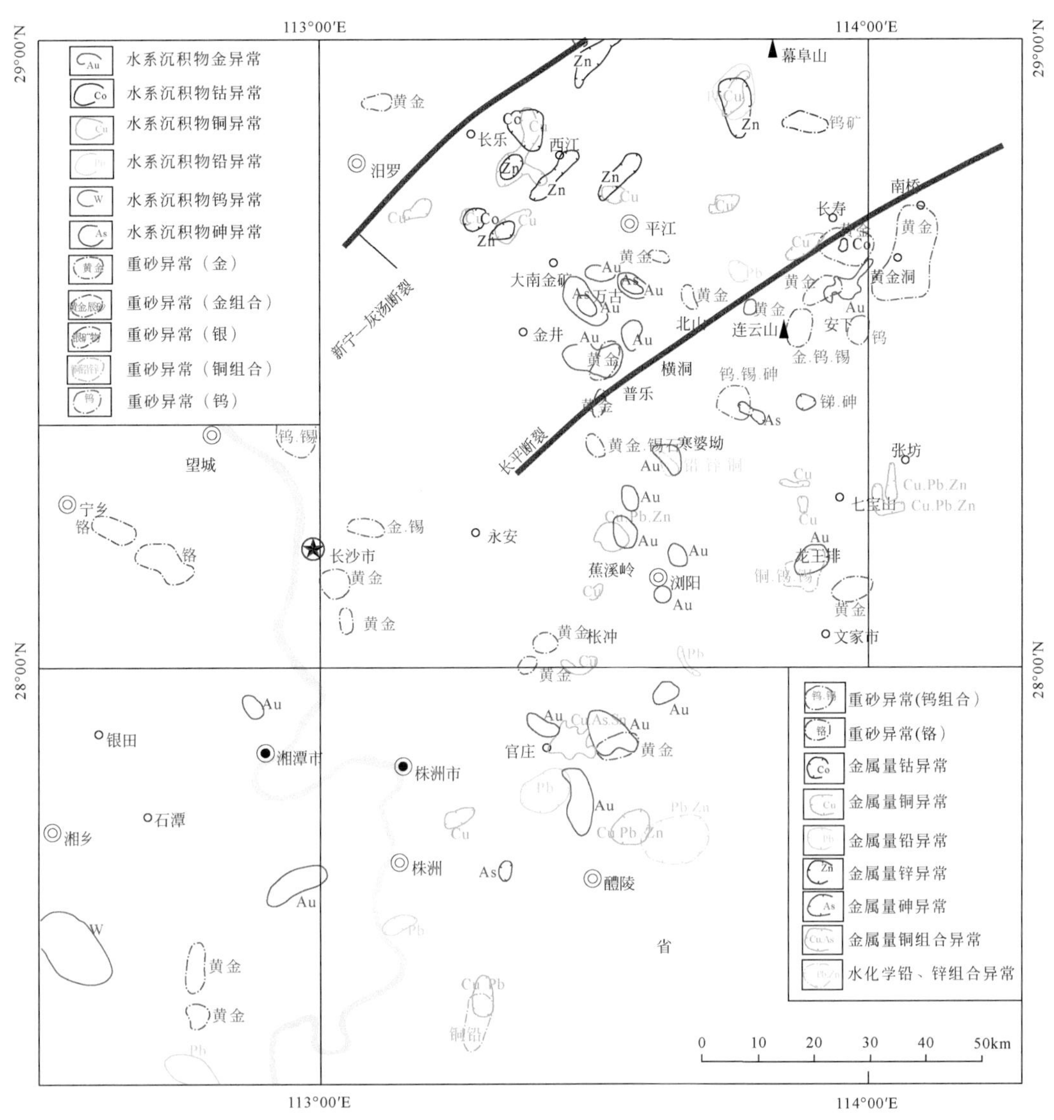

图 5-16　湘东北地区区域化探异常图

第 4 章），江南古陆的湘东北地区至少保存了三种地球动力学体制的地质记录：其一是南北向挤压应力机制，展布东西向构造带，主要构造式样由近 EW 向褶皱、近 EW 韧性剪切推覆断裂组成，并表现右旋剪切特征。这一南北向挤压应力可能与早中古生代加里东期或更早时期（如新元古代晋宁期）因扬子板块与华夏板块多次聚合形成统一的华南大陆有关。其二是 NW—SE 向或近 EW 向挤压形成 NE 或 NNE 方向展布的构造带，可能与特提斯和古太平洋构造域的联合作用有关，自三叠纪以来或先前的近 EW 向构造被逐渐改造为 NE 向或 NNE 向构造（任纪舜，1990；赵越等，1994；舒良树等，2002）。其三是中晚三叠世印支期华南板块与印支板板、华北板块相继碰撞拼贴后，结束了中国东部早期古特提斯构造演化历史，开启了太平洋构造域的演化（徐树桐等，1992；朱光等，1991，2002；董树文等，2000；杨振宇等，2001；Xu et al.，2017a，2017b）。太平洋板块向欧亚大陆边缘的俯冲作用及应力传递的陆内响应，可能是长平断裂带构造演化的主要动力学机制。早侏罗世，古太平洋板块以 6.5 ~ 8.0cm/a 的速率向近北或北西俯冲，与欧亚陆缘呈 28° ~ 42°的角度相交（Maruyama and Send，1986；Natalin，1993），产生斜向俯冲作用，对大陆造成强烈的挤压。这种压应力在陆内的响应，可能导致长平断裂带南东侧向北西侧的强烈的逆冲推覆兼具走滑剪切，构成了 NE 向的断裂系统，对侏罗纪盆地和燕山期花岗岩岩浆作用及相应的成矿作用具有重要的控制作用。

湘东北地区元古宇中分布有拉斑玄武岩、英安岩等，且在长平断裂带附近基底的地球化学特征与湘中和湘西同一层位差异明显，暗示该断裂带可能在太古宙末期就已有活动。进一步根据构造变形形迹和古应力与应变速率分析，结合区域沉积、变质和花岗质岩浆活动，以及深部地球物理特征，湘东北，特别是长平断裂带明显具有多期活动变形特征，尤其是区内大体积出露的中生代岩浆岩表明中生代可能是长平断裂带活动的高峰时期。因此，中生代燕山期及新生代喜马拉雅期可能是长平断裂带的主要活动期，且它在该时期经历了剪切、拉张及挤压三个主要演化阶段。

1. 印支期—燕山早期左行走滑剪切

左行走滑剪切兼具逆冲推覆特征，在湘东北地区，特别是长平断裂带内普遍发育。断裂两侧地层或表现为水平错移，或表现为逆冲推覆及牵引构造。平移断层主要呈 NE—NNE 走向，大多数被后期断裂构造复合改造，成为平移-斜冲、平移-斜降断层，如南部的高家洲-益元冲断裂、大元地断裂等。该类断层平直，断面陡倾或直立，沿走向错断背向斜，并做左旋旋转，断层面上保存有水平擦痕和斜向阶步，可能后期活动为斜冲-斜降运动。北东向逆冲断层主要位于冷家溪群中，但切割了上覆印支期盖层，如白烟塘断裂、仙台岭断裂、龙王岭断裂等。该类断裂均为北东走向，波状弯曲的逆断层，断面倾向北西，断层上盘总体相对上升，较老地层逆掩在新地层之上。如“连云山混杂岩”逆掩在冷家溪群小木坪组之上，以及逆掩在中泥盆统跳马涧组、易家湾组、棋子桥灰岩之上，上盘岩层发育断层角砾岩、挤压破碎-碎裂岩化，切割了冷家溪群、中泥盆统、侏罗纪花岗岩，表明其在印支期—燕山早期再次活动。在长平断裂南东侧的三江口超单元，发育一系列的微小型脆性韧性剪切构造［图 5-17（a）~（c）］，连云山等岩体侵入于元古宙及中晚泥盆世地层中，被白垩纪—新近纪红层沉积覆盖，其同位素年龄为 129 ~ 155Ma（独居石 U-Th-Pb、黑云母 K-Ar 和锆石 U-Pb，详见第 3 章），形成于中侏罗世—早白垩世。因此，走滑剪切可能发生在晚侏罗世之后。

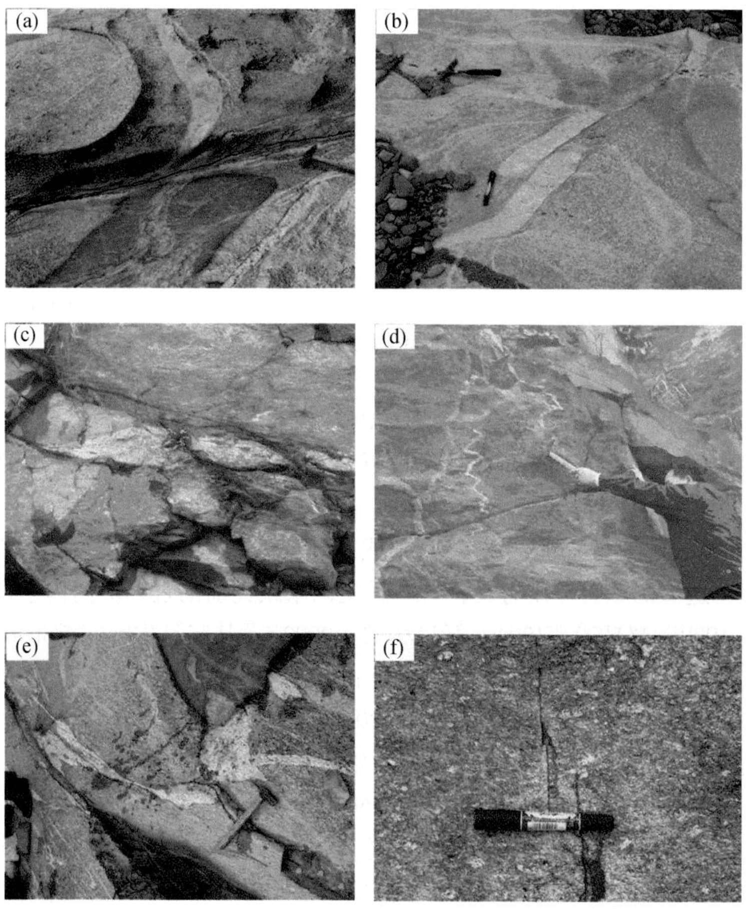

图 5-17　湘东北地区长平断裂带构造变形式样野外照片

（a）连云山岩体韧性走滑剪切；（b）连云山岩体脆性剪切；（c）连云山岩体走滑挤压剪切；（d）冷家溪群内伸展型裂隙充填构造及剪切构造；（e）连云山岩体内伸展型裂隙充填构造；（f）连云山岩体内脆性伸展裂隙构造

2. 燕山晚期伸展构造

在燕山晚期，湘东北地区最典型的构造格架为伸展体系构造形迹，宏观上表现为盆-岭构造、重力滑脱构造、变质核杂岩、楔状构造等；微观上，断裂带内石英脉或方解石脉体的裂隙充填构造等，均表现为拉张性质。长平断裂带主干断裂恰好是其北西侧长平盆地和东南侧连云山-衡阳隆起的分界线。北西侧长平盆地呈箕状-半箕状展布（图 5-18），白垩系沉积中心向东南迁移，表明在成盆发展阶段，可能受到长平主干断裂左旋及引张作用的控制，且盆内有长期活动的同生正断裂如池家湾断裂、杨梅田-乌龙断裂等。其南东侧相对上隆，花岗岩岩浆活动强烈，并形成如连云山岩体、蕉溪岭花岗岩及花岗斑岩、花岗闪长岩等。构造域内以平移为主的断裂则转换为正断层，而主干断裂成为盆-岭间应力转换及能量释放的主要场所，有利于成矿热液的运移和循环。通过野外观察，发现了许多伸展拉张型小构造，如图 5-17（d）所示的发育于冷家溪群内的石英脉，表现出波状弯曲的形态，且其弯部及端部圆润，体现拉张性质。在花岗岩体内形态不一的石英脉［图 5-17（e）］，也反映出其形成于张性环境。另外，还发育一些无充填物的裂隙，如图 5-17（f）所示，可能是脆性岩体受到拉张作用产生的构造痕迹。

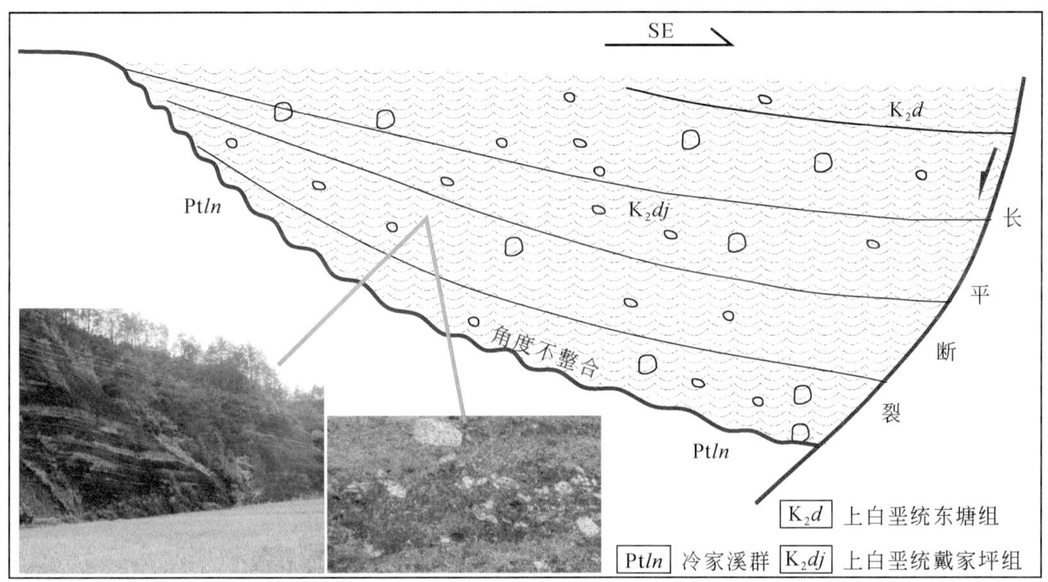

图 5-18　长平盆地箕状构造沉积特征

湘东北地区所出现的一系列晚中生代的基性岩也是 136～83Ma 时期岩石圈伸展作用结果（贾大成和胡瑞忠，2002；贾大成等，2002a，2002b；Wang et al.，2003；许德如等，2006）。该伸展构造事件可能与俯冲于华南大陆之下的古太平洋板块的板片后撤、板片裂离和岩石圈拆沉有关。

3. 第四纪的挤压构造

其主要标志是在长平断裂带两侧的第四系中发育小型推覆构造和逆冲断层，但其规模和活动强度均远逊于前两个阶段（张文山，1991）。

5.2　伸展变形运动学特征

湘东北地区以盆-岭构造格局为特征，变质核杂岩或伸展穹隆等伸展构造发育。为进一步了解盆-岭构造与变质核杂岩的成因联系，并揭示湘东北地区晚中生代地球动力学过程及其对伸展变形构造形成的制约，本节重点对连云山地区构造变形/变质条件开展了相关研究。

5.2.1　分析测试方法

5.2.1.1　结晶学定向分析

岩石组构指岩石中各个组分以及组分之间的边界在空间的相互排列方式。这种排列方式是与该组构形成时的物质运动方式、地质环境、矿物晶格构造和结晶习性以及导致岩石变形的应力状态等因素相关的。通过研究现存的岩石组构特征可讨论形成该组构的物质运动方式、岩石变形过程中的局部应力状态，并进一步对宏观构造进行运动学和动力学成因解释。在热构造作用下，晶体的结晶学方位会发生改变，而某一些方位具有明显的优势性，组构的强度就取决于具有优选方位的晶体颗粒的占比。大量测量岩石样品内晶体结构的结晶学方向得到的统计学优选，称为结晶学优选（crystallographic preferred orientation，CPO）或晶格优选（lattice preferred orientation，LPO）（夏浩然和刘俊来，2010；Wenk et al.，2002）。

1. 石英结晶学优选与滑移系

晶体结晶学优选可通过变形或晶体生长产生。在一组变形矿物中，位错滑移或双晶滑移都会形成晶体的结晶学优选。在塑性变形的石英聚集体中，位错滑移对晶体结晶学优选的贡献比双晶滑移更大。矿物在应力作用下的定向成核和沉淀生长也可形成晶体学优选。其中，国内外学者对石英塑性变形而形成的结晶学优选的研究比较深入。塑性变形过程中，由于某些结晶学面和方向上结合力较弱，位错较容易在这样的结晶学面上向特定方向运动，即产生位错滑移。发生位错滑移所在的结晶学面称为滑移面，位错运动的结晶学方向称为滑移方向，滑移面和滑移方向构成滑移系，用（滑移面）［滑移方向］表示，一系列对称等效的滑移系记作｛滑移面｝<滑移方向>。石英 C 轴极密在 CPO 图样中所处的位置与相应滑移系的关系（Passchier and Trouw，2005）如图 5-19 所示，图中 *X* 为线理方向，*Z* 为面理的法线方向。在低温条件下（300℃），底面<a>作为主要的滑移系，为 I 型交叉环带。在中等温度（400℃）下，此时滑移系为菱面<a>和柱面<a>，形成单环带。在相对较高的温度（500℃）下，菱面<a>成为主导，并且随着温度升高趋向于在 *Y* 轴周围达到最大值。在高温（>650℃）下，柱面<c>滑移并导致最大点接近 *X* 轴。

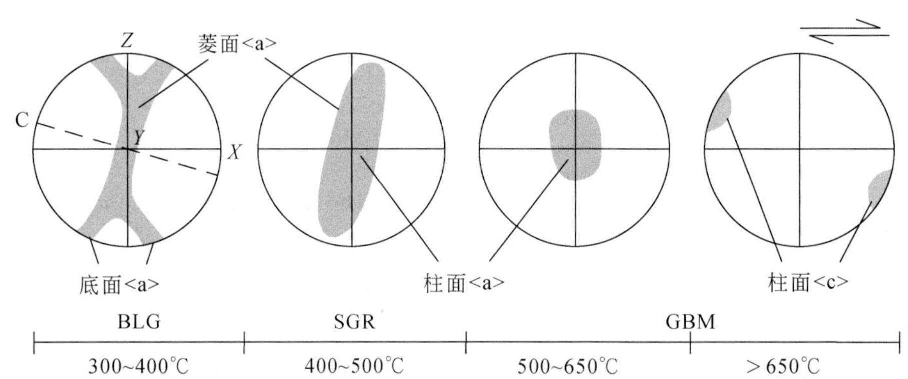

图 5-19　石英 C 轴 CPO 样式、滑移系和动态重结晶机制（修改自 Passchier and Trouw，2005）

BLG（bulging recrystallization）为膨凸重结晶，SGR（subgrain rotation recrystallization）为亚颗粒旋转，GBM（grain boundary migration）为颗粒边界迁移

2. 结晶学定向的测量

随着科学技术的进步，结晶学方位测量技术得到了极大的提升，可为地质学提供高效的研究手段。结晶学方位测量技术主要包括费氏台法、X 射线衍射法、中子衍射法和电子背散射衍射仪（electron backscattered diffraction，EBSD）等主要测量方法。本书采取的是电子背散射衍射仪方法（图 5-20），它是一种表面分析技术。

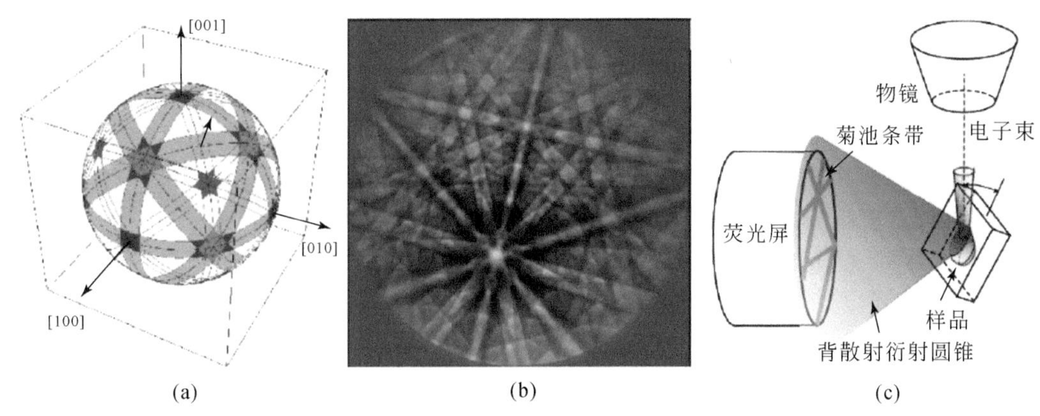

图 5-20　EBSD 工作原理

(a) 立方晶系各个晶面的衍射条带；(b) 为荧光晶采集的 EBSP 图样；(c) EBSD 采集

如图 5-20（c）所示，经精细抛光后的 EBSD 样品放置在物台表面上，该平面以 70°倾斜置于电子束下，面朝荧光屏幕。进行组构测量时，样品与电镜工作距离一般在 20～30mm（本次实验为 27mm），电镜发射 20kV 的高能电子束撞击到样品表面，入射角度大于 90°的电子会从一点分散射出到各个方向的晶面，若散射的电子满足布拉格衍射条件时便会发生衍射，形成 2 个衍射电子圆锥（许志琴等，2009）。衍射圆锥投影到样品前的荧光屏便形成 2 条平行线，亦即菊池条带（kikuchi band）或菊池花样［图 5-20（b）］。由不同晶面产生的菊池条带所组成的图像被称为背散射电子衍射图（electron backscattered diffraction pattern, EBSP）。与荧光屏连接的高灵敏度 CCD 相机将采集到的电子信号收集并显示，将数据传输到终端计算机进行分析处理，相配套软件通过分析背散射电子衍射花样图，并根据标准数据库中的标准晶体来进行对比，进而对晶体的晶面符号与晶系、晶胞参数、晶体粒度、晶界类型及晶体间位相差等进行确定（徐海军等，2007；许志琴等，2009）。荧光屏收集电子信号，从而获得一个点（微元）的结晶学方位信息。每一个测量点（微元）的测量信息包括结晶学方位信息（三个欧拉角），EBSP 图像带对比度和锐度，测量置信度值以及采集位置信息。整个样品的结晶学测量则是所有测量点（微元）上述测量信息的集合（Prior et al., 1999；张雎易，2017）。

研究中，利用 EBSD 对无盖玻片岩石薄片表面矿物进行结晶学优选测量。岩石薄片垂直于面理的方向，其长边平行于线理，即样品 X 轴。薄片表面抛光处理，选用 Buehler Mastermet © 1/4μm 级金刚砂抛光膏初级机械抛光 1 次 15 分钟和 Buehler Mastermet © 0.02μm 级二氧化硅悬浮液化学机械抛光 4 次各 15 分钟。为了避免实验中样品表面荷电积累，对样品表面进行喷碳处理，厚度 3～10nm。

研究中 EBSD 数据采集自以下 EBSD 分析系统：Zeizz 热场扫描电镜外挂的牛津仪器 HKL 第二代数字照相机系统。采集 EBSP 图像时使用 15kV 的加速电压，射速电流 3nA，工作距离为 27mm，样品倾斜角度为 70°。采集像素点的坐标信息精度较高，采集速率较高（20Hz），可以多视域扫描和拼接，用于大范围面分析石英动态重结晶。数据采集软件为 Aztec HKL，数据分析软件为 HKL Channel 5。

3. 结晶学的描述

在构造地质学中，基于岩石样品的叶理与线理建立参考坐标系（线理为 X 轴，叶理为 XY 面，叶理法线为 Z 轴）。而在数学上，结晶学方位可由晶体坐标系与外参考坐标系的线性变换描述，用旋转张量表示，常用的旋转张量为欧拉角：φ_1、Φ、φ_2（Adams, 1993；Adams et al., 1993），因此三个欧拉角可分别对应描述某一理想晶体的结晶学方位。

5.2.1.2　结晶学定向表达

1. 结晶学方位面分布

EBSD 实验最为直接的表达方式为结晶学方位要素的面分布。数据采集软件 Aztec HKL 及分析软件

HKL Channel 5 皆可使用设定的颜色编码方式渲染像素点得到 2D-EBSD 面分布，可以直观显示像素点结晶学方位。数据中像素的各个测量值采取不同的颜色编码能够显示具有不同信息的面分布图。本书所用的有以下几种：

矿物相面分布（phases figure）：EBSD 与 EDS 结合起来可以进行常规的相鉴别。用这种方法通过 EDS 对需要鉴别的相进行成分分析确定化学成分，然后在相数据库里搜索可能的相，EBSD 同时采集该相得到的衍射花样，使得被选相对衍射花样进行标定，确定衍射花样最为匹配的相。

反极图面分布（inverse pole figure map-inverse pole figure）：按照反极图的颜色编码方案，反极图上每一像素点都有唯一颜色与之对应来显示晶体空间取向，并且反极图上的每一点都是样品坐标系特定方向在晶体坐标系上的投影，因此颜色与特定取向呈一一对应的映射关系，根据 Y 轴反极图色板表示结晶学方位。

施密特因子面分布：施密特因子（schmidt fator）表示特定结晶学方位的石英（点），其各个潜在滑移系的有效剪切应力的归一化值。施密特因子面分布能够根据颜色清晰地显示视域中所有颗粒对于某一潜在滑移系的施密特因子值。

2. 投影与极图（pole figure）

结晶学优选结果的表达一般采用了将大量结晶学方位点投影的方式。本书所用的结晶学方位的投影方式有极图及反极图。

投影方式 1，将各个主要结晶学面或方向投影至 XZ 面：极图。极图是样品中晶体结晶学方位要素在样品坐标系选取平面上的极射赤平投影（Wenk et al.，2002）。至少 3 个极图（即分别对其 3 个不平行的结晶学方向进行投影）方能完整表示一个晶体的空间结晶学方位。离散的方位数据通过分簇统计，由高斯卷积算法得到极图中密度分布等高线。在构造地质学中，常以 XZ 面作为投影平面，XY 面对应于叶理面，X 轴对应于线理。

为了得到岩石薄片样品内石英整体 CPO 特征，需要保证数据采集过程满足采集范围广、采集均一和采集数据量大。在本次研究工作中对岩石样品进行大步长（10 ~ 21μm）大视域（基本覆盖定向薄片的面积）面扫描的办法均匀获取大范围结晶学方位数据从而得到样品的整体结晶学组构信息。而对一些特定的石英变形颗粒进行小步长（2 ~ 5μm）小视域的面扫描分析。

投影方式 2，将样品坐标系三轴（XYZ）极射赤平投影至晶面（如底面）：反极图。

5.2.2　伸展构造运动学特征

5.2.2.1　连云山地区地质概况

连云山地区位于长沙-平江断裂的南东侧，位置在 113°30′E ~ 113°55′E，28°20′N ~ 28°37′N 之间（图 5-21）。区内连云山岩体整体的形态受北东向的长沙-平江深大断裂控制，呈纺锤体状中部膨大，两端缩小，其南西端分叉，出露面积约 135km^2。岩性主要由二云母二长花岗岩、黑云母二长花岗岩和斑状花岗岩组成。岩体主要侵位于冷家溪群和“连云山混杂岩”之中［图 5-21（a）］，岩体的南西端及岩体内部主要与冷家溪群板岩或片麻岩接触，两者呈突变侵入和交代侵入接触，变质带宽可达数百米及以上，而岩体北东侧与“连云山混杂岩”接触，可见零星分布的花岗岩。连云山岩体与冷家溪群板岩接触的部位局部可见混合岩化，并有强烈的剪切变形和定向构造，花岗岩岩体中也发育糜棱面理。长平断裂带的上盘是一套盆地沉积的白垩系红层，断裂带以硅化的断层角砾岩为主，部分有绿泥石化，角砾成分有板岩、花岗岩。

野外地质考察及结合前人的研究表明，在连云山地区包括连云山花岗质岩体、新元古界冷家溪群以及中生界白垩系红层沉积岩，共计 3 个期次的构造变形可被辨别出来，这些变形从韧性到脆性，从先期挤压为主的构造到伸展为主的构造。本节将分别从不同剖面来阐述不同期次的构造变形和它们的置换关系。

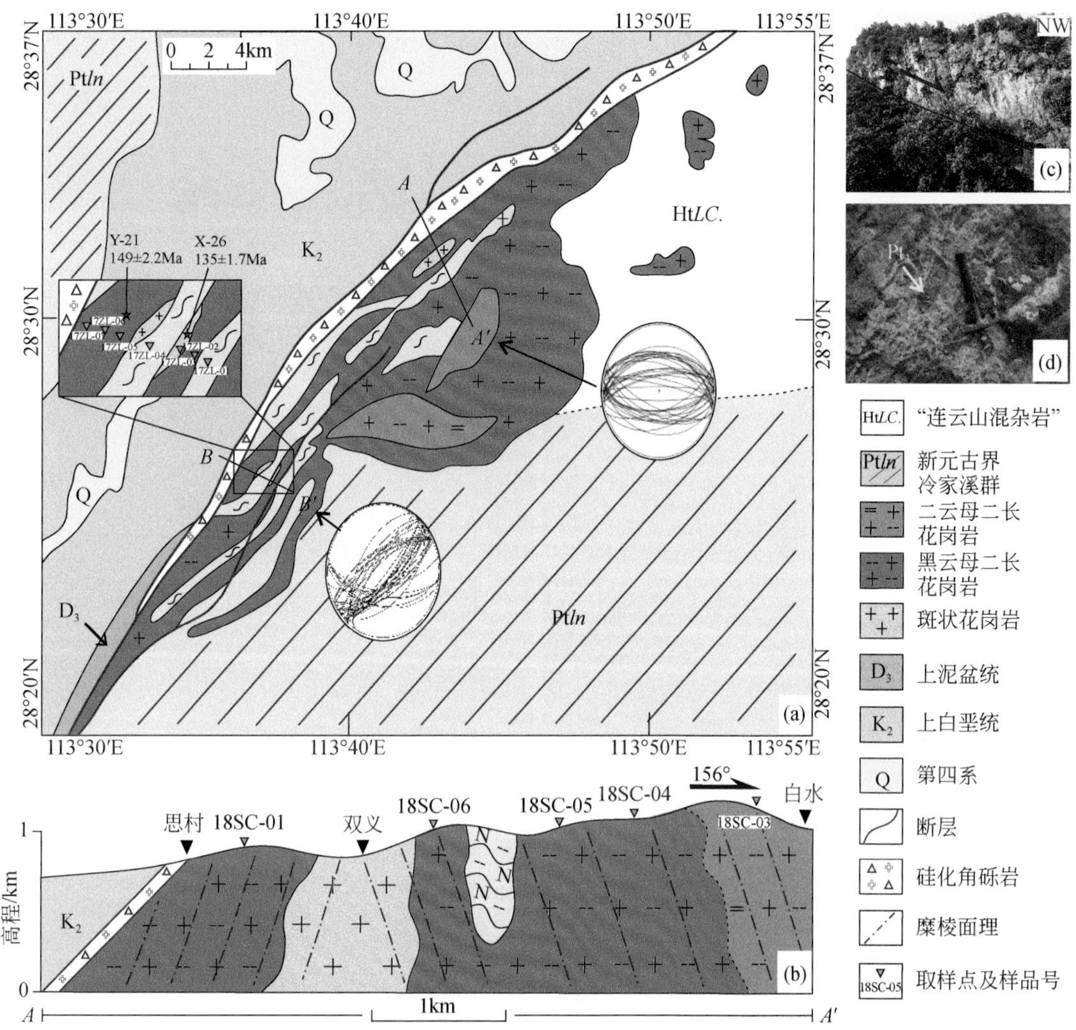

图 5-21　连云山地区地质简图及构造要素的赤平投影图

（a）连云山地区地质图（图中西侧样品年龄值详见本书第 3 章），赤平投影图分别为 *A-A′*、*B-B′* 剖面中糜棱岩面理的产状；（b）*A-A′* 剖面地质图；（c）长平断裂野外照片；（d）断层硅化角砾岩

5.2.2.2　构造变形的宏/微观特征

1. 思村-白水剖面的构造变形

思村-白水剖面位于连云山岩体中段（图 5-21），该剖面可见明显的岩相分带，从起点思村往 SE 方向，岩性依次为中粗粒黑云母二长花岗岩—斑状花岗岩—中粗粒黑云母二长花岗岩—中细粒二云母二长花岗岩，冷家溪群板岩与黑云母花岗岩呈侵入接触关系［图 5-22（e）］，接触界线较为清晰，未见接触热变质作用的痕迹。岩体内发育由矿物（如片状黑云母、板状长石）的定向排列而形成的面理构造，线理发育不明显，少数露头上花岗岩沿着叶理面风化、剥落，可分辨出线理构造，线理总体呈 E—W 走向，倾伏角近于水平。该剖面总体呈近 N—S 倾向，倾角中等偏陡，自 NW 至 SE，面理的倾向由北倾转为南倾［图 5-21（b）］，在西北端的黑云母二长花岗岩的面理向 N 倾，中部斑状花岗岩则是发生了面理倾向的转换，而东南端的黑云母二长花岗岩和二云母二长花岗岩则是向南倾。除此之外，脆性构造也有一定发育，表现为沿糜棱面理构造面滑动，破裂面上的正阶步，指示上盘运动方向为 NWW。

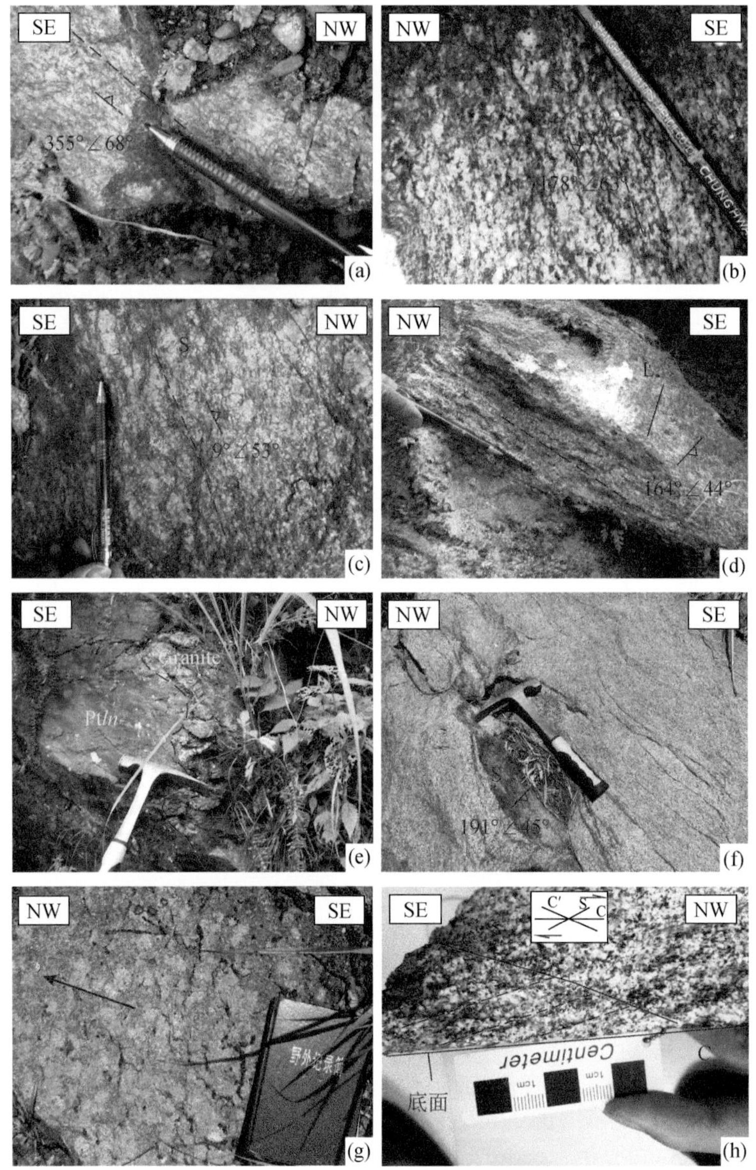

图 5-22　思村-白水剖面野外典型岩性-构造照片

(a)(b)中粗粒黑云母二长花岗岩；(c)斑状花岗岩；(d)中细粒二云母二长花岗岩；(e)新元古界冷家溪群与围岩花岗岩呈侵入接触关系；(f)黑云母花岗岩糜棱面理构造面；(g)正阶步，上盘向北西西；(h)手标本 18SC-03 上 S-C-C′组构。*Ptln*. 冷家溪群板岩；Granite. 花岗岩；S. 面理；L. 线理

在野外露头尺度上，一些韧性剪切的指示标志如眼球碎斑、S-C-C′组构不明显，难以判别出剪切的指示方向。而手标本尺度上，中细粒二云母二长花岗岩样品 18SC-03 面理产状为 166°∠45°，通过定向还原，截面产状为 271°∠80°，通过 S-C-C′组构的分析，可初步判断剪切方向为由顶部向北运动[图 5-22（h）]。

显微尺度上则显示，思村-白水剖面所出露的岩体普遍存在一定程度的糜棱面理化，但糜棱化程度较低，长石以脆性破裂、刚性旋转、机械双晶为主，石英发育石英条带、膨凸重结晶、亚颗粒旋转，云母可见挠曲和膝折现象（图 5-23）。岩石也有较微弱糜棱化的现象，如二云母二长花岗岩样品 18SC-03，云母的定向排列仍然能判别出运动学方向［图 5-23（c）］。根据定向标本的薄片，靠近长平断裂的黑云母花岗岩（18SC-01）面理倾向为 N，长石碎斑的拖尾指示运动学方向为上部向 W，而远离长平断裂的花岗岩（18SC-03、18SC-04、18SC-05）面理倾向为 S，长石 σ 碎斑和 S-C-C′组构则指示上部向 E。平行 *Z-Y* 方向、垂直于 *X* 轴切制的薄片，即薄片长边为 *Y*［图 5-23（b）（f）］，显示一定的运动学判别标志，根据云母的挠曲、长石的微断裂可推断样品 18SC-01 上部向 SSE，样品 18SC-05 上部向 N，推断在连云山中段呈伸展型的左行剪切，线理属于 A 型线理，主应力方向近于垂直，本书定义其为 D1 期（表 5-4）。

图 5-23　思村-白水剖面的镜下照片

（a）黑云母二长花岗岩的长石眼球碎斑；（b）黑云母二长花岗岩，云母挠曲；（c）中细粒二云母二长花岗岩，云母呈定向排列；（d）黑云母二长花岗岩 σ 眼球；（e）石英拉长变形与云母组成 S-C 面理；（f）斜长石矿物的穿晶裂隙。

Qtz. 石英；Kfs. 钾长石；Pl. 斜长石；Bt. 黑云母；Ms. 白云母

表 5-4　连云山面理和线理测量位置及产状数据

思村-白水	面理 D1	0°∠78°，0°∠65°，12°∠60°，13°∠50°，14°∠54°，9°∠53°，340°∠65°，358°∠66°，0°∠52°，10°∠35°，350°∠55°，340°∠82°，346°∠78°，23°∠69°，20°∠60°，355°∠66°，0°∠77°，341°∠44°，180°∠44°，177°∠41°，170°∠72°，180°∠85°，189°∠75°，191°∠82°，180°∠48°，177°∠66°，170°∠71°，171°∠47°，178°∠63°，173°∠63°，174°∠33°，180°∠48°，171°∠47°，78°∠63°，196°∠49°，196°∠57°，170°∠43°，194°∠42°，191°∠45°，192°∠42°
周洛	面理 D1	185°∠47°，188°∠57°，192°∠46°，188°∠65°，187°∠59°
	面理 D2	311°∠72°，310°∠79°，318°∠69°，300°∠54°，304°∠76°，330°∠70°，332°∠63°，333°∠70°，331°∠76°，333°∠65°，310°∠79°，318°∠69°，311°∠72°，309°∠65°，322°∠80°，136°∠50°，146°∠60°，140°∠68°，135°∠70°，140°∠78°，153°∠70°，148°∠60°，135°∠71°，136°∠76°，150°∠73°，130°∠78°，150°∠88°，140°∠68°，168°∠69°，148°∠60°，150°∠66°，134°∠77°，130°∠79°，132°∠85°，144°∠77°，136°∠65°
	面理 D3	260°∠46°，289°∠54°，289°∠54°，263°∠55°，270°∠63°，271°∠64°，285°∠55°，280°∠56°（花岗岩离散型破裂面），303°∠52°，280°∠55°，289°∠53°，288°∠50°，272°∠46°，281°∠77°，300°∠90°（片麻岩）
	线理	62°∠27°，244°∠28°，245°∠35°，256°∠30°，61°∠32°，53°∠30°，260°∠20°，237°∠27°，240°∠12°，235°∠26°

2. 周洛剖面的构造变形

周洛剖面位于连云山岩体的南段末梢处，不仅出露不同的岩性分带，同时可见冷家溪群片麻岩与岩浆岩交替出现，两者呈侵入接触关系，接触部位发生变质作用，局部可见混合岩化，并伴有强烈的剪切变形和定向构造，普遍发育韧性剪切面理。花岗质岩岩相与思村-白水剖面具相似性，但是糜棱岩化的程度却更高，根据成分上的划分可分为黑云母花岗岩、二云母二长花岗岩和斑状花岗岩，斑状花岗岩与黑云母花岗岩的接触部位上出现冷凝边现象，黑云母花岗岩出现褪色化。从野外尺度上看，NW—SE 倾向的糜棱面理占主导地位，还有浅色长英质脉体的肠状挠曲和褶皱、石英透镜体、眼球体作为剪切指示标志，可判断在岩体的南段同时发育上部向 NW（左行）和 SE（右行）的两种剪切性质（图 5-24、图 5-25）。这两种截然相反的剪切运动方式在剖面上交替出现，可能与岩体垂直侵位有关。在应变强烈部位，可见无根褶皱被挤压成“M”形，个别能干性有差异的地方出现石香肠构造，暗示着此变形由局部挤压造成。

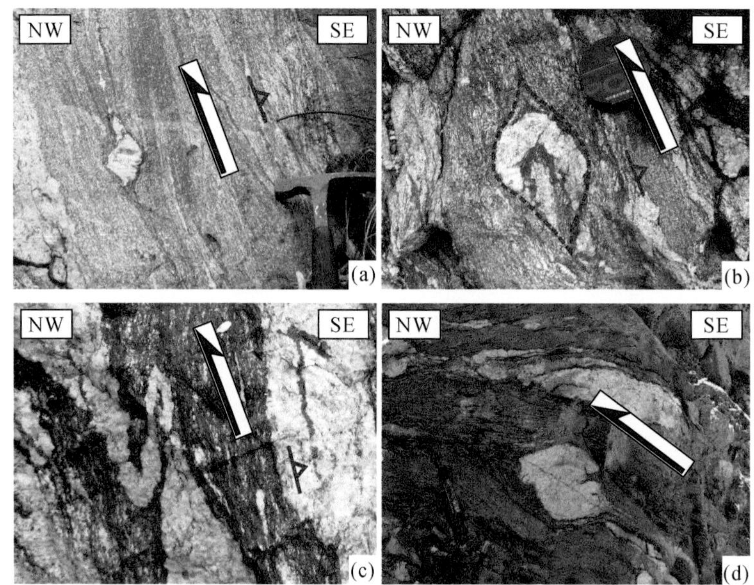

图 5-24 周洛剖面指示左行的野外照片

（a）石英 σ 眼球碎斑；（b）长英质脉体与周围基质形成 σ 眼球碎斑；（c）浅色长英质脉体肠状挠曲；（d）浅色长英质眼球体与深色基质拖尾

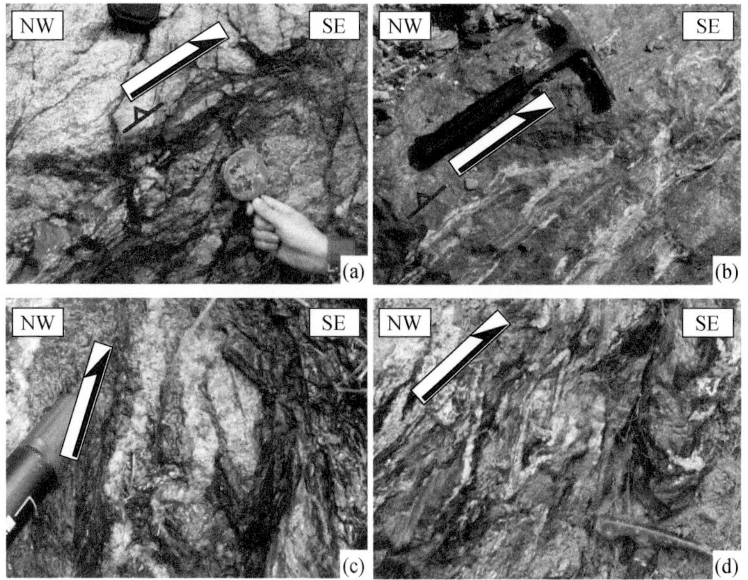

图 5-25 周洛剖面指示右行的野外照片

（a）长英质透镜体；（b）（c）浅色长英质脉体褶皱；（d）由浅色长英质脉体组成的复合眼球体

也存在构造置换痕迹，如后期 NW—SE 倾向的面理 S_2 交切了早期近 N—S 倾向的面理 S_1，局部变形强烈时 S_1 形成紧闭褶皱（图 5-26、图 5-27），反映了该变形由挤压剪切所致，该剖面上可见线理构造，以 SW—NE 向为主，倾伏角较缓，由赤平投影判断最大主应力 σ_1 的方向为 NW—SE 向［图 5-26（a）、图 5-27（c）］，本书定义其为 D2 期。

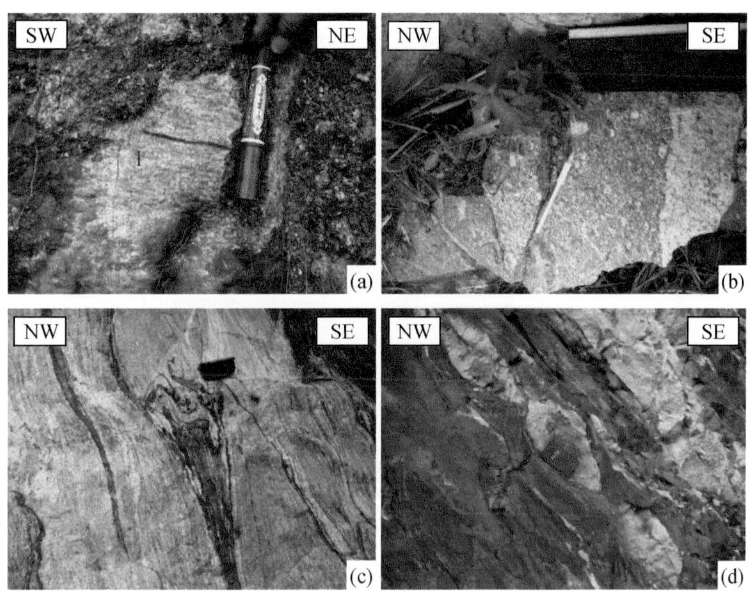

图 5-26　周洛剖面野外典型岩性-构造照片

（a）花岗岩的线理；（b）深灰色斑状花岗岩与浅色中粗粒花岗岩呈侵入接触关系，接触边有褪色化；（c）强应变带中的无根褶皱；（d）冷家溪群中的长英质石香肠

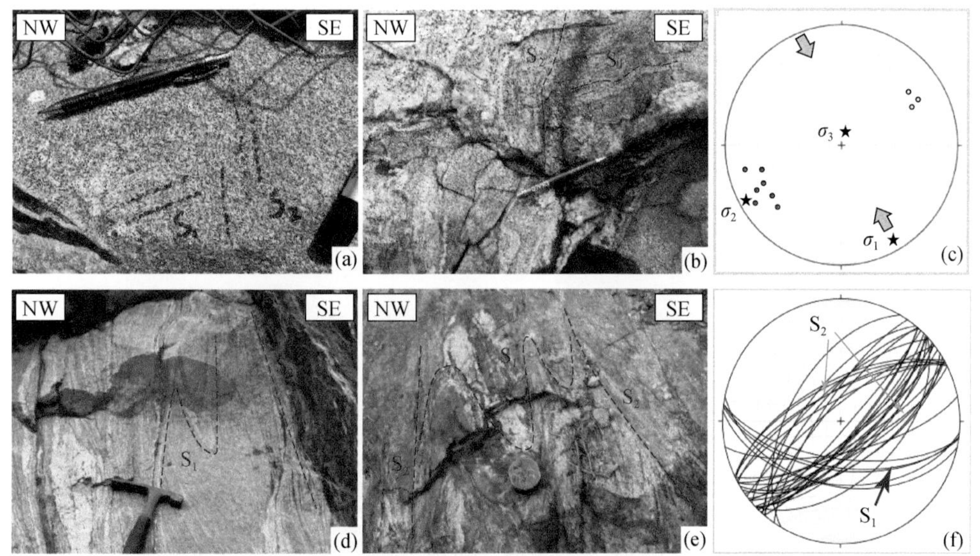

图 5-27　周洛剖面野外构造置换照片

（a）（b）早期 S_1 面理被后期 S_2 面理交切；（c）S_1 上线理的赤平投影图；（d）（e）面理 S_1 被挤压成紧闭褶皱状；（f）S_1 和 S_2 面理的赤平投影图

除此之外，在 *B-B′* 剖面的终点 *B′* 往北不远处（图 5-21），可见冷家溪群片麻岩发育有滑脱构造，指示上部向 NNW，而岩层底面上的线理则表明岩层向 W 滑脱（图 5-28）。在连云山岩体中也发育类似的伸展变形构造，如花岗岩中离散型的破裂面倾向近 W。在长平断裂带的上盘，白垩系红层砂砾岩同样可见脆性的正断层。综上，连云山地区在 D2 期构造之后，存在着近 E—W 伸展的 D3 期构造。

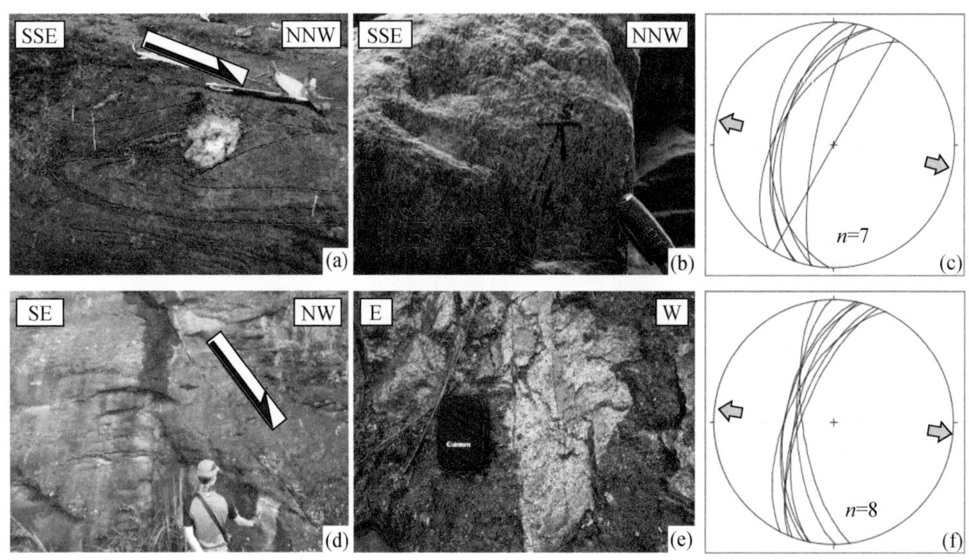

图 5-28 周洛剖面野外伸展构造照片

（a）冷家溪群片麻岩中长英质眼球体及滑脱构造；（b）冷家溪群片麻岩底面上线理；（c）冷家溪群层理产状的赤平投影图；（d）白垩系红层砂砾岩见正断层，上盘向 NW；（e）花岗岩中离散型破裂面；（f）花岗岩中离散型破裂面产状的赤平投影图

在显微尺度上，周洛剖面花岗质岩均可见糜棱岩化，按糜棱岩化的程度可分为花岗质超糜棱岩、花岗质初糜棱岩、糜棱岩化花岗质岩，结合冷家溪群片麻岩样品糜棱岩化特征，具体描述如下。

1）糜棱岩化片麻岩样品 17ZL-01、17ZL-04

该岩石的矿物组成、结构构造等与黑云母斜长片麻岩类似，普遍由石英、黑云母、白云母，及少量斜长石、碱性长石组成，片麻状结构。片状矿物呈定向排列，可分暗色条带和浅色条带。石英颗粒较小，边界清晰，但见明显动态重结晶，可见波状消光、变形纹、颗粒边界迁移现象，透镜体形态可指示右行；云母有黑云母、白云母，少部分蚀变为绿泥石和绢云母，变形较强，可见膝折、楔状扭折消光、云母鱼的矿物长轴方向与应力方向一致；长石变形较弱，有机械双晶，眼球体同样指示右行（图 5-29）。

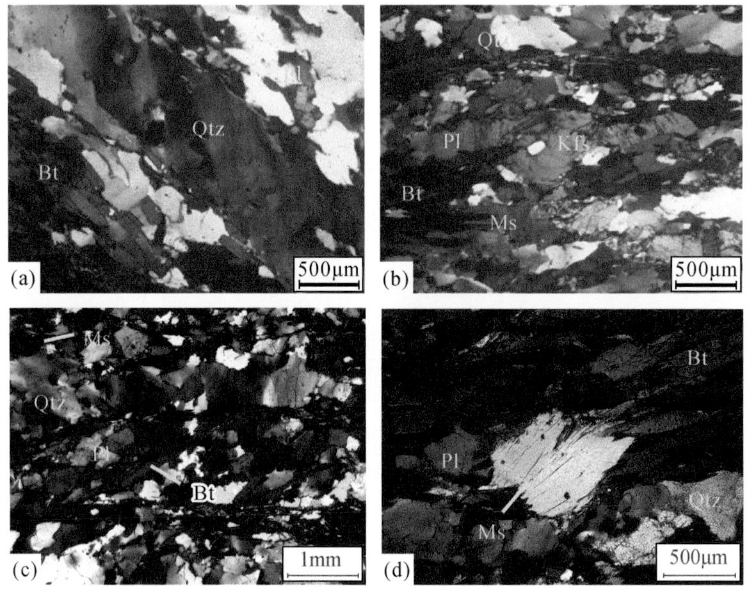

图 5-29 样品 17ZL-01、17ZL-04 中典型的显微构造

（a）石英棋盘格状变形纹；（b）长石眼球体，指示右行；（c）（d）云母鱼（−，+）。

Qtz. 石英；Kfs. 钾长石；Pl. 斜长石；Bt. 黑云母；Ms. 白云母

2）*糜棱岩化二云二长花岗岩样品* 17ZL-05、17ZL-07

糜棱岩化二云二长花岗岩主要由石英、碱性长石、斜长石、黑云母、白云母组成，变形较弱，残余花岗结构，片状矿物略具定向。长石基本呈板状、粗粒状，可见机械双晶、变形纹；石英以静态重结晶为主，有膨凸、波状消光、变形纹现象，无明显拉长，但可见细粒化；云母可见扭折弯曲、波状消光，偶见膝折（图5-30）。

图5-30　样品17ZL-05、17ZL-07中典型的显微构造

（a）（b）17ZL-05的镜下全貌（-，+）；（c）长石椭球体与云母组成微面理；（d）斜长石中的晶内裂隙；（e）17ZL-07的镜下全貌；（f）白云母的膝折现象。

Qtz. 石英；Kfs. 钾长石；Pl. 斜长石；Bt. 黑云母；Ms. 白云母

3）*初糜棱岩样品* 17ZL-02、17ZL-03

初糜棱岩普遍具有糜棱结构、残留原花岗结构，碎斑不同程度圆化，基质开始增多，占15%~20%，S-C组构与其他运动学标志明显；主要由石英、碱性长石、斜长石、黑云母、白云母组成。碎斑以长石为主，颗粒较大（0.5~2mm），具不同程度圆化，但是以脆性变形为主，发育机械双晶、穿晶裂隙，与基质石英呈σ、δ型眼球状；石英以塑性变形为主，发生细粒化、拉长条带化，常见核幔结构、膨凸重结晶现象；云母矿物定向排列，可见云母鱼、膝折、波状消光等（图5-31）。

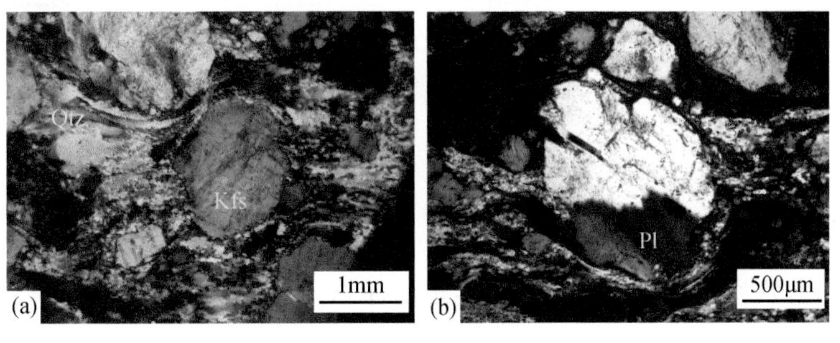

图 5-31　样品 17ZL-02、17ZL-03 中典型的显微构造

(a) σ 型眼球；(b) δ 型眼球；(c) 17ZL-02 的镜下结构，σ 型眼球和云母鱼；(d) 石英条带呈 S-C 组构；(e)(f) 17ZL-03 的镜下结构，σ 型眼球与 S-C 组构。

Qtz. 石英；Kfs. 钾长石；Pl. 斜长石；Bt. 黑云母；Ms. 白云母

4）超糜棱岩样品 17ZL-06

超糜棱岩具有超糜棱结构。碎斑多为斜长石，且破碎拉长，石英眼球体、S-C 组构和云母鱼发育。碎细物质粒度多小于 0.02mm，呈霏细状。具不同颜色和成分的条纹或条带，显示强烈流动构造。长石以脆性破裂为主，颗粒较大，石英和云母的颗粒较小，石英多被拉长、细粒化（图 5-32）。

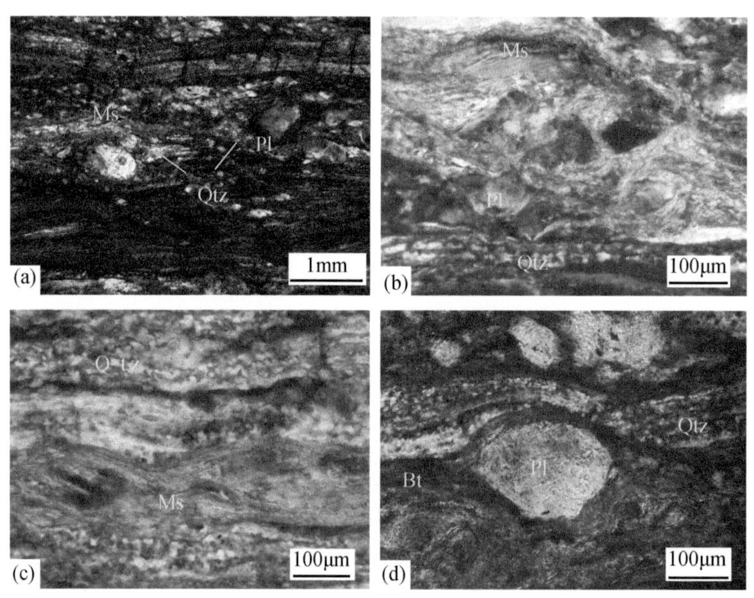

图 5-32　样品 17ZL-06 中典型的显微构造

(a) σ 型眼球和 S-C 组构；(b) S-C 组构；(c) 云母鱼；(d) σ 型眼球。

Qtz. 石英；Pl. 斜长石；Bt. 黑云母；Ms. 白云母

5.2.2.3　周洛构造变形的运动学特征

结合野外露头的构造要素与显微镜下的运动学指示标志，根据 S-C-C′组构、旋转碎斑系、长石书斜等标志，面理倾向 SE 的样品显示的是上部向 SW，而面理倾向 NW 的样品则显示上部向 NE（图 5-33），结合野外剪切证据以及线理属于 B 型线理，推断后期压扭性的右行剪切形成 S_2 面理，改造了前期近 N-S 倾向构造的 S_1 面理，主应力方向为 NW—SE，该构造变形期为 D2 期（表 5-5）。

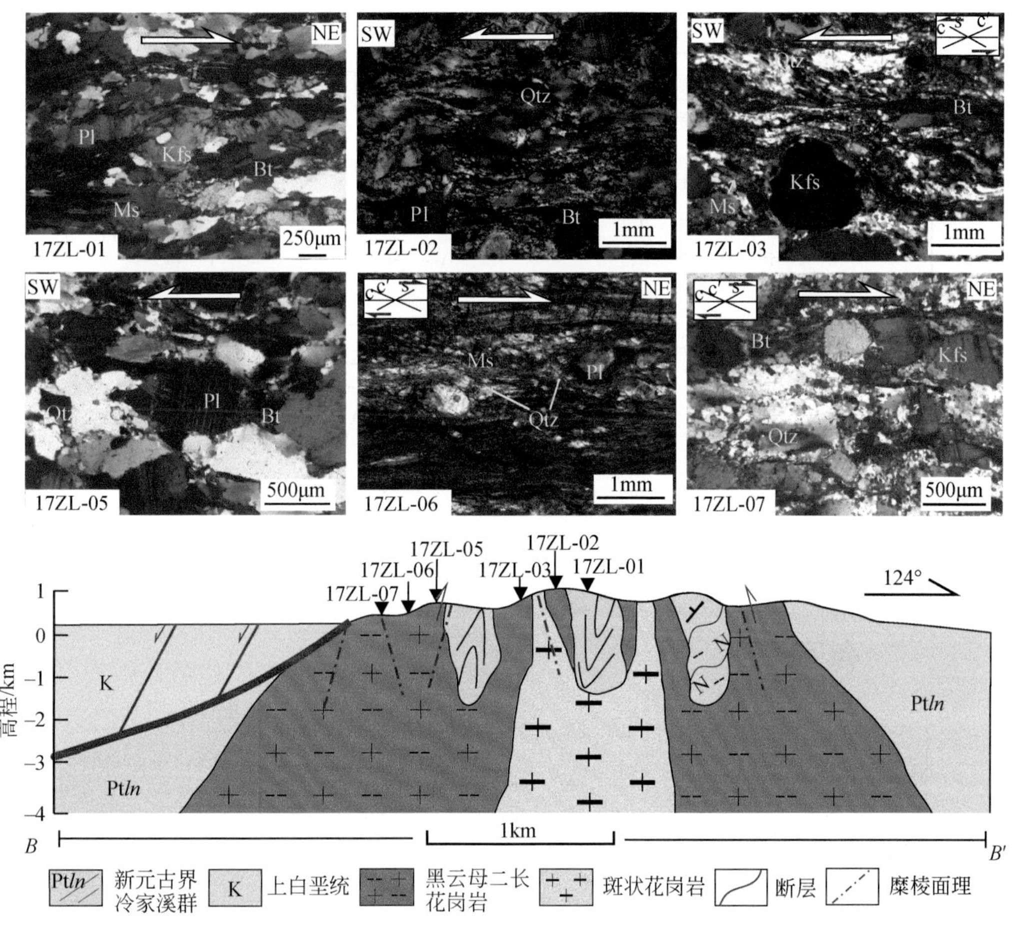

图 5-33 周洛剖面样品的运动学指示方向示意图及简要剖面图

表 5-5 周洛剖面样品及其构造要素产状

样品编号	岩石类型	面理产状	线理产状	运动学方向
17ZL-01	片麻岩	305°∠65°	62°∠27°	上部向 NE
17ZL-02	初糜棱岩	141°∠59°	244°∠28°	上部向 SW
17ZL-03	初糜棱岩	138°∠68°	245°∠35°	上部向 SW
17ZL-05	糜棱岩化花岗岩	150°∠62°	256°∠30°	上部向 SW
17ZL-06	角砾岩化超糜棱岩	307°∠60°	61°∠32°	上部向 NE
17ZL-07	糜棱岩化花岗岩	327°∠70°	53°∠30°	上部向 NE

5.2.3 伸展构造变形序列

在连云山的中段（即思村-白水剖面），花岗质岩总体上变形较弱，叠加的韧性变形特征不明显，最为发育的韧性构造是近 N—S 倾向的糜棱面理，从靠近长平断裂带一侧到远离长平断裂带，构造面理的产状发生改变，由倾向 N 转换为倾向 S（图 5-21）。该剖面上虽然线理构造不常见，但是在个别花岗岩露头糜棱面理上的线理能被识别，线理产状近水平，E—W 走向（图 5-21）。结合镜下观察可以得出，靠近长平断裂的黑云母花岗岩面理倾向为 N，运动学方向为上部向 W，而远离长平断裂的花岗岩面理倾向为 S，运动学方向为上部向 E。D1 期构造变形可解释为伸展环境下的左行剪切，线理属于 A 型线理，主应力方向可能为近垂直方向（图 5-34）。

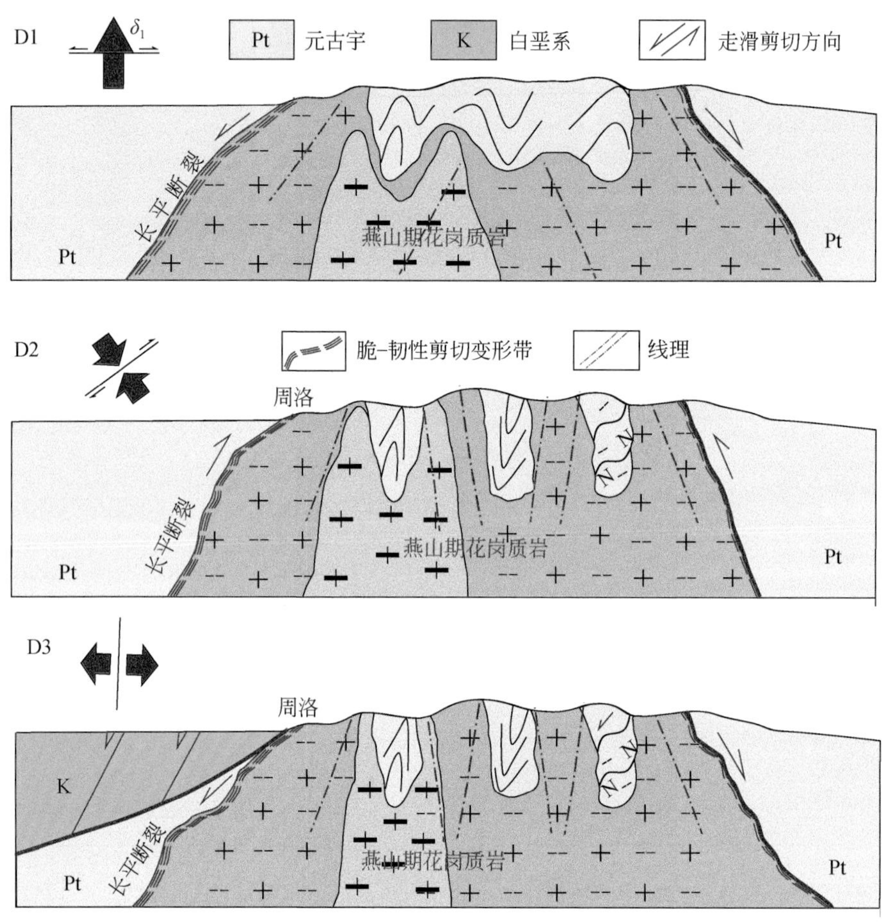

图 5-34　连云山岩体构造变形序列示意图

而在连云山的南段（即周洛剖面），总体上变形强烈，花岗质岩与冷家溪群交替出现，接触部位见大量的构造变形痕迹，花岗质岩中发育有两组明显的面理，一组为 NW—SE 倾向的糜棱面理，另一组为近 N—S 倾向的糜棱面理，后者被前者所交切，或被挤压成紧闭褶皱状，因此认为 D2 期构造变形置换了 D1 期变形。D2 期糜棱面理上的线理构造显示为 NE—SW 向，属 B 型线理。结合镜下观察，面理倾向 SE 的样品显示的是上部向 SW，而面理倾向 NW 的样品则显示上部向 NE（图 5-33）。因此，D2 期压扭性的右行剪切形成 S_2 面理，改造了前期近 N—S 倾向构造的 S_1 面理，主应力方向为 NW—SE（图 5-34）。但该动力学来源将在后面作进一步讨论。

另外，在连云山的南段，冷家溪群岩层中发育的滑脱构造，花岗岩中的离散型破裂面，长平断裂上盘白垩系砂砾岩发育的脆性正断层，其构造面的产状经过赤平投影显示出近 E—W 倾向（图 5-28），表明了连云山地区在经历 D1、D2 期构造变形之后，还应存在着近 E—W 伸展的 D3 期构造（图 5-34）。

5.2.4　周洛构造变形的运动学涡度

5.2.4.1　方法一（石英 C 轴组构结合矿物斜向面理）

剪切带石英的 C 轴组构常表现为单一或交叉环带，实验研究（Vernooij et al.，2006）表明，环带的法线与糜棱岩面理的夹角（β）等于流面与有限应变主面（XY）的夹角，并且高应变带中的糜棱面理与剪切带边界近于平行（郑亚东等，2008）。动态重结晶石英条带的斜向面理被解释为逐渐旋转变形的结果，平行于瞬时拉伸轴（ISA），也有学者认为云母鱼的解理面同样平行于瞬时拉伸轴（ISA）（Wallis，1995；Lister and Snoke，1984；Passchier and Trouw，2005）。因此斜向面理或云母鱼的解理面（S_b）与流面（S_a）之间的最大角度（δ），结合β值代入等式 $W_k=\sin2(\delta+\beta)$ 可计算运动学涡度（Wallis，1995）。来自连云山南段的构造岩样品具有发育良好的石英斜向面理或云母鱼，石英C轴组构中环带的法线与糜棱岩面理的夹角β范围为6°～18°，S_a和S_b之间的最大角度δ范围为20°～33°，估算的运动学涡度W_k在0.79～1之间（图5-35）。

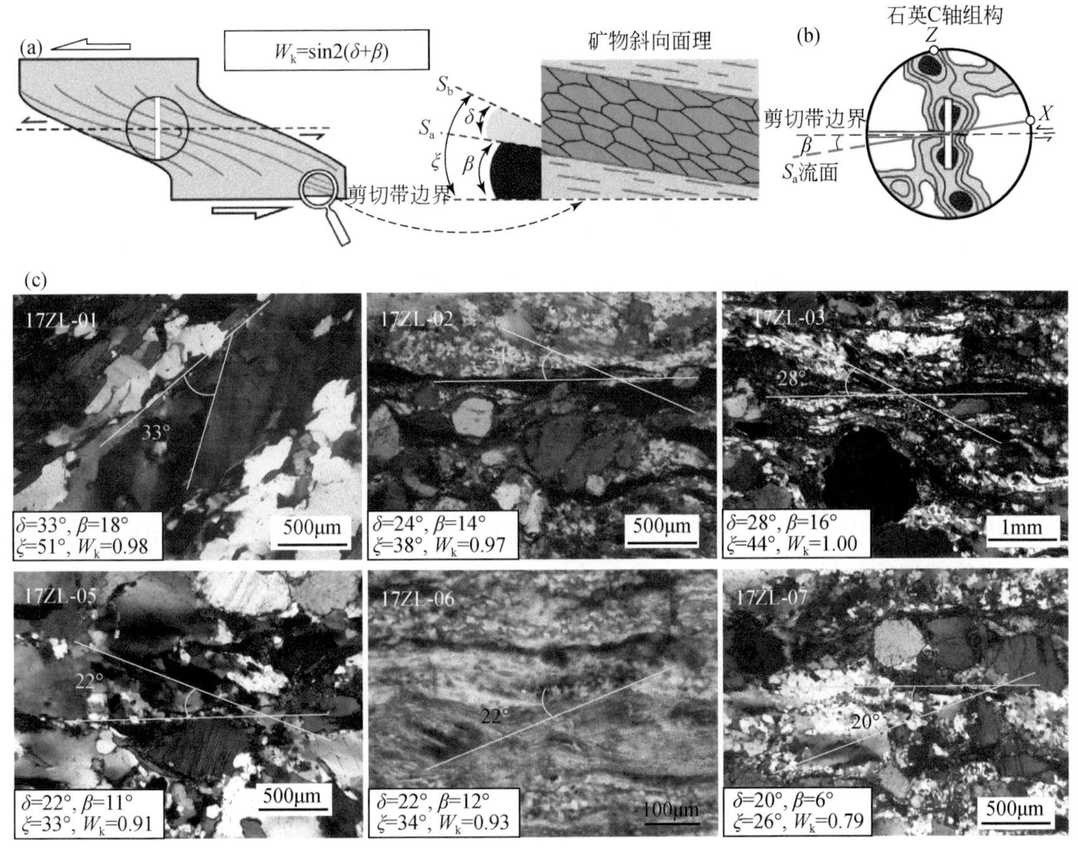

图5-35 方法一运动学涡度的解释与分析结果

（a）重结晶石英颗粒的长轴构成斜向面理（S_b），由δ（斜向面理S_b与流面S_a的夹角）和β（流面S_a与剪切带边界的夹角）可确定运动学涡度 $W_k=\sin2(\delta+\beta)$；（b）石英C轴组构的环带垂直于流面，环带法线与剪切带边界的夹角为β。（a）（b）修改自Xypolias（2010）；（c）样品δ分析的显微照片，β由图5-42中每个样品的石英C轴组构获得

5.2.4.2 方法二（C′法）

糜棱岩中常发育的剪切条带或伸展褶劈理中，与剪切方向一致的一组称为同向伸展褶劈理或C′（郑亚东等，2008）。C′可作为剪切指向的标志之一，许多学者提出剪切条带C′是变形分解作用的产物（Harris and Cobbold，1985；Michibayashi and Murakami，2007），沿先期糜棱面理的滑动导致剪切带共轴变形组分增大的共轭剪切条带的形成，说明间隔性的C′面理叠加在透入性的糜棱面理之上，形成时代晚于糜棱面理（郑亚东等，2008）。这种解释可说明沿先期糜棱面理的滑动导致剪切带的共轴变形组分增大和共轭剪切条带的形成，另外根据最大有效力矩准则控制共轭剪切条带的形成，共轭剪切条带与最大主压应力（σ_1）的夹角为55°（Zheng et al.，2004，2015；Zheng and Wang，2005）这一角度关系，可通过 $W_k=\sin2\xi$ 获得相关的运动学涡度，其中ξ为剪切带边界的法线与σ_1的夹角。应用C′法于连云山南段剪切带中的6个样品，

样品薄片可见发育良好的C′面理。样品的ξ范围为12°~19°，估算的W_k在0.41~0.62范围内（图5-36）。

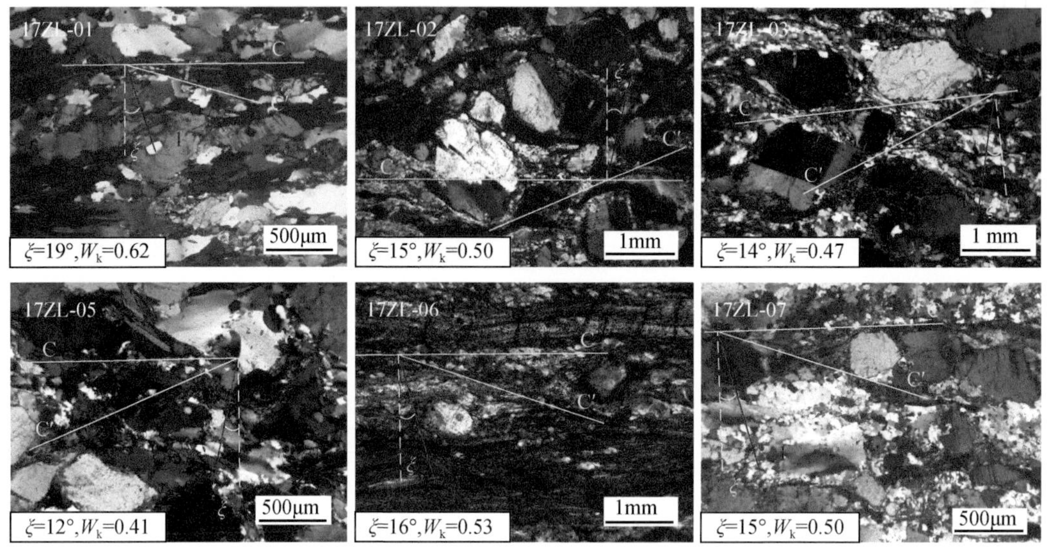

图5-36　方法二（C′法）的运动学涡度分析结果

通过方法一所估算的样品运动学涡度W_k始终高于方法二估算的值（图5-37）。通常，石英C轴组构结合矿物斜向面理方法反映的是韧性变形的最后一次增量应变，因为石英斜向面理或云母鱼的解理面属于敏感标志物，记录了瞬时应变。然而，剪切条带C′是最大有效力矩准则控制的变形分解产物，叠加在透入性的糜棱面理之上（郑亚东等，2008），形成时代晚于糜棱面理，所建立的运动学涡度是剪切带发育晚期的涡度。因此，连云山南段剪切带的运动学涡度从糜棱岩期的W_k=0.79~1到伸展褶劈理期的W_k=0.41~0.62，简单剪切的分量逐渐减小，由简单剪切主导发展为一般剪切（图5-37）。

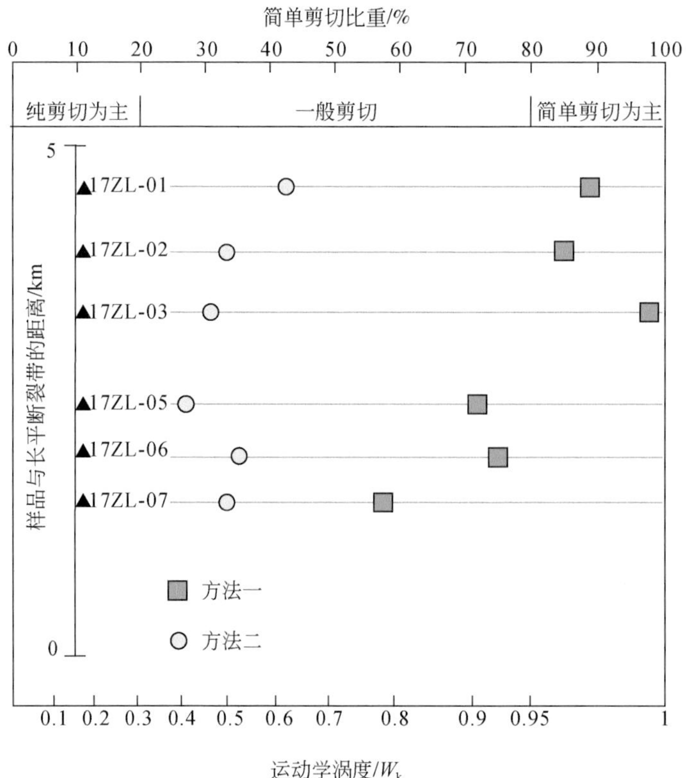

图5-37　连云山南段糜棱岩带上W_k的变化图

W_k与简单剪切比重的关系根据Forte和Bailey（2007）

5.2.5　EBSD 测试分析

5.2.5.1　EBSD 数据结果

本次 EBSD 实验所测试的样品均来自连云山南段的周洛剖面，样品包含有 2 块冷家溪群片麻岩和 5 块连云山变形花岗岩，采样位置如图 5-21 所示，从岩体中心至长平断裂带方向均匀采集。EBSD 实验可得到样品的超显微组构与晶体学（如晶粒、相、界面、形变等）的特点，精确采集晶体取向与取向差异数据，同时也是微区矿物相鉴定的新方法，从而进一步分析岩石变形的温度、方式、机制。

5.2.5.2　结晶学方位面分布

1. 矿物相分布图

通过 EBSD 与 EDS 结合起来可以得到常规的矿物相图。该方法允许我们将相图与光学显微镜下所观察的结果进行对比，如光学显微镜下难以分辨斜长石中钠长石与钙长石的相，或者部分石英与长石（当其颗粒比较细小时）光学性质相似，容易混淆，而 EBSD 的相鉴别则可以区分开来。

如图 5-38 所示，周洛剖面上采集的 7 个样品经过 EBSD 分析后得到原始的相分布图，每个样品的数据经过 HKL channel 5 软件处理后可得到较为完整的相分布图（图 5-39）。很少 EBSD 数据没有误标和没有标定出的点（零解：图 5-38 中黑色部分、图 5-39 中白色部分）。大晶粒中的噪点原因可能是第二相或者样品表面的空隙、裂纹，所以沿晶界有大量噪点。因此我们在数据采集完成之后需要执行评价数据及

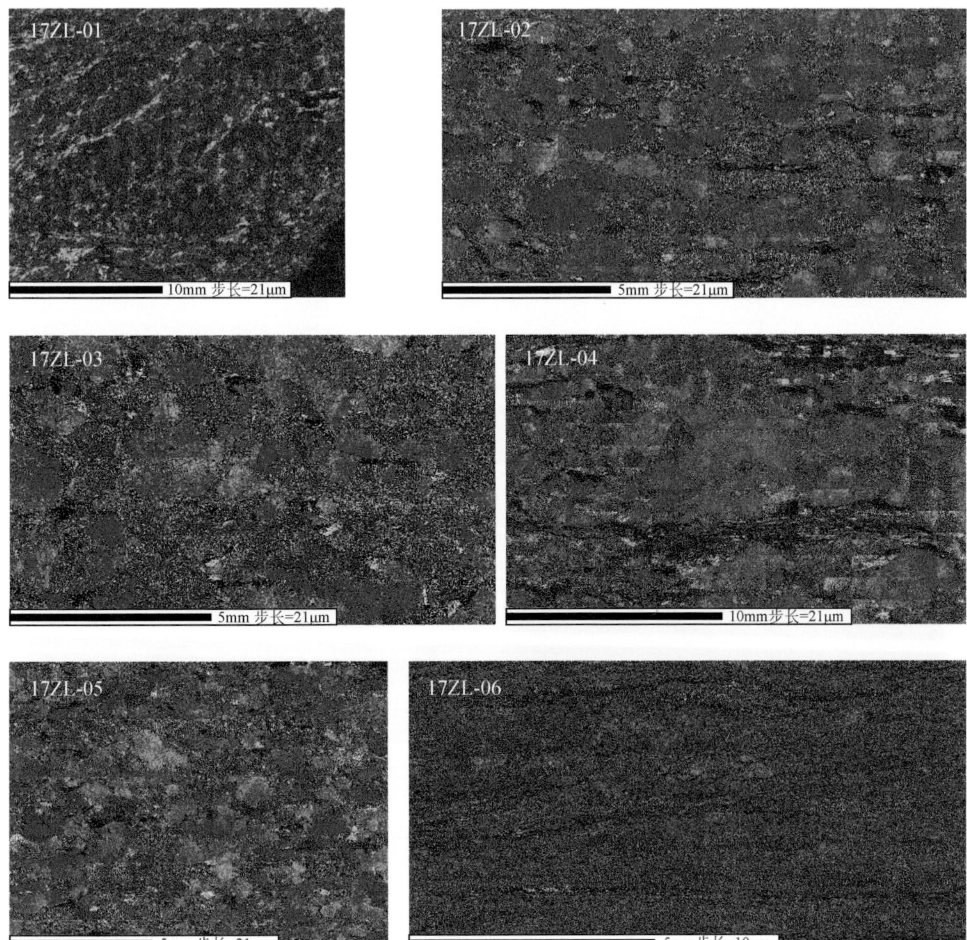

图 5-38　样品经 EBSD 分析的原始相分布图

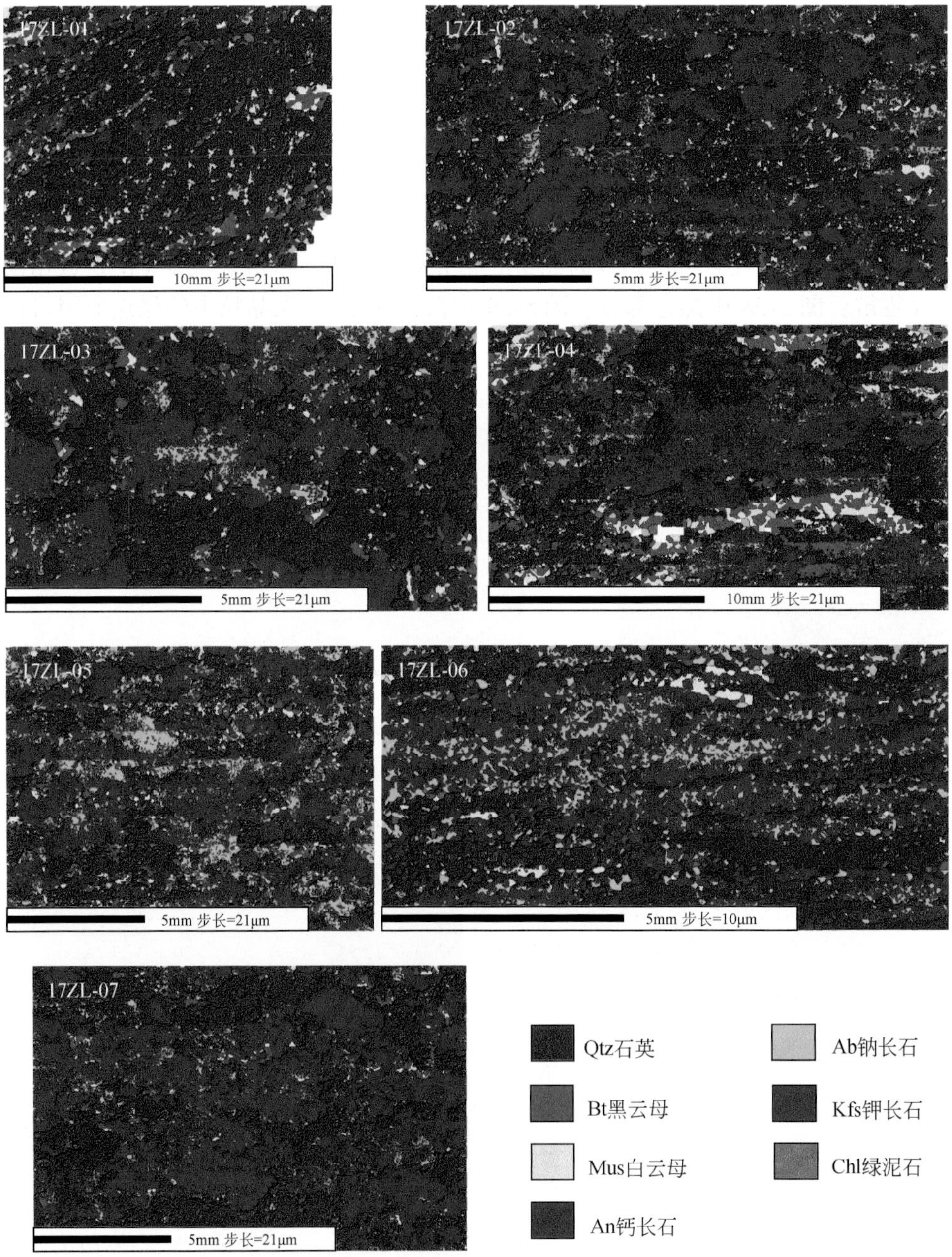

图 5-39　处理后的样品相分布图

噪点、误标去除，才可以获得可靠的数据来输出如反极图面、颗粒边界分布图、石英 CPO 极图等图件。值得注意的是，在剔除零解与误标时，为了使矿物相分布的解析率提高，本次工作在去噪这一步设为最大化，而输出其余图件时皆设为中等，这样既达到剔除零解与误标的目的，也避免了高去噪带来的部分像素点的不正确性。

样品 17ZL-01 与 17ZL-04 代表了冷家溪群片麻岩，可以看出石英的含量比较高，尤其是样品 17ZL-01，从图 5-39 中可以看出石英透镜体的整体形态，然而样品 17ZL-04 的长石的含量比石英高，而且钾长石占的比例较高。结合图 5-38、图 5-39，大晶粒长石的下晶界零解应该是硬度小的云母在抛光时与硬度高的长石形成凹凸不平的平面而造成的。由初糜棱岩样品 17ZL-02、17ZL-03 可以看出斑晶以长石为主，基质大多数为石英，还有少量黑云母、白云母、绿泥石等。斜长石颗粒的成分以钙长石（An）为主，同时有钠长石，钾长石的含量较低。根据相图同样也可看出糜棱岩化的显微结构，甚至眼球状构造（图 5-38）。而糜棱岩化的花岗岩样品 17ZL-05、17ZL-07 虽然可看出糜棱面理但难以看出眼球状的碎斑，长石的含量也比较高。17ZL-06 表现出强烈的流动构造，因为颗粒较细，造成零解率较高。

2. 反极图与取向角差

通过 EBSD 面分析可得到与光学显微照片相对应的岩石薄片石英结晶学方位面分布图，因此我们可对比研究石英变形的显微构造与结晶学方位的关系。图 5-40 展示的是初糜棱岩样品 17ZL-02 中石英变形较为强烈的地方，选取 1 个约 2mm×3mm 的区域进行了步长为 5μm 的 EBSD 面扫描分析。图 5-40（a）是光学正交偏光下的图像，可以看出石英的变形斑晶及其周围的细粒化颗粒，在反极图中，石英变形斑晶内像素呈现相近颜色的渐变，这与光学正交偏光镜显示的波状消光相对应。如图 5-40（a）（c）中大颗粒石英斑晶（粒径 d>100μm），明显可见呈 S 型的石英大颗粒中包含有数个颗粒，斑晶中不同颗粒之间的取向角差较大，颜色会截然不同。石英变形斑晶中同一颗粒之内取向角差较小，颜色上的轻微变换代表了由于成晶格点阵弯曲或亚颗粒边界形造成晶格方位上的改变。石英变形斑晶边界发育锯齿状的微小膨凸，颜色相似却不连续变化的边缘围限的颗粒为斑晶的亚颗粒。而脱离宿主斑晶的重结晶颗粒围绕着石英变形斑晶的外围生长，如图 5-40（d）中粒径小于 100μm 颜色各异的细小石英颗粒，每个单独的重结晶域发育特定的结晶学优选，取向角各有差异。

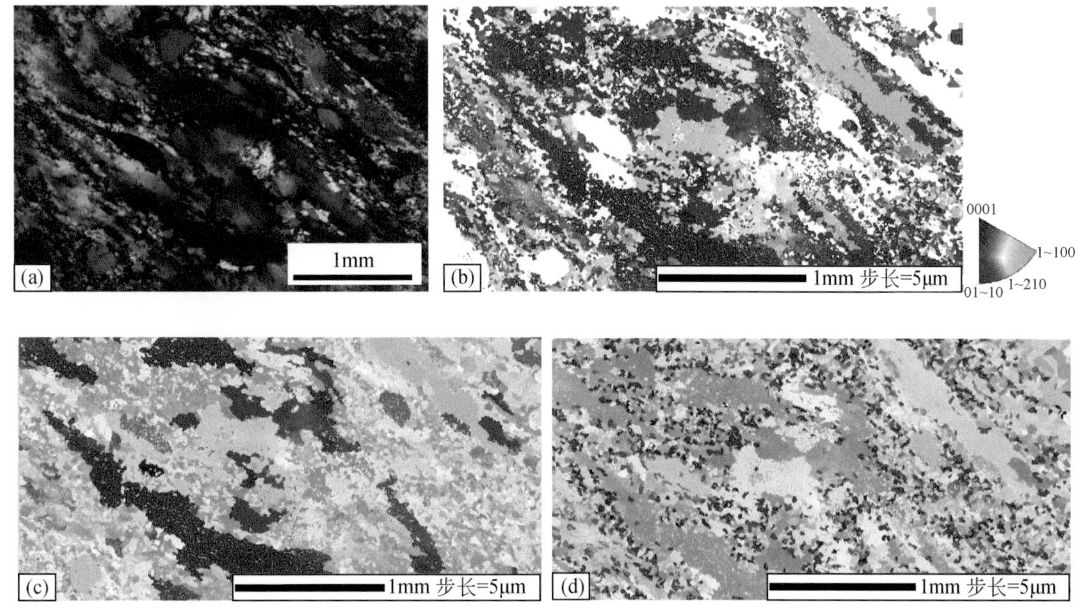

图 5-40　反极图

（a）光学显微镜下的正交偏光图；（b）全部石英颗粒的 IPF 图；（c）粒径 d>100μm 的石英颗粒 IPF 图；（d）粒径 20<d<100μm 的石英颗粒 IPF 图

5.2.5.3　构造岩带的石英 CPO

针对构造变形较为强烈的周洛剖面上的连云山岩体及冷家溪群样品进行了 EBSD 分析，共有 5 个花岗岩样品和 2 个冷家溪群片麻岩样品。分析方法是采取等步长、大面积的面扫描，步长一般采取视域内矿物颗粒的 1/4 粒径，本次工作除了样品 17ZL-06 的矿物颗粒偏小，采用了 10μm 的步长外，其余样品皆采用 21μm。该方法不仅采集点坐标精度高，且面积大，符合统计意义上的均匀及无系统偏差。周洛剖面样品的石英 CPO 如图 5-41 所示，其显微构造描述见表 5-6。EBSD 实验中获得的糜棱岩样品与片麻岩样品的石英 CPO 结果与图 5-19 所示的几种 CPO 样式是相同的，其中糜棱岩样品的石英 C 轴组构是以单环带和 I 型交叉环带为主要特点，而片麻岩的结果则不相同，样品 17ZL-01 的石英 C 轴组构显示为 Y 极密，但是 17ZL-04 的石英 C 轴组构则是无规律的，有多个极密共存的现象，一种原因是有可能该样品所处于的地质环境中遭受过两次或以上的热构造事件，而且最新的一期构造事件无法达到抹除前期构造事件痕迹的条件；另一种原因是可能不同的石英颗粒（如重结晶颗粒或细粒化颗粒）发育不同的滑移系。除了片麻岩 17ZL-04 之外，其余 6 个样品的石英 CPO 结果皆可以看出有一定的不对称性，如 Y 极密的 CPO 样式中，石英 C 轴略偏离 *Y* 轴而向 *Z* 轴漂移，单环带与不对称 I 型交叉环带的主轴同样是与 *YZ* 面存在着小角度的偏移，这种偏移情况可归因于简单剪切（Etchecopar and Vasseur，1987；Lister and Hobbs，1980；Mancktelow，1987），我们能够利用其偏移方向来判断剪切方向，具体如图 5-42 所示。

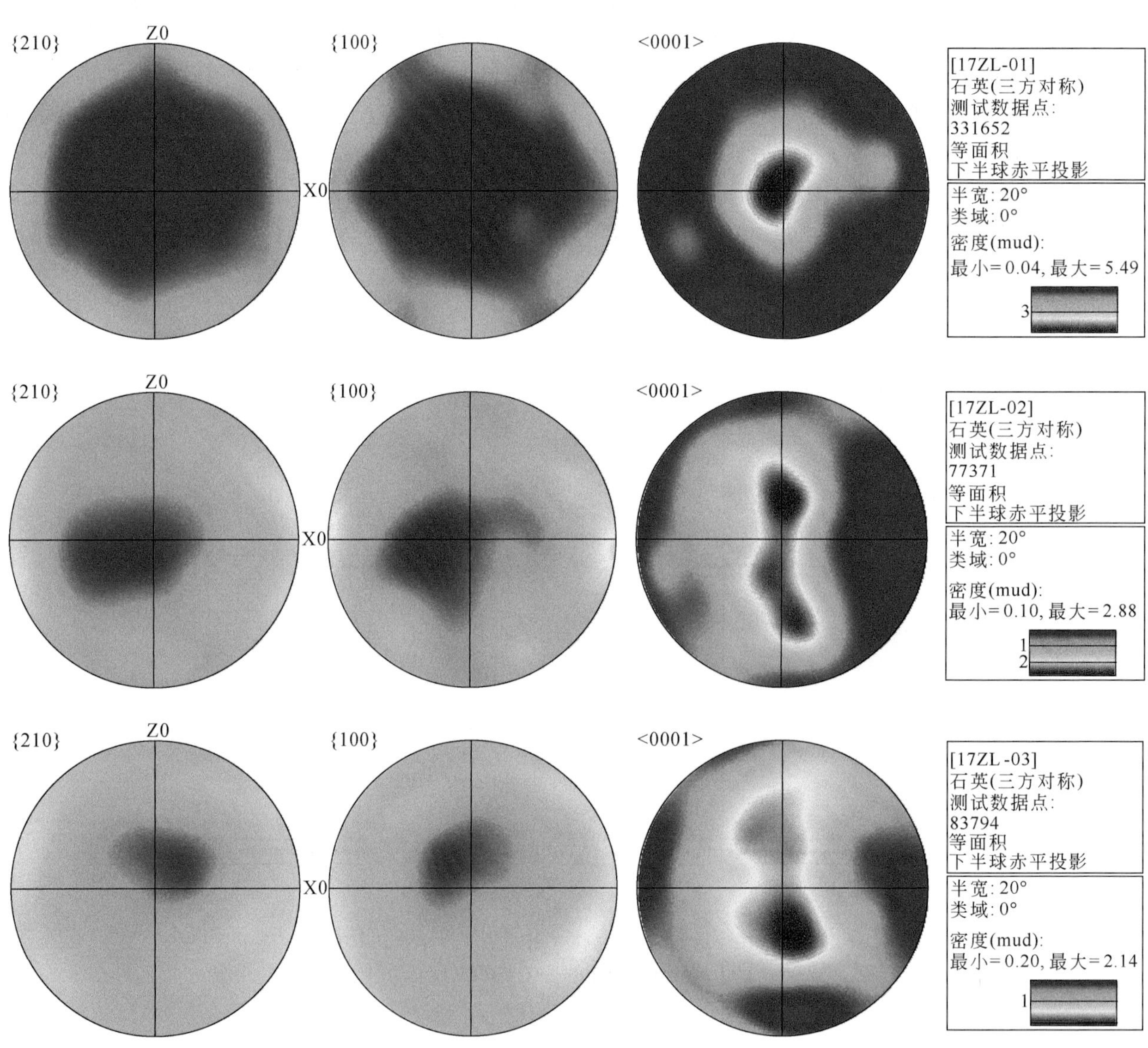

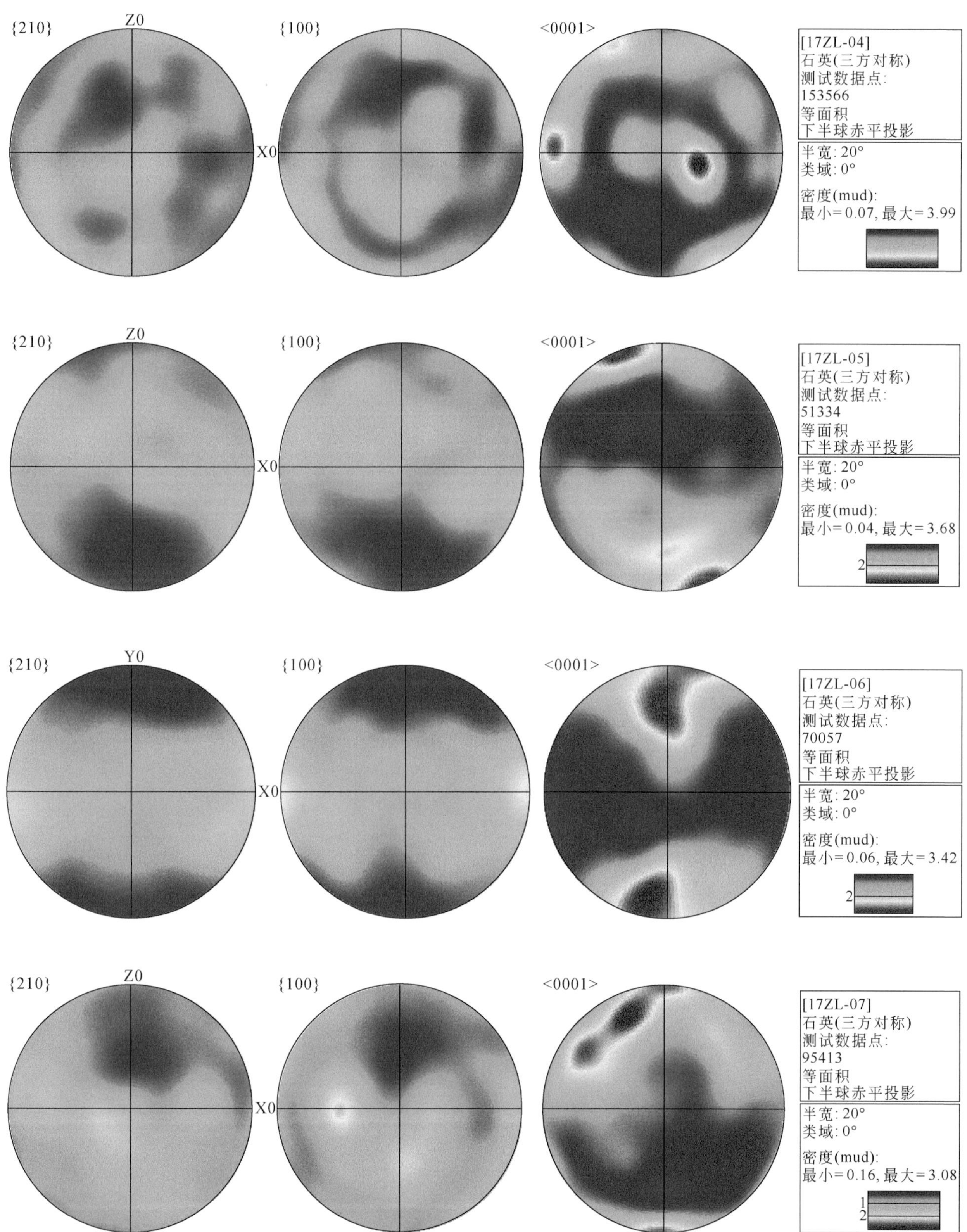

图 5-41 周洛剖面构造岩样品的石英 CPO 样式图

表 5-6　EBSD 样品描述

样品编号	岩石类型	重结晶类型	CPO 类型
17ZL-01	片麻岩	BGM	Y 极密
17ZL-02	初糜棱岩	SGR	单环带
17ZL-03	初糜棱岩	SGR	单环带
17ZL-05	糜棱岩化花岗岩	BLG，SGR	I 型交叉环带
17ZL-06	角砾岩化超糜棱岩	BLG，SGR	I 型交叉环带
17ZL-07	糜棱岩化花岗岩	BLG，SGR	I 型交叉环带

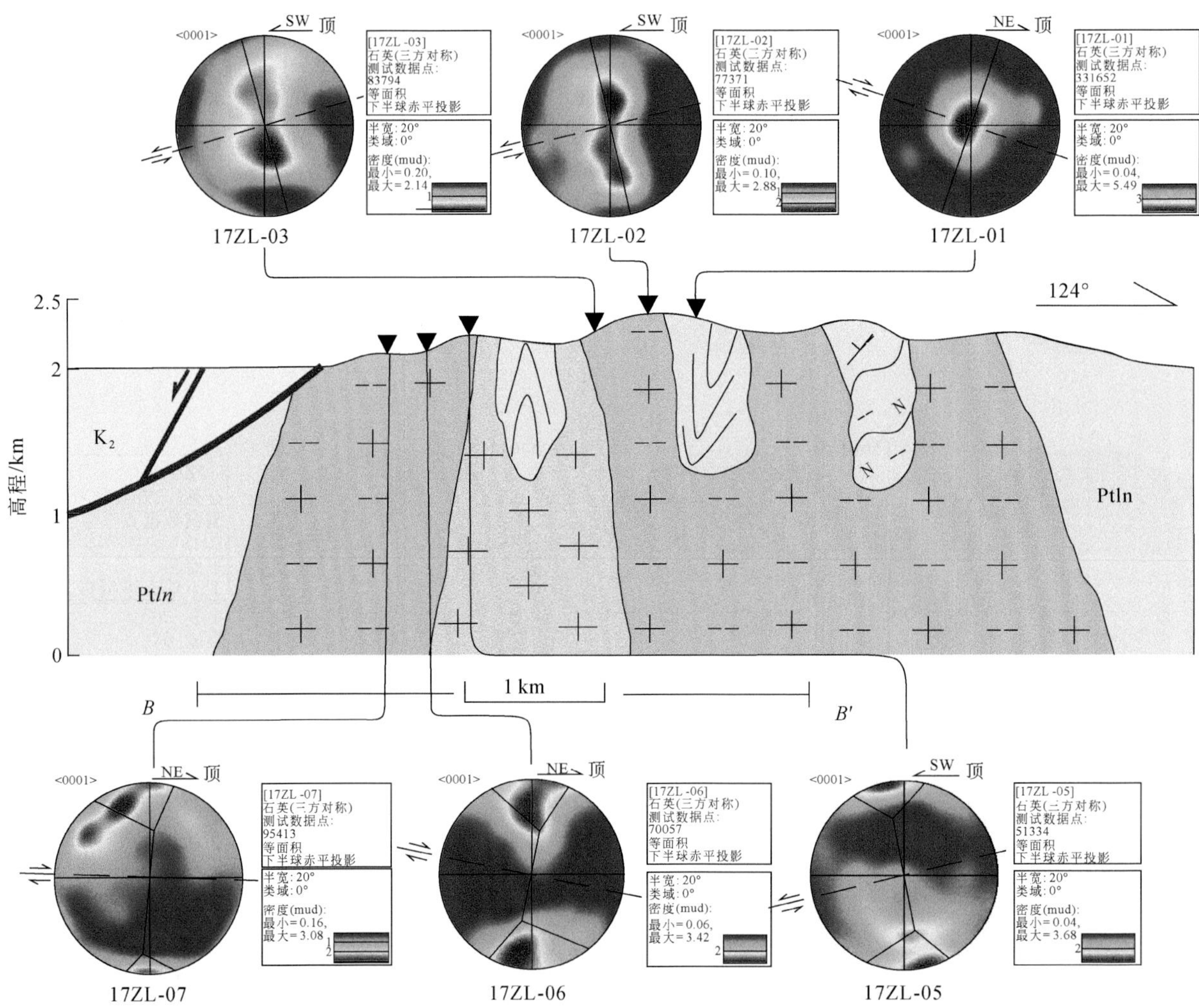

图 5-42　周洛剖面采集的样品的石英 C 轴组构图

Pt*ln*. 冷家溪群；K_2. 白垩系

5.2.5.4　石英 CPO 沿构造岩序列转换

在纵剖面上从长平断裂带至岩体中心方向，即从 NW 至 SE，可见花岗岩、斑状花岗岩、冷家溪群片麻岩交替出现，按构造动力岩分类的角度，依次发育碎裂岩、糜棱岩化的花岗岩、角砾岩化超糜棱岩、糜棱岩化的花岗岩、初糜棱岩、片麻岩。该套构造岩序列呈现出局部无序但整体有序的特征。周洛剖面上的若干个样品的石英<c>组构分布如图 5-42 所示。因样品 17ZL-04 的石英 CPO 不清晰，此小节不予讨论。

距离长平断裂带较远的片麻岩，位置处于剖面上的中心，也相对地位于连云山岩体南段的中心，该片麻岩的石英 CPO 为明显的 Y 极密，而极密往 Z 轴偏移的方向代表了历史剪切运动方向，那么对应的变形温度和滑移系为 500 ~ 650℃和柱面<a>，剪切方向为上部向 NE。而初糜棱岩 17ZL-02、17ZL-03 的石英 C 轴组构则以单环带为主，对应温度为 400 ~ 500℃，滑移系为菱面<a>和柱面<a>，剪切方向为上部向 SW。然而靠近长平断裂带的样品 17ZL-05、17ZL-06、17ZL-07 的石英 C 轴组构皆显示为不对称 I 型交叉环带，此时主导滑移系为底面<a>，菱面<a>为次要，温度降为 300 ~ 400℃，值得区分的是样品 17ZL-05 的剪切指示为上部向 SW，而另外两个样品则为上部向 NE。

综上所述，剥露到地表的糜棱岩或片麻岩与长平断裂带的距离越近，由石英 C 轴组构表现出的变形温度越低，石英滑移系也以柱面<a>为主逐渐转变为菱面<a>和柱面<a>，最终转变为以底面<a>为主的晶内滑移。

5.2.5.5　施密特因子分布

对于一个具特定结晶学方位的石英单晶，其滑移系的启动与应力张量在该滑移系上的投影即有效分解剪切应力有关。有效分解剪切应力超过临界阈值即临界有效分解剪切应力时滑移系发生启动。施密特因子表示特定结晶学方位的石英（点），其各个潜在滑移系（底面<a>，菱面<a>，柱面<a>和柱面<c>）的有效剪切应力的归一化值。滑移系的施密特因子接近 0 则表示外部荷载在该滑移系下的投影值为 0，而接近 0.5 则表示外部荷载在该滑移系下的投影值达到最大，即差应力的一半（张睢易，2017）。施密特因子面分布能够根据颜色清晰地显示视域中所有颗粒对于某一潜在滑移系的施密特因子值。

图 5-43 分别显示了片麻岩样品 17ZL-01、初糜棱岩样品 17ZL-03、糜棱岩化的花岗岩样品 17ZL-05 的施密特因子面分布。在本次研究中，设置外部荷载为简单剪切，得出底面<a>、菱面<a>和柱面<a>的施密特因子分布图，颜色越深代表外部荷载在该滑移系投影值越接近于 0，颜色越浅代表外部荷载在该滑移系下的投影值越大。从图 5-43 的结果可以得出，片麻岩样品具有较低的底面<a>施密特因子和较高的柱面<a>施密特因子，即石英以启动柱面<a>为主；初糜棱岩样品同样具有较低的底面<a>施密特因子和较高的柱面<a>施密特因子，菱面<a>施密特因子也较高，即石英以启动柱面<a>为主，部分启动菱面<a>；而糜棱岩化的花岗岩样品具有较高菱面<a>施密特因子、底面<a>施密特因子，相比之下柱面<a>施密特因子比以上两个样品低，所以石英颗粒部分启动柱面<a>，部分启动菱面<a>。换言之，岩石样品的变形温度越高，石英越容易启动柱面<a>，变形温度越低，石英的底面<a>越占优势。该结果与本章 5.2.5.3 节获得的样品石英 CPO 结果具有结论上的一致性。

5.2.6　连云山石英变形机制

5.2.6.1　石英动态重结晶

动态重结晶是变形晶体中位错密度降低的结果。在此过程中，初始变形晶粒边界或局部的高位错密度处储存了较高的应变能，当温度与应变速率达到一定条件时，高位错密度颗粒的边界物质转移到低位错密度的晶体晶格中，形成新的重结晶颗粒，结果新的小颗粒可以代替旧颗粒（Hirth et al., 1979；Poirier et al., 1979；Drury and Urai, 1990；Passchier and Trouw, 2005）。该过程可以增加晶界的长度，从而增加所涉及的晶体聚集体的内部自由能，但是通过去除位错而获得的内部自由能的减少更大（Passchier and Trouw, 2005）。矿物颗粒粒度、形态和结晶定向的改变是重结晶作用发生的典型特征（曹淑云等，2008）。动态重结晶机制主要包括膨凸重结晶、亚晶粒旋转和颗粒边界迁移（图 5-44）。Hirth 等（1979）指出温度、应变速率和差异应力是影响矿物不同重结晶机制的主导因素。

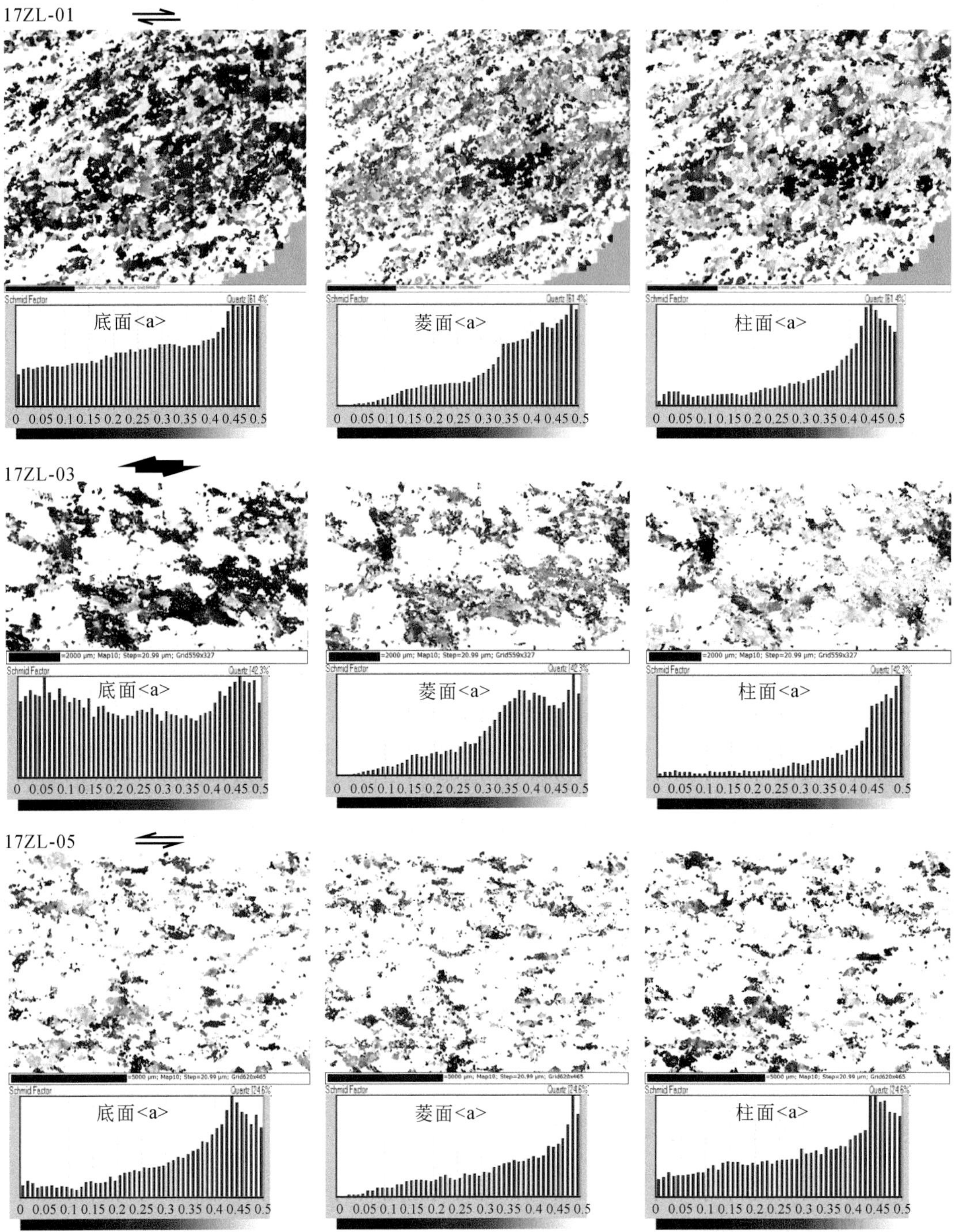

图 5-43　样品 17ZL-01、17ZL-03、17ZL-05 在简单剪切下的底面<a>、菱面<a>和柱面<a>的施密特因子面分析

在低温、高应变速率的条件下，晶界迁移可能是局部的，在两个相邻具有不同位错密度的颗粒边界附近，较低位错密度的颗粒向着较高位错密度的颗粒一侧凸出，并形成新的独立小颗粒的过程，被称为低温晶界迁移或膨凸重结晶（BLG）。膨凸重结晶作用主要发育于具有明显位错密度差异的不同颗粒边界和三连点附近部位。旧颗粒的残余内核通常被重结晶颗粒所包围，这一特征称为核-幔结构（Passchier and Trouw，2005）。

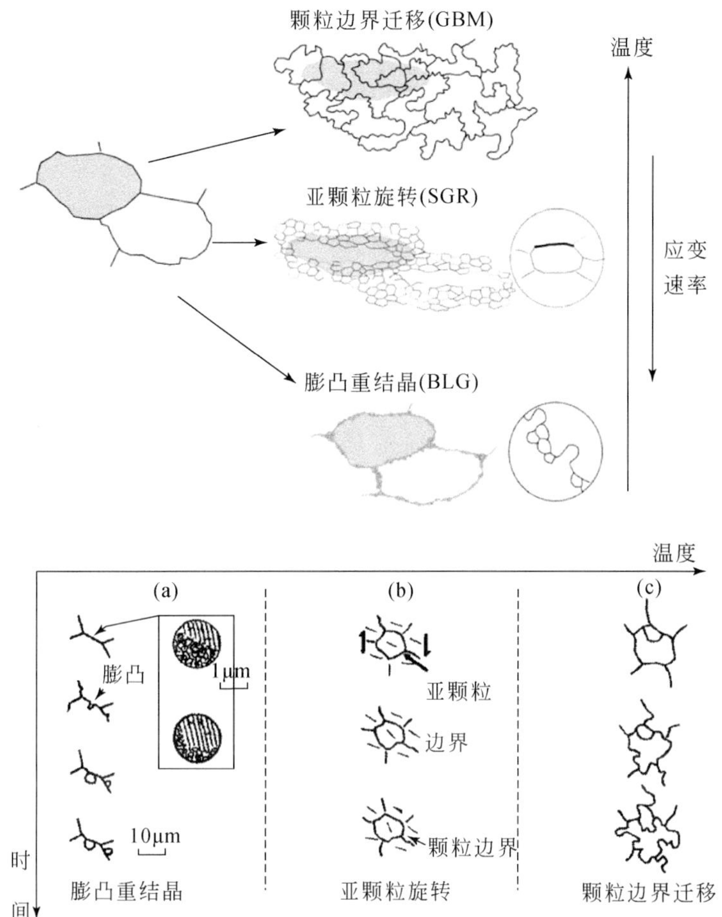

图5-44　动态重结晶机制演化简图（据Passchier and Trouw，2005改编）

亚颗粒旋转（SGR）动态重结晶作用发育在中温、中应变速率条件下，随着较高温度条件下动态恢复作用的不断发展，位错蠕变不断增加，晶内位错逐渐有效地组织形成位错壁和位错阵列，并形成亚晶粒。随着亚晶粒的旋转逐渐加强，亚晶粒两侧晶格之间的角度增加，相邻亚晶粒之间位向差>12°时即可构成大角度边界，最终形成与变形主晶光性方位有显著差异的新晶体颗粒（Passchiers and Trouw，2005）。亚颗粒旋转动态重结晶作用产生的动态重结晶颗粒一般大小和形状相似，通常呈轻微压扁拉长状，使得新的晶粒定向的总体形状定向有一定角度的相交，可作为判断剪切运动方向的标志。

颗粒边界迁移（GBM）动态重结晶作用形成于高温、低应变速率条件下，此时新生的低应变动态重结晶颗粒广泛出现，它们与相邻高应变主晶直接接触，造成了颗粒间的位错密度差，这样的颗粒边界是一个不稳定的边界，低位错密度（或低能态）的晶体颗粒将首先吞噬高位错密度（高能态）颗粒边界上的位错，并使得颗粒边界向着高位错密度颗粒方向迁移。在这个过程中，颗粒形成和旋转通常是活跃的，一旦前亚晶粒旋转一定量后，这个过程就会形成晶界（Lloyd and Freeman，1991，1994），晶粒可以高度移动。由颗粒边界迁移动态重结晶作用形成的新晶粒边界常呈树叶状，颗粒大小不等。

以上3种类型动态重结晶作用在连云山地区构造岩样品中大量出现，其中膨凸重结晶（BLG）与亚颗粒旋转（SGR）在糜棱岩化花岗岩中比较常见，糜棱岩化花岗岩以膨凸重结晶为主，角砾岩化超糜棱岩则是膨凸重结晶和亚颗粒旋转占差不多的比例，初糜棱岩中的石英以亚颗粒旋转为主。而颗粒边界迁移（GBM）在冷家溪群片麻岩中可见（图5-45）。

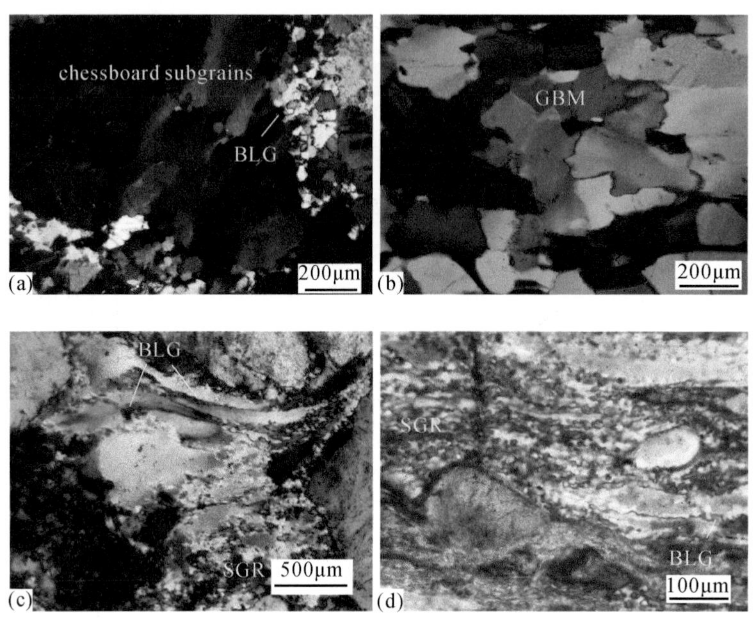

图 5-45 连云山地区样品中动态重结晶的典型照片

（a）糜棱岩化花岗岩中的石英棋盘格状亚颗粒和大晶粒边界有膨凸重结晶现象；（b）片麻岩中的颗粒边界迁移现象；（c）初糜棱岩中石英条带或斑晶周围存在膨凸重结晶现象，左下角区域可见大量亚颗粒旋转重结晶；（d）超糜棱岩中基质石英同时发育膨凸重结晶和亚颗粒旋转重结晶现象；chessboard subgrains. 即棋盘格状亚颗粒

5.2.6.2 石英 CPO 演化温度条件

在应变量较低的条件下，石英的 CPO 也能发生重置（Lister and Price，1978）。在连云山南段的中心至长平断裂带，岩石的变形程度不断降低，糜棱岩的石英 CPO 反映的变形温度也不断降低。从 Y 极密到单环带再到交叉环带的转换指示着各个滑移系（底面<a>、菱面<a>和柱面<a>）在变形过程中的激活与关闭。

Ralser 等（1991）总结了石英不同滑移系在不同温度下所需要的临界有效剪切应力（图 5-46）：底面<a>所需要的临界有效剪切应力受温度的影响不明显，而激活菱面<a>和柱面<a>所需要的临界有效剪切应力随温度的升高而减小；在绿片岩相的温度条件下，底面<a>的临界有效剪切应力比菱面<a>和柱面<a>要小，但温度升高达到角闪岩相时，菱面<a>和柱面<a>所需要的临界有效剪切应力骤然减小，低于底面<a>的临界有效剪切应力。

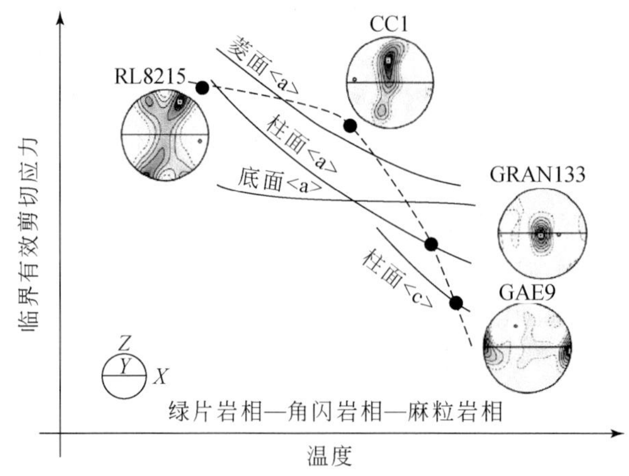

图 5-46 石英滑移系的临界有效剪切应力与温度的关系（修改自 Ralser et al.，1991）

图 5-47 和图 5-48 展示的是初糜棱岩样品 17ZL-03 的局部石英变形域的 EBSD 分析结果。石英透镜体中，石英颗粒以膨凸重结晶为主，两端可见亚颗粒旋转，施密特因子面分布显示底面<a>的施密特因子要比柱面<a>的稍高，近 Z 极密的 CPO 也反映了底面<a>为主的滑移系。而高温重结晶石英条带中，石英以颗粒边界迁移为主，施密特因子面分布显示柱面<a>施密特因子的变化范围较大，比底面<a>的施密特因子高一些，换言之，剪应力在该滑移系柱面<a>的投影接近于最大值 0.5，石英 CPO 也反映了柱面<a>与底面<a>共存的滑移系。结合样品 17ZL-03 整体的石英 CPO（详见本章 5.2.5.3 节），该样品的变形温度为 400～500℃，即角闪岩相时，石英启动柱面<a>所需要的临界有效剪切应力小于底面<a>的，同时也满足底面<a>所需的临界有效剪切应力。

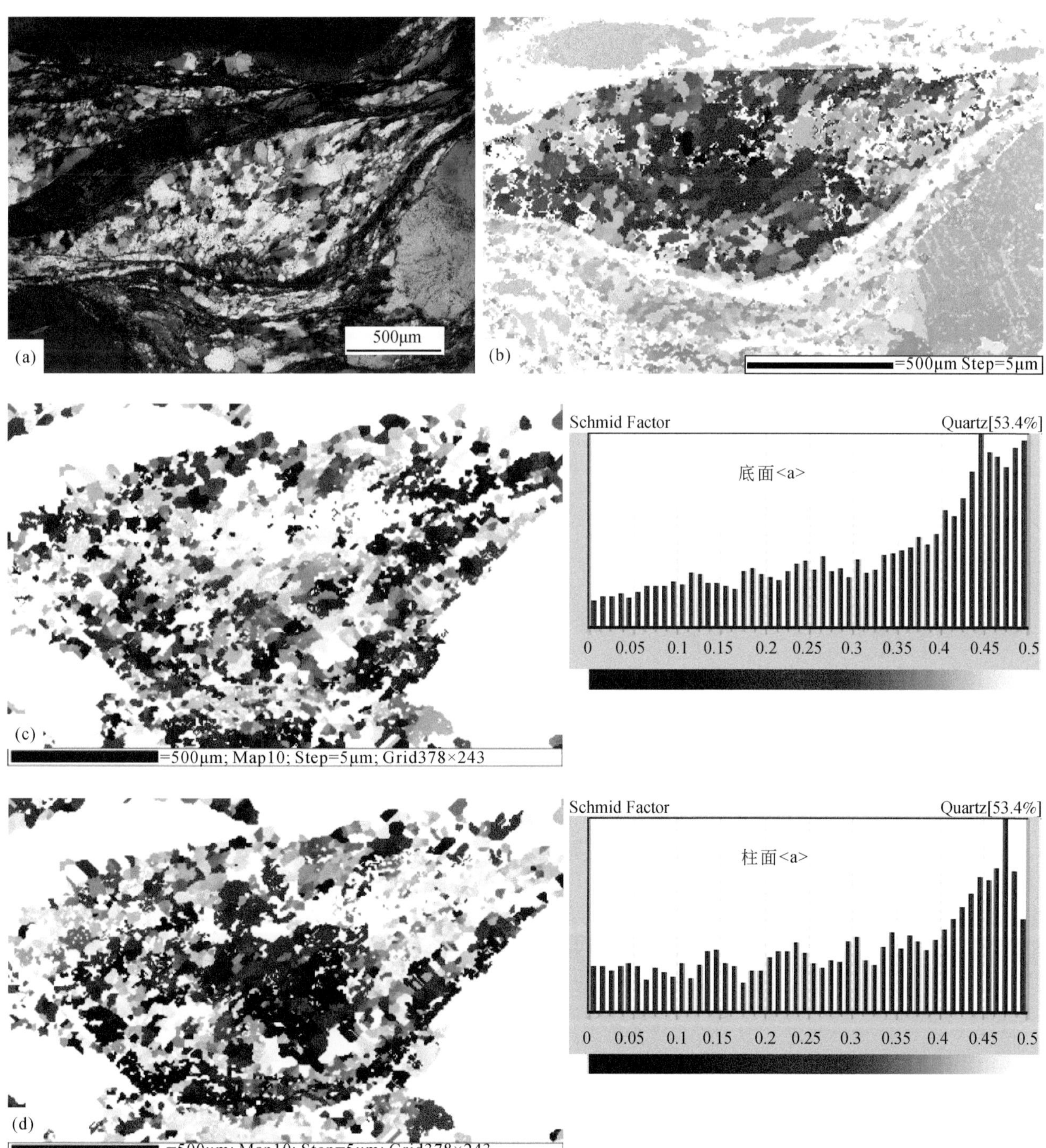

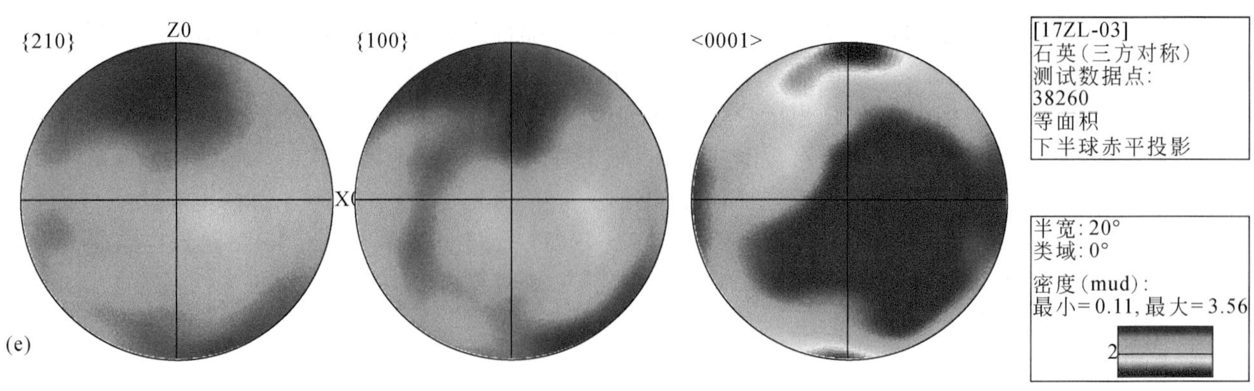

图 5-47　样品 17ZL-03 中石英透镜体的 EBSD 分析

(a) 正交偏光下显微照片；(b) 石英透镜体的 IPF 图；(c)(d) 石英透镜体的施密特因子面分布图；(e) 石英 CPO 图

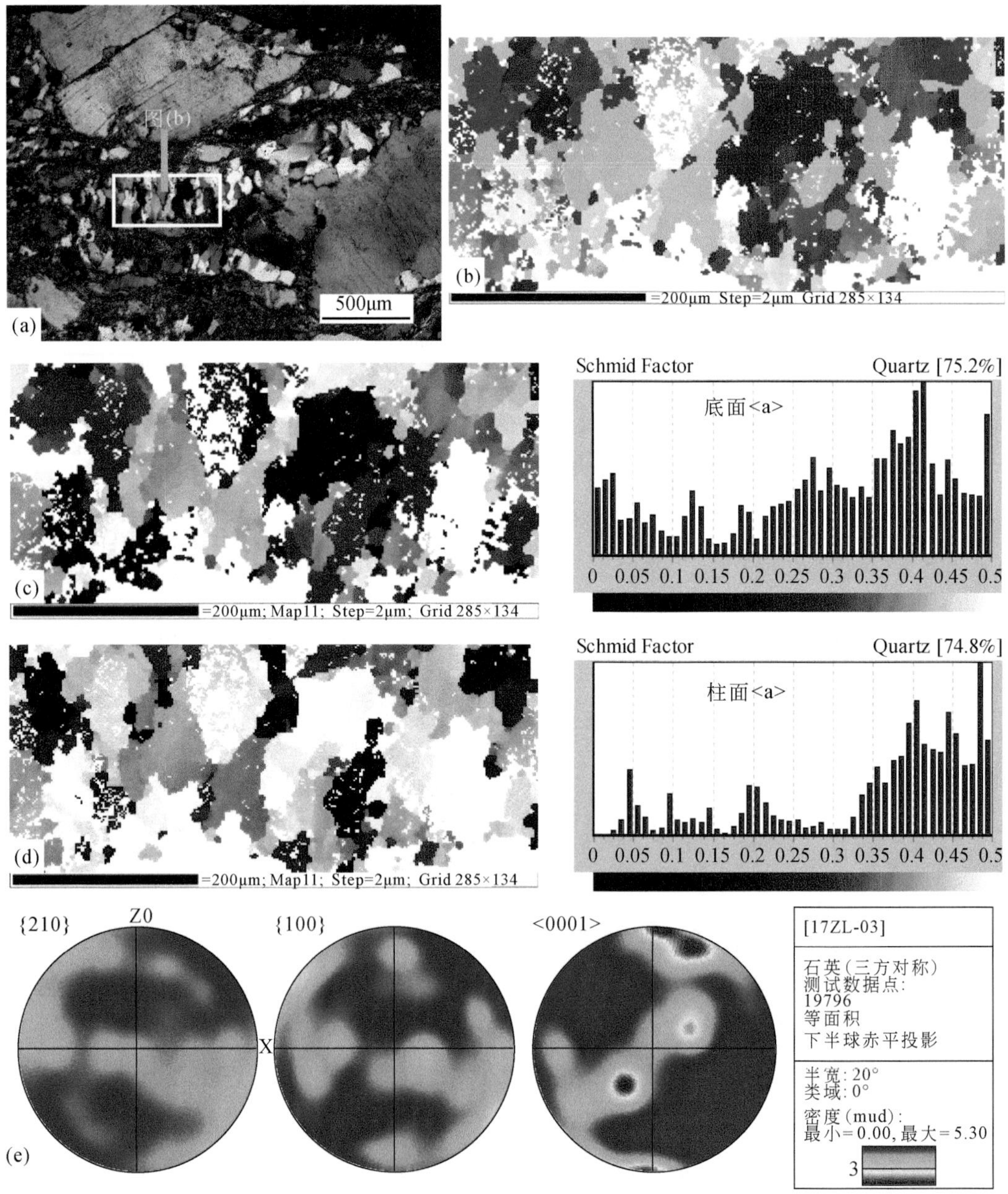

图 5-48　样品 17ZL-03 中石英条带的 EBSD 分析

(a) 正交偏光下显微照片；(b) 石英条带的 IPF 图；(c)(d) 石英条带的施密特因子面分布图；(e) 石英 CPO 图

此外，由于石英变形机制应变速率的增大与温度的升高具有相同的效应（图 5-44），在地质上，涡度可表示岩石变形过程中内部旋转程度的向量，可作为应变速率的一种参考。结合运动学涡度的结果，可以认为，岩石组构从岩体中心至长平断裂带方向的转换是温度与应变速率共同影响的结果。

5.2.6.3　D2 期变形温度与剪切应变场过渡

连云山岩体经历的多期构造中，D2 期变形最为强烈，糜棱岩化的程度也最高。来自南段样品的 EBSD 结果显示，自 SE 向 NW 距离长平断裂带由远及近，石英 C 轴组构为 Y 极密—单环带—I 型交叉环带的变化，对应的变形温度由 500 ~ 650℃降低为 300 ~ 400℃，主导的滑移系也呈柱面<a>—菱面<a>—底面<a>的转换。石英 C 轴组构结合矿物斜向面理的方法可测算运动学涡度，代表着糜棱岩期的最后一次增量应变，W_k = 0.79 ~ 1，由简单剪切主导。然而剪切带的流动是非稳态的，主应力方向在剪切带的过程中应有所变化。根据 C′法所估算的运动学涡度 W_k = 0.41 ~ 0.62，代表剪切带发育晚期（伸展褶劈理期）的涡度，简单剪切的比重降低，纯剪切的比重增加，属于一般剪切。结合野外及显微尺度上建立的运动学标准、应力分析，推测 D2 期构造应力方向为 NW—SE，并且晚期有逆时针旋转的小角度变化。

5.2.7　与典型变质核杂岩对比

1. “三位一体”结构条件

变质核杂岩由大型拆离构造带（由准区域-区域性的低角度正断层、下盘中高级变质的倾滑型韧性剪切带、上盘脆性变形层所组成）、核部中高级变质岩—岩浆岩杂岩和半地堑沉积盆地 3 个配套单元组成（Davis 和郑亚东，2002）。连云山地区存在着大型拆离正断层（以长平深大断裂为代表：Li et al.，2013，2016），核部由连云山花岗质岩和元古宙古老片（麻）岩组成，断层上盘则发育脆性正断层的白垩系红层沉积盆地。稍不同于其他变质核杂岩的是，连云山岩体的形态还受长平深大断裂的控制，因而连云山变质核杂岩表现为非对称性变质核杂岩特征（Malavieille，1993）。

2. 拆离断层上下盘统一的运动学方式

变质核杂岩下盘普遍发育倾滑型剪切面理、矿物拉伸线理和朝外倾滑的运动学方向，上盘也普遍发育倾滑型断层、倾滑型断层擦痕和朝盆地下滑的运动学方向（楼法生等，2005）。连云山变质核杂岩均显示这些特征：上盘白垩系沉积盆地中的高角度正断层和冷家溪群的滑脱构造显示朝外倾滑，而下盘滑脱韧性剪切带中的糜棱面理、矿物拉伸线理指示了由岩体中心向两侧相对运动的方向。

3. 时间的同一性

变质核杂岩核部穹隆状岩体、大型拆离构造变形带、半地堑沉积盆地一般是同期或相近时期内形成的（Malavielle，1993）。长平断裂带虽然具有多期活动的特征（张文山，1991；许德如等，2017），但中间层韧性剪切带的发育是伴随连云山岩体（详见本书第 3 章）的侵位而形成的（图 5-49），韧性剪切变形主要发生在早白垩世（136 ~ 130Ma，Li et al.，2013，2016）的伸展拉张时期。

地质平面图上（图 5-21），连云山岩体表现往北、往南的突然收缩、分叉，似乎受长平深大断裂的严格控制；连云山岩体及其围岩（主要是“连云山混杂岩”）的构造痕迹也反映至少存在三期变形事件：即早期伸展走滑剪切、中期挤压走滑剪切和晚期进一步伸展（图 5-34），暗示连云山岩体、长平断裂带与白垩系沉积盆地可能并不构成典型变质核杂岩构造地质综合体。然而，考虑到变质核杂岩的发展与岩体侵位的密切关系，经历了因岩浆上侵造成的垂直主应力（图 5-49 中 δ_1）对围岩的推挤，导致元古宙地层、岩石自顶部向东、西两侧发生同构造顺层滑脱，因而形成倾滑型韧性剪切变形。从图 5-49 还可看出，由于围岩和/或岩体所处部位不同，晚中生代多期岩浆侵位过程不仅导致走滑剪切同时表现左行、右行特征，局部还诱发了 NW—SE 向挤压变形，糜棱面理和矿物拉伸线理在倾伏方向也表现出相对或相反性质。虽然晚期的连云山岩体侵位还经历了近 E—W 向伸展、抬升（图 5-34），但连云山岩体表现了典型的同构造侵位特征，因此，湘东北地区存在连云山变质核杂岩构造。至于连云山变质核杂岩构造形成的动力学背景，将在本章5.4节作进一步阐述。

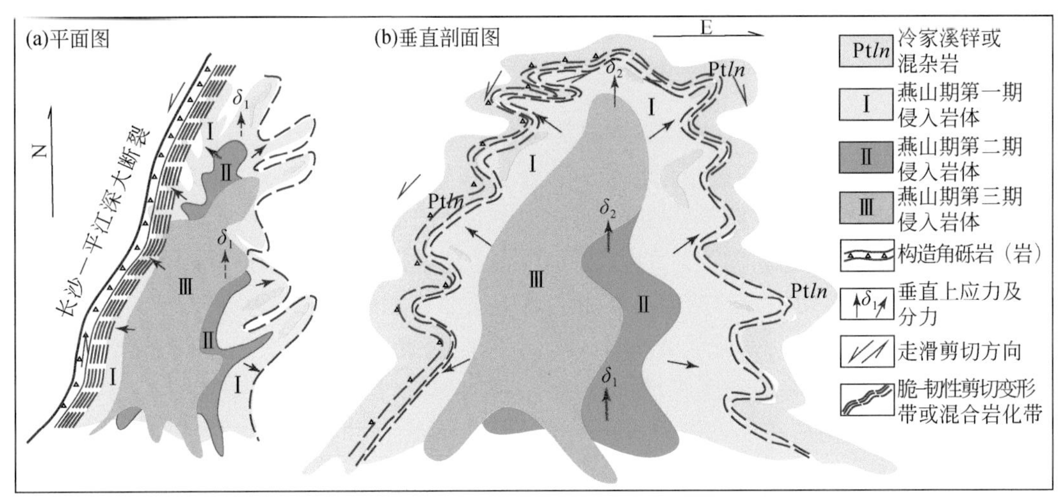

图5-49　连云山岩体同构造侵位示意图（不带比例尺）

该图解释了同一时期因围岩和岩体处于不同部位，从而表现出不同的但成因机制一致的构造变形特征

5.3　晚中生代伸展构造变形时代

盆-岭构造式样、变质核杂岩构造等是伸展变形下的典型产物；在盆-岭构造形成演化过程中，不仅伴有山脉的隆升和地壳沉降，而且伴随同构造岩浆侵入、伸展韧性剪切变形和变质核杂岩出露，甚至产生裂谷和火山喷发，以及成藏成矿作用。因此，伸展构造的形成演化时代可通过最新沉积物沉积时限、同构造侵入岩的侵位时代、韧性剪切变形时代以及火山岩喷发时限和成矿作用时代等来限定。沉积物沉积时限可通过其内的化石和碎屑锆石的最年轻U-Pb年龄来限定；侵入岩和火山岩时代可通过岩浆锆石U-Pb定年来确定；韧性剪切带构造变形时代的确定，可利用Ar-Ar定年方法直接测试剪切带内构造岩新生变质矿物（角闪石类、云母类等）的年龄；成矿作用时代可通过Ar-Ar定年方法和辉钼矿等金属硫化物Re-Os定年方法，并结合锆石U-Pb定年来确定。此外，通过热年代学（裂变径迹方法、Ar-Ar定年方法和锆石等矿物U-Pb、U-Th-He方法）恢复山脉的隆升和剥蚀历史，以约束盆-岭构造及相关的变质核杂岩等伸展构造的形成演化。

另外，由于韧性剪切带内不同构造变形域构造变形的叠加，一般不容易找到与变形同时生成的代表性矿物，因而不易判断具体期次，本书将结合最新沉积物沉积时限和前人已有研究成果，采用锆石U-Pb和含钾变质矿物的Ar-Ar等方法以限定湘东北地区盆-岭构造及相关的变质核杂岩等伸展构造的形成演化时代。

5.3.1　碎屑锆石U-Pb定年和Hf同位素组成

5.3.1.1　白垩系碎屑锆石U-Pb定年

由于与连云山变质核杂岩构造有密切成因联系的长平盆地沉积了厚的白垩系红层，本书采集了红层样品进行碎屑锆石U-Pb定年，以约束白垩系红层的沉积下限。将采集的样品（5kg左右）清洗干净、破碎，采用常规浮选和磁选方法分选后，在双目镜下将锆石分选出来；将其置于DEVCON环氧树脂中，待固结后抛磨至锆石粒径的大约二分之一，使锆石内部充分暴露。锆石CL图像及LA-ICP-MS U-Pb年龄分析均在中国科学院广州地球化学研究所矿物学与成矿学重点实验室进行。LA-ICP-MS 锆石 U-Pb 定年所用的仪器为 RESOlution M-50 激光剥蚀系统和 Agilent 7500a 型 ICP-MS 联机。激光剥蚀频率为 10Hz，剥蚀斑点直径为 31μm，采用 He 气作为剥蚀物质的载体。以国际标样锆石 Temora 1 作为外标对锆石样品的年龄进行校正，以^{29}Si 作为内标校正实验中的信号漂移。实验流程可参考文献（涂湘林等，2011），实验获得数据采用 ICPMSDataCal（version 7.4）进行处理，利用 Isoplot 3.0 完成加权平均年龄和谐和图的绘制。单个分析点数据误差为 1σ、加权平均的^{206}Pb/^{238}U 的年龄误差为 2σ。所获得的 TEMORA 标准锆石的^{206}Pb/^{238}U 平均年龄与所推荐的该标准锆石年龄值 416.75±0.24Ma 相一致（Black et al.，2003）。需强调的是，当锆石颗粒年龄<1000Ma 时，本书采用^{206}Pb/^{238}U 年龄；而当锆石颗粒年龄>1000Ma 时，本书采用^{207}Pb/^{206}Pb 年龄；这是由于一致性谐和曲线斜率的改变导致^{207}Pb/^{206}Pb 年龄在<1000Ma 时逐渐变得不精确（Gerdes and Zeh，2006），但因更年轻年龄锆石中^{207}Pb 具有低的丰度，这些更年轻锆石的^{206}Pb/^{238}U 年龄变得更为可靠。此外，在解释碎屑锆石年龄时，谐和度>10% 或<-10% 的分析将被排除（Cawood et al.，2013）。

本次应用 LA-ICP-MS 方法对白垩系红层三个样品 DT-02、YJ-02 和 LH-01 进行了碎屑锆石 U-Pb 定年，以确定它们的沉积下限。其中，DT-02 为含砾砂岩、YJ-02 为底砾岩、LH-01 为砂岩，这些样品均采自白垩系戴家坪组（详见表 4-2）。

（1）DT-02 含砾砂岩样品。对样品中的碎屑锆石颗粒共进行了 110 个 LA-ICP-MS U-Pb 定年分析，分析过程中尽量避免了锆石颗粒中的矿物包裹体和裂隙，但其有 12 个分析数据因谐和度<90% 而不予采用，实际有效分析为 98 个。如图 5-50 所示，DT-02 样品中大多数（90% 以上）锆石颗粒具有自形的菱形或次菱形或截短的短柱状，少数锆石颗粒为圆形或次圆形的形态；从 CL 图像所揭示的内部结构可以发现，大多数具有特征的振荡性环带或扇形环带，个别颗粒具有核-幔结构或白色的增生边（图 5-50）；结合分析的锆石 Th/U 值均大于 0.1（0.11～1.45），因而认为这些碎屑锆石具有岩浆起源（Hoskin and Schaltegger，2003）。从表 5-7 可见，样品 DT-02 中碎屑锆石年龄变化于 643～2643Ma［图 5-51（a）］，但主要年龄群在 774～1050Ma 之间，其峰值年龄为 840Ma；该年龄群同时产生两个次要群，即 1200～2000Ma（峰值年龄：1762Ma）和 2030～2643Ma（峰值年龄：2528Ma）。两个最小年龄值分别为 668±7Ma 和 643±8Ma，分别由自形的、具有扇形环带的锆石（分析点 89 和 109）给出。

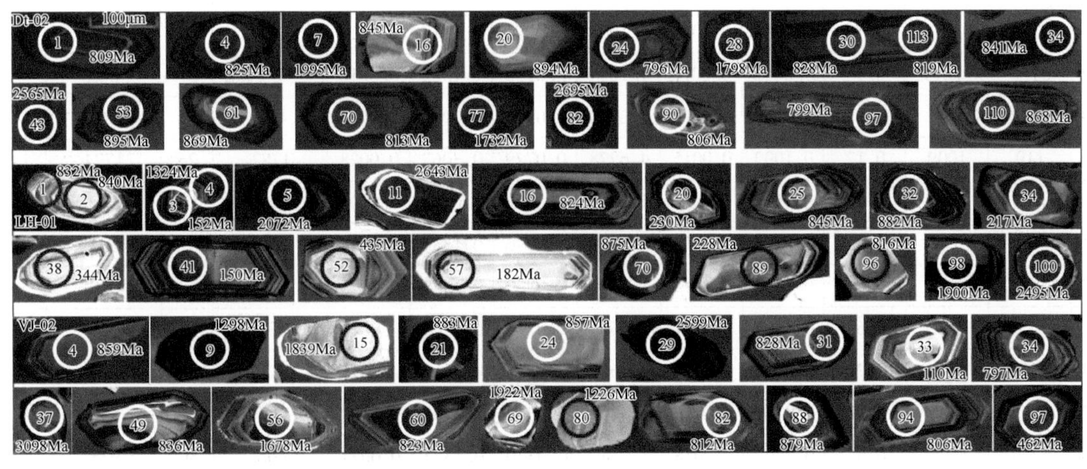

图 5-50　白垩系红层样品 DT-02、YJ-02 和 LH-01 锆石阴极发光 CL 图像

分析点年龄大于 1000Ma 的采用^{207}Pb/^{206}Pb 年龄、小于 1000Ma 的为^{206}Pb/^{238}U 年龄

（2）LH-01 砂岩样品。对该样品中的碎屑锆石颗粒共进行了 100 个 LA-ICP-MS U-Pb 定年分析，分析过程中尽量避免了锆石颗粒中的矿物包裹体和裂隙，但其有 5 个分析数据因谐和度<90% 而不予采用，实际有效分析为 95 个。如同 DT-02 样品，LH-01 样品中 95% 以上的锆石颗粒具有自形的菱形或次菱形或截短的短柱状，少数锆石颗粒为圆形或次圆形的形态；从 CL 图像所揭示的内部结构可以发现，大多数具有特征的振荡性环带或扇形环带，个别颗粒具有核-幔结构或白色的增生边（图 5-50）；结合锆石的 Th/U

值介于0.10~3.57之间，因而认为这些碎屑锆石具有岩浆起源（Hoskin and Schaltegger，2003）。从表5-7可见，样品LH-01中碎屑锆石年龄变化于150~2643Ma［图5-51（b）］，但主要年龄群在715~1000Ma之间，其峰值年龄为845Ma；该年龄群同时产生四个次要群，即2043~2643Ma（峰值年龄：2366Ma）、1011~1903Ma（峰值年龄：1430Ma）、270~567Ma（峰值年龄：368Ma）和150~249Ma（峰值年龄：246Ma）。两个最年轻的年龄值为152±2Ma和150±2Ma，分别由自形菱形的、具有清晰振荡环带的锆石（分析点3和41）给出（图5-50）。

表5-7　湘东北地区白垩系红层碎屑锆石LA-ICP-MS U-Pb同位素分析结果

分析点	Th /10^{-6}	U /10^{-6}	Th /U	^{207}Pb /^{206}Pb	1σ	^{207}Pb /^{235}U	1σ	^{206}Pb /^{238}U	1σ	^{207}Pb/^{206}Pb 年龄/Ma	1σ	^{206}Pb/^{238}U 年龄/Ma	1σ	谐和度 /%
LH-01-1	79.2	201	0.39	0.0687	0.0018	1.3130	0.0329	0.1377	0.0017	900	53	832	10	97
LH-01-2	76.9	209	0.37	0.0666	0.0015	1.2877	0.0296	0.1391	0.0017	826	42	840	10	99
LH-01-3	414	853	0.49	0.0853	0.0016	2.5001	0.0993	0.2079	0.0067	1324	35	1218	36	95
LH-01-4	236	1207	0.20	0.0491	0.0011	0.1628	0.0037	0.0239	0.0003	150	56	152	2	99
LH-01-5	325	479	0.68	0.1281	0.0020	6.9416	0.1225	0.3904	0.0047	2072	28	2125	22	99
LH-01-6	263	363	0.72	0.0650	0.0012	1.2025	0.0235	0.1335	0.0014	774	34	808	8	99
LH-01-7	104	212	0.49	0.1000	0.0016	3.9078	0.0788	0.2821	0.0041	1633	29	1602	21	99
LH-01-8	104	293	0.35	0.0668	0.0011	1.2930	0.0265	0.1402	0.0022	831	35	846	12	99
LH-01-9	425	667	0.64	0.1217	0.0045	1.9923	0.1600	0.1031	0.0071	1981	67	633	41	45
LH-01-10	192	146	1.32	0.0515	0.0018	0.2791	0.0098	0.0394	0.0006	261	75	249	4	99
LH-01-11	197	377	0.52	0.1788	0.0021	12.4496	0.1994	0.5041	0.0058	2643	20	2631	25	99
LH-01-12	345	195	1.77	0.0666	0.0011	1.1610	0.0200	0.1265	0.0013	826	34	768	7	98
LH-01-13	127	283	0.45	0.0651	0.0010	1.1441	0.0203	0.1277	0.0016	776	33	775	9	99
LH-01-14	78.8	445	0.18	0.0633	0.0009	1.1596	0.0193	0.1330	0.0014	717	30	805	8	97
LH-01-15	54.3	233	0.23	0.1090	0.0015	5.2956	0.1082	0.3521	0.0056	1784	25	1944	27	95
LH-01-16	82.2	424	0.19	0.0634	0.0010	1.1923	0.0221	0.1364	0.0015	720	33	824	9	96
LH-01-17	57.8	361	0.16	0.0641	0.0011	1.2064	0.0262	0.1362	0.0016	746	37	823	9	97
LH-01-18	309	86.5	3.57	0.0549	0.0018	0.6840	0.0211	0.0919	0.0023	409	68	567	14	93
LH-01-19	119	1009	0.12	0.1092	0.0015	4.6278	0.0729	0.3067	0.0028	1787	26	1724	14	98
LH-01-20	613	563	1.09	0.0520	0.0012	0.2607	0.0064	0.0363	0.0005	287	55	230	3	97
LH-01-21	85.3	399	0.21	0.0671	0.0013	1.2335	0.0246	0.1330	0.0014	843	-160	805	8	98
LH-01-22	209	353	0.59	0.0680	0.0012	1.3579	0.0332	0.1444	0.0025	878	37	869	14	99
LH-01-23	421	622	0.68	0.0668	0.0011	1.1666	0.0210	0.1262	0.0013	831	33	766	8	97
LH-01-24	70.3	318	0.22	0.0700	0.0013	1.3667	0.0277	0.1416	0.0019	929	34	854	11	97
LH-01-25	112	505	0.22	0.0712	0.0014	1.3852	0.0368	0.1400	0.0021	965	44	845	12	95
LH-01-26	54.3	81.0	0.67	0.0692	0.0018	1.4789	0.0370	0.1557	0.0021	906	56	933	12	98
LH-01-27	252	257	0.98	0.0714	0.0013	1.4450	0.0284	0.1467	0.0017	969	37	882	10	97
LH-01-28	147	467	0.31	0.0659	0.0011	1.2381	0.0240	0.1359	0.0016	806	35	821	9	99
LH-01-29	150	346	0.43	0.0680	0.0013	1.3374	0.0267	0.1424	0.0015	878	39	858	9	99
LH-01-30	106	223	0.48	0.1165	0.0021	5.4803	0.1089	0.3404	0.0039	1903	32	1888	19	99
LH-01-31	110	137	0.80	0.1703	0.0032	11.7999	0.2346	0.5002	0.0062	2561	31	2615	27	98
LH-01-32	172	545	0.32	0.0743	0.0019	1.5208	0.0454	0.1466	0.0015	1050	54	882	8	93
LH-01-33	98.1	425	0.23	0.0849	0.0016	2.8634	0.0572	0.2426	0.0029	1322	37	1400	15	98

续表

分析点	Th /10^{-6}	U /10^{-6}	Th /U	^{207}Pb /^{206}Pb	1σ	^{207}Pb /^{235}U	1σ	^{206}Pb /^{238}U	1σ	^{207}Pb/^{206}Pb 年龄/Ma	1σ	^{206}Pb/^{238}U 年龄/Ma	1σ	谐和度 /%
LH-01-34	270	450	0. 60	0. 0515	0. 0016	0. 2446	0. 0080	0. 0342	0. 0005	261	72	217	3	97
LH-01-35	127	208	0. 61	0. 0644	0. 0016	1. 3133	0. 0319	0. 1464	0. 0020	767	50	881	11	96
LH-01-36	47. 5	477	0. 10	0. 0696	0. 0017	1. 7117	0. 0426	0. 1758	0. 0024	917	50	1044	13	96
LH-01-37	239	189	1. 26	0. 0525	0. 0018	0. 3467	0. 0116	0. 0477	0. 0007	306	75	300	4	99
LH-01-38	227	258	0. 88	0. 0523	0. 0014	0. 3994	0. 0105	0. 0548	0. 0007	298	64	344	4	99
LH-01-39	322	465	0. 69	0. 0506	0. 0013	0. 3235	0. 0088	0. 0458	0. 0006	233	59	289	3	98
LH-01-40	221	184	1. 20	0. 0657	0. 0017	1. 1653	0. 0304	0. 1277	0. 0018	798	53	774	10	98
LH-01-41	788	1355	0. 58	0. 0481	0. 0011	0. 1570	0. 0038	0. 0235	0. 0003	106	56	150	2	98
LH-01-42	86. 7	168	0. 52	0. 1133	0. 0021	5. 4173	0. 1061	0. 3457	0. 0044	1854	33	1914	21	98
LH-01-43	65. 2	265	0. 25	0. 0652	0. 0014	1. 2983	0. 0329	0. 1438	0. 0020	783	42	866	12	97
LH-01-44	174	303	0. 57	0. 1128	0. 0018	4. 9385	0. 0868	0. 3167	0. 0032	1856	28	1774	16	98
LH-01-45	54. 2	83. 1	0. 65	0. 0658	0. 0019	1. 2215	0. 0341	0. 1351	0. 0018	1200	58	817	10	99
LH-01-46	110	153	0. 72	0. 0688	0. 0016	1. 2675	0. 0318	0. 1335	0. 0016	892	47	808	9	97
LH-01-47	87. 6	458	0. 19	0. 0815	0. 0014	2. 0599	0. 0663	0. 1811	0. 0043	1235	39	1073	23	94
LH-01-48	43. 9	119	0. 37	0. 0669	0. 0018	1. 3726	0. 0407	0. 1492	0. 0023	833	56	897	13	97
LH-01-49	186	480	0. 39	0. 0678	0. 0012	1. 2539	0. 0239	0. 1341	0. 0012	861	32	811	7	98
LH-01-50	408	378	1. 08	0. 0682	0. 0012	1. 3325	0. 0269	0. 1417	0. 0017	876	44	854	10	99
LH-01-51	174	262	0. 66	0. 0680	0. 0013	1. 2539	0. 0288	0. 1335	0. 0019	878	41	808	11	97
LH-01-52	157	271	0. 58	0. 0559	0. 0012	0. 5368	0. 0116	0. 0698	0. 0007	456	14	435	5	99
LH-01-53	45. 3	80. 5	0. 56	0. 0726	0. 0018	1. 6122	0. 0422	0. 1613	0. 0019	1011	51	964	10	98
LH-01-54	482	554	0. 87	0. 0548	0. 0010	0. 5301	0. 0108	0. 0701	0. 0008	406	45	437	5	98
LH-01-55	70. 3	522	0. 13	0. 0659	0. 0012	1. 2589	0. 0268	0. 1383	0. 0016	806	37	835	9	99
LH-01-56	190	206	0. 92	0. 0811	0. 0016	2. 4010	0. 0575	0. 2146	0. 0034	1233	39	1253	18	99
LH-01-57	120	347	0. 35	0. 0494	0. 0015	0. 1939	0. 0055	0. 0287	0. 0004	169	70	182	3	98
LH-01-58	358	336	1. 07	0. 0682	0. 0012	1. 4506	0. 0276	0. 1541	0. 0018	876	35	924	10	98
LH-01-59	75. 7	65. 1	1. 16	0. 0675	0. 0021	1. 1997	0. 0372	0. 1293	0. 0017	852	67	784	10	97
LH-01-60	93. 7	162	0. 58	0. 0653	0. 0015	1. 3023	0. 0301	0. 1446	0. 0019	785	44	870	11	97
LH-01-61	50. 8	322	0. 16	0. 0673	0. 0013	1. 2769	0. 0259	0. 1369	0. 0015	850	39	827	9	99
LH-01-62	99. 4	451	0. 22	0. 0676	0. 0012	1. 3958	0. 0324	0. 1488	0. 0020	855	38	894	11	99
LH-01-63	109	139	0. 78	0. 0669	0. 0016	1. 3772	0. 0385	0. 1492	0. 0027	835	51	897	15	98
LH-01-64	181	113	1. 60	0. 0808	0. 0026	1. 5769	0. 0559	0. 1404	0. 0016	1217	64	847	9	87
LH-01-65	788	888	0. 89	0. 0682	0. 0015	0. 3272	0. 0075	0. 0348	0. 0004	874	46	220	3	73
LH-01-66	77. 5	255	0. 30	0. 0674	0. 0014	1. 4036	0. 0317	0. 1508	0. 0018	850	43	906	10	98
LH-01-67	202	461	0. 44	0. 0651	0. 0011	1. 2039	0. 0215	0. 1339	0. 0013	776	37	810	7	99
LH-01-68	98. 1	382	0. 26	0. 0664	0. 0011	1. 2504	0. 0231	0. 1362	0. 0015	820	35	823	8	99
LH-01-69	82. 7	117	0. 71	0. 0667	0. 0015	1. 3512	0. 0344	0. 1467	0. 0021	829	44	882	12	98
LH-01-70	105	297	0. 35	0. 0712	0. 0017	1. 4445	0. 0490	0. 1453	0. 0024	965	45	875	14	96
LH-01-71	196	316	0. 62	0. 0654	0. 0013	1. 1545	0. 0234	0. 1277	0. 0014	787	43	774	8	99
LH-01-72	21. 5	6. 15	3. 50	0. 1610	0. 0062	10. 6461	0. 3540	0. 4908	0. 0117	2466	66	2574	50	96

续表

分析点	Th $/10^{-6}$	U $/10^{-6}$	Th /U	$^{207}Pb/^{206}Pb$	1σ	$^{207}Pb/^{235}U$	1σ	$^{206}Pb/^{238}U$	1σ	$^{207}Pb/^{206}Pb$ 年龄/Ma	1σ	$^{206}Pb/^{238}U$ 年龄/Ma	1σ	谐和度 /%
LH-01-73	70.4	387	0.18	0.0644	0.0013	1.1913	0.0240	0.1335	0.0014	754	37	808	8	98
LH-01-74	360	353	1.02	0.0648	0.0013	1.3018	0.0270	0.1447	0.0016	769	44	871	9	97
LH-01-75	58.4	380	0.15	0.0642	0.0015	1.2248	0.0292	0.1373	0.0016	750	50	829	9	97
LH-01-76	43.8	119	0.37	0.0530	0.0022	0.3445	0.0146	0.0470	0.0008	328	93	296	5	98
LH-01-77	92.4	280	0.33	0.0659	0.0015	1.3681	0.0334	0.1494	0.0020	1200	48	898	11	97
LH-01-78	574	655	0.88	0.0521	0.0014	0.2581	0.0072	0.0356	0.0004	300	61	225	3	96
LH-01-79	69.1	370	0.19	0.1021	0.0017	4.3488	0.0972	0.3062	0.0050	1662	31	1722	25	98
LH-01-80	382	1018	0.38	0.0722	0.0012	1.6801	0.0283	0.1677	0.0018	991	33	999	10	99
LH-01-81	348	340	1.02	0.0663	0.0011	1.0760	0.0189	0.1173	0.0013	817	31	715	7	96
LH-01-82	43.7	277	0.16	0.0781	0.0017	1.6655	0.0482	0.1526	0.0019	1150	44	915	11	91
LH-01-83	180	470	0.38	0.0675	0.0010	1.2630	0.0206	0.1352	0.0012	854	33	817	7	98
LH-01-84	229	591	0.39	0.0507	0.0012	0.2602	0.0064	0.0372	0.0004	233	54	235	3	99
LH-01-85	230	389	0.59	0.0673	0.0012	1.3488	0.0252	0.1452	0.0015	848	36	874	9	99
LH-01-86	95.8	160	0.60	0.0565	0.0021	0.3300	0.0116	0.0429	0.0007	472	83	270	4	93
LH-01-87	58.3	447	0.13	0.0657	0.0011	1.3202	0.0243	0.1458	0.0018	796	35	878	10	97
LH-01-88	181	293	0.62	0.0489	0.0014	0.2412	0.0066	0.0358	0.0004	143	67	227	3	96
LH-01-89	471	533	0.88	0.0517	0.0012	0.2576	0.0063	0.0360	0.0004	272	52	228	2	98
LH-01-90	111	160	0.69	0.0697	0.0014	1.6386	0.0351	0.1705	0.0022	918	44	1015	12	97
LH-01-91	50.7	37.3	1.36	0.0753	0.0085	0.1450	0.0122	0.0154	0.0006	1076	228	98.6	3.6	67
LH-01-92	103	73.5	1.40	0.0645	0.0017	1.1861	0.0302	0.1344	0.0019	767	57	813	11	97
LH-01-93	390	351	1.11	0.1260	0.0014	6.6997	0.0939	0.3858	0.0038	2043	15	2103	17	98
LH-01-94	257	257	1.00	0.0718	0.0038	0.8196	0.0630	0.0777	0.0021	989	103	482	12	77
LH-01-95	43.0	355	0.12	0.0667	0.0009	1.2517	0.0227	0.1361	0.0015	831	-171	823	9	99
LH-01-96	213	278	0.77	0.0673	0.0010	1.2484	0.0224	0.1350	0.0016	856	30	816	9	99
LH-01-97	195	230	0.85	0.1392	0.0016	7.9069	0.1730	0.4103	0.0063	2218	19	2216	29	99
LH-01-98	103	207	0.50	0.1156	0.0013	5.4566	0.0802	0.3424	0.0034	1900	20	1898	16	99
LH-01-99	172	915	0.19	0.1572	0.0017	8.9103	0.2140	0.4100	0.0081	2426	18	2215	37	94
LH-01-100	124	170	0.73	0.1638	0.0021	10.4952	0.1472	0.4649	0.0042	2495	22	2461	18	99
YJ-02-1	69.9	73.4	0.95	0.0686	0.0018	1.2118	0.0326	0.1279	0.0017	887	56	776	10	96
YJ-02-2	187	324	0.58	0.0673	0.0012	1.3833	0.0311	0.1479	0.0022	856	38	889	12	99
YJ-02-3	75.9	454	0.17	0.0676	0.0012	1.3754	0.0293	0.1462	0.0018	857	36	879	10	99
YJ-02-4	89.5	460	0.19	0.0658	0.0012	1.2947	0.0219	0.1425	0.0021	798	38	859	12	98
YJ-02-5	91.3	740	0.12	0.0715	0.0021	1.4110	0.0379	0.1423	0.0019	972	61	858	11	95
YJ-02-6	171	238	0.72	0.0693	0.0015	1.3895	0.0308	0.1440	0.0017	909	46	867	10	98
YJ-02-7	100	407	0.25	0.0926	0.0026	2.8273	0.1612	0.2078	0.0078	1480	54	1217	41	88
YJ-02-8	45.4	297	0.15	0.0675	0.0013	1.3193	0.0260	0.1406	0.0014	854	41	848	8	99
YJ-02-9	342	1214	0.28	0.0842	0.0015	2.5902	0.0707	0.2193	0.0040	1298	33	1278	21	98
YJ-02-10	52.2	459	0.11	0.0688	0.0012	1.3674	0.0291	0.1432	0.0021	894	37	863	12	98
YJ-02-11	50.7	66.3	0.76	0.0689	0.0021	1.5717	0.0479	0.1656	0.0022	898	64	988	12	97

续表

分析点	Th /10^{-6}	U /10^{-6}	Th /U	^{207}Pb /^{206}Pb	1σ	^{207}Pb /^{235}U	1σ	^{206}Pb /^{238}U	1σ	^{207}Pb/^{206}Pb 年龄/Ma	1σ	^{206}Pb/^{238}U 年龄/Ma	1σ	谐和度 /%
YJ-02-12	59. 4	83. 6	0. 71	0. 1030	0. 0019	4. 6426	0. 0969	0. 3263	0. 0045	1680	39	1820	22	96
YJ-02-13	55. 2	327	0. 17	0. 0652	0. 0011	1. 2376	0. 0211	0. 1372	0. 0014	783	35	829	8	98
YJ-02-14	130	338	0. 38	0. 0680	0. 0012	1. 3270	0. 0243	0. 1413	0. 0014	878	38	852	8	99
YJ-02-15	77. 3	156	0. 50	0. 1124	0. 0018	4. 8775	0. 0921	0. 3144	0. 0044	1839	62	1762	22	97
YJ-02-16	24. 1	27. 3	0. 88	0. 1056	0. 0028	4. 1971	0. 1176	0. 2890	0. 0041	1724	49	1636	20	97
YJ-02-17	139	441	0. 32	0. 0690	0. 0013	1. 2905	0. 0256	0. 1353	0. 0012	902	39	818	7	97
YJ-02-18	134	325	0. 41	0. 0813	0. 0018	2. 0180	0. 0850	0. 1746	0. 0046	1228	44	1037	25	92
YJ-02-19	280	586	0. 48	0. 0697	0. 0010	1. 4962	0. 0296	0. 1550	0. 0020	920	25	929	11	99
YJ-02-20	191	215	0. 89	0. 1680	0. 0023	10. 9553	0. 1815	0. 4722	0. 0055	2538	22	2493	24	98
YJ-02-21	214	425	0. 50	0. 0678	0. 0012	1. 3728	0. 0271	0. 1467	0. 0018	861	32	883	10	99
YJ-02-22	145	440	0. 33	0. 1159	0. 0018	5. 3679	0. 0926	0. 3350	0. 0032	1894	28	1863	16	99
YJ-02-23	107	154	0. 69	0. 0683	0. 0016	1. 3147	0. 0305	0. 1395	0. 0016	876	48	842	9	98
YJ-02-24	170	421	0. 40	0. 0668	0. 0014	1. 3148	0. 0354	0. 1421	0. 0024	831	44	857	14	99
YJ-02-25	61. 4	488	0. 13	0. 0680	0. 0016	1. 2781	0. 0320	0. 1357	0. 0014	878	48	820	8	98
YJ-02-26	96. 4	192	0. 50	0. 0697	0. 0019	1. 3567	0. 0377	0. 1409	0. 0019	920	56	850	11	97
YJ-02-27	262	387	0. 68	0. 0672	0. 0015	1. 2730	0. 0298	0. 1366	0. 0014	843	47	825	8	98
YJ-02-28	147	131	1. 12	0. 1687	0. 0034	11. 0792	0. 2305	0. 4733	0. 0051	2546	34	2498	22	98
YJ-02-29	123	801	0. 15	0. 1742	0. 0030	11. 7218	0. 2090	0. 4838	0. 0043	2599	29	2544	19	98
YJ-02-30	602	675	0. 89	0. 0693	0. 0013	1. 2958	0. 0243	0. 1345	0. 0014	909	35	814	8	96
YJ-02-31	107	590	0. 18	0. 0690	0. 0012	1. 3112	0. 0239	0. 1370	0. 0015	898	69	828	8	97
YJ-02-32	27. 8	59. 9	0. 46	0. 0683	0. 0020	1. 2825	0. 0377	0. 1360	0. 0017	880	61	822	10	98
YJ-02-33	245	395	0. 62	0. 0512	0. 0017	0. 1214	0. 0040	0. 0172	0. 0003	250	80	110	2	94
YJ-02-34	88. 9	324	0. 27	0. 0672	0. 0011	1. 2213	0. 0219	0. 1315	0. 0014	843	33	797	8	98
YJ-02-35	128	207	0. 62	0. 1149	0. 0016	4. 9773	0. 0885	0. 3135	0. 0040	1880	25	1758	19	96
YJ-02-36	89. 5	159	0. 56	0. 0678	0. 0013	1. 2276	0. 0242	0. 1318	0. 0016	865	34	798	9	98
YJ-02-37	102	136	0. 75	0. 2365	0. 0030	19. 9345	0. 3413	0. 6113	0. 0075	3098	20	3075	30	99
YJ-02-38	99. 9	338	0. 30	0. 0675	0. 0011	1. 2927	0. 0270	0. 1385	0. 0017	854	33	836	9	99
YJ-02-39	433	585	0. 74	0. 0925	0. 0014	3. 3700	0. 1029	0. 2617	0. 0061	1480	29	1499	31	99
YJ-02-40	78. 2	426	0. 18	0. 0648	0. 0011	1. 2295	0. 0238	0. 1376	0. 0015	769	38	831	9	97
YJ-02-41	98. 9	363	0. 27	0. 0655	0. 0012	1. 2282	0. 0234	0. 1358	0. 0014	791	37	821	8	99
YJ-02-42	982	751	1. 31	0. 0770	0. 0014	1. 3544	0. 0257	0. 1273	0. 0013	1122	40	773	7	88
YJ-02-43	96. 0	263	0. 37	0. 0690	0. 0016	1. 3986	0. 0407	0. 1461	0. 0019	898	47	879	11	98
YJ-02-44	74. 8	343	0. 22	0. 0708	0. 0014	1. 6217	0. 0492	0. 1646	0. 0033	954	35	982	18	99
YJ-02-45	283	891	0. 32	0. 0652	0. 0011	1. 3099	0. 0266	0. 1454	0. 0018	789	36	875	10	97
YJ-02-46	63. 4	129	0. 49	0. 0657	0. 0017	1. 3228	0. 0360	0. 1461	0. 0018	794	56	879	10	97
YJ-02-47	144	396	0. 36	0. 0648	0. 0011	1. 1776	0. 0219	0. 1318	0. 0013	769	36	798	8	99
YJ-02-48	243	277	0. 88	0. 0653	0. 0012	1. 3435	0. 0275	0. 1492	0. 0018	783	39	896	10	96
YJ-02-49	75. 3	319	0. 24	0. 0655	0. 0013	1. 2522	0. 0282	0. 1385	0. 0019	791	41	836	11	98
YJ-02-50	115	214	0. 54	0. 0676	0. 0014	1. 3494	0. 0294	0. 1446	0. 0017	857	43	870	10	99

续表

分析点	Th /10^{-6}	U /10^{-6}	Th /U	^{207}Pb /^{206}Pb	1σ	^{207}Pb /^{235}U	1σ	^{206}Pb /^{238}U	1σ	^{207}Pb/^{206}Pb 年龄/Ma	1σ	^{206}Pb/^{238}U 年龄/Ma	1σ	谐和度 /%
YJ-02-51	65.9	299	0.22	0.0691	0.0013	1.2958	0.0263	0.1360	0.0016	902	39	822	9	97
YJ-02-52	270	325	0.83	0.0658	0.0011	1.2897	0.0276	0.1418	0.0019	798	34	855	11	98
YJ-02-53	71.3	379	0.19	0.0683	0.0011	1.2786	0.0249	0.1355	0.0015	877	27	819	9	97
YJ-02-54	114	348	0.33	0.0635	0.0010	1.1926	0.0209	0.1363	0.0015	724	29	824	9	96
YJ-02-55	73.7	145	0.51	0.0654	0.0012	1.2289	0.0246	0.1365	0.0016	787	39	825	9	98
YJ-02-56	205	382	0.54	0.1024	0.0021	3.6887	0.0841	0.2613	0.0034	1678	39	1496	18	95
YJ-02-57	354	209	1.69	0.0534	0.0022	0.1097	0.0050	0.0148	0.0003	346	94	94.9	1.7	89
YJ-02-58	93.4	133	0.70	0.0905	0.0013	3.2846	0.0596	0.2631	0.0035	1435	29	1506	18	98
YJ-02-59	53.8	282	0.19	0.0667	0.0012	1.3481	0.0332	0.1459	0.0023	828	37	878	13	98
YJ-02-60	105	371	0.28	0.0658	0.0012	1.2388	0.0238	0.1362	0.0014	798	37	823	8	99
YJ-02-61	55.8	164	0.34	0.0669	0.0014	1.2924	0.0300	0.1395	0.0017	835	44	842	10	99
YJ-02-62	99.1	226	0.44	0.0659	0.0013	1.3463	0.0319	0.1474	0.0020	806	47	887	11	97
YJ-02-63	222	370	0.60	0.0696	0.0011	1.4418	0.0329	0.1497	0.0024	917	34	899	14	99
YJ-02-64	124	290	0.43	0.0672	0.0012	1.2663	0.0257	0.1364	0.0017	844	36	824	9	99
YJ-02-65	115	120	0.96	0.1224	0.0019	5.8975	0.1059	0.3487	0.0038	1992	28	1928	18	98
YJ-02-66	310	402	0.77	0.0703	0.0016	1.3022	0.0415	0.1329	0.0017	939	44	804	9	94
YJ-02-67	148	253	0.58	0.1106	0.0016	4.6527	0.0772	0.3045	0.0033	1810	26	1714	16	97
YJ-02-68	60.6	355	0.17	0.0697	0.0011	1.4044	0.0347	0.1452	0.0024	920	31	874	14	98
YJ-02-69	131	242	0.54	0.1171	0.0016	5.4587	0.0886	0.3372	0.0035	1922	26	1873	17	98
YJ-02-70	287	378	0.76	0.0726	0.0011	1.6206	0.0292	0.1613	0.0018	1003	31	964	10	98
YJ-02-71	74.1	409	0.18	0.0654	0.0011	1.1981	0.0207	0.1324	0.0015	787	33	802	9	99
YJ-02-72	188	509	0.37	0.0648	0.0010	1.1963	0.0245	0.1333	0.0020	769	34	807	12	99
YJ-02-73	58.6	284	0.21	0.0651	0.0012	1.2335	0.0226	0.1368	0.0015	776	38	827	8	98
YJ-02-74	72.3	189	0.38	0.0699	0.0015	1.2651	0.0254	0.1310	0.0015	928	46	793	8	95
YJ-02-75	304	491	0.62	0.0754	0.0016	1.2652	0.0254	0.1226	0.0024	1080	43	746	14	89
YJ-02-76	165	246	0.67	0.1004	0.0018	3.9660	0.0680	0.2846	0.0029	1631	33	1615	14	99
YJ-02-77	568	872	0.65	0.1197	0.0027	1.9443	0.0514	0.1182	0.0027	1951	41	720	15	58
YJ-02-78	220	624	0.35	0.0913	0.0035	2.3475	0.1597	0.1720	0.0055	1454	68	1023	30	81
YJ-02-79	45.1	195	0.23	0.0826	0.0019	2.5899	0.1218	0.2205	0.0078	1261	46	1285	41	98
YJ-02-80	48.9	126	0.39	0.0812	0.0018	2.3482	0.0551	0.2097	0.0030	1226	47	1227	16	99
YJ-02-81	423	993	0.43	0.0959	0.0018	2.3691	0.0490	0.1781	0.0016	1547	37	1057	9	84
YJ-02-82	82.6	332	0.25	0.0670	0.0013	1.2482	0.0258	0.1343	0.0013	839	39	812	7	98
YJ-02-83	111	310	0.36	0.0751	0.0017	1.8634	0.0874	0.1735	0.0053	1072	44	1032	29	96
YJ-02-84	50.7	249	0.20	0.0651	0.0012	1.2256	0.0242	0.1357	0.0017	789	39	820	10	99
YJ-02-85	267	428	0.62	0.1727	0.0030	10.5165	0.1774	0.4385	0.0047	2584	23	2344	21	94
YJ-02-86	147	222	0.66	0.0665	0.0017	1.3003	0.0329	0.1411	0.0020	833	54	851	11	99
YJ-02-87	151	447	0.34	0.0756	0.0014	1.8058	0.0550	0.1700	0.0035	1085	34	1012	20	96
YJ-02-88	45.1	105	0.43	0.0665	0.0017	1.3351	0.0328	0.1461	0.0028	833	54	879	16	97
YJ-02-89	33.5	251	0.13	0.0658	0.0013	1.2630	0.0253	0.1385	0.0017	798	36	836	9	99

续表

分析点	Th /10^{-6}	U /10^{-6}	Th /U	^{207}Pb /^{206}Pb	1σ	^{207}Pb /^{235}U	1σ	^{206}Pb /^{238}U	1σ	^{207}Pb/^{206}Pb 年龄/Ma	1σ	^{206}Pb/^{238}U 年龄/Ma	1σ	谐和度 /%
YJ-02-90	56.4	264	0.21	0.0658	0.0013	1.2514	0.0265	0.1371	0.0018	798	36	828	10	99
YJ-02-91	95.4	198	0.48	0.0676	0.0014	1.2969	0.0277	0.1388	0.0016	855	43	838	9	99
YJ-02-92	63.0	389	0.16	0.0660	0.0011	1.2258	0.0247	0.1341	0.0016	809	35	811	9	99
YJ-02-93	379	526	0.72	0.0728	0.0015	1.3539	0.0277	0.1349	0.0014	1009	42	816	8	93
YJ-02-94	70.0	429	0.16	0.0644	0.0011	1.1834	0.0225	0.1332	0.0013	767	38	806	8	98
YJ-02-95	70.0	180	0.39	0.0721	0.0024	1.4604	0.0602	0.1456	0.0021	988	67	876	12	95
YJ-02-96	157	324	0.48	0.1562	0.0042	7.9371	0.4271	0.3490	0.0138	2415	46	1930	66	85
YJ-02-97	135	469	0.29	0.0561	0.0011	0.5759	0.0137	0.0742	0.0010	457	44	462	6	99
YJ-02-98	147	350	0.42	0.0671	0.0013	1.2437	0.0245	0.1339	0.0013	843	-160	810	7	98
YJ-02-99	165	516	0.32	0.0662	0.0012	1.2016	0.0228	0.1307	0.0012	813	40	792	7	98
YJ-02-100	45.4	121	0.38	0.0733	0.0018	1.8377	0.0501	0.1802	0.0026	1033	50	1068	14	99
DT-02-1	82.9	291	0.28	0.0668	0.0011	1.2339	0.0223	0.1337	0.0016	831	33	809	9	99
DT-02-2	117	193	0.61	0.0655	0.0012	1.1889	0.0220	0.1315	0.0014	791	38	797	8	99
DT-02-3	558	804	0.69	0.0698	0.0010	1.3557	0.0211	0.1405	0.0014	922	29	848	8	97
DT-02-4	170	335	0.51	0.0678	0.0011	1.2790	0.0228	0.1364	0.0015	861	34	825	8	98
DT-02-5	67.9	67.3	1.01	0.0685	0.0018	1.3357	0.0350	0.1411	0.0015	885	54	851	8	98
DT-02-6	63.4	231	0.27	0.0811	0.0016	2.4115	0.0637	0.2146	0.0038	1233	39	1253	20	99
DT-02-7	104	237	0.44	0.1227	0.0021	6.2130	0.1238	0.3660	0.0044	1995	30	2010	21	99
DT-02-8	30.0	270	0.11	0.0678	0.0012	1.3060	0.0262	0.1393	0.0016	865	36	840	9	99
DT-02-9	66.2	434	0.15	0.0677	0.0009	1.2239	0.0205	0.1309	0.0014	861	28	793	8	97
DT-02-10	144	164	0.88	0.0947	0.0013	3.5340	0.0687	0.2700	0.0036	1522	26	1541	18	99
DT-02-16	86.4	126	0.69	0.0671	0.0014	1.2975	0.0272	0.1401	0.0015	843	43	845	9	99
DT-02-17	274	348	0.79	0.0687	0.0011	1.4137	0.0230	0.1493	0.0016	889	31	897	9	99
DT-02-18	426	535	0.80	0.0863	0.0026	1.3701	0.0277	0.1178	0.0018	1346	58	718	10	80
DT-02-19	63.7	421	0.15	0.0740	0.0015	1.2967	0.0314	0.1264	0.0013	1043	35	767	7	90
DT-02-20	141	210	0.67	0.0710	0.0013	1.4513	0.0274	0.1488	0.0019	967	38	894	11	98
DT-02-21	139	368	0.38	0.0680	0.0009	1.2916	0.0223	0.1376	0.0015	878	28	831	8	98
DT-02-22	89.1	240	0.37	0.0690	0.0011	1.3475	0.0266	0.1414	0.0015	898	33	852	9	98
DT-02-23	127	114	1.11	0.0656	0.0015	1.1509	0.0269	0.1276	0.0016	794	48	774	9	99
DT-02-24	86.1	416	0.21	0.0678	0.0010	1.2307	0.0190	0.1315	0.0012	865	31	796	7	97
DT-02-25	1389	1515	0.92	0.0702	0.0010	1.2704	0.0212	0.1307	0.0013	1000	30	792	8	95
DT-02-26	31.1	46.5	0.67	0.1225	0.0024	5.8628	0.1163	0.3459	0.0041	1994	35	1915	20	97
DT-02-27	275	448	0.61	0.1079	0.0017	4.6794	0.0778	0.3125	0.0032	1765	28	1753	16	99
DT-02-28	109	188	0.58	0.1098	0.0019	4.8426	0.0840	0.3179	0.0034	1798	31	1779	17	99
DT-02-29	175	740	0.24	0.0839	0.0028	1.9274	0.0871	0.1638	0.0037	1300	61	978	21	89
DT-02-30	82.9	333	0.25	0.0697	0.0016	1.3276	0.0304	0.1370	0.0015	920	46	828	8	96
DT-02-31	211	527	0.40	0.0695	0.0015	1.3637	0.0315	0.1410	0.0017	922	40	851	10	97
DT-02-32	175	222	0.79	0.1978	0.0042	11.9851	0.2542	0.4360	0.0038	2809	35	2333	17	89
DT-02-33	258	465	0.55	0.0814	0.0015	1.7554	0.0394	0.1554	0.0023	1231	35	931	13	90

续表

分析点	Th /10⁻⁶	U /10⁻⁶	Th /U	$^{207}Pb/^{206}Pb$	1σ	$^{207}Pb/^{235}U$	1σ	$^{206}Pb/^{238}U$	1σ	$^{207}Pb/^{206}Pb$ 年龄/Ma	1σ	$^{206}Pb/^{238}U$ 年龄/Ma	1σ	谐和度 /%
DT-02-34	85. 6	670	0. 13	0. 0663	0. 0010	1. 2790	0. 0207	0. 1394	0. 0013	817	36	841	7	99
DT-02-35	153	137	1. 12	0. 1249	0. 0018	6. 1787	0. 1147	0. 3575	0. 0042	2027	-7	1970	20	98
DT-02-36	97. 0	66. 7	1. 45	0. 1324	0. 0028	6. 8687	0. 1685	0. 3762	0. 0053	2129	36	2058	25	98
DT-02-37	167	371	0. 45	0. 0708	0. 0010	1. 5761	0. 0251	0. 1615	0. 0015	951	30	965	8	99
DT-02-38	73. 8	276	0. 27	0. 0647	0. 0010	1. 2374	0. 0255	0. 1385	0. 0019	765	33	836	11	97
DT-02-39	133	807	0. 16	0. 0675	0. 0009	1. 3624	0. 0203	0. 1460	0. 0013	854	28	879	7	99
DT-02-40	155	160	0. 97	0. 0651	0. 0013	1. 2264	0. 0249	0. 1367	0. 0015	776	36	826	9	98
DT-02-41	151	273	0. 55	0. 0688	0. 0012	1. 4179	0. 0289	0. 1492	0. 0019	894	35	896	11	99
DT-02-42	80. 3	299	0. 27	0. 0657	0. 0011	1. 1969	0. 0213	0. 1320	0. 0012	796	35	799	7	99
DT-02-43	146	267	0. 55	0. 1708	0. 0018	11. 8146	0. 1707	0. 5011	0. 0055	2565	18	2619	23	98
DT-02-44	76. 1	153	0. 50	0. 0682	0. 0011	1. 3222	0. 0237	0. 1406	0. 0014	876	32	848	8	99
DT-02-45	144	334	0. 43	0. 0669	0. 0011	1. 2580	0. 0235	0. 1365	0. 0015	835	-168	825	8	99
DT-02-46	133	273	0. 49	0. 0656	0. 0009	1. 2029	0. 0189	0. 1333	0. 0013	794	34	807	8	99
DT-02-47	112	152	0. 74	0. 0638	0. 0011	1. 1720	0. 0204	0. 1336	0. 0013	744	36	808	8	97
DT-02-48	40. 3	46. 3	0. 87	0. 0681	0. 0020	1. 3159	0. 0381	0. 1415	0. 0019	872	61	853	11	99
DT-02-49	112	175	0. 64	0. 0680	0. 0013	1. 2776	0. 0313	0. 1362	0. 0018	870	41	823	10	98
DT-02-50	75. 3	403	0. 19	0. 0884	0. 0044	1. 7577	0. 0995	0. 1420	0. 0019	1391	94	856	11	81
DT-02-51	114	129	0. 88	0. 0585	0. 0029	0. 2787	0. 0151	0. 0345	0. 0007	546	107	219	4	86
DT-02-52	40. 1	40. 8	0. 98	0. 0694	0. 0019	1. 3041	0. 0383	0. 1370	0. 0021	910	58	827	12	97
DT-02-53	97. 4	353	0. 28	0. 0711	0. 0012	1. 4722	0. 0417	0. 1490	0. 0026	961	37	895	14	97
DT-02-54	90. 5	231	0. 39	0. 0662	0. 0013	1. 2161	0. 0259	0. 1331	0. 0014	813	41	806	8	99
DT-02-55	162	376	0. 43	0. 1265	0. 0018	6. 4770	0. 1190	0. 3705	0. 0044	2050	25	2032	20	99
DT-02-56	129	184	0. 70	0. 0862	0. 0019	1. 3767	0. 0305	0. 1160	0. 0014	1343	44	708	8	78
DT-02-57	232	364	0. 64	0. 1024	0. 0016	3. 0299	0. 0708	0. 2136	0. 0040	1678	28	1248	21	87
DT-02-58	754	953	0. 79	0. 0696	0. 0010	1. 3254	0. 0245	0. 1373	0. 0017	918	31	829	10	96
DT-02-59	343	412	0. 83	0. 0821	0. 0034	0. 5550	0. 0169	0. 0500	0. 0007	1247	80	315	4	65
DT-02-60	214	656	0. 33	0. 1053	0. 0018	4. 0864	0. 0725	0. 2798	0. 0026	1720	33	1590	13	96
DT-02-61	161	256	0. 63	0. 0666	0. 0014	1. 3287	0. 0306	0. 1443	0. 0023	833	44	869	13	98
DT-02-62	122	108	1. 13	0. 1656	0. 0028	10. 7514	0. 1949	0. 4684	0. 0055	2514	29	2476	24	98
DT-02-63	271	480	0. 56	0. 0637	0. 0033	0. 1863	0. 0107	0. 0209	0. 0002	731	111	134	1	74
DT-02-64	71. 7	377	0. 19	0. 0742	0. 0013	1. 4912	0. 0331	0. 1444	0. 0018	1056	33	869	10	93
DT-02-65	270	417	0. 65	0. 1004	0. 0015	3. 5119	0. 0583	0. 2521	0. 0027	1632	26	1449	14	94
DT-02-66	208	336	0. 62	0. 0682	0. 0012	1. 4299	0. 0278	0. 1514	0. 0017	876	36	909	10	99
DT-02-67	79. 4	431	0. 18	0. 0648	0. 0011	1. 2898	0. 0256	0. 1441	0. 0021	769	234	868	12	96
DT-02-68	141	266	0. 53	0. 0675	0. 0012	1. 2698	0. 0256	0. 1358	0. 0014	854	42	821	8	98
DT-02-69	66. 6	196	0. 34	0. 1926	0. 0152	4. 8349	0. 4930	0. 1582	0. 0045	2765	130	947	25	38
DT-02-70	61. 3	292	0. 21	0. 0663	0. 0013	1. 2348	0. 0264	0. 1345	0. 0014	817	41	813	8	99
DT-02-71	68. 5	391	0. 18	0. 0654	0. 0013	1. 2102	0. 0246	0. 1339	0. 0014	787	41	810	8	99
DT-02-72	222	440	0. 50	0. 0713	0. 0015	1. 3970	0. 0459	0. 1410	0. 0030	969	43	850	17	95
DT-02-73	172	497	0. 35	0. 1588	0. 0024	9. 3581	0. 1584	0. 4255	0. 0036	2443	25	2285	16	96

续表

分析点	Th /10^{-6}	U /10^{-6}	Th /U	^{207}Pb /^{206}Pb	1σ	^{207}Pb /^{235}U	1σ	^{206}Pb /^{238}U	1σ	$^{207}Pb/^{206}Pb$ 年龄/Ma	1σ	$^{206}Pb/^{238}U$ 年龄/Ma	1σ	谐和度 /%
DT-02-74	620	497	1.25	0.0900	0.0029	1.3368	0.0255	0.1121	0.0026	1426	61	685	15	77
DT-02-75	93.8	248	0.38	0.0666	0.0011	1.3233	0.0252	0.1439	0.0017	826	35	866	9	98
DT-02-76	50.6	417	0.12	0.0656	0.0010	1.2138	0.0204	0.1339	0.0012	794	32	810	7	99
DT-02-77	178	333	0.53	0.1060	0.0013	4.6526	0.0791	0.3174	0.0041	1732	23	1777	20	98
DT-02-78	105	136	0.77	0.0944	0.0014	3.4565	0.0584	0.2650	0.0030	1517	29	1516	15	99
DT-02-79	194	870	0.22	0.0646	0.0008	1.2025	0.0166	0.1347	0.0013	761	21	815	8	98
DT-02-80	97.0	100	0.97	0.2425	0.0189	7.8796	1.0704	0.1942	0.0091	3137	124	1144	49	36
DT-02-81	160	353	0.45	0.0673	0.0010	1.2100	0.0198	0.1303	0.0016	856	31	790	9	98
DT-02-82	230	935	0.25	0.1788	0.0021	12.8419	0.1906	0.5190	0.0060	2643	14	2695	26	99
DT-02-83	56.7	365	0.16	0.0693	0.0012	1.2364	0.0202	0.1292	0.0013	909	35	783	8	95
DT-02-84	266	492	0.54	0.1102	0.0017	4.6651	0.0798	0.3052	0.0032	1803	28	1717	16	97
DT-02-85	480	533	0.90	0.1022	0.0019	3.9200	0.0967	0.2786	0.0064	1665	34	1584	32	97
DT-02-86	162	141	1.15	0.0669	0.0020	1.2345	0.0372	0.1332	0.0014	833	62	806	8	98
DT-02-87	290	267	1.09	0.0710	0.0013	1.6240	0.0311	0.1651	0.0018	967	37	985	10	99
DT-02-88	139	451	0.31	0.1135	0.0017	5.4251	0.0928	0.3451	0.0040	1855	28	1911	19	98
DT-02-89	124	220	0.56	0.0620	0.0013	0.9341	0.0184	0.1091	0.0011	672	44	668	7	99
DT-02-90	147	364	0.40	0.0654	0.0012	1.2035	0.0226	0.1332	0.0015	787	44	806	9	99
DT-02-91	602	594	1.01	0.1657	0.0026	11.3152	0.2001	0.4935	0.0060	2517	26	2586	26	98
DT-02-92	256	505	0.51	0.1045	0.0015	4.4773	0.0734	0.3096	0.0035	1706	26	1739	17	99
DT-02-93	181	214	0.85	0.0657	0.0012	1.1836	0.0219	0.1304	0.0013	796	34	790	7	99
DT-02-94	231	523	0.44	0.0675	0.0010	1.2418	0.0195	0.1330	0.0012	854	25	805	7	98
DT-02-95	189	525	0.36	0.0668	0.0010	1.2562	0.0207	0.1361	0.0015	831	31	822	8	99
DT-02-96	173	692	0.25	0.1224	0.0016	6.1386	0.1046	0.3625	0.0047	1992	23	1994	22	99
DT-02-97	96.8	422	0.23	0.0645	0.0009	1.1770	0.0182	0.1320	0.0014	767	30	799	8	98
DT-02-98	316	433	0.73	0.0743	0.0018	1.4754	0.0520	0.1416	0.0019	1050	50	854	11	92
DT-02-99	298	275	1.08	0.1055	0.0013	4.9043	0.0867	0.3359	0.0045	1724	22	1867	22	96
DT-02-100	161	406	0.40	0.0647	0.0011	1.2980	0.0257	0.1451	0.0018	765	234	873	10	96
DT-02-101	99.6	155	0.64	0.0642	0.0013	1.2224	0.0255	0.1382	0.0016	746	44	834	9	97
DT-02-102	428	748	0.57	0.0766	0.0011	1.4110	0.0262	0.1331	0.0016	1109	30	806	9	89
DT-02-103	755	1950	0.39	0.1175	0.0028	1.7694	0.0297	0.1125	0.0028	1920	43	687	16	59
DT-02-104	265	786	0.34	0.0673	0.0009	1.2989	0.0232	0.1396	0.0018	856	30	842	10	99
DT-02-105	168	444	0.38	0.0661	0.0010	1.2418	0.0233	0.1357	0.0016	809	33	820	9	99
DT-02-106	94.6	107	0.88	0.0653	0.0015	1.2313	0.0282	0.1367	0.0016	785	44	826	9	98
DT-02-107	113	183	0.62	0.0656	0.0014	1.2414	0.0263	0.1371	0.0015	794	43	828	8	98
DT-02-108	98.8	464	0.21	0.1634	0.0021	11.1873	0.2363	0.4940	0.0084	2491	22	2588	36	98
DT-02-109	132	245	0.54	0.0695	0.0017	1.0011	0.0237	0.1048	0.0015	922	51	643	8	90
DT-02-110	63.0	380	0.17	0.0653	0.0011	1.3030	0.0264	0.1442	0.0020	787	35	868	11	97
DT-02-111	256	330	0.78	0.0664	0.0012	1.2362	0.0226	0.1342	0.0014	820	34	812	8	99
DT-02-112	56.3	292	0.19	0.0670	0.0012	1.3008	0.0266	0.1395	0.0020	839	39	842	11	99
DT-02-113	73.1	301	0.24	0.0658	0.0011	1.2454	0.0213	0.1354	0.0019	798	35	819	11	99
DT-02-114	122	264	0.46	0.0638	0.0012	1.2858	0.0254	0.1437	0.0027	744	37	865	15	96
DT-02-115	234	182	1.29	0.2247	0.0157	4.9722	0.4617	0.1373	0.0050	3015	113	829	28	25

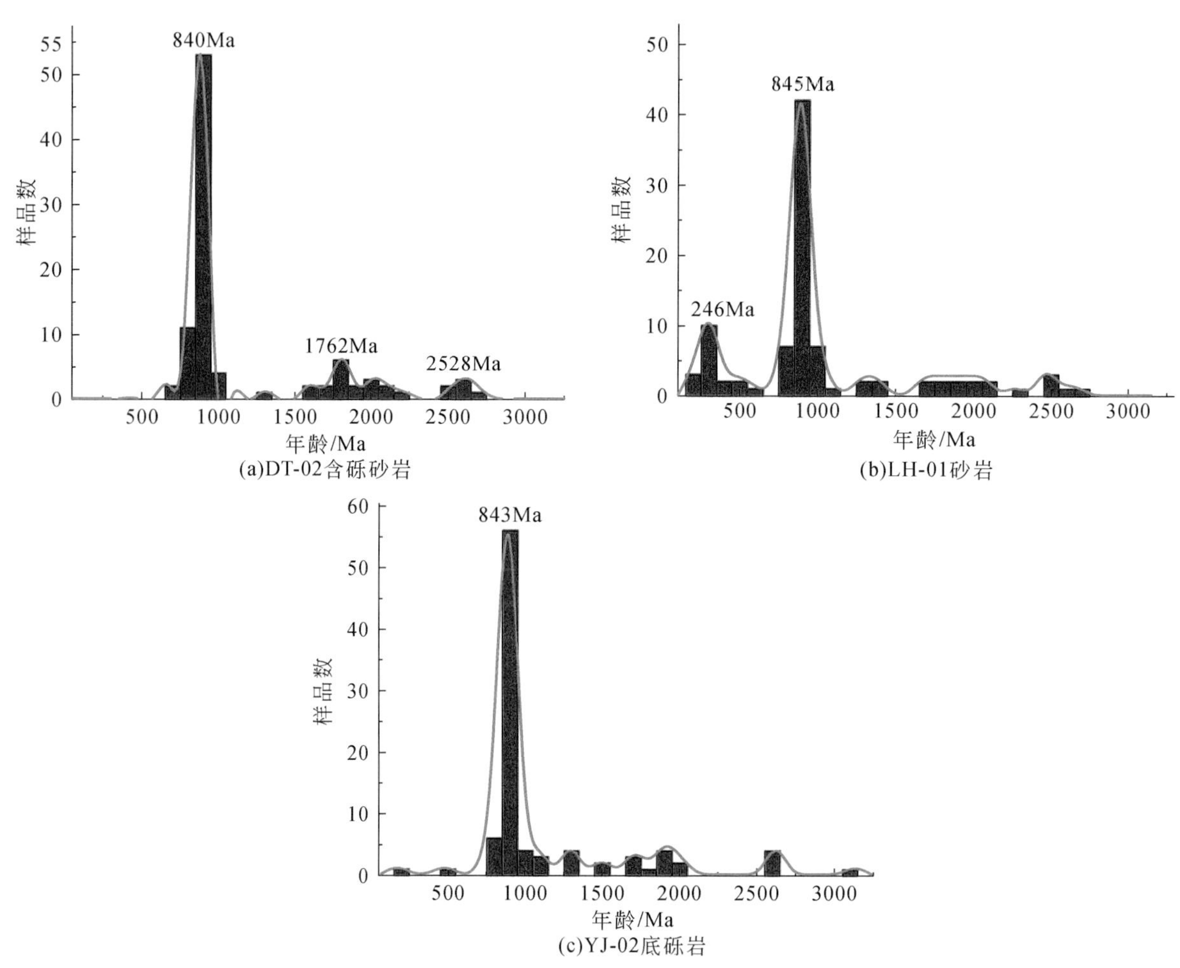

图 5-51　白垩系红层 DT-02（a）、LH-01（b）和 YJ-02（c）碎屑锆石 U-Pb 直方频谱图

分析点年龄大于 1000Ma 的采用$^{207}Pb/^{206}Pb$ 年龄，小于 1000Ma 的采用$^{206}Pb/^{238}U$ 年龄

（3）YJ-02 底砾岩样品。对该样品中的碎屑锆石颗粒共进行了 100 个 LA-ICP-MS U-Pb 定年分析，分析过程中尽量避免了锆石颗粒中的矿物包裹体和裂隙，但其有 7 个分析数据因谐和度<90% 而不予采用，实际有效分析为 93 个。如同 DT-02 和 LH-01 样品（图 5-50），YJ-02 样品中大多数（90% 以上）锆石颗粒具有自形的菱形或次菱形或截短的短柱状，少数锆石颗粒为圆形或次圆形的形态；从 CL 图像所揭示的内部结构同样发现大多数具有特征的振荡性环带或扇形环带，个别颗粒具有核-幔结构或白色的增生边；结合锆石 Th/U 值均大于 0.1（0.11 ~ 1.31），因而认为这些碎屑锆石具有岩浆起源（Hoskin and Schaltegger，2003）。从表 5-6 可见，样品 YJ-02 中碎屑锆石年龄变化于 110 ~ 3098Ma（图 5-51c），但主要年龄群在 776Ma 与 1000Ma 之间，其峰值年龄为 843Ma；该样品同时产生两个次要年龄群：2538 ~ 2599Ma（峰值：2567Ma）和 1000 ~ 1991Ma（峰值：1468Ma）。其中分析点 37 给出最大的年龄值为 3098±20Ma，该年龄由具有典型核-幔结构的锆石核产生；此外，一颗具自形菱形的和典型振荡环带的锆石（分析点 33）给出了最年轻年龄 110±2Ma（图 5-50）。

上述三个样品碎屑锆石年龄谱如图 5-52 所示。从图 5-52 可以看出，湘东北地区白垩系红层的碎屑锆石年龄主要集中在 750 ~ 1000Ma 之间，年龄峰值为 825Ma，与冷家溪群沉积时代一致（详见本书第 4 章）；四个次要的年龄峰值为 235Ma、1233Ma、1721 ~ 1994Ma、2565Ma，以及三个微量的年龄高峰：435Ma、2200Ma、3100Ma 也同时出现。由于分析的样品中大多数碎屑锆石为岩浆成因，说明前寒武纪、早古生代和中生代岩浆岩对白垩系红层沉积物均有贡献，只是早古生代和晚中生代的岩浆岩的贡献相对要少。由于在两个样品中发现了约 150Ma、约 110Ma 的年轻锆石，我们推断约 110Ma 的锆石年龄可能代表白垩系红层最新的沉积时代。

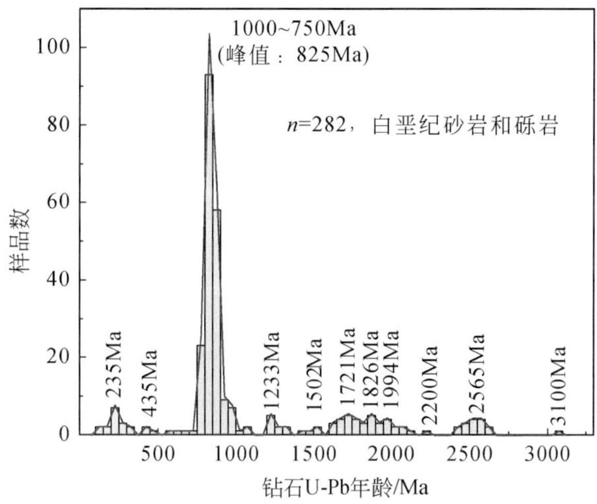

图 5-52 白垩系红层样品 DT-02、YJ-02 和 LH-01 碎屑锆石 U-Pb 直方频谱图

分析点年龄大于 1000Ma 的采用 $^{207}Pb/^{206}Pb$ 年龄，小于 1000Ma 的采用 $^{206}Pb/^{238}U$ 年龄

5.3.1.2 白垩系碎屑锆石 Hf 同位素组成

本书对白垩系红层三个样品 DT-02、YJ-02 和 LH-01 共进行了 87 个碎屑锆石 Hf 同位素分析。其中，DT-02 样品 14 个分析点、YJ-02 样品 4 个分析点、LH-01 样品 67 个分析点，这些分析点均对应了进行过 LA-ICP-MS 锆石 U-Pb 定年的相应点。锆石 Hf 同位素分析程序详见本书第 4.5 节。根据 Belousova 等 (2010) 的排除原则，对 Hf 同位素数据按顺序进行了筛选（详见 4.5.3 节），87 个分析点中有 5 个分析点被排除不予讨论。本次所分析的锆石具有典型的振荡环带或扇形环带，且 Th/U 值均大于 0.1（图 5-52、表 5-8），因此，这些分析的锆石为典型的岩浆锆石（Vavra et al.，1996，1999；Corfu et al.，2003；Wu and Zheng，2004；Hoskin and Schaltegger，2003）。

表 5-8 湘东北长平盆地白垩系红层样品锆石 Lu-Hf 同位素组成

分析点	U-Pb 年龄/Ma	$^{176}Lu/^{177}Hf$	$^{176}Hf/^{177}Hf$	1s	$(^{176}Hf/^{177}Hf)_i$	$\varepsilon_{Hf}(t)$	1s	t_{DM1}/Ga	1s	t_{DM2}/Ga
DT02-02	797	0.001118776	0.282423	0.000014	0.282407	4.69	0.205865	1.17	0.019376	1.40
DT02-03	848	0.000857462	0.281898	0.000016	0.281884	−12.69	0.269458	1.89	0.021434	2.52
DT02-04	825	0.001308411	0.282358	0.000013	0.282338	2.86	0.180653	1.27	0.018431	1.53
DT02-05	851	0.000475767	0.282504	0.000014	0.282497	9.08	0.222524	1.04	0.019746	1.16
DT02-06	1233	0.001415942	0.282032	0.000014	0.281999	0.02	0.213301	1.74	0.019587	2.02
DT02-09	793	0.002326404	0.282389	0.000015	0.282355	2.76	0.259487	1.26	0.022185	1.51
DT02-10	1522	0.002117510	0.282030	0.000015	0.281969	5.47	0.236136	1.77	0.020858	1.91
DT02-108	2491	0.000886414	0.281023	0.000013	0.280981	−7.48	0.182558	3.09	0.017571	3.44
DT02-109	643	0.000820320	0.282465	0.000012	0.282455	2.96	0.127143	1.11	0.016150	1.39
DT02-43	2565	0.000510165	0.281037	0.000013	0.281012	−4.67	0.177896	3.04	0.017235	3.33
DT02-62	2514	0.000514138	0.281213	0.000014	0.281188	0.41	0.210038	2.81	0.018534	2.98
LH01-10	249	0.001605816	0.282596	0.000013	0.282589	−1.00	0.192477	0.94	0.019207	1.34
LH01-100	2495	0.000476702	0.281087	0.000013	0.281064	−4.43	0.196673	2.97	0.017952	3.26
LH01-11	2643	0.001063676	0.280891	0.000013	0.280837	−9.11	0.177091	3.28	0.017371	3.66
LH01-13	775	0.002709836	0.282146	0.000043	0.282107	−6.44	1.240569	1.63	0.062608	2.08

续表

分析点	U-Pb 年龄/Ma	$^{176}Lu/^{177}Hf$	$^{176}Hf/^{177}Hf$	1s	$(^{176}Hf/^{177}Hf)_i$	$\varepsilon_{Hf}(t)$	1s	t_{DM1}/Ga	1s	t_{DM2}/Ga
LH01 15	1784	0. 001178923	0. 281567	0. 000014	0. 281527	-4. 28	0. 223136	2. 37	0. 019573	2. 71
LH01-18	567	0. 000784285	0. 281742	0. 000013	0. 281733	-24. 27	0. 195637	2. 11	0. 018460	3. 03
LH01-19	1787	0. 001244218	0. 281482	0. 000012	0. 281440	-7. 30	0. 146289	2. 49	0. 016580	2. 90
LH01-20	230	0. 001703171	0. 282475	0. 000014	0. 282467	-5. 73	0. 217535	1. 12	0. 020203	1. 62
LH01-22	869	0. 001482078	0. 282358	0. 000014	0. 282334	3. 73	0. 226941	1. 28	0. 020365	1. 51
LH01-23	766	0. 002173228	0. 282375	0. 000012	0. 282344	1. 77	0. 159057	1. 28	0. 017991	1. 56
LH01-24	854	0. 002739728	0. 282300	0. 000013	0. 282256	0. 63	0. 174750	1. 41	0. 018874	1. 69
LH01-25	845	0. 001714116	0. 282337	0. 000013	0. 282310	2. 33	0. 189089	1. 32	0. 018957	1. 58
LH01-27	882	0. 000646269	0. 282442	0. 000013	0. 282432	7. 48	0. 185302	1. 13	0. 018339	1. 29
LH01-29	858	0. 001493130	0. 282199	0. 000012	0. 282175	-2. 15	0. 141535	1. 50	0. 016877	1. 87
LH01-30	1903	0. 001019973	0. 281641	0. 000013	0. 281604	1. 17	0. 196948	2. 26	0. 018514	2. 47
LH01-31	2561	0. 000775805	0. 281139	0. 000012	0. 281101	-1. 58	0. 155408	2. 92	0. 016545	3. 14
LH01-32	882	0. 002869634	0. 282402	0. 000015	0. 282355	4. 74	0. 242855	1. 26	0. 021829	1. 46
LH01-33	1322	0. 002338831	0. 282014	0. 000013	0. 281955	0. 46	0. 176069	1. 81	0. 018548	2. 06
LH01-37	300	0. 001996296	0. 282461	0. 000015	0. 282450	-4. 79	0. 249649	1. 15	0. 021659	1. 61
LH01-38	344	0. 001405492	0. 282653	0. 000012	0. 282643	3. 02	0. 134608	0. 86	0. 016801	1. 15
LH01-39	289	0. 001071323	0. 282670	0. 000012	0. 282664	2. 55	0. 155766	0. 83	0. 017509	1. 14
LH01-4	152	0. 001025324	0. 282425	0. 000012	0. 282422	-9. 04	0. 128466	1. 17	0. 016288	1. 77
LH01-40	774	0. 002017106	0. 282499	0. 000015	0. 282470	6. 42	0. 238142	1. 09	0. 021202	1. 27
LH01-41	150	0. 001405832	0. 282507	0. 000013	0. 282503	-6. 25	0. 176474	1. 07	0. 018418	1. 59
LH01-42	1854	0. 000908861	0. 281602	0. 000012	0. 281570	-1. 16	0. 136146	2. 30	0. 016100	2. 57
LH01-43	866	0. 002263713	0. 282327	0. 000013	0. 282291	2. 11	0. 181636	1. 35	0. 018928	1. 61
LH01-46	808	0. 001121827	0. 281807	0. 000017	0. 281790	-16. 94	0. 320633	2. 03	0. 023527	2. 75
LH01-47	1235	0. 001553869	0. 282260	0. 000013	0. 282224	8. 03	0. 195424	1. 42	0. 019071	1. 52
LH01-48	897	0. 001464936	0. 282394	0. 000015	0. 282369	5. 60	0. 247241	1. 23	0. 021188	1. 42
LH01-49	811	0. 002664671	0. 282300	0. 000015	0. 282259	-0. 22	0. 238724	1. 41	0. 021475	1. 72
LH01-5	2072	0. 001448788	0. 281470	0. 000013	0. 281412	-1. 78	0. 195783	2. 52	0. 018577	2. 78
LH01-50	854	0. 001449099	0. 282363	0. 000013	0. 282339	3. 59	0. 185589	1. 27	0. 018698	1. 51
LH01-51	808	0. 002246877	0. 282284	0. 000013	0. 282249	-0. 64	0. 195529	1. 41	0. 019463	1. 74
LH01-53	1011	0. 000591463	0. 282380	0. 000013	0. 282368	8. 11	0. 191102	1. 22	0. 018502	1. 35
LH01-54	437	0. 000734964	0. 282475	0. 000014	0. 282469	-1. 11	0. 220162	1. 09	0. 019789	1. 49
LH01-56	1233	0. 001229179	0. 282272	0. 000013	0. 282244	8. 69	0. 167142	1. 39	0. 017796	1. 48
LH01-57	182	0. 001126635	0. 282285	0. 000013	0. 282281	-13. 37	0. 191852	1. 37	0. 018776	2. 06
LH01-6	808	0. 001877431	0. 282339	0. 000013	0. 282311	1. 53	0. 170368	1. 32	0. 018286	1. 60
LH01-60	870	0. 001712079	0. 282311	0. 000015	0. 282283	1. 94	0. 257546	1. 35	0. 021692	1. 63
LH01-61	827	0. 001874318	0. 282384	0. 000013	0. 282355	3. 53	0. 162776	1. 26	0. 018000	1. 49
LH01-62	894	0. 002224677	0. 282318	0. 000014	0. 282281	2. 39	0. 197535	1. 36	0. 019549	1. 61
LH01-64	1217	0. 001275585	0. 281742	0. 000014	0. 281713	-10. 51	0. 210883	2. 13	0. 019264	2. 66
LH01-66	906	0. 000225932	0. 282071	0. 000014	0. 282067	-4. 93	0. 226952	1. 63	0. 019555	2. 08
LH01-67	810	0. 002337253	0. 282354	0. 000014	0. 282318	1. 85	0. 204948	1. 31	0. 019936	1. 58

续表

分析点	U-Pb 年龄/Ma	$^{176}Lu/^{177}Hf$	$^{176}Hf/^{177}Hf$	1s	$(^{176}Hf/^{177}Hf)_i$	$\varepsilon_{Hf}(t)$	1s	t_{DM1}/Ga	1s	t_{DM2}/Ga
LH01-68	823	0.002433825	0.282265	0.000014	0.282227	-1.10	0.227395	1.45	0.020855	1.78
LH01-69	882	0.001260762	0.282563	0.000016	0.282542	11.38	0.296765	0.98	0.023155	1.04
LH01-70	875	0.002035350	0.282284	0.000014	0.282251	0.90	0.226216	1.40	0.020594	1.69
LH01-73	808	0.001522514	0.282352	0.000013	0.282329	2.16	0.165583	1.29	0.017929	1.56
LH01-74	871	0.001196522	0.282248	0.000014	0.282228	0.02	0.208590	1.42	0.019424	1.75
LH01-76	296	0.000716046	0.282374	0.000014	0.282370	-7.70	0.222602	1.23	0.019825	1.79
LH01-77	898	0.001659761	0.282134	0.000013	0.282106	-3.70	0.183135	1.60	0.018580	2.00
LH01-78	225	0.001078599	0.282533	0.000014	0.282528	-3.67	0.212619	1.02	0.019709	1.49
LH01-79	1662	0.000524870	0.281810	0.000017	0.281793	2.39	0.324030	2.00	0.023257	2.21
LH01-8	846	0.002071670	0.282311	0.000013	0.282278	1.22	0.171900	1.37	0.018427	1.65
LH01-83	817	0.001136918	0.282223	0.000013	0.282206	-1.97	0.174193	1.46	0.018024	1.83
LH01-85	874	0.001238272	0.282335	0.000014	0.282314	3.13	0.206095	1.30	0.019393	1.55
LH01-86	270	0.001004692	0.282407	0.000014	0.282402	-7.15	0.222408	1.19	0.019987	1.74
LH01-87	878	0.002125790	0.282355	0.000013	0.282320	3.43	0.177002	1.30	0.018684	1.54
LH01-88	227	0.000996207	0.282496	0.000013	0.282492	-4.92	0.184764	1.07	0.018541	1.57
LH01-9	633	0.001068341	0.282272	0.000014	0.282260	-4.17	0.199204	1.38	0.019012	1.83
LH01-91	98.6	0.002257216	0.282716	0.000015	0.282712	0.04	0.230428	0.79	0.021190	1.16
LH01-92	813	0.001015984	0.282173	0.000014	0.282158	-3.77	0.222739	1.52	0.019851	1.94
LH01-93	2043	0.001028340	0.281170	0.000013	0.281130	-12.47	0.195433	2.90	0.018215	3.41
LH01-94	482	0.000911515	0.282482	0.000014	0.282474	0.07	0.203316	1.09	0.019215	1.45
LH01-95	823	0.002166504	0.282350	0.000012	0.282316	2.05	0.156784	1.31	0.017880	1.58
LH01-96	816	0.001323860	0.282570	0.000014	0.282550	10.18	0.228934	0.97	0.020485	1.06
LH01-97	2218	0.000745444	0.281285	0.000013	0.281253	-4.09	0.192293	2.72	0.018016	3.03
YJ02-20	2538	0.000742372	0.281168	0.000012	0.281132	-1.02	0.152629	2.88	0.016440	3.09
YJ02-28	2546	0.000569256	0.281089	0.000012	0.281061	-3.36	0.146489	2.98	0.016102	3.24
YJ02-33	110	0.001368810	0.282878	0.000012	0.282875	6.05	0.151844	0.54	0.017602	0.78
YJ02-97	462	0.002253136	0.282337	0.000014	0.282318	-5.91	0.226110	1.34	0.020762	1.81

注：计算中采用参数 $(f_{Lu/Hf})_{DM}=0.16$，$(f_{Lu/Hf})_{crust}=-0.55$。

从表5-7可见，所分析的三个样品中碎屑锆石颗粒均具有高度可变的Hf同位素组成。其中，样品DT-02的$^{176}Lu/^{177}Hf$值变化于0.000475767～0.002326404间，$\varepsilon_{Hf}(t)$值变化于-12.69～9.08间；样品LH-01的$^{176}Lu/^{177}Hf$值变化于0.000225932～0.002869634间，$\varepsilon_{Hf}(t)$值变化于-24.27～11.38间；样品YJ-02的$^{176}Lu/^{177}Hf$值变化于0.000569256～0.002253136间，$\varepsilon_{Hf}(t)$值变化于-5.91～6.05间。整体上，那些结晶年龄在1.00～2.65Ga的锆石普遍具有较低的$^{176}Hf/^{177}Hf$值（普遍小于0.282000）和较高的Hf模式年龄（普遍大于2.0Ga）；而结晶年龄在110～900Ma的锆石颗粒普遍具有较高的$^{176}Hf/^{177}Hf$值（普遍大于0.282000）和低的Hf模式年龄（t_{DM2}）（普遍在0.78～2.0Ga之间；图5-53）。不过，上述两类锆石均具有非常正的或非常负的$\varepsilon_{Hf}(t)$值，整体变化于-24.3～11.4间，与冷家溪群板岩碎屑锆石Hf同位素组成非常类似（详见本书第4章），说明这些白垩系红层主要来源于冷家溪群剥蚀物。

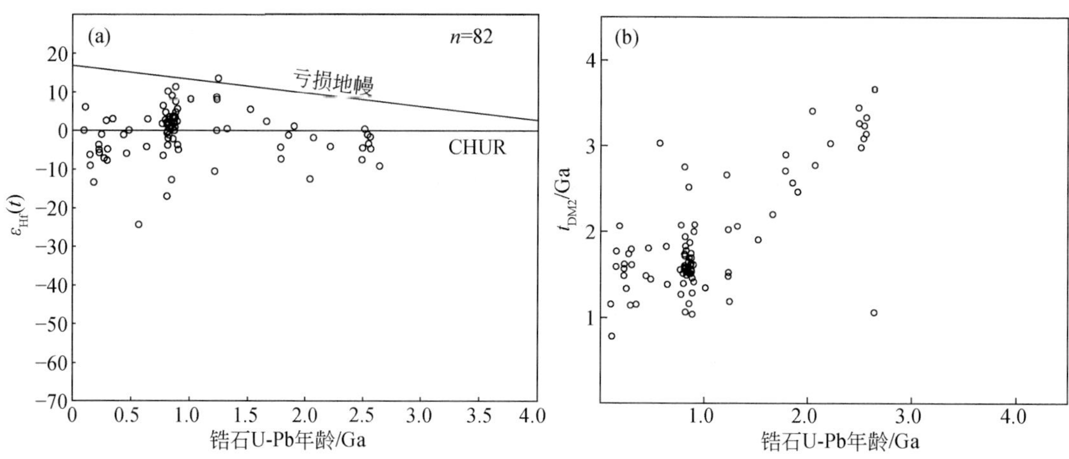

图 5-53　白垩系红层样品 DT-02、YJ-02 和 LH-01 碎屑锆石 U-Pb 年龄与 $\varepsilon_{Hf}(t)$（a）和 Hf 模式年龄（t_{DM2}）（b）图

5.3.2　含钾矿物 Ar-Ar 定年

为了揭示湘东北地区韧性剪切变形时代，并约束韧–脆性构造变形和（岩浆）热液活动与金、铜、钴、钼等多金属成矿事件的关系，本次研究对长平断裂带及附近的不同构造岩带（蚀变构造角砾岩带、糜棱岩带、蚀变破碎板岩）的蚀变构造角砾岩、糜棱岩和破碎蚀变板岩中的云母类（黑云母、白云母）进行了^{40}Ar-^{39}Ar 放射性定年；同时，对望湘复杂岩体变形花岗岩中白云母、黄金洞金矿区含矿石英脉中的白云母和梅仙钼矿中含矿伟晶岩内的白云母进行了^{40}Ar-^{39}Ar 放射性定年。

1. Ar-Ar 定年方法

本次研究采用阶段加热法对从不同类岩石和矿脉中分选出的黑云母和白云母进行^{40}Ar-^{39}Ar 定年。首先对每个测试样磨制薄片进行岩相学和矿相学鉴定；然后将部分样品破碎至 60 ~ 80 目后在双目显微镜下挑选出白云母和黑云母，再用去离子水在超声波清洗品清洗 30 分钟；这些步骤完成后，将每个单矿物样品约 20mg 包裹在铝箔纸包裹内，然后在北京中国原子能科学院 49-2 游泳池反应堆辐射约 24 小时，中子活化编号为 GZ17。^{40}Ar/^{39}Ar 测试工作在中国科学院广州地球化学研究所同位素地球化学国家重点实验室 GVI-5400®质谱计上完成。中子通量监测标准样品为本实验室所采用的标样北京房山花岗闪长岩黑云母样品 ZBH-25，其 K-Ar 年龄为 132. 5±1. 2Ma（王松山，1983）。样品用激光阶段加热求得 J 值（$J=1.22\times10^{-2}$；Wang et al.，2005），然后根据 J 值变化曲线的函数关系和样品的位置计算出每个样品的 J 值。干扰氩同位素校正因子分别为：$(^{39}Ar/^{37}Ar)_{Ca}=8.984\times10^{-4}$、$(^{36}Ar/^{37}Ar)_{Ca}=2.673\times10^{-4}$、$(^{40}Ar/^{39}Ar)_{K}=5.97\times10^{-3}$和 $(^{38}Ar/^{39}Ar)_{K}=1.211\times10^{-2}$。Ar 同位素分析之前，整个系统先使用加热带在 150℃下烘烤去气。而后，激光阶段加热释放出来的气体通过 2 个 SAES NP10® Zr/Al 吸气泵纯化后送入质谱计进行氩同位素分析。每次实验以本底分析开始，在完成 4 ~ 6 个阶段后插做一个本底分析，用以准确扣除系统的本底。本底分析时不发射激光，其实验流程与样品分析流程完全一致（胡荣国等，2016）。黑云母和白云母激光加热^{40}Ar/^{39}Ar 定年结果采用 A. A. P. Koppers 博士编写的软件 ArArCALC V2. 50 进行计算和作图（Koppers，2002），年龄误差以 2σ 给出。

2. Ar-Ar 定年结果

1）长平断裂带构造岩

本次研究从长平断裂带获取了两个糜棱岩化样品 ZK11402-02 和 ZK11402-03、两个含白云母石英脉岩样品 DY02、DY03 开展其中的白云母 Ar-Ar 定年分析。

样品 ZK11402-02 和 ZK11402-03 为糜棱岩化混合花岗岩，采自横洞钴矿区钻孔 ZK11402 岩心。该糜棱岩化混合花岗岩位于蚀变构造角砾岩带和蚀变碎裂岩带下部（详见图 2-67），岩石中矿物具有明显的定向排列，有以铁镁质矿物为主组成的条带和以长英质矿物为主要组成的条带相互交替出现，其中长英质残斑则强烈拉长变形、显示左旋剪切变形特征［图 5-54（a）（b）］；主要矿物成分为石英（40%）、长石（50%）、白云母（1%）、绢云母（1%）和绿泥石（8%）；石英表现压扁拉长、动态重结晶和波状消光、拔丝结构和核幔构造等，斜长石呈现聚片双晶格且扭曲变形，微斜长石格子双晶明显，且呈脆性变形、表面蚀变风化严重，而白云母颗粒局部粒度比较大［图 5-54（c）~（f）］；同时因该岩石发生强烈的硅化、绢云母化、绿泥石化、碳酸盐化和硫化物矿化（黄铁矿、黄铜矿）等，多期（至少两期）碳酸盐细脉、石英细脉和绿泥石细脉穿插于先前矿物，且这些细脉还互相切割［图 5-54（g）（h）］。

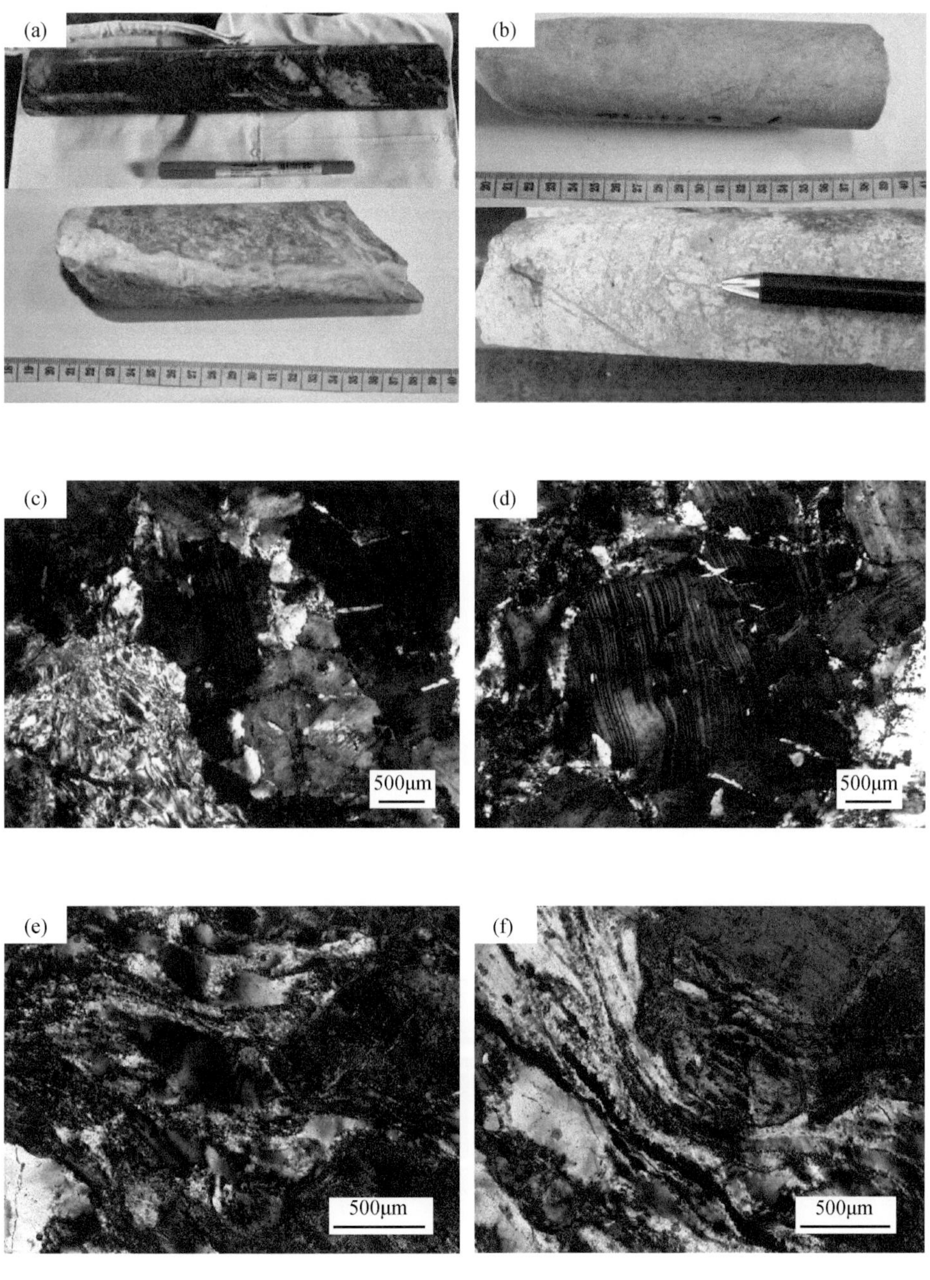

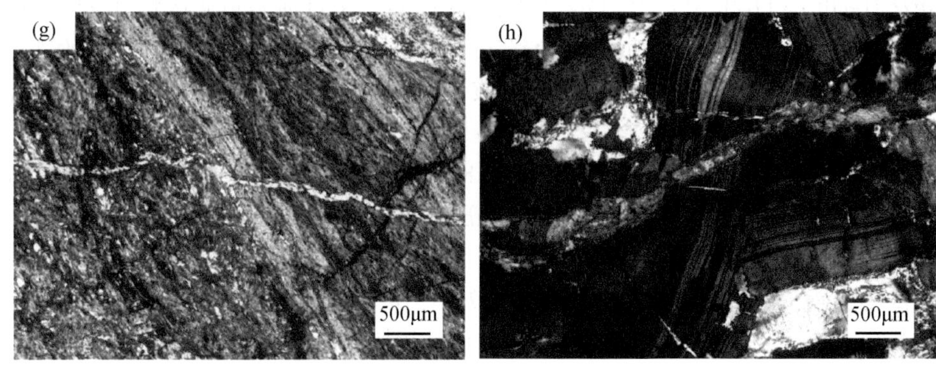

图 5-54　长平断裂带糜棱岩化混合花岗岩特征照片

(a)(b) 岩心照片反映岩石强烈变形和硅化形成条纹条带构造和旋转变形的长英质透镜体；(c) 岩石中的白云母 (正交偏光)；(d) 斜长石的扭曲和石英动态重结晶 (正交偏光)；(e) 石英的核-幔构造和动态重结晶与波状消光 (正交偏光)；(f) 丝带状石英与斜长石聚片双晶 (正交偏光)；(g) 晚期石英脉切割早期绿泥石脉 (单偏光)；(h) 碳酸盐脉切割扭曲的斜长石 (单偏光)

含白云母石英脉样品 DY02、DY03 采自井冲-横洞矿区北东部五星水库大岩金钴矿化点。该脉岩产于长平断裂带内的中粗粒花岗岩中，或赋存于破碎的花岗岩裂隙内 (“连云山岩体”)，脉最宽约 30cm、小者小于 0.5cm，野外明显见到与石英共生的聚片状白云母集合体，主要矿物由波状消光的石英 (95% 以上) 和白云母组成，微量矿物为钾长石、绢云母、黄铁矿和毒砂；而中粗粒花岗岩则强烈破碎、呈角砾状，局部因强烈硅化和变形呈 “S” 形透镜状，局部显示定向 (图 5-55)。

图 5-55　长平断裂带含白云母石英脉特征照片

(a) ~ (d) 野外照片反映石英脉产于花岗岩内或破碎的花岗岩裂隙中，且强烈脆-韧性变形形成透镜体，肉眼可见脉中的聚片状白云母集合体；(e) 呈细脉产出的含白云母石英脉 (正交偏光)；(f) 局部可见到具卡氏双晶的钾长石 (正交偏光)

（1）糜棱岩化样品 ZK11402-02 和 ZK11402-03。这两个样品的白云母^{40}Ar-^{39}Ar定年结果见表 5-9，均产生很好定义的坪年龄，且至少由 14 个连续的阶段组成，说明了有 60% 以上的^{39}Ar总量释放 [图 5-56（a）（b）]，这些连续加热阶段均给出可重复的、可信度为 95% 的表面年龄，因而 ZK11402-02 和 ZK11402-03 两个样品中白云母所产生的坪年龄分别为 124.74±0.62Ma（MSDW = 0.49）和 122.16±0.61Ma（MSDW = 0.63）；相应地，它们的等时线和反转等时线年龄分别为 124.38±0.73Ma 和 124.96±0.73Ma 以及 122.16±0.62Ma 和 122.14±0.62Ma [图 5-56（c）（d）]，这些年龄值与坪年龄均十分接近。此外，这两个样品无论是等时线投影，还是反转等时线投影其$^{40}Ar/^{36}Ar$值均在 295.5 以上，与现今大气中的相应比值（298.56±0.31；Renne et al.，2009）在误差范围内一致。这些很好定义的坪年龄、坪年龄和等时线或反转等时线年龄的可重复性说明所分析的白云母的放射性成因和核成因的气体部分一直保存在密封的源区库内，而这些源区库在整个历史时期一直是封闭的，且未受到污染（Li et al.，2012b）。因此，这些坪年龄和等时线或反转等时线年龄是可靠的。

表 5-9（a）　横洞钴矿床白云母 Ar-Ar 定年分析结果（样品编号=ZK11402-02；J=0.00897160）

点号	$^{40}Ar/^{39}Ar$	$^{37}Ar/^{39}Ar$	$^{36}Ar/^{39}Ar$	$^{40}Ar^*/^{39}Ar$	$^{40}Ar^*$/%	$^{39}Ar_k$/%	年龄/Ma	±2σ
16WHA-02	9.594	0.002	0.006	7.688	575.92	0.74	120.61	0.82
16WHA-03	8.629	0.001	0.003	7.829	3473.53	4.99	122.76	0.52
16WHA-04	8.404	0.000	0.002	7.816	5264.83	7.77	122.55	0.50
16WHA-05	8.430	0.000	0.002	7.840	2598.77	3.82	122.92	0.50
16WHA-06	8.394	−0.001	0.001	7.960	1907.59	2.82	124.73	0.54
16WHA-07	8.337	0.000	0.001	7.939	2231.16	3.32	124.42	0.57
16WHA-09	8.413	0.001	0.002	7.965	1763.14	2.60	124.81	0.52
16WHA-10	8.398	−0.001	0.002	7.948	1542.09	2.28	124.56	0.60
16WHA-11	8.462	0.000	0.002	7.951	4511.12	6.61	124.61	0.50
16WHA-12	8.432	0.000	0.002	7.945	5241.22	7.71	124.50	0.50
16WHA-13	8.439	0.000	0.002	7.958	4254.65	6.25	124.70	0.50
16WHA-14	8.367	0.000	0.001	7.961	4489.32	6.65	124.76	0.50
16WHA-16	8.365	0.000	0.001	7.959	4517.89	6.70	124.72	0.50
16WHA-17	8.330	0.000	0.001	7.972	4232.31	6.30	124.91	0.50
16WHA-18	8.306	−0.001	0.001	7.977	3453.34	5.16	124.99	0.50
16WHA-19	8.292	0.000	0.001	7.976	4587.65	6.86	124.97	0.50
16WHA-20	8.203	−0.001	0.001	7.945	4238.99	6.41	124.50	0.49
16WHA-24	8.149	0.000	0.001	7.976	7495.54	11.41	124.97	0.49
16WHA-25	8.061	0.002	0.000	7.965	855.16	1.32	124.81	0.51
16WHA-26	8.106	0.000	0.001	7.953	194.02	0.30	124.63	0.94

表 5-9（b）　横洞钴矿床白云母 Ar-Ar 定年分析结果（样品编号=ZK11402-03；J=0.00901877）

点号	$^{40}Ar/^{39}Ar$	$^{37}Ar/^{39}Ar$	$^{36}Ar/^{39}Ar$	$^{40}Ar^*/^{39}Ar$	$^{40}Ar^*$/%	$^{39}Ar_k$/%	Ag/Ma	±2σ
16WHA0258-002	8.793	0.002	0.004	7.740	1644.39	5.84	122.03	0.58
16WHA0258-003	9.364	0.000	0.005	7.746	2074.07	6.92	122.12	0.68
16WHA0258-004	8.367	0.000	0.002	7.735	4510.46	16.83	121.95	0.51
16WHA0258-005	7.981	0.000	0.001	7.748	2916.13	11.41	122.15	0.50
16WHA0258-006	7.936	0.001	0.001	7.759	3156.69	12.42	122.31	0.50
16WHA0258-007	7.898	0.001	0.001	7.733	1685.92	6.67	121.91	0.48

续表

点号	$^{40}Ar/^{39}Ar$	$^{37}Ar/^{39}Ar$	$^{36}Ar/^{39}Ar$	$^{40}Ar^*/^{39}Ar$	$^{40}Ar^*/\%$	$^{39}Ar_k/\%$	Ag/Ma	±2σ
16WHA0258-009	7.982	0.000	0.001	7.734	982.17	3.84	121.93	0.50
16WHA0258-010	7.978	0.000	0.001	7.745	1103.20	4.32	122.09	0.50
16WHA0258-011	7.992	0.001	0.001	7.772	1457.37	5.69	122.50	0.50
16WHA0258-012	7.920	0.000	0.001	7.760	1731.92	6.83	122.33	0.49
16WHA0258-013	7.804	0.000	0.000	7.741	2290.71	9.17	122.04	0.48
16WHA0258-014	7.839	0.000	0.000	7.762	1374.04	5.47	122.36	0.56
16WHA0258-016	9.249	0.005	0.005	7.775	816.89	2.76	122.56	0.62
16WHA0258-017	7.997	0.008	0.001	7.740	467.99	1.83	122.02	0.63

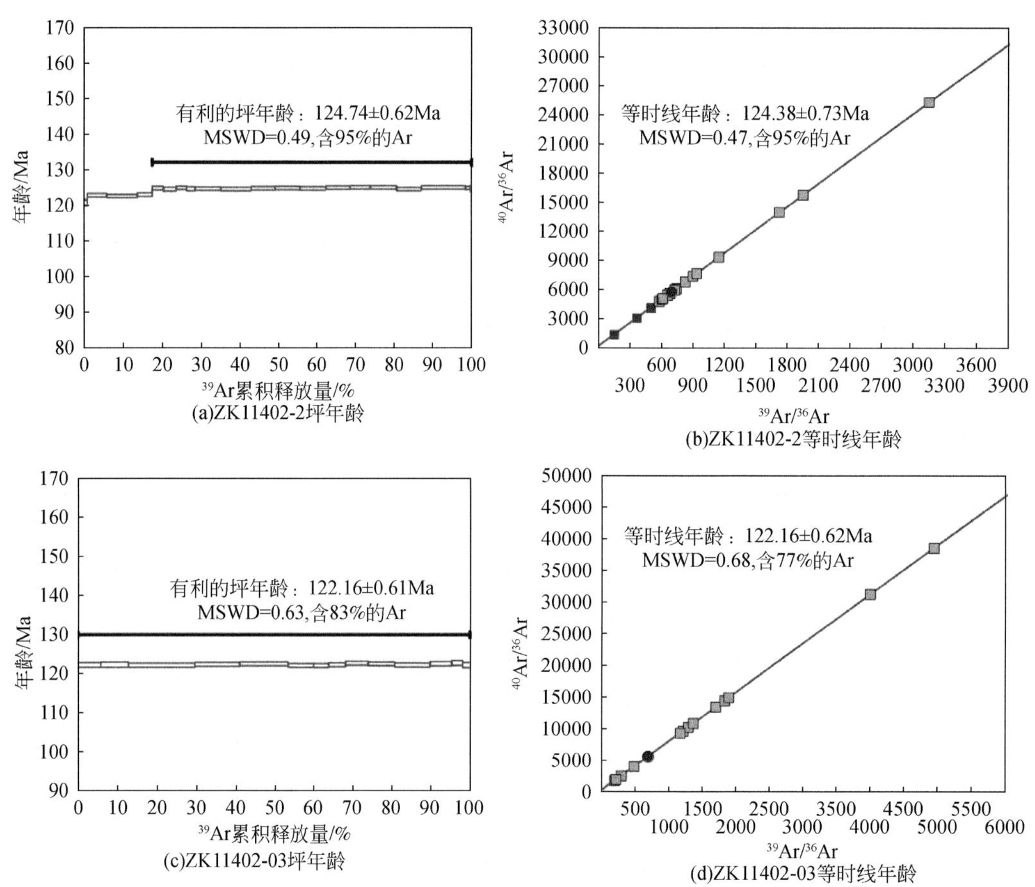

图 5-56　长平断裂带糜棱岩化混合花岗岩样品 ZK11402-02 和 ZK11402-03 的 Ar-Ar 坪年龄和等时线年龄

（2）大岩金钴矿化点含白云母石英脉岩样品 DY02 和 DY03。这两个样品的白云母^{40}Ar-^{39}Ar 定年结果见表 5-10，均产生很好定义的坪年龄，且至少由三个连续的阶段组成，它们说明了有 65% 以上的^{39}Ar 总量释放［图 5-57（a）（b）］，这些连续加热阶段均给出可重复的、可信度为 95% 的表面年龄，因而 DY-02 和 DY-03 两个样品中白云母所产生的坪年龄分别为 130.3±1.4Ma（MSDW＝1.06）和 130.3±1.4Ma（MSDW＝0.90）；相应地，它们的等时线和反转等时线年龄分别为 130.6±6.1Ma（MSDW＝0.093）和 127.9±5.9Ma（MSDW＝0.036）［图 5-57（c）（d）］，这些年龄值与坪年龄均十分接近。此外，这两个样品无论是等时线还是反转等时线投影其$^{40}Ar/^{36}Ar$ 值（分别为 289±140、418±210），与现今大气中的相应比值（298.56±0.31；Renne et al., 2009）在误差范围内一致。这些很好定义的坪年龄和等时线或反转等时线年龄的可重复性说明所分析的白云母的放射性成因和核成因的气体部分一直保存在密封的源区库内，而这些源区库在整个历史时期一直是封闭的，且未受到污染（Li et al.，2012b）。因此，这些坪年龄和等时线或反转等时线年龄是可靠的。

表 5-10（a）　大岩金钴矿化点白云母 Ar-Ar 同位素年龄结果（样品编号=DY02；J=0.004893）

T/℃	$^{40}Ar/^{39}Ar$	$^{36}Ar/^{39}Ar$	$^{37}Ar/^{39}Ar$	$^{40}Ar^*/^{39}Ar$	$^{39}Ar/10^{-10}mol$	$^{40}Ar^*$/%	年龄/Ma	$\pm1\sigma$/Ma
900	14.28	0.014	−0.09	10.048	6.56	70.33	86.59	3.09
950	14.48	0.013	−0.01	10.726	7.60	74.04	92.28	0.93
1000	15.32	0.011	1.02	12.168	9.92	79.38	104.33	1.18
1050	15.77	0.011	0.26	12.486	14.10	79.12	106.98	0.83
1100	16.49	0.006	0.01	14.802	23.40	89.71	126.15	1.52
1150	16.22	0.003	0.02	15.448	42.40	95.21	131.46	1.59
1200	16.07	0.003	0	15.212	28.70	94.64	129.52	1.07
1250	16.25	0.003	0.05	15.315	21.50	94.2	130.37	0.96
1300	16.86	0.005	−0.07	15.312	21.30	90.79	130.34	1.14
1350	17.65	0.008	0.09	15.303	20.10	86.65	130.27	1.25

表 5-10（b）　大岩金钴矿化点白云母 Ar-Ar 同位素年龄结果（样品编号=DY03；J=0.004871）

T/℃	$^{40}Ar/^{39}Ar$	$^{36}Ar/^{39}Ar$	$^{37}Ar/^{39}Ar$	$^{40}Ar^*/^{39}Ar$	$^{39}Ar/10^{-10}mol$	$^{40}Ar^*$/%	年龄/Ma	$\pm1\sigma$/Ma
900	15.91	0.022	0.857	9.338	3.36	58.66	80.25	5.12
950	16.54	0.011	0.699	13.315	3.39	80.47	113.37	3.24
1000	18.36	0.021	0.590	12.345	6.53	67.21	105.34	4.16
1050	18.03	0.012	0.197	14.563	9.12	80.72	123.64	2.80
1100	17.36	0.005	0.0534	15.777	19.7	90.84	131.57	1.69
1150	15.99	0.002	−0.002	15.359	42.6	96.02	130.16	0.81
1200	15.72	0.001	0.094	15.311	24.0	97.35	129.76	1.39
1250	16.11	0.003	0.136	15.314	18.3	95.2	129.92	1.94
1300	16.30	0.003	0.045	15.373	18.4	94.60	130.70	1.15

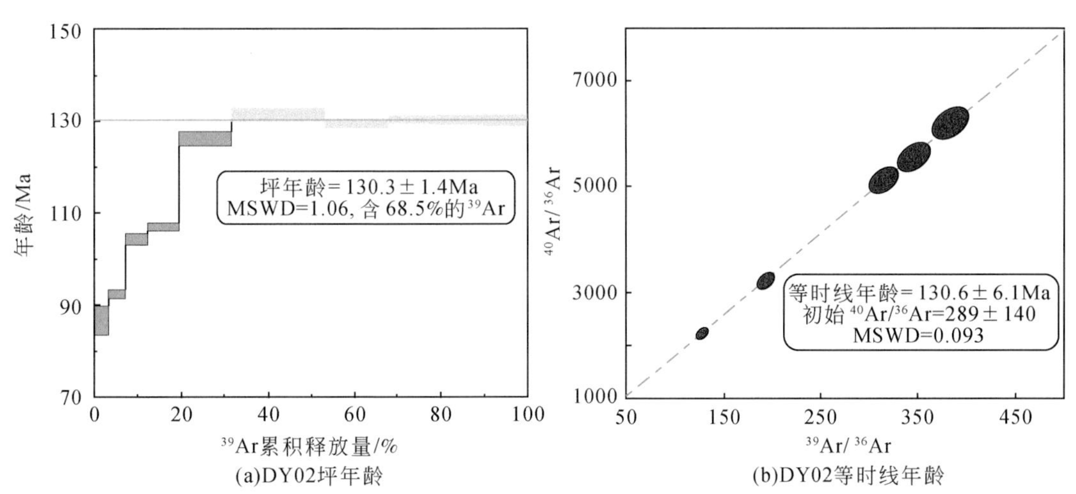

(a)DY02坪年龄　(b)DY02等时线年龄

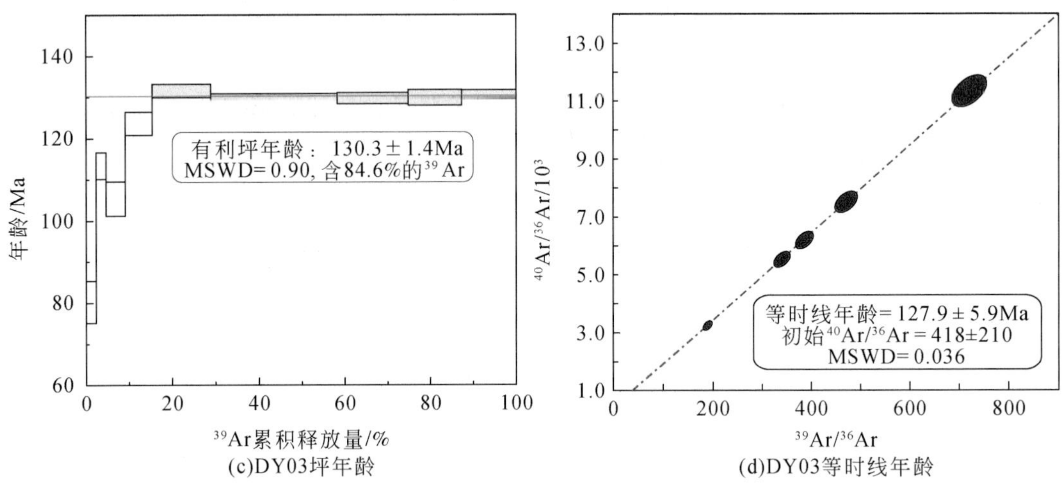

图 5-57　长平断裂带含白云母石英脉样品 DY02 和 DY03 的 Ar-Ar 坪年龄和等时线年龄

2）望湘复式岩体

为探讨湘东北地区盆-岭构造的形成演化历史，制约山脉隆升的下限，本次从望湘复式岩体中燕山期侵入岩内采集了样品（WX201401）。该样品为中细粒二云母二长花岗岩，主要由斜长石、钾长石、石英、白云母和黑云母组成。从其中挑选出白云母进行了 Ar-Ar 定年，^{40}Ar-^{39}Ar 定年结果见表 5-11。该样品产生了很好定义的坪年龄，且由 11 个连续的阶段组成，它们说明了有 80% 以上的^{39}Ar 总量释放[图 5-58（a）]，这些连续加热阶段均给出可重复的、可信度为 95% 的表面年龄，因而样品 WX201401 中白云母所产生的坪年龄为 146. 95±1. 58Ma（MSDW=0. 58）；相应地，它们的等时线和反转等时线年龄分别为 140. 36±1. 31Ma（MSDW=0. 03）和 140. 42±1. 31Ma（MSDW=0. 03）[图 5-58（b）]，该年龄值与坪年龄接近。此外，该样品无论是等时线还是反转等时线投影其^{40}Ar/^{36}Ar 值与现今大气中的相应值(298. 56±0. 31；Renne et al.，2009）在误差范围内一致。这些很好定义的坪年龄和等时线或反转等时线年龄的可重复性说明所分析的白云母的放射性成因和核成因的气体部分一直保存在密封的源区库内，而这些源区库在整个历史时期一直是封闭的，且未受到污染（Li et al.，2012b）。因此，该坪年龄和等时线或反转等时线年龄是可靠的。

表 5-11　望湘岩体白云母 Ar-Ar 定年分析结果（样品编号=WX201401；*J*=0. 00700186）

点号	^{40}Ar/^{39}Ar	^{37}Ar/^{39}Ar	^{36}Ar/^{39}Ar	^{40}Ar*/^{39}Ar	^{40}Ar*/%	^{39}Ar$_k$/%	年龄/Ma	±2σ/Ma
16WHA0482B-002	14. 22	0. 317	0. 004	13. 12609	92. 28	1. 02	159. 00	0. 92
16WHA0482B-003	13. 91	0. 176	0. 003	13. 02902	93. 68	3. 00	157. 87	0. 67
16WHA0482B-004	13. 49	0. 247	0. 002	12. 91467	95. 71	2. 58	156. 54	0. 68
16WHA0482B-005	13. 20	0. 218	0. 002	12. 75314	96. 59	2. 73	154. 67	0. 67
16WHA0482B-006	13. 08	0. 158	0. 002	12. 62088	96. 49	3. 21	153. 13	0. 64
16WHA0482B-007	13. 04	0. 210	0. 002	12. 55944	96. 34	3. 11	152. 42	0. 65
16WHA0482D-001	12. 97	0. 015	0. 002	12. 45231	95. 98	2. 92	151. 17	0. 62
16WHA0482D-002	12. 98	0. 061	0. 002	12. 39551	95. 51	5. 38	150. 51	0. 60
16WHA0482D-003	12. 87	0. 054	0. 002	12. 31202	95. 68	5. 53	149. 53	0. 60
16WHA0482D-004	12. 79	0. 050	0. 002	12. 23871	95. 66	6. 42	148. 68	0. 59
16WHA0482D-005	12. 76	0. 003	0. 002	12. 21178	95. 73	6. 44	148. 36	0. 59
16WHA0482D-006	12. 64	0. 060	0. 002	12. 14884	96. 12	6. 66	147. 63	0. 59
16WHA0482D-007	12. 54	0. 018	0. 001	12. 10263	96. 48	7. 06	147. 09	0. 58

续表

点号	$^{40}Ar/^{39}Ar$	$^{37}Ar/^{39}Ar$	$^{36}Ar/^{39}Ar$	$^{40}Ar^{*}/^{39}Ar$	$^{40}Ar^{*}$/%	$^{39}Ar_k$/%	年龄/Ma	±2σ/Ma
16WHA0482F-001	12.41	0.042	0.001	12.04945	97.07	10.04	146.47	0.57
16WHA0482F-002	12.35	0.073	0.001	12.01901	97.31	9.41	146.11	0.57
16WHA0482F-003	12.25	0.103	0.001	11.95603	97.63	6.72	145.38	0.57
16WHA0482F-004	12.19	0.059	0.001	11.89808	97.60	9.30	144.70	0.57
16WHA0482F-005	11.94	0.059	0.001	11.75900	98.48	8.48	143.08	0.56

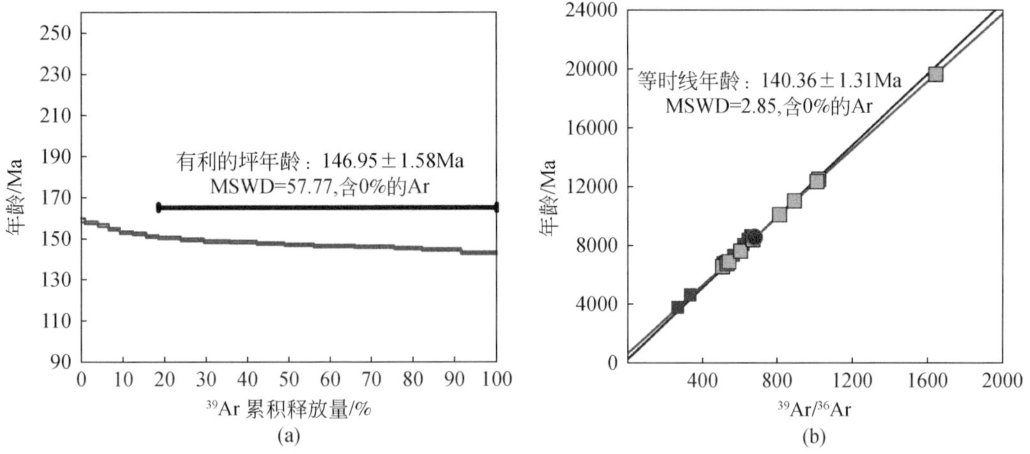

图 5-58　望湘复式岩体二云母二长花岗岩白云母 Ar-Ar 坪年龄（a）和等时线年龄（b）

3）*梅仙钼矿含矿伟晶岩*

梅仙钼矿位于幕阜山-紫云山断隆带幕阜山岩体的西南面、平江县城以北的梅仙镇境内，辉钼矿主要赋存在充填于强烈破碎的冷家溪群的层间伟晶岩带中，辉钼矿聚合体呈玫瑰花状或浸染团块状，与伟晶状石英、长石和白云母密切共生（图 5-59）。本次从含矿伟晶岩采集了样品 CZYMO-02，从中挑选出白云母进行了 Ar-Ar 定年，^{40}Ar-^{39}Ar 定年结果见表 5-12。该样品产生了很好定义的坪年龄，且由 7 个连续的阶段组成，它们说明了有 62% 以上的 ^{39}Ar 总量释放［图 5-60（a）］，这些连续加热阶段均给出可重复的、可信度为 93% 的表面年龄，因而样品 CZYMO-02 中白云母所产生的坪年龄为 127.59±0.76Ma（MSDW=0.31）；相应地，其等时线和反转等时线年龄分别为 127.65±0.82Ma（MSDW=0.40）和 127.58±0.82Ma（MSDW=0.37）［图 5-60（b）］，该年龄值与坪年龄非常接近。此外，该样品无论是等时线还是反转等时线，投影其 $^{40}Ar/^{36}Ar$ 值（约 290）与现今大气中的相应值（298.56±0.31；Renne et al.，2009）在误差范围内一致。这些很好定义的坪年龄和等时线或反转等时线年龄的可重复性说明所分析的白云母的放射性成因和核成因的气体部分一直保存在密封的源区库内，而这些源区库在整个历史时期一直是封闭的，且未受到污染（Li et al.，2012）。因此，该坪年龄和等时线或反转等时线年龄是可靠的。

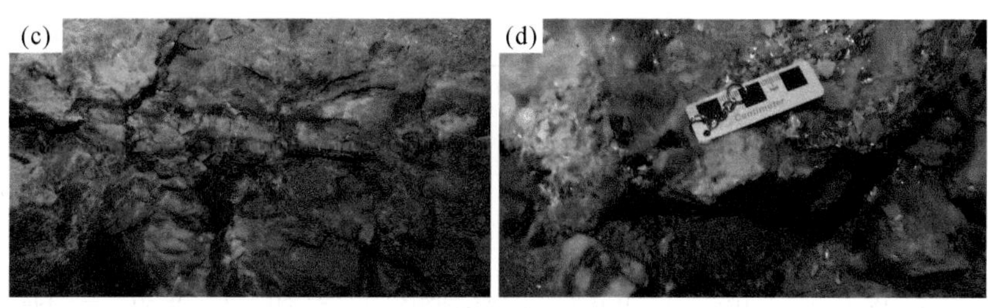

图 5-59　梅仙钼矿伟晶岩野外照片

(a) 赋存于强烈破碎和角砾化的冷家溪群层间含矿伟晶岩；(b) 呈玫瑰花状辉钼矿；(c) 呈浸染状、团块状辉钼矿；(d) 含矿伟晶岩中白云母

表 5-12　梅仙钼矿 CZYMO-02 样品白云母 Ar-Ar 定年分析结果（样品编号 = CZYMO-02；J = 0.00747243±0.00002242）

点号	$^{40}Ar/^{39}Ar$	$^{37}Ar/^{39}Ar$	$^{36}Ar/^{39}Ar$	$^{40}Ar^*/^{39}Ar$	$^{40}Ar^*$/%	$^{39}Ar_k$/%	年龄/Ma	±2σ/Ma
16WHA0481D-007	10.20	0.100	0.001	9.78861	95.99	7.47	127.66	0.53
16WHA0481F-001	10.11	0.047	0.001	9.77800	96.75	11.10	127.52	0.52
16WHA0481F-002	9.97	0.007	0.001	9.79209	98.26	9.39	127.70	0.52
16WHA0481F-003	9.92	0.063	0.000	9.79726	98.72	6.81	127.76	0.51
16WHA0481F-004	9.89	0.010	0.000	9.76354	98.70	10.22	127.34	0.50
16WHA0481F-005	9.89	0.002	0.000	9.77880	98.83	13.96	127.53	0.50
16WHA0481F-006	9.82	0.104	0.000	9.78747	99.64	3.41	127.64	0.55

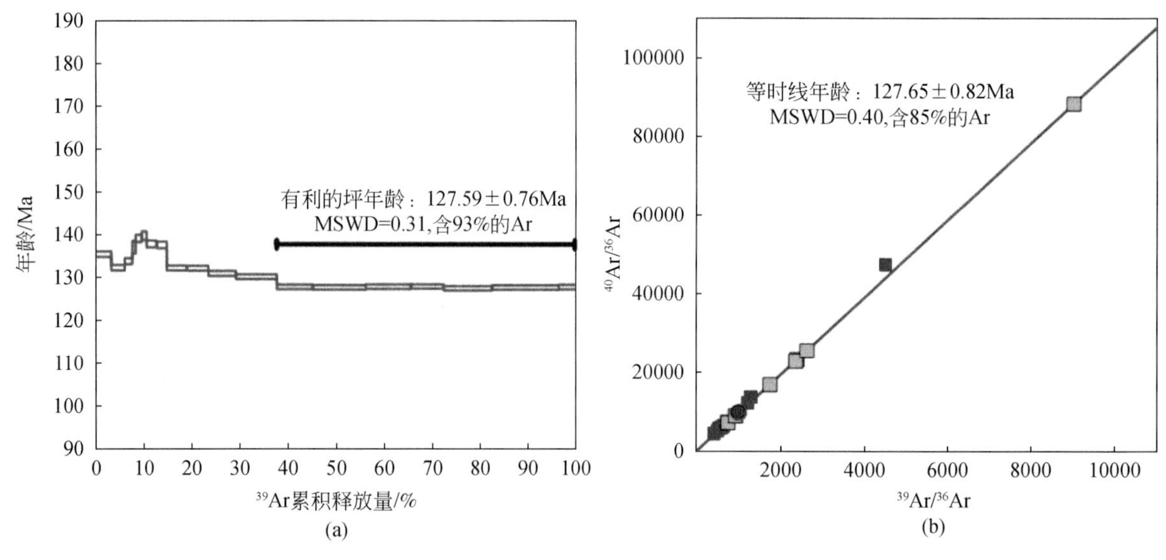

图 5-60　梅仙钼矿伟晶岩白云母 Ar-Ar 坪年龄（a）和等时线年龄（b）

5.3.3　辉钼矿 Re-Os 定年

1. 定年方法

为了证实湘东北地区 Mo 矿化时代，并为探讨 Mo 金属的源区以及湘东北地区盆-岭构造和/或变质核杂岩构造的形成演化时代及与钼和金多金属成矿关系，本次对梅仙钼矿区 6 个辉钼矿样品开展了 Re-Os 定年分析。Re-Os 分析在中国科学院广州地球化学研究所同位素地球化学国家重点实验室完成，有关辉钼矿

Re-Os 分析方法和技术，Sun 等（2010）、Li 等（2013）曾对它们进行过详尽的描述。但本次须强调的两点是：①为确保 Os 能以 OsO_4形式溶出，使用高浓度的 HNO_3 以消耗辉钼矿，且 Re-Os 样品的溶解和准备步骤反复进行两次；②为消除 Os 的潜在影响，ICP-MS 采样系统使用由 10% 的乙醇和 5% 的 HNO_3 交替配比的 0.5% 的 $H_2NNH_2 \cdot H_2O$ 来冲洗，直至不考虑 Os 的加入，^{190}Os 的计数降低至背景值。

2. Re-Os 定年结果

由于在 10^{-6}级，辉钼矿具有容纳 Re 的唯一晶体化学性质和不含或少含初始的（普通的）Os（Bingen and Stein，2003；Selby and Creaser，2004），以及即使达到渗透性高级变质作用，Re-Os 同位素系统在辉钼矿矿物尺度内也能保持封闭系统（Stein et al.，1998），辉钼矿成为一种有价值的年代学定年方法，不仅如此，所获得的 Re-Os 同位素分析结果还有助于理解矿床的成因（杜安道等，1994；Stein et al.，2001；Stein and Bingen，2002；Bingen and Stein，2003；Zimmerman et al.，2008）。由^{187}Re 和^{187}Os 所构成的 Re-Os 同位素分析数据常用来确定年龄以及 Re 和 Os 整体丰度。在所有分析的辉钼矿分析中，普通 Os 被认为是可忽略不计的，因此，整体 Os 就报道为由母体^{187}Re 原地衰变所产生的放射性^{187}Os（Du et al.，1994；Stein et al.，2001）。Re-Os 模式年龄（t）可由基本年龄等式 $t=(1/\lambda)\ln(1+{}^{187}Os/{}^{187}Re)$ 计算得出，其中，λ 为^{187}Re 的衰变常数，其值为$^{187}Re=1.666\times10^{-11}a^{-1}$（Smoliar et al.，1996）。梅仙钼矿区 6 个样品的 Re-Os 同位素数据包括模式年龄见表 5-13，等时线投影见图 5-61。

表 5-13　湘东北地区梅仙钼矿床辉钼矿 Re-Os 同位素分析结果

样品号	重量/g	Re/10^{-9}		^{187}Re/10^{-9}		^{187}Os/10^{-12}		年龄/Ma	
		含量	2σ	含量	2σ	含量	2σ	模式年龄	2σ
CZYMo01	0.1502	1.7449	0.0061	1.0967	0.0038	2.5486	0.0205	139.32	1.22
CZYMo02-1	0.1518	3.2924	0.0230	2.0694	0.0144	4.7592	0.0028	137.89	0.96
CZYMo03	0.1501	4.3127	0.0418	2.7107	0.0263	6.2840	0.0024	138.99	1.35
CZYMo03-1	0.1523	2.5600	0.0090	1.6091	0.0056	3.7143	0.0025	138.40	0.49
CZYMo03-2	0.1526	3.1581	0.0209	1.9850	0.0132	4.5072	0.0026	136.14	0.90
CZYMo04	0.1500	2.5132	0.0180	1.5796	0.0113	3.6192	0.0030	137.37	0.99

梅仙矿区 6 个辉钼矿样品产生的模式年龄变化于 136.14±0.90Ma 至 139.32±1.22Ma（表 5-13），这些样品同时构建一条很好制约的等时线（图 5-61），使用 Ludwig（2003）的 Isoplot 软件计算获得等时线年龄值为 138.0±5.7Ma（MSWD=5.8）、$^{187}Os/^{188}Os$ 初始值为 0±1.8。低的$^{187}Os/^{188}Os$ 值说明所实测的辉钼矿中并不存在可预见的正常 Os，并证实了 Re-Os 定年方法是可靠的，能约束 Mo 矿化的时代（Stein et al.，2001；Bingen and Stein，2003）。因此，138.0±5.7Ma 的年龄可解释为湘东北地区梅仙钼矿床的成矿时代，即早白垩世成矿事件。

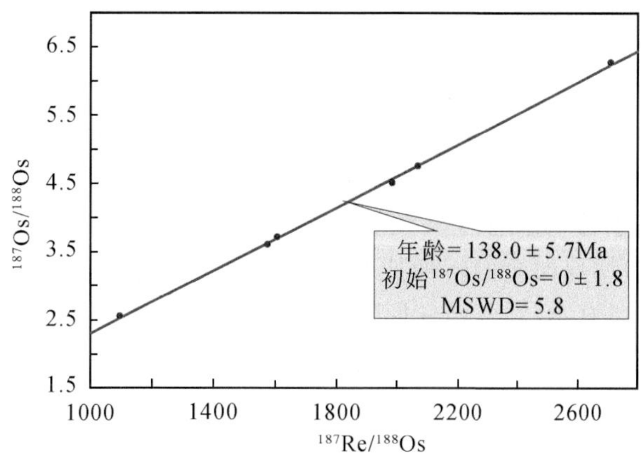

图 5-61　梅仙钼矿区辉钼矿的 Re-Os 等时线年龄

5.3.4 伸展构造形成演化时代

白云母的^{40}Ar-^{39}Ar封闭温度为390±45℃（Dodson，1973；Hames and Bowring，1994）。在这个温度条件下，无论是热液过程中新生成的白云母，还是继承于围岩中的白云母（也就是被完全重置），其Ar/Ar系统是开放的。本次定年的白云母均来源于热液成因或岩浆成因，因此，均属于新生白云母。假如Ar/Ar同位素系统普遍记录了温度降低至该封闭温度临界值时的时间，那么本次所获得的白云母Ar-Ar年龄均具有实际地质意义，可能代表了热液或岩浆活动的下限；而对于大多数显生宙造山带来说，其猜想的典型冷却速度为10℃/Ma（Faure et al.，1996），因此，在热液或岩浆活动开始与Ar/Ar系统封闭间的时间间隔就可能不会太长。结合锆石U-Pb定年和辉钼矿Re-Os定年，以及以往相关K-Ar、裂变径迹和Ar-Ar等年代学结果，我们能对湘东北地区伸展构造形成演化时代及相关的构造-岩浆（热）事件进行约束。

经过详细的野外地质调查和构造-岩相剖面实测，连云山岩体可分为中细粒二云母二长花岗岩、中粗粒黑云母二长花岗岩、斑状花岗岩三种岩性。其中，中细粒二云母二长花岗岩为早期主要侵入体，主要出露在岩体的中部，其锆石U-Pb年龄为150～155Ma；中粗粒黑云母花岗岩为中期主要侵入体，出露的面积最广，其锆石U-Pb年龄为142～149Ma；斑状花岗岩则是晚期主要侵入体，呈株状出露，面积最小，其锆石U-Pb年龄为129～136Ma。连云山岩体皆遭受不同程度的韧性剪切作用，在连云山中段出露的花岗岩可见D1期变形形成的糜棱面理，总体呈近N—S倾向，面理倾向为N的样品运动学方向为上部向W；另外，面理倾向为S的样品运动学方向为上部向E，因此D1期构造表现为左行伸展走滑，主应力方向近于垂直，系岩浆侵位结果。在连云山南段则明显遭受韧性剪切作用，以发育D2期变形的NW—SE倾向糜棱面理为主，可见D2期面理交切改造D1期面理，因此D2期构造为右行挤压走滑，主应力方向为NW—SE。由于锆石U-Pb年龄代表的是岩体结晶时的年龄，而斑状花岗岩（136～129Ma）中既发育N—S倾向的面理，又被NW—SE倾向面理所置换，因此D1期构造变形发生在136Ma之后或与之同期，D2期构造变形则稍晚。除此之外，在经历了D1、D2期变形后，花岗质岩发育脆性的离散型破裂面，产状近W倾向；冷家溪群片麻岩发育有滑脱构造，线理指示岩层向W滑脱，表明存在着近E—W伸展的D3期变形构造。

根据本书所获得的锆石U-Pb、白云母和钾长石Ar-Ar以及辉钼矿Re-Os等多同位素定年结果，结合区域构造格局和构造变形特征，认为湘东北地区在显生宙以来的主要的构造-岩浆（热）和成矿事件如下：①花岗质岩的侵入主要为加里东晚期（434～418Ma）和晚中生代燕山期（155～125Ma；Wang et al.，2014；Li et al.，2016；Deng et al.，2017；Xu et al.，2017b；许德如等，2017），其中又以燕山早期花岗质岩在晚侏罗世—早白垩世（155～140Ma）的侵入占优势；②根据岩浆成因和热液成因的白云母Ar-Ar定年结果，湘东北晚中生代以来对应的岩浆冷却、地壳抬升和构造变形，以及热液活动事件可能主要发生于三个时期，即140～138Ma、136～130Ma、125～122Ma；③根据湘东北地区伟晶岩（130～125Ma；李鹏等，2019；刘翔等，2019）普遍侵位于晚侏罗世—早白垩世糜棱岩化花岗岩以及"连云山混杂岩"、糜棱岩化斜长黑云片麻岩、石英云母片岩，且伟晶岩本身未糜棱岩化这一事实，说明湘东北地区韧性剪切变形发生于晚侏罗世—早白垩世花岗岩同构造侵位时期或发生于该侵入岩结晶固结之后与伟晶岩侵入之前，即应在136～130Ma之间；④Li等（2016）对区内片麻岩进行了白云母Ar-Ar年龄测定，认为伸展变形持续至128～100Ma，可能指示韧性向脆性的过渡阶段。

碎屑锆石U-Pb定年已暗示长平盆地白垩系红层最大沉积年龄约为110Ma，代表了断陷盆地最早的触发时间，也暗示湘东北韧性剪切变形全面转换成脆性阶段。由此可见，湘东北地区韧性剪切变形事件发生于136～130Ma，然后过渡到脆-韧性剪切变形阶段（130～110Ma）和全面脆性阶段（约110Ma以来）。这一剪切变形的发展过程，实际上也是湘东北地区变质核杂岩构造和盆-岭构造式样等伸展构造的形成演化时限，并与区域内金（多金属）大规模成矿事件相对应。

5.4　伸展构造变形机制

伸展构造及其体系是湘东北地区最主要的构造变形，也是区内最典型的构造格式（图 5-62），包括：盆-岭构造、变质核杂岩、重力滑脱构造、楔状构造等。然而，以往对这些伸展构造体系间的成因联系以及动力学演化特征鲜有研究，也制约了对湘东北地区金（多金属）大规模成矿作用事件及其控制因素的深入理解。

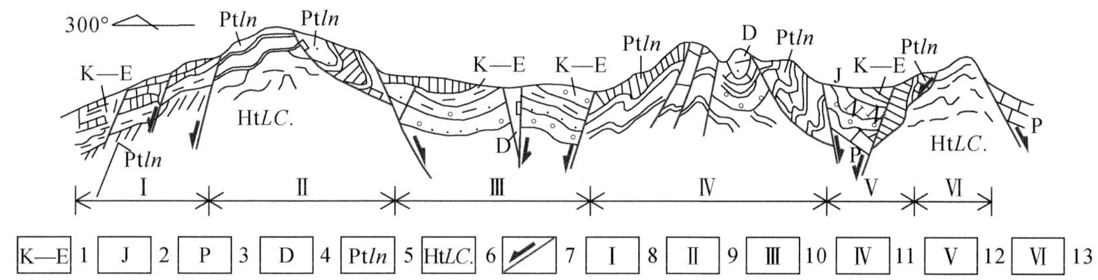

图 5-62　湘东北盆岭构造剖面图

1. 白垩系—新近系；2. 侏罗系；3. 二叠系；4. 泥盆系；5. 冷家溪群；6. “连云山混杂岩”；7. 滑脱断层；8. 汨罗-洞庭断陷盆地；9. 幕阜山-望湘断隆；10. 长沙-平江断陷盆地；11. 浏阳-衡东断隆；12. 醴陵-攸县断陷盆地；13. 罗霄山断隆

5.4.1　连云山地区构造变形启示

华南板块东南缘在晚中生代发生了两次主要的岩浆爆发事件，分别为 165 ~ 150Ma 和 140 ~ 90Ma（Li et al.，2010；Liu et al.，2012；Wu et al.，2012；Ji et al.，2017）。在中侏罗世之前开始的古太平洋（或 Izanagi）板块向华南板块之下俯冲被认为是导致晚中生代岩浆活动的最合理的地球动力学制约。然而，Zhou 和 Li（2000）认为古太平洋板块的俯冲倾角在 180 ~ 80Ma 期间从非常低到中等角度变化，这是向海沟方向的岩浆呈年轻化趋势的原因。相反，另有学者提出了洋壳平板俯冲来解释中国华南内陆的早中生代陆内构造和相关的岩浆作用（Li and Li，2007），侏罗纪岩浆活动是洋壳平板俯冲拆沉造成的。大部分学者普遍认为，白垩纪岩浆活动与俯冲的古太平洋板片回撤有关（Jiang et al.，2011；Li and Li，2007；Wong et al.，2009；Liu et al.，2012；Ji et al.，2017）。特别是，基于对中国东南沿海地区白垩纪火山活动的系统研究，提出了非同步的板块后撤（Liu et al.，2016）。本书认同侏罗纪的板块拆沉和白垩纪的板片后撤是解释华南板块的晚中生代构造岩浆作用的动力学背景。

鉴于岩浆活动带与古太平洋海沟之间的距离较远，侏罗纪期间下沉的板块可能是大陆岩石圈，这是华南板块内部的三叠纪陆内俯冲造成的（Ji et al.，2017）。我国东南部侏罗纪岩浆岩的地球化学特征反映了板内伸展环境（Li et al.，2007；Huang et al.，2013，2015），板块拆沉可以触发大量的玄武质岩浆底侵，导致地壳熔融而形成中酸性岩浆。这个过程与内陆地区（如南岭山脉）的大多数侏罗纪深成岩显示出非造山特征的观察结果一致。通常，不能确定侵位于围岩中的岩浆岩与大规模地壳变形是否是同时期的（Feng et al.，2012；Liu et al.，2016），换句话说，区域构造可能不是控制这些深成岩侵位过程的关键因素。我们进一步推断，华南板块的“岩浆休眠期”可能暗示从板块拆沉到古太平洋板块板片后撤的地球动力学转变。考虑到侏罗纪和白垩纪岩浆岩的明显空间分布，即由近似 W—E 向 NE 分布趋势，在此期间俯冲方向很可能逆时针变化（Liu et al.，2012）。此外，板块向南倾斜后俯冲角会有变化，因此中东部地区长江下游带地壳下也可能会发生板片的分离（Wu et al.，2012）。

由于古太平洋俯冲的转换以及蒙古-鄂霍次克洋和班公-怒江洋的闭合，东亚大陆在侏罗纪—早白垩世期间被多向挤压构造所包围［图 5-63（a）］。事实上，中国东部许多区域都记录了这一时期的陆内收缩构造，如围绕鄂尔多斯和四川盆地的若干逆冲褶皱带的发展（Yan et al.，2003；Faure et al.，2012；Li

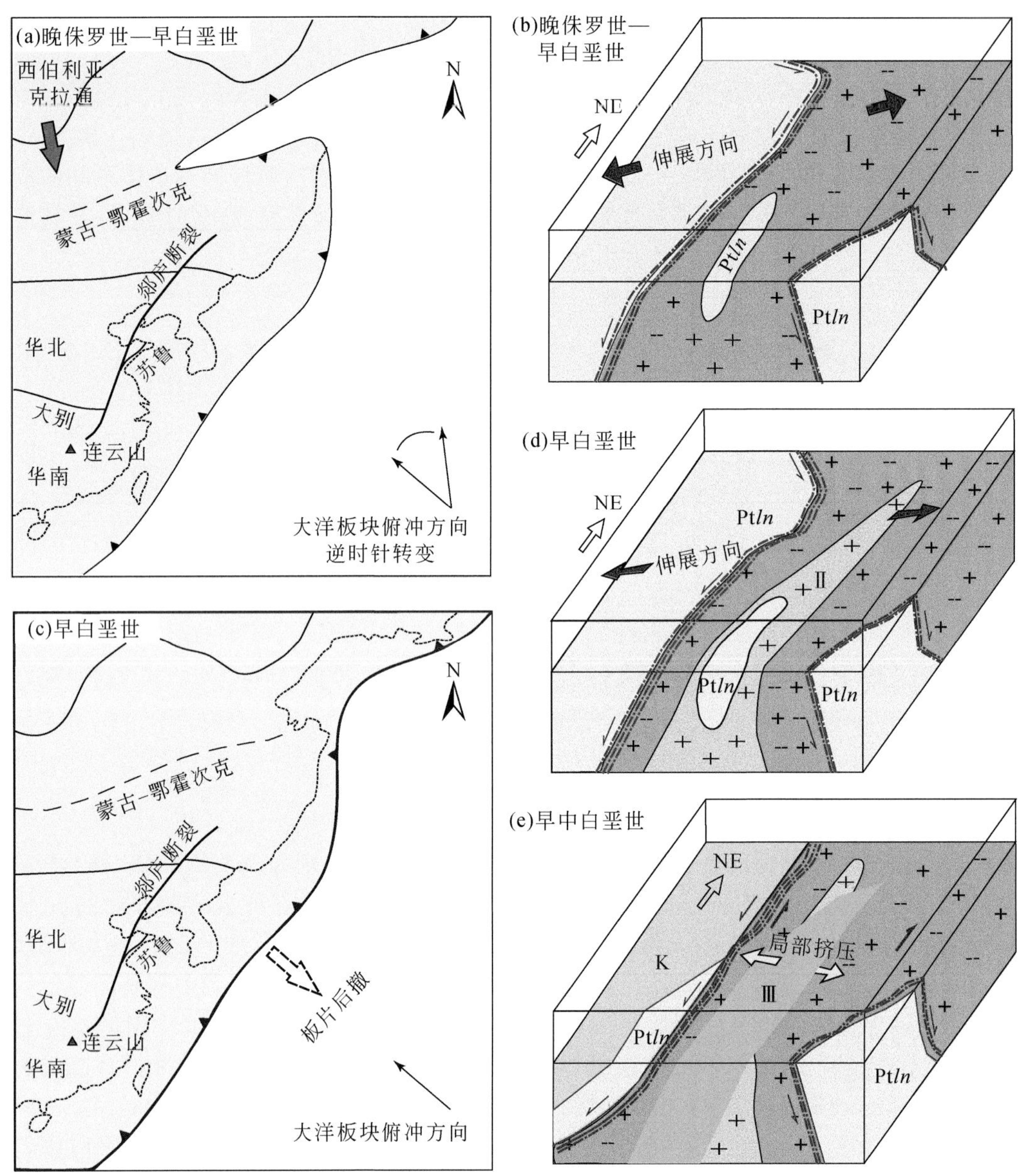

图 5-63　晚中生代连云山岩体构造演化与亚洲东部地球动力学背景简图

(a)(b) 晚侏罗世—早白垩世因区域应力由挤压向伸展开始转变，连云山岩体第一期岩浆侵位（155 ~ 146Ma），并出现近 E—W 向伸展变形；(c) ~ (e) 早白垩世俯冲的古太平洋板片后撤、断离主导的伸展地球动力学环境下（据 Ji et al., 2017），第二期（143 ~ 136Ma）和第三期（132 ~ 127Ma）岩浆相继侵位，整体近 E—W 向伸展，但因岩浆侵位引起的局部挤压改造了早期剪切变形构造（e）。Ⅰ. 连云山第一期侵入体；Ⅱ. 连云山第二期侵入体；Ⅲ. 连云山第三期侵入体

et al., 2012；Dong et al., 2015；Liu et al., 2015）。这一挤压构造环境后，于晚侏罗世华南大陆开启了从挤压向伸展转变的构造环境，在湘东北地区，155 ~ 146Ma 的花岗质岩浆活动［图 5-63（b）］以及区域性 NE—SE 向构造对先前近 EW 向构造的改造可能是该转折事件的记录。早白垩世以来（约 143Ma），华南大陆的构造环境继而以俯冲的古太平洋板片回撤、断离而引起的岩石圈伸展占主导地位（Li, 2000；Li et al., 2014；Wang and Shu, 2012；Zhou and Li, 2000），在湘东北地区，这一事件以第二期花岗质岩浆侵入（143 ~ 136Ma；详见本书第 3 章）以及连云山和大云山-幕阜山变质核杂岩等伸展构造的形成为代表，同时产生伸展型韧性剪切和左行走滑变形。然而，我们的研究还发现，与冷家溪群围岩接触的连云山岩体第一期侵入体的局部还表现出 NW—SE 向的扭压性右行剪切（即 D2 期变形），这种局部变形很可能是第二期和/或第三期岩浆侵入引起的垂直主应力的分力对围岩的挤压造成的结果［图 5-63（e）］。这

一推断与混合岩化的“连云山混杂岩”发育峰值为157～135Ma（主要为约135Ma）的岩浆成因锆石相一致（详见本书第4章）。连云山地区出现晚期的伸展构造（如正断层和离散型破裂）和燕山晚期（132～127Ma；详见本书第3章）花岗质岩的侵位也能够支持这一推断。因此，由板片后撤引发的早白垩世弧后伸展可能是中国东南地区盆-岭构造省和变质核杂岩发育的主要原因［图5-63（c）］。

5.4.2　伸展构造体系的控制因素

5.4.2.1　伸展构造与深部构造关系

盆-岭构造是区域地壳伸展时期形成的一种典型的构造样式，具有时空的同一性、地表地质构造样式与深部构造作用的统一性，以及同一伸展体系内的各种变形样式的完整性。根据黑水（茶陵-凤凰段）地学剖面资料（饶家荣等，1993；谢湘雄，1995），湘东北及其邻区的深部构造具有如下特征：①区内地壳在垂向上有三分性，在15km左右处（中、下地壳分层处）存在一低速层，可能为壳内韧性剪切滑脱带；②上地幔在洞庭湖区、衡阳盆地区上隆，形成常德（洞庭）幔隆区、湘潭衡阳幔隆区及其间的湘东幔坪区（图5-64）；③区内岩石圈厚度、地壳厚度同步变薄，莫霍面抬升，并与岩石圈、软流圈起伏一致隆凹相间。因此，由于热的上地幔隆升，岩石圈软化，并作侧向水平运动，可能导致岩石圈发生伸展作用，因而也是区内盆-岭构造省形成的深部动力学机制。该推断与晚中生代以来花岗质岩的性质与岩浆作用背景研究结果相一致（详见本书第3章）。

5.4.2.2　伸展构造体系的构造地貌特征

湖南省东部自洞庭湖盆地起，依次出现衡阳盆地、醴攸盆地、茶陵盆地与它们之间的幕阜山、连云山、罗霄山、诸广山等山脉，组合成北北东向左行雁列盆-岭构造格局，即湘东盆-岭构造带（域）。湘东北地区虽仅为其北段，但却包括了大部分盆-岭构造式样。盆-岭构造域中的盆地式样，均为燕山期以来的陆内裂谷或裂陷盆地。盆地间的山岭、山脉则是在幔隆区（盆地）的伸展作用中心向两侧产生水平侧向挤压应力作用下，垂向隆升的结果，属同一伸展体系中不同构造形迹，充分显示出了山岭“假山根”属性。据我们调查，湘东北地区山岭内正断层占区内断层总量的70%，并发育大量的断层角砾岩。每个山岭均存在重力-滑脱构造或变质核杂岩构造（图5-62），表明它们是在同一伸展应力场内与成盆作用性质相反的“造山”作用。

5.4.2.3　伸展构造与基底构造的关系

湖南省境内的地质地貌一个最醒目的特点是：由湘北至湘东南，展布一系列NE—NNE向的隆起与凹陷，构成多字形构造景观（图5-64、图5-65）。而这一构造地貌景观的形成，主要受两类断裂及其间断块活动和相互转换作用的控制，反映了基底构造的多期活化及后期新生构造对先存构造的继承、叠加和/或改造特征。

1. NE—NNE向雁列式走滑断裂

这些NE—NNE向断裂成群成带呈雁列式展布，规模大小不等，但盖层断裂、基底断裂、壳断裂，甚至超壳岩石圈断裂发育。其中深切地壳而又具剪切走滑性质者包括新宁-灰汤深大断裂、长寿街-双牌（长沙-平江）深大断裂（即长平盆地两侧断裂群）、茶陵-郴州深断裂等（图5-65）。此类断裂（带）的一个特征是走向延伸长，基本在100～680km，切割深度大、构造控制明显。另一个特征是，它们往往表现为一系列次级断裂的顺走向叠接的分支复合的直线型位移带，但就其中单条断裂，在其主干部位多呈平直陡立断层，尾段却可能出现帚状或分支状消失，又随即在右侧首尾相接处发生另一条同向走滑断层。由于断层切割的地质体不同，所表现的特点为散发性、隐现性、多级性。切穿花岗质岩时，见到的是硅化碎裂岩带（如连云山、金井硅化角砾岩）；切割沉积岩、变质岩时则为劈理化带、碎裂岩带，而在中新

图 5-64　湖南省深部构造图

生代盆地区多表现为阶梯状正断层组合，并显示负花状构造，如长平盆地和石康断陷盆地。

2. NW—NWW 向断裂

湘中、湘东（北）NW—NWW 向走滑深断裂呈等间距分布、切割深度大，并与 NE—NNE 向（江西修水)-茶陵-郴州、桃江（安化)-城步等断裂带联合控制了湘东地区中新生代构造发展的格局（图 5-65）。湘东北地区 80% 以上的 NW—NWW 向断层可能是常德-茶陵（安仁）断裂带次级成分，只是规模小、连续性较差而已，它们对湘东北地区长平盆地内安定-平江、长沙-望城 NW—NWW 向分支凹陷及洞庭湖的断块活动起着决定性作用。然而，这些断层也与区内长平深大断裂的多次活动有关。不过，长平深大断裂带与常德-茶陵断裂带的关系需做进一步研究。

3. 滑旋扭构造的控盆作用

湘东北地区 NNE 向的红色盆地都是受 NNE 向 P 型断裂及派生断裂控制的离散走滑半地堑纵谷盆地，是修水-茶陵-郴州深大断裂带（含长平断裂、灰汤-新宁断裂）在白垩纪—古近纪离散走滑的产物。如长平盆地东南缘的长平断束（F_{15}、F_{16}、F_{19}、F_{20}、F_{10}等）的长期不均衡走滑斜降作用使东南侧的连云山山岭不断隆升，形成连云山变质核杂岩。在剖面上呈现向南东掀斜的半地堑（箕状）盆地，早白垩世晚期—晚白垩世早期沉积于盆地北西缘，而晚白垩世晚期巨厚的粗碎屑沉积都堆积在盆地中轴之南东侧，而且岩层均向以南东倾斜为主，造成沉积物北西细而薄、南东粗而厚的特点，表明自晚白垩世晚期始，是长平断裂带急剧下降的时期，盆岭转换处于较强烈阶段。古近纪沉积仅出现在长寿街以东和黄花以南，

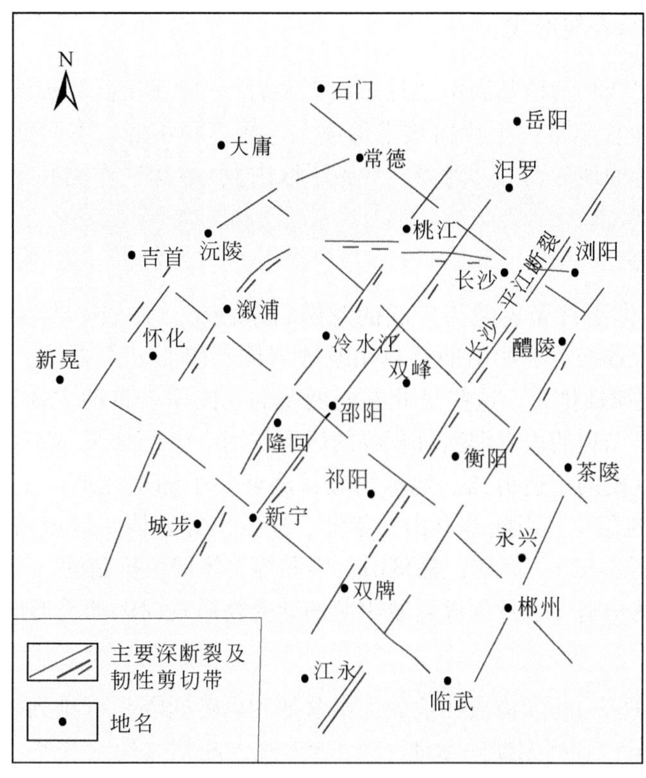

图 5-65　湖南省区域构造格架

暗示了长平盆地在早古近纪曾呈 NW—SE 向马鞍形拱起，使沉积中心发生北东向和南西向迁移。直至古近纪晚期，盆地中还发生了与 P 型断裂平行的次级阶梯状正断层组合，成为负花状构造，如社港–芦洞等横剖面上表现很典型。洞庭盆地与长平盆地也相似，不同的是受 P 型和 R 型断裂带的联合控制更明显，是两组大断裂反接复合型盆地。长乐铜盆寺岩体磷灰石的裂变径迹年龄数据表明，幕阜山–长乐（详见图 2-13）褶断带在约 30Ma 已基本结束了快速隆升历史，而洞庭湖盆内的 NNE、NWW 向断裂活动却仍未停歇。

总之，自陆内走滑造山以来，湘东北地区应力场经历了从挤压会聚走滑到单剪走滑（详见本章 5.1、5.2 节）、离散走滑到全面拉张的渐进过渡历程。约 136Ma 开始，湘东北构造应力场全面处于走滑–拉张阶段，原先压扭性走滑构造带大都转换成雁行正断层系，早期形成的推挤褶隆核在地幔柱热流重熔花岗岩浆侧向运移底辟侵位及隆缘断裂强烈向下切割、抽拉的联合作用下，剥离至地表而发展成为“变质核杂岩”构造。伴随变质核杂岩构造的急剧隆升，在其一侧或两侧，加剧了地堑和半地堑式断陷纵谷盆地的发展，造就了现今湘东北地区盆–岭构造系统。

可见湘东北地区及区域上的盆–岭构造体系是受控于燕山旋回所形成的 NE—NNE 大型走滑断裂与之间断块的左行走滑旋扭活动及北西向反向走滑断裂的活动，也是亚洲板块与太平洋库拉板块相向运动导致的力偶应力场中形变的结果。

5.4.3　中新生代盆–山耦合过程

湘东北地区自印支运动后结束了海相盆地的沉积历史，其后出现印支期抬升，晚侏罗世—早白垩世太平洋板块向 NNW 方向快速移动，导致太平洋板块向中国东部大陆发生角度变化的深部俯冲，对区内构造格局产生深远的影响，如大规模岩浆活动带出现、中新生代陆相盆地叠加于古生代海相盆地之上、盆–岭构造式样定位等。

5.4.3.1　盆-岭构造的表现形式

湘东北地区中、新生代陆相盆地基底由“连云山混杂岩”、冷家溪群和板溪群等浅变质岩系及围绕这些变质残片（陆块）的古生代至早中生代褶皱带组成，这些不同年龄、不同性质的变质岩系及褶皱带的岩石圈结构特征，加上独特的地球动力学背景，导致了区内盆-岭构造作用和不同期次岩浆作用的表现形式复杂化。

1. 大规模花岗岩浆侵位

湘东北地区盆-岭构造作用首先表现为广泛的花岗岩浆侵位，强烈受到 NNE（W）或 NE 向断裂控制，并与陆内裂陷作用的背景相关。燕山期幕阜山复式岩体、望湘复式岩体、连云山复式岩体等均呈岩基状产出，并呈 NE 向有规律性排布。这些呈北东向展布的花岗质岩带的主体以白云母/二云母花岗岩的侵入活动为特征，主要由再循环的表壳泥质沉积物的熔融作用产生（详见本书第 3 章），暗示陆壳与壳下岩石圈可能沿莫霍面有大规模的构造拆离。地球物理探测证实了湘东北地区上地壳和中地壳之间有一个低速高导层（韧性流层）的存在。因此幕阜山、望湘、连云山等岩体是区域挤压向区域伸展转换的动力学背景下的岩石学记录（图 5-63）。例如，幕阜山、望湘等岩体侵位机制的一个重要特点是底辟式强力侵位，使围岩形成穹隆或环状构造，这种深源岩浆引起的地壳物质垂向运动是形成盆-岭构造的重要因素。

2. 盆岭式断陷盆地系

由地堑、半地堑以及其间的断隆构成在地貌上由盆地和山岭间隔平行排列表现出来，断陷盆地宽 100 余千米，规模较小，由（东）洞庭湖断陷盆地、长寿街-长沙断陷盆地（长平-衡阳盆地）和石康断陷盆地（醴陵-攸县断陷盆地）等 3 个左行雁列式展布的断陷盆地组成，盆地内主要充填了白垩系和古近系—新近系。断陷盆地的组合样式以半地堑最为常见，控盆主边界断层的几何学特征比较复杂，单条断层（如长平断裂带内 F_2）常显示出多期活动性。这些边界断层一般发育于盆地南东侧，浅层表现为伸展断层，而在深层具有拆离断层性质。与韧性层或壳内低速层等构造软弱部位连接，构成多层次的拆离构造，具有浅部穿层、深部顺层滑动的特点。

3. 变质核杂岩构造

九岭-幕阜褶断山岭等分布着大云山-幕阜山、连云山等变质核杂岩构造。其特点是在变质核中有一个同构造的晚侏罗世—早白垩世（155 ~ 127Ma）的花岗质岩侵入体（图 5-62），如连云山岩体、幕阜山岩体等。其岩性可从（花岗）闪长岩到二长花岗岩，反映其壳-幔源混合、以壳源为主的成因（详见本书第 3 章），可能说明了幔源热熔体的上升促使地壳的局部熔融，造成了深部物质的重力上浮，同时被加热的核杂岩本身也具一定的热隆作用，两者的联合作用导致了变质核杂岩的最终成形和隆升地表。此外，在岩体内部或周围还有许多零星分布的小块结晶基底出露（图 5-49）。由此可见，区内变质核杂岩构造的形成时间应较盆-岭构造稍早。

5.4.3.2　褶断山岭的隆升过程

据上述，几乎每个变质核杂岩均有同期的侵入体产出，这些侵入体是区域伸展体制下形成盆-岭构造留下的岩石学记录。湖南省地质调查院（2002）曾应用热年代学方法，分析了燕山期望湘岩体的热历史，剖析了九岭-幕阜山脉隆升的动力学过程。

1. 望湘岩体的热历史

湖南省地质调查院（2002）根据热年代学裂变径迹方法，测定了磷灰石和锆石矿物的封闭年龄、封闭温度与地热梯度，本书进一步结合望湘岩体 U-Pb、Rb-Sr、K-Ar 和 Ar-Ar 法年龄，定量分析了望湘岩体的热历史和隆升过程。

不同矿物的不同定年系统具有不同的封闭温度，如锆石 U-Pb 法年龄封闭温度为 700±50℃（Wanger et al.，1977；Harrison et al.，1979）、全岩 Rb-Sr 等时线年龄封闭温度为 650 ~ 700℃（Hurrison et al.，

1979）、黑云母 K-Ar 法年龄封闭温度为 375±50℃（Turner et al.，1976；Hurford et al.，1991）、白云母 K-Ar 法和 Ar-Ar 法年龄封闭温度分别为 375℃和 390±45℃（Dodson，1973；Hames and Bowring，1994）、锆石裂变径迹法记年系统的封闭温度为 225±25℃（Naeser et al.，1980；Hurford et al.，1991）、磷灰石裂变径迹法定年系统的封闭温度为 100±25℃（Naeser et al.，1980；Hurford et al.，1991）。为进行有效热年代学分析，根据湖南省地质调查院（2002）假设古地温梯度与现今地壳平均地温梯度相近，约为 30℃/km。

望湘复式岩体燕山期花岗质岩浆侵位年龄可能≥145Ma（详见本书第 3 章），但岩体侵位以后发生了较复杂的热演化历史（图 5-66）。在约 140Ma（Ar-Ar 年龄，详见本章第三节）至 131Ma 期间，岩体由于与围岩之间的巨大温度差而发生高速冷却，平均降温速度达 30.5℃/Ma，自 131Ma 以来，岩体发生多阶段不均匀降温事件。在 131～120Ma 期间，岩体发生快速隆升，平均降温速度达 8.3℃/Ma，对应的抬升速率为 0.276mm/a；120～81.1Ma 期间，岩体以 1.9℃/Ma 的速度缓慢降温，对应着岩体的缓慢隆升过程，平均隆升速率为 0.063mm/a；据锆石的裂变径迹年龄-高程相关关系，求得在 85.5～81.1Ma 期间，望湘岩体以 0.09mm/a 的速率抬升（图 5-66）；81.1～55.6Ma 期间，岩体冷却相对较快，平均降温速度为 4.90℃/Ma，对应的抬升速率为 0.163mm/a；据磷灰石的裂变径迹年龄-高程相关关系，求得在 55.6～47Ma 期间，望湘岩体以 0.045mm/a 的速率缓慢抬升（图 5-67）；据岩体演化曲线的趋势，在 47Ma 之后岩体又出现了较快速的隆升，平均隆升速率为 0.157mm/a，这一过程（隆升到地表温度 20℃）约持续到 30Ma。此后，望湘岩体未发生快速隆升事件，隆升速率非常小，仅为 0.022mm/a，直至现今（湖南省地质调查院，2002）。

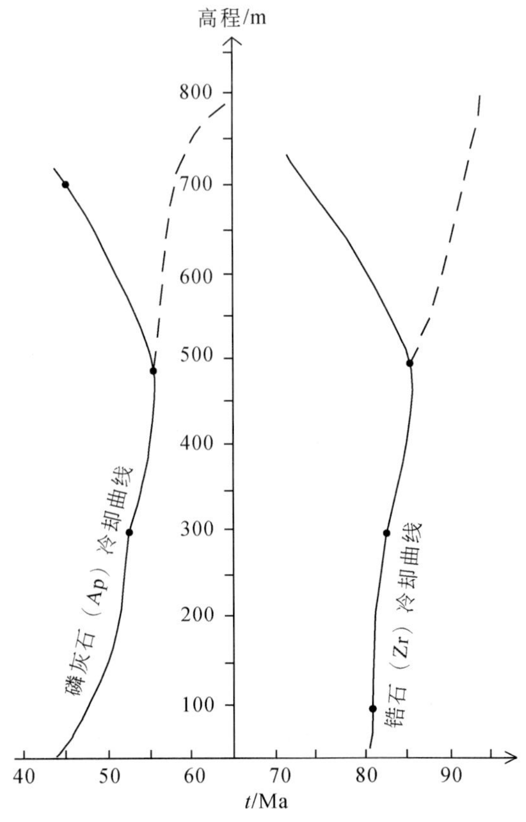

图 5-66　望湘岩体裂变径迹年龄（t）-高程相关关系图

根据湖南省地质调查院（2002），四个磷灰石样品依高度顺序为：1001m→100m、1002m→300m、103m→500m、1004m→700m，总体应遵循高处样品年龄老，向下逐渐变年轻的趋势。但样品测试结果 500m 向下符合此规律，而顶部样品异常，最小 45Ma，推测系局部差异性隆升（断垒构造）所致。隆升速率达 0.3mm/a。此推论与野外观测的地质事实较吻合。在玉池山顶部存在一近 NE 向的断隆，系局部差异性隆升所致。

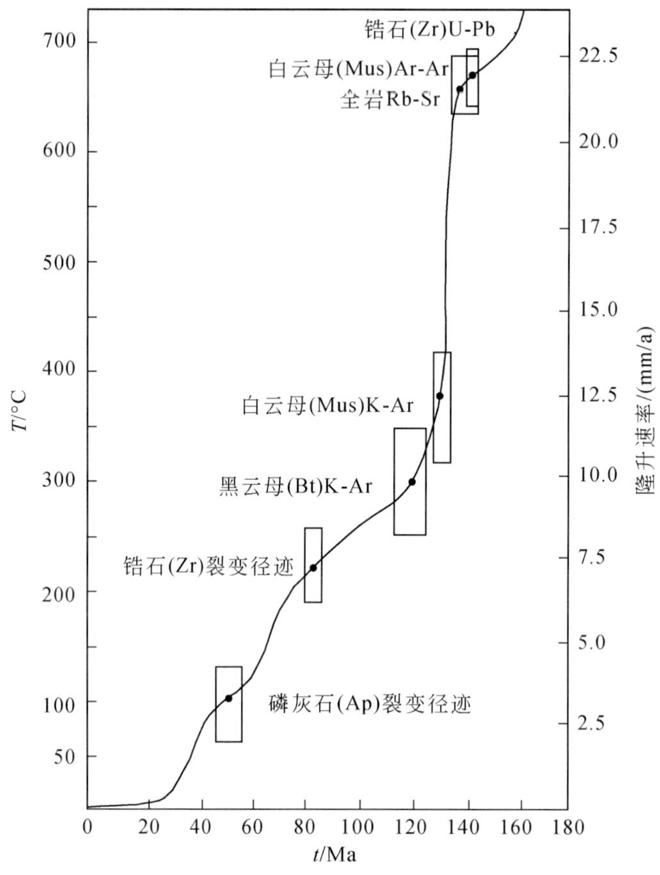

图 5-67　望湘岩体热年代学演化曲线图

综上所述，湘东北地区九岭-幕阜山岭中新生代时期经历了复杂的热历史与时空上都不均匀的隆升过程。区域上九岭-幕阜山岭的快速隆升事件主要发生在 3 个不同时期：早期发生在晚侏罗世—早白垩世中期（131～120Ma）；中期发生在晚白垩世早期—新生代初期（81.1～55.6Ma）；晚期发生在始新世—渐新世（47～30Ma）。在 47～45Ma 之间发生过局部性的隆升事件。

九岭-幕阜山岭的隆升速率由早至晚，呈现出逐步减缓的趋势山脉隆升速率：早期约 0.276mm/a，中期减至 0.163mm/a，晚期变为 0.157mm/a。

2. 构造-热事件与山脉隆升过程

岩体热历史较好地反映了湘东北地区重大构造-热事件的发生时间与构造-地貌演化过程。其隆升过程与据钻孔资料得出的断陷盆地裂陷过程也表现出好的相关性。

在 155～136Ma 期间（详见本书第 3 章），湘东北地区发生了大规模的中酸性岩浆侵位事件，形成望湘、金井、幕阜山、连云山等系列中酸性岩浆侵入体与北东向九岭-幕阜构造-岩浆带。该期区域岩浆（热）事件与侏罗纪末期—白垩纪初期太平洋板块东南沿海的俯冲消减动力学所导致的远程效应有着成因联系。

山脉隆升早期 136～110Ma，湘东北地区九岭-幕阜山脉快速隆升事件与中国东部自早中生代挤压构造环境向晚中生代伸展构造环境的转换有关，洞庭和长平盆地的快速裂陷、大云山-幕阜山和连云山变质核杂岩低角度正断层的形成等事件在发生时间和成因机制等方面，均存在对应关系。正是侏罗纪末—白垩纪初幕阜-九岭山脉的快速隆升，揭开了洞庭（长平）等红色盆地沉积演化的帷幕。该认识与白垩系红层碎屑锆石 U-Pb 定年结果相一致（详见本章 5.3 节）。

110～81Ma 期间，望湘岩体（可能包括其他岩体）的缓慢降温过程对应于岩体周缘古山岳地貌的剥蚀夷平过程，即区域性夷平面的形成时期。据此推断湘东北地区早期区域性夷平面与山顶面的形成时期为110～81Ma。

81～56Ma期间，湘东北地区九岭-幕阜山岭快速隆升，对应的同期沉积地层主要为罗镜滩组、红花套组等，这套岩系底部由一套巨厚的花岗质砾岩和粗砂岩组成，这套巨厚的山前磨拉石是邻近山体快速抬升时（约80Ma）形成，说明快速隆升与断陷盆地的快速充填呈镜像对应关系。这套邻近山体的花岗质砾石分布仅局限于晚白垩世（K_2）地层中，也可以证明隆升过程的阶段性（即幕式抬升）或抬升的多期性。同时在洞庭盆地和长平盆地中广泛出露，表明这种快速抬升又具有普遍性。

约81Ma以来，早期区域性古夷平面分阶段解体。早期区域性古夷平面解体事件发生在81～56Ma时期，与中国东部自早中白垩世以来（详见本书第3章）处于拉张-左行剪切为主的构造背景存在动力学成因联系（任纪舜等，1997）。

56～47Ma时期，岩体的缓慢降温过程对应着中期区域性古夷平面与山顶面的形成时期。47Ma以后中期区域性夷平面开始解体，并持续至30Ma左右。47～30Ma之间的快速隆升对应着周缘盆地的又一次较大规模的裂陷充填，即古近纪沉积。同时在湘东地区西南角青华铺附近发生大规模玄武岩喷溢等构造-热事件。

30Ma以来区内又进入了一个新的剥蚀夷平期，至古近纪晚期盆地即逐步萎缩。

综上所述，湘东北地区自晚中生代以来，经历了三次较强烈的隆升和三次强烈的剥蚀夷平。现今的盆-岭构造格局在136～81Ma期间既已具雏形，经过81～56Ma和47～30Ma的发展演化，形成了现今盆岭构造-地貌格局。

5.4.4 盆-山耦合深部机制

盆-岭（山）构造省的形成和演化强烈地受到深部过程的制约；盆-山耦合是壳-幔相互作用在浅层的响应。湘东北地区中新生代盆-岭构造发展的事件包括隆升作用、火山作用和裂谷扩张作用，即上地幔的过热状态和重力不稳定性、软流圈物质的对流和底劈上升导致上覆岩石圈的伸展减薄，产生岩石圈深断裂和裂谷的扩张，诱发玄武岩浆巨量喷发，形成大陆裂谷盆地（邓晋福等，1988）。

1. 深部地球物理场与盆地演化的关系

据饶家荣等（1993）和湖南省地质调查院（2002）有关资料，湘东北地区深部地球物理场存在如下特点：①在地壳15～20km深处（中-下地壳间）存在壳内低阻高速层（高导层），即韧性流层和上地幔高导层。由于上地幔和壳内高导层中富含流体，流体的存在因而影响了岩石圈的岩石学、动力学特征。②上地幔和软流圈的起伏与盆地和山岭呈镜像对称关系。③江南古陆雪峰山地区（包括湘东北地区）岩石圈地幔部分由较强的块体（刚性幔块）和较弱的软体（塑性幔块）所组成。

中新生代断陷盆地是在岩石圈拉张减薄背景下形成的。盆地下面皆存在上地幔和壳内高导层的隆起，正是岩石圈减薄、软流圈上隆或形成异常地幔的物性反映。富含流体高导层的存在加强了深部拉张过程中的流变性，在地壳上部则以脆性变形、滑脱、拆离为主，形成了不同规模的沉积盆地。而研究区由塑性幔块与刚性幔块组成的岩石圈结构可能暗示区内发生过岩石圈的拆沉作用，从而引起浅层裂陷盆地的产生。

2. 成山成盆火山作用的深部背景

岩石圈伸展是大陆裂谷区的基本特征。玄武岩浆起源于软流圈顶部，只有沿岩石圈深断裂上升才能喷出地表。湘东北地区断陷盆地中广泛分布着多期玄武岩（许德如等，2006），表明中新生代时期测区大陆岩石圈发生了破裂和拉伸作用。

1）玄武岩浆起源条件

（1）岩浆起源深度

邓晋福等（1987，1988）曾根据高温高压深融实验和熔浆-矿物平衡热力学计算，拟合出玄武岩浆起源深度与SiO_2含量成反比。根据玄武岩SiO_2平均含量估算的岩浆起源深度列于表5-13。由此表可见，湘东北地区及邻区断陷盆地白垩纪玄武岩浆平均起源深度为 52km，古近纪—新近纪玄武岩浆起源深度平均为 54km。

（2）上地幔区部分融熔程度

以上地幔橄榄岩 K_2O 含量 0.13%、P_2O_5 含量 0.06%（Ringwood，1975）为标准，根据玄武岩中 K_2O 和 P_2O_5 的平均含量（古近纪—新近纪玄武岩因缺 P_2O_5 分析测试项而未统计）估算的玄武岩源区橄榄岩的部分熔融程度列于表 5-14。白垩纪玄武岩浆起源深度与源区部分熔融程度总体呈现相反的变化趋势，反映岩浆起源较深者温度较低，热量较小，部分熔融程度较低，因此上地幔橄榄岩间隙间深熔岩浆数量较小。

表 5-14　中新生代裂谷盆地玄武岩浆起源条件

地区及层位	起源条件			部分熔融程度					橄榄石结晶温度		资料来源
	SiO_2 /%	P /10^8Pa	深度 /km	K_2O /%	熔融度 /%	P_2O_5 /%	熔融度 /%	平均熔融度/%	MgO /%	岩浆温度 T_{01}/℃	
浏阳西楼 白垩系	50.8	15.9	53.5	1.01	12.9	0.202	29.7	21.3	6.85	1175	湖南省地质调查院（2002）；许德如等（2006）
长沙春华山 白垩系	49.05	17.5	57.6	1.43	9.1	0.403	14.9	12	6.46	1168	
长沙青华铺古近系—新近系	54.10	14.92	49.23	0.5	26				5.61	1154	1∶20 万长沙幅
	51.81	15.7	51.8	0.56	23.2				5.22	1145	
	52.38	15.4	50.8	0.48	27.4				5.54	1152	
	48.55	17.57	57.98	0.44	29.5				6.02	1161	
	46.26	19.2	64.4	0.2	65				7.31	1183	
	52.32	15.4	50.8	0.84	15.5				5.40	1150	
	52.43	16.0	52.8	0.52	25				4.06	1127	
	50.49	17.2	56.8	0.62	21				4.44	1133	
衡阳冠市街 白垩系	54.67	14.0	46.2	1.62	8	0.25	24	16	9.41	1220	1∶20 万衡阳幅
攸县杨木港 白垩系	52.35	15.4	50.8	0.87	14.9	0.18	33.3	24.1	5.35	1149	1∶20 万攸县幅

（3）岩浆温度

玄武岩中的 MgO 含量与橄榄石结晶温度有关，计算式为 $T_{01}=1056.6+17.30$ MgO（邓晋福等，1987）。据此计算的橄榄石结晶温度列于表 5-14。测区及邻区玄武岩为 1140～1200℃。橄榄石结晶温度代表玄武岩岩浆开始结晶的液相线温度，岩浆起源的温度可能高于液相线温度 100～200℃，故推定岩浆起源温度可达 1300～1400℃。

莫宣学（1988）采用原生岩浆-源区难熔残余体平衡热力学计算方法（Carmichael，1977）研究中国东部 15 个地区新生代各类玄武岩岩浆的起源条件，统计结果表明：岩浆起源深部为 52～113km，平均 77.4km，起源温度为 1300～1500℃，平均 1432℃；源区岩石部分熔融程度为 3.5%～19%，平均 8.8%。本节前述的岩浆起源条件参数的估算结果与莫宣学的计算结果基本一致。

2）断陷盆地玄武岩深部作用背景

（1）岩石圈拉伸速度

Sugisaki（1976）论证了火山岩化学成分与板块拉伸速度的关系。应用 Sugisaki（1976）的 $SiO_2=45\%\sim53\%$ 的图解，依据玄武岩 KO_2、Na_2O 含量和二氧化硅指数 θ［$\theta=SiO_2-47(Na_2O+K_2O)/Al_2O_3$］所估算的

断陷红盆白垩纪和古近纪—新近纪岩石圈拉伸速度列于表 5-15。长平盆地北东端白垩纪时的拉伸速度为 0.45cm/a，南西端为 0.48cm/a，平均为 0.46cm/a；与此相邻的南东侧衡阳盆地北东端白垩纪时的拉伸速度为 0.75cm/a；洞庭盆地在古近纪—新近纪时的平均拉伸速度为 1.03cm/a。这表明在空间上岩石圈的拉伸南东侧较北西侧快；时间上在古近纪—新近纪时期较快。

表 5-15　中新生代裂谷盆地岩石圈拉伸速度

地区及层位	K_2O/%	θ	拉伸速度/(cm/a)		
			据 K_2O	据 θ	平均
浏阳西楼白垩系	1.01	18.5	0.4	0.5	0.45
长沙春华山白垩系	1.43	26.2	0.3	0.65	0.48
长沙青华铺古近纪—新近系	0.5	36.5	1.0	0.4	0.7
	0.56	33.7	0.9	0.9	0.9
	0.48	35.6	1.1	1.4	1.25
	0.44	34.3	0.95	0.95	0.95
	0.2	35.5	1.8	1.4	1.6
	0.84	31.9	0.6	0.85	0.78
	0.52	45.9	0.9		
	0.62	38.7	0.85		
衡阳冠市街白垩系	1.62	35	0.25	1.25	0.75
攸县杨木港白垩系	0.87	34.7	0.65	1.25	0.95

岩石圈拉伸速度的估算是一个困难的问题，特别是应用岩石化学数据进行估算其精度不高，但上述结果提供的拉伸速度应可以作为参考。

此外，玄武岩喷发的高潮期与岩石圈强烈拉伸期相对应。其中白垩纪玄武岩的喷发与前述湘东北地区九岭-幕阜山岭中期强烈隆升事件相适应，其对应的隆升期为 81～56Ma，即时间间隔 25Ma；古近纪玄武岩浆喷溢与 47～30Ma 期间（17Ma）的强烈隆升事件相对应。在 25Ma 内拉伸距离为 117.3km，在 17Ma 内拉伸距离为 175.1km，总共拉伸距离为 292.4km，这与八百里洞庭的宽度相协调。

（2）岩石圈的减薄

岩石圈的伸展必然造成其减薄，在减薄区之下软流圈抬升。如果这一过程进行得迅速，软流圈上隆则将经历一个绝热降压的过程。如果温度足够高，这一过程往往与软流圈地幔的部分熔融相伴随。Keen（1987）提出了岩石圈减薄的量 β 与产分熔融的数量 f 以及熔融的温度具有相关性。据 Keen（1987）提供的图解，参照湘东北及邻区玄武岩浆起源条件（表 5-13），当长平盆地春华山地区岩浆熔融程度为 12% 时，其 β 值为 2.3；当衡阳盆地冠市街玄武岩浆熔融程度为 16% 时，其 β 值为 2.6。

5.4.5　伸展构造地球动力学演化机制

湘东北地区伸展变形构造发育，主要表现为盆-岭构造格架及其中的变质核杂岩等构造。该区的盆-岭构造也是中国大陆东南部北东向盆-岭构造省的重要组成部分。纵观东亚陆缘长达 6000km 的中新生代构造-岩浆岩带，不难发现，湘东北地区所展现的盆-岭构造虽然仅是其极小一段，但是如此宏伟的新格局的形成有着其全球性深部构造背景，即应该具有统一的地球深部过程的引发机制。

岩浆作用对变质核杂岩的隆升、低角度正断层的形成和变质核杂岩内拆离断层与韧性剪切变形层的发育起着重要作用。玄武质岩浆底侵作用将在垂向上施加一个向上的应力引起地表抬升（上隆），这种上隆依次引起中地壳热软化、地壳局部熔融，强化拆离断层下盘的均衡回跳，导致核杂岩进一步上隆。岩浆的侵位只能触发低角度正断层作用，要使该断层发生大规模的位移需要有花岗质岩浆连续不断地侵位。湘东北地区变质核杂岩构造中组成核杂岩的岩体如连云山、幕阜山、望湘等所表现出的多期脉动或强力侵位特征（详见本书第3章）为这一机制提供了佐证。

然而，局部的热隆机制或岩浆底侵作用难以解释区域范围内伸展作用方向的一致性（详见本章第3节），这是因为全球性及变质核杂岩中韧流层范围远远超出同构造岩体接触热动力变质范围的特点。因此，底侵作用仅是盆-岭构造深部耦合机制的原因之一和/或阶段之一，主导机制应与中国东部巨厚岩石圈在晚侏罗世—早白垩世（燕山运动）因太平洋板块俯冲和板片后撤、板片断离引发的突发性崩塌即拆沉有关。

1. 岩石圈拆沉的主要证据

（1）岩石圈根沉落于软流圈地幔和下地幔，而最终堆积于核幔边界（2700km）的深部记录，已为全球地震层析资料所揭示（Maruyama，1994），特别是在东亚大陆的核幔边界附近已经找到冷、重的岩石圈根崩落的堆积体（Grand et al.，1997），推测这些堆积体的时代为晚侏罗世（Van Der Voo et al.，1999；Richards，1999）。

（2）中国东部岩石圈的主拆沉期是160～120Ma，它以巨量的同期碱性火山岩和A型花岗岩为证，在湘东北地区表现为155～128Ma的北东向的构造-岩浆岩带。

（3）太平洋板块向东亚大陆俯冲的时间可能为180Ma或晚侏罗世（Van Der Voo et al.，1999），太平洋底磁条带证实其最老的年龄为晚侏罗世（李三忠等，2019）。

（4）具有岩石圈根发生拆沉作用的地球物理背景：由刚性幔块和塑性幔块所组成的岩石圈可能系岩石圈拆沉作用所致。

2. 盆-山（岭）耦合的地球动力学模式

湘东北地区晚中生代陆相盆-山（岭）耦合的地球动力学模式经初步总结如下。

1）*岩石圈根拆沉的初始阶段*［图5-68（a）］

在古太平洋板块向华南大陆东南缘俯冲的远程效应持续影响下，160～136Ma时期，由于深部的俯冲板片后撤、俯冲板片开始发生断离，岩石圈动力学开始从挤压向伸展转变。岩石圈伸展破裂后，密度较大的壳下岩石圈由于自发的不稳定性而发生拆沉，壳下岩石圈陆内俯冲（A型）开始，热的软流圈物质侵入上隆并横向扩展，下地壳加热，部分熔融，热的下地壳通过韧性扩展而变薄。早期拉斑玄武岩浆侵入盆地当中，同时产生早期同构造期花岗质岩（如连云山岩体、望湘岩体、幕阜山岩体等），并可能导致了变质核杂岩的形成，而盆-岭构造则初具雏形。

2）*岩石圈根拆沉阶段*［图5-68（b）］

136～110Ma，古太平洋俯冲板片继续后撤，并断离，湘东北地区岩石圈全面进入伸展阶段。岩石圈根相继崩陷，热的软流圈物质向两侧横向扩展并上涌，两侧地壳则受到软流圈物质挤压而缩短增厚并隆起，进而可能导致变质核杂岩的剥露。热的下地壳继续部分熔融并与地幔相互作用而诱发同构造侵入作用，加厚地壳的放射性加热作用增强伴以摩擦热作用产生了造山期后花岗质岩浆活动（136～128Ma）及变质作用。在地壳表层强烈挤压下，产生高位（表层）逆冲推覆构造及隆起区地壳抬升和岩石的剧烈剥蚀，从隆起区剥蚀的物源则在水力等动力学条件下沉积于断陷盆地。

上述基底活化和岩浆底侵作用及其热源，均可以导致同时期变质核杂岩的形成，并形成断陷盆地与变质核杂岩块断山岭的耦合。

综上所述，湘东北地区NE—NNE向盆-岭构造体系的发育具有统一的形成机制和动力学过程，九岭-幕阜山岭是在晚侏罗世—白垩纪时期伴随洞庭盆地、长平盆地等的形成和发展而相应隆升的，是底侵作用和拆沉作用的综合响应。

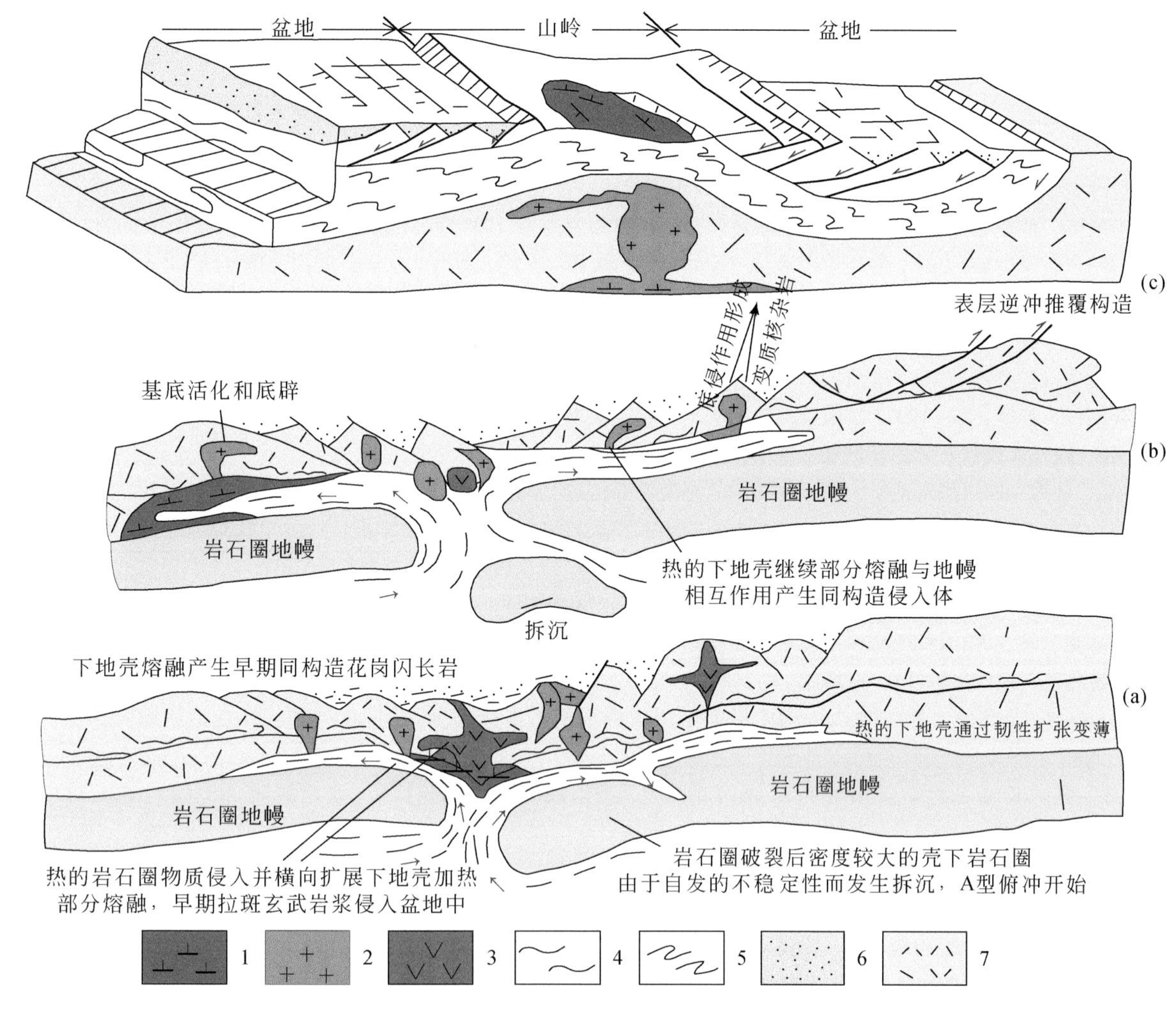

图 5-68　盆-岭构造耦合地球动力学模型

（a）岩石圈根拆沉作用的初始阶段；（b）岩石圈根拆沉阶段；（c）拆沉阶段变质核杂岩隆升模式放大示意图。

1. 底侵基性超基性岩；2. 各构造期中酸性侵入体；3. （次）火山岩；4. 壳内高速层；5. 近水平韧性剪切带；6. 裂谷盆地沉积；7. 陆壳

参考文献

曹淑云，刘俊来，Leiss B. 2008. 滇西点苍山杂岩的组成、构造特征及热年代学．北京：第四届全国构造会议．

邓晋福，路风香，鄂莫岚．1987. 汉诺坝玄武岩岩浆起源及上升的 *p-t* 路线．地质论评，33（4）：317-324.

邓晋福，鄂莫岚，路风香．1988. 汉诺坝玄武岩化学及其演化趋势．岩石学报，（1）：22-33.

董树文，吴锡浩，吴珍汉，等．2000. 论东亚大陆的构造翘变——燕山运动的全球意义．地质论评，46（1）：8-13.

杜安道，何红蓼，殷宁万，等．1994. 辉钼矿的铼-锇同位素地质年龄测定方法研究．地质学报，68（4）：339-347.

傅昭仁，李紫金，郑大瑜．1999. 湘赣边区 NNE 向走滑造山带构造发展样式．地学前缘，6（4）：263-272.

贺转利，许德如，陈广浩，等．2004. 湘东北燕山期陆内碰撞造山带金多金属成矿地球化学．矿床地质，23（1）：39-51.

胡玲．1996. 韧性剪切带研究现状及发展趋势．地质力学学报，2（3）：14-15.

胡荣国，邱华宁，Wijbrans J R，等．2016. 柴北缘锡铁山花岗质片麻岩深熔作用年代和冷却历史：来自浅色体 40Ar/39Ar 年代学证据．大地构造与成矿学，40（1）：125-135.

湖南省地质调查院．2001. 湖南省平江县横洞-安下钴矿资源评价报告．长沙：湖南省地质调查院．

湖南省地质调查院．2002. 1∶25 万长沙市幅区域地质调查报告．长沙：湖南省地质调查院．

湖南省地质矿产局．1988. 湖南省区域地质志．北京：地质出版社：1-507.

贾宝华，彭和求．2005. 湘东北前寒武纪地质与成矿．北京：地质出版社：1-138.

贾大成，胡瑞忠．2002. 湘东北燕山晚期花岗岩构造环境判别．地质地球化学，30（2）：10-14.

贾大成，胡瑞忠，卢焱，等 . 2002a. 湘东北蕉溪岭富钠煌斑岩地球化学特征 . 岩石学报，18（4）：459-467.
贾大成，胡瑞忠，谢桂青 . 2002b. 湘东北中生代基性岩脉岩石地球化学及构造意义 . 大地构造与成矿学，26（2）：179-184.
李鹏，刘翔，李建康，等 . 2019. 湘东北仁里-传梓源矿床 5 号伟晶岩岩相学、地球化学特征及成矿时代 . 地质学报，93（6）：1374-1391.
李三忠，曹现志，王光增，等 . 2019. 太平洋板块中-新生代构造演化及板块重建 . 地质力学学报，25（5）：642-677.
李先福，李建威，傅昭仁 . 2000. 连云山西缘糜棱岩显微构造及古应力计算 . 武汉化工学院学报，22（2）：40-42.
李紫金，傅昭仁，李建威 . 1998. 湘赣边区 NNE 向走滑断裂-流体-铀成矿动力学分析 . 现代地质，12（4）：3-5.
梁新权，郭定良 . 2002. 湖南深部构造活化及其浅部响应 . 地质科学，37（3）：332-342.
刘翔，周芳春，李鹏 . 2019. 湖南仁里稀有金属矿田地质特征、成矿时代及其找矿意义 . 矿床地质，38（4）：771-791.
楼法生，舒良树，王德滋 . 2005. 变质核杂岩研究进展 . 高校地质学报，11（1）：67-76.
毛景文，李红艳，徐钰，等 . 1997. 湖南万古地区金矿地质与成果 . 北京：原子能出版社 .
莫宣学 . 1988. 国外火成岩石学的新进展 . 地质科技情报，（2）：43-48.
秦葆瑚 . 1991. 台湾—四川黑水地学大断面所揭示的湖南深部构造 . 湖南地质，10（2）：89-96.
丘元禧，张渝昌，马文璞 . 1998. 雪峰山陆内造山带的构造特征与演化 . 高校地质学报，4（4）：432-433.
饶家荣，王纪恒，曹一中 . 1993. 湖南深部构造 . 湖南地质，（S1）：1-101.
任纪舜 . 1990. 论中国南部的大地构造 . 地质学报，64（4）：275-288.
任纪舜，牛宝贵，和政军，等 . 1997. 中国东部的构造格局和动力演化//中国地质学会 . 中国地质科学院地质研究所文集（29/30）. 北京：地质出版社：43-45.
舒良树，Charvet J，卢华复，等 . 2002. 中国中南天山造山带东段古生代增生-碰撞事件和韧性变形运动学 . 地质学报，76（3）：298.
王松山 . 1983. 我国 K-Ar 法标准样 Ar-K 和 Ar-Ar 年龄测定及放射成因 Ar 的析出特征 . 地质科学，18（4）：315-323.
王志洪，卢华复，贾东 . 1995. 长乐-南澳韧性剪切带中糜棱岩变形微构造研究 . 地质科学，30（1）：85-96.
夏浩然，刘俊来 . 2010. 拆离断层带石英结晶学优选组构：以云蒙山剪切带变形花岗岩为例 . 北京：2010 年全国岩石学与地球动力学研讨会 .
谢湘雄 . 1995. 试论湖南地壳均衡特征 . 湖南地质，14（3）：179-183.
熊绍柏 . 1992. 黄山-温州地带的上地壳结构和东南碰撞造山带//1992 年中国地球物理学会第八届学术年会论文集 . 北京：地震出版社：74.
徐海军，金淑燕，郑伯让 . 2007. 岩石组构学研究的最新技术——电子背散射衍射（EBSD）. 现代地质，21（2）：213-225.
徐树桐，江来利，刘贻灿，等 . 1992. 大别山区（安徽部分）的构造格局和演化过程 . 地质学报，66（1）：1-15.
许德如，贺转利，李鹏春，等 . 2006. 湘东北地区晚燕山期细碧质玄武岩的发现及地质意义 . 地质科学，41（2）：311-332.
许德如，邓腾，董国军 . 2017. 湘东北连云山二云母二长花岗岩的年代学和地球化学特征：对岩浆成因和成矿地球动力学背景的启示 . 地学前缘，24（2）：104-122.
许志琴，王勤，梁凤华，等 . 2009. 电子背散射衍射（EBSD）技术在大陆动力学研究中的应用 . 岩石学报，25（7）：1721-1736.
杨振宇，董树文，Besse J. 2001. 华南、华北地块中生代构造演化与超高压变质岩的折返机制 . 地质论评，47（6）：568-576.
袁学诚 . 1996. 秦岭岩石圈速度结构与蘑菇云构造模型 . 中国科学 D 辑：地球科学，26（3）：209-215.
张睢易 . 2017. 中部地壳应变局部化：金州拆离断层带石英结晶学组构约束 . 北京：中国地质大学 .
张文山 . 1991. 湘东北长沙—平江断裂动力变质带的构造及地球化学特征 . 大地构造与成矿学，15（2）：100-109.
赵越，杨振宇，马醒华 . 1994. 东亚大地构造发展的重要转折 . 地质科学，29（2）：105-119.
郑亚东，王涛，张进江 . 2008. 运动学涡度的理论与实践 . 地学前缘，15（3）：209-220.
朱光，牛漫兰，刘国生，等 . 2002. 郯庐断裂带早白垩世走滑运动中的构造、岩浆、沉积事件 . 地质学报，76（3）：325-334.
Adams B L. 1993. Orientation imaging microscopy：application to the measurement of grain boundary structure. Materials Science and Engineering A，166（1-2）：59-66.
Adams B L，Wright S I，Kunze K. 1993. Orientation imaging：the emergence of a new microscopy. Metallurgical Transactions A，

24 (4): 819-831.

Belousova E A, Kostitsyn Y A, Griffin W L, et al. 2010. The growth of the continental crust: constraints from zircon Hf- isotope data. Lithos, 119 (3-4): 457-466.

Bingen B, Stein H. 2003. Molybdenite Re-Os dating of biotite dehydration melting in the Rogaland high-temperature granulites, S Norway. Earth and Planetary science Letters, 208 (3-4): 181-195.

Black L P, Kamo S L, Allen C M, et al. 2003. TEMORA 1: a new zircon standard for Phanerozoic U-Pb geochronology. Chemical Geology, 200 (1): 155-170.

Bucher M, Grapes R. 2011. Petrogenesis of Metamorphic Rocks (8th edition). Berlin: Springer-Verlag.

Carmichael C M. 1977. Magnetization and suitability for paleomagnetic field intensity measurements of selected samples from sites 332, 334, and 335 of Leg 37 DSDP. Canadian Journal of Earth Sciences, 14 (4): 745-755.

Cawood P A, Wang Y, Xu Y, et al. 2013. Locating South China in Rodinia and Gondwana: a fragment of greater India lithosphere? Geology, 41 (8): 903-906.

Chen J F, Foland K A, Xing F M, et al. 1991. Magmatism along the southeast margin of the Yangtze block: precambrian collision of the Yangtze and Cathysia blocks of China. Geology, 19 (8): 815-818.

Corfu F, Hanchar J M, Hoskin P W O, et al. 2003. Atlas of zircon textures. Reviews in Mineralogy and Geochemistry, 53 (16): 469-500.

Davis G A, 郑亚东. 2002. 变质核杂岩的定义、类型及构造背景. 地质通报, 21 (4): 185-192.

Deng T, Xu D R, Chi G X, et al. 2017. Geology, geochronology, geochemistry and ore genesis of the Wangu gold deposit in northeastern Hunan Province, Jiangnan Orogen, South China. Ore Geology Reviews, 88: 619-637.

Dodson M H. 1973. Closure temperature in cooling geochronological and petrological systems. Contributions to Mineralogy and Petrology, 40 (3): 259-274.

Dong S W, Zhang Y Q, Zhang F Q, et al. 2015. Late Jurassic- Early Cretaceous continental convergence and intracontinental orogenesis in East Asia: a synthesis of the Yanshan revolution. Journal of Asian Earth Sciences, 114: 750-770.

Drury M, Urai J. 1990. Deformation-related recrystallization processes. Tectonophysics, 172 (3-4): 235-253.

Du A, He H, Yin N, et al. 1993. Direct dating of molybdenites using the Re-Os geochronometer. Chinese Science Bulletin, 38 (15): 1319-1320.

Etchecopar A, Vasseur G. 1987. A 3- D kinematic model of fabric development in polycrystalline aggregates: comparisons with experimental and natural examples. Journal of Structural Geology, 9 (5-6): 705-717.

Faure M, Sun Y, Shu L S, et al. 1996. Extensional tectonics within a subduction-type orogeny. The case study of the Wugongshan dome (Jiangxi Province, Southeastern China). Tectonophysics, 263 (1-4): 77-106.

Faure M, Lin W, Chen Y. 2012. Is the Jurassic (Yanshanian) intraplate tectonics of north China due to westward indentation of the North China Block? Terra Nova, 24 (6): 456-466.

Feng Z H, Wang C Z, Zhang M H, et al. 2012. Unusually dumbbell-shaped Guposhan- Huashan twin granite plutons in Nanling Range of south China: discussion on their incremental emplacement and growth mechanism. Journal of Asian Earth Sciences, 48: 9-23.

Forte A M, Bailey C M. 2007. Testing the utility of the porphyroclast hyperbolic distribution method of kinematic vorticity analysis. Journal of Structural Geology, 29 (6): 983-1001.

Gerdes A, Zeh A. 2006. Combined U-Pb and Hf isotope LA-(MC-) ICP-MS analyses of detrital zircons: comparison with SHRIMP and new constraints for the provenance and age of an Armorican metasediment in Central Germany. Earth and Planetary Science Letters, 249 (1-2): 47-61.

Grand S, Van Der Hilst R D, Widiyantoro S. 1997. Global seismic tomography: a snapshot of convection in the Earth. GSA Today, 7 (4): 1-7.

Hames W E, Bowring S A. 1994. An empirical evaluation of the argon diffusion geometry in muscovite. Earth and Planetary Science Letters, 124 (1-4): 161-169.

Harris L B, Cobbold P R. 1985. Development of conjugate shear bands during bulk simple shearing. Journal of Structural Geology, 7 (1): 37-44.

Harrison T M, Armstrong R L, Naeser C W, et al. 1979. Geochronology and thermal history of the Coast Plutonic Complex, near Prince Rupert, British Columbia. Canadian Journal of Earth Sciences, 16 (3): 400-410.

Hirth J P, Barkett D M, Lothe J. 1979. Stress fields of dislocation arrays at interfaces in bicrystals. Philosophical Magazine A, 40 (1): 39-47.

Hoskin P W O, Schaltegger U. 2003. The composition of zircon and igneous and metamorphic petrogenesis, Zircon. Reviews in Mineralogy and Geochemistry, 53 (1): 27-62.

Huang H Q, Li X H, Li Z X, et al. 2013. Intraplate crustal remelting as the genesis of Jurassic high-K granites in the coastal region of the Guangdong Province, SE China. Journal of Asian Earth Sciences, 74: 280-302.

Huang H Q, Li X H, Li Z X, et al. 2015. Formation of the Jurassic south China large Granitic Province: insights from the genesis of the Jiufeng pluton. Chemical Geology, 401: 43-58.

Hurford A J, Hunziker J C, Stöckhert B. 1991. Constraints on the late thermotectonic evolution of the western Alps: evidence for episodic rapid uplift. Tectonics, 10 (4): 758-769.

Ji W B, Lin W, Faure M, et al. 2017. Origin of the Late Jurassic to Early Cretaceous peraluminous granitoids in the northeastern Hunan province (middle Yangtze region), South China: geodynamic implications for the Paleo-Pacific subduction. Journal of Asian Earth Sciences, 141: 174-193.

Jiang Y H, Zhao P, Zhou Q, et al. 2011. Petrogenesis and tectonic implications of Early Cretaceous S- and A-type granites in the northwest of the Gan-Hang rift, SE China. Lithos, 121 (1-4): 55-73.

Keen C E, Stockmal G S, Welsink H. 1987. Deep crustal structure and evolution of the rifted margin northeast of Newfoundland: results from LITHOPROBE East. Canadian Journal of Earth Sciences, 24 (8): 1537-1549.

Koppers A A. 2002. Ar-Ar CALC—software for $^{40}Ar/^{39}Ar$ age calculations. Computers and Geosciences, 28 (5): 605-619.

Kruhl J H. 1996. Prism-and basal-plane parallel subgrain boundaries in quartz: a microstructural geothermobarometer. Journal of Metamorphic Geology, 14 (5): 581-589.

Li G, Liu Z, Liu J, et al. 2012. Formation and timing of the extensional ductile shear zones in Yiwulü Mountain area, Western Liaoning Province, North China. Science China Earth Sciences, 55 (5): 733-746.

Li J H, Zhang Y Q, Dong S W, et al. 2013. The Hengshan low-angle normal fault zone: structural and geochronological constraints on the Late Mesozoic crustal extension in South China. Tectonophysics, 606: 97-115.

Li J H, Zhang Y Q, Dong S W, et al. 2014. Cretaceous tectonic evolution of South China: a preliminary synthesis. Earth-Science Reviews, 134 (1): 98-136.

Li J H, Dong S W, Zhang Y Q, et al. 2016. New insights into Phanerozoic tectonics of south China: part 1, polyphase deformation in the Jiuling and Lianyunshan domains of the central Jiangnan Orogen. Journal of Geophysical Research-Solid Earth, 121 (4): 3048-3080.

Li X H. 2000. Cretaceous magmatism and lithospheric extension in Southeast China. Journal of Asian Earth Sciences, 18 (3): 293-305.

Li X H, Li Z X, Zhou H W, et al. 2002. U-Pb zircon geochronology, geochemistry and Nd isotopic study of Neoproterozoic bimodal volcanic rocks in the Kangdian Rift of South China: implications for the initial rifting of Rodinia. Precambrian Research, 113 (1-2): 135-154.

Li X H, Li Z X, Li W X, et al. 2007. U-Pb zircon, geochemical and Sr-Nd-Hf isotopic constraints on age and origin of Jurassic I- and A-type granites from Central Guangdong, SE China: a major igneous event in response to foundering of a subducted flat-slab? Lithos, 96: 186-204.

Li X H, Li W X, Wang X C, et al. 2010. SIMS U-Pb zircon geochronology of porphyry Cu-Au-(Mo) deposits in the Yangtze River Metallogenic Belt, eastern China: magmatic response to early Cretaceous lithospheric extension. Lithos, 119 (3-4): 427-438.

Li Z X, Li X H. 2007. Formation of the 1300-km-wide intracontinental orogen and postorogenic magmatic province in Mesozoic South China: a flat-slab subduction model. Geology, 35 (2): 179-182.

Lister G S, Price G P. 1978. Fabric development in a quartz-feldspar mylonite. Tectonophysics, 49 (1-2): 37-78.

Lister G S, Hobbs B E. 1980. The simulation of fabric development during plastic deformation and its application to quartzite: the influence of deformation history. Journal of Structural Geology, 2 (3): 355-370.

Lister G S, Snoke A W. 1984. SC mylonites. Journal of Structural Geology, 6 (6): 617-638.

Liu L, Xu X S, Xia Y, et al. 2016. Asynchronizing paleo-Pacific slab rollback beneath SE China: insights from the episodic Late Mesozoic volcanism. Gondwana Research, 37: 397-407.

Liu Q, Yu J H, Wang Q, et al. 2012. Ages and geochemistry of granites in the Pingtan-Dongshan Metamorphic Belt, coastal south

China: new constraints on Late Mesozoic magmatic evolution. Lithos, 150: 268-286.

Liu S F, Li W P, Wang K, et al. 2015. Late Mesozoic development of the southern Qinling-Dabieshan foreland fold-thrust belt, central China, and its role in continent-continent collision. Tectonophysics, 644-645: 220-234.

Lloyd G E, Freeman B. 1991. SEM electron channelling analysis of dynamic recrystallization in a quartz grain. Journal of Structural Geology, 13 (8): 945-953.

Lloyd G E, Freeman B. 1994. Dynamic recrystallization of quartz under greenschist conditions. Journal of Structural Geology, 16 (6): 867-881.

Ludwig K R. 2003. Isoplot 3.0: a geochronological toolkit for Microsoft Excel. Berkeley, CA, USA: Berkeley Geochronology Center Special Publication.

Malavieille J. 1993. Late orogenic extension in mountain belts: insights from the basin and range and the Late Paleozoic Variscan Belt. Tectonics, 12 (5): 1115-1130.

Mancktelow N S. 1987. Atypical textures in quartz veins from the Simplon Fault Zone. Journal of Structural Geology, 9 (8): 995-1005.

Maruyama S. 1994. Plume tectonics. Journal of the Geological Society of Japan, 100 (1): 24-49.

Maruyama S, Send T. 1986. Orogeny and relative plate motions: example of the Japanese Islands. Tectonophysics, 127 (3-4): 305-329.

Michibayashi K, Murakami M. 2007. Development of shear band cleavage as a result of strain partitioning. Journal of Structural Geology, 29 (6): 1070-1082.

Naeser C W, Nishimura S, Te Punga M T. 1980. Fission-track age of the Mangaroa Ash and tectonic implications at Wellington, New Zealand. New Zealand Journal of Geology and Geophysics, 23 (5-6): 615-621.

Natalin B A. 1994. Mesozoic accretion and collision tectonics of southern USSR Far East. Pacific Geology, 8: 3-23.

Passchier C W, Trouw R A J. 2005. Microtectonics. Berlin: Springer.

Poirier J P, Bouchez J L, Jonas J J. 1979. A dynamic model for aseismic ductile shear zones. Earth and Planetary Science Letters, 43 (3): 441-453.

Prior D J, Boyle A P, Brenker F, et al. 1999. The application of electron backscatter diffraction and orientation contrast imaging in the SEM to textural problems in rocks. American Mineralogist, 84: 1741-1759.

Ralser S, Hobbs B E, Ord H. 1991. Experimental deformation of a quartz mylonite. Journal of Structural Geology, 13 (7): 837-850.

Ramsay J G. 1967. Folding and fracturing of rocks. New York: McGraw Hill.

Renne P R, Morgan L E, Cassata W S. 2009. The isotopic composition of atmospheric Argon and K-Ar based geochronology. Quaternary Geochronology, 4 (4): 288-298.

Richards M A. 1999. Prospecting for Jurassic slabs. Nature International Weekly Journal of Science, 397 (6716): 203-204.

Ringwood A E. 1975. Some aspects of the minor element chemistry of lunar mare basalts. Earth Moon and Planets, 12 (2): 127-157.

Rutter E H, Holdsworth R E, Knipe R J. 2001. The nature and tectonic significance of fault-zone weakening: an introduction// Holdsworth R E, Strachan R A, Magloughlin J F, et al. The nature and tectonic significance of fault zone weakening. Geological Society, London, Special Publications, 186 (1): 1-11.

Selby D, Creaser R A. 2004. Macroscale NTIMS and microscale LA-MC-ICP-MS Re-Os isotopic analysis of molybdenite: testing spatial restrictions for reliable Re-Os age determinations, and implications for the decoupling of Re and Os within molybdenite. Geochimica et Cosmochimica Acta, 68 (19): 3897-3908.

Sibson R H. 1977. Kinetic shear resistance, fluid pressures and radiation efficiency during seismic faulting. Pure and Applied Geophysics, 115 (1-2): 387-400.

Smoliar M I, Walker R J, Morgan J W. 1996. Re-Os Ages of Group ⅡA, ⅢA, ⅣA, and ⅣB Iron Meteorites. Science, 271 (5252): 1099-1102.

Stein H J, Bingen B. 2002. 1.05-1.01 Ga Sveconorwegian metamorphism and deformation of the supracrustal sequence at Ssvatn, South Norway: Re-Os dating of Cu-Mo mineral occurrences. Geological Society London Special Publications, 204 (1): 319-335.

Stein H J, Sundblad K, Markey R J, et al. 1998. Re-Os ages for Archean molybdenite and pyrite, Kuittila-Kivisuo, Finland and Proterozoic molybdenite, Kabeliai, Lithuania: testing the chronometer in a metamorphic and metasomatic setting. Mineralium Deposita, 33 (4): 329-345.

Stein H J, Markey R J, Morgan J W, et al. 2001. The remarkable Re-Os chronometer in molybdenite: how and why it works. Terra Nova, 13 (6): 479-486.

Sugisaki R. 1976. Chemical characteristics of volcanic rocks: relation to plate movements. Lithos, 9 (1): 17-30.

Sun Y, Xu P, Li J, et al. 2010. A practical method for determination of molybdenite Re-Os age by inductively coupled plasma-mass spectrometry combined with Carius tube-HNO_3 digestion. Analytical Methods, 2 (5): 575-581.

Takahashi M, Nagahama H, Masuda T, et al. 1998. Fractal analysis of experimentally, dynamically recrystallized quartz grains and its possible application as a strain rate meter. Journal of Structural Geology, 20 (2-3): 269-275.

Taylor S R, McLennan S M. 1985. The continental crust: its composition and evolution. Oxford: Blackwell Scientific Publications: 1-312.

Turner D L, Forbes R B. 1976. K-Ar studies in two deep basement drillholes: a new estimate of argon blocking temperature for biotite. Transactions. American Geophysical Union, 57: 353.

Twiss R J. 1977. Theory and applicability of a recrystallized grain size paleopiezometer. Pure and Applied Geophysics, 115 (1): 227-244.

Van Der Voo R, Spakman W, Bijwaard H. 1999. Mesozoic subducted slabs under Siberia. Nature, 397 (6716): 246-249.

Vavra G, Gebauer D, Schmid R, et al. 1996. Multiple zircon growth and recrystallization during polyphase Late Carboniferous to Triassic metamorphism in granulites of the Ivrea Zone (Southern Alps): an ion microprobe (SHRIMP) study. Contribution to mineralogy and Petrology, 122 (4): 337-358.

Vavra G, Schmid R, Gebauer D. 1999. Internal morphology, habit and U-Th-Pb microanalysis of amphibolite-to-granulite facies zircons: geochronology of the Ivrea Zone (Southern Alps) . Contributions to Mineralogy and Petrology, 134 (4): 380-404.

Vernooij M G C, Kunze K, Brok B D, et al. 2006. 'Brittle' shear zones in experimentally deformed quartz single crystals. Journal of Structural Geology, 28 (7): 1292-1306.

Wagner G A, Reimer G M, Jäger E. 1977. The cooling ages derived by apatite fission track, mica Rb-Sr, and K-Ar dating: the uplift and cooling history of the Central Alps. Mem Inst Geol Mineral Univ Padova, 30: 1-27.

Wallis S. 1995. Vorticity analysis and recognition of ductile extension in the Sanbagawa Belt, SW Japan. Journal of Structural Geology, 17 (8): 1077-1093.

Wang D Z, Shu L S. 2012. Late Mesozoic basin and range tectonics and related magmatism in Southeast China. Geoscience Frontiers, 3 (2): 109-124.

Wang L X, Ma C Q, Zhang C, et al. 2014. Genesis of leucogranite by prolonged fractional crystallization: a case study of the Mufushan complex, South China. Lithos, 206-207: 147-163.

Wang Y J, Fan W M, Guo F, et al. 2003. Geochemistry of Mesozoic mafic rocks adjacent to the Chenzhou-Linwu fault, South China: implications for the lithospheric boundary between the Yangtze and Cathaysia blocks. International Geology Review, 45 (3): 263-286.

Wang Y J, Zhang Y H, Fan W M, et al. 2005. Structural signatures and $^{40}Ar/^{39}Ar$ geochronology of the Indosinian Xuefengshan tectonic belt, South China Block. Journal of Structural Geology, 27 (6): 985-998.

Wenk H R. 2002. Texture and anisotropy. Reviews in Mineralogy and Geochemistry, 51: 291-329.

White S. 1976. Effects of strain on the microstructures, fabrics, and deformation mechanisms in quartzites. Philosophical Transactions of the Royal Society A-Mathematical Physical and Engineering Sciences, 283 (1312): 69-86.

Wong J, Sun M, Xing G F, et al. 2009. Geochemical and zircon U-Pb and Hf isotopic study of the Baijuhuajian metaluminous A-type granite: extension at 125-100 Ma and its tectonic significance for South China. Lithos, 112 (3-4): 289-305.

Wu F Y, Ji W Q, Sun D H, et al. 2012. Zircon U-Pb geochronology and Hf isotopic compositions of the Mesozoic granites in southern Anhui Province, China. Lithos, 150: 6-25.

Wu Y, Zheng Y. 2004. Genesis of zircon and its constraints on interpretation of U-Pb age. Chinese Science Bulletin, 49 (15): 1554-1569.

Xu D R, Chi G X, Zhang Y H, et al. 2017a. Yanshanian (Late Mesozoic) ore deposits in China—an introduction to the Special Issue. Ore Geology Reviews, 88: 481-490.

Xu D R, Deng T, Chi G X, et al. 2017b. Gold mineralization in the Jiangnan Orogenic Belt of South China: geological, geochemical and geochronological characteristics, ore deposit-type and geodynamic setting. Ore Geology Reviews, 88: 565-618.

Xypolias P. 2010. Vorticity analysis in shear zones: a review of methods and applications. Journal of Structural Geology, 32 (12):

2072-2092.

Yan D P, Zhou M F, Song H L, et al. 2003. Origin and tectonic significance of a Mesozoic multi-layer over-thrust system within the Yangtze block (South China). Tectonophysics, 361 (3-4): 239-254.

Zhang S H, Zhao Y, Davis G A, et al. 2014. Temporal and spatial variations of Mesozoic magmatism and deformation in the North China Craton: implications for lithospheric thinning and decratonization. Earth-Science Reviews, 131: 49-87.

Zheng Y D, Wang T. 2005. Kinematics and dynamics of the Mesozoic orogeny and the late-orogenic extensional collapse in the Sino Mongolian border areas. Science in China Series D: Earth Sciences, 48 (7): 849-862.

Zheng Y D, Wang T, Ma M B, et al. 2004. Maximum effective moment criterion and the origin of low-angle normal faults. Journal of Structural Geology, 26 (2): 271-285.

Zheng Y D, Wang T, Wang X S. 2015. The maximum effective moment criterion (MEMC) and its implications in structural geology. Acta Geologica Sinica (English edition), 80 (1): 70-78.

Zhou X M, Li W X. 2000. Origin of Late Mesozoic igneous rocks in Southeastern China: implications for lithosphere subduction and underplating of mafic magmas. Tectonophysics, 326 (3-4): 269-287.

Zimmerman A, Stein H J, Hannah J L, et al. 2008. Tectonic configuration of the Apuseni-Banat-Timok-Srednogorie belt, Balkans-South Carpathians, constrained by high precision Re-Os molybdenite ages. Mineralium Deposita, 43 (1): 1-21.

第6章　结论与展望

大陆岩石圈（陆内或板内）伸展作用在变形构造和岩浆活动表现多种形式，包括盆-岭构造省、陆内裂陷（裂谷）盆地与强拆离盆地、走滑盆地、由拆离断层等脆-韧性剪切变形构造组成的变质核杂岩（MCCs）、先存构造活化、大型走滑（剪切）断层和伸展（层间、重力）滑脱构造、大规模岩浆侵入或热穹隆和火山喷发、剥蚀高原地貌，以及与陆内伸展交替出现的大型逆冲-推覆构造等。研究这些伸展变形构造，不仅能为阐明大陆板块的运动学和动力学特征、洋-陆板块相互作用及其深部过程和浅表响应提供可信证据，而且将为解释大规模成藏成矿事件及其过程提供重要机制。

位于江南古陆中段的湘东北地区，陆内伸展变形构造极具特色，并发育以金为主的大型-超大型金（多金属）矿床，因而是解剖江南古陆，甚至是华南大陆地壳变形特征、大地构造演化机制以及大规模金属成矿事件与富集机理的理想“天然实验室”。本书重点针对湘东北地区陆内伸展构造的组成和结构、时空发育规律和形成演化的动力学机制等关键科学问题，在翔实的野外地质调查基础上，综合运用构造地质学、同位素地质年代学、岩石学、矿物学和地球化学等现代分析测试手段，经过30多年的系统研究，取得了以下一系列创新成果和认识。

（1）在系统分析江南古陆地质构造演化，特别是其中段湘东北地区宏观和微观构造变形（褶皱、断裂、韧性剪切带等）特征基础上，清晰识别并精细厘定了湘东北地区盆-岭构造格架和变质核杂岩等伸展构造的基本特征、物质组成和空间关系。

湘东北地区的盆-岭构造格局呈NE—NNE向，表现出典型的“二隆三盆”结构，整体由古老基底（元古宙—古生代期间的变质沉积岩）和侵入其中的新元古代以来的花岗质岩构成的隆起，白垩纪—古近纪红层充填的沉积盆地、隆起与盆地间的深大剪切走滑断裂组成。自西向东，该盆-岭构造包括洞庭（汨罗）断陷盆地、幕阜山-望湘断隆、长沙-平江断陷盆地、连云山-衡东断隆、醴陵-攸县断陷盆地；而联系这些盆地和断隆的边缘剪切走滑断裂，自西向东主要包括新宁-灰汤（新灰）剪切走滑断裂、长沙-平江（长平）剪切走滑断裂和醴陵-衡东剪切走滑断裂。

湘东北地区的变质核杂岩构造以大云山-幕阜山变质核杂岩、连云山变质核杂岩为代表，普遍由变质核、韧性剪切带、拆离断层和盖层组成。其中，变质核是组成变质核杂岩构造的内核，主要由古老基底和晚中生代花岗质岩组成；韧性剪切带位于变质核上部、拆离断层的下盘，位于岩体边缘的晚中生代花岗质岩以及与之接触的元古宙变质沉积岩普遍糜棱岩化，韧性剪切变形强烈；拆离断层位于晚中生代花岗质岩与元古宙变质沉积岩接触部位，是金、铅锌、铜、钴等多金属矿产的主要赋存部位，呈铲状大型滑脱正断层性质，主要由碎裂的糜棱岩和（蚀变的）构造角砾岩组成，并依蚀变和碎裂程度，其构造岩表现出分带现象；盖层位于拆离断裂上盘，由白垩纪—古近纪红层和少量元古宙浅变质岩系组成，并发育一系列与拆离断层带和韧性剪切带呈不同角度相交的多米诺式或犁式正断层。然而，在区域上，由于不同变质核杂岩构造抬升剥露的差异，连云山变质核杂岩表现出“思村型”与“塔洞型”两种模式。

（2）在系统开展岩浆成因锆石的U-Pb定年基础上，主要结合全岩元素地球化学和Sr-Nd-Pb同位素组成、造岩矿物化学以及锆石Lu-Hf同位素组成分析，总结了湘东北地区花岗质和铁镁质等侵入岩的成因、时空演化规律和岩浆作用的地球动力学背景。

在空间分布上，新元古代和加里东期花岗质岩主要分布在湘东北连云山-衡东断隆区，少量出露于幕阜山-望湘断隆区幕阜山复式岩体中；而印支期和晚中生代燕山晚期花岗质岩主要分布在幕阜山-望湘断隆区，部分沿连云山-衡东断隆区边界长平深大断裂带分布。整体上，湘东北岩浆岩具有自东向西、侵位时代逐渐年轻的趋势，且岩浆侵入规模变大。燕山晚期花岗质岩是变质核杂岩变质核的重要组成部分。

在岩浆侵位时间上，湘东北地区花岗质侵入岩从早到晚可分为新元古代岩浆演化序列（845～

816Ma）、志留纪岩浆演化序列（434～418Ma）、早中三叠世岩浆演化序列（250～233Ma）、晚侏罗世—早中白垩世岩浆演化序列（155～127Ma），后者又可再次划分为三个期次的岩浆脉动，即晚侏罗世—最早的早白垩世（155～146Ma）、早白垩世（143～136Ma）、早中白垩世（132～127Ma）。

在岩浆岩成因上，新元古代花岗质岩为过铝质S型花岗岩，是在压力为6～7kbar条件下由新元古界冷家溪群变泥质岩部分熔融的结果，但有年轻地幔物质的参与；志留纪岩浆岩主要是一套具埃达克岩性质的花岗闪长岩，可能是板块俯冲引起的玄武岩浆底侵、下地壳部分熔融结果；早中三叠世岩浆岩同样具有埃达克岩性质，可能是碰撞环境下加厚的陆壳（>50km）底部的下地壳基性岩部分熔融的产物；晚侏罗世—早中白垩世岩浆岩可划分为高Sr低Y型、低Sr低Y型两种类型，前者为正常S型花岗岩、显示埃达克岩性质，并以155～142Ma的花岗质岩为主，而后者为分异的S型花岗岩，以136～127Ma的花岗质岩为主，虽然两者均起源于加厚的贫黏土中下地壳部分熔融，且岩浆均具有较低的氧逸度，但前者主要由下地壳中酸性岩石在相对高的温压，且富流体条件下（即具有相对高的氧逸度）部分熔融形成的，而后者可能起源于冷家溪群或类似的更古老变质沉积岩，但受到如幔源物质及地壳物质混染。

在岩浆作用背景上，新元古代花岗质岩是扬子板块和华夏板块850～820Ma时期碰撞造山的产物；虽然加里东期、印支期和燕山期花岗质岩的侵位均远离活动大陆边缘，系陆内造山的产物，但是加里东期花岗质岩可能是在晚新元古代裂解后的华南大陆因扬子板块与华夏板块发生陆-弧-陆碰撞再次聚合的环境下，由于玄武质岩浆底侵并诱导加厚的弧下地壳中酸性岩石部分熔融的产物；印支期花岗质岩是在中晚三叠世华南板块与印支板块、华北板块相继发生陆-陆碰撞的环境下，因来自地幔（热）流上升的热及地壳内温度场扰动而使下地壳基性岩发生部分熔融的产物；燕山期花岗质岩则是晚侏罗世—早白垩世时期下沉的古太平洋俯冲板片发生崩塌、破裂和岩石圈脱水而导致陆内岩石圈由挤压向伸展转变，直至在岩石圈全面伸展的地球动力学环境下，因岩石圈减薄和软流圈上涌而使得加厚的下地壳发生部分熔融的产物。

将湘东北地区铁镁质-超铁镁质火山-侵入岩划分为早中新元古代、中晚新元古代两个系列。其中，早中新元古代火山-侵入岩中含有玻安质岩成分，可能起源于洋内弧前或扩张的弧后盆地；而中晚新元古代火山-侵入岩以板内玄武岩为主，岛弧玄武岩次之，可能产于碰撞后和/或大陆裂谷环境。进一步结合同时代花岗质岩浆作用特征，构建了华南新元古代构造演化模式：850Ma之前因华夏板块俯冲于扬子板块之下，诱发了酸性-基性/超基性火山岩喷发；850～820Ma因扬子板块和华夏板块碰撞聚合，产生了S型花岗岩和基性-超基性岩浆岩；约820Ma后聚合的华南大陆再次发生裂解，形成了A型和S型花岗岩、双峰式火山岩和与裂谷有关的板内岩浆岩。

（3）通过对湘东北地区变质沉积岩的变质特征、沉积物源区和沉积构造环境等分析，构建了变质作用演化的*P-T-t*轨迹，探讨了变质作用演化的动力学机制；重点研究了变质沉积岩的源区岩组成和构造-沉积环境的演变，进而提出新太古代—早古元古代所谓的“连云山岩群”实际上是一套由不同时代、不同岩性和具不同变质特征的岩石组成的混杂岩，因此，建议摒弃“连云山岩群”地层名称，而使用“连云山混杂岩”；同时，提出了NE—NNE向的长平深大断裂带可能是一条加里东造山期的构造混杂岩带。

湘东北区域变质岩可分为角闪岩相变质岩、绿片岩相变质岩、甚低级变质岩三类。其中，角闪岩相变质岩主要包括变质表壳岩、变质镁铁质侵入岩和花岗质片麻岩等三个组合，可能至少经历了吕梁期（?）绿片岩相变质作用（M_1：$T\leqslant500$℃、$P\leqslant4$kbar）、角闪岩相变质作用（M_2：$T=524\sim404$℃、$P=6.8\sim10.1$kbar）、晋宁期高角闪岩相变质作用（M_3：$T=660\sim735$℃、$P=3.5\sim8$kbar）、燕山晚期（155～130Ma）角闪岩相（M_4：$T\geqslant700$℃）和绿片相（130～110Ma）变质作用（M_5：$T=250$℃、$P=1.1$kbar）五个期次。绿片岩相变质岩主要包括变基性火山岩、变质沉积岩等组合，可能经历了阜平-吕梁期低绿片岩相（M_1：$T=350\sim450$℃、$P=5.07\sim5.8$kbar）、武陵-晋宁期角闪岩相（M_2：$T=727$℃、$P=8.2$kbar）和燕山期低绿片岩相（M_3：$T=200\sim360$℃、$P=1.7\sim2.43$kbar）三个阶段的变质作用。上述两种变质岩均表现出顺时针演化的*P-T-t*轨迹。甚低级变质岩则广泛分布于湘东北地区，变质条件为$T=150\sim400$℃、$P=1.4\sim3.5$kbar。此外，各种类型的热液蚀变岩、动力变质岩在湘东北地区也相当发育。

上述变质事件可能分别与吕梁期（?）埋藏变质作用（M_1），新元古代华南扬子与华夏板块碰撞聚合（M_2），加里东期因晚新元古代裂解的华南大陆再次拼合（M_3），中生代古太平洋板块的俯冲（M_4）、后撤和岩石圈拆沉（M_5）导致的远程效应等有关。

结合沉积岩石学和矿物学特征，全岩元素地球化学和Sm-Nd同位素组成以及碎屑锆石U-Pb定年和Hf同位素组成分析，进一步证实了冷家溪群的沉积时代为早中新元古代约825Ma，其源区岩可能主要来源于扬子板块相应时代的地壳物质，后者主要是英云闪长岩和玄武岩，并具有可变量的花岗闪长岩和花岗岩，但源区物质沉积前发生了强烈的风化。然而，冷家溪群坪原组和下覆的小木坪组的物源显示一定差异，因为前者具有一定数量再循环的镁铁质成分加入。中上新元古界板溪群的源区岩则为以英云闪长岩为主的、英云闪长岩-花岗闪长岩-花岗岩组合，但源区经历了有意义的壳内分异和强烈的风化或再循环。结合华南区域大地构造演化特征，我们提出的新的陆-弧-陆碰撞模式认为，冷家溪群沉积在一个与>850Ma大陆边缘弧地体相邻的伸展或裂解的弧后盆地，而约820Ma后，这个弧后盆地因陆（扬子板块）-弧-陆（华夏板块）碰撞而转变成一个弧后前陆盆地，后者则接受板溪群沉积物的沉积。

碎屑锆石U-Pb定年表明，所谓的“连云山岩群”中未发生混合岩化的变质沉积岩既包含新太古代—早中新元古代年龄群的碎屑锆石，也包含年龄高峰分别为634Ma、470Ma的年轻的碎屑锆石，暗示其沉积时代并非新太古代—早古元古代，更可能是中晚新元古代和/或中晚寒武世—早奥陶世。进一步结合“连云山岩群”的岩石组成、结构构造（即不同变质级岩石混杂）和源区特征，我们认为所谓的“连云山岩群”实际上是一套由具有不同时代、不同岩性、不同构造变形特征和不同变质相的岩石、地层混杂堆聚而成的，其物源除主要来自扬子板块外，还有部分物源可能来自劳伦大陆。据此，我们建议摒弃“连云山岩群”地层名称，而更宜使用“连云山混杂岩”。

碎屑锆石U-Pb定年还表明，“连云山混杂岩”中既发生混合岩化作用，又表现强烈韧性剪切变形的变质岩，其年龄群除出现早古元古代—早中新元古代外，还存在中晚新元古代（峰值：725～614Ma）、早中古生代（峰值：456Ma）、中晚古生代（峰值：303Ma）以及早中生代（峰值：212Ma）和晚中生代（峰值：135Ma），特别是年龄为晚中生代的锆石最为丰富，又可分为晚侏罗世（峰值：154Ma）、最早的早白垩世（峰值：140Ma）和早中白垩世（135Ma）。这些数据表明，“连云山混杂岩”混合岩化的峰期应为晚中生代，但在中晚新元古代、早古生代和早中生代可能各自还经历了混合岩化作用。同时，根据全岩地球化学和Sm-Nd同位素组成，认为岩浆注入可能是“连云山混杂岩”混合岩化作用方式。再结合未变形的晚中生代花岗质岩U-Pb定年和变形的晚中生代花岗质岩Ar-Ar定年，我们推测韧性剪切变形时代最早发生于早白垩世约140Ma后，可能延伸到早中白垩世约130Ma（135～122Ma）。

根据以上认识，结合长平（长沙-平江）深大断裂带的规模、组成、构造变形和航磁、重力等地球物理特征，以及该断裂带两侧在变质程度、深部构造和岩浆岩组成等差异，并依据对长平断裂带所经历的构造叠加改造事件的分析以及华南大地构造演化的最新进展，认为NE—NNE向的长平深大断裂带很可能是一条加里东造山期构造混杂岩带，但之后又经历了印支期、燕山期和喜马拉雅期等多期陆内构造-岩浆活化，从而控制了湘东北地区盆-岭构造格局的形成以及变质核杂岩的抬升剥露。

(4) 通过宏观构造和显微构造的精细观察、电子背散射衍射（EBSD）组构测量、多同位素方法定年和糜棱岩化岩石运动学涡度分析，结合区域构造变形动力学特征，探讨了湘东北地区变质核杂岩等伸展构造的形成演化过程和动力学形成机制。

湘东北地区经历了以下几个阶段的地壳变形事件：①扬子板块和华夏板块在新元古代晋宁期（820～800Ma）碰撞聚合形成统一的华南大陆而引起NW—SE向挤压；②加里东期（约400Ma）因晚新元古代华南大陆裂解导致分离的扬子板块与华夏板块发生陆内俯冲-聚合引起南北向挤压和左行走滑错动；③早中生代印支期（中晚三叠世230～220Ma）因华南板块与其西南面的印支板块和北面的华北板块相继碰撞导致大陆内部俯冲而触发南北向挤压和左行会聚走滑；④燕山早期晚侏罗世—最早的早白垩世（155～143Ma）因俯冲的古太平洋板块以变化角度向华南大陆之下俯冲而引起NW—SE向至近EW向挤压和左行走滑剪切兼具逆冲推覆；⑤燕山晚期早白垩世—晚白垩世（143～82Ma）因俯冲的古太平洋板块后撤、板片断离或岩圈拆沉而引起 NW—SE 向走滑-拉伸；⑥古近纪—第四纪的挤压。

根据锆石 U-Pb、含钾矿物 Ar-Ar 以及辉钼矿 Re-Os 等多同位素定年结果，结合区域构造格局和构造变形特征，认为湘东北韧性剪切变形事件发生于 136～130Ma，然后过渡到脆-韧性剪切变形阶段（130～110Ma）和全面脆性阶段（约 110Ma 以来）。这一剪切变形的发展过程，实际上也是湘东北地区变质核杂岩构造和盆-岭构造式样等伸展构造的形成演化时限，可能是晚中生代 136～110Ma 古太平洋俯冲板片的回撤、断离结果，但变质核杂岩构造抬升剥露较盆-岭构造式样形成稍早。

以连云山和大云山-幕阜山为代表的变质核杂岩等伸展构造可能经历了三阶段变形事件，动力学来源于晚中生代俯冲的古太平洋板片后撤、断离等引发的弧后伸展：①晚侏罗世华南大陆从挤压向伸展构造环境的转变，导致湘东北地区 155～146Ma 的花岗质岩侵位和自顶部向 NW—NNW 和向 SE—SSE 的顺层滑脱和伸展剪切，主应力方向近于垂直；②早白垩世以来，因俯冲的古太平洋板片回撤、断离或岩石圈的拆沉，华南大陆岩石圈伸展占主导地位，湘东北第二期花岗质岩侵位（143～136Ma），但因岩浆侵位对侧向围岩的挤压，局部出现扭压性剪切；③早中白垩世的伸展则表现为正断层和离散型破裂以及燕山晚期（132～127Ma）花岗质岩的侵位。

探索了剪切变形机制。第二阶段的早白垩世变形构造中，糜棱岩化的运动学涡度 $W_k=0.79\sim1$，简单剪切占主导；而剪切带发育晚期（伸展褶劈理期）的运动学涡度 $W_k=0.41\sim0.62$，简单剪切降低、纯剪切增加，属于一般剪切。EBSD 分析结果显示，自 SE 向 NW 距离长平断裂带由远及近，石英 C 轴组构出现从 Y 极密→单环带→I 型交叉环带的变化，对应的变形温度由 500～650℃降低到 300～400℃，主导的滑移系也有柱面<a>—菱面<a>—底面<a>的转换。施密特因子面分析显示岩石变形温度越高，石英越容易启动柱面<a>；变形温度越低，石英的底面<a>越占优势。石英的膨凸重结晶与亚颗粒旋转重结晶在糜棱岩化花岗岩中比较发育，而颗粒边界迁移在“连云山混杂岩”中可见。

（5）结合伸展构造与深部构造关系、伸展构造体系的构造地貌特征、伸展构造与基底构造的关系等，分析了湘东北地区构造-岩浆（热）事件与山脉隆升过程，探讨了盆-山耦合深部机制，提出了晚中生代陆相盆-山（岭）耦合的地球动力学模式。

湘东北地区晚中生代的伸展变形构造主要包括盆-岭构造、变质核杂岩、顺层剪切滑脱构造等，具体表现为陆内裂陷背景下受到 NE—NNE 向断裂强烈控制的 155～127Ma 大规模花岗岩浆侵位、由地堑或半地堑及其间的断隆构成的呈平行排列的盆岭式断陷盆地系，以及以大云山-幕阜山、连云山为代表的变质核杂岩构造。

湘东北地区中、下地壳界面因存在一低速的韧性剪切滑脱带，为热的上地幔隆升、岩石圈伸展创造了条件，因而可能是区内盆-岭构造省形成的深部动力学机制；而在统一伸展背景下，还存在侧向挤压，顺层滑脱构造、变质核杂岩构造抬升和成盆作用同时发生，并导致基底构造（如 NE—NNE 向长平深大断裂、NWW 韧性剪切推覆构造）的多期活化及后期新生构造对先存构造的继承、叠加和/或改造。

湘东北山脉隆升的动力学过程包括如下几个阶段：①155～136Ma 大规模岩浆侵位形成了系列花岗质侵入岩体，该构造-热事件与晚侏罗世—早白垩世古太平洋板块俯冲导致的远程效应有关；②136～110Ma 是山脉隆升的早期，并伴有晚中生代第三期（132～127Ma）花岗质岩侵入，与中国东部自晚中生代以来全面处于伸展环境有关；③110～81Ma 因侵入岩体的缓慢降温，形成了早期的区域性夷平面与山顶面；④81～56Ma 发生山脉快速隆升，并在断陷盆地沉积一套巨厚的晚白垩世山前磨拉石建造；⑤81～56Ma 表现为早期区域性古夷平面解体，可能与中国东部自早中白垩世以来以拉张-左行剪切为主的构造背景有关；⑥56～47Ma 因岩体的缓慢降温，形成了中期区域性古夷平面与山顶面，但 47～30Ma 中期区域性夷平面又开始解体，并发生山脉快速隆升、盆地较大规模的裂陷充填和玄武岩喷溢等构造-热事件；⑦30Ma 以来则进入新的剥蚀夷平期，至古近纪晚期盆地即逐步萎缩。

虽然玄武质岩浆底侵对湘东北地区变质核杂岩的隆升、低角度正断层的形成和变质核杂岩内拆离断层与韧性剪切带的发育起着重要作用，但中国东部巨厚岩石圈在晚侏罗世—早白垩世因太平洋板块俯冲和板片后撤、断离而触发的拆沉可能也是形成湘东北地区盆-岭构造式样、变质核杂岩等伸展构造的主要驱动机制。据此，本书提出了伸展构造形成演化的二阶段地球动力学模式：①160～136Ma 的岩石圈拆沉初始阶段。因深俯冲板片后撤、板片开始断离，岩石圈动力学开始从挤压向伸展转变，导致早期同构造期花岗质岩侵位和变质核杂岩的形成以及盆-岭构造初具雏形。②136～110Ma 的岩石圈拆沉阶段。因古太平洋俯冲板片继续后撤、断离，并触发岩石圈拆沉，湘东北地区全面进入伸展变形阶段，进而导致变质核杂岩的剥露以及造山期后花岗质岩浆活动（136～128Ma）及变质作用。因此，湘东北地区盆-岭构造和变质核杂岩等伸展构造是玄武质岩浆底侵及其热源和岩石圈拆沉作用的综合响应。

虽然本书系统阐述了江南古陆湘东北地区陆内伸展变形构造特征及其形成演化的动力学机制，并深入研究了与伸展构造形成演化密切相关的岩浆作用和沉积-变质作用特征，然而，对区内构造-岩浆演化和成矿作用起严格控制的长平深大断裂的物质组成、构造属性、发生与发展历史、动力学演变机制等，还需要更多细致工作加以精确厘定。对这些问题的深入研究，对阐明包括江南古陆在内的华南复杂的大地构造发展及其动力学背景、精细刻画江南古陆金（多金属）矿床的成矿过程与成因机理并揭示金（多金属）矿床的成矿规律以指导找矿勘查等，均具重大的理论和实际意义。